U0306114

中华农业文明研究院文库·中国农业遗产研究丛书

全球视野下
东亚农业文明研究

● 王思明 何红中 主编

中国农业科学技术出版社

图书在版编目（CIP）数据

全球视野下东亚农业文明研究 /王思明，何红中主编 . —北京：中国农业科学
技术出版社，2016.9
ISBN 978 – 7 – 5116 – 2623 – 3

Ⅰ. ①全…　Ⅱ. ①王…②何…　Ⅲ. ①农业史 – 东亚 – 文集　Ⅳ. ①S – 093.1

中国版本图书馆 CIP 数据核字（2016）第 122960 号

责任编辑　朱　绯
责任校对　贾海霞

出 版 者　中国农业科学技术出版社
　　　　　北京市中关村南大街 12 号　邮编：100081
电　　话　(010)82106626(编辑室)(010)82109702(发行部)
　　　　　(010)82109709(读者服务部)
传　　真　(010)82106626
网　　址　http://www.castp.cn
经 销 者　新华书店北京发行所
印 刷 者　北京富泰印刷有限责任公司
开　　本　880 mm×1 230 mm　1/16
印　　张　37.5
字　　数　1325 千字
版　　次　2016 年 9 月第 1 版　2016 年 9 月第 1 次印刷
定　　价　280.00 元

关于《中华农业文明研究院文库》

中国有上万年农业发展的历史，但对农业历史进行有组织的整理和研究时间却不长，大致始于 20 世纪 20 年代。1920 年，金陵大学建立农业图书研究部，启动中国古代农业资料的收集、整理和研究工程。同年，中国农史事业的开拓者之一——万国鼎（1897—1963 年）先生从金陵大学毕业留校工作，发表了第一篇农史学术论文《中国蚕业史》。1924 年，万国鼎先生就任金陵大学农业图书研究部主任，亲自主持《先农集成》等农业历史资料的整理与研究工作。1932 年，金陵大学改农业图书研究部为金陵大学农经系农业历史组，农史工作从单纯地资料整理和研究向科学普及和人才培养拓展，万国鼎先生亲自主讲《中国农业史》和《中国田制史》等课程，农业历史的研究受到了更为广泛的关注。1955 年，在周恩来总理的亲自关心和支持下，农业部批准建立由中国农业科学院和南京农学院双重领导的中国农业遗产研究室，万国鼎先生被任命为主任。在万先生的带领下，南京农业大学中国农业历史的研究工作发展迅速，硕果累累，成为国内公认、享誉国际的中国农业历史研究中心。2001 年，南京农业大学在相关学科力量进一步整合的基础上组建了中华农业文明研究院。中华农业文明研究院承继了自金陵大学农业图书研究部创建以来的学术资源和学术传统，这就是研究院将 1920 年作为院庆起点的重要原因。

80 余年风雨征程，80 春秋耕耘不辍，中华农业文明研究院在几代学人的辛勤努力下取得了令人瞩目的成就，发展成为一个特色鲜明、实力雄厚的以农业历史文化为优势的文科研究机构。研究院目前拥有科学技术史一级学科博士后流动站、科学技术史一级学科博士学位授权点，科学技术史、科学技术哲学、专门史、社会学、经济法学、旅游管理等 7 个硕士学位授权点。除此之外，中华农业文明研究院还编辑出版国家核心期刊、中国农业历史学会会刊《中国农史》；创建了中国高校第一个中华农业文明博物馆；先后投入 300 多万元开展中国农业遗产数字化的研究工作，建成了"中国农业遗产信息平台"和"中华农业文明网"；承担着中国科学技术史学会农学史专业委员会、江苏省农史研究会、中国农业历史学会畜牧兽医史专业委员会等学术机构的组织和管理工作；形成了农业历史科学研究、人才培养、学术交流、信息收集和传播展示"五位一体"的发展格局。万国鼎先生毕生倡导和为之奋斗的事业正在进一步发扬光大。

中华农业文明研究院有着整理和编辑学术著作的优良传统。早在金陵大学时期，农业历史研究组就搜集和整理了《先农集成》456 册。1956—1959 年，在万国鼎先生的组织领导下，遗产室派专人分赴全国 40 多个大中城市、100 多个文史单位，收集了 1 500 多万字的资料，整理成《中国农史资料续编》157 册，共计 4 000 多万字。20 世纪 60 年代初，又组织人力，从全国各有关单位收藏的 8 000 多部地方志中摘抄了 3 600 多万字的农史资料，分辑成《地方志综合资料》《地方志分类资料》及《地方志物产》共 689 册。在这些宝贵资料的基础上，遗产室陆续出版了《中国农学遗产选集》稻、麦、粮食作物、棉、麻、豆类、油料作物和柑橘等八大专辑，《农业遗产研究集刊》《农史研究集刊》等，撰写了《中国农学史》等重要学术著作，为学术研究工作提供了极大的便利，受到国内外农史学人的广泛赞誉。

为了进一步提升科学研究工作的水平，加强农史专门人才的培养，2005 年 85 周年院庆之际，研究院启动了《中华农业文明研究院文库》（以下简称《文库》）。《文库》推出的第一本书即《万国鼎文集》，以缅怀中国农史事业的主要开拓者和奠基人万国鼎先生的丰功伟绩。《文库》主要以中华农业文明研究院科学研究工作为依托，以学术专著为主，也包括部分经过整理的、有重要参考价值的学术资料。《文库》启动初期，主要著述将集中在三个方面，形成三个系列，即《中国近现代农业史丛书》《中国农业遗产研究丛书》和《中国作物史研究丛书》。这也是今后相当长一段时间内，研究院科学研究工作的主要方向。我们希望研究院同仁的工作对前辈的工作既有所继承，又有所发展。希望他们更多地关注经济与社会发展，而不是就历史而谈历史，就技术而言技术。万国鼎先生就倡导我们，做学术研究时要将"学理之研究、现实之调查、历史之探讨"结合起来。研究农业历史，眼光不能仅仅局限于农业内部，还要关注农业发展与社会变迁的关系、农业发展与经济变迁的关系、农业发展与环境变迁的关系、农业发展与文化变迁的关系，为今天中国农业与农村的健康发展提供历史借鉴。

王思明

2007 年 11 月 18 日

《中国农业遗产研究丛书》序

农业虽有上万年的历史，但在社会经济以农业为主导，社会文明以农耕为特色的农业社会，农业是主流生产和生活方式，农业不可能作为文化遗产来被关注。农业作为文化遗产受到关注始于社会经济和技术发生历史性转变之际----工业社会取代农业社会、工业文明取代农业文明、现代农业取代传统农业的背景之下。

正因为如此，50 多年前，当中国农业科学院·南京农学院创建农业历史专门研究机构时，将之命名为"中国农业遗产研究室"，西北农学院将之命名为"古农学研究室"。

很长一段时间，中国农业遗产的研究侧重于农业历史，尤其是古代农业文献的研究。农业历史与农业遗产在研究内容上有广泛的交集，但并不完全一致。因为历史是一个时间概念，其内涵更加宽泛，绝大多数农业遗产都属农业历史的研究对象，但许多农业历史的内容却谈不上是农业遗产。这是由遗产的性质和特征所决定的。

在遗产保护方面，人们最早关注的是自然遗产和有形文化遗产。20 世纪末，国际社会开始关注口传和非物质文化遗产。在这种背景下，农业文化遗产的保护工作逐渐进入人们的视野。2002 年，联合国粮农组织（FAO）启动"全球重要农业遗产"项目（GIAHS）。

但 FAO 关于农业遗产的定义是为项目选择而设定的（农村与其所处环境长期协同进化和动态适应下所形成的独特的土地利用系统和农业景观，它要具有丰富的生物，而且可以满足当地社会经济与文化发展的需要，有利于促进区域可持续发展）。而实际上，农业文化遗产的内涵比这丰富得多。《世界遗产名录》分为"文化遗产""自然遗产""文化与自然双重遗产""文化景观遗产"和"口传与非物质文化遗产"5 个类别。如果依据这个标准判断，农业遗产实际包含除单纯"自然遗产"外所有其他文化遗产门类。

农业遗产是人类文化遗产的重要组成部分，它是历史时期，与人类农事活动密切相关、有留存价值和意义的物质（tangible）与非物质（intangible）遗存的综合体系。它包括农业遗址、农业物种、农业工程、农业景观、农业聚落、农业工具、农业技术、农业文献、农业特产和农业民俗 10 个方面的文化遗产。

中国的农业遗产研究始于 20 世纪初期，大体经历了 4 个发展阶段：

1. 20 世纪初至 1954 年

1920 年，金陵大学建立农业图书部，1932 年又创建农史研究室，在万国鼎先生的倡导下开始系统搜集和整理中国农业遗产。他们历时十年，从浩如烟海的农业古籍资料中，搜集整理了 3 700 多万字的农史资料，分类辑成《中国农史资料》456 册。

2. 1954 年至 1965 年

新中国建立后，1954 年 4 月，农业部在北京召开"整理祖国农业遗产座谈会"。不久，在国务院农林办公室和农业部的支持下，在原金陵大学农业遗产整理工作的基础上成立中国农业科学院·南京农学院中国农业遗产研究室，万国鼎被任命为主任。与此同时，西北农学院成立古农学研究室，北京农学院、华南农学院也相继建立了研究机构，逐渐形成了以"东万（万国鼎）、西石（石声汉）、南梁（梁家勉）、北王（王毓瑚）"为代表的中国农业遗产研究的4个基地。

3. 1966 年至 1977 年

由于"文化大革命"的缘故，本时期农业遗产研究专门机构被撤并，研究工作大多陷于停顿。

4. 1978 年至今

改革开放以后，科研工作逐步恢复正常。不仅"文化大革命"前建立的农业遗产研究机构陆续恢复，一些新的农史研究机构也陆续建立，如中国农业博物馆研究所、农业部农村经济研究中心当代农史研究室、江西省农业考古研究中心，等等。1984 年，中国农业历史学会在郑州宣告成立，广东、河南、陕西、江苏等省还组建了省级农业史研究会。农业史专门研究刊物也陆续面世，如《中国农史》《农业考古》《古今农业》等。

在农业遗产专门人才培养方面，1981 年，南京农学院、西北农学院、华南农学院、北京农业大学等被国务院批准有农业史硕士学位授予权，1986 年，南京农业大学被批准有博士学位授予权，1992 年，被授权为农业史博士后流动站。西北农林科技大学在农业经济管理学科设有农业史博士专业；华南农业大学在作物学专业设有农业史博士方向。具有农业史硕士学位授予权的高校还有：中国农业大学、云南农业大学等。

过去几十年，中国农业遗产的研究在工作重心上发生过几次重要的变化：

1. 从致力于古农书校注和技术史研究向农业史综合研究和农业生态环境史研究转变

农业古籍是先人留给我们的宝贵的遗产。经过万国鼎、王毓瑚、石声汉等前辈们的艰辛努力，摸清了中国农业遗产的"家底"，相继整理出版了《中国农学史》（上）、《中国农学书录》《氾胜之书》《齐民要术校释》《四民月令辑释》《四时纂要校释》和《农桑经校注》等专著，为后来研究的开展奠定了坚实的基础。

改革开放以后，农业遗产的研究重心出现了新的变化，逐渐由古农书的校注解读向农业科技史、农业经济史和农业生态环境史转变。本时期农业遗产研究有两项大的工程：（1）《中国农业科学技术史稿》（国家科技进步三等奖）；（2）《中国农业通史》（十卷，目前已出5卷）。

2. 从单纯依托纸质历史文献研究向结合实物的考古学和民族学研究拓展

20 世纪 70 年代，裴李岗、磁山、河姆渡等遗址陆续发掘，随之出土了大量农具、作物、牲畜骨骸等农业遗存，农业遗产学者开始有意识的把考古发现运用到农业起源的研究中。

游修龄、李根蟠、陈文华等先生很早就注重这方面的研究，发表了不少相关研究报告和论文，考古学者涉足农史研究者则更多。1978 年，陈文华在江西省博物馆组织举办了"中国古代农业科技成就展览"，后来又创办了《农业考古》杂志，对该学科方向的发展起到了积极的推动作用。

3. 从单纯依赖历史文献学研究方法向借鉴多学科研究方法，特别是信息科技研究手段的变化

一方面，中国现存农业资料和历史文献浩如烟海，而且古籍在翻阅或利用过程中不可避免的发生损坏或丢失现象，不利于其本身的保护。另一方面，很多农业古籍被各家图书馆及科研单位视若珍宝，一般不能借阅，其传播和查询、阅览也受到很多限制，影响了农业遗产研究的进一步深入和发展。

有鉴于此，近年来，国内农业遗产研究机构在将农遗资料与信息技术结合方面陆续进行了一些有益的尝试。2005 年，在国家科技部专项资助下，中华农业文明研究院启动了中国农业古籍数字化的工作，并制作完成了一批中国农业古籍学术光盘，17 种 800 多卷。2006—2008 年，中华农业文明研究院又陆续建设了"中国传统农业科技数据库""中国近代农业数据库""农史研究论文全文数据库"等农业遗产数据库，并创建了"中国农业遗产信息平台"。《中华大典·农业典》开始尝试开发和利用古籍电子资源进行编纂，相关数据库和应用软件基本研制成功；中华农业文明研究院也充分利用自己开发的各种数据库用于科学研究工作，尤其是《清史·农业志·清代农业经济与科技资料长编》6 卷的编纂工作。一些以农业遗产为主题文化网站也相继创立，如南京农业大学中华农业文明研究院创办的"中华农业文明网"、中国科学院自然科学史研究所曾雄生创办的"中国农业历史与文化"、中国社会科学院经济研究所李根蟠先生创办的国学网"中国经济史论坛"，等等。

4. 从原来静止不变的农业遗产资料的研究向活体、原生态农业遗产研究和保护的转变

活体、原生态农业也是农业遗产的一个重要组成部分。中国是一个农业大国，拥有悠久的农业历史和灿烂的农业文化。在漫长的发展过程中，中国农民积累了丰富的农业生产知识和经验，创造了许许多多具有民族特色、区域特色并且与生态环境和谐发展的传统农业系统：如桑基鱼塘系统、果基鱼塘系统、稻作梯田系统、稻鱼共生系统、稻鸭共生系统、旱地农业灌溉系统、粮草互养系统，等等。这些珍贵的文化遗产具有很高的科学价值和现实意义。

早在 2000 年，皖南乡村民居和四川都江堰水利枢纽工程就被联合国教科文组织列入《世界文化遗产名录》。近年来，在联合国粮农组织的倡导下，尤其是中国科学院自然与文化遗产研究中心的积极推动下，在这方面已经取得了长足的进展。2005 年，浙江青田"稻鱼共生系统"被 FAO 列为首批全球重要农业文化遗产试点，2010 年，云南红河"哈尼稻作梯田系统"和江西万年"稻作文化系统"也被列入试点。2011 年 6 月 10 日，贵州从江"侗乡稻鱼鸭系统"成为中国第四处全球重要农业文化遗产保护试点。

注重动静相宜、科普与科研相结合的各种农业博物馆也相继成立，中国的农业遗产研究开始走出象牙塔，迈向社会。

1983 年，在农业部的支持下，中国农业博物馆建立，开始大规模征集与古代和近代农业相关的文物，并成为全国科普教育基地。2004 年，南京农业大学创办了中国高校第一个集教学、科研和科普为一体的中华农业文明博物馆。目前也是国家科普教育基地。2006 年，西北农林科技大学博览园建成，一共设有 5 个馆，其中就有农业历史博物馆。各地关于农具、茶叶、蚕桑等专题博物馆则多达几十家。

应该说，截至目前，除了古农书的整理与研究外，中国农业遗产的很多其他工作都仅仅是刚刚起步，例如，全国农业文化遗产的类型、数量、分布及保护情况，农业文化遗产保护相关理论、方法与途径等。哪些亟待保护？如何保护？如何实现社会、经济、文化和生态价值的平衡？所有这些问题都需要认真研究和探讨，需要多学科的协作和多方面的共同努力。2010 年和 2011 年，中国农业科学院、中国农业历史学会和南京农业大学中华农业文明研究院在南京陆续举办了两届"中国农业文化遗产保护论坛"，集合政府、学术界和遗产保护地多方面的经验和智慧，探讨中国农业文化遗产保护中亟待解决的理论和实际问题。也是出于这些考虑，中华农业文明研究院决定继承原来编纂《中国农业遗产选集》的传统，启动《中国农业遗产研究丛书》，积极推进中国农业文化遗产研究工作的开展。

生态发展上，人们关注生物多样性的重要性；社会发展上，人们关注社会多元化的重要性；但在人类发展上，我们却常常忽视民族多样性和文化多样化的重要性。一个民族的文化遗产是这个民族的文化记忆。保护文化多样性就是保护人类文化的基因。它既是文化认同的依据，也是文化创新的重要资源。因此，保护农业文化遗产是保护人类文化多样性的一项非常意义的工作。

中华农业文明研究院院长

王思明

2011 年 6 月 16 日

前　言

　　2015 年 5 月 22 日至 25 日，由中国农业历史学会、日本农业历史学会、韩国农业历史学会主办，南京农业大学中华农业文明研究院承办、江苏省农史研究会、中国科学技术史学会农学史专业委员会、中国农学会农业文化遗产分会、江苏省农学会农业文化遗产分会协办的第 13 届东亚农业史国际学术研讨会在南京农业大学学术交流中心成功召开。

　　第 13 届东亚农业史国际学术研讨会的主题为"全球视野下的东亚农业文明"，议程包括 5 月 23 日上午的开幕式及大会主题报告、5 月 23 日下午和 5 月 24 日的分组讨论。5 月 23 日上午，会议开幕式由中国农业历史学会秘书长、中国农业博物馆研究所所长胡泽学研究员主持。南京农业大学副校长董维春教授致欢迎词。中国农业博物馆副馆长王一民教授、日本代表团团长庄司俊作教授、韩国代表团团长苏淳烈教授分别代表中、日、韩农史学会致辞。南京农业大学中华农业文明研究院院长王思明教授主持会议。

　　中国农业科学院作物科学研究所佟屏亚研究员、日本北海道大学白木泽旭儿教授、韩国全北大学苏淳烈教授分别以"全球视野下华夏稻作技术的贡献及其危机""日本侵华战争期间华北地区的农业问题""韩国现代农业技术的转变"为题作大会主题报告。来自复旦大学、南京大学、南京农业大学、中国农业大学、西北农林科技大学、华南农业大学、郑州大学、陕西师范大学、南开大学、四川大学、吉林大学、中国农业博物馆、中国科学院、中国农业科学院，日本联合国大学、京都大学、东京大学、北海道大学、东京外国语大学、日本学术振兴会，韩国釜山大学、全北大学、首尔大学、韩国农村经济研究所以及美国普渡大学近70所高校与科研机构的120余名专家学者出席了此次研讨会。其中，女性学者25人，日本代表16人、韩国代表9人。

第13届东亚农业史国际学术研讨会取得了圆满成功，与会代表们围绕农业史总论、农业科技史、农业经济史、农村社会史和农业文化遗产保护等内容，就东亚农业文明的形成、发展和交流以及东亚农业科学与技术史体系等各种问题作了报告，并提出了具有很多富有创建的学术观点，充分交流和讨论了相关领域的最新研究。为了反映和彰显此次国际学术研讨会的丰硕成果，大会承办方决定出版会议论文集，以飨学界同仁与相关学术爱好者。

从2001年开始至今，东亚农史国际学术会议已历13届，逐步发展成一个定期举办、有巨大影响力的重要国际会议。我们是在研究历史，同时也是在书写历史，通过定期举办这样的会议，真诚地希望为东亚各国悠久的农业文化交流事业开拓出更加宽广的合作领域，促使东亚农业文明生发新芽、结出硕果。另外，经大会组委会商讨决定，第14届东亚农业史国际学术研讨会将于2016年9月在日本京都同志社大学举行。

中华农业文明研究院

2016年3月28日

目　录

农业史总论

农业技术史

农业经济史

农村社会史

农业文化遗产

农业史总论

海岱地区后李文化生业经济的研究与思考

吴文婉[*]

（常州博物馆，江苏 常州 213022）

摘 要：近年来，后李文化多处遗址相继开展了动植物、生物化学分析等工作，为探讨后李文化的生业经济提供了重要的信息和证据。后李文化的生业经济模式仍以传统采集狩猎方式为主、兼顾植物栽培驯化和家畜驯养。粟、黍和稻是后李先民的栽培植物组合，猪和狗是驯养的家畜；而低水平食物生产是后李文化生业经济的主要特点，海岱地区人类进行低水平食物生产的时间至少可以追溯至距今 9 000 年，其后数千年间食物生产逐步强化，且低水平食物生产还存在不同的发展阶段。

关键词：后李文化；生业经济；低水平食物生产

一、引 言

早全新世的植物利用是旧石器时代晚期狩猎采集经济向新石器时代农业经济过渡的关键阶段，植物利用方式和内容直接影响了后续农业经济的发展方向。西亚对野生大麦和小麦等的利用导致了大麦和小麦的栽培和农业起源[①]，东亚对野生稻和狗尾草等的利用则导致了稻作农业和粟作农业的起源和发展[②]。目前，对于大麦和小麦从野生到驯化过程已经有比较明确的认识[③]，对稻作农业起源的过程也已经做了较多探讨[④]。相比之下，粟作农业起源的研究还比较欠缺[⑤]，其原因主要是缺乏早期野生植物利用阶段和初期植物栽培阶段的考古证据。近年来在磁山、南庄头和东胡林、柿子滩等距今万年左右的遗址已经发现一些线索，显然，更多考古发现对于进一步探索粟作农业起源具有重要意义。

在黄河下游地区，尽管已经发现了扁扁洞[⑥]等更早的遗存，但后李文化仍是目前山东所见明确的新石器时代早中期文化遗存之一[⑦]。后李文化距今 9 000～7 000 年，主要分布在鲁北泰沂山系北麓的山前冲积平原地带，范围大致东起淄河，西到长清，已发现遗址十余处。此外，兖州西桑园遗址下层也发现了类似遗存皖北的小山口和古台寺也发现了相似遗存。

---

[*] 【作者简介】吴文婉（1987— ），女，博士，常州博物馆研究人员，研究方向为植物考古

① M. A. Zeder. The Origins of Agriculture in the Near East, *Current Anthropology*. 2011，52（S4）

② a. C. D. Joel. The Beginnings of Agriculture in China：A Multiregional View, *Current Anthropology*. 2011，52（S4）；b. Z. Zhao. New Archaeobotanic Data for the Study of the Origins of Agriculture in China, *Current Anthropology*. 2011，52（S4）；c. 赵志军：《从兴隆沟遗址浮选结果谈中国北方旱作农业起源问题》，《东亚古物（A 卷）》，文物出版社，2004 年：第 188－199 页

③ a. K. -i. Tanno，G. Willcox. How Fast Was Wild Wheat Domesticated?, *Science*. 2006，311（5769）

b. O. Bar-Yosef. Climatic Fluctuations and Early Farming in West and East Asia, *Current Anthropology*. 2011，52（S4）；c. O. Bar-Yosef, A. Belfer-Cohen. The origins of sedentism and farming communities in the Levant, *Journal of World Prehistory*. 1989，3（4）

④ a. D. Q. Fuller, *et al.* Evidence for a late onset of agriculture in the Lower Yangtze region and challenges for an archaeobotany of rice, In：S. - M. A., *et al.* （eds.） Past Human migrations in continental East Asia. Matching Archaeology, Linguistics and Genetics, Routledge, 2008；b. D. Q. Fuller, *et al.* The Domestication Process and Domestication Rate in Rice：Spikelet Bases from the Lower Yangtze, *Science*. 2009，323（5921）；c. M. K. Jones, *et al.* Origins of Agriculture in East Asia, *Science*. 2009（324）；d. D. Q. Fuller, *et al.* An Evolutionary Model for Chinese Rice Domestication：Reassessing the data of the Lower Yangtze region, In：S. -M. Ahn, *et al.* （eds.） New Approaches to Prehistoric Agriculture, Sahoi Pyoungnon，2009

⑤ S. A. Weber, *et al.* Millets and their role in early agriculture, *Pragdhara*. 2008（18）

⑥ 王守功等：《山东省沂源县北桃花坪扁扁洞石器时代遗址》，载于《中国考古学年鉴（2005）》，文物出版社，2006 年：第 239－240 页

⑦ 栾丰实：《海岱地区考古研究》，山东大学出版社，1997 年

考古学研究表明，后李文化已经存在定居聚落[1]，社会组织结构可能处于母系大家族的阶段[2]。以往研究多认为可能处在较原始的刀耕火种阶段[3]，而新观点认为后李先民是一个正从狩猎采集捕捞经济向农业经济转变的人群，聚落除狩猎采集和捕捞等主要的生计手段外，还出现了初级的食物生产活动[4]。后李文化在农业起源中具有重要地位[5]，其与同时期其他文化群体联系密切[6]，在生计方式上表现出一定共性。

积累材料是认识和研究海岱地区这一文化群体、乃至中国北方早期农业萌发和发展过程的重要环节。近年笔者通过张马屯、西河、六吉庄子等多个遗址的工作获得了更多后李文化生业经济的一手资料，本文将通过系统梳理包括植物、动物、古生物分析和生产工具等方面的成果与最新收获，对海岱地区后李文化的生业经济模式及早期人类社会低水平生产进行考察，提出一些初步认识，求教于方家。

二、后李文化动植物资源的开发与利用

（一）植食结构与植物资源的开发利用

西河、月庄、张马屯、六吉庄子、前埠下、小荆山和彭家庄等遗址的研究案例显示这一期先民植食组合十分丰富，主要来自采集的野生资源和因地制宜进行特定植物的栽培。

开发利用大量野生植物资源是后李文化诸遗址的共同特点。浮选工作发现了禾本科、豆科、藜科、莎草科、唇形科、茜草科、十字花科、罂粟科、蓼科、榆科、马齿苋属、酸浆属、楝木属、葡萄属、桑属、李属、蔗草属、薹草属小叶朴、野西瓜苗和芡实等，涵盖草本、木本和水生植物，具有食用、药用、生产材料等用途。植硅体、淀粉粒等微体遗存分析发现了块根块茎、坚果类、禾本科（包括小麦族）等植物的遗存。野生植物在后李文化发展过程中始终占据了重要地位。在开展浮选工作的遗址中，野生植物种类在年代最早的张马屯遗址中最丰富，占可鉴定植物大遗存总数近99%，在西河和月庄遗址中也超过了60%。六吉庄子遗址的淀粉粒中90%以上为野生植物资源，虽然石磨盘、磨棒加工植物的种类并不能代表聚落植食的全貌，但其反映的大规模采集野生植物资源当是不错的。

禾本科植物种子是可食野生植物中数量较多的一类，包括了黍亚科、早熟禾亚科、狗尾草属、马唐属和牛筋草等，这些植物多见于史前考古遗址，常与植物栽培活动相关。淀粉粒分析还普遍发现小麦族植物，虽无法确定具体种属，但小麦族作为禾本科植物里重要的一类，可能是古人最早采集利用的野生植物资源之一。相关研究表明，在中国旧石器时代晚期就可能对小麦族的某些植物进行采集[7]。豆科、藜科等可被食用，也可作为饲料等其他用途。酸浆属、桑属、李属、葡萄属、橡树等植物的果实是常见的野生植物资源，其中葡萄属在各遗址中的出现频率很高，数量突出，西河遗址还发现了山桃。这些植物结实多，除能为古人果腹外还能提供一定的水分、糖分等摄入。

微体遗存分析还在月庄、西河、六吉庄子等多个遗址发现了利用坚果类和块根块茎类植物的证据，其中块茎类有疑似贝母属的水生植物，结合炭化遗存中发现的芡实等，指示了该时期古人对水生植物资源的开发利用。六吉庄子遗址从复原的植物种类及其所占比例来看，先民最大的植食来源来自野生谷物和块根块茎类[8]。西河、月庄等聚落背山面水，水源条件便利，对水生资源的获取顺理成章，特别是西河遗址，该遗址大量鱼类水生动物遗骸的出土印证了聚落对水生资源的依赖。至于橡子等坚果类植物更是

① 中国社科院考古研究所：《中国考古学·新石器时代卷》，中国社会科学出版社，2010 年：第 151 页
② 马良民：《后李文化西河聚落的婚姻、家族形态初探》，载于山东大学东方考古研究中心编：《东方考古》（第 1 集），科学出版社，2004 年：第 65 – 74 页
③ 中国社科院考古研究所：《中国考古学·新石器时代卷》，中国社会科学出版社，2010 年：第 154 页
④ 靳桂云：《后李文化生业经济初步研究》，载于山东大学东方考古研究中心：《东方考古》（第 9 集），科学出版社，2012 年：第 579 – 594 页
⑤ a. D. Q. Fuller. Contrasting Patterns in Crop Domestication and Domestication Rates：Recent Archaeobotanical Insights from the Old World，*Annals of Botany*. 2007，100（5）；b. C. D. Joel. The Beginnings of Agriculture in China：A Multiregional View，*Current Anthropology*. 2011，52（S4）
⑥ 栾丰实：《海岱地区考古研究》，山东大学出版社，1997 年
⑦ 万智巍等：《江西万年仙人洞和吊桶环遗址蚌器表面残留物中的淀粉粒及其环境指示》，《第四纪研究》2012 年，第 32 卷第 2 期
⑧ 吴文婉：《中国北方地区裴李岗时代生业经济研究》，山东大学博士学位论文，2014 年 6 月

旧石器时代以来古人采集食用的最主要植物性食物来源之一，后李文化先民对这类野生植物的利用是毋庸置疑的。

除上述可被人类食用的部分外，还有可供药用的植物种类，如张马屯和西河都发现了野西瓜苗，张马屯遗址还出土数量较多的小花扁担杆和紫堇属种子。先民对这些具有药用功效植物的具体使用部位和方法已经不得而知，但这类种子突出的数量暗示了它们与古人的生活息息相关。而西河、张马屯等发现的椋木属等植物可能不被食用，而是用来制作工具等，是后李先民进行资源生产的一个内容。

（二）肉食结构与动物资源的开发利用

从西河、张马屯[①]、月庄[②]、前埠下和小荆山[③]等经过系统动物考古统计分析的遗址来看，动物遗存都比较丰富，种类大多一致，包含哺乳动物、软体动物、鱼类、鸟类和爬行动物等。软体动物和鱼类均为淡水种属，说明聚落周围应有较大面积淡水水域以供渔猎。楔蚌、丽蚌等贝类的大量出现表明当时的气候比较温暖、湿润，降水丰富，也再次佐证聚落附近具有能适于这类软体生物生存的流水环境。狐、野猪、鹿类等常栖身于灌木丛或山林之中，它们的频出指示了遗址周围的森林或树林植被环境。后李先民对这些动物资源的利用主要是为了获取肉食，在获取肉食后利用剩下的动物遗存来饲养狗和制作一些生产生活用品[④]。

多个遗址的动物群组合都是以野生动物为主的，前埠下遗址就以梅花鹿等野生动物数量最多[⑤]。不论从可鉴定标本数还是从最小个体数来看，野生动物（以哺乳动物为主）在各个遗址中都贡献了60%以上的肉食来源[⑥]。其中数量较多的鹿类骨骼和鹿角制品显示这类动物在后李先民生活中的重要地位，它们为人类提供肉食，也同时是各类生产工具的重要原料。除陆生野生动物外，水生资源也是当时人类肉食蛋白的重要来源，特别是前埠下等遗址发现的水生贝类、鱼类资源种类十分丰富。

以上都显示后李文化聚落依山傍水，所处微环境中有茂密的树林（森林）和充沛的淡水水域，野生动物资源比较丰富，先民们依靠狩猎野生哺乳动物、捕捞水生动物来获取足够的肉食资源。狩猎和捕捞是这一时期先民最重要的生计方式，同时辅以猪、狗家畜驯养。

在狩猎、渔猎为主要生计方式模式下，不同聚落对于动物对象各有青睐。对后李文化数个遗址动物遗骸的类别统计显示鱼类在西河遗址中更突出，月庄遗址鱼骨数量也较多，都发现了鱼骨集中出土的大灰坑。月庄遗址哺乳动物遗骸比重很高，应是狩猎活动的反映。前埠下、小荆山遗址则发现数量较多、种属庞杂的淡水蚌类。说明贝类、鱼类和野生鳖类等肉食在聚落中占据了一定比例，渔猎活动应十分频繁。相比而言，张马屯遗址哺乳、爬行动物都相对较多，鱼类资源最少，而软体动物遗存比重明显高于其他两个遗址，因此，对于张马屯聚落先民而言，水生动物资源也是他们取食的重要对象，只不过他们可能更倾向于贝类。

三、后李文化的食物生产实践

（一）粟作农业起源的重要线索

研究表明中国北方数个粟作起源核心区域的农耕传统并不是单一的作物、人群传播的结果，而是不

---

① 宋艳波：《海岱地区新石器时代的动物考古学研究》，山东大学博士学位论文，2012 年 4 月：第 9 – 10 页、67 – 68 页
② 宋艳波：《济南长清月庄 2003 年出土动物遗存分析》，载于北京大学考古文博学院等编：《考古学研究》（七），文物出版社，2008 年：第 519 – 531 页
③ 孔庆生：《小荆山遗址中的动物遗骸》，山东省文物考古研究所等：《山东章丘市小荆山遗址调查、发掘报告》（附录），《华夏考古》1996 年第 2 期
④ 宋艳波：《海岱地区新石器时代的动物考古学研究》，山东大学博士学位论文，2012 年 4 月，第 128 页
⑤ 孔庆生：《前埠下新石器时代遗址中的动物遗骸》，载于山东省文物考古研究所等：《山东潍坊前埠下遗址发掘报告》附录一，《山东省高速公路报告集（1997）》，科学出版社，2000 年：第 103 – 105 页
⑥ 宋艳波：《海岱地区新石器时代的动物考古学研究》，山东大学博士学位论文，2012 年 4 月：第 68 页

同地域先民的适应性发展成果[①]。后李文化作为黄河下游地区早期粟作农业的重要载体之一，成为探索这个地区粟作农业起源的重点，寻找如东胡林、柿子滩等一类早期遗址便成为研究的突破口。山东地区已经发现了扁扁洞等年代更早的遗址，但仍缺乏更多的研究。关于后李文化生业经济的证据主要来自济南市周边的数个遗址，年代在距今8 000年前后。近年发掘的张马屯遗址在文化面貌上与后李文化相近而年代更早，处于北方粟作农业起源和发展的重要阶段[②]，自然应成为探讨该地区早期粟作农业的重要线索。

从植物遗存本身来看，后李文化的粟类作物已经脱离了"野生"的队伍，是人类主动种植以获取稳定食物的对象。张马屯遗址的黍较粟多，这些炭化粟、黍与同出的狗尾草属种子在形态与尺寸上明显不同，但与年代稍晚的大地湾、兴隆沟遗址的同类遗存相近，可见9 000BP时粟类植物已经处于早期栽培的阶段。对大麦、小麦和水稻小穗轴基盘的研究表明作物的驯化进程是十分缓慢的，很可能持续了至少2 000～3 000年的时间[③]。淀粉粒分析也暗示着粟的驯化进程可能持续了很长一段时间[④]。

新石器时代早中期数千年间粟类植物驯化表现在种子尺寸上的增长速度并不明显、其进程很缓慢。尽管张马屯遗址初显驯化特点的粟和黍在数量和出土概率上都很低，却暗示了栽培活动出现和聚落食物获取方式的特点即开始了食物生产。随后的1 000多年，粟、黍的形态和尺寸或没有发生太大变化，月庄遗址30粒炭化黍的长、宽、厚均值为1.5、1.0和1.0毫米[⑤]，在形态上较兴隆沟的炭化黍短而窄，粒厚相当，与仰韶时代早期的黍相比则较瘦[⑥]，从侧面反映出月庄遗址的黍还处于栽培过程中籽粒演化的较早阶段。但月庄遗址的粟类遗存在数量上明显大幅提升，这应是人类对粟类作物栽培、驯化与利用进一步强化的证据。

作为中国北方传统的农作物，粟和黍无疑应该是后李先民植食的组成，尽管二者呈现从早到晚逐步增加的发展趋势，但它们对整体食谱的贡献很有限。小荆山遗址人骨以及月庄遗址动物骨的C、N稳定同位素分析显示粟作为一种C_4植物仅对先民直接蛋白质的摄入贡献了约25%的比重，其余均来自C_3植物和动物资源[⑦]。这表明粟作农业在当时人类的生活方式中尚未占据主导地位，采集、狩猎或驯养家畜才是当时先民的主要生计模式。值得注意的是，后李先民可能最早栽培的也是黍，但由于炭化遗存数量很有限，目前尚无法进一步验证。随后在整个文化发展过程中，先民对粟的关注有所提高，不论是炭化种子还是淀粉粒、植硅体都发现了粟的踪迹，其普遍性在某些聚落中较黍突出。但黍在月庄遗址的出土概率和数量百分比分别达到44%和38.1%，这两个数值都是所有植物遗存中最高的，可见黍在月庄人的植物性食物中具有绝对优势，仍受到重视和食用。

更新世末期—全新世早期的气候波动可能促使了中国北方的聚落向野生粟类植物栽培的发展[⑧]。在此背景下，人类对某些野生植物的利用进一步促进并支持了定居聚落的稳定、人口的增长和团结[⑨]，进而走向农业生产。西亚地区农业的出现就源于对野生植物（如野大麦和野生扁豆）的栽培，时间可追溯至11 000BP的前陶新石器时期阶段，而中国的农业起源似乎也遵循了同一模式[⑩]。同时越来越多证据表明在驯化植物出现形态变化的数百年前，人类已经主动地改造当地生境和管理生物群落来增加某些具有经济

① Bettinger R. L., *et al.* The Origins of Food Production in North China：A Different Kind of Agricultural Revolution. *Evolutionary Anthropology*, 2010, 19 (1)

② Liu X. Y., *et al.* River valleys and foothills：changing archaeological perceptions of North China's earliest farms. *Antiquity*, 2009, 83 (319)：82－95

③ a. Tanno K. -i., *et al.* How Fast Was Wild Wheat Domesticated?. *Scinece*, 2006, 311 (5769)：1886; b. Fuller D. Q., *et al.* The Domestication Process and Domestication Rate in Rice：Spikelet Bases from the Lower Yangtze. *Science*, 2009, 323 (5921)：1607—1610; c. Fuller D. Q. Contrasting Patterns in Crop Domestication and Domestication Rates：Recent Archaeobotanical Insights from the Old World. *Annals of Botany*, 2007, 100 (5)：903－924

④ Yang X. Y., *et al.* Early millet use in northern China. *Proceedings of the National Academy of Sciences*, 2012, 109 (10)：3726－3730

⑤ （加）Cary W. Crawford 等：《山东济南长清月庄遗址 2003 年植物遗存初步分析》，《江汉考古》2013 年第 2 期

⑥ 如北阡遗址，见王海玉：《北阡遗址史前生业经济的植物考古学研究》，山东大学硕士学位论文，2012 年 5 月：第 32 页

⑦ Hu Y. W., *et al.* Stable isotope analysis of humans from Xiaojingshan site：implications for understanding the origin of millet agriculture. *Journal of Arhcaeological Science*, 2008, 35 (11)：2960－2965

⑧ Bar-Yosef O. Climatic Fluctuations and Early Farming in West and East Asia. *Current Anthropology*, 2011, 52 (S4)：S175－S193

⑨ Cohen. D. J. The Beginnings of Agriculture in China：A Multiregional View. *Current Anthropology*, 2011, 52 (S4)：S273－S293

⑩ Zhao Z. J. New Archaeobotanic Data for the Study of the Origins of Agriculture in China. *Current Anthropology*, 2011, 52 (S4)：S295－S306

效益的植物资源的利用[①]。

在考古学上一个明显的证据就是各种农田伴生杂草的出现。包括张马屯等在内的多个遗址发现的杂草类种子基本为禾本科种子，其中有黍亚科和狗尾草属等旱地农田杂草类型，西河遗址还发现了稗属等水田环境的杂草类型。杂草种子的大量出现可能与早期的食物生产有密切关系，它们的频出表明人类主动进行耕种并对栽种的对象进行照料[②]，最终这些杂草可能被早期栽培者与农作物一起收获而进入遗址。西亚大麦、小麦的早期栽培也伴生着大量的野生植物[③]，这可能正是早期植物栽培或者说农业起源阶段的一个共同特点。

（二）稻作农业的新发现与挑战

水稻遗存是后李文化生业经济研究最重要的发现之一。西河遗址的炭化稻占种子总数的 36.6%，出土概率为 30%，月庄遗址水稻的百分比为 11.9%，但出土概率仅为 4%。从数量百分比来看，水稻似乎在西河聚落的食物组合中份额更重。此外，如果从粟（黍）和稻的颖果大小和丢掉被捡拾的可能性分析，稻都优于粟（黍），因此事实上稻在这两个聚落食物组合中的比重可能更高。炭化水稻遗存在西河和月庄遗址都是集中出土，先民对水稻显然是珍而重之的，在聚落中辟有专门的区域（灰坑）来储藏或处理这些水稻。

从考古学背景看，西河遗址的稻遗存可能是已经驯化的，但由于缺少小穗轴的佐证，目前很难判断这些炭化稻的属性，同时水稻种子的形态也尚未呈现明显的驯化特征。尽管如此，研究者仍然指出西河遗址的水稻有可能已经被人类栽培了，如与水稻同出的莎草属、蔗草属等湿地环境的植物类型指示了聚落周围有适合喜湿植物生长的环境，而稗属等农田杂草种子的出现，同样指示了这些稻是栽培稻的可能性。同样，月庄遗址的水稻大大超出了野生稻原生地的范围，参考同时期的跨湖桥遗址中有近一半水稻属于不易脱粒类型的情况来看，我们有理由推测月庄的水稻可能也是人类栽培的产物。通过判别公式的检验[④]，月庄遗址的水稻在尺寸和粒形上都更接近现代野生稻，可能仍处于稻谷驯化的早期。

虽然现代生物学调查显示现代野生稻的分布范围不会超过长江流域[⑤]，但也有学者认为山东高地北缘在温暖湿润的全新世早期可能有野生稻分布[⑥]。因此，要回答后李文化时期海岱地区是否有种植水稻的可能性就需要更多全新世气候、植被复原的研究来支持。另外从考古学文化发展与交流的其他遗存表现去寻找线索，如有学者认为如果非本地栽培，这些栽培稻就可能是外地传来的[⑦]，是人群迁移的结果[⑧]，有可能是从裴李岗文化传播过来的[⑨]。

近年来，在江苏泗洪顺山集遗址就发现了 8 000BP 左右的水稻遗存[⑩]，在该遗址壕沟内属于第二期的堆积内发现了较多来自水稻的植硅体，包括大量来自稻壳的乳突型植硅体和少量来自茎叶的哑铃型和扇型植硅体[⑪]，这与西河遗址发现最多为稻壳植硅体的情况一致。顺山集遗址地理位置更靠南，不排除当地

---

① a. Ehud W. , *et al.* Autonomous cultivation before domestication. *Science*, 2006, 312（5780）：1608；b. Willcox G. , *et al.* Late Pleistocene and early Holocene climate and the beginnings of cultivation in northern Syria. *The Holocene*, 2009, 19（1）：151 –158

② Zeder M. A. The Origins of Agriculture in the Near East. *Current Anthropology*, 2011, 52（S4）：S221 –S235

③ a. Willcox G. , *et al.* Late Pleistocene and early Holocene climate and the beginnings of cultivation in northern Syria. *The Holocene*, 2009, 19（1）：151 –158；b. Willcox G. , *et al.* Early Holocene cultivation before domestication in northern Syria. *Vegetation History and Arhcaeobotany*, 2008, 17（3）：313 –325

④ 赵志军等：《考古遗址出土稻谷遗存的鉴定方法及应用》，载于湖南省文物考古研究所编：《湖南考古辑刊》（第 8 集），岳麓出版社，2010 年：第 268 –276 页

⑤ 庞汉华等：《中国野生稻资源》，广西科学技术出版社，2002 年：第 5 –7 页

⑥ Fuller D. Q. , *et al.* Consilience of genetics and archaeobotany in the entangled history of rice. *Archaeological and Anthropological Sciences*, 2010, 2（2）：115 –131

⑦ Crawford W. G 等：《山东济南长清区月庄遗址发现后李文化时期的炭化稻》，载于山东大学东方考古研究中心编：《东方考古》（第 3 集），科学出版社，2006 年：第 247 –250 页

⑧ 张弛：《论贾湖一期文化遗存》，《文物》2011 年第 3 期

⑨ 栾丰实：《海岱地区早期农业的几个问题》，载于《庆祝何炳棣先生九十华诞论文集》编委会编：《庆祝何炳棣先生九十华诞论文集》，三秦出版社，2008 年：第 340 –347 页

⑩ 林留根等：《江苏泗洪顺山集发现距今八千年环壕聚落》，《中国文物报》2012 年 11 月 23 日第 008 版

⑪ 笔者对顺山集遗址壕沟内 TG10 和 TG7 两个剖面进行植硅体分析，在两个剖面都发现了丰富的水稻乳突型植硅体，水稻扇型和哑铃型数量较少。其他还见平滑棒型、刺棒型、哑铃型、扇型、方型、长方型、帽型等其他类型植硅体。分析结果正在整理中

栽培水稻的可能性，由此或许可以推测来自裴李岗文化的人群经由苏北或是苏北地区与后李文化同时期的人群向北迁徙带来水稻或水稻种植？显然这种推测还需要大量工作来论证。但不论这些栽培稻的原生地在哪，它们显然已经是后李文化时期部分聚落先民重要的植食组成，他们对这些水稻进行加工、储藏和食用，与本地种植的粟类作物搭配食用。

（三）家畜饲养与驯化

后李文化聚落已呈现了一定的定居状态，多处遗址均发现数量有限的猪遗骸。张马屯遗址的猪年龄全部在 1.5 岁以上，其中 75% 大于 2 岁，结合 M_3 的测量数据分析，该遗址的猪可能也处于驯化早期阶段的家养动物。西河遗址的猪可能已经被驯化了，但形态特征还处在驯化的初期，需要注意的是，西河先民们在人工饲养猪的同时也会继续狩猎野猪，因此，从出土材料上很难区分出家猪和野猪。这种情况同样出现在月庄遗址，该遗址 2 岁以上的猪个体占了总数的 72%，死亡年龄有集中分布的现象，但同位素分析显示月庄遗址有部分猪骨遗存来自家猪[①]。这个结果与动物遗存研究的结论互相印证补充，说明在后李文化时期，至少月庄聚落的先民已经开始驯养家猪了。

从猪骨形态、M_3 测量数据、死亡年龄结合陶制猪塑、猪上颌骨随葬等考古学文化现象看，后李时期先民已开始驯化家猪，但饲养水平还很有限、处于家猪驯化初始阶段，已有的几个统计数据显示，家猪为聚落居民贡献的肉食量并不太多。如在月庄遗址中，就可鉴定标本数而言，即使将遗址中的猪都视为家猪也仅占哺乳动物总数的 28%；从哺乳动物最小个体数来看，即使猪和狗全部为家养动物，野生动物仍然以 61% 的比例占据主要位置[②]。

狗在这一时期已经被驯化，西河、张马屯和月庄等遗址发现的一定数量带有肉食类动物啃咬痕迹的骨骼可能也是狗啃咬跟腱造成的，狗与人的关系应十分密切；但这一时期饲养的狗并不一定被人所食用，如从月庄遗址灰坑内埋葬完整的狗骨架等行为来看，狗可能已经被用于祭祀或其他特殊用途，也可能承袭旧石器时代以来的模式，狗很可能依旧是人类狩猎活动的有力助手[③]。

四、结　语

在延续旧石器时代采集狩猎经济的大背景下，后李先民进行动植物驯化和农业生产是广谱的、系统的人类改造生境和生物群落的结果，人类进行这些活动目的是追求动植物资源的经济利益，这种"人类生态位构建"[④] 的实践活动广泛存在世界各地，山东高地全新世早期的聚落也不例外。低水平食物生产作为新石器时代早中期人类生产实践的一个普遍特点近年来正逐渐广泛被学界认可接受，后李文化时期人类有意识的社会生产显然属于低水平生产的范畴。低水平食物生产作为一种人类社会经济生产的状态在全球范围内持续存在了数千年，在中国也如此。海岱地区人类进行低水平食物生产的时间至少可以追溯至距今 9 000 年，其后乃至大汶口文化时期，多个聚落的生计仍然包含了强烈的采集狩猎成分，但应注意到这个过程中食物生产的逐步强化，即低水平食物生产还应存在不同发展阶段。

① 胡耀武等：《利用 C，N 稳定同位素分析法鉴别家猪与野猪的初步尝试》，《中国科学 D 辑：地球科学》2008 年，第 38 卷第 6 期
② 宋艳波：《海岱地区新石器时代的动物考古学研究》，山东大学博士学位论文，2012 年 4 月：第 10、44、45、67 页
③ 宋艳波：《海岱地区新石器时代的动物考古学研究》，山东大学博士学位论文，2012 年 4 月：第 52 - 53、129 页
④ a. Smith B. D. The ultimate ecosystem engineers. *Science*, 2007, 15 (5820): 1797; b. Smith B. D. Niche construction and the behavioral context of plant and animal domestication. *Evolutionary Anthropology*, 2007, 16 (5)：188 - 199

考古学视角下神农氏的生活时代

王传明*

（长沙市文物考古研究所，湖南 长沙 410005）

摘 要：神农氏是中国上古时期非常重要的传说人物之一，古代文献对其事迹多有记载。汉伏胜、孔安国、班固、郑玄，魏晋宋均、皇甫谧等人的著述中对其倍加推崇，并将其列为三皇之一。虽然汉魏时人对三皇的选择不尽相同，但神农氏却是不变的选择。究其原因，这与神农氏的功绩大有关联。他作为中国农业发端的标志性人物之一，虽久负盛名，但两千多年过去了，仍只存在于古人的文献或传说中。笔者希望他能走出传说，成为信史。近些年考古工作的系统开展，为解决这个问题提供了重要线索。他教民播种五谷、发明耒耜，这就是最好的突破口。

关键词：神农氏；三皇；五谷；耒耜

文献所载传说时代的地点、人物、故事如何与考古学的发现相对应，一直是一个令历史学家和考古学家十分头疼的问题。出土文献还好一些，除了作伪的，其内容还是非常受学界认可的。一旦涉及传世文献，其可信度就要大打折扣了。以古史辨派为代表，对东周以后文献中经、史进行过系统的考证。传说时代的人与事当然也不能幸免，它们大多遭到否定甚至抹杀。笔者无意于对古史辨派的学术倾向做评价，只是想说后世文献中的传说时代并非没有可取之处。文字出现之前的古人的记事方式大致有 3 种：结绳记事、刻画符号或岩画和口口相传，现在一些没有文字的民族仍在使用这些方式。而这些，都是我们这些"文明人"摸不着、看不见、猜不透的。远有钱穆先生"传说之来，自有最先之事实为之基础，与凭空说谎不同"之旧语，近有王巍、李伯谦、何驽、王震中等先生论证山西襄汾陶寺遗址为"尧都平阳"之新例，作为中国农业发端的标志性人物的神农氏走出传说成为信史也不是奢望。

一、古人笔下的神农氏

神农氏的记载，最早见于《周易·系辞下》。另有《庄子》《管子》亦有所记。虽说它们一定不是出于周人之手，但是所陈述的思想与战国后期人的思想并无不合。在此之前，可能虽有神农氏的传说，但只存在于人们的口口相传中。

《周易·系辞下》有云："包牺氏没，神农氏作，斫木为耜，揉木为耒，耒耨之利，以教天下，盖取诸益；日中为市，致天下之民，聚天下之货，交易而退，各得其所，盖取诸噬嗑。①"

另《庄子·盗跖篇》云："神农之世，卧则居居，起则于于，民知其母，不知其父，与麋鹿共处，耕而食，织而衣，无有相害之心，此至德之隆也。②"

《管子·轻重戊篇》云："神农作，树五谷淇山之阳，九州之民，乃知谷食，而天下化之。③"

---

* 【作者简介】王传明（1988— ），男，湖南长沙市考古研究所研究人员
① ［魏］王弼注：《周易注疏》卷十二《系辞下》，选自《十三经注疏》，清同治十年（1871 年）广东书局据武英殿本重刊本
② ［清］王先谦注：《庄子集解》卷八《盗拓》，选自《诸子集成》世界书局，中华民国二十四年（1935 年）
③ ［清］戴望著：《管子校正》卷二十四《轻重戊》，选自《诸子集成》世界书局，中华民国二十四年（1935 年）

《商君书·画策》也说:"神农之世,男耕而食,妇织而衣,刑政不用而治,甲兵不起而王。①"

上面一经三子,已大致勾勒出神农氏的功绩:发明耒耜、始种五谷,教男耕而女织。并且隐隐已有"论资排辈"的苗头,如伏羲氏没而神农氏作,有巢氏之民、知生之民以及神农氏之民的前后传承。后世相关文献大抵是在上述观点的基础上形成的。又恰遭始皇帝的焚书坑儒,今、古文学派争持,加上先秦诸子的融汇,神农氏成为两汉、魏晋时期经、史、纬书中的"常客",而他本人也成为三皇之一。

汉伏胜《尚书大传·略说》云:"遂火为遂皇,伏羲为人皇,神农为农皇也……神农悉地力、种谷疏。故讬农皇与地。②"

汉孔安国《尚书》云:"伏羲、神农、黄帝之书,谓之三坟,言大道也。③"

东汉高诱所注《吕氏春秋·诬徒》也有所载,其注云:"伏羲、神农、女娲也……(注女娲当在神农前)。④"另高诱注《淮南子·修务训》云:"古者民茹草饮水,采树木之实,食蠃蚌之肉,时多疾病毒伤之害。于是神农乃始教民播种五谷,相土地之宜燥湿肥饶高下,尝百草之滋味,水泉之甘苦,令民知所避就。当此之时,一日而七十毒。⑤"

东汉班固《白虎通·号》云:"三皇者,何谓也?谓伏羲、神农、燧人也。或曰伏羲、神农、祝融也……谓之神农何?古之人民皆食禽兽肉,至于神农,人民众多,禽兽不足,于是神农因天之时,分地之利,制耒耜,教民农耕,神而化之,使民宜之,故谓之神农也。⑥"

东汉郑玄所注《尚书中侯·敕省图》亦有所载,其注云:"伏羲、女娲、神农三代为三皇。⑦"

《世本·三皇世系》注云:"孙氏曰:伏羲、神农、黄帝是为三皇"⑧。孙氏即为东汉孙检。

魏宋均所注《礼纬含文嘉》云:"三皇虑戏、燧人、神农⑨",《春秋运斗枢》云:"差德序命,伏羲、女娲、神农是三皇也⑩",《礼稽命徵》云:"三皇三正,伏羲建寅,神农建丑,黄帝建子。至禹建寅宗伏羲,商建丑宗神农,周建子宗黄帝。所谓正朔三而改也⑪"。

蜀谯周所《古史考》云:"伏羲、神农、黄帝为三皇⑫"

晋皇甫谧《帝王世纪》云:"伏羲、神农、黄帝为三皇⑬"

还有一例勉强算作出土文献,但其重要性使人不得不提。山东嘉祥武梁祠的右壁刻三皇、五帝画像。据榜题可知,三皇为伏羲氏、祝融氏和神农氏。神农氏榜题为"神农氏,因宜教田,辟土种谷,以振万民。"

隋唐之后的文献就不一一列举了,它们多是辑录,而无新的内容。从先秦、汉魏文献来看,神农氏更像是一位"平民"英雄,他衣着朴素,手持工具,躬耕于田地间。不仅如此,他的功绩也是朴素的,甚至不带有一点点的神话色彩,这与祝融撞不周山、女娲造人和补天等形成强烈地对比。可以说,他是生逢其时;也可以说,他开创了这个时代。

---

① [清]严可均校:《商君书》第十八《画策》,选自《诸子集成》世界书局,中华民国二十四年(1935年)
② [汉]伏胜撰:《尚书大传》卷五《略说》,选自《四部丛刊》上海商务印书馆,民国八年(1909年)
③ [汉]孔安国传:《尚书正义·尚书序》,选自《十三经注疏》,清同治十年(1871年)广东书局据武英殿本重刊本
④ [汉]高诱注:《吕氏春秋》卷第四《诬徒》,选自《诸子集成》世界书局,中华民国二十四年(1935年)
⑤ [汉]高诱注:《淮南子》卷十七《修务训》,选自《诸子集成》世界书局,中华民国二十四年(1935年)
⑥ [汉]班固撰:《白虎通德论》卷上《号》,选自《汉魏丛书》
⑦ [汉]郑玄注:《尚书中侯》卷中《敕省图》,选自《玉函山房辑佚书》
⑧ [汉]《世本》,选自《汉魏遗书钞第三集》
⑨ [魏]宋均注:《礼纬含文嘉》,选自《玉函山房辑佚书》
⑩ [魏]宋均注:《春秋运斗枢》,选自《玉函山房辑佚书》
⑪ [魏]宋均注《礼稽命徵》,选自《玉函山房辑佚书》
⑫ [蜀]谯周撰:《古史考》,选自《龙溪精舍丛书》中国书店,民国六年(1907年)
⑬ [晋]皇甫谧著:《帝王世纪》,选自《丛书集成初编》商务印书馆,中华民国二十五年(1936年)

二、耒耜与五谷的发现

神农氏（图1）的传说虽然朴素，但信息量却是非常大的。它包含了被马克思命名为生产力三要素的全部因子：劳动力、劳动工具和劳动对象。劳动力即神农及神农氏之民；劳动工具即他发明的耒耜；劳动对象即五谷。笔者相信，秦汉、魏晋的古人应该是没有生产力这个概念的。但他们如此完美的构建了这个理论，比马克思足足早了两千年。我们甚至可以作出更大胆的假设，这个传说是真实存在过的，因为它是如此的鲜活。

图1　神农氏画像和榜题

（一）耒耜释义与发现

《说文解字》云："耒，手持曲木也。从木推丰。古者垂作耒耜以振民也。"《说文》虽无耜字，但"耦"字释义有提："耦，耜广五寸为伐，二伐为耦。①"按说，我们可以循着这释义去寻找实物了，古人所说的"按图索骥"大概也就是这个道理，但是有新的问题冒出来了。

首先，许慎为东汉人，此时的耒耜与早期形制是否存在差异；其次，耒耜到底为一农具的不同部件还是两种不同的农具。这两个问题，自汉至今一直存在着争论。作为一个考古人，我们喜欢用实物说话。先介绍发现，再作解答（图2~图4）。

耒在史前时期的发现有8例，三代及以后发现不予统计。相对时代跨越有4 000年而言，这些发现确实是有点少了，其中还包括4例只发现使用痕迹而未发现实物的。但其分布范围还是很广的，北到河北，南至湖南，东抵江苏，西达甘肃。

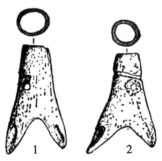

图2　骨耒（海安青墩出土）

耜的发现有43例（同一遗址不同时期地层的发现算多例）。从考古发现来看，有些石犁也应该是耜，但限于时间原因，未能对石犁一一甄别。所以，史前阶段耜的发现数量还是不少的，并且它的材质也比

---

① ［汉］许慎著：《说文解字》

较丰富，有石、骨、木、蚌等；分布范围也比耒更广阔，北至内蒙古，南到福建，东抵浙江，西达四川。耒耜的发现情况按照时代制表如表1。

图3　木耒（常州圩墩出土）

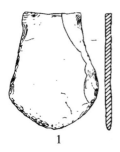

图4　耜

1. 石耜（林西水泉）2. 骨耜（余杭河姆渡④层）3. 骨耜（余杭河姆渡②层）

表1　耒耜的发现

时　代	耒	耜
裴李岗时代（8000—7000 年 BP）	河北武安磁山 湖南澧县八十垱 陕西宝鸡关桃园	内蒙古林西井钩子西梁 内蒙古巴林右旗塔布敖包 河北易县北福地 浙江余姚田螺山 陕西宝鸡关桃园
仰韶时代（7000—5000 年 BP）	江苏海安青墩 江苏常州圩墩 河南陕县庙底沟 陕西临潼姜寨	内蒙古林西白音长汗（赵宝沟文化） 内蒙古林西水泉 内蒙古敖汉旗小山 内蒙古敖汉旗杜立营子（赵宝沟文化） 内蒙古林西白音长汗（红山文化） 内蒙古赤峰红山后 内蒙古巴林右旗那斯台 内蒙古翁牛特旗三星他拉 内蒙古巴林右旗查日斯台嘎查 内蒙古科左中旗哈民忙哈 内蒙古敖汉旗杜立营子（红山文化） 辽宁建平五十家子 辽宁建平敖包山 山西襄汾邓曲 河北三河孟各庄 河南洛阳西高崖 河南灵宝北阳平 河南淅川沟湾 湖北枣阳雕龙碑 江苏连云港二涧村 江苏海安青墩 浙江余姚田螺山 浙江余姚河姆渡①②③④层

（续表）

时　　代	耒	耜
龙山时代（5000—4000 年 BP）	甘肃广河齐家坪	山西襄汾丁村 陕西甘泉史家湾 江苏连云港二涧村 浙江余杭吴家埠 浙江宁波慈湖 浙江海宁徐步桥 福建闽侯溪头遗址 福建闽侯庄边山 四川南充明家嘴 四川江津王爷庙 四川江津干溪沟 四川江津羊坝滩
时代不明		江苏连云港大村 江苏连云港花果山乡新华村 江苏连云港海州白鸽涧

　　耒的出现可能是突然性的，并且是多点分布的（图5）。武安、澧县、宝鸡三地的距离均超过800千米，在交通如此发达的今天，步行的话至少要170小时才能从一个地点到另一地点。所以，很难说耒在哪个地点最早出现，并影响了其他地点的发明。这一时期，耜的发现情况也不比耒乐观，林西、易县之间的距离最近也要700多千米，并且四地属不同的考古学文化，而这些文化之间在此阶段并没有明显的互动。

　　仰韶时代可以说是耒、耜大发展的时期，不仅表现在出土地点的增多和出土数量的增多，还表现在出土地点的密集化分布。以辽河上游为例，内蒙古和辽宁两地有相对共时的9个地点都发现了耜，说明此时古人对耒、耜这种工具的需求急剧上升，进而说明以耒、耜为工具的耕作方式出现。余杭河姆渡这一地点的发现也很重要，在河姆渡、马家浜、崧泽文化3个时期的地层中都发现了耜，这说明耜这种工具的使用具有持续性，也说明耕作方式的持久性。另外，发现地点所属考古学文化基本呈扩张的态势，文化之间的互动加强，有些甚至在交界地区形成带有多个考古学文化因素的地方类型。

　　龙山时代耒、耜的发现地点较仰韶时代要少，但有新动向。"少"的主要问题是辽河上游耒、耜的突然消失。众所周知，考古工作时有偶然性的：考古地点是有偶然性的，考古发现也是有偶然性的。我们不可能获得某一地区全部的数据，但也不能因此而否定这些偶然所反映出来的信息。所以，这时耒、耜在辽河上游的消失可能暗示生业经济形态的改变。"新动向"就是耒、耜在黄河上游、长江上游以及东南沿海地区的发现，这表明以耒、耜为工具的耕作方式可能传入这些区域。

图 5　发现的史前时期耒耜的分布

（二）五谷释义与发现

五谷，顾名思义是指人类种植的五种农作物。但就字面意思的这五种农作物，不单现代人不甚知晓，就连秦汉古人也有不同的见解。

太史公在《天官书》中提到八风与麦、稷、黍、菽和麻的相关性，但未指出这就是五谷。《吕氏春秋》一书中也有录，卷末论及农时与禾、黍、稻、麻、菽、麦生长的利害关系，也未指出何为五谷。那究竟何为五谷呢？

> 《周礼·天官·疾医》云："以五味、五谷、五药养其病。"郑玄注曰："五谷，麻、黍、稷、麦、豆也。[1]"
>
> 《楚辞·大招》云："五谷六仞，设菰粱只。"王逸注曰："五谷，稻、稷、麦、豆、麻也。[2]"
>
> 《孟子·滕文公上》云："后稷教民稼穑，树艺五谷，五谷熟而民人育。"赵岐注曰："五谷，为稻、黍、稷、麦、菽也。[3]"

据此可知，至晚在东汉时期，虽然时人尝试对五谷作出解释，但无定论。郑玄所注无稻，王逸有稻而无黍，赵岐亦有稻但无麻。反观太史公和吕氏之言，太史公所列应为京畿地区常见的农作物，因而无稻；吕氏所录博采众家，涵盖天下，故南北作物皆有。可见，古人的出生地一定程度上了决定了他们对五谷的认知。如果拿这个问题去问现代人，这种影响也是存在的吧。但不管怎么说，稷、黍、稻、麻、菽、麦是秦汉古人所熟知的非常重要农作物是没错的，那下面就来看一下它们在史前时期的发现情况吧（图6）。

关于史前农作物的发现情况，《植物考古：种子和果实研究》一书做了极为详尽的资料搜集和统计分析工作，本文大部分数据皆来源于此书[4]。该书出版后的一些新发现，本文尽量搜集，但时间所限，难免有所疏漏。时至今日，上述6种作物的界定也有问题，有的是一物多名，有的是同物异名。本文采用目前学术界较为通行的方式：稷（粟）、黍、稻、麻、菽（大豆）和麦。

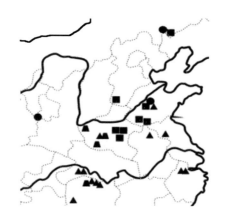

图6 裴李岗时代作物分布示意图

① ［汉］郑玄注：《周礼注疏》卷五《天官·疾医》，选自《十三经注疏》，清同治十年广东书局据武英殿本重刊本
② ［宋］朱熹著：《楚辞集注》卷七《大招》
③ ［清］焦循著：《孟子正义》卷七《滕文公下》，选自《诸子集成》世界书局，中华民国二十四年（1935年）
④ 刘长江，靳桂云，孔昭宸：《植物考古：种子和果实研究》，科学出版社，2008

早在距今 8 000 年的前裴李岗时代，长江中下游地区的湖南澧县彭头山、道县玉蟾岩、江西万年仙人洞就有水稻遗存的发现，但它们是否为驯化稻是一个还有争议的问题，故本文不予考虑。除去稻，其余 5 种作物的出现也不是同时的。在裴李岗时代，只发现了稷、黍、稻。虽然也发现了豆类遗存，但是研究表明，这时的豆类应该是野生的①，故不述。从分布图来看，稷、黍、稻都是呈点状分布的。稷的发现有 11 例，除兴隆沟遗址位于辽河上游外，均位于黄河中下游地区。黍有 3 例，三地相距较远，位于辽河上游、黄河下游。稻有 12 例，除月庄遗址在黄河下游外，其余多位于长江中下游和淮河下游地区。这一时代的发现虽少，但已初露粟作农业和稻作农业的端倪，以淮河为一线，淮河以北绝大部分为稷、黍为代表的北方旱作农业；淮河以南则基本为稻为代表的水田农业。北不见稻，南不见稷、黍，这可谓在裴李岗时代就为秦汉已降的"五谷异物"埋下了伏笔。

在仰韶时代，文献所列五谷全部出现（图 7）。这时较裴李岗时代，出土地点增多，分布范围扩大，黄河上游、珠江流域都有相关的发现。不仅如此，发现地点呈密集化分布。稷的发现有 19 例，黄河上中下游、辽河上游乃至长江中游都有发现。黍有 9 例，位于黄河上中下游和辽河流域。稻有近 60 例，此时黄河流域、珠江流域也有以下发现，但主要仍分布于淮河下游、长江中下游地区，且呈密集化分布。以环太湖地区为例，就有相对共时的近 20 个地点有发现。麻仅河南荥阳清台 1 例。豆有 4 例，都位于黄河中下游地区。麦也仅有青海民和官亭胡李家 1 例。虽然麻、麦的发现都仅有 1 例，但不管怎么说，秦汉文献所载"五谷"在仰韶时代晚期终于都齐全了。并且粟作农业和稻作农业的界限也再那么泾渭分明：黄河上中下游都有水稻的发现，长江中游有粟。当然这其中的因素是多样的，可能是人口迁徙，也可能是贸易。但不管怎么说，各个文化区的互动应该是频繁存在的。

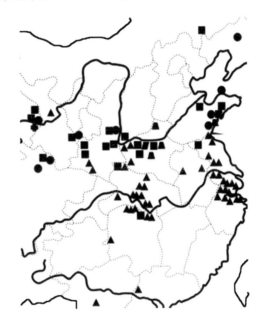

图 7　仰韶时代作物分布示意图

到龙山时代，发现地点继续增多，分布范围继续扩大，西南、华南地区都有发现（图 8）。稷的发现有 40 余例，除仰韶时代地域外，中国东北、西北和西南都有发现。黍有 19 例，分布无大变化。稻有 80 余例，从分布情况来看，其一方面向东南沿海延伸，另一方面继续向北延伸至山东半岛—临汾盆地一线。

---

① 吴文婉，靳桂云等：《古代中国大豆属（Glycine）植物的利用与驯化》，《农业考古》2013 年，第 6 期：第 1–10 页

麻有 3 例, 分别位于黄河上游和辽河上游。豆有 13 例, 基本分布于黄河中下游地区。麦有 7 例, 多分布于黄河流域。如果说仰韶时代作物呈密集化分布的话, 那么这个时代可称为向心式的集聚。一方面是这些地点向中原地带的靠拢。如果我们将分布图与《禹贡》九州进行对比的话, 这些地点很多都在九州之内。另一方面是作物的集聚。一个地点发现 3 种、4 种乃至 5 种作物。这说明, 五谷在这个时代不再陌生, 已经进入 "寻常百姓家" 了。

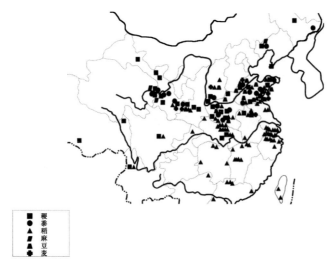

图 8　龙山时代作物分布示意图

三、结　语

作为传说时代的三皇之一, 神农氏的功绩在秦汉古人的眼中是朴素的。朴素的让我们不敢将其与其他二皇进行比较。但正是这份朴素让我们相信他的事迹不是无根之木、无源之水。循着他发明耒耜、始教民五谷的功绩, 通过对史前时期的相关发现进行梳理, 笔者认为神农氏生活的应为仰韶时代晚期至龙山时代早期。这一时期呈现出一种向外扩张和向内集聚共存的态势。众所周知, 植物的利用和驯化是一个漫长的过程, 与其说神农氏发明了耒耜、五谷, 倒不如说他控制了耒耜、五谷以及神农氏之民, 进而对周边产生影响。虽有 "神农作, 树五谷淇山之阳" 之语, 但本文未对神农氏生活地域予以讨论, 以免于 "张冠李戴" 之嫌。本文仓促而就, 有些虎头蛇尾, 错漏之处, 请大家予以批评指正。

文明肇始：中国农业早期发展与
黄河流域文明先行[*]

刘壮壮[**] 樊志民

（西北农林科技大学中国农业历史文化研究中心，陕西 杨凌 712100）

摘 要：中国原始农业的发展经历了一个较为漫长的历史过程，在最初的几千年里各地农业的发展始终徘徊在一个较低的水平，只有进入黄河流域的龙山文化时代以后，才突破了这一低水平的发展，出现了文明的曙光。中国农业的起源只要在条件适宜的情况下任何地域都可以发生农业，故而形成了中国农业起源地遍布辽河—黄河—长江—珠江流域的地域分布特征；中国各地的农业起源以后，由于受到气候等复杂因素的影响，各地农业的发展在时空特征上又不尽相同，不同地域的农业文化不断的发生迁徙和流变，甚至中断；然而，在这种迁徙流变的过程中，黄河流域大约在距今4 500年前后，首先突破了这种低水平的发展模式，开始出现国家的初始形态，进入文明时代。

关键词：农业起源；地域特征；时空特征；黄河流域；文明肇始

中华文明的出现同农业的起源和发展具有密不可分的关系，从二者的发展路径来看，农业的起源是文明出现的前提，原始农业的进一步发展又促进了文明的出现和发展。张光直认为，中国文明形成的特点是以农业为经济基础的[①]；刘兴林认为，农业发展是古代文明形成的根本原因，是古代文明社会发展的基础和动力[②]；余伟超，张居中认为，中华文明的形成已有四五千年，在距今5 000～10 000年则为这个文明形成的孕育期，而其最主要的基础就是农业的发生及其发展[③]。可见，大部分学者均认同农业的发生及其早期的发展对中华文明的出现具有重要意义。

然而，关于中华文明的源头到底在哪里，学术界却争论颇多，诸多学者根据各地的考古发现，或认为在辽河流域、或认为在长江流域、或认为在黄河流域。笔者认为，这些争论均未能够从中国农业的起源和早期发展路径上来思考中华文明的起源，割裂了整体与局部的关系。本文拟从中国农业的起源、发展的路径、时空特征等角度出发，以揭示黄河流域的原始农业为何能够突破几千年的低水平发阶段，而成为中华文明的肇始地。

一、地域与起源：中国农业起源的时空分布特征

随着近代考古学在中国的兴起和发展，中国早期的农业起源和早期农耕遗迹的发现不断由黄河流域，拓展至长江流域、辽河流域、珠江流域等，农业起源的时间也不断被上溯至距今万余年前后。在此基础上，我国的考古学工作者把中国的考古学文化划分为六大区系类型，即以燕山南北长城地带为重心的北方，以山东为中心的东方，以关中、晋南、豫西为中心的中原，以环太湖为中心的东南沿海，以环洞庭

---

* 【基金项目】教育部哲学是社会科学研究重大课题攻关项目"中华农业文明通史"（项目编号：13JZD036）

** 【作者简介】刘壮壮（1988— ），男，西北农林科技大学人文社会发展学院研究生，研究方向为农业开发与边疆治理、农业考古；樊志民（1957— ），男，西北农林科技大学人文社会发展学院教授，博导，中国农业历史文化研究中心主任，研究方向为区域与断代农业史、中华饮食文化、中华农业文明通史

① 张光直：《中国文明的形成及其在世界文明中的地位》，《燕京学报》1999年第6期
② 刘兴林：《史前农业的发展与文明的起源》，《农业考古》2004年第3期
③ 余伟超，张居中等：《以原始农业为基础的中华文明传统的出现》，《农业考古》2001年第03期

湖与四川盆地为中心的西南部，以鄱阳湖——珠江三角洲为中轴的南方[①]。在"满天星斗"的新时的考古发现中，几乎都有早期先民进行农业生产的遗迹。

（一）稻作起源与稻作农业区基础奠定

20 世纪 80 年代以来，关于稻作农业的起源和发展的研究有了重大的突破。稻作农业起源于我国的长江流域，并以此为中心形成了向周围扩散传播的"稻米之路"[②]。

根据仙人洞、吊桶环第二期遗址的研究表明，早在距今 20 000 ~ 15 000 年前以采集渔猎经济为主的时代，原始先民就已经开始利用和驯化野生稻[③]，仙人洞第三期（距今 15 000 ~ 12 000 年）西区 3C1A 层中，不仅仍发现野生稻植硅石，且开始出现人工栽培水稻的植硅石，禾本科花粉数量也自而上逐渐增加[④]，吊桶环遗址第四期的 B、C 层和仙人洞上层文化晚段逐层出土的稻属植硅石中，则以人工栽培为主，彭适凡等据此推测当时的稻作农业已有一定发展。[⑤] 钱塘江上游的上山文化遗址（距今 11 400 ~ 8 500 年）中，发现了大量磨盘、磨棒等加工工具[⑥]，发掘者认为尽管采集和狩猎仍然是上山文化不可忽略的经济方式，但原始的稻作农业在上山遗址中已经开始[⑦]。

距今 9 000 ~ 7 000 年前，地球进入全新世暖期初期，地球气候开始变的四季分明，我国南北的广大地区气候适宜，对农业的起源和发展提供了适应的生存环境。根据考古发现，长江和淮河流域出现了大量有稻作遗存的考古发现，如贾湖文化、八里岗（遗址）、彭头山文化、上山文化晚期、跨湖桥文化早期和顺山集文化等。这些遗址大多处在新时期的早期到中期，根据对遗址的研究发现，虽然采集渔猎经济的在人们的生活所占比重仍然很大，但是稻作已经在原始先民的经济中占有一定的比重。

贾湖文化早期——八里岗遗址的发现显示出前仰韶时代稻作与采集并存的情况，且穗轴分类显示大部分已属于驯化形态，有少量野生型和不成熟型[⑧]。张居中先生认为，受环境和资源影响，这一带先民对水稻的依赖程度要高于长江流域，所以其发展可能还要快于长江流域[⑨]。长流域中下游地区的彭头山文化（距今 9 000 ~ 8 300 年），八十垱遗址发现大量兼有籼、粳、野稻特征的小粒种稻米以及夹有大量炭化稻壳的陶片[⑩]，这表明彭头山文化先民在进行采集、渔猎的同时兼有规模有限的水稻种植[⑪]。长江下游地区的跨湖桥文化（距今 8 000 ~ 7 000 年）早期稻作遗存的小穗轴分析结果显示有 41.7% 属于粳稻型（驯化型），58.3% 属于野生型[⑫]。表明跨湖桥文化遗址的先民，在采集利用野生稻谷的同时已经开始驯化水稻。

根据上述分析，这一时期在长江和淮河流域发现了大量的早期稻作遗存。根据加拿大学者克劳福研究，此时期水稻的驯化、种植和利用的北限，中部地区已经到达了淮河上游（33°N），东部地区到达更靠北的后李月庄遗址（36°N）中，稻子伴着粟也出现了。[⑬]

由上述分期可知，早在距今约 2 000 ~ 15 000 年前以采集渔猎经济为主的时代，我们的先民已经开始利用和驯化野生稻了。随着全新世暖期的到来，温暖湿润的气候为农业的起源提供了优越的自然条件。

① 苏秉琦：《关于考古学文化区系类型问题》，《文物》1981 年第 5 期

② （日）渡部忠世：《稻米之路》，云南人民出版社，1982 年。有关稻作起源的研究成果众多，中国的学者对于水稻种植起源于何时何地仍有一定争议，如：柳子明：《中国栽培稻的起源及其发展》，遗传学报，1957 年 2 卷第 3 期；严文明：《中国稻作农业的起源》，《农业考古》1982 年，第 1、2 期；严文明：《再论中国稻作农业起源》，《农业考古》1989 年，第 2 期等

③ 彭适凡，周广明：《江西万年仙人洞和吊桶环遗址——旧石器时代向新石器时代过渡模式的个案研究》，《农业考古》2004 年第 3 期

④ 彭适凡：《江西史前考古的重大突破——谈万年仙人洞与吊桶环发掘的主要收获》，《农业考古》1998 年第 1 期

⑤ 彭适凡，周广明：《江西万年仙人洞和吊桶环遗址——旧石器时代向新石器时代过渡模式的个案研究》，《农业考古》2004 年第 3 期

⑥ 有关这些加工工具的用途目前尚不明确，学界的争议颇多

⑦ 浙江省文物考古研究所，浦江博物馆：《浙江浦江县上山遗址发掘简报》，《考古》2007 年第 9 期

⑧ 秦岭：《中国农业起源的植物考古研究与展望》，《考古学研究》（九），文物出版社，2004 年，邓振华等：《河南邓州八里岗遗址出土植物遗存分析》，《南方文物》2012 年第 1 期

⑨ 张居中，尹若春等：《淮河中游地区稻作农业考古调查报告》，《农业考古》2004 年第 3 期

⑩ 湖南省文物考古研究所编：《彭头山与八十垱》，科学出版社，2006 年；张文绪，裴安平：《澧县梦溪八十垱出土稻谷的研究》，《文物》1997 年第 1 期

⑪ 裴安平：《彭头山文化的稻作遗存与中国史前稻作农业》，《史前稻作研究文集》，科学出版社，2009 年

⑫ 郑云飞，孙国平，陈旭高：《7000 年考古遗址出土稻谷的小穗轴特征》，《科学通报》2007 年第 7 期

⑬ （加）克劳福德等：《山东济南长清区月庄遗址发现后李文化时期的炭化稻》，《东方考古》（第 3 辑），科学出版社，2006 年

经过几千年艰苦卓绝的努力，在距今 9 000 ~ 7 000 年稻作农业在我国的长江和淮河流域起源，奠定了我国传统农业时期稻作农业区的基本格局。

（二）粟作农业的起源与旱作区的奠定

粟的种植在我国的北方具有重要意义，粟黍类作物是我国传统农业时期北方旱作农业区的代表性作物。早在距今 23 000 ~ 19 500 年的旧石器文化晚期遗址，山西境内的柿子滩晚期和下川文化遗址中就发现了原始先民利用黍族植物的证据。如：柿子滩遗址 S14 地点出土的磨制石器上就发现了小麦族（Triticeae）、黍族（Paniceae）、豇豆属（Vigna）、薯蓣属（Dioscorea opposita）、栝楼属（Trichosanthes kirilowii）等淀粉粒，这表明我们的原始先民已经逐步掌握了粟黍族植物的生长规律，并逐步开始利用；S9 地点（距今 13 890 ~ 8 560 年），出土了石磨盘、石磨棒，对磨制工具使用痕迹的分析表明其用途广泛，而对淀粉粒的研究则进一步表明其用于加工多种植物，如黍亚科（Panicoideae）和早熟禾亚科（Pooideae）。根据考古发现，在距今 12 000 ~ 9 000 年的这一时期内华北地区出现了许多有粟作遗存的遗址，如柿子滩晚期、南庄头、于家沟、东胡林、李家沟，等等[1]。

距今 9 000 ~ 7 000 年，受全新世暖期气候的影响，气候对农业的起源和发展提供了有利条件，在此期间长江和淮河流域发现了大量的稻作遗存的遗址，华北地区也普遍发现有粟作遗存。此时期华北地区的粟作遗存主要分布于河北、山东、河南、内蒙古南部、山东半岛和甘肃东部地区，尤以华北南部和黄淮地区发展程度最高。代表性的考古学文化有磁山、裴李岗、老官台、兴隆洼、后李等[2]。距今 7 000 年前的磁山文化遗址出土了石斧、三足或四足的石磨盘、石磨棒以及石镰等生产工具[3]，还发现了藏有大量粮食的地窖，佟伟华根据地窖中的粮食遗存推测磁山窖穴中可储藏 10 万斤（1 斤 = 0.5 千克）粟[4]；裴李岗文化出土了斧、铲、镰、磨盘和磨棒为组合的生产工具呈现出一套完整的生产过程[5]；老官台文化是渭河流域最早的新石器时代文化，从发掘的生产工具和制陶工艺水平来看，农业还处在原始阶段；[6] 兴隆洼文化中期的遗址中出土了比较丰富的人工栽培的炭化粟和黍的遗存，并且全部驯化，发掘者据此推测兴隆洼文化中期已经出现了原始的农业经济。因此，辽河流域和长城沿线地区可能也是中国古代文明和早期旱作农业的中心之一。[7]

根据上述分析可知，在大约距今 9 000 ~ 7 000 年前，粟作农业在我国华北地区已经普遍发生，朱乃诚先生认为华北是粟作农业的起源地[8]，石兴邦先生认为粟作农业的起源地应该在华北地区，并且认为源头应在黄河中游黄土地带寻找，如中条山、太行山南麓北山山系南沿、山麓与台塬之间的地带[9]，严文明先生也认为黄河中游是粟作农业的起源地[10]，赵志军通过对兴隆洼文化的遗存研究认为粟作农业起源于西辽河流域[11]。尽管有关粟作农业的起源地，学界仍存争议，但是一个不争的事实是这一时期粟作农业在北方地区发生了，并且奠定了传统农业时期北方旱作农业区的基础。

综上所述，在距今 9 000 ~ 7 000 年，我国南北的广大地区发生了农业。在此期间，虽然各农业类型尚未成熟，各农业区的界限还较为模糊，北方的旱牧格局尚未形成，旱稻之间的过渡带还处于动态变化中，但是南北农业格局基本形成（图1）。从时间上来看，南北方农业起源大体一致，都可追溯至万余年前后；从空间上来看，农业起源之初，南稻—北粟的农业格局基本奠定。北方草原地区的游牧区的形成在时间上要稍晚。

① 夏正楷等：《我国北方泥河湾盆地新——旧石器文化过渡的环境背景》，《中国科学 D 辑：地球科学》2001 年第 5 期；夏正楷等：《黄河中游末次冰消期新旧石器文化过渡的气候背景》，《科学通报》2001 年第 14 期

② 张居中，陈昌富，杨玉璋：《中国农业起源与早期发展的思考》，《中国国家博物馆馆刊》2014 年第 1 期

③ 陈文：《论中国石磨盘》，《农业考古》1990 年第 2 期

④ 佟伟华：《磁山遗址的农业遗存及其相关问题》，《农业考古》1984 年第 1 期

⑤ 王吉怀：《从裴李岗文化的生产工具看中原地区早期农业》，《农业考古》1985 年第 2 期

⑥ 甘肃省考古研究所：《秦安大地湾—新石器时代遗址发掘报告》，文物出版社，2006 年：第 704 - 705 页

⑦ 中国社会科学院考古研究所内蒙古第一工作队：《内蒙古赤峰市兴隆沟聚落遗址 2002—2003 年的发掘》，《考古》2004 年第 7 期

⑧ 朱乃诚：《中国农作物栽培的起源和原始农业的兴起》，《农业考古》2001 年第 3 期

⑨ 石兴邦：《下川文化的生态特点与粟作农业的起源》，《考古与文物》2000 年第 4 期

⑩ 严文明：《东北亚农业的发生与传播》，《农业发生与文明起源》，科学出版社，2000 年：第 35 - 43 页

⑪ 赵志军：《从兴隆沟遗址浮选结果谈中国北方旱作农业起源问题》，《东亚古物（A 卷）》，文物出版社，2004 年：第 189 - 199 页

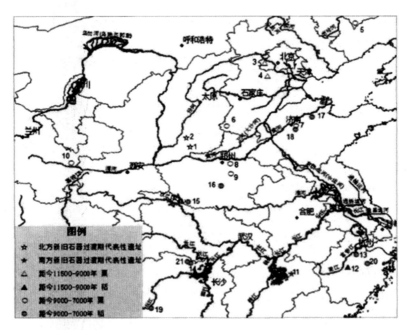

图1 主要稻作—粟作遗存时空分布示意图

1. 下川 2. 柿子滩 3. 东胡林 4. 南庄头 5. 兴隆洼 6. 磁山 7、18. 月庄 8. 裴李岗、沙窝里、西坡 9. 丁庄 10. 大地湾 11. 仙人洞、吊桶环 12. 上山 13. 跨湖桥 14. 彭头山 15. 八里岗 16. 贾湖 17. 西河 19. 高庙 20. 小黄山 21. 八十垱

资料来源：张居中，陈昌富等：《中国农业起源与早期发展的思考》，《中国国家博物馆馆刊》2014年01期

二、迁徙与流变：中国早期农业发展的时空演变

根据目前的考古研究，农业起源以后并没有在某一地区固定下来，并一直延续下去。无论是长江流域、黄淮流域，还是辽河流域的各种文化遗存都出现了被替换的现象。造成这种替换的原因很多，比如外族入侵、气候变迁、疾病、饥荒等都可能造成早期先民迁徙他处。从一地迁徙到另一处，就会将他们的生产经验和技术带到另一处。原始农业就是在不断的迁徙和流变中相互交流，最后在黄河流域汇聚并扩大，为中华文明的肇始奠定了基础。

（一）气候与迁徙：气候变迁对早期农业发展的影响

史前地球的气候变迁，对人类生存和农业的发展都具有重要影响。根据国内外学者的研究发现，万余年来地球的气候发生了许多重要变化，对人类的生存文明的发展产生了重要影响。第四纪末期，新仙女木事件导致的降温结束以后，地球气温开始上升，地球气候开始变得四季分明，温暖湿润，我国南北相继进入了新石器时代。根据英国气象学 Folland 的研究，地球在距今 8 000 ~ 4 500年，气温经历了一个长期持续上升的时期，并在很长时期内处于历史平均温度之上。这时期被称作"全新世暖期（altithermal）"，这一时期地球温度可能较现代高 1 ~ 3℃，欧洲学者又其为称为"气候最宜期（climate optimum）"。显然，这一时期中低纬度地区气候炎热，尤其是赤道地区高温对人类的生存构成了威胁，而在中纬度、中高纬度地区的气候则变的温暖湿润，草原地带变的更加广阔。在中国中高纬度地区的气候雨热同期，温暖湿润，为农业的发生和发展创造了适宜的条件。

人类的远距离迁徙早于我们可知的时间，在此气候条件下，我们可以推断，人类在此期间应当经历了一个由低纬度向高纬度迁徙的过程。在此之前，低纬度地区起源的农业，或者由于气候炎热部族北迁而中断，或者由于自然物质条件变得丰饶，采集渔猎也可以满足生存需要，故而发生退化。此时的中高纬度地区，则由于气候温暖湿润，变得更适应人类生存，大体具备了农业发生的自然条件，农业在中高纬度地区普遍发生。目前的考古发现也可证明此种推想，根据我国考古学文化区系年表来看，此时期北纬30°以南地区的"农业遗存"明显少于北纬30°以北的中高纬度地区①。距今5 000～2 500年气温又有所下降，中高纬度的人们又向南迁移进入黄河流域，中高纬度农业衰落；距今2 500～2 200年气候又逐步转暖，中纬度地区农业又逐渐向周边扩张。在这样一个迁移过程中，中纬度的黄河流域就成为汇聚南北农业生产经验的重要地区，故而这一区域最早绽放出中华文明的曙光。

（二）发展与交汇：旱稻混作区的形成和发展

历史时期，我国南北受纬度地带性的影响，形成了3种不同的农业类型，即以长城为界限的游牧业和旱作农业和以秦岭—淮河为界的旱作农业和稻作农业类型。这3种农业类型之间的界限较为明显基本固定。然而，这两条线在史前环境变迁条件下并不固定，一直处于动态变化之中。因此，受史前环境变迁影响，粟作农业在西辽河流域也很发达，黄淮间甚至形成了旱稻混作的农业区。

农业起源以后，在距今7 000～5 000年，全新世暖期的气候进入高峰期。黄淮间"新石器时代，气候比现代湿润"②，这就为南方稻作农业的发展提供了适宜气候。随着农业的进一步发展，旱作和稻作农业区的基本格局逐步形成。在这一过程中，由于黄淮间的史前环境具备旱稻两类作物共生的生态条件，因此在这一地区逐步形成了一个旱稻混作的农业区。

淮河中游发现稻作遗存的遗址有河南舞阳贾湖遗址、蚌埠双墩遗址、定远侯家寨和霍邱红墩寺遗址等；淮河下游有龙虬庄一期、二期；汉水流域的稻作遗存有西乡何家湾、淅川下王岗等；距今6 000～5 000年，稻作区北移至黄河两岸，主要稻作遗存遗址有：山东济南月庄遗址（属后李文华），浮选出共28粒炭化稻，很可能为栽培稻③；陕西华县泉护村遗址中也发现了炭化稻米④；三门峡南交口遗址中浮选出数粒炭化稻米、加工脱壳的粳米⑤；河南洛阳西高崖遗址中，一件草拌泥杯坯上有稻谷印痕⑥；除此之外，郑州大河村、渑池仰韶村、华县泉护村等地的遗址都发现了稻作遗存。最西北已到达甘肃庆阳（属于仰韶文化）（36°N），研究发现稻作遗存样本中有炭化稻米2 720粒、碎米约2 000粒、炭化稻谷187粒；非籼非粳、具独立特征的栽培稻种类型⑦；黄河稻作区北移后，与传统粟作区交汇，形成了一个稻粟混作区。王星光先生通过研究认为，这个区域自新石器时代早期开始出现，晚期基本形成。大致位于北纬32°～37°，东经107°～120°，东至黄河在渤海湾的入海口，南以淮河为线，西抵伏牛山与秦岭汇合处，北达豫北地区⑧（图2）。

仰韶文化时代，旱稻混作区已经基本形成，龙山文化时代旱稻混作区继续发展，使得我国史前南北农业生产技术和生活交流得以进一步发展。这种交流对于中原地区人口的增加以及农业的发展进步都具有重要意义。混作区的出现既是人口增多对食物数量和质量要求的需要，亦是人类认识自然、改造自然能力进步的表现，还是南北地域文化交流的产物。

（三）交流与融合：仰韶时代史前农业的快速发展

在大约距今7 000～5 000年的时间里，在考古学文化中称为"仰韶文化时代"。据统计，仰韶文化自1921年发现以来，已发现遗址5 000多处，发掘或试掘过的遗址200多处⑨。这一时期华北地区全新世气候适宜期进入高峰期后段，原始农业在前一阶段的基础上继续发展。据目前的研究结果显示，仰韶时代的农业遗存有：距今7 000～6 000年的半坡早期遗址，距今约6 000～5 500年的庙底沟遗址以及距今约

① 苏秉琦：《中国文明起源新探》，人民出版社，2013年：第138－139页
② 邹逸麟主编：《黄淮海平原历史地理》，安徽教育出版社，1993年：第13页
③ （加）Gary W. Crawford，陈雪香，栾丰实，等：《山东济南长清月庄遗址植物遗存的初步分析》，《江汉考古》2013年第2期
④ 徐光冀：《中国考古学年鉴（1998）》，文物出版社，2000年：第228页
⑤ 魏兴涛，孔昭宸等：《三门峡南交口遗址仰韶文化稻作遗存的发现及其意义》，《农业考古》2000年第3期
⑥ 洛阳博物馆：《洛阳西高崖遗址试掘简报》，《文物》1981年第7期
⑦ 张文绪，王辉：《甘肃庆阳遗址古栽培稻的研究》，《农业考古》2000年第03期
⑧ 王星光：《新石器时代粟稻混作区初探》，《中国农史》2003年第3期
⑨ 据20世纪80年代，国家文物局统一组织的全国文物普查统计，仰韶文化遗址陕西2 040处，河南800多处，山西和甘肃各1 000余处，河北、内蒙古、湖北各数十处，宁夏、青海各有数处，合计5 000余处

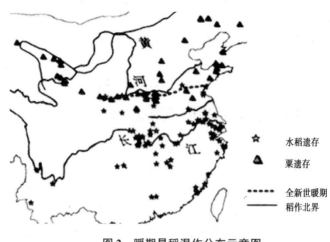

图2　暖期旱稻混作分布示意图

5 500～4 900年的半坡类型晚期。[①]仰韶文化的影响范围十分广泛，北到内蒙古河套地区，南抵鄂北，西到甘青地区，东至豫东平原。仰韶文化与同时期，来自东南西北的各个方向的文化都发生了碰撞和交流。（图3）

图3　仰韶时期各文化间的迁徙流变示意图

甘青地区的马家窑文化同黄河流域中游地区的仰韶文化存在着千丝万缕的联系，二者在时间上马家窑文化稍晚于仰韶文化，都延续近两千年的时间，都有大量彩陶出土，且马家窑文化的彩陶在数量上较仰韶文化更为丰富[②]。虽然二者彩陶反应的文化存在一定差异，但是马家窑文化很可能是仰韶文化的一支迁徙过去而形成的，如张强禄就坚持认为马家窑文化源自仰韶文化[③]。西辽河流域的红山文化是华北地区史前又一重要的农业中心，有着发达的农业和玉器加工水平，但是在距今5 000年前后红山文化消失了，此后该地区代之而起的是北方游牧经济。有关红山文化消失的原因以及这批人最终去了哪里，目前尚不明了，但是笔者认为，红山文化的先民很可能迁入了中原地区，同中原地区的先民融合在一起。

大汶口早期文化遗存中发现了仰韶文化的陶器类型，这说明仰韶文化和大汶口在很早就存在相互联系和交流。据研究在距今5 200～4 500年前，由于大汶口文化的人口增长，势力膨胀及仰韶文化衰弱，部分大汶口人沿颍水及其支流贾鲁河到达中原腹地，继而继续西迁至豫西，乃至更远的地区[④]。据不完全统

---

① 戴向明：《黄河流域新石器时代文化格局之演变》，《考古学报》1998 年第 4 期
② 这一结果也可能同西北地区气候干燥，有利于陶器的保存有关
③ 张强禄：《马家窑文化与仰韶文化的关系》，《考古》2002 年第 1 期
④ 张翔宇：《中原地区大坟口文化因素浅析》，《华夏考古》2003 年第 4 期

计，在中原地区发现的大汉口文化典型墓葬就多达十余座[1]，中原地区含有大汶口文化因素的遗存有60余处[2]。这表明山东地区大汶口文化的先民，在距今5 000年前后的几百年间进入了中原地区，并将它们先进的石器制作技术带入中原，为中原地区农业的快速发展和文明的出现奠定了基础。据靳松安研究认为，自新石器时代中期开始至夏商时期，河洛和海岱地区一直都存在着文化上的往来和交流，相互关系甚为密切，在中国古代文化交流发展史上富有典型性[3]。

大汶口文化同良渚文化也存在紧密的联系，据研究大汶口文化的早期阶段即与江南的崧泽文化有了交往，在吴县草鞋山、上海崧泽出土的崧泽文化彩陶片，与大汶口文化早期彩陶十分相似。大汶口文化在其中晚期则与良渚文化有更密切的交流[4]。大汶口文化和良渚文化，在制陶工艺、玉器骨器的雕刻以及图案符号等许多方面都存在一定的相似之处。此外，马宝春通过对鄂豫陕间新石器时代晚期主要考古学文化的分布、扩散、交流进行研究，认为鄂豫陕之间至新石器时代晚期已经存在许多联系和交流[5]。长江中游地区的屈家岭文化和石家河文化，同中原地区的仰韶文化的交流是鄂豫陕地区新石器时代南北交流的主体。

仰韶时代各部落文化间这种频繁和紧密的交流，使各地生产生活经验得以传播，农业生产技术得以不断进步，至仰韶时代晚期原始农业得以快速发展。仰韶时代中晚期遗址数量明显多于早期，其中，黍主要分布在西北、东北地区；中原地区则以粟作农业为主[6]；西北地区大地湾遗址仰韶时代二期遗存主要为黍，较大地湾一期农业有了较大的发展，加工谷物的碾磨器（包括碾磨石、棒、盘）成倍地增长，至第四期已进入了以农业为主的时代[7]。第二阶段（距今5 900年）人们同时栽培黍和粟，粟和黍不仅为人们食物的重要组成部分，同时也用来饲养狗和猪[8]。可见，此时北方的旱作农业区的分布已经遍布整个华北地区。

北方有辽河上游以红山文化为代表的粟作区，东部有以山东大汶口文化为代表的粟作区，中部黄河流域中游有以仰韶文化为代表的旱作农业区，在西部关中平原和甘青地区有以马家窑文化为代表的旱作农业区。与此同时，在南方稻作农业区在前期基础上进一步发展，分布范围主要位于长江两岸和江淮平原，如大溪文化、马家浜文化、河姆渡文化、屈家岭文化大部、崧泽文化、薛家岗文化，等等。长江中游的大溪文化几乎所有的遗址里都能发现稻作农业的遗存[9]；长江下游的马家浜文化各遗址的孢粉资料显示，当时存在大量禾本科植物；河姆渡文化的稻作遗存更为丰富，稻子基本驯化，还出现了骨耜这种专用于水田的工具。在草鞋山、绰墩和田螺山等遗址中，更是发现有明确的水稻田遗存，还有大量炭化稻谷、稻米，陶器表面也有稻壳和稻谷痕迹[10]。

通过上述分析，我们可以发现在仰韶时代的2 000年里，我国由北到南依次形成了旱作农业区—旱稻混作农业区—稻作农业区的原始农业格局。仰韶文化时代中原地区同周边地区的文化存在紧密的联系和交流。虽然在此期间，中原的仰韶文化同周围的各种文化遗存存在紧密的联系和交流，但是从其发展水平来看，仰韶文化类型的技术水平同周围相比，并不完全处于领先地位。如玉器制作和加工技术明显落后于辽河上游的红山文化和长江下游的良渚文化，而石器制造水平又不及大汶口文化，陶器的遗存又不及甘青地区的马家窑文化丰富。但是，正是这种频繁的交流和融合使得中原地区的农业得以快速发展。

从总的情况来看，仰韶时代无论是生产工具、生产技术、生产规模、生产关系等都较前有所发展。原始农业的繁荣为文明的产生和发展奠定了坚实物质基础，并伴随着日益频繁的南北交流的趋势，不断吸纳得以更新，由此促进这一区域向更高程度的文明社会迈进，又影响和推动着周围地区农业及社会文

---

① 周口地区文化局文物科：《周口市大汶口文化墓葬清理简报》，《中原文物》1986年第1期
② 张翔宇：《中原地区大汶口文化因素浅析》，《华夏考古》2003年第4期
③ 靳松安：《河洛与海岱地区考古学文化的交流与融合》，郑州大学博士学位论文，2005年：第1页
④ 杜金鹏：《关于大汶口文化与良渚文化的几个问题》，《考古》1992年第10期
⑤ 马宝春，杨雷：《新石器时代晚期鄂豫陕间文化交流通道的初步研究》，《江汉考古》2007年第2期
⑥ 刘长江，靳桂云，孔昭宸编《植物考古—种子和果实研究》，科学出版社，2008年：第168页
⑦ 甘肃省考古研究所：《秦安大地湾—新石器时代遗址发掘报告》，文物出版社，2006年：第704－705页
⑧ Loukas Barton et. al, "Agricultural Origins and the Isotopic Identity of Domestication in Northern China," PNAS, vol. 10 (614), 2009, 5523－5528
⑨ 中国社科院考古研究所编：《中国考古学·新石器时代卷》，中国社会科学出版社，2010年：第468页
⑩ 同上

明的发展。在此基础上，仰韶时代的社会形态不断复杂化，到仰韶文化晚期，大部分地区已开始达到酋邦（或古国）时期，文明基因已经孕育①。

三、文明先行：黄河流域的文明曙光

随着仰韶时代各地区间的紧密联系和交流，黄河流域的原始农业生产技术和水平不断提高。仰韶时代晚期，黄河中游的仰韶文化衰落，山东地区的大汶口文化进入中原；西部的马家窑文化以及北部的红山文化也在仰韶时代末期消失，虽然目前证据尚不充足，但是他们很可能也进入了黄河流域；长江流域的屈家岭文化、石家河文化以及良渚文化先后北渐，进入了黄河流域。这样就使得黄河流域成为汇聚来自东南西北各个方向生产经验的地区，为龙山时代黄河流域农业突破农业起源以来几千年较低水平的发展奠定了基础。龙山文化时代黄河流域农业进一步发展，人口数量迅速增加，这就导致了社会结构的进一步复杂化，成为国家和文明出现的前提。

（一）龙山时代农业的繁荣

华北地区经过新旧石器时代的发展至龙山时代，形成了几大主干文化序列。按照地域划分，有陕西省境内老官台—半坡（仰韶）—陕西龙山文化序列、河南境内的裴李岗—仰韶—河南龙山文化列、鲁皖苏交接地带的北辛—大汶口—典型龙山文化序列②。龙山时代陕西境内的主要文化遗存有马家窑文化晚期、齐家文化、客省庄文化二期，河南省境内有王湾三期文化、造律台文化等，山东地区有典型的龙山文化遗存，这些主要的遗存都位于黄河流域，其作物都是以粟为主。

自龙山文化到二里头文化这段时间，中原地区在保持以粟类作物为代表的农业生产和以家猪为代表的家畜饲养的基础上，开始普遍出现水稻和饲养黄牛、绵羊，发现小麦的遗址的数量逐渐增多，由此逐步建立起多品种的农作物种植制度和多种类的家畜饲养方式。③与此同时，长江流域的稻作农业也得到进一步发展，以长江中游的屈家岭文化晚期、石家河文化早期以及下游的良渚文化为代表，稻作农业发展迅速。屈家岭文化晚期和石家河文化早期不断发展进入了中原地区，良渚文化的情况目前尚不清楚，但是北徙的可能性很大。龙山时代，由于气候的稳定和耕作技术的进步促使稻作区继续扩大，稻作最北可到东太堡（37°N）稻粟集中混作区又向北移，甚至比仰韶时代更加靠北④。

龙山时代，较仰韶时期农业技术的一项重大进步是打井技术的发明，打井技术的发明为农业地域向更加广阔的土地拓展提供了便利。这也是仰韶时代几乎所有的遗址都分布在河流沿岸，而龙山时代的遗址不仅在数量上大为增加，在地域上也较仰韶时代范围更加广阔（图4）。在仰韶时代的基础上，龙山时代黄河流域继续与其他地区进行频繁的交流，各地文化在迁徙中不断交流和调整生产技术。在此基础上，黄河流域的粟作农业以及黄淮间的粟稻混作区农业得以迅速发展，为文化的大发展和文明的出现奠定了物质基础。

（二）社会结构的复杂化

根据考古发现和历史学家研究，龙山文化时代与传说中的五帝时代大致相当⑤。龙山时代上承仰韶文化，下启三代（夏商周），是中华文明形成的关键期。龙山时代，随着农业技术的不断发展和进步，中原地区的人口数量急剧增加。在生产技术水平较低的原始时代，人口数量对于聚落的生存和发展具有决定性的意义。人口数量的增加，加快了聚落彼此间的接触和交流，加快了早期部落文化的形成和发展。人

---

① 巩启明：《从考古资料看仰韶文化的社会组织及社会发展阶段》，《中原文物》2001年第5期

② 张之恒：《中国新石器时期文化》，南京大学出版社，1998年：第20页

③ 袁靖：《中华文明探源工程十年回顾：中华文明起源与早期发展过程中的技术与生业研究》，《南方文物》2012年第4期

④ 张居中、陈昌富、杨玉璋：《中国农业起源与早期发展的思考》，《中国国家博物馆刊》2014年1期

⑤ 关于"五帝时代"到底位于哪个历史时段，学界存在一定争议。董立章认为在3706—2146BC，参见：董立章：《三皇五帝断代史》，暨南大学出版社，1999年；许顺湛认为4420—2100BC，许顺湛：《五帝时代研究》，中州古籍出版社，2005年；韩建业与杨新改则认为5000—1900BC，参见：韩建业，杨新改：《五帝时代—以华夏为核心的古史体系的考古学观察》，学苑出版社，2006年

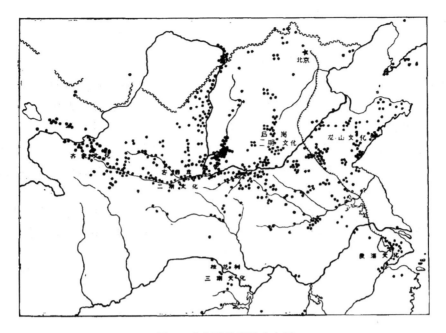

图 4　龙山时代遗址分布图

资料来源：严文明：《龙山文化和龙山时代》，《文物》1981 年第 6 期

口的增加也使社会的分化不断加剧，导致了社会结构的复杂化，为以后中华文明传统的形成，打下一个广阔的基础①。

龙山时代，黄河流域的主要农业遗存有：山东地区的两城类型和城子崖类型；豫东、淮北和鲁西地区的王油坊类型；豫北、冀南和鲁西地区的后岗类型；晋南和豫西地区的三里桥类型；豫西南地区的下王岗类型；豫中和豫东南地区的郝家台类型；陕西中部偏东地区的客省庄类型和陕西中部偏西地区的双庵类型及山西南部地区的陶寺类型。在此基础上，黄河流域中下游出现了八个大聚落群（图 5）。

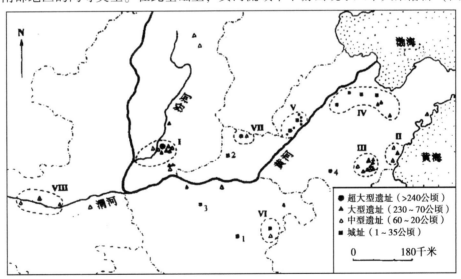

图 5　龙山文化晚期黄河的八个大聚落群

Ⅰ. 陶寺组　Ⅱ. 日照组　Ⅲ. 临沂组　Ⅳ. 鲁北组　Ⅴ. 鲁西组　Ⅵ. 周口组　Ⅶ. 洹水组　Ⅷ. 渭河组　1. 郝家台　2. 孟庄　3. 王城岗　4. 薛故城

资料来源：（加）刘莉，星灿：《龙山文化的酋邦与聚落形态》，《华夏考古》1998 年 01 期

根据考古发现，这些聚落较仰韶时期出现了许多新的文化特征，如大汶口文化和良渚文化的陶器、玉器和骨器上刻画的符号被认为是早期文字的雏形；龙山时代晚期进入了铜石并用的时代，青铜被应用

---

① 俞伟超，张居中，王昌隧：《以原始农业为基础的中华文明传统的出现》，《农业考古》2001 年第 3 期

到小型工具和装饰品的制作中；各地区和部落间的战争十分频繁，以史料记载中黄帝战败炎帝，黄帝大战蚩尤最为著名；从墓葬的随葬品来看，龙山时代已普遍出现了较为严重的社会分化，大墓中的随葬品十分丰富；陶器制作水平进一步提高。

这些新的文化特征，反映出龙山时代社会结构的复杂化，开出现了社会转型的过渡性特征。如刘莉认为，在古代中国最早的国家夏、商、周出现之前，龙山文化便呈现出从平等社会到等级社会的社会转化过程①。陈连开认为，这一时期是龙山文化期向青铜器时代的过渡；在社会发展方面，是从无阶级社会向有阶级社会过渡；在文化发展方面，是从无文字向有文字文明过渡；在国家和民族发展方面，是从部落联盟向国家和民族形成过渡；在中国文献记载方面，是从黄帝至尧舜的五帝向夏商周过渡②。龙山时代表现出的过渡性特征预示着，黄河流域文明的曙光已经出现。

综上所述，中国史前农业的发展受到气候等复杂因素的影响，不同地域的农业文化不断的发生迁徙和流变。最终，黄河流域成为汇聚南北各地生产经验的地区，在距今 4 500 年前后，首先突破了原始农业的低水平发展模式，开始出现文明的初始形态，成为中华文明的摇篮。

---

① （加）刘莉：《龙山文化的酋邦与聚落形态》，《华夏考古》1998 年第 01 期
② 陈连开：《论中华文明起源及其早期发展的基本特点》，《中央民族大学学报（哲社版）》2000 年 5 期

简论羌人对青海农牧业发展的开拓地位*

丁柏峰**

（青海师范大学人文学院，青海　西宁　810008）

摘　要：作为青海境内最早的民族，羌人活动构成了青海早期历史的主线，创造了辉煌灿烂的青海早期文明。古羌人书写了青海游牧社会的开篇，同时还在一些水热条件相对优越的河谷地带兼营农业。其农牧兼营的劳作方式充分利用了不同的自然资源，是古羌人对青海地区的自然环境有了充分认识之后的合理选择。古羌人在青海农牧业发展史上具有"首创"之功。

关键词：羌人；河湟；农牧业

羌是我国民族大家庭中一个历史非常悠久、分布广泛而又影响深远的民族。作为青海境内最早的民族，羌人活动构成了青海早期历史的主线。目前，越来越多的学者将青海地区所发现的卡约文化、辛店文化、诺木洪文化等青铜时代考古学文化视为早期羌人所创造的，[1] "至于时代较早的齐家文化乃至更早的马家窑文化，视之为先羌文化也是大致不误的"[2]。更有学者明确指出，"马家窑文化、宗日文化虽然属于定居的农业生活，但他们也饲养羊、狗、猪等牲畜。在这一时期，羌文化的不少因素已经出现；齐家文化则属于定居向游牧转变时期，也就是羌文化发育、成长的标志时期；而辛店文化、卡约文化、寺洼文化等则是完全走向游牧的时期，即羌文化的相对成型期"[3]。

一、羌人对青海地区畜牧业发展的贡献

学术界普遍认为"青海地区大规模畜牧业的兴起是青铜器时代卡约文化时期的事，至于游牧经济的产生更晚至卡约文化后期"[4]。而青海境内所发现的卡约文化、辛店文化、诺木洪文化等青铜时代的考古学文化均被学术界视为早期羌人所创造的文化。也就是说，是远古羌人用悠悠的羌笛吹奏出了青海畜牧业发展的开篇，在青海畜牧业的发展历史上具有开拓性的"首创"之功。

两汉时期，羌人各部遍及西北，分布地域更加辽阔，"滨于赐支，至乎河首，绵地千里……南接蜀、汉徼外蛮夷，西北鄯善、车师诸国。"[5] 而这一区域的大部分地区水草丰美，适于游牧，为其畜牧业的发展提供了广阔的空间。"自武威以西……地广人稀，水草宜畜牧。故凉州之畜为天下饶。"[6] "（祁连）山张掖、酒泉二界上，东西二百余里，南北百里，有松柏五木，美水草，冬温夏凉，宜畜牧。"[7] 历代史籍提及西北的地理环境时都将"宜畜牧"作为一个主要特征。而羌人最主要的聚居中心——河湟地区，位于青藏高原东部边缘，更是一个草场广阔，牧草丰美的理想游牧之所。"河湟间少五谷，多禽兽，以射猎

---

*【基金项目】教育部人文社会科学研究重点基地重大项目——两千年来西北地区灾荒与灾害地理研究（项目编号：10JJD790035）

**【作者简介】丁柏峰（1972—　），男，天津蓟县人，青海师范大学人文学院、青海师范大学青藏高原文化研究所教授，研究方向为西北区域史及历史地理学

① 周星：《黄河上游史前遗存及其族属推定》，《西北史地》1990 年第 4 期
② 崔永红，张得祖，杜常顺：《青海通史》，青海人民出版社，1999 年：第 19 页
③ 耿少将：《羌族通史》，上海人民出版社，2010 年：第 13 页
④ 崔永红：《青海经济史》，青海人民出版社，1998 年：第 14 页
⑤ 《后汉书》卷 117《西羌传》
⑥ 《汉书》卷 28《地理志》
⑦ 《史记》卷 110《匈奴列传》，索引《西河旧事》

为事，"①是古人对这里生态状况的一个简要概括。基于这样一种地理环境，生活在这里的古羌人"所居无常，依随水草。地少五谷，以产牧为业。"②可以想见诸羌的牧业更趋于发展且成为羌族主要的经济生产方式。③畜牧业生产不仅是羌人的衣食之源，而且为他们提供了必须的生产资料以及运输工具，涉及日常生活的每一个方面。因此，史籍当中在提及羌人的生产方式时才会说他们"以畜产为命"。④

畜种结构，是畜牧业最主要的生产结构。它基本上反映了草原自然生态环境和人类基本需要之间的关系，决定着其他生产结构的状态。放牧的家畜品种直接决定了人类对草地利用方式、程度和效率，也反映草地资源对家畜放养的促进和制约关系。羌人根据青海当地自然条件和生产生活需要，在长期的生产实践中，选择繁育出了许多家畜品种，已经形成了丰富的家畜品种资源和较为复杂的品种结构。"各种类、品种之动物皆因其动物性而有其所宜的生活环境。人们因其环境，选择牧羊特定动物性的牲畜，或经由选种、配种繁殖有特定'动物性'的牲畜，以获得主要生活资料。因此养何种牲畜，每一种应饲养多少，是游牧经济中的重要考虑——这就是所谓畜产构成。"⑤自史前青铜时代以来，有"西戎牧羊人"之称的古羌诸部，就拥有发达的牧羊业，并同时畜养了牛、马、猪、狗乃至骆驼等家畜。羌人对于青海游牧社会的贡献，首推对羊的驯化与繁育。

现代自然科学研究表明，今天青海草原上最主要的畜种——藏系羊，是由野生盘羊驯化而来的。"在全国范围内既是古盘羊的生存区，又是古盘羊现生种——野盘羊的生存区，还是与古盘羊、野盘羊生物学特性、特征（短瘦尾及螺旋形角）相一致的今日藏系绵羊的生存区，西北是唯一的。"⑥这不是偶然的巧合，这主要是古盘羊现生种——野盘羊与现在命名为藏系绵羊的其亲近的血缘关系，"即相互交配能繁殖外型一致的正常后代……古盘羊驯化的古今资源是一脉相传和齐备的。"⑦

家畜的驯化是畜牧业生产先决条件，是人类社会历史演进的里程碑事件。野兽野禽驯化成家畜家禽绝对不是一蹴而就的事情，需要经历漫长的畜种选择和优化。各种野生动物的驯化除了种群资源的存在还必须具备一定的生态条件才能完成。生态条件不仅包括着自然生态条件，还包含着社会经济条件。"在古代氐羌的族群和地域中，社会经济条件对古盘羊的驯化是重大决定力量，施展这种力量的只有古氐羌人。在今天也找不到其他族群了。"⑧

马是古羌人驯养的另外一种重要动物，在卡约文化大华中庄类型中就有用马、牛与羊的腿、足、蹄来殉葬的习俗。不仅反映这些牲畜在他们的日常生计中十分重要，也显示这些牲畜的"移动力"（以其腿、足、蹄为象征）对人们有特殊意义。⑨从某种意义上说，马是游牧民族的象征。马的使用，使游牧业的发展成为可能，马可以运输、曳车、作战、骑射和管理畜群，马可以给人们提供皮、肉、乳、鬃、尾。马强化了牧民的好动心理，加剧了其牧业生活的流动性，扩展了其生活半径。自从有了马，牧民就突破了许多地理限制，可以向远处乃至更远处运动。"马成了流动的家，马可以驮水载粮，人可以在马上打盹，老马识途，撒脱缰绳让马走，它也不会迷路。这样在运动中就不惮跋涉之劳。"⑩马还使游牧民族增大了活动能量，增加了冲杀搏击的勇气，塑造了其骁勇与剽悍的民族性格。

总而言之，乘马使游牧人牧放大群牲畜成为可能，构建了游牧社会的基本结构。在许多游牧社会，牧人都常将移动力强的马群带到较远的草地去放牧，以免它们与牛、羊争食。而牛羊通常放牧在营地附近，就此形成了不同畜种的地域划分。在大华中庄遗址中，男人随葬马骨、女人随葬牛骨，也显示放牧上的两性分工——男人领着马群到较远处放牧，牛、羊在营地附近，由女人及小孩就近看管。近代河湟地区的游牧藏族也是如此。⑪

---

① 《后汉书》卷117《西羌传》
② 《后汉书》卷117《西羌传》
③ 周伟洲：《西北少数民族地区经济开发史》，中国社会科学出版社，2008年：第262页
④ 《汉书》卷69《赵充国传》
⑤ 王明珂：《游牧者的抉择——面对汉帝国的北亚游牧部落》，广西师范大学出版社，2008年：第15页
⑥ 薄吾成：《古羌人对我国养羊业的贡献与影响》，《农业考古》2008年第4期
⑦ 卢得仁：《野生羊原羊及藏羊杂交后代的观察》，1959年，青海省畜牧兽医科学研究所论文
⑧ 薄吾成：《古羌人对我国养羊业的贡献与影响》，《农业考古》2008年第4期
⑨ 王明珂《游牧者的抉择——面对汉帝国的北亚游牧部落》，广西师范大学出版社，2008年：第165页
⑩ 孟驰北：《草原文化与人类历史》，国际文化出版社，1999年：第154页
⑪ 王明珂：《游牧者的抉择——面对汉帝国的北亚游牧部落》，广西师范大学出版社，2008年：第165页

在青海今天的畜牧业品种构成中，马所占的比例已经非常微弱了，与藏系羊的饲养能够相提并论的只有牦牛。牛也是古羌人一个非常重要的畜牧品种，但羌人所牧之牛是否是"牦牛"则在学术界存在较大争议。在《后汉书·西羌传》中有"牦牛羌"的记载，以牦牛为族号说明了这一青藏高原的独特物种已经被羌人所驯化。但从另一个角度也说明牦牛的畜养并不普及，所以才成为区别"牦牛羌"与其他羌人的标志。另外，由"文献记载可知，汉代河湟羌人的生计活动离不开山谷，这个高度（2 000～2 300米）也不适于牦牛饲养。"因此，"许多证据都显示，汉代河湟地区可能没有大量、普遍的牦牛畜养；即使有，其数量可能也相当少，而难以呈现在文献记载及考古遗存上。"

两汉时期的诸羌部落除了畜牧业品种齐备以外，其畜养的牲畜数量也是十分惊人的，畜牧业发达程度远超过今人的想象。从以下《汉书》及《后汉书》中所载的历次汉羌战争中汉军所掳获羌人牲畜的记录，我们可以初步得出一个羌人社会游牧规模的概貌：

1. 神爵元年（公元前61年）：虏赴水溺死者数百，降及斩首五百余人，卤马牛羊十万余头，车四千余两。（《汉书》卷69《赵充国传》）

2. 永光三年（公元前41年）：左将军光禄勋奉世前将兵征讨，斩捕首虏八千余级，卤马牛羊以万数。（《汉书》卷79《冯奉世传》）

3. 建武八年（公元32年）：（来）歙乃大修攻具，率盖延、刘尚及太中大夫马援等进击羌于金城，大破之，斩首虏数千人，获牛羊万余头，谷数十万斛。（《后汉书》卷15《来歙传》）

4. 建武九年（公元33年）：（马）援乃发步骑三千人，击破先零羌于临洮，斩首数百级，获马牛羊万余头。守塞诸羌八千余人诣援降。（《后汉书》卷24《马援传》）

5. 建初二年（公元77年）：烧当羌降，防还京师，恭留击诸未服者，首虏千余人，获牛羊四万余头。（《后汉书》卷19《耿弇传》）

6. 建初三年（公元78年）：斩获千余人，得牛羊十余万头。（《后汉书》卷24《马援传》）

7. 章和二年（公元88年）："斩首虏六百余人，得马牛羊万余头……复追逐奔北，会尚等夜为羌所攻，于是义从羌胡并力破之，斩首前后一千八百余级，获生口二千人，马牛羊三万余头。（《后汉书》卷16《邓训传》）

8. 永元八年（公元96年）：司马寇盱监诸郡兵，四百并会。迷唐惧，弃老弱奔入临洮南。尚等追至高山。迷唐穷迫，率其精强大战。盱斩虏千余人，得牛马羊万余头。（《后汉书》卷117《西羌传》）

9. 永宁元年（公元120年）：上郡沈氏种羌五千余人复寇张掖。其夏，马贤将万人击之。初战失利，死者数百人，明日复战，破之，斩首千八百级，获生口千余人，马牛羊以万数，余虏悉降。骑都尉马贤与侯霸掩击零昌别部牢羌于安定，首虏千人，得驴骡骆驼马牛羊二万余头，以畀得者。（《后汉书》卷117《西羌传》）

10. 建光元年（公元121年）：马贤率兵召卢忽斩之，因放兵击其种人，首虏二千余人，掠马牛羊十万头，忍良等皆亡出塞。（《后汉书》卷117《西羌传》）

11. 阳嘉四年（公元135年）：马贤亦发陇西吏士及羌胡兵击杀良封，斩首千八百级，获马牛羊五万余头，良封亲属并诣贤降。（《后汉书》卷117《西羌传》）

12. 永和三年（公元138年）：马贤将兵赴击，斩首四百余级，获马千四百匹。（《后汉书》卷117《西羌传》）

13. 永和四年（公元139年）：四年，马贤将湟中义从兵及羌胡万余骑掩击那离等，斩之，获首虏千二百余级，得马骡羊十万余头。（《后汉书》卷117《西羌传》）

14. 永和五年（公元140年）：武威太守赵冲追击巩唐羌，斩首四百余级，得马牛羊驴万八千余头，羌二千余人降。（《后汉书》卷117《西羌传》）

15. 汉安三年（公元144年）：赵冲与汉阳太守张贡掩击之，斩首千五百级，得牛羊驴十八万头。（《后汉书》卷117《西羌传》）

16. 延熹八年（公元165年）：（段）颎凡破西羌，斩首二万三千级，获生口数万人，马牛羊八百万头，降者万余落。（《后汉书》卷65《段颎传》）

17. 建宁二年（公元169年）：（段颎）凡百八十战，斩三万八千六百余级，获牛马羊骡驴骆驼四十二万七千五百余头，费用四十四亿，军士死者四百余人。更封新丰县侯，邑万户。（《后汉书》卷65《段颎传》）

从以上两汉史书中的不完全统计可以看出，两汉时期西北诸羌部落主要畜养的是马、牛、羊三种牲畜，此外还有少量的驴、驼等品种。汉军动辄俘获数万、十数万乃至数十万头牲畜，每次战争过后，都是"降虏载路，牛羊满山"①，足见当时羌人社会的畜牧规模已经达到了相当的水平。

游牧是两汉时期羌人经济生活的普遍方式，"逐水草而居""所处无常"是其日常生活的真实写照。"在正常情况下，他们应是依季节变化、并大体上在一个相对固定的区域之内进行轮牧，并非时时处于仅为'逐水草'而无规律的长距离跋涉之中。"②汉昭帝时，汉酒泉太守辛武贤在给皇帝的上奏中提到：

"虏以畜产为命，今皆离散，兵即分出，虽不能尽诛，亶夺其畜产，虏其妻子，复引兵还，冬复击之，大兵仍出，虏必震坏。"③

晓畅羌人情况的辛武贤给皇帝建议，羌人在七月间要分散为一个个小群体，各自寻求水丰草肥之所进行畜牧。此时汉军最好散为小股部队，对其分而击之。冬天，羌人则聚集在越冬草场，就需要动用大部队进行军事打击。从辛武贤的建议可以看出，当时羌人并不是盲目的逐水草，而是有规律可寻的。《汉书·赵充国传》还记载"至冬，虏皆当畜食，多藏匿山中，依险阻"。明确告诉我们，羌人冬天所居之地，与其他季节大为不同。该书的以下一段记载更能说明问题。

"光禄大夫义渠安国使行诸羌，先零豪言愿时度湟水北，逐民所不田处畜牧。安国以闻。充国劾安国奉使不敬。是后，羌人旁缘前言，抵冒度湟水，郡县不能禁。"④

这段记载明确告诉我们，先零羌之所以冒着极大的危险北渡湟水，是为了在湟水之北的广大区域放牧牲畜。这是其游牧生产的特性所决定的，畜牧业转场关系到整个部族的生存，先零羌才会"抵冒度湟水"。

二、羌人对青海地区农业发展的推动

除了畜牧业以外，两汉时期诸羌部落的农业生产在其经济结构中也占有一定比例。《后汉书》中对于河湟地区羌人农业活动的开始有着较为明确的记载。其中《西羌传》云：

"羌无弋爰剑者，秦厉公时为秦所拘执，以为奴隶。不知爰剑何戎之别也。后得亡归，而秦人追之急，藏于岩穴中得免。羌人云爰剑初藏穴中，秦人焚之，有景象如虎，为其蔽火，得以不死。既出，又与劓女遇于野。遂成夫妇。女耻其状，被发覆面，羌人因以为俗，遂俱亡入三河间。诸羌见爰剑被焚不死，怪其神，共畏事之，推以为豪。河湟间少五谷，多禽兽，以射猎为事。爰剑教之田畜，遂见敬信，庐落种人依之者日益众。羌人谓奴为无弋，以爰剑常为奴隶，故因名之。其后世世为豪。"⑤

---

① 《后汉书》卷117《西羌传》
② 周伟洲：《西北少数民族经济开发史》，中国社会科学出版社，2008年：第263页
③ 《汉书》卷69《赵充国传》
④ 《汉书》卷69《赵充国传》
⑤ 《后汉书》卷117《西羌传》

可见，从被奉为河湟羌人鼻祖的无弋爰剑时期开始，羌人就在从事畜牧业的同时兼营农业。史籍中也有很多羌人种麦或汉军从羌人那里虏获谷麦的记载。如赵充国进军河湟之时"皇帝问后将军，甚苦暴露。将军计欲至正月乃击罕羌，羌人当获麦，已远其妻子。"① 在赵充国击败了先零羌以后，又下令让士兵"毋燔聚落刍牧田中。"② 建武九年（公元33年）"朝臣以金城破羌之西，涂远多寇，议欲弃之。"③ 时任陇西太守的马援上奏，"破羌以西城多完牢，易可依固；其田土肥壤，灌溉流通。如令羌在湟中，则为害不休，不可弃也。"结果"帝然之，于是诏武威太守，令悉还金城客民。归者三千余口，使各反旧邑。援奏为置长吏，缮城郭，起坞候，开道水田，劝以耕牧，郡中乐业。"④ 以上记载都说明羌人在从事牧业生产的同时也以农业作为一个重要补充。

赐支河曲的大小榆谷（今青海黄河南岸贵德、尖扎、贵南、同德等县一带）是羌人的一个主要农业区，先零、卑湳、烧当等羌先后据此而部落强大。"自建武以来，其犯法者，常从烧当种起。所以然者，以其居大、小榆谷，土地肥美，又近塞内，诸种易以为非，难以攻伐。南得钟存以广其众，北阻大河因以为固，又有西海鱼盐之利，缘山滨水，以广田畜，故能强大，常雄诸种，恃其权勇，招诱羌胡。"⑤ 永元四年（公元92年）"居延都尉贯友代为校尉。友以迷唐难用德怀，终于叛乱，乃遣驿使构离诸种，诱以财货，由是解散。友乃遣兵出塞，攻迷唐于大、小榆谷，获首虏八百余人，收麦数万斛。"⑥ 可见，这里的农业产量是颇为可观的。

三、几点结论

（一）古羌人书写了青海游牧社会的开篇，在牲畜驯化尤其是藏系羊的繁育上贡献最为突出。"古羌人成功地驯化了古盘羊，育成了古羌羊，又将古羌羊与中亚、近东的脂尾羊不同程度的杂交种羊，奉献给中国各民族。各民族在这样的基础上，培育出中国异彩纷呈，形态性能各异的中国绵羊。古羌人的文化和科学技术对中华民族的融谐和统一起着重要影响。"⑦

（二）在畜牧业作为经济主体的情况下，羌人还在一些水热条件相对优越的河谷地带兼营农业，这对于其部族的壮大起到了至关重要的作用。其农牧兼营的劳作方式充分利用了不同的自然资源，是古羌人对青海地区的自然环境有了充分认识之后的合理选择。

（三）农业生产与畜牧业生产均要受到光、热、水、土等条件的限制，这些条件以及它们之间的不同组合决定了一个地区农牧业的资源禀赋。自然资源的属性不一样，人类的利用方式就会存在巨大的差异。游牧与农耕并不是截然对立的，而是相互依存的，是人类对于不同地理环境所做出的不同响应，二者并没有先进与落后之分。

① 《汉书》卷69《赵充国传》
② 《汉书》卷69《赵充国传》
③ 《后汉书》卷24《马援传》
④ 《后汉书》卷24《马援传》
⑤ 《后汉书》卷117《西羌传》
⑥ 《汉书》卷69《赵充国传》
⑦ 薄吾成：《古羌人对我国养羊业的贡献与影响》，《农业考古》2008年第4期

人类食物结构的演变[*]

张　箭[**]

（四川大学历史文化学院，四川　成都　610064）

摘　要： 人类食物由两大类组成，即植物和动物。原始人类的食物来自渔猎和采集。距今一万年前后，慢慢萌发了原始的畜牧业和农业。由于大自然的原因，世界各地的宜驯化宜农的野生植物的分布是不同的；易驯易畜（xù）的野生动物和鸟类的分布也是不同的，所以，世界上具体作物的分布地区与具体畜禽的饲养地区也是各不相同的。这就使人类的植物动物食物结构在各地区有了差别甚至是较大的差别。地理大发现引发了全球大交流包括农业文明大交流。美洲的各种农作物传入旧大陆，旧大陆的农作物、家畜家禽也传入美洲，新旧大陆的作物畜禽后来也传入新发现的大洋洲。于是，人类的食物结构差别开始慢慢缩小，以后越来越小并渐渐趋于一致。其演变过程基本呈现一个马鞍形。

关键词： 人类食物；渔猎采集；农牧业渔业；食物结构；发展演变

人类食物的结构演变涵盖历史、农史、社会风俗史、饮食文化史、自然科学史等方方面面，比较重要又十分复杂。是故国内外学界都缺乏研究，尤其缺乏涉及林林总总食物的总体性宏观性的概括归纳提炼。有鉴于此，笔者不揣谫陋，率尔操觚，聊做尝试，以就教于方家编辑读者焉。

一、人类的食物

人类必须不断吃食物才能生存和繁衍，否则一周后（不喝水）或十天后（只喝水）便会死亡。从社会学的视角审视，可把人类的食物分为主食、副食、零食和"异食"四类。

主食指粮食，包括大米饭、小米饭、面条、馒头、面包等。部分发展中国家的主食还包括用玉米、甘薯、木薯、马铃薯这些中国人视为粗粮的粮食烹制的食品。副食指下饭的鱼肉蛋蔬菜等。调味品不能充饥，如盐、香料、味精等，一般是做菜肴烹调时用。比如最重要的调味品盐。俗话说"吃尽美味还是盐"，"咸吃萝卜淡操心"，成语"五味杂陈"的一味——均表明了盐和咸味的重要性。但盐、盐开水等并不能充饥。辣椒属于蔬菜，分甜椒和辣椒两大部分。甜椒是地道的蔬菜。辣椒中的辣的那部分许多也用作蔬菜，收获（嫩的）后煎着吃。用作泡菜的、用作调味的那些一只一只的辣椒也可以吃。仅有收获后晾干、焙制、磨成辣椒面的辣椒只用作调味品，不单独吃。所以调味品可归并入副食。

零食指正常饭食以外的零星食品，包括水果、瓜子、其他干果、糖果、糕点、蜜等。糖（白糖、红糖、冰糖、蜂蜜等）即可作调味品，又可作零食，还可作饮料（对于水）。除喝水以外的其他饮料可归入零食，如各种酒、咖啡、可可等。喝茶不能充饥只能解渴，故属于饮水。"异食"是笔者发明的一个概念，指特定时期特定地区特定社会群体怪异的、零星的、偶尔的、部分人才吃的食品。比如昆虫。笔者小时候[①]吃过蚕茧蛹、油炸蝻、蝉，即把捕捉到的蚱蜢、蝉在火上烤熟或在烫油锅里炸熟吃；抗日战争中太行山根据地的军民在形势严重时吃过蝗虫（又叫蚂蚱，烤熟吃），今日亚马孙河流域印第安人的某些原

　*【基金项目】国家社科基金重点项目"15～19世纪的全球农业文明大交流"，项目编号：13AZD004；四川大学中央高校基本科研业务费研究专项学科前沿与学术交叉创新研究项目，项目编号：skzd201407，skqu201215

　**【作者简介】张箭（1955— ），男，四川省成都市人，四川大学历史文化学院教授，博士生导师

　① 指读幼儿园和小学期间，入幼前的事记不清了

始部落还在吃蜘蛛①。在战乱灾荒情况极其恶劣时，一部分人甚至还吃蛆虫。例如，长篇历史小说《李自成》第七卷"洪水滔滔"就描写了明末李自成农民军围攻开封城期间，被困城中的明朝官绅军民有人在万般无奈下被迫吃厕所里的蛆②。另外，在个别地区个别时段个别人群中，也可能存在过养蛆吃蛆的现象。例如，罗马的普林尼曾提到，作为昆虫的蛆若是先用面粉和葡萄酒喂肥，那味道就好得多③。印第安人抽烟、咀嚼古柯叶，东南亚人咀嚼槟榔（果），印度人咀嚼蒟酱叶④，西非人咀嚼可拉果⑤，澳大利亚土著咀嚼皮特里茄（pituri）叶⑥等属于嗜好，不能维持生命，故不能归入某"食"，也不宜立为单独的某"食"。

从生物学的角度审视人类是杂食动物，即以各种动物和植物为食物的动物。因此，人类的食物来自两大类，一类是植物。一些植物经人类驯化栽培后便成为作物。人们养殖和采集的蕈（菌 jùn）类、藻类（如小球藻等）也属于低等植物。一类是动物。

动物属于比较高级的生命物体，比植物—作物复杂多了。我们把它分为五类。第一类是牲畜，来自野兽，如人们今天饲养的猪、马、牛、羊、驴、骡、骆驼、兔和各种鹿。大象一般作为力畜饲养，不供吃食。狗、猫一般作为工作畜。狗用于看家护院等，有时有地也用于肉食。猫用于捕鼠或宠物，一般极少吃猫。第二类是家禽，来自野鸟，如人们今天饲养的鸡、鸭、鹅、鹌鹑、鸽子等。上述家畜家禽又衍生出专供人们食用的次生食品，如奶牛、奶羊产的奶，家禽下的蛋等。第三类便是鱼类，一般分淡水鱼和咸（海）水鱼两大部分。生活在海中的大中型水族类今天人们一般已不再吃食它们了。少数还在捕食它们的国家和民族受到全世界的批评，比如，日本人的捕鲸吃鲸。第四类便是各种水产生物，如各种蚌、蚝、螃蟹、虾子等。海中产的海带、紫菜等属于植物。第五类便是昆虫如蜗牛等和由昆虫衍生的次生食品，如蜜蜂酿的蜜以及我们前面提到的各种异食。昆虫也归于动物。

二、人类获取食物的方法

人类是从类人猿进化而来的，迄今已有几百万年的人类历史了。人类自古以来就吃食上述各类各种食物，但它们的结构比重在不同的历史时期是不同的，人类获取食物的方法和数量更是极不相同的。

在史前时代漫长的原始社会，那时还没有农业和畜牧饲养业，只有渔猎采集经济。人们用极其简陋的木制（中国还有竹制）、石制工具甚至徒手徒脚（拳打脚踢）猎捕各种动物、鸟类，捕捞各种鱼类、蚌类、昆虫，采摘各种农作物的前身的果实籽粒叶片（如野菜）等、采集各种食用蕈（菌）类，用于果腹充饥。而且所有的食物最初都是生食。我国古代典籍记载的传说对此有所反映。《礼记·礼运》曰："昔者……未有火化，食草木之实，鸟兽之肉，饮其血，茹其毛"。

至迟在旧石器时代中期（距今约 20 万年至 5 万年），人类掌握了用火。而且从最初的只是利用、保存天然火（比如自燃火、雷电起火、火山火、熔岩火等）慢慢发展到能人工生火。《韩非子·五蠹》记下了有关的传说："有圣人作，钻燧取火，以化腥臊，而民悦之"。恩格斯推测，"他们大概在十万

---

① 参张箭：《吃蜘蛛与食鸟卵》，《民俗研究》2000 年第 4 期

② 其具体描写见第十八章，载《姚雪垠文集》，人民文学出版社 2011 年版，第 7 卷，第 360－362 页。而且饥民吃蛆是有历史根据的。据清初周在浚（1640—？）《大梁守城记》记载："五城之隅皆有盐坡，坡上生蔓草，民以为美，争攫之。以绢布网红虫，一斤获钱数千，瓦松一斤千钱。粪蛆盈器，亦数百钱。尽则食胶泥马粪。……水虫马粪，皆煤而食之"。转引自姚雪垠：《姚雪垠文集》，第 20 卷"创作手记、提纲、卡片"，第 400 页

③ 见（德）希施费尔德：《欧洲饮食文化史》，吴裕康译，广西师范大学出版社，2006 年：第 69 页

④ 蒟酱叶（pan），又叫蒌叶。常绿木本植物，茎蔓生，叶子椭圆形，花绿色。果实有辣味，可以用来制酱，供调味。印度果阿地区的居民就有咀嚼蒟酱叶/蒌叶的习惯。见 M. N. 皮尔森：《葡萄牙人在印度》，郜菊译，《新编剑桥印度史》丛书，云南人民出版社，2014 年，第 109 页

⑤ 可拉（英语 Kola or Cola），梧桐科常绿乔木，原产热带西非。果为蓇葖果，呈五星状，内含 7～10 粒种子。种子含 2% 的咖啡因和脂肪、蛋白质等，具有与茶、咖啡同样的刺激兴奋作用，可配制汽水、可拉酒和可拉巧克力。作为西非大众化的咀嚼物，已有好几百年的历史了（cf. Henry Hobhouse：*Seeds of Change*, *six plants that transformed mankind*, Papermac, London, 1999, p. 311）

⑥ 当地一种类似烟草的灌木植物。cf. D. H. Ubelaker, K. E. Stothert："Analysis and Dental Deposits Associated with Coca Chewing in Ecuador", *Latin America Antiquity*, Vol. 17, No. 1, March 2006, pp. 77－89, here, p. 78. 上述咀嚼嗜好主要用于提神

年前就发现了摩擦取火"[1]。火的使用使人类开始支配了一种自然力，对熟食、取暖、防御野兽袭击、照明等都有重大作用。正如恩格斯所说，火的使用是一种新的有决定意义的进步（同上，第514页），用火生火是"人类对自然界的第一个伟大的胜利"[2]。从此，人类的食物从生吃慢慢过渡到熟食（可生吃的水果干果等除外）。而熟食对人类体质增强和智力发展有重要促进作用，人类也渐渐与动物界彻底分离。

在距今约1.5万年前的中石器时代和1万年前以降的新石器时代，慢慢萌发了原始的畜牧业和农业。窃以为其过程应该是这样。人们最初把猎捕到的、暂时吃不了的动物关起来；或把怀孕已明显的母动物暂时留下来。这就发生了最早的饲养，余名之曰"囚养"。以后慢慢发展形成畜牧饲养业。在中石器时代，人们已开始驯养绵羊和狗，到新石器时代，猪、山羊、牛等动物也先后成了以饲养为主的家畜。有了畜牧饲养业，人类的食物来源较之渔猎采集多了许多保障。我认为，由于鸟类会飞，囚养相对困难，故家禽的形成应晚于家畜。

农业的萌发大概要比畜牧业稍晚。在漫长的采集生活中，人类识别和选择了许多可供食用的植物，如大麦、小麦（产面粉）、稻（大米）、粟（小米）、甘薯、玉米，等等。通过日积月累的观察和世代相传的经验，经过长期摸索，人类渐渐发明了农业。窃以为其过程应该是这样。人类先是有意保留保护某些野生成年植物，给它们除草、浇水、驱赶危害它们的或来争食的动物、鸟类，以便能多采集其果实籽实；然后进步到照顾那些因种子自然掉在地里而长出幼芽幼苗的食用植物，让它们自由长大，以便采集。最后才过渡到把采集到的果实籽实留一部分当种子，进行播种；同时，人类为了饲养已有的正在家化的动物家畜，也需要割草打草，准备青饲料。于是便有意识地保留青草等植物并想法促其生长（管理和种植饲料作物也是农业的任务之一）……渐渐地，人们终于掌握了食用饲用植物的生长规律，摸索学会了栽培方法。原始农业就这样从采集经济活动中慢慢产生了。有了农业，人类的食物供应便有了更多更大的保障，人类的人口数量也慢慢明显增多了。

三、作物畜禽分布和食物结构

有了农业，也就有了作物。由于大自然的原因，世界各地的宜驯化宜农的野生植物的分布是不同的，所以，具体作物的驯化、栽培、起源的地区也是各不相同的。大体说来，在原始农业阶段，西半球美洲以玉米、马铃薯、甘薯、木薯为主；东半球的东亚、南亚以小米（粟）、大米（稻）为主，西亚、北非、南欧以小麦、大麦（面粉）为主，非洲以高粱、龙爪稷、山药为主，大洋洲以薯蓣、西谷米、面包树、椰子为主[3]。日本学者星川亲清则把原始社会的原始半原始农业归并为四大农耕文化区或圈。即地中海农耕文化区，以小麦、大麦、蔓菁、豌豆等作物为主；非洲热带深草原农耕文化区，以豇豆、芝麻等为主；东南亚的根栽农耕文化区，以薯蓣、芋类、香蕉、甘蔗为主；新大陆农耕文化区，以马铃薯、菜豆、南瓜、玉米、甘薯为主[4]。窃以为还应加个中国东亚农耕文化区，以粟米大豆水稻等为主。

农业的发生和初步发展就使人类的植物食物结构在各地区有了差别，甚至是比较大的差别。比如糖类和甜食，在古代中世纪，亚非主要靠甘蔗榨糖，欧洲主要靠养蜂取蜜，近代以降才靠甜菜制糖。北美的印第安人则会利用糖枫树（sugar maple，也称糖槭树）割皮取液或钻洞取液食用和土法熬糖[5]。美洲大洋洲的养蜂取蜜，则是白人移民后才传去的[6]。美国学者查尔斯·曼恩也提到，"蚯蚓、蚊子与蟑螂；蜜蜂、蒲公英与非洲野草；各种老鼠——这些生物从哥伦布的船舱里倾巢而出，它们就像观光客急切地进

---

① 《自然辩证法》，《马克思恩格斯选集》第3卷：第547页
② 《自然辩证法》，《马克思恩格斯全集》第20卷：第450页
③ 见 Академия Наук СССР：《Всемирная История》，Москва 1958，Том Ⅴ，с. 328
④ 见星川亲清：《栽培植物の起原と伝播》，二宫书店，1987年：第11页
⑤ cf. R. Douglas Hurt：*American Agriculture, A Brief History*，West Lafayette：Purdue University Press，2002，p. 8
⑥ 参佚名：《世界养蜂史·古代养蜂》，http：//www.npsjfy.com/Article/ShowArticle.asp? ArticleID=434，2014-12-27

入这片过去未见的土地"[①]。北美印第安人称之为"英格兰苍蝇"[②]。

也由于大自然的原因，世界各地易驯易畜（xù）的野生动物和鸟类的分布也是不同的，所以，具体畜禽的驯化、起源的地区也是各不相同的。这也使人类的动物食物结构在各地区有了差别甚至是较大的差别。

美洲在前哥伦布时代只有羊驼、驼马（又叫美洲驼）、火鸡、豚鼠这些不太优良的畜禽品种。此外，北美洲有狗，用于拉雪橇、驮物、狩猎，也供人们食用[③]。美洲还广有疣鼻栖鸭（muscovy duck）[④]。不过，疣鼻栖鸭的饲养历史在前哥伦布时代只有（好）几个世纪[⑤]。此外，墨西哥和中美洲的印第安人还养殖鬣蜥供食用[⑥]。据考，绿鬣蜥和黑鬣蜥被中美洲和南美洲的印第安人作为食物已有几千年的历史了。加勒比地区的印第安人还从大陆引进鬣蜥作为食材，并把鬣蜥肉称为"竹鸡仔"或"树鸡仔"，因为鬣蜥的肉味道像鸡仔[⑦]。

自然，人类在畜牧饲养业发展起来后仍然辅以狩猎，这多少丰富了一点人类的动物食物来源和结构。据《泰晤士世界历史地图集》，中国南方最早驯养水牛，东南亚最早驯养鸡、猪，印度最早驯养瘤牛，喜马拉雅山区最早驯养牦牛，中亚最早驯养双峰驼；绵羊起源于伊朗，山羊、单峰驼起源于阿拉伯地区，马起源于黑海北岸的东欧草原，驯鹿起源于北欧和俄罗斯的白海南岸，（黄）牛起源于南欧；西欧最早饲养鹅，南欧也很早独立饲养猪，北非东部最早饲养驴[⑧]。骡是驴马（或马驴）的杂交后代，作为家畜出现得相对较晚。

以上这些动物和鸟类在驯养家化后，其用途渐渐有了分工。其中，鸡、鸭、鹅、猪、山羊主要用于食用；各种牛主要用于力役，兼用于食用；马、骆驼、驴（还有后来的骡）主要用于驮运，有时也食用；绵羊主要用于剪毛纺织，有时也食用；驯鹿是驮运食用兼顾；美洲的羊驼、驼马是驮运、食用、剪毛多用；火鸡、豚鼠、疣鼻栖鸭则食用。狗多用于工作，有时也食用。

距今6 000年以降，人类开始进入阶级社会、文明时代。其主要标志是有了金属冶炼、文字、城市（城堡）、神庙等。笔者认为，人类原始、半原始的农业畜牧业（含渔业）也随之进入古典农牧业阶段，即在生产活动中开始和发展使用金属工具农具。而在最古老的文明中，先后涌现了美索不达米亚（两河流域）、埃及、印度、中国、希腊（先是克里特和迈锡尼）这五大文明古国。它们的农牧业都有长足的发展，它们国家的居民其食物结构也就依自然条件和地理环境的不同而呈现各自的特点。

在粮食方面，中国以粟（小米）、稻（大米）、大豆等为主，印度以稻米为主，两河以小麦（面粉）为主，埃及以各种麦类为主，希腊（含以后的罗马）以麦类为主。古典时代在肉食方面，由于人口游动、蛮族迁徙、畜禽传播、文明交流，各大文明古国的差别有一些，但已不是很大了。比如，中国形成了所谓的"六畜"，即猪牛羊马鸡狗（其中牛、马、狗主要用于工作）；埃及、两河多骆驼（主要用于工作，也用于挤奶、剪毛、肉食），印度多牛（力役为主），西欧多鹅（供食用）。

公元5世纪以降，世界各地次第步入了中世纪时代。中世纪在社会发展形态上迥异于古典的奴隶制度，是封建制度占主导地位的时代[⑨]。笔者认为，农牧业的发展也随之进入传统农牧业阶段。其代表性亮点是，在生产活动中普遍使用铁器、畜耕、农家肥、灌溉、大规模水利工程，连续栽培制一年两熟制间种套种制取代了撂荒休耕制，农牧产品的加工、储藏、食用加工等有了很大的进步；畜牧上大量出现了

---

① 查尔斯·曼恩：《1493，物种大交换丈量的世界史》，黄煜文译，台湾卫城出版社，2013年：第20页。作者按，据该书英语名 *Uncovering the New World Columbus Created*，似可直译为《揭秘哥伦布所创造的新世界》

② 同上，第100页

③ cf. "Dog · History and evolution", *Wikipedia, free encyclopedia*, 2014 – 05 – 15

④ cf. A. W. Crosby, Jr., *The Columbian Exchange, Biological and cultural consequences of 1492*, Westport, 1973, p.74. 疣鼻栖鸭又译克里奥尔鸭（Creole duck），学名 *Cairina moschata*，中国又叫番鸭。过去曾译麝香鸭，不准确。因为麝香鸭（musk duck）学名 *Biziura lobata*，仅分布于澳大利亚南部，偶尔出现于新西兰地区。目前尚未驯化，也无规模人工饲养。cf. "Musk Duck", *Wikipedia, free encyclopedia*, 2014 – 05 – 10

⑤ cf. "Muscovy duck · Domestication", *Wikipedia, free encyclopedia*, 2014 – 05 – 20. "……for centuries"

⑥ 参查尔斯·曼恩：《1493，物种大交换丈量的世界史》，第64页

⑦ "Green iguana · Cultural references", *Wikipedia, the free encyclopedia*, http://en.wikipedia.org/wiki/Green_ iguana, 2014 – 12 – 26

⑧ cf. G. Barraclough edit: *The Times Atlas of World History*, London, 1979, pp.38 – 39

⑨ 关于何谓"封建"有很多争论，这里不去管它

杂交种类，如骡（马驴或驴马杂交）、犏牛（牦牛和黄牛杂交）等，初步出现了专用奶牛；出现和形成了各种品种的鸡、鸭、鹅、兔、家鸽、鹌鹑，各种品种的猪、马、牛、羊、驴、鹿；大象从古代起就有驯化和饲养，一般用于力役和战争；出现和形成了大规模的种桑养蚕抽丝、养蜂和取蜜。由于种种原因，美洲的农牧业则停留在古典农牧业甚至半原始农牧业阶段，大洋洲的农牧业则停留在原始阶段。

在中世纪的传统农牧业阶段，粮食和其他作物的生产、畜牧业（含渔业）的生产形成了主产区和主食圈。据日本《食物的世界地图》一书，主要有西半球美洲的玉米和根茎类饮食文化圈，中亚、西亚、小亚、北非、欧洲的麦食文化圈，中国、印度、日本、东南亚的大米饮食文化圈，非洲的杂粮文化圈[1]；中国极北部、欧亚大陆中部西部南部、非洲北部东部、非洲最南部的畜牧地区（一般兼农业）；非洲南部局部、中西部局部、大洋洲大部、亚洲极北部、亚洲最北部北冰洋沿岸、北美洲、南美洲最南部的狩猎地区。此外，在副食和调味方面，还形成了中南半岛、东南亚、中国南部、日本、朝鲜和部分地中海地区的爱吃鱼露圈，印度、南亚、东南亚的主产和爱吃香料圈，中东、近东的喜食香料圈，太平洋北部、印度洋北部的喜食椰子圈，等等。

在中世纪（5～16世纪末），人类的农业畜牧业（含渔业）发展到很高的水平。特别是在欧亚各主要文明大国，以铁犁牛耕（或马耕）、农田水利、打井修渠、积肥施肥、一年两熟、套种间种、精耕细作、海洋捕鱼、淡水养鱼、舍饲圈养、放牧转场为代表的农业文明十分璀璨，并影响至今。比如，中国到改革开放前一直基本属于传统农业生产阶段。非洲至今仍基本处于传统农牧业阶段。

四、大发现、大交流、大发展、大演变

到中世纪晚期近代早期的15世纪下半叶至17世纪下半叶，发生了探险大航海和地理大发现。在资本主义已萌芽并初步发展的大背景下，欧洲人在各种因素的激发下，为了另辟蹊径前来东方，远洋航行到了世界各地，先后一步一步地发现了美洲新大陆、非洲南部、亚洲北部，后来又慢慢发现了澳洲新大陆和太平洋诸群岛。欧洲人并向新发现地区大规模殖民和大量移民。从此，开始了全球大交流包括全球农业文明大交流。

美洲特有的作物玉米、甘薯、马铃薯、烟草、橡胶等传入旧大陆欧非亚洲，后来又传入大洋洲；旧大陆的作物水稻、小麦、油菜籽、甘蔗、麻类等，家畜猪、马、牛、羊、驴、骡、骆驼等，家禽鸡、鸭、鹅等也传入美洲，后来又传入大洋洲。美洲在前哥伦布时代、大洋洲在前库克时代有没有家猫待考，但《维基百科全书·猫》篇章中提了一句："在地理大发现时代，家猫被传遍绝大部分其余的世界，因为它们被带上船以控制鼠害，并作为水手们逗乐的宠物"[2]。查尔斯·曼恩也提到，"同样的，邻居的牛、马与谷仓里的猫也是外来种"[3]。由此似乎可推，家猫也是由旧大陆传入新大陆的。不过人们一般不吃猫。

非洲在白人到来并殖民移民，一步步沦为殖民地后，也渐渐从渔猎经济、半原始的农牧业跨过了古典农牧业阶段，过渡转型为传统农牧业。美洲作物在全世界的传播和普及具有重要的意义。比如，玉米、甘薯、马铃薯、木薯等粮食饲料作物具有耐瘠、耐旱、高产、抗性强、病虫害少等优点，对近代以来世界的人口持续增长乃至爆炸并维持在目前的70亿水平有重要贡献；烟草成为全世界总产值最大的经济作物并引发约1/5的人有了抽烟嗜好；橡胶成为与钢铁、石油、煤炭比肩的重要工业原料；辣椒改变了许多人的口味；金鸡纳降伏了长期严重危害人类健康和生命的病魔疟疾，等等。人类的食物结构发生了自农业诞生、火的使用以来的第三次大变革。人们对美洲作物的依赖有时有地也带来意想不到的困苦。例如，马铃薯为茄科茄属一年生草本植物。从新大陆传入欧洲，16世纪80年代被引进英国，渐渐发展成为英伦诸岛重要的粮食和蔬菜。1845—1849年的爱尔兰大饥荒，100万人饿死，130万人移民，肇因就在于作为主要食物源的马铃薯罹卷叶病严重减产[4]。

---

① 参21世纪研究会：《食の世界地图》，シーリズ文春新书，東京，2004，图版1

② cf. "Cat·History and mythology", *Wikipedia, free encyclopedia*, 2014－05－15

③ 查尔斯·曼恩：《1493，物种大交换丈量的世界史》，第9页

④ cf. K. H. Connell: "The Potato in Ireland", *Past and Present*, No. 23, Nov. 1962, pp. 57－71

欧洲的奶牛和食用牛奶习惯也在大交流时代慢慢传开。人类从驯化饲养家畜（猪、马、牛、羊、狗、骆驼、驴、各种鹿，骡不能生育）以来，就出于各种目的偶尔食用母家畜产仔哺乳期生成的乳汁。汉代司马迁记载："匈奴之俗，人食畜肉，饮其汁衣其皮"[①]。不过到底饮的这个汁是奶还是血，或是兼而有之，难有定论。唐孙思邈说牛乳"治反胃热哕，补益劳损……老人煮粥有益"。明后期李时珍讲牛"乳煎荜茇，治痢有效，盖一寒一热，能和阴阳耳"[②]。皆指牛乳药用或作为老弱病残者的补品。而非大众的普通营养食品。而今日牛奶已是常见的普通营养食品，已占乳产品的绝大部分（百分之九十以上）。

但人类长期没有专用奶牛、奶牛业、制奶业和饮奶习惯。因为世上原本无奶牛（无野生奶牛），奶牛是人类在长期养牛用牛的生产实践中慢慢培育选择变异形成的专用牛类。奶牛起源于西欧。奶牛饲养在罗马时期已有零星记载，中世纪时期瑞士奶牛的个头已明显增大[③]。专用奶牛初步形成大概是中世纪中期。这一时期爱尔兰人的日常食品就包括奶酪（cheese）、凝乳（curd）、牛奶（milk）[④]。这里的奶制品显然是指牛奶制品。

中世纪中期爱尔兰还没有钱币，进行交换的价值单位是奶牛（cow），并被视为"套"（set），金、银、铜、锡、布匹、猪、马、奴隶等在交换时，都以值多少套或零点几套计价[⑤]。中世纪中期的爱尔兰奶牛在品种正在形成和粗放饲养的情况下，每天可产奶 4～6 升[⑥]。牛油、乳清及凝乳等制品是中世纪中期以降爱尔兰人夏天的主要食品。因为从冬天到初春这段时间乳牛无法放牧。这一生产生活习惯延续了几个世纪。甚至近到 1820 年，在爱尔兰蒂龙郡（Tryrone）还流行一句谚语，"夏天靠牛奶，冬天靠牛油"[⑦]。这些显示中世纪中期以来爱尔兰的专用奶牛、奶牛饲养业、吃牛奶等奶制品已形成规模和比较普遍。

14 世纪中叶至 15 世纪中叶的英法百年战争期间，法国城市的食物供应已形成乡村、集镇、城市三者之间的某种联系，"它是一连串呈同心圆形状的区域：牛奶和蔬菜产区，谷物产区，葡萄产区，畜牧区，森林区，还有远程贸易区。一些起着中间站作用的集镇和城市就分布在这一系列同心圆的不同地点"[⑧]。这里表明，法国当时大中城市的郊区集中产蔬菜、规模饲养奶牛，以便向城市（居民）供应。郊区以外才是产粮区，等等。

16 世纪初欧洲宗教改革运动爆发前夕，德国时为罗马教廷搜刮榨取的主要对象，被戏称为"教皇的奶牛（milch cow）"[⑨]。说明当时已形成专用的奶牛，而非人们偶尔挤点一般力役母牛在哺乳期间的乳汁尝鲜。18 世纪末，英国医生琴纳（Jenner）注意到奶牛场女工感染牛痘后不感染天花，便从患牛痘女工手上的牛痘脓包中抽取浆液再注射给健康男孩，从而发明了牛痘免疫法（不再患天花）。这件重大发明也旁证了近代西欧已形成有规模的奶牛饲养业和牛奶产业。现今所有的著名奶牛品种都源自西欧。

近现代以来，大规模饲养专用的奶牛、喝牛奶、吃食用牛奶制作的奶粉和其他乳制品渐渐，成了全世界人民的一大产业和一项大宗食品。故有西方学者说，"喝牛奶消费在这些（欧洲以外的）地区成为平常是较近的事情，作为近 500 年来欧洲殖民主义和政治上支配大部分世界的结果"[⑩]。

18 世纪下半叶开始了工业革命，19 世纪上半叶开始了现代农牧业的进程。我认为，把工业革命的成果广泛普遍地应用于农牧业，便造就了现代农牧业。具体内涵包括普遍使用科学育种、水利（修建水利设施大量使用了炸药、水泥和钢筋混泥土）、机井、机器、动力（蒸汽力、内燃机、电力等）、化肥、杀虫剂、各种农药、塑料地膜大棚、土壤改良、农副产品加工机械化，等等。目前世界上多数地区处于现

---

① 《史记》卷一一〇《匈奴列传》

② 《本草纲目》卷五十《兽部·牛》

③ cf. Ceiridwen J. Edwards et al.："Dual Origin of Dairy Cattle Farming——Evidence from a Comprehensive Survey of European Y-Chromosomal Variation"，PLoS ONE，January 2011，Vol. 6，Issue 1，pp. 100 – 109，here，p. 109

④ Cf. Henry Hobhouse：Seeds of Change，Six plants that transformed mankind，London，Papermac，1999，p. 242

⑤ Cf. Ibid.，p. 243

⑥ Cf. Ibid.，p. 284. 按，1 升与 1 市升等值，皆为 100 毫升。又，今日良种奶牛在精养的条件下一般一天能产 20 千克奶，合 30 几升，相当于中世纪奶牛的好几倍至 10 倍

⑦ 拉里·祖克曼：《马铃薯：改变世界的平民美馔》，李以卿译，中国友谊出版公司，2006 年：第 32 页

⑧ 布罗代尔：《法兰西的特性》，顾良、张泽乾译，商务印书馆 1994 年版，第 114 页

⑨ 我查到的外语表述为："It was the milch cow of Papacy, which at once despised and drained it dry". 可译为"德国（它）是教廷的奶牛，教廷既藐视它又要喝干它的奶". cf. Rev. Charles. Beard：The Reformation of the 16 th Century，Westport Connecticut，Greenwood Press，1980，p. 76

⑩ cf. "Milk·History"，Wikipedia，free encyclopedia，2015 – 01 – 02. http：//en. wikipediaorg/wiki/Milk

代农牧业阶段，少数地区仍处于传统农牧业阶段，个别地区则开始了当代农牧业萌芽。中国则在改革开放后步入了现代农牧业阶段。

近代和工业革命以降，人类的食物结构渐渐趋同。主食粮食部分渐渐都以稻米、麦粉为主，还有粟米。玉米、甘薯、马铃薯、木薯等则视各大洲各国家地区的经济发展程度而定，成为粮食、饲料、菜肴多用途食品。中国汉语为此还发明了相关的概念和术语，即"细粮"和"粗粮"，"主粮"和"杂粮"这两对范畴。

在一个国家内部，上层、中层都吃细粮，下层多吃粗粮。在中国，这种粮食结构持续到改革开放后，人们才普遍吃上细粮（即大米、面粉、小米）。在肉食和副食品方面，在畜牧地区不论贫富，人们都普遍吃肉喝奶（当然穷人可能只能吃七八分饱；喝牛奶是近代以来的事）。在岛屿区、沿海区、沿大湖区、沿大江区，人们也经常吃鱼和各种水产品。在农业地区，富人常吃大吃肉蛋奶这些副食品。中层人吃细粮，也吃点肉蛋奶。下层人则多吃杂粮，少吃细粮，很难吃上肉蛋奶。直到改革开放后，中国人才普遍经常吃上肉蛋奶鱼。是故人类的食物结构发生了第四次大变革，即除了吃得饱外，还慢慢吃得好了。

在蔬菜水果方面，从中世纪至今，全世界各地区、国家的人们，不论贫穷、小康、富裕，都常吃蔬菜，可谓基本不离顿。但水果的情况则较复杂。原始社会，人们都吃采集到的、或保护中的、或栽培出的水果。进入阶级社会后，从古代到现代，富人是经常吃水果的；中层人有时也吃点水果；但对穷人来说水果是奢侈品，很难吃上。但在水果产区果农那里，收获季节穷人因水果不便储藏也经常吃。中国改革开放以后广大群众才普遍吃上水果。

随着全球化现代化进程的提速、扩展与加深，现今，全世界人民的食物结构已越来越趋同了，吃得越来越好了，差别越来越小了。自然，世界的经济和社会发展是不平衡的。当今，仍有非洲、南美洲把玉米和各种薯类（特别是木薯）当主粮之一食用。

五、结　语

综上所论，人类的食物结构从最初原始时代的一致性，即渔猎采集所获各种食物，到原始半原始农牧业、古典农牧业、传统农牧业阶段，依其自然条件和地理环境的不同，而在各大洲各地区出现差别，并且差别较大。到地理大发现农业大交流后，差别开始变小。到全球化和现代农牧业阶段，人类食物结构差别更加缩小。到今天已经越来越小了。比如，欧美人也喜欢喝茶，不排斥吃米饭了；中国人、日本人也开始喝咖啡、吃巧克力（用可可原料制作）、喜欢吃面包了。所以，人类的食物结构经历了一个一样、不太一样、大不一样；差别开始变小、变得较小、变得很小这么一个发展变化轨迹，基本上呈马鞍形。而且我认为，随着全球化和现代化的发展与深入，人类的食物结构差别还会继续缩小，并渐渐趋于基本一致。

以上是就生产发展和农业地理条件而言。从社会发展角度而言，人类的食物结构在原始社会也无差别或差别很小。进入阶级社会后差别出现并很大。即富人、上层、贵族吃得好或很好甚至奢侈，小康之家、中层、平民吃得一般，穷人、下层、劳动群众吃得差，经常吃不饱，在灾荒和战乱年代甚至饿死。但进入现代（20世纪）特别是当代（21世纪）后，这种食物结构差别和差距又渐渐变小了。目前，世界上吃得差不时挨饿的人口在总人口中的比例已越来越小了。所以这方面的变化轨迹也呈马鞍型。人类的食物结构从社会发展视角而论实际上经历了挨饿型、糊口型、温饱型、小康型的发展演变，目前正在向科学合理富足的食物结构迈进（自然是就大多数人而言，不排除有少数例外）。我们相信，全世界全人类都能吃饱、吃好、吃美味佳肴、彻底消除饥饿和营养不良的日子应该不是很遥远了。

中国茶向世界传播的历程

陶德臣[*]

（解放军理工大学，江苏　南京　210007）

摘　要：世界各地最初所饮、所种之茶以及品茶技术、制茶方法等，都是直接或间接从中国传播出去的。茶业在中国产生后，首先向朝鲜、日本、东南亚诸国、中亚、西亚传播。16世纪起，再次向俄罗斯、葡萄牙、西班牙、荷兰、英国、法国、瑞典等欧洲国家传播。嗣后，通过欧洲国家的殖民扩张，茶又被传播到美洲、澳洲、非洲等广大地区。经过上千年的传播，终于成为真正的世界性饮料。

关键词：茶叶；传播；历程

茶叶为世界三大饮料之一。当今饮茶风俗已遍及全球，大约160个国家和地区的50多亿人普遍饮茶、60多个国家种茶，但追根溯源，皆是直接或间接从中国传播去的。因此，研究中国茶向世界传播的发展历程这一课题很有意义。然而，无论是笔者还是学术界对这一课题的关注程度、研究力度、论著数量、成果质量都存在问题，与中国对世界文明做出的贡献与茶叶的世界影响很不相称，突出表现为缺乏全面系统的论著等研究成果，论著呈现分散、稀少、空泛等弊端。有鉴于此，笔者力图从整体上以纲要式的形式对这一具有世界影响力的物质传播现象作一揭示，得出一个大致轮廓，抛砖引石，希翼推动这一专题的研究进程。

中国茶向世界传播是伴随中华文化逐渐走出国门，走向世界的长期渐进过程。这种传播主要包括茶叶知识、饮茶风俗、茶叶种制等诸内容，即茶叶饮用、贸易、生产诸方面。当然，受到多种因素影响，茶叶传播三个方面的主要内容并非同步进行，这就决定了中国茶向世界传播的差异性。从传播时间和地点看，唐代开始，中国茶叶向世界传播的重点是中国周边国家和地区。16世纪以后，中国茶才传入欧洲，并由欧洲殖民扩张，扩散到美洲、大洋洲、非洲等地。随着茶叶知识、茶叶商品的传入，饮茶风俗兴起，茶叶种制开始走向世界。在欧美资本家的推动下，印度尼西亚、印度、斯里兰卡、土耳其、俄罗斯、格鲁吉亚、非洲的马拉维和肯尼亚等许多地区开始大规模种制茶叶，这些地区已经成为今天世界重要的产茶区[①]。

一、中国茶向亚洲传播

茶叶在中国产生后，饮茶兴起，茶叶日益在中国境内得以传播[②]。嗣后，中国茶随中华文化尤其是佛教文化向外传播，最先接受中国茶文化的是朝鲜，然后才是日本、东南亚诸国、中东和俄罗斯[③]。

（一）茶向朝鲜的传播

随着中国文化尤其是佛教文化流入朝鲜，茶随之传入该地，并加以传播。虽然有学者推断西汉时期

---

* 【作者简介】陶德臣（1965—　），男，解放军理工大学教授，江苏高淳人，苏州大学历史系经济史学硕士，主要从事茶业经济和文化史、中国近现代史、世界史研究

① 刘勤晋：《中国茶在世界传播的历史》，《中国茶叶》2012年8期

② 史念书：《茶业的起源和传播》，《中国农史》1982年第4期

③ 陶德臣：《汉唐时期茶在周边国家和地区的传播》，韩金科主编：《第三届法门寺茶文化国际学术研讨会论文集》，陕西人民出版社，2005年

茶可能已传到朝鲜，但尚无可资信赖的确切证据。陈椽先生明确记载："新罗真兴王五年（544年，即东魏孝静帝武定二年）就已创建智异山华严寺，栽植茶树。"① 由于该说法未注明资料出处，其真实性难以确定。

比较一致的看法是唐太宗时期，茶传入朝鲜。据朝鲜正史《三国史记》载，新罗善德女王（632—646年在位）时，留学僧人从中国带回茶籽种植。《三国史记·新罗本纪》（第十）兴德王三年（828年，即唐文宗大和二年）十二月条载："入唐回使大廉带回了茶种，种植于地理山上。在此之前，善德王之时茶已有之，但是自兴德王时代兴盛起来。"② 朝鲜李朝文献《东周通鉴》说："新罗兴德王时，遣唐大使金氏，蒙唐文宗帝（827—840年）赏赐茶籽，公元828年种于金罗山的异山。"③ 这是茶的再次传入。虽然这尚是传说，但表明饮茶已有一定程度的普及④。新罗时代已全面输入中国茶文化，饮茶由上层社会、僧侣、文人向民间传播、发展。这一时期新罗国内开始植茶、制茶，茶文化进入兴盛时期，茶礼形成。

（二）茶向日本的传播

茶传日本迟于朝鲜，人们认为8世纪时"茶大概也一定传到了日本，不过没见到这方面的史料。"日本奈良时代"文化的引进，并不仅仅限于制度、技术等，各种各样的风俗习惯也被热心地学来了。其中之一，即饮茶之习惯也被热心地学来了。"⑤ 据日本《古事根源》《奥仪抄》两书记载，日本圣武天皇天平元年（729年）"御诏百僧于禁迁，使其讲大般若经，赐茶众僧。"又记载，当时高僧行基（658—749年）一生建筑不少寺院，还在寺院中种茶。这说明茶已传入日本。

9世纪初，日本正史《日本后纪》首次记载茶。该书弘仁六年（815年）四月二十二日条载："癸王。幸近江国滋贺韩崎，便过崇福寺。大僧都永忠、护命法师等，众僧迎于门外。皇帝降舆，升堂礼佛。更过梵释寺，停舆赋诗，皇太弟及群臣奉和者众。大僧都永忠自煎茶奉御。施御被。"⑥ 这则资料说的是嵯峨天皇巡幸韩崎，回途时经崇福寺到梵净寺，大僧都永忠煎茶奉献之事。嵯峨天皇不但饮茶成习，而且于弘仁六年（815年）二月诏令畿内及附近地区种植茶树，年年献茶，并把皇宫内的东北隅辟为茶园。正因为饮茶之风兴起，所以《凌云集》《文华秀丽集》《经国集》等汉诗集中，出现了许多咏茶诗。许多日本高僧对茶传日本做出过重要贡献，最澄、空海、荣西最为著名。

唐德宗贞元二十年（804年），最澄和尚与弟子义真乘遣唐朝使船到达明州（宁波），赴浙江天台山国清寺学佛，805年5月回到日本。酷爱饮茶的最澄回国时不但带回了大量佛教经典，而且带回了大量茶籽，种植于日本贺滋县，建立了日本最古的茶园日吉茶园⑦。如今，在日吉神社的池上茶园仍矗立着"日吉茶园之碑"，碑文中有"此为日本最早茶园"的字样。最澄不仅被誉为日本植茶技术的开拓者，而且将饮茶文化带回了日本，将饮茶文化引入日本寺院佛堂和上流社会，在嵯峨天皇的大力支持下，日本贵族饮茶活动达到高潮，形成嵯峨天皇统治时的"弘仁茶风"。嵯峨天皇《和澄上人韵》称："远传南岳数，夏久老天台。枚锡凌溟海，蹑虚历莲莱。朝家无英俊，法侣隐贤才。形体风尘隔，威仪律范开。祖臂临江上，洗足踏岩隈。梵语飞经阁，钟声听香台。经行人事少，宴坐岁华催。羽客亲讲席，山精供茶杯。深房春不暖，花雨自然来。赖有护持力，定知绝轮回。"⑧ 该诗赞颂最澄上人为日本众僧灌顶传教，伴有饮茶、供茶情景，说明最澄上人在日本的宗教活动中伴有行茶之事。

空海大师（弘法大师）也于804年随遣唐使藤原葛麻吕来到长安，在青龙寺向惠果学习密宗，于平城天皇大同元年（806年）归国，并带回了饼茶、制茶和饮茶技术、茶籽。如今，在空海回国后住持的第一个寺院奈良宇陀郡的佛隆寺里，还保存着空海带回的碾茶用石碾及茶园遗迹。809年，空海获准在京都

① 陈椽：《茶业通史》，农业出版社，1984年：第350页
② （日）熊仓功夫：《略论朝鲜的茶》，《农业考古》1992年第2期
③ 姚伟钧：《茶与中国文化》，《华中师范大学学报》1995年第1期
④ 陶德臣：《汉唐时期茶在周边国家和地区的传播》，韩金科主编：《第三届法门寺茶文化国际学术研讨会论文集》，陕西人民出版社，2005年
⑤ （日）熊仓功夫：《论茶之东渡日本》，《农业考古》1991年第2期
⑥ 同上
⑦ （日）森木司郎：《茶史漫话》，农业出版社，1983年：第5页
⑧ 滕军：《中日茶文化交流史》，人民出版社2004年版，第26页

传教，得到嵯峨天皇大力支持。816 年，又获准在高野山开辟真言宗道场。他经常应邀出入宫廷，奉敕举行求雨、攘灾等法事，与嵯峨天皇品茶论经。《与海公饮茶送归山》就描述了他们一起饮茶惜别的情景，其诗云："道经相分经数年，今秋唔唔亦良缘，香茶酌罢日云暮，稽首伤离望云烟。"

空海自 806 年回国到 835 年圆寂这一段时间，不但自己以茶为伴，而且还与天皇、贵族、朋友同饮，积极实践、宣传、推广饮茶，对"弘仁茶风"的形成起到了积极推动作用。如他在其《高野杂笔集》中写到感谢嵯峨天皇寄茶，云："思渴之饮，忽惠珍茗，香味俱美，每啜除疾。"813 年，他又在一首感怀诗序文中说道："曲根为褥，松柏为膳，茶汤一碗，逍遥也足。"仲雄王的汉诗《谒海上人》写的则是空海向他推荐茶饮，云："石泉洗钵童，炉炭煎茶孺……瓶口插时花，瓷心盛野芋。"学者小野岑守在寄给空海的诗中也说："野院醉茗茶，溪谷饱兰芷。"空海给元兴寺护命僧正的 80 岁贺诗中有"聊与二三子，设茶汤淡会，期醍醐淳集"的诗句①。

永忠和尚是日本弘仁年间与最澄、空海齐名的对茶传本国作出重要贡献的人士，他于 775 年乘第十五批遣唐船来中国，一起住在长安西明寺，805 年回到日本，受到天皇器重，掌管崇福寺和梵释寺。永忠不但热心推广饮茶，还用亲手种植、制作的茶贡献天皇。据《日本书纪》弘仁六年（815 年）四月二十二日的记载：癸亥，嵯峨天皇游幸近期江国滋贺韩崎港路过崇福寺，永忠率众僧奉迎于寺。天皇下乘后进佛堂礼拜。之后又到梵释寺。下乘赋诗。皇太弟及群臣和者众。永忠亲手煎茶献与天皇。《日本书纪》的另一记载说，天皇饮茶后印象深刻。两个月后，嵯峨天皇令日本关西地区依永忠的方法植茶进贡。

以最澄、空海、永忠为代表的学问僧在学习、传播佛教的同时，还带回了中国的茶籽、茶饼、茶具。从弘仁饮茶中对陆羽亦步亦趋的模仿及弘仁茶诗与中国茶诗的相似表达，可以推测《茶经》一书及唐代饮茶诗文也由以此三人为代表的学问僧带到了日本。以嵯峨天皇为首的日本上流社会对新传入的饮茶文化怀有极大热情，尤其是嵯峨天皇不仅多次参加茶会，还在皇宫中开辟茶园，下令在近畿地区植茶，饮茶文化在日本迅速发展，形成一股"弘仁茶风"，为 13 世纪后南浦缲明、村田珠光、千利休等人在日本传播茶道打下了基础。

荣西二次来华，第一次是 1169 年，第二次是 1191 年。正是在 1191 年，荣西再次将中国茶籽带回日本，播于筑前背振山（今佐贺县神崎郡），并带回了中国炒青绿茶的制法。1207 年，荣西将结出的茶籽赠给山城拇尾高山寺的明惠上人，种于拇尾。明惠上人再将拇尾茶移植到宇治、仁和寺、般若寺、醍醐、叶室、大和的室尾、伊贺的入岛、伊势的河居、骏河的清见、武藏的川越等地。此后，宇治、伊势、骏河、川越分别成为宇治茶、伊势茶、静冈茶、狭山茶等名茶产地。经荣西推动，日本茶产得极大发展②。

明朝以后，日本开始公开大量购买中国茶籽，并不断输入中国各类茶加工技术。1661 年，日本鸟奇郡僧人隐元带回烘青绿茶加工技术。1835 年，日本宇治山本仿效唐代蒸青茶制法，在日本试制"玉露茶"。1875 年，中国红茶制法传入日本九洲、四国等地。1888 年，中国乌龙茶加工技术传入日本。这些技术的掌握促使了日本茶叶生产快速发展。

（三）茶向东南亚的传播

越南、老挝、缅甸等国与中国毗邻，很早以前边境人民学习中国西南边区的栽茶、制茶经验，发展零星茶园，采叶为饮。泰国、柬埔寨情况也类似。同时，又由于文化因素，中国古代长期处于优势地位的灿烂夺目的文化，"犹如高处向低处流淌的水流，流向周围的各个国家"③，饮茶习惯也传入这些接壤的国家及南洋诸国。虽然元代李仲宾学士就已谈道："交趾茶，如绿苔，味辛烈，名之曰登"④，表明越南植茶很早，但东南亚各国大规模经营茶业却比较迟，越南始于 1825 年，缅甸约在 1919 年才创办茶场。

相比较而言，印度尼西亚植茶成绩较好，在茶业发达前，很早就从中国输入茶籽，引进中国制茶方法，进行试验⑤。1864 年，印度尼西亚开始传入中国茶籽试种，由德国医生 Andreas CLeyer 引入，分别种

---

① 滕军：《中日茶文化交流史》，人民出版社 2004 年版：第 29 - 30 页
② 陶德臣：《近代日本茶产与市场——兼论对中国茶业的影响》，《农业考古》1998 年第 2 期
③ （日）熊仓功夫：《论茶之东渡日本》，《农业考古》1991 年第 2 期
④ 陈祖椝，朱自振：《中国茶叶历史资料选辑》，农业出版社，1981：第 287 页
⑤ 陶德臣：《荷属印度尼西亚茶产述论》，《农业考古》1996 年第 2 期

于爪哇和苏门答腊①。1690 年，荷兰总督坎费用齐斯再次从中国传入茶种试种。1728 年，荷兰决心在爪哇植茶，东印度公司董事会建议从中国输入茶籽，发展茶业，说："中国茶籽不但应栽植于爪哇，而且应栽植于好望角、锡兰、雅方卑南等地，并应招募中国工人，以中国方法制茶"，但"试植茶树，以成效未彰，旋至中辍"②，茶树枯死。1824 年，由日本引入茶籽试种，也未获成功。

1826 年，爪哇从中国和日本选运大批茶籽，试植于皮登曹植物园，生长良好。翌年，在牙律设立试验场，在万那雅沙设立茶种园繁殖。荷兰贸易公司茶叶技师雅可布逊从 1828—1833 年 6 次来中国考察，带回了大量茶籽、茶树、茶工、制茶器具。1830—1831 年，雅可布逊第四次来中国，带走 243 株茶树、150 颗茶籽。1831—1632 年，第五次来中国，从广州带回 30 万颗茶籽及各种制茶器具，并聘请制茶工人 12 名。1832—1833 年，第六次来中国，偷运 700 万颗茶籽及工人 15 名。

爪哇茶在试植的同时也开始了试制。1827 年，荷兰命令以爪哇华侨为之试制样茶成功③。1829 年，爪哇曾制成绿茶、小种红茶、白毫茶样品，在巴达维亚（今雅加达）展览会上，获银质奖。翌年，第一家制茶厂在万郡雅沙成立。1833 年，爪哇茶首次出现于市场。1872 年，由斯里兰卡引入阿萨姆品种茶树，茶业得到迅速发展。

（四）茶向南亚的传播

南亚的巴基斯坦、尼泊尔、印度、孟加拉国、斯里兰卡等地，很早就从中国传入饮茶风俗。唐代，中原饮茶之风传入吐蕃，并得到一定发展。当时的吐蕃与尼泊尔、印度关系密切，茶传尼泊尔、印度在所难免。14 世纪到 17 世纪前期，经由陆路，中国茶在中亚、波斯、印度西北部、阿拉伯地区各到不同程度的传播。1638 年，被派到波斯的荷兰人阿达姆·冯·孟戴斯洛所写日里曼奉使波斯的报告说：波斯人都喜欢优质茶，茶必须加香料、糖一起煮饮。西北部也饮茶，苏拉特地区"饮茶是普遍的"。1662 年，曼德尔斯罗在《东印度纪游》中说印度人饮茶"已普遍"。需要指出的是，直至 19 世纪 30 年代前，南亚消费的所有茶叶均来自中国。不仅如此，南亚国家的茶叶生产都与中国有关，尤其是当今世界茶业大国印度、斯里兰卡的茶叶是在输入中国茶种、茶工、技术的基础上发展起来的。

印度（含孟加拉国）植茶始于 1780 年，由英国东印度公司船主从广州运往运入少量茶籽，植于加尔各答和不丹。这种植活动虽未成功，却拉开了与中国茶业的不解之缘④。1793 年，英国几位科学家随出使中国的马戛尔尼从中国采买茶籽，寄往加尔各答，种于皇家植物园⑤。1788 年，英国自然科学家班克斯最早提倡由中国引种至印度，并应东印度公司之约，写成介绍中国种茶方法的小册子，指出比哈尔、兰格普尔、可茨比哈尔适宜种茶。但这一建议因与东印度公司茶叶专卖政策相抵触，未能付诸实施。

1834 年，东印度公司茶叶专卖特权被废除，英印殖民当局成立茶叶委员会，研究中国茶叶在印度种植的可行性，掀起了大规模输入中国茶籽、茶苗、茶工、茶叶栽种与制造方法及技术的高潮。1835 年，该委员会秘书戈登潜入中国茶区，偷购到大量武夷茶籽，分三批运往加尔各答，并聘到四川雅州茶师赴印度传习栽茶制茶方法。戈登第一次运回的茶籽于 1835 年种于加尔各答，共育出幼苗 4.2 万株，移栽于上阿萨姆省、喜马拉雅山的古门和台拉屯、南印度尼尔吉利山及 170 名个人植茶者处。1836 年，戈登再次来中国聘去茶工 50 多名⑥，同年在阿萨姆省的小制茶厂，中国茶师试制茶叶成功。翌年，又派人往福建厦门购茶籽种植，渐及东北诸州。嗣后，不断引进中国茶籽，配合阿萨姆土种进行试验和改良。

1848 年，茶叶经济间谍家罗伯特·福钧潜入中国，偷购大批优良茶苗茶籽，并雇到了 8 名中国制茶工。1850—1851 年，福钧向加尔各答运去 20 万株茶苗及大量茶籽，培育成新茶苗 1.2 万株，植于喜马拉

① 孔宪乐：《茶对外传播与中际技术合作的发展》，《中国茶叶加工》2001 年第 3 期，第 40－41 页；程启坤，庄雪岚主编：《世界茶业 100 年》，上海科技教育出版社 1995 年：第 2 页

② 佚名：《爪哇之茶业》，《中外经济周刊》第 49 号

③ 华侨华工对世界植茶的贡献良多，参陶德臣：《华侨向海外传播茶文化的功绩》，《华侨华人研究论丛》第 5 辑（中国华侨出版社 2001 年）；《论华侨华工对世界饮茶文化的贡献》，《农业考古》2005 年第 2 期

④ 陶德臣：《南亚茶业述论》，《农业考古》1996 年第 2 期；《19 世纪 30 年代至 20 世纪 30 年代中印茶业比较研究》，《中国农史》1999 年第 1 期；《历史时期中印茶业经济交流研究》，《饮食文化研究》2006 年第 2 期；《印度茶业的崛起及对中国茶业的影响与打击》，《中国农史》2007 年第 1 期；《英属印度茶业经济的崛起用其影响》，《安徽史学》2007 年第 3 期

⑤ 陶德臣：《英使马戛尔尼与茶》，《镇江师专学报》1999 年第 2 期

⑥ 赵和涛：《我国茶叶生产技术向外传播及与世界茶业发展》，《农业考古》1993 年第 2 期

雅山茶园。此外，福钧还窃取了大量茶叶情报，完全掌握了中国种茶和制茶的知识和技术，"在中国人鼻子底下窃取中国的茶叶机密"的直接结果是"大大促进了印度茶叶种植业的发展"，这种"从中国窃取来的这些有近 5 000 年历史的诀窍价值"[①]，从根本上说是一种经济间谍活动，它对中国茶业而言却是一场灾难，中国积累的茶业技术完全失密，加速了中国茶业的衰败，增加了中国社会民生改善的困难程度[②]。至19 世纪末，印度完全打倒中国，坐上了世界茶业把头交椅，尤其是红茶生产和出口量均属世界第一。

斯里兰卡旧称锡兰，茶业发展也与中国密不可分。据记载，早在 1600 年，荷兰人开始试种中国茶树，未能成功。18 世纪中叶和 19 世纪初期，有人多次从中国带回茶籽，试种茶树，均无成效。具有一定规模的引种则始于 1824 年，由荷兰人从中国输入茶籽播种，嗣后于 1839 年又从印度阿萨姆引进茶籽和茶苗，并聘用技术工人[③]。1841 年，居住在斯里兰卡的德国人瓦姆来中国游历，带回中国茶苗，栽植于普塞拉华的罗期却特咖啡园中。其后，瓦姆与其兄弟又将茶苗移植于沙格马繁殖，并在康得加罗种植中国茶籽。第一批出产的茶叶每磅价值 1 基层（Guinea），是罗斯却特茶园聘请中国工人制成的[④]。

由于斯里兰卡适合种植茶叶，1854 年，该地成立种植者协会，发展茶叶生产。1866 年，农场主泰勒亲自来我国学习制茶技术，还聘请茶师到斯里兰卡传授植茶、制茶技术。由中国武夷山的茶树鲜叶制成的红茶，运销伦敦市场，颇受欢迎，获利也丰，引起本地种植者及外国有限公司青睐，茶园逐步发展。1877年，咖啡由于病害严重，几乎破灭，进一步促进了植茶业的发展。到 19 世纪末，斯里兰卡一跃成为仅次于印度的红茶生产地区[⑤]。

（五）茶向中亚西亚传播

这种传播主要是饮茶风俗的传播。至于土耳其、伊朗的茶种主要是从日本、印度引进的，中国茶对它们的影响较小。1888 年，土耳其从日本传入茶籽试种，1937 年，又从格鲁吉亚引入茶籽种植。经过分批开发，特别是国家采取多种鼓励举措以后，茶业逐步走上规模发展之路。伊朗茶业始于 1900 年。当年，波斯王子沙尔丹尼从印度引入茶籽，将植茶法传入伊朗，并派人到印度、中国学习种茶、制茶技术，传播给本国农民，开始了茶叶生产。20 世纪 30 年代，茶叶生产初具规模。现在，土耳其、伊朗是西亚最重要的产茶国。

比较而言，中亚、西亚传入饮茶风俗却很早。唐代是茶第一次西传西域、中亚乃至以西地区[⑥]，宋元时期是茶第二次西传入该地区，甚至有可能已传到欧洲。

唐代内陆及主要外贸城市扬州、广州、泉州、明州（宁波）都有大量外商，波斯商人遍及内地，唐朝兴盛的饮茶风习受到瞩目。9 世纪到过中国和印度的阿拉伯商人苏莱曼，在《中国印度见闻录》中说："国王本人的主要收入是全国的盐税及泡开水喝的一种草税。在各个城市里，这种干草叶售价都很高，中国人称这种草叶叫'茶'（Sakh）。此种干草叶味比苜蓿的叶子还多，也略比它香，稍有苦味，用开水冲喝，治百病。盐税和这种植物税就是国王的全部财富。"[⑦] 宋朝时期阿拉伯文献中已有茶，比鲁尼《印度志》（约 1030 年）记为 ga[⑧]，这与 8 世纪起藏语里称茶为 ja 有相通之处。约在 10 世纪，印度次大陆西北的乌尔都语已有茶字（Cha），这是从波斯语借入的。可以推断："茶在 10 至 12 世纪时肯定继续传到吐蕃，并传到高昌、于阗和七河地区，而且可能经由于阗传入河中以至波斯、印度，也可能经由阗或西藏传入印度、波斯。"

① 《谁偷走了中国的茶叶》，《茶报》2002 年第 3 期。2002 年 3 月 25 日《参考消息》上的《谁偷走了我们的茶叶》，内容相同
② 陶德臣：《论英国对中国茶业经济间谍活动的主要内容及影响》，王思明，沈志忠主编：《中国农业文化遗产保护研究》，中国农业科学技术出版社 2012 年：第 299 - 305 页
③ 程启坤，庄雪岚主编：《世界茶业 100 年》，上海科技教育出版社，1995 年：第 287 页
④ 陈椽：《茶业通史》，中国农业出版社，2008 年：第 90 页
⑤ 陶德臣：《南亚茶业述论》，《农业考古》1996 年第 2 期；《英属印度茶业经济的崛起及其对中国茶产业的影响与打击》，《中国社会经济史研究》2008 年第 4 期；《英属锡兰茶业经济的崛起及其对中国茶产业的影响》，《近代中国》第 19 辑，上海社会科学院出版社，2009年
⑥ 陶德臣：《汉唐时期茶在周边国家和地区的传播》，韩金科主编：《第三届法门寺茶文化国际学术研讨会论文集》，陕西人民出版社2005 年
⑦ 穆根来，汶江，黄倬汉译：《中国印度见闻录》，中华书局 1983 年：第 17 页
⑧ 穆根来，汶江，黄倬汉译：《中国印度见闻录》，中华书局 1983 年：第 41 节注（2）

蒙古兴起后，随着中西陆海交通大开，"茶进一步在中亚和西亚得到传播，但这大约是从 13 世纪末才开始的"。"从 14 世纪起，茶经由今新疆地区而不断向西传播。"[①] 至迟在 15 世纪初，Cha 已是一个波斯语用词。1559 年，威尼斯人赖麦锡（也有称作拉木学、拉莫什、拉莫斯、拉莫西奥，即 Giambattista Ramusio）从阿拉伯商人哈只·马合木那里得知了茶，从"这些中国人说（他告诉我们），若在我们国家在波斯以及在拂郎（Franks）地面，据说商人不会再投资于罗昂德·泰尼（Rauend Chini），即如他们所称的大黄。"[②] 这段话，也可得知中亚一带饮茶风俗已经兴起。所以说"从 14 世纪起迄至 17 世纪前期，经由陆路，中国茶在中亚、波斯、印度西北部和阿拉伯地区得到不同程度的传播。而正是经过阿拉伯人，茶的信息首次传到西欧。"[③]

二、中国茶向欧洲传播

（一）茶传欧洲

16 世纪，通过阿拉伯人，茶叶经由威尼斯传到欧洲，确切的记载是这一段文字："他（Chaggi Mehomet 即哈只·马合木）告诉我，在中国各地，他们使用一种植物，它的叶子被彼邦人民称为中国茶（Chiai Caiai）；它产于中国的称为 Cachanfu（即嘉州府，今四川乐山——引者）的地区。在那些地方，它是一种常用之物，备受青睐。他们食用这种植物，不论干或鲜湿，均用水煮好，空腹吃一两杯煎成的汁；它袪除热症、头疼、胃疼、肋疼与关节疼；注意需尽可能热饮；它对其他许多疾病有益，痛风是其中之一，其他的今已不记。而设若某人恰恰感积食伤胃，若他饮用少许此种煎汁，即可消滞化积。故而此物如此贵重，凡旅行者必随身携带，且不论何种人们愿以一袋大黄换取一盎司中国茶。"[④] 这个时间是 1559 年，也有人说是 1545 年前后[⑤]。

当然，这个时候西方有不少耶稣会士来到中国传教，他们在传播中国茶方面功不可没。1556 年，葡萄牙多明我会传教士克鲁兹在广州居住了数月，他观察到中国人饮茶的情况，并作了介绍：中国人"欢迎他们所尊重的宾客时"，总是递给客人"一个干净的盘子，上面端放着一只瓷器盘子……喝着他们称之为一种'Cha'（茶）的热水"，据说这种饮料"颜色微红，颇有医疗价值。"[⑥] 但茶信息不断传入欧洲并作为一种商品开始引进，主要是葡萄牙、西班牙、荷兰等殖民主义者东侵后的事。先是商人和水手携带少量的中国茶回国，后来茶叶商品在欧洲开始出现，嗣后饮茶风气兴起[⑦]。

饮茶风气的西传还包括陆路。1638 年，被派至波斯王处的荷兰人阿达姆·奥莱利曾说"波斯人都喜欢优质茶"，茶必须加香料与糖煮饮，同时印度西北部也饮茶[⑧]。俄国饮茶习俗的传入首先当也是经过陆路。张正明先生指出："以山西、河北为枢纽，北越长城贯穿蒙古，经西伯利亚通过欧洲腹地的陆上国际商路……出现茶的贸易，大约不晚于宋元时代。"[⑨]

茶流入蒙古后，并被辗转输往俄国在所难免。俄国与中国本不接壤，茶是通过中间环节辗转而得的。光绪二十二年（1896 年）《申报》曾登有《俄人论茶》，云："圣彼得堡日报丙论俄国购买中国茶叶源流及制茶之法略，云四百年前（1496 年）西比利亚部居民初次与俄帅耶尔玛克开仗，彼时相传有俄人饮中国茶者，以牛奶与茶调饮，至今此风犹存，昔蒙古人以茶入俄贸易货物，考茶叶入摩斯哥之始，非由东

---

① 黄时鉴：《关于茶在亚和西域的早期传播——兼说马可波罗未有记茶》，《历史研究》1993 年第 1 期

② 同上

③ 同上

④ 同上

⑤ 陶德臣，王金水：《从马可波罗有无提到茶说起》，《农业考古》2005 年第 2 期

⑥ C. R. Boxer, "South China in the 16 Century", 伦敦 1953 年：第 137 - 142 页

⑦ 陶德臣：《西方早期饮茶风习的兴起》，《农业考古》2008 年第 5 期、《简论饮茶风习的传播》，姜捷主编：《第四届法门寺茶文化国际学术研讨会论文集》，西安：三秦出版社，2012 年版

⑧ （日）角山荣：《茶入欧洲之经纬》，《农业考古》1992 年第 4 期

⑨ 张正明：《清代的茶叶商路》，《光明日报》1985 年 3 月 6 日

方运去，系荷兰人从阿耳山×斯克（显指阿姆斯特丹——引者）×贩至俄×。"[1]

查荷兰与中国通商始于 1601 年，1610 年荷兰首次运茶回到欧洲，"这是西方人来东方运载茶叶最早的记录，也是中国茶叶正式输入欧洲的开始。"[2] 由此可知，最早输入俄国的茶是经蒙古、西伯利亚路线，时间当在 15 世纪末，而输入莫斯科的茶叶则是稍后由荷兰人输入的。1567 年，俄国人彼得洛夫和雅里谢夫介绍茶树新闻入俄，为俄国茶事记载之始，相比较而言，俄国也是欧洲较早介绍茶事的国家之一。

1616 年，哥萨克什长彼得罗夫已在卡尔梅克汗廷首次尝到茶味，对这种"无以名状的叶子"表示惊异。茶入俄国的明确记载是 1618 年，"我国出使俄国钦差以茶馈赠俄皇"[3]，这数箱茶叶也是经陆路历时 18 个月始抵达俄京。1640 年，俄使瓦西里·斯达尔科夫从卡尔梅克汗廷回国，带回茶叶 200 袋（约合 24.57 千克）[4]。随着茶叶不断辗转输入，俄国饮茶之风渐起。至 17 世纪末期，饮茶在俄国已有一定市场。据蔡鸿生先生《"商队茶"考释》一文考证，来华俄国使臣除继续将茶叶作为礼品带回俄国外，商品茶在托波尔斯克市场、莫斯科商店已有出售。康熙二十八年（1689 年），中俄签订了《尼布楚条约》。根据条约关于"嗣后往来行旅，如有路票，准其交易"的规定，茶叶通过边关贸易输入俄国的数量增加。如该年俄商加·罗·尼基丁采购的价值 3.2 万卢布的中国货，内有茶叶 5 普特 7 俄磅（每普特重 16.38 千克），每普特按莫斯科市价为 20～25 卢布[5]。

从 1692—1695 年俄国使团使华笔记看，俄国人对饮茶并不陌生，从西伯利亚到中国接壤处，饮茶已开始流行。在涅尔琴斯克，"使马通古斯人……喝白水，但有钱人喝茶。这种茶叫作卡喇茶，或者叫黑茶……他们用马奶搀少量的水再煮茶，再入少许油脂或者黄油。"靠近中国的塔拉城及其附近地区人民"饮马奶酒，即用马奶酿成的白酒，也喝布加尔人运来的黑茶即红茶"。使者对饮茶很感兴趣，他在 6 处专门提到清朝官吏乃至皇帝赐茶。史料记载可知，俄国从中国进口的货物中，茶叶已成为重要商品，使团就亲自"遇到一个迎面来的由一百五十个俄罗斯商人组成的商队。他们是去冬从涅尔琴斯克出发的。他们有三百头满载货物的骆驼……他们向我们（使团人员）赠送了气味芬芳的茶叶。"这个商队如此庞大，所带茶叶也一定不少，而且出使人员也一定嗜茶，因为他们得到赠茶后"非常高兴"，从"我们喝冷水喝腻透了"[6] 可见一斑。

茶叶海上西传之路日后成为最主要的茶叶运输路线[7]。一般在 16 世纪中叶左右，欧洲人接触到茶的信息，早期主要是通过葡萄牙、西班牙等西方殖民主义者东侵后获得的。他们来到东方后，学习中国饮茶习俗，并把茶的知识带到了西方。于是西方人纷纷创造了一个新字汇"茶"字。17 世纪前，先后创立茶字的国家有意大利威尼斯（1559 年）、意大利罗马（1588 年）、俄国（1507 年）、葡萄牙（1590 年）、伊朗（1597 年）、荷兰（1598 年）、瑞典（1623 年）、德国（1633 年）、法国（1648 年）[8]。

西方人的"茶"字均来源于中国厦门 Tay 或潮汕方言 Cha。这是因为荷兰、葡萄牙人通过南洋贸易最先真正接触到茶，并最早把茶叶从海路运到欧洲。1607 年，荷兰商船自爪哇来澳门运载绿茶，1610 年运回欧洲。嗣后，茶不断从海路输入欧洲，饮茶习惯逐渐在荷兰兴起，并波及整个欧洲。如 1637 年 1 月 2 日，荷兰东印度公司董事会给巴达维亚总督的信说："自从人们渐多饮用茶叶后，余等均望各船能多载中国、日本茶叶运到欧洲。"[9] 饮茶的发展，引起了人们对茶的热切关注，"十七世纪初，茶已为商业要品"，但是"价格贵"，"在伦敦市中，茶值每磅需银 100 元"[10]，有所谓"掷三银块而饮茶一盅"之说[11]。这么

① 《申报》，1896 年十二月初十
② 陈椽：《茶业通史》，农业出版社 1984 年：第 471 页
③ 行政院新闻局：《茶叶产销》，民国 36 年 11 月：第 1－2 页
④ （英）巴德勒：《俄国·蒙古·中国》第 2 卷，1919 年英文版：第 118 页
⑤ 《客商尼基丁在西伯利亚中国经商记》，《巴赫鲁申学术著作》第 3 卷，莫斯科 1955 年：第 242 页
⑥ （荷）伊兹勃兰特·伊台斯、（德）亚当·勃兰德：《俄国使团使华笔记》（1692—1695 年），商务印书馆 1980 年版，第 147 页、第 158 页、第 164—165 页、第 185 页、第 201 页、第 215 页、第 223 页、第 264 页
⑦ 陶德臣：《从马可波罗有无提到茶谈起》，《农业考古》2005 年第 2 期
⑧ 陈椽：《茶业通史》，农业出版社 1984 年版，第 20 页
⑨ 陈椽：《茶业通史》，农业出版社 1984 年版，第 471 页
⑩ 佚名：《中外茶业略史》，《科学》第 3 卷第 3 期
⑪ 冯国福译：《中国茶与英国贸易沿革史》，《东方杂志》第 10 卷第 3 期

高的茶价，平民百姓自然不敢问津，唯有"王公贵胄，乃一染指耳。"①

17 世纪 60 年代前，欧洲茶的消费都是荷兰供应的。饮茶首先在荷兰兴起，到 1675 年，食品店里也有茶叶出售，全国开始普遍饮茶。富裕之家专门营造了茶室，贵夫人们更是痴迷于茶会。此时英国饮茶风也已兴起，但主要在上流社会传播。1684 年，东印度公司伦敦董事会曾通知在华英商："现在茶已通行，每年购上好新茶五六箱运来。"② 早在 1658 年，英国伦敦一家咖啡店就有售茶广告云，嗣后"茶在英国渐渐由时髦饮料变成风尚……喝茶的风气居然由咖啡店侵入家庭里"③，加上东印度公司"被夺去了从印度纺织品进口中赚钱的机会"，"被迫将它的整个生意转移到中国茶叶的进口上"④，与荷兰展开竞争，客观上也促进了饮茶风气的兴起。许多作家曾专门写文评论此风习。

此外，茶在法国、德国、丹麦、瑞典、西班牙、葡萄牙等欧洲国家均有一定程度的传播，并拓展至荷兰、英国的海外殖民地。总之，17 世纪前，茶叶通过陆海路得到初步传播，亚洲许多地区不但饮茶成习，而且有了茶的种植甚至制造。欧洲至少上流社会也已盛行饮茶，并开始向民间渗透；同时通过殖民活动，又向世界更广的范围推广。但由于中西贸易始起，茶价昂贵，饮茶习俗的传播还只是初步的。

18 世纪起，饮茶之风得到迅速发展。嗣后 100 多年间，世界各地对茶叶的需求量大增，饮茶一如它的母国中国一样，成为人民生活的必需品。与此同时茶价大为降低，满足了平民百姓的一般需求。英国茶价 1657 年每磅（1 磅 = 16 盎司，约为 453.6 克，下同）60 先令（合 3 英镑），1666 年是 2 英镑 18 先令，18 世纪初每磅 17 先令半的茶，至 50 年代只要 8 先令，下降几乎一半⑤。饮茶习俗的普及重点是以欧美为中心，亚洲则主要表现在南亚、爪哇茶的试植上。

被誉为"十七世纪的海上马车夫"的荷兰是推动欧洲饮茶发展的火车头。18 世纪初，荷兰茶会风靡一时，妇女因痴迷饮茶而顾不上家庭，丈夫则由于妻子乐茶不归而愤然酗酒，"茶会的狂潮使无数家庭委靡颓废"，1701 年，阿姆斯特丹上演的喜剧"茶迷妇人"就是对饮风炽盛的真实写照⑥。正因为此，荷兰东印度公司每年必须输入大量茶叶才能满足需要。"18 世纪 60 年代以前，荷兰人是最大的华茶贩运商"和"欧洲中国茶叶的最大供应者"⑦，当时荷兰是欧洲第二大茶叶消费国，所运茶叶除本国消费外，还转销欧美。在此推动下，随着茶价的不断下降和输入量的增多。

18 世纪 20 年代，饮茶已风行欧洲，普通市民乃至乡村民夫都加入到饮茶的行列，这种情况以英国尤盛。据说当时："劳工和商人总在模仿贵族，你看修马路的工人居然在喝茶，连他的妻子都要喝茶。"⑧ 随同马戛尔尼一同访华的爱尼斯·安德逊明确提到，茶"这商品在我国（英）几乎成为日常生活的必需品了。在欧洲其他部分的需要也正在日益增长之中"⑨，当时的情况是："在英国领土、欧洲、美洲的全体英国人，不分男女、老幼、等级，每人每年平均需要一磅以上茶叶。"⑩ 茶可以提神止渴，去油消脂，对提高工作效率、质量大有好处，有了茶，"可以帮助出汗，解除疲劳，还可帮助消化。最大的好处是它的香味使人养成一种喝茶习惯，从此人们就不再喜爱饮发酵的烈性酒了"⑪，咖啡、可可在竞争中败北。

工业革命时代的英国工人享受到茶叶加面包带来的好处，如果没有茶叶，工厂工人的粗劣饮食就不可能使他们顶着活干下去。至 18 世纪末，"茶的反对论几乎销声匿迹了"，文人们众口一词赞美饮茶。著名文学家约翰逊是茶的隐君子，他"以茶来盼望着傍晚的到来，以茶来安慰深夜，以茶来迎接早晨"，他的烧水壶从未凉过。《爱丁堡评论》的编辑悉尼·史密斯赞美道："感谢上帝赐给我们茶。没有茶的世界是不可想象的。我庆幸没有出生在没有茶的时代。"⑫ 政治家们更是以茶清醒头脑，保持旺盛的精力，借

---

① 佚名：《中外茶业略史》，《科学》第 3 卷第 3 期
② 萧一山：《清代通史》第 2 册，中华书局 1985 年版：第 847 页
③ 张德昌：《清代鸦片战争前之中西沿海通商》，《清华学报》第 10 卷第 1 期
④ （英）格林堡：《鸦片战争前中英通商史》，商务印书馆 1962 年版：第 2 页
⑤ （日）角山荣：《红茶西传英国始末》，《农业考古》1993 年第 4 期
⑥ 陈椽：《茶业通史》，农业出版社 1984 年版：第 295 页
⑦ 庄国土：《18 世纪中国与西欧的茶叶贸易》，《中国社会经济史研究》1992 年第 3 期
⑧ 杨豫：《英国资本主义近代工业化道路的特点》，《南京大学学报》1986 年第 2 期
⑨ （英）爱尼斯·安德逊：《英使访华录》，商务印书馆 1964 年版：第 216 页
⑩ （英）斯当东：《英使谒见乾隆纪实》，商务印书馆 1963 年版：第 27 页
⑪ （英）斯当东：《英使谒见乾隆纪实》，商务印书馆 1963 年版：第 468 页
⑫ （日）角山荣：《红茶西传英国始末》，《农业考古》1993 年第 4 期

以提高政治斗争的效率。民主、饮茶、咖啡馆成为18世纪英国社会生活中三位一体的东西。

"没有什么比茶叶更加理想。她柔和的芬香，清甜的口味，既止渴，又有营养，使有煽动性的政论家精力得到恢复。因此，有茶水供应的咖啡馆成了公众的讨论地点。在那里既能闻到茶水的芬香，又可听到丰富多彩的演说。"①

19世纪初期，"茶叶已经成了非常流行的全国性的饮料，以致国会的法令要限定（东印度）公司必须经常保持一年供应量的存货。"国会此项法令当然考虑到了茶叶贸易带来的巨大利润，同时也说明英国茶叶消费量的巨大。由于"茶叶只能从中国取得"②，因此"中国方面的来源无论如何必须加以维持"③，生怕稍有闪失。即使是第一次鸦片战争期间，英商詹姆士·孖地臣以"没有茶叶运到英国会激起本国人民的懊恨和不满，危及政府的声望"为理由，致信义律和查顿，得以"把他的茶叶运到英国，使参加这项投机生意的'朋友们'获得厚利。"④

不仅英国人离不开茶，"西方其他国家的人民也学会大量的饮茶了。"⑤各国商人纷纷插手茶叶贸易，以求茶利。他们认为："茶叶是上帝，在它面前其他东西都可以牺牲。"18世纪20年代，欧洲茶叶消费量也迅速增长，茶叶贸易成为所有欧洲东方贸易公司最重要，盈利最大的商品。当时活跃在广州的法国商人考斯突尼特·罗伯特说："茶叶是驱使他们前往中国的主要动力，其他的商品只是为了点缀商品种类。"⑥例如"中瑞之间也曾有一条比其他国家毫不逊色的'茶叶之路'"，瑞典东印度公司从18世纪30年代到19世纪70年代间远航中国131次，主要从中国进口茶叶、瓷器，仅1984年打捞出的该公司所属"歌德堡号"沉船，就载有茶叶370吨，未被氧化⑦。

俄国饮茶风习同样有了很大发展，但总的来说不如英国普及、兴盛。18世纪前，茶叶经满蒙商队输向俄国，但"尚未大笔成交茶叶"⑧。1727年，《恰克图条约》签订后，茶叶才成为双方交易的大宗。"当时，茶叶在莫斯科的市价相当昂贵，大约每俄磅为十五卢布，只有宫廷贵族和官吏才买得起"⑨，故18世纪中期前，俄国饮茶风尚未普及民间，输入量也不会太多。1750年，经恰克图运俄的各类茶仅1.3万普特⑩，大大低于西欧国家。嗣后，随着俄国嗜茶人数的增多，俄商对茶叶的需求与日俱增，茶叶成为恰克图市场上的一般等价物，俄商遂积极参与茶叶贸易，开创了"彼以皮来，我以茶往"⑪的贸易格局。19世纪20年代后，"俄人对于茶叶需要，遂有显著的进展。"⑫从1800到1840年年底，经恰克图输俄的茶叶增长了5.2倍，仅1820年就超过10万普特⑬，1837—1839年的平均数约201 801.92普特⑭。茶叶已成为北方国际商路上的主要货品。此外，俄国还从英国、中国西北进口部分茶叶。

（二）欧洲植茶

不但饮茶之兴在欧洲兴起，欧洲还很早就从中国引种茶试植。这些国家主要有瑞典、英国、法国、意大利、保加利亚、俄罗斯等国，但只有俄罗斯植茶称得上是成功的。

瑞典植茶尝试始于1737年。植物学家林奈为制订茶树学名，请法国印度公司的船长、瑞典博物学家奥斯比克来中国采1株优良的茶树标本。该茶树标本在回国途中，因船经好望角时被风吹进大海。嗣后，林奈再次从瑞典东印度公司董事、瑞典学者拉格斯托姆处获得两株中国茶树，但培育1年后发现是山茶。林奈又请赴中国经商的船长厄克堡采集标本。厄克堡离开中国前，将茶籽种于茶盆中，以便在航海途中

---

① 萧致治，徐方平：《中英早期茶叶贸易》，《历史研究》1994年第3期
② （英）格林堡：《鸦片战争前中英通商史》，商务印书馆1962年：第3—4页
③ （英）斯当东：《英使谒见乾隆纪实》，商务印书馆1963年：第27页
④ （英）格林堡：《鸦片战争前中英通商史》，商务印书馆1962年：第192页
⑤ （英）西浦·里默：《中国对外贸易》，生活·读书·新知三联书店，1959年：第15页
⑥ 庄国土：《茶叶、白银和鸦片：1750—1840年中西贸易结构》，《中国经济史研究》1995年第3期
⑦ 卢祺义：《乾隆时期的出口古茶》，《农业考古》1993年第4期
⑧ 蔡鸿生：《"商队茶"考释》，《历史研究》1982年第6期
⑨ 张正明：《清代的茶叶商路》，《光明日报》1985年3月6日
⑩ 蔡鸿生：《"商队茶"考释》，《历史研究》1982年第6期
⑪ 何秋涛：《朔方备乘》卷37
⑫ 中国茶叶学会编：《吴觉农选集》，上海科技出版社1987年：第95页
⑬ 陈椽：《茶业通史》，农业出版社1984年：第254页
⑭ 姚贤镐：《中国近代对外贸易史资料》第1册，中华书局，1962年：第110页

发芽。当船只回到哥德堡时，茶籽已长出嫩苗，于是将半数送往乌普萨拉（Upsal），但均在中途死亡。

1763 年 10 月 3 日，林奈将其余茶苗带至乌普萨拉，成为欧洲大陆最早生长的茶树。林奈函告法兰西科学院，说他的园中已有茶树生长旺盛，并将设法繁殖，以说明茶树只能生长于中国、不能种植他地的理论不成立。林奈植茶成功后，英国植物学家从广东购买茶籽归国，途中播种发芽，移栽于英国各植物园中。但英国土地少，地价贵，植茶没有经济价值，因而只用作温室标本和美化园庭之用。诺森伯兰公爵西洪种茶最早，开花也最早。

1780 年左右，伦敦花木商戈登送给巴黎勒舍瓦里耶 1 株茶树，这是法国第一株茶树。1838 年，法国从巴西得到一批茶树，进行过试种，茶树虽能生长，但品质较劣，没有商业价值。意大利的巴维亚、佛罗伦萨、比萨、那不勒斯等地植物园都种有茶树。西西里百乐门岛、比沙省的山格立拿茶园中的茶树能开花结子，但未见大规模种植商品茶。此外，20 世纪 30 年代初，保加利亚从前苏联引入茶籽试植，成功后向各国购买茶籽大量栽植地。因品种杂乱，未能发展成商业性产业[1]。

俄国植茶始于 19 世纪 30 年代。1833 年，俄国从中国引进茶籽，试种未能成功。1847 年，又从中国汉口运去茶籽，植于格鲁吉亚黑海沿岸的苏呼米植物园、奥竹尔、盖特苗圃。1883 年，俄国从中国购买茶籽茶苗，植于尼基特植物园内，但由于自然条件不好，茶树生长不好。1884 年，尼基特植物园内的茶树被移植于苏呼米和索格茨基的植物园、奥索尔格斯克的驯化苗圃中。嗣后，又从驯化苗圃移植一部分到奥索尔格斯克县列茹里山村的米哈依·埃里斯塔维植物园，并采摘鲜叶，依照中国制茶方法制成样茶，这是学习中国制茶的开始[2]。正是在这一年，俄国首次将茶树种植作为企业来经营。

俄国退伍军人索洛夫佐夫从中国湖北省羊楼洞运去 1.2 万株茶苗和成箱茶籽，在查克瓦——巴统附近开辟了一个 1.6 公顷的小茶园，从事茶树栽培，制成的茶叶品质良好。这时候的苏呼米也有两个规模不大的茶场采制茶叶。1889 年，以吉洪米罗夫教授为首的考察团到中国和其他产茶国家研究技术。回国后，在巴统附近的查克瓦、沙里巴乌尔、凯普烈素等地开辟茶园 15 公顷，嗣后增至 115 公顷。在沙里巴乌尔设立了一座小型茶厂，以供制茶之需。由于制茶品质难以满足消费者需要，俄国人来华聘请技工赴俄指导。

1888 年，俄国茶商波波夫来到中国，访问了宁波一家茶厂。回国时，带回几百普特茶籽和几万株茶苗，并聘请刘峻周等 10 名茶叶技工。1893 年 11 月，中国技工抵达高加索，在巴统地区工作了 3 年，种植茶树 80 公顷，完合按照中国形式，建设一座小型制茶工厂，采用中国制茶方法，正式开始茶叶生产。1896 年，合同期满后，中国茶叶技工回国。刘峻周受波波夫之聘请，为技师并采购茶叶、茶籽、茶苗。1897 年 5 月，刘峻周和中国技工 12 人，携家眷到巴统。至 1900 年，在刘峻周的领导下，在阿扎里亚种植茶树 150 公顷，建立制茶工厂生产茶叶。他自己还建立了 25 公顷的茶园和果园，教导当地人民植茶种果类技术。

刘峻周自 1893 年应聘到格鲁吉亚工作，到 1924 年回国，为发展当地茶叶生产作出了重要贡献。他直接领导种茶 230 公顷，建立制茶厂 2 座，提高了茶质，培养了栽茶人才，获得当地人称赞。1910 年，沙皇政府授予他三等"斯达尼斯拉夫"勋章，1912 年，在"俄罗斯热带植物展览会"上，由于植茶有功，获得大会的奖状。1924 年，获得"红旗勋章"。当地政府还把他的住宅辟为茶叶博物馆，供后人瞻仰[3]。

三、中国茶向美洲传播

（一）茶传美洲

美洲大陆饮茶风的普及得力于荷兰、英国移民的推动。北美饮茶习俗首先由荷兰人发其端，"茶之传

---

① 陈椽：《茶业通史》，中国农业出版社 2008 年：第 114－115 页
② 陈椽：《茶业通史》，中国农业出版社 2008 年：第 91 页
③ （苏）Ⅲ·Ｂ·梅格列利泽、Ｊ·喀兰达利什维利：《中国种茶专家在格鲁吉林》；蓝坪：《万水千山寻故人》，《新欢察》1957 年第 22 期

入美洲，为时亦甚早，约在 17 世纪中叶，荷人挟茶至新亚摩士特丹。"① 英国人继其后推波助澜。约在 1690 年，波士顿已有第一个出售中国茶叶的市场。表明随着荷英两大饮茶大国的殖民活动开展，茶已被带到北美"新大陆"。18 世纪中期，饮用中国茶已经成为伦敦街头劳动人民的习惯，这不会不随大量移民北美殖民地而得以推广。18 世纪 20 年代，北美殖民开始正式进口茶叶，18 世纪中期，饮茶习俗已遍及北美殖民地社会各阶层。当时一位去过北美的法国旅游者说："北美殖民地，人们饮用茶水，就像法国人喝酒一样，成为须臾不可离的饮料。"② 18 世纪 60 年代，北美殖民地年均消费茶叶 120 万磅，1750—1774 年，仅宾夕法尼亚每年平均从英国进口茶叶 4 万磅③。

但英国把茶叶作为掠夺北美人民财富的工具，引起北美殖民地人民的强烈抵制，从一定程度上影响了饮茶的发展。1783 年北美人民经过浴血奋战，终于建立了独立的美利坚合众国，美国商人摆脱了贸易羁绊，立即派出"中国皇后号"帆船首航中国，载茶 3 022 担至纽约，掀起了对华贸易热潮，目的要为"美国获取像印度洋纱、香料、中国茶、丝等类此间有需求的几种商品的愿望"④。据统计，1784—1811 年 20 余年内，到过中国的美国商船共 378 艘，输入的茶叶也由 1784—1785 年度的 88.01 万磅上升至 1810—1811 年度的 288.44 万磅，增长 2 倍多⑤。鸦片战争前更增至 19 333 597 磅⑥，又增 6.7 倍。这些茶除少量复出口外，大部用来满足国内消费。

（二）美洲植茶

饮茶在北美兴起后，为了满足其需要，美国、阿根廷、巴西、巴拉圭等国家曾从中国输入茶籽试植，规模以美国为大。美国独立战争后，中美茶叶直接贸易随即展开。

1795 年，美国植物学家米绰克斯（A. Michaux）通过从事对华贸易的美国船长得到中国茶苗和茶籽，植于查尔斯顿 15 英里（1 英里约为 1.61 千米。下同）之遥的植物园，其中 1 棵原生茶树（皋芦种）长至 15 英尺（1 英尺约为 0.35 米。下同），至 1887 年因管理不善死亡。1848 年、1850 年，又进行过两次植茶，均宣告失败。1858 年，美国政府对植茶发生兴趣，派英国人福钧来中国采集茶籽，免费发放给南部各州农民种植，北卡罗来纳、南卡罗来纳、佐治亚、佛罗里达、路易斯安那、田纳西州都有种植。由于农民自产自销，不从事商品生产，政府对种茶逐渐丧失兴趣。

1880 年，美国农业部杜克雇用种茶多年的杰克逊兄弟，在南卡罗来纳的森麦维从中国、日本、印度输入部分茶籽，部分茶籽采自几个小茶园，开辟茶园 200 英亩（1 英亩约为 4 047 平方米。下同），扩大试验，所制样茶，送至纽约，获得好评。这工作因故中止。1890 年，农业部聘农艺学家薛帕得为茶树栽培专员，开辟茶园，进行小规模试植，茶园面积由 60 英亩增至 125 英亩，最多产茶 1.5 万磅。同时，华侨在潘赫斯脱开辟茶园。1902 年，特林勃里创办美国种茶公司，泰勒为经理，在南卡罗来纳开辟茶园一两千英亩，当年育成茶苗 20 万株移植，嗣后这一茶叶发展计划也告失败。1904 年，得克萨斯州开辟小规模的马盖茶园试种，效果并不好，1910 年停止试种。1915 年，加利福利亚的圣地亚哥种有少量茶树，长势与洛杉矶附近日本侨民所种茶树同样繁茂，但没有进行商业性的生产试验。可见，美国植茶时间不短，虽经多次试验，成效不大，没有多少商业价值，因而不能称之为一个产茶国⑦。

1924 年，南美的阿根廷开始种茶，由农业部向中国购买茶籽 1 100 磅，分发北部地区试植，生长很好。嗣后，在科连特斯、恩姆尔里约斯、图库曼等地栽植。20 世纪 50 年代，阿根廷逐渐发展成美洲最大的产茶国。

1812 年，巴西从中国引入茶籽，试种于里约热内卢植物园内，长势好。后聘请中国技工前往传授栽制技术，植茶地区扩大。1825 年，植茶传入米那斯吉拉斯、乌罗普累托、圣保罗的沿海一带。

秘鲁、厄瓜多尔、哥伦比亚、巴拉圭、危地马拉、牙买加也产茶。

① 行政院新闻局：《茶叶产销》，民国 36 年 11 月：第 1 - 2 页
② 曾丽雅，吴孟雪：《中国茶叶与早期中美贸易》，《农业考古》1991 年第 4 期
③ 朱那逊：《费城与中国贸易》，费城出版社 1987 年：第 21 页
④ 姚贤镐：《中国近代对外贸易史资料》第 1 册，华书局 1962 年：第 285 页
⑤ （美）泰勒·丹涅特：《美国人在东亚》，商务印书馆 1959 年：第 41 页
⑥ 姚贤镐：《中国近代对外贸易史资料》第 1 册，中华书局 1962 年：第 296 页
⑦ 陈椽：《茶业通史》，中国农业出版社 2008 年版：第 115 - 117 页

此外，中国茶还向世界其他地方进行传播。非洲植茶较迟，主要是英国、印度、斯里兰卡发展茶业成功后，再推广到非洲。德国、葡萄牙等国也在自己的殖民地进行茶树试种，发展茶业。肯尼亚、马拉维、乌干达是最重要的产茶国，坦桑尼亚、津巴布韦、南非、莫桑比克、毛里求斯、埃塞俄比亚也发展了茶叶生产。澳大利亚进行过茶树试种。其他如卢旺达、扎伊尔、津巴布韦、布隆迪、毛里求斯、几内亚、马里、几内亚、摩洛哥等国种茶时间更迟，大多始于 20 世纪 20 年代，且面积不大，产量不多。

当前产茶国家，大约共 60 个。亚洲 20 个：中国、印度、斯里兰卡、印度尼西亚、日本、土耳其、孟加拉国、伊朗、缅甸、越南、泰国、老挝、马来西亚、柬埔寨、尼泊尔、菲律宾、朝鲜、韩国、阿富汗、巴基斯坦。非洲 21 个：肯尼亚、巴拉维、乌干达、坦桑尼亚、莫桑比克、卢旺达、马里、几内亚、毛里求斯、南非、埃及、刚果、喀麦隆、布隆迪、扎伊尔、罗得西亚、埃塞俄比亚、留尼汪岛、摩洛哥、阿尔及利亚、津巴布韦。美洲 12 个：阿根廷、巴西、秘鲁、哥伦比亚、厄瓜多尔、危地马拉、巴拉圭、牙买加、墨西哥、玻利维亚、圭亚那、美国。大洋洲 3 个：巴布亚新几内亚、斐济、澳大利亚。欧洲 4 个：俄罗斯、格鲁吉亚、阿塞拜疆、葡萄牙。

中国茶向世界的传播历时 1 000 多年，这一文化现象的传播是以自身方式进行的，呈现出自身的特点。中国茶从独有、独享，成为现在的世界性饮料，当今大约 160 个国家和地区的 20 多亿人以茶为饮，茶以特有的魅力与世界人民结下了不解之缘，昭示着中华民族造福人类的伟大贡献。茶树遍及五大洲 60 多个国家，这既是茶业发展的一大业绩，也是中国对世界的一大贡献。中国茶的世界传播取得如此巨大成绩，除了茶树本身的繁衍特性外，还与人类的文化交流、政治活动、经济贸易、宗教传播密不可分，正是通过这些方式，茶叶产品、茶业技术、茶叶文化才能走向世界。

东南亚胡椒在明代中国的多元应用

涂 丹[*]

（南京信息工程大学语言文化学院讲师，江苏　南京　210044）

摘　要：有明一代，在朝贡贸易、郑和下西洋、民间贸易及西人中转等方式的共同作用下，大量的东南亚胡椒源源不断地输入中国，成为海洋贸易的标志性产品。作为舶来品的胡椒进入中国后被赋予了多重身份，它不仅被明廷用来赏赐、折俸，还被时人作为财富的象征，并时常兼具一般等价物的职能。最为重要的是，它在医药、饮食领域的广泛应用，不仅对中国各阶层的健康、饮食观念产生了积极影响，且完成了其自身从奢侈品到日用品的身份转变，并在悄无声息中彰显了海洋对陆地的辐射与作用。

关键词：明代；胡椒；海洋贸易

自 15 世纪开始，在海洋为纽带的联结下，全球市场逐步形成，世界各国的物质文化交流逐步加强。作为东方帝国的大明王朝在怀柔远夷、俯瞰万国、广赠器物、广播文化的同时，亦在万邦来朝的氛围中不知不觉进口了大量的域外商品，吸纳了多彩的域外文明。然而，传统海交史及贸易史的研究主要集中于探讨丝绸、瓷器、茶叶等物品的对外输出及对世界历史的贡献，而对中国进口的域外商品则鲜有研究，即便是作为明代最大宗进口物的胡椒也未能引起学界的太多关注，现有的研究成果则主要集中在对胡椒贸易的探讨上。[①] 鉴于此，本文将以药书、日用类书、航海日志为核心资料，并结合中外官方档案记录，以时空为坐标，探讨东南亚胡椒怎样进入中国、被赋予哪些新的内涵及如何被应用的问题，以此追寻以胡椒为代表的物所承载的海洋文明对陆地渗透与影响的痕迹。

一、胡椒的时空调度

胡椒原产于印度西南部的马拉巴尔海岸，《后汉书》卷一一八《天竺传》载："天竺（即印度）产胡椒"，其后《魏书》卷一〇二《波斯传》亦记录了波斯商贾从印度贩运胡椒至中国的情形。及至唐代，在中国人的认识中，印度依然是胡椒的主产区，《酉阳杂俎》曰："胡椒，出摩伽陀国，呼为昧履支。"[②] 摩伽陀国，即中印度之古国。自五代开始，胡椒的种植范围开始从印度扩大至东南亚地区。《海药本草》曰："胡椒，生南海诸地。"[③] 这一描述虽仅对胡椒的产地做了笼统概括，但足以说明其种植范围已超出印度一域。

宋元时期，史籍中关于胡椒产地的记录更为详细、全面。据《诸蕃志》记载："胡椒出阇婆之苏吉丹、打板、白花园、麻东、戎牙路，以新拖者为上，打板者次之。"[④] 阇婆（即爪哇）首次取代印度成为

* 【作者简介】涂丹，历史学博士，南京信息工程大学语言文化学院讲师

① 田汝康：《郑和海外航行与胡椒运销》，《上海大学学报》（社会科学版）1985 年第 2 期；李曰强：《胡椒贸易与明代日常生活》，《云南社会科学》2010 年第 1 期；John Bastin, *The changing balance of the early Southeast Asia pepper trade*, Kuala Lumpur: Department of History, University of Malaya, 1960；John E. Wills Jr. , *Pepper, guns, and parleys*: *The Dutch East India Company and China*, 1662—1681, Cambridge, Mass: Harvard University Press, 1974；Anthony Reid, et al. , *Southeast Asian Exports since the 14th Century Cloves, Pepper, Coffee, and Sugar*, Institute of Southeast Asian, 1998

② 段成式撰，方南生点校：《酉阳杂俎》卷一八《木篇》，中华书局 1981 年版：第 179 页

③ 李珣著，尚志钧辑校：《海药本草》草部卷第三《胡椒》，人民卫生出版社 1997 年版：第 64 页

④ 赵汝适著，杨博文校释：《诸蕃志校释》，中华书局 2000 年版：第 195 页

中国人心目中的胡椒主产区。到了元代，胡椒的种植区域进一步扩大至马来半岛南部的巴都马。① 胡椒种植面积的扩大及中国胡椒进口地的转变，与宋元时期海洋贸易的发展及海上航路的拓展有着密不可分的联系，通过海路赴东南亚地区贸易较之印度更为方便、快捷。

明朝初期，统治者虽然推行海禁与朝贡贸易相结合的政策，但是海洋贸易的规模与前代相比有增无减，苏门答腊、爪哇、婆罗洲等东南亚各地的胡椒源源不断地输入中国，在便捷的航路、低廉的价格②、朝贡贸易的带动等因素的共同作用下，中国的胡椒进口地真正实现了从印度到东南亚的转移。有明一代，东南亚胡椒输入中国的方式主要有朝贡贸易、郑和下西洋、民间贸易、西人中转4种，其前期主要以朝贡贸易和郑和出使西洋为主，中期以后民间私人贸易及西人转运占据主导。

关于东南亚各国向明朝进贡胡椒的情况，《明实录》《明史》《西洋朝贡典录》《殊域周咨录》等史籍皆有不少记载。例如，"洪武九年（1376年），暹罗王遣子昭禄群膺奉金叶表文，贡象及胡椒、苏木之属。……十六年（1384年），给勘合文册，令如期朝贡。二十年（1388年），又贡胡椒万斤，苏木十万斤。"③ 二十三年（1391年），"暹罗斛国遣其臣思利檀剌儿思谛等，奉表贡苏木、胡椒、降真等物一十七万一千八百八十斤。"④ 自洪武九年至二十三年的三次朝贡中，其本土并不出产胡椒的暹罗，却向大明进贡胡椒数万斤，足见胡椒在中国的受欢迎程度。其胡椒的出产国，在进行朝贡贸易时，所携带胡椒数量之大更是可以想见。如洪武十五年（1383年），"爪哇国遣僧阿烈阿儿等奉金表贡黑奴男女一百一人、大珠八颗、胡椒七万五千斤。"⑤ 洪武以后，各国的贡物数量，虽然史籍缺乏较为详细的记载，但从参与朝贡国家数量和朝贡次数的增加可以推断，胡椒进入中国的数量定有大幅增长。郑和七次出使西洋，不仅带回了大量的胡椒，而且扩大了中国与西洋诸国的联系，有效促进了有明一代以胡椒、苏木为主的香料贸易的繁荣。

宣德以后，伴随着郑和下西洋的停止和朝贡贸易的衰落，市场上的胡椒供不应求，贩运胡椒成为有利可图的事情，为了追求高额利润，沿海商人纷纷犯险出洋，"苏杭及福建、广东等地贩海私船，至占城国、回回国，收买红木、胡椒、番香，船不绝。"⑥ 到成弘之际，月港已成为九龙江口海湾地区对外贸易的中心，具有"小苏杭"之称，以漳州海商为先锋的东南海商的足迹遍布东西洋各重要港口，这点从漳州火长使用的题为《顺风相送》的针路手册即可清晰证明。该手册记录有自月港门户浯屿、太武出发的往西洋针路7条、东洋针路3条，另有自福州五虎门出发经太武、浯屿往西洋针路2条。⑦ 这几条直接航线与中转的局部短途航线相连接，基本覆盖了东南亚地区的主要胡椒产地，远赴这些地区贸易的海商们在购买回程货物时，自然首选利润率极高且购买方便的胡椒。我们甚至可以反向推测，购买胡椒的方便与否是他们选择航线的主因之一。

除沿海商人外，亦有部分内地商人参与到贩运胡椒的行列之中。成化十四年（1478年），江西饶州商人方敏、方祥、方洪兄弟筹集600两银，购买景德镇瓷器2 800件运往广州贩卖，碰上熟客广东揭阳县商人陈佑、陈荣和海阳县商人吴孟，合谋下海通番。"敏等访南海外洋有私番舡一只出没，为因上司严禁，无人换货，各不合于陈佑、陈荣、吴孟，谋久，雇到广东东莞县陈大英，亦不合，依听将自造违式双桅槽船一只，装载前项瓷器并布货，于本年五月二十日开船，越过缘边官府等处巡检司，远出外洋，换回胡椒112包、黄蜡1包、乌木6条、沉香100箱、锡20块。"⑧ 在海禁政策严厉执行的情况下，商人们依

---

① 汪大渊著，苏继庼校释：《岛夷志略校释》，中华书局1981年版：第130页

② 金国平编译：《西方澳门史料选萃（15～16世纪）》，广东人民出版社2005年版：第158页。该书的《葡萄牙人发现征服印度史》一节，记录了苏门答腊胡椒比印度便宜的史实

③ 严从简著，余思黎点校：《殊域周咨录》卷八《暹罗》，中华书局2009年版：第279页

④ 《明太祖实录》卷二一○，洪武二十三年（1391年）夏四月甲辰

⑤ 《明太祖实录》卷一四一，洪武十五年（1383年）春正月乙未

⑥ （朝）崔溥著，葛家振点校：《漂海录——中国行记》，社会科学文献出版社1992年版：第95页

⑦ 杨国桢：《十六世纪东南中国与东亚贸易网络》，《江海学刊》2002年第4期。西洋针路7条：浯屿→柬埔寨；浯屿→大泥（今马来西亚Patani）、吉兰丹（今马来西亚Kota Baru）；太武→彭坊（今马来西亚彭亨州北干Peken）；浯屿→杜板（今印度尼西亚东爪哇厨闽Tuban）；浯屿→杜蛮（即杜板）、饶潼（地与杜板相连）；太武、浯屿→诸葛担篮（今印度尼西亚加里曼丹岛苏加丹那Soekedana）；太武、浯屿→著维。东洋针路3条：太武→吕宋（今菲律宾马尼拉）；浯屿→麻里呂（今菲律宾马尼拉北部的Marilao）；太武琉→琉球（今日本冲绳县那霸）。西洋针路2条：五虎门→太武山、浯屿→交趾鸡唱门（今越南海防市南海口）；五虎门→太武山→暹罗港（今泰国曼谷港）

⑧ 戴金：《皇明条法事类纂》卷二十《把持行事》，东京古典研究会昭和四十一年（1966年）影印本

然敢于犯险涉海交易，足见贩运胡椒、沉香等香料的利润之高。例如，100 斤的胡椒在苏门答剌值银 1 两，运到明朝给价 20 两，[1] 差价高达 20 倍。

隆庆初年，月港开放，民间私人海上贸易获得合法渠道，沿海商人纷纷出洋贸易，胡椒的进口量随之大增。从 1500 年到开禁前的 1559 年，60 年间整个东南亚输往中国的胡椒共 3 000 吨，而从开禁后的 1570 年至 1599 年的 30 年里，仅从万丹港和北大年输往中国的胡椒量就达 2 800 吨。[2] 随着交易量的大增，胡椒的进出口税额也在不断降低。隆庆六年（1572 年），每进口一百斤胡椒，需缴纳税钱三钱；[3] 万历十七年（1589 年），每百斤抽税银二钱五分；万历四十三年（1605 年），每百斤税银降至二钱一分六厘。[4] 相对较低且不断下降的胡椒税额，有效推动了胡椒的更大量进口。

鉴于中国与东南亚之间胡椒贸易的有利可图，刚刚进入亚洲市场不久的西方殖民者，便积极投身于这项贸易之中。自成化开始，葡萄牙人就已进入到闽海贸易。据林希元《与翁见愚别驾书》载："佛朗机之来，皆以其地胡椒、苏木、象牙、苏油、沉速檀乳诸香与边民交易，其价尤平；其日用饮食之资于吾民者，如米面、猪鸡之数，其价皆倍于常，故边民乐与为市。"[5] 葡萄牙人占据马六甲后，马六甲与中国贸易的最大宗商品——胡椒，落入葡人控制，"仅 1555 年的一个月内，经葡人中转，由广州卖出的胡椒就达 40 000 斤"[6]。外加粤海贸易抽分制度的确立，葡萄牙人开始更大范围的参与到东南亚与中国的胡椒贸易中来。

万历二十四年（1596 年），荷兰人在万丹建立商馆，其势力开始进入亚洲海域。天启四年（1624 年），荷兰东印度公司在大员建立商馆，并很快发展成重要的中国贸易基地，大量的东南亚胡椒经此中转，到达中国市场。《热兰遮城日志》对于运入大员港的胡椒数量，有诸多记录，兹列举数据较为详细的三例：[7]

> 1636 年 6 月 25 日，平底船 Schaegen 号 4 月 17 日从巴达维亚出航，所载货物大部分是胡椒和铅，总值约为 64 000 荷盾（6 荷盾 = 1 两白银）。
>
> 1637 年 8 月 3 日，从占碑来的 Duyve 号运来 2 509 担又 40 斤胡椒及 2 383 担又 55 斤占碑的胡椒，125 担又 85 斤由快艇 Bracq 号运回来的巴邻旁（即巨港）的胡椒，加上费用开支总值 45 380.24 荷盾。
>
> 1638 年 6 月 21 日，平底船 Den Otter 号抵达港外，是 5 月 19 日从巴达维亚出航，作为本季第一班派来的船，经广南前来此地的。……上述平底船所载货物总值为 136 399.49 荷盾，有下列货物：1 800 担巴邻旁的胡椒、1 234 担又 90 斤檀香木……

上述三艘开往人员的船只所运主要货物均为胡椒，且每艘平底船的运载量均在千担以上[8]，总量更是高达近万担。然而，这一数量仅是这三年从巴达维亚、占碑等地运往大员胡椒总量的一部分，更多商船的运量因记录不详或内容缺失，致使我们无法做出准确统计。由此可见，胡椒是荷兰东印度公司运往大员的最主要商品，且数量十分庞大，而这些商品除少部分运往日本外，绝大部分都销往中国市场。

荷兰东印度公司销往中国的胡椒数量固然很大，但其仅占当时中国从东南亚进口胡椒总量的一小部分，中国市场上销售的胡椒大部分来自中国商人直接从东南亚的主要胡椒贸易港购买的。例如，仅 1637

---

① 马欢著，冯承钧校注：《瀛涯胜览校注》，中华书局 1955 年版：第 27 页

② 安东尼·里德：《14 世纪以来东南亚丁香、胡椒、咖啡和糖的出口》（Anthony Reid，et al.，*Southeast Asian Exports since the 14th Century Cloves，Pepper，Coffee，and Sugar*，Institute of Southeast Asian，1998，p. 86.）东南亚研究所 1998 年版：第 86 页

③ 万历《漳州府志》卷五《赋役志》，万历元年刻本

④ 张燮著，谢方点校：《东西洋考》卷七《饷税考》，中华书局 2000 年版：第 141、143 页

⑤ 林希元：《林次崖文集》卷五《与翁见愚别驾书》，清乾隆十八年（1753 年）陈胪声治燕堂刻本

⑥ 裴化行著，萧浚华译：《天主教 16 世纪在华传教志》，商务印书馆 1936 年版：第 94 页

⑦ 江树生译注：《热兰遮城日志》第一册，台南市政府发行 2002 年版：第 245、334、397 页

⑧ 平底船 Schaegen 号所运胡椒数量虽未记载，但从货物价值我们可以大致推算出该船所运胡椒至少在 2 500 担以上。具体推算过程如下：Duyve 号和 Bracq 号所运胡椒共 5 017 担又 180 斤，货物总值加费用 45 380.2.4 荷盾；Schaegen 号所载货物大部分是胡椒和铅，价值 64 000 荷盾，从记录来看胡椒排在铅的前面，因此所运胡椒的价值应大于铅的价值，而胡椒和铅又是该船所运主要货物，因此胡椒的价值至少占到该船所运货物总值的 1/3 以上，即价值当在 21 300 荷盾以上，折算成胡椒在 2 500 担以上

年中国航往东南亚各地的船只就达 40 艘，前往巴达维亚的 8 艘，前往北大年的 1 艘，前往暹罗的 1 艘，前往柬埔寨的 2 艘，前往广南的 8 艘，前往马尼拉的 20 艘。[①] 其中，巴达维亚、北大年、广南皆为胡椒主产区。我们虽无法准确得知中国每年从东南亚进口的胡椒总量，但这些零星的历史记录已告诉我们，胡椒无疑已成为当时中国从海外进口的最重要商品，且已从明初的奢侈品转变成一种大众消费品。

二、胡椒的多元身份

有明一代，在朝贡贸易、郑和下西洋、民间贸易、西方人转运等方式的共同作用下，东南亚胡椒成为环中国海海洋经济贸易史上数量最大的舶来品。作为舶来品的胡椒虽最终被应用于医疗、饮食领域，但在流转的过程中却时常被赋予多重身份，其不仅是大明王朝赏赐百官、奖励军功、支付薪俸的重要物品，且时常作为财富的象征被囤积起来，有时甚至兼具一般等价物的职能，在政治、经济领域发挥着重要作用。

通过朝贡贸易与郑和下西洋的双重渠道，大量的东南亚胡椒进入到中国的府库，并开始较大规模地用于赏赐、支俸。洪武十二年（1387 年），"赐在京役作军士胡椒各三斤，其在卫不役作者，各赐二斤"[②]；十三年，"赐京卫军士胡椒各三斤"[③] 十八年，"赐京卫旗军，胡椒人一斤"[④]；二十四年，"赐海运军士万三千八百余人胡椒、苏木、铜钱有差"[⑤]，"赐燕山太原青州诸获卫官校胡椒、钞锭有差"[⑥]；二十五年，"赐浙江杭州等卫造防倭海船军士万一千七百余人钞各一锭、胡椒一斤"[⑦]，"赐浙江观海等卫造海船士卒万二千余人钞各一锭，胡椒人一斤"[⑧]；二十九年，"造三山门外石桥成，赏役夫二千余人胡椒各一斤、苏木各五斤"[⑨]；"给京卫军士胡椒各一斤、苏木各三斤"[⑩]。洪武年间，胡椒被大量用于赏赐，且赏赐的人群不再局限于高级官吏，在京及各地军士皆被赏予胡椒，甚至役夫也受到同样的赏赐，足见这一时期，明朝府库中囤积胡椒数量之多。同时，利用胡椒作为赐物本身，也一定程度上反应了胡椒对于普通百姓的珍贵以及在当时市场上的供不应求。

自永乐三年（1405 年）始，伴随郑和下西洋的进行，明府库中囤积的胡椒日渐增多。同时，厚往薄来的朝贡贸易及气势恢宏的下西洋活动，使明政府背负了沉重的财政负担。在两方面因素共同作用下，胡椒折俸的办法应运而生。自永乐二十年至二十二年，在京官员的俸禄已开始使用胡椒、苏木折支，规定"春夏折钞，秋冬则苏木、胡椒，五品以上折支十之七，以下则十之六"[⑪]。宣德九年（1434 年），允许两京文武官员俸米以胡椒、苏木折钞，"胡椒每斤准钞一百贯，苏木每斤准钞五十贯，南北二京官各于南北京库支给。"[⑫] 正统元年（1436 年），胡椒折钞支俸的范围从两京官员扩大至万全大宁都司、北直隶卫所官军，"折俸每岁半支钞，半支胡椒、苏木"[⑬]；正统五年，折俸范围进一步扩大到各衙门知印、教坊司俳长，按例"月粮一石五斗，除本色米一石外，余五斗春夏折钞，秋冬折胡椒、苏木"[⑭]。

这种以胡椒、苏木折俸的现象一直持续到成化七年（1471 年），因"京库椒木不足"[⑮] 宣告停止。胡椒折俸的办法具有一定的合理性，此做法不但减轻了政府的财政压力，延缓了钞法败坏的危机，而且使

---

① 江树生译注：《热兰遮城日志》第一册，第 296 页
② 《明太祖实录》卷一二六，洪武十二年九月甲寅
③ 《明太祖实录》卷一三一，洪武十三年夏五月己亥
④ 《明太祖实录》卷一七一，洪武十八年二月壬寅
⑤ 《明太祖实录》卷二七〇，洪武二十四年春正月辛亥
⑥ 《明太祖实录》卷二一一，洪武二十四年八月庚辰
⑦ 《明太祖实录》卷二一七，洪武二十五年夏四月癸亥
⑧ 《明太祖实录》卷二一九，洪武二十五年秋七月丙申
⑨ 《明太祖实录》卷二三一，洪武二十七年春正月乙丑
⑩ 《明太祖实录》卷二四五，洪武二十九年三月庚辰
⑪ 黄榆：《双槐岁钞》卷九《京官折俸》，中华书局 1999 年版：第 184 页
⑫ 《明宣宗实录》卷一一四，宣德九年十一月丁丑
⑬ 《明英宗实录》卷一九，正统元年闰六月戊寅
⑭ 《明英宗实录》卷六七，正统五年五月甲寅
⑮ 《明宪宗实录》卷九九，成化七年冬十月丁丑

囤积于府库的大量胡椒分散至各个家庭，扩大并普及了胡椒的消费，加速了胡椒从奢侈品向日用品的转化过程，对明人的健康饮食习惯产生了积极且深远的影响。

利用胡椒折钞支俸的办法，因胡椒自身的实用性及其缓解财政压力的积极作用，在推行之初得到了各级官员的大力支持。著名经济思想家丘浚在其代表作《大学衍义补》中言：“今朝廷每岁恒以番夷所贡椒木，折支京官常俸。夫然，不扰中国之民，而得外邦之助，是亦足国用之一端也。其视前代算间架总制钱之类，滥取于民者，岂不犹贤乎哉。”① 但随着大明宝钞的不断贬值，明廷仍以最初的胡椒折钞比价大量折俸，使原本俸禄就不高的官员们的实际收入降低至了历史顶点，为了补贴家用，官员们纷纷将胡椒拿到市场销售。这一行为无形中加速了胡椒的商品化进程，扩大了胡椒的消费群体。

明中期以后，随着民间贸易的日益兴盛，大量的胡椒源源不断进入中国市场，越来越多的人开始将胡椒作为财富的象征囤积起来，可谓上至达官显贵，下至普通平民。明武宗时期的宠臣钱宁，在世宗即位后被查抄其家，“得玉带二千五百束、黄金十余万两、白金三千箱、胡椒数千石”②。从上述查抄清单可见，胡椒几乎获得了与金银、珠宝等传统财富象征物等同的地位。除达官显贵外，普通民众也时常将其多余的钱拿来购买胡椒，作为财富收藏起来。《金瓶梅》第十六回，李瓶儿死了丈夫，想改嫁西门庆，指着床底下对西门庆说：“奴这床后茶叶箱内，还藏着三四十斤沉香、三百斤白蜡、两罐子水银、八十斤胡椒，你明日都搬出来，替我卖了银子，凑着你盖房子使。”③ 李瓶儿囤积的胡椒等物，在西门庆需要钱时，可随时变卖成银两，足见胡椒在市场上的流通之广及受欢迎程度。

此外，在中外贸易中，胡椒还时常兼具一般等价物的职能。商人们在计算货物的价值时，常以胡椒作为标准予以衡量。据葡萄牙人皮雷斯描述：“在中国，一百斤被称为一担（piquo）。这样，你就可以定出自己的价格，诸如多少担的胡椒换一担生丝，或多少担此类的货物交易一担胡椒。麝香交易也同样如此，以多少斤的胡椒换一斤麝香（或）小珍珠”，甚至连稻米、小麦、肉类、家禽、鱼类等食物，也以胡椒作为价值尺度，“即多少单位的这类食物换取一单位的胡椒”。④ 胡椒俨然成了商品交换中衡量货物价值的标尺。

在实际的商品交换中，当白银短缺时，商人们常以胡椒进行支付。例如，1638 年 7 月，以 Hambuangh 为代表的中国商人在同大员的荷兰商馆进行生丝交易时，由于荷兰人无足够的现款，最终以 2 500 担胡椒作为部分货款先行支付，从而保证了交易的顺利进行。⑤ 这种以胡椒支付货款的方式，在中外交易中时常出现，且被中国商人欣然接受。据《热兰遮城日志》记载，此类情况仅 1643 年 7 月就有 2 例：⑥

> 1643 年 7 月 22 日，今天运来的货物的议价交易之事，已经全部办好了，有 10 882.25 里尔支付现款，1 167 里尔以胡椒支付，那些华商看起来还相当愉快。
>
> 1643 年 7 月 31 日，近中午时，中国商人第一次来取胡椒，这些胡椒早已挂账要用来支付他们的货款。

从以上描述可见，中国商人对于用胡椒支付货款的方式，显然是乐于接受且态度积极的。究其原因，主要是由于胡椒在中国具有繁荣且稳定的销售市场，而其在医药、饮食等领域的广泛应用，是其销路良好的根本保障。

三、胡椒在明人日常生活中的应用

自东晋开始，史籍中已有中国人使用胡椒的记载，但直至明中期，胡椒才真正完成从奢侈品到大众

---

① 丘浚著，蓝田玉等校点：《大学衍义补》二五《市籴之令》，中州古籍出版社，1995 年版：第 378 – 379 页

② 张廷玉撰：《明史》卷三〇七《佞幸》，中华书局 1974 年版：第 7892 页

③ 兰陵笑笑生著，王汝梅校点：《金瓶梅》上，齐鲁书社 1987 年版：第 242 页

④ （葡）托梅·皮雷斯：《1515 年葡萄牙人笔下的中国》，中外关系史学会，复旦大学历史系编：《中外关系史译丛》第四辑，上海译文出版社 1988 年版：第 285 页

⑤ 江树生译注：《热兰遮城日志》第一册，第 400 – 404 页

⑥ 江树生译注：《热兰遮城日志》第二册，台南市政府发行，2002 年：第 174、178 页

消费品的身份转变。在这一过程中，中国人所消费的胡椒经历了从印度到东南亚的地区流转。据李时珍《本草纲目》和徐光启《农政全书》记载，明中后期，中国广西、云南部分地区已开始栽培胡椒①，但引种规模较小②，其产量相较于进口数量相差甚远，所占市场消费份额亦极少。中国人在这期间所消费的胡椒依然是来自东南亚各国的舶来品。在原产地应用并不普遍的胡椒③却在明代中国人的日常生活中发挥着重要作用，其身影遍布医疗、保健、饮食、印色等领域。

胡椒传入中国之初是作为药材使用的，并且这一功能一直沿袭下来，其药用价值在不断的实践过程中逐步得到拓展。李时珍的《本草纲目》将从唐至明的主要医家对胡椒药性的认识做了系统梳理。"唐本去胃口虚冷气，宿食不消，霍乱气逆，心腹卒痛，冷气上冲。李珣调五脏，壮肾气，治冷痢，杀一切鱼、肉、鳖、蕈毒。大明去胃寒吐水，大肠寒滑。宗奭暖肠胃，除寒湿，反胃虚胀，冷积阴毒，牙齿浮热作痛。"④ 每一朝代的医家们对胡椒的主治功效都有新的发现，其药用价值逐渐得到充分利用。

明代，胡椒在医药领域的运用，相较于前代更为普遍，且出现了许多新的药方。《普济方》《本草纲目》《证治准绳》《赤水玄珠》《景岳全书》等著名医书中，记载用胡椒入药的方子共达数百种，且每本均不少于几十种。其中《普济方》中使用胡椒入药的方子更是高达 470 种，治疗范围不仅包括肝、脾、胃、肾、头、面、齿、眼等人体大部分主要器官，而且对于风、冷、伤寒、咳嗽、痰多、气喘、呕吐、胀气、水肿、泻痢等疾病具有良好疗效，同时也是治疗黄疸、疟疾、霍乱等传染性疾病不可或缺的药材之一。此外，在医书和日用类书中，出现了许多使用胡椒入药的新药方，而这些方子在前代的史籍中皆未曾出现。

兹仅列举常用的几例：

> 治翻胃方：以生姜六两，用箸头钻孔，入丁香、胡椒各四十九粒，薄纸一重裹之。以班猫十四个，巴豆去壳十四粒，围其外，又纸三重裹之，用水浸湿，慢火煨香熟，取出去猫豆，将姜绞取汁，以丸。⑤

> 保神丸：木香、胡椒各一钱，全蝎七个，巴豆十粒，去壳心皮，研去油。右为末，巴豆霜入内令匀，汤化蒸饼，丸如麻子大，朱砂为衣，每服五七丸。心膈痛，柿蒂、灯心汤下；腹痛，柿蒂、煨姜汤下；血痛，炒姜、醋汤下；肺气甚者，以白矾、蛤粉各二钱，黄丹一钱同研，煎桑白皮、糯米饮下；大便闭，蜜汤调槟榔末一钱下；气噎，木香下；宿食不消，茶汤下。⑥

> 胡椒理中丸：治肺胃虚寒咳嗽喘呕痰水。胡椒、甘草、款花、荜拨、良姜、细辛、陈皮、干姜各四两，白术五两，为末，蜜丸梧子大，每三十九至五十丸，温水或酒任下。⑦

这些药方主治的皆是生活中常见的反胃、腹痛、气噎、咳嗽、痰多等病症，且原料易得，调配简单，因此应用程度极高，深受普通百姓欢迎。

胡椒用来治病的方法，除上文介绍的医学处方外，还大量用于食疗中。胡椒应用于食疗的做法最初见于唐代孟诜所著的《食疗本草》，但该书仅简单介绍了胡椒"治五藏风冷，冷气心腹痛，吐清水，酒服之佳。亦宜汤服。若冷气，吞三七枚"⑧ 的单味使用方法。至宋代，胡椒应用于食疗的复方开始出现，到

---

① 李时珍：《本草纲目》卷三二《果部》，人民卫生出版社 1978 年版：第 1858 页；徐光启著，陈焕良、罗文华校注：《农政全书》卷三八《种植》，岳麓书社 2002 年版：第 610 页

② 据当代农学家研究，"中国胡椒最早于 1947 年由华侨引种到海南的琼海市，20 世纪 50～80 年代，又先后引种到云南西部、广东湛江地区、广西南部和福建云宵县部分地区。"（自：邬华松、杨建峰、林丽云：《中国胡椒研究综述》，《中国农业科学》2009 年第 7 期。）因此，明中期广西、云南两省所引种的胡椒面积极小

③ 据安东尼·瑞德研究，"东南亚的胡椒虽远销世界各地，名列出口货物榜首"，但东南亚人"种植胡椒的目的就是为了出口"，胡椒在"东南亚人的饮食中不甚重要"。（自（澳）安东尼·瑞德著，吴小安、孙来臣译，孙来臣审校：《东南亚的贸易时代：1450—1680 年》（第一卷 季风吹拂下的土地），商务印书馆 2010 年版：第 37 页；（澳）安东尼·瑞德著，孙来臣、李塔娜、吴小安译，孙来臣审校：《东南亚的贸易时代：1450—1680 年》（第二卷 扩张与危机），商务印书馆 2010 年版：第 7 页）

④ 李时珍：《本草纲目》卷三二《果部》，人民卫生出版社 1978 年版：第 1858 页

⑤ 刘基：《多能鄙事》卷六《百药类·经效方》，明嘉靖四十二年（1563 年）范惟一刻本

⑥ 戴元礼：《政治要诀类方》卷四，中华书局 1985 年版：第 73 页

⑦ 孙一奎撰，叶川，建一校注：《赤水玄珠》卷二《寒门》，中国中医药出版社 1996 年版：第 33 页

⑧ 孟诜原著，张鼎增补，郑金生、张同君译注：《食疗本草译注》，上海古籍出版社 2007 年版：第 44 页

了元代逐渐盛行开来，《饮膳正要》中记录了诸多这类专为医病研发的食谱。明代延续了这一做法，寓疗病于饮食之中，并大量刊刻宋元时期的饮食保健类书籍。同时，还在原有的基础上研制出了不少新的配方，常用的有"制羊头治老人劳伤虚损方""食治老人冷气心痛、发动时遇冷风即痛荜茇粥方""治产后白痢鲫鱼鲙方"等。这种食物疗法既能医病，又可滋补身体，可谓一举两得。

此外，胡椒还是治疗畜类疾病的重要药材之一，《多能鄙事》《便民图纂》《农政全书》等书皆有记载。其中最为常见的是治马错水方："凡错水缘驰骤，喘息未定，即与水饮，须臾两耳并鼻息皆冷或流冷涕，即此证也。先以乱发烧熏两鼻，后用川乌、草乌、白芷、胡椒、猪牙、皂角各等分，麝香少许，为细末，用竹筒盛一字吹鼻中，立效。"① 除胡椒外，川乌、草乌、白芷、猪牙、皂角、麝香皆为本土药材，且前5种价格便宜，有的甚至从田边地头即可轻易获取，只有用量最少的麝香价格较为昂贵。胡椒与这些造价不高的药材搭配起来用于治疗马中常见疾病，一定程度上显示了其在日常生活中应用之普遍。

胡椒除作为药材使用外，还是重要的饮食调味品。早在唐代，国人已有"作胡盘肉食皆用之"的记载，但由于长期以来进口量较少且价格过高，其作为饮食调味品的独特魅力至明代才得到大范围、全方位的彰显。至明中期，胡椒的身影几乎遍及日常饮食的各个领域，烹调、腌制需胡椒，海鲜、肉食加胡椒，物料调配添胡椒，甚至有些素食的制作也要加入胡椒，曾经贵为奢侈品的胡椒俨然变成了大众生活必需品。

烹制荤食。胡椒能"杀一切鱼、肉、鳖、蕈毒"，因此，明人在烹饪这类食物时，必添加之。《竹屿山房杂部》记载的制作鱼、虾、蟹、贝等各类海鲜及鸡、鸭、牛、羊等肉类食物的烹调方法中，胡椒皆是重要作料。兹随机选取几份菜谱列举如下②。

> 烹蚶：先作沸汤，入酱、油、胡椒调和，涤蚶投下，不停手调旋之可拆，遂起，则肉鲜满，和宜潭笋。
>
> 江河池湖所产青鱼、鲢鱼蒸二制：一用全鱼刀寸界之内外渑，酱、缩砂仁、胡椒、花椒、葱皆遍瓶蒸熟，宜去骨存肉，直压为糕。一用酱、胡椒、花椒、缩砂仁、葱沃全鱼以新瓦砾藉锅置鱼于上，浇以油，常注以酒，俟熟，俱宜蒜醋。
>
> 辣炒鸡：用鸡斫为轩，投热锅中，炒改色，水烹熟，以酱、胡椒、花椒、葱白调和，全体烹熟调和。
>
> 牛饼子：用肥者碎切机音几，上报斫细为齑，和胡椒、花椒、酱泡、白酒成丸饼，沸汤中烹熟，浮先起，以胡椒、花椒、酱、油、醋、葱调汁，浇淪之。

从烹调方法看，四道菜的制作过程十分简单，皆具家常菜之特性；从添加的作料看，胡椒与油、盐、酱、醋、葱的身份并列，成为厨房必备；从菜色种类看，胡椒广泛应用于海鲜、淡水鱼、家禽、家畜的烹饪，其使用地域从沿海至内地。综合上述信息可见，跨海来华的胡椒已成为中国人日常烹调荤食的不可或缺之物。

烹调素食。胡椒味辛辣，在一些素食的制作中常常使用。如《遵生八笺》和《野蔌品》中都提到芙蓉花的制作，"芙蓉花，采花去心蒂，滚汤泡一二次，同豆腐，少加胡椒，红白可爱。"③ 蔬菜的经典做法"油酱炒三十五制"，胡椒为其必备调料。如"天花菜，先熬油熟，加水同入芑之，用酱、醋；有先熬油，加酱、醋、水再熬，始入之。皆以葱白、胡椒、花椒、松仁油或杏仁油少许调和，俱可，和诸鲜菜视所宜。"山药、茭白、芦笋、萝卜、冬瓜、丝瓜等皆仿此法。④ 相对于前代，胡椒在饮食领域的应用已不再局限于荤食，山药、萝卜、丝瓜等常见蔬菜在烹制时已开始添加胡椒，说明胡椒从富裕阶层走入寻常百姓之家。

---

① 邝璠著，石声汉，康成校注：《便民图纂》卷十四《牧养类》，农业出版社1959年版：第210页
② 宋诩：《竹屿山房杂部》卷四《养生部四·虫属制》、卷四《养生部四·鳞属制》、卷三《养生部三·禽属制》、卷三《养生部三·兽属制》，景印文渊阁四库全书（第八一七册），台湾商务印书馆1986年版：第178－179、170、163、150页
③ 高濂：《遵生八笺》卷十二《饮馔服食笺中》，景印文渊阁四库全书（第八一七册），台湾商务印书馆1986年版：第654页；高濂：《野蔌品》之《芙蓉花》，清刻本
④ 宋诩：《竹屿山房杂部》卷五《养生部五·菜果制》，景印文渊阁四库全书（第八一七册）第183页

腌制食物。为延长食物的保存时间，并使其味道更为多元，明人开始使用胡椒腌制食物。如著名的"法制鲫鱼"，"用鱼治洁布浥，令干，每斤红曲坌一两炒，盐二两，胡椒、川椒、地椒、莳萝坌各一钱，和匀，实鱼腹令满，余者一重鱼，一重料物，置于新瓶内泥封之。十二月造，正月十五后取出，番转以腊酒渍满，至三四月熟，留数年不馁。"[①] 此外，胡椒还应用于果脯的制作，如"芭蕉脯，蕉根有两种，一种粘者为糯蕉，可食。取作手大片，灰汁煮令熟，去灰汁，又以清水煮，易水令灰味尽，取压干，乃以盐、酱、芜荑、椒、干姜、熟油、胡椒等杂物研，浥一两宿出，焙干，略搥令软，食之全类肥肉之味"[②]。胡椒在腌制食物、制作果脯方面的应用，很大程度上丰富了明人的饮食。

调制物料。胡椒不仅可以在烹饪、腌制食物时作为单味作料加入食物中，还可与茴香、干姜等多味作料一起调配成方便快捷的调料包。最为常用的有"素食中物料法""省力物料法""一了百当"3 种[③]，不仅携带方便，适合外出使用，还是居家烹饪的好帮手，类似于我们厨房常用的"十三香"和方便面中的"调味包"。这些便捷物料的使用，大大简化了做菜的程序，味道不但丝毫未减，反而由于多味物料的混合更加美味，故大受时人欢迎。

此外，胡椒还是制作印泥的重要原料。印泥作为我国特有的文房之宝，是明代各衙门机构及文人雅士的必备之物。其主要制作方法为："麻油二斤，牙皂角三个，蓖麻仁半斤，去壳取仁捣烂，花椒四十粒，取色不变，藤黄一钱，取不落色，明矾五分，取其发亮，黄柏五分，助色，黄蜡五分，白蜡五分，胡椒三十五粒，辰砂二两，二红二两，水花朱四两。右件先将麻油同麻子熬数滚，再下皂角、花椒熬至滴水成珠，方下蜡、矾等物，取起去渣，用蕲艾为骨，加三朱，拌红为度。"[④] 这一印泥制作的方法，是明人在前代"印色方"基础上研制而成的，其原料虽多，却较易获取，且制作流程较为简单，因此应用十分广泛。

四、结　语

胡椒原产于印度，宋代开始在东南亚地区种植，由于海洋贸易的不断发展，中国社会所消费的胡椒在明代最终实现了从印度到东南亚的地区转移。明以前，作为舶来品的胡椒虽颇受欢迎，但因输入量少，价格昂贵，长期以来只能作为奢侈品被社会上层所独享。明初，伴随着朝贡贸易的兴盛及郑和下西洋的进行，大量的胡椒跨海输入中国，并导致明朝府库中的胡椒过剩，明廷采用奖励和折俸的办法将囤积在府库中的胡椒分散至众多家庭，由此引发了胡椒消费热潮。面对供不应求的消费市场，商人们纷纷犯险涉海，远赴东南亚各国购买胡椒，进入 16 世纪以后，西方人也开始参与到这项获利丰厚的贸易之中。多途径且源源不断地输入，不仅保证了胡椒在中国市场的供需稳定，且使这一舶来品真正进入寻常百姓之家。可以说，东南亚与明朝间的胡椒贸易和胡椒消费在中国的盛行是相互影响、相互促进的。

在朝贡贸易、郑和下西洋、民间贸易及西人中转等方式的共同作用下，东南亚胡椒大量地输入中国，对国人的日常生活产生了积极且深远的影响。作为舶来品的胡椒在进入中国市场后，跳脱出其原有的身份限制，成为财富的象征，且兼具一般等价物的职能。胡椒在中国社会的大受欢迎，加速了其在医药、饮食领域的广泛应用。医药学家在继承前代成果的基础上，进一步开发了胡椒的药性，并研制出许多新的配方，使其医疗功效得以充分发挥。自明中期开始，胡椒作为调味品开始被社会各阶层大量使用，其身影遍布荤素食物烹调、腌制等日常饮食诸领域，成为与油、盐、酱、醋、葱并列的厨房必需品。东南亚胡椒跨越海洋出现在中国的药房和餐桌上，不仅有效提高了明人的健康水平，极大丰富了明人的饮食文化，展现了域外商品融入中国的历史进程，而且可作为海洋文明影响陆地生活的有力论证，为海洋史学研究开启了一个新的视角。

① 宋诩：《竹屿山房杂部》卷四《养生部四·鳞属制》，景印文渊阁四库全书（第八一七册）第 171 页
② 刘宇：《安老怀幼书》卷二，四库全书存目全书（子部·医家类），齐鲁书社 1995 年版：第 78 页
③ 邝璠著，石声汉、康成校注：《便民图纂》卷十五《制造类上》，第 236 页
④ 高濂：《遵生八笺》卷一五《燕闲清赏笺中卷》，景印文渊阁四库全书（第八一七册），第 754 页

中华农业文明的原本性认识与感悟

樊志民[*]

（西北农林科技大学中国农业历史文化研究中心，陕西　杨凌　712100）

摘　要：中华文明的发展进程中没有出现重大的逆转与破坏，在很大程度上有赖于中国农业的可持续发展，在农业历史早期就形成了较正确的农业指导思想与先进的农业技术体系。在人类社会的发展进程中，由农业与农村到工业与城市的发展或为大势所趋，但农业始终是人类赖以生存与国家经济发展的重要基础。长期积淀，历久弥新，不同时代背景下传统农业文明仍有挖掘之必要。

关键词：中华文明；农业文明；原本性

世界农业有三大起源中心，即西亚北非南欧中心（环地中海中心）、东亚中心（中国中心）、美洲中心。客观地说，在这三大中心之中，起源之早与发展水平之高我们比不上环地中海中心；农作物资源的丰富与多样性，我们比不上美洲中心。但是英国哲学家罗素曾经说过，中国文明是世界上几大古国文明中唯一得以幸存和延续下来的文明。中华文明在她的发展进程中没有出现重大的逆转与破坏，在很大程度上有赖于中国农业的可持续发展、得益于我们在农业历史早期就形成了某些比较正确的农业指导思想与先进的农业技术体系。

一、三才学说

《吕氏春秋·上农四篇》或是我们已知的中国历史文献中第一次比较系统地谈论农业问题的，但是它甫一面世即非同凡响。《上农》等四篇篇名，本身就包含了农业生产中非常重要的四大基本要素：《上农》讲的是重农思想和政策；《任地》讲追求优质高产；《辩土》讲农业要因地制宜；《审时》讲农业应趋时、顺时、得时。上农、任地、辩土、审时诸问题，虽历数千年仍是中国农业生产与发展过程中值得重视的基本思想认识与行动准则。学术界对它们的评价是：这是目前我们可以看到的最早的完整的农业论文；这是先秦时代尤其是战国以前农业农业思想、文化与科技的一个光辉的总结；它所记述的精耕细作农业科技体系直接为后世所继承与发展，等等。其实最关键的是，它提出的三才论（"夫稼，为之者人也，生之者地也，养之者天也"），科学地概括了农业生产中天地人关系并进行了准确的定位，对农业的自然与经济再生产特点进行了高度的概括。

"在社会上各种事物中，农业生产和天地人的关系最为密切。所以关于天地人关系的三才思想，很可能是从对农业生产的理解中产生的"。这些思想与认识后来表达为天时、地利与人和。既有对自然规律的尊重，又充分表达了人的主观能动性。"天有其时，地有其财，人有其治，夫是谓之能参"，三者各行其职，和谐共处。由于把人和自然不看作是征服与被征服的关系，所以在农业发展进程中没有犯颠覆性错误、没有发生中断，保持了农业的可持续发展。

先秦时候有蜡祭仪式，主要祭八种神。蜡的字义为"索"，古音"蜡"与"索"叠韵，读音相近。就是说农事终了时，把一切和农作物有关的神都找来祭祀一番。凡有益于农作物的神灵，都一定是要报答的。蜡祭的神灵有创始农业的先啬，附带而及主管农事的司啬。祭祀谷神，就是报答先啬和司啬的。

---

* 【作者简介】樊志民（1957—　　），男，西北农林科技大学人文社会发展学院教授，博导，中国农业历史文化研究中心主任，研究方向为区域与断代农业史、中华饮食文化、中华农业文明通史

还要祭田官之神、祭田间庐舍和阡陌之神。蜡祭甚至包括虎猫在内，祭祀猫那是因为猫帮助人们吃掉了危害农作物的田鼠；祭祀虎那是因为虎帮助人们吃掉了危害农田的野猪。至于祭祀堤防和祭祀沟渠，也是因为它们有功于农事。蜡祭的祝祠中有这样的话：土反其宅，水归其壑，昆虫毋作，草木归其泽！（《伊耆氏蜡辞》）

二、重农观念

《上农》即"尚农"，意蕴崇尚、重视农业之义。《尚书·洪范》八政："一曰食，二曰货，三曰祀，四曰司空，五曰司徒，六曰司寇，七曰宾，八曰师。"即指农业、财货、祭祀、工程、教化、治安、宾客、军事等八个方面的政务。《汉书·食货志上》曰："洪范八政，一曰食，二曰货。二者，生民之本，兴自神农之世。"这一思路，后世表述为"食为政首"。我们现在的说法是农业为"重中之重"，每年中央发的一号文件也包含了这层意思。

《国语·周语》说，周宣王即位之后，不籍千亩，虢文公曰："不可。夫民之大事在农。上帝之粢盛于是乎出；民之繁庶于是乎生；事之供给于是乎在；和协辑睦于是乎兴；敦庞纯固于是乎成，是故稷为大官。"（民众的大事在于农耕，天帝的祭品靠它出产，民众的繁衍靠它生养，国事的供应靠它保障，和睦的局面由此形成，财务的增长由此奠基，强大的国力由此维持，因此稷是很重要的官职。）学术界或有以此为先秦重农思想萌芽者。

《上农》篇认为，"民农非徒为地利也"，农业除了是人类赖以生存的重要产业和经济部门之外，还具有重要的政治与教化作用。"民农则朴，朴则易用，易用则边境安，主位尊。民农则重，重则少私义，少私义则公法立，力专一。民农则其产复，其产复则重徙，重徙则死处而无二虑。"如果"民舍本而事末则好智，好智则多诈，多诈则巧法令，以是为非，以非为是"。《上农》篇一再强调农业的基础性作用，通过分析和论证农业与民生、富国强兵、礼仪法度等各方面的关系，说明搞好农事既可以保证人民丰衣足食，是促进社会经济发展的动力与源泉，又是统治者富国强兵、控制百姓、安定社会的重要手段和资本。类似观点，在2008年中央一号文件中表述为对农业功能的新认识。文件指出当前我国农业农村发展面临各种传统和非传统挑战，所谓的传统挑战就是我们以前经常讲的一些老问题，而非传统挑战更多指的是新出现的一些问题。农业的传统功能主要是解决生产生活与增收问题，现在的生态环境问题、旅游观光资源问题、文化传承教化功能问题等越来越受到关注。

在人类社会所经历的社会发展进程中，由农业与农村到工业与城市的发展或为大势所趋。但是我们要提醒的是，工业是人类生存的必要条件而不一定是必须条件；而农业不但是人类生存的必要条件而且是必须条件。道理很简单，就是人不吃饭不行。随着城市与现代化进程的加快，人类对农业的依赖性风险进一步加大，农业出问题的可能性进一步增加。我们如果只管顾工业与城市化的推进，而缺乏足够的三农忧患意识，必将会导致更严重的农业衰退、农村凋敝与农民贫困，甚至会付出沉重的社会、经济与政治代价。等方面分别阐明重农思想。中国这样的大国如果不把粮食安全的饭碗端在自己手上，那样的后果我们敢于想象吗？对三农的同情、关照与扶持，既是我们的国家与民族所面临的时代问题，也是我们大家所面临的问题。

三、因地制宜

土地是农业之母，是人类世代生息劳作的载体，是最基本的农业生产资料。农业生产一是要"尽地力"；二是要因地制宜。

先秦时期讲土壤的文献，有《尚书·禹贡》《周礼·职方氏》《管子·地员》以及吕氏春秋《任地》《辩土》诸篇。从某种程度上讲，《尚书·禹贡》《周礼·职方氏》更像区划地理，综论方位、物产、土壤等；《管子·地员》颇类植物生态地理，较多涉及的是地形、土壤、水文、植被等问题；而《任地》《辩土》则是专论农业土壤问题的。

周民族是著名的农业民族，他们在农业方面能取得成功，在很大程度上得益于执农不弃，"相地之宜，宜谷者稼穑焉"。

李悝为魏文侯作尽地力之教，以为地方百里，提封九百顷，除山泽、邑居参分去一，为田六百万亩，治田勤谨则亩益三升，不勤则损亦如之。地方百里之增减，辄为粟百八十万石矣。又曰：籴甚贵伤民，甚贱伤农。民伤则离散，农伤则贫，故甚贵与甚贱，其伤一也。善为国者，使民毋伤而农益劝。

除了因地制宜以外，在土壤改良方面也要充分发挥人的主观能动性。托名于后稷的《后稷书》曰：子能以窦为突乎？子能藏其恶而揖之以阴乎？子能使吾土靖而甽浴土乎？子能使保湿安地而处乎？子能使蘥夷毋淫乎？子能使子之野尽为泠风乎？子能使藁数节而茎坚乎？子能使穗大而坚均乎？子能使粟圆而薄糠乎？子能使米多沃而食之强乎？（后稷说："你能把洼地改造成高地吗？你能把劣土除掉而代之以湿润的土吗？你能使土地状况合宜并用垄沟排水吗？你能使籽种播得深浅适度并在土里保持湿润吗？你能使田里的杂草不滋长蔓延吗？你能使你的田地吹遍和风吗？你能使谷物节多而茎秆坚挺吗？你能使庄稼穗大而且坚实均匀吗？你能使籽粒饱满麸皮又薄吗？你能使谷米油性大吃着有嚼劲吗？"）

上升到哲理层次上，土壤可以通过人工调节而得其宜。《任地》篇认为："凡耕之大方：力者欲柔，柔者欲力。息者欲劳，劳者欲息。棘者欲肥，肥者欲棘。急者欲缓，缓者欲急；湿者欲燥，燥者欲湿。过与不及，不如得其宜。"

四、顺天应时

在中国传统农学里，农时除了用于农事过程的记录、表达外，更大程度上在于对宜农时令节气的顺应、把握与利用，是谓农业生产中的"因时制宜"问题。先秦时期讲农时的文献，有《夏小正》《诗经·豳风·七月》《吕氏春秋·十二纪》《礼记·月令》《逸周书·时训解》等。

《夏小正》《豳风·七月》还属于比较简单的农事物候历书，到了《吕氏春秋·十二纪》《礼记·月令》则形成了比较完整的月令体例。这种月令体例成为后世的月令农书，就是逐月列出所应从事农事活动及其方法的农书，农民循此经营务作农事实用性很强。《四民月令》是中国农家月令书的开创者，后世许多农家月令书，如唐朝韩鄂的《四时纂要》、元代鲁明善的《农桑衣食撮要》、明朝桂见山的《经世民事录》、清代丁宜曾的《农圃便览》等都宗法《四民月令》的体例，只是内容有所发展变化而已。

孟子有一段著名的论述，"不违农时，谷不可胜食也；数罟不入洿池，鱼鳖不可胜食也；斧斤以时入山林，材木不可胜用也。谷与鱼鳖不可胜食，材木不可胜用，是使民养生丧死无憾也"。

《吕氏春秋·十二纪》《礼记·月令》除了仍具农事历法功能外，最关键的是它已逐渐凝固成一种体现农业民族特点的文化和思维模式了。月令图式产生在古代东方的中国，是这里农业文明高度发展的结果。黄河中下游地区是中国古代文明的发祥地。这里四季分明，宜于农耕。先民们以农耕者的眼光观察他们周围的天地万物，于是天地万物也就打上了明显的农业文化烙印。在图式中，我们所看到的是一个以农业为中心的社会。国家政事服从于时令的运行，除了四方之外，特别突出了土居中央的地位。全部图式是围绕着农业来组织、安排各种活动的。在图式中没有纯时间与空间观念，它的时空观念是以自我（主体）为中心，主客观双方有机联系的具体的时间与空间。"时间不是直线流逝而是循环往复的，空间不是无限扩展而是随时间流转的。时间的量度单位虽有年月日等计量单位，但与空间相联系的天干地支占重要地位，而且其基本的标志和内容是特定的农业物候"（金春峰，《月令图示与中国古代思维方式的特点极其对科学、哲学的影响》）。这种由物候、天象、农事活动的周期性变化而引发的圜道观念，是农业民族特有的思维特征之一，它深刻地影响了中国古代的自然观、历史观、价值观以及科学技术思想的发展。

图式中的天地，是生育万物的大自然。天有日月星辰之行，序为四季农时；地有山川泽谷，长养五方物产。图式中也有大量的阴阳五行内容，虽给人以牵强拼凑之感，但并无多少神秘色彩。它是以阴阳二气消长来反映天地运行、四季转换；而五行、五方、五色、五音等则是天地、季节运转的相应指示物，其中亦不无合理的成分。例如，春季天气下降地气上腾，生气方盛，阳气发泄，草木繁生披绿，故以木为春之德，木色青故色尚青，东方为阳升之处故方位尚东。夏季尚赤，尚南，尚火；秋季尚白，尚西，尚金；冬季尚黑，尚北，尚水。似乎都可依此类推，获得合理的解释。最重要的是，在月令图式中以十二纪为坐标建立起一个标准的自然、社会运行体系。在这一体系中天序四时，地生万物，人治诸业，人与天地相参，科学地反映了人类与自然之间的相互作用与基本关系。人们只有遵循宇宙法则、自然规律，"行其数、循其理、平其私"，才能进一步认识和改造自然。不能凭借个人意志与权威随意胡来，否则就会破坏生态，引发灾异，造成社会动荡。这一体系强调秩序、平衡与和谐，并以此来规范人与人、人与自然间的关系，建立起典型的农业社会行为约束机制。

月令图式以十二纪的形式表述了特有的思想、哲学观点，并且对阴阳、天地、时间、空间等基本哲学范畴结合农业生产进行了合理的界定。它表明中华民族已由农业而进于文化，并以此表达了他们对世界的基本看法，丰富了中华民族的传统哲学内涵。金春峰先生在《"月令图式"与中国古代思维方式的特点及其对科学、哲学的影响》一文中说，月令图式是中国古代最典型、最广泛影响与支配一切的文化和思维模式，"《吕氏春秋》作为一部为统一后的国家政策和政治活动提供指导思想与方针的著作，它确定以'十二纪'为首，统帅按时令进行的政治活动，是这个图式即将上升为国家的政治指导思想的表示"（金春峰，同上）。这也意味着中华民族的农业民族思维特征在吕书时代已经趋于成熟了。

五、井田制度

《孟子·滕文公上》有一大段文字记载了三代井田制度，其中有反映井田形态者，"方里而井，井九百亩。其中为公田，八家皆私百亩，同养公田。公事毕，然后敢治私事"；有记录井田贡赋者，"夏后氏五十而贡，殷人七十而助，周人百亩而彻，其实皆什一也"；有描述井田社会关系者，"死徙无出乡，乡田同井，出入相友，守望相助，疾病相扶持，则百姓亲睦"。三代通过井田制度以正经界、行仁政、有恒产、明人伦（设庠序），建立了相对均平、有序、和谐的农业社会经济关系。"小康"之世成为古代思想家追求的社会理想，也表达了普通百姓的生活祈愿。"周虽旧邦，其命维新"，孔子晚年常念叨的一句话是："甚矣吾衰也！久矣吾不复梦见周公"。

三代井田制出现于原始社会向文明时代的过渡时期，这是一种适应了当时社会、经济、科技水平的制度选择。它充分利用原始村社组织形式、发挥公社成员合力，通过共耕（耦耕）以共同对付文明初期比较严峻的生产、生活环境；而公社成员间的原始平等关系，缓解了贫富分化进程、淡化了阶级界限，不使初生的文明毁于纷争与对立；共耕公田弥补了个体劳动能力之不足，是畜力用于农业生产之前的有效劳动组织形式之一；受封赐者分级占有土地、人民，并承担相应责任与义务，化解了劳动者与国家政权间直接的矛盾与冲突；宗法制对身份、地位比较严格的规定，有利于社会的有序运行；甚至连劳动者占有的份地以及他们与领主间强烈的人身依附关系，也具有某种程度的社会保障功能。

中国历史可以公元为界划分为前、后两段，若谓五千年文明则前长后短、四千年文明则前后相若。夏商周三代几乎占了前半段的两千年，而其余众多的王朝则分享了后半段的两千年。尤其是周祚绵长，历时八百年之久，给人留下了深刻的印象。以井田制度为基础而形成的分封制、宗法制以及周礼等，可能在西周社会、经济、文化的规范管理与有序运行方面发挥了重要作用，当属于可持续的制度与文化设计。

殷墟甲骨文所见"茮"字，乃三耒同耕之形。三表多数，为殷商有协作劳动之实证；《诗经》中亦有"十千维耦""千耦其耘"的记载。时中国核心农区在黄河中下游间，地多沮洳。排水防涝、"降丘宅土"为国家大政，需动员全民力量共为之。这种与井田制度相表里的沟洫制度，强化了国家与集体的公共经济职能。共同劳动、集体协作现象成为理解我国上古农业生产以致整个社会历史的关键因素之一。三代时期，石、木、骨、蚌等材料制成的农具仍大量使用。虽有青铜，但主要用诸礼器、兵器，为农器者甚为稀见。耒耜除松土、播种诸功用外，是井田封疆沟洫治理的重要工具。耒耜为尖锥或窄刃农具，入土虽易起土却难。"必二人并二耜而耕之，合力同奋，刺土得势，土乃迸发"。井田时代的耦耕、共耕现象，显然与生产力水平低下、个人劳动能力不足有关。耦耕、共耕的劳动形式与八家共井的土地所有制形式的有机结合，既弥补了个人劳动能力之不足又体现了出入相友，邻里相扶持的互助精神。它是畜力用于农业生产之前最有效劳动组织形式之一，也是我国农业在生产力水平比较低下的情况下获得较快发展的原因之一。以后随着铁农具的普及和牛耕的逐步推广，农民个体生产能力增强，而农田沟洫制度又因环境变迁而发生了根本变化，曾盛行于三代的耦耕、共耕现象也就逐渐在历史上消失了。

三代井田制度虽然退出了历史舞台，但井田思想长期影响中国政治、思想界。亚圣孟子认为，"仁政必自经界始"。自此以后，井田为后世儒者所欣赏、传颂，代有主张恢复井田者。"历史上的限田、王田、均田及两宋以来各种土地方案的倡议者，无不自认曾受井田思想的影响"。笔者认为，区别三代井田制度与后世井田思想，有助于正确地认识、理解、评价井田问题。井地方案是孟子恒产论的主要内容，当时暴君污吏慢（缦）其经界，地权运动、贫富分化进程明显加快。人们追思、钦慕井田制下一夫百亩的土地占有制度以及出入相友、邻里相助、疾病相扶持的亲睦关系。秦汉以来井田思想成为反对土地兼并、贫富分化的重要理论之一，在中国古代经济思想史上占有十分重要的地位。但是毕竟时异境迁，凡致力于重建与恢复井田制度的政治家、思想家，除了可以肯定其美好的主观愿望之外，在实践中只能视为逆历史潮流而动的迂腐之举。

六、原本感悟

在中国农业史研究中我们注意到这样一种现象，那就是在中华民族农业历史的早期，就形成了许多极其符合农业生产实际的客观认识与表达，在好多方面甚至为后世所不及。

就人类对事物发展认识的基本规律而言，大致是初生必丑而后出转精。中国农业何以在其初始阶段就形成如上一些非常精到的认识？我们尽管可从多方面给解释与探讨，但是老子关于婴儿的论述或可给我们某些启发。在《道德经》第十章里，老子写道"专气致柔，能婴儿乎"；第二十章谓圣人"如婴儿之未孩"；第二十八章里，老子说"恒德不离，复归于婴儿。"第五十五章有"含德之厚，比于赤子"。意谓能够遵循规律、体现厚德的，可以与"赤子"相比，也就是像初生的"婴儿"一样。科学改造自然之前的人和自然主客不分，人们对自然的认识与感悟，犹如道德经中婴儿般的纯真与朴实，虽然幼稚但是更为客观与真实。悟"道"者，应保持自己应有的原始与纯朴状态。

与老子的赤子理论相似的有胡塞尔（E. Edmund Husserl 1859—1938年）的"生活世界"学说。所谓的"生活世界"，可以被定义为在自然态度中的世界，它的基本含义是我们各人或各个社会团体生活于其中的现实而又具体的环境。"生活世界"作为前科学的、前逻辑的、未被课题化和目标化的原初经验世界和直观感性世界，具有未被我们的理论思维裁剪删改、未被理想化之前的原初多样性和丰富性，而且随个人的生活实践兴趣得以展开，具有鲜明的主体性特征和人性化特色。而自然科学对"生活世界"进行客观化处理的过程，实际上是一个离弃主体从而对"生活世界"进行非人性化处理的过程。在这样的过程中，人的价值和意义被遗忘，追求普遍知识（既包括客体又包括主体）的哲学理想也被摒弃，从而酝酿成了当代科学乃至文化的危机。

汉都长安与农业发展

王星光[*]

（郑州大学历史学院，河南　郑州　210007）

摘　要：汉代长安城是中国政治、经济、文化的中心，国都长安（今西安）及其京畿地区也是农业生产最为发达的地区。为了供应京城内大量人口的日常消费和为全国的农业生产作出示范，西汉王朝尤为重视京畿地区的农业生产，着力兴修水利工程，赵过推广代田法首先在太常、三辅之地，又令全国郡守派员到长安学习先进的农业技术。农学家汜胜之也致力于三辅地区的农业推广，其编著的《汜胜之书》也主要是对三辅及关中地区农业生产技术的总结。西汉长安及其京畿地区先进的农业技术的创制和推广，使这里成了全国最富庶的地区，不但保证了京都的生活品供应，也为全国的农业生产提供了示范和经验。西汉长安对中国古代精耕细作传统农业体系的形成和发展发挥了重要作用，值得加以重视和研究。

关键词：长安；关中；农业技术；水利

西汉长安城是西汉王朝的国都，若把短命的王莽新朝和刘玄更始朝算上，西汉长安作为国都长达230多年。本文所要探讨的是，西汉长安是与农业关系极为密切的都市，可以说高度繁荣的国际大都市长安与农业有着千丝万缕的关系，她是建立在高度发达的农业经济区中的都城。值得我们加以重视和研究。

一、长安城是建立在富庶关中农业区中的都城

当刘邦经过三年秦末农民大起义和四年楚汉战争而最后取得胜利后，作为来自关东黄淮大平原的刘邦，原本是想把国都定在中原腹地的洛阳。但最终他还是接受了娄敬的劝告，定都长安。娄敬的理由是："夫秦地被山带河，四塞以为固，卒然有急，百万之众可具也。因秦之故，资甚美膏腴之地，此所谓天府者也。陛下入关而都之，山东虽乱，秦之故地可全而有也。夫与人斗，不搤其亢，拊其背，未能全其胜也。今陛下入关而都，案秦之故地，此亦搤天下之亢而拊其背也。"[①]

当刘邦征询张良的意见时，张良不但肯定了娄敬的意见，还将长安与雒阳（洛阳古称雒阳）作了比较："雒阳虽有此固，其中小不过数百里，田地薄，四面受敌，此非用武之国也。夫关中左殽函，右陇蜀，沃野千里，南有巴蜀之饶，北有胡苑之利，阻三面而守，独以一面东制诸侯。诸侯安定，河渭漕輓天下，西给京师；诸侯有变，顺流而下，足以委输。此所谓金城千里，天府之国也，刘敬说是也。""于是高帝即日驾，西都关中。"[②] 作为国家首都，当然要考虑它的战略形胜和城池安全，"秦之故地"显然具备这样的条件，但与此同时，关中之富饶也是至关重要的因素。娄敬所说"因秦之故，资甚美膏腴之地，此所谓天府者也"；张良所谈"关中左殽函，右陇蜀，沃野千里，南有巴蜀之饶，北有胡苑之利"，"此所谓金城千里，天府之国也"，指的就是这一重要的方面。

对于"天府"的含义，唐颜师古道："财物所聚谓之府。言关中之地物产饶多，可备赡给，故称天府也"。[③] 值得指出的是，将自然条件优越、物产富饶之地称为"天府"，是首先从关中得来的。娄敬所称之

---

*【作者简介】王星光（1957—　　），男，教授，河南获嘉人，历史学博士，博士生导师，主要从事科学技术史、中国古代史研究

① 《史记》卷九十九《刘敬叔孙通列传》，中华书局1982年版
② 《史记》卷五十五《留侯世家》
③ 《汉书》卷四十《张良传》颜师古注，中华书局1962年版

"天府"，实际上来自战国时苏秦劝说秦惠王的一段话："大王之国，西有巴蜀汉中之利，北有胡、貉代马之用，南有巫山、黔中之限，东有肴函之固，田肥美，民殷富，战车万乘，奋击百万，沃野千里，蓄积饶多，地势形便，此所谓天府，天下之雄国也。"① 从天府之国始自关中，可见关中之富庶在战国秦汉已是天下之冠。

农业是古代社会最重要生产部门，关中之富饶首先就表现在发达的农业上。先秦时关中的岐丰之地曾是周族故居、宗周之所在，是我国农业文明的发祥地之一，周人世代业农，其先祖后稷"好耕农，相地之宜，宜谷者稼穑也。民皆法则之，帝尧闻之，举弃为农师。"② 后稷的后人公刘修后稷之业，发展农耕，到了古公亶父时期，已进入岐山之下的周原地区，到文王时期，定都丰邑，农业已推行到关中东部，"三分天下有其二"，成了与殷朝抗衡的强大势力。武王时实力大增，迁都镐京，关中之地多得垦辟，田肥地美之势开始呈现。

《诗经·小雅·大田》："大田多稼，既种既戒，既备乃事。以我覃耜，俶载南亩，播厥百谷，既庭且硕，曾孙是若。"《诗经·小雅·甫田》："倬彼甫田，岁取十千，我取其陈，食我农人，自古有年。今适南亩，或耘或耔，黍稷薿薿。"《小雅》是西周王朝宴飨时的乐歌，其中多稼之"大田"，辽阔之"倬彼甫田"，应是关中西中部地区农田连成一片，一望无际的写照。而《诗经·周颂·噫嘻》"噫嘻成王，既昭假尔，率时农夫，播厥百谷。骏发尔私，终三十里。亦服尔耕，十千维耦。"《诗经·周颂·载芟》云："载芟载柞，其耕泽泽，千耦其耘，徂隰徂畛。""终三十里""十千维耦""千耦其耘"，正反映了西周初年关中平原农耕场面阔大、一片繁忙的景象。

西周末年关中农业实遭衰微，但秦承周祚，农业生产逐步复兴。到了战国时期，秦献公迁都于栎阳，进入关中腹地；到孝公时期，定都咸阳。尤其是商鞅变法的实施，实行"粟爵粟任""武爵武任"，奖励耕战的政策，从事农业生产和作战有功者，皆可获得一定的官爵、田宅，免除一定的徭役，尤其是推行"为田开阡陌封疆"，肯定土地私有的合法性，这都极大地调动了农耕者的生产积极性。而长达 300 里③的郑国渠的修建，使关中农业区自西向东连成一片，"溉泽卤之地四万余顷，收皆亩一钟。于是关中为沃野，无凶年，秦以富强，卒并诸侯。"④秦国正是得益于关中农业的富庶成就了一统天下的大业，而西汉王朝也正是看中了关中农业的发达而将新兴王朝的国都选定在关中。

二、京畿所在的三辅地区是农业技术最发达地区和示范推广中心

西汉王朝建立后，汉承秦制，延续了秦代注重发展关中农业的策略。表现为在关中地区大力兴修水利工程和首先在这里创制和推广先进的农业科技，使这里成为全国的首富地区。定都长安之初，为了充实关中，强干弱支，西汉仿效秦始皇迁六国贵族入居关中的故事，实行移民实关中策略，徙齐楚大姓田、昭、屈、景等及功臣居于长陵，并吸引高官、富贾、豪强并兼之家迁徙三辅居住。日渐兴旺的长安人文荟萃，人口大增，官民士卒的衣食供应渐成大的问题。解决的办法一是靠开垦关中荒芜土地，增加粮食产量；一是靠漕运输运关东一带的粟米。但漕运逆水而行且路途遥远，又有黄河砥柱之险，渭水河道迂曲费时，航期长达半年以上，转输漕粮耗费巨大。⑤要想解决京师的粮食供给，只有立足当地，靠发展京畿所在的三辅及关中地区的农业来维持庞大的粮食等物资消费。

（一）兴修水利

水利是农业的命脉，为了发展关中地区的农业，西汉王朝尤为重视水利工程的兴建。汉武帝元狩年

---

① 《战国策·秦策》
② 《史记》卷四《周本纪》
③ 秦代 1 里约为 415.8 米
④ 《史记》卷二十九《河渠书》
⑤ 张波：《西北农牧史》陕西科学技术出版社 1989 年版：第 109 页

间（前122—前117年）兴修的龙首渠为"发卒万余人""作之十余岁"，首次开发的引洛水利工程。按照规划渠成"以灌重泉以东万余顷故卤地""可令亩十石"。[①] 尽管龙首渠未能完全实现原来的设想，但却为开发关中平原最东部的低洼荒地奠定了基础，特别是创造的"井渠法"施工技术，为后来新疆著名的"坎儿井"所效法，影响极为深远。

武帝元鼎六年（前111年）兴修的六辅渠是北方第一个大型引河浇灌农田水利工程，它改变了郑国渠的淤灌性质，使之成为淤灌与浇灌并举，而以浇灌为主的引泾工程。不仅扩大了耕地面积，也由于可以引水浇灌农田，使农作物增加了抗旱保收、丰产的能力，大大提高了粮食产量。所定水令，开我国以法管水之先河。武帝太始二年（前95年）兴修的白渠灌溉田地四千五百余顷，是一个较为持续稳定的旱地大型引泾灌溉系统。它与郑国渠南北辉映，同灌渭北农田，统称"郑白渠"，合计灌溉面积达数百万亩，成为汉代最大农业灌区，是京师粮食供给的重要保障。正如歌谣所赞："田于何方，池阳谷口。郑国在前，白渠在后。举臿为云，决渠为雨。泾水一石，其泥数斗，且溉且粪，美我禾黍。衣食京师，亿万之口。"[②] "衣食京师，亿万之口"，明确指出了郑白渠对长安居民粮食等物资供应发挥的作用。

武帝时在关中西部兴建的水利工程还有引渭、漳等河水灌溉的中型水利工程灵轵渠、成国渠、蒙茏渠及漳渠等。其中的蒙茏渠为供给上林苑园林的水渠，而灵轵渠、成国渠、漳渠的灌溉农田面积达万顷以上。在渭水南岸开凿的漕渠，虽以漕运功能为主，但也发挥有不小的淤灌作用。[③] 西汉时期，在关中兴修的水利工程布局合理，规模宏大，开辟了农田渠系灌溉的基本格局，不但功在当代，是富庶关中、供给京师的重要保障，而且足堪示范，影响深远，惠泽及今。

（二）益种宿麦

小麦在新石器时代就已在黄河流域栽培。但在五谷中却长期没有成为主要作物，并且种植的多是春小麦。实际上，黄河流域的黄土十分适宜小麦的种植，并且如果种植宿麦（冬小麦），还能很好地与谷物换茬轮作，提高土地的利用指数，由一年一熟发展到两年三熟或一年两熟。更何况冬小麦无论是营养和口感都很好，且产量又高，至今仍是包括黄河流域在内的我国北方地区最主要的粮食作物。值得指出的是，小麦的普遍种植，也是从汉代长安及其京畿地区开始的。

早在汉武帝元狩三年（前120年）汉武帝曾"遣谒者劝有水灾郡种宿麦。"[④] 这实际上是以补种冬小麦的办法减轻水灾损失的措施。武帝时，董仲舒上书倡导在关中种植冬小麦："今关中俗不好种麦，是岁失《春秋》之所重，而损生民之具也。愿陛下幸诏大司农，使关中民益种宿麦，令勿后时。"[⑤] 董仲舒认为关中不种宿麦，一是有失经义要求，二是有损百姓本可获得的收益，三是坐失天机而误时。所以他提出"使关中民益种宿麦"。在关中多种冬小麦很显然是为了保证长安都城粮食的供给。他的建议受到了西汉政府的重视。从此小麦在关中的种植面积不断得到扩大。尤其是水利工程的兴修，石磨的推广，使小麦可加工为面食，这都为小麦大面积的种植创造了条件。

到汉成帝时，饬令仪郎兼农业专家氾胜之在三辅推广种植小麦。据《汉书·艺文志》注引刘向《别录》载："使教田三辅，有好田者师之。徙为御史。"《晋书·食货志》也说："昔者轻车使者氾胜之督三辅种麦，而关中遂穰。"从此，小麦逐渐取代粟，成为关中地区最主要的粮食作物，加之小麦亩产量高，大面积种植后，关中地区可为首都提供更多的粮食，并且引起了种植结构和耕作技术等一系列变革。同时，小麦的营养价值高，加工成面粉后其实成了细粮，不但口感好，而且可制作更为丰富多样的食品，这都更能满足长安都市居民对高品质食物的需求。

（三）推广农技

随着西汉初年农田水利的兴修，关中地区的农业条件大为改善，相当多的地区成了旱涝保收的农业

① 《史记》卷二十九《河渠书》
② 《史记》卷二十九《河渠书》
③ 李令福：《关中水利开发与环境》，人民出版社2004年版：第111页
④ 《汉书》卷六《武帝记》
⑤ 《汉书》卷二十四《食货志》

区。长安附近还出现了大片的稻田区。为了保证关中农业的持续发展，西汉政府尤为重视先进农业技术的推广。

汉武帝时期，任命精通农业技术的赵过为搜粟都尉，在关中地区首先推行牛耕和先进的耦犁、楼车等农具，推广"代田法"这一"用力少而得谷多"的先进耕作方法。这种方法的好处一是具有耐旱保墒的功效，二是可起到使农作物防风抗倒伏的效果，三是大大提高了耕作效率，扩大了耕作面积，四是使粮食产量大幅度提高。"一岁之收常过缦田亩一斛以上，善者倍之。"赵过推广"代田法"是经过认真细致规划的。

他首先亲自组织兵卒在长安城区的离宫别馆的闲置土地上进行"代田法"的试验："过试以离宫卒田其宫壖地，课得谷皆多其旁田亩一斛以上。"① 当看到"代田法"试验田亩产确实高于其他田地一石以上后，就将宫壖的试验田作为样板田，先在京城附近"教田太常、三辅，大农置工巧奴与从事，为作田器。"太常为掌管皇室宗庙礼仪的高官，同时管理诸庙寝园及诸陵邑，这里是指太常职掌的位于京城附近的陵邑等土地。《三辅黄图》称"汉武帝改曰京兆尹、左冯翊、右扶风，共治长安城中，是谓三辅。"② 可知三辅即为长安周围的京畿地区。赵过在"代田法"试验成功后，即在三辅地区率先推广。接着，将京畿地区作为示范中心，令各地郡守派出县令长、乡村中的"三老""力田"和有经验的老农来京师接受农技及农具使用的培训，再通过他们把"代田法"等先进农业技术推广开来。"是后，边城、河东、弘农、三辅、太常民皆便代田。"这样，不但属今山西、河南一带的黄河中游的关东一带推广了"代田法"，就连西北边城、居延一带也从推广这一先进的农耕技术中受益。③ 由此看来，长安城及京畿地区在汉初就成了全国农业技术推广的中心。

及至汉成帝时期，农学家氾胜之受命"教田三辅"，他在带领三辅地区的农民种植小麦的过程中，亲身实践，大力推行区田法、溲种法等先进的农业技术。正是由于推广农业技术的成功，氾胜之才由仪郎提拔为御使。他在以自己的名字命名的农书《氾胜之书》中说："凡耕之本，在于趣时和土务粪泽，早锄早获。"④ 这是对黄河流域乃至整个北方地区农田耕作栽培原则的精辟概括，具有极强的指导意义。《氾胜之书》是我国现存最早、最系统且科技水平最高的农书，对后代农书（如《齐民要术》）产生了深远的影响。而这部著作实际上是氾胜之对三辅地区农业生产经验的总结，是在长安及其京畿地区完成的。而《氾胜之书》"可以说是一部总结两千年前祖国农业的伟大著作"，直到500年后，才出现"又一部总结性的伟大农业著作——贾思勰的《齐民要术》。"⑤《氾胜之书》的产生也在一定意义上显示了长安在农业历史上的地位和贡献。

由于西汉王朝高度重视关中地区的农业，大力兴建关中水利和农田灌溉工程，使关中地区的农业迅速发展，成了全国农业技术最发达的地区，也是农业产量最高、最稳定的地区。并且长安及其京畿地区成了先进农业技术的辐射中心，对全国的农业生产起到示范和引导作用。西汉王朝建立后，经过60多年的恢复和发展，到汉武帝时，关中就成为全国最富庶的地区，司马迁就曾指出："关中之地，于天下三分之一，而人众不过什三，然量其富，什居其六。"⑥ 班固也称京师所在的关中地区"号称陆海，为九州膏腴。"⑦ 可见关中地区已是富甲天下的地区。这当然与农业的发达分不开。汉宣帝五凤年间（前57—前54年），耿寿昌上奏道："故事，岁漕关东谷四百万斛以给京师，用卒六万人。宜籴三辅、弘农、河东、上党、太原郡谷足供京师，可以省关东漕运过半。"⑧ 结合前引郑白渠建成后，"且溉且粪，美我禾黍。衣食京师，亿万之口"的歌谣，这都有力说明了西汉政府大力发展京畿所在的关中地区的农业，并以关中为辐射源带动周围地区的粮食生产的国策是成功的，它较好地解决了当时世界上最大城市之一、约50多万

---

① 《汉书》卷二十四《食货志》

② 陈直：《三辅黄图校正》，陕西人民出版社1980年版：第3－4页

③ 《汉书》卷二十四《食货志》

④ 万国鼎：《氾胜之书辑释》，农业出版社1980年版：第21页

⑤ 万国鼎：《氾胜之书辑释》，农业出版社1980年版：第4－5页

⑥ 《史记》卷一百二十九《货殖列传》

⑦ 《汉书》卷二十八《地理志》

⑧ 《汉书》卷二十四《食货志》

人的长安城的粮食供给问题。[①]

三、结　语

　　西汉是高度重视农业的王朝，这在选择富庶的关中作为国都之地已见端倪。西汉王朝极为重视国都的粮食等生活用品的供应，立足依靠京师所在的三辅及关中地区解决首都庞大的衣食供给问题。为此，大力发展关中地区的水利工程，将先进的农业技术率先在三辅及关中地区推广，依靠农业技术来提高粮食产量，使首都长安成为先进的农业技术的策源地和推广中心。代田法、区田法、溲种法等先进的精耕细作农业技术也是首先在长安及京畿地区形成和发展起来的。长安作为当时的国际大都市在发展农业、保障供给等方面积累了成功的经验，围绕长安所创造的农业生产技术和形成的精耕细作的农业传统，在中国城市史和农业史上写下了光辉的篇章。

---

　　① 　林剑鸣：《秦汉史》，上海人民出版社 2008 年版：第 553 页

江南农业发展与生态文明的过程

王建革[*]

（复旦大学历史地理研究中心，上海　200433）

摘　要：从六朝到明清时期，江南的农业经历了火耕水耨到精耕细作的过程，在这期间，山区与低地的开发，伴随着圩田湖田的生长，也伴随着水流变浊和湖泊河道的变化，自然与农业的协同变化。诗词、山水人文画以及园林风格也受此影响。江南生态史的过程表明，尽管野生的景观不断消失，但优美的田园风光不断持续，中国最经典的生态文明因此有可持续性的发展的动力。

关键词：江南；农业发展；生态文明

农业的扩展以一种改变自然生态的方式进行，但生态美的很大程度上体现在未被破坏的野生生境内，当然，良好的农业经营，特别是有序的农业区别，也可以产生优美的景观。历史时期，正是这两部分景观，支持了江南生态文明。古人不单经营着农业生境，也经营着湖河和山林。江南的广大农田的景观首先与水景相联系，古代的江南水利与圩田农业即是农业景观的一部分。太湖水归吴淞江，吴淞江涨溢出海，形成低地与部分高地的充足的水环境，水流也与潮水相顶托，水流缓慢，滋润了太湖东部长江三角洲的广大地域，使之成为最著名的鱼米之乡。汉代的江南农业尚处火耕水耨状态，低湿瘴热，生态环境中野生与自然的成分较大，人与环境的互动处于相对的粗放阶段，人与环境的互动中的文化部分也相对落后。火耕水耨是人对环境基本的改造手段，吴歌越曲中的自然观念是江南人对环境的审美。

从六朝到明代中叶时期，可以称之为古典古代的江南生态文明阶段，形成了中国历史上最为发达的稻作农业与水利技术体系，也有发达的人文生态文明。这时期太湖、鉴湖、吴淞江、西湖、南湖等优美景观的水面不单孕育了相对完善的水利系统和发达的稻作，也支持了发达的物流，发达的园林和包括传统诗词歌赋和山水画在内的自然审美文化。多种因素互动，构成中国古代历史中最为发达的区域生态文明。

一、六朝至唐代

六朝时期最先发达的区域是长三角的最顶尖部分，即松江、常熟一带，这一区域是最早的水利区，以后的圩田开发多位于长三角后中后部区域，即吴江、嘉湖地区。六朝时期，这些地区的大规模的圩田与屯田发展较慢，农业开发落后，在杭州和钱塘江流域，由于鉴湖的兴修，出现大规模的水利农业区，也出现了优美的自然风光。西湖的优美这时没有被开发出来，鉴湖之美已经形成。

人们"火耕水耨"，人口稀少，水稻土尚未形成，少有深度耕作和水稻土壤的干湿交替。水利、农定和社会都处于相对原始阶段，这时期南人对江南生境的感觉较少，基层的采莲女以民歌的形式对水生境进行系统的歌咏。北方人将这一区域视为炎热卑湿之地，化外之地。这时的农业中心其实在苏州一带，不在吴淞江流域的下游，也就是松江一带。苏州城市文明的产生，是五湖地区大圩发展的产物。

第二个时期从东汉开始到六朝时期。西汉时期的开发，促使了五湖地区排水畅，以致逐步形成统一的太湖水面。吴淞江中游地区也逐步从一片沼泽中形成河道与河网。这时期的农业仍处于火耕水耨的状

---

[*]【作者简介】王建革（1964—　　），男，复旦大学中国历史地理研究所教授，博士，博士生导师，主要研究方向为生态环境史、农业史与历史地理学

态，却有完善的水利，人们可以控制水流灌溉稻田。最早大规模开发的地区是靠近北部冈身的常熟一带和靠近东部冈身的松江一带，这里的灌溉组织是屯田的官方或豪族组织。火耕水耨在大圩中进行，形成一种精细的农作型态。吴淞江下游开发增加，水网增多，排水不畅，加剧了上游地区五湖的汇水和太湖的形成。东汉时期官方在绍兴地区修建了鉴湖，吴淞江河道区没有什么大工程，低地水利以大圩为主。六朝时期，北方移民增多，常熟和松江一带形成一定的河网水利，江南早期的地貌形态开始改变。有系统的圩田网络开始成片出现，大圩休耕期仍然存在，有规模的水利促成了大规模聚居，名门望族开始形成有规模地聚居地特定的地区。这种地区出现了众多的学者和士人。

随着北方汉族士人大量地进入江南，六朝时期的北方士人大规模侵占江南山水。原始的江南呈现在文化水平较高的北方士人面前，大量自然美被发掘出来。谢灵运对江南山水的追求主要体现在山林美的发现。

王羲之的兰亭在浅山之处，谢灵运的《山居赋》一展对江南山地自然美的追求，他的祖居在始宁县，以后的居处在会稽，都临山临水之处，尽山水之美。"其居也，左湖右汀。往渚还江，面山背阜，东阻西倾。抱含吸吐，款跨纤萦。绵联邪亘，侧直齐平。"往渚还江，四面有水，而面山背阜，是东西有山。农田与溪流，竹林与深处的森林，亦清楚可见。"近东则上田、下湖、西溪、南谷，石墅、石滂、闵硎、黄竹。决飞泉于百仞，森高薄于千麓。写长源于远江，派深悠于近渎。"南面处也有山川、林地与河流。"近南则会以双流，萦以三洲。表里回游，离合山川。嵼崩飞于东峭，槃傍薄于西阡。拂青林而激波，挥白沙而生涟。"西有山峰与溪流，也有竹林与幽境山林。"近西则杨、宾接峰，唐皇连纵。室、壁带溪，曾、孤临江。竹缘浦以被绿，石照涧而映红。月隐山而成阴，木鸣柯以起风。"

这种居处，不单有河流与湖泊的广阔，也有山林之幽，当时的农业开发程度较低，湖泊与森林大量存在有关。峰岫叠嶂，竹林丛生、山径逶迤、溪流汩汩。"山匪砠而是岵，川有清而无浊。石傍林而插巌，泉协涧而下谷。渊转渚而散芳，岸靡沙而映竹，草迎冬而结葩，树凌霜而振绿，向阳则在寒而纳煦，而阴岫当暑而含雪。"土山有石称砠，山有林曰岵。[1] 清流与多林的山，正是说明当时生态环境的优美。

江南周边山区的茂密的森林使山水诗人形成了诗歌中的幽境创造。兰亭式的生态景观在这一时期被称赞。兰亭处"有崇山峻岭，茂林修竹，又有清流激湍，映带左右。引以为流觞曲水，列坐其次。虽无丝竹管弦之盛，一觞一咏，亦足以畅叙幽情。"[2] 山水之间，官僚、士绅和大家族占山泽经营园林别墅。士大夫的园林别墅依托着当时门阀和豪强体制，形成庄园环境。田园别墅包括了各种各样的生产项目，田园别墅中山林川泽更多地开辟而形成了新耕地，畬田（火耕田）和湖田大量出现，各种竹林和次生林地这时形成。田园别墅还附带着非常发达的圩田灌溉水利和陂塘水利。

这时期是江南生态文明的雏形期，基本的园林型态和园林景观模式基本上在这时期形成。这时的江南，色彩较为浓绿。上层士人占有较多的环境，贫穷的士人也可以耕田自足，一些人甚至在更同的意境上欣赏自然美。陶渊明的山水田园意象，也在这个时期形成。在北方士人的眼中，先前炎热的江南，这时是常绿的江南，绿竹、绿水、绿色的圩岸，都是他们对江南的感受。绿水基本上由水生植物，特别是沉水植物而生成。水质清新，由藻类等沉水植物生成。春水绿波。由于这时水面尚没有大量开发，莲花的色调还没有成为主色调。

唐代的江南，成为全国领先的生态文明区并得到全国认可。这时圩田网络发达。全面的塘浦体系出现于唐末，早期的河网初成规模，圩田与河道井井有序。宋人朱长文言："观昔人之智亦勤矣，故以塘行水，以泾均水，以塍御水，以埭储水，遇淫潦可泄以去，逢旱岁可引以灌，故吴人遂其生焉。"[3] 这种塘浦河道与大圩体系使整个圩田区形成一个系统，低田与高地也也有良好的水流互动。这一体系发展到唐末，统一的江南水网格局便一时形成。唐末五代时期，统一的棋布格局形成，那是传统时期最为先进的水利规划体系。也是人类的组织权力所产生的大规模对景观的改造结果。吴淞江流域的圩田已经不再是弯曲之水，而是真正的棋布纵横的景观。水网体系越来越成规模的同时，技术、政治与社会转型基本上也在唐代和五代时期完成。

---

① 《宋书》卷六十七，中华书局，1974 年：第 1754 - 1771 页
② 《晋书》卷八十，列传第五十，中华书局，1974 年：第 2099 页
③ [宋] 朱长文：《吴郡图续记》卷下，治水。江苏古籍出版社，1999 年点校本：第 51 页

就农业技术而言，这时有江东犁的推广，技术进步使水稻的耕作能力加强。这时期普遍地形成了水稻连作，冬天积水冬沤。犁耕的增加伴随着干湿交替的增加，丰产型的水稻土在这时期大规模地形成。在初成体系的河网下，初步的屯田军和豪民的军事社会体制不断地完善。北宋郑熹对过去时代的闸与河道以及大圩的体制倍加称赞。"或五里、七里而为一纵浦，又七里或十里而为一横塘。因塘浦之土以为堤岸，使塘浦阔深，而堤岸高厚。" 河道顺直，水不乱行。人们有时在塘浦边上建亭休闲，那里也有塘浦之大闸，是塘浦的一个重要景观。"至和二年，前知苏州吕侍郎，开昆山塘而得古闸于夷亭之侧，是古者水不乱行之明验也。" 低地与高地之间有闸控制水流，高冈地区亦可种稻，由于闸的毁坏，冈身的灌溉系统一度崩溃，但宋初的冈身"尚有丘亩、经界、沟洫之迹在焉，此皆古之良田，因冈门坏，不能蓄水，而为旱田耳。"① 大圩以内，存在有序的次级引流河道。

在这种圩田体系下，由于水生植物众多，形成了优美而有序的大圩生态系统的丰富多样性。圩岸有各样野花，夏日充满香气。罗隐有诗："采香径在人不留，采香径下停叶舟。桃花李花斗红白，山鸟水鸟自献酬。十万梅鋗空寸土，三分孙策竟荒丘。"② 张贲曾在这一带与陆龟蒙、皮日休等写诗唱和。"鲈鱼谁与伴，鸥鸟自成群。反照纵横水，斜空断续云。"③ 这里提到了纵横水，是难得一见的关于唐代大圩与圩外笔直塘浦的记载。

沼泽地中形成塘浦与圩田主要是国家或军队力量形成，市场与市镇也在这个基础上形成。这时的河道与大圩景观与后期有明显的不世，圩岸与圩内的景观中有许多是半野生的杂草，河道中有大量的荷花，有稻麦，也有大量的杨柳，江南之柳这时处于大量增多时期，在苏州，士大夫种柳、赏柳成为时尚。许多人为种植的植物，如柳、梅、桃等渐渐增多，春天的野外之花也有开放的一致性。四月春末，野生的和栽培的植物尽入花期，江南的活力气氛场景十分充足。唐中后期，圩田、树木、田野与植被立体化风景有序而多态。唐朝诗人江南美的线条基本上绘出。越到后期，诗人越开始全面地理解江南，感受江南。江南的美丽很到全国士人的认可。

随着北方移民的增加，江南形成了成熟农业区，成为文人心目中理想的居住地，吴中好风景。"吴中好风景，风景旧朝暮。晓色万家烟，秋声八月树，舟移弦管动，桥拥旌旗驻。改号齐云楼，重开武丘路。况当丰熟岁，好是欢游处。州民劝使君，且莫抛官去。"④ 可以看出，这时的风景不像后期那样尽是农业景观，河道、舟桥和树木占了很大的比重。人们临水居住，出门之后，往往是一片烟水景观。陆龟蒙《南塘曲》有："妾住东湖下，郎居南浦边。间临烟水望，认得采菱船。"在"南浦边"与"东湖下"，有着临水的村落。聚落有很美的野生植物景观："村边紫豆花垂次，岸上红梨叶战初。"⑤ 这种塘浦系统使江南地区的小桥流水景观开始大量出现。

唐代的长江中下游景观常在被诗人赞美。张若虚的《春江花月夜》提到江波、潮水、汀州与白沙，都是长江下游河道的生态环境。"江流宛转绕芳甸，月照花林皆似霰。空里流霜不觉飞，汀上白沙看不见。江天一色无纤尘，皎皎空中孤月轮。"⑥ 唐代江南最为著名的景观区是鉴湖。李白游江南，就是为了到杭州与鉴湖一带游历。其次，吴江一带的广大水面，也是江南的重要风景区。其次，太湖与运河交泄之区，特别是吴江一带，也是一个重要的景观区。

暖色调的江南是诗人的主要感觉。梅花是春天的暖色调，除了山地一带的梅花以外，大圩岸生活区的梅花也在冬春时期的开发，定居点增多，人们圩岸种梅增多，梅的品种也增多，故咏梅诗也增多。初夏时分的镜湖区域，是全国最好的初夏时节的居住地。李白认为镜湖是最好的消夏去处。"镜湖三百里，菡萏发荷花。五月西施采，人看隘若邪（耶若溪）。回舟不待月，归去越王家。"⑦ 江南的初夏有广大的水面和大面积荷花，荷花与鉴湖和耶溪一带的山水，是一流消夏处。李白完全观察到了江南湖泊荷花种植。白居易对江南春夏之季的暖红色调诗意形成有突出的贡献，红色的基调主要是荷花与各种花卉。炎炎之

① ［宋］范成大撰，陆振岳校点：《吴郡志》卷十九，水利上，第 267 页
② ［唐］罗隐：《吴门晚泊寄句曲道友》，见曹寅：《全唐诗》，卷六百六十三，清文渊阁四库全书本
③ ［唐］张贲：《旅泊吴门》，于［清］曹寅：《全唐诗》，卷六百三十一
④ ［唐］白居易著，朱金城笺注：《白居易集校》，卷二十一，吴中好风景二首，第 1431 页
⑤ 《甫里先生文集》，卷之七，《南塘曲》；卷之十二，《江南二首》，第 83、166 页
⑥ ［清］彭定求等编：《全唐诗》卷一百十七，张若虚：春江花月夜，中华书局 1960 年：第 1183－1184 页
⑦ ［清］彭定求等编：《全唐诗》卷二十一，相和歌辞，李白：子夜四时歌四首，中华书局 1960 年：第 264 页

夏的荷花，越来越成为江南色调的主题。白居易对江南红色基调的形成起到了重要的作用。

长期以来，江南水乡的一直有阴色调成分，一片白水、卑湿、水草与绿色一直是江南的印象。这时的江南形成了水面荷花的基调。白居易晚年定居洛阳，怀念江南风景，写出非常著名的《忆江南》。"江南好，风景旧曾谙。日出江花红似火，春来江水绿如蓝，能不忆江南。"江花是荷花，当是指吴淞江或钱塘江。圩田的开发挤占了近岸浅水芦苇与菱草，荷花景观才会突出。白居易晚年回忆这种景观："余芳认兰泽，遗泳思萍洲。菡萏红涂粉，菰蒲绿泼油。鳞差渔户舍，绮错稻田沟。"这是水泽与圩田交错，芳草小洼地，州地，被各种萍类包围，荷花与绿油油的稻田与菰蒲相杂。[①]

唐代的农田有着物种的多样性和景观上的色彩斑斓。荷花增多，红色加强，暖色突出。"江南好"风行一时，士大夫争夸江南景致："人人尽说江南好，游人只合江南老。春水碧于天，画船听雨眠。炉边人似月，皓腕凝双雪。未老莫还乡，还乡须断肠。"[②] 唐代后期，景观农业化、人文化、暖色调显明。农业的轻度开发，圩田扩张，荷花增多，同时，野外花卉开放整齐开放，人为种植的花卉增多，梅花、荷花、作物的花，在一定的时间集中开发，形成壮丽的江南之美。

唐代的江南秋天的农业特色尚未成熟，农业成分不多。水生植物会在秋天迅速萎退，降霜时呈白色。居于乡间的文人更贴近普通民众的生活，那种高雅的悲秋与人生意义的关注慢慢被瓦解。白居易对苏州的早秋有非常好的体会，早秋的秋凉发生之时，荷花仍然开放。吴江一带暑尽秋来时，文人会体会到秋天的凉意。因水环境丰富，这里的凉意显著。唐初益州人崔信明有"枫落吴江冷"的绝句。这里有大量枫树在沼泽边缘的岸地上种植。冲击运河中文人的水环境之凉意伴随着水生植被。许浑在松江有诗曰："漠漠故宫地，月凉风露幽。鸡鸣荒戍晓，雁过古城秋。杨柳北归路，蒹葭南渡舟。"苏州以北，旱地增多，杨柳风光增多；向南，芦苇河滩地增多。这里没有北方的秋高气爽，却是水草幽凉。[③] 竹林之寒意也在这个时期形成，竹林在夏天给人以凉意，秋日的竹叶带着寒意。由凉变寒，气温变冷伴随着人对植物感觉的变化。吴江秋凉已成为一种非常有名的风景体验。

唐末五代时期，农业生境达到几乎是完美的程度，自陶渊明的耕隐境界产生以后，江南诗人陆龟蒙等人吴淞江一带创造了耕渔境界。在江南，早期的张翰的莼鲈之思有自然隐逸先声，陆龟蒙等人发展了耕隐境界。塘浦河道体系形成以后，人对周边环境控制能力加强，知只分子甚至可以在个体经营下完美地将耕、渔、读结合在一起。

二、成熟的农业田园与宋代文化

宋代完全成熟的生态与生产使江南的诗情画意走向全面成熟。宋王朝以运河为中心经营江南，兼及海塘与河网，市场发达，农业生产以小农户的精耕细作为基础，以前的大规模水利的制度逐步消失。汉唐时的大圩社会体系也随之崩溃，大家族势力几乎荡然无存，小农经济在小圩的基础上大量兴盛。随着吴江长堤与吴江长桥建成，运河对太湖东部的水系产生了巨大的影响。运堤的阻水作用开始对整个东太湖地区的落淤产生影响，围田与河网因此形成，碟形洼地也在此基础上得以塑造。

江南运河在北宋时期的加固使水环境产生了变化，这种变化使吴江和嘉湖碟形洼地产生，形成了一个绝佳的农业区。此区域汉唐时期的开发程度较少，吴江长桥修建以后，太湖水水位与运河东部有一两尺的落差，落差使水流变缓，大规模落淤开始形成。由于水流缓慢，下游水流不敌海潮，形成下游地区的泥沙淤陆。随着堤东的落淤，运河东部地势渐高，堤西太湖水流缓慢落淤并在人工开发的情状下形成大量湖田。太湖以东部分，河流中间的水流快速地区落淤慢，缓流地区落淤快，一开始形成许多沙涨之村。陆淤过程中，菱草和其他水生植物也参与其中。菱芦堵塞水道，淤塞加速，水流更缓，吴淞江水流减缓，不敌海上浑潮，中下游地区也淤塞严重。吴江陆淤产生了农业的发展，同时了丧失了一定的景观，

① ［唐］白居易著，朱金城笺注：《白居易集校》，卷二十七，想东游五十韵；卷第三十四，忆江南词三首。上海古籍出版社，1988年：第1684，2353页

② ［五代］韦庄著，聂安福笺注：《韦庄集笺注》，浣花词，2002年：第410页

③ ［唐］许浑撰，罗时进笺证：《丁卯集笺证》，卷三，南游泊松江驿。中华书局，2012年：第133页

与此同时，鉴湖也有类似的过程。西湖在这阶段经历了苏东坡的治理，有了自然景观的提升，不单有四时之感，也具深幽之境，成为以后上千年江南甚至是全国的重要审美中心。

在吴淞江中下游地区，塘浦大圩体系崩坏后，泾浜开始成为水系的一部分，且逐步增长。"及夫堤防既坏，水乱行于田间，而有所潴容。故苏州得以废其堰，而夷亭亦无所用其闸也。为民者，因利其浦之阔，攘其旁以为田，又利其行舟、安舟之便，决其堤以为泾。今昆山诸浦之间，有半里、或一里、二里而为小泾，命之为某家泾某家浜者，皆破古潴而为之也，浦日以攘[坏]，故水道堙而流迟。泾日以多，故田堤坏而不固"。"泾日以多"就是泾浜的分化过程。横塘纵浦变浅变窄，形成有干有枝的泾浜系统。宋代治水者总想消灭浜泾与小圩体系，强干弱枝，完善塘浦，限制泾浜，只是水网的演变趋势难以扭转。郏侨认为农民要在浜泾枝流上作小圩的准备，"且复一于开浦决堰，而不知劝民作圩岸，浚泾浜以田，是以不问有水无水之年，苏、湖、常、秀之田，不治十常五六。"[①] 小圩制度体系越来越成为江南的平常水利制度。

宋代江南的丰产水稻土在犁耕、水田中耕和麦作推广的基础上大规模出现。随着开发程度加大，丰水程度下降，再加上气候干旱，土地有干田化加强的趋势，这都在一定程度上利于优良水稻土的发育。水土环境促成了宋代成熟优美的乡村景观。宋初的休耕制，休耕中尚有积水，或者可以隔年耕作，随着人口增加，积水田自然都变成连作田。西部低洼地带常处于积水状态，旱年才幸得一熟水稻，这种地块的水稻土处于相对的还原状态。东部地力高的休耕之田可以达到麦稻两熟。北方移民刚到江南，在传统的饮食习惯压力下，一般会稻后种麦。移民浪潮一过，北方人变成南方人，麦作便会大量减少，水稻土成为一般耕作的水稻田。

到南宋时期，吴中地区的麦作和复种非常之多。13 世纪初，吴泳就形容吴中地区的形势："吴中之民，开荒垦洼，种粳稻，又种菜、麦、麻豆，耕无废圩，刈无遗陇。"[②] 在吴淞江一带，河流开始淤塞，入海之水与潮水相抵，涝时积水严重，吴淞江两岸的高地也处于经常旱涝状态。无论是麦稻二熟，还是不同地块上的麦稻两收，麦收时呈现青黄两种颜色。绿黄之色与山水，形成多彩的农业景观。范成大清晰地描述了稻麦两熟的景色："梅花开时我种麦，桃李花飞麦丛碧。多病经旬不出门，东陂已作黄云色。腰镰刈熟趁晴归，明朝雨来麦沾泥。犁田待雨插晚稻，朝出移秧夜食粆。"[③]

昆山农民一般在梅雨时节插种晚稻，南宋时气候寒冷期，五月的吴江寒冷冻人，农民畏冷。"梅黄时节怯衣单，五月江吴麦秀寒。"在丰水的环境下插秧，又冷又湿。"梅霖倾泻九河翻，百渎交流海面宽。良苦吴农田下湿，年年披絮插秧寒。"[④] 在同一首诗中前后出现这样的两段内段，基本上表明昆山当地处于麦稻两收或稻麦两熟的水平。江南村庄的暖冷色调，与周边山地景观的四季转换相关。作为宏大景观的衬托，天目山与东太湖地区形成山水平远的景观。在山水画家那里，这种平远有着非常的意境。

嘉湖平原靠近山地区域多溪流，山溪汇水沼泽地带，山水清远，自古就因水清而出质量上乘的丝与纱。早期的桑蚕业更接近溪山之际。晋太守殷康修荻塘，附近的沼泽得到开发。荻塘分天目山下泄水流，向太湖方向形成溇港，向东形成一般的河道，圩田存在于河网之间。唐代的吴兴县令李清兴陂塘水利和植桑，利用移民集中经营。先在浅水中开塘，然后在塘的周边开河，河道分割即形成圩田四周的河道。随河道分割，水面形成圩田，是桑基农业的基础。在嘉湖地区，山区开发加强，太湖泥沙含量增加，淤积加快，水流分流，河网分化，也形成类似的围田开发。水环境落后使围田大开发，最终吴江和嘉湖地区碟形洼地逐步形成。这一区域的河网推动了新的市镇体系的兴起，新市镇体系支持了明清江南经济。围岸与围田推动了桑基稻田与桑基渔塘的产生，桑基生成系统的产生支持了明清江南农业的可持续发展。

两宋时期的脱沼泽化和开发，才形成了明清时期的稻作、蚕桑业和市镇体系。早期的桑树更多地种在成规模的旱地上，低地种桑一开始就在圩岸上，农人居住的房前屋后即圩岸，植桑方便。六朝时吴均有"陌上桑"一诗："袅袅陌上桑，荫陌复垂塘。长条映白日，细叶影（一作"隐"）鹂黄。蚕饥妾复

---

① 范成大撰、陆振岳校点：《吴郡志》卷十九，水利上，水利下，第 267，282－283 页

② 吴泳：《鹤林集》卷三十九，《兴隆府劝农文》

③ 《范石湖集》卷十一，刘麦行；卷二十一，东门外观刈熟，民间租米船相衔入门，喜作二道。上海古籍出版社，1999 年：第 139、303 页

④ 范成大：《石湖居士诗集》卷二十六，芒种后积雨骤冷三绝

思，拭泪且提筐。故人去如（一作"宁知"）此，离恨煎人肠。"陌，其实是圩岸之意。①

这时也有许多旱地植桑。乌程东南三十里有桑墟，是早年官方太守劝农植桑于旱地的明证。这时许多沼泽地尚未开发，圩岸上种桑不多。湖州一带山水清远，水质清洁带来一个更为重要的产业，水清纱美，丝绸质量远高于全国。低地纱一开始并不出名，山乡纱更有名。早期的桑蚕业有很大一部分在山区，元时仍有部分山区丝织业不下平原。南宋时期，官方制定税则时，将山桑与平地桑两种地块划分为园圃类。田亩论之，有水田，征税的田亩中有平桑园地和山桑园地。除了圩岸植桑以外，高地不宜稻田处也成片种桑。东部低地地区存在着大量的未能开发成稻田的沼泽地带，挖池种桑，形成桑基农业。山桑高大，高于行人。"绿暗山前路，柔桑宛宛垂。稻秧分陇后，蚕茧下山时。白日缫车急，中宵织妇悲。老年官赋了，不长一绚丝。"②

南宋形成的大开发，使桑蚕业向低地和东部地区大规模地扩展，这时发生的水土流失似乎加剧了湖田区的圩田小规模化和淤积形成的稻作土壤。以前的低地土壤基本是在山水清远的环境下的土壤，随着圩岸的堆迭，形成旱地的桑园土，为嘉湖地区的桑蚕业提供了丰富的土壤基础。随着低地平原的开发和河岸与圩岸的增多，桑基农业景观大大增多。随着蚕桑业开始从山区一带过渡到平原地区，桑树株型也发生了变化。山区地种桑的空间大，可以粗放经营，桑树无节制地生长，形成高大的树桑。平原桑受圩岸限制，农民对桑树修剪使树型偏矮。宋元时代，平原地区既有高大的树桑，也有低矮的条桑。

吴江一带的淤积改变了当地水生植物分布。单堤运河时的丰富水环境消失，河道运河形成后，水生植物为之一变。宋初，太湖和吴江一带有大量滩地和芦苇、菰草，沉水植物令水域似琉璃。太湖岸边有大量的芦苇，秋天时芦花飞扬。水面被开发后，芦苇与荷花一度并存，随着农业开发加强，以前的芦苇水面种上了杭稻。圩田、湖田大量形成后，芦花飞扬的景观减少。水面分割使芦苇群落分散于河港。芦苇的区域仍有大量的水鸟，宋代诗人普遍关注到飞鸟与芦苇相伴的景观。单锷提到吴江一带的淤积与芦苇菰草丛生，同时看到下游接海处也因吴江长桥的淤积而菱芦丛生。上游淤积产生了流速降低，流速降低引起浑潮倒灌淤积，河道变浅则形成芦苇丛生。芦苇在最外层，菱草在次外层，两种优势种植维护了堤岸。

随着滩地减少，芦苇减少，在这里停留迁移禽类华亭鹤也逐步转移。农业人口密度增加，华亭鹤易受惊吓，很难在华亭停留。吴江一带地近运河，在开发的影响下，珍禽数量也大大变少，只有雁鸭类大量存在。候鸟的停留地逐步变化圩田和鱼塘，稻田区仍可以为鸟类迁徙作停留地之用，但由于人类的影响，禽类是大量减少的。雁鸭类停留区在圩田与湖泊沼泽区，鸥鹬类和其他珍稀鸟类以沿海和湖泊芦苇区为主要停留地。村落的增多使更多的鸭类穿梭于芦苇水面。当时的迁移禽类绿头鸭也在一定程度被养殖，因为当时的这种野生的禽类甚多，可以成群地放于河道中。稻田增多时，鱼类减少，捕鱼难度增加。

宋代经历了从大面积到水面分化的过程，有些地区的荷花反而增多，因为人们开始大量地经营水面，种荷种菱。农业开发加强，大水面荷花仍然广泛地存在，圩田水利一些地区仍然盛行着大水面荷花，一些湖泊的荷花成为著名的景观区。局部的荷花，往往在一定时期内，反而会出现增长。一些大水面荷花的消失甚为明显，鉴湖莲花随着鉴湖的萎缩的消失而大量减少，但吴兴城周边有大规模的荷花。"绕郭荷花一千顷，谁知六月下塘春。"下塘运河附近布满了大量荷花。苏轼等人非常欣赏夏天时荷叶处的纳凉。"便应筑室苕溪上，荷叶遮门水浸堦。"③梅尧臣所讲的荷花规模也甚大："始至荷芰生，田田湖上密，复当花竟时，艳色凌朝日。今来莲已枯，碧水堕秋实，更待雪中过，群峰应互出。"④

西湖被开发后，形成了一个文人的赏荷中心，吴江的赏荷中心在吴江长桥一带。苏州水面与太湖相连，河道宽阔，荷花也非常之多。随着农业开发加强，水体淤积变浅，局部会出现荷花优势。围垦造成了浅水种稻，深水区种荷的现象，植荷增加一定程度上满足了士大夫阶层对野外景观的审美需求。

吴江长桥这时处于初步淤积阶段，因着运河，这一区域既是农产品的运转中心，也是士人诗歌文化

---

① ［宋］李昉：《文苑英华》卷二百八，乐府十七，吴均：陌上桑，明刻本

② ［宋］刘一止：《苕溪集》卷六，绿暗山前路，清文渊阁四库全书本

③ ［清］王文诰辑注、孔凡礼点校，《苏轼诗集》卷十九，"泛舟城南，会者五人，分韵赋诗，得'人皆苦炎'字四首"，中华书局，1982 年：第 975－976 页

④ ［宋］梅尧臣著，朱东润编年校注：《梅尧臣集编年校注》卷十二，凝碧堂，上海古籍出版社，2006 年：第 206 页

的生产中心。临水楼台，莼菜鲈鱼，南来北往的士人赋诗怡情，这里成了江南人文活动的中心。莼菜与松江鲈鱼都与吴淞江特定的水生境相关，水生境变化，莼菜的美味程度和松江鲈鱼的消减都有关系。吴江长桥修成后，河道水流因淤积狭窄而增速，而快速的水流不利于莼菜生长。半尺到一尺的鲈鱼自晋代以来就有其大名，吴淞江水流平缓，一尺长的松江鲈鱼正常洄游。松江鲈鱼的减少与松江鲈鱼的降海洄游有关，产卵期为二月中旬至三月中旬。鲈鱼短距离洄游即可进入昆山一带。当时的气温升高，海平面也较高，鲈鱼可以更好地凭借海潮之力在吴淞江洄游。丰水环境与丰富的饵料，珍味松江鲈鱼大量存在。宋代的吴淞江江口仍有一个非常开阔的水域与各河相通，松江鲈鱼进入此区，形成一个生产中心。文人们在这里享受松江鲈鱼的美味。

梅尧臣《送裴如晦宰吴江》一诗也言及吴淞江上游一带的鲈鱼之盛："吴江田有粳，粳香春作雪。吴江下有鲈，鲈肥脍堪切。炊粳调橙齑，饱食不为饕。"苏轼和范成大等也有咏鲈之诗，其他人的鲈鱼诗句更多。对此，陈尧佐有名诗留世："平波渺渺烟苍苍，菰蒲才熟杨柳黄。扁舟系岸不忍去，秋风斜日鲈鱼乡。"[1] 南宋时期，屯田郎中在这里作亭，命之为"鲈乡亭"，人们称吴淞江江口地区的为鲈乡。吴淞江口有七十二连桥，有太湖沿岸风景，此地是著名的旅游区。

一般的学者认为北宋是一个暖干时期，晚唐和"五代"是寒冷气候期。公元930年到1100年为气候转暖时期，北宋末到南宋时期是一个气候转向寒冷的时期，这一暖干时期，江南文人对江南的田园的诗意和画意的理解达到了一个历史的高度。

在冬春季节，文人雅士的咏雪和咏梅达到了一定水平，西湖边的林逋和两宋时期的文人画士上，都有对梅与雪的形象描述。在冬春月份开放的梅花品种越来越多，范成大了解各品种梅花的开花时间。陆游在绍兴，经常讲述雪中的体验。江南开发成熟，秋凉萧杀之感消失，物产丰富使诗人感受到江南生活的享受。在吴淞江广阔的水面上，秋凉的感觉减少，丰收气息增多。张翰秋风与莼菜鲈鱼的典成为秋天的主题，秋凉与悲秋的情感减少。

宋代特别是南宋时期，是农业景观非常成熟的时期，农业与农村的景观，推动了江南田园诗的发展，范成大和陆游是这阶段江南，也是全国的田园诗的代表人物。陆游的四时审美非常丰富，对冷暖感受非常敏感，对春耕时节的花卉开发有全面的观察，对修屋、浸稻、采桑、养蚕等生产环节也有全面的感受。初夏之寒，梅雨，夏日的乘凉环境，冬雪天的围炉夜谈，都一一描述。城市与乡村的四时感觉，年间的气候差异，陆游都有敏感的体验。在陆游等田园诗人的笔下，江南的农村对秋天的感觉是多喜庆特色，悲秋气氛一扫而尽。秋天丰收，家有余粮，这是小农的乐事。秋日的不同时节都有相应的田野获。在丰收年景下，收税之吏早早离去，乡人无忧，且多迎娶之事。农村婚嫁一般在近里人家之间进行。诗人住在乡村，感受到喜乐。农业文化的传承而使江南农村生活仍带着古典文化的韵味。作为老人，他怕冬天的寒冷，有贪秋的心态。他在冬天也敏感于暖冬的出现。冬天万物凋零，大雪覆盖，一开始是没有生机，到梅花开放时，重新出现了生机，诗人寻梅，盼望寒冬后的大地回暖。

陆游敏感地看到了一种城市与乡村生活情调的差异。城市的繁忙和生境单一使人对气候的变化失去敏感。嘉泰年间，晚年的陆游被官方请到临安居闲赋文。城居使他对气候变化的敏感减弱了，诗歌色调相对单一。他的创作特点是越到老年时气候的敏感性越强，但这一段城居时光令他渐失环境敏感。"二十四番花有信，一百七日食犹寒。眼中不是无春色，叹息衰翁自鲜欢。"他无心赏花，也显明不愿意为官。"睡味甜如蜜，人情冷似浆。流年垂及耄，客子固多伤。兴发鸡豚社，心阑翰墨场。吾儿姑力稼，莫羡笏堆床。"[2]

南宋时，首都迁杭，江南地区成了整个国家上层文人置别墅的地方。这一阶层寻求山水环境，在山水优美的地区大量地建造冬暖夏凉的人居空间。这样的生活情趣，既为明清时期市镇的生活环境提供了标本，也引起士人环境审美的危机。六朝时期，像谢灵运这样的文人不停止地追求整体的山水环境，他的家族占有一定的山林空间，却不会封闭自己的审美空间，故不断地外出游历，追求自然审美。宋代的文人不像六朝士人那样占有较大的景观空间，他们只能慎选小生境以建别墅。单位环境景观的经营程度比前代为高，但总体的环境审美丰度远低于前人。他们创造了具有江南特色的山水画、山水田园诗，也

① ［宋］范成大撰，陆振岳点校：《吴郡志》卷十八，川；四十九，杂咏。第257－258，654页
② ［宋］陆游著，钱仲联校注：《剑南诗稿校注》卷五十三，春日绝句，思归示儿辈；第3137，3140－3141页

有相对规模的园林。

三、元清时期的衰退

元时期的中国开始了从暖到冷的剧烈转折，这是千年尺度上的重大气候改变。这是从普遍的中世纪温暖期转向小冰期的过程。这次小冰期起于14世纪，讫于19世纪末，持续600年。这时期太湖大面积结冰，洞庭山上的柑橘大面积冻死。元代的气候进入冷期，整个中国东部的山区开发也因人口增加而加强，水流淤积程度加强，丰水环境开始在全国衰退，东部和中部许多地区出现干田化现象。受天目山一带山区开发的影响，江南在元明清时期加速淤积。水面分割，沼泽地进一步减少，旱地化相对明显。

北宋以后，江南人口增多，早稻推广日益增加，早稻推广是否与气温变化的关系，许多学者持肯定态度。其实，气温的变冷不利于早稻生长，气温变冷使春寒增多，早冬来临，既不利于早稻的早稻，也不利于晚稻的晚期。双季稻曾在江南受到严重的限制。这时期的旱稻推广甚多，因为出现干田化现象。气候变冷和淤积化加强，先产生了农业的衰退和产业的转移，也形成了文化变迁。

元明时期，江南文化出现了一个衰退。蒙古帝国铁骑兵的确使江南士大夫阶层受到打击，这种打击只是动乱时期的士人的死亡，随后的江南没有文化逼迫，宋代的许多风格仍然得以保存。文人和基层社会对此气候与水环境的改变产生了一个大的调整。环境变化引起的审美变化，尽管宋代的一些风格在丢失，他们却对环境有了新感觉。到了明代，政治逼迫反而对江南文人形成了一波更大的打击，这种打击没有像元代那样出现大量士人的消失，却形成了一个类似思想改造的逼迫过程，这种政治的高压使宋元风格出现了大规模消失。

明代中叶以后，江南城镇人数大大增加，士人城居增多，城居让人脱离的更为广阔的生态环境，他们的作品也开始更多地适应城市市民的要求，市民社会所形成的大众审美开始决定着他们的创造方向。

元明清时期，江南淤积进一步发展，这种淤积扩展到整个东太湖。吴江湖田出现于宋代，溇港河网体系与溇港圩田主要发展于元明时期。溇港圩田对应的河道是主要是吴江十八港和一些南部一些时而出太湖，时而入太湖的河道。河港积淤，湖田形成的现象格外显著，水流、作物、植被交互影响。这时期，天目山的生态破坏和水土流失更加严重，入太湖水流的泥沙含量甚高，淤积更加发展。经过几百年的淤塞，吴江长桥一带东西水位落差只有数寸，淤塞的进一步发展使西部仅比东部稍高一点，在局限地区，东部淤成的高地阻碍了太湖出水。出水口不断地北移，最终北移至瓜泾口，瓜泾口的水流环境与以前大吴淞江口时期是无法比拟。水口的变化伴随着东太湖地区河港围田的发展。

在吴淞江下游，河流更不敌海潮，泥沙淤陆更甚，形成嘉定一带的高地地区。落淤使吴淞江上游的吴江地区碟形洼地化，下游昆山一带的河网进一步分化。在吴江，堤西溇港大部形成于元明时期，湖田使长桥一带的出水更加困难，运东河道的淤塞也出现高峰。圩田越来越多，湖泊越来越小，河道越来越分化，形成了河道、小湖泊和圩田的串联河网。港、塘、泾、浜、荡与漾等小水体呈多样化发展趋势，现代地貌完全形成。吴江长桥东部的淤塞使水面破碎化，河网分化，水道变细后，江南的灌溉和排涝都受到一定的影响。对于长桥与瓜泾港，明代治水者只疏通孔道，试图恢复多道出水的局面。庞山湖在淤塞过程中与吴淞江主水区分离，太湖出水口与庞山湖之间先形成了以吴家港为主体的水道。

在这种情况下，治水者提倡小圩，要求在圩田中多分河港，以将水面分散化，多样化。加强了江南碟形洼地地貌的形成。要这一过程中，豪强用茭芦淤地自肥。徐恪对明前期昆承湖一带的变化有很好的描述："四五十年来，鲇鱼口与昆承湖俱被豪家杂种茭芦，渐满而淤泥渐积；淤泥既积，乃围圩成田以碍水利，由是塘（白茆）与湖隔绝不通。昔日注泄之利，不复可得。塘中滩淤日积，而江滨之流沙涨阜横绝于塘口，使潮水无由出入，塘渐浅塞而涉不濡胫矣。"[①] 明中叶，昆承湖的茭芦地带被大量地开垦，湖泊变小，农田增加。

至正石塘修建后，湖田发展加剧，淤塞程度比前代更加严重，在东太湖地区，湖面的缓流与落淤形成大量的滩涨并被开垦成湖田，在坍塌与淤积交替过程中将水面分割成小湖泊，形成河道景观。明代形

---

① 民国《重修常昭合志》卷五，水利志，附录。徐恪："白茆水利疏"

成了"湖中十八港",并在湖田与太湖水面相临之处形成了坍塌与淤涨的平衡。蚀于湖者谓之坍湖;涨为田者谓之新涨。淤涨在一点点的凸起基础上联合,淤积点的联合使湖面被分割成数个小内湖,小内湖最后变成河港。河港在湖面形成,在进一步的淤陆下消失或萎缩。湖田发展的一般模式为湖面—小湖泊—宽河道+不稳定的湖田—窄河道+稳定的湖田。淤涨之前,垂虹桥西一片水域,淤涨时先形成两个湖,即东湖和南湖,二湖淤,河港成。南仁与吴家港在二湖淤塞后形成。最早的河道一开始是一片水域,宽度可以达到一百二十丈①,随着淤积的发展,降为二十丈左右,最后成为七八丈左右的河。

到清代,东太湖完全被淤。苕、荆二溪夹持的泥沙增大,洞庭东山以北的广大区域也形成了淤塞与湖田,东、西洞庭山和苏州西南丘陵的泥沙沉积使西部的广阔水面狭缩,形成了著名的大缺口。大缺口在清代淤合,湖田发展愈加快速。东太湖的湖田大部分是最近两三百年产生的。水流、植被与淤塞动态都对湖田的产生起到了关键作用。多因素的生态相互作用,促成了东太湖生态环境巨大的变化。东太湖西岸芦苇群落多于东岸,东岸为太湖出口处,先形成大量湖田。挺水植物在东太湖靠近东北方向较少,西南方向增多,在牛桥港、张家港、鸡山港一带,生长得颇为茂盛。西北部有大量芦苇,东南部有大量茭草。随着江南水网的衰退,水流集中于少数干河,深且窄。随着水面的减少,茭芦数量相对减少。

随着河网淤塞,吴淞江下游河道地区淤积越来越严重。从南宋中后期到明中叶,处于气候变化的湿润期,水灾增多,水灾频发一直持续到明初。由于周边水网因清流不盛而感潮加重,形成了淤塞更加严重的趋势。元代,吴淞江周边地区的河网在淤塞加重的环境下难以出水,上海一带出现水流的变化。"自淀山湖筑捺围岸成田,水道狭窄,黄浦港以西,潮涨淤浅水不能泄,每遇小雨,诸水所会,即成一壑,田禾淹没,所以华亭每罹水患,稍遇天旱,上海则有旱伤,是故灾伤无岁无之。"水环境变迁使吴淞江下游地区水流变缓,水网不通,各样旱涝敏感因此发生。治水者欲开下游河道,也来不及实施。吴江一带湖田发展,吴淞江主干河道的排水愈加困难,吴淞江下游河道难以发挥正常功能。明初,夏原吉利用疏理吴淞江南部的一些河道,向吴淞江南北两个方向上分流疏水,他开凿上海南部的范家浜,使范家浜与黄浦江相联成为一体,使黄浦江、范家浜和吴淞江冈身出海河道成为一体。

随着河道刷深,黄浦江取代了原有原吴淞江中下游河段,成为太湖东部的主要出水河道。这一水流改变被称为江浦转换,江浦变换不单改变了吴淞江的主流状态,改变了整个太湖地区的水网出水的功能与结构。出太湖的水流也通过各路河道通过淀山湖和三泖一带集中,汇集于黄浦江,黄浦江负担了太湖流域80%的泄水量。② 整个太湖出水加快,对排水有一时之效,却改变了长期以来的水网涨溢出水的局面。水网注水、充水的功能减低,吴淞江中下游一带的高地呈现和旱情敏感增加的趋势。

以前的太湖东去之水和南来嘉湖之水汇于泖湖一带为多,清水北注吴淞江,吴淞江萎缩后,黄浦江泄水甚快,清水积汇于三泖一带,泖湖一带也出现淤塞。黄浦江的快速排水使嘉湖地区的排水也加快,嘉湖也因此易受旱灾。太湖诸水注泖湖一带,清水常盛的泖湖一定程度上也受淤。东南之水不走吴淞而走三泖,水流变缓变淤的区域转向三泖一带,导致了这一地区出现一定程度的涝灾敏感。这种截曲取直,尽快排水的治水方法有一时之效,却加强了区域旱情。水归黄浦江以后,吴淞江两岸的圩田,大量的河系干涸不能上水,出现了旱象,原有的水利生态遭到了破坏。昆山与嘉定一带的四县出现了不耕之地,吴淞江愈淤愈高的情况下。排水越来越走简单疏浚之路,多数塘浦死水化严重,只有几条主干道被疏浚。20世纪50年代开太浦河等排水河道,太湖东部的排水问题更加得到了解决,但水乡特色正在消失。

在河道通畅,水环境丰富的唐宋时期,降雨量波动难以产生水旱影响。到了元明清时期,水环境改变,旱涝敏感增加。嘉靖年间以后,旱情开始增多,这应与气候的周期有关系。嘉靖年间呈现出历史上前所没有的旱象,旱灾频度大大增加。开始三年几乎每年出现水旱灾害。旱灾频率达100%,且水旱灾快速转化。旱灾区河道细而淤,且很快枯干,很短的时间内,降水变化后很快形成涝灾。

嘉靖初年先旱后涝的现象除了气候原因外,河道的长期淤塞也对旱涝快速变化产生影响。河道、湖泊中蓄水量减少,春天易生旱情,夏秋易成涝灾。从嘉靖四年到嘉靖十五年(1525—1536年),甚至出现了秋季之旱,这是一种没有任何水旱抵御能力的水利状态。吴淞江改道黄浦后,自然水利生态的效果愈加失效,泄水益处彰显,旱灾严重。在吴淞江周边地区,潮淤的快速积累经过了一个半世纪,气候偏干,

---

① 1丈约为3.265米(明代)

② 《太湖水利史稿》编写组:《太湖水利史稿》,河海大学出版社,1993年8月,第278页

旱情便在这种环境下被放大。由于黄浦江水流偏急，没有和缓水流形成的局部丰水环境，吴淞江周边地区的旱情经常发生。

旱情促使清水弱，潮水盛，灾情扩大。松江各处地形不同，水环境不同，旱涝敏感不同。高乡对旱灾的敏感不单直接与水环境有关，由于水稻几乎全用于纳租，农民只好依赖种麦棉生活。嘉定一带不得不植棉纺织以求生存，改变了作物结构往往并没有换来赋税的减轻，官方与乡绅之间往往因减赋而相互官讼不断。嘉定高地的旱情通过疏通水网得以缓解。清水日弱，潮浑益强，水利功能日益弱化。以吴淞江为主的治水格局已经不存在，小水即涝，小干即旱。官方水利重运道，重排水，忽略了长期以来水流漫溢出海的水网自然生态作用。历史时期所有的水利工程都应符合水利生态，生态文明的水平重要体现在于水环境合乎水利生态的管理。对原有河道水流生境的破坏，必然有生态破坏的后患。

唐宋时著名的美味珍味松江鲈鱼的命运也在明代走到尽头，吴淞江的水流转移到黄浦江，出水通道开始归黄浦江。松江鲈鱼的洄流受到影响，再加上过分的捕捞，珍味松江鲈鱼的生存空间在元代就受到威胁。吴淞江外口与冈身外围有良好的产卵环境，松江鲈鱼的减少正与这种丰水环境和产卵环境的改变有关。这种降海洄游型鱼类，产卵期为二月中旬至三月中旬。吴淞江水流缓慢，利于松江鲈鱼的洄游，黄浦江段水流湍急，稍大一点的松江鲈鱼难以洄游，珍味松江鲈鱼因此走向绝种。陆龟蒙随钓到半尺长真正的松江鲈鱼，20世纪的松江鲈鱼最长为1.5厘米。珍味松江鲈鱼消失后，后人将另一种小的鲈鱼替代其名。另外，随着松江一带的开发，这阶段的许多鸟类特别是华亭鹤基本上消失。

嘉湖地区被运河形成闭合的水圈所包围。山区水流冲入平原低地以后，很快被分割分流，水面与围田开发使这一地区的乡村景观丰富多样。水网与湖荡形成高地与低地，高地上形成聚落，低地形成湿地。随着开发加强，愈到后期水面越破碎，水网越复杂。官方经营的河道是水网主干，细分化的河道多依附于这些主干上。明末的嘉兴地区干旱化趋势明显，水流经常萎缩，乡民引水灌田，河网进一步分化。发达的水网孕育了水乡风光。竹与梅成为常见的小生境下的居住景观。在濮院，河网圩岸众多，清代仍有许多树林。

明清时期的干旱化加强影响到这一地区的水环境，高地地区旱情发生时，河道出现萎缩。水面破碎化也使整体的生态景观出现下降。由于运道与河网发达，吴江与嘉湖低地形成了一条江南最为密集的市镇走廊，这一走廊是明清江南经济的核心区。随着开发的进一步加强，河网分化进一步进入到以前的静水区与深水区，河网圩田的进一步增多，也促进了桑蚕业。市镇将物流深入到乡间，农业生态系统日益专业化、市场化，高生产力的河网圩田遍布于嘉湖。嘉湖的生态潜力在明清时期被深度发掘，其地靠丝织业越来越成为国家赋税的来源。这时期出现养蚕、植桑、养猪的集约生态农业。这种生态农业的效率，已经是传统时代世界最高的循环集约化农业型态。在桑基围田的生境下，溇围田区土壤肥力较高，有亩收四五石的地。农民在传统实践中有一套土壤识别技术，通过精耕细作达到良好的耕层结构和土壤肥力状态。农民堆叠河泥，施有机肥，土壤越来越肥沃。

在农业开发和水面破碎化的同时，唐宋时期的那种大水面荷花群落大规模减少。吴江长桥区的淤浅和湖田化，使吴江一带的水环境大为改变，农业的进一步发展又形成大量湖田，种荷水面减少。种菱比植荷更为有利可图，适合小农经济，民人往往在有限的水面上种菱。苏州地区有许多小水面都种了菱，荷花水面越来越少，大部分的植荷发生于文人士大夫的家庭池塘之中。吴江陆淤，垂虹桥一带的优美景观消失，行于运河的士子文人转移到鸳鸯湖赏景，鸳鸯湖又称南湖，此湖的荷花点状分布于湖边。于嘉湖地区保留了大量的池塘，这一地区的荷菱种植较为丰富。农业发展使更多的水面成为桑基稻田和桑基鱼塘，荷塘和桑基荷塘自然增多。在这种破碎化水环境下，传统士大夫的景观审美只好集中到园林、小荷塘和庭院。从宋到明，园林规模也因城市人口密集而减少。

宋代私家园林仍保留了大水面，吴兴私家园林中荷花面积可以到几百顷。明代的一般园林规模较小，荷花水面也小，难以借景山林，只能在乡村田野中挖池塘建园林。随着淤塞的增长与水利的整治，河道开始变得较狭窄，水流更快，河道中难有植荷。私家园林的荷塘得到士大夫阶层的广泛认同，荷塘的私密性和雅致营造体现了造园技术的精细，但士人的审美品味也因此相对下降，失去了谢灵运和李白那种对野外大山水环境的审美。他们开始既少唐代的开阔厚重，亦缺宋人的细腻多情，只能在小生境下模仿古人的体验。

水面破碎化也使绿水景观遭到破坏。大水面地区由于水流的变浑，沉水植物在不透光情况下的大量消失，绿水开始消失。芦苇和菰草等挺水植物以恢复清水和局部的绿水，这时期的山区开发比较严重，许多山地水流开始污染，由于平原的圩田开发，浊水缺少芦苇与菰草的截留落淤，直接使原先的沉水植物区遭到污染，清绿之水减少。池塘中的沉水植物经常被捞取作肥料，沉水植物也会因此减少。养鱼、养鸭增多，也会破坏了沉水植物群落。清代的鸳鸯湖中有当地人采鱼藻以为家庭养鱼，这种采集使沉水植物减少。沉水植物的减少大大降低了水质保持力。

元代以后，干冷倾向加强，江南文人借着更多出现的雪景和其他景观，再加上元代宽松的文人环境，使得元代江南的诗歌与和山水画艺术较前代有了一定性的突破。踏雪寻梅与江南烟雨的审美意象都在元时被加强。品种增多，梅花开放期增长，气候寒冷，飞雪期也增长，雪后赏梅期也因此大大增长。王冕、倪赞等大画家对雪境倍感兴趣，冬寒与春天的雅意正在寻梅与寻春中不断地得到提升。宋元时期，雪化时的残雪景观也引起雅意的审美，残雪一般形成于阴历正月末和二月初，大地回暖，仍有冷空气南侵，江南处于降雪与化雪交互时期，多有残雪之美景。西湖的"断桥残雪"形成于宋代，却一直影响着游人对江南的审美。冷期有广泛的雪景，有连绵不断的烟雨，这都是诗情画意的环境题材。

明中叶以后兴起的江南诗画的风格，逐步与江南市镇的小生境与市民社会的品味相一致。这时期，野生景观大规模消失，人们开始认可农业景观和庭院景观之美。旱作化和稻作与旱作的强化，旱地景观增多，柳景观增多，景观单一，相对于前代处于景观衰退状态。随着明代农业开发的进一步加强，麦稻两熟增多，田野不再尽是湖泊、圩田与水稻，而有大量的麦田和杨柳，北方特色开始增加。沈周的诗画着力的意境偏向于农业化风景，少深涧幽谷的深厚和高山流水的宏远，他的画更有农业和园林气息。明代苏州的文人园林大兴，沈的许多画在描绘园林与山庄，许多诗在描述园林生境的冷暖体验。他们对村落景观更有细致的描述。从山水大景观转向田园，从宏观走向静态小生境。15世纪下半叶，沈周影响下的江南画派的环境描述基本上江南区域的生态环境。

明末以后，江南文人群体治学侧重点也发生了变化，诗画不像早期那样重要。环境稳定，诗词更多地用典，山水绘画在重在模仿宋元，原生态性的创作活力越来越少。文人的精神境界也远离陶渊明，丧失了古朴幽远的意境。这时期，女性诗人开始对小生境产生感悟和敏感，女诗人少游历，却比男诗人更有小庭园环境的敏感。

四、家园关怀

古代江南有以水环境为核心的处理自然与农业的技术体系是江南生态文明非常核心的部分。古人会利用自然的水利生态，维持水环境的平衡，保护着农业生态之美，也维系了一定的水面景观。汉唐时期官方对大圩的管理，有极好的制度与规范。宋代是汉文明发展的高峰，有像范仲淹和苏轼这样非常谙熟江南水利的官员，也有一代像郑亶父子和单锷等民间水利专家。元代的任仁发不单是一个江南治水家，也是一个画家。明清时期，精通水利的文士人士大夫数量甚多。徐光启研究水灾后稻苗生长，林应训精通治水和地方水利社会，耿橘和孙峻精通江南水学。

一代又一代负有家国之志的士大夫不单会吟诗作画，还非常熟悉江南的水流动态，为了江南的美好，百姓的生存，他们为这片负担着沉重赋税的土地上付出了大量心血。六朝时，农业环境丰富，陶渊明这样决定传统优雅的人物中国审美观的重要人物大量出现。唐宋时期，人工化环境进一步发展，野生和人工两部分环境都有审美发现的潜力与空间。唐宋时期，山水画现山水诗完全成熟，虽经元代的大破坏，风格依然保持，并且在元代仍有发展。

长期以来，江南是北方动乱的缓冲之地，是中华民族恢复文化与文明的地方。庾信的《哀江南赋》，说了一个更大范围江南的故事。唐末，韦庄在《秦妇吟》讲到北方中心城市沦为自然的过程。"长安寂寂今何有？废市荒街麦苗秀。采樵斫尽杏园花，修寨诛残御沟柳。华轩绣毂皆销散，甲第朱门无一半。含元殿上狐兔行，花萼楼前荆棘满。昔时繁盛皆埋没，举目凄凉无故物。内库烧为锦绣灰，天街踏尽公卿骨！"动乱中的人们期望着逃向江南。"妾闻此老伤心语，竟日阑干泪如雨。出门惟见乱枭鸣，更欲东奔何处所？仍闻汴路舟车绝，又道彭门自相杀。野宿徒销战士魂，河津半是冤人血。适闻有客金陵至，见说江南风景异。"① 在惨遭家国沦丧时，中华民族的先民们一心要逃往这块避乱之地。

宋末，江南遭到一次大规模的洗劫，园林被毁，水道封闭。元末明初的破坏使长期以来江南地区的那种自由审美的精神遭到镇压，至于明末，农业系统遭到自然灾害的打击，园林遭到了战争破坏。陈寅恪在《柳如是别传》里用很长的篇幅详述嘉定园林的破坏惨状。② 但江南的生态与人文仍旧恢复。动乱后西湖依然美丽，烟雨楼再废再建。清代末期，贫穷已使生态系统的破坏达到了传统时代的底限，这一区域却仍是中国最不贫穷的地方。20 世纪初，美国的土壤学家富兰克林·H·金对江南农村场景进行了一次全面的科学描述。③ 书中的细节与清人的描述一致，可以推知，唐宋古人对江南的描述也是真实可信的。

从唐宋到明清，生态与景观衰退基本上清楚地表达在传统文人的诗词与歌赋中。明清时期，江南仍然是生活与艺术审美最为发达的地方。"姑苏人聪慧好古，亦善仿古法，为之书画之临摹、鼎彝之冶淬，能令真赝不辨。又善操海内上下进退之权，苏人以为雅者，则四方随而雅之；俗者，则随而俗之。其赏识品第本精，故物莫能违。"④ 到 20 和 21 世纪，江南面临着的前所未有的生态挑战。除了上海大规模扩展外，苏杭等优雅充满小生境园林的传统城市在失去传统，高楼林立不断改变着传统的水乡。江南水网和充满别墅园林的江南小镇，被各种企业占据了空间。河道污染，水稻土污染，河网之水不再活水周流，沉水植物因为没有清透的水质而不再生长。明清时期，政治高压和世俗化等多种力量的影响增大，江南文人的内在审美情趣出现大幅度的下降。生态环境的变化也使唐宋时期的田野生境受到破坏，尽管乡村和城市有较多园林发展，环境景观的丰富度大大减少，可供审美进一步发展的生境空间越来越少。正是人的内在与生态环境的外在变化，使宋元江南的创作高度难以逾越，后人渐行渐远。古人在野外生境减少后，退守在小生境的庭院下对清风明月仍然保持着艺术审美，随着空气污染，清风明月也在消失。

传统的江南不单生息了最为密集的人口，也培育了最为优美的文化。天人合一，人们在自然的审美中赞美造物的安排，在对一草一木的审美中追求心灵净化。自然美破坏，往往与文化衰退与心灵败坏相伴生。历史与自然的对立，伴随着一个文明的衰退。⑤ 生态系统丰度下降，景观破碎，各种污染的产生，往往也伴随着人与人之间的仇恨与压迫，人心里面的美好也遭到了大规模的破坏。欲望过度，人性扭曲，兽性泛滥，伴随着美好家园的消失。人心与环境的衰退能否止住，正在乎新时代家国天下情的深入人心。

① 陈寅恪："韦庄秦妇吟校笺"于《寒柳堂集》三联书店，2011 年：第 122 – 160 页
② 陈寅恪：《柳如是别传》三联书店，2009 年：第 160 – 188 页
③ （美）富兰克林·H·金：《四千年的农夫——中国、朝鲜和日本的永续农业》，程存旺，石嫣译，东方出版社，2011 年
④ ［明］王士性撰，朱汝略点校：《王士性集》广志绎，卷之二，浙江古籍出版社，2013 年：第 254 页
⑤ （德）奥斯瓦尔德·斯宾枝格勒：《西方的没落》，上海三联书店，2006 年：第 46 – 47 页

从历史学的视角看贵州山地高效农业发展的未来[*]

杨　成[**]

（南京大学历史系，江苏　南京　210093；贵州省农业科学院
现代农业发展研究所，贵州　贵阳　550006）

摘　要：贵州山地高效农业的发展有许多经验和成功案例值得借鉴和参考，其中，从近代贵州农业发展的历史过程中吸取经验是比较现实的方法之一。通过对近代贵州农业历史的系统梳理以及对当前贵州山地高效农业现状的分析，近代贵州的农业发展历程及效果刚好符合当前我国提出"优质、高产、高效、生态、安全"的农业发展目标，可成为目前贵州发展山地高效农业的最佳参照模式。要使贵州农业达到生态效益、经济效益和社会效益之综合目的，就必须吸取和借鉴近代贵州农业发展的成功经验，并结合贵州特殊的山地特点，遵循生态、经济和农业发展规律，贵州的山地高效农业才能方向正确、稳步快速发展。

关键词：山地农业；高效农业；历史经验；发展趋势

一个地区的发展，可以从其过去的历史进程来观察和探索该地区未来的发展趋势。同样，一个行业的未来发展也可从其过往历程窥探其走向。许多人"以为研究过去对现实没有意义，是不对的。科学地认识昨天或前天，就能对正在运动着的今天的现实有更深的了解，并能对未来做出科学的预测。"[①] 因此，对贵州农业历史进行实事求是的回顾和分析，就能正确地认识今天贵州山地高效农业的发展规律，科学地预测其未来发展之可能。

一、历史上贵州的生态、农业和商业

贵州位于中国西南部，云贵高原东南部。1413 年（明永乐十一年），贵州建省，当时的贵州仅领一宣慰司、八府、三州。[②] 后经清康、雍两朝的调整，今贵州省全境地基本确定，其总面积达 17.6 万平方千米。贵州山地面积占全省总面积的 75.1%，丘陵占 23.6%，平地仅占 1.3%。全境岩溶（喀斯特）地形地貌占全省总面积 73% 以上。[③] 植被以喀斯特山地林灌草混合植被为主。1949 年以前，贵州山区以"刀耕火种"和旱地作物耕种为主，平坝地区以水稻种植为主。贵州的商业始于明代，成形于清。清后期，贵州资本主义经济开始萌芽，商品性农业逐渐兴盛。

（一）生态环境变迁

近代以前，贵州到处绿水青山，森林密布。道光《贵阳府志》载："翠屏山林木葱倩，百鸟啾唧。"[④]

---

* 【基金项目】国家自科基金"西南喀斯特石漠化成因的文化驱动机制研究——苗族文化生态共同体的解体与重构"，项目编号 71263012

** 【作者简介】杨成（1976—　），男，南京大学历史系博士生，贵州省农业科学院现代农业发展研究所农业政策研究室副研究员，主要研究方向为农业史、生态史

① 《胡绳全书》第 3 卷下。人民出版社，1998 年：第 473 页
② 贵州通史编委会编：《贵州通史》第二卷《明代的贵州》，当代中国出版社，2002 年：第 146 页
③ 贵州省地方志编纂委员会编：《贵州省志·农业志》，贵州人民出版社，2001 年：第 1 页
④ 周作辑主编：《贵阳府志》，卷三十三《山水副记》。道光三十年（1850 年）刻本

乾隆《镇远府志》记有"天柱，山川树木翁郁，云锁其巅"。[①] 清代道光年间贵州布政使罗绕典对都匀府的描述为"其峭壁悬岩，高出云表，深林密箐，雾雨不开。"[②]（道光）《遵义府志》把遵义县湘山描述为世外桃园般美丽："古木千章，清阴夹径，幽风徐引，绿尘细霏，炎天坐卧其间，日影碎金，时闻鸟语，人境双寂，恍然世外也。"[③]

然而，进入近代，贵州这种仙境般的生态环境逐渐消失。据清《大定县志》记载，大方地处西南巨箐，"迨后居民渐多，斩伐日甚，山林树木所存几稀。"[④] 在都江（今贵州省三都水族自治县的北部）、兴义、纳雍、普定、织金、息烽等县以及盘江许多可供耕作的河谷地区，清水江上游重安江一带，贵阳经大方、黔西至威宁一线，由于砍伐过甚，几无森林可言。[⑤] 因此，近代贵州的森林植被覆盖率从清中期的近70%[⑥]迅速下降到20世纪50年代的40%左右，至20世纪80年代初仅剩12.6%了。[⑦]

喀斯特森林生态系统是经过千百万年进化而形成的一种非常脆弱的生态系统。一旦植被消失，附在岩石表层上的浅薄土壤就会因大雨的冲刷而流失，大面积的岩石就会裸露出来，最终形成石漠化。接下来，一连串的生态灾难就会接踵而来。检阅《贵州历代自然灾害年表》，近代贵州几乎所有县市均有发生自然灾害的记载，且呈逐年增加的趋势。自1840年到1949年的110年中，水、旱、雹、虫、疫等5种主要的灾害发生总的次数达1 367次，平均每年达12.43次。[⑧] 民国年间，贵州许多地方变为"山光人穷，穷山恶水"的一幅凄惨景象。

近代贵州生态环境的恶化，在学术界基本上形成了一种共识：即石漠化是人们对喀斯特生态系统不合理或过度利用甚至滥用所引起。那么，在当下贵州倡导发展山地高效农业之时，我们要如何正确认识喀斯特生态系统，才能做到合理利用而不至于过度或滥用呢？

（二）农业发展进程

综观贵州六百年的历史，对农业影响至深至远的，无外乎3件事情：一是土归流，二是外来农作物的传入，三为汉民族农耕思想的传播。战争对农业有影响，但战争结束以后，统治者一般会采取休养生息，恢复农业的政策措施，因此，战争对农业的影响力，远没有上述三件事的影响深远。

一是"改土归流"对生态和农业的影响。中国西南是少数民族的聚集地。由于贵州地理位置处于西南中部，各民族在长期的流动和迁徙、融合与演变的过程中，贵州逐渐成为"古代民族交汇的大走廊和集结地"，[⑨]"氐羌（彝族、白族、羌族等）东进，苗瑶（苗族、瑶族、畲族等）西移，百越（侗族、水族、壮族等）由南向北推进，而华夏汉民则由北向南进入贵州以及蒙古、回、满等民族于不同时期、不同方向涌向地广人稀的贵州高原"[⑩]，最后形成如今的三大族系分别占据贵州东、南、西部的格局。如图1所示，氐羌族系基本固定在贵州的西北部活动，苗瑶族系主要生活于中南部，百越族系主要集中于东南部，而汉族则分布于北部和东北部。

一个民族能够在一片土地上长期稳定生存下来，是该民族与其所处生态环境长期相互适应、相互协调达成的一种动态平衡。如图2所示，根据贵州生态系统的地理分布，大致可划分为3种生态类型，其对应的位置刚好与贵州三大族系所聚居的位置相重叠。氐羌族系对应的是高山草地生态系统，因此，氐羌

① ［清］蔡宗建主修，龚传绅等纂辑：（乾隆）《镇远府志》卷五《山川》。1965年贵州省图书馆据清乾隆五十七年（1792年）刊本复印成8册

② ［清］罗绕典辑：《黔南职方纪略》卷五《都匀府》，中华民国六十三年（1974年）据清道光二十七年（1847年）刊本影印本

③ ［清］平翰修，郑珍纂：（道光）《遵义府志》卷四《山川》，据道光二十一年（1841年）刊本

④ 转引自樊宝敏，李智勇：《中国森林生态史引论》，科学出版社2008年：第24页

⑤ ［民国］张肖梅：《贵州经济》，中国国民经济研究所1939年：第H1－H10

⑥ 蓝勇认为：唐宋时期，由于贵州岩溶面积占73%，这在一定程度上限制了森林覆盖率，因此，他推算贵州当时的森林覆盖率为50%（蓝勇：《历史时期西南经济开发与生态变迁》，云南教育出版社，1992年：第44页）。笔者认为这一数据值得商榷。经过上百万年的地质演化，岩溶地区是完全可以长出森林来的。又因，唐宋至明清中期，贵州的开发仅在驿道两边进行，广大山区仍然保留着大片原始森林存在。因此直至清中期，贵州的森林覆盖率应该在70%左右

⑦ 李瑞玲等：《贵州喀斯特地区生态环境恶化的人为因素分析》，《矿物岩石地球化学通报》，2002年1月；苏维词，周济祚：《贵州喀斯特山地的"石漠化"及防治对策》，《长江流域资源与环境》，第4卷第2期，1995年5月

⑧ 贺永田：《近代贵州灾害论述》，《长江论坛》2011第6期总第111期，第64页

⑨ 贵州省地方志编纂委员会：《贵州省志·民族志》，贵州民族出版社，2002年：第1页

⑩ 田永国，罗中枢，赵斌：《贵州近代民族文化思想研究》，浙江大学出版社，2012年：第9页

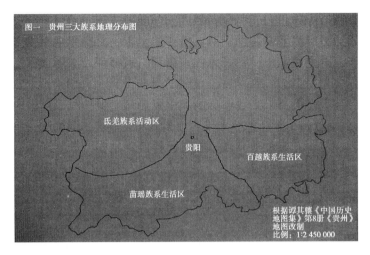

图1　贵州三大族系地理分布

族系发展出以畜牧业为主的生计方式。苗瑶族系对应的是喀斯特森林草灌生态系统，由此，他们形成了以游耕和采集狩猎为业的混合生计方式。而百越族系对应的是森林生态系统，他们利用森林生态系统水源充足的特点，发展成以糯稻种植为主的"稻鱼鸭共生"的生计方式。

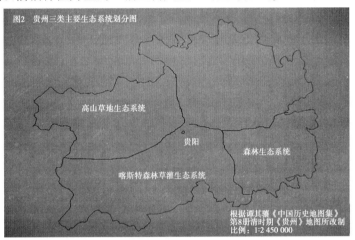

图2　贵州三类主要生态系统划分图

　　然而，这种少数民族与生态环境极为相适应的平衡，因为一种叫做"改土归流"的政治运动而渐行渐远。土司制度，肇始于唐宋时期的"羁縻"政策，于元朝正式建立"以土官治土民"的土司制度。"改土归流"就是把土官改为流官。明朝对一些少数民族土官统治的地区进行过改土归流，但有明一代，改土归流仅是局部的、少量的，真正大规模地进行改土归流的是清雍正时期。雍正初年，清廷打着"为剪除夷官，清查田土，以增租赋，以靖地方"[①]的口号，以武力为后盾首先对贵州中南部进行了"改土归流"。

　　雍正四年（1726年），以云贵总督鄂尔泰为首的主剿派开始对都匀以西，贵阳、安顺以南的长顺、广顺、镇宁、关岭、惠水、贞丰、紫云、望谟、罗甸等"生苗"[②]区进行"苗疆开辟"。此地局势逐渐稳定后，鄂尔泰又挥军东进，对黎平以西，都匀以东，镇远以南的清水江和雷公山一带贵州最大"生苗"区进行武力征讨。而生存于黔西北的氐羌族系，早在清康熙年间因"安坤事件"而被彻底"改土归流"。

　　"改土归流"后，三大族系的生计方式发生了根本性的变化。氐羌族系从畜牧转变成农耕，使得黔西北高山草地面积不断萎缩，牲畜日渐减少，曾经的"马牛被山谷"[③]的景象一去不复返。苗瑶族系从游耕和采集狩猎为业的混合生计方式转变为固定农耕，苗瑶族系的"刀耕火种"和"赶山吃饭"变成了固定

---

① 《皇朝经世文编》卷八十六《蛮防》上，鄂尔泰：《改土归流疏》
② 根据历史文献和一些作者的研究，所谓"生苗"指的应是尚未纳入国家管理和版图的疆域
③ 《支嘎阿鲁王俄索折怒王》，贵州民族出版社，1994年：第208页

的一个个峰丛洼地的村寨。百越族系则从糯稻种植为主变为种植籼稻为主，他们不得不改变田埂的高度，不得不砍掉水田周围的大片森林，不得不改变他们的生产生活及习俗去适应这种所谓的"高产水稻"的生长环境。这一系列改变对贵州农业结构、民族生计方式、作物种类、生活方式及三大族系所处生态环境产生重大变迁，它打乱了贵州三大族系原有生计与生态环境的那种相互适应的动态平衡。

对贵州农业产生巨大影响的第二件事是外来农作物的引入。外来作物传入贵州前，氐羌族系以畜牧为生，牧养的是牛马猪，兼种一些高寒山区生长的荞麦（荞子和燕麦），以达到食物结构的平衡。苗瑶族系以"刀耕火种"的游耕方式种植黍、稷、粟，辅之以牧养猪牛马，他们随着季节的改变不断变换畜牧和种植地点，过着一种牲畜随草而动，人随牲畜而迁的"游耕"生活。而百越民族则在森林生态系统中种植糯稻，放养鱼鸭。这一切都是自然选择和人工选择相互磨合、相互适应的最佳结果。

一般认为，外来作物是明末清初传入我国。而传入贵州则迟至18世纪中到19世纪初，也就是乾隆中期到嘉庆、道光时期。[①] 传入贵州主要有玉米、马铃薯、甘薯等3种。这些外来农作物传入贵州后，对贵州社会经济的促进作用是无可置疑的，[②] 但其负面影响也是显而易见的。[③] "山民伐林开荒……土既挖松，山又陡峻，夏秋骤雨冲洗，水痕条条，只存石骨，又须寻地垦种"。[④] 大量、长期种植玉米后，各种想象不到的生态灾难渐渐开始显现。"种包谷三年，则石骨尽露山头，无复有土矣，山地无土，则水不能蓄水，泥随而下，沟渠皆满，水去泥留，港底填高，五月间梅雨大至，山头则一波靡遗，卑下之乡，汛滥成灾，为患殊不细"。[⑤]

随着外来农作物种植面积的不断扩大，贵州东南部即百越族系所生活的森林生态系统遭到史无前例地破坏，森林生态系统的结构迅速改变，其功能大量减弱，造成蓝勇先生所说的"结构性贫困"。[⑥] 在苗瑶族系生活的喀斯特森林生态系统中，喀斯特森林是依靠其表层少量的土壤或靠植物的根扎入到岩缝深处吸取养料和水分而生存。这样的森林消失后，石漠化就会不断扩大，即使是放弃耕种，其生态系统也只能演化为灌草生态系统，很难恢复到原来的森林生态系统。而氐羌族系活动的高山草地生态系统，外来农作物大量垦种后，牧场面积剧减，水土流失加大，风沙含量明显增多。

人为改变生态系统的结构和功能，或者说违背生态系统运行的规律，在达到一种目的之后，另一灾难却会悄悄地来临。正如恩格斯曾以古代波斯等为例，论述农业过度开发对生态破坏的后果，他说："美索不达米亚、希腊、小亚细亚以及其他各地的居民，为了想得到耕地，把森林都砍完了，但是他们梦想不到，这些地方竟然因此成为荒芜不毛之地，因为他们使这些地方失去了森林，也失去了积聚和贮存中心。"[⑦]

影响贵州农业的第三件事是汉民族农耕文化对少数民族生计方式的改变。

1949年以前，大量汉族移民运动，在贵州历史上有两次。一次是明洪武年间，在贵州建立二十四卫及二直隶千户所，实行屯田制。如果以一个卫5 600人计，即有十余万驻军进入贵州。明代还规定屯军需带妻室前往屯地，即世为军户，若以此计，则移入贵州的人口应在二三十万。[⑧] 第二次是清朝"改土归流"后，在各苗疆新设的军屯、民屯和商屯。在两次移民大潮中，这些军户、民户和商户大都来自当时的都城南京或中原等地的汉族，他们及他们的家属带来了汉民族所谓的"先进"农耕生产技术。这些新的生产技术和农耕文化的传入和推广，改变了以游耕、畜牧和种植糯稻为生的贵州少数民族的生产生活

① 柯炳棣：《美洲农作物的引进、传播及其对中国粮食生产的影响》，《历史论丛》第五辑，齐鲁书社，1985年。柯炳棣：《中国人口研究1368—1953》，葛剑雄译，上海古籍出版社，1990年。陈树平：《玉米和番薯在中国传播情况研究》，《中国社会科学》1983年第3期。郭松义：《玉米、番薯在中国传播中的一些问题》《清史论丛》第七辑。曹树基：《清代玉米、番薯分布的地理特征》，《历史地理研究》第二辑，复旦大学出版社，1990年

② 潘先林：《高产农作物传入对滇、川、黔交界地区彝族社会的影响》，《思想战线》1997年第5期。曹玲：《美洲粮食作物的传入对我国农业生产和社会经济的影响》，《古今农业》2005年第3期

③ 蓝勇：《明清美洲农作物引进对亚热带山地结构性贫困形成的影响》，《中国农史》2001年：第20卷第4期。佟屏亚：《玉米传入对中国近代农业生产的影响》，《古今农业》2001年第2期

④ （嘉庆）《汉中府志》（二十一卷），转引自赵冈：《中国历史上生态环境之变迁》，中国环境科学出版社，1996年：第64页

⑤ （光绪）《乌程县志》（三十五卷）转引自赵冈：《中国历史上生态环境之变迁》，第65页

⑥ 蓝勇认为：一个资源丰富的地区，由于资源得不到合理地、充分地利用，就会导致"结构性贫困"。蓝勇：《明清美洲农作物引进对亚热带山地结构性贫困形成的影响》，《中国农史》2001年：第20卷第4期

⑦ 恩格斯：《自然辩证法》，人民出版社，1971年：第158-160页

⑧ 张祥光：《明清贵州人口的发展对社会经济的影响》，《贵州师范大学学报（社会科学版）》，1998年第3期：第21页

方式，许多少数民族地区开始出现"精耕细作"的固定农业。

（三）商业的兴衰

明以前贵州城市极少。唐宋时的羁縻州县并无固定治所，大都"寄治山谷之间"，无非是一些较大的村落。[①] 明清时在贵州遍设府州县以及军事卫所逐渐演变成城镇后，贵州商业才开始发生质的变化，尤其是近代商品性农业的发展把贵州拉入到世界经济体系之中。

一般认为，进入近代以后，随着资本主义帝国的入侵，中国成为外国资本家商品的倾销地和原材料的掠夺场所。中国的大多数耕地都用来生产经济作物而非粮食，导致中国粮食价格比黄金还贵，近代中国的农业走向"畸形"。

从政治的角度来说，贵州与中国其他地区一样，同样受到帝国主义的压迫与剥削。但如果从经济和生态的角度来说，贵州未必是这样。

首先，从经济的角度来分析近代贵州的经济发展情况。贵州复杂的地形地貌和多样性的气候，使得贵州生物资源非常丰富，土特产多种多样。国外资本家自然不会放过这一财富的宝地。因此，贵州的茶叶、桐油、生漆、木材、丝织品、药材、兽皮、朱砂、矿产等特产便源源不断地流向国际市场。从此，贵州的经济第一次与国际市场息息相关，国际市场的变化贵州随时都可以感受到。这是商品经济发展的客观规律：一个地区或一种产业的发展，必须与国际市场融为一体。因此，从经济的角度来说，贵州的农业不但没有发生"畸形"，反而是步入经济发展的正途！

其次，从生态的角度来看，贵州山地和丘陵面积占全省国土面积98.7%以上，耕地面积有限，无法大面积种植主要粮食作物。玉米传入已经使得的贵州大片森林消失，耕地从平地延伸到了山顶。即使这样也无法满足贵州日益增加的人口数量，而生态环境却日趋恶化。国外资本主义的经济需求，迫使贵州放弃主粮的生产，转而生产国际市场上需要的土特产，而这些土特产大多数是不用清除森林，也不用翻耕土地的多年生特有植物产品。这恰好适合贵州山区土少石多，立体气候明显，地域特点显著的生态系统。这样的特色农业既适应生态环境运行的规律，又能使贵州经济大发展，怎么能说是"畸形"呢？

二、山地高效农业提出的背景、内涵及影响因素

（一）"山地高效农业"提出的背景

世界农业发展大体可分为原始农业、古代农业（也称传统农业）、近代农业和现代农业四个时期。在人类社会的历史长河中，原始农业发展缓慢，大约经历了六七千年的时间。约4 000年前，人类社会由原始农业逐渐转变为古代农业。工业革命后，西方发达国家由古代农业进入到近代农业，20世纪50年代，随着科学技术的进一步发展，西方国家又从近代农业发展到现代农业阶段。目前世界上并存着古代农业、近代农业和现代农业3种农业生产方式。

当前，不管是古代农业、近代农业还是现代农业，都面临着以下8个主要问题：①资源短缺（水、耕地）；②生态退化；③环境污染；④气候变暖；⑤农业灾害频繁；⑥贫富差距拉大；⑦粮食安全受到威胁；⑧疾病和健康问题。[②] 世界各国政府和农业部门都在为解决上述问题提出了各种方案和措施。从改造传统农业到循环农业，从生态农业到有机农业，再从精确农业到可持续农业。对各种农业生产模式的尝试，为世界农业向高产、优质、高效的目标迈进提供了可能。

我国于20世纪50~60年代提出"以粮为纲"的农业发展方针，到20世纪80年代又提出了在保障粮食安全的前提下农业生产实行多样化和"多种经营"的战略决策。1992年国务院发布了《关于发展高产优质高效农业的决定》的"高产、优质、高效"的三高农业。2008年10月，党的十七届三中全会又一次

---

① 贵州通史编委会编：《贵州通史》第二卷《明代的贵州》，第2846页
② 黄国勤：《世界农业发展研究Ⅱ. 世界农业发展面临的资源、生态与环境问题》，《江西农业大学学报（社会科学版）》2006年，3月第5卷第1期，第49页

重申"必须按照高产、优质、高效、生态、安全的要求，发展现代农业"。

贵州是唯一没有平原支撑的省份，其农业是典型的古代农业、近代农业和现代农业并存的地区之一。发展"高产、优质、高效"农业必须结合贵州的地形地貌和农业生态环境等实际情况提出发展策略。近年，省委省政府根据本省实情，提出了生态立省、发展草地生态畜牧业等战略目标。

2014 年 5 月 20 日，贵州省委书记赵克志在安顺调研时提出"遵循山地经济规律、发展现代山地高效农业"。赵克志认为：贵州农业已经到了转型发展的新阶段，要坚持从自然条件的实际出发，以改革开放为抓手，用开放的视野、市场的眼光、科技的手段来看待和发展山地现代高效农业，加快贵州省农村脱贫致富和全面小康建设步伐。这为贵州省的山地高效农业提出了明确的发展方向。

（二）山地高效农业的内涵

我国学者早在 20 世纪 80 年代初就提出了"高效农业"的概念，不过当时高效农业的内涵比较单一，没有今天这么丰富。近 30 多年来，高效农业的涵义与生态农业、循环农业、有机农业和可持续农业等概念不断整合、演化，到目前为止，基本形成了学术界和社会各阶层共同认可的概念。即高效农业是指以市场为导向，运用现代科学技术，充分合理利用资源环境，实现各种生产要素的最优组合，最终实现生态、社会、经济综合效益最佳的农业生产经营模式。

山地高效农业，就是以贵州山区为农业生态背景，而不是在土壤肥沃，水源充足的长江中下游平原。具体说就是要在贵州大山丛中，了解国际国内市场的需求，把最新的科技用于山地农业生产。当然是在遵循农业生产规律，生态运行规律和经济发展规律的前提下，结合贵州复杂的地形地貌和多样性的气候条件，充分利用贵州丰富的生物资源，发展贵州特有的优质农产品，并最终实现生态、社会、经济综合效益最佳的农业生产之目的。

在山地面积占全省总面积的 75.1%，丘陵占 23.6%，平地仅占 1.3%，全境岩溶（喀斯特）地形地貌点全省总面积 73% 以上的地区进行高效农业，世界上没有任何一个国家和地区可以给我们借鉴和模仿的例子。而且世界上发达国家所谓的"现代农业"，是以"石油"为支撑的高能源农业，20 世纪 70 年代爆发的能源危机，给这种高能源农业敲响了警钟。

实事一再证明，高能源农业是一种不可持续的农业发展模式。中国不能模仿，贵州更不能照搬这样的发展模式。但前面没有参考的模板，国外也没有复制的文本，贵州的山地高效农业应该怎么发展？

接下来就是我要强调的：贵州的农业发展不能向前看，也不能向国外看，它只能朝后看。我们只要往回看看近代贵州的历史，只要我们回头重新研究近代贵州农业发展的道路，就一定会清楚贵州山地高效农业应该怎么走。这也就是我为什么要在本文前面部分对近代贵州历史着墨较多的原因了。

（三）影响因素

发展山地高效农业是贵州应该走，也是必须得走的道路。那么，有哪些因素会影响或者说是限制我们发展山地高效农业前进的路呢？

第一是农业经营人才奇缺。目前在我国从事农业生产人员的文化水平无法担负起发展高效农业的任务。据第二次全国农业普查数据显示：2006 年年末，在农村劳动力资源中，文盲占 6.8%；小学文化程度占 32.7%；初中文化程度占 49.5%；高中文化程度占 9.8%；大专及以上文化程度占 1.2%。[①] 而从事农产品加工企业或农业经营企业则多数是小型乡镇企业、集体企业或私营企业，有的甚至是一些手工作坊。[②] 这样的农业生产队伍和经营企业，怎么能扛得起高效农业的大旗？怎么能进入到国际市场上去游戈？

中国的人才都去哪了？据中国与全球化研究中心主任王辉耀研究结果显示：在美国硅谷，软件公司的技术主管和实验室主任中有 35% 是华人，而仅在美国太空、军事等敏感部门工作的华人专家就有 2 万多人。另据中央人才协调小组办公室的统计：目前我国流失的顶尖人才数量居世界首位，其中科学和工程领域滞留率平均达 87%。

---

① 国务院第二次全国农业普查领导小组办公室，中华人民共和国国家统计局。第二次全国农业普查主要数据公报（第五号）

② 陈玉光：《荷、日、以发展高效农业的主要经验及对我国的启示》，《中共济南市委党校学报》2010 年第 1 期，第 55 页

在国内，人才的行业和地区分布更是"畸形"。在国外有一种说法："一流人才办企业，二流人才做学问，三流人才当公务员"。在中国则刚好反过来："一流人才当公务员，二流人才做学问，三流人才办企业"。而流到农业领域的人才就不知是几等了？据某省企调队调查结果显示：全省非公有制领域从业人员受教育程度普遍较低。被调查的 846 户企业，年末从业人员共 56 083 人。其中：研究生 116 人，大学本科 2 407 人，大学专科 5 047 人，中专 4 650 人，其所占比例分别为 0.21%、4.29%、9%、8.29%。地区人才分布状况是：中国东南部人才多，中部较少，西部最少；省会城市多，地级市或地区少，县乡最少。在人才储备方面，贵州显然一时无法满足山地高效农业的人才需求。要想大力发展贵州山地高效农业，人才的影响因素可能是第一大问题。

第二是树立农产品品牌需要时间。大田作物不是贵州的优势，我们只有发展特优农产品。而特优农产品要达到经济效益、生态效益和社会效益综合之目的，就必须树立品牌。任何一个世界著名企业的品牌都不是一两年就创造出来的。2014 年，全球十大品牌大都成立于 20 世纪 50~60 年代，其中一家企业成立于 1878 年。贵州名牌产品茅台酒、都匀毛尖、湄潭绿茶、遵义红茶、老干妈辣椒等品牌，除了老干妈只有二十几年的经营时间外，其他几个品牌都是 20 世纪 20~30 年代就开始树立品牌。特别是都匀毛尖、湄潭绿茶和红茶在明清之季还是贡品。因此，一个真正的品牌是要经历时间的沉淀和岁月的筛选。贵州发展山地高效农业，要想创造出更多的品牌，也必定要经过时间的沉淀和筛选。

我们只有认识到以上两个影响因素，在制定和规划贵州山地高效农业政策及措施时，才不会犯"大跃进"的毛病。植物有植物的生长规律，动物有动物的生存法则，生态系统有生态系统的运行秩序，经济有经济的发展步骤，我们只有遵循这一系列的"规章制度"才能充分地利用和开发本地资源，实现贵州山地高效农业的稳步发展。

三、贵州山地高效农业发展趋势

第一，贵州应该有所为有所不为。也就是说要做贵州应该做的，放弃贵州不适宜或不善长的。我们只有结合贵州的自然生态环境，丰富的生物资源，大力发展特优农产品，树立自己的品牌，这是贵州应该做的。贵州的平地只占全省国土面积的 1.3%，这其中还包括城镇建设占去的用地，真正用于大田作物的耕地十分有限，因此，贵州不应该在大田作物上花费更多的精力，而把这些贵州不善长的，做不了的事情让其他粮食大省去做。如果说在近代贵州只发展土特产，放弃粮食生产可能会导致粮食价格升高的话，那么，在交通如此便利，物流如此畅通的当代，从全国乃至世界各地把粮食及时地调剂到贵州的任何一个地方已经成为可能。因此，贵州应该专注于土特产的发掘，努力打造世界品牌。

第二，大规模化并不适合贵州。贵州的自然生态环境决定了贵州的农业只能以特优产业为主，对于这一点，大家基本上形成了共识。但特优产业要做成精品，而不能像生产普通大米一样，这一点大家却未必都同意。为什么这么说呢？这是因为既然是特优产业，说明我们的农产品不是主粮产品，也就是说，特优产品并不是每个人每天都必须得消费的产品，而是可吃可不吃的东西。如果我们大量生产出来，而市场容量又只有那么大，这就有可能会导致产品积压，产品积压就可能会降价销售，降价后品牌形象就会下降，经济效益也得不到保障。我们可以用火龙果来做一个比喻：某一市场火龙果的最大饱和量是 100吨，如果我们投放 120 吨或 200 吨进入这一市场，那么市场上可能会剩余 20 或 100 吨火龙果，火龙果又是季节性水果，存放久了就会腐烂，因此，生产者可能不得不降价出售，这样你生产的越多，亏的也就越多。可是，如果市场的最大饱和量是 100 吨，我们只投放 20 或者 30 吨火龙果，造成市场缺口 80 或 70吨，就会有许多人吃不到火龙果。因而可能会导致火龙果在市场上"稀缺化"。人们就会产生极其想要得到的欲望，就会到处寻找甚至高价购买。其实这就是西方经济学的"效用理论"。这一理论认为：效用是消费者的满足感，是一个心理概念，具有主观性，它与物品的实际使用价值是不相等的。[①] 利用"效用理念"发展贵州山地高效农业，树立贵州品牌，这一点应该引起我们高度重视。

第三，遵循事物发展规律。发展贵州山地高效农业必须遵循生态系统运行规律，经济发展规律和生

---

① 余斌：《论西方经济学效用理论的基本问题》，《中国流通经济》2008 年第 8 期

物生长规律。政府不能为了政绩而运用行政手段去推行山地高效农业。贵州现代农业的发展并不是建几个现代农业示范园就成功了！草地生态畜牧业也不是把牛羊送给农民，把羊圈建好，把草场建好，草地生态畜牧业就发展起来了！同样，建设山地高效农业也不是喊喊口号，开几场轰轰烈烈的会议就见效的。我们只有把贵州生态运行规律，市场经济规律和生物生长规律弄清楚了，贵州山地高效农业才可能真正实现。这是我们应该注意的第三点。

通过对近代贵州历史和农业发展历程的梳理以及对贵州当前山地高效农业现状的分析，我们认为，未来贵州山地高效农业可能会出现以下变化。

1. 除占贵州面积 1.3% 的平地用于生产大田作物外，其他山地和丘陵可耕地可能基本上都用于种植既有利于生态环境又容易培育土特产的林牧业。

2. 由于山地高效生态农业是以林牧业为主，因此，贵州的森林覆盖率可能会增加到 60% ~ 70%。2012 年贵州官方公布的森林覆盖率是 41.7%，实事求是地说，贵州目前的森林覆盖率可能没有这么高。经过 10 ~ 50 年贵州的植被可能会有较大改变。

3. 贵州可能会涌现出更多中国甚至是世界农产品品牌。除了原有品牌继续扩大影响力外，贵州还会形成较多具有地理标志的著名品牌，目前贵州较有发展潜力的品牌有遵义红（茶），正安野木瓜生态饮料、黔五福，贵定云雾贡茶、从江香猪等品牌。

4. 贵州农产品跟国际市场联系日益密切。由于贵州山地高效农业生产的特优农产品生态、安全、健康和富有地域特色，因此在国际市场上会更加受到欢迎。比如，大家目前装饰用的油漆都是化学涂料，既不环保，也危及人的健康。而大方的生漆和镇宁的六马桐油是纯天然的上佳涂料，因其安全、生态、环保、耐用、美观等特点，将会大受国际市场青睐。诸如此类的特优产品，贵州农产品大量进入国际市场将会成为可能。

Agricultural Problem in Northern China during the Wartime Period by Research of the Documents Written in Japanese

Asahiko Shirakizawa

(Hokkaido University)

Preface

1. Significance to study about the agriculture in Northern China during the Wartime Period

Japanese History: The analysis of actual situation in the occupied area is still insufficient. After a study of Nakamura (中村, 1983), the study does not progress, while documents increase. The condition of the farm village remains unexplained among other things. Scholars think that it was caused by the rule of the point and the line. In fact, it was key point of the occupation policy to hold a farm village. (白木泽旭儿, 2014)

Chinese History: Recently, in the study of Chinese modern history and Chinese modern society, the analysis at the grassroots level is conducted in order to solve the problem of agriculture and rural society. (吴新叶, 2006; 謝庆奎、商红日, 2011; 董江爱, 2012; 邱梦华, 2014) The Chinese scholars date back to the Chinese Revolution period to discuss a historical premise. On the other hand, the Japanese scholars study the grassroots level society retroactively to the Japan-China War period for the Chinese Revolution period and the civil war period. (天儿慧, 1984; 田原史起, 1995; 浜口允子, 2013) Association of Chinese grassroots social history and its members publish the results of their research every year. (笹川裕史、奥村哲, 2007; 中国基层社会史研究会, 2009; 中国基层社会史研究会, 2010 年; 中国基层社会史研究会, 2012 年; 中国基层社会史研究会, 2013; 奥村哲, 2013) However, even in Japanese scholars, the study of grassroots level society about the occupied territory in Northern China is still imperfect. In a background, scholars recognize that Japan ruled only urban area.

Philology and Bibliography: A large number of agricultural investigations and farm village investigations about the occupied territory, were carried out under the Sino-Japanese War. It is still the stage of making a bibliography because there are too many research. (本庄比佐子、内山雅生、久保亨, 1990; 本庄比佐子, 2009) Probably, researchers will start analyzing about the contents as soon as possible.

2. Subject of this report

There are three purposes in this report. First, to consider agro-politics in Northern China during the Sino-Japanese war period. Second, to assess the level of the investigation that carried out by the occupation authorities. Third, to clarify the characteristic of Northern China farm village in this time.

I Significance of Agriculture in the Occupation Policy

1. Significance of agricultural products

The food crops were thought to be important in Northern China as an exploitation of resources. The occupation authorities believed that the crops of Northern China might be increased more than the standard level at that time. Koain（兴亚院）, in charge of occupation administration, devised plans of the irrigation, river improvement and reclamation.

The authorities made much of raw cotton and wheat in the farm productions particularly. Koain devised the three years plan for Northern China industry, and increase in production of raw cotton and wheat were very important point in the plan.

2. The policy of self-support under the Pacific War

It became impossible to trade with the foreign country under the Pacific War, so that self-sufficient economy had been necessary in Northern China. A large quantity of cereals were imported in Northern China before the Sino-Japanese war, but it came to have to provide for oneself with the food crops under the Pacific War. （章伯锋、庄建平, 1997；甲集团参谋本部, 1942）

3. Competition of raw cotton and cereals

Association of Northern China raw cotton improvement（华北棉产改进会）performed a farm village investigation in 1942. According to this investigation, in the village of Cotton Belt, there were 10% ~ 50% food shortage less than average year. In 1942, there were 30% ~ 80% food shortage. In the farm village, the production of sweet potato increased year by year. Raw cotton production and wheat production seasonally overlapped each other. The bean cake and the cottonseed, which had been used as manure, were converted to food for the peasants. （华北棉产改进会, 1943；白木泽旭儿, 2013）

4. Farm villages were grasped by the occupation authorities

Northern China synthesis investigation research institute（华北综合调查研究所）performed the urgent food measures investigation for 15 places of Northern China in 1943 spring. The investigated grounds were Kaifeng district, Yuncheng district, Jining district, Yidu district, Xinxiang district, Dexian district, Tianjin district, Shimen district, Jinan district, Qingdao district, Baoding district, Guide district and Beijing district.

In this report, the Jining（济宁）forces department wrote down the "political ability influence rate of the Japanese side" in each villages. 23 prefectures and 25 253 villages were included in the jurisdiction of the Jining forces department. The number of the "communication villages"（"连络村数"）was 19 936, the number of the "tax payment villages"（"纳税村数"）was 17 048, and the number of bao-jia villages（"保甲村数"）was 15 186. The "political ability influence rate" was written down with 68%, it was a ratio of the number of the tax payment villages to the number of all the villages. The Jining forces department pointed out that three power, the Chinese Communist Party, the Kuomintang and the Japanese military collected taxes in same district. （华北综合调查研究所紧急食粮对策调查委员会《紧急食粮对策调查报告书（济宁地区）》1943）

Murakami Masanori who was a soldier in charge of pacification activities wrote that there were three village mayors in one village. They shared it and attended a meeting of three powers. （村上政则, 1983）Koain wrote that it was difficult to distinguish the occupation district or the non-occupation district. （兴亚院, 1941）

5. Supplies outflow case among occupation districts of three powers

It was a common knowledge that supplies circulated among these occupation districts. In the Xinxiang（新乡）district investigation, the outflow of resources for the enemy area and the inflow of resources from the enemy area were written down in details. The military which had jurisdiction over Xinxiang expected the inflow of resources from the enemy's land. （华北综合调查研究所紧急食粮对策调查委员会《紧急食粮对策调查报告书（新乡地区）》1943）By a recent study, it was found that the Chinese Communist Party was going to do the trade of supply across a blockade line of the Japanese military. （魏宏运, 2006）

II Agriculture in the Investigation on Northern China：in the Case of Anqiu xian Zuoshan zhuang（安邱县岵山庄）

1. Characteristics of agricultural investigations in the occupied territory

The custom squad（惯行班）, which was established in Northern China economy investigation institute of South Manchurian railroad Co., Ltd（"南满洲"铁道株式会社北支经济调查所）, investigated a farm village custom in Northern China. After the war, this result was published as "Investigation into farm village custom in China"（《中国农村惯行调查》）by Iwanami Bookstore. However, a strong criticism was submitted by researchers in considering "Investigation into farm village custom in China" to be an academic study purely.（野间清, 1977）This investigation into custom was carried out by interview method and recorded what farm village inhabitants talked about in a sentence form.

On the other hand, the agricultural investigation that Northern China traffic Co., Ltd（华北交通株式会社）focus on among railroad protection villages（铁道爱护村）was carried out using questionnaires.

The Northern China traffic Co., Ltd appointed villages in the range of both sides 10km of the trackage in the railroad protection villages. Some railroad protection villages gathered and formed an alliance. The stationmaster of the Northern China traffic Co., Ltd. instructed the alliance. The villager was obliged to carry out the patrol of the railroad, free distribution of good seed was carried out for the villager as a reward. The number of the railroad protection villages reached 10 277, and their population reached 13 097 438 in 1942.（内田知行, 2010）

2. Summary of the investigation place

The main document which was used in this report is "Fact-finding report of the railroad protection village：Jiazhou Bay-Jinan line Zuo shan area（An qiu xian）Zuo shan zhuang"（"铁路爱护村实态调查报告书胶济线岵山爱护区（安邱县）岵山庄"）1940. The researchers of Northern China traffic Co., Ltd investigated it from September, 1939 to April, 1940. The researchers on this investigation were three Japanese people and two Chinese interpreters. The neighborhood station of the investigated place was Zuo-shan Station. The number of households was 476, the population of Zuo shan zhuang was 2 488 people. 200 households were chosen by the researchers among whole village so that the result of this investigation was not partial.

3. Hierarchy division of the farmer

In the investigated village, a rate of tenant land was remarkably low, and most of the farmers were landed farmers. Therefore, the hierarchy division by the quantity of the landholding became meaningless. Instead of it, hierarchy division was performed by the agriculture-dependent rate.

（A）full-time farmer… depend on self-farming for more than 50% of the total income

（B）farmer with another job… depend on self-farming for more than 20% and less than 50% of the total income

（C）agriculture outside… depend on self-farming for less than 20% of the total income

The investigator grasped the income of surveyed farmers. All the individual data of surveyed farmers were collected at the end of the report which was published. We can recount individual data for various methods by using this report. According to table 1, full-time farmers occupied most part of farmer in Zuo-shan zhuang. 186 farmers in 200 households, except some non-agricultural households, were all landed farmers.

According to table 2, the management scale is extremely small, 160 farmers cultivated less than 4 mu（亩）farmland. In addition, 1 mu in Zuo shan zhuang is 16. 8 ares.

Village mayor and the influential person explained that there was not the tenant land because cultivated area was very small.

Table 1　Hierarchy division by the agriculture dependence

（unit：the number of households，%）

ratio of the agriculture gross income for the total gross income	farmer hierarchy	the number of households	Total of the farmer hierarchy
100%	full-time farmer	31	146 (73.0%)
90%~100%		14	
80%~90%		23	
70%~80%		23	
60%~70%		28	
50%~60%		27	
40%~50%		9	
30%~40%	farmer with another job	12	28 (14.0%)
20%~30%		7	
less than 20%	agriculture outside	12	26 (13.0%)
non-farming		14	
total		200	200 (100.0%)

Source：《岞山庄》p. 45

Table 2　The number of housholds according to the management scale

（unit：the number of households）

	non-farming	less than 2 mu	less than 4 mu more than 2 mu	less than 6 mu more than 4 mu	more than 6 mu	total
（A）full-time farmer	—	41	79	22	4	146
（B）farmer with another job	—	24	4	—	—	28
（C）agriculture outside	14	12	—	—	—	26
total	14	77	83	22	4	200

Source：《岞山庄》p. 48

4. Another job

According to table 3, employed farmhand is the most popular as another job in the farmer. Next to this, cloth, agriculture labor, railroad labor, a migrant worker were chosen as farmer's another job. Among the agriculture outside, the beggar was the most, and employed farmhand was the next job. In this way, "the agriculture outside" means "it is not a farming family". Actually, they really engaged in agriculture as agriculture labor. Japanese preconception caused this mismatch between actual situation and recognition on the report.

Table 3　Work or vocation of the farmer with another job and the agriculture outside

（unit：the number of households）

work or vocation of the farmer with another job		work or vocation of the agriculture outside	
employed farmhand	12	employed farmhand	6
cloth	1	agriculture labor, business for rent	1
cloth, agriculture labor	1	agriculture labor, cloth, agriculture	1
cloth, member of railroad maintenance office, agriculture labor	1	agriculture labor, iron craftsman	1
member of railroad maintenance office	3	cloth	1

（continued table）

work or vocation of the farmer with another job		work or vocation of the agriculture outside	
member of railroad maintenance office, line man	1	steamed bun production and sale, agriculture labor	1
migrant worker	2	steamed bun production, migrant worker	1
migrant worker, agriculture labor	1	roast rice cake production and sale, agriculture labor, agriculture	1
steamed bun production	2	station odd jobber, agriculture labor	1
station odd jobber	1	migrant worker	1
station odd jobber, cloth	1	member of store, migrant worker	1
station odd jobber, employed by commercial affairs society	1	beggar, agriculture, agriculture labor	2
crops watchperson, plasterer	1	beggar, agriculture	3
		beggar, hired laborer except agriculture	1
		beggar, cloth	1
		beggar, agriculture labor	2
		beggar	2
total	28	total	27

Note: The total numerical value of the right column did not match, but did it as a source material.

Source：《岈山庄》p. 48

5. Farm products commodification and agricultural management

In the village, the thing with much planted area was wheat（55.0%）, a foxtail millet（35.2%）, a soybean（32.8%）, a sweet potato（17.0%）, a kaoliang（5.7%）, a peanut（5.6%）, Indian corn（2.5%）. In this village, as for the raw cotton, it was not under crop. According to table 4, the crops of highly commodification rate were a peanut, a leaf tobacco, a mung bean. A full-time farmer（less than 2mu）, a farmer with another job and agriculture outside concentrate on these salable farm product. The peanut was cultivated in the sandy area of a river bank which were considered to be the sterile ground. The leaf tobacco cultivation came from the next village that was encouraged by Britain and the United States cigarette Co. , Ltd. （《岈山庄》p. 88）

Table 4　Farm products commodification rate according to the hierarchy　（unit:%）

		wheat	foxtail millet	soybean	sweet potato	kaoliang	peanut	Indian corn	mung bean	leaf tobacco	total
（A）	6mu ~	21.9	—	39.7	—	—	72.0	—	—	—	23.7
	4 ~ 6mu	10.5	1.6	11.8	3.3	6.0	96.9	16.7	100.0	100.0	14.2
	2 ~ 4mu	6.4	2.9	8.9	1.4	0.5	90.8	—	—	—	9.3
	~ 2mu	2.1	1.6				91.7	—	81.7	—	4.4
	total	7.5	2.3	*1.1	1.5	4.5	90.9	0.9	66.7	100.0	10.4
（B）	2 ~ 4mu	—	—	—	—	—	—	—	—	100.0	10.0
	~ 2mu	—	—	—	—	—	84.5	—	—		4.4
	total	—	—	—	—	—	84.5	—	—	100.0	5.5
（C）	~ 2mu	—	—	—	—	—	88.1	—	—		13.8
total		6.9	2.2	10.3	1.4	4.3	90.1	0.8	66.7	100.0	10.2

Note：1. （A）, （B）, （C）in the left column show the hierarchy of table 2.

2. " * " is supposed to be a numerical error, but did it as a source material.

Source：《岈山庄》p. 106

According to table 5, a full-time farmer (more than 6mu) was overwhelming, the farmproducts sale income had a big difference by the management scale. According to table 6, the total income per one family are proved that there is the turn of full-time farmer, farmer with another job, and agriculture outside. However, the difference of the management scale had bigger influence for farmer's income rather than farmers had another job or not. The agriculture total income is prescribed to a management scale, but the other income has nothing to do with a management scale. The migrant worker remittance were unexpectedly few incomes.

Total cash income per one household is written down in table 5, total income (the cash + goods) per one household is written down in the total of table6. The hierarchy order of total income according to the article,

(A) full-time farmer > (B) farmer with another job > (C) agriculture outside But according to table 5, the hierarchy order of total cash income is follows,

(B) farmer with another job > (C) agriculture outside > (A) full-time farmer This shows that cash demand resisted the above more in a poor farmer.

Table 5 Farm products sale income according to the hierarchy (unit: Yuan,%)

		farm products sale income per one family (Yuan)	ratio for the gross income (%)	ratio for the cash income (%)	total cash income per one family (Yuan)
(A)	6mu ~	70. 25	17. 0	52. 7	133. 25
	4 ~ 6mu	27. 05	10. 6	50. 9	53. 21
	2 ~ 4mu	12. 10	6. 1	22. 2	54. 54
	~ 2mu	3. 13	2. 7	9. 4	33. 43
	average	13. 42	7. 1	26. 6	50. 57
(B)	2 ~ 4mu	7. 18	2. 3	4. 0	178. 43
	~ 2mu	1. 99	1. 2	2. 3	86. 38
	average	2. 73	1. 5	2. 8	99. 53
(C)	average	1. 62	1. 5	2. 3	68. 65
total		10. 40	5. 9	17. 4	59. 88

Source: 《岼山庄》 p. 116 – 117, p. 134

Table 6 Breakdown of gross earnings per one household (unit: Yuan)

		agricultural gross income	employed agricultural labor	other labor	migrant worker remittance	total
(A)	6mu ~	341. 12	32. 50	3. 75	20. 00	412. 37
	4 ~ 6mu	225. 31	22. 16	6. 56	0. 59	254. 62
	2 ~ 4mu	146. 75	29. 83	15. 60	2. 91	197. 24
	~ 2mu	81. 74	23. 32	8. 05	1. 95	116. 11
	average	145. 66	26. 92	11. 79	2. 76	189. 00
(B)	2 ~ 4mu	114. 50	62. 50	121. 75	9. 50	308. 25
	~ 2mu	59. 53	38. 53	49. 35	13. 33	162. 32
	average	67. 39	41. 95	59. 68	12. 78	183. 15
(C)	average	9. 13	44. 23	43. 82	5. 85	105. 03
total		116. 95	31. 28	22. 66	4. 56	177. 27

Source: 《岼山庄》 p. 132

6. Interest in agricultural methods

In this village, 44 kinds of agricultural machinery was used. As for the explorer, the agricultural machinery was suitable for farming. It seemed that the farmer used these agricultural machinery well. Most of the manure were animal feces, and the soybean cake which was used before war was not used at that time.

Conclusion

The following things became clear in this report. The Japanese occupation authorities recognized that the food increase in production contradicted the raw cotton increase in production mutually. The occupation authorities devised the plan of the provision according to the area, they forced that the farmer delivered farm products to side power of Japan. However, it was shown the supplies outflow among 3 districts each other, that is to say, the Chinese Communist Party district, the Kuomintang district and the Japanese military district.

A large number of agricultural investigations and farm village investigations about the occupied territory, were carried out under the Sino-Japanese War. These investigations have two characteristics. First, these investigations used questionnaires. Second, hearing from an aged person about a farming technique was carried out. It seemed that the investigation method advanced than investigation carried out in Japan at the same time. I think that it was the prehistory of a farm village investigation carried out flourishingly in postwar Japan.

As a result of agriculture survey on Zuo shan zhuang farm village, the following things became clear. The farmer in Zuo shan zhuang needed cash income to include another job income and purchased food for the money. That is why the most important task of agriculture was increasing of the production and to meet the cash demand of the farmer in Northern China.

参考文献

中村隆英.1983.戦時日本の華北経済支配［M］.山川出版社.

白木沢旭児.2014.戦時期華北における農業問題［J］.農業史研究,第48号.

吴新叶.2006.农村基层非政府公共组织研究［M］.北京大学出版社.

谢庆奎,商红日.2011.基层民主的社区治理［M］.北京大学出版社.

董江爱.2012.中国农村基层民主与治理研究［M］.中国社会科学出版社.

邱梦华.2014.农民合作与农村基层社会组织发展研究［M］.上海交通大学出版社.

天児慧.1984.中国革命と基層幹部 内戦期の政治動態［M］.研文出版.

田原史起.1995.中国土地改革工作隊の基礎的考察 –1950年期土地改革における農村基層工作の機能 –［J］.一橋研究,第20巻第1号.

浜口允子.2013.日中戦争期、華北政権下の統治動向と基層社会 –「中国農村慣行調査」再読 –［J］.中国研究月報,第67巻第6号.

笹川裕史,奥村哲.2007.銃後の中国社会 日中戦争下の総動員と農村［M］.岩波書店.

中国基層社会史研究会編.2009.戦時下農村社会の比較研究 ワークショップ［M］.汲古書院.

中国基層社会史研究会編.2010.戦争と社会変容 シンポジウム［M］.汲古書院.

中国基層社会史研究会編.2012.ワークショップ:中国基層社会史研究における比較史的視座［M］.汲古書院.

中国基層社会史研究会編.2013.国際シンポジウム東アジア史の比較? 連関からみた中華人民共和国成立初期の国家? 基層社会の構造的変動［M］.汲古書院.

奥村哲2013.変革期の基層社会 –総力戦と中国? 日本 –［M］.創土社.

本庄比佐子,内山雅生,久保亨.2002.興亜院と戦時中国調査［M］.岩波書店.

本庄比佐子.2009.戦時期華北実態調査の目録と解題［M］.東洋文庫.

白木沢旭児.2013.戦時期華北占領地区における綿花生産と流通［A］.野田公夫.日本帝国圏の農林資源開発—「資源化」と総力戦体制（Ⅱ）—//［C］.京都大学学術出版会.

章伯鋒,庄建平.1997.抗日戦争第6巻日偽政権［M］.四川大学出版社.

村上政則. 1983. 黄土の残照 – ある宣撫官の記録 – ［M］. 鉱脈社（宮崎大学所蔵）.

魏宏運. 2006. 晋冀魯豫抗日根拠地における商業交易（1937-1945）［A］. 姫田光義，山田辰雄. 日中戦争の国際共同研究 1 中国の地域政権と日本の統治//［C］. 慶應義塾大学出版会.

野間清. 1977. 中国慣行調査、その主観的意図と客観的現実［J］. 愛知大学国際問題研究所紀要，第 60 号. 内田知行. 2010. 日本軍占領と地域交通網の変容 – 山西省占領地と蒙疆政権地域を対象として –［A］. エズラ？ ヴォーゲル，平野健一郎. 日中戦争の国際共同研究 3 日中戦争期中国の社会と文化//［C］. 慶應義塾大学出版会.

中国農村慣行調査刊行会編. 1981. 中国農村慣行調査（第 1 巻～第 6 巻）［M］. 岩波書店（1952 年～1955 年）（再刊 1981 年）

甲集団参謀本部. 1942. 北支那資源要覧，9 月 1 日. 防衛研究所防衛図書館所蔵.

華北棉産改進会. 1943. 華北棉作農村臨時綜合調査中間報告.

華北綜合調査研究所緊急食糧対策調査委員会. 1943. 緊急食糧対策調査報告書　済寧地区.

華北綜合調査研究所緊急食糧対策調査委員会. 1943. 緊急食糧対策調査報告書　新郷地区.

興亜院政務部第三課. 1941. 支那農産物ノ生産需給ニ関スル資料.

華北交通株式会社. 1940. 鉄路愛護村実態調査報告書膠済線峠山愛護区（安邱県）峠山荘.

The Agricultural History of Noto Peninsula, Japan: Tracing the Development of Socio-economic Interconnectedness of Satoyama & Satoumi

Evonne Yiu

(Research Associate, United Nations University Institute
for the Advanced Study of Sustainability)

Noto Peninsula of Ishikawa Prefecture, Japan isthe country's largest peninsula facing the Sea of Japan located in northwestern region of Hokuriku. Today, Ishikawa Prefecture is commonly known to comprise of two regions; the southern region of Kaga that is home to its capital city Kanazawa, and the rustic Noto region to its north. Since the ancient times, Noto Peninsula was not only an agricultural hinterland, but also historically a vibrant maritime gateway for exchange between Japan and other countries. Noto's prosperous sea trade within and beyond Japan fueled its flourishing industries of agriculture, forestry, fishery, processed food, craft and artistry which thrived on Noto's bountiful natural endowment of land and sea. These industries gave birth to a myriad of long, traditional practices of agriculture and associated culture, making Noto a representative region of Japan's agriculture, which is also designated by the United Nations Food and Agriculture Organization (FAO) as one of Japan's first Globally Important Agricultural Heritage System (GIAHS). This paper gives an overview of the historical development of agriculture of Noto Peninsula from ancient times up to Edo Period. It will also trace, in particular, the development of socio-economic interconnectedness of Satoyama and Satoumi (or socio-ecological productive landscapes and seascapes) in Noto, illustrating this integrated relationship through looking at the connection amongst fisheries, salt making and rice cultivation industries.

1. Introduction and Topography of Noto Peninsula

Today, Noto is administratively divided into three areas, Kuchi-Noto (southern Noto) and Oku-Noto (northern and deep Noto). [1]Located at the intersection of the warm Tsushima Current and cold Liman Current, the coastal zones differ in topography and are separated into two areas from the tip of the Noto Peninsula at Rokkosaki cape in Suzu city; *sotoura*, the open sea lining the rocky western coastline exposed to harsh waves and ocean currents, and *uchiura*, the calm bay area enclosed by the eastern coastline which is a dotted with numerous coves. However, Noto historically lacked water as few rivers run through the peninsula of 1 978 square kilometers in total area, and its hilly terrain also lacked large open field plains for large scale farming. Intensive farming was made possible by reservoirs and irrigation ponds, referred to as *tameike*, constructed in the pre-feudal times (before 1185) by farming communities in Noto to improve irrigation conditions. A total of 2097 reservoirs are still dispersed all over Noto region today (Noto Regional Association for GIAHS Promotion and Cooperation, 2013). [2] The agricultural system of Noto is characterized by a mosaic of managed socio-ecological systems referred to as *sa-*

---

① Kuchi-Noto area consists of Hakui City and Hakui County (Hōdatsu-shimizu Town and Shika Town); Naka-Noto area of Nanao City, and Kashima County (Naka-Noto Town); and Oku-Noto area is made up of Wajima City, Suzu City, and Fugeshi County (Noto Town and Anamizu Town)

② Close to 80% of the reservoirs in the Noto region were constructed before Meiji period, and the remaining majority were constructed before mid-1940s

toyama[①] (terrestrial-aquatic landscape ecosystems) and *satoumi*[②] (marine coastal ecosystems), where agriculture, forestry and fisheries thrived on the diversity of natural resources available.

2. Overview of Agricultural History in Noto

Tracing the history of Noto's agricultural development from the ancient times, it is thought that people had been living in Noto Peninsula since some 15 000 years ago during the Paleolithic period (30000 BC to 14000 BC). These early ancestors of Noto mostly resided in coastal areas and their subsistence depended largely on the nature's bountiful resources by catching fish and taking shellfish from the nearby seas, as well as collecting fruits and hunting animals from the rich forests. An excavated canoe dating to possibly between early and mid Jomon Period (14000 BC to 600 BC) in the Mimurotokusa Ruins of Nanao City today suggested that the Jomon people used the canoes for dolphin drive hunting in the small coves (Kaneyama, 2014). Another excavation of the Mawaki Ruins of Noto-Town located in a small cove facing the Toyama Bay found a mass dump pile of bones of about 300 dolphins covering roughly 10 percent of the total ruins area, those mainly of Pacific white-sided dolphins and common dolphin (Takazawa, 2000). These findings suggest that dolphin hunting was a thriving practice since ancient times. The Jomon people, however, did not only fish for dolphins. The excavated food wreckages from shell-mounds of the Mibiki Ruins of Nanao City comprised of seafood such as dolphin, red sea bream, black sea bream, bonito, puffer fish, sardine, shark, bloody clam, Japanese babylon, Japanese littleneck, Asian clam etc, as well as bones of animals such as wild boar, marten, raccoon dog, Japanese flying squirrel and hares etc (Ishikawa Prefecture Noto Town Board of Education, 2013); which suggest that the Jomon people were not only skillful fishermen but also hunted for creatures on land and in the forests. The forests were not only hunting places, but also an abundant pantry of food resources such as nuts, yam and wild plants. It is thought that the Jomon people also managed chestnut trees, and ate Japanese horse-chestnut seeds and acorns after leaching. Moreover, the forests provided living materials such as timber, firewood, plant fiber, and lacquer; in particular Noto developed superior craftsmanship in lacquer ware making which in later years became a prominent source of trade with distant people. Thus people living in Noto have cleverly utilized the resources of *satoyama* and *satoumi* since ancient times.

From the extensive use of natural resources in Jomon period, the Yayoi period (300BC to AD300) saw the transition to an agrarian based society of rice production. Rice cultivation methods originated in Yunnan province of China, along with farm tool making and irrigation technology, were first transmitted to Japan about 3 000 years ago through the Korean Peninsula, and rice farming culture spread to Hokuriku region from western Japan. In Noto, a rice-ball fossil was found in Sugitani Chanobatake ruins of Nakanoto Town could be dated back to mid Yayoi period (200 BC to 100 BC) and is referred to as "the oldest of the rice-ball of Japan". This rice-ball fossil, which has carbonized after burning, was made up of steamed glutinous rice in triangular shape like a rice dumpling. It is believed that it was meant to be preserved emergency food made from the glutinous rice cultivated in the uplands (Takazawa, 1988). From such a discovery, it is then predicted that rice cultivation in Noto could date back to a history of at least 2 100 years.

The Kofun period (250 to 538) in Noto marked the beginning of exchange of people and goods with Sanin and Tohoku region, as well as Korean Peninsula and the Asian continent. It was the era when diverse, rich ancient culture flourished under the grandeur of Yamato regime, assuggested by the ravished cultural relics found in ancient tombs of powerful clans. In the following Asuka period (592 to 710), the *Ritsuryo* system of national government based on both prohibitive (*ritsu*) codes and administrative/civil (*ryo*) codes was established, which imposed heavy taxes on farmer under the *so-yo-cho* tax system (tax payment in rice, labor or goods, or textile). In the Nara era (710 to 794), Noto Province (or *Noto-no-kuni*, consisting four counties of Hakui, Noto, Fugeshi and Suzu) was established in 718 after separation from Echizen province. From then Noto grew to be a military

---

① Satoyama comprised of secondary woodlands, plantations, grasslands, farmlands, pasture, irrigation ponds/reservoirs and canals
② Satoumi comprised of seashore, rocky shore, tidal flats, seaweed and eelgrass beds etc

and defense hub, and it was during this time when a messenger from Bo Hai①arrived at Shika Town of Hakui county, opening the gateway for exchange between Japan and other countries. Thus over the period from 250 to 794, the establishment trade routes, government administrations and tax regimes started to bring about dynamic changes to agricultural production and socio-economic development of Noto.

Subsequently, farming transferred from securing sufficient food to that of production as livelihoods and also mandatory tax contributions. Farmers were being governed and made to meet production quotas. In the Heian period (794 – 1185), the *Kaga-gun-boji-satsu* (national cultural heritage), an important public order plaque which is thought to have been erected in 849 at the crossroads in Kamoi area linking main roads from Kaga and Noto region was excavated at the Kamoi Ruins of Tsubata Town in 2001. It laid out eight rules that commanded farmers to strive hard in farming, including stipulating farmers to from daylight to nightfall, refrain from consuming fish and alcohol without permission, and finish rice planting by the end of May etc. It can be inferred that farmers lived hard, regimented lives under the *Ritsuryo* system, where citizens were allotted rice lands based on the family register and enforced upon them the obligation of tax payment in terms of rice, textiles and local specialties, and provide compulsory labor and military service.

While the people led relatively peaceful lives under the Kamakura period (1185 – 1333), the culmination of Kamakura Shogunate era and subsequent power struggle in Kyoto sparked off the Warring States period (1467 – 1603) which threw Noto and Kaga into a period of upheaval. Noto was then ruled by the Hatakeyama Clan who gained abidance from local samurais. It was also during this time thatmanors, a form of ownership of private property for aristocracies or Buddhist temples and Shinto shrines, were built in Noto (Research Institute of City Planning and Communication, 2010). As many as 80 manors were built in Noto during the Heian and Muromachi periods (1336 to 1573), the largest being Wakayamaso in Suzu country (now Suzu City) and another prominent manor, Nakajima of Kashima county (now Nanao City). These manors played important roles in the development of agriculture in Noto, in particular contributing to development of rice farming and crafts making, and setting foundation of field in valleys and terraced rice fields, facilitated the transport of tax items and goods, as well as contributing to the development of marine transportation in seas, rivers and lagoons. For instance the Tokikuni manor in Suzu county employed salt farmers and pottery craftsmen, managed forests for fuel and timber, expanded farmlands and owned ships. Such wide-ranging ownerships and holistic management of resources from land to sea by powerful and resourceful manors helped catalyzed the socio-economic development of the both fishery and mountainous villages in Noto.

3. Interconnectedness of land and sea: integrated relationship among fisheries, salt making and rice cultivation

While further tracing the agricultural development, the following sections will also examine the interconnectedness of land and sea, through illustrating the integrated relationship among fisheries, salt making and rice cultivation and how it has shaped the agriculture development in Noto, considering also the socio-economic interventions made by the powerful rulers of the time.

Marine resources have been the lifeblood of Noto's livelihoods and are integral to the relationship between the sea and livelihoods of its people. Fishermen practiced salt making on the long coastline of Noto and established it as one of the most representative ancient industry of Noto, which in turn contributed to the development of agriculture (Takazawa, 1988). The growth of marine trade and expansion of industries in Noto brought about an increase demand for timber for ship building and *shiogi* (fuelwood for salt making), which encouraged the planting of trees helped developed the forestry industry. The increase in demand for salt was said to have soared when rice cultivation started in Yayoi period (Takazawa, 1988); rice eating culture brought about the need for salt as seasoning. But salt was not only used as a seasoning, it was also important for the storage of seafood and vegetables which made

---

① GIAHS Proposal, P19: Bo Hai was a kingdom that extended from Manchuria through the northern part of the Korean peninsula and to the Russian coast (the Bo Hai kingdom existed from 698 to 926, and was called — The prosperous country east of the ocean ‖ by China)

foods transportable and developed the Noto's culinary culture of preserved foods (Mise, 2012).

Along *uchiura* facing Toyama Bay, a wide variety of fish can be caught throughout the year, among them are yellowtail, sardine, *tara-fukurage* (juveniles of yellowtail) being the major catches. The catch of yellowtail was 29 602 fishes in 1728, most of these yellowtail consumed as salted yellow tail preserved for transportation to far-away places for sale (Takazawa, 1988). Sardines were also caught in large amounts and almost half are dried as fertilizer for crops. Seafood from Noto such as mackerel and sea cucumbers were shipped to the capital (of the various eras). An inventory tag documenting goods imported by the Heijo palace in 759 was excavated from its ruins in the ancient capital of Nara recorded the dried sea cucumber imports from Kashima county (Oyasu et al, 2013). Minatsuki village in Fugeshi county was well known in the Edo period (1603 – 1868) for its salted mackerel and thus thought to had a need for large quantities of salt supplied by neighboring salt producing villages.

In 1581, Samurai warlord Oda Nobunaga put Noto under the rule of his general Toshiie Maeda, who ruled Noto and Kaga under his Kaga Clan. The Kaga Clan ruled for 260 years through the Edo period, under which Noto and Kaga then prospered with the introduction of its own rural policies such as the *Kaisakuho* or agricultural administration policy. The tax system was further institutionalized under the *Kaisakuho* by the third feudal lord Toshitsune Maeda, in attempt to raise the tax revenue. The Clan imposed *nengu* (land tax) and *muradaka* (the total yield of a village) based on the conduct of land surveys to allocate tax payment according to yield capacity of the farmers and collected tax from the village as a whole. The Clan then also introduced "*To-mura* (ten-village)" system in 1604, where a local leader referred to as *To-mura* was appointed to administer the tax collection and supervision of farming and production of ten villages grouped together to form a common production unit. This collective production system within the village and cooperating with other villages also fostered collaboration, spirit of mutual assistance and bonding. Although rice production formed the basis of the agrarian livelihoods, field crops, charcoal, sericulture, fisheries, and salt making depending on regional characteristics also flourished and contributed to tax revenue. [1] Salt making was not included as part of tax revenue, but the industry was directly monopolized by the Kaga Clan in order to control the sale of salt. [2]

Archeological surveys found that salt making in Noto started between the late Yayoi period to early Kofun period around later half of 3rd century, initially producing using ceramic pots to boil down sea water (Oyasu et al, 2013). From the 8th century, a method called "*agehama*-style" was developed where sea water is sprayed on banked sand terraces and resulting brine boiled down over a kiln to form salt; A iron kiln and *nurihama* (salt terrace for *agehama*-style method) believed to be used in the beginning 8th century have been excavated at Taki-Shibagaki salt production ruins in Hakui City, and regarded as the country's oldest such unearthed examples (Oyasu et al, 2013). While another salt making method called "*irihama*-style" is more efficient and labor saving[3], the coastal typography of Noto of rocky coastlines, harsh waves and limited sandy shores were unsuitable for *irihama*-style. Hence, salt production in Noto was mainly *agehama*-style, using natural beaches as salt fields or constructing *nurihama* salt terraces on foundations of clay over rocky shores. Lacking sandy beaches and mostly rocky coast, salt fields in *sotoura* were mostly *nurihama* type salt fields, whereas salt fields in protected *uchiura* area had combinations of both natural beach salt fields and *nurihama* type salt terraces.

Salt production of Noto especially flourished in Suzu county, with other major thriving salt production areas around the Peninsula including east of Wajima in Fugeshi county to Suzu county, northern stretch of Hakui county (mainly natural beach salt fields), Tsuchida district in Shiga-Town (*nurihama* type salt terraces) and Noto Island in Kashima county (natural beach salt fields). Salt production in Noto peaked around early Meiji period

---

① The main items that contributed to tax revenue were: charcoal, squid and *somen* (wheat) noodles of Fugeshi; sword-making and squid in Suzu; young bamboo, paper and liquor in Hakui, and sea cucumber, preserved sea cucumber guts, oil and young bamboo in Kashima

② The industry was particularly important to the Kaga Clan, which was evident by the fact that 90% of the salt produced in the Noto region was made by the clan

③ It sues tidal variations to draw sea water intro terraces where the salt is deposited the sand grains

(1868 to 1912). According to the *Noto-no-kuni* salt production records, the total salt production in early Edo period was over 200 000 bales[①] annually, which increased to over 350 000 bales end of Edo period, and then double-folded to about 500 000 bales in 1871 (See Table 1 for salt production amount). Although salt production along the Sea of Japan started to decline with the influx of relatively cheaper salt made in Seto Inland sea using the *irihama*-sytle in the late 17th century, Noto salt making industry continued to prosper under the salt monopoly of the Kaga Clan, until it was abolished under the new political regime of the Meiji Restoration in the late 19th century (Oyasu et al, 2013).

Table 1　Salt production in Noto, 1871.

County	No. of Villages	No. of salt kiln	Production Amount (Bales)
Suzu	65	1 396	314 504
Fugeshi	65	689	91 713
Hakui	41	520	73 019
Kashima	23	122	12 898
Total	194	2 727	492 134

Source: Suzu City Hall, 1979

The Kaga Clan introduced the monopoly on salt in 1627 to control both the production and sales of salt through the *shiotemai* (rice for salt) system; salt makers who did not own sufficient farm land to secure the food necessary for their subsistence could borrow rice from the government for which they had to pay back in salt at a fixed rate (Research Institute of City Planning and Communication, 2010). The rate of exchange, known as *shio-gae* (salt exchange rate) was 1 *koku* of rice for 12 bales of salt[②] (Oyasu et al, 2013). The excess salt produced would be purchased by the government, but if there was a shortfall of salt quantity then the salt makers would have to pay the difference with silver.

The Kaga Clan also facilitated the salt production by introducing flexible taxation payment process of allowing mountainous villages that supplied salt makers with fuelwood and tools such as *shigogi* (fuel wood for salt production), wooden tubs and kilns to receive in exchange for their subsistence in the form of rice payment from the government, while the salt makers could also pay back the cost of these fuelwood and materials in terms of salt to the government. Figure 1 depicts an example of such a relationship of material exchange, labour and tax payment arrangements between the Shimomachino-gumi salt production village clusters located along the coastal area of Fugeshi and Suzu with the inner villages nearby and with those as far as Omou village on the *uchiura* side of Nanao bay (Noto Town today). The *shiotemai* system not only increased flexibility of trade and stimulated salt production, but also fostered the exchange and socio-economic integration of mountainous and coastal villages.

However, salt makers in Noto are small scale producers, often managing along with their farming livelihoods. An example of such a diversification of livelihoods is the Shiroyone village, famous for its scenic Senmaida Rice Terraces today, with 1 004 plots of paddies stretching over the steep slopes of the Wajima city coastal line are still farmed today. Shiroyone village is located in the center of sotoura, it does not have coves suitable for fishing boats and thus could not built a livelihood on fishery but only on salt production and rice cultivation by building rice terraces. Shiroyone village was grouped under the Nafuna-gumi village cluster in 1624 with 11 other villages situated along the Najimi river basin (Tamura, 2003). Among this village cluster was the bustling fishing village of Nafuna, located west to Shiroyone village and from which it purchased fertilizers made from fish (sardines) for farm-

①　Bales is the traditional counter used for the measurement of rice, soybeans, salt etc. 1 bale of rice is 60kg, while 1 bale of salt is 47kg

②　Koku is the Japanese unit for rice. One unit of koku weighs about 150 kilograms and is historically defined as enough rice for the consumption of one person for one year

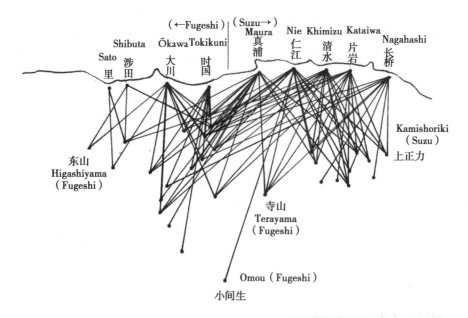

Figure 1　Map of Shimachino-gumi salt production cluster exchange with mountainous villages in Edo Period

Source：Oyasu et al, 2013. Translated to English by Yiu, E.

ing. Villagers reclaimed the rocky coasts with salt terraces, cultivated rice on the Senmaita rice terraces, lived in houses at the top of the rice terraces surrounded by bamboo forests to shelter from the harsh winter winds, and cultivated upland crops in the steep slopes above. Figure 2 depicts the Shiroyone village in 1887 illustrating its livelihoods related land use.

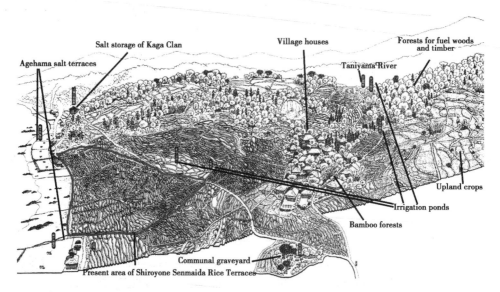

Figure 2　Pictorial Illustration Shiroyone Village and Senmaida Rice Terrace in 1887

Source：Tamura, 2003. Modified with English translation by Yiu, E.

Hence from the above examination of the development of fisheries, salt making industries and rice cultivation in Noto Peninsula, one can derive that these industries were interconnected through the exchange of products and materials needed to sustain each own production. Forinstance, the salt production industry which supplied salt to fisheries for fish preservation and consumed fuelwood from mountainous villages, also expanded farmlands and increase the yield of rice and field crops with their profit made in salt making and eventually produced beyond self-sufficiency levels; major commodities that salt making villages produced included not only salt, but also rice, field crops, fuelwood for salt and firewood. This diversification of livelihoods hence formed a highly productive vil-

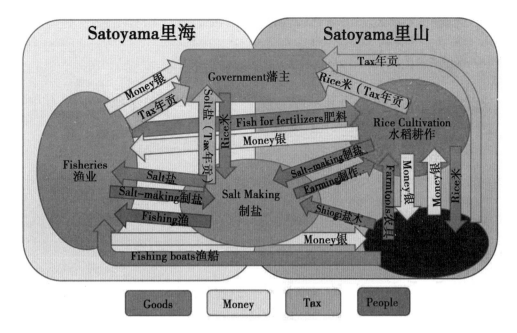

Figure 3 The Interconnectedness of Noto Peninsula's Satoyama and Satoumi in Edo Period

lage, connected from land to sea, and vice-versa. Figure 3 depicts the interconnectedness of Noto's Satoyama and Satoumi, summing up and illustrating the above mentioned interlinkages in terms of goods, money, tax and human exchanges amongst the fisheries, salt making industries, rice cultivating and wood making mountainous villages, with the government (Kaga clan) playing a pivotal role in catalyzing this interconnected relationship.

4. Conclusion

In conclusion, the development of Noto's agriculture was greatly influenced by the historical twists of times and agricultural policies shaped largely by the government in power. Nonetheless, the people of Noto cleverly utilized its diverse resources as like their ancient ancestors, though in small quantities, and through managing a combination of livelihoods, in which as a result built thriving industries. Today the diversity is still being conserved in Noto despite modernization and dwindling of its primary industries. This integrated nature of *satoyama* and *satoumi* and the fully utilization of these natural endowments have not only kept agricultural practices resilient to the changes in times, but also kept the community deeply rooted. It is for this reason that the system of "Noto's Satoyama and Satoumi" was designated as GIAHS and continues to be an inspirational model of sustainable rural livelihoods, not only in Japan but also for other parts of the world.

References

Ishikawa Prefecture Noto Town Board of Education (2013): New pictorial explanation of Mawaki Ruins: National Historic Site and Important Cultural Asset. [in Japanese]

Kaneyama, T., (2014): Documentations on ships within Ishikawa Prefecture. Ishikawa Prefecture Archaeological Cultural Asset Journal, Vol 31. [in Japanese] http://www. ishikawa-maibun. or. jp/senter/pdf/jouhou_ 31. pdf [2015 – 05]

Mise, K. (2012): The various production sectors and marine transport of early modern Noto-Rice, salt, somen noodles, charcoal. Ishikawa Prefecture History Museum [in Japanese]

Noto Regional Association for GIAHS Promotion and Cooperation (2013): Noto's Satoyama and Satoumi. Proposal for United Nations Food and Agriculture Organization (FAO)'s Globally Important Agricultural Heritage Systems (GIAHS).

Oyasu, N., Nagayama, N, Nishiyama S., Yokomichi K., (Ed) (2013): Agehama salt fields of Noto. Okunoto Salt Field Village (Pte Ltd) [in Japanese]

Research Institute of City Planning and Communication (Ed) (2010): Traditional knowledge and wisdom of Satoyama/Satoumi: Charcoal and salt making traditions in Ishikawa. Kanazawa University Suzu City Hall (1979): Suzu City History. Vol. 4: 579

Tamura, S., TEM Research Center (2003): The mystery of rice terraces-how is senmaida created? Rural and Fishery Villages Culture Association

Notonokuni-Kankoukai（2003）：Notonokuni-History and culture of the peninsula. Hokkoku Newspaper.

Takazawa Y. , Kawamura Y. , Higashiyotsuyanagi，H. , Motoyasu，H. , Hashimoto，T. （2000）：Ishikawa Prefecture History. Yamakawa Publishing

Takazawa Y. （Ed）（1988）：Pictorial explanation of Ishikawa Prefecture History. Kawade-shobo Shinsha.

Wajima City History Editorial Committee（Ed）（1976）：Wajima City History. Ishikawa Prefecture Wajima City Hall.

The Change of the Keeping Cattle in Family Farm in Modern Japan

Mariko Noma

(Graduate School of Agriculture, Kyoto University)

1. Introduction

This paper studies the development of cattle fattening in modern Japan. Japanese black cattle meat, known as *wagyu* beef, enjoys an excellent reputation for marbling in the world today. But Japan has only a short history of beef-eating. In early modern Japan, beef was rarely eaten and cattle were kept only as means of production. After the restoration of Meiji, beef eating custom spread and cattle expected to also demand beef supply in addition to farming. In Japan, feedlot did not form till the mechanization of farming 1960s. Family farm stayed the center of cattle feeding thorough the concerned period.

There are few early studies on these topics. Traditionally, studies of agricultural history in Japan have concentrated on wet paddy rice agriculture, and keeping cattle has been considered only as a means of production. Therefore, these studies do not shed light on concerns related to cattle meat. Studies on food history have dealt with the beef-eating custom in modern Japan either in relation to occidental culture or in terms of dietary improvement.

2. The outline of cattle industry in modern Japan

We can get national statics on number of livestock only from 1877. Figure. 1 shows the transition of the number of cattle and horse kept in modern Japan. At the beginning of modern times, there were more than one million heads of cattle and the number of cattle also increased through concerned period except 4 times of war, Sino-Japanese war, Russo-Japanese war, and two world wars. Most of cattle were kept in family farm and drawn for farming. In some region, cattle had another name, treasures of farmer. Demand for dairy was in bud in modern Japan, and cattle kept for dairy were less than 150 thousands till 1930. The number of cattle in Figre. 1 is roughly same number of farming cattle.

Figure. 2 shows the transition of beef consumption in modern Japan. In 4 times of war, number of slaughtered cattle sharply increased for military demand. The important point is that in modern Japan, the increases of cattle and beef consumption were basically depended on farming cattle kept in family farms. Usually, cattle were kept only one or at most 2 in a family farm. As previously noted, family farm stayed the center of cattle feeding thorough the concerned period, so we can assume that family farmers had to respond the change of the roll of cattle.

3. The development of cattle fattening techniques

The development of cattle fattening was achieved in Shiga prefecture. It had been common to keep cattle for barnyard manure, drafting and conveying in family farm before the restoration in Shiga Prefecture. After the restoration, livestock dealers began to bring cattle kept in family farm in Shiga prefecture to Tokyo for sale as beef resource. Family farmers in Shiga anticipated fattening. Already in 1910s, fattening aimed not only to increase weight but also to improve beef quality, in particular marbling. Farming cattle were classified into 3 categories according to shape of body of cattle, well-rounded, normal, or thin. Feed and fattening period varied with the category. That is, the condition in which cattle were kept greatly affected their worth as beef cattle. Keeping cattle for farming was considered as preparation period rather than be contrary to fattening.

Upper class cattle were generally fattened for 100 days and given good quality of feed, middle class cattle were fattened for 150 days and fed less than upper class ones, and lower lank cattle were fattened for a year with few concentrated feed. Of course upper lank cattle were best-finishing fattening. So agricultural association recommended family farm fattening of upper class cattle, that is, emphasized the necessity of nutrition even during farming period.

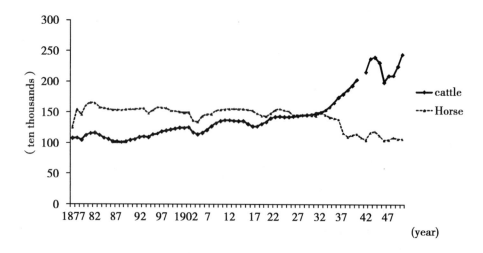

Figure 1   Number of Livestock （1877—1950）[1]

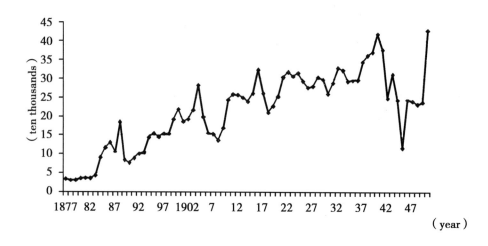

Figure 2   Number of Slaughtered cattle （1877—1950）[2]

In an examination held by agricultural association with the aim to study fattening techniques daily performed in superior family farm in Shiga prefecture, fattening period was divided in 3 stages. Quantity and varieties of feed varied cattle to cattle, but it is common that the rate of concentrated feed such as rice bran, barley, bran of barley and wheat increase with fattening go on, and coarse feed like grass, straw and hay decrease. 1st stage aimed to build enough red flesh, and the 3rd stage was positioned to gain fat and put it into red flesh. Farmers fed cattle 4 to 5 times a day. Each time of feeding, they soften coarse feed with boiled water and mixed with concentrated feed to improve texture, and also adjusted the variety and quantity of feed according to condition of cattle and stage of fattening. Feeding fattening cattle needed high-maintenance.

Cattle industry in modern Japan has been seemed underdeveloped in early studies. For example, a study says that cattle fattening techniques before the mechanization of agriculture seemed to be low, because the main purpose

①　Kayou Nobufumi （ed. ）. *Kaitei Nihon Nougyou Kiso Toukei*, 1977.

②　Nihon nikuyougyu Kyokai. *Nihon Nikuyougyu hensenshi*, 1978.

of keeping cattle was farming and fattening was only by-business[1]. But this paper clarifies that there was the own reasonability differ from large scale feedlot.

4. The profit of cattle fattening

The development of fattening brought to family farm new income, although keeping cattle brought expenditure before introduction of fattening. To keep a head of cattle, family farmer beard buying cost, feed cost and shed cost, and also had to make payment of balance when replace a head of aging cattle with new one. Farmers did not reproduce cattle, but purchased cattle from distant region specialized in breeding. The costs were not always paid in cold cash. About feed cost, family farmers could utilize self-supplied feed. Shed cost as well. And barnyard manure and use for cultivate were generally consumed in their own farm. After introducing cattle fattening, family farmers get new income with replacement of cattle. The additional cost required for fattening can be presumed much less than the increase of sale price.

5. Import of cattle and carcasses

After the Russo-Japanese war, domestic cattle farming could no longer support Japan's growing demand for beef. Cattle fattening contributed to size up each carcass but number of cattle did not increased enough. Domestic cattle farming proceed to provide high quality beef, and not to provide sufficient amount of beef. The expansion of Japanese empire permitted to compensate the lack of beef by import from Korea and China.

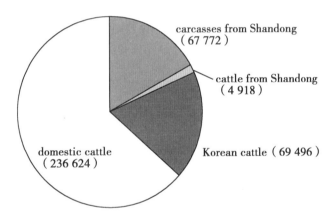

Figure 3   Beef consumed in Japan（1923）[2][3]

In mid 1920s, 40% of beef consumed in domestic Japan derived from Korea and China. Cattle fattening contributed to size up each carcass but number of cattle did not increased enough. Domestic cattle farming proceed to provide high quality beef, and not to provide sufficient amount of beef. The expansion of Japanese empire permitted to compensate the lack of beef by import from Korea and China.

6. Conclusion

The fattening techniques were labor intensive and resource intensive. The small scale of family was suitable for the techniques, because it permitted detailed care on each head of cattle. Marbled beef produced in this way fetched good price and family farmers gained new income.

Fattening contributed the increase in quality and imports contributed to fill increasing demand for beef.

---

①   Noma Mariko. The Development of Cattle Fattening in Shiga Prefecture: The Conjunction of Farming and Fattening in the Prewar Days, *Jornal of Rural Problems*, vol. 44 no. 4, 2009

②   Nourinsyo chikusankyoku. *Honpou Naichi ni okeru Chosengyu*, 1927

③   Jueki cyosasyo. *Jueki Chosasyo Houkoku*, 1924

农业技术史

略论生产工具技术革新对原始农业生产结构的影响

黄富成[*]

（郑州市文物考古研究院，河南 郑州 450052）

摘　要：生产工具是原始农业发展水平的物质与技术载体。根据嵩山地区复合生产工具出现时段看，裴李岗文化时期，原始聚落仍以采集渔猎为主，至裴李岗文化晚期乃至仰韶文化时期，以穿孔和肩、柄结构等为特征的石器复合工具得到发展，生产经济快速成形，为原始聚落内部社会结构复杂化发展提供了最基础的先兆动力。

关键词：嵩山地区；复合工具；技术革新；原始聚落；穿孔石器

农业的发展是人类社会一种有组织的经济活动。考古发掘和调查情况表明，嵩山地区旧、新石器时代聚落遗存分布呈现出明显的以山地为中心，沿河流向周边山前盆地、河流台阶地及至冲积平原放射状蔓延发展的态势。据此笔者把嵩山地区原始农业的发展分为山地农业、河谷（盆地）台阶地农业和平原（河沼）农业三大阶段。[①] 原始农业各发展阶段具有较强的考古学文化谱系承续关系，是嵩山地区原始农业聚落由点到线，再到面发展过程的区域文化显著特征。这一过程的发展最直接的物质标志就是工具形态的发展与演变，同时工具形态的发展又是以技术的革新与变化来体现的。

一

工具反映经济发展和生活水平的结构形态，要了解嵩山地区原始农业聚落社会生产经济发展的历程还必须依据各遗址出土各类工具结构形态等进行全面分析。

根据李家沟遗址新石器早期阶段工具形态看，该遗址以石器工具为主，打制石器主要有细石核、细石叶，边刮器、砍砸器等，磨制石器为无脚石磨盘。[②] 唐户遗址 2007 年发掘出土工具石器为主：石核 1、尖状器 2、石磨盘 1 件完整 48 块残、石磨棒 7、石铲 7、石镰 1、石刀 1、石凿 2、石杵 1、石饼 4。另有陶纺轮 1 个。[③]

迄今，在裴李岗文化中尚未发现穿孔石器生产工具。较早发现穿孔实验但尚未成功穿孔的石器是在 1979 年发掘裴李岗遗址时出土的：[④] 一件是 T305 第 2 层出土两面钻有圆窝的残片；另一件是在 M38 中出土长石条，长边一侧平整一侧有一道浅凹槽，两面均有未钻透的小圆窝，一面六个，一面两个。第六期（属仰韶文化）时出现了简单的穿孔石器：石纺轮，但大型石器工具仍未出现穿孔结构。2007 年发掘唐户遗址出土一件残石铲，磨制，器身扁平，褐色粗夹砂岩，两端均为圆弧形，侧边弧形，两侧有对称圆形钻孔，未透。[⑤] 这一时期掘土工具石铲尚未出现肩部结构形态，柄部结构尚不突出。

---

*　【作者简介】黄富成（1973—　），河南遂平人，郑州市文物考古研究院，博士，副研究馆员，主要研究方向为农业考古、农业史

①　黄富成：《嵩山地区原始农业发展形态研究》，郑州市嵩山文明研究院课题论文，项目编号 Q2011 - 11

②　北京大学文博学院，郑州市文物考古研究院：《河南新密市李家沟遗址发掘简报》，《考古》2011 年第 4 期：第 3 - 9 页

③　郑州市文物考古研究院，河南省文物局南水北调文物保护办公室：《河南新郑市唐户遗址裴李岗文化遗存 2007 年发掘简报》，《考古》2010 年第 5 期：第 3 - 23 页

④　中国社科院考古研究所河南一队：《1979 年裴李岗遗址发掘报告》，《考古学报》1984 年第 1 期

⑤　郑州市文物考古研究院，河南省文物局南水北调文物保护办公室：《河南新郑市唐户遗址裴李岗文化遗存 2007 年发掘简报》，《考古》2010 年第 5 期：第 3 - 23 页

上述工具按功能作用大致可分为渔猎、采集、加工、耕作等几类。

属于渔猎工具的有石球、弹丸、骨镞、骨匕、网坠等。

属于采集工具的有石斧、石铲、石刀、石镰、骨匕、蚌镰等。

属于加工工具的有尖状器、刮削器、石磨盘、石磨棒、石斧、石铲、石凿、石锥、石饼、石砧、研磨器、砺石、骨针、骨锥、骨铤、蚌刀、蚌镰、陶拍、陶臼等；而用于植物颗粒加工工具的有磨盘、磨棒、研磨器、石杵、陶臼等。

属于耕作工具的有石铲、石斧、石凿、骨凿、骨锥、鹿角器等。

为全面分析嵩山地区新石器各阶段生产工具发展结构的演变，本文选取长葛石固和郑州大河村遗址为样本，做一简要分析，藉此以窥全貌。

长葛石固遗址依据地层堆积和墓葬打破、叠压关系分为八期：前四期（I～IV）属裴里岗文化范畴，后四期（V～VIII）属仰韶文化范畴。[①] 各期出土工具分类如下（依据《长葛石固遗址发掘报告》，表1和表2）。

表1　长葛石固遗址 I～IV期出土工具统计表

	石器	骨器	蚌器	角质器	陶器	合计
I	石斧1、石铲1、石凿1	骨锥1、骨针1				5
II	石斧3、石凿1、石铲3、石锥1、石磨盘2、石磨棒1、石杵2、研磨器1、石饼1、石垫（砧）2、砺石1	骨镞4、骨铤1、骨匕1、骨锥2、骨针7、管形骨器2	蚌镰4		纺轮3	42
III	尖状器1、石斧6、石铲3、小石凿1、石镰2、石磨盘1、石磨棒1、石球3、石垫2、砺石2	骨镞9、骨铤1、骨凿1、骨锥2、骨针1	蚌镰2、蚌片料1	角镰1、加工鹿角骨1	纺轮3、陶球1	45
IV	尖状器4、刮削器4、球状器2、石斧4、石铲8、石凿1、石镰1、石磨盘2、石磨棒2、圆形石器2、石弹丸1、石垫、砺石2	骨镞10、骨铤2、骨匕3、骨凿2、骨锥4、骨针1、梭形骨器1、加工骨2	蚌镰4		纺轮3、纺锤形陶器（陶网坠）1、陶支架2	70

表2　长葛石固遗址 V～VII期出土工具统计表

	石器	骨器	蚌器	角质器	陶器	合计
V	刮削器1、石球1、石斧2、石铲3、砺石2、研磨器1	骨针3、骨锥3、骨镞4、骨铤1			纺轮1、陶球1、糙面陶具19、陶臼1、纺锤形陶器（陶网坠）2	45
VI	砺石1、石铲2、石斧1、（穿孔）石纺轮1、圆石饼1	骨针1、骨锥4、锥形器2、骨匕1、骨镞2		鹿角器2	纺轮3、圆陶片5	26
VII	石斧3、石锛1、砺石1、石网坠1、圆形石器2、研磨器2	骨锥3、骨镞3、骨铤1、残骨器1	蚌刀1、残蚌器1		纺轮10、陶球7、圆形陶片1、糙面陶具1、陶拍1	44

根据嵩山地区新石器时代以来至裴李岗后期各遗址出土工具结构组成、形态等分析经济结构，其特点有四：

一是磨制石器越来越发达，类型繁多。同时工具的加工技术及类型质地多样化，骨质、蚌质、角质、陶质工具增多，显示经济活动多样性和生业结构的复杂性。

---

① 河南省文物考古研究所：《长葛石固遗址发掘报告》，《华夏考古》1987年第1期：第3－125页

二是加工工具占比较大，形态材质多样，显示渔猎采集仍是经济活动的主体，生产经济活动极其有限。

三是土壤垦殖程度极低，仍处于刀耕火种的原始农作状态。上述工具中石器、骨器工具小型化，大一点在 0.2 米左右，少数达到 35 厘米左右，如莪沟出土一件石铲长 35.7 厘米。多数介于长度 0.08～0.2 米。尤其是未能出现穿孔及肩、柄结构的大型石器工具，石铲等工具的两侧用来绳索捆绑的凹槽并不明显，说明用于捆绑结构的石器较少或者说复合工具较少出现，大多数石器工具只能是手执状态，尚不能利用穿孔捆绑杠杆作业，只能穴种、点种，不能进行大面积耕作，土壤翻耕、深耕亦极其有限。工具结构形态及出土碳化种子和果核亦证明迟至裴李岗文化末期，嵩山地区原始农业仍是采集渔猎为主，人工栽培作物可能刚刚兴起。

四是根据工具发展演进的形态和比例分析，在裴李岗文化时期，磨制石器工具大量出现且呈现普遍化，说明生产工具的生产和应用已有一定的规模和组织，这种生业模式已脱离了单纯依靠采集狩猎活动，进入有预期获得的简单经济活动状态，生产经济向组织化方向发展：一方面是采集渔猎的范围和广度扩大；另一方面包括动物驯养、土地垦殖、人工作物种植等行为使得农业发展开始向着程序化、组织和规模化方向发展（虽然这个过程只是刚刚开始）。

二

由于裴李岗文化台地农业是从嵩山山地农业发展而来，[1] 山地农业的发展以火耕、打制石器工具及游动采集狩猎等为特点，属旧石器农业。老奶奶庙旧石器遗址发现的 3 000 多件石制品、12 000 多件动物骨骼及碎片、20 余处用火遗迹以及多层迭压、连续分布的古人类居住面中心营地[2]的生活状态正反映了这种山地农业的原始状况。

我国古史传说中有"烈山氏"（《左传·昭公》二十九年载晋国太史蔡墨云："稷，田正也。有烈山氏之子曰柱，为稷，自夏以上祀之。"《国语·鲁语》亦云："昔烈山氏之有天下也，其子曰柱，能殖百谷百蔬"），对于"烈山"的理解，有学者认为是放火烧山，"柱"则是挖穴点钟的尖头木棒，这正是原始刀耕农业互相连接的两个主要工序，因此，关于烈山氏的传说实际上只是原始刀耕农业耕作方式的人格化。[3]"烈山氏"时代实行的是刀耕火种农业形式，工具简单、效率低下，生产耕作极其粗放。根据裴李岗文化工具结构形态分析，至裴李岗文化晚期，嵩山地区原始农业正向着"烈山氏"刀耕火种时代发展（表 3）。

表 3　郑州大河村仰韶文化各期出土工具统计表（分期依据《郑州大河村》）

	石器	骨器	蚌器	角器	陶器	玉器	牙器	木器	合计
仰韶前三期	石斧 1		蚌铲 2		陶锉 2			木矛 1、木柄 1、加工木 2	9
仰韶前二期	石斧 6、石铲 2、石矛 1、砺石 4	骨镞 2、骨匕 1、骨凿 1、靴形器 1	蚌铲 1	鹿角靴形器 1	陶锉 3				23
仰韶前一期	石斧 8、石铲 3、石犁 1、石锛 1、石凿 1、石镰 1（无齿）、石镞 1、敲砸器 3、砺石 9、（穿孔）环状器 1	骨镞 10、骨锥 3、骨铲 1、骨针 1、骨匕 1		加工角器 2	陶轮 1、纺轮 1、陶锉 2、弹丸 1	穿孔玉铲 1			53

① 黄富成：《略论裴李岗文化台地农业》，《农业考古》2008 年第 4 期：第 23－28 页
② 《2011 年度全国十大考古新发现》，《中国文物报》2012 年 4 月 15 日 6 版
③ 李根蟠：《试论我国原始农业的发生和发展》，《中国古代社会经济史论丛》第一辑

（续表）

	石器	骨器	蚌器	角器	陶器	玉器	牙器	木器	合计
一期	（穿孔）石铲 2、石镞 2、（穿孔）石纺轮 1、石球 8、砺石 1	骨镞 7、骨抿 1	蚌镞 3	角锥 1、角矛 2、靴形器 4	纺轮 4、网坠 1、陶锉 1、陶球 1				39
二期	石斧 3、石凿 3、石刀 1、纺轮 1、石球 13、石饼 1、砺石 2	骨镞 8、骨削 1、骨柄 1	蚌镞 3	角锥 1、角锤（角锄）2、角靴形器 4	纺轮 2、陶球 9				55
三期	石斧 10、（穿孔）石铲 6、石镞 2、石凿 2、（穿孔）石刀 2、石杵 1、纺轮 5、石球 12、弹丸 8、砺石 20	骨镞 11、骨锥 10、骨针 4、骨鱼镖 1	蚌镞 8、蚌铲 2、蚌镰 1	靴形器 4、角凿 1、角锥 2	陶轮 1、陶拍 5、网坠 1、纺轮 25、陶球 20、弹丸 16				181
四期	石斧 31（3 件穿孔）、石铲 17（穿孔或肩部结构）、石镞 2、石凿 8、石刀 6（穿孔）、石镰 2（直刃）、石矛 1、石镞 3、纺轮 28、石球 10、刮削器 1、敲砸器 1、砺石 11	骨镞 37、骨锥 10、骨针 10、骨铲 1、骨凿 1、骨刀 4、骨匕 3、骨管 1	蚌铲 4、蚌刀 9、蚌镰 4、蚌镞 6、蚌锥 1	角镞 1、角锥 1、角锤拍 2、靴形器 4	纺轮 56、陶球 24、弹丸 19	玉刀 1	牙镞 1		323

大河村遗址反映的是原始农业平原农业发展阶段，这一时期，工具形态发生了较大变化，体现如下。

一是工具质地拓展，类型多样。除了传统的石器、骨器、陶器外，蚌器、角器利用率提高，工具类型多样化。玉器、牙器、木器开始进入工具行列。玉器、牙器不再单单作为饰品等，只要适合即可作为工具用途。尤其是木质工具的发现，说明木质工具易于制作，很早时期就已经使用了，只是木质工具不易保存，难以发现。

二是在同区域发掘遗址面积内工具数量越来越多，不仅石器、骨器工具比例明显上升，且斧、铲、刀、镰等垦殖类工具明显增多。

三是重要工具的结构形态发生较大变化，复合工具大量出现。穿孔石器及柄、肩部结构工具如石铲、石刀等的出现与发展是工具技术的重大革新。在大河村四期穿孔石铲以及具有柄、肩部结构的石铲大量出现，说明可以与木棍等杆柄捆绑在一起组成复合工具的"石耜"业已出现。

四是大型工具开始出现，0.2 米以上的石器、骨器类工具明显增多。尤其是在建业一号城邦仰韶文化遗址出土的大型石器工具如石斧、石铲等，器身的宽、高比例显著偏大，常见工具如石斧、石铲等有些体长 60 余厘米。[①] 这种大型石器工具一般没有穿孔结构，主要依靠器身和木棍等捆绑组成大型复合工具。大型石器工具的出现说明工具用途和效率都发生了变化：一方面显示土地的垦荒、垦殖程度加深；另一方面说明土壤的耕作效率提高，小型工具以及多种材质工具的普遍出现体现着田间耕作管理水平的提高。

工具形态和组成结构的变化体现了原始农业生产经济形态发生了深刻的变化（图1，图2），主要体现在以下几个方面。

1. 土地垦殖工具种类明显增多，既有传统的石铲、石镞、石斧、骨铲等，也有角器、木器等均可用

---

① 郑州市文物考古研究院发掘资料，石器线图由索全星先生提供

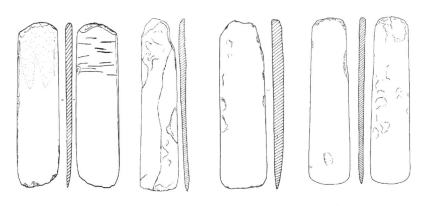

图1 建业一号城邦出土大型工具石铲（H428、H55、T0909⑤、H18）

来开土辟壤。说明渔猎采集活动比例逐步降低，生产经济活动逐步提高，食物来源有了预期性收获，农业生产进入规模化和组织化，有利于原始部落分工的进一步发展。

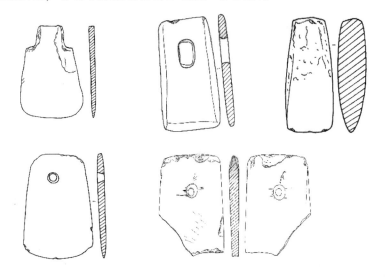

图2 建业一号城邦出土常见石器工具（H420、H247、H68、T1711④、H181）

2. 深耕工具及大型耕具的出现使平原农业开始进入大面积的土壤垦殖时期。穿孔石铲、石斧及石刀使得工具和木柄可以捆绑在一起，脱离了手执作业模式，尤其是穿孔及带柄及肩部结构石铲等复合工具——原始耒耜的出现，在杠杆原理作用下，效率大大提高。原始农业的发展就其耕作技术方式的演变过程可分为：刀耕农业（刀耕火种）、锄耕农业（耜耕）、犁耕农业三个发展阶段。根据大河村出土工具形态分析，这一时期复合工具——"石耜"①的出现，表明平原农业的发展进入锄耕农业阶段。

3. 这一时期，裴李岗文化中常见的石磨盘和石磨棒较为少见，同时木质工具大量出现。在仰韶前三期出土的木器标本190余件，大多木块有明显加工痕迹，砍痕、磨制出的刃部锋利削薄，木质较硬，其中一件木矛为侧柏，质地坚硬。②这说明随着工具加工技术的进步，传统谷物加工工具石磨盘、石磨棒效率低、加工数量有限，制作不易容易损坏，已经被淘汰。而易于加工、方便使用木质工具大量发展，很显然，农业生产的组织化作业已经具有一定规模，谷物生产数量和加工规模具有一定工场化特征。

4. 这一时期，石器工具较裴李岗文化台地农业阶段普遍变大，如石斧、石铲、石刀、石凿、石锛等多数长度在0.2米左右，建业一号城邦出土的石器石斧石铲等大多在30～60厘米。大型工具标志着土壤垦耕能力的加深，农业生产水平进一步提高。这一时期收获工具——镰的形态也发生变化，裴李岗文化中普遍出现的锯齿石镰此时基本不见踪迹，取而代之的是直刃无齿石镰或石刀。耕种及收获工具的变化

---

① 有学者认为裴李岗文化Ⅲ式石铲"器身较宽而短，刃平、顶端平齐或下凹，两侧常打制有缺口"，这种生产工具自上向下用力，应为"石耜"（参见赵世纲：《关于裴李岗文化若干问题的探讨》，《华夏考古》，1987年第2期）。根据出土器物形制，此式石铲两侧多宽、鼓出，打制缺口不明显，我们不认为这种型式石铲具有捆绑结构，不具有复合工具功能，因而尚不能作为石耜来认识

② 郑州市文物考古研究所：《郑州大河村》，科学出版社，2001年：第37－38页

体现了平原农业锄耕农业阶段农业快速发展的基本特性：土壤深耕、大面积组织化耕种、收获及加工已颇具规模。

三

原始农具主要是指原始石器，石器技术的发展不仅代表了"新石器革命"划时代的技术象征，而且还代表着原始农业发展水平高低。嵩山地区原始农业石器工具技术的发展从技术革新和功用拓展看分为4个时期。

其一，是从打制石器向磨制石器发展。在新密李家沟遗址发现了旧石器晚期到新石器早期文化叠压关系的地层剖面，即裴李岗、前裴李岗、细石器三叠层，[①] 这种旧、新石器时代过渡阶段的遗址地层也为石器技术的传承发展提供了不可多得的绝佳样本。在其旧石器晚期细石器文化遗存中发现大量的细石核及打制的石质工具如端刮器、雕刻器、琢背刀等，形体较小，片状。在这一地层中发现了磨制的石锛，还有大量搬运来的石块，为扁平状的砂岩和石英砂岩。在早期新石器遗存中包含有打制石器与磨制石器，打制石器有锤击技术形成的细石核、细石叶，磨制石器出现了无支脚的石磨盘，圆角直边上部磨平，长34、宽16.1、厚6.5厘米。磨制石器的发展显示细石器趋于衰落。

其二，是磨制石器的发展和拓展。裴李岗文化磨制石器发展技术已较为成熟，石磨盘、石磨棒、锯齿石镰、石斧、石铲、石凿、石锛等成为磨制石器技术典型代表，大多数是器身通体研磨。如前述列表所见此时穿孔石器较少出现，部分石纺轮材质为砂岩质地，易于研磨，在坚硬的石英岩等较大型工具上还没见到穿孔石器，但在裴李岗遗址、唐户遗址等出土的几件有钻孔但未穿透石器的痕迹看，这时已开始出现石器穿孔的技术尝试，可能是对于石器穿孔技术工具如研磨器等以及穿孔方法尚未掌握。但磨制技术的发展已广泛应用到骨、蚌、角、玉等质地的工具制造上，锥、刀、镰、匕、铲、镖、针、叉形器等较为发达。同时，随着磨制技术发展及农业生产力的提高，要求工具制作使用快捷方便，锯齿石镰或蚌镰发展到仰韶文化时，锯齿渐趋消失，普遍以直刃石镰石刀等代替，以适应农业发展的实际需求。

其三，是复合石器工具的出现。复合石器工具是传统打制、磨制石器与杠杆技术的结合，分为3类：一类是穿孔结构；一类是具有肩部、柄部结构；还有一类是侧部具有凹槽结构。复合工具是依靠石器独特结构与木质杠杆结合组成，通过二者的组合，他把力的支点尽量前延，而把力矩向后延长，从而通过杠杆原理大大提高力的功用，提高工作效率。第一类是通过绳索穿孔捆绑，后两类是根据工具加工的结构特点进行捆扎形成复合工具形态。穿孔石器通过捆绑，肩、柄结构可捆绑、镶嵌，与普通木棍组合为简单操作的掘土工具——"耜"。但根据嵩山地区考古发现[②]看，至裴李岗文化后期复合工具仍较为罕见，至长葛石固遗址第七期（仰韶文化前期），尚未发现穿孔石器以及具有明显肩、柄结构的石器。目前嵩山地区复合工具石耜最早出现在仰韶文化早期或偏晚，至大河村四期，穿孔石器以及肩、柄部结构的石器已经普遍出现。

以裴李岗文化穿孔石器为例，我们发现这一时期石器穿孔琢磨技术仍处在发展阶段，[③] 尤其是在质地坚硬的大型石器工具青石等上面对琢穿孔技术尚不成熟，考古发掘中多次出现的半成品穿孔石器证明了这一点，石器穿孔技术的阶段性发展也就直接限制了这一时期复合工具的发展。如图3所示，1979年裴李岗遗址发掘出土一件青条石加工工具半成品，该器"长条形，长边一侧平整，一侧有一道浅凹槽。两

---

① 北京大学考古文博学院，郑州市文物考古研究院：《河南新密市李家沟遗址发掘简报》，《考古》2011年第4期：第3-9页

② 在2006年河南唐户遗址发掘简报中（参见河南省文物管理局南水北调文物保护办公室、郑州市文物考古研究院：《河南新郑市唐户遗址裴李岗文化遗存发掘简报》，《考古》2008年第5期：第3-20页），在一条沟中出土一件穿孔石铲残片，编号G11②：1，褐色粗质砂岩，两侧边弧形，中间一对穿圆形钻孔。残长5.2、残宽6.5、厚2厘米。对于这一件穿孔石器，根据其形制更似纺轮，材质褐色砂岩，易于研磨钻孔

③ 有学者认为，穿孔技术发明于五万年前的欧洲尼安德特人。我国的穿孔技术在旧石器时代中期已经产生，到旧石器时代晚期后段时期，穿孔技术更加成熟，并陆续传播到中国、日本列岛及朝鲜半岛。而裴李岗时期中国境内的穿孔技术已经比较普及（参见王强：《史前穿孔技术初论》，《四川文物》2009年第6期）。然而根据考古发现看，在装饰品及小型采集渔猎工具上面，穿孔技术确实比较普及，但作为土壤垦殖的较大型石器穿孔生产工具，在嵩山地区出现的时段不早于裴李岗文化晚期

面均有未穿透的小圆窝，一面六个，一面二个。横剖面长方形，两端不平整。长 35 厘米。"① （图 3）2007 年唐户遗址发掘出土一件半成品钻孔石铲，"褐色粗夹砂岩，两端均为圆弧形，侧边呈弧形，两侧有对称圆形钻孔。长 19.5 厘米，残宽 9.5 厘米，厚 3.9 厘米。"② 1979 年裴李岗遗址发掘 "在 T305 第②层出土一件两面钻有圆窝的石器残片。残宽 15.5 厘米，残长 10 厘米，厚 3 厘米。"③

这一时期，质地结构疏松材质的小型石器工具穿孔现象较常见，唐户遗址 2006 年发掘出土一件残纺轮（原报告归为石铲），"褐色粗砂质岩。两侧边呈弧形，中部有一对钻圆形穿孔。残长 5.2 厘米，残宽 6.5 厘米，厚 2 厘米。"④ 至裴李岗文化后期以降，石器穿孔技术普遍发展，不仅小型工具如纺轮等，而且大型石器工具石铲等开始出现穿孔现象。长葛石固遗址第Ⅵ期出土一件石纺轮，"残存一半，紫红色。通

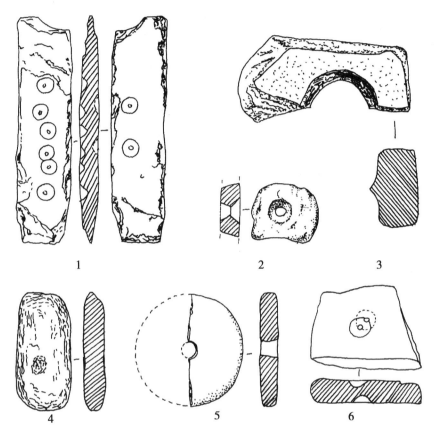

图 3　裴李岗文化等 "钻孔" 石器

1. 1979 年裴李岗遗址发掘 M38：5（《考古学报》1984 年第 1 期：35 页）；2. 唐户遗址 2006 年遗址发掘 G11②：1（《考古》2008 年第 5 期：13 页）；3. 大河村仰韶文化前一期 T57⑯：3（《郑州大河村》111 页）；4. 唐户遗址 2007 年发掘简报 H86：1（《考古》2010 年第 5 期：19 页）；5. 长葛石固遗址第Ⅵ期 H55：5（《华夏考古》1987 年：第 1 期：77 页）；6. 1979 年裴李岗遗址发掘 T305②：6（《考古学报》1984 年第 1 期：34 页）

资料来源：原刊《炎黄文化》2015 年 3 期

体磨光，圆形扁体，中间厚，周边较薄。中央有一圆孔。纺轮直径 6 厘米，孔径 1 厘米。"⑤ 在大河村 "仰韶文化前一期" 出土一件名为 "环状器" 的青石残器，琢磨兼制，残孔内圆外方，长 14.9 厘米，残宽 4.4～5.7 厘米，厚 5.2 厘米，内径 4 厘米。⑥ 根据该残器形制，其孔为两面对钻形成，器身长方体，应

① 中国社科院考古研究所河南一队：《1979 年裴李岗遗址发掘报告》，《考古学报》1984 年第 1 期：第 35 页

② 郑州市文物考古研究院，河南省文物局南水北调文物保护办公室：《河南新郑市唐户遗址裴李岗文化遗存 2007 年发掘简报》，《考古》2010 年第 5 期：第 3－23 页

③ 中国社科院考古研究所河南一队：《1979 年裴李岗遗址发掘报告》，《考古学报》，1984 年第 1 期：34 页

④ 河南省文物局南水北调文物保护办公室，郑州市文物考古研究院：《河南新郑市唐户遗址裴李岗文化遗存发掘简报》，《考古》，2008 年第 5 期：第 12 页

⑤ 河南省文物考古研究所：《长葛石固遗址发掘报告》，《华夏考古》1987 年：第 77－78 页

⑥ 郑州市文物考古研究所：《郑州大河村》，科学出版社，2001 年：第 111 页

是一件钻孔石铲。该期同时出土一件残玉铲，黑白花玉，扁平体，中间厚两侧稍薄，磨光，上端饰圆孔三个，可能为一件装饰品而非实用器。大河村一期普遍出现穿孔石铲、石刀等石器，在临汝中山寨遗址属于大河村文化的第四期，也出现了穿孔石刀等石器。[①]

由上可见，裴李岗文化时期，大型石器工具尤其是质地坚硬的石器穿孔技术尚在发展中，两面对钻的石凿等钻孔工具并不多见。从半成品工具形态看对钻技术尚不稳定，因此可以推断具有穿孔结构的复合石器工具这时尚未出现，同样我们发现，在裴里岗文化早中期，具有柄、肩部结构特征的时期亦是罕见。

综述之，在裴李岗文化早中期，原始农业生产经济仍处于刀耕火种状态，亦或是锄耕农业的前期阶段。这一时期，在骨器等饰品上面的钻孔技术已广泛应用于质地疏松的小型石器工具上面，如砂岩质地的纺轮等。这一阶段石器穿孔技术的发展与周边同时期原始部族的发展是一致的。在舞阳贾湖遗址出土石制品中，"贾湖出土的石制品中，有钻孔的器物比例不高，主要有纺轮、石环和穿孔石饰，可见穿孔技术还未广泛运用于工具的制作，虽然此时的穿孔工艺已相当娴熟。"而且"有钻孔的石制品大多石质较软，石料以含云母片岩、莹石和绿松石为主。"[②]

而到了仰韶文化早期，复合工具的出现和发展标志着原始农业进入了锄耕农业阶段，土壤垦辟技术的发展把原始农业推向了新的高度。

其四，是大型石器工具的出现。在郑州市河南建业一号城邦小区发掘出土了一批仰韶文化四期大型石器石斧、石铲等，体长介于 40～65 厘米，石铲为穿孔或肩、柄结构。大型石器工具——耒耜的出现，说明平原农业生产进入了深耕管理阶段。

总之，生产工具技术尤其是石器复合生产工具的发展使得土壤垦殖的效率和生产水平大为提升，原始农业发展真正进入到生产经济阶段，这为原始聚落社会内部对生产资源和劳动产品的控制进入到量化阶段，为原始聚落内部社会复杂化提供了最基础的先兆动力。

---

① 中国社会科学院考古所河南一队：《河南汝州中山寨遗址》，《考古学报》1991 年第 1 期：第 57－89 页

② 河南省文物考古研究所：《舞阳贾湖》，科学出版社，1999 年：第 945 页

商周农具简论

刘兴林*

（南京大学历史学院，江苏　南京　450052）

摘　要：考古学上在石器发明前，应该有一个漫长的木器时代。在石器时代，人们大量使用石器为谋生的工具，延续生存，这已为考古发现的所证实。石器之外，骨、木、蚌器的作用也已得到学界的充分认识。木质农具（哪怕是稍经加工的木棒）在新石器时代的农业生产中发挥了重要的作用。骨质工具以锥、凿类小型工具为主，相对于石器，数量甚少，可以说在农业生产上的意义不大，而发现数量较多的刀、镰、铚等蚌类农器也同骨质农具一样被掩映在繁荣的石器文化之下，向为人们所忽视，不免令人遗憾。进入夏商周时期，蚌器不但没有被新式农具所代替，而且在各类农具中占仍有相当大的比重。

关键词：商周时期；农具；考古

考古学上，依据一个时期起主要作用的生产工具和武器的质料的不同，将人类历史划分为石器时代、青铜时代和铁器时代。有人认为，在人类社会之初，最先发明的生产工具是木器，最具决定意义的生产工具是木棒与木矛，并非石器。在石器发明前，应该有一个漫长的木器时代[1]。在石器时代，人们大量使用石器为谋生的工具，延续生存，这已为考古发现所证实。石器之外，骨、木、蚌器的作用也已得到学界的充分认识[2]。虽然木器不易保存，目前尚未见有关于史前时期完整的木质农器具的报道，但人们仍然坚信，木质农具（哪怕是稍经加工的木棒）在新石器时代的农业生产中发挥了重要的作用。骨质工具以锥、凿类小型工具为主，相对于石器，数量甚少，可以说在农业生产上的意义不大，而发现数量较多的刀、镰、铚等蚌类农器也同骨质农具一样被掩映在繁荣的石器文化之下，向为人们所忽视，不免令人遗憾。进入夏商周时期，蚌器不但没有被新式农具所代替，而且在各类农具中占仍有相当大的比重。这里不谈史前时期的石、骨、蚌农具，而首先从新石器时代农具系统中沿续到青铜时代的蚌类农具说起，看看它们在接下来的时间内发挥的作用和发生的变化。

一、从甲骨文"农"字说起

农，《说文·晨部》："耕也。"《公羊传·成公元年》"作丘甲"，何休《解诂》："辟土殖谷曰农。"《汉书·食货志上》"士农工商，四民有业。……辟土殖谷曰农。"典籍又指辟土殖谷之人，如，《尚书·盘庚上》"若农服田力穑"，《论语·子路》"吾不如老农"。"辟土殖谷"这一活动作用于一定的对象，自然就需要一定的工具。

甲骨文农字作 𦰩（《佚》855）、𦰩（《佚943》）等形，从艸（或从林或森）、从辰。杨树达："甲文农字从辰从林，从林者，初民之世，森林遍布，营耕者于播种之先必斩伐其树木也。辰者，蜃也，《淮南》所谓摩蜃而耨也。"[3]《淮南子·氾论训》："古者剡耜而耕，摩蜃而耨。"郭沫若《甲骨文字研究·释干

---

* 【作者简介】刘兴林（1963—　），山东莒县人，历史学博士。南京大学历史系教授，博士生导师，主要从事"战国秦汉考古""中国古代钱币""先秦两汉农业考古研究"和"战国秦汉考专题"研究

① 任凤阁，王成军：《木器先于石器说申论》，《陕西师范大学学报》（哲学社会科学版），1995 年第 1 期
② 周昕：《石器时代的非石质农具》，《古今农业》2001 年第 3 期
③ 引自于省吾主编：《甲骨文字释林》，中华书局，1996 年：第 1126 – 1127 页；李孝定：《甲骨文字集释》3··840

支》："辰与蜃在古当系一字，蜃字从虫，例当后起。""余以为辰实古之耕器，其作贝壳形者，盖蜃器也……附以提手，字盖象形，其更加以手形若足形者，则示操作之意""辰本耕器，故农、辱、蓐、耨诸字均从辰。星之名辰者，盖星象于农事大有攸关，古人多以耕器表彰之。"①《韩非子·五蠹》："上古之世，民食果蓏蚌蛤。"民又以日常食余蚌蛤之壳为制成农器，其数量也应是可观的。

前人对于农字字形的说解是清楚的，所从之艸或林是农作之环境，当然说作物也未尝不可，而辰为农器，是用蜃壳加工而成的农作的工具，应即考古发现之蚌刀、蚌镰、蚌铚一类，常见背部穿二孔，以绳索系缚于拇指，用之捻掐禾穗，如后世所用之铁铚，又称掐刀、抓镰。装柄使用的较少，称为镰。甲文辰字之形作𦥑，《甲骨文字典》以为"正像缚蚌镰于指之形，𦥑像蚌镰，本应为圆弧形，作方折形者乃刀笔契刻之故；𢦏像以绳缚于指之形，故辰之本义为蚌镰，其得名乃由蜃，后世遂更因辰作蜃字。又古籍之大辰星（即天蝎座 星）与前后相邻二星所联成之弧线与农具辰之圆弧形刃部相似，故以辰名之"。按，以辰为蜃、为蚌镰是对的，说字像"缚蚌镰于指之形"则是出于附会。

甲文农字有从辰者，亦有从辰从又（手）者，作𦥑（《前》4·10·3），若说辰像"缚蚌镰于指之形"，那么农字再从手作完全是画蛇添足了。"辰"字确有似手者作𦥑（《甲》424），但在"辰"的四五十种异体中只一见，当是省笔或变体。至于说"大辰星与前后相邻二星所联成之弧线与农具辰之圆弧形刃部相似，故以辰名之"，如果只取与辰（蜃）的弧刃相似，更不应以缚指的辰（蚌镰）名星辰之辰了。郭沫若承认辰为耕具，但又以甲骨文"磬"字中有与辰相似的三角符号，认为磬为石制，字正像以手持锤击石，"故知辰亦必为石器"，"辰既像石器之形，则当时耕具犹用石刀，殊可断论"②。然"辰"字既不像以绳缚手于蚌，与三角相连之画则应为蜃之特征。甲文"辰"字异体颇多，除"农"字所从形，还有𦥑（《甲》2274）、𦥑（《佚》383背）、𦥑（《乙》9078）、𦥑（《佚》59）、𦥑（《甲》2330）等四五十种形体，三角和变形三角符号开口处必拖带笔画，当是不可分割的连体部分，似为蚌开口所吐之肉。辰之字形之"石"之三角应为偶拿回，并不是一回事。

以辰蛤蚌之蜃，还可从脣（唇）字中得到说明。脣，《说文·肉部》："口耑也，从肉辰声。"辰亦兼义。《释名·释形体》："脣，口之缘也。"又指圆形器之外圈，《考工记·陶人》："陶人为甗，实三鬴，厚半寸，脣寸。"蛤蚌上、下两片硬壳相合，开合自如，有时蚌肉外吐，像人之唇舌。唇字从辰的本意，盖来自古人对自然界的细致观察。

简单说来，辰即后来之蜃，由于外壳坚硬，弧唇刃薄，持之方便并且得之较易，自史前人们就一直用它作收割或捻掐禾穗的镰刀，有的在背部磨一、二穿孔便于系缚手指，有的将刃口磨成锯齿状。这类蚌镰早在一万年前江西万年仙人洞新石器时代早期遗址就有大量出土，可见传统悠久。以辰为星名，则完全是由于辰（蜃）与农业的密切关系，郭沫若的说法是有力的。辰与农业的密切关系已由农字字形中得见。在蚌器广泛使用的上古社会，人们看到辰（蜃）自然会想到农，辰器俨然成了农作的代名词，而使蚌壳渐有农业符号之意义。

辰与农与星辰间的联系早在史前时期就有充分的表现。1987 年，河南濮阳西水坡仰韶文化墓葬（M45）人骨架左右两侧发现在用蚌壳精心摆塑的龙、虎图案，墓主北侧有蚌塑三角形图案，三角形东侧横置两根胫骨③。冯时分析认为，整个图案组合以及墓葬本身的形制表现的是天圆地方、二陆、北斗等天象，它"将中国二十八宿体系的滥觞期及古老的盖天说的产生年代大大地提前了。这有助于对中国天文学体系的客观认识"④。陆思贤结合 M45 之南的两组蚌塑考察，认为第一组（M45）为二分图，M45 之南 20 米的第二组图有蚌塑龙、虎、鹿、蜘蛛和一件石斧，为冬至图，再南 25 米的第三组蚌塑人骑龙、蚌塑虎、飞禽、圆圈纹等，为夏至图，西水坡是一处远古时期的农业天文观测基地⑤。农业、天文、蚌壳发生

① 郭沫若：《甲骨文字研究》下册，《郭沫若全集·考古编Ⅰ》，科学出版社，1982 年
② 郭沫若：《中国古代社会研究》，人民出版社，1964 年：第 186 页
③ 濮阳市文物管理委员会等：《河南濮阳西水坡遗址发掘简报》，《文物》1988 年第 3 期；濮阳西水坡遗址考古队：《1988 年河南濮阳西水坡遗址发掘简报》，《考古》1989 年 12 期
④ 冯时：《河南濮阳西水坡 45 号墓的天文学研究》，《文物》1990 年第 3 期
⑤ 陆思贤：《濮阳西水坡出土仰韶文化的三组蚌图是四时天象图》，《史前研究》，三秦出版社，2000 年；《濮阳西水坡 45 号墓主人的人格与神格》，《华夏考古》1999 年第 3 期

了如此亲密的联系，这一切绝不是偶然的。

为什么要用蚌壳来摆塑？蚌壳是农业的符号，农业活动离不开对天象的观察，以蚌壳（辰）作为表现与农业密切相关的天象观念的道具也就是顺理成章的事了。久之，又以辰为星之总名，谓星辰，日月星为三辰，而不是大辰星之专名。看来以蚌壳摆塑观天象的图案是上古之世人们的着意选择，而不是随意的或偶然的所为。从蚌器留在农字上的印记、农业与天文的关系、天文与蚌的关联，我们可以体会，蚌壳在早期农业发展过程中所起的作用该是多么的重要！

在没有先进的计时手段的上古时代，要顺利进行农业生产和日常的生活，观天象以确定季节和农时是每个人都具备的寻常技能，顾炎武《日知录》卷30说："三代以上，人人皆知天文。'七月流火'，农夫之辞也，'三星在天'，妇人之语也，'月离于毕'，戍卒之作，'龙尾伏辰'，儿童之谣也。后世文学士，有问之而茫然不知者矣。"天象、天文没有什么深奥可言，它常在人们的身边，它就如同他们手中的蚌壳农具一样寻常。

农字以及与农相关的天象图案的表现，留下了上古时代农业生产中大量使用蚌器的痕迹，也可以说是是无蚌不成农。下面我们再看几个从辰的几个农作字。

辱，《说文·辰部》："耻也，从寸在辰下，失耕时，于封疆上戮之也。辰者，农之时也。故房星为辰，田候也。"许慎虽未达其本义，但仍以农事说解之。杨树达《积微小学述林》："字形中绝不见失时之义也……辱字从辰从寸，寸谓手，盖上古之世，尚无金铁，故手持摩锐之蜃以芸除秽草，所谓耨也。"

蓐，《说文·艸部》："陈草复生也，从艸辱声。"甲骨文蓐或从林，"像手持辰除艸之形，辰为农具，即蚌镰。蓐为薅、农之初文。"[1]卜辞中用为地名或方国名，未见用其本义者。郭沫若《卜辞通纂》：蓐"实农字，与薅字形全同，蓐、农幽冬对转也。"李孝定《甲骨文字集释》按语："在卜辞与薅为一。"[2]

薅，《说文·蓐部》："薅，拔田草也，从蓐好省声。"李孝定谓："蓐、薅当本一字，蓐训陈草复生，薅训拔田草，其义本相因，草复生故须拔去之也。就字形言，小篆之别，在于有女无女，盖当省作蓐者，古文偏旁从人从女无别，人形偏旁又往往与手形脱离另置一侧，又往往省去人形而但存手形，于是有蓐、薅之别矣。辰为农器，手执农器而除草，薅之义也。"

槈，《说文·木部》："薅器也，从木辱声。鎒，或从金作鎒。"段注："蓐部曰：'薅，披去田草也。'槈者，所以披去之器也。"《国语·齐语》："及耕，深耕而疾耰之，以待时雨，时雨即至，挟其枪刈耨镈，以旦暮从事于田野。"《广韵·候韵》引《篆文》"槈如铲，柄长三尺，刃广相互指责寸，以刺地除草。"槈又作耨，《释名·释用器》："耨，似锄，妪耨禾也。"《吕氏春秋·任地》："其耨六寸，所以间禾也。"高诱注："耨，所以芸苗也。"

以上字皆关乎农事，其义都是由所从之辰来表示的。凡从辰得义或得声之字，其义多与农事或天文现象相关，或由与其相关联的意义引申而得义。

二、考古发现的石、蚌、骨农具

以上由文字本身的考订，似乎反映商代的农事是以蚌类工具为主来完成的。而根据考古发现的农具类型，商代还较多地使用石或骨质农具，特别是石器，发现数量众多，如安阳殷墟第二至七次发掘出土石镰3 640件，其中宫殿区一窖穴（E181）中出土440件，小屯村北大连坑B14及其稍北的堆积中一次出土石镰上千件，有些有使用痕迹[3]。这需要从两个方面来认识。第一，殷墟甲骨文字形所揭示的是造字之时的真实情况，汉字发展至商代晚期的成系统、成篇章的甲骨文，其间经历了成百上千年，有的字形所描绘的事物甚至可以追溯到史前时代，如酉、畐代表的器形不见于商代，而颇类仰韶文化的尖底瓶[4]。农字的构形应与商代早中期的实际更相契合。第二，石器的种类繁多，石斧、石锛、石凿等等与农事关系

---

[1] 《甲骨文字典》第60页
[2] 李孝定：《甲骨文字集释》1.237
[3] 李济：《殷墟有刃石器图说》《安阳发掘报告》第四期722~723页，第二期249页
[4] 王晖：《从甲骨文金文与考古资料的比较看汉字起源时代》，《考古学报》2013年第3期

都不密切，而蚌器类型主要是刀、镰、铚，都是农事活动的工具，带有很强的专用性，故"农"字构形以蚌不以石。考古发现石、骨、蚌和铜质农具中，仍以石、蚌器为大宗。以下是商代遗址出土的石、蚌、骨情况，每一类农具中都有铲、镰和铚3种，以镰和铚为主（表1）①。表中涉及的是有石、蚌、骨质农具出土的遗址，有些遗址虽有个别铜农具出土但无石、蚌、骨农具则未列入，表中数据虽带有一定的偶然性，但也反映了多和少的总体趋势。

表1中所列举的只是报告中器类比较明确的遗址，有的报告对不同质料的工具未加分别，统而述之，本文未加收录，如1958—1961年殷墟发掘出土的工具除石斧17件，还有石、骨、蚌铲24件，石、蚌铚刀59件，石、蚌镰刀250件②。无论是石器还是骨蚌器，工具类型都较单一，主要为小型的铲、镰和铚，镰、铚都用于收割，可归为一类。蚌器虽比石器总量要少，但仍然十分可观。铜质农具开始使用，但数量极为有限，尚不至影响到农业生产力和生产效率的问题，更未形成替代旧式农具的趋势，石器、骨器等也没有出现新的形式，石、蚌、骨器之间的对比也不会出现大的变化，因此，以石器、蚌器为主（其中石器尤为重要）进行农业生产，是整个商代的实际。

表1 考古发现的商周石、蚌、骨质农具比较

时代	地点	石器	蚌器	骨器	铜器	出处
商代	郑州南关外	28	22	2		《考古学报》73：1
	柘城孟庄	36	16	2		《考古学报》82：1
	辉县琉璃阁	18	1			《辉县发掘报告》
	郑州二里冈	122	31	16		《郑州二里冈》
	黄陂盘龙城	9				《文物》76：1
	磁县下七垣	179	50	22		《考古学报》79
	藁城台西村	445	77	40	镬2	《藁城台商代遗址》
	安阳高楼庄	7	19			《考古》63：4
	安阳大司空	5	2		铲1	《考古学报》第九卷
	殷墟西区	5				《考古学报》79：1
	罗山天湖	2			铲1、锸1	《考古学报》86：2
	孟县洞溪	42	16			《考古》61：1
	小　计	898	234	84	5	
西周	长安张家坡	93	173	82		《沣西发掘报告》
	长安客省庄	69	21	61		《沣西发掘报告》
	扶风云塘	18	8	7		《文物》80：4
	磁县下潘汪	44	117	4		《考古学报》75：1
	小　计	224	319	154		

西周的情况也大致如此。在商代遗址中，很少有蚌器数量超过石器的例子，而在西周遗址中，长安张家坡和磁县下潘汪，蚌器的数量都大大超过了石器。蚌器总量大于石器的情况也可能是由于所统计的遗址数量少造成的。按常理推测，西周铜农具会比商代多见，而4个遗址皆无铜农器出土，这种情况带有很大的偶然性，我们不能据此得出西周没有青铜农具的结论，同样也不能据此认为蚌器是最主要农具，但它揭示了西周时期青铜农具仍然少见和蚌器在农业生产中发挥着重要的作用。

认识到石、蚌、骨器的大量存在并不是要否定商周农业的发展，事实上，商周时期的农耕的技术如

---

① 据白云翔：《殷代西周是否大量使用青铜农具之考古学再观察》附表整理，《农业考古》1989年第1期
② 中国社会科学院考古研究所：《殷墟发掘报告（1958—1961）》，文物出版社，1987年：第332页

垄作，施肥、灌溉等都有了长足的进步。

三、商周的铜农具的讨论

商周是我国的青铜时代，特别是西周，属青铜时代的繁荣期，但考古出土的商周时期的铜农具却十分少见。但这不影响青铜时代的认定，因为商周时期的兵器和包括手工具有内的生产工具还是以青铜为主的。我们这里只讨论与商周时期铜农具相关的问题。

（一）关于农具的一点说明

首先需要明确一下农具的概念。中国古代常见的农具有镢、铲、锸、耒、耜、犁、锄、镰、铚，等等。有时同一种工具在不同时期或不同情境又有不同的名称，如商周称铲为镈，而唐代陆龟蒙《耒耜经》说的是犁。具体到商周时期，考古发现的不同质料的农具有镢、铲（镈）、锸、犁、镰、铚。有人认为，商周时期有些被称为镢的农具，其实应为斧，虽说斧也可用于农作之中，但充其量是农具的一种辅助工具[1]。斧是用于劈的工具，而镢是用来刨挖的工具，二者在使用方法和用途上有很大不同，这主要取决装柄的方式。先秦至汉代的一些套刃工具在没有发现木柄的情况确实很难推测其装柄和使用的方法，但是西周时期的一种长条形、一端有刃另一端带长方銎的工具明确为镢，可称为直銎镢，如湖北黄陂盘龙城、河南郑州南关外出土的商代青铜镢。青铜镢在商时期已经出现了，这是不容混淆的。

又有学者认为，目前所见的商周时期的青铜农具中，犁、镰等可以看作是专门的农具，但为数较多的镢、铲、锸等基本上是土作工具。这些土作工具用于农业耕作自然是农具，但它们更常用于筑城、建房、挖掘窖穴和墓坑等土建作业，因此不宜把它们一概视为农具[2]。我以为不应做这样的划分。在古代，单一用途的工具是很少的，而镢、铲、锸等这些工具用于农业生产是普遍的、常态的，用于土作工程则是少数人、工程期内的事情。另外，商周乃至整个古代社会没有专门从事土作的劳动阶层，城池、房室、窖穴和墓坑等都是从事农业生产的人来完成的，大型的工程自然要靠征发业农动者服徭役。战国时期，《孟子》等提出"使民以时"，所说的"民"都是农业劳动者。他们用镢、铲、锸农作，又用它土作，这都是极正常的事，但我们不能说是用土作的工具来种田。

（二）青铜农具的发现及其意义

小型的青铜农具早在新石器时代晚期就已见使用，主要发现于西北地区齐家文化遗址。1975年甘肃广河齐家坪出土铜镢1件[3]，1976年，甘肃临夏魏家台子山上铜铚1件[4]，甘肃省博物馆还展出1件出土于广河齐家文化遗址的铜镰。这些发现虽然数量很少，但已成为夏商周时期青铜农具的先声。二里头文化和相当于二里头文化时期的青铜农具，目前所知的不出10件。考古发现的商周时期的青铜农具（含传世品），以陈振中《先秦青铜生产工具》[5]统计为基础，补充其未收录的材料，结果如下（表2）。

表2　考古发现的商周青铜农具

	耒	耜	镰	铚	铲	锄	镈	镢	锸	犁
商代	1	21	61	1	44	16		150	3	2
西周	5	28	9	1	80	49		295		
东周	24	28	137	16	311	414	53	413	14	4

---

① 高西省：《试论扶风出土的商周青铜生产工具及相关问题》，《农业考古》总25
② 白云翔：《殷代西周是否大量使用青铜农具的考古学观察》，《农业考古》1985年第1期
③ 安志敏：《中国早期铜器的几个问题》，《考古学报》1981年第3期
④ 田玉璋：《甘肃临夏发现齐家文化骨柄铜刃刀》，《文物》1983年第1期
⑤ 陈振中：《先秦青铜生产工具》，厦门大学出版社，2004年：第26页

表中补入的材料有：1979 年河南罗山天湖商代晚期墓出土凹字形锸（M27：14）和长方銎窄身铲（M9：4）各 1 件[1]；1989 年江西新干大洋洲商代晚期大墓出土铜锸、犁、铲各 2 件，镬、耒、耜、铚各 1 件，镰 5 件[2]。

商代、西周青铜农具的数量虽然与考古出土的同时期的石、蚌类农具相比显得微不足道，但从商代到西周到东周，青铜农具数量不断增长的趋势是十分明显的。如果把春秋和战国青铜农具的发现情况分开来看，这个增长的趋势应该在战国中期以前发生了变化，变化的原因是铁农具的推广。

农具类型上看，镬占绝对优势，而镰、铚、铲等小型农具在商代西周时期的总量并不大，到东周数量大增，这可能是由于商代、西周时期石、蚌镰、铚还大量使用的缘故，东周时期，金属的利刃器开始代替石、蚌质的镰和铚。

商周有青铜农具存在和使用，这是毋庸置疑的，但关于商周时期是否大量使用铜农具的问题，学术界展开过长期的激烈讨论。早在 20 世纪 50 年代，郭沫若在《奴隶制时代》中即说："青铜贵美，在古代不用以铸耕具，偶尔有所谓青铜犁、馆的发现，有的是出于误会，有是则顶多只能是仪仗品而已。"[3] 容庚、张维持《殷周青铜器通论·绪论》："当时的农业工具还未普遍地使用青铜铸造，因为当时的生产方式是奴隶占有制的生产方式，奴隶们本身没有从事生产的兴趣，他们常常破坏劳动工具，因此奴隶主不肯给他们较贵重的农具来改善他们的生产条件。同时青铜的农具虽然比石制的较为经久和锐利，但补充起来比石头困难得多，作为青铜合金的铜和锡原料是比较稀少的，铸造也比较困难。至于合用的石头到处皆是，制造石头农具也还方便。"[4] 于省吾也说："因为自由农固无力制作青铜农具，从事耕作的奴隶亦自不允许用贵重的农具"。针对 1953 年在安阳殷墟发现的一件青铜铲，他说："即使是农具，即使再多发现几把，也影响不着商代曾经普遍使用着蚌制的和石制农具这一事实。"[5] 1960 年，唐兰认为商周青铜农具曾大量使用，但已被回收再熔铸[6]。

20 世纪 70 年代以前，由于青铜农具极少发现，人们多对商周使用青铜农具及其作用持怀疑态度，并试图对商周很少用铜农具的原因做出解释。80 年代的讨论则集中在商周是否大量使用铜农具的问题上。1977 年，安徽贵池县徽家冲东周窖藏中发现青铜农具镈、蚌镰等多件，另有兵器和生活用具。窖藏品多已残毁并与铜坯共出。李学勤认为，窖藏中的农具是作为废铜等待回炉而储存的，农具不堪再用即予回炉，加之上古不以农具随葬，正可以解释过去考古发掘中很少发现青铜农具的原因[7]。

关于东周窖藏情况的推论，极易给造成商周青铜农具曾普遍存在的模糊认识。徐学书等也用"废旧青铜器回熔改铸新器"来解释商周遗址青铜农具罕见的现象[8]。其实，在铁器广泛使用的汉代，同样存在旧铁回炉的问题。汉代大部分时间实行盐铁官营，在主要产铁地区设铁官，而在不产铁的县设小铁官，一般由县令（长）兼任。小铁官无铁可炼，其职责是管理旧铁回收和再铸新器，可以说汉代的盐铁官营真正做到了无孔不入。在汉政府严格管理的回收再铸政策下，仍然给我们现在留下了众多包括铁农具在内的铁器的考古发现，那么铜器时期的回炉再铸又为什么会让我们"很少发现青铜农具"呢？

这很难说得过去。使用得多才会有较多的遗存和给后世较多发现的机会，道理是浅显的，迄今很少有关于商周农具铸范的报道，只在郑州商城南关外铸铜遗址曾发现过镬范[9]，这也可辅助说明这一道理。有人认为，在商周是否使用青铜农具的讨论中，"双方学者所依据的考古发掘的所谓'青铜农具'，绝大多数不是农业工具，而是奴隶主阶级生前带在身边的手工工具、侍弄花草的小型器具以及削制钻刻的文具。有一部分则是奴隶主阶级'藉田'、'开镰收获'等带有礼仪性质的'农业礼器'。大批奴隶在田间劳动的农具依然是木、石、骨、蚌制作的'耒耜'、镰刀等"[10]

---

[1] 河南省信阳地区文管会，河南省罗山县文化馆：《罗山天湖商周墓地》，《考古学报》1986 年第 2 期

[2] 江西省文物考古研究所，江西省新干县博物馆：《江西新干大洋洲商墓发掘简报》，《文物》1991 年第 10 期

[3] 郭沫若：《奴隶制时代》，科学出版社，1956 年

[4] 容庚，张维持：《殷周青铜器通论》

[5] 于省吾：《驳唐兰先生"关于商代社会性质的讨论"》，《历史研究》1958 年第 8 期

[6] 唐兰：《中国古代社会使用青铜农器的初步研究》，《故宫博物院院刊》总 2 期

[7] 李学勤：《从新出青铜器看长江下游文化的发展》，《文物》1980 年第 8 期

[8] 徐学书：《商周青铜农具研究》，《农业考古》1987 年第 2 期

[9] 河南文化局文化工作队第一队：《郑州商代遗址的发掘》，《考古学报》1957 年第 1 期

[10] 欧谭生：《河南信阳地区农业考古启示录》，《农业考古》总 19

　　白云翔比较客观地对商周时期的青铜农具进行了评价，认为："在殷代和西周，确实存在青铜农具，但绝没有大量或普遍使用，更没有取代各种非金属农具在农业生产中的地位。"[1] 陈振中考证上古"钱"即铲，并由商周青铜铲的考古发现说明它"在生产中起到了重要作用"，由铜锯和铜铲的数量对比推理出"殷代和西周王朝统治中心区大量使用青铜铲"[2]，白云翔做《殷代西周是否大量使用青铜农具之考古学再观察》予以反驳[3]。1989 年，江西新干大洋洲商代晚期大墓出土青铜工具镢、锸、犁、铲、耒、耜、镰、铚以及斧、（版斤）、锛、凿、刀、锥、砧等 123 件，其中农具就有 15 件[4]，燃起了人们对于商周青铜农具的热情。但这样的发现并不普遍，对于商周是否大量使用青铜农具的讨论还会继续下去。

　　白云翔在《我国青铜时代农业生产工具摸考古发现及其考察》一文提出了青铜时代农业生产工具发展和演进的三个阶段，即："商代以前的非金属农具阶段；商代西周以各种非金属农具为主、非金属农具和金属农具并用的阶段；春秋时期非金属农具、青铜农具和铁农具并用的阶段"。指出："即使到了春秋时期，青铜农具也并未能取代各种非金属农具，只是随着铁农具的产生，才开始了各种非金属农具逐步退出历史舞台的进程"[5]。春秋时期的青铜农具较商周稍有增多，如成批出土的有，河南淅川二号楚墓出土镢、锛、镰等 26 件[6]，湖北襄阳山湾四座楚墓出土斧、锛、镰、削、锥等 10 件[7]。1984 年安徽涡阳出土一陶罐青铜器，内有生产工具 93 件，其中农具 81 件，有镰 55 件，铚 1 件，锸 17 件，镢 8 件。其他为兵器剑、矛、镞及手工业工具斧、锛、钻头、削等[8]。但是，春秋时期铜农具增长的趋势到中期就逐渐被铁器的发展形势掩盖和替代了。

　　青铜时代在农业生产中使用的铜农具的量是很难把握的，但可以把它们所发挥的作用进行适当的界定。我认为商周"以各种非金属农具为主、非金属农具和金属农具并用"的说法虽然不错，但仍给人以夸大青铜农具地位和作用的印象。通过石、蚌农具和青铜农具的对比，就可以发现青铜农具在商周绝对不占优势，这还没有把不易被考古发现的大量的木质农具考虑在内，因此，所谓的青铜农具与非金属农具的"并用"也只能是少量使用，商周时期的农业生产力和生产效率并未因青铜农具的使用引起大的变化。尽管如此，青铜农具的意义仍需特别指出。

　　我以为，商周青铜农具的重要意义主要不体现在经济方面，而在技术方面。青铜农具最初仿形于石、骨农具，如张朝智发现江西新干铜耜（耒）与河姆渡骨耜（耒）形似，推测与河姆渡同处于长江中下游的吴城文化也应有骨耜类农具[9]。三角形石犁在崧泽文化、良渚文化以至夏商时期常见的农具类型。江苏溧阳出土的马家浜文化的石铲极，后端带一圆短柄，与铜铲形制极为相似。石、骨农具应用上有诸多不便，最大的不便石、骨铲也有与铜铲形似者。制作农具同石、骨、蚌等农具除了刃厚不耐用等缺点，更大的不便在于装柄困难。

　　新石器时代的石、骨器大都采用绑缚的办法，如河姆渡的骨耜。石犁则可能用木钉钉在木板（犁）上。这样的安装费时费力，使用中也极易松动、滑脱，不方便用力。用青铜铸造农具，就可以铸出纳柄的銎，这是在石、骨器制作上所无法做到的。有了纳柄的銎，安装方便快捷，柄与器身的结合牢固耐久，方便用力，可以大大提高生产的效率。由铜农具的出现带了农具装柄（安装）方式上的重大变革，这正是商周铜农具的最重要的意义所在。虽然这个技术上的革新由于铜农具的有限还没有产生较大的经济意义，但给以后的金属农具的发展开拓了天地，指明了方向。

　　在商周铜农具中，镢、铲、耒（耜）、犁、锸都是有銎的。镢、铲、耒（耜）是竖銎，铲、耒（耜）可以装直柄使用，镢在銎内装木板，通过榫卯连接横柄。锸为凹字形，内为凹槽，将木叶从三面包住，再连接长柄。犁可以直接套装在木犁底上。铚用于缚于指上割取禾穗，沿用至今，民间又称爪镰，是不

① 白云翔：《殷代西周是否大量使用青铜农具的考古学观察》，《农业考古》1985 年第 1 期
② 陈振中：《青铜农具钱》，《农业考古》1987 年第 2 期
③ 白云翔：《殷代西周是否大量使用青铜农具的考古学再观察》，《农业考古》1989 年第 1 期
④ 江西省文物考古研究所，江西省新干县博物馆：《江西新干大洋洲商墓发掘简报》，《文物》1991 年第 10 期
⑤ 白云翔：《我国青铜农业生产工具的考古发现及其考察》，《农业考古》2002 年第 3 期
⑥ 河南省丹江库区文物发掘队：《河南淅川下寺春秋楚墓》，《文物》1980 年第 10 期
⑦ 湖北省博物馆：《襄阳山湾东周墓葬发掘报告》，《江汉考古》1983 年第 2 期
⑧ 杨玉彬，刘海超：《安徽涡阳县出土的东周青铜器》，《考古》2006 年第 9 期
⑨ 张朝智：《试探新干青铜农具内涵及有无在吴城大量使用问题》，《农业考古》2014 年第 1 期

用柄的农具。商、西周时期的铜镰还未发现有带銎的，目前发现的几例有銎铜镰都是春秋时期，如安徽蚌埠双墩一号春秋墓出土的带銎铜镰①。方便装柄的銎在铜镰上出现的相对迟缓，铸造相对困难是原因之一。扁平体小的铜镰装柄本来就较方便，可以在劈开柄的一端，夹住铜镰，然后沿镰刀上下将柄绑紧，即可将牢固地将镰与柄相结合。有的铜镰后端装柄部位带穿孔，也是方便绑缚或穿钉加固。这种方法常见于兵器戈的装柄，也称方便和牢固。这又是铜镰加銎不如其他铜农具那样迫切的原因之一。

这里还要特别说一下商周时期的铜犁。在商周铜农具中，铜犁发现得最少。目前所见的商代铜犁只有江西新干大洋洲商代晚期墓出土的2件。2件犁皆呈三角形，"两侧薄刃，正面中部拱起，形成截面为钝三角形的銎部。两面均饰简体式云雷纹。銎部正中有穿对通。长9.7、肩阔12.7厘米"②。2件铜犁体小而轻薄，不像是实用的犁。由于犁面饰有商代青铜器常见的云雷纹，中部三角形内布置兽面纹，有人认为属于祭祀礼仪仪式上用的东西③，这与郭沫若20世纪50年代提出的商周青铜犁、锸为"仪仗品"的说法相一致。用仪式用具解释新干商墓铜犁的非实用性是目前学界的主流。

我看过铜犁的展览后，马上对其非实用的说法表示认同。新干大墓的墓主属"赣江流域扬越民族奴隶国家的最高统治者或其家属"，铜犁和其共出的其他铜农具可能是这座大墓主人生前举行"藉田"仪式中使用的道具。藉田做做样子，精致、庄重、美观是第一位的，也就不太讲究是否实用的问题了；藉田的仪式是否在经过人力整治过的松软的田地上进行，也未可知。仪仗的用途和性质还可以再讨论，我们看到的不仅是以其为仪仗的活动的意义，更有其作为青铜农具的技术上意义。

新干铜犁，三角形和云雷纹、兽面纹都有其取形的早期石犁或青铜礼器，但它的三角形銎是没有样本参考的，这是铜犁上的发明创造！在商周青铜农具中，铜犁发挥的实际生产上的作用可以说微不足道，但是带銎铜犁的发明，预示着犁具发展史上一场革命的到来。它可以方便地装到木质犁底上，犁在前行中，铜犁与犁底的结合会越来越紧，铜犁用坏可以随时取下更换。由于有了铜犁，在春秋战国至西汉时期，金属犁逐渐增大了翻土的功能，并最终在西汉时期出现了犁镜。

带銎铜农具是商代的一大发明，青铜农具虽然没有引起经济领域的重大变化，但为春秋战国金属农具的推广和农业经济的大发展准备了技术条件，因此，商周青铜农具在技术变革上意义大于经济发展的意义。发生在青铜农具上的这种技术革新还可能影响到不易被发现的木质农具。

四、从木器的使用认识青铜器工具的意义

任何时期，生产领域都缺少不了木质工具，越是时代久远，木质工具发挥的作用越大。但是由于古代木质工具不易留下来，又常常让人们忽视视它曾存在的重要意义。

根据考古发现的遗迹判断，史前至夏商周时期至少有木耒、木耜、木锨（锸）三类木质农具④。殷墟孝民屯H116坑壁上留下的工具挖痕，齿长6厘米，宽5厘米，两齿间距5厘米，无疑是一种双齿的木耒⑤。耜由史前时期的尖头木棒发展而来，单刃、较窄，发掘中不太好根据遗迹判断。值得一提的是，1984年发掘的河南安阳殷墟武官村北地M260，墓壁未经拍打处可见挖工具的痕迹，"一类为双齿工具（耒），齿痕长20~25、宽3~4、二齿间距6~8厘米；一类为锸类，刃宽4厘米左右。在墓道填土中曾发现一件石锸，残长13.4、宽4、厚2.5、刃宽3.5厘米，可能是被遗弃的挖墓工具"。在墓室西南角的填土中，整齐排列着8件木锨，"皆已朽成白色粉末，背部鼓起似勺，弧刃，是一种铲土工具。头长20~30、宽17~19、柄长105~120、柄宽3~5厘米"⑥。双齿木耒的痕迹在史前时期的灰坑和夏商时期的窖穴、墓葬中多有发现，而木锨（锸）的遗迹还是第一次发现。这对于研究商代木器工具的类型提供了真实可靠的材料。

① 安徽文物研究所等：《安徽蚌埠双墩一号春秋墓发掘简报》，《文物》2010年第3期
② 江西省文物考古研究所，江西省新干县博物馆：《江西新干大洋洲商墓发掘简报》，《文物》1991年第10期
③ （日）渡部武著，张力军、王琳译：《中国传犁及其技术传播》，《古今农业》2010年第3期
④ 杨宝成：《先秦时期的木制农具》，《农业考古》1989年第1期
⑤ 中国社会科学院考古研究所：《殷墟发掘报告（1958~1961）》，文物出版社，1987年：第65页
⑥ 中国社会科学院考古研究所安阳队：《殷墟259、260号墓发掘报告》，《考古学报》1987年第1期

木制工具在商周农业生产中发挥着重要的作用，而青铜时代青铜手工工具的广泛应用，无疑对制作精准、有效而得心应手的轻便木质农具发挥了前所未有的作用，木质农具制作的效率也会大大提高。考古发现的商周时期青铜生产工具中，无论种类还是数量，手工业工具都数倍于农具。在陈振中《先秦青铜生产工具》一书，收录的青铜工具 7 441 件，绝大多数都是斧、锛、凿、刀、锉、钻、锥、锯、针等手工工具。另外，斧、锛、凿、锯等虽不能说是农具，但在开垦田土等方面有时也会发挥其不可替代的效能。因此，在讨论青铜农具和农业发展的同时，我们也不能忘了青铜手工工具对于农业的意义。

五、商周农业生产中的农具体系

随着考古工作的开展，青铜农业生产工具发现的数量会越来越多，但相对于商周时期的农业生产来说，这些铜农具还是十分有限，完全不能应对当时农业发展的需要，光靠这些铜农具是当然无法完成正常的农业生产。但是，青铜农具之外，传统的石、蚌、骨器和经过改良了的木制农具，它们一起构成了商周农业生产各环节的完整的工具体系，保证了农业生产在更高一个层次的持续发展。

（一）农田整治用具

进行农田开垦、作亩和开沟种植的工具有犁、镬、耒、耜、锸（锹）等。犁虽然重要，但发现数量很少，都是三角形，两边刃，后端有三角形的銎，便于套在犁架的木犁底上。可以推想，木犁是石犁、铜犁外非常重要而常用的耕田用具，只是由于木质工具难以发现罢了。

镬的数量较多，有石、铜或木镬。考古发现的青铜镬在各类铜农具中也是数量最多的（表2），长条形，上端（带銎一端）稍宽，銎口长方形，整体厚重。新石器时代有鹿角的镐，在青铜斧、凿、刀等成为得力手工具的时期，利用树枝的自然形状修削成镬应是较容易的事。

耒、耜和锸（锹）也都是常见的起土工具，耒、耜为木质，锸有木有铜，铜锸极少见。安阳发现木锹遗迹属锸或耜类工具。江西新干商墓和河南罗山蟒张后李 M27 出土的铜锸都是凹字形的，三边有刃，内侧有凹形槽含纳木叶以连接木柄。罗山出土的锸长 8.5、銎宽 9.3 厘米[①]，属小型的农具。

甲骨卜辞有垦田、协田和耤的记录：

"癸亥贞，王令多尹垦田于西，受年。"（《合集》33209）
"己巳，王［令］刚垦田……"（《合集》33210）

垦字像两手弄土形，省略了手中所持的工具。或释圣，《说文·土部》："汝、颍之间谓致力于地曰圣。从土从又，读曰兔窟。"段玉裁注："致力必以手，故其字从又、土，会意。"

"［王］大令众人曰协田，其受年。十一月。"（《合集》1）
"……曰协田，其受年。"（《合集》2）

协字作劦，所从三力正像木耜之形，徐中舒已有详尽考证。

"丙辰卜，争贞，乎耤于隉，受有年。"（《合集》9504）
"庚子卜，贞，王其观耤，叀往。十二月。"（《合集》9500）

耤为耤田之耤，字像一人持耒而耕。所用农具皆能从考古发现的相关遗迹中得到印证。木制耒、耜是商代常见常用的农具。

---

① 信阳地区文管会，罗山县文化馆：《罗山县蟒张后李商周墓地第二次发掘简报》，《中原文物》1981 年第 4 期

（二）田间管理用具

田间管理包括中耕除草、灌溉、施肥和灭虫（蝗）等，这些都在甲骨卜辞中有所反映[①]。中耕除草的工具主要有铲，考古发现的商代、西周青铜农具中，铲的数量仅次于锸。陈振中甚至从铜铲的发现和广泛使用，认为商周已经大量使用青铜农具[②]。《诗经·周颂·臣工》："命我众人，庤乃钱镈，奄观铚艾。"钱镈皆为铲类工具，春秋时期三晋和周王畿地区流行的货币形式空首布就是仿形于青铜镈。为货币所仿形，说明铜铲至春秋时期已是十分重要和非常多见的农业工具。

商周时的青铜铲也属小型农具之列。妇好墓出土7件，有长、短两种，短的11厘米左右，正是除草所用之铲[③]。铜铲，长、宽。上有长銎，装短柄可以中耕松土，可以前推除草。

铲之外还有锄，在陈振中《先秦青铜生产工具》中，收录的铜锄数量可与锸相比。当然，工具的存在并不排除徒手拔除或其他不借助工具的除草形式。其他的田间管理如灌溉、驱虫、施肥等有无相应的工具或用什么工具尚无法确定。

（三）收获用具

收获工具有石、骨、蚌和铜质的镰和铚，石、蚌镰（铚）占绝大为数。1929—1932年殷墟发掘的7处灰坑中共出土石镰3 640把件，其中有444件出自一个灰坑之中[④]。蚌镰发现的数量虽不及石镰多，但以其轻便但易得，生产中发挥的效能很大，以至成为"农"构形中的偏旁部件。铜镰有平刃（或内弧刃）和齿刃两种，外形也有所不同。现在重庆三峡库区铁镰仍分为两种刃口，齿刃镰常用于割谷，而平刃镰常用于割草。商代石、蚌镰刀未必有这样严明说分工。

镰刀需装柄连秸收割，而铚直接抓在手上掐取禾穗。《说文》："铚，获禾短镰也。"从镰和铚的大量存在可以知道，当时收获的形式有连秸秆割取和只获禾穗两种。同样，徒手拔出或摘取也应是常用的方法。

（四）加工用具

作物收获以后的脱粒去壳，使用的工具主要是杵、臼。甲骨文秦字作 ![秦] 像两手抱杵舂禾之形，反映的是脱粒之动作。商周时期的石杵、石臼较多，山西永济东马铺头、翼城感军二里头文化遗址各出土石杵1件[⑤]，内蒙古赤峰蜘蛛山夏家店下层文化遗存（夏商时期）发现石杵2件[⑥]。据陈文华先生所做索引，截至1992年，见于报道的商代、西周石杵24件、石臼8件，春秋时期的石杵5件，石臼3件（表3）。另外，河南安阳商代妇好墓出土玉杵、玉臼各1件[⑦]。由于石杵臼较为普遍的使用，故也被做成模型用于随葬。河南罗山蟒张后李周代墓（M29）出土陶杵臼1套，陶杵上勾下扁粘在陶臼上[⑧]。

表3　商周石杵、臼出土情况

时代	地点	石杵	石臼
商代	河南	10	4
	河北		1
	山东		1
	甘肃	5	
	江苏		1

① 彭邦炯：《甲骨文农业资料考辨与研究》，吉林文史出版社，1997年：第396–422页
② 陈振中：《青铜农具钱》，《农业考古》1987年第2期
③ 中国社会科学院考古研究所：《殷墟妇好墓》文物出版社，1980年：第103页
④ 石璋如：《第七次殷墟发掘：E区工作报告》，《安阳发掘报告》第四期，1933年
⑤ 中国社科院考古研究所山西工作队：《晋南二里头文化遗址的调查与试掘》，《考古》1980年第3期
⑥ 中国社会科学院考古研究所内蒙古工作队：《赤峰蜘蛛山遗址的发掘》，《考古学报》1979年第2期
⑦ 中国社会科学院考古研究所安阳工作队：《安阳殷墟五号墓的发掘》，《考古学报》1977年第2期
⑧ 信阳地区文管会，罗山县文化馆：《罗山县蟒张后李商周墓地第二次发掘报告》，《中原文物》1981年第4期

（续表）

时代	地 点	石杵	石臼
商周	辽宁	2	
	河北		1
	贵州	1	
	山东	1	
西周	江苏	1	
	新疆	4	
春秋	湖北	1	
	安徽	1	
	内蒙古	3	3
	小计	29	11

石磨盘、磨棒在北方地区新石器时代诸多文化遗址都有发现，尤以磁山、裴李岗文化最为典型。商代的磨盘、棒也有发现。1959 年，甘肃永靖莲花台辛店文化遗址出土圆形石研磨器 2 件，石圆角长方形石磨盘 6 件[①]。1973 年，沈阳新乐遗址出土商周时期的石磨盘 5 件，石磨棒 21 件。石磨盘一般两面均有磨面，磨棒以一个磨面的居多，少数有两三个磨面[②]。1976 年，吉林磐石吉昌春秋石棺墓出土石磨盘 1 件，两面磨平，其中一面下凹[③]。有的遗址石磨棒与石杵共出[④]。新疆、青海等地也有发现。

甲骨文中有字作 𢼄 （《甲》3915）、𢼊 （《甲》2613）、𢽅 （《燕》194）、𢽸 （《后 2·22·8》）等形，像持杖打麦脱粒。以杖击麦，可以脱粒，反复击之，亦能去壳。这方简便易行，至今仍见使用。

以上只是根据农业生产的环节对工具进行的大致划分，有些工具适应面较广，如铲可能还用于起土。妇好墓出土 7 件青铜铲，铲身有长、短两种，短的只有 11 厘米，应为装短柄前推铲草的得力工具。长的有 17 厘米[⑤]，装长柄后挖土可能更为方便有力。耒、耜、镬、锸也常用于土作业，镰也还可以割草，等等。但是，有了这些农具类型，商代农业生产中便形成了完整的农具系统，可以顺利进行农业生产活动，并保障了商周农业生产水平的提高。

六、结　语

我们由甲骨文"农"字的构形和考古发现的商周时期的农具类型，讨论了蚌、石农具在生产中的应用情况，考古发现、出土文献都说明在青铜文化的繁荣时期，青铜并未改变商周农业生产工具的整体性质，青铜文化的繁荣主要表现在礼乐制度和与战争相关的车马、兵器等方面。但是，我们不能片面地从青铜农具的数量来认识商周时期农业生产工具所发挥的作用，而应该看到由于青铜农具的出现给人们带来的技术的和观念上的变化，如套刃装柄方法的出现，至春秋战国以后渐成大趋，这种改革对后世的影响是在石、骨、蚌农器上不可能发生的。商周时期形成了完备的农具体系，青铜工具已见于各生产环节当中，从此，石、骨、蚌器上的改变基本上停滞不前，人们对于农具革新的兴趣主要集中到可塑性较强的金属工具方面了，这正是青铜农具本身的内在潜力所决定的。

手工业对于农业生产的贡献一向为人们所忽视。自金属冶炼出现以后，手工业逐渐从农业中分离出

---

① 中国社会科学院考古研究所甘肃工作队：《甘肃永靖莲花台文化遗址》，《考古》1980 年第 4 期
② 沈阳市文物管理办公室：《沈阳新乐遗址试掘报告》，《考古学报》1978 年第 4 期
③ 吉林省文物工作队：《吉林磐石吉昌小西山石棺墓》，《考古》1984 年第 1 期
④ 沈阳市文物管理办公室：《沈阳新乐遗址试掘报告》，《考古学报》1978 年第 4 期
⑤ 中国社会科学院考古研究所：《殷墟妇好墓》文物出版社，1980 年：第 103 页

来。这两个行业一直都以各自的产品为对方服务着。手工业对农业的巨大影响主要在农具的生产方面。铸造的农具固然少，但大量的木农具得益于金属手工工具的广泛使用变得更顺手和更有效，只是木器不易被发现，这个巨大影响也很少被提及。所以，青铜时代的农业不应单从青铜农具一方面来反映，更应看到青铜文化的长远的和间接的影响，从青铜对社会经济的影响上看，青铜仍然可以被纳入到生产力的活跃因素中去。

虽然以前学者对具体农具的研究已比较深入，但如果我们把某种现象放到更长远的历史中去考察，还可以看到它们更新更大的意义和作用。本文对于商周农具的梳理是初步的，一些看法也不一定全面和成熟，但至少提供了新的思路。下一步的要做的工作是，顺着由商周农具所构建的农业生产体系一步步看下去，考察我国传统农业形成的具体过程。这是一项承前启后的研究工作。

《齐民要术》引存亡佚《异物志》资料的文献史料价值*

孙金荣**

（山东农业大学文法学院，山东　泰安　271018）

摘　要：《异物志》是汉唐间专门记载有关地区及国家新异物产的典籍。见于史志著录和他书征引的《异物志》有20余种，今已全部亡佚。《齐民要术》引《异物志》版本4种，共计引文38条（38个物种）。后人辑本仅有几种，均以《齐民要术》引文为辑佚的重要来源。《齐民要术》引用保存这些文字已经难能可贵，况且有的条目除《齐民要术》引用保存，不见其他各本征引，这些引文资料的文献史料价值就更加珍贵。成为我们今天了解古代有关书目、内容和版本的重要文献资料，文献史料价值极高。《齐民要术》引《异物志》涉及地域广阔，涉及物种丰富多样，涉及科技门类多元。这些科技史料，是《齐民要术》科技文化思想的重要组成部分，也是我们今天了解古代农业科技、文化、思想的重要史料，还是现代农业科技文化思想传承和应用的基础，具有史料价值和现代应用价值。

关键词：齐民要术；异物志；文献史料

《齐民要术》述及已亡佚书目百余种，有实际文字引用的有价值的书目就有数十种，极具文献史料价值。从字面看，《齐民要术》引《异物志》版本4种，其中引《异物志》文18条（18物种）；引《临海异物志》14条（14物种）；引《南州异物志》4条（4物种）；引《南方异物志》2条（2物种）。鉴于篇幅，全部引文集汇此不详列。梳理、研究《齐民要术》引《异物志》条文，可见其文献史料价值和科技史料价值。

一、《齐民要术》引各本《异物志》的文献史料价值

《异物志》是汉唐间专门记载有关地区及国家新异物产的典籍。据《异物志》研究者考察，见于史志著录和他书征引的《异物志》有20余种，今已全部亡佚，后人辑本仅有几种。清张澍、曾钊、陈运溶等曾辑个别《异物志》佚文。今人刘纬毅《汉唐方志辑佚》收录了《交州异物志》（东汉杨孚撰）、《巴蜀异物志》（蜀谯周撰）、《荆扬已南异物志》（吴薛莹撰）、《南州异物志》（吴万震撰）、《凉州异物志》《庐陵异物志》（南朝曹叔雅撰）、《南方异物志》《岭南异物志》《郁林异物志》等十余种《异物志》佚文。①

《齐民要术》引用收录《异物志》的这些文字材料，成为辑佚的重要文献来源。有的条目除《齐民要术》引用保存，不见其他各本征引，如《齐民要术·梓棪一四四》引《异物志》曰："梓棪，大十围，材贞劲，非利刚截，不能克。堪作船。其实类枣，着枝叶重曝挠垂。刻镂其皮，藏，味美于诸树。"其文献史料价值较高。

---

*【基金项目】国家社科基金重大委托研究项目《〈子海〉整理与研究》（项目编号：10@ZH011）子项目《〈齐民要术〉研究校注》；山东省社科规划研究项目《〈齐民要术〉研究》（项目编号：13CWXJ10）

**【作者简介】孙金荣（1963—　），山东诸城人，文学博士，山东农业大学文法学院教授、副院长，主要研究领域为中国古代文学、文化史

① 刘纬毅：《汉唐方志辑佚》，北京图书馆出版社，1998年

（一）《齐民要术》引《异物志》的文献史料价值

《齐民要术》引《异物志》文18条（18物种）。

缪启愉《齐民要术校释》认为《隋书·经籍志》著录有后汉杨孚《异物志》，《御览》所引，当亦出杨孚。但《御览》用书总目中别有曹叔雅《异物志》、宋膺《异物志》、陈祁畅《异物志》，《文选》左思《蜀都赋》刘渊林注引又有谯周《异物志》。五种《异物志》均已失传。《要术》引文与《御览》有异，不能肯定是哪一种。[①] 如果能确定引文属哪个版本，就为我们提供了研究古代文献的基础文献。

我们首先可以肯定的是，《齐民要术》引《异物志》当在贾思勰《齐民要术》成书前已经问世的《异物志》。如杨孚《异物志》、续咸《异物志》、陈祁畅《异物志》、宋膺《异物志》、曹叔雅《异物志》、谯周《异物志》等。另有三国吴朱应撰《扶南异物志》，三国吴万震撰《南州异物志》等。至于具体哪部或那几部《异物志》被《要术》引用，需作具体分析。

东汉杨孚撰《异物志》系史上最早的一部《异物志》。《隋书·经籍志》《旧唐书·经籍志》《新唐书·艺文志》史部地理类著录。《水经注》引作杨氏《南裔异物志》。《艺文类聚》或引作杨孝元《交趾异物志》，或引作《交州异物志》。该书主要记载交州一带（今广东、广西和越南北部地区）的物产和民族风俗。内容涉及：人物地理——如雕题国、狼国、西屠国、乌浒、穿胸人、黄头人、扶南国、金邻、斯调国等。禽鸟动物——合浦牛、猩猩、象、犀、猕猴、麋狼、鼠母、长鸣鸡、孔雀、锦鸟、苦姑鸟等。虫鱼——蚌、大贝、水蛇、玳瑁、鲸鱼、水母、高鱼、鹿鱼、鲛鱼等。果实——芭蕉、槟榔、椰树、橄榄、杨梅、橘、甘蔗、甘薯等。草木——榕树、木棉、桂、木蜜、豆蔻、藿香、文草、摩厨、益智、交趾草等。玉石——石发、昆仑玉、云母、火齐等。农作物——稻等。《初学记》《艺文类聚》《北堂书钞》《后汉书注》《太平广记》《太平御览》《海录碎事》《事类赋注》等书均有佚文。[②]

清曾钊辑杨孚《异物志》佚文近百条。曾钊认为《异物志》系杨孚首创，故只有杨孚可专其名，群书所引，凡不称人名，只称《异物志》者，皆当为杨氏书文。[③] 如果照此推论，《齐民要术》引《异物志》当出自东汉杨孚撰《异物志》。是否果真如此？我们看一下另外版本情况，再作判断。

《齐民要术·稻二》引《异物志》曰："稻，一岁夏冬再种，出交趾。"《太平御览》卷八三九"稻"引《异物志》："交趾稻，夏冬又熟，农者一岁再种。"《初学记》卷二七引作杨孚《异物志》，少"稻，夏"二字，余同《御览》引《异物志》文。《初学记》引杨孚《异物志》，与《御览》《要术》引《异物志》文义基本相同，字、词、语序略有差异。此条可能引汉杨孚《异物志》。但在我们不能与其他《异物志》作比对的情况下，还不能定论18条都引自杨孚《异物志》。

《晋书·续咸传》："著《远游志》《异物志》《汲冢古文释》，皆十卷，行于世。"晋续咸，上党人，师事京兆杜预。咏嘉中为东安太守。后仕刘琨，任从事中郎。又事石勒，为理曹参军。一生在北方活动，未到南方。其《异物志》十卷，是诸种《异物志》中卷数最多的。可以推测，未到过南方的人，不可能以南方物种写出庞大的书目。何况其《异物志》史志未载，亦未见引用。《齐民要术》引《异物志》皆是南方物种，故《齐民要术》引《异物志》不会是续咸《异物志》。

陈祁畅《异物志》一卷。《旧唐书·经籍志》《新唐书·艺文志》史部地理类著录。已佚。约魏晋南北朝时人，事迹无考。贾思勰《齐民要术·益智四一》引《异物志》曰："益智，类薏苡。实长寸许，如枳棋子。味辛辣，饮酒食之佳。"此文《太平御览》卷972《果部》引作陈祁畅《异物志》。贾思勰《齐民要术》与陈祁畅《异物志》成书时间极近，可惜《齐民要术》引《异物志》18条均不标作者。如果《太平御览》卷972《果部》引作陈祁畅《异物志》不误，那么，陈祁畅《异物志》当与《齐民要术》引《异物志》有渊源关系，或许是《齐民要术》引《异物志》来源之一。

《齐民要术·橘一四》引《异物志》曰："橘树，白花而赤实，皮馨香，又有善味。江南有之，不生他所。"《太平御览》卷九六六引《异物志》与《要术》引同，但末了尚有"交趾有橘，置长官一人，秩三百石，主岁贡御橘"。《艺文类聚》卷八六、《初学记》卷二八亦引《异物志》相同，只个别虚词异。

---

① 缪启愉：《齐民要术校释》，农业出版社，1982年：第565页
② 参阅 http://baike.baidu.com/，2014.9.27
③ 曾钊辑，杨孚：《异物志》之《跋》，《丛书集成初编》本，中华书局，1985年

"橘树"，《类聚》无"树"字。《初学记》《御览》均作"橘树"。《初学记》所引，题作"曹叔《异物志》"。那么此条出自曹叔雅《异物志》的可能性是有的。当然还有可能是曹叔雅《异物志》、杨孚《异物志》均有该条文记述，且无论曹叔雅《异物志》对杨孚《异物志》有无借鉴引用，二者文字表述极其相近。

宋膺《异物志》约成于汉晋之际。书已亡佚。仅存数条佚文，主要记载西域物候。如《史记·大宛列传·正义》引宋膺《异物志》："秦之北附庸小邑，有羊羔自然产于土中，候其俗萌，筑墙绕之，恐为兽所食。其脐与地连，割绝则死，击物惊之，乃惊鸣，脐遂绝，则逐水草为群。"《太平御览》卷793引宋膺《异物志》："大头痛小头痛山，皆在渠搜之东，疏勒之西，经之者身热头痛，夏不可行，行则致死，惟冬方可行，尚呕吐。山有毒，药气之所为也。冬乃枯歇，可行也。"从《史记》《太平御览》引宋膺《异物志》的佚文看，均记载的是西北西域地区的物候、山川等。与《要术》引《异物志》均南方物候不同。因此，《齐民要术》引《异物志》内容，不可能出自宋膺《异物志》。

三国蜀谯周《异物志》，原书亡佚，亦不见史志著录，后世书目引用亦少见。《文选·蜀都赋注》引谯周《异物志》："涪陵多大龟，其甲可以卜，其缘中又似瑇瑁，俗名曰灵。"又引："滇池在建宁界，有大泽水周二百余里，水乍深广乍浅狭，似如倒池，故名滇池。"

三国吴朱应，因出使扶南、林邑、南洋诸国，而后撰《扶南异物志》。介绍扶南、林邑、今南洋群岛、天竺、大秦等国的地理、物产。该书记述物产系今东南亚、南亚地区物产。

综上所述，从既有材料的引用迹象、物产和地域的吻合度、书名等要素来看，《齐民要术》引用的未标作者的《异物志》共18条，物产区域与杨孚《异物志》记物产区域吻合度较高，理论上引用的可能性很大。《齐民要术》对陈祈畅《异物志》、曹叔雅《异物志》可能有引用。其他《异物志》本被引用的可能性相对较小。宋膺《异物志》、续咸《异物志》被《齐民要术》引用的可能性更小。因此，《齐民要术》引《异物志》文应基本出自杨孚《异物志》。由于《齐民要术》引《异物志》文成为辑佚的重要文献来源，且有的引文不见其他各本征引，因此，《齐民要术》引《异物志》文也就成为我们认识和了解杨孚《异物志》的重要参照，其文献史料价值较高。

（二）《齐民要术》引《临海异物志》的文献史料价值

《齐民要术》引《临海异物志》14条（14物种）。

三国吴沈莹撰《临海异物志》一卷。《隋书·经籍志》《旧唐书·经籍志》《新唐书·艺文志》史部地理类著录，原书已佚。《隋书·经籍志》等作《临海水土异物志》。

晋戴凯之的《竹谱》首先引用沈莹撰《临海异物志》，此后是北魏贾思勰的《齐民要术》引用《临海异物志》。唐欧阳询的《艺文类聚》、李贤注《后汉书·东夷传》、李善的《文选注》、虞世南的《北堂书钞》、徐坚的《初学记》、段公路的《北户录》，宋李昉等编撰的《太平御览》、宋吴淑撰《事类赋注》、南宋初年闽人叶廷硅编集《海录碎事》，明代李时珍的《本草纲目》，清代陈元龙的《格致镜原》等书，均对《临海异物志》有引录。明陶宗仪辑本收在《说郛（fu）》中；清王仁俊辑本收在《玉函山房辑佚书补编》中；民国杨恩辑本收在《台州丛书后集》中；今刘纬毅《汉唐方志辑佚》。

从《临海水土异物志》所存佚文看，《临海异物志》的内容主要有两方面："一是关于夷州民、安家民等古代民族的史志，为研究高山族史和古越族史的重要资料；二是关于鳞介、虫鸟、竹木、果藤等动植物的重要资料，这部分内容不仅是我国古代农业科学知识的一部分，而且从中也可以或多或少地了解到古越人的生产知识和生活状况。"① 一部分内容主要记述东南沿海地区鳞介、虫、鱼、鸟、竹、林木、果、藤等动植物资料。一部分记述夷州（即台湾）以及迁移到大陆的夷州安家民等古代民族的史志。

沈莹亦曾为丹阳太守，由于官阶不足，《三国志》并未有专门传记。只是在《三国志·吴书·孙皓传》，以及裴松之注引《晋纪》《襄阳记》中，提到沈莹，内容均不是有关林果、动植物等的记载，而是有关军事方面内容。《三国志卷四十八·吴书三·孙皓传》："（天纪）四年春，立中山、代等十一王，大赦。睿、彬所至，则土崩瓦解，靡有御者。预又斩江陵督伍延，浑复斩丞相张悌、丹杨太守沈莹等，所

---

① 张崇根：《临海水土异物志辑校·代自序》，《临海水土异物志辑校》，农业出版社，1981年

在战克。"① 记录了晋将王睿、唐彬、杜预、王浑等进攻东吴并获胜这一重要历史与军事事件。裴松之对《三国志·吴书·孙皓传》这段文字注引"干宝《晋纪》曰：吴丞相军师张悌、护军孙震、丹杨太守沈莹，帅众三万济江……与讨吴护军张翰、扬州刺史周浚成阵相对。沈莹领丹杨锐众刀盾五千，号曰青巾兵，前后屡陷坚阵，于是以驰淮南军，三冲不动。退引乱，薛胜、蒋班因其乱而乘之，吴军以次土崩，将帅不能止，张乔又出其后，大败吴军于版桥，获悌、震、莹等。"②

裴松之又注引"《襄阳记》曰：晋来伐吴，皓使悌督沈莹、诸葛靓，率众三万渡江逆之。至牛渚，沈莹曰：'晋治水军于蜀久矣，今倾国大举，万里齐力，必悉益州之众浮江而下。我上流诸军，无有戒备，名将皆死，幼少当任，恐边江诸城，尽莫能御也。晋之水军，必至于此矣！宜畜众力，待来一战。若胜之日，江西自清，上方虽坏，可还取之。今渡江逆战，胜不可保，若或摧丧，则大事去矣。'悌曰：'吴之将亡……相与坐待敌到，君臣俱降，无复一人死难者，不亦辱乎！'遂渡江战，吴军大败。"③ 虽然从这些史料记载看，只看到了沈莹在危机时刻，体现出的军事见地，但沈莹作为丹阳太守，一郡最高行政长官，对管理区域及其周边的农牧业、地理方物、风土人情等也必然有相当的了解和认识。

《齐民要术》引《临海异物志》14 条（14 物种）主要涉及东南沿海地区果品、林木等物产。

《太平御览》卷 939 鳞介部引《临海异物志》："牛鱼，形如犊子，毛色青黄，好眠卧。人临上，及觉，声如大牛，闻一里。""鹿鱼，长二尺余，头上有角，腹下有脚如人足。"《太平御览》卷 946《虫部》引沈莹《临海异物志》："晋安南吴屿山吴公千万积聚，或云，长丈余者以作脯，味似大虾。"又有部分动物记载。

唐李贤注《后汉书·东夷传》、虞世南《北堂书钞》和宋李昉《太平御览》、司马光《资治通鉴》引录了《临海异物志》关于夷州和夷州安家民的记述。④

从《临海异物志》的书名、佚文内容，与沈莹为官、生活的地域看，《齐民要术》引《临海异物志》14 条，应出自沈莹《临海异物志》。《齐民要术》引《临海异物志》即沈莹《临海异物志》是可以确定的。《齐民要术》对《临海异物志》的引文，对东南沿海地区果品、林木等物产的记载，成为此后各本引用和辑佚的重要资料来源，有着重要文献史料价值。如"梅桃子""多南子""王坛子"诸条先见于北魏贾思勰的《齐民要术》，后世引文、辑本多依《要术》引文。

（三）《齐民要术》引《南州异物志》的文献史料价值

《齐民要术》引《南州异物志》4 条（4 物种）。

三国吴万震曾为丹阳太守，所撰《南州异物志》，多述海南诸国，兼及西方大秦等国方物风俗。书中所记乌浒、扶南、斯调、林阳、典逊、无论、师汉、扈利、察牢、类人等国的地理风物，多为前代史书所阙。《齐民要术》引《南州异物志》4 条（4 物种），引用书目明确系《南州异物志》，同时记载物类、国名也与万震《南州异物志》吻合，如《齐民要术·摩厨一一九》引《南州异物志》曰："木有摩厨，生于斯调国。其汁肥润，其泽如脂膏，馨香馥郁，可以煎熬食物，香美如中国用油。"记载斯调国的物产，与万震《南州异物志》非常一致。因此，《齐民要术》引《南州异物志》4 条，当出自三国吴万震《南州异物志》。

《南州异物志》多为前代史书所阙。《齐民要术》引《南州异物志》4 条（4 物种）文字的文献资料价值自然非同寻常。

《齐民要术》引《南州异物志》年代早，距《南州异物志》成书时间相对较近，引文准确率相对较高。如：《齐民要术·椰三二》引《南州异物志》曰："椰树，大三四围，长十丈，通身无枝。至百余年。有叶，状如蕨菜，长丈四五尺，皆直竦指天。其实生叶间，大如升，外皮苞之如莲状。皮中核坚。过于核，里肉正白如鸡子，着皮，而腹内空：含汁，大者含升余。实形团团然，或如瓜蒌，横破之，可作爵形，并应器用，故人珍贵之。"

① 陈寿撰，裴松之注，陈乃乾校点：《三国志》，中华书局，1982 年 7 月第 2 版，第 1174 页
② 陈寿撰，裴松之注，陈乃乾校点：《三国志》，中华书局，1982 年 7 月第 2 版，第 1174 页
③ 陈寿撰，裴松之注，陈乃乾校点：《三国志》，中华书局，1982 年 7 月第 2 版，第 1175 页
④ 姚永森：《〈临海水土异物志〉：世界上最早记述台湾的文献》，《安徽师范大学学报》（人文社会科学版），2005 年第 4 期

《太平御览》卷 972《椰部》引《南州异物志》:"椰树,大三四围,长六丈,通身无枝。至余百年。有叶,叶状如蒲,长四五尺,直谏指天。实生叶间,皮苞之如莲状。皮肉硬过于核中肉,白如鸡子,着皮,而腹内空;含汁,大者含升余。实形团团然,或如斌楼,横破之,可为爵,亚堪器用,南人珍之。"

比较这两则引文,《要术》文意合乎实际,文字通顺。《御览》引文多有讹误。如《要术》作"长十丈",《御览》作"长六丈"。"长十丈"较符合实际。后汉一尺约合现在的 24.3 厘米,十丈合 24.3 米,符合椰树 25~30 米的一般高度。又如《御览》"皮肉硬过于核中肉,白如鸡子"不如《要术》"皮中核坚。过于核,里肉正白如鸡子"引文通畅。还有《御览》将"篓"误作"楼"。

从以上两则引文比较,可见《要术》引文价值之一斑。

(四)《齐民要术》引《南方异物志》的文献史料价值

《齐民要术》引《南方异物志》2 条(2 物种)。

《南方异物志》有两部。一部约成书于魏晋南北朝时期。作者不详,卷目无考。已佚。《齐民要术》首先引用此书。《齐民要术·芭蕉四八》引《南方异物志》曰"甘蕉,草类,望之如树。株大者,一围余。叶长一丈,或七八尺,广尺余。华大如酒杯,形色如芙蓉。茎末百余子,大名为房。根似芋魁,大者如车毂。实随华,每华一阖,各有六子,先后相次,子不俱生,华不俱落。此蕉有三种:一种,子大如拇指,长而锐,有似羊角,名'羊角蕉①',味最甘好。一种,子大如鸡卵,有似牛乳,味微减羊角蕉。一种,蕉大如藕,长六七寸,形正方,名'方蕉',少甘,味最弱。其茎如芋,取,濩而煮之,则如丝,可纺绩也。"《齐民要术·竹五一》引《南方异物志》曰:"棘竹有刺,长七八丈,大如瓮。"《初学记》卷 30 引《南方异物志》:"鹦鹉有三种,青大如乌臼,一种白大如鸥,一种五色。大于青者,交州巴南尽有之,及五色,出杜薄州。凡鸟四指,三向前,一向后,此鸟两指向后。"另《一切经音义》《太平御览》等书亦有引文。《齐民要术》引《南方异物志》2 条(2 物种),当出自该成书于魏晋南北朝时期的《南方异物志》。

另有一部《南方异物志》,唐代房千里撰。《宋史卷二百六·志第一百五十九·艺文五》载房千里《南方异物志》一卷。时代晚《齐民要术》近 400 年,《齐民要术》不可能引用此书。

由于诸种《异物志》原本均已亡佚,而《齐民要术》或是最早引用这些《异物志》版本条文,或是《齐民要术》引用文字条目较其他书目齐全,或是《齐民要术》引用的部分条目其他书目不见引用,因此《齐民要术》引《异物志》各本的文字材料,就具有了极其重要的版本研究价值、文献史料价值、校勘及辑佚价值等。

二、《齐民要术》引各本《异物志》的科技史料价值

《齐民要术》引用过的现已失传的书目中,涉及地域广阔,涉及物种丰富多样,涉及科技门类多元。这些科技史料,是被《齐民要术》借鉴认同的科技文化思想,也是《齐民要术》科技文化思想的重要组成部分,也是我们今天了解古代农业科技、文化、思想的重要史料,还是现代农业科技文化思想的传承和应用的基础,史料价值和现代应用价值极高。

《齐民要术》引用失传书目文本,或论述农耕、农本的重要性;或记录农业生产工具的发明、创造及相关技术。当然,《齐民要术》引用失传书目文本,内容最丰富的是记录了大量的植物、动物物种及其种植、养殖技术,主要性状、功用等。是农业科技史的宝贵财富,并且在现代种植养殖技术中得到传承和应用。

《异物志》作为汉唐间专门记载有关地区及国家新异物产的典籍,在当时对动植物新品种及其养殖、种植、特征、属性等具有记录、推介、传播功能。《齐民要术》引存早已亡佚的《异物志》《临海异物志》《南州异物志》《南方异物志》,从动植物品种、动物养殖、植物种植、物种特征、物种属性等诸多层面和视角而言,其科技史料价值都是值得重视和珍惜的。

---

① "蕉",明抄作"旧",兹从他本作"蕉"

《齐民要术》引《异物志》记载九真长鸣鸡声、貌。记述了水稻的两作、出产地。记述了橘树、甘蔗、甘薯、椰树、槟榔、枸橼、益智、芭蕉、古贲灰、簹、葭蒲、葪藤、蕉、梓棪、蒌母树等的色、香、味、产地、形状、用途等。

此仅以九真长鸣鸡、水稻为例，略作说明：

关于长鸣鸡的早期史料记载非常少见。《齐民要术·养鸡第五十九》引《异物志》曰："九真长鸣鸡最长，声甚好，清朗。鸣未必在曙时，潮水夜至，因之并鸣，或名曰'伺潮鸡'。"形象地记述了九真长鸣鸡状貌，动听的声音，而且记述九真长鸣鸡不同于其他地方鸣鸡的特点：即未必在天亮时鸣叫，夜间潮水来了，便一并鸣叫，故名'伺潮鸡'。记述形象、具体、特征性强。《初学记》引《广志》曰："九真郡出长鸣鸡。"仅此一句，只道出产地和鸡种。且晋·郭义恭《广志》晚于东汉杨浮《异物志》。《汉书·昌邑哀王刘髆传》："贺到济阳，求长鸣鸡。"只说求长鸣鸡，并未提是否求得长鸣鸡，更不见任何有关济阳长鸣鸡的记述。宋范成大《桂海虞衡志·志禽》："长鸣鸡，高大过常鸡，鸣声甚长，终日啼号不绝。生邕州溪洞中。"范成大所记邕州长鸣鸡，个大、终日啼号不绝是其特点，但记载时间远在汉魏之后。因此《齐民要术》引《异物志》记载的九真长鸣鸡，较其他记载除更具体、更形象、更具特征性和文献价值外，在养殖史、科技史上就具有了极高的史料价值。

就水稻而言，《齐民要术·稻二》引《异物志》："稻，一岁夏冬再种，出交趾。"明确记载了水稻的一年两作制以及水稻的出产来源地。俞益期《笺》曰："交趾稻再熟也。"即交趾水稻一年两熟。

《史记·五帝本纪》载："帝颛顼高阳者，黄帝之孙而昌意之子也。静渊以有谋，疏通而知事；养材以任地，载时以象天，依鬼神以制义，治气以教化，絜诚以祭祀。北至于幽陵，南至于交趾，西至于流沙，东至于蟠木。动静之物，大小之神，日月所照，莫不砥属。"[1] 可见上古之时，五帝之一高阳已经将任地养材，行四时以象天，尽心敬事，理四时五行以教化万民，祭祀天地等行为施诸交趾。公元前214年，秦始皇派军队越过岭南征服百越诸部族，占领今广西、广东、福建和越南北部地区，并大量移民，设立三个郡，加强管理。公元前203年，秦朝南海尉赵佗，自立为南越武王（后改称南越武帝），定都在今广州。交趾地区成为南越国的一部分。公元前111年，汉武帝灭南越国，并在越南北部地方设立交趾、九真、日南三郡，加强管理。此后一千多年，交趾地区一直受中国古代汉朝、东吴、晋朝、南朝、隋朝、唐朝、南汉、明朝等各朝代政权的直接管辖。

《水经注》卷三六"温水"章"东北入于郁"下记载："豫章俞益期，性气刚直，不下曲俗，容身无所，远适在南。与韩康伯书曰：……九真太守任延，始教耕犁，俗化交土，风行象林。知耕以来，六百余年，火耨耕艺，法与华同。名'白田'，种白谷，七月大作，十月登熟；名'赤田'，种赤谷，十二月作，四月登熟，所谓两熟之稻也。至于草甲萌芽，谷月代种，穜稑早熟，无月不秀。耕耘功重，收获利轻，熟速故也。米不外散，恒为丰国。"可见水稻是交趾的主要粮食作物，且种植历史悠久。

由于《异物志》早已失传，现存对《异物志》有引用的书目，又以《要术》为早，其他书目往往对《要术》多有转引，因此，《齐民要术·稻二》引《异物志》关于交趾水稻的两熟制，为我们了解古代水稻种植制度、种植科技等具理论和实践意义。同时也为我们今天研究今天越南北部的古代种植历史提供了重要史料。

《齐民要术·甘蔗二一》引《异物志》记述甘蔗种植种植较广，远近皆有。而以"交趾所产甘蔗特醇好，本末无薄厚，其味至均。"粗围数寸，有一丈多高，外观像竹子。味道甜美。榨取汁为饴饧，即"糖"。在经过煎熬并曝晒，凝固如冰，吃到嘴里即消解融释，当时人们称之为"石蜜"。详细描述了甘蔗的品质、特征、味道、状貌、加工技术等，也具有重要的科技史料价值。

《齐民要术》卷十引《临海异物志》记载了杨桃、杨摇、猴闼子、关桃子、土翁子、枸槽子、鸡橘子、猴总子、多南子、王坛子、杨梅、余甘子、狗竹、钟藤等14个物种。其中分别介绍了杨桃的形状、味道、成熟季节、色泽等；梅桃子的产地、产量、果实大小、收藏；杨摇的生长方式、味道、尺寸、色泽、味道；猴闼子的大小、味道；关桃子的味道；土翁子的大小、味道、颜色；枸槽子大小、味道、颜色；鸡橘子的大小、味道、产地；猴总子大小、形状、味道；多南子的大小、颜色、味道、形状、产地；

---

① ［汉］司马迁：《史记·五帝本纪》，中华书局，1982年：第11－12页

王坛子的大小、味道、产地、名称、形状；杨梅的大小、颜色、成熟期、形状、味道；余甘子的形状、味道、称谓等；狗竹的特征；钟藤的生长特征、大小等。

《齐民要术》卷十引《南州异物志》记述了椰树、榕木、摩厨等的大小、高矮、特征、形状以及果实的形状、味道、颜色、用途等。

《齐民要术》卷十引《南方异物志》记述了甘蔗的属性、大小、高矮、形状、种类、名称、用途。介绍了棘竹的特点、大小、形状等。

《齐民要术》引用各本已失传《异物志》，记录了大量植物、动物物种及其种植、养殖技术，主要性状、功用等，是农业科技史的宝贵财富。有诸多物种的种植、养殖技术，在现代种植、养殖技术得到验证，是合乎自然规律的，是与现代科技相一致的，其历史传承性、现实应用性强，经济社会效益高。

基于《方志物产》的古籍知识组织路径探析

李　娜*　白振田　包　平

（南京农业大学中华农业文明研究院，江苏　南京　210095）

摘　要： 方志类古籍作为古籍范畴中的大类，历来被研究者重视。《方志物产》汇集了方志类古籍中与物产相关的著述，为农史研究提供了宝贵的资料。通过《方志物产》内容的阅读和分析，总结其行文特点，包括大篇幅、无句读、采用繁体字以及文本内容结构有一定规律但是书写格式呈现多样化等。在此基础上，结合最新信息技术的发展与应用，对适用于《方志物产》知识组织的相关技术进行了探讨，包括用于文本内容格式化的、用于命名实体识别的、用于知识发现的、用于组织结果展示的技术等，为本领域的研究者提供较为深入的路径分析。

关键词： 方志物产；古籍整理；数据挖掘；可视化

中国方志类古籍起源早、持续久、类型全、数量多，是文化遗产中的一个重要组成部分，既具有丰富坚实的史料基础，更具备取之不尽、足资参证的史料价值。据《中国地方志联合目录》的统计，仅保存至今的宋至民国时期的方志就有 8 264 种，11 万余卷，占中国古籍的 1/10 左右。[①]《方志物产》是我国著名农学家、中国农史学科的主要创始人万国鼎先生，在 20 世纪 50 年代组织数十人历时 6 年，先后前往40 多个大中城市的 100 多个文史单位，从 8 000 多部地方志中人工摘抄整理的专题性资料，内容涉及农业生产的各个方面，而以动植物品种资源和相关的种植饲养技术为主，具有极高的农业科技、经济史料价值，受到国内外相关学者的高度重视。[②]

随着计算机和信息技术发展和应用，古籍数字化整理逐渐兴起，给古籍整理注入新的活力。本文在《方志物产》数字化基础上，综合分析其行文结构等方面的特点，针对《方志物产》自身特点及数字化整理需要，厘清整理过程中可能用到的数字挖掘技术，并结合内容进行一定的可行性分析，以期为《方志物产》的内容数字化整理提供路径选择。

一、工作基础与研究进展

（一）工作与研究基础

20 世纪 80 年代开始，随着计算机和网络技术的发展，人们尝试将计算机应用于方志史料的整理和利用。方志书目数据库、方志索引、方志全文数据库和专题数据库、地情网等一系列数字化成果不断涌现。中华农业文明研究院在这方面的研究与开发成果丰硕，以王思明教授为首的研究团队对《方志物产》这一珍贵古籍资源进行了数字化建设，将 3 000 余万字的《方志物产》文献扫描成图像文件，并逐字输入电脑，转换成电子文档，同时进行文献标引和元数据编目，发布了《方志物产》的在线管理系统，实现了在线浏览与检索等相关功能。这一成果不仅解决了《方志物产》的长久保存问题，同时也通过资源共享

---

* 【作者简介】李娜，女，南京农业大学在读博士研究生，主要研究方向为农史数字化；白振田，男，副教授，硕士生导师，主要研究方向为网络信息自动处理技术；包平（1964—　），男，博士，教授，博士生导师，主要研究力向为图书馆与社会发展、农业史数字化研究

① 朱锁玲，包平：《方志类古籍地名识别及系统构建》，《中国图书馆学报》2011 年第 3 期

② 朱锁玲：《命名实体识别在方志内容挖掘中的应用研究》，南京农业大学博士学位论文，2011 年

的方式促进了学术研究。

随着《方志物产》数字化程度的日益成熟和深入，基于内容挖掘的数字化整理逐渐被提上日程，这就要求除了实现文本数字化，使其具有方便的浏览阅读环境和强大的检索功能外，还需要基于其内容的深入研究，使其具有研究支持功能，即能够提供有关方志内容本身科学、准确的统计与计量信息，提供与方志内容相关的参考数据、辅助工具，进一步推动学术研究的进展。

近年来，有学者尝试将信息技术与传统内容相结合，进行方志类古籍相关内容的挖掘和研究，积累了一些成果。例如衡中青的《地方志知识组织及内容挖掘研究》[①]、朱锁玲的《方志类古籍地名识别及分析研究——以〈方志物产·广东分卷〉为例》[②] 等。

（二）存在的局限

现有的成果为进一步研究提供了一定的基础和思路，但仍然存在一些不足之处和提升的空间。从研究对象来看，已有成果或侧重对方志外在形式的加工和整理，或侧重对方志整理的智能化技术研究，都没有基于《方志物产》内容本身作相关整理研究，缺乏对方志内容的深度开发与利用，未能得到充分发掘《方志物产》这一珍贵古籍的史料价值。

从研究范围来看，有研究通过识别《方志物产》中的引书和地名，探索《方志物产》内容挖掘，但仅从 3 000 多万字《方志物产》中抽取了其中的广东分卷作为研究对象进行尝试性研究，缺乏全国范围的完整性和系统性。而在将命名实体识别技术应用的过程中，通过模式识别出来的物产和地名的对应关系只是《方志物产》中的一部分，还有很多物产因为不符合模式的格式没有识别出来，还需要更全面的方法更完整地实现物产的识别。另外，除了物产于地名的对应关系以外，还有其他一些关系例如物产—别名、物产—功效、物产—分类等，也可以通过命名实体识别技术加以整理为研究提供新的思路和范畴。

从研究技术来看，将命名实体识别技术应用到《方志物产》内容挖掘的过程中，无疑是一种开拓创新的方式，但是已有的研究主要是从文本中找到规律，根据文中的规律构建模式库，导入文本，根据模式库中统计出来的确定的规律对文本进行分析，找出地名与物产名的对应关系，但是《方志物产》的书写并不是统一的，有的物产有产地描述性的注释，有的没有，而且没有注释的占了很大的比例，因此根据模式库识别出来的地名与物产知识仅占整个《方志物产》中一部分，并不是全部。只有从理念上认清和技术上突破，才能用更强大的挖掘技术，更全面地挖掘其内容。

二、《方志物产》特点分析

中文在文字结构和书写方式上都与其他文字有着很大的区别，古籍中的文字结构和书写方式与现代文献也大相径庭，《方志物产》属于古籍的范畴，又具有自身鲜明的特点。

（一）篇幅大，无句读，采用繁体字

简体中文是 20 世纪 50 年代开始在中国大陆推广使用的中文文字，而《方志物产》记载的多是明清及民国时期的各地物产，因此书写时采用繁体字，由于古籍的书写多不加标点，没有断句，而《方志物产》在摘抄整理的过程中，严格忠于原著，所以，文中没有句读，例如"物產略者計其地上所出因以覘一邑之息耗焉襄垣古稱巨縣較之大江以南為財賦所自出或有不逮而地當太行之麓則物產亦有可誌者縣地生產向以五穀煤礦為大宗自改革以來舉國注意實業而農桑樹畜交換種類非復昔日之舊日新月異舉凡日用之所需供給罔缺故臚列亦如舊志不復另為一類云"[③]，诸如此类的记载《方志物产》文中比较常见，不曾出现标点符号，繁体字的运用由此可见一斑。

《方志物产》内容涉及地域范围广，包括辽宁、河南、河北、安徽、山东、山西、陕西、四川、广东

---

① 衡中青：《地方志知识组织及内容挖掘研究》，南京农业大学研究生学位论文，2007 年
② 朱锁玲：《命名实体识别在方志内容挖掘中的应用研究》，南京农业大学博士学位论文，2011 年
③ 山西分卷第十本民国时期襄垣县志

等多个省份，从多省、市、自治区的地方志中摘抄了物产相关的内容，共431卷，总计3 000多万字，因此，字数多、篇幅大、范围广也是其突出的特点。

（二）文献结构有规律可循

方志的编纂从宋代开始逐渐成熟起来，后代的方志编纂也越来越完备，《大元一统志》就是一部非常具有代表性的志书，清朝是方志编纂的鼎盛时期，重修周期都有明确的要求，行文也有一定的规范性，因此，虽然文中没有句读，但是通读全文，还是能从文章结构上找到一些行文规律。

1. 每本志书的开始都是目录部分，包括序号、县志名称、记录年代的年号（含公元纪年）以及页码，如图1所示，就是山西分卷第十一本的目录部分。

方志物产 111		山西 11	
15-5	潞城县志	［明］天启5年（1625）	1页
	潞城县志	［清］康熙45年（1706）	3
	潞城县志	［清］光绪11年（1885）	10
15-6	壶关县志	［清］康熙20年（1681）	32
	壶关县志	［清］乾隆34年（1769）	38
	壶关县志	［清］道光14年（1834）	42
15-7	黎城县志	［清］康熙21年（1682）	56
15-8	平顺县志	［清］康熙32年（1693）	63
16	泽州志	［明］万历35年（1607）	67
	泽州志	［清］康熙45年（1706）	73
	泽州府志	［清］雍正13年（1735）	78
16-1	凤台县志	［清］乾隆48年（1783）	102
16-2	高平县志	［清］顺治15年（1658）	115
	高平县志	［清］乾隆39年（1774）	121

图1　《方志物产》山西分卷第十一本目录（部分）

2. 内容是按照先总后分的框架编写的，即先写出何时何地何主题，再对该主题进行二级分类，最后在每一级分类下面罗列这个类别的物产名。例如：

"康熙潞城縣志　物產　穀屬　黍（軟硬二種）稷（大小二種）梁　粟　麦（大小二種）秫（軟硬二種）蕎麦　小豆　豌豆　菉豆　區豆　黑豆（大小二種又有麦查豆）黄豆　豇豆　蔴子　胡蔴　蔬屬芹　茄　瓠　蒜　芥　葱　韭　白菜　菠菜　蘿蔔（有紅白水三種）蔓菁　葫蘆　蒡蓬　萵苣　芫荽　藤蒿　馬齒　瓜屬　王瓜　南瓜　冬瓜　北瓜　菜瓜　甜瓜……"①

先交代志书记载的是康熙年间潞城县这个地方的物产，再对物产进行分类，分为谷属、菜属、瓜属、果属、木属、花属、草属、药属、畜属、毛属、羽属、虫属、物货属等13个类别，最后列出每个类别下的物产名，例如菜属下面有芹、茄、瓠、蒜、芥、葱、韭、白菜、菠菜、罗葡、蔓菁、葫芦、蒡蓬、萵苣、芫荽、藤蒿、马齿等17个品种，瓜属下面有王瓜、南瓜、冬瓜、北瓜、菜瓜、甜瓜等6个品种。

3. 物产名后面有注释文字，用以说明该物产的产地、分类、别名、用途、引书等信息，例如"蜀秫（齊民要術云莖高丈許穗大如帚其子可作米可食稭稈可織箔元扈先生曰北方地不宜稻麥者種此可濟荒俗名千歲穀）"②，括号中内容就是对物产蜀秫的注释，说明《齐民要术》记载了物产"蜀秫"的生物学特征，元扈先生评价了其适宜种植地区以及救荒价值，另外还说明了其别名叫"千岁谷"。

4. 结构上一般是某地志书开始处有序言，结尾处有结语，用以标志这个地方志书的开始和结束。序言部分主要是对当地的物产及地理气候概况，结语部分主要用来总结物产现况及变化。例如康熙黎城县志的序言部分为：

---

① 山西分卷第十一本康熙年间潞城县志
② 山西分卷第十一本光绪年间陵川县志

"李吉日洪範三八政一曰食二曰貨食謂菽 類貨謂布帛之類二者民所恃以為生王政之 也周禮職方氏曰冀州其利松柏畜宜牛羊穀宜黍稷并州其利布帛畜宜五擾穀宜五種黎右冀并地也無他奇產其土宜與夫所產者棨與昔同而食貨之外備物以利用凡可以厚民之生者 不得以精粗巨細而有所遺也。"①

结语部分为"程大夏日黎山高土瘠菽麥瓜果而外更無他產故其民習於農桑終歲勤苦而不敢少休若山澤之利商賈之業黎未之有也舊志所載半屬子虛然物產無常有昔有而今無有今無而後有者故備列之而未敢意為去取云"②。

（三）行文格式多样性

由于《方志物产》涉及的地域比较广，几乎全国各省都有记载，而我国地大物博，人口众多，且不同地域都形成了独特的文化和习俗，因此，志书的书写风格也随着各地的风俗文化的差异而有所不同，呈现了行文格式多样化的特征。

1. 不是所有的志书都有序言和结语部分。从结构上看，一本志书的完整结构应该是由序言、物产、结语三个部分组成，但并非所有志书皆如此，除物产部分是不可或缺的，序言和结语都不是必须的，如表1所示是几种常见的文本结构形式。

表1 《方志物产》中常见文本结构

名称例子	序 言	物 产	结 语
山西分卷第十本顺治乡宁县志	有	有	有
山西分卷第十一本万历泽州志	否	有	有
山西分卷第十一本乾隆陵川县志	有	有	否
安徽分卷第三本同治霍邱八年县志	否	有	否

2. 《方志物产》的主要内容是物产部分，记载了物产名称及其属性，书写格式多样化。第一种，不同的物产名之间有空格隔开，例如"蜂 蝶 蟬 蛙 蟋蟀 蜻蜓 蛇 蜘蛛 蚯蚓 蝎"③，这种以空格隔开的书写方式比较多见；第二种，一个或者数个物产名称单独城一行，例如"光緒陵川縣志 絲/光緒陵川縣志 麻（出陵川者佳用作船攬以其從外朽也）/光緒陵川縣志 蜜"④⑤；第三种，物产名之间用特殊字符如"曰""有"隔开，例如"草之屬曰芭蕉曰雁来红曰映山红曰蓝曰莎曰苔曰鳳尾曰翠云曰吉祥曰万年青曰虎耳曰蓼曰苹曰荇"⑥、"獸之屬有兔有獐有獾有狐有貍有狼有黃鼠"⑦；第四种，物产名之间没有任何标识，例如"木之屬有有桑柘槐榆柳栢檜椿棠橡楝黄楝梧桐白楊楮桃蠟樹"⑧。上述比较常见的格式除可以独立使用以外，还可以混合使用，当然还存在其他不同的格式。

3. 物产名之后常有文字注释，但格式不一。首先在书写格式上的区别如表2所示，是几种比较常见的注释形式，用括号将注释内容括起来紧跟在物产名的后面，或者用空格将物产名与注释内容分隔开，或者注释内容紧跟在物产名之后，中间没有任何标识，甚至还有双重注释的形式，即一部分注释用括号的形式紧跟在物产名之后，还有一部分注释内容跟在括号的后面并另起一行。

---

① 山西分卷第十一卷康熙年间黎城县志
② 山西分卷第十一卷康熙年间黎城县志
③ 山西分卷第十本乾隆年间襄垣县志
④ 安徽分卷第三本光绪年间陵川县志
⑤ "/"标示换行
⑥ 安徽分卷第一本道光年间安徽通志凤阳府物产
⑦ 安徽分卷第五本康熙年间灵璧县志
⑧ 安徽分卷第二本康熙年间五河县志

表2 《方志物产》中常见注释类型及其案例①

类型	举例说明
括号注释	芥（細者益辛辣）、蔓菁（萬曆丙辰御史畢懋康按齊諭民廣蒔蔓菁備荒饑民得濟因攜種歸刻有備荒農錄）
空格注释	核桃　附近州縣胥植而夏邑甲於隣治臘月望日市集堆積如山、藕　城內兩蓮花池胥植藕此疆彼界畫然不紊
无标识注释	大麥有早麥青光麥中期麥有高麗麥亦嘩高頭麥有穤麥宜為飯、麻有火麻中期早晚三色古之蕡也又有梅麻梅雨後始可拔其油麻則有芝蔴早成有赤殼麻或落地自生多變為火炭麻有六合麻圓而六稜皆古之胡麻也
双重注释	茶葉（山頭腰東鳥嶺一帶皆有此樹） 茶樹多長深山鄉人不知利用以充薪樵間有採取籽葉作為飲料或以染色者因炮製不良未能銷暢

其次，注释除了格式不同以外，内容上也有区别，加括号的注释类型最为常见，以此为例分析，有的括号的注释内容只描述一种特征，有的括号里的注释内容描述了两种甚至数种特征，如表3所示。

表3 《方志物产》中常见注释内容及其案例②

描述一种特征的注释		描述两种及以上特征的注释	
注释内容	注释用途	注释内容	注释用途
梁（俗名荄子）	物产的别名	麻（出陵川者佳用作船纜以其從外朽也）	产地、用途
蘿蔔（有紅白水三種）	物产的分类	椵（一名白椵體輕而細陵川沁水有）	别名、产地、生物学特征
破故紙（亦入藥品）	物产的用途	海菜（產於蒼山頂高河內一名高河菜莖紅葉青狀如芥菜五六月間軍民采之澆以沸湯其味甚辛辣蓋高河乃龍湫之所土人相傳云凡采此菜者宜密爾取之若高聲則雲霧驟起風雨卒至未審的否）	产地、别名、采摘时机、食用方法、生物学特征
紫方竹（出判山村）	物产的产地		
黃臘（以蜂蜜之查滓為之）	物产的原材料		

三、《方志物产》知识组织技术梳理

针对目前《方志物产》研究的不足，结合数据挖掘技术等信息技术的发展，对技术方法和路径进行系统和深入的梳理，为进一步开展《方志物产》内容挖掘与研究建立基础。

（一）适用于文本内容格式化的技术

标点符号在现代汉语中扮演着重要的角色，而古文在书写行文上，没有句读之说，如何将其合理断句，是一项基础工作。同时分词也是古今中文信息处理的另一难题，对古籍整理来说，难度更高。目前在古文断句方面，清华大学研究人员采用条件随机场模型（conditional random field），引入互信息和 t -测试差两个统计量作为模型的特征，通过在《论语》与《史记》两个语料库上进行实验，获得了较好的效果③。黄建年等应用模式识别技术对自动断句进行了研究，通过句法特征词、反义复合词、引书标志、时序、数量词、重叠字词、动名结构及比较句法等进行断句尝试④。

在古文分词方面，主要有词典法、统计法等方法。李新福等人基于统计语言模型，对《续资治通鉴

---

① 表中内容引自《方志物产》
② 表中内容引自《方志物产》
③ 张开旭，夏云庆等：《基于条件随机场的古文自动断句与标点方法》，《清华大学学报》（自然科学版），2009 年第 10 期
④ 黄建年：《农业古籍断句标点模式研究》，《中文信息学报》，2008 年第 7 期

长编》进行了统计分析，根据互信息特征抽取候选字串，并建立了宋史语料库词表①。苏劲松、周昌乐、李翼鸿等通过统计抽词来抽取结合程度较强的二字词，建立了全宋词切分语料库②。这些都为《方志物产》文本内容的格式化提供了参考和借鉴。

（二）适用于命名实体识别的技术

目前，命名实体识别方法主要有 3 种：基于规则和词典的方法、基于统计的方法、基于二者混合方法。基于规则和词典的方法是命名实体识别中最早使用的方法，多是采用手写规则，由语言学专家手工构造规则模板，包括关键字、指示词、方向词、位置词、中心词等，只有当提取的规则能精确地反映语言现象时，基于规则和词典的方法才具有优越性，而基于统计的方法对篇幅也有要求，不适用于篇幅过短对象。③

《方志物产》虽然没有句读，书写格式也不统一，但是通读全文，还是能发现一定的规律，用于命名实体识别，表 4 举例列出了部分已知模式。

表4　《方志物产》部分模式整理④

模式	内容				
物产—地名	出……	……佳	俱出……	唯……间有	……
例	炭（出東西南山）	核桃（東南山佳）	炭（俱出東西南山）	麥（惟長子屯留宜餘縣間有）	……
物产—别名	即……	俗呼……	一名……	……也	……
例	白菜（即菘）	文官果（俗呼木瓜多不知用）	剪紅羅一名剪春羅	菽（大豆也）	……
物产—分类	有……	……几种	有…有…	直接列举	……
例	葵（有蜀葵黄葵向日葵）	刺薇（紅黄二種）	椿（有香椿有菜椿）	炭（石炭木炭）	……
物产—引用	……载	有云……	……曰	……云	……
例	通志載文官果出鄉寧即俗名山木瓜也	羣芳譜有云六出週圍如剪茸茸可愛	隆吉曰食貨者志乎土之所產也	林檎（本草云有三種大者為柰差圓者為林檎小者為梣）	……

（三）适用于知识发现的技术

1. 主题聚类和关联技术

主题聚类技术是一种无监督的机器学习技术，可以根据文本自身特点，将文档分成用户可以理解的若干个簇，簇内文档相似性尽可能大，簇间文档相似性尽可能小，使用户可以迅速地把握文档中的大量信息，加快分析速度和辅助决策。目前，常见的聚类方法包括基于层次的、基于划分的、基于网格的、基于密度的、基于模型的以及基于神经网络和遗传的算法。⑤

在《方志物产》内容挖掘中，可以用来将物产根据类别归类，进而建立物产类别目录体系，为进一步的分析整理提供参考。例如"瓜品有東瓜有南瓜多王瓜多金瓜多西瓜多脆瓜多絲瓜多菜瓜""果品有柹果有柿有核桃有郁李有無花果有蓮子多杏多桃多李多梅多棗多葡萄多梨多沙果多石榴"，"菜有芹芥葱韭

① 李新福：《基于互信息的宋史语料库词表的提取》，河北大学学报（自然科学版），2006 年第 5 期
② 苏劲松，周昌乐，李翼鸿：《基于统计抽词和格律的全宋词切分语料库建立》，《中文信息学报》，2007 年第 2 期
③ 张晓艳，王挺，陈火旺：《命名实体识别研究》，《计算机科学》，2005 年第 4 期
④ 表中模式出自《方志物产》
⑤ 李素建：《文本内容自动处理的相关研究》，《术语标准化与信息技术》，2011 年第 1 期

茄瓠菁蒜荵苣藤蒿蕓薹芫荽白菜黄花葫白蘿葡菠菜茾蓬至於香椿紫蕨藜葵猴頭羊肚藤花木耳則又異於他處"①，以上是比较规范的书写方式，因为《方志物产》涉及的范围比较广，书写方式也有所不同，有的志书上的分类就没有那么清晰，例如"菜　東瓜　西瓜　南瓜　甜瓜　稍瓜　絲瓜　葫蘆　萊菔　葱　蒜　韭　薤　芥　白菜　菠菜　茼蒿　茾蓬　萵苣　胡荽　茄　芹　薇　蕨　莧　苜蓿　茶豆　刀豆　藤花　山藥　百合　香椿　刺楸　茴香　漆皮頭　蔓菁（子可作油）　荏（子可作油）"②，此处分类将瓜类合并到了菜类里面。上述情况，可以使用主题聚类技术，将"東瓜　西瓜　南瓜　甜瓜　稍瓜　絲瓜"从菜类中提取出来，设置瓜类等。甚至在有的志书中，没有给物产分类，直接把物产列举出来，例如山西分卷第八本民国时期浮山县志中的物产记载仅仅是罗列出来，而没有进行分类，为了更好地进行内容整理，使用主题聚类技术将物产归类总结时十分必要且可行的。

关联技术主要用于物产、地域、时间三种元素的对应上。这主要通过扩大搜索面，将各类物产、地域、时间拉长，放在一个较长历史空间、地域空间中去考察，为今后的物产随时间、地域的迁移规律发现做准备。

2. 同义、异名等发现技术

在方志物产中，同义、异名词大量存在。如何发现这些词汇，对后期的知识发现、全文检索、物产迁移分析等具有重要意义。衡中青以广东方志物产为对象，通过异名别称模式、引书模式识别等方法，自动抽取出特产名词和引书名称，其中引书识全率为48.95%，识准率为72.88%，具有一定的实用参考价值③。

（四）适用于挖掘结果展示的可视化技术

不管是使用命名实体识别技术，还是使用主题聚类、关联技术以及知识发现，得到的都是以文字或者表格形式呈现的结果，无法展现内部结构，仍需要进一步对其进行总结和分析。人们迫切需要新的展示方法，可视化技术可以通过静态或者动态的图片更加直观明了地展现结果。

可视化（Visualization）是利用计算机图形学和图像处理技术，将数据转换成图形或者图像在屏幕上显示出来，并进行交互处理的理论、方法和技术，是一项涉及计算机图形学、图像处理、计算机技术等多个领域的综合技术。目前，常用的可视化方法包括社会网络分析法和GIS技术。

社会网络分析法是基于社会学的角度，认为社会是由网络构成的，通过探讨网络中关系的分析，探讨网络的结构和属性，有助于制定策略，UCNET、Pajek、Citespace等都是目前比较有代表性的社会网络可视化软件。UCNET是一个数据处理软件，本身不具有可视化的功能，但是它输出的数据可以导入到*Pajek*或者Citespace等具有可视化功能的软件中，实现可视化。④

GIS（Geographic Information System）是指地理信息系统，又称"地学信息系统"或者"资源与环境信息系统"，是一个综合了计算机科学、地理学、测量学、地图学等多门学科的技术，与采集、存储、管理、描述、分析地球表面及空间和地理分布相关数据的信息系统。国外将GIS应用于历史学领域比较早，大约有20余年的时间，开启了"历史GIS"分支领域，而国内起步甚晚。近年来，有学者以广东分卷为语料，尝试将GIS应用于《方志物产》内容挖掘中，实现了物产分布、传播等相关数据的管理和可视化制图，并根据结果进行了史料数据的空间分析。⑤可见，GIS技术是可以并且适用于《方志物产》研究的，在后续的研究中，要扩大应用范围，增强挖掘力度，首先在地理范围上，从一省向多省份、大地区延伸，进行多个省份的分析，形成一个或者数个片区，例如东南沿海地区、长江流域、东北地区等，最后在全国范围内建立起完整的展示系统。

---

① 山西分卷第十三本万历年间安邑县志
② 山西分卷第十三本康熙年间芮城县志
③ 衡中青：《地方志知识组织及内容挖掘研究》，南京农业大学研究生学位论文，2007年
④ 梁辰，徐健：《社会网络可视化的技术方法与工具研究》，《现代图书情报技术》2012年第5期；颜端武，王曰芬，李飞：《国外人际网络分析的典型软件工具》，《现代图书情报技术》2007年第9期
⑤ 朱锁玲，王明峰：《GIS在方志类古籍开发利用中的应用初探》，《大学图书馆学报》2013年第5期

四、结　语

陈寅恪先生所说："一时代之学术，必有其新材料与新问题。取用此材料以研求问题，则为此时代学术之新潮流。治学之士，得预于此潮流者，谓之预流。其未得预者，谓之未入流。此古今学术史之通义，非彼闭门造车之徒，所能同喻者也"。[①] 现代社会是信息社会，信息技术就是这个时代的新潮流。传统的人工整理能够保证较高的精确性，但是《方志物产》内容庞大，格式多样，在这样大数据的范围内，人工整理就有一定的局限性。而基于计算机技术的机器学习、规则、统计等知识发现方式正是应处理大数据的需要而生，数据挖掘以及可视化技术能够进行数据分析并直观展现结果。随着应用范围的不断延伸，各项技术也日趋成熟和规范，功能更加完善。基于《方志物产》的内容整理是现在及将来一段时间研究的重点，我们将根据其自身特点，结合人工干预，继续探索如何应用数据挖掘技术和可视化技术，提高整理的深度、广度和精确度，探索一套较为完善的自动化内容整理方法和手段。

---

① 王小宁：《古籍数字化需要规范和引导》，《人民政协报》，2007 - 08 - 27（C01）

《耒耜考》的当代价值和历史局限

刘丽婷[*]

（南京大学历史学院，江苏 南京 210093）

摘 要： 徐中舒先生的《耒耜考》结合文献、古文字和考古材料，对我国古代所使用的农具耒和耜的形制、演变、通行地域等相关问题进行了探讨，以期通过对某件农具的研究来达到复原古代农业场景的目的。徐先生深厚的文字功底、旁征博引的文献运用能力、多方面论证的严谨态度等，给后学树立了治学之榜样；对某些甲骨文、金文的考释结果令人信服足成定论，从文献中推断出的某些结论也与今日考古学之发现不谋而合。然而时隔多年，新的考古资料和研究成果层出不穷，在此基础上，《耒耜考》一文也有一些不足之处需要指正。在考古资料缺乏的时候，仅仅依靠少量文献和文字资料以及作者个人的理解和对材料的选择，所得出的结论难免有失偏颇。今天我们重读《耒耜考》，对其中的不足进行思辨，才能促进学术在前人的基础上更上一层楼，更好的发挥这一论文的历史价值。

关键词： 徐中舒；《耒耜考》；价值；局限

距离徐中舒先生发表《耒耜考》已经过去了近一个世纪，然而作为一篇考证严谨的著作，《耒耜考》仍值得我们好好研读，它的考证方法以及得出的一些结论依旧能给后学以启发；同时，在考古资料和研究成果日益丰富的今天，《耒耜考》的一些考证也可以得到增补，其中某些不足也能够得到修正，从而更好的发挥它的学术指导作用。

《耒耜考》一文作于徐先生在中央研究院时期。它最初发表在1930年的《国立中央研究院历史语言研究所集刊》第二本第一分上，1983年《农业考古》杂志在征得先生同意后，分别在当年的1期、2期杂志上再次连载，1984年选入其个人文集《徐中舒历史论文选辑》。《耒耜考》是徐先生的代表作之一，也是近代我国农具研究的重要作品。

全文共7个部分，分别讨论了文字上的耒、耒的形制、文字上的耜及其形制、耒耜通行的区域、耒耜名称的混淆、古代耕作情况、牛耕的兴起与耒耜的遗存7个问题，涵盖面较广，是通过一两件农具的研究来分析古代农业状况的典范。这篇论文集中体现了徐中舒先生的学术思想和研究方法，他谨慎的学术态度和严谨的论证过程使《耒耜考》获得了牢固的学术地位，经过时间的考验，时至今日仍然是研究古代农业的经典之作。

《耒耜考》长于考释，所用古文字资料丰富，以多个字形来考证一两个字的涵义，数例旁证，形、音、义兼顾，考据全面而缜密，因此能够得出较为正确的结论。这些都体现了徐先生严谨的治学态度和深厚的古文字功底，有些甲骨文字的隶定和考释几成定论，如"帚"字，罗振玉将其隶定为"扫"，而徐先生判断语意之后将其定为"耤"，这已得到相当程度的认可。而徐先生尤其擅长以一两字之形、义的考证和解释来究明当时社会生产的实际情况，使古文字考释不再囿于字面的释读而为社会的发展提供实证，这一点尤为难得。

《耒耜考》在论证的过程中，还善于利用多方面的材料，用以辅证，如文献资料、民族学材料、实物资料（子日手辛锄）等，从多方面反复求证，在研究的过程中，进行合理的联想和推论，并随后进行谨慎的求证，如以古钱来探究农具的演变，其过程严谨，资料详实，论证充分，令人信服。

徐先生的《耒耜考》体现了他娴熟的研究技巧和方法，很值得后来的研究者学习和参考。不过从今天的眼光来看，有些材料的分析和论证的过程还需要再商榷。

---

[*] 【作者简介】刘丽婷，女，南京大学历史系硕士在读研究生，研究方向为考古学

一、关于耒的形制

全文花了较大的篇幅来究明文字上反映的耒的形制。徐先生从甲骨文中较常出现的"耤"字入手，将其隶定为"耤田"之"耤"，故其偏旁像耒之形，又以金文中的耒形为证，辨认出耒字实像手秉耒之形，再以从"力"之"男""劦""麗"等诸字证之，认为"力""耒"相通，惟省去下端歧出之形。对与"耒"相关的甲骨文、金文中的"利""勿""方"等字本义的考证也显得有理有据，将文献与出土的甲骨、铜器铭文相互印证，得出较为可靠的结论，给我们提供了另一种解释的方法，显示了徐中舒先生对材料的了解和古文字研究的功力。这种充分利用材料、多方考证、材料之间相互为证的考证方法很是严谨，非有扎实的学术基础而不能为，值得我们仿效和学习。

在讨论古史上耒的样式时，徐先生推陈出新，以古钱币的形式来探寻耒的形制的演变。徐先生以金石著作著录的"中山币"为例，同时结合自己所藏的空首币的实物，证明空首币是仿效古农具钱的形制而造的。

认为布币是古农具的仿制品，这一看法古已有之。晚清孙诒让即已提出这一观点[1]。但现代以前的学者由于缺少资料和科学方法，并没有对此进行论证。布币是仿效何种农具、何以称为"布"，当代学者也对这些问题进行了研究。有学者以镈、布同声相通，认为布币是仿农具镈而来[2]。较为主流的观点主张布币由农具铲演变来，即古农具钱[3]。"空首布与青铜铲形状相近是显而易见的，空首布由农具铲所演变，有出土实物为证，比较令人信服。"[4]

徐先生则主张空首布与古农具耒有关，因此可以通过分析布币形制的变化，来探究不同时期耒的样式。根据布币首端有无楔形方口以及下端一刃或歧头这两个标准，徐先生对布币形制的发展演变进行了排序，认为是从两足布发展到空首布。这一排序方法类似于考古学研究中的类型学方法。在缺乏直接材料的时候，用可以相类比的间接材料从旁佐证，这种旁证法在一定程度上是可行的，也给我们提供了研究的新路径。这一思路不可谓不新颖，但是仔细思量不难发现，这其中存在很大的问题。

第一，先假设"布币像耒形"这一前提是正确的，但文中并未进行论证。另外，在接下来的类比过程中，还需要把握一定的度，即以布币的发展过程来讨论耒耜的演变，到达何种程度应该停止。根据事物发展的规律，新事物在旧事物中产生，在旧事物中长大，并且最后会与旧事物分离，成为一个独立的新生事物[5]。布币像耒形，它产生之初的形态能够反映耒之形制，但在逐渐发展的过程中，布币必将按照一般货币的发展规律，脱离农具的形态独立发展，这时就不能继续用布币来探讨耒形制的演变过程了。第二，在考古类型学中，排序代表同一类、同一型器物在时间序列上的演变关系[6]，然而从考古发现上来看，布币各类型流行的区域不一致，且时间上存在重合、交叉的关系，是无法进行发展序列上的排序的。

不过，布币形态的排队还是能够对它的演变有所反映，了解其大概的发展趋势，并借此探寻其所仿效的农具的形制。结合近年来的考古发现和研究成果，布币可分为空首布和平首布两大类，根据形态的差异，空首布可以分为原始空首布、平肩弧足空首布、斜肩弧足空首布、耸肩尖足空首布四类，平首布可以分为方足布、尖足布、圆足布、釿布和当寽布（即桥足布）、异形布钱[7]。各类空首布铸造早晚有差异，但形态发展上不一定存在前后相继的关系；各类平首布不但形制和流通地域不一致，而且时间上也相互交织。各种布币如图1[8]。

① ［清］孙诒让：《周礼正义》："说文云：钱、铫也，古田器。案古空首币，亦泉之属，后世谓泉为钱，当亦因币有钱之形，不必以铢两得名钱也。"

② 王毓铨：《中国古代货币的起源和发展》，中国社会科学出版社，1990年：第40页

③ 黄锡全：《先秦货币通论》，紫禁城出版社，2001年：第84页；李如森：《中国古代铸币》，吉林大学出版社，1998年：第31页；陈振中：《殷周的钱镈——青铜铲和锄》，《考古》1982年第3期；蔡运章，余扶危：《空首布初探》，《中国钱币论文集》，1985年

④ 黄锡全：《先秦货币通论》，紫禁城出版社，2001年：第84页

⑤ 马克思主义辞典，CNKI数据库词条

⑥ 李科威：《考古类型学的原理和问题》，《东南文化》1994年第3期

⑦ 李如森：《中国古代铸币》，吉林大学出版社，1998年：第32-63页

⑧ 汪庆正主编：《中国历代货币大系·先秦货币》，上海人民出版社，1988年

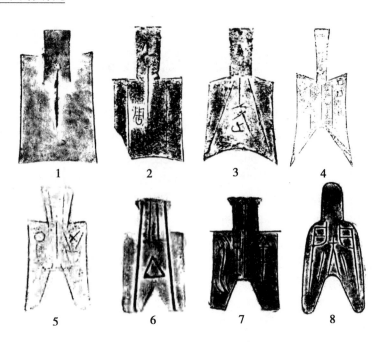

图1　先秦时期的各式布币

　　1. 原始布（上海博物馆藏）；2. 平肩弧足空首布（河南洛阳孟津出土）；3. 斜肩弧足
空首布（河南侯川出土）；4. 耸肩足空首布（山西稷山吴城村出土）；5. 平首尖足布（山
西阳高出土）；6. 平首桥足布（上海博物馆藏）；7. 锐角布（上海博物馆藏）；8. 圆足布
（上海博物馆藏）

　　根据考古发现和铭文释读，古钱学界对于各类布币的流通时期及流通地域已经取得较为广泛的认同。
原始空首布多属传世品，估计多为西周至春秋中期以前流通的货币；平肩弧足空首布当是东周（主要是
春秋）时周、晋、卫、朱、郑等中原国家的货币；斜肩弧足空首布当是春秋晋国韩氏及战国早期韩国的
铸币；耸肩尖足空首布很可能属晋、卫两国，后逐渐成为晋国赵氏铸币；平首尖足布应是战国时期赵国
的货币；锐角布（平裆）在新郑"郑韩故城"有铸造遗迹；锐角布（尖裆）在东周洛阳城及郑韩故城有
出土；圆足布学术界一般认为是由赵国的类圜足布演变而来，是被秦攻占以前赵国的货币[①]。参照学者的
研究成果，对布币形制排序矫正如下（图2）。

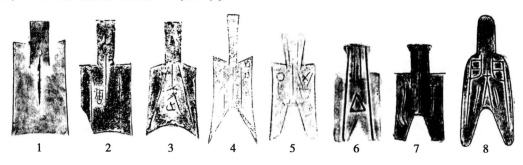

图2　先秦布币的发展序列

　　其足部的变化当如图3。

图3　布币足部的发展演变序列

---

　　① 黄锡全：《先秦货币通论》，紫禁城出版社，2001 年：第 96 – 141 页

从以上的排序结果可以看出，布币的大致演变趋势是从空首布到平首布，足部的形态从类铲形到后来的两足形直到圆足形。这一顺序也与布币的时间序列大致吻合。但是，徐先生推定的顺序与笔者排定的图 2 正好相反，即由平首到空首，由两足到平足。由于当时缺乏考古材料的佐证，徐先生所推出的布币发展演变的路线是错误的，因此，建立在此基础上的结论自然也需要修正。这其实也表明了在史学问题的研究中考古学材料的重要性。考古材料能直接反映相对年代的早晚，在史学研究中有十分重要的实证作用。

在论证布币是由平首到空首的过程中，徐先生提出的理由有二。其一，殷周之间必有两刃的农具，"如谓古有两刃，中古（郑所谓古，原意当指汉以前）变为一刃，汉又变为两刃；此种演变，似不可能"[1]。其二，若"由空首布的空首，变为两足布的平首，此种演变，为不自然的演变"[2]。这两种说法现在看来是值得商榷的。第一，殷周的两刃农具指甲骨文中耒之形体为两刃，中古一刃者，出自郑玄注《周礼·考工记》："古者耜一金……今之耜歧头两金。"郑氏所说的前后两"耜"，在汉以前及汉代各指代何种农具并不明确，不足以作为耒的形制的参照，还应具体考证。第二，布币是仿农具而造，在最初之时必然是较为忠实的仿效农具的样式，但是在其后的流通过程中，为方便携带，布币会向更轻更小的方向发展，正如王毓铨所说，"布钱的时代越早，它的形制越接近它所演变而来的工具。最早的布钱怕是和工具还不易分辨。"[3] 参照考古发现的青铜农具铲，空首布的形制显然与它更为接近，发展到平首布阶段，"已脱离了实物形态，原来钱、镈的遗痕已完全消失殆尽。"[4] 即上文所提到的"类比的度"的问题。这足以证布币是由空首布阶段发展到平首布阶段。

二、关于耜的形制

在讨论古农具"耜"的形制时，徐先生将甲骨文及金文中的"以"释为耜之本字Ɓ，并以其为农具，故而古文借为"以"字。徐先生因此认为，"以"象耜之形，从而得出耜为圆首木叶状农具的结论，并认为，"耒与耜为两种不同的农具。耒下歧头，耜下一刃，耒为仿效树枝式的农具，耜为仿效木棒式的农具"。甲骨文之以，现多从郭沫若[5]、裘锡圭[6]等的观点，释为"以"，以，用也。徐先生将其释为耜之本字，主要是根据耜是从Ɓ得声，证据稍显不足。这在文献中也找不到用Ɓ为耜的例子，其字形也与耜的形状实不类[7]。因此不能通过甲骨文中的以的字形来推论古农具耜的样式，关于耜之本字如何这一问题，还有待后续的发现和研究。

参照前面以布币来讨论耒之演变，徐先生在探讨耜的发展演变时也用了类似的方法。徐先生认为日本正仓院所藏之子日手辛锄为我国古农具耜的遗制，因其与桥形币形状相似，继而推定，可以由桥形币的形制演变来研究耜的演变过程，并进而认为这种桥形币是农具耜的仿制品。这一研究过程似乎过于草率。钱币最初是仿农具而制作，然而从考古发现来看，徐先生所称的"桥形币"很难以被归于钱币一类。

桥形币，铜质，类桥形。20 世纪 50 年代以来大多数考古报告将其称为铜璜。关于铜璜的性质、用途等，考古界目前说法不一，未取得一致，这类器物的名称也未固定下来，有铜璜、铜桥形饰、璜形饰、桥币、桥形币、磬币等等称谓[8]。学界关于铜璜的争论由来已久，论点集中在铜璜是货币还是装饰品这一分歧之上。清代学者多认为铜璜是货币，如冯云鹏《金石索》说："此钱如磬，相传为压胜钱。"[9] 徐先生在写作《耒耜考》时恐怕就是采用了这种观点。20 世纪 50 年代以来，也有不少学者持此种观点，如沈仲

① 徐中舒：《耒耜考》，《农业考古》1983 年第 1 期
② 徐中舒：《耒耜考》，《农业考古》1983 年第 1 期
③ 王毓铨：《中国古代货币的起源和发展》，中国社会科学出版社，1990 年：第 42 页
④ 李如森：《中国古代铸币》，吉林大学出版社，1998 年：第 39 页
⑤ 郭沫若：《由周代农事诗论到周代社会》，《青铜时代》科学出版社，1957 年：第 95 页
⑥ 裘锡圭：《说以》，《古文字论集》，中华书局，1992 年：第 106 页
⑦ 陈年福：《释"以"——兼说"似"字和甲骨文声符形化造字》，《古汉语研究》2002 年第 4 期
⑧ 王连根：《战国铜璜是一种装饰品》，《检察风云》2007 年第 9 期
⑨ ［清］冯云鹏，冯云鹓辑：《金石索》卷四，《续修四库全书》，上海古籍出版社

常①、安金槐②、罗开玉③等。更多的学者认为铜璜为装饰品，如史树青④、林巳奈夫⑤、岳洪彬⑥等。岳洪彬将铜璜定名为铜桥形饰，他收集整理了全国科学发掘出土的铜璜，对其进行了分型分式的研究，并根据铜璜出土的位置、共出物的种类、铜璜的形制纹饰等，断定其性质为装饰用品。这在目前的考古学界已取得了一定程度的共识。

综上，铜璜既非钱币，其与古农具便似乎很难以产生联系，因而不能以铜璜的形态来研究包括耜在内的古代农具的形制演变问题。

《耒耜考》一文还以郭璞注《尔雅·释叶》"大磬形如犁錧"这一条文献为依据，挖掘耜与犁錧在形制上的相似性，得出犁錧是由耜发展而来的结论。自《耒耜考》之后，很多的学者对于文献记载中的耒耜的形制、发展演变过程、最终的去向等问题进行过研究，虽然目前还未形成定论，然而在不断的探讨过程中，这些问题的答案也渐显清晰。

梳理有关耒耜的文献，可以发现文献记载中有耒、有耜，亦有耒耜，可见农具史上当存在独立农具之耒、耜，也存在一农具合称为耒耜者。目前学界主流的观点认为耒端歧头，耜端为木叶头⑦。耒是由尖头木棒发展而来，随后演变成单齿双齿之分、直庇曲庇之别⑧。耜的来源还未形成一致意见，有认为其亦由掘土棒分化而来者⑨，亦有认为是从耒演变而来的⑩。关于耒、耜的去向，分歧比较大，大致有以下几种说法：古耜发展为锸、锹、犁铧说；耒变为锹、锸，耜变为耕犁说；古耒变古犁说；木耒发展为木耜、木铲、木锸、木犁说等⑪。无论如何，当年徐先生将耒、耜源流分别进行考证的做法还是可取的。

三、耒耜通行的区域及耒耜名称的混淆

在论述了耒耜形制及演变过程之后，徐先生继而对其分布的区域进行了研究。他认为耒、耜之所以能够遵从各自的道路演进，是因为耒耜二者有他们各自通行的区域，在对材料进行分析之后，他认为："耒为殷人习用之农具，殷亡之后，即为东方诸国所承用。耜为西土习用的农具，东迁之后，仍行于汧、渭之间。"

在分析论证中，徐先生仍沿用了前面以布币来研究耒的方法，认为布币铸造之地或通行之地就是它仿效的农具的使用地区。他所推定的布币的流通区域与今天考古发掘的布币出土地及其铸造遗迹的分布范围大致是吻合的。然而前面我们已经说到，用布币来类比、旁证其所仿效的农具并不十分恰当。布币产生之后，就具有了自己的特征和发展规律，成为独立发展之体系，其后当与农具没有什么关系了。布币处于流通过程中，流动性大，并会逐渐向外传播，其分布地域应与其发源地不甚一致。因而使用这一方法时，应该更加谨慎。

至于耜之通行区域，徐先生则是完全从文献的角度来推定的。徐先生的文献功底非常深厚，材料掌握得全面，使用起来得心应手。他通过分析文献和古史传说，对夏、周、秦三个族群的早期状况进行了分析和解说：他们都发源于西方（西方据文章原意当为关西地区），农业都很发达，都与耜或耜之本字有关。他据此推断夏、周、秦这些西方族群使用的农具为耜，与东方之耒遥相并列。然而由于文献自身准

---

① 沈仲常，王家佑：《记四川巴县冬笋坝出土的古印及故货币》，《考古通讯》1955 年第 6 期
② 安金槐：《郑州二里冈空心砖墓介绍》，《文物参考资料》1954 年第 6 期
③ 罗开玉：《论古代巴、蜀王国的桥形铜币》，《考古与文物》1990 年第 3 期
④ 史树青：《关于桥形币》，《文物参考资料》1956 年第 7 期
⑤ 岳洪彬：《我国古代铜桥形饰及相关问题》，《考古求知集》第 387 页；岳洪彬：《铜桥形饰的性质和用途再考》，《华夏考古》2002 年第 3 期
⑥ 林巳奈夫：《佩玉と绶》，《东方学报》第四十五册
⑦ 黄展岳：《古代农具统一定名小议》，《农业考古》1981 年第 1 期
⑧ 汪宁生：《耒耜新考》，《古俗新研》，第 40 页
⑨ 汪宁生：《耒耜新考》，《古俗新研》第 40 页
⑩ 宋兆麟：《我国的原始农具》，《农业考古》1986 年第 1 期；孙常叙，《耒耜的起源和发展》，《东北师范大学科学集刊》1956 年第 2 期
⑪ 王文涛：《两汉的耒耜类农具》，《农业考古》1995 年第 3 期

确性的差异，加上使用者有意的选取和不同的主观解读，不足之处也是显而易见的。因此，仅从文献推测来断定一个族群使用何种农具，未免有失偏颇。而且在近些年来关于夏文化的讨论中，学者们普遍认定夏族群其活动范围是在晋南、豫西一带①，即我们传统意义上的中原地区，非为西方族群。

在探讨耒耜的通行区域时，最为直接的证据是各地的考古发掘中耒耜的出土情况。已有学者对考古发现中与农业有关的资料进行了整理②，从这些出土的耒耜实物资料可以看出，耒耜的分布并不局限于某一特定区域。汉代以前的耒在河北、河南、甘肃、陕西、辽宁、江苏，甚至台湾都有发现。至于耜的出土范围就更广了，正如汪宁生所说，耒耜的分布是全国性的③。

耒耜在先秦文献中常见于记载，然而却由于指代不清而引起不少争论。《易·系辞》云："庖牺氏没，神农氏作。斫木为耜，揉木为耒，耒耨之利，以教天下。"这以后各家对耒、耜做注，说法不一，耒耜为何种农具、形制如何都变得十分模糊。对耒耜在何时已产生混淆这一问题，徐先生认为，古文字中的昌或从昌之字也做𠂤形，其所从的偏旁𠂤为耒之倒文，此即耒耜相混淆之证，时间在春秋或春秋之前。他据《诗经》中都以耜指示锐利之意，证耜在耒之先采用金属制下端刃部，后来就以刃部代称耜，于是就有了"耜、耒下钉，耒、耜上句木也"这样的混淆。

徐先生对古文字考证详实，颇多灼见。他将𠂤视为人执耒形，是耜之本字昌的另一形态，借以为"以"。这一结论在徐先生主编的《甲骨文字典》中也有所反映。然目前古文字学界主流观点是将𠂤看作"以"的繁体，是"以"的本字④，与耜无关，因而也不能从这个字来看耒耜名称的混用。

四、古代耕作状况和牛耕的起源

徐先生在探讨了耒耜的形制及各自通行的区域之后，将目光更长远的放在了进一步研究古代农业的耕作状况之上。当时由于考古材料的缺乏，先生只能从文献的记载及古文字考释方面来推测上古时期人们在田里耕作时的情况。综合考察了文献里所反映的情况之后，徐先生描绘出了一幅蹈履而耕、用手推发、两人共作、秩序井然的劳作情景。

参考实物资料，如山东嘉祥武梁祠画像石中的"神农执耒图"⑤，可知徐先生的推测大抵不差。神农执耒图中，人物弯着腰，用手将所执两刃画刺入土中，可以推想，刺土的时候用脚踏之，可以刺土更深；发土时手臂下压，利用杠杆原理把土翻起来。这种耕作的动作在现在的农村中仍然十分常见。

牛耕的发明是我国农业技术史上一项重大的革命，牛耕的起源也是农业历史和考古研究中一个重要的课题。20世纪30年代，徐先生就已经对此发表过意见。他认为殷周时期尚无牛耕之事，因为古书中记载这一时期的牛都是用于战争，而无耕稼之用。同时他猜想在西汉赵过时期有些地方已经施行了牛耕，赵过只是以牛耕教民而已。在对宋人周必大牛耕起源于春秋时期的几点证据进行了针锋相对的辩驳之后，徐先生提出，牛耕始于先秦，但不得在战国初期之前的观点。这些观点即使在今天也是非常具有洞见性的。

研究牛耕的起源，首先要明确的一点是，牛耕的起源不等于犁耕的起源。犁的出现要远远早于牛耕，牛耕是在犁耕地与牛拉犁结合起来之后才产生的，"在畜力拉犁出现以前，必然经历过一定时期的人拉石（或木）犁的阶段"⑥。到目前为止，牛耕起源的说法主要有殷商说、春秋说和战国说三种意见。殷商说者多以《山海经·海内经》"稷之孙叔均是始作牛耕"为依据，加上对甲骨文的考释结果，将牛耕的发明定

① 中国社会科学院考古研究所编：《中国考古学·夏商卷》，中国社会科学出版社，2003年：第45页
② 陈文华编著：《中国农业考古图录》，江西科学技术出版社，1994年；陈文华，《中国古代农业考古资料索引·生产工具》，《农业考古》1981年第2期
③ 汪宁生：《耒耜新考》，《古俗新研》第40页
④ 陈年福：《释"以"——兼说"似"字和甲骨文声符形化造字》，《古汉语研究》2002年第4期
⑤ 朱锡禄：《武氏祠汉画像石》，山东美术出版社，1986年：第13页
⑥ 王星光：《中国传统犁耕的发生、发展及演变》，《农业考古》1989年第1期；王星光，《中国传统犁耕的发生、发展及演变（续）》，《农业考古》1989年第2期

于殷商时期，如郭沫若、胡厚宣、王静如、郭宝钧等；春秋说者认为在《国语》中就已经提到牛耕之事，"夫范中行氏不恤庶难，欲擅晋国，令其子孙务耕于齐，宗庙之牺，为畎亩之勤"《国语·晋语》），宋人叶梦得、今人齐思和以及陈文华先生都持此说；战国说者对殷商时期就有牛耕表示存疑，主张此说的有徐中舒、夏麦陵等①。同时也有人认为新石器时代就有犁耕，且各地发现的石犁多厚重，可能已经出现了畜力的牵引②。从考古发现来看，新石器时期就已经出现了牛和石犁，然而牛耕何时出现还有待于更为直接的证据来证明。

现在看来，徐先生牛耕始于先秦的观点是正确的，但不得早于战国初期的推论就显得保守了。

五、结　语

徐中舒先生的《耒耜考》发表于1930年即先生而立之年，论文详实的考证足以见先生功力之深、治学之严。徐先生从多学科角度对古代生产工具的考察，以小见大，在当时是非常新颖的尝试，其最终目的是为了揭开古代社会发展的奥秘。正如他在文中指出的："虽是一两件农具的演进，有时影响所及，也足以改变社会的经济状况，解决历史上的困难问题。"③ 该文发表后，得到了国内外学者很高的评价，在学术界产生了重大影响。

在古文字研究方面，徐中舒先生也达到了相当的高度。其时虽也有许多人研究古文字，并发表了很多的论著，然而多数是为求"发明新字而释字"④，很多说法是猜测臆想多于考证，故而往往一无所获。而徐先生的这篇《耒耜考》，却是就研究耒耜形制这一问题而考证甲骨文、金文，是以字证史，以字治史，因此能够取得更好的结果。陈梦家先生的评价是客观公允的："全文虽不无尚待商榷之处，但用这种方法处理文字是很正确的。"⑤ 这种方法在今天仍然是值得学习和值鉴的。

近一个世纪以来，考古学获得了长足的发展，农业考古也逐渐成为考古学下面一个较为成熟的分支学科，古代农具的研究也成为农业科技史上的一个重要课题。以今天的眼光来看，徐先生的《耒耜考》固然存在一些不足之处，但它仍然不失为古代农具研究的经典之作。学习前人的研究方法和治学态度，运用当代考古学的新发现对以前的研究不断进行补充、修正，才能在前人的基础上走得更远，使学术发展更进一步。这也是我们今天重读《耒耜考》的意义所在。

---

① 彭明翰，《中国牛耕起源研究述评》，《江西文物》1991年03期
② 王星光：《中国传统犁耕的发生、发展及演变》，《农业考古》1989年第1期；王星光，《中国传统犁耕的发生、发展及演变（续）》，《农业考古》1989年第2期
③ 徐中舒：《耒耜考》，《农业考古》1983年第1期
④ 陈梦家：《殷墟卜辞综述》，科学出版社1956年：第67页
⑤ 陈梦家：《殷墟卜辞综述》，科学出版社1956年：第67页

斥卤蓄淡：宋代温州滨海平原的水利开发[*]

——以埭为例的考察

康武刚[**]

（安徽省社会科学院历史研究所，安徽　合肥　230053）

摘　要：围海造田一定程度上解决了温州滨海平原（即永嘉、乐清、瑞安、平阳四县）地区人多地少的矛盾，新围垦出来的土地发展农业，需要排涝蓄水，防御海水侵袭，发展水利事业。正是温州沿海平原水利的开发，带动了埭的兴建。宋代是温州水利发展迅速的时期，有修筑数量多、技术上以石易木的特征。宋代温州沿海平原的埭在选址、经费筹措、建造技术都有鲜明的地域、时代特征。

关键词：宋代；滨海平原；埭；水利

　　长期以来，江南地区是区域水利史研究的热点，研究成果较多，但这些地区并不足以反映整个中国历史时期的复杂情况。以温州为代表的浙南地区在地貌上的一个重要特点是山区的比重很高，平原面积较少，素有"七山一水两分地"的说法，水利开发对于温州滨海平原的土地利用效率的提升非常重要。目前该区域内的水利史研究较少。学界关于温州地区水利开发的研究成果主要有：日本学者斯波义信所著的《宋代江南经济史研究》一书，曾涉及宋代温州水利方面的考察；陈丽霞《温州人地关系研究：960—1840》在一些资料的援引上重新予以审正，并补充了相关内容；吴松弟教授的《1166年的温州大海啸与沿海平原的再开发》《温州沿海平原的成陆过程和主要海塘、塘河的形成》等文章，对温州沿海地区成陆、水利设施的形成、历史时期海啸对平原开发的影响，做了深入细致的研究，梳理了这一时期温州地区重要水利工程的概貌。本文在上述学者研究的基础上，试图以温州沿海地区的埭修筑为个案，揭示历史时期温州地区在水利开发过程中呈现的一些特点。

一、温州滨海地区埭修筑的环境条件

　　温州滨海平原分布着许多从山麓流入海洋的大大小小的河流水系。山麓和平原交接点的扇形地的扇头部分，是定居和生产的最理想之所在。又由于温州的平原比较小块，山麓的小水源和小型的水利设施就可以灌溉平原较大比例的面积。这也是尽管温州比宁波更远离中原地区，但其平原开发的完成却比宁波平原开发要早的原因。水利建设热潮的涌现则要到宋，特别是南宋以后。[①]

　　温州的地理条件，为人地矛盾的缓减提供了另一条途径—向海涂发展，表现为围海造田和利用滩涂地。因为地形、潮流、风浪等各种因素的影响，长江以南的海水不断带沙南下。在平潮时，潮水携带的悬浮浪沙纷纷落淤于瓯江、飞云江、鳌江。温州沿海地区的海滨因此不断淤涨升高，江口逐步外移，并形成广阔的浅海淤泥滩。这些海边滩涂的利用，首先需要有海塘的修筑，使滩涂干结，然后修筑相关的水利工程，并且逐渐去碱性，达到可以耕种的程度。海塘工程的修筑，使得温州沿海平原形成了一定的涂田。由细泥沙淤积而成的这些涂田，虽土质贫瘠，只能种一些柑橘、豆麦、大麻、木棉等作物。北宋熙宁七年（1074年）著名学者沈括提出，"温、台、明州以东海滩涂地，可以兴筑堤堰，围裹耕种，顷

---

　*　【基金项目】《温州通史·专题史》，《温州滨海平原的海岸线变迁与水利开发研究》阶段性成果

　**　【作者简介】康武刚（1981—　），男，安徽省社科院历史所助理研究员

　①　李世众：《宋代东南山区的农业开发——以温州为例》，浙江社会科学，2006年第1期

亩浩瀚，可以尽行根究修筑，收纳地利"。①

围海造地的土地要达到可以耕作的程度，海边的涂田还需要有相关的水利设施配套，才能使新的围海造地变成可以精耕细作的田地。史料记载，"东瓯之俗，率趋渔盐，少事农作，今则海滨广斥，其耕泽泽，无不耕之田矣。向也涂泥之地，宜植粳稻，罕种瓣麦，今则弥川布垄，其苗檬檬，无不种之麦矣。"②宋代温州民众和官府在围垦出的土地上筑堤围垦，整治河网，修筑水利设施。

温州临山多海，夏秋间台风暴雨频繁，海潮山洪泛滥成灾，而江河流短水急，上中游少有蓄水之所，雨后小晴，而农田干旱，因此，水利建设为历代当政者所重视。有文献记载的最早的埭为五代时所建，经北宋到南宋先后修筑了大量的埭、陡门、海塘等水利设施，在境内逐渐形成纵横交错的、相当系统的水利网。

埭是古代人工建筑堵水土石坝，凿河筑埭，是温州古老传统的水利工程。在温州滨海平原的围垦过程中，埭的修筑，一方面阻挡海水回流倒灌，以免侵入已开发的耕地；另一方面内蓄涧水流泉，又使靠近海岸线的盐碱化平原开发成耕地。埭，古代人工建筑堵水土石坝，凿河筑埭，是温州古老传统的水利工程。

二、宋代温州滨海地区埭的分布

自汉代至民国，据史志的不完全记载，温州疏河筑埭共 328 处。以分县计，永嘉县 55 处、瑞安县 99 处、平阳县 73 处、乐清县 86 处。记载修建时间 111 处，未记时间 217 处。以历史朝代分，汉 1 处、唐 1 处、宋 51 处、元 3 处、明 31 处、清 22 处。③可以看出，温州历史时期埭的修筑在宋代达到了最高峰，大约占到了有记载埭总数的二分之一。

据清乾隆《温州府志》记载，温州早期的筑埭始于唐末五代年间（906—978 年），乐清县令丁公者，教民治田，以推行筑埭引水溉田，水之所到，尽可耕稼，埭乃固之，藉以沉竹笼水中，建以巨石，基础坚固，丁公在山门乡殿村倡导民众筑埭三条，使农田丰收，民颂其德，纪念丁公教民治田，因名"丁公埭"。④两宋时期，温州人民筑埭以拒卤、障江、浚河，满足农田水利的需要。以下据弘治《温州府志》所记载的资料，大致介绍温州滨海平原四县埭的分布状况。⑤

永嘉县：万岁埭，在府治拱北门内，宋建炎四年（1130 年），宋高宗赵构移驾温州，自拱北门入，官民伏道迎驾，故名"万岁埭"。军前大埭，在华盖乡五都茅竹山址。华盖乡旧是十埭，岁久变迁，俱废。宋绍兴二十四年（1154 年）（埭坏，始分筑平水埭于山之东西。膺符乡六都：东平埭、西平埭，茅竹山东西。宋绍兴十四年始分军前大埭筑。泄漏埭、陆家北埭、陆家南埭，以上三埭俱在在膺符乡六都，宋乾道二年（1166 年）再筑。地形稍高，民居稠密。

瑞安县：石紫河埭又名西埭，在瑞安县城西半里，初建邑即有此埭，乾道二年水灾后，疏浚、增筑、益固。程头埭，在清泉乡海口。乾道二年重修。次渎埭，在清泉乡海口，旧有此埭。宋乾道二年水灾毁埭，后移入里河筑此埭。东冈埭，在崇泰乡五都，旧名东峇埭。余家埭，在崇泰乡，去城东二十二里，宋淳熙间，黄宣义以既有石冈陡门，遂为硬埭，下渐渐涨淤。芦浦大埭，古埭址皆芦林，故名，在集善乡，北宋元丰间筑。南宋淳熙年间重修，后坏复修。昭仁埭，在集善乡，宋元丰（1078—1085 年）间筑，崇宁（1102—1106 年）增修，后改建为闸。桐浦埭，在集善乡，长二十八丈，旧有泥埭，截浦水东入江西渎、横塘、桑峇诸村，南接塔山陡门，北通云峰、外桐、圆屿、丁峇、西峇、桐溪等处山源二百余派，溉三都田。宋元丰间建。

横河埭，在南社乡，以河名埭，其河南通平阳万全乡，东连沙塘陡门，脉络绵远，东枕大江，以埭

① ［清］徐松《宋会要辑稿》食货六一之一〇一，中华书局，1957 年
② ［宋］吴泳《鹤林集》卷三九《温州劝农文》，影印文渊阁四库本
③ 温州市江河水利志编纂委员会：《温州水利史料汇编》，中华书局，1999 年：第 136 页
④ ［清］李琬：乾隆《温州府志》卷十二《水利》，清乾隆二十五年刊民国三年（1915 年）补刻本
⑤ ［明］王瓒：弘治《温州府志》卷五《水利》，《天一阁明代方志选刊续编》，上海书店出版社，1990

限之，宋乾道丙戌水灾，埭陷田没，唐奉使相地，外筑塘捍潮，内塞河以副之，自是埭址坚固，盖沙塘陡门与河埭相为唇齿。宋家埭，在南社乡，长一丈五尺，与平阳沙塘陡门脉络相连，春涨则决之以便镬。(每年) 八九月间，风激海涛，咸流入河，藉此以防，后废。侯家埭，在南社乡，侯氏所筑，宋乾道丙戌再筑，因世守之。陈家埭，在南社乡，古为土埭，宋乾道丙戌漂坏，唐奉使相其地，移入塘内筑之。

钟家埭，在南社乡，古有泥埭。邓家埭，在南社乡，宋元丰间姜、邓二姓筑二埭，其河两带，上俱接平阳，下皆抵江之浒。宋乾道丙戌漂坏，后复筑，复于埭外筑泥埭副之。径浦埭在涨西乡，古有高秋大埭，下有石桥跨浦，往来便之，后来桥冲埭坏，宋淳熙九年 (1182 年)，乡民就在桥侧筑此埭捍潮。洲川埭在涨西乡，抵当中流，宋绍兴十六年 (1146 年) 复筑。小蒲埭，在涨西乡，宋绍兴间，潮水冲坏，移上筑之。棠棣埭，在涨西乡，长一十丈五尺，旧有陡门，宋绍兴丙寅毁于水，乡民就浦下筑此埭，旁有棠棣木，因名。视涨西、南社沿江筑埭，而此为巨，以土堆浮沙，无山石之固，遂复增筑护埭焉。

岑岐埭在县东北帆游乡，宋淳熙间 (1174—1189 年) 筑埭。鱼㳇角埭，在县东北帆游乡河口，宋乾道二年移筑之。大坑埭在瑞安县来暮乡三十九都大坑村。有小河通霞涂浦，潮每害，宋乾道间筑此埭。后因大坑山溪水暴出冲坏。元大德六年 (1302 年) 知州李德修，旬日大雨废。今浦成田，旧埭去江远矣。外吉埭，在来暮乡，长二丈五尺，其地民依山岙以居，为坑风吹不利，遂迁山外，名曰外吉，其田承小溪流，有直泱，有横浦，古有泥埭截水，宋绍兴大筑始固。

魏岙埭，在来暮乡，长五丈，沿山溪流率注于浦，乡人于要处截流筑此埭，宋绍兴丙寅 (1146 年)，潦水冲坏，乾道丙戌，有司大兴水利，上户率力复固。浦西埭，在来暮乡，长三丈二尺，地名溪头，古有土埭，蓄众山之水，溉三十九都、四十五都田，宋嘉定初 (1208 年) 创。按《永嘉谱》云："瑞安江上流至来暮乡四十都，受浦西水，其水盘纡百折。乾道九年 (1173 年)，里人衡山主簿曹汝闻倡众率浚浦，且自为之记。以浦西水入江，视他处最易淤浅，凡用一千五百工，浦道二千五百余丈，自八脚桥至宋岙，㳇口至魏岙桥，广三丈。魏岙桥至徐婆桥，广三丈五尺，深视广三之一。徐婆桥以下，深广渐增。水口广八丈。深一丈三尺，其支河若许峰、利用等埭，中洋等泱，皆次第开浚，广深随宜。"徐垟埭，又名车水埭，在来暮乡四十都，蓄永丰湖水。河村埭，在来暮乡，有小河一带通江浦。宋乾道初，于交际处立埭。

济头埭，在来暮乡，宋宣和间筑，建炎间重修。杨家埭，在来暮乡三十七都，初未有埭，以前水泄田涸，宋绍兴立，候命许岙埭。湖北埭，在瑞安县芳山乡，去城西四十里。初与棠棣埭长三十三丈，共一河。宋元丰七年洪水冲损，河分为东西，溪水尽入西河，而东河不接上流，民田荒废。建炎三年 (1129 年)，王汝晖置地，开凿新河以接上流，其河皆枕大江，埭岸一带不绝如线。乾道九年，王确出力浚河筑埭，淳熙甲辰 (十一年，1184 年) 潮冲埭坏，复与江为一。确念功之废，大兴筑，每建陡门，诸陡门始固。

韦岙埭，在瑞安县芳山乡，宋绍兴经界前即已有之，内河外江。石步埭，在广化乡，长一丈七尺，宋建炎间立。石桥埭，在广化乡，长一丈余，宋绍兴二年筑，每岁增修。苏埭，在广化乡，长一丈五尺，宋建炎间筑，因以石固之。务下新埭，在城南门外东半里，长一十五丈三尺。本县北湖山水直泄入江。宋守孙懬给钱，差官傍内河用木版筑埭以捍潮。守毛宪易以石版。旧不通舟，因徐宏挟势夷之，便于上荡舟，县民以走泄风水讼于官，宋末令赵良垣议建于三贤堂，祠王公济、八行赵霱、义士张危，复于石紫河畔通舟。诗曰："欲回新埭水，依旧向江西。"有志弗就。元筑城废。

平阳县：阴均大埭，在金舟乡二十都，又名舥艚埭，南宋嘉定元年筑于阴均山麓。黄公埭，在归仁乡三十二都扈山。宋朝里人高黎黄姓，筑埭于山东，防御海潮。

仙口埭 (即沙塘陡门陡门旧址)、钟家侧埭、宋家埭、伍家埭俱在万全乡，建沙塘陡门后尽废。

乐清县：屿北大埭，在县南五里，永康乡一都，宋治平元年 (1064 年)，县令焦千之创建。章岙埭，在永康乡二都，去县西二十里，宋淳熙间 (1174—1189 年)，县令袁采创筑。西埭，在永康乡二都，宋淳熙间县令袁采增筑。黄塘八埭，在县东十三都瑞应乡，宋宣和间 (1119—1125 年) 建。

从上述宋代温州沿海平原诸多埭的分布来看，选址多在重要的河溪入海处，如平阳阴均埭，地理位置重要，"控制金舟、亲仁、慕贤、东西四乡之水皆会于此入海。"[①] 魏岙埭，"沿山溪流注浦，乡人于要

---

① ［宋］杨简《重修阴均陡门记》，《温州历代碑刻二集》，上海社科文献出版社，2006 年

处蓄水筑此。"① 瑞安县"清泉乡海口程头埭，海口地形独高，是三都水利之紧要。石紫河埭，为瑞安、永嘉水利之要，一失其防，塘河之水尽入江矣。"② 也有的选址在周围聚落的中间位置，如瑞安集善乡桐浦埭，"西连横塘、桑岙诸村，南接塔山，北通云峰、外桐、园屿、丁岙、西岙"等处。③

据上文可知，两宋时期温州滨海平原的埭曾经时常面临海水潮、江水的损坏，多次修筑。其尺寸大小不一，多在一丈至七十二丈。据史料记载可以统计出十丈及以下的有九处：程头埭、径浦埭、洲川埭、鱼渎角埭、魏岙埭、浦西埭、徐垟埭、济头埭、韦岙埭。十丈至二十丈有十处：芦浦大埭、章岙埭、西埭等。二十一丈至三十丈有五处：余家埭、昭仁埭、桐浦埭、湖北埭、屿北大埭。三十丈一至四十丈有两处：石紫河埭、章岙埭。四十丈以上仅有一处：黄塘八埭。规模最大的是乐清县瑞应乡黄塘八埭，为七十二丈。最小的是一丈的瑞安来暮乡济头埭等。④ 由埭的尺寸，可以看出，较之于海塘工程的修筑，埭的修筑属于规模较小的水利工程。

三、埭的经费筹措与建造技术

为了满足埭修筑资金的要求，宋代温州沿海平原埭的修筑资金来源多样。官府出资，如瑞安县程头埭，乾道二年（1166年），水灾、埭毁、河决，地方官府役三都民夫重修始固，官费数十万。⑤

如地方官府筹措不足时，就向民间募集，甚而自己出私财筑修，如瑞安浦西埭，"江上游至来暮乡四十都，受浦西水，其水盘纡百折。宋乾道九年（1172年）里人衡山、主薄曹汝闻，倡众浚浦，自为之计。"⑥ 平阳阴均大埭，虽然主持者为县令汪季良，但是所需经费都是乡士林居雅倾资。总体而言，宋代的生产技术远没有后世发达，修建阴均大埭这样规模较大的水利工程时，往往所需资金较多，且后来需不时修筑，这样的资金需求，多是由地方官府鼎力支持，才可以完成，地方精英的介入相对而言，只有兴修小规模埭，或者参与政府主导的修筑活动时，才可以实现。

乡里富户的捐助修筑，下仅举几例：黄塘八埭在瑞安县东十三都瑞应乡。埭长七十二丈。宋宣和间（1119—1125年）里人叶慰达建。黄公埭在归仁乡三十二都扈山。宋朝里人高黎黄姓，筑埭于山东。岑岐埭在县东北帆游乡，宋淳熙间（1174—1189年）双穗场盐亭户筑埭。丁湾埭，在涨西乡，旧名周田埭，宋崇宁三年（1104年），本里陈提举之祖重修。其载石刻：此埭水流绵亘三百余丈，东距大江，南至平阳，西抵三港，北接二十都，河旁连诸都，溉田三万亩。然埭滨江，河道湫隘易涸，淳熙以来，屡筑屡坏。嘉泰初里人王仲章、陈烈倡率，于故址立石为之，始有蓄泄之利。⑦ 这几例捐资修筑的行为多为自愿的捐赠，捐助者为里人叶慰达、高黎黄姓、王仲京、陈烈，双穗场盐亭户亦是活跃于宋代乡村社会中的富民阶层。

还有一些捐助行为是被动的，是在地方官员的劝导下进行的募捐，劝募的对象多为乡村社会中的精英。早在熙宁时期宋政府就曾颁降的《农田利害条约》就明确规定允许诸州县劝诱民户出资修筑水利："如是系官钱斛支借不足，亦许州县劝谕物力人出钱借贷，依例出息，官为置簿及催理。诸色人能出财力、纠众户、创修兴复农田水利，经久便民，当议随功利多少酬奖。其出财颇多、兴利至大者，即量才录用。"⑧ 温州当地的民户积极响应，如平阳县阴均大埭，南宋嘉定元年（1208年）县令汪季良，命里民林居雅于潭头海口筑土埭于阴均山麓，邻近慕贤东、慕贤西、亲仁、金舟四乡农田俱赖蓄水灌溉。又如魏岙埭，绍兴十六年（1146年）被冲坏，宋乾道二年（1166年）有司令上户筑之复。⑨

① ［清］陈永清：乾隆《瑞安县志》卷之二《水利》，清乾隆十四年刻本
② ［清］陈永清：乾隆《瑞安县志》卷之二《水利》，清乾隆十四年刻本
③ ［清］陈永清：乾隆《瑞安县志》卷之二《水利》，清乾隆十四年刻本
④ ［明］王瓒：弘治《温州府志》卷五《水利》，《天一阁明代方志选刊续编》，上海书店出版社，1990
⑤ ［清］陈永清：乾隆《瑞安县志》卷之二《水利》，清乾隆十四年刻本
⑥ ［清］陈永清：乾隆《瑞安县志》卷之二《水利》，清乾隆十四年刻本
⑦ ［明］王瓒：弘治《温州府志》卷五《水利》，《天一阁明代方志选刊续编》，上海书店出版社，1990
⑧ 漆侠：《王安石变法》，河北人民出版社，2001年：第264页
⑨ ［清］陈永清：乾隆《瑞安县志》卷之二，《水利》，清乾隆十四年刻本

之所以在温州滨海平原的埭的修筑中，民间势力的介入较多，这与宋代的高度集权的财政体制有关。在宋代高度集权的财政体制下，天下赋税并无中央税种与地方税种之别，"一切财赋的所有权与支配权均属于中央政府"。但为了确保地方机构的正常运转，中央政府又必须把财政收入在中央与地方之间进行分配。所以地方财政在中央的分配下有着一定的财政支配权。因水利治理兴修是地方管辖职责之一，自然在其经费支出中亦包括水利。王安石"免役法"出台，募役夫兴修农业水利费钱这包袱则落到地方政府的肩上，换而言之，即为政府出钱兴修农业水利。虽然，毕竟地方财政主要运用于机构的操作运转，用于地方建设只是其中的一部分，而用之水利的部分少之又少是理所当然的。从而除中央财政分配外，水利事业很多情况下靠民间筹集资金维系。因此，民间筹集资金是重要手段之一。①

筑埭的工程技术，也是经历了漫长艰难步履而在不断地克服困难中前进。五代前期所筑埭，是简单的泥堤，屡毁屡筑。后来宋初，改土堤为石堤注：石堤又称硬堤，固定不变；而要决埭放水的仍用泥埭。在处理堤坝基础，解决技术的难度，先是巨石垫底，虽较前加固，但未能镇住风潮冲击。后来采取打木桩镇基，才得以坚固。施工导流技术，采取"分流杀势"法，得以成功。②

另一水利技术措施是"分流治洪"法。以求取得筑埭安全巩固。平阳县凤乡上河埭，宋元两朝多次筑埭，屡筑屡圮，没有成功。元人史伯睿为此撰写《上河埭记》，总结该水利工程教训。他认为宋以来该埭屡次修筑没有成功的原因是"源长流大，暴水所至，仅长数里河道，无束其流，故此毁埭矣。③ 以土易石是宋代温州埭修筑技术进步的又一体现。如乐清县岙北大埭，宋治平元年（1064），县令焦千之创建陡门石魡。宋嘉定间（1208—1223 年）县令曹能用石筑之。西埭，旧有土埭，绍兴三年（1133 年）以石筑之。④

温州沿海平原宋代埭的一大修筑技术进步是联埭与分埭，至少在南宋以前，温州平原的海塘建设，往往经历各村落先自行筑埭，尔后各村再连接成较大规模的海塘这样的过程。温州沿海属山地海岸，港湾众多，沿海平原早期的成陆往往首先从一个个小港湾开始，在港湾填平以后才会出现大面积的成陆区域。宋代以前，温州沿海平原各村落可以依靠自己的力量修建较小规模的埭。当成陆过程由港湾以内演进到港湾以外，在人口增多经济发展的背景下，才需要并可能修建较大规模的海塘。⑤

联埭，若干个埭连接在一起。瑞安县东冈埭，在崇泰乡，旧名东㑊埭，与陈㑊埭、场下埭各长三丈五尺，坑口、石口各长六丈二尺，徐村埭长二十九丈，凡六埭相连，并在崇泰乡五都。宋乾道二年（1166 年）丙戌，海溢淤塞。提举宋藻⑥相视，淘其土于埭上，筑成塘路坚固，然皆硬埭，仰石岗陡门泄水。⑦

分埭。永嘉县军前大埭，在茅竹山北，北截江潮。河通郡城，灌田数百顷，又有舟楫之利。宋绍兴二十四年，潮决入埭，直至山趾，地悉成江，两乡遂不可通，始分筑东平、西平埭于（茅竹）山之东西，各自为平水埭，截东乡河口，开茅竹岭以通陆运。续因穿漏，咸流逆入于河，复退陡门三里作备堰，有钟无泄，民病之。元王安贞疏备堰，浚淤河，议者欲绕茅竹临江山趾，凿石为渠，以通两乡水道，以工力浩繁遂寝。（军前大埭）故废之。⑧ 洲川埭，宋绍兴十六年（1146 年），冲坏，复筑埭三，左右并河，东西居民环列，每岁增修。相近有独木埭，在涨西乡。邓家埭，乾道二年坏重修，又外筑副埭，以护其坚。⑨

① 包伟民：《宋代地方财政史研究》，上海古籍出版社，2001 年，76 页
② ［元］史伯睿：《上河埭记》，《青华集》卷五，影印文渊阁四库本
③ 温州市江河水利志编纂委员会：《温州水利史料汇编》，中华书局，1999 年，137 页
④ ［清］李登云：光绪《乐清县志》卷之二下《水利》，清光绪修民国元年刊本
⑤ 吴松弟：《温州沿海平原的成陆过程和主要海塘、塘河的形成》，《中国历史地理论丛》，2007 年 2 期
⑥ 宋藻为提举常平，此参《宋会要辑稿》瑞异三《水灾》，中华书局，1957 年
⑦ ［清］陈永清：乾隆《瑞安县志》卷之二《水利》，清乾隆十四年刻本
⑧ ［清］王棻：光绪《永嘉县志》卷二《舆地志二》，清光绪八年刻本
⑨ ［清］陈永清：乾隆《瑞安县志》卷之二《水利》，清乾隆十四年刻本

四、温州滨海平原水利系统的完善——埭与陡门、海塘的相互作用

"温地环山而平衍，骤雨而虞溢，滨海而易泄，稍旱而虞涸。故有陡门水淤而疏之，又有塘埭而蓄之，旱涝亦云有备矣。"[①] 温州滨海地区多台风暴雨，致使江河要隘的埭常为洪水海溢所坏，修复水毁工程的任务较重。例如南宋乾道二年（1166 年）的大水灾，对于温州滨海平原的水利设施造成了巨大的破坏，宋乾道二年八月丁亥，"温州大风驾海潮，杀人、覆舟、坏庐舍。漂民庐、盐场、龙朔寺，覆舟，溺死二万余人。江滨骴骼尚七千余"[②]。"大风雨驾海潮，杀人、覆舟、坏庐舍、漂盐场。潮退，乐、瑞、平浮尸蔽川，死二万余人，田禾不留一蕾，江滨骼尚七千余"[③]。"温州，夜潮入城，沉浸半壁，存者什一。乾道丙戌秋分，月霁，民欲解衣宿，忽风雨，水暴至，浸膝、荡胸；食顷，溺死至数万人"[④]。

破坏力如此巨大的风暴潮灾使得温州滨海平原很多埭都受到了损害，此次海溢受到损坏的埭主要有：

永嘉县：蒲州埭，与朱浃埭接，地形低下，诸乡水之所钟。宋乾道丙戌，大水冲激，二埭扫迹，已而，八月风潮，塘岸俱毁，直抵官路，膺符、德政、吹台三乡居民协力再筑。

黄洲埭，在八都，宋正和二年（1313 年）再筑，淳熙十五年（1188 年）上官靖内筑备埭，庆元三年（1197 年），外埭连趾莫入于江，父老欲有更作备埭，以水面广阔不果。

蛎崎埭，在四都乐湾山趾，近蛎崎陡门。先有蛎崎陡门，宋乾道丙戌海溢，亭四间俱毁。刘守孝陡再作。嘉定二年（1209 年）火。议仿乐清盘屿陡门于里河浅处立水闸，未果，丙戌（宝庆二年，1226 年）筑大埭。

瑞安县：石紫河埭、程头埭、魏乔埭，乾道二年（1166 年）水灾后，疏浚、增筑、益固。

石紫河埭，在清泉乡，河埭长三十二丈七尺，初建邑即有此埭，为永嘉、瑞安水利之要，一失其防，水尽入江。宋乾道丙戌，因水灾后增筑益固。后平阳徐殿院宏欲泄坏瑞、永风水，令万全乡民以舟楫不便，诉于转运司，移筑新埭，上通船来往。程头埭，在清泉乡，埭当海口，地形独高。宋乾道丙戌水灾，埭坏河决，起三乡人夫筑之随决。官费数十万，多筑备埭，移就方平所买陈观国经界地基，筑之始固。南社乡候家埭，邓家埭、钟家埭，俱在宋乾道二年水灾后重筑。这次大海潮还迫使一些埭从原址迁徙他处重筑，如瑞安次渎埭，宋乾道二年水灾毁埭，后移入里河筑此埭。鱼渎角埭，在瑞安县东北帆游乡河口，初建于鱼渎。乾道二年水灾冲坏，移河口筑之。[⑤]

埭，俱有拒卤、障江、卫河、保护田畴的作用，温州滨海平原广为所用。塘埭相连，埭陡相依，筑埭堵水，乃御咸蓄淡，旱涝有备，甚关水利之要，民甚利焉。然而温州沿海地区经常发生海溢、泛溢农田，迫使地方决埭泄潦，甚至有"春涨则决之以便耕，秋涨则决之以便获。"[⑥] 埭和陡门等水利设施的结合，可以更好地抵御自然灾害。

有的埭随着修建地址的变化被改建为陡门，以应对环境的变迁，如平阳县黄公埭，宋朝里人高黎黄姓，筑埭於扈山东，防御海潮，后移址扈山改埭为陡门。[⑦] 瑞安小莆埭，在涨西乡，宋绍兴潮水冲坏，移上筑之。平阳县黄浦埭，在慕贤西乡，其建筑石材系嘉定间拆自亲仁乡石竞陡门，才修筑而成的。[⑧]

为了抵御水灾的侵袭，一些埭被改建为陡门。平阳县相思浦陡门，在亲仁乡越潭，乾道间，乡民筑埭，为水所坏。后改建为陡门。[⑨] 瑞安唐枋陡门，在集善乡，古系泥埭，宋乾道丙戌潮坏，唐氏作（陡

---

① ［明］王瓒：弘治《温州府志》卷五《水利》，《天一阁明代方志选刊续编》，上海书店出版社，1990

② ［元］脱脱：《宋史》，卷六十七《五行志》，中华书局，1977 年

③ ［明］王瓒：弘治《温州府志》卷五《水利》，《天一阁明代方志选刊续编》，上海书店出版社，1990

④ ［宋］叶适：《水心文集》卷九，影印文渊阁四库本

⑤ ［清］李琬：乾隆《温州府志》卷十二《水利》，清乾隆二十五年刊民國三年補刻本

⑥ 温州市江河水利志编纂委员会：《温州水利史料汇编》，中华书局，1999 年，137 页

⑦ ［清］金以埈：康熙《平阳县志》卷之二《水利》，清康熙刻本

⑧ ［明］王瓒：弘治《温州府志》卷五《水利》，《天一阁明代方志选刊续编》，上海书店出版社，1990

⑨ ［明］王瓒：弘治《温州府志》卷五《水利》，《天一阁明代方志选刊续编》，上海书店出版社，1990

门）之。塔山陡门，在集善乡，埭长二十七丈，宋大中祥符间筑，下通程头江，因潮冲坏。咸水入河，元丰元年建陡门。

新曹陡门，在集善乡，旧皆泥埭。宋淳熙乙未（二年）建陡门，长五丈。

又有陡门因日久腐坏，失去了原有的拒咸蓄淡的功能而被改建为埭。如乐清县黄塘八埭，宋宣和间（1119—1125 年）里人叶慰达建。事前先筑陡门，因闸板岁久损腐，咸潮冲淤，二十余年田禾无灌溉，乡人病之，后乡人乃废陡筑埭。[1] 又如永嘉县涨西乡棠棣埭，旧有陡门。宋绍兴十年（1146 年）圮，乡民就浦下筑此埭，以砂土无山石之固，遂复筑护埭焉。[2]

埭可以与陡门结合，形成完善的水利系统，防咸蓄淡，改善对河道洪涝的治理。平阳县阴均大埭，建于宋嘉泰年间，控制江南平原十万余亩农田灌溉排涝。汇集金舟、亲仁、慕贤等四乡之水，最后由阴均陡门入海。[3] 又如瑞安县芳山乡湖北埭，初与棠棣埭共一河。宋元丰七年（1084 年）洪水冲坏，河分为东西，溪水尽注西河，而东河不接上流，民田失溉。宋建炎三年（1129 年）王汝晖买地开凿新河，以接上流。其河皆枕大江，埭岸甚狭。宋乾道九年（1173 年）王确疏河重筑。宋淳熙十一年（1184 年）潮冲埭坏，江河为一，王确念前功，复加修筑，并建陡门，埭始固焉。[4]

瑞安石岗陡门与东冈、陈岙、场下、坑口、石口、徐村六埭相连。[5] 乐清县西埭，宋淳熙间（1174—1188 年）县令袁采增筑。另外筑护埭，下为暗沟，又建小陡门二间。[6] 埭还可以与海塘、陡门修筑在一起，共同发挥功效。如平阳县横河埭，"其河南通平阳万全，东连沙塘陡门，脉络绵远。因枕大江，以埭限之。宋乾道二年（1166 年），埭坏田没，曾奉使相地，外筑（海）塘捍潮，内塞河以副之。自是埭址坚固。沙塘陡门与横河埭，相为唇齿。"[7]

有的地方，因为埭没有建成，导致陡门的水利功能大减，如平阳塘湾陡门、江西陡门、楼浦陡门、下涝陡门、萧家渡陡门、新陡门等六座陡门，《元志》云：嘉定五年（1212 年），郡守杨简复奏筑黄浦埭，相视官临海主簿吴宝卿申合（令）先筑六陡门以泄上流，仍开庄严院前一带旧河以通舟楫，遂立埭，后不成，陡门少利。[8] 矢石陡门，在芳山乡，宋元丰七年（1084 年），洪水损坏。建炎三年（1129 年）后，河应接上流，乾道九年（1173 年）重筑，又有矢石上下二埭、新河埭。洲村埭，在涨西乡，长五丈，东南近沙塘陡门，乃平阳地也，溉田颇广，宋绍兴丙寅中流冲损复作，其下有淤浦厚护，潮不能及。埭之左右，河之东西，居民环列，岁每修筑之。榆浦陡门，在南社乡榆浦，废久，止存石柱，后修建沙塘陡门，遂筑埭。半浦陡门，在集善乡半浦，长五丈，宋淳熙乙未（二年）建，上溪下埭，后潮水冲激。

由此可见，在某些地域，江、河水的不断冲击下，仅仅依靠埭的防阻功能，是难以抗衡自然灾害的，只有疏导与封堵相结合，海塘、陡门和埭相互配合，才能抵御自然灾害的侵袭。南宋时期，温州沿海的平原在地方官和乡绅的主持下，将各村落独自建的埭连接，并创设陡门和其他附加设施。宋代温州沿海建设埭时已充分考虑到拦海潮和蓄水灌溉、排泄积潦等多种功能，而这一复杂的水利系统往往是同时兴建的。

宋淳熙间双穗场盐亭户在瑞安县帆游乡修筑的岑岐埭，是一个与人工河道、陡门等一起发挥综合效益的复杂的水利系统，它的功能已经不仅仅是防御水灾，还兼有保障舟船的行驶、海盐生产物资的运输多重功能。"该埭下为盐亭坦，又於埭旁凿河，通运薪卤，每岁潮水淹溢，颇费筑捺，民就近各疏小河，通盐场，舟运塞，故河道上有石冈陡门，然后蓄泄有资。[9] 宋代的双穗盐场煮盐所需物资主要包括：（草木）灰、淡水、铁、竹子、干莲子、木屐、大木锹以及盐户们的衣食住行等。这些物资的运输与所生产的海盐都需要经过盐户所修岑岐埭下的小河来往运输。

① ［清］李登云：光绪《乐清县志》卷之二下《水利》，清光绪修民国元年刊本
② ［清］王棻：光绪《永嘉县志》卷二《舆地志二》，清光绪八年刻本
③ 杨简《重修阴均陡门记》，《温州历代碑刻二集》，上海社科文献出版社，2006 年
④ ［清］陈永清：乾隆《瑞安县志》卷之二《水利》，清乾隆十四年刻本
⑤ ［清］陈永清：乾隆《瑞安县志》卷之二《水利》，清乾隆十四年刻本
⑥ ［清］李登云：光绪《乐清县志》卷之二下《水利》，清光绪修民国元年刊本
⑦ ［清］金以埥：康熙《平阳县志》卷之二《水利》，清康熙刻本
⑧ ［明］王瓒：弘治《温州府志》卷五《水利》，《天一阁明代方志选刊续编》，上海书店出版社，1990
⑨ ［清］陈永清：乾隆《瑞安县志》卷之二《水利》，清乾隆十四年刻本

五、宋代温州堠的修筑与地域社会

温州沿海平原不同小聚落之间围绕着水资源的分配产生出一定的矛盾，进而各自为政，修筑起来若干的小型水利工程，这样的行为对于温州本就狭隘的沿海平原耕作效率的提升是很有害的。人群的矛盾激化必然导致土地价值的急速上升，进而使得为提高土地产出率的各种资本投资变得有利可图。

这也正是黄宗智所称的"内卷化发展"模式在人口密集的中国农村形成的原因所在。[①] 如平阳阴均堠，"先是村落各为堠，以潴泄水，潦时至，莫肯先决，祸害既成，互相袭夺，以便己私，乃竞争斗讼，而理筑之，工又废，田寝晓确，而俗益讹"，[②] 后由太常博士吴蕴古倡筑沙塘陡门，从而解决了诸村堠之间的用水纠纷，提高了了温州沿海平原水利工程—堠运作的效率。乡居的仕宦吴蕴古，本身就有着科举功名成功所带来的对乡里社会的影响力，且饶有资财，愿意为乡里设计排忧解难。再加上其主动出资，筹划修筑沙塘陡门工程，成功调解了相关乡村聚落所修筑的堠之间的水利纠纷。因此，可以说，温州沿海平原吴蕴古式的地方精英对于修筑、完善堠这样的水利工程是有着很大的贡献的。

宋代温州沿海平原的人口压力除了导致耕作的精细化之外，更为显著的是使得为改善土地利用条件、进而提高土地产出可能性的水利设施的投资大为增加。就温州地区而言，人地矛盾并未阻碍水利技术的发展。堠的兴修就是一个很好的例子，其可以蓄水灌溉大量田地。如平阳阴均堠，"诸八都之田十万余亩，赖以灌溉。"浦西堠，"蓄众山之水，灌溉三十九、四十五两都之田。"瑞安丁湾堠，"东距大江，南至平阳县，接二十都，河旁连诸都，灌田三万余亩。"桐浦堠，"山源二百余脉，溉三都田。"永嘉县军前大堠，"灌田数百顷，又有舟楫之利。"[③] 这就为灌溉节省了大量劳力，同时也因扩大了供水面积而提高了劳动力的效率。

六、结　语

两宋王朝重视农田水利。认定"国家根本，仰给东南，两浙之富，国有所恃。"兴建了大批水利设施。其水利田的处数及田亩数的规模都很大。在《宋会要辑稿·食货》中记载了熙宁三年至九年（1700—1706年），全国水利田的数字及其灌溉田亩数。中书省对司农寺自熙宁三年至九年，终府界诸路水田 10 791 处。共 361 178 顷 88 亩。[④] 于是，地处东南沿海地区温州水利得到较大的发展，堠的修造活动十分频繁。乐清县山门乡的丁公堠，是温州最早记载建造第一座堠，建于五代时期。堠可以控制河道关口，可蓄可拒，灌溉拒潮兼利，农业生产得到发展，其效益甚大，遂成为一方水利之要。至南宋时，堠建造已基本覆盖温州滨海四县。温州的自然条件、人口的增长导致了水利工程设施的完善，促使堠的修建活动日趋频繁。

在中国传统农业社会中，水利兴修工作很多时候是在地方官员的主持下进行的。一般说来，由于政府的重农政策，地方官员之政绩往往同一个地区的农业经济状况相关联，所以地方官员对属地的水利兴修具有浓厚的兴趣。阴均大堠是由县令汪季良领导地方精英林居雅修建的，诸多的中小堠是由里人这样的乡里富户捐资修筑的，这体现了宋代乡村社会公共事业修筑中的官民合作，与宋代地方官府的财政能力密不可分。[⑤]

从实际效果来看，宋代温州堠的修筑多取得了一定成绩。同时，还有众多的乡村社会精英自发修建的水利设施。这也与宋代乡村社会中的阶层变化有关系，由于宋代的不抑制土地兼并政策，使得乡村社会中的精英阶层力量较大，而宋代的地方政府由于强干弱枝的祖制，财政收入主要上交国库，这样在地方社会中的公共事业建设中，很多时候只有借助于乡村社会中崛起的精英阶层的力量。

---

① 陈丽霞：《温州人地关系 960～1840》，2005 年浙大博士论文
② 徐谊：《重修沙塘陡门记》，平阳县志编纂委员会编纂：《平阳县志》，汉语大词典出版社，1993 年：第 235－236 页
③ ［清］李琬：乾隆《温州府志》卷十二《水利》，清乾隆二十五年刊民國三年補刻本
④ 徐松：《宋会要辑稿》，食货六一之六八至六九，中华书局，1957 年
⑤ 参林文勋：《唐宋乡村社会力量与基层控制》，云南大学出版社，2005 年

治水与中华农业文明形成与发展[*]

贾兵强[**]

（华北水利水电大学中原科技文化研究中心，河南　郑州　450045）

摘　要：史前时期，人类治水活动催生中华农业文明的曙光。夏商时期，我国沟洫农业和灌溉农业已出现。春秋战国时期，由于都江堰、郑国渠、漳水十二渠和芍陂的修建，形成关中、巴蜀等灌区，有力地推动农业文明的发展。秦汉时期，秦始皇治水和王景治水，促使我国农业经济重心在黄河流域形成。三国至南北朝时期，淮河中下游成为继黄河流域之后的又一重要经济区。隋唐以后，我国经济重心逐渐南移，主要原因是南方农田水利发展迅速，超过了北方。隋唐至宋时期，长江流域和珠江流域的经济地位凸显，其中，长江中下游已成为全国的经济中心，基本构成了中华农业文明的根基。研究表明，这与上述区域的治水实践和水利工程兴修，沟渠纵横，极适宜发展农业生产密切相关。

关键词：治水；农业文明；华夏

我国是一个洪涝灾害频发的国家，有关大洪水的记载很多。因此，防洪自古以来就是中华民族最主要的治水活动之一。与洪水作斗争，成为人类生存和经济社会发展的必要条件。在以农耕文明为主导的农业社会中，我国的治水活动自始至终发挥着决定性的作用。从都江堰、黄河大堤、京杭运河到洪泽湖；从坝工、防洪工程、水力机械到提水工具；从《管子·度地》、泥沙理论、水文学到水利文献；从李冰、王景、郭守敬到潘季驯，中华治水史辉煌灿烂。治水活动催生了中华文明产生、发展与形成。一定程度上，中华农业文明的发展史就是中华民族与洪涝、干旱作斗争的水事活动历史。

一、治水与中华农业文明的肇始

农耕文明是我国古代农业文明的主要载体，是中华文明的重要组成部分。而水是生态之要，生产之基。"缘水而居，不耕不稼"，[①] 不仅形象地展示了原始社会人类与水的关系，而且也说明水与农耕的渊源。史前人类治水活动不仅包括筑堤建坝、修筑城池、疏浚河道、堆筑高台等防御水患的实践，而且还包括凿井、挖池、修渠以利取水、蓄水、排灌等开发利用水资源的活动，[②] 由此构成中华农业文明之源。

中华农业文明是随着农耕文明的出现而逐渐发展起来的。神话传说中的伏羲氏"作结绳而为网罟，以佃以渔"，就是教给人民结网打鱼和驯养禽畜，神农氏"因天之时，分地之利，制耒耜，教民农作，神而化之，使民宜之，故谓之神农也"，[③] 这是农耕文明的曙光。考古发现表名：我国长江流域的河姆渡文化遗址和黄河流域的裴李岗文化遗址的发现，表明在七八千年以前我国两河流域的先民们已经创造了灿烂的农耕文化。[④]

我国黄河流域最早的农业遗址，为距今七八千年的黄河中下游的裴李岗文化遗址。究其原因黄河流域土壤肥沃，具有良好保水和供水性能，是原始农业生产的适宜土壤。因而处于黄河流域的裴李岗时期

　*　【基金项目】国家社科基金重点项目"中国水文化发展前沿问题研究"，项目编号：14AZD073

**　**　【作者简介】贾兵强（1976—　）男，河南汝州人，副教授，博士后，研究方向为水历史与农耕文明**

①　《列子·汤问》

②　张应桥：《我国史前人类治水的考古学证明》，《中原文物》，2005 年第 3 期

③　《白虎通义·号》

④　王星光：《试论中国耕犁的本土起源》，《郑州大学学报（哲学社会科学版）》，1987 年第 1 期

成为我国古代农业的重要起源地。[1] 在裴李岗文化中，不仅出现了粟类和稻类农作物，还出土了与之相对应的农业生产和粮食加工工具，诸如石斧、石铲、石刀、石镰、石磨盘和石磨棒等。据对裴李岗、沙窝李、莪沟、铁生沟、马良沟5处遗址的统计，发现有石镰37件，石刀4件，石磨盘80件，石磨棒42件。[2] 裴李岗文化中出土数量众多的石磨盘和磨棒是谷物加工工具，证明当时已有丰富的谷物加工。在裴李岗文化中，发现的这些收割和加工工具之所以能制作得如此精细，并占有较大分量，说明这些农业工具是在长期采集狩猎经济的制造、使用中发展而来。正是由于采集和谷物加工工具的进步和使用，人们从事采集活动收获量的不断增大，对谷物加工技术的进步使植物籽粒更适于人们的胃口，才使得先民们越发看重栽培这些植物对自己谋生的重要性。[3]

裴李岗文化出土的农业工具种类之全，数量之多，制作之精，反映出当时的农业生产已具有一定的水平。工具种类之完备，说明当时的农业生产已有一定的基础，尤其是铲和锄的出现，说明农业已进入锄耕农业阶段，而且是粟作与稻作兼有的原始农业生产。[4]

通过对裴李岗文化的研究，我们发现裴李岗文化遗址分布具有以下特点：第一，遗址坐落在靠近河床的阶地上或在两河的交汇处，一般高出河床10~20米，这类遗址具有较好的生存环境和生存空间；第二，遗址坐落在靠近河流附近的丘陵地带，遗址的位置本身较高，距河床较远。这类遗址既临河，又有大片可供农耕的土地，也是人类生息活动的好场所；第三，遗址坐落在海拔较低并且邻近河流的平原地带，这类遗址一般距河床较低，所以周围环境多为平坦的沃田。[5] 如许昌丁村遗址为平原地带，位于老潩河南岸，比河床高出3米，距裴李岗50千米；新郑裴李岗遗址位于裴李岗村西北的一块高出河床25米的岗地上，双洎河河水自遗址西边流过，然后紧靠遗址的南部折向东流，遗址就在这一河弯上。可见，裴李岗文化是的中华古代农业文明的重要源头之一，与治水活动密切相关。

对于水井与文明的关系，苏秉琦先生认为水井与文明起源有高度相关性。[6] 水井的出现，改变了人类生活的进程，人们由采集渔猎为生到从事农业生产，饲养家畜、纺织与制陶，从而出现人类农业文明的曙光。定居农业的一个重要标志是凿井技术的发明和运用。凿井技术的逐步成熟是台地农业完成向平原农业过渡的重要反映。[7] 根据目前考古资料，我国迄今发现年代最早的水井遗迹是河姆渡遗址二层发掘的一座浅水井。到了距今6 000年的马家浜文化时期和距今5 000年左右的良渚文化时期，已经出现了农田灌溉用井。[8] 龙山文化时期，在伊洛河三角平原的矬李遗址的水井和汤阴龙山文化的白营遗址的木构架支护的深水井，印证了"伯益作井"等文献记载。[9] 水井对于人类社会发展有着极其深远的历史意义。水井的出现，改变了人类生活的进程，人们由渔猎为生到从事农业生产，饲养家畜、纺织与制陶，从而出现人类农业文明的曙光。

二、治水与中华农业文明的形成

水利是农业的命脉。面对滔天洪水，中华民族依靠自己的智慧、力量和百折不挠的精神，与洪水进行顽强抗争，并最终战胜了洪水，如广为传诵的"大禹治水"的故事即反映了这一点。

《孟子》说："当尧之时，天下犹未平。洪水横流，泛滥于天下。……尧独忧之，举舜而敷治焉。"由此可见，尧舜时期的"洪水横流，泛滥于天下"，[10] 致使茫茫大地，一片汪洋。为了制止洪水泛滥，保护农业生产，禹总结父亲的治水经验，改鲧"围堵障"为"疏顺导滞"的方法，利用水自高向低流的自然

---

① 贾兵强，朱晓鸿：《图说治水与中华文明》，中国水利水电出版社，2015年：第3页
② 王吉怀：《从裴李岗文化的生产工具看中原地区早期农业》，《农业考古》1985年第2期
③ 王星光：《工具与中国农业的起源》，《农业考古》1995年第1期
④ 贾兵强《裴李岗文化时期农作物与农耕文明》，《农业考古》2010年第1期
⑤ 王吉怀：《论黄河流域前期新石器文化的特征与时代特征》，《东南文化》1999年第4期
⑥ 苏秉琦：《中国通史（第二卷）》，上海人民出版社，1994年：第323页
⑦ 吴存浩：《中国农业史》，警官教育出版社，1996年：第139页
⑧ 贾兵强：《夏商时期我国水井文化初探》，《华北水利水电学院学报（社科版）》2010年第3期
⑨ 李先登：《夏商周青铜文明探研》，科学出版社，2001年：第18页
⑩ 《孟子·滕文公上》

趋势，顺地形把壅塞的川流疏通。然后，大禹把洪水引入疏通的河道、洼地或湖泊，然后合通四海，从而平息了水患，使百姓得以从高地迁回平川居住和从事农业生产。[①]

治水成功后，大禹"身执耒锸，以为民先……尽力乎沟洫"，[②] 兴建水利灌溉工程，开垦土地，植谷种粮，栽桑养蚕，发展农业生产。特别是利用低洼积水之地"予众庶稻"，是说禹率领群众引水灌田，种植水稻，发展农业生产。考古发现，在登封王城岗遗址出土的磨制石器有铲、斧、凿、刀、镰、镢等以及炭化农作物有粟、黍、稻、大豆，说明农业工具得到改良和进步，耜耕得到大力推广。[③] 另外，通过对"九州"的土壤普查，分清了土壤的品质优劣，在了解了各地不同物产的同时，可以根据不同的土壤性状，因地制宜地种植不同的农作物，促使旱作和稻作都得到了较快发展。

沟洫农业的兴起是大禹"卑宫室而尽力乎沟洫"[④] 的继续和发展，标志着先民在改造自然的道路上向前更进了一步。[⑤] 商代的甲骨文中，有表示田间沟渠的文字农田灌溉在中原地区起源很早。西周时期的沟洫为"九夫为井，井间广四尺深四尺谓之沟……方十里为成，成间广八尺深八的"，[⑥] 就是将一块土地分为呈"井"字状的9块，中央是蓄水的井，其余8块是被渠道环绕的耕地。这种由蓄水、输水、分水、灌水、排水等不同功用的各级渠道所组成，称作"井田沟洫"制度。

随着农田沟洫系统的出现，在我国农业史上形成了一种别具一格的农业形态——沟洫农业。这种农业形态既不同于靠天吃饭的原始农业，又异于以后的引水溉田的灌溉农业。沟洫的功能是"通水于田，泄水于川"，[⑦] 既可以防止水涝为害，在一定程度上又可以润泽土壤，因此在一般情况下，它能保障农业生产较为稳定有收。沟洫农业的发展对后世耕作方法的演进，也产生了深远影响。

春秋战国时期兴建的灌溉工程都江堰、郑国渠、漳水十二渠和芍陂，表明我国灌溉农业文明的正式形成，对我国农业文明发展奠定坚实的物质基础。研究发现：秦国的强盛主要依赖于郑国渠、都江堰、灵渠三大工程；楚国的强大主要得益于孙叔敖修芍陂。

如都江堰在《史记·河渠书》记载："蜀守冰凿离堆（今宝瓶口），辟沫水之害；穿二江成都之中"。它是无坝取水枢纽，渠首主要依靠鱼嘴分水、飞沙堰溢洪、宝瓶口控制引水，具有灌溉、防洪、放牧等多种效益，是古代劳动人民的杰作。鱼嘴是都江堰的分水工程，因其形如鱼嘴而得名。鱼嘴分水堤位于岷江江心，其主要作用是将汹涌的岷江分为内外二江，西边为外江，主要用于排洪；东边为内江，主要用于灌溉。飞沙堰具有泄洪、排沙和调节水量的显著功能，当遇到特大洪水灾害时，飞沙堰还会自行溃堤，让大量江水回归到岷江正流之中。宝瓶口具有"节制闸"的作用，能自动控制内江进水量，是湔山伸向岷江的长脊上凿开的一个口子，因它形似瓶口而功能奇持，故名宝瓶口。都江堰建成后，渠系密布，"皆可行舟"，[⑧] 灌区辽阔，"灌田万顷"，[⑨] 农利优厚，从而使成都平原"开稻田，于是沃野千里，号为陆海，旱则引水浸润，雨则杜塞水门，故记曰，水旱从人，不知饥馑，时无荒年，天下谓之天府也。"[⑩] 迄今为止，都江堰仍然发挥着防洪灌溉作用。

再如为楚国令尹孙叔敖所建的芍陂，距今已有二千五六百年，是现存最早的大型水利工程。由于芍陂的兴建，使这安徽安丰一带成为著名的产粮区，使楚国东境出现了一个大粮仓，为庄王霸业的建立奠定了坚实的物质基础。唐人樊珣说："昔叔敖芍陂能张楚国"[⑪]，这是对芍陂初期重大作用的恰当评价。章樵《楚相孙叔敖碑》注引《元和郡县志》云："寿州安丰县有芍陂，灌田万顷，与阳泉陂、大业陂并孙叔敖所作。叔敖庙在陂塘之上。"胡三省注《通鉴·魏纪六》决芍陂句下引《华夷对境图》云："芍陂与阳泉（陂）、大业（陂）并孙叔敖所作，开六门，灌田万顷"。

① 贾兵强：《大禹治水精神及其现实意义》，《华北水利水电学院学报（社科版）》2011年第4期
② 《韩非子·五蠹》
③ 安金槐，李京华：《登封王城岗遗址的发掘》，《文物》1983年第3期
④ 《论语·泰伯》
⑤ 王克林：《略论我国沟洫的起源和用途》，《农业考古》1983年第2期
⑥ 《周礼·考工记·匠人》
⑦ 《周礼·地官·司徒》
⑧ 《史记·河渠书》
⑨ 《水经注·江水一》
⑩ 《华阳国志·蜀志》
⑪ 《全唐文·绛岩湖记》

三、治水与中华农业文明的发展

"兴水利，而后有农功；有农功，而后裕国"。这段话形象地说明了水利事业、农业生产与国家经济之间的联系。研究表明：发达水利灌溉系统是中华农业文明发展的的基础。

秦汉时期，伴随着关中水利的兴修和黄河治理，初步形成以关中平原和黄河下游为主的农业文明区。秦王政元年（前246年），郑国渠动工兴建，渠长300里，超过比他早的漳水渠很多倍，比都江堰自灌县至成都段长5倍。郑国渠的兴建，使关中数万亩农田粮食产量大增，成为重要的粮食产区，关中成为沃野，被誉为"天下陆海之地。"《史记·河渠书》记载："秦以富强，卒并诸侯。"

汉武帝在西汉休养生息的基础上，为了巩固关中的经济地位，十分重视农田水利建设，以扩大水浇地面积，增加粮食产量。汉武帝在关中地区先后修建了龙首渠、六辅渠、白渠、成国渠等大批农田水利工程。如关中最著名的六辅渠，又名"六渠""辅渠"，是古代关中地区六条人工灌溉渠道的总称。《汉书·沟洫志》："自郑国渠起，至元鼎六年，百三十六岁，而倪宽为左内史，奏请穿凿六辅渠，以益溉郑国傍高昂之田。"颜师古注："在郑国渠之里，今尚谓之辅渠，亦曰六渠也。"由此可见，六辅渠是在汉武帝元鼎六年（前111年），由左内史倪宽主持修建的，使郑国渠水无法自流灌溉的高地，也得灌溉之利。[1]

关中农田水利建设，使渭、泾、洛三大河流和湖泉水资源得到充分开发利用，成国渠、漕渠、郑国渠、白渠横贯狭长的渭川地带和开阔的渭北高原，六辅、灵轵、龙首、樊惠、蒙茏渠等中小型工程有益补充，形成完备发达的灌溉网络。东汉定都洛阳后，经济重心向东有所转移，经济发展不再过分依赖关中，水利建设的重点也随之转移至南阳、汝南等郡及淮、汉流域。如东汉初，邓晨任汝南郡太守，任命水利专家许杨为汝南郡的都水椽，修复鸿隙陂，"起塘四百余里"[2]，汝南郡农业生产得到恢复发展。

魏晋南北朝时期，北方战乱频繁，中原人口大批南迁，为南方尤其是长江下游地区的农业开发提供了大量劳动力和先进技术。这一时期，长江中下游地区的稻作技术有所进步，尤其是陂塘蓄水灌溉工程有了较大发展。由于太湖流域的塘坝蓄水工程建设颇为兴盛，一些大型水利工程发挥灌溉效益，这为长江下游平原地区稻作农业发展创造了条件。如东晋时，殷康在吴兴郡乌程县（今浙江吴兴县）开获塘，"溉田千顷"[3]，为太湖南部和东南部浦圩田的发展奠定基础，也有利于河湖滩地的围垦。长江流域及其以南地区除了兴建传统的塘、陂、渠、堰以外，把治水和治田结合起来，建设独特的排水网，开辟围田、圩田；杭州的捍海石塘把防潮与排灌结合起来，保护和灌溉农田；成都平原加强排灌的配套工程建设，扩大受益农田面积；荆南则开发洲田。

隋唐时期，黄河中游农业经济开始向长江流域南移。唐德宗以后，南方水利建设迅速发展，逐步形成陂、塘、沟、渠、堰、浦、堤、湖等，大大推动太湖流域、鄱阳湖附近和浙东三个地区的农业生产的发展，尤其是太湖农业在全国经济重心居重要地位。[4] 从政治上看，我国的重心仍然在北方，然而基本经济区已向南方的长江流域转移。唐代水利工程的兴修、江东犁的定型以及水田耕作工具的不断进步，促使长江流域水稻种植技术趋于精细化，也使水稻土肥力有所提高，土地开垦面积进一步扩大。由于稻米产量的不断增加，长江流域逐步成为重要的粮食产区，经济发展开始后来居上。

新津县的通济渠（即远济渠）开于唐开元年间（713—741年），主持者为采访使章仇兼琼，灌溉眉州通义、彭山等县农田。唐末，眉州刺史张琳再开通至眉州西的新渠，和松江相合。《十国春秋·张琳传》载："溉田一万五千顷，民被其惠，歌曰：'前有章仇后张公，疏决水利杭稻丰；南阳杜诗不可同，何不用之代天工。'"

五代十国时，成都平原是长江下游的重要农业区。尤其是前后蜀水利比较发达，最大水利工程是都江堰。以都江堰为总枢纽，形成了成都平原的灌溉系统。后蜀广政年间（938—956年），设置灌州于灌口

---

① 梁家勉：《中国农业科学技术史稿》，农业出版社，1989年：第180页
② 《后汉书·许杨传》
③ 《太平寰宇记·吴兴记》
④ 缪启愉：《太湖地区塘浦圩田的形成和发展》，《中国农史》1982年第1期

镇（今四川灌县），就是为了加强对灌区的管理。前蜀建立后，自仍受其益。东川有嘉州刺史李奉虔修筑的嘉陵江堤堰和开凿二十余处江中湍瀚。

宋朝政权的南移，大大地促进了长江流域的农业开发。《宋史·食货志》载"大抵南渡后，水田之利，富于中原，故水利大兴。"据统计，宋代全国兴建的水利工程共有 1 046 项，其中江苏、浙江和福建三省占 853 项，约占总数的 82%，与《宋史》记载基本吻合。[①] 宋时期，荆江堤防的修筑和垸田兴起，拉开了两湖平原开发的序幕。南宋时，很多的维修工程和新围田及其他水利工程的建造，都是在皇帝的命令下完成的，足以证明这些工程的重要，再加上采用了用堤隔水的开垦办法获得了大片湖床与河床土地，使其耕地面积大为增加。宋代的"苏湖熟，天下足"，江南地区粮食产量大幅度提高，成了全国的粮仓，长江流域经济繁荣起来，我国的文化中心、政治中心也随之南移。

元朝，国家在河渠和路设置河渠司，各河渠司制定管理分配灌溉用水的规则。《元史·河渠志序》记载："元有天下，内立都水监，外设各处河渠司，以兴举水利、修理河堤为务。"如元中统三年（1262 年）修成的广济渠，能浇灌济源等五县民田 3 000 余顷，国家设置河渠官提调水利，他们维护渠堰、验工分水，20 年中使广济渠沿线农民咸受其利。

明代以后，为缓解日益加深的人地矛盾，长江下游低洼地区广泛采用基塘生产方式，即植桑养蚕与池塘养鱼综合经营的高效人工生态模式，以提高土地利用率和效益。清代长江中下游地区，地势相对平坦，地形比较低湿，沿江湖各州县，几乎无县不设堤塍护城捍田，圩田大量存在。如长江中游之湖广地区则更多。湖南龙阳县，至少有滨湖围田 76 885亩；湖北监利县，清咸丰九年清丈时，有圩田共 491 处，其中"上田三千八百七十一顷三十七亩"。[②] 清同治年间（1862—1874 年），"南堤之内，有田数千顷，俱作堤塍御水"。[③] 这些圩田，一方面需要江水灌田，另一方面又要防止洪水溃堤造成破坏。明朝中叶以后，两湖平原人口渐增，农业开发与水利建设尤为兴盛。从明清时期"湖广熟，天下足"的谚语，可以看出来，宋元至明清，下游的"苏湖"和中游"湖广"相继成为全国粮仓和财赋重地，是中国农业经济的中心。"湖广熟，天下足"在湖广地区的出现，与该地区的土壤水热基础条件和农田水利设施建设的发展密切相关。

四、结　语

我国古代经济是以农耕经济为主体，主要体现在农业的发展，一般表现在农具改进与农作物推广、水利工程的兴修、耕作技术的进步、垦田面积的增加、粮食产量的提高、政府收入增多、国家人口增殖等方面。其中，农田灌溉或者农田水利兴修是农业经济发展的主要原因。与此同时，由于治水实践和水利工程兴修，沟渠纵横，极适宜发展农业生产。水利灌溉、缫丝织布、南粟北稻等，这一切构成了中华农业文明的物质基础。

秦汉以前，我国古代的经济重心在黄河流域，尤其是黄河中下游地区成为华夏文明的中心。从唐朝开始，黄河流域的经济地位开始逐渐丧失，由于北方频繁的战乱和日益恶化的气候使北方的农业生产遭到严重的破坏。安史之乱后，中原人大量南迁，北方的一些先进的农业技术也随之带到南方，使南方农业获得很大发展，为全国经济重心的转移奠定了基础。与此同时，自唐代以降，由于江东犁的定型，耕作工具不断发展，为南方水稻种植和农业经济的发展创造了条件。再加上江南地区由于优越的耕作环境保证了南方农作物的相互衔接，人工植被覆盖良好，为粮食生产提供了优越的自然环境。水稻种植的推广，又使南方土地进一步熟化，水稻田增加，南方农业经济开始良性发展。至此，唐末，黄河流域作为国家经济重心的格局从唐代逐渐丧失。

五代宋辽时期，长江流域基本经济区处于主体地位。元明清时期，海河流域农业经济区兴起，太湖流域、淮河流域和珠江流域经济区迅猛发展，加之此前的黄河流域经济，逐步形成了以黄河和长江流域为主体、多种农业经济共同发展的中华农业文明格局。

① 顾浩、陈茂山：《古代中国的灌溉文明》，《中国农村水利水电》2008 年第 8 期
② 吴敌：《清代长江流域的农业开发与环保问题》，《四川师范学院学报（哲社版）》1996 年第 6 期
③ （同治）《监利县志》卷 1《垸名》

东亚粪肥传统和生态农业的发展
——以粪尿的卫生和寄生虫为中心

崔德卿[*]

（釜山大学历史系，韩国　釜山　469470）

摘　要：对东亚历史上粪尿利用的历史进行了概括，认为东亚粪肥的产生要因有人粪的肥料化、东亚生态观和集约农法、蚕桑农和菜蔬农业以及发酵传统，并对社会发展、人口增加、怎样处理人畜粪便和垃圾进行了总结，剖析了近代化过程中的卫生问题与粪尿处理之间的矛盾。最后，提出通过用今天的科学再处理技术去解决这些问题。

关键词：东亚农业；粪尿；生态农业

东亚人很久以前就把粪尿活用为农业资源、生产有机农产品，是保持地力的手段。但近代化过程以后，无论是都市还是农村的粪尿与废水，都不被认为是资源而是当作废物扔掉，特别是对粪尿认识变化的时期与近代化过程重叠。

近代化的指标很多，其中跟粪尿一起受关注是卫生和清洁。整个过程中粪尿和卫生是不能两立的关系，结果近代化以来用的农药和化学肥料也带来很多问题。甚至产生环境危机。

探索粪尿施肥效率性突然消失的主要原因，粪尿施肥带的根本问题现今可以用科学手段解决，粪尿是我们宝贵的有机生态资源，要周知传统有机肥的优势。

一、东亚粪肥的产生要因

（一）人粪的肥料化

东亚人为什么将最脏而有味、憎恶荒置暗处的粪尿放在身边变成有机资源？人粪最容易获得，恶心的气味排泄物大部分人不喜欢。但是狗或者猪看出里面有不消化的有机物。人也是看到排泄物里种子果实好，开始知道粪便是给种子添补的存在。人们经验认识到，人粪里存在让动物和植物延长生命能力的物质，这是把人粪用于农田肥料的契机。

（二）热量的资源化要因

第一，东亚生态观。先提到东亚的长久的生态观，天地人三才思想是通过农业连接人和自然的关系，这是循环生态系统，是节用资源的传统生态观，是排泄物连接还原自然的循环观，粪尿也是从农业可以利用资源的一部分。

第二，集约农法和粪尿。另外的要因从亚洲农业的特点集约农法离能找到，特别是人口增加，强化了国家的负担，单位面积生产力更需要提高了，但是没有特别的方法提高地力，这样情况下粪尿提供了有机质的肥料。

第三，蚕桑农和菜蔬农业。蚕桑农和都市近郊的果树园和菜蔬农业的发展也是做成粪尿施肥扩散的重要契机，特别是都市消费人口增加菜蔬产业发展，培种扩大比以前更需要有机肥料人粪。

第四，发酵传统。亚洲独特的饮食中之一——发酵的传统，公元前开始产生，包括酒、大酱、酱油

---

* 【作者简介】崔德卿（Choi Duk-kyung，1954—　 ）男，韩国釜山大学历史系教授，研究方向为中国古代农业科技史、农业生活文化史、生态环境史

和鱼酱。

（三）其他时代人粪尿的利用

殷代：殷代"屎"甲骨文是拉屎的样子，屎田的意思是殷人对农作施肥的占卜，这提示殷代已经粪用在粪田的可能性。

战国秦汉：在《孟子》《礼记》《荀子》等能知道"粪其田""粪田畴""多粪肥田""粪观"与"土化之法"样粪田的普及，特别是在《荀子·富国篇》这样的粪田对当时农夫们很日常的事。

西汉末在《氾胜之书》看到"教民粪种""务粪泽"施肥变成农业基本的措施，特别是在汉代猪圈和厕所结合的出现和那时产生的"溷中熟粪"，就是猪粪和人粪施肥很有用，汉代以后人粪发展"集约农法"，这判断为绝对必要的措施，当时还不是人粪尿中心，人粪和家畜粪、草粪和粪灰等一起固定的作用。

宋代：人粪作为肥料在农业生产时期是宋代以后，宋代最大的特征是江南开发——水田农业的扩大，为了帮助稻子成长固氮的速效性肥料就是人粪放水的清水粪，人粪的需求增加。当时据《陈旉农书》主张根据土养性质不同施用动物的粪，似乎根据病处方药，在宋代民间形容为粪药适当使用动物粪。通过处方粪"地力常新壮"，提高土壤肥力，促进康复，通过粪便施肥，可以看到知道养地的重要性。

明清：明清时期在江南地区从水田和蚕桑由于人粪尿积极活用需要增加，明清时代看到江南的水田农业战略买人粪，积极活用基肥和追肥，可以看到人粪尿成为施肥的中心。东亚人与不重视土地游牧文化的欧洲人不同，会活用农业资源实践生态系统循环的智慧。

二、都市化粪尿处理与卫生问题

（一）不同时代人粪和垃圾处理

社会发展，人口增加怎样处理人畜粪便和垃圾？

先秦：春秋战国时代不进厕所，人们看不见随便大小便时挨打或处罚，非常无礼。

唐代：在《唐律疏议》墙外把污物抛弃时，处以"杖六十"，"秽污之物"不只是垃圾而包括人畜的排泄物，唐代以前遗弃排泄物处罚的主要原因是只关联礼仪不是资源的观点上非常难。唐武后时在《朝野金载》长安富民罗会是收集卖粪取得了利润，都市化发生粪尿问题，收去后送到农村回复土地肥力和解决都市环境卫生问题，获得了利润。

宋代：在都市出现专门处理卫生作业的人，他们有各自的顾客，不随意侵犯他人范围，有时发生诉讼。粪便收取市场也形成很大的规模。

明末清初：据《补农书》，江南东部地区要寻找肥料，生产堆肥平望镇一带能寻找，还有江南地区之间通过粪船交易人粪。实施《补农书》《运田地法》在农田人粪需要增加有存储的粪窖。但是由于价格和人工费很贵搬运时发生的费用很大发生偷贮藏人粪的弊端。

清末：当时在北京粪商发展很大的规模，活动了"道户商"和"厂户商"，前者是自己或者靠用收集粪便的人，后者是开办分厂收集和大量买卖粪便的人。收集粪便和处理是解决都市环境压力，又促进近郊有机农业的发展。

（二）近代化过程中的卫生问题与粪尿处理之间的矛盾

人口增加与粪尿处理：东亚农村由于产业化，人口突然集中在都市，都市民逐步离开农业劳动和施肥的空间，增加移动时间和费用，处理很落后。

都市民从农业分离：在都市基础设施扩大全无的情况下，无计划而进行强制的近代化增幅问题。首先都市民分离农业人粪尿丧失了资源的价值，对人粪处理最大的问题是粪尿贮留腐熟，利用资源跟以前不同，成为难于处理的排泄物。

都市和农村之间的文化差异：当时在农村还是人粪资源不够的状态。因为都市化出现的都市和农村之间的文化差异在人粪处理和利用时发生矛盾，是粪尿认识有机资源的亚洲人的固有认知和将人粪理解为单纯排泄物、传染病的温床近代的认知之间的冲突。近代化过程中非卫生、不清洁的样子为第一次的清洁对象。

有了这样的过程，追求天人合一的东亚生态循环农业由于近代都市化进展清洁与卫生的名称下粪肥无关农民的意愿清算和改变了，结果资源积累空间构造变成单纯化去除生理现象的空间。

三、粪尿施肥和寄生虫

（一）粪尿与寄生虫

1. 疾病的原因与粪尿

卫生问题和传统的人粪施肥消失另外的要因是寄生虫和传播传染病。

农村恶臭主要原因是厕间和家畜粪，那都与粪肥生产有关。生产家畜粪和人粪的厕所和家畜圈清洁状态不太好，所以到了夏天变成各种蚊子和苍蝇的温床，在厕所遍布蛆虫或者老鼠和虫子，下水道污染连接到第二次疾病。而且当时没有冰箱对保管饮食物也有影响。所以，食物中毒和疟疾、痢疾、伤寒、麻疹、痘疮、霍乱等病毒性床染病也不少。

2. 五种寄生虫

在中国，农民最容易感的染寄生是钩虫病、血吸虫病、疟疾和、丝虫病和黑热病。

（1）钩虫病是一种慢性病，但传染性强而被害很深刻。钩虫病是在器官寄生的寄生虫，钩虫卵在人体内发育后跟排便排出到体外。排便中虫卵从自然条件下发育后变成幼虫，人接触到被幼虫污染的土样时，幼虫通过血钻进人体内完成生活史。

（2）血吸虫随便进入水里孵化后变毛幼，进法螺体内变成尾幼，后掉出法螺体。偶然进水里的人和家畜钻入皮肤，侵入体内变成虫，在肝脏、肠内寄生引起血吸虫病。

问题是由于都市消费人口增加对粪尿的憎恶感也很大。特别是不了解农业实情的新一代市民对人粪的反感更严重。联想食用人粪施肥的菜或农作物，失去对生产出来的安全性和可靠性。因此，不是继续生态有机农业，而是选择清洁。现实是生态厕肥或堆肥将被农药和化肥替换。

（二）农、桑、菜业发达和寄生虫的扩散

1. 养蚕业的发达和钩虫病

桑田与寄生虫：宋代以后长江地区跟水田一起兴起了蚕桑业，明代以后桑和稻争夺主体地位。桑树是以桑田形式存在，这是提供钩虫病流行基本条件，大部分幼虫被阳光，冷热交叉或者雨风和昆虫三四周以内致死，但是桑田的土壤里幼虫则长时间受保护。

明清以来，江浙地区的桑树品种是湖桑和火桑为主，湖桑主要密植培种，桑树密植，桑叶低叶子多断绝太阳光线进来，钩虫的幼虫可以长时间桑田生活，有足够的时间能够在人体寄生。

在桑田施肥的方法是四棵桑树中间放入人粪，农民疏剪或摘桑叶时在四棵桑树中间作业，这位置是施肥的场地钩虫幼虫钻进农夫的皮肤地点。特别是农民用赤脚进去桑田采桑叶，赤脚停顿时间长，人体内感染的可能性就会加大。

2. 在水田钩虫病感染

（1）劳动过程中的寄生虫感染：大多男人钩虫病的原因是男人是劳动主体，在农田脱鞋劳动的机会很多，所以钩虫病感染率很高。当然，女人也是赤脚在农田工作，但劳动时间比男人短，大部分女人穿鞋进行家务劳动，感染的机会比较少。

（2）在稻田感染：稻田钩虫病感染率比桑田少。那是因为栽种稻的稻田是土壤的黏性强不适合钩虫的幼虫生活，稻田的水很深反而钩虫的幼虫容易死，虫卵不能发育。但是稻田里还是存在一些钩虫幼虫。

特别是苗床土壤很平坦而松软，提供适合虫卵发育土壤。在苗床苗出来后撒播两三次清水粪，然后过一个月进行插秧，容易感染寄生虫。

3. 都市近郊的菜蔬栽培和寄生虫

（1）菜地的寄生虫感染：看寄生虫感染的路径，粪便施肥和赤脚工作是最主要的原因，在这观点上，蔬菜种植可能也可感染钩虫病。城市化进程，近、远郊扩大菜蔬栽培、蔬菜的需求增加，出现了专业蔬菜农家，增加生产地，钩虫病的感染路径也扩散。

据李玉尚的研究来看，江南青浦县东北部是传统菜蔬生产地区，上海远郊的菜蔬基地。大概棉、粮食植物为主地区是中间配种菜蔬，平均感染率是25%。水稻为主地区的平均感染率才6.4%。感染率成人比儿童高，男性比女性更高。这说明菜蔬田管理是女性为主。

（2）在韩半岛菜蔬摄取和寄生虫感染：特别是韩半岛国民主要摄取菜蔬类有白菜、萝卜、葱等，用于泡菜或者拌菜、饭团等消费。这些考虑菜蔬种类跟土壤直接关联，附着菜蔬类的感染虫卵或者幼虫媒介土壤感染人体的轮虫类（Soil Transmitted Helminthes）的作用。

（3）近代化和有机肥料的消灭：近代化过程中，卫生和保健的名字下解决了粪尿，清洁没产出代替了肥料，结果宝贵遗产有机肥料消失了。

化学肥料和农药造成土壤的酸化、环境或水体污染或食品污染。产业化以后，多样的农械代替农民的作用，像牛和猪样的利用家畜的堆肥生产达到了界限。

因为农药和毒物，各种自然生态破坏、污染、由于转基因食品和农药中毒影响人的激素，减弱身体的智能，引起性早熟。还有西式厕所洗掉的粪尿过滤过程，但是相当的粪尿通过水沟流去江和海，是水质污染的主犯。

四、解决方案

我们必需关注东亚人的传统智慧，近代化过程中没解决粪尿卫生处理、土壤污染和清洁的问题，用今天的科学再处理后生产有机农畜产品的新资源，再诞生粪尿。粪尿的卫生处理是超越了简单的经济和传统次元，是确保人类生活环境可持续发展的路。欧美社会惊叹我们对粪尿废弃处理的传统智慧，一百年前开始关心，并在生活里应用。

明清时期士人与肥料知识的传播

——以江南与华北两农业区的技术流动为中心

杜新豪*

（中国科学院自然科学史研究所，北京　100190）

摘　要：本文分析了明清时期江南肥料技术向华北传播的原因、过程、效果，并以新的视角对古代肥料知识传播过程中士人角色进行了剖析，对其中涉及的技术流动的要素、士人与农民之间的关系等要素进行了深入的研究。

关键词：明清时期；士人；肥料；传播

李伯重认为，在农业生产领域，衡量技术进步的最重要指标不是某种新技术的首次被发明，而是某种新技术在实际农业生产中被应用的程度。他认为明清时的诸多农业技术，虽然早在明代之前就业已出现，但只有到该时期才被广泛应用在农业生产实践中，这是促使明清江南农业发展的一个重要因素。[①] 在肥料史领域，周广西在其关于明清肥料技术研究的博士论文中也倾向于认为，明清时期各地间频繁的肥料技术交流，使得"更好的技术"能从先进地区传播到落后地区，肥料技术的普及与推广，在一定程度上弥补了彼时肥料技术创新不足的缺陷。[②] 显然，前代出现的肥料技术创新在明清时期被广泛应用在农业实践中，是当时肥料技术水平得以提升的重要原因。从肥料技术最初在某个地区由某个人或某些人发明到这项新技术被在大尺度的空间范围内得到广泛的应用，中间显然是需要经过技术传播的环节，所以研究肥料技术传播的方式与途径是研究这段时期肥料历史无法绕过的核心问题。

在中国古代农业技术传播过程中，士人毫无疑问是传播新技术的主力，士人的宦游经历与官员的轮换制度使其能经常穿梭于不同的农业区，而其固有的劝课农桑的职责又会使他们留心于农业技术，能够及时把新农业技术传播到较为落后的地区。加上他们能够编纂农书与农学小册子，所以流传下来的资料也比较多，考察他们在农业技术传播中的作用也就显得比较容易。相对而言，农民的活动范围则比较狭窄，周围定期的集市基本上能满足他们日常生活的几乎所有需求，很少能进行长距离的迁徙与移动。[③] 所以，尽管农民在农业实践中摸索出很多新的经验，但他们只能在近距离传播给同乡的人，却不能跨越较远的距离，只有经过士人的中介才能传入到其他需要此技术的地区。所以，本文中我们主要要探讨的是士人在肥料技术传播中的作用。

元代以降，以北京为首都的华北地区成为帝国的政治中心之所在，但帝国的经济中心却处于遥远的江南，皇室、官僚机构以及畿辅地区驻扎军队等组成的庞大人口，使京师的粮食供应无法完全依赖于其周围的农业落后区，只能采取漕运策略从富庶的江南来获取漕粮以满足其对粮食的需求，明清时期，每年平均从江南运至京城的漕粮在数量上就有300万~400万石，这对江南地区的社会经济产生了深远影响，沉重的漕粮负担使江南的农人苦不堪言，也让很多江南籍的官吏与士人对神京北峙，财富却全仰于东南漕粮的状况甚为不满，从而促使他们尝试在农业落后的畿辅地区发展农业生产，希望提高京畿的粮食自给能力，以相应减轻压在江南人们肩上的漕粮负担[④]，他们坚信"惟西北有一石之入，则东南省数石

---

* 【作者简介】杜新豪（1987—　）男，山东临沂人，博士，中国科学院自然科学史研究所助理研究员，研究方向为农学史、环境史

① 李伯重著，王湘云译：《江南农业的发展：1620－1850》，上海古籍出版社，2007年：第45－46页

② 周广西：《明清时期中国传统肥料技术研究》，南京农业大学博士学位论文，2006年：第70－71页

③ 移民除外，虽然移民在迁徙的过程中也会把农业技术带到迁入的地区，虽然有时这种传播所起的意义很大，但几乎所有的由移民进行的农业技术传播都没有确切的文献记载，所以不好判断

④ 杜新豪，曾雄生：《〈宝坻劝农书〉与江南农学知识的北传》，《农业考古》，2014年第6期

之输，所入渐富，则所省渐多"的信条[1]，并千方百计把江南的农业技术传到华北地区，其中，肥料知识与技术也是这次农业技术传播中重要的一环。

一、江南肥料技术向华北传播之原因

宋代以降，江南农业就走上了一条精耕细作的道路，肥料技术在其中扮演了核心之角色，宋代成书于江南的《陈旉农书》中就提到，江南人们在收集肥料之时"凡扫除之土，烧燃之灰，簸扬之糠粃，断稿落叶，积而焚之，沃以粪汁，积之既久，不觉其多"，并在"农居之侧，必置粪屋"来储存其收集的肥料[2]，可见当时江南农人对肥料的重视及对肥料积制的用心；元代的《王祯农书》中记载当时江南肥料种类有苗粪、草粪、火粪、泥粪等，认为江南肥料技术相对北方很先进，号召北方农人来效仿江南农民的积粪方法[3]；明清时江南地区的肥料技术在前代基础上又有了跨越式的发展，这种发展趋势使得某些学者倾向于认为在明代中期到清代中前期这段时间内，在江南地区的农业生产领域里出现了一场"肥料革命"。[4]

明清时期，江南肥料技术的发展主要表现在两方面：一是先前发明的先进肥料技术在这段时期被广泛的应用，即很多在宋、元时发明的新肥料技术没有在其发明的初期得到推广，只有到了明清时期才得到广泛的应用，产生了更大范围的影响；二是这段时期内肥料技术的进步，主要体现以下几个方面。一是肥料的来源进一步的扩大，肥料种类在前代的基础上有了大幅度的增加，宋元时的肥料种类只有60多种，明末徐光启在其《农书草稿》的"广粪壤"篇中则记载了80多条肥料，可分为10类大约120种，而清代据记载肥料种类已达到125种[5]；二是施肥技术的提高，农民已经能够准确地根据不同土地类型、不同的时间与庄稼不同的生长期来施用各种不同的肥料，形成了"土宜""时宜""物宜"的施肥"三宜"原则；在肥料积制方面，农人也能娴熟地把不同的肥料根据不同的需要进行混合，其中比较有代表性的有把家畜粪和垫圈材料混合起来的厩肥与磨路，秸秆、绿肥、河泥等汇聚人畜粪形成的沤肥，还有把河泥与粪便或草搅拌成的泥肥，这样的搭配更增大了肥力。肥料技术的这些进步不但增加了每茬农作物的产量收成，还对进一步促进种植制度的转变起了重大作用，使得稻麦两熟制和双季稻的种植范围在地域上得到进一步的扩展与普及。

许多江南的士人在宦游南北的过程中目睹了北方对肥料的忽视态度，让他们甚为震惊。明代谢肇淛来到华北后，惊诧地记载道："今大江以北人家，不复作厕矣"，[6] 到达北京后，更是看到"京师住宅既逼窄无余地，市上又多粪秽"的景象[7]，其实，这种感觉并不是谢肇淛所独有的，明末屠隆也说北京城内："马屎，和沙土，雨过淖泞没鞍膝"[8]。虽然在明代京城里已经有专门为富贵人家清理粪秽以赚钱为生的"治溷生"[9]，但普通老百姓仍然是不设厕所，每日到街巷中随意大小便。[10] 而至迟在南宋时期，江南的临安城中就已出现了专门清除粪便卖给农民做肥料的"倾脚头"，而且早在宋代便有农民进城收拾垃圾来肥田，城市居民皆用马桶来盛粪便以卖钱，更遑论有马粪而不去捡而任由其弃之于地，对于笃信"惜粪如金"教条的江南士人来说，北方城市街头上常见的人畜粪便简直是暴殄天物。

① ［清］吴邦庆辑，许道龄校：《畿辅河道水利丛书》，农业出版社，1964 年：第 124 页
② ［宋］陈旉原著，万国鼎校注：《陈旉农书校注》，农业出版社，1965 年：第 34 页
③ ［元］王祯著，缪启愉译注：《东鲁王氏农书译注》，上海古籍出版社，1994 年：第 477－479 页
④ 李伯重著，王湘云译：《江南农业的发展：1620—1850》，上海古籍出版社，2007 年：第 53－57 页。几乎所有学者都承认明清江南肥料技术的进步，但关于是否达到了所谓"肥料革命"的程度，学者们意见不一，彭慕兰支持此提法，黄宗智、王加华等否认此观点，薛涌曾著文质疑"肥料革命"的真实性
⑤ 林蒲田：《我国古代土壤科技概述》，华南涟源地区农校，1983 年：第 77 页
⑥ ［明］谢肇淛：《五杂组》，上海书店出版社，2009 年：第 58 页
⑦ ［明］谢肇淛：《五杂组》，上海书店出版社，2009 年：第 26 页
⑧ 朱剑心选注；王云五，丁毅音，张寄岫主编：《晚明小品文选第 4 册》，商务印书馆，274 页
⑨ ［明］童轩：《治溷生传》，载雷群明编著：《明代散文》，上海书店出版社，2000 年：第 138－139 页
⑩ 邱仲麟：《风尘、街壤与气味——明清北京的生活环境与士人的帝都印象》，载刘永华主编：《中国社会文化史读本》，北京大学出版社，2011 年：第 450－454 页

非但在城市，在农业生产的中心场地——农村，华北地区对人畜粪便、垃圾等肥料的忽视也令人震惊，万历年间江南嘉善籍的士人袁黄赴宝坻县任县令，来到此地后，所见的情景令他十分惊诧，这里农民养的猪、羊等牲畜都是散养在外，任其任意排泄粪便而并不收集做肥料，而在他的家乡江南，明代时已十分注重养猪积粪，《沈氏农书》就用农谚来说明养猪、养羊在积肥方面的重要性，“古人云：种田不养猪，秀才不读书，必无成功。则养猪羊乃作家第一著”[①]，并认为猪粪极其适合用作稻田的施肥，不但自家圈养猪，而且甚至还去距离住处百里远的城市购买“猪灰”作为肥料，[②] 这种南北方对肥料重视的差异程度令他叹息北方：“弃粪不收，殊为可惜”。早在元代，王祯就看见南方田家早已建设砖窖来窖粪，并倡议北方农民学习这种方法[③]，而在明代的宝坻，仍然是不收粪，导致“街道不净，地气多秽，井水多盐。使人清气日微，而浊气日盛。”[④] 对比起其家乡嘉善的精细的肥料技术，让袁黄感到北方肥料技术甚为落后，这种认为华北肥料技术落后的观点被很多江南籍的士人、官员所认同，甚至连农学家徐光启也认为北方肥料技术极其落后，在其著作《农政全书》中，在摘抄完王祯的粪车收集肥料的条目之后，他写道：“北土不用粪壤，作此甚有益”。[⑤] 为了改变漕运仰食江南的局面，减轻江南农民的负担，江南籍士人便想把家乡江南的先进肥料技术传入北方，来改变北方地区农业落后的局面，促进华北地区经济的恢复和发展。他们教民树艺、著书立说，来大力传播江南的肥料知识。

二、江南肥料技术向华北流动、传播之过程

在论述这场由士人主导的肥料技术从江南向华北流动的具体过程之前，我们先来思考下古代士人农学知识的获取途径，因为这可以更好地理解士人在农业知识传播过程中的作用。贾思勰在谈及《齐民要术》的知识来源时说：“今采捃经传，爰及歌谣，询之老成，验之行事”，[⑥] 这句话精准地揭示出士人农学知识获取的三种途径，即士人的农学知识有三种来源：第一种是通过阅读古人的相关农业论著来间接获取农学知识，即贾氏所说的“采捃经传”，第二种是通过士人自身的农学实践与实验来“格物致知”，即所谓的“验之行事”，第三种是通过搜集民间行之有效的农业实践经验或请教于有长期从事农业生产的老农，即“爰及歌谣，询之老成”。下面主要以明代的袁黄与清人吴邦庆为例，来分析士人如何将江南的肥料技术传播到华北地区。

袁黄（1533—1606 年），字坤仪，号了凡，嘉兴府嘉善人，万历十六年（1588 年）授顺天府宝坻县知县，作为一个从饭稻羹鱼的江南水乡[⑦]来华北地区任职的官员，很容易感受到南北方农业上的差异，鉴于宝坻地区农业生产技术的落后，他便试图以家乡的先进技术为蓝本来改变宝坻落后的农业状况，于是他便“开疏沽道，引戽潮流于县郡东南的壶芦窝等邨，教民种稻，刊书一卷，详言插莳之法。”[⑧]

他关于江南肥料知识的传播都集中在其劝农著作《宝坻劝农书·粪壤第七》中。在此篇中，他积极把当时江南的肥料技术向宝坻父老传授：在肥料种类方面，他在《陈旉农书》与《王祯农书》的相关记载的基础上对苗粪、火粪、毛粪、灰粪、泥粪等江南常用的肥料种类逐一进行详细阐述，叙述其收集方法及肥效，并仔细向宝坻县的父老们解说江南农民是如何使用这些肥料的，“火粪者……江南每削带泥草根，成堆而焚之，极暖田”，“灰粪者，灶中之灰，南方皆用壅田，又下臼水冷，亦有用石灰为粪，使土暖而苗易发。”[⑨]

同时还结合江南的施肥方法，直接给北方施肥以建议，“泥粪者，江南田家，河港内乘船，以竹为

① ［清］张履祥辑补，陈恒力校释、王达参校、增订：《补农书校释（增订本）》，农业出版社，1983 年：第 62 页
② ［清］张履祥辑补，陈恒力校释、王达参校、增订：《补农书校释（增订本）》，农业出版社，1983 年：第 64 页
③ ［元］王祯著，王毓瑚校：《王祯农书》，农业出版社，1981 年：第 37 页
④ 郑守森等校注：《宝坻劝农书·渠阳水利·山居琐言》，中国农业出版社，2000 年：第 27 页
⑤ 朱维铮，李天纲：《徐光启全集（六）》，上海古籍出版社，2010 年：第 140 页
⑥ ［北魏］贾思勰著，缪启愉校释：《齐民要术校释》，中国农业出版社，1998 年：第 18 页
⑦ 袁黄所出生的浙江嘉善县是明清时期最典型的水稻县，万历八年丈量土地，此县水田占到耕地总面积的 98.2%
⑧ ［清］吴邦庆：《畿辅河道水利丛书·水利营田图说》，中国农业出版社，1964 年：第 240 页
⑨ 郑守森等校注：《宝坻劝农书·渠阳水利·山居琐言》，中国农业出版社，2000 年：第 27 页

稔，挟取青泥，锨拨岸上，凝定裁成块子，担开用之。北方河内泥多，取之尤便，或和粪内用，或和草皆妙。"并在前人基础上提出了自己的原创新见解，认为泥粪"最中和而有益，故为第一也"；① 在肥料积制技术上，他首次给传统的制粪方法命名，把制粪的方法归纳为踏粪法、窖粪法、蒸粪法、酿粪法、煨粪法、煮粪法，企图通过给杂乱无章的制肥法来命名的办法来帮助宝坻的父老快速记住这些技术，这种措施在一定程度上方便了技术的扩散与传播。他还用南方常用的"踏粪法"来教导宝坻的乡民，"南方农家凡养牛、羊、豕属，每日出灰于栏中，使之践踏，有烂草、腐柴，皆拾而投之足下。……北方猪、羊皆散放，弃粪不收，殊为可惜。"②

在谈及窖粪的时候，说南方积粪如宝，但北方"惟不收粪，故街道不净，地气多秽，井水多盐。"③并且提出了解决的办法，那就是"须当照江南之例，各家皆制坑厕，滥则出而窖之，家中不能立窖者，田首亦可置窖。"④ 并把不用的废弃物全部扔到地窖中发酵，等到粪熟之后再施用在田地中；在施肥技术上，袁黄把江南土人称之为"接力"的追肥技术介绍到宝坻县，这对于不善使用追肥的北方人们来说是个重要的突破，因为追肥的使用可以在作物底肥耗尽之时，继续发挥肥力来提供作物生长所需的养分，但袁黄过分强调重视基肥，对追肥的作用却并没有太在意，他认为追肥虽然可以起到滋苗的作用，但也会导致"徒使苗枝畅茂而实不繁"的后果，所以他告诫父老在使用追肥之时要仔细斟酌，⑤ 这可能与当时江南追肥使用技术亦不高的现实有关。

除了把其家乡江南农民正在农业生产实践中使用的肥料技术传给宝坻百姓之外，袁黄还在《宝坻劝农书》第三章关于田制的部分向当地农人传授一种他自称得自"方外道流"的煮粪之法，具体方法是把每种动物的粪便与其骨头放在锅中一起煮，"牛粪用牛骨，马粪用马骨之类，人粪无骨则入发少许代之，"然后把鹅肠草、黄蒿、苍耳子草三种植物烧成灰同土、熟粪搅拌，最后把混合物中洒上煮粪的汁，晒干后就能当肥料用，这种经过人工操作用火煮熟的粪便比在自然界中缓慢发酵的堆肥成肥速度快，而且还避免了堆肥在自然腐熟过程中因日晒风吹所造成的养料损失，再加上苍耳子、鹅肠草等具有一定杀虫的功效，据称是一种极其有效的肥料，袁黄曾亲自试验，用这种方法做肥料的农田一亩可收粮食三十石。

他还试图把此法在宝坻推广用之，"今边上山坡之地，此法最宜，可以尽地力，可以限胡马。"⑥ 这种方法虽然据袁黄所说是在"方外道流"得到的秘方，但其实可能是一种通过阅读古人的关于农业的论著来获取的一种肥料知识，袁黄在《劝农书》中承认煮粪的方法是他考自《周礼》，其实便是《周礼·地官·草人》中的"凡粪种，骍刚用牛，赤缇用羊，坟壤用麋，渴泽用鹿，咸潟用貆，勃壤用狐，埴垆用豕，强壏用蕡，轻爂用犬"的施肥法。⑦

汉代经学家郑玄解释"粪种"的涵义便是通过煮不同动物的骨汁来渍种的种肥法，其实这种理解是错误的，"粪种"施肥法应该是仅指利用不同的肥料来针对不同类型的土地施肥的方法⑧，郑玄之所以搞错的原因是因为他把当时农书《氾胜之书》中的处理种子的"溲种法"与《周礼》中的"粪种"法混为一谈了，《氾胜之书》中有种奇特的处理种子的方法，具体是"取马骨，剉；一石以三石水煮之。三沸，漉去滓，以汁渍附子五枚。三四日，去附子，以汁和蚕矢羊矢等分，挠，令洞洞如稠粥。先种二十日时，以溲种，如麦饭状。——常天旱燥时溲之，立干。——薄布，数挠，令易干。明日，复溲。——天阴雨，则勿溲。六七溲而止。辄曝。谨藏，勿令复湿。至可种时，以余汁溲而种之，则禾稼不蝗虫。"⑨ 即"溲种法"，就是用马骨来煮汁，加上药材附子浸泡，然后用蚕粪和羊粪放在煮的汁里搅拌，再把这种肥料作为包衣包裹住种子，即可种植，不但可以起到种肥作用，给幼苗的生长以养分，还能提高种子的抗虫害和保墒的能力。

---

① 郑守森等校注：《宝坻劝农书·渠阳水利·山居琐言》，中国农业出版社，2000 年：第 27 页
② 郑守森等校注：《宝坻劝农书·渠阳水利·山居琐言》，中国农业出版社，2000 年：第 27 页
③ 郑守森等校注：《宝坻劝农书·渠阳水利·山居琐言》，中国农业出版社，2000 年：第 27 页
④ 郑守森等校注：《宝坻劝农书·渠阳水利·山居琐言》，中国农业出版社，2000 年：第 27 页
⑤ 郑守森等校注：《宝坻劝农书·渠阳水利·山居琐言》，中国农业出版社，2000 年：第 28 页
⑥ 郑守森等校注：《宝坻劝农书·渠阳水利·山居琐言》，中国农业出版社，2000 年：第 8 页
⑦ 崔记维校点：《周礼》，辽宁教育出版社，2000 年：第 35 页
⑧ 黄中业：《"粪种"解》，《历史研究》1980 年第 5 期
⑨ 石声汉：《氾胜之书今释（初稿）》，科学出版社，1956 年：第 11 页

在这种方法中，煮的骨汁中其实不含有骨头中最重要的肥料——磷肥，只起了粘合种子与包衣的作用。但袁黄并没搞清楚这些玄机，他通过阅读古人的农书，把《周礼》中的郑玄的注释与《氾胜之书》的施肥方法相结合，创造出用骨头加粪便来煮汁的方法，认为这样能够使得肥效大增，可他设计的"煮粪"的方法，目的是制作一种基肥而不是种肥，根本不需要骨头的汁液来做黏合剂，所以袁黄在读古农书的时候对古人的想法进行了错误的"解码"，其所制作的肥料也不见得有多大实际的肥效。

不仅有类似于袁黄这种江南籍士人来华北地区大力推广、传播江南肥料技术的情况，还有一部分华北地区土著的士人，由于自身感受到南北方在肥料技术的巨大差异，主动将江南之肥料技术引入华北，以期冀增强华北地区的农业生产能力。在这方面，清代士人吴邦庆便是一个极好的范例。

吴邦庆（1765—1848年），字霁峰，顺天霸州人，他在年少时就十分关注农业生产，曾把从古农书里看到的种稻方法与当地农民的实践相互验证，觉得二者有诸多相合之处，遂把在阅读古农书时发现的一些实用的种田方法用家乡土话告诉当地农民，经试验甚有成效。他历任安徽、福建、湖南等地巡抚，在宦游南北时便有把江南农业技术传到华北的志向。他把古农书中种稻技艺或有用于华北农业生产的所有技术分为九个门类，并加入自己的一些心得与评介，辑成《泽农要录》一书，希望北方能利用此书像江南一样来发展水稻种植业。

在肥料技术方面，他搜集了历代几乎所有的农书中的施肥方法与肥料积制技术的部分，并命名为"培壅第七"，他不但引用《王祯农书·农桑通诀》中南北方对比的语句"南方治田之家，常于田头置砖槛窖，熟后而用之，其田甚美。北方农家亦宜效此，利可十倍。"[1] 来劝说北方的农民仿效江南设立砖窖积积攒肥料，在论及《天工开物》里肥料技术的时候，还引用宋应星语："南方磨绿豆粉者，取溲浆灌田，肥甚。豆贱之时，撒黄豆于田，一粒烂土方三寸，得谷之息倍焉。"[2] 来劝说北方农民在施肥上要舍得投入，利用绿豆或黄豆来壅田。他不但利用从古农书里学来的知识来教授华北的农民施肥，而且还把自身在江南农田中观察到的农业实践中的施肥方法传入到华北地区，以提高北方的技术水平，"往见江南田圃之间，亦有舀粪清浇灌苗蔬者，岂亦古之遗法欤？北方则惟壅粪苗根，无汁浇者矣。"[3] 他认为江南的这种施肥法是先进的，而北方农民却丝毫不知晓舀浇清粪来施肥的办法，只知道用干粪来培壅苗根，相比南方在技术上相对落后。

三、肥料技术传播的效果及影响肥料技术传播的因素

当时袁黄在宝坻境内广泛传播其《劝农书》，并且制定了行政奖赏刺激的政策来倡导农民模仿南方农业技术，"里老之下，人给一册。有能遵行者，免其杂差。"[4] 所以其技术传播在当时取得了良好的效果，史称"民尊信其说，踊跃相劝。"[5] 吴邦庆由于自身是行政官员，再加上他向老农传播农业知识的热心，估计书中所载的农业技术也能在当时的农业实践中发挥一定的影响。但具体到他们传播的江南肥料技术而言，成绩却并不突出，甚至是几乎没有对北方的积肥、施肥实践产生任何的影响。江南的肥料技术通过他们的引介传入华北地区后，并未从根本上改变华北的肥料技术，华北仍然是按照其原有的肥料技术体系发展。

在袁黄之后，清代宝坻的地方志编纂者们仅仅把其《劝农书》中的"田制"和"水利"两章内容列入县志中，以方便有志人士能利用此篇来促进当地水利灌溉事业的发展，至于肥料部分，则被完全删除；其倡导的圈养牲畜积肥的措施，在当时动用行政力量的情况下，肯定卓有成效，但后世宝坻的猪羊基本还是以散养为主；而其根据古法精心设计的煮粪法，则因为程序过于繁琐和配料过于难觅，没有被民间用在施肥实践中，仅仅被士人广泛记载在他们的农学著作中，徐光启的《农书草稿》、鄂尔泰等人的《授

① ［清］吴邦庆辑，许道龄校：《畿辅河道水利丛书》，《泽农要录》，农业出版社，1964年：第523页
② ［清］吴邦庆辑，许道龄校：《畿辅河道水利丛书》，《泽农要录》，农业出版社，1964年：第524页
③ ［清］吴邦庆辑，许道龄校：《畿辅河道水利丛书》，《泽农要录》，农业出版社，1964年：第520页
④ 郑守森等校注：《宝坻劝农书·渠阳水利·山居琐言》，中国农业出版社，2000年：第2页
⑤ ［清］吴邦庆辑，许道龄校：《畿辅河道水利丛书》，《畿辅水利辑览》，农业出版社，1964年：第401页

时通考》与王芷的《稼圃辑》等农书都对其进行转引，在知识阶层内其文本得到了有限的传播，而徐光启更是在煮粪法的基础上设计出新型的肥料——粪丹，但并没有在实践中得到应用；吴邦庆转述的宋应星的黄豆施肥法并没有在华北普遍使用，华北农民根本没有把大豆大量用在肥田中，在清代及其以后仍然大量将本地生产的大豆卖给江南做肥料，成为江南地区重要的大豆供应地之一；而其传播的窨清粪施肥的方法也根本没有在北方流行，华北地区一直以来都使用把大粪晒干然后再施用到田地里的干粪施肥法。

在学者的眼中，北方的施肥技术也被视为相对的"落后"，他们认为，华北的肥料种类比江南少得多，"在北魏《齐民要术》时代，中国已经使用踏粪、火粪、人粪、泥粪与蚕矢……到元代《王祯农书》时代，华北仍然是这几种类型的肥料"；[1] 直到近代，华北很多地区依然"不仅是施肥方法不科学。有些地方根本不施肥……"；[2] 最重要的一点是，在江南肥料技术传播最为集中的华北畿辅地区，农民也大多抱怨稻田的所需要的肥料太多。[3]

其实，从某些方面来看，明清时期华北地区的某些肥料技术并不比江南落后，甚至在某些作物的施肥技术水平上还远超江南，更接近于士人所提倡的"用粪得理"的标准。针对前人认为北方的芜菁移植到南方就会变成菘的观点，徐光启从肥料的角度给出解释，这是由于"北人种菜，大都用干粪壅之，故根大；南人用水粪，十不当一。又新传得芜菁种，不肯加意粪壅"[4]，所以才导致南方种植的芜菁根小。在种植棉花上，齐鲁等华北地区使用干粪来施肥，然后在生长过程中，又能"视苗之瘠者，辄壅之"[5]，这样的施肥法甚为合宜；而在松江地区，农民利用水粪、豆饼、生泥等肥料来壅棉田，而且还会额外施加草肥，经常由于施肥过多造成的"青酣"而导致棉花植株疯长的后果，所以当时齐鲁人经常因为听闻松江地区的棉花收成微薄而"每大笑之"[6]，有鉴于此，徐光启还特意在其《农遗杂疏》中援引北方士人张五典撰写的《种法》，来当做其家乡松江地区植棉的技术参考范本。

生态环境是农业生产赖以发展的重要基础，农业技术的形成必然要同一定的生态要素相关联，各种农业技术都与环境条件存在着一定程度上的内在统一性。[7] 华北的农民没有选择江南地区业已十分成熟、有效的肥料技术，在很大程度上并不是因为这些肥料技术不够先进，而是这些在江南的生态环境中发展并成熟起来的肥料技术无法完全被纳入到华北地区原有的环境与技术体系中来，下面分几点来简述之。

首先，从人口—耕地比率上来看，明清时期，江南人多地少，人地矛盾甚为突出，相比之下，华北地区相对而言则是土旷人稀，虽然在清代康熙以后南北两地都出现了人口激增的局面，但是华北地区的人地矛盾与寸土寸金的江南相比还是相对缓和的，这种情况即使在清代中后期都依然如此。明末徐光启就认为南北两地人口、耕地存在着："南之人众，北之人寡；南之土狭，北之土芜"[8] 的不对称格局。在寸土无间的江南，由于人地矛盾的激化，为了养活更多的人，在农法上精耕细作是唯一的选择，徐光启甚至在其《甘薯疏》中传授给江南的无地者一种在竹笼中种甘薯的方法："即市井湫隘，但有数尺地仰见天日者，犹可种得石许。其法用粪和土曝干，杂以柴草灰入竹笼中，如法种之。"[9] 由此可见江南的土地珍贵到何种田地！为了多收粮食来过活，他们只能多用粪肥，所以才有如此精细的肥料技术。

而华北地区相对人少地多，某些地区在明代甚至还是地广人稀，在北方进行农垦实验的徐光启在家书里提到天津地区："荒田无数，至贵者不过六七分一亩，贱者不过二三厘……其余尚有无主无粮的荒田，一望八九十里，无数，任人开种，任人牧牛羊也。"[10] 甚至还有很多农田被抛荒，崇祯七年，户部调查后发现北直隶等地抛荒田土最多。[11] 在大量闲置土地可供利用的背景下，以休耕的方式来恢复地力显然

① 李令福：《明清山东农业地理》，五南图书出版公司，2000 年：第 387 页
② 苑书义等：《艰难的转轨历程—近代华北经济与社会发展研究》，人民出版社，1997 年：第 142 页
③ （加）卜正民著，陈时龙译：《明代的社会与国家》，黄山书社，2009 年：第 206 页
④ 朱维铮、李天纲：《徐光启全集（七）》，上海古籍出版社，2010 年：第 577 页
⑤ 朱维铮、李天纲：《徐光启全集（七）》，上海古籍出版社，2010 年：第 743 页
⑥ 朱维铮、李天纲：《徐光启全集（五）》，上海古籍出版社，2010 年：第 408 页
⑦ 萧正洪：《环境与技术选择——清代中国西部地区农业技术地理研究》，中国社会科学出版社，1998 年：第 207 页
⑧ ［明］徐光启原著，王重民辑校：《徐光启集》，中华书局，1963 年：第 227 页
⑨ ［明］徐光启：《甘薯疏》，《徐光启译著集》，卷十一，上海古籍出版社，1983 年：第 9 页
⑩ ［明］徐光启原著，王重民辑校：《徐光启集》，中华书局，1963 年：第 487 页
⑪ 程民生：《中国北方经济史》，人民出版社，2004 年：第 573 页

更加划算，也就缺乏刺激农民发展肥料技术的动力，自然他们对肥料问题就不甚重视。直到清代后期至近代，由于社会的稳定，经济水平的提高，加之人口开始增多，华北地区的人地矛盾也变得尖锐，对肥料的需求才变得加剧，甚至开始出现肥料短缺的现象。①

其次，从土壤、气候等自然条件方面来说，第一，不同的土壤类型对肥料种类的需求不同，南北方土壤不同，南方以酸性的红壤为主，有酸性强、土壤黏重、肥力低等特点，需要投入更多的肥料去改造与补充，而北方的土壤则相对肥沃，所以南方的肥料经验与北方的土壤状况不相符合；第二，气候条件与干湿状况也对肥料使用的空间范围和肥效有影响，"在干燥的北方，缺乏充分的潮湿，一切腐败的过程非常迟缓，农民必须注意于容易溶解的肥料；南方的雨水较多，广大的地面都可以灌溉，所以农地中所施的肥料的发育，虽在一种相差无几的气候中，却要强大得多。"② 这说明由于气候条件的不同，相同的肥料在南方发挥的效力比在北方发挥的要快，所以投入同样同量的肥料，南方显然比北方划算，这也是北方农民不愿意模仿南方肥料技术的原因之一；第三，肥料的来源多受当地自然条件的限制与影响，这也要求肥料的获取必须因地制宜，华北地区缺乏燃料，秸秆大部分被当作薪柴烧掉，只有少量可以还田，这决定了他们用灰肥较多，而不能盲目模仿江南把秸秆做成沤肥使用的方法（下图）。北方人喜欢睡火炕，多年的陈炕坯土也习惯被用来当作肥料使用，这也体现了用肥的因地制宜的原则。

福建内地有于田中烧稻草者，与华北之搜刮作物根株恰是相反③

再次，南北方的种植制度和主粮作物也不同，宋代以后江南地区发展起来的稻麦二熟制在明清时期有了进一步的扩大，双季稻也得到推广。在种植制度方面，一年两熟制得到进一步普及，宋应星就说过："南方平原，田多一岁两栽两获者"④，由此可见其普遍性，有些地区在稻麦二熟的基础上加种春花作物，实现了一年三熟，据李伯重统计明代江南的复种指数为140%。⑤ 而在华北地区，只有在极少数地力肥沃的地区实行一年两熟，大多数地方实行的是一年一熟或两年三熟的制度，复种指数比南方低很多。复种指数越高，对地力的损耗程度就越大，也就需要施加更多的肥料来补充地力，华北的复种指数比江南低，并不需要像江南那样施用很多的肥料来补充地力，这也导致了北方用肥的"懒散"，在一定程度上不利于北方采用南方的肥料技术。

华北地区以旱地作物为主，相比起江南压倒性的集约化水稻生产，相对来说是广种薄收，亩收益较低，所以不能模仿江南那样使用黄豆、豆饼来壅大田作物，如果用黄豆，也只能用在蔬菜、花卉等收入高的经济作物上，如清代山东士人丁宜曾在介绍施肥的时候就说："黄豆磨破，蒸熟，晒干为末，壅花、蔬根甚妙。"⑥ 不太可能像宋应星那样用撒黄豆在田中的方法来壅大田作物。

值得注意的是，一个地区采用何种农业技术还与当地农耕传统和农民习惯有很大关联，这在明代就被徐光启所察觉，他在《粪壅规则》里说："如吾乡海上粪稻，东乡用豆饼，西乡用麻饼，各自其习惯而

① 王建革：《传统社会末期华北的生态与社会》，三联书店，2009 年：第 238 - 252 页
② （德）瓦格纳著，王建新译：《中国农书》，上海商务印书馆，1940 年：第 256 页
③ （美）卜凯著，张履鸾译：《中国农家经济》，商务印书馆，1936 年：第 314 页
④ ［明］宋应星：《天工开物》，广陵书社，2005 年：第 3 页
⑤ 李伯重：《明清江南肥料需求的数量分析》，《清史研究》1999 年第 1 期
⑥ ［清］丁宜曾著，王毓瑚校点：《农圃便览》，中华书局，1957 年：第 16 页

已未必其果不相通也。"[1] 企图把江南肥料技术引入华北地区的吴邦庆也意识到"至稻田淤荫，其种类尤多：或用石灰，或用火粪，或碓诸牛、羊牲畜杂骨，以肥田杀虫，或以水冷斟酌调剂，亦草人土化氾氏雪汁之意也。备采其法以裨嘉蔬，非嗜琐也。"[2] 南北方对大粪的施用方式不同由来已久，以江南农业景观为蓝本的宋代耕织图中的淤荫图里的农夫就是在向水稻秧田施用液体粪便，徐光启也意识到这一点，他在总结全国各地用肥经验之时说南方水稻用粪，"每亩约用水粪十石"，但在天津试种水稻时，他便开始仿照华北农人的方法用干大粪来给稻田施肥[3]，到民国时情况依然如此，彼时在中国考察农业的德国农学家瓦格纳（W. Wagner）如是记载："人类的粪尿在流动的和固体的形态中用作肥料。

这两种使用法都流行于全国，不过第一种盛行于华南，第二种尤其多出现于华北。"[4] 致力于中国粪便研究的王岳（1915—1985年）也在调研中得到这样的结论：在中国的北方和南方，"农民利用粪便的方法不同。北方农民弃尿不用，只用粪和其他动物排泄物混合而成的堆肥，或晒干为粪饼，中部和南部的多半是利用粪和尿混在一起，不晒干，不做堆肥"，[5] 所以，吴邦庆试图向自古以来就利用干的人类粪便来肥田的华北地区来传授施用液体粪便施肥的方法，是不可能获得成功的。

四、肥料技术的传播中的士人与农民

张柏春等学者通过对《奇器图说》中技术传播方式研究后得出结论，认为在机械技术的传播中，依靠士人制作的文本、图像来传播的技术知识并不能完全表达出实践中的知识的全部内涵，亦不能回到实践中指导实践，实现技术传播的效果。通过师徒口耳相传等方式来传播的技术才更具有实效：

> "在传播过程中，比较具有优势的技术确实可以被很好吸收，但单凭图说形式的著作不一定能实现复杂机械的仿制。《奇器图说》对某些复杂机械的介绍不够充分，甚至描绘中存在一些错误。……这便不能为那些有兴趣制造此类机械的读者提供更多的帮助。这样的问题并不仅存在于中译本的技术著作中。实际上，在欧洲，以介绍实用技术为主体的图说著作也不能完全反映技术知识的全部内容。相关知识的传播还主要依靠师徒口耳相传及实际操作才能够完成。就技术传播而言，实物和实际操作的示范性强，是更为有效的传播方式。"[6]

实际上，在农业技术的传播过程中情况也类似，由于士人具有有宦游各地的便利条件，能够广泛地搜集各地的农业知识并加以传播，所以士人在农业知识的传播中具有农民所无可比拟的作用，徐光启就在考察齐鲁、余姚两地的棉花丰产经验之后，依据两地的成熟用肥技术对其家乡松江的棉田施肥方式进行了修正，建议稀种薄壅，避免密植厚壅所造成的枝干疯长而果实不繁的后果。[7] 而且由于士人具有广博的知识储备，所以他们能够在民间原始创新的基础上进行二次创新，在有些地方能够促进技术进一步的完善与成熟，清代士人孙宅揆年少时曾"周游齐、鲁、秦、晋、宋、卫诸国，耳闻目见制粪之法甚夥"[8]，在陕西见到当地农民掘草皮与土垒成土窑，窑内放枯草烧熏数日，把得到的灰土当做肥料使用，但这种方法只能在山间使用，因此他在此基础上又"悟得一方，到处可行，且与久熏炕土无异"[9]，他的新方法比起先前的技术有累积氮素多的优点，且肥效更加猛烈。

同时，士人还能通过阅读古农书来间接获得前代的先进技术，以传播给农民使用，吴邦庆就曾在古

① ［明］徐光启：《农书草稿》，载《徐光启译著集》，卷十一，上海古籍出版社，1983年：第4页
② ［清］吴邦庆辑，许道龄校：《畿辅河道水利丛书》，《泽农要录》，农业出版社，1964年：第520页
③ 朱维铮，李天纲：《徐光启全集（五）》，上海古籍出版社，2010年：第441页
④ （德）瓦格纳著，王建新译：《中国农书》，上海商务印书馆，1940年：第248页
⑤ 王岳（署名粪夫）：《中国的粪便》，《家》，1946年，第11期第10－11页
⑥ 张柏春等著：《传播与会通——〈奇器图说〉研究与校注 上篇〈奇器图说〉研究》，江苏科学技术出版社，2008年：第275页
⑦ 朱维铮，李天纲：《徐光启全集（五）》，上海古籍出版社，2010年：第407－408页
⑧ ［清］孙宅揆：《教稼书》，载王毓瑚辑：《区种十种》，财政经济出版社，1955年：第47页
⑨ ［清］孙宅揆：《教稼书》，载王毓瑚辑：《区种十种》，财政经济出版社，1955年：第51页

农书中"取诸书所载而彼未备者，以乡语告之，彼则跃然试之，辄有效"。[①] 但在阅读古代农学著作的时候，有时由于未能理解前人技术中某些细节的真正含义与受到前人理论、想法的局限，而未能有效促进肥料技术的发展，袁黄的"煮粪法"很明显是受到汉代农学家氾胜之"溲种法"的影响，但他却未能理解"溲种法"中熬煮骨头的作用或许只是为了充当作物种子包衣肥料的黏合剂，而误认为经过煮沸的骨头和粪便能具有更强的肥效，虽然明代时农业实践中业已出现把骨头烧成灰来利用骨头内的磷肥的有效方法，但囿于古人文本中的教条作用，袁黄和徐光启还是主张利用煮沸的骨头和粪便来肥田，这不但无法利用骨头内的磷肥，而且粪便经过煮沸，只会使其肥效遭到进一步的损失。

虽然士人能把各地农民的肥料知识记载下来并经由其他士人、官吏的援引和阅读以劝农的方式传播至其他地区，但这类技术传播发挥作用的大小受到生态环境等一系列因素的制约，从上文可以看到，由于华北、江南分属两个不同类型的环境和农业区域，所以两地之间的肥料技术传播因受到环境的制约而效果不佳，但若在环境类似的两个地区间传播肥料技术就会取得较好的成效，徐光启在《农书草稿》里记录"江西人壅田……或用牛猪等骨灰，皆以篮盛灰，插秧用秧根蘸讫插之"，[②] 这是目前史料所见最早关于骨灰沾秧根施肥的记载。而其后在《天工开物》中也记载"土性带冷浆者，宜骨灰蘸稻根"，这说明骨灰蘸秧根的方法可能是最初在江西发明的，[③] 在清代时候此项技术传播到其他诸多地区，如广西宾州"有冷水田用骨灰蘸秧根"，[④] 浙江瑞安"山村农人插秧，多以猪牛各骨，杵为细粉，置之盎中，每插秧时，必蘸其根于盎中"[⑤]，此外湖南的《湘中农话》等农书也有骨灰蘸秧根的记载，这说明在相同的小环境下（冷水田），人们利用骨灰来抗寒与改良冷浆田这种酸性的土壤，并且得到广泛传播，取得了良好的效果。

就肥料技术传播而言，民间通过实践临摹与肥料实物交换的方式进行的技术交流虽然范围较小，但却取得很好的传播效果。如徐光启记载，"猪羊毛壅田，金衢多有之。各处客人贩往发卖，以余干毛为上。"[⑥] 清代安徽怀宁县"近来又有红花草，粪田极肥。其种来自江南，每升撒种，可粪田一斗"。[⑦] 此类记载虽然囿于文字记载的阙如，仅能发现少量，但在肥料技术传播中亦起到不小的作用。毕竟在古代，农学是一门经验性的科学，农民在农业实践中积累的经验与知识是当时农业发展的主要动力，所以撰写农书或农业手册的士人经常在书中提到"老农"或"老圃"的先进农业经验并高度评价他们的实践。正是农民的惜粪如金与在试错法的基础上逐渐修正的施肥实践才能适应当地的环境并能够在实践中发挥作用，农民的实践农学才是古代肥料学发展的主要原因，士人只是在记录、搜集民间的肥料知识并加以凝练、提升，并在技术的长途传播中起到一定的作用。

---

① ［清］吴邦庆辑，许道龄校：《畿辅河道水利丛书》，《泽农要录》，农业出版社，1964 年：第 421 页
② 朱维铮，李天纲：《徐光启全集（五）》，上海古籍出版社，2010 年：第 444 页
③ 曹隆恭编：《肥料史话（修订本）》，农业出版社，1984 年：第 49 页
④ ［清］奚诚：《畊心农话》，《续修四库全书 976 子部·农家类》，上海古籍出版社，2002 年：第 664 页
⑤ 陈树平主编，苏金花，赵慧芝副主编：《明清农业史资料（1368—1911）第二册》，社会科学文献出版社，2013 年：第 970 页
⑥ 朱维铮，李天纲：《徐光启全集（五）》，上海古籍出版社，2010 年：第 444 页
⑦ 陈树平主编，苏金花，赵慧芝副主编：《明清农业史资料（1368—1911）第二册》，社会科学文献出版社，2013 年：第 973 页

朱兆良土壤氮素研究中的环保意识[*]

慕亚芹　崔江浩　李　群[**]

（南京农业大学中华农业文明研究院，江苏　南京　210095）

摘　要：朱兆良是我国著名土壤植物营养专家，是土壤氮素转化与管理研究的拓荒者和学科带头人。本文在分析访谈资料、档案和文献资料的基础上，从高产地区适宜施氮量推荐方法研究、氮肥去向及损失途径定量研究、施肥技术研究和新形势下协调粮食生产与环境保护关系等四个方面，阐述朱兆良如何将土壤氮素研究和环境保护有机结合起来。

关键词：朱兆良；土壤氮素；环保

2014 年 4 月 17 日环境保护部和国土资源部发布我国首次土壤污染状况调查公报，调查结果显示，全国土壤环境状况总体不容乐观，部分地区土壤污染较重，耕地土壤环境质量堪忧，耕地土壤点位超标率为 19.4%。[①] 耕地被污染后一方面影响农作物产量，如当土壤中砷酸钠加入量为 40 毫克/千克时，水稻减产 50%；达到 160 毫克/千克时，水稻不能生长；当灌溉水中砷含量达到 20 毫克/千克时水稻颗粒无收。[②] 另一方面从环境过滤器渐渐变为环境污染源，如大气中的氧化亚氮，有 70%～90% 是来自土壤，而且主要来自热带土壤和耕种土壤。[③] 面对部分土壤对环境作用的转变，保证人民生活水平持续提高，人口缓慢增长和耕地面积缓慢减少紧迫现实，相关学科研究人员，特别是土壤氮素研究人员任务更重，因为氧化亚氮是是长寿命的痕量温室气体（氧化亚氮在大气中停留的时间 120 年），长此以往将使大气中氧化亚氮的浓度逐年增加，加剧温室效应。

本着为国家经济建设贡献自己力量的想法，朱兆良院士在半个多世纪的研究工作中，既关注氮提供蛋白质养分维持生命存在一面，又关注农田氮循环中迁移氮对污染环境如地表水富养化、地下水硝酸盐含量超标、温室效应加剧危害人类健康一面，他对农业污染的研究曾得到前国家领导人的肯定。朱兆良研究土壤氮素时始终秉持提高氮素促进粮食增产作用，减少其对环境污染的理念，期求达到粮食产量与环境保护协调发展目标。笔者在分析朱兆良院士的领导、同事、学生及本人口述资料和查阅文献、档案基础上，系统阐述了朱兆良在提高粮食产量与保护土壤、水体和空气等方面所做的努力与成果。

一、高产地区适宜施氮量推荐方法研究中的环保意识

以太湖地区为代表的粮食高产地区是我国产粮基地，在众多的农业高产栽培技术中首要问题是如何确定氮肥的适宜施用量。因为氮肥对单位面积上农作物的增产效果有一个临界值，超过这一临界值，氮肥的增产边际效益将逐渐下降，甚至导致农作物产量下降。为充分利用氮肥的增产作用，减少因盲目施肥对环境造成污染及额外增加农民的成本，朱兆良把推荐适宜施氮量方法作为自己的一个研究内容。

在朱兆良决定研究适宜施氮量推荐方法时，国内相关单位研究人员已通过大量田间试验，对当地水稻和小麦等主要作物，提出适宜施氮量的范围，确定了推荐适宜氮量的几种方法。朱兆良首先对已有的

---

* 【基金项目】老科学家学术成长采集工程：朱兆良，项目编号 X0201400707

** 【作者简介】慕亚芹，女，科学技术史在读博士研究生，研究方向为农业科技史、应用社会学；崔江浩，男，科学技术史在读博士研究生，研究方向为农业科技史；李群（1960—　），男，博士，博士生导师，研究方向为畜牧史、农业史

① 《2014 年全国土壤污染状况调查公报》

② 刘辉，王凌云，刘忠珍，等：《我国畜禽粪便污染现状与治理对策》，《广东农业科学》2010 年第 6 期：第 214 页

③ 朱兆良，邢光熹：《氮循环 攸关农业生产、环境保护与人类健康》，清华大学出版社，2010，第 68 页

推荐施氮量方法进行研究，发现已有的推荐适宜施氮量方法，或者需要具备一定的测试条件，或者要求设置无氮区。我国实际农业生产情况是：田块小、数量多，测试工作量大；复种指数高、茬口紧，测试工作难以做到不误农时；测试设备不足、技术人员少，实际能够进行测试的样品数量极少。[①] 这决定已有的推荐"适宜施氮量"方法普遍推广的可行性较差。面对已有的推荐施氮量方法在普遍推广和实际操作方面存在欠缺，朱兆良和同事从 1982 年到 1985 年利用三年时间，对太湖地区单季晚稻进行"水稻产量—氮肥施用量关系"的小区试验网试验。通过对试验数据的分析，他们确定的单季晚稻平均适宜施氮量低于农民习惯施用量，但对粮食产量影响很少。朱兆良非常清楚，他推荐的确定适宜施氮量的方法，不能准确计算出每一田块具体的施氮量，只能算是一个半定量，但是操作方法简便，能够满足农民实际生产需要，还节约成本和减少对土壤环境、水环境和空气的污染。

随着粮食产量的提高，我国化肥使用量也在逐年增加，从农田中迁移的氮对土壤环境、水环境等的污染逐渐加重，为推广自己的推荐适宜施氮量方法，朱兆良在 2003—2004 年再次在太湖地区进行氮肥施用量的水稻田间试验网工作，获得以区域平均适宜施氮量作为宏观控制基础，结合田块具体情况进行微调的推荐方法。所谓"区域平均适宜施氮量"，是指在同一地区同一作物上，在基本一致、广泛采用的栽培技术下，从氮肥施用量试验网中得出的各田块最大经济效益时的施氮量的平均值。这一方法提出后经过多年在多个地区的大田试验证明，在现有的农业生产条件下，能满足农民生产需要。为更好的适应不同地区，不同时期，不同田块、不同作物品种的需求。朱兆良做出进一步解释：区域平均适宜施氮量的值是变化的，它应随着作物品种的更新和农民栽培技术水平的提高，以及生产条件的变化，通过试验重新确定，而不是僵化不变的。

二、氮肥去向及损失途径定量研究中的环保意识

氮肥施入土壤后分为 3 部分：作物吸收、土壤残留和损失。氮肥的利用率、损失途径以及每一途径损失的比例各占多少？这些数字一方面意味着我国土壤氮素研究水平，另一方面决定着今后研究方向，但是在很长时间内对这些数字没有我们自己的定量研究。朱兆良在自己的研究以及汇总 20 世纪末国内其他同行的试验数据基础上，估算出氮肥施入土壤后各部分的比例。

朱兆良和同事曾在丹阳练湖农场与澳大利亚的学者做过稻田氨挥发试验，另外还在常熟和封丘试验站利用微气象学方法做了大量的测定氨挥发的试验，收集大量的数据。朱兆良和同事发现[②]：

第一，施肥方法不同，氮肥的氮素损失不一样。混施水稻基肥时，氮素损失低于表施基肥及分次表施，不过混施基肥时硫铵、尿素和碳铵的氮素总损失量相近。

第二，肥料不同，氮素损失途径不同。硫铵不论在酸性水稻土还是石灰性水稻土的损失主要是反硝化作用造成的；在气温较高的月份尿素不论在酸性土壤还是在石灰性土壤氨的挥发和反硝化损失都是氮素损失的重要途径；碳铵不论在酸性土壤还是石灰性土壤氨的挥发是氮素损失的主要途径，不过在酸性土壤上，仍然有相当一分部分是通过反硝化而损失的。由此朱兆良和同事认为在氮肥的氮素损失中，氨的挥发和反硝化作用哪一个损失更多是由土壤和氮肥的酸碱性以及施肥后一段时间内的天气情况决定的。要减少氮素的损失需要掌握土壤理化性质和运用科学的施肥技术。只有这样才能较好发挥氮肥对农作物的增产效果，同时减少氮素对环境的污染。这一研究成果为指导稻农如何施肥才能最大程度的利用肥料提供了理论依据。

为对我们国家氮肥损失有一个总体的把握，朱兆良在综合分析国内 20 世纪末 ^{15}N 田间微区试验和不同损失途径田间原位观测等大量数据（主要是谷类作物），对我国农田中化肥氮的去向进行了粗略估计，他认为我国化肥氮的单季利用率约为 35%，损失率高达约 52%（其中氨挥发 11%。硝化—反硝化损失 34%，淋湿损失 2%，径流损失 5%），未知部分约为 13%。

朱先生非常强调这只是一个大概情况，而且在我们国家不同区域和不同生产条件下差异很大，但是

---

① 朱兆良：《推荐氮肥适宜施用量的方法论刍议》，《植物营养与肥料学报》2006 年第 1 期
② 朱兆良：《种稻下氮肥的氨挥发及其在氮素损失中的重要性的研究》，《土壤学报》1985 年第 4 期

有这一系列数据后可以知道减少氮肥损失、提高氮素利用率的潜力之所在，为今后机理和对策的进一步研究明确方向。掌握氮肥损失途径以及每一种途径损失的比例后，为提高氮肥利用率，减少氮肥损失从而达到保护环境的目标。朱兆良又在具体施肥技术上提出提高氮肥利用率的三原则：一是避免土壤中矿质氮含量过高，二是提高和利用作物对矿质氮的竞争吸收能力，三是控制氮损失的主要过程。提出三原则后，朱兆良又继续研究提高氮肥利用率的具体施肥技术。

三、施肥技术研究中的环保意识

通过对施入土壤中氮肥去向和损失机理的研究，朱兆良发现不同的施肥时间、气象条件、土壤环境，氮肥主要损失途径不同，损失率不一样。这说明在一定的外界条件下，农民的施肥技术是降低氮肥损失的关键因素。只有农民运用科学的施肥技术，才能在农业生产中实现氮肥农学效益和环境效益的双赢进而提高他们的经济效益。朱兆良在对农田中氮肥去向和损失机理研究的基础上，又探讨氮肥施用方法和施用时间等问题，希望能够给出科学、简单的施肥技术以降低氮肥损失、提高农作物的氮肥利用率。

朱兆良开展研究工作时一直强调"研究工作要越深入越好，研发出来的技术和方法要越简便易行越好"，只有这样才能真正服务于农业，让农民科学种田、科学施肥。他总结提炼的施肥技术主要是水肥综合管理技术和平衡施肥技术。

水肥综合管理技术，具体包括深施、"以水带氮"和施肥时间上的"前氮后移"。这是朱兆良在改进农民传统施肥方法和总结自己以及其他同行研究成果的基础上总结提炼出来的，目的是将氮肥重点施用在作物生长旺盛时期，以便利用作物根系对土壤中矿质氮的竞争吸收以减少氮素损失。试验结果表明利用水肥综合管理技术可以使利用率平均提高12%，每千克氮多增产稻谷5.1千克，亩产提高11%。[①] 这一技术大大提高氮肥的利用率，可以兼顾氮肥的农学效益和环境效益。考虑到深施以后可以减少由氨挥发和硝化—反硝化产生的氮肥损失，为充分发挥深施的效果，朱兆良建议农民在具体施肥时应当控制氮肥用量和施肥深度。因为深施后，氮肥利用率提高，所以在推荐适宜施用量时必须重新考虑适宜量，否则反而会影响增产效用的充分发挥。

张乃凤在《地力之测定》中讲到当时在所测试的各实验地的土壤中，氮素养分为最缺乏，磷素次之，钾素更次之。[②] 这一测试结果表明一度我们国家土壤氮磷钾元素是比较缺乏，所以粮食产量也不高。经过几十年农民大量施用氮肥后，农田缺氮情况得到改善，但是农田土壤缺磷面积很大，缺钾面积也在逐年增加，这种营养不平衡状况严重影响农作物对氮肥吸收，进而影响农作物产量。朱兆良在小麦和玉米土壤试验的结果表明，在缺磷的旱作土壤上，氮磷的配合施用，可以显著的提高氮肥利用率和氮素的籽粒生产效率，并在增产效果上表现出一定正交互作用，而且这种正交互作用，有随土壤基础产量的降低而增大的趋势。[③]

因此，朱兆良提出氮磷或氮钾配合施用发挥氮肥增产潜力的施肥技术，这种技术既能够提高粮食产量又能够保护环境。因为只有土壤中各肥料比例均衡，农作物才能健康成长，农民将能获得丰收；另外氮磷或氮钾的配合施用还可以促进作物对氮肥的吸收，降低其损失，减少氮对环境的污染。

四、新形势下朱兆良对粮食生产与环境保护协调发展的思考

化肥是增加粮食生产的必要措施，如果没有化肥，地球上将有40%的人口无法生存，自20世纪80年代以来，我国粮食产量成倍增长的同时，化肥施用量也在逐年增加，近几年来化肥施用总量已高达全球化肥施用总量的近1/3。朱兆良在总结自己多年土壤氮素研究成果和批判吸收同行研究成果的基础上，从宏观和微观两方面思考如何争取粮食安全和环境保护协调发展。

---

① 朱兆良：《稻田节氮的水肥综合管理技术的研究》，《土壤》1991年第5期
② 中国农业科学院：《土壤肥料研究所编. 张乃凤先生九十寿辰纪念文集》，中国农业科技出版社，1994年：第18页
③ 朱兆良：《素管理与粮食生产和环境》，《土壤学报》，2002年：第39卷（增刊）

（一）宏观战略性的思考

第一，在种植业方面，朱兆良认为需要贯彻"高产、优质、高效、生态、安全"的指导思想，发展有中国特色的生态农业，走出一条既能保证作物持续增产、农田生产力不断提高，又能保持良好生态环境的可持续发展之路。我们可以把传统生态农业技术和现代农业技术集合起来，充分利用自然和社会资源优势，因地制宜的规划和组织实施新型综合性的农业生产体系。以大农业为出发点，遵循整体、协调、循环、再生的原则，进行牧副渔、农林水的统筹规划、协调发展，促使各业互相支持，相得益彰，促进农业生态系统物质和能量的多层次利用和循环，实现经济、生态和社会效益的统一。

第二，加强发展农化服务和农技推广队伍人员素质的提高，推广科普工作。在未来的发展中，我国农业生产系统必然去向于技术密集、知识密集方向，传统意义上的农业科技系统也将由单纯指导作物栽培，向指导产前、产中和产后服务，包括商贸的方向发展。我国已有的农业推广体系已经很难适应时代发展的要求，所以需要提高农技推广人员的素质。

第三，科学考虑施肥区域布局。将来想在有限的高产田上如太湖地区再进一步提高产量有相当难度，并且经济效益和环境效益都较差。根据第二次土壤普查结果综合评判，我国 2/3 耕地属于中低产田，其中中产地区约占耕地面积的 1/3。中产地区比低产地区拥有相对较好基础条件，通过增施化肥提高单产的潜力大。为此需要加强农田基本建设，改善灌排条件，消除存在的障碍因素，以充分发挥施肥的效果。同时，在低产地区国家也需要有针对性地加强土壤改良和农田基本建设，消除限制因素，提高农田土壤肥力，以发挥肥料的增产作用。朱先生认为提高中低产区粮食产量，将是未来我们争取社会效益、经济效益和环境效益共赢的重要举措。

（二）微观战术方面的考虑

朱兆良认为，要提高氮肥利用率，降低农田迁移氮对环境的影响，我们需要通过大量宣传纠正或扭转农民偏施、重施氮肥的习惯，推广节氮施肥技术和调整肥料结构。具体可以采用如下做法。

在施肥方法上：确定适宜施氮量，利用深施和"以水带氮"方法，降低氮肥施用后水稻田水中或旱作土壤土表中的铵态氮浓度，以减少氨挥发和地表径流和硝化—反硝化损失。

在施肥时间上：可以采取前氮后移和分次施用的方法，充分利用作物根系对矿质氮的竞争性吸收，降低土壤中矿质氮浓度，以削弱氮素损失的强度，以提高氮肥利用率。

在肥料结构上：调整现有的肥料结构，实行配方平衡施肥，发展多元高效肥，推广专用复合肥，积极推行有机无机肥配套施肥体系。还可以发展缓控释肥技术，添加不同的抑制剂如硝化抑制剂、脲酶抑制剂、水稻田水面分子膜等来降低氮肥损失等。

五、总　结

人类是地球各个生态系统中的一部分，在与各生态系统的联系中，我们需要认清两个事实：一是，人类是唯一能够威胁以至于摧毁自己生存所依赖的环境的生物；二是，人类是唯一的扩展进入了陆地所有生态系统之中的生物，而且，还通过技术的使用来支配它们（人类甚至也能够发展出高度开发海洋生态系统的方法）[①]。

现在各生态系统都程度不同的受到人类行为的影响，当然这些影响也开始逐渐反过来影响人类的生存和发展。这要求科研工作人员在从事科学研究工作时除考虑给人类带来的利益外，还要考虑对环境、对生态带来的负面影响。培根曾把利用科学为人类谋幸福作为自己的理想，我们同样可以说朱兆良在进行科学研究时始终坚持为人类谋幸福，坚持为国家建设贡献自己的力量，在研究工作中坚持追求农学效益和环境效益统一，希望尽可能减少对环境的破坏，达到人与自然和谐相处理想状态。

---

① （英）庞廷（Ponting C.）著. 王毅，张学广译：《绿色世界史：环境与伟大文明的衰落》，上海人民出版社，2002 年：第 19 - 20 页

桑田辨析

王　勇[*]

（湖南大学岳麓书院，湖南　长沙　410082）

摘　要：作为农田形态的桑田最迟在秦代已经出现。《齐民要术》的记载反映出桑粮间作是北朝桑树栽培的普遍做法，而北魏均田令中关于桑田的规定与《齐民要术》中的桑粮间作技术协调一致。北魏均田令中的桑田应该就是采用桑粮间作的农田。北魏规定桑田为世业主要是由于植桑给桑田带来的附加价值，最初并不涉及土地所有权问题。隋唐田令中废弃了桑田的名称，有考虑到南北桑树栽培方式不同的原因，事实上当时北方地区桑粮间作仍然盛行。宋元以后桑田规模缩小，与充分利用农田殖谷及桑树品种的改变有关。

关键词：桑田；均田制；《齐民要术》；桑粮间作

北朝均田法令中关于桑田的规定曾引发学者讨论，其中争议较多的问题主要有两个。一是桑田是否用于种桑及桑树的栽种密度。《魏书·食货志》等所载北魏均田令规定每个男丁可受的 20 亩桑田必须"种桑五十树"，但这 50 棵桑树是种在 20 亩桑田上还是每亩桑田种 50 棵，却表述得不很明确。唐长孺、松田秀一等先生赞同前说，王仲荦、宫崎市定等先生则主后说，并据《通典·田志下》等摘录的唐开元二十五年（737 年）令推测北魏均田令脱落了"每亩"二字，但唐长孺等先生认为《通典》中的"每亩"二字为衍入。[①] 后来李伯重先生试图从农学的角度来解决这个问题，他根据《齐民要术》桑苗成熟后移栽"率十步一树"，判定北魏每亩桑田只能种桑树 2～3 株，而盛唐长江下游地区的专业桑园大约是每亩种桑 50 株，北魏均田令与唐开元田令中的差异是因为华北和长江下游种桑情况不同造成的。[②]

韩昇先生不赞同他的方法，认为由于桑树品种等不同，种桑间距并不固定，所以这并不是一个农艺问题。他进而指出北魏法令与现实是有差距的，在现实中，桑田必须首先用于保证农业生产，并不一定是种桑的田地。[③] 杨际平先生赞同《齐民要术》时代北方每亩约植桑 2.4 株，但认为北魏均田令中的桑田含义比较广泛，不必确指种桑之田。[④] 也就是说，学界关于桑田有不一定用于种桑以及每亩种桑 50 棵，20 亩共种桑 50 亩等三种说法，其中后两种说法实际上也涉及桑田是可以部分用于种桑还是必须全部用于种桑的问题。

二是桑田的土地性质。关于这一问题有公田、私田、国有私有双重性等不同说法，因为北朝均田令中的桑田与隋唐田令中的永业田一脉相承，相关讨论可以参见徐少举、李文益关于永业田性质的研究综述。[⑤] 学界对于桑田的探讨大多依附于对均田制的研究，随着古代土地制度问题讨论的逐渐沉寂，桑田的问题在近一二十年来已经很少有人涉及。由于最近公布的里耶秦简中的一则材料提到了桑田，故笔者拟就这一问题继续做些探讨。

* 【作者简介】王勇，男，湖南武冈人，湖南大学岳麓书院副教授、博士，硕士生导师，主要研究方向为先秦秦汉史

① 唐长孺：《北魏均田制的几个问题》，载《魏晋南北朝史论丛续编》，三联书店，1959 年；（日）松田秀一：《中国律令制期の桑蚕に关する若干问题について》，《史学杂志》第 90 编第 1 号；王仲荦：《魏晋南北朝隋初唐史》，上海人民出版社 1961 年：第 380 页；（日）宫崎市定：《晋武帝の户调式に就て》，《宫崎市定全集》第 7 卷，岩波书店 1992 年

② 李伯重：《略论均田令中的"桑田二十亩"与"课种桑五十棵"》，《历史教学》1984 年第 12 期

③ 韩昇：《论桑田》，《古代中国：传统与变革》，复旦大学出版社 2005 年

④ 杨际平：《唐田令的"户内永业田课植桑五十根以上"——兼谈唐宋间桑园的植桑密度》，《中国农史》1998 年第 3 期；《北朝隋唐均田制新探》，岳麓书社 2003 年：第 35 页

⑤ 徐少举，李文益：《唐代"私田"研究综述》，《中国史研究动态》2011 年第 1 期

一、桑树、桑田与桑粮间作

里耶秦简第 9 层的资料中有一条涉及桑田的简文：

> 卅五年三月庚寅朔丙辰，贰春乡兹爰书：南里寡妇憗自言：谒狼（垦）草田故菜（桑）地百廿步，在故Ⅰ步北，恒以为菜（桑）田。Ⅱ
> 三月丙辰，贰春乡兹敢言之：上。敢言之。/讯手。Ⅲ 9 – 14①

这是秦始皇三十五年（前 212 年）迁陵县贰春乡南里的寡妇憗请求垦田半亩，贰春乡吏兹记录的爰书。简文反映秦代政府登记的田地种类中已经有桑田，尽管这里没有具体谈到桑田的农田形态，但同一条简中存在新垦桑田与旧桑地的对照，说明秦代桑田与桑地的区分是明确的。"田"的含义在秦汉时期较"地"要狭窄。汉刘熙《释名·释地》称："已耕者曰田。田，填也，五稼填满其中也。"许慎《说文解字·田部》："田，陈也。树谷曰田。象四口。十，阡陌之制也。凡田之属皆从田。"中国栽种桑树的历史很早，甲骨卜辞中已经有植桑的记载。秦代迁陵县桑地中的桑树属野桑的可能性不大，应该主要出自人工栽培，而桑地又不同于桑田。据此似可推断，桑地应该是全部用于植桑的土地，而桑田则可能包含有粮谷作物的种植。从古农学的角度进行验证，这种可能性是很大的。

西汉农书《氾胜之书》中有"种桑法"，其内容为："五月取椹著水中，即以手渍之，以水灌洗，取子阴干。治肥田十亩，荒田久不耕者尤善，好耕治之。每亩以黍、椹子各三升合种之。黍、桑当俱生，锄之，桑令稀疏调适。黍熟获之。桑生正与黍高平，因以利镰摩地刈之，曝令燥；后有风调，放火烧之，常逆风起火。桑至春生。一亩食三箔蚕。"引起笔者注意的是，这里提到了桑与黍的合种。每亩用 3 升黍子与 3 升椹子混合播种，黍子和椹子一起发芽出苗，等到黍成熟时，桑苗正好跟黍子一样高，这时平地面将桑苗和黍子一起割下来，第二年春天新的桑苗会从根上发出来。万国鼎先生指出，这种种桑法"就是现在所谓的'截干法'，的确可以使次年苗木的生长迅速旺盛"，而"用黍和桑混合播种，不但可以充分利用土地，多得一季农作物收获的利益，而且可以藉此防止桑苗地里杂草的生长，节省除草的人工。"②由此可见，汉代种桑时是可以同时种植粮食作物的。不过，这里黍子是与椹子同时播种，因为桑树可以存活多年，而种黍需要每年播种，如果只是在桑树播种的第一年多收一季粮谷，其实谈不上桑田与桑地的区别。

《氾胜之书》原书已佚，其"种桑法"是因为附录于《齐民要术》卷五《种桑柘第四十五》而得以保存。将之与《齐民要术》中种植桑树的方法进行对照，可以发现这条"种桑法"可能只是培育桑苗的方法，在这之后，桑苗还需要经过两次移栽才能固定下来。"明年正月，移而栽之，率五尺一根"，两年后"大如臂许，正月中移之，率十步一树"。而之所以要移栽两次，则与桑间要间作粮食作物有直接关联。《齐民要术》中关于种桑还记载有一种截取压条苗来移栽的方法，并指出"截取而种之"时，"住宅上及园畔者，固宜即定；其田中种者，亦如种椹法，先概种二三年，然后更移之"。意思是如果种在房前屋后、园林周围，最好是一次固定；而如果是种在大田里，则必须像通过种椹子培育桑苗一样，先密植两三年再移栽。因此，桑苗需移栽两次其实是与种植的地方有关，如果不是种在大田里，一次固定是更为方便的做法。

为什么种在大田内的桑苗要先密植两三年，《齐民要术》明确指出是"未用耕故"，并解释说："凡栽桑不得者，无他故，正为犁拨耳。是以须概，不用稀；稀通耕犁者，必难慎，率多死矣；且概则长疾。大都种椹，长迟，不如压枝之速。无栽者，乃种椹也。"除了密植有利于生长外，最主要的原因是桑苗小容易发生意外损害，这期间如果在种桑的大田中用犁耕地，难免会对桑苗造成破坏，导致其大量死亡。

---

① 里耶秦简牍校释小组：《新见里耶秦简牍资料选校（二）》，简帛网，2014 年 9 月 3 日，http：//www.bsm.org.cn/show_article.php?id=2069

② 万国鼎：《氾胜之书辑释》，中华书局 1957 年：第 168 页

桑苗种好后是不用耕地的，用犁发土针对的只能是种植粮食作物。因此《齐民要术》所记载的种桑法实际上是一种桑粮间作类型。由于不能使用犁耕，在种植桑苗的大田中种植粮食作物不是很方便，出于节约农田的考虑，才设计了集中对桑苗密植培育两三年再二次移栽的环节。尽管如此，这两三年内桑间的空地还是要利用的。"其下常耰掘种绿豆、小豆。二豆良美，润泽益桑。"耰为大锄，用锄头松地容易掌握分寸，不至于伤到桑苗。而绿豆、小豆等豆类作物也是适合与桑树间作的作物。豆类的根瘤菌有固氮作用，可以提高土壤肥力。豆、桑间作，既能有效利用桑间空地，又能促进桑树生长。

二次移栽后的桑树因为是与粮食作物间作，而有不少需要注意的特殊环节。《齐民要术》指出："率十步一树。阴相接者，则妨禾豆。行欲小掎角，不用正相当。相当者，则妨犁。"桑树定植时十步一树，株距较宽，这是因为桑间要种植禾、豆，如果树冠阴翳相接，有碍日照与通风，则不利于禾、豆生长。桑树的分行布列要采用小掎角，即按品字形布置，直行对正，横行偏斜，从而方便犁田。"凡耕桑田，不用近树。伤桑、破犁，所谓两失。其犁不着处，耰地令起，斫去浮根，以蚕矢粪之。去浮根，不妨楼犁，令树肥茂也。"犁耕桑田不能太靠近桑树，因为犁到桑树的树根，既可能伤害桑树，也可能损坏犁具。犁不到的地方，可以用锄头翻土，并且把土壤浅层的横根掘去，这样既不会妨碍犁田，也有利于桑树根系向深处发展。"又法：岁常绕树一步散芜菁子，收获之后，放猪啖之，其地柔软，有胜耕者。种禾豆，欲得逼树。不失地利，田又调熟。绕树散芜菁者，不劳逼也。"芜菁的根及叶子都能食用，也是猪很爱吃的蔬菜。绕桑树一步远的地方种一圈芜菁，收获后放猪吃芜菁的残根剩茎，由于猪在地里反复践踏，又用嘴拱土，能够使土变得稀烂软熟。种植禾豆，都想要尽量靠近桑树，这样可以充分利用土地面积，又能改良土壤。如果绕树种植芜菁，也就不必要费心逼近桑树了。

《齐民要术》记载有多种树木的栽培方法，并非仅仅关注粮食作物。而在叙述种桑法时，书中提到当时桑树有"田中种者"以及种于"住宅上及园畔者"，所介绍却只是桑粮间作类型的技术要点，尽管可能有这种类型的桑树栽培技术更为复杂的原因，但这种选择，无疑能够反映桑粮间作是当时桑树种植的普遍做法。同时，书中还明确称采用桑粮间作的农田为桑田，所谓"凡耕桑田，不用近树"，而隐含了对桑田与种于"住宅上及园畔者"的区分。

二、北魏均田令及此前文献记载中的桑田

循着桑田可能是桑粮间作的农田这一思路，我们再来考察文献中有关桑田的记载。桑田在甲骨文中可能就已经出现了。《美录》USB116，经李圃先生释读，即记有"王其省桑田，湄日亡𢦔（灾）"。[1] 对于其中的"桑田"，并非完全没有疑问，孟世凯先生便将之释为"噩田"（《合集》28971）。[2] 其他还有几处被认为是桑田的记载，在《甲骨文合集》中也都被释为"噩田"，如《合集》28250、《合集》28341等。商代田猎活动频繁，农业生产的经济地位不见得超过采集捕猎，甲骨文中的"田"也有农耕与狩猎两种含义。尽管我们认为与"噩田"相比，释为"桑田"更可取，但既然甲骨文中的田并非特指农田，这里的桑田与我们要探讨的桑田也就不是同一概念了。

闻一多先生认为卜辞中的桑田为地名，说："古称田猎之地曰田，桑为殷田猎之地，故亦曰桑田。"[3] 传世先秦文献中的桑田主要是地名。《左传·僖公二年》"虢公败戎于桑田"，杜注"桑田，虢地，在弘农陕县东北"；《左传·成公十年》："晋侯梦大厉……公觉，召桑田巫，巫言如梦"，杜注"桑田，晋邑"，这些地名可能在春秋以前很早就定名了，而与当时的农作形态无关。《诗经·鄘风·定之方中》"命彼倌人，星言夙驾，说于桑田"是例外，[4] 但这里的桑田是指特定形态的田地，还是指"桑"与"田"两样事情，就诗文本身很难判断。东汉郑玄笺："说于桑田，教民稼穑，务农急也。"稼穑主要用于指粮谷种

---

① 李圃：《甲骨文选读》，华东师范大学出版社1981年：第71页

② 胡厚宣主编：《甲骨文合集释文》（二），中国社会科学出版社1999年

③ 闻一多：《古典新义·释桑》，《闻一多全集》（二），三联书店1982年：第568页

④ 闻一多认为这里的桑田也是地名，而且与甲骨卜辞中提到的桑田是同一个地方。"《诗》之桑一称桑田，既与卜辞密合，而卫复为殷故地，然则卜辞之桑田即《诗》之桑田，的矣。"见闻一多《古典新义·释桑》，《闻一多全集》（二），第569页

植，《诗经·魏风·伐檀》"不稼不穑，胡取禾三百廛兮？"毛传"种之曰稼，敛之曰穑"，《史记·货殖列传》说"好稼穑，殖五谷"。可见郑玄是将这里的桑田理解为一词且认为桑田主要种植粮谷的。郑玄是东汉人，他的笺注不一定是《诗经》本义，但反映了在他生活的时代应该存在种植粮谷作物的桑田。

秦简中提到桑田，简文在前面已经引述。材料中的桑田肯定是一种农田形态，而非桑地、农田二者的合称，而且反映出桑田不等于桑地。汉简中也提到桑田。江苏扬州仪征胥浦汉墓的时代在西汉晚期，墓中所出《先令券书》记载墓主朱凌曾将"稻田一处、桑田二处"分给女儿弱君，"波（陂）田一处"分给女儿仙君，后来两女将田还给朱凌，由她再全部分给儿子公文，合计"稻田二处、桑田二处"。① 可见这里的陂田即稻田，而桑田是与稻田相区分的农田形态。桑是无法与稻实现间作的，稻是喜水作物，稻田是水田，而桑树无法在水田中存活。《广蚕桑说辑补》卷上《桑地说》称："桑地宜高平而不宜低湿。低湿之地，积潦伤根，万无活理。"因此桑田只能是旱田，在南方不会很普及。这里桑田虽然与稻田并列，但是否肯定间种粮谷，就材料本身却不好判断。

《三国志·魏书·曹爽传》记载："晏等专政，共分割洛阳、野王典农部桑田数百顷。"典农是曹魏管理民屯的官员，这条材料反映了曹魏民屯系统中有不少桑田。曹魏创办屯田主要是为了解决军粮缺乏的问题，据《三国志·魏书·任峻传》注引《魏武故事》，屯田的剥削方法原本打算"计牛输谷"，并且"佃科以定"，已经制定好了相关的法令，只是由于任峻"反复来说"，才改为按成收租，期间根本没有考虑植桑的问题。当然，在军粮问题不那么迫切后，让屯田民植桑肯定也会提上议程，但是洛阳、野王典农部有这么大面积的专业桑园还是很难想象的，这里的桑田以间种粮谷的可能性更高。

由此可见，桑田并非北魏政府的首创。尽管先秦时期所谓的"桑田"或者含义模糊，或者与农业无关，但至少秦汉以来已经存在农田形态意义上的桑田。只是相关记载非常简单，在提到桑田的概念之外，没有提供更多相关联的信息，虽然能隐约感到桑田应该是桑粮间作的农田，却无法进行可靠的论证。但在农田中植桑的情况却是肯定存在的，除了上引郑玄注外，东汉应劭《风俗通义·怪神》记载："汝南南顿张助于田中种禾，见李核，意欲持去，顾见空桑中有土，因殖种，以余浆溉灌"，后来有人看见桑树中长出李树，觉得神异，将这株李树视为"李君神"。张助在种禾时捡到李核，本来想将它带走，回头看见桑树的空心中有土就顺手种了下去，显然这里的桑树是在田中。

桑田是北魏均田制中很重要的内容。据《魏书·食货志》，太和九年（485 年）颁布的均田令中规定："诸初受田者，男夫一人给田二十亩，课莳余，种桑五十树，枣五株，榆三根。非桑之土，夫给一亩，依法课莳榆、枣。奴各依良。限三年种毕，不毕，夺其不毕之地。于桑榆地分杂莳余果及多种桑榆者不禁。"在分析这段材料前，有必要先就桑田是要求总共还是每亩种 50 棵桑树做个说明。如前所述，这是个争论了很久的问题，其中每亩种桑 50 棵的主要依据来自《通典·田制下》记载："诸永业田……每亩课种桑五十根以上，榆枣各十根以上，三年种毕。"但是《唐律疏议·户婚律》曰："依田令，户内永业田，课植桑五十根以上，榆枣各十根以上。土地不宜者，任依乡法。"并没有每亩二字。《唐律疏议》做为唐代最重要的法律文献，相较梳理历代典章制度的《通典》，对于律令的记载自然更为可信，故而我们赞同《通典》中"每亩"为衍文的意见。而且宁波天一阁发现的《天圣令》附录的唐《开元二十五年·田令》规定："诸每年课时种桑枣树木，以五等分户，第一等一百根，第二等八十根，第三等六十根，第四等四十根，第五等二十根。各以桑枣杂木相半。乡土不宜者，任以所宜树充。"中等户六十根的规定，与总共植桑五十根，再加少量榆、枣树，是相一致的，也能够印证《唐律疏议·户婚律》的记载。

按照 20 亩桑田种桑 50 棵的标准，再来看《齐民要术》的记载。《齐民要术》记载的桑粮间作法中，桑树经过两次移栽固定下来后的间距是"十步一树"。我国古代田亩在秦汉以后以二百四十步为亩，即宽 1 步，长 240 步，为 1 亩，每亩面积为 240 平方步。"十步一树"相当于每 100 平方步种树 1 棵。这样，1 亩地平均种 2.4 棵，20 亩地能种 48 棵。均田令的要求很显然跟当时的桑粮间作技术是相一致的。李伯重先生已经指出过这点，但有学者不以为然，可能与他只是引用了"十步一树"而没有详细介绍书中的桑粮间作技术有关。②

当然，这一数字并不是绝对的。现实生产中第一排桑树应该会尽量靠近农田边缘，不会与田的边界

---

① 李均明、何双全编：《散见简牍合辑》，文物出版社，1990 年：第 106 页

② 李伯重：《略论均田令中的"桑田二十亩"与"课种桑五十棵"》，《历史教学》1984 年第 12 期

之间留下十步的一半，即五步的空隙，桑树之间的间距会根据农田的具体形状与大小进行调整，密度也不一定要达到十步，所以法令规定"多种桑榆者不禁"。在此之前，宫崎市定先生认为20亩地种50多棵树过于稀疏，而推测均田令"课莳余，种桑五十树"间脱落"每亩"二字，且"课莳"之后接"余"不妥，故"莳余"二字为衍文。[①] 如果考虑到实行的是桑粮间作，那么按上面的计算，20亩桑田种50棵树是完全正常的。除了植桑，桑田还要种禾谷等其他作物，这里"课莳余"的意义也就很清楚了，而且"余"还表明桑田可能更偏重于粮谷种植一面。对于"限三年种毕"，也有学者提出疑问，认为三年种树50棵是过于简单的事情，这条规定形同虚设。但在《齐民要术》中，从种椹子开始，第二年进行第一次移栽，越两年进行第二次移栽，到固定下来正好需要三年。可见这一规定也是有农学上的背景的，目的在于桑田分配下来后，就要开始考虑植桑的事。当然，如果直接移栽较大的桑苗，当年就把桑树固定下来也是可以的。

北魏均田令中关于桑田的规定与《齐民要术》中的桑粮间作技术如此协调，反映均田令中的桑田应该就是采用桑粮间作的农田，而非徒有桑的名义却不一定是种桑之地；或者只是部分专门种桑，其余部分可以另作它用。桑树是多年生植物，因此桑田都有自己的附加价值，自然也就不能同其他农田一样还受。

北魏均田令规定："诸桑田不在还受之限，但通入倍田分。于分虽盈，不得以充露田之数，不足者以露田充倍"；"诸桑田皆为世业，身终不还，恒从见口。有盈者无受无还，不足者受种如法。盈者得卖其盈，不足者得买所不足。不得卖其分，亦不得买过所足"。桑田在死后不用归还政府重新分配，而是直接由后代继承，但是其后代的受田并不会因此增加，因为这部分农田是要计入倍田分的，那么所继承的其实就是桑田上的桑树。因此，桑田为世业，首先应该是因为所种的作物，而不一定涉及土地所有权的问题。北魏均田令规定："诸麻布之土，男夫及课，别给麻田十亩，妇人五亩，奴婢依良。皆从还受之法。"麻田是在"非桑之土"做为桑田的替代品而出现的，其性质应该跟桑田一致，却规定要还受，这也说明桑田为世业最初确实是因为植桑的原因。北魏均田令又规定："诸应还之田，不得种桑榆枣果，种者以违令论，地入还分。"露田种桑树属于违令，其处置是仍应还受，而这部分农田本来就是应还的，表面上等于没有受到处罚，那么这里违令者的损失只可能是所植树的价值，体现了桑田具有的附加价值。桑田可以"卖其盈""买所不足"，买卖的可能就是这种附加价值，而不是因为桑田本身具有不同于露田的私有属性。

三、桑田流变

均田制在隋唐得到继承，但是在隋唐的田令中已经没有桑田的名称。其演变过程，首先是取消了桑田与麻田的区别。《隋书·食货志》载北齐清河三年令："每丁给永业二十亩，为桑田……土不宜桑者，给麻田，如桑田法。"[②] 接着将桑田与麻田统称为永业田。《隋书·食货志》载隋朝规定："丁男、中男永业、露田，皆遵后齐之制。"唐代田令继承了这点，规定永业田要"课植桑五十根以上，榆枣各十根以上"。田令的这种改变，也可以从古农学角度做些说明。

北齐均田令中桑田、麻田均为世业，可是田地的名称还是桑田与麻田，正式在田令中去掉桑田名称，改称永业田是从隋朝开始的。与北魏、北齐不同，隋唐由于国家统一，其田令必须面对全国范围，而不仅仅是北方地区。如前所述，南方地区的水田是无法进行桑粮间作的，在以稻米为主食的情况下，即便有部分旱田，应该也很少会采用桑粮间作的形式。尽管秦汉简牍中有南方桑田的记载，但一般情况下，南方桑地与农田是不相混的。东汉王褒《僮约》："植种桃李，梨柿柘桑，三丈一树，八赤（尺）为行，果类相从，纵横相当。"这是我国专业桑园的最早记载，反映的是当时南方蜀地种桑的情况。南宋陈旉《农书》是现存最早反映南方农事的专著，其《种桑之法篇》记载："先行列作穴，每相距二丈许，穴广

---

① （日）宫崎市定：《晋武帝の户调式に就て》，《宫崎市定全集》第7卷，岩波书店1992年

② 桑田、麻田基于地域的区分，但在北魏均田制中土地权利不一，这是不合理的。虽然不涉及土地所有权，但是由于生产、生活习惯以及农田改良等原因，人们仍会倾向于耕种原有农田

各七尺……然后于穴中央植一株，下土平填紧筑。"这里种植的是树桑，株距行距二丈，每亩植树 15 棵，密度是《齐民要术》桑粮间作的 6 ~ 7 倍。清初张履祥《补农书》卷下称：桐乡"田地相匹，蚕丝利厚……地之利为博，多种田不如多治地"，"田极熟，米每亩三石，春花一石有半，然间有之，大约共三石为常耳；地得叶，盛者一亩可养蚕十数筐，少亦四五筐，最下二三筐"，桑地、农田分别植桑、种粮，在这里属于竞争土地的对象。

隋唐永业田与北魏桑田一样要求植桑 50 根以上，却废弃了桑田的名称，可能就是因为南方桑树是植于地上而非田中。政府只能要求每户植桑数量达到标准，能够提供户调，至于栽种方式，只能因地制宜。再保留桑田的名称，就会名不副实。前引有关唐代永业田种桑的文献记载，只是在我们认为可能存在错误的《通典·田制下》中仍然保留有"三年种毕"的要求，《唐律·户婚律》与后发现的《开元二十五年·田令》中都不再有相关规定。如前所述，桑田"三年种毕"与《齐民要术》所载桑粮间作技术有关，那么它的废弃，也能反映桑粮间作已经不是一致的做法。需要补充的是，永业田成为正式名称时隋朝还没有灭陈，但北周早已占有巴蜀、江陵等长江上中游地区。相应地，据《通典·食货二》记载，北周均田令是一揽子规定"有室者田百四十亩，丁者田百亩"，也已经不再区分桑田等细目。从敦煌户籍看，唐代均田在应受田数不足时，农田首先是作为永业田登记，只是在授足永业田之后还有剩余时，剩余的农田才作为口分田登记，如果受田额不足永业田的定额，则全部登记为永业田。这种统一的形式，说明农田因还受或继承而进行登记时，可以根据家庭人口情况调整户内永业田与口分田的界线，两者并没有实质性的区分。

以上是田令中桑田的演变情况，再来看看农业生产活动中的桑田。在北方农业生产中，隋唐时期尽管田令中不区分桑田，永业田是否采用桑粮间作并没有统一的要求，但桑粮间作的桑田仍然流行。《全唐文》卷六三八李翱《平赋书》称："其田间树之以桑，凡树桑人一日之所休者谓之功。桑太寡则乏于帛，太多则暴于田，是故十亩之田，植桑五功"，百里之州"余田三十四亿五万有六千亩，麦之田大计三分当其一，其土卑，不可以植桑，余田二十三亿有四千亩，树桑凡一百一十五万有二千功"。李翱生活在唐中期，《平赋书》的记载说明当时禾田种桑相当普遍。韩愈《过南阳》有"桑下麦青青"，司空曙《田家》有"麦高桑柘低"，储光羲《次行田家澳粮作》有"桑间禾黍气"，这些唐诗都反映了当时桑粮间作的情形。

桑粮间作在唐代甚至还有一定强制性。《全唐文》卷六十宪宗《劝种桑诏》："诸道州府有田户无桑处，每检一亩，令种桑两根，勒县令专勾当。"宪宗时均田制已经废除，这里要求每亩种桑两根，应是参照唐初田令永业田的种桑标准。宋代桑税南北征收方式不同，南方以桑地计税，北方以桑功计算。吴树国指出："这与不同地区的桑树种植方式有关。由于唐中期北方旱作地区在桑树种植上实行的是桑粮间作，所以到宋初保留了桑功计税的征税方式；而南方水乡地区在桑树种植上以专业桑园为主，因此桑税按桑地面积计亩征收。"[①]

宋代以来直至现代，桑粮间作在北方地区始终存在。元人张光大《救荒活民类要》中的《区田之法》记载有"园里栽桑种区田"的办法，黑城出土元代提调农桑文卷更明确提到"两夹桑种蜀黍"。[②]清人戴亨《南陵》诗有"十亩桑田耕夜月，清光端为白云留"句。但是桑粮间作的规模已经明显缩减。《通制条格》卷十六《田令·农桑》载元代司农司颁布的"农桑之制"规定："每丁周岁须要创栽桑枣二十株，或附宅栽种地桑二十株，早供蚁蚕食用。"桑树种植不见强调植于田间，而强调附在宅旁。《救荒活民类要》与出土提调农桑文卷中的桑粮间作也都是与区种这一特殊农法联系在一起。

事实上，桑粮间作有利有弊。尽管有不少古代农学家提倡这一做法，但《汉书·食货志》早就说过"田中不得有树，用妨五谷"，《全唐文》卷九百二薛季连《对田中有树判》也指责"乙则匪人，其何妄作！将有树于田亩，诚害稼而伤农"。元初司农司编纂的《农桑辑要》卷三《栽桑》提到当时对桑粮间作的认识，说："桑间可种田禾，与桑有宜与不宜：如种谷，必揭得地脉亢干，至秋桑叶先黄，到明年桑叶涩薄，十减二三，又招天水牛，生蠹根吮皮等虫。若种蜀黍，其梢叶与桑等，如此丛杂，桑亦不茂。如种绿豆、黑豆、芝麻、瓜、芋，其桑郁茂，明年叶增二三分。种黍亦可。农家有云：'桑发黍，黍发桑'。

---

① 吴树国：《宋代桑税考论》，《史学月刊》2006 年第 11 期
② 徐悦：《黑城所出 F116W115 号提调农桑文书的考释》，《宁夏社会科学》2007 年第 4 期

此大概也。"这里虽然指出"桑间可种田禾",但同时强调了桑树与间作作物的利害关系,种谷(粟)、蜀黍对桑有碍,种豆、瓜等对桑有利,种黍的后果则居于两者之间。历史上,北方种植的粮食作物以麦、粟为主。前引李翱《平赋书》已经指出麦田土卑"不可以植桑",《农桑辑要》的记载又表明种粟的农田植桑虽然可以桑、谷两收,但桑、粟两者之间又多少是有妨碍的,李翱也说禾田种桑"桑太寡则乏于帛,太多则暴于田",两者间作并不具有绝对的优越性。现代试验同样证实桑粮间作的影响有相互促进与相互妨碍两个方面。

桑田盛行于北朝隋唐,与北魏均田制下课令农田植桑不能说没有关系,但当时田令的规定理应基于农业生产的实际,是现实生活中桑粮间作非常普遍的反映。甚至可能正是由于桑粮间作普遍,而桑田又具有附加价值,不能像普通农田一样还受,才迫使北魏政府在制订均田令时必须做出露田与桑田的区分。由于桑粮间作有利有弊,并不具有绝对的优势,其采用与否都是可以理解的,但桑粮间作为何独独在中古时期流行,也该有其原因。秦汉以前桑田不流行很好解释,因为传统农业的间作套种技术在秦汉时期才出现,当时人们间作的意识尚不强,桑粮间作自然不可能普遍。而宋元以后桑田又变得不再流行,一方面可能与要充分利用农田殖谷来满足增长的粮食需求有关。《孟子·梁惠王上》说:"五亩之宅,树之以桑,五十者可以衣帛矣。"桑田能够以种植粮食作物为主,但屋宅周围、田边地头、河川道旁、山坡丘陵都能植桑,用农田种桑毕竟不是很经济的做法。至于另一方面,则应该与桑树品种的改变有关。

中国古代的桑树品种大致可分为树桑与地桑两种,前者树形高大,后者树形低矮。北朝隋唐种植的主要是树桑。《齐民要术》卷五《种桑柘第四十五》记载:"春采者,必须长梯高机,数人一树,还条复枝,务令净尽",并解释说"梯不长,高枝折;人不多,上下劳"。唐代刘驾《桑妇》"一春常在树,自觉身如鸟",贯休《偶作》"未晓上桑树,下树畏蚕饥,儿啼也不顾",欧阳詹《汝川行》"汝坟春女蚕忙月,朝起采桑日西没。轻绡裙露红罗袜,半踏金梯倚枝歇。"描述了当时采桑者踏梯上树采桑的情形。中古时代盛行的桑田属于林粮间作类型。桑树树冠高大,年生长周期长,占据地面上层空间,粮食作物相对矮小,可利用近地面空间,从而提高光能的利用率。桑树根系较深,可以利用土壤深层的矿质营养与水分,而粮食作物则利用土壤浅层营养与水分,从而提高对土地的利用率。在风害比较严重或半干旱农作区,在农田中合理栽种桑树还可以兼收防风保土的效果。

地桑出现较晚,尽管《齐民要术·种桑柘》提到"今世有荆桑、地桑之名",但农史专家刘兴林先生认为"当时所谓地桑可能不过是树干稍低于高干桑的树种"。[①]韩鄂《四时纂要》卷一《正月》记载:"移桑……每年及时科斫,以绳系石坠四向枝令婆娑,中心亦屈却,勿令直上难采。"这样做的目的是要使树形变矮小,从而方便采摘。韩鄂是唐末人,如果当时已经知道培育地桑,就不必要用这种人工的方法来改变树形了。直到成书于元初的《农桑辑要》卷三《栽桑》"地桑"条方引录了《务本新书》《士农必用》《韩氏直说》中记载的地桑培育与栽培方法。《农桑辑要》引录《农书》以成书年代为序,《务本新书》等列于南宋理宗时人陈元靓辑录的《岁时广记》之后,上述三书都是元灭金后北方人的著作。[②]这反映地桑培育技术的成熟应该出现在金元之际前不久,而且在出现后很快引起农学家普遍重视。地桑与树桑相比,具有叶形较大,叶质鲜嫩,采摘省工省时,次年即可采叶饲蚕等优点。但植株矮小,与粮食作物对地面空间与土壤层面的利用相重合,较难体现间作优势。此后桑园栽种的一般都是地桑,元明清时期其种植密度在每亩200株左右,属于专业桑园而非桑田,树桑一般只种于墙角隙地、路旁田畔。

---

① 刘兴林:《关于〈氾胜之书〉"种桑法"的释读》,《中国农史》2007年第4期
② 缪启愉:《元刻〈农桑辑要〉的优越——代序》,《元刻农桑辑要校释》,农业出版社1988年

中国古代广种糯稻的原因探析

王宇丰[*]

（华南农业大学社会学系，广东 广州 510642）

摘 要：糯稻栽培是两大功能需求驱动的结果。糯米及其制品本身具有许多优异的理化性质，进而又被传统民俗赋予了丰富而独特的文化意义，因此能够提供多重具体用途，满足古人多方面的需要。在该过程中，某些国家政策的干预更促进了糯稻的扩种。探究古代中国广泛种植糯稻的原因，是阐释整个亚洲糯稻栽培圈形成的重点，也有助于理解近世中国糯稻栽培的衰微。

关键词：糯稻栽培；功用；需求；原因探析

古代亚洲曾存在过一个范围广阔的"糯稻栽培圈"[①]。它西起印度阿萨姆，东达日本九州，涵盖印支半岛的缅甸、泰国和老挝，再从西南向东北横跨我国的滇桂黔、长江流域、黄河流域，并延伸至朝鲜半岛。面积远较现今零散残存于我国西南和东南亚的糯稻种植区为大。游修龄先生指出，"秫"（即糯稻）字首见于甲骨文，[②]《诗经》及当时的其他古籍中所载的"稻"词专指糯稻。[③]秦汉以后黄河流域和长江流域非糯稻种的比重逐渐上升，但糯稻的栽培面积仍很大，糯稻的品种仍很多。[④]在百越地区，具体地说是宋代以前的华南和明清以前的西南，山区稻作以糯稻为主。[⑤]日本从弥生时代引进稻作后栽培的稻种应是糯稻。[⑥]在泰国、老挝和缅甸，糯稻的栽培历史很悠久，在10世纪前一直是占优势的稻种。[⑦]

糯性由隐性基因控制，自然界的野生稻中并未发现糯性变种，先民为何要不断人工选育从而定向驯化出糯稻？糯稻的单产明显比非糯的籼稻或粳稻低，且生长期更长，古人为何还要大规模推广种植？欲全面解释清楚，须从内在的糯稻糯米性质与外在的社会文化环境两方面同时进行分析。以下主要根据历史文献资料，辅以民族地区的田野资料，试图挖掘并梳理我国古代广种糯稻背后的各种因素。

一、糯米制品的自身功用

糯稻的生物性状和糯米的理化性质构成了其功能的基础。特定性质或性状一旦被人们发现和认识，就会直接引发相应的功能需要。这类性质与功能之间的联系是客观的和固定的，而非人类主观规定或随意选择的结果。

（一）食品

稻作起源于导向粮食作物的野生稻驯化，稻米最原初也是最重要的功用就是充饥。作为栽培稻变种

---

* 【作者简介】王宇丰（1973— ），男，华南农业大学社会学系讲师，从事少数民族文化和农业文化遗产、农村社会调查研究

① 日本学者渡部忠世首先于1967年使用"糯稻栽培圈"术语，我国学者游修龄于1995年进一步提出了"糯稻文化圈（区）"概念

② 游修龄：《中国稻作史》，中国农业出版社，1995年：第55页

③ 游修龄，曾雄生：《中国稻作文化史》，上海人民出版社，2010年：第416页。日本学者中尾佐助持相同观点

④ 游修龄：《中国稻作史》，中国农业出版社，1995年：第262页

⑤ 宋代引进推广的占城稻首先对我国东南沿海地区的粮作格局有重大影响；明清的改土归流和屯田设堡促进了西南民族地区的"糯改籼"

⑥ （日）上山春平，佐佐木高明，中尾佐助：《照叶树林文化（续）——东亚文化的源流》，中央公论社，1976年。但该观点仍有争议，如渡部忠世认为弥生时代传入日本的稻种既有糯稻也有粘稻

⑦ （日）渡部忠世：《稻米之路》，尹绍亭等译，云南人民出版社，1982年：第86页

的糯稻也不例外，糯稻米的主要化学成分仍是淀粉。与含有8%~37%直链淀粉的普通稻米不同，糯米几乎全由支链淀粉构成（直链淀粉含量<2%），[①] 这使得吃糯米饭更有饱感，喝糯米酒更觉香醇。在食味品质上，蒸煮后米饭香糯黏软并带光泽。另外，糯米饭不易硬不易馊的特点也很早就受到古人的青睐。

先秦时期，糯米可能是中国稻作区的主粮，[②] 春秋吴越人就以糯米为主食。针对包括我国云南、广西、海南在内的许多地区嗜食糯米饭的现象，一种解释是中国的百越自秦汉后陆续向西南方向迁徙，将主食糯米的习惯保留下来，流传到中国西南和东南亚的新居地。[③] 另一种意见认为，印度支那半岛的土著一直都执着于取食木薯、芋头等"黏性食物"，并很早就完成了从薯类到薏仁米再到糯米的主粮变迁过程，东南亚的古代居民早已是吃糯米的。[④] 若以糯米为主食，糯稻必为当地种植规模最大的粮食作物。

熟糯米饭的黏性和抗老化性决定了其具有远超粘米的优越加工性能，可以制作出品种繁多的副食点心。南宋杭州见于记载的糯米小吃有几十种，今天苏州的糕点老师傅会做的各式糯米点心竟有千种之多，[⑤] 加上曾出现在各地业已失传的品种和少数民族地区仍然保留的品种，可谓数量惊人。所以说，糯米为中华饮食文化的丰富多彩做出了卓越贡献。

此外，糯米可制"糒"，泡水可食，经久不坏，古代用作行军兵粮或百姓干粮。糯稻草比较细韧，适于编草鞋、搓草绳等。

（二）饮料

淀粉酶作用于直链淀粉时糖化比较彻底，产物为容易进一步酒化的葡萄糖和麦芽糖；而大部分淀粉酶（γ-淀粉酶除外）在分解支链淀粉时，会附带产生较多的糊精及低聚糖。这就使得用糯米酿酒更甜蜜醇厚，比粘米酒的品质更高，还具有一定的滋补功效。

文献中可一窥先秦酿造粮食酒的原料，《诗经·丰年》："多黍多稌……为酒为醴。"《礼记·内则》："饮，重醴，稻醴清糟，黍醴清糟，粱醴清糟。"（陈澔《礼记集说》："醴者，稻、黍、粱三者各为之。"）凌纯声认为醴是中国最古的谷酒[⑥]，商周时稌（糯稻）、黍、粱皆为酿酒原料。早期的糯米主要用于酿醴（甜米酒）[⑦]，而不用于另两种谷酒[⑧]。在醴之后，黄酒继而成为糯米酒的大宗，是种植糯稻的主要目的之一。

（三）药物

关于糯米，《本草纲目》："暖脾胃，止虚寒泄痢，缩小便，收自汗，发痘疮。"《本草纲目拾遗》："止消渴"。尤其是黑（紫）糯米营养丰富，民间多用作治疗体虚的补品，所酿甜酒亦有相同功效。关于糯稻根，中医认为能养阴、止汗、健胃。

一些医书还提及"秫米"，如口华了《诸家本草》："秫米，主治犬咬冻疮。"陶弘景《名医别录》："秫米……唯嚼以涂漆疮及酿诸药醪。"此处的秫米到底是糯粟还是糯稻？在今日台湾高山族的医疗实践中两者皆有采用。[⑨]

（四）黏合剂

全支链淀粉的糯米熟后获得良好的黏性，在缺少化学合成黏合剂的古代是用途广泛的黏结固化材料，

---

① 谭协和：《稻米品质的遗传与育种》，贵州人民出版社，1987年：第13页
② 游修龄：《中国稻作史》，中国农业出版社，1995年：第262页
③ 游修龄、曾雄生：《中国稻作文化史》，上海人民出版社，2010年：第417页
④ （日）渡部忠世：《稻米之路》，尹绍亭等译，云南人民出版社，1982年：第87页。也许两种情况都存在，即东南亚的土著和后来移民恰巧都独立地选择了糯食
⑤ 游修龄、曾雄生：《中国稻作文化史》，上海人民出版社，2010年：第419、404页
⑥ 凌纯声：《中国酒之起源》，原载"中央研究院"《历史语言研究所集刊》第29本，1958年
⑦ 游修龄、曾雄生：《中国稻作文化史》，上海人民出版社，2010年：第421页
⑧ 秫饭酿醪，黑黍酿鬯。但也有认为醴醪仅为是否去滓之分
⑨ 凌纯声：《中国酒之起源》，原载"中央研究院"《历史语言研究所集刊》第29本，1958年

从家庭日用到大型工程，都发挥了难以替代的重要作用。家家户户使用糯米浆糊来糊纸窗、粘布鞋、浆衣服①；糯米浆糊也被用来装裱书画作品；糯米还成为优良的建筑材料，古人利用糯米强大的黏合性能来做砖或配灰浆，用于铺地板、砌城墙、修水利、筑坟墓、建宝塔。②做砖铺地板全用糯米，砌墙修墓时糯米则作为灰浆的主要配料。据称糯米灰浆不迟于南北朝出现，具有强度高、韧性好、防渗性能优越等众多优点，是世界上最早被规模化使用的有机—无机混合建筑灰浆。③近现代的东南沿海仍在使用糯米灰浆，著名的客家围楼和开平碉楼就是实例。闽粤传统建筑上的灰塑也要用到糯米粉，至今沿用。以上无论哪一项，都需要耗费大量的糯米。

糯米浆糊的使用应有地域性，以书画的裱糊为例来讨论。周嘉胄《装潢志》："将白面逐旋轻轻糁上。"④ 周二学《赏延素心录》："以洁白飞面入水。"⑤ 结合今天在用的传统裱糊配方来看，面粉（麦子粉）似乎才是华北及江淮等麦作区主流的浆糊原料。

二、民间风俗的要求

风俗习惯属于非正式制度，虽然多是不成文的规定，但却对整个族群产生很强的约束力。一个族群或区域会对各类物品分别赋予意义，规定特定的物品拥有特定的文化价值，结果该物品就会成为指代某方面的象征符号。此时，物品与象征意义间的联系是主观建构起来的，不同文化赋予同一物品的意义可能相异，也可选定不同物品来承载同一意义，并不存在类似黏性与黏合剂之间的必然关联。不过一旦约定俗成，物品与意义间的联系就牢固不易。稻作民族的民俗建立了糯米与祀奉、尊敬、感恩之间的固定联系，从而人为制造了对糯米的制度性需要，糯米制品因此成为隆重仪式和关键节点上不可替代的必备品。

（一）祭品

糯米饭和糯米酒皆为祭神习俗沿袭下来的食物和饮料。⑥《山海经·南山经》："其祠之礼……糈用稌米。"《离骚》："巫咸将夕降兮，怀椒糈而要之。"（王逸《楚辞章句》："糈，精米，所以享神也。"郭璞亦注："糈，祭神之米名。"）即指定用精选的糯米祭神。《诗经·丰年》："丰年多黍多稌……为酒为醴，烝畀祖妣。以洽百礼，降福孔皆。"（孔颖达疏："为神所祐，致丰积如此……以之为醴，而进与先祖先妣。"）即用糯米酿甜酒祭献祖先。远古时代，先民已选定糯米来通神。

节日的起源与信仰仪式紧密相关，节庆食品的前身其实是神圣的祭品。汉族传统节日尚留有糯米制品的身影，只是在花色品种上有差异。如：春节吃年糕⑦，元宵节吃汤圆，清明节吃青团（清明饼），端午节吃粽子，中秋节吃月饼⑧，重阳节吃花糕，冬至节吃冬至团等。汉族的节庆食品现几乎与原初意涵脱节，从远古的神独享食物经人神共享阶段过渡而演化为今天的人独享，但在今天南方许多少数民族的节俗中还可见到糯米制品与祭祀之间的清晰联系，同时严禁使用粘米拜祭⑨。众多稻作民族都指定糯米制品

---

① 侗族的传统染布工艺还要用到糯稻草灰和糯米酒。参见王宇丰：《论黔东南侗乡稻作文化遗产的文化结构及其价值功能》，《古今农业》2013 年第 3 期
② 游修龄，曾雄生：《中国稻作文化史》，上海人民出版社，2010 年：第 426、427 页
③ 杨富巍，张秉坚等：《糯米灰浆——中国古代建筑技术的重要发明之一》，原载《全国第十届考古与文物保护化学学术研讨会论文集》，2008 年。宋人对糯米灰浆性能的描述有记载，江修复《邻几杂志》："其坚如石"
④ ［明］周嘉胄：《装潢志·治糊》
⑤ ［清］周二学：《赏延素心录·糊法》
⑥ 游修龄，曾雄生：《中国稻作文化史》，上海人民出版社，2010 年：第 421 页
⑦ "年"字是人负糯禾的形象，原指庆丰节日；年糕原为敬神祭祖的食品，祭毕由参祭者分食。参见游修龄，曾雄生：《中国稻作文化史》，上海人民出版社，2010 年：第 404、420、421 页
⑧ 今日我国的月饼原料已变为面粉，但在日韩的中秋食品中还可见到古貌，朝鲜韩国的"松片"和日本的"月见团子"均由糯米制成。一般来讲，北方的节庆食品变化较大，南方的更接近古代传统。如：过年，北方吃饺子（面食），江南吃年糕，华南吃煎堆，均为糯米制品；冬至，北方吃馄饨（面食），南方吃糯米粉做的冬至团
⑨ 如云南元阳瑶族节日：盘王节做糯米粑粑和七彩糯米饭祭始祖，元宵节蒸糯米饭祭神和招魂，麻雀节蒸糯米饭或包粽子祭麻雀，端午节煮粽子祭谷娘，目连节包粽子祭祖先等。壮侗语族诸族的节俗则表现更为明显

用于祭祀。

古人信仰灵魂不灭，推己及神，用食物供养取悦神灵。但除了牺牲之外，古人为何在众多谷物中独独选取了糯米？从《诗经》《离骚》中记载的各式祭品中，可以看出几类主要特性。一是富有生机活力，如：公羊、公牛、春韭、新鲜瓜菜；二是富有香气浓味，如：甜醴、郁鬯、香草、牛脂；三是稀缺的珍品，如：玉、帛；四是洁净的佳品，如：白蒿、纯毛色的牺牲。[①] 糯米的性质至少符合前两项：比起非糯性的稻米，糯米饭更耐饥、更滋养、黏性大、不易变硬变馊，这些优良特性都可令人感受到糯米的不凡力量和神性。正因如此，许多民族都相信糯米中所寓寄的"谷魂"要比粘米多。[②] 魂其实是稻谷生命本原和繁殖力的化身，魂在则谷生，魂多则产丰。人们通过祭祀仪式供养和酬谢谷魂，激发和传布生命活力，以求得丰收和福报。再者，不少糯稻品种属于香禾，具有"一家蒸饭全寨香"的效应，易于为神所感应。同理，糯米酿出的甜醴味道醇厚浓郁，也利于人神沟通。综上，先民选定糯米供奉神灵并非随意为之，而有其必然的逻辑。自古以来看重糯性的观念导致了定向选育行为，有别于原产地美洲玉米的糯玉米首先在中国云南出现应非偶然。[③]

（二）礼品

为了显示对客人的尊重和对亲友的情谊，需要礼物来承载和传递相关的信息。主人借助珍贵的物品表示敬重，情人借助适当的信物象征情意。《论语·阳货》："食乎稻，衣乎锦，于汝为安乎！"表明在孔子年代稻是适宜作厚礼的珍贵食物，稻梁常并称是因为同属细粮。透过少数民族的传统习俗可以看清糯米在古代社会交往中扮演的重要角色。侗家人认定糯米在所有食物中是最营养、最香、最珍贵和最上等的，故而糯米饭和糯米酒成了招待客人的必备，糯米糍粑成了馈赠亲友的首选。在诞生、成年、婚姻、祝寿、丧葬等人生礼仪上得到了频繁应用，在上梁、乔迁、撒秧、吃新、赶坳、吃相思等活动场合也必不可少。[④] 除了平衡村寨间或年份间的丰歉，认为各家稻米的谷魂各不相同的观念也助长了糯米的交流，体弱多病者的命既然与自家谷魂不合，就需要去吃百家饭而得到别家谷魂的助力。[⑤] 选择赠送糯米制品还有一个客观因素，即糯米糍粑能长期保存，方便远方的客人携带回家。

日常饮食中的糯米是其固有理化性质的体现，而糯米被赋予文化意义后又在祭祀食俗、节日食俗、待客食俗中成为主角。传统风俗习惯对糯米的价值功用进行了神圣化，排除了在所有仪式场合中使用其他谷物的可能，糯米的这种垄断地位保证了对其重复且刚性的需求。

三、国家政策的鼓励

国家政策是正式制度的一种，其宏观性及强制性要么致使糯稻种植面积大规模的增长，要么形成对糯米制品大规模的需求。下面借宋朝之例，说明当时的政策举措如何给糯稻种植带来正面影响。不过，历史上的禁酒令等对糯作有负面影响的政策不在本文讨论之列。

（一）南稻北种

北宋初年，黄懋、何承矩等人在河北引水种稻成功。同期，宋高祖为提高农业抗灾能力力图扭转"江北之民杂植诸谷，江南专种粳稻"的种植格局，下诏推行南北粮作品种大调整，即鼓励南方种粟麦杂谷，江北诸州则"就水广种粳稻并免租税"。[⑥] 有学者推论，所言粳稻实为糯稻。[⑦] 由开国皇帝亲自给予免

---

① 刘冬颖：《〈诗经〉祭祀诗中的祭品》，《哈尔滨工业大学学报》2002年第1期
② 贵州布依族认为糯谷的魂多，食之能添力增寿。参见黎汝标：《试论布依族的谷魂崇拜》，原载《布依学研究——贵州省布依学会成立大会暨第一次学术讨论会论文集》，1988年。傣族、壮族、侗族、水族等也有类似观念
③ 云南省地方志编纂委员会：《云南省志·农业志》，云南人民出版社，1998年
④ 王宇丰：《论黔东南侗乡稻作文化遗产的文化结构及其价值功能》，《古今农业》2013年第3期
⑤ 黎汝标：《试论布依族的谷魂崇拜》，原载《布依学研究——贵州省布依学会成立大会暨第一次学术讨论会论文集》，1988年
⑥ 《宋史》卷173《食货志》上一
⑦ 李增高：《我国历史上的糯稻》，《农业考古》2008年第1期

租的优惠政策，无疑有利于北方糯稻种植面积的扩大。

（二）引种占城稻

宋朝统治者另一具有深远影响的兴农措施是引种并推广占城稻。自宋真宗年代至南宋期间，占城稻在各地分化出众多适应不同生产和使用需要的亚种，兼有粘稻和糯稻，早稻、中稻和晚稻。金钗糯（又称金州糯、交秋糯）就是由占城稻培育而成的早熟籼糯品种，[①] 浙西（嘉兴府、湖州、平江府、临安府）、浙东（绍兴府）、江东（徽州）等地均已普遍栽种。作为适于酿酒（出酒多）且遗传稳定的良种，历经千年栽种至今不衰。[②]

（三）调整生产关系

表面上，唐代的两税法与宋代的糯稻栽培并无直接关系，实际上前者与随后的一系列制度改革最终影响到后者。两税法给农民减负后，宋仁宗和宋高宗又相继下诏增加农民自由，[③] 加上废除世卿世禄，共同激发了小自耕农和工商业者发展生产的积极性。结果是宋代粮食丰足，手工业和商业发达，都市繁荣，酒的消费量大增，[④] 促进了酿酒业的长足发展，酿酒作坊分布之广和数量之多都是空前的，这间接但必然地推动了糯稻栽培。强劲的市场需要导致糯米价格上扬，最终令糯稻种植面积增长和品种多样化。如：南宋会稽一地种植的糯稻品种达 12 个，[⑤] 超过了《齐民要术》收录的北魏全国的品种数量（11 个）；北宋泰和一地的糯稻品种更达 25 个，超过了当地非糯的籼粳稻（21 个）。[⑥]

四、结　论

栽培糯稻有多重具体原因，归纳起来无非是缘于糯米（稻）的两类功能：原生的自然功能和次生的社会（文化）功能。糯米及其加工产物作为食品、饮料、药物、黏合剂都是自然功用，以其自身固有的理化性质为基础。一旦出现新的替代品，人们就很可能会抛弃原来的功能载体。正如今天许多地方粘米代替了糯米，水泥代替了糯米灰浆。糯米及其制品作为祭品和礼物则是文化功能的体现，在被人为赋予特定意义后激活。待到象征符号体系构建起来甚至被神圣化，人们则不会轻易舍弃该意义的载体。即便是现已显著西化的汉人，一旦进入节日时空，在传统观念的感召下仍会祭出应节的糯米点心。这启示我们，最能保证糯稻种植的动力还是文化心理需要，因为它是一种内化了的拒绝任何替代品的文化义务。

---

① ［宋］嘉泰《会稽志》卷17，草部
② 李增高：《我国历史上的糯稻》，《农业考古》2008 年第 1 期
③ 《宋会要辑稿·食货·农田杂录》，《建炎以来系年要录》卷 164
④ 宋代所课酒税的多寡并不完全反映酿酒业的兴衰，需注意另一导致税收增多的原因。宋仁宗时为筹措钱银应付对辽、西夏战事，提高酒税扩大收入来源；后宋高宗又增课酒税，以缓解军费紧张
⑤ ［宋］嘉泰《会稽志》
⑥ ［元］曾安止：《禾谱》。浙江绍兴种糯稻主要面向酿黄酒，但江西泰和种糯稻的主要用途尚不明确

棕榈栽培史与棕榈文化现象

关传友[*]

（皖西学院皖西文化艺术中心，安徽　六安　237012）

摘　要：棕榈是中国南方地区种植广泛的经济树种，有着悠久的栽培利用历史。先秦时期其经济价值就受到时人的重视，文献中有明确记载。汉代棕榈树的观赏价值得到发掘，开始种植于皇家宫苑和私人庭院。魏晋南北朝以后，棕榈树作为经济和观赏兼用的经济树种在南方地区广泛种植，形成了完备的栽培技术。在长期的历史种植利用过程中，形成了棕榈树的文化现象，主要体现在：一是棕榈崇拜：视棕榈树是村落标志、风水树、祖宗、生殖力、吉祥及爱情的象征而崇拜；二是棕榈文学：视棕榈树为表达情感的符号；三是棕榈艺术：作为绘画、编织、舞蹈艺术的表现题材。

关键词：棕榈；栽培史；利用；文化现象

棕榈（*Trachycarpus fortunei*（*Hook.*）H. *Wendl.*）又名棕树，属棕榈科棕榈属植物。它是我国特有的优良园林观赏和纤维经济树种。棕榈树在我国有着悠久的栽培利用历史，数千年来还形成了一种独特的棕榈树文化现象。国内对此研究的较少，作者目前仅见林鸿荣的《棕榈史迹》一文[①]是对古代棕榈树的名实、分布、利用及栽培的概述，邹辉的硕士论文《哈尼族民间棕榈栽培利用及文化象征》[②]是从文化人类学角度对云南哈尼族人栽培利用棕榈树及文化象征的个案研究，但未见有系统探讨中国棕榈树栽培史及文化现象的论著发表。本文在前人基础上对此进行研究，敬请批评指正。

一、棕榈树的栽培史

棕榈或称棕树，古称椶榈、栟榈、并榈或椶树。我国最早的诗歌总集《诗经》提及到棕榈树，其《召南·羔羊》篇有"羔羊之缝，素丝五总"之句，其"总"与"棕"的音义略同。棕榈之名始见于我国战国时南人所作的《山海经》一书，其称之椶木。

该书中提到椶木共有十二处之多。例如《西山经》有："石脆之山（今陕西华县境）其木多椶、㭌"，"天帝之山，其上多椶、㭌"，"翠山，其上多椶、㭌"，"高山（今甘肃六盘山），其木多椶"，"符惕之山，其上多椶、㭌"，"号山（今陕北横山），其木多漆、椶"；《中山经》有："熊耳之山（今渑山南），其上多漆，其下多椶"，"夸父之山（今渑山，在河南灵宝一带），其木多椶、㭌"，"暴山，其木多椶、㭌"；《北山经》有："涿光之山，其下多椶、橿"，"敦薨之山，其上多椶、㭌"，"高是之山（今山西五台山）其木多椶，其草多条"等。晋代郭璞在注《山海经》时称："椶树，高三丈许，无枝条。叶大而圆，歧生梢头。实皮相裹，上行一皮者为一节；可以为绳。一名栟榈。"[③]从这些记载可看出棕榈树在春秋战国时代的分布大体情况，其分布的最北界达到了今之陕北横山和山西五台山一线。同时也反映了先秦时期人们对棕榈树的重视程度，因其外裹之皮可以为绳的经济价值。

---

* 【作者简介】关传友，男，安徽六安人，皖西学院皖西文化中心研究人员，研究方向为皖西地理历史文化、生态史

① 载《中国农史》1985年第1期

② 云南大学硕士论文，收入中国知网"中国优秀硕士学位论文全文数据库"。该论文作为作者的《植物的记忆与象征——一种理解哈尼族文化的视角》第三章"棕榈认知与象征意义的形成"的主体内容。知识产权出版社，2013年版：第113–184页

③ 袁珂：《山海经校注》，巴蜀书社，1986年版

棕榈树的人工栽培始于何时，史无确载。林史专家林鸿荣先生根据西汉王褒《僮约》一书中"贩棬索"的记载，分析棕索成为商品推论人工栽种棕榈树应在西汉末年以前出现。[①]作者认同此推论。西汉枚乘《七发》有"梧桐栟榈，极望成林"之句，可见梧桐与棕榈形成的树林当是人工种植的。但棕榈树作为观赏而人工栽培最早当是汉武帝时的上林苑，西汉著名赋家司马相如在赋赞汉武帝上林苑的珍贵树种时有"仁频栟榈"赋句，张辑注《上林赋》称："栟榈，椶也；皮可为索。"说明上林苑中有棕榈树的栽培。扬雄《甘泉赋》也有"攒栟榈与芨芰兮，纷被丽其亡鄂"赋句，称道皇家宫苑内的棕榈树美妙姿态。

根据考古资料可知，东汉时期的私人庭院中出现有人工栽植的棕树。20世纪70年代成都曾家包的东汉画像砖石墓 M1 东后室的壁画就有棕榈树的出现。该壁画中部的"养老图"左侧是仓房，房侧挺立一棕树，树旁有一手持鸠杖的老者席地而坐。[②]壁画是当时社会情况的一种形象化反映的艺术作品，可见当时四川成都平原农村庭院人工种植棕榈树已具有绿化庇荫和经济价值多重目的。

魏晋六朝时期棕榈树种植遍及南方各地，文献多有记载。西晋郭义恭《广志》称"棕，一名并桐，叶似车轮，乃在颠下。下有皮缠之附地起二匀一采，转复上生。"晋著名赋家左思在《蜀都赋》《吴都赋》分别咏叹蜀中多"椶枒楔枞"和吴地盛产栟榈之属。梁江淹《栟榈颂》称："异木之生，疑竹疑草……烟岫相珍，云壑共宝，不华不缛，何异工巧。"[③]当时种植之况可见一斑。

唐宋以后随着棕榈树的经济价值的不断开发，种植棕榈树更为普遍。唐宋诗人对此多有描述。如杜甫有五言古诗《枯棕》："蜀门多棕榈，高者十八九"[④]；李白《乐府·独不见》诗"风摧寒棕响，月入霜闺悲"[⑤]；王昌龄《题僧房》诗有"棕榈花满院"[⑥]句；薛能《赠无表禅师》"笠戴圆阴楚地棕"[⑦]。《诗话总龟》曾载唐末湖南诗人王璘与李群玉相遇于岳麓寺，李群玉与王璘作联句诗，李群玉破题曰："芍药花开菩萨面。"王璘继之曰："棕榈叶散夜叉头。"[⑧]五代赵岩的《八达游春图》所描绘了一群贵族在苑囿中游春的景象，在假山之旁出现有棕榈树叶，说明苑囿中有棕榈树的种植。宋梅尧臣《咏宋中道宅棕榈》诗"青青棕榈树，散叶如车轮。……今植公侯乘，爱惜只几春"[⑨]，宋程金紫的散句诗"孤出亭亭羽盖高，掌开圆叶臂抽条"[⑩]等。

宋代文献对棕榈树的栽培之况也有记载，如北宋医家苏颂《图经本草》云："棕榈出岭南、西川，今江南亦有之。"但唐宋文献对如何种植棕榈树均语焉不详。只是到了明清时期，有关农书等文献中对棕榈树的栽培技术才有详细载述。林鸿荣先生认为棕榈树尚行粗放种植有关[⑪]，无疑是正确的。但实际上唐宋人之所以对棕榈树粗放种植是与其生物学特性有关，因"结实大如豆而坚，生黄熟黑，每一堕地即生小树。……性喜松土，或鸟雀食子，遗粪于地亦能生苗。"[⑫]可见，棕榈树具有散籽成林的特性，当时人种植棕榈树可能就利用此生物学特性而兴粗放种植。

明代开国之初，朱元璋曾命大力种植棕榈树。《明史·食货志》称："洪武时，命种漆、棕、桐于朝阳门外钟山之阳，总五十万余株。设……棕园百户，一甲军百。……至宣德三年（1428年）朝阳门外所植漆、桐、棕树之数，乃至二百万有奇。"[⑬]足见棕榈树的种植规模之大。明邝璠《便民图纂》记有："棕榈二三月散种，长尺许，移栽成行"之法。说明棕榈树的人工种植已达到了集约栽培程度。题为清陈眉公撰（实为清初书贾汇集明人有关著述而成）的《致富奇书广集》和《致书奇书》以及清陈淏子《花镜》等都对棕榈树移栽之法的作了详细记载。如《致富奇书广集》指出："先掘地作坑，用狗屎铺地，再

① 林鸿荣：《棕榈史迹》，《中国农史》1985 年第 1 期
② 成都市文物管理处：《四川成都曾家包东汉画像砖石墓》，《文物》1981 年 10 期
③ ［清］汪灏：《广群芳谱》卷七十九"木谱十二""棕榈"，上海书店，1985 年版
④ 《全唐诗》卷二一九，上海古籍出版社，1986 年版
⑤ 《全唐诗》卷一六三，上海古籍出版社，1986 年版
⑥ 《全唐诗》卷一四三，上海古籍出版社，1986 年版
⑦ 《全唐诗》卷五六一，上海古籍出版社，1986 年版
⑧ ［宋］阮阅：《诗话总龟》卷十四"警句门下"，人民文学出版社，1987 年校点本
⑨ ［清］汪灏：《广群芳谱》卷七十九"木谱十二""棕榈"，上海书店，1985 年版
⑩ ［清］汪灏：《广群芳谱》卷七十九"木谱十二""棕榈"，上海书店，1985 年版
⑪ 林鸿荣：《棕榈史迹》，《中国农史》1985 年第 1 期
⑫ 于铎主编：《中国古代农业技术遗产研究》，农业出版社，1964 年版：第 166 页
⑬ 陈嵘：《中国森林史料》中国林业出版社，1983 年版：第 41 页

用肥土盖之。初种月余，以河水间日一浇，以后无须浇矣。"① 已与今日棕榈树栽培之法相近。

明清时期文献对棕榈树在园林中的种植也有记载。清初钱塘人高士奇《北墅抱瓮录》载："瀛山兰渚之地，皆垒乱石为短垣，不如粉垩。于墙角植棕榈三四本，高可齐檐，微风乍拂，轻凉自主，极潇洒之趣。皮有丝缕，错综如织，取为冠履簦拂等物，大称山居。"② 清代戏剧家、造园家李渔在《闲情偶寄七·种植部》卷五所言："棕榈树直上而无枝者，棕榈是也。予不奇其无枝，奇其无枝而能有叶。植于众芳之中，而下不侵其地，上不蔽其天者，此木是也。较之芭蕉，大有克己妨人之别。"③ 清初陈淏子《花镜》亦云：棕榈"宜植庄园之内。性喜松土。…… 秋分移栽，作掘地作坑，有狗粪铺坑底，再以肥土盖之。初种月余，一河水间一浇，此后随便可也。"④

在近当代，棕榈树较高的经济价值得到了进一步利用，其棕板和棕片可制作天然的棕床垫，棕包、棕果可开发为健康的天然食品，棕笋、棕花可以制作为降血脂药材，棕叶可制成天然能降解的包装材料，树干还是良好的建筑材料；作为常绿乔木，棕榈树还具有良好的社会价值，既可形成特色景观，又可保护生态环境、治理石漠化，还能帮助农民致富，棕榈树种植已经成为南方农村地区的主要发展产业。

据湖南、贵州、云南、四川、广西、江西等省区的不完全统计，种植棕榈树的人工林面积在数百万亩，年采剥棕片达10余万吨。棕榈是云南红河县种植面积最大的特色经济林，目前全县种植面积达25万亩，年总产值达1.4亿元，在云南省80多个出产棕片纤维的县市中，该县的种植面积、棕片及棕丝纤维产量均居全国第一，不仅是全国棕榈特色经济林资源最丰富的地区，为全国最大的棕丝纤维原料产区，被誉为"棕榈之乡"。⑤ 贵州省则规划种植棕榈树300万亩。

棕榈树因其姿态潇洒、四季常青的特性，在现代园林造景中得到广泛应用，公园、风景区、住宅区、机关、学校、道路，皆可见其绰约身姿，或孤植、或片植，或为绿化带，或为行道树，种植数量之多，地域之广，胜于历代。近现代棕榈树造景主要有以下两种形式。一是传统的配置造景，主要吸收了我国明清时期园林造园之精华，种植棕榈树于窗前、庭院、角隅、路旁、溪畔、池边、岩际、树下、坡上，构成传统园林的棕榈树景观。二是用棕榈树作专题布置，在品种、树形、大小上加以选拔相配，取得良好的观赏效果。

二、棕榈树的文化现象

中国人在长期种植利用棕榈树的历史过程中，形成了棕榈树的文化现象，主要体现在物态和精神文化方面。

（一）物态文化层面

棕榈树的物态文化是指棕榈的物用功能，主要包括棕皮的利用和棕笋的利用。

1. 棕皮利用

考古发掘资料可证实春秋战国时期就有棕皮的利用。福建武夷山古越墓葬的文物中有棕丝团出土，棕团置于死者头侧。⑥ 汉代棕丝成为商品，西汉王褒《僮约》记述给买来的农奴规定工种时说："推访垩，贩棕索，縣亭买席，往来都洛。"东汉许慎《说文解字》说："椶，栟榈也，可作萆"；"萆，雨衣（即蓑衣）也。"这是用棕丝制成雨衣。晋郭璞注《山海经》还载椶树"可以为绳"。唐陈藏器《本草拾遗》称棕榈"皮作绳，入土千岁不烂。昔有人开塚得之，索已生根。"杜甫《枯棕》有"其皮割剥甚，虽众亦易枯"诗句。宋医书《嘉祐本草》叙述了棕籽和棕皮灰的药用性能，寇宗奭《本草衍义》则载棕"皮烧为

① 干铎主编：《中国林业技术史料初步研究》，农业出版社，1964年版：第165页
② 干铎主编：《中国林业技术史料初步研究》，农业出版社，1980年版：第346页
③ ［清］李渔：《闲情偶记》卷五，"种植部"，作家出版社，1995年版
④ 干铎主编：《中国林业技术史料初步研究》，农业出版社，1980年版：第166页
⑤ http://www.ynszxc.gov.cn/S1/C9355/DV/20121108/3592443.shtml
⑥ 福建省博物馆，崇安县文化馆：《福建崇安武夷山岩崖洞墓清理简报》，《文物》1980年第6期

灰，治妇人血露及吐血"，还记载了棕榈木"今人旋为器"。

清高士奇《北墅抱瓮录》载棕榈树"皮有丝缕，错综如织，取为冠履簟拂等物，大称山居。"① 清汪灏《广群芳谱》对棕榈树的利用也载："干身赤黑皆筋络，宜为钟杵，亦可旋为器物。其皮有丝毛，错综如织，剥取缕，解可织衣帽、缛、椅、钟盂之属，大为时利。"② 《植物近利志》："棕榈为用甚广，棕皮包于树上，二旬一剥之。三月时结子堕地，即生小树。棕之为用，可织衣、帽、缛毯之类及绳索、鞋底之用。"③

地方志书对棕榈树的利用也有载述，如清嘉庆《黟县志》云："椶，栟榈也，亦名椶榈，俗作棕榈。高本一二丈，旁无枝叶，皆萃于木杪，若羽葆然。其皮重叠裹之，每长一层即为一节，皮理如丝毛，剥而解之，可以索绳，并为蓑笠、帚、垫之属。每岁必剥两次，否则树死或不长，剥多又伤树。"④ 民国《歙县志》也云："椶，俗作棕，即栟榈，新安志栟榈叶大如车轮，今俗呼椶披。山中人多植之，收棕片，取丝以制蓑、绳、箱、簟之属。其材为亭柱，甚古雅，并可制器具。又椶丝缚花架、扎花枝耐久，经雨雪不断。"⑤

2. 棕花食用

棕榈树的食用部位主要是其花苞，古称为"棕笋"。明李时珍《本草纲目》云：棕树"三月于木端茎中出数黄苞，苞中有细子成列，乃花之孕也，状如鱼腹孕子，谓之棕鱼，亦曰棕笋。"⑥ 因棕榈花开之时在树端茎上长出几个很像鱼腹的黄苞，黄苞中有许多小颗粒如鱼腹中之卵，故又称之为"木鱼子"。实际上棕榈树花苞的食用功能最早受到北宋有美食家之称的文学家苏轼的重视。其在《棕笋并引》诗序称："棕笋，状如鱼，剖之得鱼子，味如苦笋而加甘芳。蜀人以馔佛，僧甚贵之，而南方不知也。笋生膚毳中，盖花之方孕者。正二月间可剥取，过此苦涩，不可食矣。取之无害于木，而宜于饮食，法当蒸熟，所施略与笋同，蜜煮酢浸，可致千里外，今以饷殊长老。"⑦ 道出了棕榈花被称为"木鱼子"的来历，并叙蜀人以之作供佛，也"宜于饮食"，"蜜煮酢浸，可致千里外"。所以苏轼诗咏"赠君木鱼三百尾，中有鹅黄子鱼子。夜叉剖瘿欲分甘，箨龙藏头敢言美。愿随蔬果得自用，勿使山林空老死。问君何事食木鱼，烹不能鸣固其理。"故此，棕笋深受历代人特别是文人们的喜爱。

北宋诗人刘攽《棕花》诗云："砍破夜叉头，取出仙人掌。鲛人满腹珠，鮰鱼新出网。"⑧ 极言棕榈花之特殊形状。南宋诗人李彭在《戏答棕笋》诗中"剩夸棕笋馋生津，章就旁搜不厌频。锦绷娇儿（指竹笋）直欲避，紫驼危峰何足陈。"⑨ 诗人就将棕笋大大称赞了一番，直言棕笋味道鲜美，可与竹笋、紫驼峰相比。到元代，棕笋仍然是当时招待客人的一道佳肴。元诗人洪希文在山农家作客食棕笋后，即兴为主人作诗两首以谢。诗题《食棕笋主人请赋》，其一有"且赏珍奇类鱼子，莫将同异别龙孙"⑩ 之语，坦言对棕笋馔肴的喜爱。

明清人仍对之喜爱如常。清初高士奇在《北墅抱瓮录》中称：棕榈树"三月间茎内生黄包，状若鱼子，可食，名曰棕笋，亦曰棕鱼，蒸熟后，以醋制之，即千里可致也。"⑪ 地方志书也载："其花方孕者，于正二月间，剖取以为馔，味苦微甘，过时则涩不可食。法当蒸熟，所施略与苦笋，同蜜煮醋浸，可致千里，盖蜀人所食故。苏轼椶笋诗序详言之，今人已鲜尝之者。"⑫

现今在云南红河、腾冲等地方仍有食用。如红河哈尼族人仍以棕花为食，制成食品。将棕花和哈尼豆豉捣碎，用饭盒包装带到野外食用，味道香辣滋润。还可用棕花加工制作棕花炖蛋、棕苞（花）煮排

① 干铎主编：《中国林业技术史料初步研究》，农业出版社，1980年版：第346页
② ［清］汪灏：《广群芳谱》卷七十九"木谱十二""棕榈"，上海书店，1985年版
③ 干铎主编：《中国林业技术史料初步研究》，农业出版社，1980年版：第347页
④ 清吴甸华：《嘉庆黟县志》卷三"地理志""物产"，江苏古籍出版社，1998年版：第72页
⑤ 许承尧：民国《歙县志》卷三"食货志"物产，江苏古籍出版社，1998年版：第102页
⑥ ［明］李时珍：《本草纲目》第三十五卷"木部""木之二"，中国中医药出版社，1998年版
⑦ ［清］汪灏：《广群芳谱》卷七十九"木谱十二""棕榈"，上海书店，1985年版
⑧ ［清］汪灏：《广群芳谱》卷七十九，"木谱十二""棕榈"。上海书店1985年版
⑨ ［宋］李彭：《日涉园集》卷五影印文渊阁四库全书第1122册，上海古籍出版社，1987年：第711页
⑩ ［元］洪希文：《续轩渠集》卷五"七言律诗上"，影印文渊阁四库全书第1205册，上海古籍出版社1987年：第105页
⑪ 干铎主编：《中国林业技术史料初步研究》，农业出版社，1980年：第347页
⑫ 许承尧：民国《歙县志》卷三"食货志""物产"，江苏古籍出版社，1998年版：第102页

骨等。在腾冲棕苞有炒、煮两种食法，炒吃法是将棕包米洗净切碎，配以瘦肉丁和胡萝卜丝、腊腌菜一并炒熟，其色鲜艳，其叶醇香可口。煮吃法是将洗净的棕包米切碎放放清汤里煮熟，佐以干腌菜、糊辣椒和捣姜块、葱白、芫荽，其味酸中有苦，苦中回甜，有解表驱寒、泻热去暑之功效，食后浑身松爽。还可与龙江白鱼并煮，制成棕鱼包白汤，其味真是美妙绝伦，为腾冲美食中的上品。此外，江西的赣州、萍乡、宜春等地民众也食用棕花。

（二）精神文化层面

棕榈树精神文化层面主要包括棕榈崇拜、棕榈诗文、棕榈绘画等内容。

1. 棕榈崇拜

在古希腊神话故事中，棕榈树与 Apollo 有密切的关系，Apollo 和他的双胞胎妹妹 Artemis 就是在棕榈树下诞生的。根据 Pausanius 的记载，Aulis 的 Artemis 神殿前就种有棕榈树。终年枝繁叶茂的棕榈树被希腊人认为是生命之树，岁岁年年，芳林新叶催陈枝，生生不已，象征着永恒的更新交替和逝者如斯、不舍昼夜、重新开始的时间概念。希腊人在墓碑上饰以棕榈树图案的形象，唯植物中的强大生命方可征服死神，用来象征凤凰涅槃般的生死循环。

在古奥运会的最开始阶段，棕榈树枝被称为斯帕迪克斯（希腊语"通过"之意），手持棕榈树枝，表示运动员顺利通过预选赛，可以进入下一轮比赛。随后，棕榈也象征着胜利，承载着人们对胜利的期待。第7届古奥运会后，胜利者"除奖给橄榄冠外，还另发一条棕榈枝，运动员右手持枝，以示荣耀。"[1] 包萨尼亚斯也说："绝大多数运动会都将棕榈树花环作为奖品。每位优胜者的右手均持有棕榈树枝……（在忒革亚的古市场）在另外一根立柱上竖有一尊伊阿希俄斯骑在马上、右手持棕榈树枝的雕像。据传说，伊阿希俄斯曾经在奥林匹亚获得过胜利。"[2]

圣经里有很多地方都赋予棕树以神圣的意义。《出埃及记》十五章二十七节"他们到了以琳，在那里有十二股水泉，七十棵棕树，他们就在那里的水边安营。"《约翰福音》十二章十二节到十三节，写耶稣在逾越节，骑驴进入耶路撒冷时，百姓就拿着棕树枝来欢迎他的场面。在天主教的宗教标记中，棕榈树枝就是圣枝，就是因为当时耶稣进耶路撒冷时，犹太人手持棕榈枝欢迎他，所以圣枝是拥戴耶稣的记号。

棕榈主日是基督教的节日，在复活节前一星期日，信仰基督教的教民要在教堂举行活动，棕榈树枝叶成为不可或缺的装饰物。是纪念主耶稣最后一周，骑驴进入耶路撒冷，此去就是为了全人类的罪受死。当时，跟随的人都前随后行，手持棕树枝欢送耶稣进京，并且，他们高声说："和散那给与大卫的子孙，高高在上和散那！"

以上是希腊及欧洲信仰天主教、基督教国家对棕榈树的崇拜情况。在中国南方各族群也存在崇拜棕榈树的文化现象。

（1）棕榈树是村寨的标志

棕榈树因具笔直的外在形态、易于繁殖成活、树木寿命长和四季常青的自然物性，被云南哈尼族人视为是哈尼族村寨的标志。哈尼族民间俗语说："无棕无竹不成哈尼寨"。所以哈尼族人在选村建寨之时都要种植棕榈树，哈尼族的古歌说："安寨还要栽棕树，三排棕树栽在寨头，栽下的棕树不会活，一寨的哈尼就没有希望。"[3] 可见，棕榈树是哈尼族村寨生命力的象征，它能影响到哈尼族村寨的人丁兴旺、人口增殖和村寨人的平安吉祥。

（2）棕榈树是风水树

棕榈树根深叶茂、挺直而具风雅之态，棕榈树枝干边缘生长的齿刺，能使恶魔鬼怪害怕，起到驱恶避邪的作用。所以棕榈树被人们视为风水树而种植在村落居宅前后，以护卫风水。在南方各地乡村都普遍种植有棕榈风水树，起到旺财护财的目的。

（3）棕榈树是祖宗树

客家人还视棕榈树为祖先崇拜的象征树。闽浙赣粤地区的客家人崇祖意识极强，认为"棕"者，

① 崔乐泉：《图说古代奥林匹克运动》世界图书出版公司，2008 年版：第 219 页
② 王润斌，曹卫华：《古希腊的植物崇拜与竞技文化》，《体育与科学》2010 年第 4 期
③ 西双版纳傣族自治州民族事务委员会编：《哈尼族古歌》，云南民族出版社，1992 年：第 138 页

"宗"也，因而在房前屋后遍植棕榈树，甚或有"种棕树，敬祖宗"一说。

（4）棕榈树是吉祥的象征

四季常青的棕榈树极易繁殖，表现出强大的生命力，人们常借以此获得棕榈树的顽强生命力，寄尚吉祥。所以人们常以"棕"字给小孩命名，如棕发、棕德、棕才、棕妹、棕顺、棕茂、棕盛、棕旺、棕强、棕健、棕壮、棕品等，寄希望小孩像棕榈树一样长得健壮结实，兴旺强盛。

（5）棕榈树是生殖的象征

云南红河哈尼族人认为棕榈树是一种充满了生命力和具有坚韧、挺拔、俊美等特点的生物物种，而这一切都源自于棕心，棕心是棕榈树的生命之本，棕榈树是由棕心节节长成材的，哈尼族民有"棕树一个月长一片叶子"的说法，故棕心蕴含着勃勃生机，棕心就代表着生命力和生殖力。哈尼族人传统婚礼仪式上存在有摸棕心的片段，当新娘被接到婆家完成规定仪式后，在新郎舅舅主持下，新郎新娘依次用右手从下往上抚摸棕心三次，接着由新郎手持棕心，和新娘一起把棕心拿回卧室并竖立床头。① 毫无疑问，仪式中的棕心就是生殖力的象征。

（6）棕榈树是男女爱情的表征

云南哈尼族人常借棕片丝连密集的特征，以此象征着青年男女爱情亲密无间。哈尼族人的情歌唱到："我很早就把阿妹爱，自家门前把棕榈栽，棕榈长大我们也长大，我剥棕片给阿妹做蓑衣，阿妹呦你喜欢不喜欢？""从小就把阿妹爱，自家门前把棕榈栽，年年月月我勤培土，今日棕榈已长成材，我剥下棕片做蓑衣，蓑衣给阿妹遮风雨，阿妹你看合意不合意。""棕榈金竹根连根，阿妹你给我烟筒情意重，阿哥你给我蓑衣意绵绵，烟筒伴我度日月，蓑衣伴我遮风雨。"② 可见，棕榈树无疑是哈尼族青年男女表达爱情的表征。

2. 棕榈文学

长期以来，历代文人以棕榈树为题材写下了许多咏赋歌赞棕榈树的文学作品，不断丰富和揭示了棕榈树的文学意象。中国古代社会是非常重视草木文化的，"多识于鸟兽草木之名"就是孔子所谓学《诗》一个早期典训。先秦文献《山海经》中提及棕榈树，但仅是对其自然分布的载述。连最早的《诗经》一书也未有棕榈的片言只语。

只是到汉代棕榈树才进入到部分文学家的视野，在当时的宏篇汉赋中偶有提及。如西汉枚乘《七发》有"梧桐枏榈，极望成林"之句，司马相如《上林赋》有"仁频枏榈"之句，扬雄《甘泉赋》也有"攒枏榈与茇葀兮，纷被丽其亡鄂"赋句，东汉张衡《南都赋》则有"其木则枏榈，结根竦本，垂条婢媛"句，描述棕榈树的自然形态之美。梁江淹《枏榈颂》云："异木之生，疑竹疑草；攒丛石径，森苏山道。烟岫相珍，云壑共宝，不华不缛，何异工巧。"也是对棕榈树自然形态的赞颂。

直至唐代，文学家们在营造大量植物意象的时候，棕榈树才受到极大地关注而作为题咏的对象，成为文人们表达文学情感的符号，产生了棕榈的文学意象。最早把棕榈树作为文学意象描述的则是唐代大诗人杜甫的《枯棕》诗，其云："蜀门多棕榈，高者十八九。其皮割剥甚，虽众亦易朽。徒布如云叶，青黄岁寒后。交横集斧斤，凋丧先蒲柳。伤时苦军乏，一物官尽取。嗟尔江汉人，生成复何有。有同枯棕木，使我沉叹久。死者即已休，生者何自守。啾啾黄雀啼，侧见寒蓬走。念尔形影干，摧残没藜莠。"棕榈常受采剥，是受难者的象征。诗人前八句首叙棕枯之故，棕本耐寒，但为斧斤所剥，故先蒲柳而凋零，是诗人见枯棕而感伤民困于重敛；继八句是嗟叹枯棕而念生民，因安史之乱而军兴赋重，剥棕等于剥民；后四句则是诗人借此的无限感慨。诗人借物抒怀，以枯棕喻人，由棕之枯，揭露了剥削者的残酷和人民遭受的痛苦。表达了大诗人借枯棕而为民请命的思想情感。直至清代，棕榈产地的农人依然深为棕榈贡赋所困扰。清康熙朝宁国府宣城人施润章《棕榈》诗"田家饮泣罢为农，悔不将田全种棕；无苗高坐忍饿死，无棕旁系千家空。"清《宁国府志》按云："棕榈树本宁郡土产，但产不甚多，向派民间采办，不能作，数购自他方，胥吏从中包揽扰累，愚山先生作是诗"③ 予以无情揭露。唐韦应物《棕榈绳拂歌》："棕榈为拂登君席，青蝇掩乱飞四壁。文如轻罗散如发，马尾牦牛不能絜。柄出湘江之竹碧玉寒，

① 邹辉：《植物的记忆与象征——一种哈尼族文化的视角》，知识产权出版社，2013 年：第 165－166 页
② 云南民族学会哈尼族研究委员会：《哈尼族文化论丛第一集》，云南民族出版社，1999 年：第 268－269 页
③ 《宁国府志》（上册）卷十八"食货志""物产"，江苏古籍出版社 1998 年版：第 576 页

上有纤罗萦缕寻未绝。左挥右洒繁暑清，孤松一枝风有声。丽人纨素可怜色，安能点白还为黑。"[1] 是诗人描述棕榈蝇拂的实用功能，得出人事的是非分明之理："安能点还为黑"。

棕榈树四季常青，虽经霜而不凋的特征，历经磨难而依然挺立。五代马楚的徐仲雅《咏棕树》则歌颂棕榈"叶似新蒲绿，身如乱锦缠。任君千度剥，意气自冲天。"[2] 是其傲岸不屈的人格象征。北宋诗人刘敞《棕榈》诗赞扬棕榈经霜不凋，堪比松竹。"纛影叱拏竿影直，雪中霜里伴松筠；可怜憔悴凌云色，还胜昂藏独立人。"被看作是坚忍不拔的斗争精神的象征。北宋诗人文同《棕榈》："秀干扶疏彩槛新，琅玕一束净无尘。重苞吐实黄金穗，密叶围条碧玉轮。凌犯雪霜持劲节，遮藏烟雨长轻筠。此名未入华林记，谁念西南寂寞春。"[3] 也是对棕榈树节操美的赞誉。

棕榈树在宋诗人梅尧臣的笔下又是另一意象。其《咏宋中道宅棕榈》则是入于物而又出于物的咏物诗，对棕榈的形态和神采作了十分贴切的描写。诗云："青青棕榈树，散叶如车轮。拥篲交紫髯，岁剥岂非仁？用以覆雕舆，何惮克厥身！今植公侯乘，爱惜只几春。完之固不长，只与茅本均。幸当束园史，披割见日新。是能去窘束，始得物理亲。"诗人告诉人们一种哲理：要想栽培好一种树木，先得了解其特性，虽然主观上爱它、宠它，也难以达到理想的目的。

棕榈树全身是宝，棕皮可剥制各种用品，棕花可食，棕叶可编织，所以在文学家看来，棕榈树又具无私奉献、舍己为人的高尚品德。北宋刘敞《栟榈赋》云："圆方相摩，纯粹精兮；刚健专直，交神灵兮；冯翼正性，栟榈荣兮。中立不倚，何亭亭兮；受命自天，非曲成兮；外无附枝，匪其旁兮；密叶森森，剑戟铓兮。温润可亲，廉而不伤兮；雪霜青青，不界僵兮。寿比南山，邈其无疆兮；被发文身，何伴狂兮；沐雨栉风，寒无所妨兮。苦身克己，用不失职兮；摩顶至踵，尚禹墨兮。黄中通理，类有德兮。屹如承天，孔武且力兮；懔其无华，不尚色兮。表英众木，如绳墨兮；播弃蛮夷，反自匿兮；遯世无闷，曷幽嘿兮；明告君子，吾将以为则兮。"[4] 作者赋赞棕榈的各种自然物性，借人们剥下其茎干的外裹之皮来使用，采用拟人法称赞棕榈树具有墨家"摩顶至踵"的精神。

虽然历代文人以棕榈树为表现题材的诗文不是很多，但其文学意象还是很十分丰满的。现代美籍华裔作家於梨华小说《又见棕榈，又见棕榈》中的牟天磊出国临行前，独自去学校门前道别，并对着棕榈树许愿：要挺直、无畏而出人头地。无疑棕榈树是作者表达乡愁的文学意象。

3. 棕榈艺术

棕榈树还是绘画、编织、舞蹈等艺术的表现题材，艺术家以此创作了大量的艺术作品，丰富了棕榈文化的内容。

(1) 棕榈绘画

在传统山水画中，棕榈作为绘画的表现题材最早可追溯至东汉时代的画像砖壁画，即前文提及的东汉成都画像砖壁画"养老图"。五代时绘画作品并始有棕榈树的表现出现，前述《八达游春图》画作中在假山之旁绘出几片棕榈树叶作为衬景。北宋画家王诜的《杰阁婴春》画作表现出雅致的楼阁，清简而明净；长廊所围的园子里，棕榈、奇石植列，廊外远山横翠、近处垂柳、林木绕围。明画家唐寅的《班姬团扇图》（藏台北故宫博物院）画中，班姬手拈纨扇，独自在棕榈树下悄然而立。

但棕榈树作为独立画题则是一个空白，直到近现代才有其出现。晚清上海海派著名画家任颐（字伯年）的画作有棕榈画。其《棕树双鸽》画作于1875年，以焦墨钩骨，赋色肥厚；石头棱曾，焦墨勾勒，又有墨叶相伴；双鸽展翅绕旋，活力无限。画面由上而下，内容丰富，层次分明；留白处，又有广阔的想象空间。另一幅《棕榈鸡图轴》表现竹篱外桃花绽放，棕榈大叶掩映，公鸡悠闲地漫步，神态倨傲。

近当代著名画家齐白石先生喜爱家乡湖南棕榈树的适应性强、耐寒、耐旱、耐阴之品性，常以棕榈树为画题，表达其自况之意和寄托其思乡之情，从其于1928年作《棕榈树》立轴水墨纸本题识之"形状孤高出树群，身如乱锦里层层。任君无厌千回剥，犹觉临风遍体轻"诗就可见高标。他生平创作并留下了不少棕榈画作。如其《棕榈立轴》设色纸本画作，创作于1954年，白石老人已达94岁高龄，画作以

---

① 《全唐诗》卷一九五，上海古籍出版社，1986年版：第456页
② ［清］汪灏：《广群芳谱》卷七十九"木谱十二""棕榈"，上海书店，1985年版
③ ［宋］文同《丹渊集》卷九影印文渊阁四库全书本，上海古籍出版社，1987年版
④ ［清］汪灏：《广群芳谱》卷七十九"木谱十二""棕榈"，上海书店，1985年版

一棵高大的棕榈树贯穿画面，给人以顶天立地之感，直立的树干与纷披的枝叶构成一些形式上的趣味。树干以赭石加重墨写出，色墨浓厚，间有留白，以表现出树干之致密的纹理和粗重的质感，棕榈叶以篆书笔法写出，用笔雄浑刚劲，用墨干涩、厚重，叶片前后层次分明。整幅章法虽简单，笔墨却极尽枯湿浓淡之变化，造型自然生动，从棕榈树独孤而挺拔的英姿上，或可体味白石老人晚年的心境。

白石老人还以棕榈画题搭配鸟雀鸡虫等，如《棕榈蚂蚱》立轴纸本、《棕榈草虫》立轴纸本、《棕榈小雀》立轴设色纸本、《棕榈八哥图》立轴设色纸本、《棕榈雏鸡》立轴设色纸本（中国美术馆藏）等。其《棕榈小雀》画幅以半株棕榈置于纸边，棕榈叶几成垂直下落的覆盖之势，与踱于树底的小麻雀的仰观之势构成某种可意会而不可言传的视觉张力对比，进而形成某种审美心理上的张力反差。下覆之势因叶的体量而变得巨大，仰观之势却因麻雀两足及颈子的细弱、柔嫩而纤弱无比，两相对照，尽管强弱立判，但辗转回味，或因动静对比之下，似乎下覆之势其实已经被仰观之弱消解得几乎殆尽。白石老人还以唐大诗人杜甫《枯棕》诗为题于1954年创作了《枯棕图轴》（藏于成都杜甫草堂博物馆）大写意水墨画，画面或擦或写，或浓或淡，一株枯颓凋零、将死未死，正作最后挣扎的棕榈树已活现纸上。空白处配上杜诗，与画面浑然一体，产生出极强的感染力。

近当代以棕榈树为表现画题的著名画家还有许多。如著名画家潘天寿的水墨《棕榈》画，枝叶一枝高昂如伞盖，另一枝低垂如龙爪，将狭长的画面上下撑开，款字随下垂枝叶态势纵向紧收，险峻犀利。20世纪上半叶活跃于上海画坛著名的传统派花鸟画家江寒汀先生《棕树小鸟》设色纸本画，以泼墨写棕叶，且有一枝棕叶不无意外地斜向绿石，石上有一只背对画面的小鸟窥视着隐于石后的一枝桃花，可谓物物相连，别具情趣。近代天津著名山水、人物画家陈少梅先生的《棕榈高士》立轴设色纸本（收入1987年出版的《天津杨柳青画社藏画集》），画面表现的是清流激湍，风棕相语，木石自馨的人间清旷之乐。作者笔墨运斤成风，气韵生动。背景画树石苔草，运笔条畅有力，浓淡交织；人物用中锋笔钩勒，风神飘逸、气韵超然，极为精采。河北近代著名画家赵望云先生于1943年作《棕榈农夫》立轴设色纸本，江苏当代著名国画家朱屺瞻先生于1975年创作了《棕榈图》立轴水墨纸本，此外上海花鸟画家韩天衡先生的《棕榈竹禽》立轴水墨纸本，四川山水、人物画家陈海萍先生的《棕榈肖像画》，湖南花鸟画家邓集文先生的《棕颂》《棕情》《棕志成城》等佳作。

（2）棕榈舞蹈

棕榈树与民族舞蹈还有着重要关联，南方壮族和哈尼族人取用棕榈树叶作为民族舞蹈的重要伴舞道具。

云南红河哈尼族人盛行跳"棕扇舞"，哈尼人春节（同于汉族）期间、"库扎扎"节、传统新年"十月年"节，都要举行跳棕扇舞活动。它是源于哈尼族古代图腾崇拜的祭祀舞蹈，人们手拿棕榈树叶，充当能为哈尼族带来吉祥幸福的白鹇鸟羽翼，在具有舒缓、柔美特点的乐曲伴奏下，模拟白鹇鸟在树下嬉戏、漫步、四处窥探等自然形态。人们时而像白鹇展翅，象征身弃尘秽，展翅迎新；时而像白鹇喝泉水，象征新的一年生活将会像泉水一样甘美。舞蹈动作古朴、细腻，充分表现了哈尼族人民对美好生活的向往。哈尼族民间传说是一只白鹇鸟搭救了一位贫病交加的哈尼族先祖母"奥玛妥"老人，老人就用棕榈树叶作为白鹇鸟的翅膀模拟白鹇鸟翩翩起舞的姿态，先祖母"奥玛妥"将棕扇舞传教给族内的中老年妇女，先祖母"奥玛妥"去世后，族人为悼念先祖母，在神树下跳起棕扇舞，才有了今天的棕扇舞。

随着社会发展，棕扇舞逐渐淡化祭祀成分，发展为今天既可用于祭祀仪式更是自娱活动的舞蹈，不仅在祭祀、丧葬时歌舞，逢年过节、农事休闲时亦歌亦舞。在跳棕扇舞的节日里，哈尼族成年男子们都会把酒菜摆放在村寨广场上，直摆成长长的宴席，举行规模宏大的棕扇舞活动。棕扇舞舞姿不求统一，但每个动作均有象征性，男性模拟动物或鸟类，女性手持棕扇模拟白鹇鸟动作，各自起舞，表示对死者的尊敬和怀念，既庄重肃穆又感情真挚。

广西百色那坡县黑衣壮族是一个极富凝聚力的族群，他们崇拜棕榈树，喜欢手持棕榈叶翩翩起舞。黑衣壮族人的山寨里，都生长着郁郁葱葱的棕榈树，经风历雨，依然枝叶繁茂而且簇拥向上，具有顽强的生命力，黑衣壮族人以之为毅力的象征。他们的民族舞蹈"八字舞"和"团结舞"皆以棕榈树叶作为伴舞道具。"八字舞"也叫"棕叶舞"，跳舞之时，舞者手拿修剪过的绿色棕榈叶跳起八字舞，象征黑衣壮人具有棕榈般的坚强性格与毅力，充满着生命的活力。黑衣壮人在远古时常遭受外族欺压，族人只有团结一致，协调作战才能保族。在打败外敌、获得胜利后，族人为庆贺胜利，手拿棕榈叶，就跳起了

"团结舞"。暗喻着黑衣壮人的品德就像棕榈树一样，天旱炎热不枯萎，大雪严寒更苍翠。黑衣壮族人要有棕榈的品格，有力量，要团结。"团结舞"现代性较强，在喜庆节日里，黑衣壮人都会高兴地与来宾手拉手跳起团结舞，以表达各民族大团结，与嘉宾共欢乐，一同享受节日的快乐时光。[①]

（3）棕榈编织

棕榈编织艺术就是用棕榈丝或棕榈叶为原料编织的工艺品。古代南方地区多产棕榈树，农民多用棕丝编织蓑衣，在农作时以避风雨。故人们称之"棕衣"，也称"棕蓑衣"。传说上古时虞尧登位时无衣可穿着，就穿着剥来的毛棕编成蓑衣，接受百姓的祝贺。后来蓑衣就成为圣服，既可避风雨，又可防猛兽。《明会典·计赃时估》曾载："棕蓑衣一件，三十贯。"清汪灏《广群芳谱》曾载棕榈树的"其皮有丝毛，错综如织，剥取缕，解可织衣帽、缛、椅、钟盂之属，大为时利。"[②]足见棕榈丝编织历史之悠久。现今国内较为著名的棕丝编织工艺则是浙江武义的棕丝编织艺术，主要以棕丝为原料，棕编工艺品主要有蓑衣、棕床板、棕刷、棕扫把、棕包、棕编皮箱、棕绳等。棕编选材较精，编织工艺季节性强，人们多在春秋季编床板，夏季织蓑衣、箱、包等，秋季采集棕衣，进行晾晒等工序。棕皮可编蓑衣、鱼网、搓绳索等，武义棕编工艺还融入诸多当地的民俗文化，富有浓郁的装饰味。如棕床板采用人字纹的密编法，蓑衣等用组合法，棕制艺人还能在棕板上串织曲边花纹、图案及"双喜""万吉"，象征吉祥如意和相关的年、月、日字样。

棕叶编织主要采用棕榈树嫩叶破成细丝，经硫磺熏、浸泡、染色后编织而成，细致精巧、朴实大方，色彩谐调明快，具有浓郁的民间特色。但其历史并不久远。清嘉庆年间，四川新繁的农妇始用棕叶编制拖鞋、凉鞋，至咸丰初年，逐步形成专门行业。民国初年，棕叶编织开始在国内流行。20世纪30年代至40年代，棕叶编织业在四川开始发达昌盛。现中国的棕叶编织工艺主要产于四川、贵州、湖南和陕西等地，以四川新繁棕编、湖南棕编玩具、贵州塘头棕编提篮最负盛名。

新繁棕编主要有鞋、帽、提包、套果盒、玩具、扇、椅七大类，几十个花色。如拖鞋以麻绳为经，棕丝作纬，密织如绢，鞋面饰有色、鸟、花卉图案，色彩协调、美丽，底厚二至三层，坚固耐磨。帽类多用人字编制法，使成品帽略有伸缩感；戴上松紧适度，适于多种头型。品种有凉帽、礼帽、空花帽、童帽等。提包类多用彩色棕丝混编法，造型有方、圆、桃形、扇形、荷叶形、月牙形、多角形等，并以彩色棕丝编制的人物、风景、飞禽等图案进行装饰。玩具类以白色或棕叶原色（绿色）棕丝为材料，以编扣、结、穿等技法编制成稚拙可爱的鱼、青狮、白象等；以彩色棕丝编制的动物则以设色大胆，对比强烈，不俗不艳为特色。贵州塘头棕编提篮为贵州思南县塘头镇特产，以嫩白棕叶为原料。先将叶的硬梗削去，再剖成细丝或搓成棕丝绳编制。提篮有圆、方等造型及深底、浅底等式样，规格多样。装饰有白棕丝与单色棕丝结合的间色编和镂空编花等多种方法。产品轻巧耐用，有弹性，沥水防潮，尤适家庭日用。湖南长沙的棕编玩具也别具一格，是"长沙三绝"之一。

民间艺人们采用老棕叶和棕叶芯为原料，给一片片随手可摘的棕叶赋予了鲜活的生命力，编出个蚱蜢、螳螂、蜻蜓、青蛙等，深受儿童的喜爱。有"湖南棕编易"之誉的湖南老艺人易正文于20世纪独创了"肚皮"编织法，编出的昆虫惟妙惟肖；他还用铁丝作骨架，增加了清漆涂刷工艺，使作品能长期保存，从而把这种雕虫小技引入了大雅之堂。这门手艺后经游方艺人带到了全国许多地区。现如今在全国各地的城市都能偶见到从事棕编游方艺人的现场技艺表演。陕西汉中棕箱也是著名的棕编工艺品，系以松杉木材做衬里，外用棕叶破成细丝精心编织而成。其编织工艺经选料、做木箱、制棕丝、包裹棕片、编织图案等十五道工序完成。此外，棕榈艺术还包括棕榈盆景艺术，限于篇幅不再讨论。

① 王朝元：《那坡黑衣壮审美文化艺术考察分析与研究》，载王杰，王朝元主编：《神圣而朴素的美——黑衣壮审美文化与审美制度研究》，广西师范大学出版社，2004年版

② ［清］汪灏：《广群芳谱》卷七十九"木谱十二""棕榈"，上海书店，1985年版

沙谷米生产工艺技术的研究与探讨

黄 超[1]* 洪传安[2] 邹桂森[1]

(1. 北京科技大学科技史与文化遗存研究院，北京 100083；
2. 广西民族大学民族学与社会学学院，广西 南宁 530006)

摘 要：早在马可·波罗时期，沙谷米就已经是一种常见的生活品，18~19 世纪成为国际海洋贸易中炙手可热的商品，作为一种压仓货、免税品和减少货物碰撞损坏的缓冲介质而受到商人们的追捧，特别是在当时广州地区尤为流行。然而，对于沙谷米的生产工艺技术方面的问题，却从来没有进行过深入的探讨。因此，本文将通过解读国外史料记载及结合国内实地考察和实验观察，拓宽研究方法与思路，不仅回顾这项传统工艺的技术步骤，而且从现代科学的角度，初步尝试探讨这项生产技术的特点和意义。

关键词：沙谷米；工艺；技术；海洋贸易；新加坡

历史上，沙谷米曾经一度是国际贸易产品中的宠儿，马可·波罗时期就已经是一种很常见的生活品。在《马可·波罗游记》中最早记载有东南亚地区制作沙谷米的方法。到了 18 世纪，因其物美价廉，并能够用于制作汤、粥、布丁等佳肴更受到欧洲人民的喜爱。但是，对于沙谷米本身的研究却很少引起国内外学者的关注。

中山大学外籍教授范岱克最先对这种产品进行了较为详实的研究，主要是通过解读 18 世纪西方各国东印度公司档案中的记录，对这种商品在远航贸易中的重要作用进行了全面的阐释与分析[①]。这种国际贸易产品不仅具有食用、医用的功效，还能够在长途海运过程中作为一种压仓货、免税品和减少货物碰撞损坏的缓冲介质而受到商人们的追捧。在"广州贸易"时期，沙谷米曾经成为了商人们进行国际交易实作成功与否的一种关键商品。因此，中国商人们不惜远赴新加坡、马来西亚等国进口沙谷米，甚至一批又一批的中国人亲自到新加坡学习制作沙谷米的技术，并在当地建立起了一个又一个的厂房，专门进行大批量沙谷米的制作与生产，一艘艘装载沙谷米的船只频繁往返于中新两国之间。然而，范岱克关注的是档案中沙谷米在海运贸易中的功用及各国商人的态度方面的问题，但是并没有较多对沙谷米的生产工艺技术进行介绍。他在研究中指出 18~19 世纪初沙谷米对于中国而言是一种"再出口"到欧洲的货物，还指出欧洲商人也从来没有在中国本地购买过土产的沙谷米[②]。

本文所要讨论的沙谷米的内容与范岱克教授研究的内容侧重点不同，主要为了解决沙谷米的生产工艺及保存的问题。不仅结合国内外历史资料，而且还要实地考察了国内典型的沙谷米生产作坊，对这种国内仍然存在的传统工艺技术进行深入的研究。

一、沙谷米及其主要应用

"沙谷米（Sago/saku）为一种棕榈科植物所含之粉也。其树名沙谷椰子，产于马来群岛印度及其他热

---

* 【作者简介】黄超，男，博士，北京科技大学科技史与文化遗存研究院研究人员，主要研究方向为科学技术史；邹桂森（1988— ），男，广西北流人，北京科技大学科技史与文化遗产研究院在读硕士，主要研究方向为科技考古

① Paul A. Van Dyke. Packing for Success：Sago in Eighteenth Century Chinese Trade// 跨越海洋的交换·第四届国际汉学会议论文集，"中央研究院"，2013 年

② Paul A. Van Dyke. Packing for Success：Sago in Eighteenth Century Chinese Trade// 跨越海洋的交换·第四届国际汉学会议论文集，"中央研究院"，2013 年

带等地。高达十五尺以至二十尺，取其干中所含之黏液物敲碎之，俟其有如淀粉之物沉淀，乃于水中洗涤之，计一树所得可七百余磅。以牛乳羹汁调和成粥食之味甚美，西餐中常用之"。[1] 实际上，"沙谷米"这种说法常见于广东等沿海地区，其又名西谷米、西米、西国米、莎木面、沙孤米，等等。这种以淀粉为主的米状产品，是主要由棕榈树类（Metroxylonsp）的核或软核加工，通过机械处理、浸泡、沉淀、烘干制成的的可食用沙谷米淀粉，这些淀粉品种包括：Sagus、Cycus 和 Areca[2]，而最为传统的是从西谷椰树的木髓部提取的淀粉，经过手工加工制成。其中，流动性的沙谷米淀粉具有很高的凝胶强度，可用于生产口香糖，但随着存储期延长透明度会降低。出于这种原因现今生产和消费市场逐步被大米淀粉所占据。对于沙谷米产品而言，若能够正确进行加工，所得产物是一种半透明的产品，称为"珍珠沙谷米"。另外，对于一些并非经过精制的产品，则称为"普通沙谷米"，除名称以外，两者的价格也存在差异[3]。

上文已提及，马可·波罗在其游记中有沙谷米制作工艺的最早记载，这是当时班卒王国一种常见的食品，书中记载有："这里既不产小麦，也不产其他谷类，居民只吃大米和奶，酒是取自树上，制酒的方法和我们前面叙述苏木都剌的那一章里说的方法一样。他们这里还有一种树，经过一番特殊的处理后，就能获取一种食用粉。此树的树干高大，需要两个人合抱才抱得拢。如果将树干的外表皮剥去，其内层的木纤维约有三寸厚，树干中央部分充满了木髓，可以制成一种食用粉或谷粉，就像用橡子制成的橡子粉一样。先将木髓倒入一个盛满水的大盆里，再用棍子搅拌，使其中的纤维和其他杂质浮起来，纯净的谷粉就沉入了盆底。经过这种处理，再将水倒出，除去上面所有的杂质，留下的就是可以食用的谷粉了，可以用来做糕点和各种面食。这些食品做出来的外观和味道很像大麦面包[4]"。[5]

虽然现今在南中国也还有生产沙谷米，但是，都是小作坊家庭式的生产，其应用也明显不如前代，且作用要弱得多。唐时之广州，当地人将沙谷米拌以牛奶进行食用非常普遍，同样，也可以用麦粉混合用于制作各种糕点[6]。可见，沙谷米是当时制作食品原材料的主要来源之一。明清时期更是一种非常重要的产品，在菲律宾地区成为一种实用的充饥食品，它还是一种航海时的压仓货、免税品与减少货物碰撞损坏的缓冲介质，特别是用在陶瓷器的长途运输过程中，改善船员的饮食健康和身体精神状况，发挥着十分重要的作用[7]。

从目前文献材料和相关记载来看，沙谷米的使用范畴相对固定，主要是作为日常生活食品与海洋贸易品这两大类别而存在。至于其生产技术的内容，很少引起相关研究者的关注。下文中，我们将以新加坡华人制作沙谷米与广西北海地区制作沙谷米为例，对沙谷米的生产工艺技术进行深入研究，前者主要介绍文献中记载处理与制作沙谷米淀粉原料的过程，后者则是通过在当地实地考察而记录下来的制成颗粒状沙谷米的过程。

二、新加坡华人制作沙谷米的工艺记载

詹姆斯·理查森·罗根（James Richardson Logan）原为苏格兰人，于 1819 年在柏韦克郡（Berwickshire）出生，后来在海峡殖民地定居，担任律师、出版刊物，于 1869 年在马来西亚槟城逝世，是他创造了"Indonesia"（印度尼西亚）一词，用于称呼东印度群岛。他的相关出版物中，大多都是对马来西亚、新加坡等东南亚地区风土人情的记载。在其编著的一本 1849 年的期刊中，较为详实的记载了一段关于新

---

① 陈稼轩：《实用商业辞典》，商务印书馆，1935 年：第 299 页

② （美）J. N. 贝米勒，R. L. 惠斯特勒主编：《淀粉化学与技术》，化学工业出版社，2013 年：第 577 页

③ Paul A. Van Dyke. Packing for Success：Sago in Eighteenth Century Chinese Trade// 跨越海洋的交换·第四届国际汉学会议论文集，"中央研究院"，2013 年

④ 书中说的这种植物为西谷椰子（Metroxylonsagu），《瀛涯胜览》中称做沙孤，《岛夷志略》中称做沙糊，《本草纲目拾遗》中称做莎木，今华侨称做硬栽，为马来语 Sagu 的音译。棕榈科西谷椰子属常绿乔木，原产于印度尼西亚一带。在顶端花序未抽出之前，其茎木髓含有极高的碳水化合物，正是制作沙谷米的主要原料

⑤ 马可·波罗：《马可·波罗游记下》，中国书籍出版社，2009 年：第 415 – 16 页

⑥ Schafer, Edward H. The vermilion bird：T'ang images of the south. Berkeley：University of California Press, 1967：176

⑦ Paul A. Van Dyke. Packing for Success：Sago in Eighteenth Century Chinese Trade// 跨越海洋的交换·第四届国际汉学会议论文集，"中央研究院"，2013 年

加坡华人生产与制作当地沙谷米的工艺过程，并具有较高的可信度[①]。

他记载当地新加坡华人制作的产品实际上是"珍珠沙谷米"，因此，工艺较为复杂，生产所要耗费的时间很长。据他书中的描述，当地生产沙谷米的技术是在1819年介绍到新加坡当地，工艺流程一直也没有发生过太大的改变，又不是由新加坡土著率先掌握的生产工艺技术，而是由当地一位华人从 Bukit Batu 的一位女士那儿学成的。因此，罗根认为新加坡生产沙谷米的技术是从印尼传播而来的，并且在当地已存在多年。当时，在新加坡有无数家沙谷米工厂，其中有15家是由华人经营，最大的一家工厂雇有20~30名工人。这些内容与范岱克教授在东印度公司档案中记载的18世纪左右的情况也基本吻合[②]，这些新加坡华人生产的沙谷米很大可能也是主要供应给广州的商人。

罗根所记载的新加坡华人生产沙谷米的过程主要分为如下4个步骤进行[③]。

第一，粗洗杂质，沙谷米的原材料准备完成后，第一步是要将其进行清洗，否则，将会有不纯洁及带有颜色的物质残留。因此，需要放入大桶中，用藤条将此桶加固，桶中放入一块粗布用于隔离杂物。此时，将液态的沙谷米原料倒入桶中，用手将其搅动、打碎、扩散，待所有的杂质都被过滤在粗布之上时，将其中的杂物捞出。

第二，沉淀分离，用一只木浆，将桶中的液态搅拌1小时，使其静置沉淀12小时后用勺子将水从其中捞出，直至所剩溶融状物占据桶深一半，将这些物质进行下一步净化步骤。

第三，类淘金法，这一步骤是需要将第二步中的溶融状的沙谷米进一步净化。将其放入一个具有过滤功能的模子当中，反复几次，最后保留下来最基本的成分，这种方法类似于处理金属矿物的传统淘金法，经过一遍又一遍的淘洗，最终达到净化产物的目的。

第四，晾干制米，将前一步中溶融状的沙谷米进行晒干、成形，再放入铁锅中进行多次焙烤，最终形成"珍珠沙谷米"，然后放入适合的盒子或袋子中用于买卖及出口。

从这则新加坡华人进行沙谷米制作的步骤来看，重要的部分在于前三步的清洗与净化的阶段，并且运用了类似淘金法的方式进行反复的淘洗，从而得到质量较高的溶融状的沙谷米原料，接着用于制作用于买卖和出口的沙谷米粒。第四步的制作过程记载较为简要，同时也没有指出焙烤时所使用的相关配料。仅仅是在铁锅中多次焙烤，我们认为在锅中经加热处理的产物很可能会因粘锅而被碳化，使之主要基体成分遭到破坏，因此，可能这个过程中添加了别的配料。

三、现存沙谷米制作工艺的实地考察

我们对国内目前所知的一个生产沙谷米的地区进行了实地调研，所选取的地点是在广西北海的乾江，当地方言称之地名为"勤礼"，"天天成圩。同环城乡。在合浦县城西南8千米。人口1 500人，汉族。操粤语。清以前是南流江入海口（已埋塞），曾为廉州府的商、军港。以人得名，为青蟹。杜蛎、鱼类海产集散地。赶圩约万人。公路通县城。[④]"据当地居民介绍，乾江已生产沙谷米多年，新中国成立前已经有相当数量的小作坊进行生产活动，生产出的沙谷米不仅能够供给本地居民生活，还远销其他内陆及沿海地区。

前一部分提到关于19世纪新加坡华人进行沙谷米制作的工艺，集中介绍的是从植物中提取淀粉并制成粉末状的过程，而广西地区的制作工艺则以如何制作成颗粒状的沙谷米作为我们主要的实地考察内容[⑤]。当地沙谷米的制作工艺比较复杂的，前后要经过十几道工序。淀粉首先要加水调和，然后再用机器打碎，放到筛子里筛摇，湿粉就慢慢黏合成小颗粒，在这过程中要不断加入湿粉和反复筛摇，让湿粉和

---

① Logan, James Richardson, ed. The Journal of the Indian Archipelago and Eastern Asia. Vol. 5. 1849: 302 – 306

② Paul A. Van Dyke. Packing for Success: Sago in Eighteenth Century Chinese Trade// 跨越海洋的交换·第四届国际汉学会议论文集，"中央研究院"，2013年

③ Logan, James Richardson, ed. The Journal of the Indian Archipelago and Eastern Asia. Vol. 5. 1849: 302 – 306

④ 吕孟禧等编著：《广西圩镇手册》，广西人民出版社，1987年：第193页

⑤ 乾江当地使用的淀粉末非新加坡地区使用的棕榈科植物中所提取的淀粉，而是薯粉，主要以状元薯粉、甘薯粉和木薯粉3种为主。这里主要是从制作工艺的角度进行探讨，因为各种淀粉的物理性质基本相似，所以，乾江运用当地制作工艺生产沙谷粉的制作过程，从技术史角度来看，也具有一定的参考价值

颗粒相互黏合，使沙谷米颗粒变大变结实，最后放到铁锅里再加工。我们对这些工艺过程的基本内容进行了视频拍摄，下面是对考察到的且较为关键的内容进行的概况，主要概况有以下5个步骤。

第一，凝粉（图1）。在淀粉洒上一些水后置于一块较为密实的布块上。两个人各握布块一头，有规律地左右摇晃布块，摇晃的同时还要不断加入一些湿粉。大概半个小时后，布上的粉末已凝结成小颗粒。此步骤所产生的沙谷米实际上还是一颗颗大小不一的淀粉团。

第二，筛粒（图2）。这一步骤的主要目的是为了让第一步筛选出来沙谷米颗粒大小均匀。具体操作是将第一步中筛选好的小颗粒沙谷米淀粉团放在簸箕上，通过簸箕均匀的缝隙将不同大小的淀粉团进行筛选，边筛边加入淀粉粉末，目测颗粒变得大小均匀后，便可完成这一筛选颗粒的步骤。

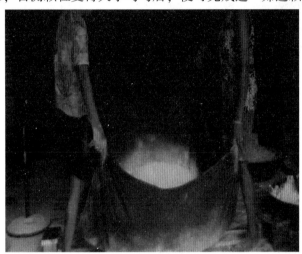

图1　凝粉

图2　筛粒

第三，翻炒（图3）。准备一只已经生火放油并烧红的大铁锅，将筛选好的沙谷米淀粉团放入锅中翻炒，一次不必要放满一锅，可以在炒的过程中适当地慢慢添加一些分量，同时，适时也需要加入一些油，待沙谷米颗粒炒至淡黄色时即可。出锅前放入一些水到锅中，继续加热用于焖烤，方才出锅。

第四，阴干（图4）。将炒好的沙谷米捞出，放在簸箕上，在空气流通处自然阴干一段时间。

第五，晾晒（图5）。将晾干的沙谷米放到晒场上晾晒，待水分完全蒸发后便完成沙谷米的制作工序，装袋后密封保存。

这5个步骤记载的内容，是从淀粉粉末状到沙谷米颗粒状的形成过程，前两个步骤是为了其成形，后3个步骤是为了让沙谷米能够更长期地保存。每个步骤的操作难度并不高，但是，都需要工人熟练的掌握和控制每个步骤沙谷米形态和色泽的变化情况，否则，将无法制得理想的沙谷米。

据当地工人介绍，乾江生产的沙谷米保存时间可以很长，密封保存三五年完全没问题，只要在保存沙谷米的袋中或容器中放入几包干燥剂就可实现长期保存。

图 3　翻炒

图 4　阴干

图 5　晾晒

四、讨 论

从前文 19 世纪新加坡华人与现今广西北海乾江地区制作沙谷米的生产工艺的内容来看，两者的生产工艺的步骤基本相同，都是先提取淀粉成分，经过净化和清洗，晾干后，再人为将淀粉凝结成一团，形成颗粒状的沙谷米粒，最后通过焙烤或翻炒使之内部的水分得以充分蒸发，而最终形成较为稳定而更适用于保存的沙谷米产品。

这里主要讨论生产过程中沙谷米在铁锅中焙烤或翻炒的意义。我们认为，这一步骤的存在与延长沙谷米的保存时间有着非常重要的联系，是对古代传统制作沙谷米工艺的一种继承与发展。这可能与实现沙谷米在航海长途运输的保存有一定的联系。事实上，沙谷米在成形、阴干或风干后，其中大部分水分已经蒸发，此时在正常情况下，已经能够保存一段时间，所以，再没有必要进一步通过人为加热烘干沙谷米继续减少其中的水分。

18 世纪末期，荷兰商人在进行海运陶瓷贸易时，已经拒绝使用沙谷米作为缓冲介质对船舱内的中空陶瓷制品进行保护。原因在于沙谷米会因潮湿而膨胀，从而撑破器物，造成巨大损失。但是，除荷兰人外，当时其他商人似乎并没有在意沙谷米这方面的客观原因，并仍然在陶瓷器物远航贸易中继续使用沙谷米。

通常情况下，淀粉在湿润的环境下，若不经过妥善保管很容易发霉腐败，特别是在海运时的船舱中，湿度与陆地相比要高得多，这样看来，荷兰人的担忧不无道理。可是，沙谷米若能够经过密封保存，实际上是能够长期存储。因此，与水汽隔绝是非常重要的方式来避免沙谷米因变质而膨胀。在制作沙谷米的过程中，最后一个步骤通常是对沙谷米进行焙烤或翻炒处理，目的是为了在其已经缺少水分的情况下，在沙谷米外层形成一层胶体膜，这层膜较之基体相对致密，不容易在潮湿的空气中吸收其中的水分，又在一定时期内能够保持淀粉的新鲜。马可·波罗时期的记载中也并没有这样一个加热处理的步骤。

倘若在船舱中配以相应的干燥剂，仿制空气过于湿润，在这种相对干燥环境下，沙谷米就能够正常的发挥作用，并不太容易因吸水变质而造成的发霉和膨胀。香港中文大学的吕烈丹教授在 1999 年进行过淀粉在不同环境下保存情况的实验，结果表明淀粉在有遮盖的环境下保存相当完整[1]，她是为了证明，即使是远古时的淀粉在密封条件下也是能够保存至今的。这也进一步充分证明了在一定条件下，淀粉类物质是能够保存相当长的一段时间。

另外，我们使用了超景深显微镜（日本基恩士 VHX-900）对乾江地区采集的沙谷米成品（图 6）的剖面情况进行了实验观察。首先用手术刀将其中一颗沙谷米（直径大约有 3~4 毫米）切开，然而置于超景深显微镜的载物台上，并选择不同倍数观察其切面的特点，最后发现其切面中心与周围的颜色有差异，即：中央部分的颜色较淡且被周围深色部分包裹着（图 7）。此样品深色部分厚度大约为 750 微米（图 8），说明该部分可能正是沙谷米基体通过用油翻炒后所形成的胶体膜，从而使其能够得到更持久的保存。

由此看来，新加坡华人在铁锅中烘烤沙谷米的时候，应该也放入了一定量的油对当地的沙谷米进行处理，这样做可能会更有利于均匀受热，也不至于沙谷米颗粒粘锅，另外还有一个目的就是为了能够更好的让沙谷米基体外层形成胶体膜。此时，下油的量也必须掌控得当，否则，过多或过少都不利于沙谷米的长期保存状态。在以后的研究工作中，我们还需要对沙谷米翻炒前后产品进行进一步的科学实验，才能有更多的新发现。

综上，沙谷米的制作工艺可能在 17 世纪末到 18 世纪初有所改变，这就是较之前代增加了烘烤或翻炒的步骤，从而沙谷米的生产工艺技术得到了改良。而现今乾江沙谷米翻炒的步骤正是一个辅证的依据和实例，确实能够通过这样的加工方法使沙谷米更持久地保存。

---

① 中国社会科学院考古研究所等编：《桂林甑皮岩》，文物出版社，2003 年：第 650 页

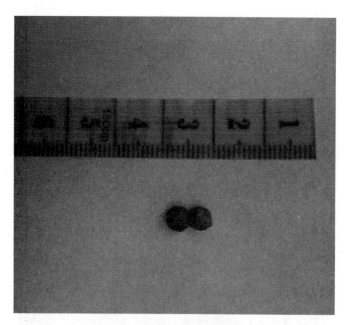

图 6　两粒乾江沙谷米样品

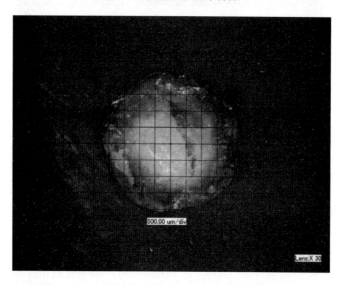

图 7　乾江沙谷米样品截面放大 30 倍时的微观形态

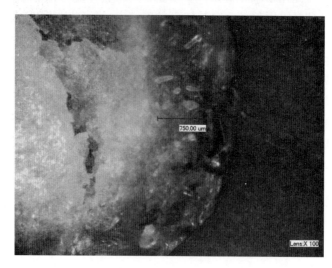

图 8　乾江沙谷米样品截面放大 100 倍时的微观形态

五、结　语

　　沙谷米作为一种非常普通的食品，却有着不为寻常的作用和历史，并且在一定时期的海洋贸易中扮演着一个非常重要的角色。本文通过文献考证、实地考察和实验观察相结合的方式，对沙谷米的生产工艺技术进行了深入的探讨，并认为因要使沙谷米能够长期保存，从而需要对其进行烘烤或翻炒，使之得以在相对潮湿的环境下保存，这是对于沙谷米生产工艺技术的一次改良。与此同时，当时船舱内的具体保存环境究竟如何，是否还有别的方式使沙谷米得到长期的保存，广西北海地区与新加坡地区所使用生产工艺技术是否有历史渊源，广州商人是否有从广西等国内沙谷米产地引进沙谷米来满足其贸易需要？

　　这些都有待于进一步的研究予以解读，还需要配合现代的实验手段，才有可能进一步揭示沙谷米更多的技术内涵及历史信息。

中日韩艾草利用比较研究

孙 建[1,2]* 李 群[1]

（1. 南京农业大学中华农业文明研究院，江苏 南京 210095；
2. 南京农业大学体育部，江苏 南京 210095）

摘 要：艾草有宿根，生命力强，适用性广，被誉为"百草之王"。文章从俗、食、药、灸四方面对中日韩三国艾草利用进行比较。结论，端午节艾草利用主要有挂、戴、浴三方面：中国三者皆有、日本多挂少戴少浴、韩国少挂少戴少浴。艾草食用表现为美食、点心及食品配料、艾草茶三方面：中国三者都有，日本一二较多，韩国偏重一三。艾草药用表现亦有三：烧艾驱蚊治病、艾草制剂的研制及产品的开发、艾草治疗疾病谱不断扩大。三国三者兼有，中国正加强艾草产品的出口。艾草最广泛的利用是艾灸，已被列入人类非物质文化遗产。灸疗发轫于中国，但现在国人对艾灸知晓率及普及程度远不如日本和韩国，日本学校和工厂普及灸法，韩国家庭常用艾灸。

关键词：艾草；中日韩；比较研究

艾草为菊科多年生草本植物，叶子有香气，可内服外用，被誉为"草中钻石"。艾草普遍生于山坡草地、路旁、耕地旁及林缘沟边等地，一般向阳、排水顺畅的地方，但以湿润肥沃的土壤生长较好，主要分布于亚洲东部的中国、朝鲜半岛、日本、蒙古等。近年来，随着需求量的不断增加，艾草种植面积逐年增长。艾草又名冰台（《尔雅》）、艾蒿、黄草（《埤雅》）、医草（《别录》）等别名。《说文》中有："艾，冰台也。"① 自古艾草就是重要的民生植物，《诗经·王风·采葛》曰"彼采艾兮，一日不见，如三岁兮。"② 艾草多为野生，种类繁多，中日韩三国几乎全国各地都有艾草分布，以我国湖北·蕲春的蕲艾最为出名。李时珍父亲李言闻曾撰写《蕲艾传》专门介绍蕲艾，可惜早已失佚。李时珍曾说"艾草本草不著土产，但云生田野……自成化以来，则以蕲州者为胜，用充方物，天下重之，谓之蕲艾。"③

日本的本州、四国、九州、滋贺县及伊吹山麓等地的艾草分布较多，韩国江华山艾草在韩国最有名。日本古籍《医心方》也有关于艾草的记载。朝鲜高丽僧人一然编写的《三国遗事·纪异》曰："时有一熊一虎同穴而居，常祈于桓雄，愿化为人。时神遗灵艾一柱，蒜二十枚。"④ 艾字前面加"灵"字说明朝鲜人民视艾草为一种神奇的植物，更突出艾草的意义和功能。⑤ 艾草生命力极强，能够在极其恶劣的环境中生存。据报导，1945 年日本广岛市原子弹爆炸后，最初生长出来的生物就是艾草。⑥ 本文从俗、食、药和灸四个方面对艾草的利用进行了对比考证。

* 【作者简介】孙建（1979— ），男，江苏如皋人，南京农业大学中华农业文明研究院科学技术史在读博士研究生，南京农业大学体育部副教授，研究方向为为医学史、农业史。李群（1960— ），男，湖北武汉人，教授，南京农业大学中华农业文明研究院博士生导师，研究方向为为畜牧兽医史、农业史

① 黄卓越：《东方闲情》，百花文艺出版社，1991 年：第 208 页
② 刘天寿：《中国古代文学作品选讲》，齐鲁书社，1988 年：第 43 页
③ ［明］李时珍著：《本草纲目》第二册，黑龙江美术出版社，2009 年：第 556 页
④ （韩）李载浩译注：《三国遗事》，1997 年：第 68 页
⑤ 张哲俊：《檀君神话中的艾草及其形成的时间》，《民族文学研究》，2011 年第 4 期
⑥ （韩）林勇伯：《艾灸养生书 无病长寿之道》，花城出版社，2010 年

一、俗

美国人类学家克莱德·克拉克洪（Clyde Kluckholn）认为任何文化只要具备了三项（有高墙围绕的城市，且城市居民不少于 5 000 人、文字、复杂的礼仪中心）因素中的两项就是一个古代文明。火是人类走向文明的重要标志，在人类历史长河中艾草与人类的"火文明"有直接关联。我们的祖先，不但钻木取火，还会削冰取火，把冰削为凸透镜，利用日光聚集在易燃的艾绒上，从而达到治病救人的功效，这里艾绒的原料就是艾草。根据克拉克洪的论述，本人推断艾草与古代东北亚文明息息相关，其理由有二：

其一，文字是人类文明形成的标志之一，汉字"艾"有多种字体，其中金文"艾"写法如下：
（草药）（乂，收割），篆文与金文字形类似，从以上两种字型可以看出艾字本义为采割草药。艾有两种读音，其一为（ai），其二为（yi），蒙语为菱哈。韩语艾草的书写为쑥，读音为（shu g）。日语艾草写法和读音分别为ヨモギ（Yo mo gi）。艾草拉丁学名为 Artemisia argyi，英语名称 Artemisia（相传源自摩索拉斯王的妻子 Artemisia），英语别名之一是 Wormwood 或 Mugwort。表 1 为中日韩三国艾草的字体、读音及艾草拉丁、英语名称。

表 1　中日韩三国"艾"字体、读音及艾草拉丁、英语名称

国　　家	艾的字体	读　音	名　　称
中国	（金）（篆）艾	Ai、yi	拉丁学名 Artemisia argyi
日本	ヨモギ	Yo mo gi	英语名称 Artemisia
韩国	쑥	shu g	英语别名 Wormwood、Mugwort

其二，风俗礼仪是社会风俗习惯的内容之一，它是特定社会文化区域内历代人们共同遵守的行为模式或规范。随着人类社会文化生活的不断变迁，历史文化传统节俗中一些健康有益的成分得以保存和发扬，成为社会进步和文明程度的标志。端午节在中国有重午节、卫生节、端阳节、女儿节等二十多个名字。阳历五月五日是日本的"端午の節句"（端午节）。"端午节"一词明确出现于日本典籍《续日本后纪》中。《日本书纪》（下）记载："古代日本将五月五日正式确定为节日，始于公元 834 年实行的《令义解》。"[1] 端午在韩国被称为重午节、天中节、戌衣日和水濑日，主要以祭祀为目的，所以又可称为端午祭。1819 年金迈淳在《洌阳岁时记》中记载："国人称端午曰水濑日，谓投饭水濑享屈三间也"。

（一）挂

中国端午有"龙舟渡大江，艾草香满堂"的佳句，如今粽子、艾草、龙舟早已成为人们熟知的端午代名词。无论是民间还是宫廷，端午节都有用艾的习俗。古人以为香能解秽辟毒，宁波地区端午日，则将菖蒲、艾青等有香味的艾草挂在门口的习俗。[2] 宋代宫殿端午节也有在各殿阁正门和侧门皆悬挂艾草和菖蒲辟邪，嫔妃宫人都戴着五颜六色的合欢索以求延年益寿。端午挂艾具有杀菌杀毒的作用，诗人谢钟称颂艾蒿："端午时节草萋萋，野艾茸茸淡着衣，无意争颜呈媚态，芳名自有庶民知"[3]。

日本端午节也有采艾草并放在房檐的习俗，史料记载，日本平安时代天皇都要降旨采集菖蒲艾蒿等应季植物，各地官府则组织人员采摘并进献宫中。[4] 日本于昭和 23 年（1948 年）7 月制定了《关于国民节日的法律》，将端午节的名字改为"子供の日"（儿童节），祈祷男孩子健康成长的民俗活动。在日语中"菖蒲"和"尚武"是谐音，所以端午节渐渐变成了男孩子的节日。日本人过端午的主要活动是为了避邪而吃粽子和柏叶饼，并喝菖蒲酒。据《东京梦华录》载，端午前东京市民买来桃、柳、葵花、蒲叶、艾

---

① （日）坂本太郎等：《校注〈日本书纪〉（下）》，岩波书店，1984 年：第 197、377 页
② 宁波市文化广电新闻出版社编：《宁波市非物质文化遗产大观鄞州卷》，宁波出版社，2011 年：第 206 页
③ 杜福祥：《无意争颜呈媚态 芳名自有庶民知——略谈艾蒿的食用保健》，《开卷有益，求医问药》，2004 年第 5 期
④ 张建芳：《论中国端午节文化在日本的传承与发展》，《赤峰学院学报》，2010 年第 7 期

草等，端午日将这些东西铺陈门前以避邪。[①] 日本农村一些地方还在棚顶和门上插菖蒲、艾草，如果以后有蜘蛛网挂在菖蒲、艾草上，就认为是预示着吉利，也有些地区把菖蒲和艾蒿插在屋檐或房顶上。

韩国江陵的端午祭起源于该国新罗时代的山神祭，由于山神祭的时间与中国端午节相近，许多风俗又与中国端午节相似，1927 年才正式把山神祭定名为"端午祭"。韩国民间生活中艾草也是经常用到的植物，《老乞大》中有："……虎爪、响朴头、艾叶、柳叶……"的记载[②]，但韩国只有少部分地区有挂艾的习俗，大多数地区取而代之的是吃用艾草做成的"보리떡"（baoligai）糕以祭祀。

（二）戴

我国自古就有"清明折柳，端午戴艾"的谚语，民俗学家认为"虎"在中国文化史上有着显著地位，端午戴艾虎已有千年以上历史，宋代最为盛行。端午之际做艾人、戴艾虎以祛病、驱毒、避邪的功效。《风俗通》曰："虎者阳物，百兽之长。能噬食鬼魅……亦辟恶"。[③]《荆楚岁时记》中写道："五月五日，四民并踏百草，又有斗百草之戏。采艾以为人，悬门户上，以禳毒气。"[④] 宋·杨无咎《齐天乐·端午》"小窗午……衫裁艾虎，臂缠红缕。"戴艾虎，佩钗符，系五色丝，都是作辟邪去灾之用。《醉蓬莱·端午》云："艾虎宜男，朱符辟恶，好储祥纳吉。"[⑤] 该词反映了宋代民间过端午节的一些习俗，如佩戴艾虎、悬挂朱符。

在日本有"艾旗招百福，蒲剑斩千邪"的俗语。与中国类似还有系缕以续命之俗，但没有明确的资料记载日本的缕是用艾草制作。

韩国古代端午祭时，宫廷里人们会用艾草做成老虎的模样以驱鬼。民间百姓为了辟邪驱鬼，在搬家时会在房子的四个角落点上干艾草，夏日夜晚人们会点燃艾草来驱赶蚊虫。《东国岁时记》中亦有记录在当天做艾虎而下赐给阁臣之事。契丹的艾绵衣、中国的艾人以及我国的艾虎皆分明地具有以艾草来防除毒气的共同意义。[⑥]

（三）浴

艾草是民间常用中药材，我国最迟公元前一世纪就有在端午节用兰汤洗浴的习俗。明代《五色姐》记载："兰汤不可得，则以午时取五色草拂而浴之"。因佩兰难寻，所以此风俗发展至今，渐渐演变成用菖蒲、艾草煎水沐浴。[⑦] 相传女皇武则天由于到嵩山封禅洗艾水澡后疾病明显好转，所以武则天对嵩山极其崇拜。古代，女孩子出嫁前要用艾草浸泡过的水沐浴，清洁身体的同时也为自己祈福，来迎接懵懂无知的新生活。如今，各地流行的"药草浴"，大多就是选用艾草，从药理上看，艾草浴消毒止痒，是天然的"舒肤佳"。我国一些地区小孩出生有"洗三朝"的风俗习惯，人们认为"三朝"洗得好坏直接关系到小孩皮肤的健康，"洗三朝"一般是在婴儿出生后第三天洗一次艾草澡。产妇在产后三天和满月，都要进行一次艾汤沐浴，用以消毒辟秽，温运气血，预防产后体弱受病。

日本享有"温泉王国"的美称，日本是一个非常喜欢洗浴的民族，艾草浴自诞生以来就深受日本人的青睐，在日本有"三步一小汤，五步一大汤"之说。韩国人普遍利用艾草美容，他们认为用艾草水洗脸可以镇定因温度和刺激而过敏的皮肤，韩国女性还经常敷艾草。艾草浴可分为艾草直接浴和艾草间接浴，艾草洗浴可以加快血液循环，起到温通气血、扶正祛邪目的。洗艾澡可治疗痹症、局部的麻木不仁、四肢阙冷的虚脱症等。从预防学的角度来看，洗艾澡不但能起到防病保健的作用，还能激发人的正气，增强抗病能力。

---

① 张维青，高毅清：《中国文化史（三）》，山东人民出版社，2002 年：第 271 页
② 《原本老乞大》，参见汪维辉编《朝鲜时代汉语教科书丛刊》第一册，中华书局，2005 年：第 38 页
③ 王臣著，月锦绣，锁清秋：《古典诗词里的节日之美》，武汉出版社，2011 年：第 163、164 页
④ 张建芳：《论中国端午节文化在日本的传承与发展》，《赤峰学院学报》，2010 年第 7 期
⑤ 何春环：《唐宋俗词研究》，中央民族大学出版社，2010 年：第 331 页
⑥ 黄凤岐，朝鲁：《东北亚研究——东北亚文化研究》，中州古籍出版社，1994 年：第 421 页
⑦ 王臣著，月锦绣等：《古典诗词里的节日之美》，武汉出版社，2011 年：第 161 页

表2　中日韩三国端午节名称及艾草主产地、应用形式、目的与差异比较

国家	名　称	产　地	形　式	目的	差　异
中国	端午节 端阳节 五月节	湖北、安徽、湖南、河南、河北	挂艾草、戴艾虎、洗艾澡、吃艾糕	防病 避邪 驱蚊	挂艾草、戴艾虎、洗艾澡三者都有
日本	端午の節句 たんご 子供の日	本州、四国、九州、滋贺县及伊吹山麓	插艾草、放艾蒿戴艾没明确记载	防病 避邪 驱蚊	挂艾草、不戴艾虎少洗艾澡，重在悬鲤鱼
韩国	戌衣日 端午祭	江华山艾草最出名	吃艾饼和艾子糕	祭神 祭祖	少挂少戴少洗艾澡、重点是吃艾糕

由表2可知，艾草在中日韩三国端午节均扮演着不可或缺的角色，端午节在中国得到很好的传承和发展，基本保留了原有的祭祀、卫生防疫之功能。传入日本后，在秉承了挂艾草以驱毒避邪、保生护命为文化内涵的同时，逐步演变成为以悬鲤鱼旗为重要标志，用来祈祷男孩健康成长和农业丰收的"儿童节"。[①] 传入韩国形成了"人类传说及无形遗产著作"的江陵端午祭，现在的江陵端午祭无论是规模还是时间跨度都超过中国，仅文娱节目就有1 000多个。正如民俗学家刘魁立先生所说："每一个地方，在自己的民俗活动上，都有自己的特点。而这一普遍性和特异性的结合，是民俗事项的一个非常重要的特点。"[②]

二、食

艾草是保健价值十分全面的药食两用食材，我国民间有"多吃艾草，长生不老"之说。艾草有特殊的香味，艾草也是屈原诗篇中多次赞美过的"美人香草"植物之一。唐代孟诜《食疗本草》中："春月采食，或和面作混沌如弹子，吞五枚，以饭压之……常服治冷痢。"[③] 春季采摘鲜嫩的艾草做成美味可口的食物进行品尝，不仅可以帮助人体升阳，抵抗外邪，还可开胃健脾，增进食欲。日本是世界上最长寿的国家，注重膳食的质量和饮食的控制是其中的重要原因，日本有全民食艾的传统。韩国对艾的钟爱不仅出于健体，而且还因为艾（쑥）被释为"高""上""神"，用艾做成的糕点具备一定的神圣性。中日韩三国都有将艾草做成各式美味可口的食品供人们享用，具体如表3。

表3　中日韩主要艾草食品

国　家	艾草食品
中　国	艾草青团（糍粑、饭、饼、茶、汤、粥、水饺、酒）和清明粿等
日　本	艾草饼（天妇罗、甜点、饭、麻糬）和艾阜团子等
韩　国	艾草糕（面、饼、汤、粥、茶）等

（一）艾草美食

在我国民间有"三月三，吃蒿子粑"的习俗，中国人春天会吃艾草，制成艾草青团、艾草糍粑、艾草饭、艾草糕、艾草粿、艾草水饺等食品让身体得到净化。食用艾草以其嫩茎叶为主，也有用艾根保烫的做法。[④] 清明时节艾草可以做成美味的艾草青团。据说艾草青团与太平天国将领李秀成有一定关系，有

① 张建芳：《论中国端午节文化在日本的传承与发展》，《赤峰学院学报》，2010年第7期
② 新京报：《韩国端午祭成功申遗的文化传承之思》，2005年12月5日
③ 邱兆锋：《古风遗韵》，文化艺术出版社，2009年：第405页
④ 周文涌：《土菜馆》，浙江科学技术出版社，2005年：第189页

一年清明节，李秀成被清兵追捕后没有吃的，附近耕田的一位农民迫于追兵的严格检查，用艾草做成的艾草青团带给乔装成农民的李秀成充饥。将春好的艾草与米粉和水搓成面团，包入芝麻花生豆沙馅儿，就成了青团。[①] 有数据统计2013年王家沙的青团一天可突破10万只。[②]

艾草糍粑是中国南方一些地区流行的美食，两广地区和湖南较为普遍。艾草饭深受客家人的喜爱，在客家有"年年艾草绿，岁岁艾糍香"的说法。在福建（龙岩）、广西（河池）、江西（婺源）、台湾（屏东）等地的客家人都有吃艾草饭的习惯，并且艾草饭成为河池地区凤山县一带壮、汉等民族的传统佳食。[③] 胡锦涛主席曾于2010年春节期间在福建龙岩市闽西革命老区一户百姓家中与主人一道包艾草粄（把艾草与糯米粉和在一起，像包饺子一样包上各种馅儿）。

天ぷら（Tempura）被认为是日本料理的核心食物之一，在日本艾草还被制成艾草天妇罗，好的天妇罗必须拥有酥脆轻盈且没有油脂吸附的面衣。春季一些珍贵野菜往往成为制作天妇罗的天然源料：包括蕨菜和艾草等。日本冲绳做料理时往往会在料理中加入艾草，其目的是为了消除荞麦面里一种肉的味道。日本天妇罗根据季节和制作材料可分为好多种，其中艾草天妇罗属于蔬菜天妇罗类。麻糬是东南亚国家常见的一种食品，中国、日本、新加坡、马来西亚都有吃麻糬的习俗，麻糬在日本非常受欢迎，日本有一种麻糬叫艾草麻糬，它是在麻糬中揉合艾草汁，既美味又健康。跟中国类似，在初春时节，日本有将柔软的艾草做成艾草饼，艾草饭或艾阜团子，或直接做成各式菜肴的习惯。[④] 日本观光区常卖的"草饼"也有艾草作为原料之一，麻糬可以分为有馅和没馅两种，一般沾豆粉和着糖浆来吃。

韩国的大街小巷，随处可见艾草糕、艾草饼、艾草汤、艾草粥等各色食物，在韩国有吃艾蒿糕、牛头糕的习俗。韩国对艾草的食用主要以端午节吃艾糕最具特色，《京都杂志》指出："按武珪燕北杂志，辽俗五月五日，渤海厨子进艾糕，此东俗之所沿也。"[⑤] 按照传统风俗，在端午这一天要吃"艾子糕"。不仅要祭太阳神，还要吃车轮形的"山牛蒡饼"之类，其用意是要接受阳气，而山牛蒡饼是用艾草作为原料的。[⑥]《东国岁时记》曰"端午俗名戌衣。戌衣者东语车也。是曰，采艾叶捣乱，入粳米粉，发绿色，打而作糕，像车轮形食之，古谓之戌衣。"[⑦] 此外，韩国还将艾草做成艾草面，艾草面是以艾草为主原料做成的艾草豆腐奶油意式面，由于鲜奶油的味道美味柔和，受到很多韩国人的喜欢。

（二）艾草点心及食品配料

艾草普遍被用来做各式点心，根据本人2014年在江西调研发现，清明前后江西南昌、婺源有用艾草做"清明粿"的习俗，该地区的"清明粿"由糯米粉与经过一定工序处理过的野生艾草蒸制而成，在中国最美丽乡村婺源上晓起村还发现有专门做清明粿的工具。如今，市场上还出现在元祖艾草蛋糕和点心。此外，艾草用途非常广泛，可作为各种食品的配料，每年五月的艾草大福都会在果子店的小橱窗里出现。[⑧]

随着需求量不断增加，日本国内野生和种植的艾草已远不能满足食用。为此，日本将视野转向同属东亚的中国。例如：1992年底，由中日三家公司合资创办的安徽郎溪上野忠食品加工有限公司建有艾草综合、速冻蔬菜、粉条、点心4个主生产车间，该公司主打的"绿川"牌冷冻、高温高压、干燥三类艾草产品，专门用于生产和式点心、面包、月饼、糕点、粽子、冰激凌等食品配料。

（三）艾草茶

自古艾蒿就被作为中草药用来制茶，中国和韩国都有饮艾草茶的习惯。根据需要可以做成很多种类艾草茶，艾草不仅可以单独制茶，还可以与其他材料混和泡茶。如仅以艾草为原料，就可以做成对身体

① 陈菲著：《何处药香不医人 一味中药补养全家》，哈尔滨出版社，2009年：第54页
② 朱全弟，种楠：《艾草青团受青睐》，《新民晚报》，2013年4月2日
③ 林艳凤：河池地区民族事务局编.《广西民族饮食大观》，贵州民族出版社，2001年：第215、216页
④ （日）松田有利子著，吴玮原译：《天然食物治百病》，浙江科学技术出版社，2000年：第182页
⑤ （朝）柳得恭：《京都杂志（影印版）》，东方文化书局，1971年：第25页
⑥ 黄崇浩：《中韩端午节祭之关联性论略》，《湖北师范学院学报》（哲学社会科学版），2008年第1期
⑦ 阎纯德：《汉学研究》，第7集，中华书局，2000年：第702页
⑧ 依赖神马，陆维止译：《深山藏美食》，《东京购物》2011年7月22日

有益的艾草茶。如果艾草不是所需的唯一原料，那么根据需要可以做成很多种类，例如：艾草豆汁茶、红花艾草茶、当归艾草茶等。韩国比中国更普遍，韩国人认为艾草茶对身体非常有益，尤其对于平常身体偏凉、生理期不规律的女性。艾草茶可以是初春采集艾草的幼苗或艾草的上部，用干艾草也可泡茶喝。艾草对于妇科疾病疗效尤其显著，喝艾草茶对种类治疗妇科疾病也非常有效。经常喝艾草茶，还能够缓解生理痛、更年期症状、头痛和高血压等病痛，所以，艾草是名副其实的"女人的补药"。现代社会发展所造成的一些文明病（如疲劳、空调病、肥胖与高血压、保肠胃护肝脏）等均能通过喝艾草茶来有效的缓解。①

总之，中日韩三国都有利用艾草做成食品的传统，中国自古就有用艾草做酒的记载，中韩两国都有饮艾草茶的记载。三国都会在春天将新鲜的艾草采摘做成各式各样的艾草食品，而日本则该国家喻户晓的日本料理天妇罗里加入艾草的元素，中国和韩国都将艾草食品融入节日的氛围，如今艾草已经走入了三国寻常百姓的家庭生活，但由于艾草有小毒，所以不可多吃。

三、药

《孟子·离骚》有"七年之病，求三年之艾"。②《春秋外传》有"国君好艾，大夫知艾"。孔璠之《艾赋》有"奇艾急病，糜身挺烟"等记载。明·李时珍《本草纲目》记载"产于山阳，采以端午，治病灸疾，功非小补。"宋·苏颂《图经本草》云："近世有单服艾者，或用蒸木瓜和丸，或作汤空腹饮，甚补虚赢。"③我国大部分地区流行着"家有三年艾，郎中不用来"的谚语，以上都说明艾草普遍应用于治疗各种疾病。

（一）焚艾预防瘟疫的科学依据

艾草预防瘟疫已有几千年的历史，烟熏艾草是一种简便易行的防疫法，艾草不仅是绿色驱蚊药，还是天然的防腐剂。从有文字记载的夏、商时起，我国人民是很注意清洁卫生的。日本东京一家寺院里，人们为求健康将艾草装在陶钵上点燃，然后顶在头上，这种保健方法已有350年历史，据说在盛夏时使用可以使人头部凉爽，精神振作。④艾草燃烧后所产生的烟雾能驱虫杀菌，而且气味芬芳，有通气活血之效，是一种难得的环境清洁消毒剂。

有关的药理实验证实，燃烧艾草可杀死金黄色葡萄球菌、绿脓杆菌、白喉杆菌、伤寒及副伤寒杆菌、真菌等，因此，不少专家认为艾草这种纯植物性的消毒剂和化学消毒相比，具有不污染环境，对人畜有益无害等优点，应大力推广。⑤同时，燃烧艾草对化脓性炎症、外伤及烧烫伤感染、皮肤化脓性感染、皮癣、带状疱疹、上呼吸道感染等多种疾病有促进愈合及痊愈的作用。⑥这些都表明艾草确实有预防疾病及保健康复的作用。

（二）艾草制剂研制及产品开发

我国自古就有艾草制剂的药用记载，东汉张仲景的《金匮要略》载有胶艾汤。东晋葛洪的《肘后备急方》治疗白癜风的酒剂。艾草制剂有传统和现代之分，传统艾草制剂分为汤剂、丸剂、膏剂、酒剂、灸剂、熏洗剂、香囊剂、散剂等，而现代制剂分为合剂、注射剂、片剂、胶囊剂、灌肠剂、洗剂、颗粒剂、气雾剂、喷雾剂、茶剂、艾叶油制剂及其他艾草保健品制剂（蕲艾保健腰带、蛇艾卫生巾、艾蒿牙膏、艾婴康、蕲艾活肤皂和蕲艾精油等）。⑦

① 孙建，李群：《艾草茶发展与保护研究》，《农业考古》2014 年第 5 期
② 胡文彬，周雷编注：《高鹗诗文集》，百花文艺出版社，1984 年：第 115 页
③ 梅全喜：《艾叶的研究与应用》，中国中医药出版社，2013 年：第 2 页
④ 法新（新华社）：《日本古老保健方式——头顶烧艾草使头凉爽》，《人民日报》，2005 年：第 7 版
⑤ 咎亚玲编著：《生活中的生物学》，中国社会出版社，2004 年：第 254、255 页
⑥ 梅全喜：《艾叶》，中国中医药出版社，1999 年
⑦ 梅全喜：《艾叶的研究与应用》，中国中医药出版社，2013 年：第 175 – 198 页

　　由于艾草药用价值非常显著，近年来，中日韩三国都加强了艾草产品的开发，同时，我国还加强了艾草资源及产品的出口，其中安徽郎溪上野忠食品有限公司吃口日本的产品最为丰富。我国涌现出众多艾草公司及艾草保健品如表4。

表4　中国艾草主要单位及其艾草保健产品

省份	单位	艾草保健产品
安徽	安徽郎溪上野忠食品有限公司	"绿川"牌冷冻艾草、高温高压艾草、干燥艾草、艾草茶
上海	上海家化联合股份有限公司	艾草健肤沐浴露、艾草除菌香皂、艾草健肤花露水和艾草抑菌洗手液
浙江	宁波隆鹰食品有限公司 杭州知味观食品有限公司	艾草青团
河南	河南南阳国草科技开发有限公司	艾草香烟
	河南天然艾草生物制品公司	艾条、艾绒、艾灸、灸器、精油、有烟艾条、无烟艾条
	南阳艾立方艾草制品有限公司	艾绒坐垫、艾绒儿童肚兜、艾灸暖宫包、艾绒腰包、陈艾绒被子、艾绒颈椎保健枕
湖北	蕲春赤方蕲艾制品有限公司	蕲艾沐浴宝、蕲艾金绒颈椎修复枕、蕲艾金绒保健床垫、蕲艾披肩
	蕲春李时珍地道中药材有限公司	艾绒垫、蕲艾鞋垫、蕲艾坐垫、蕲艾枕头、蕲艾眼罩、蕲艾肚兜、蕲艾护腿
	蕲春李时珍医药集团有限公司	艾婴康婴儿型蕲艾沐浴露、艾阴洁皮肤黏膜抗菌洗剂

　　日本"清洁地球公司"利用植物艾蒿制造出一种新型食品保鲜袋，这种保鲜袋可反复使用，用完后还能够被生物分解，化为土壤。这种食品保鲜袋是用60%的可降解塑料、20%的艾蒿粉末及20%的添加物混合加工而成。把蔬菜、水果等食品放在里面，置于冰箱内，可确保食物处于抗菌、防霉、防虫的环境中，能够将食物保鲜期延长两倍。如果这种保鲜袋被用脏了，经过涮洗还可以反复使用，直到用破为止。废弃后，保鲜袋会被微生物分解，化为土壤，对环境没有任何污染。[①] 同时，日本还兴起了"艾蒿药枕"热，日本从中国进口大量艾蒿，用于制作馨香枕头。方法是将艾草带茎粉碎，再用大型干燥器干燥30分钟，使含水量降至10%～15%，并在80℃温度下进行热处理，最后装入枕套，制成枕头。由于该枕头具有避蚊、除虫、除臭等功能，对治疗头痛、消除疲劳亦有好处，颇受日本消费者欢迎，仅此一项日本每年就要从我国进口约2 000吨艾蒿。[②]

　　韩国普遍应用艾草于美容。一方面，喝艾草汁。韩国人把艾草、大蒜和胡萝卜称为预防成人病的三大食品。春天时很容易犯困，而艾草特有的香气可以缓解疲劳。由于艾草含有丰富的钙、纤维和维生素A、B、C，所以喝一些用干艾草煎的浓汁，早晚服用，便可以治疗腹泻、便秘，还可以提高免疫力。韩国女人喝艾草汁作补药，艾草不仅能美容、提神，还是预防成人病的良药，可谓是女人最好的补药。韩国女人喜欢将新鲜的艾草煮熟后榨汁喝，这被认为具有很好的抗菌消炎之功效；另一方面，艾草面膜。取生艾草煎水候温可以用来熏洗皮肤湿疹，有减轻瘙痒和消除皮损的作用。用艾草进行皮肤护理，每周1～2次，可以改善雀斑等皮肤烦恼。特别是对于混合性皮肤，用艾草水洗脸，可以帮助缓解丘疹等皮肤问题。同时，艾草面膜可改善雀斑，其秘密就在于艾草中富含的叶绿素，叶绿素有令肌肤白皙光滑的作用，基本材料是干燥的艾草。

（三）艾草治疗疾病谱不断扩大

　　我国自古就有"岁多病，则艾先生"的说法。现代医学研究表明，艾草中含有极其丰富而复杂的化学成分，主要为挥发油、桉叶烷、三萜类、黄酮类等。艾草治疗疾病主要体现在抗菌、抗真菌、平喘、利胆、抑制血小板和抗过敏方面。首先，艾草不仅具有抗肿瘤，延缓衰老的功效，而且对治疗心血管疾

---

① 小文：《日本将植物艾蒿用于食品保鲜》，《食品科技》，2008年第7期
② 梅全喜：《艾叶的研究与应用》，中国中医药出版社，2013年：第107页

病也很显著疗效。药理实验亦证明艾草有抗菌抗病毒、平喘镇咳、祛谈、抗过敏、止血和抗凝血、增强免疫、护肝利胆、解热镇静及降压等作用，甚至有抗癌之功效。[①] 其次，艾草广泛应用于治疗妇科疾病如崩漏、痛经，治疗呼吸道疾病如支气管炎、肺结核、感冒等。不仅能散寒除湿、温经止血，而且对于妇女虚寒、月经不调、腹痛、崩漏有显著疗效，因而也是一味妇科良药。

例如平时容易手脚冰凉、痛经的女性朋友可以用艾草煮的水来泡脚，再加上点红花，更能起到温阳通络、活血化瘀的作用。孕妇也可以用艾草泡脚，还可以安胎呢，只是泡的时候就不要加红花，艾草因对妇科疾病疗效显著通常又被称为"女人草"。最后，艾草具有促进冠动脉血液循环的作用。在悸动、呼吸困难、胸痛、头痛等狭心症相关症状方面也十分有用。由于艾草中含有毒性皂苷、萜类，所以对肝脏有毒副作用，所以应注意剂量。

总之，艾草一个全民皆用的大众药物，具有简单易得、使用方便、价格低廉、疗效显著的特点。伴随现代科技的发展，艾草的神奇功用将会不断开发，艾草治疗疾病谱迅速拓展，人类的健康事业的保驾护航将离不开艾草的细心呵护。

四、灸

针灸是"针"和"灸"的合称，如果以时间的先后为序，灸疗的历史比针疗更加久远。原始社会，祖先们在烘烤食物或取暖等使用火的过程中，发生灼伤，结果使原有病痛减轻或消除，于是主动用火熏烤或烧灼治疗更多的病痛，便是灸疗的起源。"医学之父"希波克拉底曾说过："用药无法治愈就用铁来治，用铁无法治愈就用火来治。用火无法治愈就没有办法了。"[②] 很多西医认为，铁是手术器械，火是激光，韩国百岁医生金南洙认为，铁很有可能是针，火可能是灸。艾灸不仅能提高机体的免疫功能，而且还能增强机体的抗病能力。

（一）中国

艾灸产生于我国远古时代，艾灸疗法在中国历史上影响重大而深远，灸疗产生在人类掌握了火的应用之后。在殷和西周甲骨文、金文里，就有表示灸人下肢的象形文字。据李建民在"艾火与天火——灸疗法诞生之谜"记载最早关于灸法的论述有二：一是，《庄子·盗跖篇》"丘所谓无病而自灸也"，二是《孟子·离娄》"今之欲王者，犹七年之病求三年之艾也"。许多历史典籍都有大量专门的记载。如《说文解字》《黄帝内经》《五十二病方》中的《足臂十一脉灸经》和《阴阳十一脉灸经》《难经》《伤寒论》和《金匮要略》《曹氏灸方》《枕中灸刺经》《针灸甲乙经》[③] 等。《本草纲目》曾记载："艾草，……灸之则透诸经而治百种病邪，起沉苛之人为康泰，其功亦大矣""蛇入七窍，灸以艾炷，或辣以椒末，则自出。"[④] 艾灸可分直接灸、间接灸、艾卷灸和温针灸等。唐代，灸疗学成为一门独立的学科，已有专门从事灸疗的灸师。宋金元时期，印刷术的广泛应用，促进了医药学的传播与发展，宋代将针兼灸科列为九科之一。明代，灸疗法发展到高峰，研究问题更加深入而广阔。新中国成立后，党和政府十分重视中华民族文化遗产，成立针灸疗法实验室。

（二）日本

艾灸，作为中医学中的排头兵，早在公元550年就经朝鲜传入日本。古代的日本，应用灸法预防保健，延年益寿一直是作为一年中的一件大事来行使，在日本有"勿与不灸足三里之人行旅""风门之穴人人灸""不灸三里者不做旅人"等谚语。天庆二年（939年），日本天皇发表全日本国民艾灸布告，主要

---

① 张振环：《艾草火腿肠的加工工艺研究》，合肥工业大学，2012年
② （韩）金南洙：《针通经络灸调阴阳》，吉林文史出版社，2009年
③ 梅全喜：《艾叶的研究与应用》，中国中医药出版社，2013年
④ [明] 李时珍：《本草纲目·主治》卷四（上册），第271页

内容就是"春秋施灸，以防疾患，人因应勤于所业，然有所患则业废身蔽，不可不知，妇孺产然"。① 日本·八偶景山《养生一言草》记载："灸治确为养生诀，年逾四十灸三里。施灸不为寒暑限，疲劳施灸为上策。小儿患病应施灸，胜似服药有神效"②。

1912—1932 年间，日本最长寿家族，万平家族三代之中有 6 人达 100 岁以上，其长寿秘诀是：每日实践足三里等穴位的艾灸，维持下体的气力旺盛健康。近代日本医家有在整个工厂、学校全体施以灸灼，作为一项保健措施，结果证明灸法确有增强体质和预防疾病的作用。现代，日本人对艾草的研究非常重视，坚田、原田两位博士曾研究得出人体经施灸后，白血球显著增加，达到平时的二倍以上。施灸后，红血球、血红蛋白增加、免疫机能和新陈代谢功能一并旺盛，从而进一步佐证了艾灸能消炎，镇痛，促进营养吸收。

（三）韩国

艾灸是涉及韩国每个家庭成员的保健疗法，如今艾灸已成为韩国保健符号。艾灸之所以风靡韩国，百岁名医金南洙先生功不可没，金南洙是 2008 年北京奥运会韩国代表团首席医师，在韩国很有名望，历届总统和演艺界、学界商界等不少知名人士都曾接受过他的治疗。他在继承传统中医艾灸的基础上，创造出一套适合现代人"无极保养灸"，金老在自己的医学专著《针通经络灸调阴阳》中指出："无极保养灸是根据古代医书中记载灸术，通过二十多年的临床经验加以检验后创造出来的。"③ 此法适用于许多疾病，简单易学，即使目不识丁也可以在家操作，是受众人追捧的养生秘诀。金南洙擅长灸法，行医八十余年最大贡献在于让针灸，特别是灸法走入平常百姓家，他让韩国和世界重新认识了东方医学。

2010 年"中国针灸"入选人类非物质文化遗产代表作名录，这不仅是对中国针灸在世界地位的一种认可，更是对人类保护针灸的一种期待。原本作为针灸发源地的中国理应承担传承和发展"针"和"灸"的重任，但中国目前却出现了"重针轻灸"的趋势，艾灸在中国的发展每况日下，曾有专家感叹"墙内开花墙外香"。而在日本和韩国艾灸大受欢迎，日本的学校、工厂都有要求进行艾灸保健，韩国的每个家庭都会进行艾灸，尤其是在百岁韩医金南洙先生的影响和带动下，日本、美国、俄罗斯都相继开设金南洙"无极保养灸"分院。倘若我们还不引起足够的重视，总有一天会落到"撑死徒弟、饿死师傅"的尴尬境地。

五、结　语

通过上述四点比较可知，一直以来艾草都与中日韩文明的起源与发展息息相关，在人类发展的历史长河中没有任何一种植物在人们的生活中扮演着如此重要的角色。由于艾草在中日韩三国风俗、饮食、医药、保健灸等方面都有着广泛而深远的影响，所以，中日韩三国对艾草的利用史实际上就是一部东北亚文明不断进步的发展史。艾草代表着自然界永恒的绿色和芳香，艾草不仅是节日的标志，还传达出内心的情感、祭奠着祖先、融入到生活。中日韩三国是一衣带水的邻邦，同属东亚汉文化圈，三国应携手并肩，不断加强艾草利用的多层次、多领域、多渠道交流与合作。

总之，无论是东方医学还是西方医学，不管是传统医学还是现代医学，都充分肯定了艾草的多元价值。如果说"杏"是中医之花，那么"艾"无疑就是中医之草。艾草已经成为人类一年四季、家家户户、男女老少均可使用的"百草之王"。艾草不仅是一味古老而神奇的中草药，而且是成为老百姓经常食用的原料之一，应验了"药食同源"的古语。艾草作为一种广谱抗菌抗病毒的药物，具有"简、便、验、廉"的特点，成为东方医学最为常用的药材之一，艾草治疗疾病谱正在不断增多。随着针灸被列入"人类非遗代表名录"，艾灸的知晓率一定会显著提高，艾草的节俗化、普适化和国际化将会进入新常态。

---

① 韩明：《针灸临床集验》，中国中医药出版社，1994 年：第 40 页
② 宋如英，孙家麟：《百病一穴灵》，中国科学技术出版社，1994 年：第 7 页
③ （韩）金南洙：《针通经络灸调阴阳》，吉林文史出版社，2009 年

Warabimochi Style and History

Ikue Kawamura

（Independent Researcher，Japan）

Ⅰ. About Purpose of Survey

"Warabimochi" is Simple Japanese confectionery.

It's made from "Warabi-ko" and Sugar and Water.

It has various properties, such as the Taste, Texture, Price and Way of Eating.

Especially difference between Real "Warabi-ko" and substitute starch.

Real "Warabi-ko" price is fifty times higher than substitute starch. Also eat situation.

Because making powder requires a large amount of time and labor, it is a very hard work and a few people choose a career in the shrinking industry of powder-making.

"Warabi-ko" has been mainly used by Tea ceremony.

What kinds of "Warabi-ko" are there?

How to use "Warabi-ko" came taking over?

How the "Warabi-ko" has become now of value?

Ⅱ. About "Warabi-ko", "Warabimochi"

1. The history of "Warabimochi"

"Warabi-ko" is made from Bracken roots. Water bleached technology came introduced from South-West China at BC. 6000-BC. 5000 （Jomon Period）. ［Nakao Sasuke 1966, Komei Sasaki 2007］. It has been used for several purposes.

Firstly, it is as the winter fallow crops. Secondly, it is as the emergency food at the time of jiujiang continue to be made until middle Showa-period (1970 around). Lastly, it is as the taste foods. According to legend, "Warabimochi" was "Godaigo Tenno (= The Japanese Emperor at Heian-period (897 ~ 930) 's favorite food. Kyogen (oldest of Japan's theatrical arts) themed" Okuratoraakira, Okatayu" tell it. In Heian-period, Japanese envoy to Tang Dynasty China brought tea and tea culture. In Kamakura-period (1185 – 1333), Monks of Zen Buddhism "Eisai" and "Dogen" brought green tea for ceremonies. They systematize "Shojin ryori" as part of the inside of Zen food. (Shojin ryori (= Shojin cuisine): Originally a special kind of vegetarian dish prepared for Buddhist monks, containing neither fish nor meat). In the meanwhile, "Warabimochi" and Kuzumochi (arrowroot starch dumpling) have eaten as a "Tenshin" (light meal). Eisai (1141 – 1215 Founder of the Rinzai sect of Buddhism) went to China at 1168 and 1187. After he wrote "Kissayojoki (This word means the way to be healthy by drinking tea.)". This book tell efficacy of tea. Dogen went to China at 1223. (He is Founder of the "Sotou sect" of Buddhism at 1200 – 1253). After he wrote "Tenzokyokun (Tenzo is one of the monks training, It refers to the monk of cooking and eating)" and "Fusyukuhanpo (Table manners at Temple)". These books produced "Shojinryori". He was living on the basis of carnivorous avoidance of Buddhism. He considered nutrition systematically, while not eating meat on the Buddhist doctorine. [Harada Nobuo 2014]. (In Japan, meat-eating was a taboo or was officially prohibited in many eras throughout the history.) "Tensin" was originally a light meal to eat when we were a little hungry [Akai 2005]. So "Warabimochi" is made of starch (Carbohydrate) and beans (protein) powder. It's Nutrition was fit to "Tenshin".

After Edo period (The Edo period is the 260-year span following Tokugawa bakufu government in Edo (now Tokyo, since 1603)), many merchants came to join tea ceremonies, they became popular publicly. Originally only noble individuals and such could join them. In addition to this, the Edo bakufu completed the development of five highways in seven years from the commencement of the project in 1601, and many people could travel a highway trip on foot or horse. So that many "Syukuba-machi (= post town)" were born in various places, local specialty food was born in each town. "Warabimochi" was one of the local specialty food at "Nissaka Syuku (at Shizuoka's post town)". According to an edo record (poem, travel writing), "Warabimochi" and Kuzumochi was not with distinction. Because those are very alike and taste similar [Tokaido meisho-ki (1658) Ryoi Asai, Togoku Kiko (1544 – 1545) Shuboku Tani, Heishinkikou (1616) Razan Hayashi, Korikienkoan (1756 – 1831) etc.].

Meiji and Taisho period (1868 – 1912, 1912 – 1926), Tea ceremony became a women's cultural subject. Tenshin Okakura (1862 – 1913) wrote "THE BOOK OF TEA (1906)". This publication brought the attention of European and Americans, and it became common to Tea ceremony (Sado). "Warabimochi" became established as part of the usual snack, it was sold at any supermarket, convenience store and stalls of the festival. On the other, it is part of something significant in the traditions or heart of "Sadou", green tea ceremony which is handed down from the past to the present.

2. How do the usage of "Warabi-ko" and "Warabimochi"?

First, divided into "Warabi-ko" (Bracken starch) and substitute starch. "Warabi-ko" was used by the Different background. It was used for some purposes. Substitute starch used for mainly Japanese sweet "Warabimochi".

["Warabi-ko"]

"Warabi-ko" has been used for several purposes. Starting as staple food, then it was used for making sweets. At the same period of those two, it was also used for the fertilizer as well. "Warabi-ko" has been used for mainly "Warabimochi". It was bought by Japanese confectionery shop. Before the high-growth period of Japan, Farmer made bracken starch. It was also used for starch glue for Wagasa (Japanese Paper Umbrella (Gifu Prefecture)), Chotin (A paper lantern (Gifu Prefecture)), Lantern, Wagasa (Toyama Prefecture). Farmers ate or used it for themselves that was unsold because of low grade. It's name "Kurobana". They made several recipes for cooking it, and it was also Preserved food and An emergency crop.

[Substitute starch]

Substitute starch was made from various plant other than bracken. Edo period, Kudzu starch and katakuri starch are famous as substitute starch, but now they are expensive too. Recently, the substitute starch is almost made of sweet potato starch. We can buy "Warabimochi" made of many types of substitute for starch at supermarket, convenience store, stalls, cafe, first food shop. Price are reasonable prices. Soft and glutinous texture is similar to "Warabimochi".

[About price]

"Warabi-ko" is most expensive.

Because big bracken roots is rare and making starch is so hard work, farmer stopped produce. Only one milling plant make it in Japan. (Chinese "Warabi-ko" is expensive too but Japanese "Warabi-ko" is more expensive). Substitute starch is reasonable. Hearing investigation (questionnaire survey), the main hearing investigation's people involved in the production and use of bracken starch (Farmer, Japanese confectionery shop, Milling plant, Owner of Warabi-Farm, Distributors, agricultural high school teacher, staff's Chamber of commerce and production area of private researchers).

III. Hearing investigation

[About the history of target area]

Main target area is Akigami hida Gifu Prefecture. This area is srounded by big mountains. Because this area did not yield rice, the people there ate millet and barnyard grass instead. [Okuhida hudoki]. Suzuran plateau had been used as grazing land, then it was converted into a skiing ground and golf course. The skiing ground was closed in 2006.

1. Grandmother of Asahi village of farmers "Mrs. Okuhara" (Gifu Prefecture Asahi)

When winter came, People of the village climbed on the mountain, washing, luck, exposed to water, it was made and dried. Other they made millet and silkworm. Warabi-ko's black part is called "Kurobana", this wasn't not good and couldn't sell. They ate and for home use, her child in parentheses, they grew up in bracken powder. Pure white "Shirobana" was very beautiful white starch. We sold it. "Bracken starch wasn't only eat, but also it was used for glue or fertilizer, and bracken fiber was used for strong rope too." Since the mountain was pasture, after the dead grass was burnt off the hill in spring, Mountain's soil was fertile and crops well grown. According to governmental policy, mountain burning was abolished and planting trees was promoted. As a result, shade increased and bracken roots no longer grow as before. Later on, her family converted the house to a guest house after the skiing ground opened nearby. In 2006, they stopped running the guesthouse after the skiing ground was closed, and now, they are in farming business. *She is a very powerful woman, and she teach the way of making bracken starch for many person. I felt happy to talk with her.

Photo   Ikue Kawamura（2013）

Photo   Shigeru Kobayashi（1950）

2. Akigami-onsen hotel owner（Gifu Prefecture Asahi）

Just before flour making farmers disappeared, he thought he had to protect it's culture. Therefore he saved tools and took photos. After he made a book of "Warabi-ko" making. Sometimes he talks about mountains and plants in lectures for many people. He said grazing and mountain firing was very nice effect for "Warabi-ko". Because grazing provide animal feces, it became fertilizer. Mountain firing provide organic fertilizer too. Still now he has been researching for many plants around the mountain.

3. Youth of economic development projects in the area Cooperation Volunteers（Gifu Prefecture Asahi）

He entered in economic development projects in the area Youth Corps in 2010. His work location was Asahi. He is trying to make the bracken powder again. He restored the watermill and made event at facility utilizing the closed school. I asked him a question "Why did you choose the job?" He said "This work is more interesting than city's work. I can have rare experiences."

4. Grandfather of Takane village of farmers "Mr. Harada" (Gifu Prefecture Takane)

Takane village is located at high-altitude between Mt. Norikura and Mt. Ontake. Before mountain burning has been abolished, most of the farmers made Warabi-ko at end of fall and early spring. Every family had a water wheel. His father made it by design document. Because this area did not yield rice, they made millet and barnyard grass instead. Mountain firing was doing until about 1975. After only his father and uncle made "Warabi-ko" until 1988, the tool used for digging was called "tonga." Which tool to be used was determined by the hardnes of the soil. Though he still want to produce bracken starch, it's not possible because he don't have the tools. First time, bracken powder was used to glue. Next, it was used as barter, finally it was used as Japanese confectionery. The economy was getting better at High-growth period, and Warabi-ko became expensive, finally it's price was 10 000 yen 1kg. Price is high, but making bracken starch Farmer disappeared, because this work was so heavy.

5. Uncle of Yamanomura Village (Gifu Prefecture Kamioka)

Bracken powder had been made from the Meiji period. 50 farmers had been making. This village didn't have waterwheel (All handmade), it was using as umbrella of glue (Toyama). Chemical glue around 1959 and it was used instead of "Warabi-ko". and production was finished.

6. Grandmother of Yamanomura village of farmers "Mrs. Shimobayashi" (Gifu Prefecture Kamioka)

To put bracken roots on a large flat stone, and she and her village farmers crushed by hand. Rhythm was important, 4 person kept same timing, and it's so hard. This village is located in the recesses of the mountains. Purchaser must had to walk and Shoulder the luggage. Now, so road is so nice, she is happy. Nowadays every machine is developed, she thinks someone can make it again. Recently, her village's reader has been focusing on tourism development. Some people interested in "Warabi-ko" visited her. Each of them has their own trade such as chef, mountain owner and student. She let sombody know about "Warabi-ko" as much as possible.

7. Famous Japanese confectionery shop's chef (Nagoya-city, Aichi Prefecture)

He favorite Asahi village's "Warabi-ko", It was so nice. Now He have been bought for Kagoshima milling factory. It's not so bad, but he love Asahi village's starch.

8. Famous Japanese confectionery shop's chef (Yamaguchi-city, Yamaguchi Prefecture)

Yamaguchi city's "Uiro (= rice flour pudding)" is famous for using "Warabi-ko". In the past, he bought "Warabi-ko" by Shimane prefecture's farmer. Now he have been bought from Kagoshima milling factory, he want to make hometown.

9. Teacher of agricultural high school (Yamaguchi-city, Yamaguchi Prefecture)

He and his students have a co-development research with Japanese confectionery shop. They have brought up the bracken in the field, they grow bracken starch on their school's farm in their hometown for research on making "Uiro" from the bracken starch. They are very active with the project.

10. Tourism bracken Garden owner (Nara)

His home have very nice bracken mountain, and he made Tourism bracken garden. He think Location is important. He is interested in the "Warabi-ko", even if it is so expensive, he want to buy.

11. Bracken powder importer

He has been imported bracken powder from China, and it have been sold in Japan. Chinese "Warabi-ko" farmer's position is so similar to old Japanese farmer. He have a business for the price difference, but starch making work is so hard and farmer is older in China. Perhaps they'll decrease in the near future.

12. Bracken powder factory（Kagoshima-city，Kagoshima Prefecture）

This milling factory's main product is Kudzu（arrowroot）starch, and "Warabi-ko" is not so many but demand is constant. They grow bracken roots in Kagoshima and China, "Warabi-ko" making is difficult for milling farm too.

［Research summary and consideration］

First time, I just interest to make bracken powder and way of use. I did interviews about Warabi-ko for Japanese confectionery, Miller and etc, I wonder why they have strong interest for "Warabi-ko"? How much of a difference is there between those? I didn't feel the difference between "Warabi-ko" to Substitute starch. Both of taste is not so different（Elasticity is different）.

I understood for the hearing investigation, originally, Warabi-ko's consumer feel a strong attraction to home-prepared food in nature and scarcity value. Every seller（making bracken starch farmers at the time）have a great deal of proud in their technique and culture, and they want to transmit a tradition to posterity, they research for efficient growing method for bracken roots, how to use the land? And what to do fertilizer and workmanship? And what is suited for fertilizer? And they resolve bit by bit.

I have learned a lot by studying Warabi-ko history. This is because food is deeply related to agriculture, religion, politic and so on. I was taught how to make bracken starch from Mrs. Okuhara, after I could make it bossible to produce Warabi-ko by my handmade at home. Though it takes time a lot, to be sure, could you mastered to produce it, and got the ingredient, you could make it to eat.

About my future research I've been to most a lot of the famous Warabi-ko spots in Japan, but there are still some places I have yet to visit. I want to go there and research. I want to go to investigate in China and East Asian countries. Because most of circulating bracken powder in Japan are imported from China, and food of East Asian countries is similar to the food of Japan.

History of the Warabimochi

Farmer side	Luxury goods side
Jomon Period（BC. 10000-BC. 300） 　Hunting, harvesting period's（Before the era than rice）Staple food. 　（Water bleached technology for starch passed from China's southwest）. 　As a Half Crop Cultivation 　As a one of a burn agriculture 　An emergency crop 　（The Big Famine of Tenpo 1833 – 1837, Showa-Tohoku Big Famine 1930 – 1934）	Heian Period（794 – 1185） 　Emperor Daigo（897 – 930）favorited Warabimochi. 　He gave the place called "Okatayu" to Warabimochi. 　（This Legend used by Kyogen "Okuratoraakira, Okatayu" in the Edo Period.） 　Kamakura Period（1185 – 1333）（1185 – 1333）Late Heian Period to Kamakura Period, Warabimochi was eaten by one of the tea ceremony of "Tenshin".
As Preserved food in Winter. 　Main maker is Farmer's women. 　Areas rice is not grow pay Bracken Starch. Meiji period to Showa-period（1868 – 1296） 　It is Main product and Staple food in some areas. As a Barter, Starch paste.	Edo Period（1603 – 1868） 　As sugar became used widely, 　sweet Japanese confectionery became available. 　During the Edo Period, Syukuba has Many tea houses. Nissaka-shuku Station is famouse for Warabimochi.
Showa period（1926 – 1989） 　At the Second world war 2 　Bracken powder was used as glue for paper bomb and Bracken rope had been made as a rope of a ship. 　After the Second world war 2, By imports of tapioca insted of Warabiko（Starch paste）. 　Stopped the production of Starch paste. 　Slash-and-burn of regulation（1950）	Meiji Period, Taisho Period（1868 – 1912, 1912 – 1926） 　Western confectionery are imported and Compromise between Japanes and West confectionery is sold. 　Tea celemony became a women's cultural subject. 　Japanese confectionery was continue.

（ continued table ）

Farmer side	Luxury goods side
	Showa Period （1926 – 1989）
Heisei period （1989 – ）	After Second world war, Economy was looked up.
It helps in the country of reproduction,	Since people become gastronomy.
Specialty products	and Japanese Confectionery wanted to buy Warabi startch.
Lore of old technology	Warabi starch farmers was reduced and it have a scarce value,
Such as the culture of the	Since the mechanical production evolved,
community education （Tohoku, Hida）	Milling company can make Bracken powder.
	（ There is demand, but less. ）

References

Naomi Aoki, *Zusetsu Wagashi no konjaku* . 2000. Japanese confectionery's of Times Now Past ［M］. Tokyo: Iwanami.

Tatsuro Akai, *Kashi no bunkashi.* 2005. Sweets of Cultural History ［M］. Kyoto: Kawara Publishing , 6.

Toshiyuki Arioka, *Mono to ningen no bunkashi satoyama.* 2004. Tool and human of CulturalHistory "Satoyama" ［M］. Tokyo: Hosei University Press, 3.

Hiroshi Ikehashi, *Inasaku no kigen.* 2005. The origin of Rice cultivation ［M］. Tokyo: KodanshaMechie.

Hiroko Ishikawa editer, *Syokuseikatsu to bunka.* 1988. Dietary life and Culture ［M］. Japan: KogakuShuppan.

Naomichi Ishige, Koichi Sugita editer, *Chori to tabemono.* 1993. Cooking and Food ［M］. Tokyo: Ajinomoto Foundation for Dietary Culturer.

Isao Kumakura, *Chanoyu no rekishi sennorikyu made.* 1990. History of Chanoyu ［M］. Tokyo: Asahisensho paperback.

Carl Ortwin Sauer, *Nogyo no kigen.* 1960. Agricultural Origins And Dispersals ［M］. Tokyo: Kokonshoin.

Takaaki Sasaki, Keiko Morishima, *Nihon bunka no kigen.* 1993. The origin of Japanese culture ［M］. Tokyo: Kodansha Ltd.

Takaaki Sasaki, *Shoyojyurinbunka toha nanika.* 2007. What is cultural region of evergreenbroadleaf forest ［M］? Tokyo: Chuo Shinsho.

Iyahiko Tomita, Hidago Hudoki Volume1, 2. 1873. Gifu-prefecture: Dainihonchishitaikei.

Sasuke Nakao, *Saibaishokubutsu to Noko no Kigen.* 1966. Cultivated Plants and the Origin ofAgriculture ［M］. *Tokyo:* Iwanami shinsho.

Tatsusaburo Hayashiya, *Nihon no Chasho.* 1971. History of Japanese Tea Books ［M］. Tokyo: The Eastern Library.

Nobuo Harada, *Dogen to Shinran* ［Dogen and Shinran］, Naoto Minami, *Syukyo toSyoku.* 2014. Religion and Food ［M］. Tokyo: Domesu Publishers inc.

Nobuo Harada, *Chusei no Mura no Katachi to Kurashi*2008. Medieval Village's Form and Life ［M］. *Tokyo:* Iwanami shinsho.

明清金鱼谱及其饲养技术研究

王　乐　魏露苓[*]

（华南农业大学人文与法学学院，广东　广州　510642）

摘　要：金鱼是由中国人最早培育成功的观赏用鱼。金鱼谱录是专门记录金鱼品种和饲养技术的专书，出现在明、清两代。这类书籍均由长期喂养金鱼的文人雅士或爱好者写出，是潜心养金鱼的人十几甚至几十年养鱼经验的结晶，极具科学性和实用性。书中所记的珍贵品种和饲养技术，对现在的金鱼选育、喂养和玩赏仍有参考价值。

关键词：金鱼谱；品种；饲养技术

金鱼五彩缤纷、乖巧可爱，深受中国和亚非、欧美一些国家的人民喜爱。金鱼是从野生鲫鱼驯化而来的观赏鱼类。中国是最早驯化出金鱼的国家。自然界中的鲫鱼体色为背灰腹白，在天然水中比较容易躲避敌害。有时，鲫鱼的色素细胞发生变异而使鱼体呈金黄色。如果没有人的干预，这样的变异个体会因容易暴露目标而被敌害吃掉。中国人在比较早的时候即开始发现和利用这种变异。野生金鲫见于中国南朝的文献。隋唐时期，人们从天然水体中捞取色彩鲜艳的金鲫来饲养。宋代，金鱼半家化池养已经开始。南宋，金鱼的饲养已经进入家养的新阶段。明代，处处有人养金鱼、玩金鱼。金鱼饲养盛极一时。在短短的七八百年中，中国人完成了金鱼的驯化，选育出不同品种，堪称奇迹。[①] 中国人不仅驯化培育了金鱼，而且还写出相关专著，记录了作者那个时代的金鱼品种和饲养技术。一直以来，学界有人研究金鱼培育的历史[②]、研究金鱼品种[③]和养殖[④]等，很多地方都提及这些古代金鱼专著中的相关内容。但是，尚未有人全面系统研究这些专著。笔者在前人研究的基础上，综合研究分析中国古代金鱼专著，重点研究其中的养殖技术。

一、中国古代的金鱼专著及其著者概况

中国人在宋代培育出了金鱼。宋代出现了众多的专门记录动植物的专书——动植物谱录，如：《范村梅谱》《菊谱》等，不一而足。但是，金鱼方面的专著没有出现在宋代，而是出现在明代。它们是张谦德（又名张丑）所著的《硃砂鱼谱》和屠隆的《金鱼品》。成书于清代的金鱼专书有宝奎《金鱼饲育法》（在姚元之《竹叶亭杂记》中）、拙园老人《虫鱼雅集》、句曲山农《金鱼图谱》、蒋在邕《朱鱼谱》。这些金鱼专书介绍品种和饲养技术，为后世留下科学性和实用性兼备的宝贵资料。

（一）明朝文人的风雅之作

明代屠隆的《金鱼品》是中国最早的金鱼专谱，全书只有3 100多字，记了近30个品种，没有具体

---

　　*【作者简介】王乐（1989— ），女，汉族，山东滨州人，华南农业大学硕士研究生，研究方向为科学技术史；魏露苓（1960— ）女，汉族，四川内江人，华南农业大学教授，研究方向为科学技术史

　　① 余汉桂：《金鱼培育史话》，《古今农业》，1990，第01卷：第148－149页
　　② 余汉桂：《金鱼培育史话》，《古今农业》，1990，第01卷：第148－149页；张仲葛：《金鱼史话》，《农业考古》，1982，第01卷：第309－314页；陈桢：《金鱼的家化史与品种形成的因素》，《动物学报》，1954，第02卷：第89－116页
　　③ 傅毅远：《关于我国金鱼品种演化及系统分类的初步意见》，《淡水渔业》，1981，第06卷：第15－18页，34页
　　④ 《中国渔业史》编委会：《我国古代的金鱼养殖》，《中国水产》，1988，第05卷：第42页

描写其形态和饲养技术，但是，说明了当时的一个珍贵品种："银管，广陵、新都、姑苏竞珍之"①。张丑所著的《硃砂鱼谱》字数也不算多，分上下篇。上篇"叙容质"中也记了近30个品种，特别介绍了珍贵品种，但也没有具体描写各品种的形态。下篇为"叙爱养"，简单扼要说明了繁殖、幼鱼饲养、备水、换水、选缸、防寒、防晒等。饲养技术讲述得比较简略，但是，有些很细腻的地方，如在选择养鱼用水时，要避开城市河中的污染水。在喂鱼时，巧妙利用动物的条件反射等。

比较有意思的是，《金鱼品》和《硃砂鱼谱》的作者都非平庸之辈，都是和文学艺术颇有渊缘的人。《金鱼品》作者屠隆（1542—1605）是浙江鄞县人。其父算得上士族中人、小康之家的子弟，后来弃文从商，未能发财。屠隆聪明而又爱读书，家道中落也未停止学习。他参加科举考试，考得小官，后来进京为官，又被诬陷并遭罢免。屠隆回乡后纵情诗酒、卖文为生，还出游两浙、三吴、八闽，结交名流，最终年老落寞病故。② 屠隆是当时有名的才子，有研究者还认为他是《金瓶梅》的作者。他的著作中有诸如《画笺》《香笺》《琴笺》等反映文人雅士爱好的书。③《金鱼品》即属于此类。《硃砂鱼谱》的作者张丑（1577—1643）原名张谦德，其父名张应文（1535—1595）。张氏家族为官宦之家，也是书香门第。他们与明代著名文人有较深的渊源。这使张丑有个很好的文化交流圈。张丑的父亲张应文就著有和花草有关的专著《罗钟斋兰谱》《篛斋艺菊谱》等。张丑著有《茶经》《瓶花谱》。对于金鱼，他更是爱惜倍至"余性冲淡，无他嗜好，独喜汲清泉养硃砂鱼。时时观其出没之趣，每至会心处，竟日忘倦。惠施得庄周非鱼不知鱼之乐，何以言哉？乃余久而闻见浸多，饵饲益谙，暇日叙其容质与夫爱养之理，辄条数事作《硃砂鱼谱》，与同志者共之"。④ 多么算符合其家学渊源和志趣爱好！

（二）清朝养鱼爱好者的心血之作

清朝成书的金鱼专著，与明朝的两部相比，更为成熟、特色鲜明、篇幅更长。按照成书时间顺序排列，它们是：蒋在邕《朱鱼谱》、宝奎《金鱼饲育法》、句曲山农《金鱼图谱》、拙园老人《虫鱼雅集》。它们特色鲜明，在记录品种与饲养技术方面各有千秋，还有的图文并茂，总体水平在明代金鱼谱之上。

蒋在邕《朱鱼谱》成书于康熙在位时，是清朝的金鱼专著中成书最早的。该书记有品种、评判标准和饲养方法。最大特点就是详细记载了多种珍稀品种。主要介绍的就有50余个品种，而且每介绍一种，就要另提及1~3个相近品种。通常来说，金鱼的颜色以红、黑居多，而《朱鱼谱》中所记品种多数为白底红斑花色的，应该是作者所处的时代所崇尚的珍贵品种。该书对金鱼品种优劣的评判标准定得很细，包括"背论""唇论""头论""腮论""须论""眼论""鳞管论""尾论""前鳍论""中鳍论""后鳍论""背条论""身条论""腹论"。如此分别设定标准，是中国古代所有金鱼专书中最为详细的。

宝奎《金鱼饲育法》，有时被人认为是姚元之（1773—1852）所写。这是因为比较容易找到的版本在姚元之所著《竹叶亭杂记》卷八中。该书已经作出说明："宝冠军使奎，字五峰，号文垣，记养鱼法颇有足采者。录之"⑤，所以，作者应该是宝奎，而不是姚元之。书的写成时间不会晚于姚元之所生活的时间，乾隆年间的可能性比较大。《金鱼饲育法》说明了金鱼的基本类型，但是，重点放在饲养方法上。书内所记的金鱼饲养法包括养金鱼用水的选择、晒水、换水的具体操作，收鱼卵、孵化、鱼苗饲养、成鱼饲养、鱼病治疗、防晒、防寒，尤其提到金鱼分辨雌雄的方法和保持品种纯正的重要性。在中国古代所有金鱼专著中，《金鱼饲育法》内所记的金鱼饲养法最为详细精妙。

句曲山农《金鱼图谱》图文并茂，是中国古代金鱼专著中唯一有图的。作者句曲山农生卒时间待考。该书存有道光刻本，图是作者同乡、好友、名画家尚兆山（1835—1883）所绘，由此判断，该书写成于尚兆山所生活的道光年间。画中的金鱼立体感强、栩栩如生、惟妙惟肖，而且有动感。被画到画中的金鱼以龙睛为主。文鱼被列入"凡品"。《金鱼图谱》的文字部分相对简略，但是，也不乏独到的见解。如：饲养过程中的颜色变化规律等。该书还质疑当时流行的一些看法。如，在论及金鱼和其他种类的鱼或水

① ［明］屠隆：《金鱼品》，（上海古籍出版社. 生活与博物丛书禽鱼虫兽编），上海古籍出版社，1993：第145页
② 桂心仪：《一代才子话屠隆》，《宁波师院学报（社会科学版）》，1993，第3卷：第23-28页
③ 隗芾：《屠隆生平著述考》，《社会科学战线》，1993，第06卷：第220-223，141页
④ ［明］张丑：《硃砂鱼谱》，（上海古籍出版社. 生活与博物丛书 禽鱼虫兽编）. 上海古籍出版社，1993：第153页
⑤ ［清］姚元之撰，李解民点校：《竹叶亭杂记》，中华书局，1982：第177页

生物杂交后会产生什么样的后代时，对金鱼同鳅、鳖、比目鱼、河豚鱼、小乌鱼、虾婆虫、螃蟹、蛤蟆杂交后能够产生出各种希奇古怪的金鱼的说法存疑，认为"未知验否"；对金鱼和鲤鱼、鲫鱼杂交持肯定的态度，认为"鲤鲫二种尤繁"。① 事实上，金鱼原本就是由鲫鱼选择、驯化而来，与鲫鱼杂交可以产生可育后代。金鱼同鳅、鳖、比目鱼、河豚鱼、小乌鱼、虾婆虫、螃蟹、蛤蟆杂交，分别跨越了生物学分类上的门、纲、目、科，不可能产生后代，且不论能否产生可育后代。提出质疑是合理的。书中的饲养技术重点突出、简单扼要。该书很有特色。

拙园老人《虫鱼雅集》现存光绪刻本。书作者是"拳乱"（义和团）发生之后隐退和养鱼写书的，显然是清末写成。《虫鱼雅集》在品种大类上作了说明："有蓝鱼、有翠鱼、有龙睛鱼、有文鱼又名鸭蛋鱼……有软尾、有硬尾、有凤尾、有燕尾、有菱角尾"，但未在具体品种的描写上多用笔墨。《虫鱼雅集》的养鱼方法几乎包括了宝奎《金鱼饲育法》中的全部要点，但概括得更为简洁易记。有介绍四季不同方法的"四时养鱼说"；有介绍养鱼要点的"养鱼六诀"；还有极具可操作性的"养鱼八法"；另有"鱼中十忌"和"医鱼"。简直是"骨灰级"的玩家把养鱼经验总结到极致。

清朝写成的四部金鱼专书的作者都是养鱼入迷的人。《虫鱼雅集》作者"拙园老人"名叫"荣廷"，"拙园老人"是其号。他先祖为蒙古族，成吉思汗后裔。清初其先人就做官，得赐汉姓尹。他本人生活在晚清，也曾经为官，退下来之后养蟋蟀、玩金鱼，还玩出经验、写成书。拙园老人"髫龄时即性喜秋虫文鱼，尝携至塾中，师见而责，不准好此，弗听"。② 由此看来，这位八旗子弟自幼喜欢金鱼，老师未能管住，他更是终生未改，从官位上退下来后更有时间、精力和财力玩出水平。《虫鱼雅集》正是他的心血杰作。《朱鱼谱》作者蒋在邕在书的结尾处写道"余爱朱鱼也，三十余载矣"，"畜之十载，生育万余，变幻奇异……惟余独传其秘，故集是谱以示世之迷茫者"。③ 看来，金鱼成了他们生命的一部分。几十年的心血换来的经验写进书中，可见价值之大。

二、金鱼专著中的品种记录

纵观目前能够找到的中国古代金鱼专著，它们或多或少都提及品种。有的说明品种之多、变化之大；有的从形态上说明金鱼的大类别；有的还说明颜色差别产生的原因；有的详细记录了几十个独特品种。

（一）金鱼的基本类型

大体来分，金鱼有"文鱼""龙睛"和"蛋鱼"。"文鱼"就是最普通的双尾金鱼，从鱼的背部俯视，如同"文"字。"龙睛"具有进一步的变异，眼睛凸出。"蛋鱼"的变异更为明显，体型完全不同于野生状态的流线形，而变为椭圆形。鱼的背鳍也退化了。另有更进一步的变异，是鱼头生出赘肉，俗称"狮子头"。宝奎《金鱼饲育法》对金鱼的基本类型和"狮子头"作了如下介绍。

龙睛鱼："龙睛鱼，此种黑如墨，至尺余不变者为上，谓之墨龙睛。又有纯白、纯红、纯翠者，有大片红花者，细碎红点者，虎皮者，红白翠黑杂花者，变幻多种，不能细述。文人每就其花色名之。总以身粗而匀，尾大而正，睛齐而称，体正面圆，口圆而润，于水中起落游动稳重平正，无俯仰奔窜之状，令观者神闲意静，乃为上品。又有一种蛋龙睛，乃蛋鱼串种也"。

蛋鱼与狮子头："蛋鱼，此种无脊刺，圆如鸭子。其颜色花斑，均如龙睛，惟无墨色，睛不外突耳。身材头尾，所尚如前。又有一种，于头上生肉，指馀厚，致两眼内陷者，尤为玩家所尚，以身纯白而首肉红为佳品，名曰狮子头鱼：愈老其首肉愈高大。此种有于背上生一刺，或有一泡如金者，乃为文鱼所串之故，不足贵。"

文鱼："文鱼，此种颜色、花斑亦如前，亦无黑色，身体头尾俱如龙睛，只两眼不外突，年久亦能生

---

① ［清］句曲山农：《金鱼图谱》，（续修四库全书 子部 谱录类，第1120册），上海古籍出版社，1995：第603页

② ［清］拙园老人：《虫鱼雅集》，清光绪刻本

③ ［清］蒋在邕《朱鱼谱》，（续修四库全书 子部 谱录类，第1120册），上海古籍出版社，1995：第599页

狮子头，所尚如前。有脊刺短者，缺者，不连者，乃蛋鱼所串耳。"①

宝奎《金鱼饲育法》还提到一些不是金鱼的观赏鱼类："此三种外，有洋种。无鳞，花斑细碎，尾又有软硬二种"；"世多草鱼，花色皆同此，但身细长尾小，名曰金鱼。以红鱼尾有金管，白鱼尾有银管者为尚，亦无墨色"；"又有赤鲤、金鲫皆直尾，无三四尾者，乃食鱼所变。不过园池中蓄以点缀而已，养法亦如各种，亦能生子得食"。② 这些观赏鱼类显然不是金鱼。无鳞的洋种，似乎是泰国斗鱼（Betta splendens Regan）之类。而赤鲤、金鲫只是发生了色素变异的鲤鱼和鲫鱼而已，的确"乃食鱼所变"。

（二）金鱼的名贵品种

在中国古代的金鱼专著中，记录品种最多、最详细的，是蒋在邕的《朱鱼谱》（表1）。至于金鱼有多少花色品种，中国古代金鱼专著一般认为"种种变态，难以尽数"，③ 变化的原因与人的选择有关："人好尚与时变迁，初尚纯红纯白，继尚金盔金鞍……总之，随意命名，从无定颜者也"。④ 还有人认为颜色的变化和饲养或生长阶段有关："至颜色鲜明，全在养法。龙睛鱼一出皆黑色，蛋鱼一出亦近黑稍淡。渐大渐变，有满白、有满红、有黑红、有红白、有碎花、有整花。其中颜色变化不能一，尽在养之得法。若一失法，往往常出肉红、肉白之色"。⑤

表1　《朱鱼谱》中的珍贵品种

名称	形态特点
佛顶珠	通身俱白以及尾鳍皆白无一点红杂。独于脑上透红一点，圆入珠而高厚者方是
七鳍红	通身俱白，惟鳍与尾红者以及腹下不得有一红鳞者方是
金钩白	通身俱白，鳍下亦白，惟尾红者方是
吐红舌	通身俱白以及尾鳍俱白，独于夹唇之中有红如小瓜子样者。但开口食物，见之若闭口
朱眼白	通身俱白，独两眼红而透脑者佳
桃腮白	通身白，独两腮红者为是
塔影红	通身俱白，尾鳍皆白，惟当背中心一搭红者为是
朔望红	通身俱白，独于尾上寸内与脑上各有一搭红者，如日月相望，故曰朔望红
白佛顶	通身绯红，于脑前圆如珠而白者是也
金菅白	通身如十分长，后尾与鳞三分红，前者与身七分白，下鳍俱白
银菅红	与"金菅白"红白相倒耳
银钩红	与"金钩白"相倒耳，"金钩白"之红者白，之白者红
映鳞红	自首视其尾如白者，自尾视其首者红也。横视之白中有红者
落花	通身与腹俱白，独于背上有四五或六七点圆而边齿如花形者方是
板花	亦有板花白，亦有板花红，红大白小者谓之板花红，白大红小者谓之板花白
银龙金带	通身俱白，惟腰中一围红者，如金带式，故名
金龙玉带	通身俱红，惟腰中一周白者，如银带式
白马金鞍	通身俱白，惟背上有红如鞍，又不可以前，又不可以后，又不可以左，又不可以右，恰好如马之备鞍者为善
判官脱靴	遍身要红，独于尾鳍墨色者方是
平分	前半身红谓之金平分，后半身红谓之银平分

① ［清］姚元之撰，李解民点校：《竹叶亭杂记》，中华书局，1982：第177-178页
② ［清］姚元之撰，李解民点校：《竹叶亭杂记》，中华书局，1982：第177-178页
③ ［明］张丑：《硃砂鱼谱》，（上海古籍出版社编．生活与博物丛书　禽鱼虫兽编）．上海古籍出版社，1993：第153页
④ ［明］屠隆：《金鱼品》，（上海古籍出版社．生活与博物丛书　禽鱼虫兽编）．上海古籍出版社，1993：第145页
⑤ ［清］拙园老人：《虫鱼雅集》，清光绪刻本

（续表）

名称	形态特点
应物鱼	以其类物而名之也，如像山形，草木、人物、鸟兽、楼台、屋宇、床帐屏帏者即名之也
麒麟斑	每一鳞上有二色，或白边红心，或黄心黑边，或黑心黄边，尾鳍俱见如鳞状而花者
锦被盖牙床	通身俱白，惟上半身红而方正，独露出白尾者方是
鸦行雪	通身鳍尾俱白，惟上半身如画家乱点苔
雪里抱枪	通身俱白，惟在半背上起红如线至尾梢，如是若尾上鳞间有一搭红如缨者更贵
八卦红	通身俱白，不论头上腰间与后尾俱横红成三连三断含卦式者
两角红	通身俱白，惟两须红者方是
硃砂红	通身俱红如硃砂而紫色者方是
银硃红	通身俱红如银硃者，故名
姜黄红	通身俱淡黄而略带淡红者方是
鹤翎白	通身俱白以及尾鳍皆白
糙米白	通身白如糙米色方是
吐舌白	通身俱红，但夹舌中白者，视之不见食虫见之
七鳍白	通身俱红，惟鳍与尾白者方是
月华白	通身俱白，惟眼珠极红外又有一圈红者方是
太极鱼	通身俱白，惟背上负太极图者方是
七星剑	通身俱白，惟背上一条自首至尾有红点七枚者即是
八仙过海	通身俱白，于背上有八红点如骨牌之整齐者即是
九连灯	通身俱白，于背上有九红点者便是
双练环	通身俱白，惟背上有二红圈相连者即是
贯珠连	如珠之穿耳，必三起者方是，若四五六七八九者为贵耳。若断者亦不算
磬子红	如古磬也，即如人字不出头，两脚方正者为真
日午当庭塔影圆	通身俱白，背上有红点一至五之数，必要次第者为正
观音兜	如观音菩萨之兜头也
梅花白	通身俱白，于白中又白如梅花朵
杨梅红	通身俱红，于红之中又红如杨梅之色者是也
壁虎红	通身俱白，惟背上红者如壁虎之状，头、尾与足俱全者是也
新月白	俱身白也，惟脑上如一弯新月之红者是也
三宝鱼	通身俱白，惟背上红者如承钱与宝锭者谓之三宝
摇扇鱼	背上有如扇子形者是也
佛靴鱼	身白而靴红者谓之赤龙靴；身红而靴白者谓之水晶靴
玳瑁花	一节红一节白者即是，必得四、五节者为正
水牛花	通身俱白，惟背上有二红点者是也
纹索花	红白二色，如索缠在身上，自首至尾者真也

资料来源：［清］蒋在邕：《朱鱼谱》，《续修四库全书·子部·谱录类》上海古籍出版社1995年出版，第1120册，第587—599页

三、金鱼专著中的养殖技术

不论是明朝的文人雅士，还是清朝的有钱有闲的金鱼迷，他们往往有十年以上，甚至几十年的养金鱼的经验，从备水、喂养、繁殖到鱼病的处理，样样俱全。他们将这些写在书中，给后世留下了宝贵的参考资料。

（一）养金鱼器具、密度以及位置的选择

有人主张用池来养，"池以土池为佳，水土相和，萍藻易茂，得水土气，性适易长"，但"佳品不入池"。[①] 池养，水多且更接近自然，鱼容易活、容易长。但是，金鱼本身就是在活动空间狭小的条件下选择出来的。如果在长身体时给它足够的活动空间，就有可能长成流线形的体型，而不是金鱼特有的圆滚滚的体型。所以，"佳品不入池"。

一般来说，金鱼用缸或盆来养，旧容器比新的受欢迎，"养鱼总需明官窑缸，虽破百片，亦可锯补。瓦亦用明官窑瓦，缸外用铁屑泥之，则不漏矣。"[②] 养鱼器具"喜陈恶新"，如果用新盆，则要"用水泡晒过三伏，使生青苔，方可用也"[③]；另一种处理方法是"凡新缸，未蓄水时擦以生芋，则注水后便生苔而水活，且性不燥，不致损鱼之鳞翅"，[④] 为的是让鱼缸内壁长出青苔，变得滑爽、不伤鱼。

缸内放鱼的数目，要看鱼的大小，一般是"小鱼长至半寸，即宜分缸，每缸不过百头。至寸余，则每缸三十足矣。多则挤热而死，竟至一头不留。渐长渐分，至二寸余，则一缸四、五、六对。至三寸，则一缸不过四、六头而已。然缸养如此，若庭院赏玩，则一缸一对，至多二对，始足以尽其游泳之趣，而观者亦可心静神逸也"。[⑤]

由于鱼缸或鱼盆的空间不大，过冷过热都会影响鱼的正常生活，所以，冬夏都要注意摆放的位置。冬天要放在室内，"（冬月）置放处不可令缸底实贴坑上，须用矮架托之。亦不宜过暖，即水面有薄冰亦无妨。缸口用纸封之，不致于落灰尘，更省遮盖也"[⑥]。春天到来之后，才可以移出，"冬鱼出房不可太早。于清明前后，置于向阳之处，用木板盖覆。天若和暖，一日撤板一块，渐次撤去。若骤然不盖，夜间寒霜侵入，鱼必受伤"。而夏天则要注意防过度暴晒，"夏月伏暑之时，必当半遮半露，不可使鱼受热毒"。[⑦]

（二）选水、换水与保持水的清洁

同样因为鱼缸或鱼盆的空间不大，有限空间内的水好与不好，就决定了鱼的生死和健康。金鱼专书都很重视选水："取江湖活水为上，井水冰冷者次之。必不用者，城市中河水也"[⑧] "养鱼不可用甜水，近河则用河水，不然即用极苦涩井水，取其不生虫。新泉水尤佳"。[⑨] "必须井水，河水雨水皆不可用。要认准一井，使水不宜常换"[⑩] 前两条材料认可河水，但是也说明城市中的河水不能用，而最后一条材料禁用河水，只允许用井水。分析其中原因，是污染问题。井水是地下水，比河水污染和生害虫的机会要少。

养鱼要经常换水，而且要彻底换"有养鱼不换新水者，即换，亦于本缸内水撤旧添新。此法鱼最弱，市语谓之水头软。若即从旧缸移入新水者，谓之水头硬，云此法所养之鱼强壮"。[⑪] 全换水有助于将水中

---

① ［清］句曲山农：《金鱼图谱》，（续修四库全书　子部　谱录类，第1120册）. 上海古籍出版社，1995：第602页
② ［清］姚元之撰，李解民点校：《竹叶亭杂记》，中华书局，1982：第179页
③ ［清］拙园老人：《虫鱼雅集》，清光绪刻本
④ ［清］句曲山农：《金鱼图谱》，（续修四库全书　子部　谱录类，第1120册）. 上海古籍出版社，1995：第602页
⑤ ［清］姚元之撰，李解民点校：《竹叶亭杂记》，中华书局，1982：第183－184页
⑥ ［清］姚元之撰，李解民点校：《竹叶亭杂记》，中华书局，1982：第183页
⑦ ［清］姚元之撰，李解民点校：《竹叶亭杂记》，中华书局，1982：第182页
⑧ ［明］张丑：《硃砂鱼谱》，（上海古籍出版社. 生活与博物丛书　禽鱼虫兽编），上海古籍出版社，1993：第155页
⑨ ［清］姚元之撰，李解民点校：《竹叶亭杂记》，中华书局，1982：第178页
⑩ ［清］拙园老人：《虫鱼雅集》，清光绪刻本
⑪ ［清］姚元之撰，李解民点校：《竹叶亭杂记》，中华书局，1982：第181页

的脏东西彻底清理干净。在给鱼换新水之前,还要对水进行处理:"但未换之先,必先备水一缸,晒二三日,乃可入鱼。鱼最忌新冷水也"[①]。换水的频繁程度,则要视季节而定,"春末尤寒,隔一日撤换新水一次。交夏之后,一日撤换一次。一交秋令,水自澄清,无俟常添换矣。(冬间)添撤只要视水有浑色,便取新水换之"。但是,冬天给鱼换水前,不要晒水,"但不必晒,因纯阳之性在地下,井水性暖故也"[②]。

除了及时换水之外,还要注意:"缸底鱼矢,须用汲筒吸出"[③]。"缸内不放闸草,一恐鱼虫藏匿,致鱼不得食,二恐草烂水臭,以致鱼生虱蚁之患"[④]。

(三)成鱼喂食技术

传统的喂养技术,包括饲料的选择、投喂的时间,还有卫生要求等,"鱼喂虫必须清早,至晚令其食尽。如有未尽者及缸底死虫,晚间打净。夜间水净则鱼安。不然亦致鱼死之道。再沙虫中亦有别种恶虫,亦须略择"[⑤]。"须将捞来红虫用清水漂净,否则虫之臭水入缸,净水为之败坏矣"。"若一时不得鱼虫,或用鸡鸭血和白面,晒干为细末喂之。或用晒干鱼虫及淡金钩虾米为末饲之,皆可"[⑥]。

当时的人还懂得利用动物的条件反射来训练鱼。在喂鱼时给个特定信号,久之,鱼听到信号就出来:"若欲其不畏人,每饲彼红虫,先以手掬水数声诱之。彼必鼓浪来食。及习之既熟,一闻掬水声,即便往来亲人,谓之食化"[⑦]。"此鱼性极灵慧,调训易熟,每饲食时拍手缸上,两月后鱼闻拍手声则向人奔跃,或有呼名即上者,其法亦然"[⑧]。如此训练,增加了玩赏的乐趣。

(四)金鱼繁殖与幼鱼喂养技术

首先,分辨雌雄鱼,"鱼之雌雄最难辨,有云脊刺长为雌,脊刺短则为雄。有云前两分水有疙疸粗硬涩手者雄,否则为雌者。皆不足凭之论也。其雌雄,动作气质究有阴阳之分,近尾腹大而垂者为雌,小而收者为雄。粗者为雌,细者为雄,此秘法也。其余诸法,乃愚人之论耳"[⑨]。确实,在分辨有些动物的雌雄时,根据行为特点更为保险。在分辨雏鸡和果蝇的性别时,往往就看其行为特点。

在金鱼繁殖时,要注意保持品种的纯度,选相同品种为父本母本:"要各分各盆,若种类掺杂,误食其白,出子每多不文"[⑩]。

收子:"凡鱼生子,总在谷雨前后。视其沿堤赶咬,乃其候也。看其赶,即须放草接子矣"[⑪]。

孵化:"鱼子不可过晒,过晒则化。不晒亦不能出,故须树荫,或以筛覆之,亦可。三日必出鱼矣","子初出如蚁,不可见,伏于缸上或草上。出鱼后三五日内不可乱动其水,恐有伤于尾也"[⑫]。

饲养:"鱼苗初入缸,用熟鸡鸭子黄煮老,废纸压去油晒干捻细饲之"[⑬],或"俟其化成鱼秧,先以小米糊晾冷,用竹片挑挂草上,任其寻食。并用粗夏布口袋盛虫入水中,任其吞啄,即透出小白虫。三四日后,虽能赶食散虫,亦须先择白小虫饲之。即可食红大虫时,亦不可喂之过饱,恐嫩鱼腹胀致毙也。沙虫之极小者,名曰面食,白色,在水皮上如面之浮,不能分其粒数。初生小鱼食之甚佳,且易长而坚壮"[⑭]。

对于幼鱼,除了精心饲养之外,选择也很重要,"万鱼出子时,盈千累万,至成形后全在挑选。于万

① [清]姚元之撰,李解民点校:《竹叶亭杂记》,中华书局,1982:第178页
② [清]姚元之撰,李解民点校:《竹叶亭杂记》,中华书局,1982:第182页
③ [清]姚元之撰,李解民点校:《竹叶亭杂记》,中华书局,1982:第181页
④ [清]姚元之撰,李解民点校:《竹叶亭杂记》,中华书局,1982:第182页
⑤ [清]姚元之撰,李解民点校:《竹叶亭杂记》,中华书局,1982:第179页
⑥ [清]姚元之撰,李解民点校:《竹叶亭杂记》,中华书局,1982:第183页
⑦ [明]张丑:《砵砂鱼谱》,(上海古籍出版社.生活与博物丛书 禽鱼虫兽编).上海古籍出版社,1993:第155页
⑧ [清]句曲山农:《金鱼图谱》,(续修四库全书 子部 谱录类,第1120册).上海古籍出版社,1995:第605页
⑨ [清]姚元之撰,李解民点校:《竹叶亭杂记》,中华书局,1982:第180页
⑩ [清]拙园老人:《虫鱼雅集》,清光绪刻本
⑪ [清]姚元之撰,李解民点校:《竹叶亭杂记》,中华书局,1982:第180页
⑫ [清]姚元之撰,李解民点校:《竹叶亭杂记》,中华书局,1982:第179-180页
⑬ [清]句曲山农:《金鱼图谱》,(续修四库全书 子部 谱录类,第1120册).上海古籍出版社,1995:第604页
⑭ [清]姚元之撰,李解民点校:《竹叶亭杂记》,中华书局,1982:第183页

中选千，千中选百，百里拔十，方能得出色上好者"。① 选择的作用，也是被达尔文肯定的。

（五）金鱼病虫害及处理技术

金鱼是人为选择而培育出的鱼类，抵抗力本来不强，加之生活在狭小容器内，容易遭遇缺氧或水质变坏，稍有管理不慎就可能出现疾病。拙园老人《虫鱼雅集》中的"医鱼"六则，叙述得简练而又可行："一受温气，四时皆可染之。鱼即软而无力，鳞上起有浮粘或头尾露紫斑。赶紧起入新汲井水。一尾不正，可用细线穿其偏处，坠一铜钮圈。一受雾气，小鱼决不可活。用新汲水镇之。一受煤气，周身起蓝色，尾与分水即赤，用受温一样治之。一受寒气，横躺水面，决不致死，移向阳处晒之。一受暑气，或满盆乱转，或头触盆底，尾与分水上皆有紫线。即用抄提出放新汲水中，看紫线退去为愈"②。"受温气"是感染真菌；"受雾气"类似雾霾落入水中使水质变酸；"受煤气"应该是受空气中因燃煤而产生的二氧化硫等气体影响。救治的办法中，换新水是关键。

金鱼的天敌，则是以水中的小虫为主。"且防河中杂虫，最有一虫名曰鱼虎，形似马鳖，贯能伤鱼"。③ 这是水蛭的一种，附在鱼、蛙等身上，吸血导致它们死亡。"鱼虱如臭虫而白色，透如虾色。一着身断不可落，能使鱼死。必须捞出，以盐擦之，亦佳"。④ 鱼虱是一种小型甲壳类水生害虫。外形似臭虫。一般寄生在2厘米以上的鱼体各部位，腹下和鳍、尾上尤多。鱼虱以其口刺刺伤鱼体表组织，吸取血液与体液，导致死亡。防范的办法无非就是捞出和给鱼体擦盐。

四、结　语

中国人在世界上最早驯化培养出金鱼。中国传统文化和习俗对鱼情有独钟。中国古代养鱼爱好者们为后人留下了具有科学性和实用性的、高质量的金鱼专谱，将他们毕生的养鱼经验留下来，传下去，为我们留下了宝贵遗产。日本人引进中国金鱼，到晚清已经商品化和规模化，"至今产出甚富，每岁售价至数万金"⑤。我们的资源应该好好爱护。中国古代金鱼谱中记录的品种和饲养技术，则是保护和挖掘工作的重要参考。

---

① ［清］拙园老人：《虫鱼雅集》，清光绪刻本
② ［清］拙园老人：《虫鱼雅集》，清光绪刻本
③ ［清］拙园老人：《虫鱼雅集》，清光绪刻本
④ ［清］姚元之撰，李解民点校：《竹叶亭杂记》，中华，1982：第179页
⑤ 上海古籍出版社：《生活与博物丛书　禽鱼虫兽编》，上海古籍出版社，1993：第150页

秦汉时期林业的发展演变及其特点[*]

李淮东[**]

（陕西师范大学西北历史环境与经济社会发展研究院，陕西　西安　710062）

摘　要： 林木资源作为人类社会生产生活中最为重要的物质资源，在秦汉时期的社会经济生活中占有重要的地位，秦汉时期也是中国林木资源开发与利用的重要历史阶段。从物质资源的不同层面考察，林木资源可以做为粮食作物的补充，成为人民生计的重要组成部分。木材及林副产品亦成为秦汉时期商品经济活动的大宗商品，林木资源也是国家财富的重要来源。秦汉时期林木资源的开发利用反映出人与自然环境合谐共生的历史面相，并蕴含了深刻的生态学意义。

关键词： 秦汉时期；林木资源；开发利用

林业是从事木材生产或培育林木的主要生产部门，是一个国家或民族的重要经济生产部门。自人类进入文明时代以来，木材一直是人类生产生活所必需的资源之一，对国家、社会以及人民生活具有重要的经济意义和社会意义。在古代史料文献中，没有专门对古代林业的记录，古代林业生产活动多依附于农业生产和副业生产的记载之中，古代林业所产生的社会效益长期以来为人们所忽视。

随着现代林业科学和技术的发展，人们逐渐认识到林业作为独立经济部门的现实意义和生态意义，把林业研究做为一项重要的基础研究来看待。研究秦汉时期中国林业发展演变情况的书籍和文章，多从林业生产、林业管理、林业经济等不同层面和研究角度对秦汉时期的中国林业发展变化进行了深入的研究[①]，但仍有一些可以补充和分析之处。

一、秦汉时期中国林业的发展演变

秦汉时期，中国林业的资料很少，有限的资料对中国林业的发展情况记述较多，但从中实难看出变化。本文就秦汉时期中国林业的发展演变发表一些粗浅的认识。

（一）小农经济作用下的林业发展演变

秦王朝主要依靠关中地区、巴蜀地区农业经济的推动与发展，为秦国集中了大量的财富和粮食，实现了七国疆域的统一。但是战国以来多元化的经济结构和经济观念在六国仍然延续。秦朝统一确立了重

---

　　[*]【基金项目】国家社科基金重点项目"中国历史农业地理研究"，项目编号：13AZD033

　　[**]【作者简介】李淮东，陕西师范大学西北历史环境与经济社会发展研究院在读博士生，研究方向为历史农业地理、区域历史地理

　　① 林剑鸣等著：《秦汉社会文明》，西北大学出版社，1985 年；熊大桐著：《中国林业科学技术史》，中国林业出版社，1995 年；张泽咸著：《汉晋唐时期农业》，中国社会科学出版社，2003 年；王子今著：《秦汉时期生态环境研究》，北京大学出版社，2007 年；林甘泉主编：《中国经济通史·秦汉经济卷（上）》，经济日报出版社，1999 年（中国社会科学出版社第 2 版，2007 年）；黄今言著：《秦汉商品经济研究》，人民出版社，2005 年；张波、樊志民主编：《中国农业通史·战国秦汉卷》，中国农业出版社，2007 年；倪根金：《汉简所见西北垦区林业——兼论汉代居延垦区衰落之原因》，《中国农史》1993 年第 4 期；倪根金：《秦汉环境保护初探》，《中国史研究》1996 年第 2 期；倪根金：《秦汉植树造林考述》，《中国农史》1990 年第 4 期；张钧成：《从王褒〈僮约〉看汉代川中私人园圃中的林业生产内容》，《北京林业大学学报》1989 年，第 S1 期，第 79 - 84 页；余明：《秦朝林政初探》，《四川理工学院学报（社会科学版）》2005 年第 1 期，第 36 - 38 页；张耀启，毛显强，李一清：《森林生态系统历史变迁的经济学解释》，《林业科学》2007 年第 9 期；樊金铃：《秦汉时期林业的发展及对社会影响考述》，吉林大学硕士学位论文，2006 年；郑辉：《中国古代林业政策和管理研究》，北京林业大学硕士学位论文，2013 年

农抑商的经济体制，农业成为立国之本，国家的基本赋税制度是建立在农业基础之上的。在这种"上农除末，黔首是富"①的主导思想的影响下，小农除了要交纳田租、口赋、力役之外，基本的生活需要保障，那么就要植桑种麻，贴补家用。蚕桑养殖、林果生产与农业生产相结合，这样就形成了小农家庭为核心的复合性农业生产结构。当时，林木种植经营只是利用房前屋后或小块农地进行，规模较小，但已经成为农业生产的重要组成部分。②《吕氏春秋·上农》篇指出，"齿年未长，不敢为园圃"③，也说明园圃种植的各种经济林木需要比较专业的技术，这种种植栽培技术进步的史料亦可以证明经济林木在人民生活中的重要性。

秦汉时期，人们对天然林的砍伐利用在《吕氏春秋》中记载比较详细：

> "孟春之月，禁止伐木……仲春之月，无竭山川，无漉陂池，无焚山林。……孟夏之月，无伐大树……驱兽无害五谷，无大田猎。仲夏之月，令民无刈蓝以染，无烧炭。季夏之月……草木方盛，无或斩伐。……季秋之月，草木黄落，乃伐薪为炭。仲冬之月，山林薮泽，有能取疏食田猎禽兽者，野虞教导之……日至短，则伐林木，取竹箭。"④

樊志民认为，秦朝"强调四时之禁"的根本目的是不妨农时，这种限制措施可以保证农事，客观上也起到保护林业的作用。⑤这段材料亦能显示出当时林业生产的广泛性，烧炭需要用材，刈蓝需要用炭，山林薮泽也可产出山珍野味，木材亦是建筑、家用器具、农具的重要原材料。由于自然林有其生长周期的限制，过度采伐林木，必然导致资源的匮乏。因此，适度的采伐林木，不仅有助于农业生产的发展，也可做为人们的生活补充。

赋税、力役的苛重，成为导致秦朝短祚一个重要的因素，小农经济仍然承受不住重赋和高压政策，广大民众逐渐产生对秦朝的仇视。西汉初年，高祖吸取秦亡教训，从苛法变为无为，实行与民休息的政策，之后的文、景两帝亦放松对人民的过度压榨，使这一政策持续了60余年。在此期间，"海内为一，开关梁，驰山泽之禁"⑥，社会资源的全面开放，使人民生活从极度贫困有所好转，轻徭薄赋，发展农业生产。与此同时，人们也认识到因地制宜进行农业生产的重要性，《淮南子·齐物训》记载"以时种树，务修田畴，滋植桑麻，肥硗高下，各因其宜，丘陵阪险，不生五谷者，以树竹木"⑦，亦强调了林木栽培和种植在补充农业生产方面的重要作用。《论衡·量知篇》中亦说："地性生草，山性生木。如地种葵韭，山树枣栗，名曰美园茂林。"⑧依据土地自身的属性，宜农则农，宜林则林既可以有效利用土地，从客观上讲也符合农林生态互补的规律，这也是古代人对农林经济的一种朴素的认识。

文景之治为世人所乐道，这一时期，农林业复合发展的趋势更加明显，并有利于国家积累财富。因此，文景时期，扶植农桑、鼓励种植经济林木。文帝前元十二年（公元前168年），下诏："吾诏书数下，岁劝民种树，而功未兴；是吏奉吾诏不勤而劝民不明也。"⑨景帝后元三年（公元前141年）亦下诏："令郡国务劝农桑，益种树，可得衣食物。"⑩倪根金认为"种树"是复合词，"种"指栽植粮食作物，"树"指种植桑、枣、柿等经济林木。⑪笔者认为此说法不妥，从文帝诏书来看，"岁劝民种树，而功未兴"，显然不应指农业和林业均功未兴，这里就应该的指的是种植经济林木，再看第二纸景帝诏书，前半句已经指出"令郡国务劝农桑"，后面又说"益种树"，用并列关系表达农桑与种树的重要性，最后得出结论

---

① 《史记》卷6《秦始皇本纪》，第314页
② 余华青：《略论秦汉时期的园圃业》，历史研究1983年第3期
③ 陈奇猷校释：《吕氏春秋》卷26《上农》，学林出版社，1984年：第1711页
④ 陈奇猷校释：《吕氏春秋》卷1-12《十二纪》
⑤ 樊志民著：《秦农业历史研究》，西安：三秦出版社，1991年：第185-186页
⑥ 《史记》卷129《货殖列传》，第3958页
⑦ 何宁：《淮南子集释》卷9《主术训》，中华书局，1998年：第686页
⑧ ［汉］王充著，张宗祥校注，郑绍昌标点：《论衡校释》卷12《量知篇》，上海古籍出版社，2010年：第251页
⑨ 《汉书》卷4《文帝纪》，中华书局，1962年：第124页。师古曰："树，谓艺殖也"。通过与景帝诏书记载对比，可知"树"应为栽种树木之意
⑩ 《汉书》卷5《景帝纪》，第152-153页
⑪ 倪根金：《秦汉植树造林考述》，《中国农史》1990年第4期，第85页

"可得衣食物"。但是，由于西汉政府直接控制的地域有限，关东地区、江南地区还有许多郡国存在，在经济方面制约着中央政权的经济收入，而且北方仍然有匈奴虎视眈眈，经常性的南下侵扰，也需要中央政权大量的经济收入维持北方的军备防御。西汉政府一方面要休养生息，另一方面还要维持财政的平衡，劝课农桑积累粮食，种植经济林木，以通商业，来持续增加财富累积的速度，也使国家的财政收入有所增加。在地方，官吏也十分重视林业的发展，比如颍州太守黄霸"劝以为善防奸之意，及务耕桑，节用殖财，种树畜养……"①；渤海太守龚遂也劝民农桑，兼营园圃。② 地方上的这些举措意味着林业生产的重要作用和所处地位。

西汉末年，王莽改制，试图用国家力量限制兼并，消隐土地兼并带来的矛盾，但并未成功。东汉政权则是依靠豪族，并与豪族联合、妥协的政权。这样，地方豪族控制乡里，占有土地、山泽，仲长统《昌言·理乱篇》中指出，从西汉以来，"豪人之室，连栋数百，膏田满野，奴婢千群，徒附万计。船车贾贩，周于四方；废居积贮，满于都城。琦赂宝货，巨室不能容；豕马牛羊，山谷不能受"。③《昌言·损益篇》也提到"井田之变，豪人货殖，馆舍布于州郡，田亩连于方国"。④ 东汉稳定以后，这些豪族就以庄园的形式组织农林业经济生产活动。这种庄园经济呈现出来的是这样的景象："使居有良田广宅，背山临流，沟池环匝，竹木周布，场圃筑前，果园树后，舟车足以代步涉之难，使令足以息四体之役，养亲有兼珍之膳，妻孥无苦身之劳"⑤。西汉建立的以小农经济为核心的生产组织结构受到地主庄园经济的侵蚀，实际上就是农林业复合经济结构的扩大化，小农家庭逐渐被豪强地主所兼并。做为东汉光武帝外祖的樊重就是这样的豪族，他在新野"治田殖至三百顷，广起庐舍，高楼连阁，波陂灌注，竹木成林，六畜放牧，鱼赢梨果，檀棘桑麻，闭门成市，兵弩器械，赀至百万，其兴工造作，为无穷之功，巧不可言，富拟封君。"⑥ 从上述材料看，豪族庄园经济农林牧副渔五业俱全，而且有自己的手工制造业和武装，俨然一个小型王国。当然，东汉政权仍然控制大量的人口和土地，林业也随着农业的扩展，在一些农业经济不发达地区发展起来，比如东汉"茨充为桂阳令，（桂阳）俗不种桑，无蚕织丝麻之利……充教民益种桑、柘……数年之间，大赖其利，衣履温暖。"⑦

（二）商品经济刺激下的大规模经济林的发展演变

春秋战国时期，商品经济在黄河中下游地区发展很快，战国七雄中魏、齐、楚国都有重商的传统，并形成了一批商业中心，如燕、洛阳、陶、邯郸、临淄、睢阳、江陵、寿春、南阳，甚至在极南之地亦有番禺这一商业中心。⑧ 虽然，秦汉以农立国，但商品经济仍有发展，"山西饶材、竹、谷、纑、旄、玉石；山东多鱼、盐、漆、丝、声色；江南出楠、梓、薑（姜）、桂、金、锡、连（铅）、丹沙、犀、玳瑁、珠玑、齿革；龙门、碣石北多马、牛、羊、旃裘、筋角；铜、铁则千里往往山出棊（棋）置：此其大较也。"⑨ 司马迁在其《自序》中，点出《货殖列传》的主旨："布衣匹夫之人，不害于政，不妨百姓，取于以时而息财富，智者有采焉。"⑩ 说明战国至秦汉时期，商品经济发达，各国积累的财富用于兼并战争，因此，愿意扶持商人，以使"农而食之，虞而出之，工而成之，商而通之"⑪。"农而食之"自然好理解，民以食为天，农业是国家富强、人民安定的根本。虞是古代掌管林业政令的官吏。⑫ "虞而出之"指山林川泽所出的各类物品，比如山西的材、竹，山东的漆，江南的楠、梓、姜、桂都是这些地区的自然林木产品，山林川泽也出产动物制品、矿物，"工而成之"就将这些矿物、林木产品加工成商品，最后"商而

---

① 《汉书》卷89《循吏传》，第3629页
② 《汉书》卷89《循吏传》，第3640页
③ 《后汉书》卷49《仲长统传》，中华书局，1965年：第1648页
④ 《后汉书》卷49《仲长统传》，第1651页
⑤ 《后汉书》卷49《仲长统传》，第1644页
⑥ ［北魏］郦道元著，陈桥驿校证：《水经注校证》卷29《比水》，中华书局，2011年：第693页
⑦ ［北魏］贾思勰著，缪启愉校释：《齐民要术校释》，《齐民要术序》，中国农业出版社，2009年：第2版，第8页
⑧ 《史记》卷129《货殖列传》，第3962－3967页
⑨ 《史记》卷129《货殖列传》，第3950页
⑩ 《史记》卷130《太史公自序》，第4026页
⑪ 《史记》卷129《货殖列传》，第3950页
⑫ 杨天宇著：《周礼译注》，《地官·山虞》，上海古籍出版社，2004年：第243－244页

通之"。

可见，"农而食之、虞而出之"显示出秦汉时期农林业并重的经济现象，司马迁亦曾引周书之说，"农不出则乏其食，工不出则乏其事，商不出则三宝绝，虞不出则财匮少。"① 正因为"山泽不辟"才导致了"财匮少"，山林之饶既包括自然林所产的材木和林产品也包括大规模的经济林所出产的林木和林产品。农工商虞，"此四者，民所衣食之原也"②，只有具备这四者，才能"上则富国，下则富家。"③

西汉建立以后，"海内为一，开关梁，弛山泽之禁"，在商品经济的刺激之下，大规模经济林在农业地带和森林地带边缘发展起来。"安邑千树枣；燕秦千树栗；蜀、汉、江陵千树橘；淮北、常山已南，河济之间千树萩（楸）；陈、夏引千亩漆；齐、鲁千亩桑麻；渭川千亩竹；及名国万家之城，带郭千亩亩钟之田……若千亩厄茜，千畦薑（姜）韭；此其人皆与千户侯等。"④ 这种大规模的经济营林遍及黄河中下游地区，包括西南巴蜀地区、长江中下游一带。甚至在一些地方，国家还设立专门经营、管理经济林的职官，比如在蜀郡严道设有"木官"⑤，南郡编县、江夏郡西陵县设有"云梦官"⑥，巴郡的朐忍和鱼复都设有"橘官"⑦，专门管理柑橘生产、买卖。

东汉以后，随着豪强势力对土地的大量兼并，庄园经济成为东汉时期普遍存在的社会现象，这在前文已有论述。庄园经济的发展，不仅使山林川泽从国家控制转到豪族控制，而且使得自然林的开发利用与人工林的经济营种植开始结合，成为东汉时期林业发展演变的一个显著特点。山林川泽为物饶之根本，"居之一岁，种之以谷；十岁，树之以木"⑧，不管是经济林木还是人工营林出产的林产品，其生产周期都比较长，但能持续长久的产出，其利又倍于一岁之谷。因此，东汉崔寔记录了东汉豪族家庭一年有计划的安排农业生产、家庭生活的情况，其中经营、管理林木是其中重要的一项活动，见下表。

《四民月令》中林业生产经营活动简表⑨

时间	林业生产经营活动
春正月	自朔暨晦，可移诸树：竹、漆、桐、梓、松、柏、杂木；唯有果实者，及望而止；自是月尽二月，可剥树枝
二月至三月初	可以砍掉树的树根部分的枝叶，也可以种地黄，采集桃花、茜以及栝楼、土瓜根。靠近山林，可以采集乌头、天雄、天门冬等一些药材。此时，开始积蓄薪炭
五月	利用木材原料制造角弓、弩
七月	收柏实
八月	可采车前实、乌头、天雄及王不留行
九月	收枳实
十一月	可采伐竹木
从一月开始到季夏时	禁止采伐竹木

东汉以后，人们对自然林、经济林的栽培技术有了新的认识，移植的时间不同，对不同种类林木会产生不同的效果。人们对林木进行栽培和繁育，砍伐自然林、采集药材的活动贯穿整年。这样有一定规模的庄园，在东汉时期普遍存在。所以，《四民月令》成为东汉时期关于庄园经济活动记录的重要文献。石声汉指出"四民"指农业、小手工业为主，商业收入为辅，来维持一个士大夫家庭生活的四民合一，

① 《史记》卷129《货殖列传》，第3951页
② 《史记》卷129《货殖列传》，第3951页
③ 《史记》卷129《货殖列传》，第3951页
④ 《史记》卷129《货殖列传》，第3970页
⑤ 《汉书》卷28《地理志上》，第1598页
⑥ 《史记》卷《司马相如列传》，记载《子虚赋》中云梦出产的林木及相关产品："其北则有阴林巨树，楩楠豫章，桂椒木兰，蘗离朱杨，榙梸樗栗，橘柚芬芳"
⑦ 《汉书》卷28《地理志上》，第1603页
⑧ 《史记》卷129《货殖列传》，第3969页
⑨ ［东汉］崔寔著，石声汉校注：《四民月令校注》，中华书局，第17－72页

"月令"则是把生产和生活中的事情按季节来分作安排。① 笔者以为此"四民"亦可与《史记·货殖列传》中的"四业"含义相近，即所谓"农、工、商、虞"，这样可以更为深刻地理解当时林业生产活动在家庭生产生活中的地位和作用。正因为庄园经济可以使经济林的种植形成一定的规模效益，所以《史记·货殖列传》中才出现了林产品的专业经营者。

（三）国家行为指导下的造林·用林

秦汉时期，大一统的中央集权王朝建立，国家经济生活也趋于一体。山林川泽无疑成为"普天之下，莫非王土"的重要组成部分，是社会财富的重要来源。因此，秦朝由少府②掌管山海池泽的税收，并兼理山林政令和栽植宫树与街衢、道路的树木。西汉以后，弛山泽之禁，发展农业，林业也随之发展。在国家层面上形成了以大司农、少府为核心的林业管理官职体系。另外，将作大匠兼掌木材，水衡都尉、上林苑令管理皇家园林。③ 国家造林主要分为以下3种形式：军事防护林、行道树、城市绿化植林。

中国古代大规模的军事植林活动，应该是秦始皇为防御匈奴的侵扰，修建万里长城时，在鄂尔多斯高原一线营建了一条人工军事防护林带——榆豀塞。《汉书》记载"蒙恬为秦侵胡，辟数千里，以河为竟，累石为城，树榆为塞。匈奴不敢饮马于河，置烽燧然后敢牧马。"④ 这个防护林带西至西汉金城郡榆中⑤，越鄂尔多斯高原，与黄河并行，《水经注》记载："（河水）东迳榆林塞，世又谓之榆林山，即汉书所谓榆溪（林）旧塞者也。自溪西去，悉榆柳之薮矣。缘历沙陵，屈龟兹县西北，故谓广长榆也。王恢云：树榆为塞。谓此矣。"⑥ 这个防护林带与长城、黄河形成三道防线，抵御北方匈奴的进攻，也成为秦汉时期中国北方的门户。

与此同时，为了加强对东方六国地区和北方地区的控制，秦始皇建立了统一的道路系统——秦驰道。驰道纵横秦朝疆域，可以说"为驰道天下，东穷齐燕，南极吴楚，江湖之上，濒海之观毕至。道广五十步，三丈而树，厚筑其外，隐以金椎，树以青松，为驰道之丽至于此，使后世曾不得邪径而托足焉"⑦。这亦是中国历史上最大规模的行道树记载。实际上，行道树有规划车道界限的作用，中间行道为天子所专用，旁道为其他人等所用。行道树的种类也不只是青松一种，亦有柏、梓、槐、桧、檀、榆等。⑧ 两汉时期，驰道作用更为广泛，亦开始利用濒水地带，大量栽培行道树苗，即"伐驰道树，殖兰池"。⑨ 大规模的行道树种植对国家交通体系的建立有重要意义。城市行道树在秦汉时期，也成为城市绿化造林的主要内容之一。两汉时期，将作大匠亦有"并树桐梓之类列于道侧"⑩ 的职责。西汉长安城街道两旁都栽种有绿化的行道树，"长安城，面三门，四面十二门，皆通达九逵，以相经纬，衢路平正，可并列车轨。……十二门三涂洞辟，隐以金椎，周以林木。"⑪ 东汉时期，洛阳的街道亦有"夹道种榆槐树"⑫ 的记载。

国有用林分为以下3种形式：皇家园林、国家生产建设用林、国家应急用林。

皇家园林主要是围禁山泽，以为苑囿。早在秦朝统一之初，"诸庙及章台、上林皆在渭南"⑬，上林苑就是秦始皇设立的皇家园林，主要为其享乐所用。汉武帝时，曾大规模营建上林苑，大臣进献各种名果

---

① ［东汉］崔寔著，石声汉校注：《四民月令校注》附录1《试论崔寔和四民月令》，第99页
② 《汉书》卷19《百官公卿表》，第731–736页
③ 王希亮：《中国古代林业职官考》，《中国农史》1983年第4期：第55页
④ 《汉书》卷52《韩安国传》，第2401页
⑤ ［北魏］郦道元著，陈桥驿校证：《水经注校证》卷2《河水》，第51页
⑥ ［北魏］郦道元著，陈桥驿校证：《水经注校证》卷3《河水》，第83页
⑦ 《汉书》卷51《贾山传》，第2328页
⑧ 王子今著：《秦汉交通史稿（增订版）》，中国人民大学出版社，2013年：第34页
⑨ 《史记》卷11《孝景本纪》，第563页。所记六年："后九月，伐驰道树，殖兰池"。关于"伐驰道树，殖兰池"的解释，参见王子今：《"伐驰道树殖兰池"解》，《中国史研究》1988年第3期
⑩ 《后汉书》志第27《百官志》，中华书局，1965年：第3610页
⑪ 何清谷撰：《三辅黄图校释》卷1《都城十二门》，中华书局，2005年：第89–90页。另见［北魏］郦道元著，陈桥驿校证：《水经注校证》卷19《渭水》，第454页
⑫ 《太平御览》卷195
⑬ 《史记》卷6《秦始皇本纪》，第308页

异木两千余种①，并于元鼎二年设水衡都尉，"主都水及上林苑"②，东汉时期，水衡都尉划归少府，另置上林苑令③，掌管皇家园林管理。另外，国家祭祀的名山、帝后陵寝，也均属于皇家用林的范畴，均受到国家的保护。元封三年（公元前108年）春正月，汉武帝登嵩山"禁有伐其草木"④。《太平御览》引《三辅旧事》载："汉诸陵皆属太常，有人盗柏者弃市。"⑤

国家生产建设用林，涵盖面比较广泛，其中大型的工程建设用材，比如宫室建筑、水利工程以及军械制造、手工业制造用材亦多。宫室建筑用材历史记载较多，存在的争议也较大。比如关于秦始皇作阿房宫，建筑用材不论从质和量的哪一方面讲都非常巨大，后世将这一工程比喻为秦朝灭亡的一大罪证。另有诗说"蜀山兀，阿房出"，不少中外学者也就这一问题展开了一系列的讨论。⑥ 这些学者论述并辨析了秦汉时期宫室用材来源、损耗以及材木的浪费现象。秦汉时期，人们已经开始注意到伐木的时间与林木生长之间的关系问题，但是对于国家的工程建设来讲，不论是宫室建筑、大型土木工程，往往都是调集大量人力，长期进行修建，不可能重视树木的砍伐时间和生长周期。宫室建筑、大型土木工程所有木方数量大、木质好、且材木本身体量巨大，只有这样才能满足大型工程的需要，但也产生出对森林砍伐的无序性利用的问题。对于木材的选择和砍伐，主要由将作大匠负责。

另外，东园主章和主章长丞也对材木的质量进行把关，据颜师古注曰："（将作大匠）掌大材，以供东园大匠也；（东园大匠）掌凡大木也。"⑦ 秦朝负责林业的官职是少府，亦必有此类职能。秦始皇筑阿房、仿六国建筑建于渭南，需要大量的材木，甚至是深山中的巨材大木也是很正常的。秦始皇造阿房宫和骊山陵墓，"蜀、荆地材皆至"⑧。西汉建都长安，大修宫室，上林苑有"离宫别馆，三十六所"⑨。东汉建都洛阳，灵帝时大修宫室，"发太原、河东、狄道诸郡材木"，多年未能修筑完工，致使"材木遂至腐积。"⑩ 上之所好，下必甚焉。皇家对豪华宫室的喜好也必然影响到社会风尚。汉成帝时"五侯群弟，争为奢侈"，"大治第室，起土山渐台，洞门高廊阁道，连属弥望"⑪ 即为一例。考古资料也显示两汉墓葬需用的材木也非常巨大，大葆台西汉木椁墓，采用五棺两椁，椁室木料用油松，内棺用楸木、檫木和楠木，共达数十立方米。大葆台汉墓的黄肠题凑由15 880根黄肠木堆叠而成，仅此即用材122立方米。⑫ 以上可见，西汉时期，皇家贵胄、地方豪族对华丽宫室和墓葬用材的耗费是十分巨大的。

栈道、桥梁用材也很巨大。《史记·货殖列传》中称，"巴蜀亦沃野……然四塞，栈道千里，无所不通。"⑬ 秦蜀之间的栈道是关中地区连接巴蜀的必经之道，所有的栈道都是木构栈道，和平时期利用栈道连通关中、巴蜀之间的联系。战争时期，栈道被就烧毁以隔绝交通。秦汉时期，桥梁的用材也非常巨大。近年来，在咸阳资村以南的沙河古道内发现2座木构古桥，其中1号桥已发现清理16排145根桥桩，残存总长度106米，宽16米左右。主持清理发掘的考古工作者认为1号桥应是汉魏时的西渭桥。⑭ 从残存的桥桩可以想到当时这座桥用木的规模一定很大，可能还需要大量的木材进行铺架才可能形成横跨渭河的桥梁。2012年以来，西安北郊相继发现秦汉古木桥。2015年1月16日，西安晚报报道了省考古研究院、中国社会科学院考古研究所与西安市文物考古研究院联合对厨城门一号桥北端2 000平方米发掘中初步清

---

① 《西京杂记》卷1

② 《汉书》卷19《百官公卿表》，第735页

③ 《后汉书》志第26《百官志》，第3593页。本注曰：上林苑令丞，主苑中禽兽，颇有民居，皆主之

④ 《汉书》卷6《武帝纪》，第190页

⑤ 《太平御览》

⑥ 伊忠东太著，陈清泉译补：《中国建筑史》，上海书店，1984年：第20页；周云庵：《"蜀山兀 阿房出"考辨——兼与伊东忠太先生商榷》，《西北林学院学报》1996年第4期：第106－110页；王子今著：《秦汉时期生态环境研究》，北京大学出版社，2007年：第333－335页

⑦ 《汉书》卷19《百官公卿表》，第734页

⑧ 《史记》卷6《秦始皇本纪》，第327页

⑨ ［梁］萧统编；［唐］李善注：《文选》卷1《西都赋》，上海古籍出版社，1986年：第10页

⑩ 《后汉书》卷78《张让传》，第2535页

⑪ 《汉书》卷98《元后传》，第4023－4024页

⑫ 北京市古墓发掘办公室：《大葆台西汉木椁墓发掘简报》，《文物》1977年第6期；鲁琪：《试谈大葆台汉墓的"梓宫""便房""黄肠题凑"》，《文物》1977年第6期

⑬ 《史记》卷129《货殖列传》，第3958页

⑭ 段清波、吴春：《西渭桥地望考》，《考古与文物》1990年第6期；陕西省考古研究所：《西渭桥遗址一》，《考古与文物》，1992年第2期

理出桥桩9排97根，桥桩顶部保存完整，此处发掘确定了厨城门一号桥的北端。还在其南侧发现用竹片编织成筐并内填瓦、石、沙等组成的水工设施"埽"——就是护堤堵口的器材。[①] 从以上考古资料来看，国家大型工程建设用材量最大，要求木材的质量也高，在王朝发展的前中期，对于国家的稳定和发展是必要的。但是到了王朝后期，奢华之风渐起之时，这种大型工程的修建无疑会耗费巨大的资财和人力，这样有可能动摇统治的根本，也就恰好成为后人分析王朝兴衰治乱的一个因素。

国家应急用林，主要包括两种形式战争期间用林和治理水患用林。秦汉时期，战争频繁，秦统一六国，大小战争不断。秦亡，六国旧贵族互相争战，后由刘邦定鼎关中。汉兴，虽有文景之治，但亦有七国之乱。汉武帝时，国家强盛，而将兵击匈奴，服西羌，攻西南夷，收复岭南，并朝鲜。后汉衰，王莽篡国，诸羌叛乱，国内动荡。东汉后期，地方豪族势力渐大，各自为战，群雄逐鹿。秦汉四百多年历史，大大小小战争均需损耗大量材木，属于应急性的征用，但有时也具有可持续开发利用的特点。如赵充国平伏罕羌之时，将兵金城、湟中，"计度临羌东至浩亹，羌虏故田及公田，民所未垦；可二千顷以上，其间邮亭多坏败者。（赵充国）臣前部士入山，伐材木大小六万余枚，皆在水次。愿罢骑兵，留弛刑应募，及淮阳、汝南步兵与吏士私从者，合凡万二百八十一人……分屯要害处。冰解漕下，缮乡亭，浚沟渠，治湟陜以西道桥七十所，令可至鲜水左右。田事出，赋人二十晦。……以充入金城郡，益积畜，省大费。"[②] 赵充国在对西羌的征伐中，从长远角度考虑，若转输粮草，则糜费国家大量财富，而且转输不益。他充分利用军队，开山伐木以水运出，修建亭隧，疏浚沟洫，以为屯田。修建道路、桥梁以通鲜水。这样，就利用了金城、湟中一带的材木，进行军事屯田活动，以为长远战事之计，乃为上策。

东汉时期，汉和帝永元五年（公元93年），护羌校尉贯友"攻迷唐于大、小榆谷，获首虏八百余人，收麦数万斛，遂夹逢留大河筑城坞，作大航，造河桥，欲度兵击迷唐。"[③] 在东汉初年战争中，长江也曾修建过浮桥，"汉建武十一年（公元35年），公孙述遣其大司徒任满、翼江王田戎将兵万，据险为浮桥，横江以绝水路，营垒跨山以塞陆道。光武遣吴汉、岑彭将六万人击荆门，汉等率舟师攻之，直冲浮桥，因风纵火，遂斩满等矣。"[④] 若与前文所述西渭桥残存木桩相比照分析，可知跨越黄河设浮桥，阻断长江以为浮桥，所需木材不可胜数，且需要巨材大木，才能封锁住江面。另外，汉简还记载了西北河西走廊居延地区的林木采伐活动[⑤]，其中军事屯田需要耗费大量的材木，首先开垦土地就要砍伐大片森林和草原；其次，垦区军民生活用材量也很大，薪材和木葬对材木需求最为突出；维持当地军事防御工程，需要砍伐大量木材，比如烽燧的设置，营房的修建、军器的制造——"官伐材木取竹箭"[⑥]，《汉书·匈奴传下》也记载张掖地区"生奇材木，箭竿就羽。"[⑦]

在发生重大水灾时，用林更为巨大。两汉时期黄河屡决，最严重的一次，汉武帝"自临决河，沉白马玉璧于河，令群臣从官自将军已下皆负薪寘决河。是时，东郡烧草，以故薪材少，而下淇园之竹以为楗。……于是卒塞瓠子，筑宫其上，名曰宣房宫。而道河北行二渠，复禹旧迹，而梁、楚之地复宁，无水灾"[⑧]。集解"如淳曰：'树竹塞水决之口，稍稍布插接树之，水稍弱，补令密，谓之楗。以草塞其里，乃以土填之；有石以石为之'。"[⑨] 索隐记："楗者，树于水中，稍下竹及土石也。"[⑩] 黄河决口，影响地区广大，荆、楚一带受灾最重，从上文可知，堵决开口的最好的东西是薪柴，因为薪柴可以隔绝水分[⑪]，使堤岸上的土石不易被冲泻。当时，由于薪材不足，只能就近取竹于淇园，将竹钉入河中，缓和流速，再添加草、土、石（类似于今天的混凝土），以加固河堤。这样大规模的整治河患，在两汉时期亦有多次记

① 西安晚报2015年1月16日报道
② 《汉书》卷69《赵充国传》，第2986页
③ 《后汉书》卷87《西羌传》，第2883页
④ ［北魏］郦道元著，陈桥驿校证：《水经注校证》卷34《江水》，第794页。另见《汉书·岑彭传》
⑤ 参见倪根金：《汉简所见西北垦区林业——兼论汉代居延垦区衰落之原因》，《中国农史》1993年第4期：第50-58页
⑥ 谢桂华等编：《居延汉简释文合校》（简95.5），文物出版社，1987年
⑦ 《汉书》卷94《匈奴传下》，第3810页
⑧ 《史记》卷29《河渠书》，第1703-1704页。另见［北魏］郦道元著，陈桥驿校证：《水经注校证》卷9《淇水》，第236页
⑨ 《史记》卷29《河渠书》，第1704页
⑩ 《史记》卷29《河渠书》，第1704页
⑪ 薪材、木炭亦可利用在古代墓葬之中。熊大桐著：《中国林业科学技术史》，中国林业出版社，1995年：第90-91页；江西木材工业研究所：《长沙马王堆一号汉墓棺椁木材的鉴定》，《考古》1973年第2期

载，所用竹木亦不可胜记。

秦汉时期，中国森林资源还是相当丰富的，东北地区、西南地区（云贵）、江南地区林木资源开发利用较少。秦汉时期人口主要集中于黄河中下游地区、关中地区、巴蜀地区，这些地区又是农业开发最快的区域，人工林、经济林的栽培种植最为广泛，自然毁林也相对严重。西北地区由于军事原因，开疆扩土，军事屯垦，林业的开发主要是以砍伐自然林为主。不论经济发达地区还是其他地区，不同程度的毁林现象都是存在的，也是我们不能忽视的，比如，上文提及的河西居延地区的农林业开发。又如军事装备的制造，多用竹木，"寇洵为河内，伐竹淇川，治矢百余万，以输军资。今通望淇川，无复此物。"[1] 因此，毁林的过程是经济开发、人口繁衍、国家建设、人民生计的实际需求过程中的伴生物。

二、中国秦汉时期林业发展演变的特点

上文就中国秦汉时期林业发展演变有了一定的初步认识，结合以上的分析，这里就探讨一下中国秦汉时期林业发展演变的特点。

（一）林业生产规模化形成

秦汉时期，人工林特别是经济林木的生产呈现出规模化的趋势。司马迁将虞与农、工、商三者并列于《史记·货殖列传》之中，山林川泽所出产代表着财富的多寡。林木与其他林产品，可以为农业提供劳动工具，林产品可以成为粮食的替代品；可以为手工业提供大量的原料，比如薪炭可以作为燃料，木材可以造船、制车；可以为商业提供大量的货物，比如，药材、林木。人类对林木自然属性的需求有利于林业生产规模化的形成。

林业生产规模化的前提条件是人们对林木资源认识水平的提高和林业生产技术水平的提高。秦汉时期，天然林的砍伐和林产品的采集有"时禁"的限制，说明当时人们对林木自然属性的认识已经比较成熟，在此基础上，既要在保证农业生产的稳定进行，也要保证民众社会生活需要，协调农林业之间的关系成为林业生产规模化的关键。行道树的种植、移植，城市绿化的需求，使天然林栽培技术有所提高，经济林木的生产周期短，经济效益大，促进了经济林木和果木栽培技术的提高。林木栽培技术的提高又促进了林业生产经营的规模化。

秦汉时期，果木、蔬菜一体化生产的园圃业已经成为小农经济生活中林业生产经营规模化的重要表现形式。[2]《汉书·食货志》记载："田中不得有树，用妨五谷。……还庐树桑，菜菇有畦，瓜瓠果蓏，殖于疆易。"[3] 史游在《急救篇》中就有"园菜果蓏助米粮"的说法[4]。两汉时期，大族豪右的庄园经济逐渐将园圃业生产规模不断扩大，更加具有规模化生产的特点，并出现了专业化的经济林木生产经营者。

社会上对发展林业的经营劳动者，也有较高的评价。《史记·货殖列传》记载："'百里不贩樵，千里不贩糴。'居之一岁，种之以谷；十岁，树之以木；百岁，来之以德"[5]，可见林木薪材所出财货之饶，紧接着司马迁就说"德者，人物之谓也"[6]，当然人们认为最崇高的事业即是品德之高尚，与此同时，人们认为还有一种人可以与之比肩，就是"有无秩禄之奉，爵邑之入，而乐与之比者，命曰'素封'。封者食租税，岁率户二百。"[7] 他们是利用山林川泽创造财富的人。可见，史马迁对这些人的评价是相当高的。素封之人好比现在的实业家，他们生产经营活动在《史记·货殖列传》中有所描写：

"陆地牧马二百蹄，牛蹄角千，千足羊，泽中千足彘，水居千石鱼陂，山居千章之材。安邑千树

---

① ［北魏］郦道元著，陈桥驿校证：《水经注校证》卷9《淇水》，第236页
② 张波，樊志民主编：《中国农业通史·战国秦汉卷》，中国农业出版社，2007年：第274－277页
③《汉书》卷24《食货志上》，第1120页
④ ［东汉］史游著：《急救篇》，岳麓书社，1989年
⑤《史记》卷129《货殖列传》，第3969－3970页
⑥《史记》卷129《货殖列传》，第3970页
⑦《史记》卷129《货殖列传》，第3970页

枣；燕秦千树栗；蜀、汉、江陵千树橘；淮北、常山已南，河济之间千树萩；陈、夏千亩漆；齐、鲁千亩桑麻；渭川千亩竹；及名国万家之城，带郭千亩亩钟之田，若千亩卮茜，千畦薑韭；此其人皆与千户侯等。"①

从事林业生产经营的人，为了增加自身的财富，也会因地制宜，对木材的砍伐、经济林木的种植经营都有比较固定的区域，不同的区域产出不同的林产品和木材，并获得良好的经济效益和社会效益。当林业生产经营达到一定规模之后，能够积累大量的财富，在文献中就形成了用"千章""千树""千亩"量词化的表述，也表明当时林业生产规模化已经形成。

国家对经济林木的生产也在大加扶持和保护，成为林业生产规模化的重要保障。秦朝将林业管理规定形成法律条文，专门记载盗采桑叶的惩罚措施："赃不盈一钱……赀徭三旬"②。还有对伐木用材的规定，"春二月，毋敢伐材木山及雍堤水。不夏月，毋敢夜草为灰，取生荔……到七月而纵之。唯不幸死而伐享者，是不用时……"③

（二）林业生产的地域化及其影响因素

秦汉时期，林业生产经营活动都是有一定地域差异的。比如，上文引文中提到安邑的枣、燕秦地区的栗，这两个地方地处华北平原，农业生产发达，枣、栗主要是经济林木种植，属于在农业区内的经济林业。蜀、汉、江陵地区产橘，这三个地区属于长江中游地区，以水果产销为主。淮北、常山以南、河济之间属于丘陵、山原地带，多产萩木，属于天然林砍伐。陈、夏产漆、齐鲁产桑麻，这两个地方地处黄河中下游平原地区，农业生产也很发达，也是经济林业发达地区。关中平原地区以南的渭川则盛产竹林，也是因为南接秦岭，属于经济林木种植区与天然林区的结合地带。因此，从上面分析来看，林业生产活动的地域化特点很显著，内地平原地区（农业发达地区）主要是经济林业产区；林果业产区主要分布在蜀、汉、江陵地区；淮北、常山以南，河济之间、关中南部则是经济林木与自然林的混合发展区。

当然，在汉代张骞凿空西域，将中亚、西亚地区的一些经济林木引入到中原。黄河中下游地区、关中地区农业发展较快，平原地区的天然林已经消耗殆尽，主要以经济林木的种植和栽培为主，也发展起具有特色的副主食——栗、枣，在一些灾荒年时，栗、枣都可以充做主食，代替五谷杂粮。巴蜀、长江中游地区优越的自然条件，促进林果业的发展，因此巴蜀自古就有天府之国的美誉。汉江、荆襄地区汉代设有"云梦官"④，亦是林木丰饶之地。除此之外，西北地区的陇山、河湟地区处于黄土高原与青藏高原的交界带，该地区高山峡谷的地形条件和气温、水热条件形成了森林密布的自然景观，这里也盛产材木。河西走廊地区的林木采伐规模也比较大，甚至于还有商业化的倾向。⑤

总的来说，秦汉时期以农为本，对林业生产相对重视不够，这是事实。但是我们也要看到林业的发展并未因国家政策的某些变化而停滞，有时由于国家处于百业待业阶段（两汉初年）、经济动荡阶段（汉武帝后期），"弛山泽之禁"让利于民，增加人民的财富收入，这都在一定层面上促进了林业生产的发展。

秦汉时期，中国的人口从 2 000 万上升到 6 000 多万，国家统一，社会安定，人口滋生繁衍，人口的增加又加速了农业的开发，既包括内地的深入开发，也包括边远地区的移民拓殖活动另外，帝室贵族、地方豪族侵占和垄断山林川泽，与农业庄园的园圃业相结合，客观上讲有利于林木种植和栽培技术的提高。西北边区的移民拓殖，有的是移民戍边，有的是战争屯垦，对当地林木的破坏性较大，林地、草原变成农地，由于自然地理要素的影响，荒漠化已经开始出现，移民拓边活动加快森林的消失，当地的林业生产也受到严重的影响，甚至停滞。

秦汉时期，商品经济发展较快，商品经济刺激了人们对林木以及林产品的需求，对林业的生产经营产生了积极的作用。战国秦汉以来形成一批大中城市都会，云集了各地的商品，商贸活动十分活跃，"富

---

① 《史记》卷 129《货殖列传》，第 3970 页
② 《睡虎地秦墓竹简·法律答问》
③ 《睡虎地秦墓竹简·法律答问》
④ 《汉书》卷 28《地理志上》，第 1566 页。南郡的边、江夏郡的西陵均设有云梦官
⑤ 倪根金：《汉简所见西北垦区林业——兼论汉代居延区垦区衰落之原因》，《中国农史》1993 年第 4 期：第 54-55 页

商大贾周流天下，交易之物莫不通"，林木、林产品成为商业贸易中的大宗货物。《史记·货殖列传》特意提到长江中游的"江陵故郢都，西通巫、巴，东有云梦之饶"①，"而合肥受南北潮，皮革、鲍、木输会也。……江南卑湿……多竹木。"② 南方的"番禺亦其一都会也，珠玑、犀、瑇瑁、果、布之凑。集解引韦昭曰：'果谓龙眼、离支（荔枝）之属。'"③《史记·货殖列传》未提及关中、华北、黄河中下游、西北地区的林木、林产品的贸易情况，实际上这些地区也有比较繁荣的林产品贸易活动，比如班固的《西京赋》中就描述了关中长安"封畿之内，厥土千里。逴跞诸夏，兼其所有。……陆海珍藏，蓝田美玉。……竹林果园，芳草甘木。郊野之富，号为近蜀。"④《西京赋》注中有《汉书》曰："秦地南有巴、蜀、广、汉山林竹木蔬食果实之饶。"⑤ 长安做为汉朝的首都，"九市开场，货别隧分。人不得顾，车不得旋"。⑥ 商品经济的刺激以及各地区商贸活动的活跃，对秦汉时期中国林业的地域化形成起到了一定的促进作用。

战争和社会风气对林业生产、经营会起到一定的阻碍作用。战争期间，开山伐林以通道路，毁林木使敌人不得藏身，利用林木修筑防御工事，耗费大量的林木保证军队的薪炭供应、军器供应，都会大量砍伐森林，其毁林速度远远超过了林木的再生速度。秦汉时期，富可敌国的大商人很多，由于商业可以积累财货，所以人们并不很排斥。虽然西汉几代皇帝对商业有所打击，但是国家财政、税收以及财富的积累，都需要由商业来完成。商业的发达，使国家、社会的风气从勤俭渐趋奢侈。由俭入奢易，由奢入俭难，林木和林产品正好迎合了皇家、贵族、商人的喜好。宫室巨屋、棺椁、精美的木制手工业品，都是人们追求的对象，林木及林产品从满足人民生活必需品，转变为迎合人们的物质欲望的奢侈品。这就导致社会上一些林木经营者和采伐者不惜代价对林木进行采伐和利用，虽然在短期内产生了一定的财富，但却不能持续发展，一些林区很快就再难寻觅到高材巨木了。

三、秦汉时期中国林业生产的经济效益与社会效益

秦汉时期是中国农业经济发展的重要阶段，以农立国、以农为本的思想，形成于此时。以此为基础，先秦时期的林业观念也移植于小农经济之中，桑麻种植与农业耕作并举，在国家控制下，以小农家庭为单位的林业生产活动开始出现，并逐步发展。林业经济稳定发展，不仅可以为国家提供一定的赋役、财税，而且可以满足人民的日常生活，林业资源的经济效益与社会效益就更显突出。可以说，国家的财政、税收有一大部分要靠林木资源获得。另外，像煮盐、冶铁、采矿都需要用到木材，手工业中的制漆业、兵器制造、陶器制造、造船、造车等均需要利用木材进行加工创造。国家在军事防御、工程建设、防灾救灾方面也都需要大量的材木。

人民生活的衣食住行就更离不开木材及其他林产品。东汉王褒《僮约》中记载了普通士大夫之家的林业生产活动。其中就包括树木种植和果树栽培、采集野果、采伐林木及加工、林副产品的利用。⑦ 前文也提到《四民月令》中也记载了相关的林业活动内容，林木采伐和经济林木的种植以及林产品的加工利用，成为家庭生产、生活的重要内容。另外，有学者对《史记·货殖列传》《急就篇》及秦汉简牍记载的相关商品进行过统计，其中与木材及林产品相关的水果类 11 种；原料类 2 种，生漆、桑麻；铁器类中需要用到木材的 11 种；漆器类 15 种；车船类 5 种；竹器类 12 种；木器类 9 种；兵器类中与木材相关的 3 种；乐器类中与木材相关的 8 种；文具类 4 种；药物类 9 种。⑧ 若按照黄今言的统计，与木材及林产品相关的有 11 类 89 种商品，这里还没包括最为重要的一类——薪炭。

---

① 《史记》卷 129《货殖列传》，第 3964 页
② 《史记》卷 129《货殖列传》，第 3965 页
③ 《史记》卷 129《货殖列传》，第 3966 - 3967 页
④ ［梁］萧统编，［唐］李善注：《文选》卷 1《西都赋》，上海古籍出版社，1986 年：第 9 页
⑤ ［梁］萧统编，［唐］李善注：《文选》卷 1《西都赋》，第 9 页
⑥ ［梁］萧统编，［唐］李善注：《文选》卷 1《西都赋》，第 7 页
⑦ 张钧成：《从王褒〈僮约〉看汉代川中私人园圃中的林业生产内容》，《北京林业大学学报》1989 年，第 S1 期，第 79 - 84 页
⑧ 黄今言著：《秦汉商品经济研究》，人民出版社，2005 年：第 101 - 102 页。其中与木材相关的商品为本文作者另行统计得出

　　秦汉时期，中国林业的发展演变，也对当时的社会精神文化生活产生了重要的影响。林业的生产经营活动以及国家倡导下的植树、园林绿化，对古代社会城市景观、乡村景观的形成具有重要的作用，中国古代绘画中有大量描写山水川泽的作品为世人所称道。可以说，秦汉时期中国林业对中国历史时期林业有着重要意义和研究价值。秦汉时期中国林业发展的一些重要的问题，比如秦汉时期林业空间布局及地域差异问题；林产品的开发与利用等问题，本文虽有所涉及，限于篇幅，另作他文论述。

清代玉米在浙江的传播及其动因影响研究[*]

李昕升[**] 王思明

（南京农业大学中华农业文明研究院，江苏 南京 210095）

摘 要：浙江是玉米最早传入的地区之一，隆庆六年（1572 年）《留青日札》始见玉米在浙江传播，但直到康熙年间仍局限在浙北平原，乾隆中期开始玉米通过各种渠道在浙江进一步传播，特别是在山地广泛传播，先是浙南山地，然后是浙西、浙东山地，逐渐遍布浙江全省。棚民在浙江玉米传播中起了十分重要的作用，玉米促进了山地土地的开发利用，增加了粮食产量，也带来了相应的环境问题。

关键词：清代；玉米；浙江；传播；棚民

玉米原产于美洲，学名玉蜀黍（*Zea mays* L），玉米在我国别名较多，如番麦、棒子、包（苞）米、玉（御）麦、包（苞）谷、包（苞）芦等，据咸金山先生统计有不同名称 99 种之多[①]，在浙江玉米主要被称为玉蜀黍、观音粟、六（陆）谷、包（苞）芦，另外玉米还有的别名仅存于浙江，如乳粟、遇粟、二粟、棒槌粟、广东芦等。值得注意的还有芦粟，实际上是糖高粱，浙江地方志大多将其与玉米区分，但仍多次与玉米混淆，如光绪《嘉兴县志》载："今嘉兴有一种名芦粟，即北方之玉蜀黍，苗叶似高粱，而子粒攒簇，其色黄白，有秔有糯。"[②] 属于同名异物的现象。咸金山、何炳棣[③]等先生均未将芦粟算作玉米的别名。

目前，相关研究对玉米在我国的传入时间、传入途径论述较多，但对玉米在各省具体传播的专门研究只涉及两湖、山西、陕西、河南、四川、山东、广西部分省区[④]，清代玉米的传播对于多山的浙江重要性十分突出，然尚无专门研究，而且存在诸多误区，如认为除了《留青日札》，"雍正以前只有康熙《天台县志》里有种植玉米的记载"等观点需要纠正。

本文不但详细论述清代玉米在浙江的传播史，而且对玉米在不同传播阶段的传播情况进行动因、影响分析。

一、玉米在浙江的引种

玉米明代中期传入我国，一般认为玉米经多渠道传入我国，其中就有"东南海路说"，就是指玉米经葡

---

* 【基金项目】国家社科基金"域外蔬菜作物的引进及本土化研究"（项目编号：12BZS095）；江苏省高校哲学社会科学基地重大招投标项目"江苏农业文化遗产保护与共同体构建"（项目编号：2012JDXM015）

** 【作者简介】李昕升（1986— ），男，南京农业大学中华农业文明研究院博士研究生，研究方向为农业史；王思明（1961— ），男，南京农业大学中华农业文明研究院院长、教授、博士生导师，研究方向为农业史、农业文化遗产保护

① 咸金山：《从方志记载看玉米在我国的引进和传播》，《古今农业》1988 年第 1 期

② 光绪三十二年（1906 年）《嘉兴县志》卷 16《物产》，《中国地方志集成·浙江府县志辑 15》，上海书店，1993 年；第 325 页

③ 何炳棣：《美洲作物的引进、传播及其对中国粮食生产的影响》，《世界农业》1979 年第 5 期

④ 玉米在各省传播相关研究有，龚胜生：《清代两湖地区的玉米和甘薯》，《中国农史》1993 年第 3 期；耿占军《清代玉米在陕西的传播与分布》，《中国农史》1998 年第 1 期；马雪芹《明清时期玉米、番薯在河南的栽种与推广》，《古今农业》1999 年第 1 期；李映发：《清初移民与玉米甘薯在四川地区的传播》，《中国农史》2003 年第 2 期；梁四宝，王云爱：《玉米在山西的传播引种及其经济作用》，《中国农史》2004 年第 1 期；周邦君：《玉米在清代四川的传播及其相关问题》，《古今农业》2007 年第 4 期；王保宁，曹树基：《清至民国山东东部玉米、番薯的分布》，《中国历史地理论丛》2009 年第 4 期；郑维宽：《清代玉米和番薯在广西传播问题新探》，《广西民族大学学报（哲学社会科学版）》2009 年第 6 期，等

萄牙人或中国商人之手较早传入我国的福建、浙江等东南沿海地区。成书于隆庆六年（1572年）的《留青日札》记载："御麦出于西番，旧名番麦，以其曾经进御，故曰御麦。干叶类稷，花类稻穗，其苞如拳而长，其须如红绒，其粒如茨实大而莹白，花开于顶，实结于节，真异谷也。吾乡传得此种，多有种之者。"[①] 可见玉米在此之前传入浙江沿海，杭州文人田艺蘅的记载是"东南海路说"的主要依据之一。但是玉米在传入浙江后的一百年都没有得到大面积推广，在康熙之前的方志记载仅有三次：乾隆《绍兴府志》引万历《山阴县志》："乳粟俗名遇粟"[②]；光绪《嘉兴县志》引天启《汤志》[③]："所谓杭糯粟者即此耳"[④]；以及万历《新昌县志》仅记载"珠粟"一词[⑤]。山阴县、嘉兴县均位于多山的浙江的北部平原地带（杭嘉湖平原和宁绍平原），新昌县距离宁绍平原不远。可见，玉米在明末清初一直局限在浙北平原。

虽然玉米在传入浙江之初只在平原种植，但玉米的亩产不低，所以《留青日札》载"吾乡传得此种，多有种之者"，但是与水稻等传统作物相比，玉米仍处劣势，在五谷争地的情况下，玉米这种新作物并没有竞争优势，难以大面积推广。东南沿海各省情况均是如此，虽然引种较早，却发展缓慢，尚不能作为一种粮食作物在农业生产中占有一席之地，《本草纲目》记载玉米"种者亦罕"[⑥]，《农政全书》也只在底注中附带一提。

康熙年间，玉米在浙江开始由沿海缓慢向内陆山地推进，但仍然以平原地带为主。根据康熙年间方志记载情况（表1），玉米仍主要种植于浙北平原的山阴、余杭以及金衢盆地的武义，孝丰离杭嘉湖平原较近，天台、新昌距离宁绍平原不远。浙江山地已经开始引种玉米，但规模不大，如浙南山地的遂昌。浙江并不是与我国内陆地区玉米的"先丘陵山地后平原"的传播方式一样，而是"先平原后山地"。浙江的平原、盆地不仅人口较多，而且交通便利，内河航运发达，方便由沿海传入浙江的玉米的进一步传播。但是一方面由于旧的种植习惯的沿袭，另一方面由于处在平原河谷地带不能充分发挥玉米高产、耐饥、适应性强等特性，甚至不利于玉米的生长[⑦]。因此玉米在传入初期，被视为消遣作物，在田头屋角或菜园"偶种一二，以娱孩稚"，方志记载比较简单，可以反映玉米未成为主要粮食作物的事实，康熙《浙江通志》、雍正《浙江通志》均未记载玉米。另外，康熙《天台县志》记载的"玉芦，俗呼广东芦。"[⑧] 有观点认为据此可知早期进入浙江的玉米来自广东，其实不然，广东最早关于玉米的记载也是清初屈大均的《广东新语》："玉膏黍一名玉膏粱，岭南少以为食，故见黍稷，往往不辨"[⑨]，远晚于浙江，应该是当地人民误以为自广东来。

表1　康熙年间浙江地方志记载玉米情况

府县	时间与出处	内容
山阴县	康熙十年（1671年）《山阴县志》卷7《物产志》	乳粟，粒大如鸡豆，色白味甘，俗曰遇粟
新昌县	康熙十年（1671年）《新昌县志》卷1《物产》	珠粟
孝丰县	康熙十二年（1673年）《孝丰县志》卷3《土产》	鹿角米
天台县	康熙二十二年（1683年）《天台县志》卷5《物产》	玉芦，俗呼广东芦
余杭县	康熙二十三年（1684年）《棲里景物略》卷1《物产》	观音粟
武义县	康熙三十七年（1698年）《武义县志·物产》	乳粟，粒大如鸡豆，色白味甘，俗曰遇粟
遂昌县	康熙五十一年（1712年）《遂昌县志》卷2《物产》	观音粟

① ［明］田艺蘅：《留青日札》卷26《御麦》，上海古籍出版社，1992年：第489页
② 万历四十年（1612年）《山阴县志》。转引自乾隆五十七年（1792年）《绍兴府志》卷17《物产志一》，浙江府县志辑39，第441页
③ 《汤志》指明天启年间汤齐聘所修县志，但未见刻板，崇祯十年（1637年），知县罗蚧聘县人黄承昊，在《汤志》基础上续修成二十四卷，始有刻本
④ 光绪三十二年（1906年）《嘉兴县志》卷16《物产》，浙江府县志辑15，第325页
⑤ 万历七年（1579年）《新昌县志》卷5《物产志》
⑥ ［明］李时珍：《本草纲目》卷23《谷部二》，辽海出版社，2001年：第899页
⑦ 玉米苗期有耐旱怕涝的特点，适当干旱有利于促根壮苗，如果土壤中水分过多、空气缺乏，容易形成黄苗、紫苗，造成"芽涝"。因此，玉米苗期要注意排水防涝。沿海平原地区并不适合玉米的栽培
⑧ 康熙二十二年（1683年）《天台县志》卷5《物产》
⑨ ［清］屈大均：《广东新语》卷十四《食语》，中华书局，1985年：第377页

二、玉米在浙江的推广

隆庆年间玉米引种到浙江，直到乾隆年间人民发现玉米适合山地的水土、气候条件（耐旱、耐寒、喜砂质土壤），又不与五谷争地，于是首次有了适于高山广泛种植的粮食作物。正好配合棚民垦山开荒。同时引进的美洲粮食作物甘薯，虽然也有耐旱耐瘠的特性，但对气候要求相对暖湿，也没有玉米易于保存，因此在浙江山地种植的主要还是玉米。玉米在乾隆中期开始在浙江迅速传播，乾嘉时期是玉米的初步传播阶段（表2）。

表2 乾嘉年间浙江地方志记载玉米情况

府县	时间与出处	内容
镇海县	乾隆十七年（1752年）《镇海县志》卷4《物产》	乳粟，粒大如鸡豆，色白味甘，俗名遇粟
平阳县	乾隆二十四年（1759年）《平阳县志》卷5《物产》	珍珠粟
浦江县	乾隆四十一年（1776年）《浦江县志》卷9《土产》	芦粟，一名御米，一名罂粟，一名高粟，茎叶与穄相似，而一茎数房，色光润，红黄紫白俱备，亦可疗饥，山中近始种之
鄞县	乾隆五十三年（1788年）《鄞县志》卷28《物产》	转引《留青日札》内容
平湖县	乾隆四十五年（1780年）《平湖县志》卷4《物产》	粟……一种粒大穗如摇槌，名珠珠粟
开化县	乾隆六十年（1795年）《开化县志》卷5《物产》	苞芦，种自安庆来，近年处处种之，可以代粮，然开邑田地山场因此多被水冲塌似宜禁
绍兴府	乾隆五十七年（1792年）《绍兴府志》卷17《物产志》	乳粟，俗名遇粟
于潜县	嘉庆十五年（1810年）《于潜县志》卷18《物产》	近年人图小利，将山租安庆人种作苞芦
德清县	嘉庆六年（1801年）《德清县续志》卷4《法制志》	各山邑多有外省人民搭棚开山，种植苞芦、靛青、蕃薯诸物，以致流民渐多，棚厂满山相望
庆元县	嘉庆六年（1801年）《庆元县志》卷7《物产》	包罗
山阴县	嘉庆八年（1803年）《山阴县志》卷8《土产》	乳粟
上虞县	嘉庆十六年（1811年）《上虞县志·物产》	蔀粟，俗呼棒槌粟
西安县	嘉庆十六年（1811年）《西安县志》卷21《物产》	《群芳谱》玉蜀黍一名玉高粱，土名苞萝。《王珉诗》我如杜陵叟，蜀饭兼苞萝。按，西邑流民向多垦山种此，数年后土松遇大水涨没田亩沟圳山亦荒废，为害甚巨，抚宁阮于嘉庆二年出示禁止

注：宣平县、分水县在乾嘉年间虽未有方志记载玉米，但道光《宣平县志》、道光与光绪《分水县志》、道光《昌化县志》的记载均反映出三县在"乾隆四五十年间""乾隆间""嘉庆间"移民垦种玉米的事实。光绪《剡源乡志》亦反映嘉庆初年玉米在当地已有种植

乾嘉时期的浙江玉米分布除了集中在浙北平原（镇海、鄞县、平湖、绍兴府、上虞），浙南山地已经颇具规模，如宣平、庆元、遂昌、西安；以及浙西山地的部分地区，开化、分水、德清、于潜、昌化。浙江一省之内的玉米传播具有特殊性和复杂性，一方面是浙江作为我国玉米的初级传播中心直接从国外引种但传播较为缓慢，局限在浙北平原一带；另一方面从玉米的次级传播中心安徽，二次引种至浙江向衢州府、处州府山地扩展，如开化县"苞芦，种自安庆来，近年处处种之，可以代粮"[1]，宣平县"宣初无此物，乾隆四五十年间，安徽人来此向土著租赁垦辟，虽陡绝高崖皆可布种"[2]；另一方面，据光绪《分水县志》载："苞芦，俗呼菉谷，邑向无此种，乾隆间江闽游民入境租山创种"[3]。所谓"江闽游民"，

---

[1] 乾隆六十年（1795年）《开化县志》卷5《物产》
[2] 道光二十年（1840年）《宣平县志》卷10《物产》
[3] 光绪三十二年（1906年）《分水县志》卷2《物产》，浙江府县志辑27，第91页

就是江西、福建的棚民，西安县"西邑流民向多垦山种此"[1]，昌化县"嘉庆间，江省棚民垦种苞芦，居人亦荷锄踵接"[2]，剡源乡"自嘉庆初福建台州棚民相率来剡开山种靛、种苞芦，日辟日广"[3]。说明江西、福建同样作为玉米二次传播的中心，向严州府、衢州府等山地传播，浙南山地东部沿海的平阳县可能就是从福建引种的玉米。

道光咸丰年间，浙江的玉米种植迅速发展，在平原山地均有分布。玉米已经遍布浙南山地（表3），尤以浙南山地西部的处州府为甚，庆元、遂昌、宣平、丽水、缙云均为处州府辖县。浙南山地东部沿海一带玉米种植分布不广的，仅有温州下辖的乐清县。浙东山地海拔较低，棚民活动较弱，玉米传播不广，嵊县、象山县道光初年始有记载，象山县记载"玉蜀秫"为"新增"[4]。

表3　道咸同光年间浙江地方志记载玉米的地区

年代	浙北平原	浙西山地	浙南山地	浙东山地
道光（1821—1850 年）		武康县、分水县、建德县、昌化县	乐清县、庆元县、遂昌县、永康县、宣平县、丽水县、缙云县	嵊县、象山县
咸丰（1851—1861 年）	鄞县、南浔镇			上虞县
同治（1862—1874 年）	鄞县	安吉县、孝丰县、湖州府	江山县、云和县、黄岩县、景宁县、丽水县	嵊县
光绪（1875—1908 年）	乌程县、归安县、镇海县、菱湖镇、嘉善县、平湖县、定海厅、慈溪县、嘉兴县	孝丰县、富阳县、寿昌县、分水县、开化县、临安县、于潜县	黄岩县、乐清县、青田县、庆元县、遂昌县、永康县、宣平县、缙云县、永嘉县、玉环厅	上虞县、奉化县、忠义乡、剡源乡、仙居县、宁海县、浦江县、诸暨县

注：浙南山地由仙霞岭山脉、洞宫山脉、括苍山脉和雁荡山脉组成，地势较高，平均海拔 500 米以上；浙西山地由白际山脉、千里岗山脉和昱岭山脉组成，山势陡峻，切割较深；浙东山地位于宁绍平原以南，括苍山以北，包括会稽山脉、四明山脉和天台山脉，海拔较低。另有金衢盆地位于浙江中部，只有光绪《金华县志》有记载，不在本表反映。表中忠义乡、剡源乡隶属于奉化县

玉米种植已经推广到浙西山地北部的杭湖两府全部。"杭州府属之富阳、余杭、临安、于潜、新城、昌化等县为嘉湖之上游，湖州府属之乌程、归安、德清、安吉、孝丰、武康、长兴等县为苏松太之上游，皆系山县……三十年前从无开垦者，嗣有江苏之淮、徐民，安徽之安庆民，浙江之温、台民，来杭湖两属之各县，棚居山中，开种苞谷"，道光十三年（1833 年），"其时各县山场，只开十之二三"，至道光三十年，"近已十开六七矣"[5]。开发浙西山地不仅有外省棚民，还有温州、台州的棚民，可谓是四面八方的流动，共同向山区集中。分水县"乾隆间江闽游民入境租山创种"[6]，湖杭两府的山县是从道光开始大面积种植玉米的，"近来异地棚民盘踞各源，种植苞芦，为害于水道农田不小"[7]。浙北平原玉米种植虽然一直延续，道咸年间相对萎缩，方志记载或十分简略，或直接引用《留青日札》内容。

这里需要指出的是咸丰年间记载偏少甚至空白的情况。这是因为浙江作为太平天国运动的主战场之一，战争导致了大量人口死亡和土地荒芜的情况，尤以浙西山地、金衢盆地为甚，如同治元年"衢州人民，死者尤众，往往不得到棺木，随死随埋，而荷锸者亦死。衢（州）、龙（游）、汤（溪）、寿（昌）各县，至数十里无人烟"[8]，其他各县多是如此。战后又揭起新的一轮棚民垦荒和种植玉米的高潮。

另外，需要注意就是表3和表4是根据方志记载的情况，并不不绝对化，考虑到因为编纂者有意或无

---

① 嘉庆十六年（1811 年）《西安县志》卷 21《物产》

② 道光《昌化县志》卷 3《河渠志》

③ 光绪二十七年（1901 年）《剡源乡志》卷 1《风俗》

④ 道光十二年（1832 年）《象山县志》卷 19《物产》

⑤ ［清］盛康：《皇朝经世文续编》卷 39《户政》十一《屯垦》，道光三十年（1850 年）汪元方：《请禁棚民开山阻水以杜后患疏》，文海出版社，1966 年：第 4153－4154 页

⑥ 光绪三十二年（1906 年）《分水县志》卷 3《物产》，浙江府县志辑 27，第 91 页

⑦ 道光八年（1828 年）《建德县志》卷 21《杂记》

⑧ 徐映璞：《两浙史事丛稿》，浙江古籍出版社，1988 年：第 199 页

意的原因，造成而少记或不记的玉米的情况，因此玉米在浙江的传播范围应该比笔者估计的要大。比如，道光、同治和民国《嵊县志》均载玉米，但光宣年间并未纂修方志，故本文没有统计，但根据一般情况来说，光宣年间嵊县应该是持续栽培玉米。表3和表4依然主要反映玉米在浙江传播的一种趋势。

表4 不同时期浙江各府县记载玉米次数

时期	次数	时期	次数	时期	次数
正德、嘉靖、隆庆（1506—1572年）	1	万历、天启、崇祯（1573—1643年）	3	顺治、康熙、雍正（1644—1735年）	7
乾隆、嘉庆（1736—1820年）	17	道光、咸丰（1821—1861年）	16	同治、光绪、宣统（1862—1912年）	46

注：本资料除个别资料引自有关文献外，均出自各省各地县（或相当于）县志，同一地区不同定时期修纂的方志，凡有玉米记载着分别统计在内。各省通志、府志、乡土志等，凡与县志重复者不采用

从同治至宣统年间，玉米在浙江可谓处处有之（表4）。玉米作为一种"但得薄土，即可播种"的粮食作物，对广大农民来说有救荒之奇效，"山地皆可种"①，所以"棚民垦荒山多种之"②。故同光年间浙江地方志记载玉米的府县遍布全省，星罗棋布。就地理分布来说，主要集中在浙南山地和浙西山地，其次是浙北平原、浙东山地；就行政区划来说，处州府、湖州府玉米种植最为集中，其次是宁波府、杭州府和绍兴府。

浙南山地以西部处州府玉米种植最为普遍，同治《景宁县志》曰："玉蜀黍，俗呼苞芦，亦名观音粟，多种山中。"③ 光绪《缙云县志》曰："玉蜀黍，俗名苞芦，又名观音粟。"④ 光绪《青田县志》："玉蜀黍，苗叶俱似蜀黍，苞似梭鱼，大者长尺许，俗名苞萝。"⑤ 光绪《遂昌县志》曰："玉蜀黍，苗叶俱似蜀黍，俗谓之包罗。"⑥ 此外，还有宣平、庆元，多为乾隆时期就已引种。但因处州府玉米种植在浙江山地中最早，开垦过渡"凡山谷硗瘠，皆垦种番薯、苞粟、靛、果之属，以牟微利"⑦ 因此也最早暴露水土流失等环境问题，"玉蜀黍……多种山中，山经垦易崩，颇为田害。"⑧ 同治《丽水县志》亦载玉蜀黍"多种山中，山经垦善崩，良田多被害"⑨。值得一提的还有浙南山地东海岸的玉环岛，雍正六年（1728年）方设玉环厅，开始开发，光绪年间已有玉米记载⑩。

浙西山地地势陡峻，开发虽晚于浙南山地，但山地面积相对较小，开发难度不大，棚民很快聚集垦种玉米，如杭州府之富阳"又有蜀黍一名珠珠粟，又名苞萝，又名于粟，粒大穗如摇槌，俗称六谷。"⑪ 但以湖州府山县开发最为彻底，"湖郡南西北三面皆山……外来之人租得荒山，即芟尽草根，兴种蕃薯、包芦、花生、芝麻之属，弥山遍谷，到处皆有。"⑫ 而且玉米是其中传播最为广泛的作物，"粟之别种故，亦呼芦粟，又名薏米，又名包谷，又名包芦，棚民垦荒山多种之"。⑬ 同治《安吉县志》曰："苞芦，俗又名芦谷子（刘志），一名观音粟，亦名芋粟，高秆穗有丝，粒如珠缀，有紫黄二色，蒸食之。"⑭ 孝丰则称玉米为"鹿角米"⑮，两县紧靠名称却不同，同物异名现象可见一斑。湖州东北部为杭嘉湖平原一部分，乌程、归安、菱湖镇亦有种植。浙西山地部分地区如于潜直到光绪始种玉米"近年人图小利，将山租安

---

① 宣统二年（1910年）《临安县志》卷2《物产》，浙江府县志辑7，第103页

② 光绪六年（1880年）《乌程县志》卷29《物产》，浙江府县志辑26，第936页

③ 同治十二年（1873年）《景宁县志》卷12《物产》，浙江府县志辑64，第457页

④ 光绪二年（1876年）《缙云县志》卷14《物产》，浙江府县志辑66，第523页

⑤ 光绪二年（1876年）《青田县志》卷4《土产》，浙江府县志辑65，第630页

⑥ 光绪二十二年（1896年）《遂昌县志》卷11《物产》，浙江府县志辑68，第594页

⑦ 光绪三年（1877年）《处州府志》卷4《水利》

⑧ 同治三年（1864年）《云和县志》卷15《物产》，浙江府县志辑68，第949页

⑨ 同治十三年（1874年）《丽水县志》卷13《物产》

⑩ 光绪六年（1880年）《玉环厅志》卷1《物产》

⑪ 光绪三十二年（1906年）《富阳县志》卷16《物产》，浙江府县志辑6，第306页

⑫ 同治十三年（1874年）《湖州府志》卷43《水利》，浙江府县志辑29，第816页

⑬ 同治十三年（1874年）《湖州府志》卷32《物产上》，浙江府县志辑29，第592页

⑭ 同治十三年（1874年）《安吉县志》卷8《物产》，浙江府县志辑29，第159页

⑮ 同治十三年（1874年）《孝丰县志》卷4《土产》

庆人种作苞芦，谓之棚民"①。

浙北平原的玉米栽培在经历短暂的收缩后，获得更广泛的传播，传播速度和力度超过以往任何一个时期，"山乡滨海多植以代粮"②。但平原种植玉米毕竟没有山地有优势，在浙北平原"此种得自交广，不入九谷"③，部分县直到光绪始有玉米记载，如光绪《嘉善县志》载："珠珠粟，一名鸡头粟，粒大穗如摇槌。新纂。"④ 光绪《平湖县志》："粟……一种粒大穗如摇槌，名珠珠粟。新纂。"⑤ 玉米在山地则"俗呼六谷，谓五谷之外又有一种（鄞志）"，又有说法指出"（六谷）其说无据，盖陆乃陆地之陆，此种多产于山故名陆谷"⑥，但无论哪种说法正确，玉米在山地远比平原传播的广泛。宁波府地跨两大地形区宁绍平原和浙东山地，府内玉米种植十分普遍。宁绍平原如光绪《定海厅志》："御麦，出西番，旧名番麦，以曾经进御故名（群芳谱）。"⑦ 光绪《慈溪县志》："新增。谷谱干叶类蜀黍而肥矮，亦似薏苡，苗高三四尺，六七月开花……出西番，旧名番麦，一名玉蜀黍，一名戎菽，实一物也。钱氏鄞志，俗呼六谷，土人谓五谷之外又一种也，实黄亦有斑者。"⑧ 对玉米性状有了较为全面的认识。此外还有有鄞县、镇海，浙东山地如奉化，徐兆昺《四明谈助》载："六谷随处俱有，而奉化徐凫岩一带特广，种胜于他处。"

浙东山地棚民较少，对山地开发程度不深，除了宁波府境内种植颇广，部分地区光绪末年"山中近始种之"。⑨ 如诸暨县"苞芦，俗名二粟，亦呼陆谷，北方谓之老芋米，茎高如芦苞似竹笋而薄，粟黄色形方，匾刺蔀业生其著蔀处微尖而白蔀尖有紫须出苞外"。⑩

三、玉米在浙江传播的动因及影响

（一）动因

1. 自然因素

玉米自身特性问题前文已述，宋人韩元吉就粮食作物因地制宜的特点给予总结："高者种粟，低者种豆，有水者艺稻，无水源者播麦。"⑪ 但粟的产量实在无法和高产玉米相比，而且玉米的环境适应性也更强。加之多山的浙江本身就限制了"五谷"的栽培，但玉米适合在山地栽培，"生地、瓦砾、山场皆可植，其嵌石罅尤耐旱"⑫，"六谷，土人谓五谷之外又一种也"⑬，因此在浙江的常用别称是"六谷"。

2. 人口因素

浙江人地矛盾十分突出。浙江的人口密度远超全国平均水平（表5），仅次于江苏，而嘉庆十七年（1812 年）全国人均耕地为 2.19 亩，而浙江却只有 1.77 亩⑭，在全国倒数，粮食严重不足。分水县"居万山中，土瘠民贫"，在浙江很有代表性，因此"迩年布种苞芦"⑮。

---

① 光绪二十四年（1898 年）《于潜县志》卷 18《物产》，浙江府县志辑 10，第 315 页
② 光绪二十五年（1899 年）《上虞县志校续》卷 31《物产》，浙江府县志辑 42，第 566 页
③ 同治十三年（1874 年）《安吉县志》卷 8《物产》，浙江府县志辑 29，第 159 页
④ 光绪十九年（1893 年）《嘉善县志》卷 12《物产》，浙江府县志辑 19，第 492 页
⑤ 光绪十二年（1886 年）《平湖县志》卷 8《物产》，浙江府县志辑 20，第 212 页
⑥ 光绪三十四年（1908 年）《奉化县志》卷 36《物产》，浙江府县志辑 31，第 459 页
⑦ 光绪十一年（1885 年）《定海厅志》卷 24《物产》，浙江府县志辑 38，第 290 页
⑧ 光绪十三年（1887 年）《慈溪县志》卷 53《物产上》，浙江府县志辑 36，第 182 页
⑨ 光绪三十一年（1905 年）《浦江县志》卷 12《物产》，浙江府县志辑 54，第 478 页
⑩ 宣统二年（1910 年）《诸暨县志》卷 19《物产志一》，浙江府县志辑 41，第 318 页
⑪ [南宋] 韩元吉：《南涧甲乙稿》卷 18《建宁府劝农文》
⑫ [清] 包世臣撰，李星点校：《包世臣全集》，黄山书社，1997 年：第 176 页
⑬ 光绪二十三年（1897 年）《忠义乡志》卷 18《物产》
⑭ 梁方仲：《中国历代户口、田地、田赋统计》，上海人民出版社，1980 年：第 400 页
⑮ 道光《分水县志》卷 1《疆域》

表5　清代浙江的人口密度　　　　　　　　　　　　　　（单位：人/平方千米）

	康熙二十四年	乾隆十八年	嘉庆十七年	咸丰元年
全国	5.48	24.06	67.57	80.69
浙江	28.29	89.12	270.13	309.74

资料来源：梁方仲：《中国历代户口、田地、田赋统计》，上海人民出版社，1980 年：第 272 页

3. 棚民因素

道光之前浙江的玉米传播呈现多渠道传播的复杂状况，是清初移民的结果，最初迁入的移民，多在山地搭棚居住，谓之"棚民"。棚民起于明末，入清以来，广泛分布于我国的中部、南部山地地区，闽浙赣皖是棚民最集中的四省，"棚民之称起于江西、浙江、福建三省，各省山内向有人搭棚居住，艺麻种菁，开炉煽铁，造纸制菇为生。"[1] 浙江棚民最早出现在衢州府的常山、开化二县，此处"有靛麻纸铁之利，为江闽流民，蓬户罗踞者在在而满"[2]，到了明末，浙江的棚民人数已经多到足以发动靛民起义。与四川招民垦荒产生的棚民不同，浙江棚民完全是自发产生的。

浙江棚民产生的直接原因是清初的"三藩之乱"的结果，使浙江衢州、温州、处州三府人口大量减少。康熙《衢州府志》载："独衢之江（山）、常（山）、开（化）三县，温之永（嘉）、瑞（安）等五县，处之云（和）、龙（泉）等七县被陷三载，仳离困苦，备极颠连。又如西安……较与受害各邑相等……自闽回处，惟见百里无人，十里无烟。"[3] 本地人口的下降为外地移民，特别是棚民的迁入提供了空间。雍正初年，棚民蔓延到浙东山地和浙西山地中部，在浙江省包括"宁、台、温、处、金、衢、严所属共二十七县"[4]。可以说，棚民是在强大人口压力及清朝的新垦殖政策下入山垦殖的农民，他们不断涌入浙江山区，租山垦植，对玉米在浙江的传播起了重要的推动作用。嘉庆年间浙江省已经"各山邑，旧有外省游民，搭棚开垦，种植苞芦、靛青、番薯诸物，以致流民日聚，棚厂满山相望"[5]。"浙省与安徽，江西，福建等省壤地毗连，其山势深峻处所，向有外来游民租山搭棚，翻种苞芦。"[6]

4. 政策因素

乾隆以来的一系列山地"免升科"的政策，加速了棚民对浙江山地的开发，早在乾隆五年（1740年）七月的"御旨"就规定"向闻山多田少之区，其山头地角闲土尚多……嗣后凡边省内地零星地土可开垦着，悉听本地民夷垦种，免其升科"[7]。于是浙江根据上谕制定了本省的免升科规定，"浙江所属，临溪傍崖、畸零不成坵段之硗瘠荒地，听民开垦，免其升科"[8]。

乾隆以来一直奉行的"免升科"政策，在道光十二年（1832年）的户部议定得到继续加强"凡内地及边省答星地土，听民开垦，永免升科。其免升科地数：……浙江并江苏江宁等属以不及三亩为断"[9]。于是棚民"熙熙攘攘，皆为苞谷而来"，光绪《乌程县志》记载了以浙西为中心的棚民分布情况，"西至宁国，北至江宁，南且由徽州绵延至江西、福建，凡山径险恶之处，土人不能上下者，皆棚民占据"[10]。因此道光以来，玉米在浙江传播范围更广。

5. 经济因素

种植玉米的成本很低。首先租赁山地花费很少，山地在棚民开发之前多为闲置，所以在棚民租赁山地时，山主自然原意以极低的价格将多年使用权一次性出售。"山价之高下，各视土之厚薄为衡……山之

① ［清］赵尔巽：《清史稿》卷 120《食货一》
② 光绪《衢州府志》卷首《旧志序》
③ 康熙五十年（1712 年）《衢州府志》卷 5
④ 雍正《硃批谕旨》第 40 册，王国栋、李卫雍正五年四月十一日奏
⑤ ［清］张鉴：《雷塘庵主弟子记》卷 2，转引自《清史资料》第 7 辑，中华书局，1986 年：第 177 页
⑥ 《嘉庆朝安徽浙江棚民史料》，《历史档案》1993 年第 1 期
⑦ 彭雨新：《清代土地开垦史资料汇编》，武汉大学出版社，1992 年：第 165 页
⑧ 同上，第 167 页
⑨ 彭雨新：《清代土地开垦史资料汇编》，武汉大学出版社，1992 年：第 169 页
⑩ 光绪七年（1881 年）《乌程县志》卷 35《杂识三》，浙江府县志辑 26，第 1036 页

粮税，约较田税十分之一"，客民"初至时以重金啖土人……乡民贪目前之小利"①，将山场廉价出租；其次玉米培育成本同样很低，"虽陡绝高崖皆可布种，止宜去草不必用肥，是以税银数钱可收苞萝数百担"，再次，市场对玉米的逐渐认可，"初价颇廉，后与谷价不相山下，每百斤可磨粉九十五斤，贫民藉多数日粮，故歉岁食之者多，土著亦效种之"②，玉米不但成为了棚民的粮食保证，玉米的价格也刺激棚民不断扩大生产。

（二）影响

1. 正面影响

玉米使浙江的人地矛盾得到了极大缓解，据统计，玉米使清代亩产增加 9.07 市斤③，在浙江肯定增产更多，养活了众多的人口。玉米作为山地粮食作物影响很大，"杵粒磨粉可充糇粮……熟较早"④。玉米救荒作用能够解决棚民的温饱问题。浙江方志数次提到玉米"可以代粮"。玉米"性温耐饥，宜于贫家"⑤，"苞芦收获亦足补五谷之乏贫，民不为无济"⑥，"山乡之民种之以代粮食"⑦。而且利用形式多样"可作饭可作饼，今山乡多种之"⑧。玉米还作为一种重要的饲料，"足以济荒，而人畜兼资"⑨。孙事论有诗："有谷在山中，非黍复非稷，曾传御麦名，麦亦非其实，拳苞附节生，齿粒排整饬，厥味和且甘，山民充日食，刽粉调为羹，溜匙莹玉色，杜陵未得尝，漫夸菰米黑。"⑩王珉有诗："我如杜陵叟，蜀饭兼苞萝。"⑪均是歌颂玉米的救荒作用。

垦种玉米除了满足浙江日益增长的人口需求、缓解粮食不足问题外，还促进了浙江山地的开发，浙江向来有"七山一水两分田"之说，玉米进军山地，改变了山地不适合种植粮食作物而长期闲置的局面。同时玉米"初价颇廉，后与谷价不相山下"⑫，增加了农民收入，利于商品经济的发展。

2. 负面影响

乾隆末年，由玉米传播而引发的环境问题开始显现。开化县"苞芦……然开邑田地山场，因此多被水冲塌似宜禁"⑬，西安县"数年后土松遇大水涨没田亩沟圳山亦荒废，为害甚巨"⑭。道光以来，由于过度垦山种植玉米带来的负面影响更加严重。因为"山多石体，石上浮土甚浅，包谷最耗地力，根入土深使土不固，遇雨则泥沙随雨而下。种包谷三年，则石骨尽露，山头无复有土矣。山地无土，则不能蓄水，泥随而下，沟渠皆满，水去泥留，港底填高。五月间梅雨大至，山头则一泻靡遗，卑下之乡汛滥成灾，为忠殊不细……三年期满棚民又赁垦别山，而故所垦初皆石田不毛矣。"⑮棚民"租山创种，但去草不壅粪，获利厚土，土人效之，山土掘松，雨后砂石随水下注，恒冲没田芦，得不偿失也。"⑯"浙江各府属山势深峻处所，多有外来游民租场砍柴，翻掘根株，种植苞芦，以致土石松浮，一遇山水陡发，冲入河流，水道淤塞，濒河堤岸。多被冲决，掩浸田禾，大为农人之害。"⑰剡源乡"向乏水患……种苞芦，日辟日广……自兹以还五六年或三四年或连年水必一发焉"⑱。

① 道光《乌程县志》卷 35
② 道光二十年（1840 年）《宣平县志》卷 10《物产》
③ 赵冈等：《清代粮食亩产量研究》，中国农业出版社，1995 年：第 64 页
④ 光绪二十八年（1902 年）《宁海县志》卷 2《物产》，浙江府县志辑 37，第 74 页
⑤ 光绪二十年（1894 年）《仙居县志》卷 18《土产》，浙江府县志辑 43，第 277 页
⑥ 光绪二十四年（1898 年）《于潜县志》卷 18《物产》，浙江府县志辑 10，第 315 页
⑦ 咸丰《上虞备志稿·物产》
⑧ 同治十二年（1873 年）《江山县志》卷 3《物产》，浙江府县志辑 59，第 302 页
⑨ 光绪二十年（1894 年）《金华县志》卷 12《物产》，浙江府县志辑 48，第 890 页
⑩ 光绪三十四年（1908 年）《奉化县志》卷 36《物产》，浙江府县志辑 31，第 459 页
⑪ 嘉庆十六年（1811 年）《西安县志》卷 21《物产》
⑫ 道光二十年（1840 年）《宣平县志》卷 10《物产》
⑬ 乾隆六十年（1795 年）《开化县志》卷 5《物产》
⑭ 嘉庆十六年（1811 年）《西安县志》卷 21《物产》
⑮ 光绪七年（1881 年）《乌程县志》卷 35《杂识三》，浙江府县志辑 26，第 1036 页
⑯ 光绪三十二年（1906 年）《分水县志》卷 3《物产》，浙江府县志辑 27，第 91 页
⑰《嘉庆朝安徽浙江棚民史料》，《历史档案》1993 年第 1 期
⑱ 光绪二十七年（1901 年）《剡源乡志》卷 1《风俗》

于是清政府从嘉庆初年开始"驱棚","抚宁阮于嘉庆二年出示禁止"[①]，嘉庆六年（1801 年）德清县"抚宪院禁棚民示"，嘉庆二十年（1815 年）"浙江巡抚颜检为遵旨酌议稽查棚民章程事奏折"[②] 等。但"阮大中丞出示严禁立限驱逐见安辑，然犹有年限未满而延捱如故者"[③]，不从根本上解决棚民的民生问题，仅靠行政命令的强制措施难以取得成效，引发的水土流失等环境问题、社会问题依然存在。但对比四川、湖北、湖南等省对垦山种植玉米的行为基本上是听之任之，而浙江采取的"驱棚"措施在一定程度上遏制了水土流失。

四、结　语

清代玉米在浙江的传播，反映出了清代浙江的山地大开发，这是包括浙江土著在内的，安徽、江西、福建等地客籍农民综合参与的大开发，如此大规模的移民、大规模的开发对于浙江来说还是第一次。玉米传播的动因是政治、经济、社会多方面的。玉米的传播不仅促进了浙江山地的开发，提高粮食产量，养活了众多的人口，引起种植结构与民食结构的变迁，还增加了农民的收入，推动了商品经济的发展。棚民在玉米在浙江的传播中起了至关重要的作用，带来了乾隆以来玉米在浙江的广泛传播，也带来了相应的水土流失等问题，道光以来愈演愈烈，浙江采取的"驱棚"措施，在一定程度上减轻了遍山垦殖玉米的负面影响。

---

① 嘉庆十六年（1811 年）《西安县志》卷21《物产》
② 《嘉庆朝安徽浙江棚民史料》，《历史档案》1993 年第 1 期
③ 光绪二十四年（1898 年）《于潜县志》卷18《物产》，浙江府县志辑10，第315 页

广东农林重要外来有害生物松材线虫
入侵的历史考察[*]

萧卫墀[1][**]　林孝文[2]　谭悦庆[3]　朱旭良[3]　赖韦文[2]　江雪伦[2]　向安强[2]

（1. 华南农业大学人文与法学学院，广东　广州　510642；2. 华南农业大学公共管理学院，
广东　广州　510642；3. 广东省博罗县农业技术推广中心，
广东　博罗　516100）

摘　要：松材线虫是广东地区重要的林业外来入侵生物，对本土松林种类及林业生态系统的功能稳定性造成严重威胁。广东地区松材线虫的入侵可分为 3 个历史阶段：入侵初期与局部发生时期、蔓延与危害时期及危害扩大与综合防治时期。松材线虫在广东快速扩散蔓延主要通过人为和自然两种传播途径。

关键词：松材线虫；外来生物；历史考察；广东省

以开放著称的广东，对于外来生物似乎也非常"开放"，这里已是我国生物入侵重灾区之一。广东温和的气候、充沛的降水等生态环境为外来生物提供了适宜的生存空间和条件。据统计，在 200 种外来入侵生物中，广东省就有近 90 种。2003 年，国家环保总局公布的首批 16 种外来入侵物种名单中，广东为 12 种，占 75%[①]。入侵生物对广东生态环境造成不同程度的破坏，威胁农林业生产安全，导致广东经济损失巨大。

外来入侵生物松材线虫，是松材线虫病的病原。广东现有 4 300 多万亩的松林，松材线虫病被视为松林的癌症，往往对松林造成毁灭性的打击，对林业生态、林业经济造成了重大损失。自松材线虫自入侵广东以来，导致的松材线虫病成为林业有害生物发生危害的主要种类[②]。目前，学术界对于松材线虫导致的松材线虫病研究颇丰，绝大多数研究成果都集中在自然科学领域，如松材线虫病的病理学与生物防治研究，但针对广东地区的研究较少，仅有 5 篇，包括松材线虫病发生规律研究[③]、松材线虫病发生现状及防控措施[④]、松材线虫病防控问题研究[⑤]等。广东作为我国早期松材线虫病重疫区，至 2010 年累计受灾面积约占全国 1/4。对广东地区松材线虫入侵进行历史考察，有助于了解松材线虫入侵的过程及趋势，具有一定现实意义与学术价值。基此，本文在前人研究基础上，对松材线虫在广东地区的入侵历史作初步的探究。

---

* 【基金项目】广东省博罗县农业技术推广中心—华南农业大学合作科研项目"广东农业重要外来生物入侵的历史与启示——以惠州市博罗县为中心的调研"，项目编号：华农研横字 7700 – H13510

** 【作者简介】萧卫墀（1977—　　），男，广东广州人，硕士，华南农业大学人文与法学学院，研究方向为农业科技史；林孝文（1992—　　）男，广东惠州人，华南农业大学公共管理学院社会学系创新班学生，学习与研究方向为社会学；谭悦庆（1975—　　），男，广东博罗人，本科，广东省博罗县农业技术推广中心农艺师，研究方向为农业技术推广；朱旭良（1981—　　），男，广东博罗人，本科，广东省博罗县农业技术推广中心农艺师，研究方向为农业技术推广；赖韦文（1992—　　）男，广东广州人，华南农业大学公共管理学院社会学系创新班学生，学习与研究方向为社会学；江雪伦（1993—　　）女，广东梅州人，华南农业大学公共管理学院社会学系创新班学生，学习与研究方向为社会学；通讯作者向安强（1960—　　），男，湖南常德人，华南农业大学公共管理学院社会学系教授，硕士生导师，研究方向为农村社会学、科技史

① 曹斯，刘俊，卞德龙：《不速生物客来势汹汹》，《南方日报》2012 – 7 – 16（A12）
② 林绪平：《广东林业有害生物防控现状与对策的思考》，《广东林业科技》2009 第 5 期
③ 余海滨，陈沐荣：《广东松材线虫病发生规律研究》，《云南农业大学学报》1999 年第 S1 期
④ 叶燕华，余海滨，林绪平：《广东省松材线虫病的发生现状及防控措施》，《广东林业科技》2005 年第 2 期；王淑英：《深圳控制松材线虫病研究取得阶段性成果》，《森林病虫通讯》1993 年第 3 期；方天松，余海滨，王忠：《广东省黑松感染松材线虫病林业建设》，2007 年第 6 期
⑤ 梁玮莎，方天松：《广东松材线虫病防控进展存在问题与对策》，《绿化与生活》，2012 年第 7 期

一、松材线虫入侵机理及危害

（一）松材线虫简介

松材线虫最早在 1929 年由美国人 Steiner 和 Buhrer 发现，1934 年被命名为 *Aphelenchoide Xylophilus*[①]。松材线虫分类地位为线虫门（Nematoda）、侧尾腺纲（Secementea）、滑刃目（Aphelenchida）、滑刃亚目（Aphelenchidae）、滑刃科（Aphelenchoididae）、伞滑刃亚科（Bursaphelenchinae）、伞滑刃属（*Bursaphelenchus*）[②]。松材线虫雌、雄两性成虫虫体细长，呈蠕虫形，长约 1 mm。唇区高，缢缩显著；口针细长，其基部微微增厚，使口针基结清晰；中食道球卵圆形，占体宽的 2/3 以上，几乎充满体腔，瓣膜清晰，食道腺细长叶状，模糊，覆盖于肠背面；排泄孔的开口大致和食道与肠的交接处平行；半月体在排泄孔后约 2/3 体宽处[③]。

松材线虫本身活动范围有限，移动能力一般仅在寄主体内活动，自然传播方式主要靠媒介昆虫。松墨天牛（*Monochamus Alternatus*）等媒介昆虫不但将线虫传带至适合的寄主上，同时还可造成有利于线虫侵入的伤口[④]。通过调查和人工接种研究，松材线虫可寄生 108 种针叶树，其中松属（*Pinus*）植物 80 种（变种、杂交种），雪松属（*Cedrus* spp.）、冷杉属（*Abies* spp.）、云杉属（*Picea* spp.）、落叶松属（*Larix* spp.）和黄杉属（*Pseudotsuga* spp.）等非松属针叶植物 27 种自然条件下感病的松属植物 45 种（中国 9 种），非松属植物 13 种；人工接种感病的松属植物 18 种，非松属植物 14 种[⑤]。

（二）松材线虫病简介

松材线虫真正危害林业安全的是其作为病原的松材线虫病。松材线虫病（*Bursaphelenchus Xylophalus*）又称松树线虫萎蔫病、松树萎蔫病、松树枯萎病，最早发生在北美洲地区，后迅速在世界范围内蔓延，是我国禁止入境的动植物检疫对象。该病于 1982 年在我国南京中山陵首次发现后，10 年间安徽、广东、山东、浙江相继发生，现已成为我国毁灭性的森林病害。松树感病后一般 2～3 个月内死亡，国内外尚未有效的防治方法，其在日本危害严重并造成极大损失[⑥]。松褐天牛、墨天牛是其主要传播昆虫，松材线虫通过入侵树体，寄生在松树体内取食营养而导致树木快速死亡[⑦]。

研究得知，松材线虫病的危害大多从树冠上部开始出现症状，松树从出现症状到整株枯死所需时间因季节而异，在 5～9 月，只需 1 个月时间，冬春季病程较长，可达 2 个月。松树感染松材线虫病初期，感病枝梢针叶失绿变黄，嫩枝上可见到松褐天牛取食补充营养的痕迹；随后失绿变黄的感病枝梢逐渐增多，针叶相继出现红褐色萎蔫，由局部发展到整树针叶出现萎蔫，直到全株枯萎死亡。这时，针叶不萎缩，长时间内不脱落，树脂分泌停止，通常能够观察到松褐天牛产卵的刻槽，并陆续出现其他松树蛀干害虫的危害。此外，被松材线虫侵染枯死的树木，伴随着真菌生长，木质部往往有蓝变的症状[⑧]。

① 马以桂，高崇省，赵森：《松材线虫》，《天津农业科技》，1997 年第 3 期间；Steiner G，E. M. Buhrer. *Aphelenchiodes xylophilus A nematode associated with blue stain and other fungi in timber.* J Agric Res，1934（48）

② Nickle W. R. *A taxonomic review of the genera of the Aphelenchoidea（Fuck，1937）Thorne*1949（*Nematode：Tylenchida*）. J. Nematol，1970，2（4）：375－392

③ 的以桂，高崇省，赵森：《松材线虫》，《天津农业科技》，1997 年第 3 期间

④ 谢立群，巨云为，赵博光：《松材线虫传播机理的研究进展》，《安徽农业科学》2007 年第 19 期

⑤ 王明旭：《松材线虫发病条件的研究概况》，《湖南林业科技》，2007 年第 5 期

⑥ 余海滨，陈沐荣：《广东松材线虫病发生规律研究》，《云南农业大学学报》1999 年，第 S1 期；叶燕华，余海滨，林绪平：《广东省松材线虫病的发生现状及防控措施》，《广东林业科技》，2005 年第 2 期

⑦ 杨振德，赵博光，郭建：《松材线虫行为学研究进展》，《南京林业大学学报（自然科学版）》2003 年第 1 期

⑧ 范军祥，黄焕华，钱明惠：《松材线虫病的诊断方法探讨》，《广东林业科技》，2008 年第 5 期

（三）传播与发病机理

1. 传播机理

松材线虫借助松褐天牛（*Monochamus Alternatus*）、墨天牛（*Monochamus Calolinensis*）两种昆虫的活动传播，主要寄生在马尾松、黑松、湿地松等松属植物。梳理文献，还未发现有研究者证明松材线虫究竟如果入侵我国并传入广东的。但是，关于松材线虫病的发病及传播机理则有深入的研究结果。如图1所示，松材线虫传播主要有自然传播和人为传播两种途径。由此看来，松材线虫传入我国有两种可能方式，一是通过松褐天牛、墨天牛等传入我国境内，一种是通过贸易木材进口传入我国境内。自然途径传播是指松材线虫以松褐天牛、墨天牛等昆虫为传播媒介，借天牛进行传播和扩散[①]。

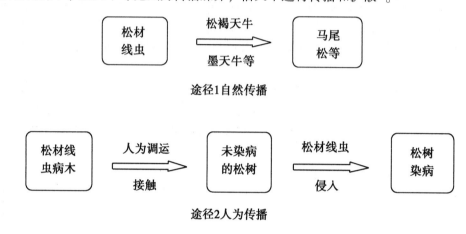

图1　松材线虫传播的两种途径

松褐天牛在健康松树上取食枝条、产卵时侵入松树体内。松材线虫和天牛共栖于病死松木，松材线虫在天牛羽化出孔前进入天牛体内，在天牛体上随天牛离开病木，在天牛的生活过程中，逐渐脱落，脱落的同时或随后，通过天牛在健康树上补充营养和在衰弱树上产卵所造成的伤口而侵入树体，在健康的树木上造成新的病害。松褐天牛、墨天牛等昆虫又具有长距离飞行能力，间接增强了所携带松材线虫的扩散能力。人为途径传播是指携带松材线虫的病木、松木半成品、成品等因调运而扩散。病木上的松材线虫接触到健康松树木，通过染病机理，从而使松木致病。这个过程当中，病木及其制品流通管理难度大，加快了病害蔓延。由于对病害缺乏足够的认识，在经济利益的驱动下，部分群众偷砍、收购、加工、运输病木及其制品的现象时有发生，造成了松材线虫从病区向非病区扩散蔓延[②]。

2. 致病机理

松材线虫作为病原的松材线虫病至今难以有效的防治，因为其致病机理非常复杂，学术界仍未研究清楚。国内外学者对松材线虫病致病机理主要有3种观点：一是松材线虫分泌的酶破坏了松树薄壁细胞的壁和膜，导致松树死亡；二是松材线虫入侵松树后，树体内出现了导致松树死亡的毒素；三是松材线虫入侵松树后，树体内挥发性物质增加，管胞中形成空洞，致使松树体内水分输导受阻，松树萎蔫死亡[③]。有学者通过对健康树的内生细菌与病害关系进行研究，选取马尾松水培离体作接种材料，初步研究出健康马尾松的内生细菌与病害的关系，首次发现松树茎部内生细菌与松材线虫病的发生有非常密切关系[④]。松材线虫病的发生和发展涉及到寄主（松树），媒介（昆虫）、病原（松材线虫）及有关微生物（真菌、细菌）等多种生物因素。这些因素相互构成复杂关系，给致病机理的研究工作增加了难度[⑤]。

研究发现，松材线虫病具有一定时期的潜伏期。由于松褐天牛的羽化期长，补充营养传播松材线虫

① 谢立群，巨云为，赵博光：《松材线虫传播机理的研究进展》，《安徽农业科学》2007年第19期
② 高文：《松材线虫病的发生及防治》，《现代农业科技》，2009年第3期
③ 王敏敏，叶建仁，潘宏阳：《松材线虫致病机理和防治技术研究进展》，《南京林业大学学报（自然科学版）》2006年第2期
④ 谈家金，叶建仁：《松材线虫病致病机理的研究进展》，《华中农业大学学报》，2003年第6期
⑤ 郭道森，赵博光，李周直：《松材线虫病致病机理的研究进展》，《南京林业大学学报》2000年第4期

的时间也很长，造成松树感染的时间不同，天牛传到松树上的线虫量也不同。同时，不同松树个体的长势有差异，对松材线虫的抗性在松树间也存在个体差异。松材线虫在部分松树体内存在后，其松树在当年并未表现外部症状，而在次年死亡[1]。

（四）松材线虫病在广东的分布与危害

广东疫区的发病树种、气候条件及环境因素与国内外其他疫区有很大的不同[2]。广东年平均气温在15℃以上，气候环境极适合松材线虫生长、松材线虫病发生。其在广东每年的发病时间为5～12月，5月底或6月初开始发病，此后疫情迅速加重，7月发生的病树最多，8月逐渐下降，10月再度回升[3]。广东地区的气候条件，客观上为松材线虫病的暴发提供了有利的环境因素，加重了防治工作的压力。

一个地区出现松材线虫病，说明当地出现松材线虫，有虫才有病。梳理各报纸对广东松材线虫病的报道，发现自1988年松材线虫入侵广东以来，为控制松材线虫病疫情被迫砍掉松林面积累计200多万亩。广东是全国多个省份中松材线虫病受灾情况最为严重的之一。

根据1997年有学者研究的当时广东松材线虫病害分布状况[4]，可知松材线虫入侵广东前10年的大致危害分布，即深圳及临近的东莞、惠州等地区受灾最为严重。

2005年，国家林业局公布，广东受灾地区包括广州市白云区、天河区、黄埔区、从化市、增城市，深圳市龙岗区、保安区，东莞市，惠州市惠城区、惠阳区、博罗县、惠东县共12个县区[5]。

2009年，有研究人员应用定量方法估计我国松材线虫病的适生性分布[6]。指出位于我国南端的广东省，是多个南方省份之中松材线虫病受灾分布点较为密集的省份，不仅靠近内陆的市县分布点较多，沿海岸线也能观察到密集的分布点。

2010年，广东仍有8个地级市23个县级行政区发生松材线虫病疫情，发生面积超过21万亩，约占全国发生面积的四分之一[7]。

根据2011年最新统计，广东疫区已经扩大到广州大部分地方及汕头、韶关、梅州、肇庆的部分地区[8]。可见松材线虫入侵26年以来，广东松材线虫病的受灾面积不断扩大、灾情蔓延，防治工作严峻。

二、广东松材线虫入侵的历史阶段

广东地区松材线虫对于林业危害具有范围广、面积大、防治难等特点，其入侵的历史阶段大致可以分为入侵初期与局部发生时期（1988—1995年）、蔓延与危害时期（1996—1997年）及危害扩大与综合防治时期（1998年至今）三个不可分割，紧密联系的阶段。每个阶段的危害程度都与松材线虫的致病机理及传播机理（包括自然传播和人为传播两条途径）密切相关。

（一）入侵初期与局部发生时期（1988—1995年）

1986年我国把松材线虫定为对外动植物检疫对象。沙头角植检人员把现场检疫松材线虫和林区监测作为重点任务，不定期进行调查[9]。广东松材线虫病于1988年6月首次在深圳沙头角梧桐山脉一带发现，疫区面积约为1.13万公顷，病树4658株[10]。沙头角的松材线虫灾害来源于毗邻的香港地区，依靠松褐天

---

① 杨宝君，胡凯基，王秋丽，等：《松树对松材线虫杭性的研究》，《林业科学研究》1993年第3期；Mamiya Y. *Pathology of pine wilt disease caused by Bursaphelenchus xylophilus*. Ann. Rev. Phytopath，1983（21）

② 余海滨，陈沐荣：《广东松材线虫病发生规律研究》，《云南农业大学学报》1999年第S1期

③ 叶燕华，余海滨，林绪平：《广东省松材线虫病的发生现状及防控措施》，《广东林业科技》2005年第2期

④ 余海滨，陈沐荣：《广东松材线虫病发生规律研究》，《云南农业大学学报》1999年第S1期

⑤ 齐联：《国家林业局公布最新松材线虫病疫区》，《中国绿色时报》，2005－2－24（A1）

⑥ 冯益明，张海军，吕全：《松材线虫病在我国适生性分布的定量估计》，《林业科学》第2009第2期

⑦ 黎明：《广东出狠招阻击松树"癌症"松材线虫病》，《中国绿色时报》，2010－4－27（A3）

⑧ 梁玮莎，方天松：《广东松材线虫病防控进展存在问题与对策》，《绿化与生活》，2012年第7期

⑨ 深圳沙头角动植物检疫所：《深圳沙头角发现马尾松萎蔫线虫病》，《植物检疫》1983年第4期

⑩ 叶燕华，余海滨，林绪平：《广东省松材线虫病的发生现状及防控措施》，《广东林业科技》2005年第2期

牛进行传播。

深圳是广东松材线虫病首发疫区，是松材线虫首先入侵地区，也是广东第一个对松材线虫病的形成、发展规律进行研究的地区。1993 年，由广东森防站和深圳市绿化委员会等单位承担的国家科委重点课题"松材线虫病疫情变动规律及控制措施研究"，历经数年，并取得阶段性成果。在此研究的基础上，深圳市有关部门制定建立隔离林带，对入境木材严格检疫，及时清除病死松木等一系列松材线虫病防治措施。经过自然科学界针对松材线虫病病原体（松材线虫）、传播媒介、发病规律、防治方法等大量的研究，人们已经总结出一系列综合防治的方法和措施。如建立隔离林带等，及时清除松林中病木，综合利用化学、生物、营林、检疫等措施手段。

从表 1 的数据来看，深圳发现松材线虫病之初，只有深圳地区才有相关统计数据，一直到 1996 年开始，才有惠州、东莞等地关于灾害发生面积和病树数量的统计数据。深圳、东莞、惠州、广州等 4 个城市是广东松材线虫病历年发生情况最为严重的地区。早在 1995 年，松材线虫已扩散传播到与深圳毗邻的惠州、东莞两市林区[①]。

表1　1988—1977 年广东松材线虫病历年发生情况表　　（单位：万平方千米，株）

年份	疫情面积			病树			合计	
	深圳	惠州	东莞	深圳	惠州	东莞	面积	病树
1988	1.13			4 658			1.13	4 658
1989	1.4			46 134			1.49	46 134
1990	1.4			26 775			1.4	26 775
1991	1.55			29 390			1.55	29 390
1992	1.28			52 000			1.28	52 000
1993	1.03			55 686			1.03	55 686
1994	0.68			51 200			0.68	51 200
1995	0.44			6 738			0.44	6 738
1996	0.4	0.15	0.13	3 071	47 300	21 000	0.67	71 371
1997	0.27	1.06	0.34	2 334	52 000	51 000	1.67	105 334
6							病树累计	449 28

资料来源：余海滨，陈沐荣：《广东松材线虫病发生规律研究》，《云南农业大学学报》，1999（S1）：第 103 - 110 页

该时期内，深圳采取了设立隔离林带以控制松材线虫的扩散。深圳在与内地相邻地区，建成一条长 86 千米，宽 4 千米，总面积 2.6 万公顷的阔叶树隔离林带；为防止疫区内病木外流，设立了 12 个木材检疫哨卡，全天 24 小时值班；对隔离带内疫情严重地区实行"小片皆伐"，并用化学药剂喷杀松褐天牛，成功地将病情控制在隔离带内，保障了广东及毗邻省区的松林安全[②]。隔离带的设立，在松材线虫入侵与松材线虫病局部发生时期有一定的作用，但是随着时间的推移，隔离带控制松材线虫病情扩散的效果日益变差。

（二）蔓延与危害时期（1996—1997 年）

该时期，松材线虫病害迅速在深圳地区松林扩散蔓延，疫情持续加重。到了 1996 年，松材线虫突破隔离林带传播，侵入与深圳市相邻的惠州市和东莞市，广东的松材线虫病受灾面积快速扩大，病树数量迅速增加。至 1997 年，广东松材线虫病疫区面积上升到 1.66 万公顷，病树 105 334 株，累计枯死松树 449 286 株[③]。从表 1 数据可以看到，1996—1997 年间广东松材线虫从深圳疫区蔓延至东莞、惠州两市，危

---

① 陈沐荣，谢诚，陈纪文：《惠州松材线虫病综合控制技术措施及其效果评价》，《中国森林病虫》2003 年第 4 期
② 王淑英：《深圳控制松材线虫病研究取得阶段性成果》，《森林病虫通讯》1993 年第 3 期
③ 叶燕华，余海滨，林绪平：《广东省松材线虫病的发生现状及防控措施》，《广东林业科技》2005 年第 2 期

害更大范围的林业。松材线虫入侵惠州、东莞市两年时间，惠州市松材线虫病受灾面积从 0 增加到 0.15 公顷再剧增到 1.06 公顷，病树数量从 0 到 473 000 株再增加到 52 000 株；东莞市受灾面积从 0 增加到 0.13 公顷再扩大到 0.34 公顷，病树数量从 0 到 21 000 株再增加到 51 000 株。广东松材线虫首先发现地是在深圳市，集中的受灾疫区为深圳市、东莞市和惠州市。深圳松材线虫病受灾面积和病树数量自 1993 年起有明显降低，而惠州、东莞两个松材线虫蔓延地区的松材线虫病疫情却不断加重。可见松材线虫蔓延至气温、树种等更加符合其适生性条件的地区，其危害更严重。

（三）危害扩大与综合防治时期（1998 年至今）

1998 年，广东启动国家级松材线虫病工程治理试点项目，综合应用化学、人工、生物、物理、营林等防治技术措施，试图控制惠州、东莞、深圳等市松材线虫的扩散、松材线虫病成灾情况。但 2000 年在广州市白云区太和镇新发现松材线虫病疫情，证实松材线虫已入侵广州。根据 2003 年调查统计，广东发生松材线虫病的县级行政区有 15 个，发生面积 2.076 万公顷[1]。2005 年国家林业局公布，广东松材线虫病受灾地区包括广州市白云区、天河区、黄埔区、从化市、增城市，深圳市龙岗区、保安区，东莞市，惠州市惠城区、惠阳区、博罗县、惠东县共 12 个县区[2]。2010 年有 8 个地级市 23 个县级行政区发生松材线虫病疫情，发生面积超过 21 万亩，约占全国发生面积的 1/4[3]。根据 2011 年最新统计，松材线虫已经传播扩散到广州大部分地方，汕头、韶关、梅州、肇庆的部分地区[4]。

借鉴深圳市 1993 年的松材线虫病防治措施及经验[5]，惠州市于 2001 年，在国家级松材线虫病治理工程区内，采用及时、高强度清理病死树措施或一次性皆伐更新的办法，同时在治理工程区的不同发生类型区推广应用引诱剂、昆虫天敌、化学杀虫剂等防治方法，取得良好的防治效果[6]。深圳、惠州市是松材线虫早期入侵的城市，其防治方法为遭受松材线虫入侵的其他城市提供了借鉴经验。至 2012 年，大致将广东松材线虫病发生面积控制在 10 万公顷左右，但防治工作依然任重道远。

三、广东松材线虫入侵的过程分析

松材线虫入侵广东的历史，大致可以分为入侵初期与局部发生时期（1988—1995）、蔓延与危害时期（1996—1997）及危害扩大与综合防治时期（1998 年至今），其入侵过程详见图 2。每一个时期，松材线虫的蔓延和危害，皆通过两种途径传播，即自然传播和人为传播。自然传播，主要靠松褐天牛和墨天牛两种天牛传播。人为传播，一是进口送木材检疫过程中一些复杂的因素，如人为疏忽、物流量大等原因未能检疫出带病木材，流入境内从而得到传播；二是境内松材装卸货过程中，人为疏忽将病木与健康送木材混合堆放，病木中的松材线虫通过传播媒介松褐天牛将病害感染健康木材。

广东地区经济贸易交流频繁，松材线虫通过自然和人为途径在这种经贸活动过程中得到传播，并且难以防治。防治工作一方面从自然途径的重点即松褐天牛、墨天牛等传播媒介入手，另一方面则从人为途径的木材进口检疫、运输、发现病木入手，综合利用化学、生物、营林、检疫等措施手段。

四、结　语

松材线虫最早发生在北美洲地区，后迅速在世界范围内蔓延，是国际上公认的重要检疫性有害生物，为我国禁止入境的动植物检疫对象，也是广东林业病害的重要类型之一。广东于 1988 年 6 月首次在深圳

---

① 叶燕华，余海滨，林绪平：《广东省松材线虫病的发生现状及防控措施》，《广东林业科技》2005 年第 2 期
② 齐联：《国家林业局公布最新松材线虫病疫区》，《中国绿色时报》，2005 - 2 - 24（A1）
③ 黎明：《广东出狠招阻击松树"癌症"松材线虫病》，《中国绿色时报》，2010 - 4 - 27（A3）
④ 梁玮莎，方天松：《广东松材线虫病防控进展存在问题与对策》，《绿化与生活》，2012 年第 7 期
⑤ 王淑英：《深圳控制松材线虫病研究取得阶段性成果》，《森林病虫通讯》1993 年第 3 期
⑥ 陈沐荣，谢诚，陈纪文：《惠州松材线虫病综合控制技术措施及其效果评价》，《中国森林病虫》2003 年第 4 期

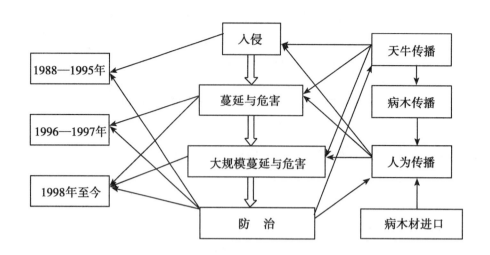

图 2　广东地区松材线虫入侵过程示意图

沙头角梧桐山脉一带发现松材线虫病情，即标志着松材线虫已入侵广东深圳。2010 年，广东已有 8 个地级市 23 个县级行政区发生松材线虫病疫情，发生面积超过 21 万亩，约占全国发生面积的 1/4。松材线虫在广东危害面积大，范围广，给林业造成重大的损失。

　　松材线虫入侵广东的历史，大致可以分为入侵初期与局部发生时期（1988—1995）、蔓延与危害时期（1996—1997）以及危害扩大与综合防治时期（1998 年至今）3 个阶段。入侵初期与局部发生时期主要在深圳市局部发生并造成危害，蔓延与危害时期则从深圳市疫区扩大到东莞、惠州两市，危害扩大与综合防治时期便开始在广东省内大范围扩大并形成危害，综合防治受到重视并得到加强。3 个不同的历史阶段并不是相互割裂分离的，而是密切相关、紧密联系的，并且前一时期是导致后一时期发生的重要原因。自松材线虫入侵广东以来，防治工作一直是重点及难点，虽然最近几年广东控制松材线虫病害疫情工作取得一定成效，但仍然存在一些问题，防治工作任重道远。

20 世纪中叶南方稻区"籼改粳"与"农垦58"推广的调查研究

徐迪新[1]*　徐　翔[2]　李长青[3]

（1. 政协湖南省双峰县委会，湖南　双峰　417700；2. 湖南省双峰县农业局，
湖南　双峰　417700；3. 湖南省双峰县气象局，湖南　双峰　417700）

摘　要：1954 年开始在南方稻区实施单季改双季、间作改连作、籼稻改粳稻的"三改"方针，作为增产粮食的重大措施，其中的籼稻改粳稻，在 20 多年里几经起伏。1957 年从日本引进的晚粳良种"农垦58"，对提高产量起到了显著作用，在南方稻区作双季晚稻或一季晚稻累计种植面积 9 466 万公顷成为我国推广面积最大的水稻良种之一。

关键词：20 世纪；水稻；籼改粳；农垦58

1954 年开始，中国南方稻区实施单季改双季，间作改连作，籼稻改粳稻的"三改"方针，作为增产粮食的重大措施。其中单改双、间改连得到迅速发展，而籼改粳却在 20 多年里几经起伏。自日本引进的晚粳良种"农垦58"对提高产量起到了显著作用。从 20 世纪 60 到 70 年代中期，浙江、江苏、上海、安徽、湖南、湖北、四川等省市，以农垦58 作双季晚稻累计种植 1.42 亿亩，成为南方稻区推广面积最大的水稻品种之一，而且也是晚粳育种中作出最大贡献的主要优良亲本[①]。作者自1954 年从事水稻技术推广工作至今，以自己在基层（区、乡镇）、县、地（市）的亲身实践和研究，联系全省、全国的情况，查阅古今文献资料，从历史的视角，综述从粳稻的起源和发展，南方的几次粳籼变迁，农垦58 的引进、兴起和消退，作为当代前 30 年（1950—1980）的一段重要农业技术推广史料，供读者参考。

一、籼粳分化是栽培稻最重要的演变

野生和栽培稻的原始分化在中国至少可以追溯到 1 万年前，湖南玉蟾岩遗址出土 1.2 万年前的碳化稻谷兼有野生稻和粳籼的综合特性，被认为是最原始的"古栽培稻"。另据江西省万年县吊桶环和仙人洞考古发掘，从土壤中的孢粉和植硅石分析发现有野生稻和最早的古栽培稻，距今 1.4 万 ~ 1.1 万年[②]。河南贾湖遗址数百粒 0.75 万 ~ 0.8 万年前的碳化稻米，多数为原始粳型和偏粳型，浙江河姆渡罗家角遗址出土稻谷出现了粒型上的原始籼粳之别，植硅体也出现了初步的籼粳之别，均以粳型为主。我国考古学家在长江流域及其以南共发现了 2 000 多处新石器远址，其中，发掘有栽培稻谷遗存的约 30 处[③]。这表明，7 000年前的长江中下游出现原始分化的籼粳稻。

（一）亚洲栽培稻分为籼稻与粳稻两个主要生态亚种

1928 年日本的加藤等根据籼粳间杂种一代的结实率低于双亲，在血清反应上有籼粳稻间互不融合的环状反应而把栽培稻划分为两个亚种。将籼稻定名为印度亚种（*Oryza Sativa. L. ssp. indica kato*）；将粳稻

---

*【作者简介】徐迪新（1937—　）男，湖南湘乡市人，农业研究员，现主要从事近现代水稻技术（1949—1980）史研究；徐翔（1977—　）男，湖南省双峰县人，农艺师，从事农业技术推广

① 中国农业百科全书总编辑委员会农作物卷编辑委员会，中国农业百科全书编辑部：《中国农业百科全书·农作物卷（上、下）》，农业出版社，1984 年：第 285、584、846 页

② 《中国文物报》考古栏，2008 - 12 - 12，摘自美国科学杂志·仙人洞、吊桶环保列馆

③ 《中国文物报》考古栏，2008 - 12 - 12，摘自美国科学杂志·仙人洞、吊桶环保列馆

定名为日本亚种（*O. Sativa. L. sp japonica kato*）[①]。1957 年丁颖定名为籼亚种（*O. Sativl L. ssp. hsien Ting*）和粳亚种（*O. Sativa. sp. keng Ting*）。关于籼粳的起源有同源说（籼先粳后）和异源（异地）说。丁颖创立：普通野生稻—籼型（基本型），—粳型（变异型）的栽培稻演化路线，即籼先粳后说。随着研究的深入，考古学证据及检测技术的进步，对籼粳起源有不同的认识，本文重在对粳稻起源、传播和发展进行阐述。

（二）粳稻起源于中国，粳型野生稻演变为粳型栽培稻

分布在中国华南各地的野生稻，生长在淹水较深的沼泽地，有横卧水中的匍匐茎和多年生宿根，容易落粒，与籼稻杂交可以结实，被认为是现代籼稻的野生祖先。在安徽省巢湖一带的野生稻，可以漂浮在深浅不同的水面上生长，穗有芒，籽粒短圆易落，颖片灰褐色，米色微红，古籍称之为稆稻（穭），被认为是现代粳稻的野生祖先[②]。1950 年，在江苏省东海县发现近乎粳型的野生稻，后又在江西东乡发现[③]。1982 年 9 月，在江苏连云港地区陆续发现了 3 处野生稆稻的生长地点，经同功酶分析结果，同于普通野生稻，与当地古老品种"大车粳"的株型、穗型、芒都相仿[④]，作为早期野生稻—粳型野生稻—粳型栽培稻演变路线的考古学依据。

（三）从籼粳杂交（亚种间杂交）后代分离状况来看粳稻的起源

作者 1970—1980 年代从事水稻籼粳杂种花粉育种研究，发现籼粳杂种存在 3 个问题，一是杂种 F_2 性状"疯狂"分离，大致可以分为偏粳、偏籼和中间类型；二是高度不育性，杂种 F_1 结实率一般在 5% ~ 10%，少数组合可达 40%，所用亲本不同而差异很大，F_2 育性分离，高不育株率 15% ~ 20%，半不育株率 50% 左右，低不育株率 20% ~ 30%，正常可育株 10% 左右。在以后世代中，性状分离持续，须经 5 ~ 8 代选择或回交 1 代才能得到育性较稳定的株系。三是随世代增加向籼粳两型分化，亚种间理想性状不易组合，株系遗传稳定缓慢，基因型自然淘汰明显。采用世代选择，不易选出性状稳定、兼具籼粳特性的品种，这是几十年来籼粳杂交常规育种收效甚微的原因。

二、我国历史上粳稻的传播和分布

（一）粳稻在我国史前期已大量分布于现在长江流域一带

公元前后数百年间在黄河流域栽培的以粳稻为主，公元前一、二世纪传入日本的也是粳稻。但在称呼上有以粳概括籼，也有以籼概括粳。《说文》已分为籼粳两型，禾兼（籼）稻不粘者。《广雅》或直指粳稻为籼稻。《杨子方言》直称"江南呼粳为籼"。魏晋时（220—422）的古籍则以籼概括粳的[⑤]。远在 6 000 年前的新石器时代，已经种稻，所种的是粳稻。苏州地区唯亭地方发掘出来埋藏在地下深处 5 000 年前的遗存中有炭化米粒，苏北海属地区也有此种发现，辨别此类米粒也是粳米。过去在江汉平原和江浙若干地区发掘出来的残存稻米遗迹，除浙江余姚的粒型有籼粳之分外，都是粳稻而没有籼稻。1975 年冬在湖北江陵纪南故城发掘了一座西汉初期墓葬，凤凰山 167 号墓，年代公元前 199—公元 41 年，是典型的粳稻，即 2 200 年前的水稻品种[⑥]。

自神农以后在东西汉的 3 000 年间，广布于黄河流域的品种，殆以粳稻为代表。中国长江流域和云贵高原均与黄河流域、淮河流域相同，有史以前的远古时代即距今 5 000 年以前的新石器时代早已种稻，所

① 中国农业百科全书总编辑委员会农作物卷编辑委员会，中国农业百科全书编辑部：《中国农业百科全书·农作物卷（上、下）》，农业出版社，1984 年：第 285、584、846 页

② 佟屏亚，柳子明：《丰收之年活稻谷》，《化石》，1976 年第 18 期

③ 游修龄：《西汉古稻小析》，《农业考古》，1981 年第 2 期

④ 李洪甫：《连云港地区农业考古概述》，《农业考古》，1985 年：第 102 - 103 页

⑤ 丁颖主编：《中国水稻栽培学》，农业出版社，1962 年：第 4、5、6、16、22、97、175 页

⑥ 游修龄：《西汉古稻小析》，《农业考古》，1981 年第 2 期

种的稻都是粳稻[1]，"以供常食者，盖为粳稻"。中国籼稻繁衍之记载："自汉后中原文化扩展于江南地始，自北宋由闽传入占城稻而益盛。据魏晋以后之记载，则江南之栽培稻种主要为籼稻，故籼成为江南栽培稻种之代表[2]。由于粳稻适宜于高纬度和低纬度高海拔地区种植，籼稻适于低纬度低海拔湿热地带种植，自黄河流域迤北和西南至云贵高源并广西西北部等除有少数籼稻外主要为粳稻分布区域，形成了今天的华北、东北、西北以粳稻品种为主的稻作带。至于分布于华中和华南平地几乎全属籼稻。至新中国成立前除了淮南、苏、浙、台湾的个别地区外，籼稻品种主要分布于华南热带和淮河以南亚热带的低地。粳型品种主要分布于华南热带附近的高地、太湖地区、淮河以北温度较低地带以及西南的云贵高原[3]。太湖地区的粳稻栽培历史悠久，并逐渐向江苏、湖北、湖南推行籼改粳。

（二）粳稻在湖南的传播和发展

湖南水稻栽培历史至少有 5 000 年以上。湖南澧县梦溪三元宫遗址（前 3800—前 2900 年）在中期地层中普遍有大块红烧土，里面有稻草和稻谷壳腐朽留下的痕迹距今已有 5 000 年的历史[4]，宁乡黄村出土的商代晚期（前 1339 年）的青铜器上有铭文"大禾"字样，距现在有 3 000 多年历史，水稻已成为当时种植的主要作物了[5]。长沙马王堆汉墓出土的稻谷，已有籼、粳之分[6]。

1. 宋代湖南境内分为粳稻糯稻两大类，而以粳稻为主；有早晚之别，而以早稻为主。宋人以黏者为糯，不黏者为秔（即粳），糯者口感好，产量低。《宋史》记载："江南、两浙、荆湖、广南、福建多粳稻"。（《宋史·食货志》上第 4204 页）糯是酿酒的主要原料，因而有一定种植[7]。

2. 湖南粳改籼的历史性转变。南宋理学家舒璘（1136—1198）指出：有大禾谷有小禾谷，大禾谷今谓之粳稻，粒大而有芒，非膏腴之田不可种，小禾之谷今谓之占城稻，亦曰山禾稻，粒小而谷粒无芒，不问肥瘠皆可种。南宋初期，李纲在任江南路制置大使任内，曾上奏谈到洪洲（今南昌）时民田多种占，少种大禾……本可管下乡民所种稻田，十分内七分并是黏米，只有二三分大禾。即以籼稻为主，粳稻只有二三分。

《常德府志》记载："宋时大中祥符（1011 年）帝遣使由福建占城，以珠宝换取三万斛，而江淮楚地亦得其种。说明播植于高旱的民田，于是以后江淮以北就栽培了更多的早熟籼稻。在 12 世纪 30 年代前，占城稻传入湖南，推广这种早熟类型的籼稻，转变了粳稻为主的局面，优化了湖南水稻的种植结构，出现了以粳稻为主到籼稻为主的历史性转变，可谓湖南史上的第一次粳改籼，并延续了近 1 000 年。

《湖南省志·农业志》载：1936—1948 引进推广良种有黄金籼，帽子头，抗战籼，菜粘一号、305 选占、南特号以及自育的万利籼等 10 余个籼稻良种。全省推广改良稻种面积 25 147 343 亩，新中国成立初期，湖南水稻品种基本上是籼稻[8]，粳稻品种只有零星种植（如黔阳的香糯）。《湘乡县志》载，民国时期，水稻广为种植，均属一季稻，民国二十七年（1938 年）《湘乡民报》载：本县本年绝对禁止种糯稻，一律播种粘稻等记录在卷……农民一体遵照，毋违为要，此令。每户种糯面积不得超过其种植面积的 1%。

《双峰县志》清末境内有籼稻品种 13 个，以杨桠粘、齐头粘、金包银、江西早、沙丘早为主；还有烧衣糯、麻糯等糯稻品种 6 个。至民国中期，水稻品种增至 48 个，早熟的有红脚早、六十早等；中熟的有选粘、砣谷、油粘等；迟熟的有三性占（三十粘）、三百粒、马尾酥等品种。民国后期，引进万粒籼、胜利籼、抗战籼、连塘早等新品种，产量较高，受农民欢迎，上述品种都是籼稻。

---

① 周拾禄：《稻作科学技术》农业出版社，1981 年：第 117 页
② 丁颖：《中国古来粳籼稻种栽培及分布之探讨与现在栽培稻种分类法预报》，《丁颖稻作论文集》，农业出版社，1983 年：第 68 页
③ 丁颖：《中国古来粳籼稻种栽培及分布之探讨与现在栽培稻种分类法预报》，《丁颖稻作论文集》，农业出版社，1983 年：第 68 页
④ 尹文明：《中国稻作农业的起源》，《农业考古》，1980 年第 1 期
⑤ 湖南农业志编纂委员会：《湖南农业志（1840—1983）·水稻生产》，第 6、31、13、201 页
⑥ 丁颖：《中国古来粳籼稻种栽培及分布之探讨与现在栽培稻种分类法预报》，《丁颖稻作论文集》，农业出版社，1983 年：第 68 页
⑦ 周方，高宋惠聪：《宋代湖南的粮食种植结构初探》，《中国农史》2012 年第 1 期
⑧ 丁颖：《中国古来粳籼稻种栽培及分布之探讨与现在栽培稻种分类法预报》，《丁颖稻作论文集》，农业出版社，1983 年：第 68 页

三、中央提出"三改"方针，水稻栽培制度的重大改革

1954 年 10 月中央农业部粮食生产总局关于《南方水稻地区单季改双季、间作改连作，籼稻改粳稻的初步意见》（简称"三改"），成为水稻栽培制度的重大改革。要求在两个五年计划完成时，南方稻区"三改"面积达到 8 920 万亩，增产粮食 159.3 亿斤。其中籼稻改粳稻面积 1 700 万亩，每亩以增产 120 斤计算，可增产粮食 24.4 亿斤[①]。

（一）"三改"方针关键是籼改粳

各省联系本地实际提出了相应的发展措施。江苏省是一季稻区，提出中籼改中粳；浙江省提出"五改"，间作改连作，单季改双季，中籼改晚粳，低产杂粮作物改高产杂粮作物，一年一熟改一年两熟或三熟；江西省委提出"三变"方针，实现单季变双季，中稻变早稻，旱地变水田。1954 年冬，将"三变"改为单季变双季，（包括中稻变早稻增加一季秋杂粮），旱地变水田，荒地变熟地；湖北省提出"五改"工程，单季改双季，籼稻改粳稻，旱地改水田，高秆改矮秆，坡地改梯田。福建省 1956 年提出闽西北、闽东北内陆山区推行单季改双季，沿海平原地区在扩种双季稻的同时，实行间作改连作[②]。安徽省省委书记曾希圣提出农业三项改革，有单季改双季，在淮北地区进行大面积改种水稻，1959 年对提出"以水改旱为纲，采取综合措施，彻底消灭血吸虫病的方针[③]。"湖南围绕中央"三改"，以解决双季早、晚稻品种为中心，1958 年提出湖南适宜早籼晚粳的发展方向，1965 年省委明确指示今后培育推广水稻良种主要朝矮秆方向发展，与早籼改矮秆的同时，推广晚粳农垦 58，确立了湖南早矮晚粳的发展方向。

（二）1954 年开始的籼改粳的经历和发展

当时认为粳稻产量比籼稻高，耐肥抗倒、抗寒性强，对防止早稻烂秧，减少寒露风对晚稻的影响，有利发展双季稻，粳米品质比籼米好，直链淀粉低，饭味好，市场价格也高于籼稻米，成熟后不易掉粒，田间损失少，适宜于机械化收获。当时我国处于农业合作化高潮。农业合作社接受国家计划指导，农技推广必须围绕党的中心工作进行，采用"以政代技"的方式，籼稻改粳稻几番起伏。此前，我国南方只有太湖流域、云贵高原以及台湾省有粳稻种植。1955 年长江流域各省籼改粳的面积只有 147 万亩，1956 年猛增到 1 010 万亩。

（三）早籼改早粳，"青森 5 号"事件

1956 年从黑龙江、吉林调往湖北、湖南、安徽等省的青森 5 号、元子 2 号、北海 1 号、国光等粳稻品种有 1 000 多万斤。湖南从东北地区调运青森 5 号 301.3 万斤，大部分安排在常德、湘潭、衡阳 3 个地区，共种 21.56 万亩，生长普遍不好，产量不高，全省平均仅 213 斤，不及当地早籼平均亩产 449 斤的一半，每亩减产 236 斤，全省共减产稻谷 4 500 万~5 000 万斤，国家赔款 179 万多元。常德地区种植青森 5 号 14.3 万亩，实收 9.8 万亩，平均亩产 139 斤，最低 21 斤。[④]

1956 年作者在邵阳专署农业局工作，亲历了青森 5 号事件的全过程。6 月上旬邵阳地区 14 县市纷纷发来急电，称"青森 5 号早穗怎么办？"我参与了此事的调查。这一年全区从吉林调入青森 5 号种子 16.48 万斤，种植 1.6 万亩，插秧后不到 1 个月即出现拔节现象，除个别小面积产量较好外，失收面积 6 970 亩，占总面积的 43.56%，不得不犁掉改插中稻。有所收获的 10 344 亩，其中亩产 350 斤以上的仅 853.9 亩，占有收面积的 8.26%，占总面积的 5.33%；亩产 150~250 斤的 3 391 亩，占有收面积的 32.8%，占总面积的 21.19%；亩产 150 斤以下的 2 726 亩，占总面积的 17.03%，占有收面积的 26.4%。

---

① 中央农业部粮食生产总局：《南方水稻地区单季改双季、间作改连作、籼稻改粳稻的初步意见》，《中国农报》，1954 年第 21 期
② 福建省地方志编纂委员会：《福建省志·农业志》，中国社会科学出版社，1998 年：第 87、120 页
③ 安徽省地方志编纂委员会：《安徽省志·农业志》，方志出版社，1998 年：第 37、49 页
④ 丁景才：《有关盲目推广"青森 5 号"的几点意见》，《中国农报》，1956 年第 22 期

国家赔偿损失 17 万多元，造成了极不好的影响。

双峰县调入青森 5 号种子 1.5 万斤，种植 722 亩，长势很差，社员编了一首歌谣："远看一片青，近看两三根，末脑（穗顶）结几粒（谷），一亩几十斤，扮又扮不脱，痒又痒死人"，"远看一溜青，近看脚背深，结得几粒谷，亩产几皮箩。"还有的称之"牛不吃草，猪不吃糠，整不来米，煮不来饭"。县农科所种植 18 亩，苗架矮、无分蘖，全部失收，只得用蒲滚打入泥中改插中稻。新化县有的农民称它是"四冒禾种"，人冒饭吃，牛冒草吃，猪冒糠吃，（茅）屋冒草盖。湘乡县种植青森五号 4 040 亩，有 600 亩全部犁翻改插中稻，收获的 3 461 亩亩产 260 斤，比当地的早籼减产 45%，损失稻谷 80 多万斤。涟源县种植 1 230 亩，亩产约 40 斤。大桥乡栗山村种植 6 亩，每亩收了 36 斤。最后由国家按每亩赔稻谷 118 公斤，赔款 152 元，共赔偿稻谷指标 85 250 公斤赔款 10 098 元。

（四）青森五号事件的检讨

湖南、湖北两省大规模自吉林引种的青森 5 号，由于科学预测论证及研究不够，没有先进行试验示范，致使这次大规模引种失败。

1. 违背科学，盲目推广。北种南移，生育期缩短。青森五号原产日本，由"关山"与"龟之尾"杂交育成，伪满时期引入吉林种植，表现良好。南移后生育期由原来的 125 ~ 185 天缩短为 97 天，把地处北纬 44° ~ 48°、生长在吉林、黑龙江的青森五号，南移至北纬 27° ~ 31°的湖南、湖北，情况就大不一样了，吉林、黑龙江属光照长而积温少的地区，湖南、湖北是光照短积温多地区，引种后生长慢发育快，过早打苞抽穗，到 6 月底 7 月初就成熟收割了。生育期缩短的是营养生长期。每穗只结 20 ~ 30 粒，好的 50 多粒，空壳率在 15% ~ 40%。1959 年在北粳南移口号下，福建省大量调入农林 16 号、银坊、卫国等 20 多个粳稻品种，试种结果减产，翌年停止推广[①]。

2. 栽培技术上的原因。农业社基本上沿用传统的耕作技术，如密播、满月秧、稀植、中肥等，没有掌握短秧龄、高肥、密植等关键栽培技术。双峰县农科所在 1956 年失败后，对青森 5 号及本地种植过的有芒早粳、早粳 16 号 3 个早粳品种进行小区对比试验，以早籼南特号作对照，3 月 28 日播种，4 月 21 日插秧，秧龄 24 天，试验结果见表 1。

表 1　双峰县农科所 1958 年早粳品比结果

品种	成熟期（月/日）	全生期（天）	株高（厘米）	千粒重（克）	空壳率（%）	亩产（斤）	比对照（±%）
青森 5 号	7/9	103	85.7	23.8	15.4	497.5	−63
有芒早粳	7/18	112	81.7	27.9	6.8	681	+120.5
早粳 16	7/23	117	101.5	20.2	15.3	631	+70.5
南特号 ck	7/20	111	102.5	28	16.5	560.5	0.0

青森 5 号产量最低，它在南方种植不是一个早粳良种。有芒早粳、早粳 16 号比南特号每亩分别增产 120.5 斤、70.5 斤。有芒早粳是江苏省南汇县地方评选良种，分蘖力强、耐肥、秆硬不倒伏，比较容易脱粒，分布在太湖地区和沿海地区以及湖北、湖南、安徽的平原及丘陵地区，1958 年推广 280 万亩[②]，同年引入我县，在早粳品比中居第一位。1959 年全县示范种植面积 300 亩，一般亩产 400 斤左右。1960 年全县推广 2.4 万亩，1962—1964 年全县稳定在 2 万亩左右，直到 1966 年还有种植。有芒早粳是我县栽培面积最大、持续时间最长的一个早粳品种。1966 年我县又从辽宁引进早粳农垦 19（原名藤坂 5 号）、农垦 20（原名十和田）、农垦 21 号（原名越路早生）3 个品种 1 000 多万斤进行示范种植，结果也不理想。1966 年作者在甘棠区农技站工作，在长田公社黄河大队油铺生产队试种农垦 19、20 号 10 多亩，因秆高不耐肥抗倒，亩产 700 斤左右而没有能推广。70 年代初作者曾在县农科所先后试种 701、702、京引 66、京引 1 号、农垦 8 号、青村 2 号、沪辐 67 - 57、69 秋 22、农垦 20 选、69 - 460、1073 等早粳品种，产量

---

① 福建省地方志编纂委员会：《福建省志·农业志》，中国社会科学出版社，1998 年：第 87、120 页
② 丁颖：《中国古来粳籼稻种栽培及分布之探讨与现在栽培稻种分类法预报》，《丁颖稻作论文集》，农业出版社，1983 年：第 68 页

均一般。

3. 早粳品种不适宜南方栽培。究其原因，粳稻抗热性差，在高温条件下，籽粒充实度不及在冷凉气候下的米粒品质。1973 年起原邵阳地区、县级农科所早稻联合区试，就取消了粳稻组。到 20 世纪 70 年代前期，早粳品种逐年减退至消失。

四、晚籼改晚粳，"早籼晚粳" 定方向

（一）晚粳的兴起（1956—1960 年）

1955 年湖南省从江西引进松场 261 及韭菜青，首先在大通湖农场示范，1956 年种植面积迅速扩大，双季晚粳一般亩产 300 来斤，比晚籼增产 100～200 斤。1958 年，随着双季稻的大发展，全省晚粳面积达 315 万亩，绝大部分表现增产，于是湖南提出早籼晚粳的方向，决定全省进行大面积的晚籼改晚粳。1958 年冬及 1959 年春从江、浙、沪等省市调进及本省区与区之间调剂晚粳种子 6 348 万斤，除松场 261、韭菜青外还调入老来青、412、853、太湖青、猪毛簇、牛毛黄、芦干白、铁秆青及本省的地方品种云怕白等，使全省晚粳面积达 690.9 万亩，占当年晚稻面积 1 264 万亩的 53.2%，大都获得了好收成。出现了南县华阁公社湖区第一个晚稻超早稻的典型，关键是种了 70% 的晚粳[①]。原邵阳地区 1957 年引入的 10509、老来青小面积种植产量均在每亩 500 斤左右。双峰县 1956 年与青森 5 号同时引进的晚粳 10509、银坊、松场 261、老来青等品种试种表现较好，第二年扩大示范面积，1958 年全县种植的松场 261 出现亩产 800～900 斤，老来青 600～700 斤，而晚籼红米冬粘为 350～400 斤。

县农科所印发技术资料《粳稻确是增产的重要途径》介绍本所 230 亩晚稻，其中晚粳 48 亩，平均亩产 751 斤，比籼稻增产 40%，粳稻有松场 261、老来青、红须粳、10509（社员喜称"一天一壶酒"）霜打青、有芒小种、铁谷早粳、新太湖青、红毛火种等九个品种，其中铁谷早粳 2.33 亩，亩产达 1 121 斤，比红米冬粘增产两倍。1960 年全县计划双季晚稻 321 925 亩，晚粳占 49.61%，其中老来青 125 110 亩，占晚稻总面积的 38.90%；10 509 种植 20 845 亩，占 6.5%；牛毛黄 17 167 亩，占 5.3%；松场 261 种植 11 945 亩，占 3.71%；白米冬粘 73 824 亩，占 23.25%；番子 13 760 亩，占 4.3%；本地白米冬粘 1 143 亩，占 0.35%；红米冬粘 58 131 亩，占 18.1%；晚粳面积迅速扩大，进入鼎盛期。

（二）大饥荒年代晚籼回潮、晚粳退出（1960—1962）

1960 年全省双季晚粳面积尽管扩大到 843.44 万亩，当年的"大跃进"带来大倒退，酿成大饥荒。违背经济规律，违背自然规律，不尊重科学，不尊重知识，不实是求是的瞎指挥，这一年晚粳减产，晚籼更低，全省双季晚稻单产仅 119 斤。原邵阳专区 14 县市 1960—1962 三年的晚稻亩产依次为 118、146、136 斤，双峰县三年晚稻单产依次为 122、134、176 斤。全国粮食形势严峻，经过"调整、巩固、充实、提高"的政策，在农村实行三自一包、联产计酬以及超产吃"尾巴"、大包干等多种经营形式，特别是将自留地退还农民，有的还划给"口粮田"，这成了社员的"活命地"、"救命田"，种植计划相对自由，于是社员选择需肥、劳力都较少的老品种，如红米冬粘、白米冬粘等回归当家地位以及浙场九号、油粘等晚籼品种。粳稻不容易落粒，需肥较多，虽米质佳，但胀性较差，吃得多而被淘汰。双峰县农业局 1964 年"关于晚稻育秧的技术意见"提到：我县目前栽培的晚稻品种有浙场九号、大跃（油）占、白麻谷、老黄谷、北方麻、23－41、白米冬粘、红米冬粘、蕃子等 10 多个品种。其中没有晚粳品种。

五、1963 年湖南省再启籼稻改粳稻

1963 年农业生产有所好转，湖南重新开始推广晚粳的工作，与高秆改矮秆的品种改良结合在一起，

---

① 湖南农业志编纂委员会：《湖南农业志（1840—1983）·水稻生产》，第 6、31、13、201 页

提出早矮晚粳的方向。

（一）早籼高秆改矮秆

1960 年，省农科所从广东引进我国第一个矮秆早籼矮脚南特号。1961 年进行区试，1962 年开始在个别点上试种，1964 年社教运动中，提出各级办基点，开展有领导干部、技术人员、贫下中农"三结合"的科学实验活动。矮脚南特号一般亩产 900 斤左右，高的达 1 000 斤，1965 年全省种植约 2 万亩。中共湖南省委于 1965 年发出关于加强种子工作指示，明确指出今后培育推广水稻良种，主要向矮秆方向发展。

1966 年春，省粮油局编写《矮脚南特号栽培技术问答》，1966 年早稻播种面积 2 200 万亩，其中早粳 36 万亩，矮脚南特号 341 万亩，其他早矮 27 万亩，高秆良种 1 197 万亩，共计良种面积 1 601 万亩，占早稻总面积的 73%，早稻亩产达到 450 斤，较 1965 年 396 斤增产 54 斤，增长 13.6%。到 1968 年、1969 年，全省、各地、县早稻基本实现矮秆化。邵阳地区 1964 年开始试种矮秆品种，种植面积从 1965 年的 210 多亩，一跃而为 23 万多亩。双峰县 1964 年引进矮脚南特号，县农场种植 30 亩，1965 年扩大到 300 亩，平均亩产 600 斤。1966 年作者在甘棠区农技站工作，推广以矮南特为主的早稻矮秆品种，早稻获得大丰收，全区 24 504 亩双季早稻平均亩产 450 斤，涌现出 500 斤以上的大队 18 个，600 斤以上的生产队 30 个，800 斤以上的丘块 105 亩。区委和农技站蹲点的甘棠公社五四大队铁炉塘生产队 1.3 亩团粒矮丰产田亩产达 900 斤。

（二）晚稻籼改粳，推出农垦 58

1964 年湖南省农业厅湘阴基点办了 60 华里的晚粳大样板，编写了《500 里双季稻晚粳大丰收》的读本，掀起了晚籼改晚粳高潮，特别是农垦 58 的推广对以后晚籼改晚粳起了重要作用。

六、农垦 58 的引进、示范与推广

20 世纪 50~60 年代，加快了国内外的引种工作。引进一批晚粳品种在南方稻区大面积推广。1981 年统计直接利用的 70 个外国品种中，来自日本的 54 个，推广面积 100 万亩以上的计有 15 个，以"世界一"（粳）的推广面积最大，IR8 次之[1]。又据统计表明，外引水稻品种重新用名或用原品种直接在我国稻区推广，年种植面积首超 6.6 万公顷（100 万亩）的有 23 个，包括农垦 58、日本晴、IR26、BG90 – 2、密阳 23 等[2]。《江苏省农业志》载：1958 年中国代表团赴日本考察时带回"金南凤"和"世界一"两个粳稻品种，分别编号为农垦 57 和农垦 58[3]。《中国农业百科全书》载 1957 年原农垦部自日本引入的一个品种定名为农垦 58 号，上述引入农垦 58 的具体时间有一年之差或是先后两次引入。

（一）农垦 58 成为南方稻区推广面积最大的水稻良种之一

随着大面积单季改双季，晚稻多采用粳稻品种。农垦 58 适宜作晚稻，推广较快。在长江下游各省作单季或双季晚稻品种，对粮食产量的提高起到了显著作用[4]。据国家水稻数据中心记载，1957 年农垦 58 在江苏、浙江两省试种，1960 年在太湖地区进行大面积多点种植示范，均取得良好效果。我国南方稻区相继引种成功得以很快推广和普及。20 世纪 60 年代至 70 年代初期浙江、江苏、上海、安徽、湖南、湖北、四川等省市以农垦 58 作为双季晚粳（或单季晚粳）累计种植 1.42 亿亩，成为南方稻区推广面积最大的水稻良种之一。1975 年长江流域种植 345 万公顷，一般单产 6 吨/公顷[5]，据中国水稻研究所科技信息中心提供，农垦 58 在我国南方稻区不仅对粮食生产起了重要作用，而且也是晚粳育种中作出重大贡献

---

① 中国农业科学院主编：《中国稻作学》，农业出版社，1986 年：第 78 – 86 页
② 星川清亲：《（はレカわ きよちか）ィネの生长》昭和 50 年（1975）农山渔村文化协会
③ 江苏省地方志编纂委员会：《江苏省农业志》，江苏古籍出版社，1997 年第 2 期
④ 西北农学院主编：《作物育种学》，农业出版社，1981 年：第 199 页
⑤ 中国农业百科全书总编辑委员会农作物卷编辑委员会，中国农业百科全书编辑部：《中国农业百科全书·农作物卷（上、下）》，农业出版社，1984 年：第 285、584、846 页

的主要优良亲本。1983 年后，还累计推广超过 173 万亩。

（二）江苏、浙江、湖北、湖南、安徽等省推广农垦 58 的概况

江苏省：1957 年以前淮北稻区仍以籼稻品种为主，占水稻面积的 80% 以上。1958 年引进农垦 58 以后经过 1959—1960 年两年广泛试种结果，1961 年起组织全面推广。作为单季晚粳新良种推广速度比较快。1963 年种植面积达 50 万亩，1964 年达 375 万亩，1965 年达 900 万亩，1966 年达 1 228 万亩，成为单季晚粳的主要品种，占全省粳稻面积的 62.7%，加上 562.3 万亩的中粳稻，使粳稻面积达到全省水稻面积的 70%。1969—1978 为双季稻发展时期，这段时间的主要粳稻品种有沪选 19、嘉农 482、桂花黄、武农早等，新选育的良种替代了农垦 58。

浙江省：1957 年引进，1960 年在嘉兴地区种植，亩产比农家品种增产一成多，农民称为"三八稻"（亩产 800 斤，稻草 800 斤，出米率 8 折）。1964—1973 年的 10 年中全省累计种植面积 3 095.75 万亩，其中 1967 年达到 720.51 万亩，占晚粳面积 70% 左右[①]，占晚稻面积的 39.4%。从浙北到温州平原，从沿海到山区，在不同年度间，只要栽培得法，一般比当地品种增产 1 ~ 3 成。1965 年在季节推迟情况下，全省 310 万亩农垦 58 大都取得较好的收成。

湖北省：湖北省粳稻生产于 20 世纪 50 年代中后期和 70 年代出现过两次高潮，1962 年引进农垦 58，70 年代湖北省推广以农垦 58 为主的粳稻面积曾达到 120 万公顷左右[②]。

安徽省：1978 年农垦 58 推广面积 42.7 万亩，占当年晚粳面积的 10% 左右，与安庆晚 2 号、当选晚 2 号、武农早等为晚粳主要品种[③]。

湖南省：1960 年引进农垦 58，1964 年全省各级兴起蹲点办基点队，进而又发展到跨队、跨社办大样板。1964 年湘阴、邵阳、长沙等基点试种农垦 58 面积 62.5 亩，比其他晚粳增产 1 ~ 2 成。1965 年各地、县、市普遍在基点进行小面积示范外，省级办起两个大样板，南县 30 万亩，长沙靖港区 10 万亩，湘阴白水区（包括新华大队）、岳阳筻口区 5 万亩，全省总计农垦 58 发展到 80 多万亩。这一年因寒露风影响大部分晚籼减产，全省晚稻平均亩产 134 斤，而农垦 58 获得好收成，平均亩产 400 多斤。在湘中、湘北的产量，比晚籼高出 1 倍甚至几倍。不仅作连晚高产，作一季稻产量更高。由于部分群众不习惯吃粳稻米，农垦 58 种子混杂严重，需肥多……而有抵触情绪，农村流传"今年农垦 58，明年 59，后年 60 退休。"有的编成歌谣，形容农垦 58 是："农垦 58 杂得恶，高子矮子各顾各，高子踩倒矮子的头，矮子抱住高子双脚，扮又扮不脱，一丘（田）扮得几皮箩"；有的称农垦 58 是："粪桶子、药罐子、工砣子"指耗肥、耗农药、耗工。

1960 年从江苏、浙江、广东、上海等省（市）聘请 2 726 名农民技术员帮助省、地、县三级重点推广矮秆早籼和晚粳农垦 58。全省开展了声势浩大的宣传发动。1966 年 2、3 两个月，《新湖南报》连续发表七篇推广良种的社论，要求必须集中优势兵力打歼灭战，以良种为中心带动良种、良法、良制、良具，全面贯彻农业八字宪法，加速实现全国农业发展纲要。省农业厅编写了《农垦 58 栽培技术问答》。这一年全省推广农垦 58 1 159 万亩，占当年晚稻总面积 1 850.81 万亩的 62.6%，加上其他粳稻品种基本实现全省晚粳化，还带动了人力打稻机的推广。此后，即 1966—1971 年间，每年农垦 58 种植面积都超过了 1 000 万亩，1972 年农垦 58 面积达 1 658.2 万亩，占晚稻总面积 2 772.3 万亩的 69.88%；1973 年最多，达 1 834 万亩，占晚稻总面积 3 118.29 万亩的 58.8%，占全省晚粳总面积的 82.9%。这是湖南历史上栽培面积最大，服役最长的一个水稻良种。

邵阳地区 14 县（市）1965 年从江苏引进农垦 58 10.4 万公斤，种植 16 625 亩。地区和县 17 个基点大队和 11 个场（所）平均亩产 198.3 公斤，比高秆浙场 9 号增产 57%，比老黄谷增产 130%。这一年全区晚稻面积 60.03 万亩，平均亩产 63 公斤。第一年农垦 58 试种示范取得成功，1966 年全区一跃而为 98 万亩。据双峰、邵东、邵阳等 9 个县 61 个公社 71 个生产队的统计，连作晚粳农垦 585 148 亩平均亩产 440.7 斤，比其他晚籼每亩增产 200 ~ 300 斤。现在的娄底市（辖新化县、双峰县、涟源市、冷江市及娄

① 浙江省农业志编纂委员会：《浙江省农业志（上册）》，中华书局，2004 年：第 492、601 页
② 张似松，汤颢军，柴婷婷：《加快粳稻发展，进一步做强湖北水稻产业》，《湖北农业科学》2012 年第 2 期
③ 安徽省地方志编纂委员会：《安徽省志·农业志》，方志出版社，1998 年：第 37、49 页

星区）统计，从 1966—1975 年晚稻以粳稻为当家品种，全市晚稻平均亩产由 1965 年的 71 公斤，1971 年提高到 164.5 公斤；1973 年 216 公斤，比 1965 年提高 2 倍。

双峰县 1963 年引进农垦 58，县农场试种 103 亩，亩产 312 公斤，接着在千金、五星、金田等公社较大面种示范种植，获得好产量，国家以高于 11% 的价格收购种子。1965 年多点示范种植 2 400 亩，1966 年扩大到 13 万多亩，其中农垦 588.5 万亩。1968 年早稻品种实现矮秆化。1970 年农垦 58 普及到 30 万亩，占晚稻总面积的 70%，实现了早矮晚粳的格局。1971 年水稻播种面积 90.4 万亩，第一次过 90 万亩，晚稻农垦 58 首次超过 40 万亩，达到 40.4 万亩，占晚稻总面积的 80%，双季稻平均亩产 503 公斤，第一次破 500 公斤大关，位全省之冠。1971—1974 年都保持在 40 多万亩的规模，占晚稻总面积的 75% 左右。农垦 58 的推广，对我县晚稻 1970 年突破 300 斤（305 斤），1971 年突破 400 斤，1972 年大旱之年仍获亩产 420 斤，1973 年突破 500 斤（272 公斤）大关，发挥了良种的增产效益，早矮晚粳的推广，实现了全县粮食作物平均亩产超过 500 公斤，达到 564 公斤，全县粮食总产 30.95 万吨，人平用粮 405 斤，群众基本脱离了饥饿。

（三）20 世纪 70 年代中期，农垦 58 逐渐消退

20 世纪 70 年代末以来长江流域各省市大力开展晚粳品种选育工作不断育成新的晚粳品种，70 年代中以后大都为新品种代替，农垦 58 的种植面积大为减少，70 年代初推广面积最大为 5 603 万亩，到 70 年代末 80 年代初仍保留有 506 万亩，主要种植省份江苏、浙江、上海、安徽、江西、湖南、湖北、广西等[1]。1976 年双峰县农林局在"关于晚稻育秧的意见"提出坚持以晚粳为当家品种，要求占 60%，适当扩大倒种春，积极试种杂交稻。大力推广东风 5 号、农虎 6 号、68－166 苏州青等有发展前途的接班品种，农垦 58 退出晚粳当家地位。

70 年代初，湖南还先后推广引进和自选的农虎 6 号、东风 5 号、岳农 2 号等，使全省晚粳面积在 1972—1974 年占全省晚稻面积的百分率依次为 69.88%、58.88%、48.9%。由于需肥较少、产量较高的倒种春及中秆晚籼品种的发展，1975 年以后，晚粳品种面积就开始大减。1976 年以后，产量更高的杂交水稻问世，晚粳面积下降更快，到 80 年代，除洞庭湖区还保留了 300 多万亩晚粳外，其他地区已很少种植。据统计 1973—1983 的 10 年里，全省每年晚稻面积都在 3 000 万亩以上，而农垦 58 种植面积从 1975 年以后锐减，占晚稻总面积的百分率，1975 年为 35.7%，1976 年为 21.2%，1977 年为 7.57%，1978 年为 2.9%，到 1979 年只有 0.9%，1983 年全省保留 11.39 万亩，仅占 0.37%。

七、农垦 58 的形态特征和丰产特性

农垦 58 株型紧凑，植株较矮，一季晚稻株高 98～112 厘米，连作晚稻株高 70～85 厘米。穗长 15～18 厘米，每穗 65～85 粒，籽粒卵园型，颖壳秆黄色，结实率 82%，千粒重 26～29 克。主茎总叶数 15 叶，叶片短狭，叶身挺直，后期抗寒力强，较耐迟播。作一季晚稻有顶芒，作双季晚稻无顶芒，较抗白叶枯病，不抗黄矮病，穗颈稻瘟及小球菌核病。

（一）农垦 58 分蘖力强，成穗率高，有效穗数多，抽穗整齐

分蘖率一般都在 70% 左右，比同期栽培的老来青多 10%～20% 左右，每亩有效穗也大部分稳定在 30 万以上。农垦 58 低节位分蘖多，八月下旬的分蘖还有 70% 的结实率。主穗与分蘖穗分化进程整齐，从始穗到齐穗只 7 天左右[2]。

（二）农垦 58 的生育期较长，适应性广

江苏省：在太湖及长江以南沿江地区，全生育期 160～170 天，是个早熟晚粳。长江以北淮南地区栽

---

① 中国农业科学院主编：《中国稻作学》，农业出版社，1986 年：第 78－86 页
② 《浙江省 1965 年晚粳农垦 58 作连晚栽培技术总结、浙江省 1965 年农业生产技术会议资料》，《浙江农业科学》1966 年第 6 期

培，全生育期 170～180 天，是个中熟晚粳。在淮北地区栽培全生育期 180～190 天，是个晚熟晚粳品种。在江苏宜作一季栽培。华东各省市用农垦 58 作双季晚稻和三熟制的后作，全生育期 145 天左右。5 月下旬早播，大暑起栽插，栽插越早，产量越高。

浙江省：作连作晚稻，浙北杭嘉湖和宁绍平原地区，全生育期 140 天左右；浙中金衢地区，全生育期 135～140 天；浙东黄岩台州地区，全生育期 130 天左右；浙南温州丽水地区，全生育期 140 天左右。山区比平原地区播种期适当提早，全生育期也相应长 5～10 天。

湖北省：1962 年引进农垦 58 作二季晚稻，全生育期 140 天左右，地处鄂东的黄岗北部地区，全生育期 140 天。从鄂东到鄂北，生育期相应延长 5～10 天。

湖南省：全生育期 125～150 天（表 2）。1971 年郴州地区（湘南），全生育期 123 天；省贺家山原种场（常德，湘北），全生育期 140～150 天；湖南省农科院（长沙、湘东），全生育期 142～145 天；湘潭（湘东），全生育期 134 天；双峰县（湘中地区），全生育期 130～140 天。由北向南，生育期缩短 5～8 天。比湘粳 2 号、4 号，苏州青、68－166 的生育期长 3～5 天，比沪选 19 长 15～20 天。

20 世纪 60 年代末，湖南开始发展三熟制，1972 年达 220 多万亩，三季作物的生育期有 450 多天，季节矛盾格外突出，农垦 58 在稻稻油中作晚稻生育期 143～148 天，在稻稻麦中 145～150 天（表 2）。

表 2　在不同三熟制类别中农垦 58 的生育期和产量调查

类别	地点	年度	播种期（月/日）	移栽期（月/日）	成熟期（月/日）	全生期（天）	产量（斤/亩）
稻稻油	衡阳	1971	6/中	8/上	11/中	143	500
	沅江	1971	6/12	7/25	11/7	148	605
	双峰	1971	6/15	7/25	10/28	145	590
	溆浦	1971	6/18	7/23	11/12	147	497
稻稻麦	长沙桃源	1971	6/17	7/27	11/13	148	840
	常德	1968	6/12	7/18	11/5	145	864.5
	长沙	1971	6/8	8/1	11/中	150	625
		1971	6/17	7/28	11/13	149	947

资料来源：湖南省革命委员会农林局编：《湖南水稻、麦类、油菜主要品种》1972 年

（三）农垦 58 属于短日照类型，但感光性偏弱

和老来青等晚粳同样感光型品种比较，对光温条件的要求却没有老来青等晚粳那样严格。在气温不低于 15～17℃时幼穗就能分化，如果短日照条件得到满足，遇到气温上升，还有促进分化长穗的作用，因此农垦 58 号比老来青先进入幼穗分化阶段能提早成熟几天[①]。

农垦 58 对温度反应则比一般晚粳品种敏感，早播早栽的，幼穗分化也必然提早；迟栽的由于短日照条件足够，气温条件也够，更能促进幼穗迅速分化，所以农垦 58，既可作单季栽培，更适于作双季晚稻栽培。

作者 1967 年至 1971 年先后在农村生产大队及县良种繁殖场工作期间，曾对船工稻、龙老 3 号、白麻谷、韶山一号、日华稻、辐湘粳 8 号、农林 140、农垦 58 等迟中熟及晚稻品种进行短日照处理试验，以本地栽培较广的一季迟熟中籼品种（也作连晚栽培）白麻谷作对照，用边长 4 米、边高 1.3 米、中高 2 米的屋脊形木架，上复盖黑布进行遮光处理。1971 年 4 月 2 日播种，5 月 3 日移栽，6 月 1 日（第 7 叶发出）开始遮光，每天上午 8：30 以前，下午 5：30 以后复盖黑布，每天给于 9 小时光照，经 13 天后，6 月 13 日撤除遮光设置，白麻谷、农垦 58、龙老 3 号明显孕穗，除韶山一号外，其余品种幼穗明显伸长 3～5 厘米，证明农垦 58 属短日照类型，具有一定的感光性，但比典型的晚粳品种老来青、松场 261

① 王元乾，郝树东，潘仲清，等：《农垦 58 栽培技术问答》，上海科学技术出版社，1967 年：第 7 页

要弱。

（四）农垦58的光合效率较高

它具有充分利用光能的紧凑株型，短而挺直的叶片，显示出足苗不封行、封行不封顶。同样叶面积的植株基部光照比老来青、苏稻、松场261等高秆大穗型品种强5%~7%。农垦58的阶段吸氧量，有较多的数量分配在叶鞘、茎、穗中，分配到叶片内的数量相对地比老来青等少，这个氮量调配的缓冲作用，有利于农垦58在高肥水平条件下，适当扩大叶面积，提高光合强度又不致于引起徒长披叶，更好地发挥氮素营养的增产作用[1]。

（五）农垦58的基本营养生长性比较稳定，对种植季节有较广的适应性

在适期范围内，早播早栽或迟播迟栽，全生育期有所变化，但仍能保证一定的基本营养生长期奠定了发育良好的基础。据浙江省嘉兴地区测定6月5日播种，7月28日移栽，营养生长期73天，占全生育期155天的47.1%。6月25日播种，8月15日移栽，仍保持63天的营养生长期。占全生育期145天的44.4%，这可能是迟播迟插仍能达到一定产量的原因。1965年浙江省早春气温低，早稻成熟期被推迟，连作晚稻移栽也推迟了10天以上，农垦58表现出早栽高产迟插稳产的特性。据杭嘉湖、宁杭地区8个生产单位106丘典型田调查，在7月底早栽的亩产700斤以上的占70%；立秋边移栽，亩产600斤以上的占89.2%；迟至8月15日前移栽，亩产500斤以上的仍占67.5%，而且无论早栽迟栽只要加强管理都出现了八九百斤以上的高产田[2]。

（六）农垦58有自然变异、分离现象

稻穗基部颖花及枝梗特别是二次枝梗容易退化，随着栽培年久，也带来品种混杂，退化等问题。到1975年，农垦58混杂退化更严重，有的出现"长袍马挂（甲）公孙禾"，双峰县要求每个生产队插3~5亩一季晚粳，除杂去劣留作种用。

八、农垦58推动了晚稻栽培技术的改进

（一）提高秧苗素质

湖南提出连晚秧苗"主茎6、7叶，扁蒲带分蘖，健壮不拔节，青秀无病叶，根多粗又白，插后3天发新根，返青快，不褪色"，要育老健秧，不育"小老苗"（指秧龄长，生长滞后，插后僵苗），更不能"带胎上轿"（指明显进入幼穗分化的苗）。

湖北黄岗地区，对秧苗提出量化标准，苗高35厘米左右，绿叶4~6片，茎宽0.5~0.6厘米，单株鲜重1 200~1 600毫克，比一般秧苗重1~1.5倍。

江苏省农垦58作一季稻栽培的秧苗，要求分蘖秧。早播早栽的35~40天秧龄，4~5片绿叶，带一个分蘖的占60%~70%；早播中栽的秧龄40~50天，5~7片叶，带2~3个分蘖，分蘖秧率100%；早播晚栽的秧龄50~60天，7~9片叶，带分蘖3~5个，分蘖苗率100%。

（二）通过播种期、播种量来调节秧龄，达到适时移栽

早移栽的秧龄应偏短，迟移栽的秧龄应适当偏长。湖南从6月上旬至6月下旬中都可以播种，移栽期从7月中到8月初，秧龄40~60天。一般要求6月中至夏至前播种。湘北及湘西地区播种期还应适当提前。岳阳地区（湘北）6月10~15日播种，7月底插完秧。邵阳地区（湘中）6月20日左右播种，7月

① 王元乾，郝树东，潘仲清，等：《农垦58栽培技术问答》，上海出版社，1967年10月
② 嘉兴试验畈工作组：《农垦58号作连晚栽培高产稳产特性的调查研究》，《浙江农业科学》1966年第6期；肖述生：《农垦58高产栽培技术经验调查》，《湖北农业科学》，1966年第3期

30 日前移栽，在此期间内 40 天秧龄的产量最高，比 50 天秧龄的每亩多 8 万穗，增产 8.9% ~14.6%。

从 1973 年开始，双峰县安排的播种期倾向提早，6 月 10~20 日分批播种，减少播种量，将秧龄控制在 40 天左右，7 月底插完秧。双峰县农科所 1973 年进行了农垦 58 分期播种同期移栽的比较试验分别在 6 月 11~26 日 每隔 3 天一个播期，共分 6 个播期，移栽期同在 7 月 23 日，试验结果，早播的秧龄长，本田生育期相应缩短，植株变矮。6 月 11、14 日播种的两期产量居后，而 6 月 23 日、26 日播种产量居 1、2 位，播种期相差 15 天，成熟期只推迟 6 天。前作是迟熟早稻品种，后季安排农垦 58 的播种期适宜在 6 月下旬初，早播的不能早插，产量反而低于中播迟插和迟播早插的。在湘中地区，20 世纪 60 年代末 70 年代初，早晚稻品种搭配上提出"两迟当家"，后来因发展三熟制需要一部分早熟晚稻品种，农垦 58 有早播可以提早成熟的特性，因而在早稻品种安排上提出扩大中熟品种的比例。

浙江省各地的适宜播种期，浙北抗嘉湖平原在 6 月 20 日前后，宁绍平原在 6 月 25 日前后，秧龄 40~45 天以上；舟山、金华地区 6 月底播种，台州地区在小暑前，浙南温州、丽水地区在 7 月 10 日前，秧龄 35 天左右；另据杭嘉湖及宁绍地区典型调查，7 月底以前移栽的以 25~30 天秧龄的产量最高；8 月 1~8 日移栽的 36~40 天秧龄的产量较高；8 月 9~15 日移栽的又以秧龄 46 天以上的产量较高。

湖北省：农垦 58 作二季晚稻栽培，适宜的播种期 6 月 15 日左右，不宜迟过夏至。因此农垦 58 最适宜的移栽期是 7 月底以前，在此期间内，采用 35~45 天秧龄的比 50 天以上的好。实践证明，早栽的长秧龄和短秧龄都能实现高产，但秧龄偏短的产量更高些。但 8 月初移栽的则以秧龄偏长的产量较高。

（三）湿润秧田，水管水育

农垦 58 育水秧能延长秧龄。20 世纪 70 年代初湖南也曾试验过农垦 58 旱育秧和场坪育秧，终因难以控制长秧龄未能推广。但水秧播种太密，底肥不足，叶黄苗瘦，成秧率低。双峰县 1974 年要求大田与秧田比为 8∶1，开沟做厢。下足底肥，秧龄 40 天以上的每亩播 150 斤左右，35~40 天的每亩播 200 斤左右，30 天秧龄的每亩播 200 斤左右，每亩用种量 26~28 斤。

（四）农垦 58 田间管理技术

1. 施肥技术。底肥占总施肥量的 60%~70%。追肥抓住分蘖肥早而重、中期看苗补施、穗肥轻施的"前重中控后轻"的"V"字形追肥模式。1973 年双峰县总结四个高产大队的经验，在化肥不足的情况下，晚稻农垦 58 亩产 700 斤左右，要有优质土杂肥 60~100 担，人粪尿 200 斤以上，畜肥 20 担左右，磷肥 20 斤，氮化肥 20 斤（尿素为 10 斤）。抓住肥源旺盛季节大积土杂肥，沤"三凼"，即户户有热水凼，丘丘有田间凼，队队有常年大凼；健全家肥收集制度。土法上马，大力推广"新农药、新化肥"（也称"战备肥"）中的，"5406"（一种放线菌，又称抗生菌肥）。推广夏季绿肥，田埂、田塍、空坪、闲地或稻田间种豆科作物田菁等夏季绿肥。利用沟、凼、池、圳和稻田养殖绿萍作为晚稻肥料。

2. 密植足苗，农垦 58 将水稻密植推到最高水平。邵阳县良种场密植对比试验，每亩插 5 万蔸，亩产 527 斤；4 万蔸亩产 707 斤；3 万蔸亩产 597 斤；2 万蔸 512 斤；一万蔸亩产 428 斤，以每亩插 4 万蔸产量最高。综合各地试验采用 4 寸×5 寸、3 寸×6 寸的株行密度，每亩不少于 3 万蔸，每蔸本秧 7~8 根，每亩不少于 20 万基本苗较好；一季晚稻则以 4 寸×6 寸、5 寸×6 寸，每亩 2 万~2.5 万蔸，每蔸 5~6 根，每亩本秧 15 万左右为好。[①] 湖南几乎是清一色的"架子化"，划行插秧；江、浙推广等距拉绳插秧，都是为的插足基本苗。

3. 两次中耕，科学管水。第一次在追肥后抓田，第二次中耕 8 月 20 日左右打石灰踩田。深水返青，浅水分蘖，湿润保胎，有水抽穗，间歇排灌，干干湿湿壮籽。幼穗分化前（抽穗前 35 天左右）看禾、看田、看天落水晒田，晒田比不晒田可增产 5%。

4. 防治五病六虫。即小球菌核病、稻瘟病、胡麻叶斑病、纹枯病、普通矮缩病；三化螟、纵卷叶虫、稻苞虫、飞虱、叶蝉、黏虫。农垦 58 较抗白叶枯病，但易感小球菌核病、纹枯病穗颈稻病和黄矮病，后期常发死秆现象，1972 年双峰县仅几天时间因稻瘟病暴发，而损失稻谷 500 多万斤。

---

① 湖南省革命委员会科技局科技情报所编：《我省近几年晚稻生产情况》，《科学实验动态（农业 4）》，1973 年；邵阳专署农业局：《水稻新品种栽培技术》，1967 年：第 40 页

九、农垦 58 大面积发生小球菌核病的的情况调查

20 世纪 70 年代中后期，小球菌核病流行，也是农垦 58 面积锐减的重要原因。限于当时国内对这类病害的研究有限，人们的认识聚焦在"青枯死秆"上，甚至谈"枯"色变。"青枯"指稻叶突然失水，褪为暗绿色，失去光泽；"死秆"指稻茎节基部发生腐烂引起的倒伏，两种症状合在一起的表达。有的认为青枯、秆腐是两种病害，前者加重了后者引起的倒伏。

（一）1973 年双峰县晚稻大面积发生青枯死秆

全县 45.42 万亩晚稻有 35 899 亩发生不同程度的青枯死秆，占晚稻总面积的 7.9%，其中青枯死秆（苑）率为 15% 左右的有 19 228 亩，占总发生面积的 53.5%；25% 左右的有 3 782 亩，占总发生面积的 20.6%；35% 左右的有 5 807 亩，占总发生面积的 16.2%；50% 以上的有 3 482 亩，占总发生面积的 9.7%。青枯死秆增加空壳率，降低千粒重。全县损失稻谷 480 多万斤。综合 12 个公社（场所）、15 个大队、21 个生产队的调查，晚稻大面积青枯死秆与品种、气候、土壤、施肥、灌溉、病虫防治有关。

1. 与晚稻品种的关系。县农科所调查七个晚粳品种的青枯率（青枯苗占调查总苗数的百分率）依次为：农垦 58 为 54%，702118 为 52%，台选 23 - 79 为 48%，702290 为 42.5%，702280 为 27.4%，浙江 5732 为 23.1%，湘糯 20.8%，农虎 13 号为 28.1%，宁农 1 号为 12.1%，166 - 8 为 9.7%，70 株选为 3.3%。大田 8 个品种青枯率调查，依次为农垦 58 54.1%，68 - 166 10%，东风 5 号 8%，湘粳 12 号 6.1%，嘉农 482 号 5.9%，东方红 1 号 2.29%，早糯 1.4%，庆糯 0.8%。农垦 58 最严重，其他粳稻品种青枯率低于 10%，两个糯稻品种最低。

2. 不同品种稻根分布深度与青枯死秆的关系（表 3）。

表 3　县农科所第一队田间调查结果

品种	青枯率（%）	根系平均深度（厘米）	最高根系伸长深度（厘米）
农垦 58	54	8.0	11
湘粳 12 号	6.1	12	20
68 - 166	10.0	10	16
嘉农 482	5.9	10	15
东风 5 号	8	12	24

品种根系分布的深度与青枯死秆率成负相关，根系越深，发病越轻，说明根系活力、吸收能力强能减轻病害的发生。

3. 青枯死秆与播种期，生育期的关系。县农科所调查农垦 58 不同播种期的青枯死秆率（表 4）。6 月 14 日、6 月 17 日两个播期的死秆率最高，进一步分析，播种期的迟早与死秆没有必然的联系，随生理衰老，抗病性下降，水稻生长的乳熟期是最易传播流行、造成损失最大的危险生育期。

表 4　农垦 58 不同播种期的青枯死秆率调查

播种期 月/日	始穗期 月/日	齐穗期 月/日	调查总茎数	死茎数	青枯死秆率（%）
6/11	9/8	9/11	2 220	450	20.3
6/14	9/9	9/12	3 040	2 000	65.3
6/17	9/10	9/13	2 440	1 180	48.4
6/20	9/11	9/14	2 100	620	29.5
6/21	9/13	9/17	2 340	510	21.8

4. 与施肥的关系。底肥充足，适量追施氮化肥的比底肥不足、偏重追施氮化肥的稻田死秆要轻。青树坪公社和平大队泽塘生产队每亩氮化肥（碳铵）80 斤，全队 116 亩晚稻青枯严重的 45 亩，青枯率为 53.6%。相邻的龙太平生产队，每亩施氮化肥 50 斤。9 月 20 日每亩打陈砖土灰（年代久远的土砖屋其砖可作肥土）12～15 担作壮籽肥，63 亩晚粳农垦 58 基本无青枯死秆现象，晚稻一季跨纲要。

5. 脱水过早，晒田过度引起青枯死秆。柘塘公社大马大队居民生产队的曲弯丘，9 月 13 日脱水，10 月 3 日复水，田泥开黑坼，青枯率 75%；相邻的一丘，一未断过水处于湿润状态，田泥未开坼，青枯率 14%。

6. 青枯死秆与天气的关系。1973 年 10 月上旬，农垦 58 进入乳熟末期，上旬平均 21.2℃，比上年同期高 1.6℃，昼夜温差大，最高 34.8℃，最低 12.7℃，相差 22.1℃，北风 3～4 级；10 月 7 日气温骤升，北风 6 级，叶面蒸腾作用强，稻田耗水量大，稻茎失水柔软，农垦 58 的根系衰老吸收能力弱，至青枯死秆严重，出现叶片凋萎失色引起青枯，机械损伤致成片倒伏。当时从全县的情况来看，10 月 6 日发现苗头，8 日蓄势待发。9 日、10 日转为阴天有小雨，气温稍稍下降，青枯缓和。11 日四川省参观团来双峰考察晚稻，赞偿双峰县晚稻"五十万亩一丘田，四面八方一个样"，生长平衡，丰收在望。

7. 与病虫危害的关系飞虱、叶蝉、螟虫为害，削弱水稻抵抗力或形成伤口，或分泌氯基酸等物质，都易造成菌核病的侵染，青枯病也令加重发病。

（二）长沙县 1970 年晚稻后期死秆原因的调查

1970 年 10 月中旬，各地出现不同程度的死秆现象，11 月中旬对黄花、靖港、金井等区的 13 个大队的 32 个生产队进行调查，共有晚稻面积 4 815 亩，发生死秆的 2 073 亩，占 43%。原每亩估产 500 多斤，实产 300 多斤，各地反映今年晚稻死秆发展之快，面积之大，暴发性的出现为历年所罕见，五六百斤的长相，三四百斤的收成。

（三）水稻小球菌核病的病源、发生与流行

水稻菌核病是多种菌核病害的总称，我国稻区为害较重的主要是小球菌核病和小黑菌核病两种病害，单独或混合发生，通称秆腐病。

1. 病原。秆腐病（Helminthosporium Signoideumcav）又名小球菌核病，有些地方通称镰刀瘟，发病时近水面的叶鞘变黑色，逐渐腐朽使稻株倒伏，叶鞘组织内及髓腔中生有黑色菌丝，品种间抗性差异大。

2. 侵害途径与症状。病菌侵害稻株下部的叶鞘和茎秆，在茎秆上形成黑褐色线条状病斑，病重的茎秆基部受害，常纵裂软化倒伏，发病后期，叶鞘和茎腔内部有灰色菌丝和大量的黑褐色菌核，小菌核在稻桩和稻草或撒落在土壤中越冬，这就成为下一年的菌源。

3. 小球菌核病的分布与传播。水稻小球菌核病是南方稻区普遍发生而为害比较严重的病害，主要分布于江苏、浙江、湖南、湖北、安徽、四川、云南、广东、广西以及福建、台湾等省、自治区。20 世纪 60 年代前，湖南还不是主要发病区。20 世纪 80 年代前，北方尚未见报导，近年来东北一些地区也时有发生，倒伏引起减产，严重的失收。辽宁省、黑龙江等省自 1993 年发现此病以来，其危害程度逐年有加重趋势，严重地块全部倒伏无法收割，损失极大。小球菌核病也是世界稻区的普遍病害，国外主要分布于越南、美国、菲律宾、日本、印度、斯里兰卡、意大利[①]。越南曾因该病水稻产量损失约 50%，甚至更高。

4. 小球菌核病大流行的条件。本田稻桩带菌率高达 80%，老病田菌核多，发病重，水稻连作 5 年以上的病株率 31%～82%。新开田、旱土改水田的、轮作田发病轻，病源的积累是大流行的主源。

大面积连年种植感病品种，是造成菌核病流行的内因。coto 报导，早熟品种（可能是指一季稻中早熟型，作者注）更感病，一般高秆品种较矮秆品种抗病，生育期短的品种较生育期长的抗病，糯稻较籼稻抗病，籼稻比粳稻抗病。江浙一带 60 年代后期大面种植农垦 58，南粳 8 号等较感病的品种，70 年代改种农虎 6 号、油优 6 号等抗病品种，病情大为减轻。江西和湖南省 1983 年分别报导中国 2 号、农垦 58、农

① QTSH. Rice Disease. lRRl Laguna. Phlipines Common Wcalth Mycolyieal Lsstitute Kew Surrey England，1972：100；魏景超：《水稻病害手册》，北京科学出版社，1957 年

红 273 等抗病力弱,而汕优 4 号、粳稻 184 及闽晚 6 号、倒种春等发病较轻。此外还有高温高湿天气、肥水管理不当等诱发该病的大流行。

十、21 世纪展望新一轮"籼改粳"

粮食安全问题的核心是稻谷问题,稻谷问题的核心是粳稻问题。我国粮食作物中,小麦有余,玉米平衡,稻谷不足,其中主要是粳稻短缺。20 世纪 70 年代末到 90 年代的 20 年里,我国粳稻生产处于低谷。随着人民生活水平的提高,消费者习惯的改变,粳稻需求在不断增加。据测算,将近 20 年来,粳米人均消费量从 17.5 公斤增加到 30 公斤以上,粮价上涨主要是粳米。据统计全国粳稻总产量占稻谷总产量的比例从 1980 年的 11% 上升到 2011 年的 30%,每亩单产也从 1978 年的不足 270 公斤上升到当前的 480 公斤左右提高了 77.8%[1]。

全国现代化农业发展规划(2011—2015)要求积极推进南方稻区"单改双",稳步推进江淮等粳稻适宜生产区"籼改粳",扩大粳稻生产。江苏省到 2012 年粳稻种植面积占水稻总面积的 90%,稳居全国第一。粳米消费量占稻米总消费量的 80%[2]。随着生产条件的改变和市场消费的需要,社会、经济、科技的发展,将推动新一轮"籼改粳"。

总之因地制宜发展粳稻生产,坚持宜粳则粳,宜籼则籼和籼粳并重的原则,推动扩大南方稻区的粳稻生产,对确保粮食安全,满足人民需要,具有重要的战略意义。20 世纪籼改粳的经验和教训值得借鉴和发扬。

---

[1] 龚金龙,邢志鹏胡,雅杰,等:《籼改粳的相对优势及其生产发展对策》,《中国稻米》2013 年第 5 期
[2] 花劲,周年宾,张洪程,等:《南方粳稻生产与发展研究对策》,《中国稻米》2014 年第 1 期

中国黒竜江省における1980年代
以降の水稲収量増大についての要因分析
——畑育苗技術普及と気候変化の影響の比較検討

福原弘太郎　小林和彦

(東京大学大学院農学生命科学研究科)

摘　要: 中国東北部の黒竜江省において1980年代以降、水稲生産が急速に拡大しており、その生産量は日本のそれを大きく上回るに至っている。主な先行研究や関連文献では、この水稲生産拡大の主な原因を、日本から導入され普及した畑育苗技術を中心とする一連の技術(いわゆる「水稲旱育稀植」技術)に求めている。だが近年、気象学や農業気象学分野において、特に高緯度地域にて20世紀後半以降に顕在化している温暖化傾向が中国東北部において水稲を含む作物生育に対して有利に働いており、その温度条件の改善も無視できないという報告もなされている。そこで本研究では、畑育苗技術の普及と温暖化が、黒竜江省の水稲単収増大にどの程度寄与したのか、過去の気象観測データ及び有効積算温度と呼ばれる評価指標を用いて、定量分析・比較を行った。その結果、近年の水稲単収増大には、育苗技術普及の効果が大きく、温暖化による影響はわずかであることが明らかになった。

I. はじめに

　中国東北部の黒竜江省では、1980年代から水稲生産が急速に拡大しており、その作付面積は2012年時点で382万haと、同年の日本全体の水稲作付面積158万haを大幅に上回っている。また、作付面積と同時に単収も1980年代半ば以降顕著に増大しており、現在は日本と並ぶ水準となっている(図1)。

　この黒竜江省の水稲生産拡大には、日本からの水稲生産技術導入の効果が大きかったことが指摘されている(及川1993;鈴木1997;原2001)。すなわち、温床で育苗した畑苗を、当時の中国から見ると非常に低い密度で田植えする北日本の寒冷地稲作技術が、1981年に岩手県の篤農家藤原長作によって黒竜江省方正県に、また1982年には北海道の農業技術者原正市によって同じく海倫県に、それぞれ導入された。それまで中国東北部で一般的であった直播や水苗代での育苗と比較した特徴から、中国では「水稲旱育稀植」と呼ばれ、画期的な稲作技術としてその後黒竜江省のみならず中国全体に導入され、水稲生産の増加に貢献した(原2001)。寒冷な黒竜江省では、それまで全体の80%で直播が行われていたために冷害が頻発していたが、同技術の普及によって生育期間が拡大し、水稲単収の増大及び安定化をもたらしたとされる(張1998)。

　また、最近の研究成果として、李(2014)は、この水稲旱育稀植と同等の畑苗技術は、実は1960年代から黒竜江省に存在しており、同技術の導入自体は画期的なものではなかったと指摘している。すなわち、黒竜江省に多く存在するpH値の高い土壌では畑育苗を行う際に立枯病が多発するため、これが畑苗技術の普及を妨げていた。1980年代になって旱育稀植技術と同時に導入されたpH調整技術が契機となって、初めて畑苗技術普及の条件が整い、黒竜江省における稲作拡大が引き起こされたという。

　一方で、黒竜江省の水稲生産拡大においては、温暖化が大きな要因となったと指摘する先行研究が気象学や農業気象学分野を中心に幾つか存在する。たとえば、Yang et al.(2007)は、中国東北部において1980年代より顕著な温暖化傾向があり、その影響で冬コムギの作付け北限が1980年代より北方に移動し、黒竜江省の稲作の北限が移動しつつあると論じた。黒竜江省の温暖化傾向と水稲作付面積の

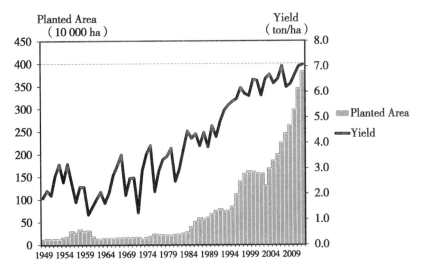

図1　黒竜江省における水稲の作付面積（左軸）及び籾ベースの単収（右軸）の推移
出所：黒竜江省統計局『黒竜江統計年鑑』各年版

拡大がほぼ同時期に起きていることが、その論拠である。Yun et al.（2005）も同様に、1980 年代より黒竜江省で顕著な温暖化傾向と水稲作付面積の拡大が同時に起きており、両者に関係があるとしている。さらに、王（2006）も、統計的モデルを用いて、1990 年代以降の黒竜江省の水稲生産増大のうち29% ~57%は、温暖化及びその適応行動としての水稲栽培面積の拡大に由来すると推計している。この他、Zhou（2013）、李・中川（2005）、方（2000）も同様の指摘をしている。

　このように、これらの先行研究は、温暖化と水稲栽培拡大の関係を主に統計的手法で分析し、それらの時系列データ間の相関によってのみ論じている。だが、温暖化でなぜ水稲生産が増えたのか、温暖化だけで水稲生産の増加が説明できるかなど、因果関係に立ち入った議論はなされておらず、また温暖化以外の要素、たとえば上述の畑育苗技術の普及等の諸要因との比較検討も行われていない。

　そこで本研究では、早育稀植技術（畑育苗技術）の普及と温暖化がそれぞれどの程度温度条件の改善をもたらしたのか、次に述べる有効積算温度という概念を用いて定量化を行ったうえで、比較・検討を行った。

　なお、黒竜江省における水稲生産拡大の社会経済的な背景として、上述の要因の他に、東北三省（黒竜江省、吉林省、及び遼寧省）を主産地とするジャポニカ米の需要増大があったことは重要である。水稲単収の上昇が農民の生産意欲を刺激して、水稲栽培面積の拡大につながるためには、他作物と比較した収益面での優位性が不可欠である。だが、この点についての議論は他に譲ることとして、以下では水稲単収増大に直接関わる育苗技術普及と温暖化の効果に限って論じることとする。

II. 水稲単収の代理指標としての有効積算温度の計算

　水稲生産に対する最大の環境制約は、水と気温である。黒竜江省は北緯 43.2 ~53.2 度に位置し、その大部分が温帯大陸性季節風気候に属する。年間降水量が400 ~700mm 前後と少ないため水稲栽培に灌漑は不可欠であるが、歴史的には水資源の制約よりも、高緯度寒冷地ゆえの温度条件の制約の方がより深刻であった。黒竜江省ではこれまで、低温が2つの仕組みを通じて水稲栽培を制約してきた。一つは、生育開始期と収穫期の低温による栽培可能期間の制約であり、もう一つは生育期間途中の低温被害である。これらの制約による減収を冷害と呼ぶが、黒竜江省では1960 年以降だけで、1964 年、1969 年、1972 年、1976 年、1981 年、1987 年、1991 年、1999 年、及び2002 年に、深刻な冷害に見舞われている（銭 2006）。これらはいずれも、図1において単収が落ち込んでいる年にあたるが、その落ち込み度合いは1980 年代以前において特に著しいことがわかる。

　本研究では、作物栽培における温度条件の評価指標である有効積算温度を用いて、1980 年代から

2000 年にかけての、畑育苗技術及び温暖化の水稲単収増大への寄与度を評価・比較する。有効積算温度とは、植物の生育にとって有効な一定以上の温度のみを、その生育期間にわたって積算する（たとえば、日平均気温×生育日数、など）ことによって、植物の生育度合い等を把握するための指標である。黒竜江省をはじめとする中国東北部においては、水稲の単収と熱量資源の間に顕著な関連性が見られ、有効積算温度が多いほど、単収の水準が高くなることが知られている（銭 2008；韓 2011 年）。ここでは、中国東北部で用いられる10℃以上有効積算温度を水稲単収の代理指標として用いることとした。具体的には、水稲の生育期間中、日々の平均気温のうち、10℃以上のものをそのまますべて積算する方法で計算する（中国語では「活動積温」と呼ばれる）。なお、この他にも、日々の平均気温のうち10℃以上のものから、10を差し引いた残りの値のみを積算する方法もあり、日本で広く用いられているが、ここでは中国で用いられている方法を採ることとする。

　　水稲栽培は1980 年代以降、省の中部から西部にかけての松嫩平原と、北東部の三江平原で主に行われている。本研究では、三江平原に位置する富錦市（Fujin）（北緯47.23 度、東経 131.98 度）において観測された日別気象データを用いて、1980 年代から2000 年にかけての水稲生育期間中の有効積算温度を計算することとした（図2）。三江平原には、黒竜江省の水稲の4 割以上を生産する国営農場（中国語では「農墾」）が集中しており、水稲生産地域の代表性を鑑みて、取り上げるに値すると考えたためである。（また、後述するように、1980 年代以降の畑育苗技術の普及率データが利用可能であるという事情もある。）

　　なお、黒竜江省の農業を論じるに際しては、一般農家と国営農場の二つの形態が存在することに留意しなければならない。中国の農業形態には、旧人民公社である一般の農家と、国営農場の2つの形態がある。前者の有する土地は集団所有であるのに対して、後者の土地は国有地とされている。国営農場は、「農場」という名前でありながら、農業だけではなく工業や商業など他の経済部門も有しており、国営農場一単位は、あたかもそれ自体が独立した一つの農場付きの町のようになっている。また、一般農家は、基本的に省や自治区などの地方政府の管轄に置かれるのに対し、国営農場では中央政府の管轄にあり、直接指導が下されている。また、一般に耕作規模や機械化水準、技術水準、農作物の商品化率が、一般農家に比べて高くなっている。

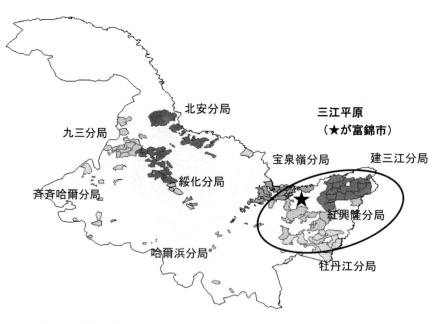

図2　黒竜江省における国営農場各分局の分布及び三江平原の位置
出所：黒竜江省国営農場総局計統処『黒竜江農墾十年』をもとに筆者作成

Ⅲ. 畑育苗技術（旱育稀植技術）の普及による生育期間の拡大

　上述のように、冷害は黒竜江省において水稲の収量を低下させる大きな要素である。また、畑育苗を行わずに直播する場合、生育期間が長くとれないため、極早生や早生など、早めに登熟する品種を用いざるを得ない。だが、一般にこれらの品種は単収が低いため、仮に冷害による減収がなかったとしても、多くの収穫は期待できないことになる。畑育苗技術（旱育稀植技術）は、まさにこれらの制約を克服するものであった。すなわち、温室内で育苗を行うことで実質上の生育期間を延ばし、より収量の大きい品種を栽培することが可能になったのである。この保温育苗技術の普及により、直播を行っていた1980年代以前に比べて、単収が増大したと先行研究で指摘されているのは、先述のとおりである。

　以下に、旱育稀植技術が普及する前後、すなわち1980年代前後の水稲の播種・移植時期の変化と、国営農場における旱育稀植技術の普及率を示す。これらの情報をもとにして、有効積算温度の計算を行うこととした。

表1　旱育稀植技術が普及する前後の播種・移植時期の変化

	播種	移植	収穫
直播法	5月中旬	なし	9月下旬
従来の水育苗による移植法	5月上旬	6月上旬から中旬	9月下旬
旱育稀植法	4月15日頃	5月20日頃	9月中旬

出所：福岡県稲作経営者協議会（2001）

表2　国営農場における旱育稀植技術の普及率

年	水稲作付面積（万ha）	旱育稀植技術普及面積（万ha）	普及率（％）
1985	2.6	0.66	25.6
1986	3.65	0.66	18.2
1987	4.33	1.31	30.7
1988	3.65	0.8	21.9
1989	4.44	1.25	28.2
1990	5.84	3.93	67.4
1991	6.85	3.3	48.2
1992	8.09	5.66	70
1993	10.55	8.44	80
1994	12.68	11.66	92
1995	17.84	17.51	98.1
1996	34.1	33.7	98.8

出所：徐（1999）

Ⅳ. 黒竜江省における温暖化傾向

　三江平原の富錦市においては、水稲栽培期間をカバーする5月から9月の平均気温は、1960年から

2000 年にかけて優位な上昇傾向が見られ、10 年間でおよそ0.3℃上昇していた。(図3)

　この気温上昇傾向も、有効積算温度の増大を通して水稲単収にポジティブな影響を与えると考えられる。

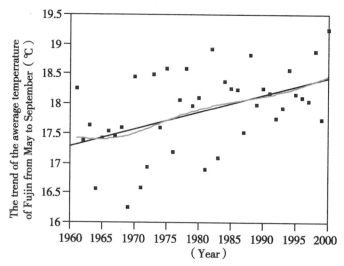

図3　富錦市における1961—2000 年の5 月から9 月の平均気温の推移
直線は回帰直線、曲線は硬度 1000 の平滑化スプライン、t はKendallの順
位相関係数、pは危険率
出所：中国気象局の公開データをもとに筆者作成

V. 畑育苗技術普及と温暖化が水稲単収に及ぼした影響の推定

　1980 年以降の水稲単収増大に畑育苗技術の普及と温暖化がどの程度寄与したかを推定するために、以下の方法で複数のシナリオにおける有効積算温度を計算した。

　まず、1980 年を起点とした温暖化トレンドを線形回帰で求め、そのトレンドを実際の気温の日別観測値から差し引くことによって、仮に温暖化が無かった場合の日別気温を推定した。この気温を用いて計算した有効積算温度を、気温の観測値をそのまま用いて計算した有効積算温度から差し引けば、1980 年以降の温度上昇がどの程度有効積算温度を増大させたかを推定することができる。一方、畑育苗技術普及の効果は、直播の場合と畑育苗ののちに田植えを行った場合について、生育期間の変化及び畑育苗技術の普及率にもとづいてそれぞれ有効積算温度を計算したうえで、後者から前者を差し引くことで、その効果を推定することができる。以下に、1981 年以降の各年における、畑育苗技術普及および気候温暖化による有効積算温度増加分の比較結果を示す。比較の結果、1980 年以降の単収増加には、育苗技術の普及が大きな効果を及ぼしたことが明らかになった。(図4)

VI. おわりに：今後の課題と将来への示唆

　本研究にて推定したとおり、黒竜江省において1980 年代以降、温度条件を改善して水稲単収の増大をもたらした主な要因は、気候の温暖化という環境要因ではなく、畑育苗技術の普及という技術的要因であった。だが、温度条件の改善以外にも、たとえば施肥量の変化や、早育稀植の「稀植」の部分、すなわち密植から疎植に転換することによる増収効果など、今回はデータの制約のため取り上げることができなかったが、検討すべき課題が残っている。また、本研究で用いた有効積算温度は、生育開始期及び収穫期の低温による栽培可能期間の制約（この制約のため登熟不良となって起きる減収を

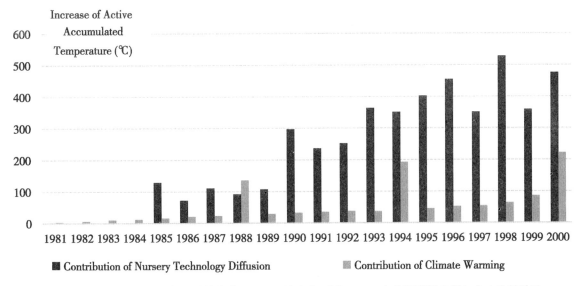

図4 三江平原における畑育苗技術普及および気候温暖化による有効積算温度増加分の比較結果

「遅延型冷害」と呼ぶ）度合いについて検討するには適した指標であるが、生育期間途中の低温被害（「障害型冷害」と呼ぶ）については十分に考慮できないという欠点がある。そのため、今後、障害型冷害の影響を併せて評価できる手法を確立する必要がある。

　低温による冷害という制約を、直播から畑育苗を行う田植えに転換することで克服してきたというのが、これまでの黒竜江省稲作の流れであった。将来、さらに進行するであろう気候の温暖化は、これまでもっぱら技術によって乗り越えてきた冷温条件そのものを緩和してゆく可能性がある。その場合、たとえば黒竜江省の水稲栽培が、耕作規模の比較的大きい国営農場を中心に、省力化・コスト削減といった観点から再び直播に回帰し、温暖化に「適応」してゆくというシナリオも考えられよう。

参考文献

方修琦，盛静芬．2000．従黒龍江省水稲種植面積的時空変化看人類対機構変化影響分析的適応［J］．自然資源学報15（3）．

韓貴清．2011．中国寒地粳稲［M］．中国農業出版社．

矯江．1999．寒地手挿秧種稲［M］．黒竜江科学技術出版社．

王媛，方修琦，田青，等．2006．気候変暖及人類適応行為対農作物総産変化的影響－以黒竜江省1990年代水稲生産為例［J］．自然科学進展16（12），1645 – 1650．

徐一戒．1999．黒竜江農墾稲作［M］．黒竜江人民出版社．

張矢．1998．黒竜江水稲［M］．黒竜江科学技術出版社．

及川和男．1993．米に生きた男　日中友好水稲王＝藤原長作［J］．筑波書房．

鈴木俊．1997．農業の技術移転に関する研究－わが国水稲畑苗（旱育稀植）技術の中国黒龍江省への移転の実態を中心として［J］．村落社会研究4（1），21 – 32．

銭小平．2006．中国東北部稲作地帯の発展と農民組織化の動向［J］．国際農業研究情報 No. 48

銭小平．2008．黒竜江省における稲作の持続的発展とその課題［J］．国際農業研究情報 No. 59

原正市．2001．中国に於ける稲作技術協力19年の歩み．"洋財神"と称えられ［J］．神大農学報25，169 – 177．

福岡県稲作経営者協議会．2001．中国黒龍江省のコメ輸出戦略－中国のWTO加盟のもとで家の光協会．

李衛紅，中川光弘．2005．黒龍江省の農業的自然条件と稲作の持続的発展［J］．農業経済研究77（1），1 – 11．

李海訓．2014．黒竜江省稲作の拡大要因と1980年代以降の展開［J］．社會科學研究66（1），17 – 43．

Yang X. , Lin E. , Ma S. , et al. 2007. Adaptation of agriculture to warming in Northeast China［J］．*Climatic Change* 84，45 – 58.

Yun Y. , Fang X. , Qiao D. , et al. 2005. Main grain crops structure change in Heilongjiang Province of China in the past 20 years［M］．0 – 7803 – 9050 – 4/05/ $ 20. 00 *IEEE*.

Zhou Y. , Li N. , Dong G. , et al. 2013. Impact assessment of recent climate change on rice yields in the Heilongjiang Reclamation Area of north-east China［J］．*J Sci Food Agric* 93，2698 – 2706.

20 세기 초 우역 개념 및 방역제도의 변화

천명선[1]   심유정[2]

（1. 서울대학교 수의과대학 . 2. 농림축산검역본부 도서관）

摘　要 : 20 세기까지 우역 (牛疫 , rinderpest) 은 동아시아의 경제와 민생을 위협하는 심각한 사회문제였다 . 또한 , 우역은 전 세계적으로 근대적인 개념의 방역과 검역이 발전하는데 있어 동기를 부여한 질병이기도 하다 . 가축위생통계에 따르면 19 세기 말까지 전국적으로 위세를 떨치던 우역은 1908 년과 1920 년의 비교적 대규모 발생을 끝으로 점차 사라졌고 1931 년 이후에는 발생이 보고되지 않았다 . 조선 말과 대한제국 시대는 근대적인 방역 제도 인력 양성 제도가 완성되지 않은 혼란의 상태로 전통적 개념의 우역과 근대적 개념의 우역이 혼재되어 있었던 시기이다 . 일제강점기 동안 식민지 지배를 바탕으로 한 가축전염병 연구는 종종 찾아볼 수 있으나 이 시기의 연구는 군부 (軍部) 나 수의 (獸醫) 조직을 중심으로 이루어지고 있어 농민이나 일반 대중의 인식과 우역의 사회적 영향에 대해서는 미흡한 편이다 . 본 연구에서는 대한제국 (1897-1910) 시대 대표적인 두 언론 황성신문과 대한매일신보의 우역 관련 기사 총 130 건을 분석하여 , 우역의 개념 , 우역의 발생 , 민간의 인식 , 정부의 대응 , 전문가의 활동 등을 주제별로 정리하였다 . 덧붙여 같은 시기 탄저나 구제역의 발생 및 이들 질병에 대한 인식과 대응방안도 함께 비교하였다 . 이를 통해 근대적인 가축 전염병의 개념과 병인론이 한국의 대중과 언론을 통해 어떻게 구성되었는지에 대한 한 단면을 제시하였다 .

Ⅰ . 서　　론

　　우역 (牛疫) 은 조선에서 경제와 민생을 위협하는 심각한 사회문제였다 . 각 지역에서 발생한 우역은 국가에 보고 대상이었으며 , 시급하게 국가적인 대책이 마련되었다 (이항 • 천명선 , 2015). 주로 농우로 이용된 조선의 소들은 농업생산의 원동력이었으며 , 우역 상황에서 소를 잡아먹는 것조차 죄로 인식되었다[1] . 조선시대 후기 우역은 수차례에 걸쳐 전국적으로 대유행 했고 , 전쟁과 기근으로 고통 받는 사람들에게 더 큰 피해를 남겼고 , 지속적으로 발행하여 개항기까지도 여전히 사회문제였다 . 그러나 가축위생통계에 따르면 19 세기 말까지 전국적으로 위세를 떨치던 우역은 1908 년과 1920 년의 비교적 대규모 발생을 끝으로 점차 사라졌고 1931 년 이후에는 발생하지 않았다[2] . 현재 우역은 지구상에서 근절된 것으로 규정되었다 . 수 백년간 지속되던 우역이 약 30 여년 만에 사라지는데 어떤 요인이 작용했을까 ?

　　수의학과 축산에 있어 우역은 전 세계적으로 근대적인 개념의 방역과 검역이 발전하는데 있어 동기를 부여한 질병이기도 하다 . 감염된 것으로 진단된 가축을 살처분하여 질병의 전파를 막는 이른바 살처분 (Test and Slaughter) 법이 란치시 (Giovanni Maria Lancisi) 에 의해 실행되어 지금에 이르고 있다 . 프랑스 리옹에 설립된 세계 최초 근대 수의학교 (1776) 의 목적은 당시 유럽을 휩쓸었던 우역을 막는 것이기도 했다 . 또한 , 각국의 초기 검역제도는 우역을 기준으로 제정되었다 (천명선 , 2008). 우역은 이른바 수의학과 축산학의 근대를 열었던 상징적인 질병인 셈이다 .

　　우리에게 있어 개항기와 대한제국 시대 (1897-1910) 는 근대적인 방역 제도 인력 양성 제도가 도입된 시기임과 동시에 전통적 개념의 우역과 근대적 개념의 우역이 여전히 혼재되어 있었던 시기이다 . 일제강점기 동안 식민지 지배를 바탕으로 한 가축전염병 연구는 종종 찾아볼 수 있으나 이 시기의 연구는 군부 (軍部) 나 수의 (獸醫) 조직을 중심으로 이루어지고 있어 농민이나 일반 대중의 인식과 우역의 사회적 영향에 대해서는 미흡한 편이다 . 본 연구에서는 대한제국 시대 대표적인 두 언론 황성신문과 대한매일신보의 우역 관련 기사 총 130 건을 분석하여 , 우역의 개념 , 우

---

① 　承政院日記仁祖 15 年 (1637) 7 月 25 日 (辛卯) 59 冊
② 　韓國農會 (1944). 朝鮮農業發達史發達篇 . 第 19 表　참조

역의 발생, 민간의 인식, 정부의 대응, 전문가의 활동 등을 주제별로 정리하였다. 이를 통해 근대적인 가축 전염병의 개념과 병인론 및 방역에 대한 인식이 한국의 대중과 언론을 통해 어떻게 구성되었는지 알아보고자 한다.

II. 조사 자료 및 방법

한국언론진흥재단 고신문 검색 서비스를 통해 검색어 우역(牛疫)으로 조사된 총 130건의 기사 중 문학이나 비유 등 관련이 없는 20건을 제외하고 총 110건의 기사를 분류하였다. 50% 이상의 기사가 우역의 발생을 다루고 있었으며, 전문가인 수의의 파견, 현황 조사 등이 뒤를 이었다. 또한 기사는 새롭게 시행되는 검역제도에 대한 설명, 우역이 수출에 미치는 영향 등을 다루었다. 전문가 활동 및 교육에 대한 자료를 보강하기 위하여 수의(獸醫)를 검색어로 한 기사와 광고를 참고하였다. 또한 우역 개념 확립을 확인하기 위하여 탄저를 별도의 검색어로 하여 찾은 자료(황성신문 8건, 대한매일신보 5건, 독립신문 1건)들을 비교하였다. 표 1).

표 1. 조사대상기사

기사	황성신문[1]	대한매일신보(국한문판)[2]
발생	36	32
수의 / 조사(조치)	16	6
검역(소)	4	3
수출	8	2
기타	2	1
합계	66	44

III. 결과 및 분석

1. 우역의 발생(1897년-1910년)

조선왕조실록 고종실록은 1872년 겨울 우역이 크게 돌아 경작할 가망이 없다는 기록을 시작으로 1874년까지 2년간 우역 발생을 기록하고 있다[3] 조선시대 우역의 개념에서 우역은 일반적인 소의 전염병을 일컫기 때문에 발생한 모든 질병이 현대적 의미의 우역인지 확인할 수는 없다. 그러나 발생 시기를 중심으로 추정할 때 우역이었을 가능성이 높다. 실록의 기록이 없지만 이후에도 우역은 지속적으로 발생한 것으로 보인다. 황성신문에는 1899년 우역 발생 기사 이후 1902년과 1902년 1906년에도 우역 발생에 대한 기사가 이어진다. 보다 빈도가 높게 우역을 다루고 있는 시기는 1907년부터 1910년까지이다. 특히, 대한매일신보는 1908년 7월부터 일본 지역의 우역 발생을 빈번하게 보도한다. 시모노세키를 시작으로 일본 각지에 퍼진 우역은 대한제국에서 수입한 소에 의해 들어온 것으로 추측되었다.

---

[1] 황성신문(皇城新聞)은 남궁 억, 나수연 등이 1898년에 창간한 일간지로 1910년까지 3470호를 발행하였으며, 근대초기 민족의식의 고취와 문명개화의 선구자로서 공헌한 신문으로 평가된다. 1905년 장지연의 시일야방성대곡(是日也放聲大哭)을 게재한 것으로 유명하다(한국민족문화대백과, 한국학중앙연구원 참조) <http://encykorea.aks.ac.kr/Contents/Index?contents_id=E0065214>

[2] 대한매일신보(大韓每日申報)는 1904년에 창간된 한영 신문으로 영국인 베델(E.T.Bethell)이 발행인이었으며, 신채호, 최익, 장달선 등이 필진으로 참여하였다. 1910년까지 국난타계와 배일사상을 고취시키는 것을 목적으로 애국지사들이 참여하였다.(한국민족문화대백과, 한국학중앙연구원 참조) <http://encykorea.aks.ac.kr/Contents/Index?contents_id=E0014992>

[3] 高宗 9卷, 9年(1872) 1月 7日(壬辰) 2번째기사
　高宗 10卷, 10年(1873) 1月 13日(癸巳) 1번째기사
　高宗 10卷, 10年(1873) 10月 29日(甲辰) 1번째기사
　高宗 11卷, 11年(1874) 1月 13日(丁丑) 1번째기사
　高宗 11卷, 11年(1874) 7月 18日(戊午) 2번째기사

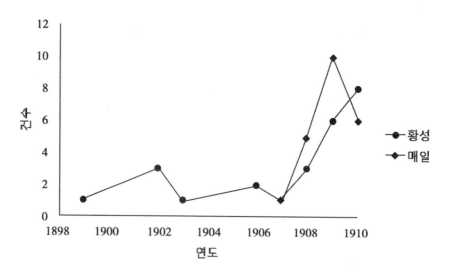

그림 1　두 신문의 우역 발생 기사의 빈도 (1897-1910)

"水原始興永登浦地方에 近日牛疫이 熾盛하다더라" (황성신문, 1902.12.2.2 면 기사)

"온성우역 온성읍내에 우역이 발생하야 작년 십이월 중에 치폐한 자우가 삼십륙두오 본년에도 상차 지식치 못한 고로 당국자가 우려한다더라" (황성신문, 1908.1.21.2 면 기사)

두 신문 모두 우역에 관련된 기사의 다수가 우역이 특정지역에서 발생했음을 알린다. 폐사한 가축의 수는 물론 피해 상황을 짧게 설명하는 기사가 대부분이다. 이 형식은 조선왕조실록에서 빈번하게 볼 수 있는 전염병 발생에 대한 보고와 유사하다. 즉, 우역과 관련해서 정부와 민간의 관심은 발생규모 (폐사 두수), 이로 인한 농경상 피해 여부 또는 예상 피해에 집중되었다.

2. 우역의 개념과 위생의 적용

牛疫或牛黑死病이라 云한대도 無礙한터인즉 鯉黑死病이라하여도 亦可하고 其經過에 就하야 尙今試驗中이나 此等細菌을 傳染하여 極稀한즉 즉 此를 羹炙하야 用하면 危險하여 無하거늘 此로써 人黑死病과 同視하야 危懼騷擾하여 其慮太過리하더라" (황성신문, 1900.5.12 1 면 기사)

우역을 '우흑사병'이라고 부르는 것으로 보아 전통적인 명칭인 우역과 근대 수의학 개념인 우역 (rinderpest) 병원체에 의한 감염은 여전히 혼재되어 있는 것으로 보인다. 다만, 세균이 전염되기 때문에 삶거나 구우면 위험함이 준다고 언급한 것을 보아 근대적 개념의 병원체와 위생이 가축전염병에도 적용되고 있었음을 보여준다. 1876 년 개항 이후 개화파 학자들과 관료들에게 있어 일본의 근대적 성과 중 위생 개념은 깊은 인상을 주었다 (정민재, 2006). 따라서 위생 및 전염병 개념은 모두 일본을 통해 유입되었다. 위생은 일본에서 서양문명을 수용하여 새롭게 의미를 부여하여 정치적으로 구성한 개념으로 국가가 국민의 건강을 보호하기 위해 적극적으로 생활 전반에 개입할 수 있는 근거를 부여했다. 위생은 소독이나 청결을 통해 질병을 예방하는 것이며, 이를 통해 국가를 부강하게 만들 수 있는 도구가 된다 (박윤재, 2003). 김옥균은 한성순보 사설에서 '절실하고도 중요한 政治와 技術을 찾아보면 첫째는 위생이요, 둘째는 農桑이요, 셋째는 도로[①]' 라고 밝힌바 있다. 그렇다면 가축전염병의 문제는 위생을 정치화 하는데 가장 효과적인 수단 중 하나였을 것이다. 1894 년 설립된 위생국은 국민의 전염병관리와 보건위생의 업무를 담당했으며, 아직 가축전염병예방법이 제정되지는 않았음에도 불구하고 위생 개념에 입각한 가축 질병 관리는 이미 어느 정도 제도화 되었을 것으로 추측한다. 근대적인 가축질병의 위험은 인수공통 감염으로 인해 인체에 직접적인 상해를 유발하는 것과 가축에 전염이 빠르게 일어나 생산성을 떨어뜨리고 경제적인 타격을 주는 것이다. 이 두 관점은 대한제국 초기의 신문기사에 모두 드러나 있다. 우선 가축의 질병과 관련한 식육 위생의 문제가 다양하게 제기된다. 1899 년 9 월 8 일 황성신문은 우역이 대성하였다는 기사를 다음과 같이 실었다. 우역은 인수공통전염병이 아님에도 불구하고 위생상의 문제로 팔지 못하도록 금지한다. 고기를 섭취한 사람이 '독 (毒)' 을 얻을 수 있다는 것은 그 표현

---

① 治道略論, 漢城旬報. 1884 년 7 월 3 일 2 면 기사

이 세균설에 입각하고 있지 않으나 명백하게 식육위생의 형태이다. 그리고 이는 당시의 제도에 따라 경찰에 의해 관리된다.

近日에 牛疫이 大熾하여 懸房(소, 돼지 고기를 사고 파는 상점)에서 病牛를 歇價로 買入하야 宰殺分肉하니 該病肉을 買食하는 人은 畢竟 受毒이 不少할 것이어늘 警廳에서는 人民衛生上에 恬然看過하는 各庖肆에 嚴飭하야 病牛屠割하는 것을 戢하는데 一令도 不聞하겠다더라"(황성신문, 1899.9.8.2면 기사)

위의 황성신문 기사는 우역이라고 칭하고 있으나 탄저를 의미하는 것으로 보여, 여전히 탄저와 우역의 개념도 혼재되어 있었다. 그러나 한편으로는 특별한 전문교육이 없이도 탄저라는 질병명은 자연스럽게 우역과 분리되어 대중에게 인식되었던 것으로 보인다. 1899년 독립신문의 우육검사에 대한 정보는 검역이나 검사기관이 아니라 인천항의 일본 영사관을 따른 것으로 위생이 정보를 통해 정치력을 발휘할 수 있음을 보여주는 사례이다.

"우육 검소) 쇼의 병이 근일에 점점 업셔진다고 하야 인민들이 쇼의 고기를 이제는 함브로 사다가들 먹는다 하되 그럿치 안 한것이 쇼가 당쟝에 비록 병이 업는듯 하다고 하나 그 쇼를 잡아놋코 쟈셰히 검소를 하거드면 탄져열炭疽熱증이 잇는 쇼도 잇스니 사람이 만일 그 쇼의 고기를 먹거드면 생명에 대단히 관계가 되고 또 폐결핵肺結核증이 잇는 쇼도 잇스니 사람이 만일 그 쇼의 고기를 먹거드면 렴병을 엇는지라 이런 고로 인천항에 잇는 일본 령사관에셔는 비록 외양으로 보기에 당쟝에 병이 업는듯한 쇼라도 혹 이 두 가지 증세가 잇슬가 의려 하야 우육의 검사를 매우 엄졀히 한다는지라 대한 사람들도 각기 셩명을 위하랴거던 우육을 엄졀히 검사하는 방법을 시행 하얏스면 위생샹에 대단히 죠흘듯 하다더라"(독립신문, 1899년 11월 25일 4면 기사)

탄저에 걸려 죽은 소의 고기를 먹고 탄저에 걸린 촌민을 '우매' 하다고 표현하고 있다. 탄저의 경험이 근대 이전에도 없었던 것은 아니지만, 위생과 병원체에 대한 지식이 가축전염병을 통해 대중의 일반 지식으로 자리 잡고 있음을 볼 수 있다.

"平安北道江界郡干上面地方에는 本年五月末부터 牛疫이 발생하야 近日까지 십오頭가 罹疫하얏는데 愚昧한 村民은 其牛肉을 食하고 牛疫의 傳染을 受하야 死去한 者 七人인데 其病名은 炭疽이라더라"(대한매일신보, 1909.8.1.1면 기사)

치치사율에 있어서는 우역에 비해 피해가 더 컸던 탄저에 대해 우역보다는 위중도가 낮은 것처럼 표하는 기사와는 다르게 1900년대 우역보다 탄저와 기종저가 더 큰 피해를 주었을 것으로 보인다(천명선, 2014).

乃是炭疽病 馬山浦에셔 牛八頭가 致斃하얏는데 該病斃의 原因을 調查한즉 牛疫은 아니오 炭疽病이라더라"(황성신문, 1908.7.16.2면기사)

"疫牛傷命 長淵郡에는 近日牛疫이 發生하야 病死한 牛가 或有하다는데 人民等이 同牛肉을 飽喫後致死한 人이 拾二名이라더라"(황성신문, 1908.10.1.2면기사)

예방에 있어 면역의 의미 역시 대중에게 낯설지 않은 개념으로 자리잡게 된다. 1909년 호렬랄(콜레라) 예방혈청 주사법을 소개하는 기사는 이를 '덕국백림전염병연구소(독일베를린전염병연구소)'에서 발명한 묘술로 우역접종법과 같다고 적고 있다. 이는 이미 우역에 대한 예방혈청 접종법이 알려져 있었다는 것을 의미한다. 기사는 또한, 예방혈청 주사를 통해 독소에 항저하고 면역성을 가지게 된다고 설명한다. 면역이라는 단어가 대중에게 익숙하지 않았기 때문에 '전염치 아니한다는 말'이라는 설명을 붙이기도 했다.

"虎列剌 〈괴질〉 預防血淸注射法

此法은 德國伯林傳染病硏究所에셔 發明한 妙術이니 其法은 牛疫接種法과 如히 壹次皮下에 注射하면 虎列剌菌의 毒素를 抗抵하는 力이 有하야 病毒이 不敢侵襲하고 又拾年間의 免疫性(傳染치 안이한단말)이 有한 可驚可愕한九 奇妙良法이오니 怪疾를 遡預防코자하시는 僉君子는 犁急速來臨하시옵(후략)"(대한매일신보, 1909.9.26.4면기사)

3. 가축의 가치 변화

조선왕조실록에 기록된 우역 자료가 보여주듯, 조선 시대 소의 가치는 농사에 필요한 축력을 제공하는 것이었다. 그런데, 개항과 더불어 소는 새로운 교역의 가치로 부각된다. 조선 우는 개항 전부터 일부 일본이나 중국으로 수출되고는 있었지만[1], 대한제국 시기 그 수출량이 급증하게 된

① 中里亞夫(1990)에 따르면 1892년부터 1000두 규모를 유지하다가 이후 1907년까지 5배 이상 증가한 것으로 추측된다

다. 특히 러일전쟁 (1904-1905) 이후 일본 수출이 증가하여 일본 내 한국소의 사육비율이 9%에 이르렀다고 한다[2]. 기록에 의하면 일본으로 수출된 조선우는 인천항에서 1899년 141두, 1900년에는 543두로 증가하였다가 1902년과 1903년에는 다시 13두와 28두로 줄었다. 부산항에서는 1902년 520두를 시작으로 1903년에는 663두, 1904년에는 1,303두로 증가하였다 원산항은 일본으로의 주 수출항은 아니었으나 러시아로 수출이 증가추세였던 것으로 보인다. 1903년 황성신문 기사를 보면 최근 3년간 고원, 함흥 등지로부터 약 1만두의 소를 수출하여 수입을 올렸기 때문에 수의와 통역할 사람과 함께 러시아 사람들이 원산항에 머무르고 있었음을 전한다. 소를 수출함으로써 얻게 되는 경제적 이득에 관심이 높아졌다.

"元山港에셔 專히 俄人의 經營으로 每月에 牛三百四五十頭를 輸出하는데 産地는 高原咸興等郡이라 最近三年間에 輸出한 牛가 約一萬餘頭니 此時價가 一頭에 平均三十七八元인데 此로 由함이 獸醫及通辨을 率하고 該港에 來留하는 俄人이 三名이라더라" (황성신문, 1903. 7. 26. 2면 기사)

소 사육 두수는 해마다 차이가 있으나 이미 대한제국 내 사육 소 중 4% 정도가 일본으로 수출되었다). 가축전염병인 우역은 소 수출에 큰 걸림돌로 작용했고 이 상황은 대중에게도 널리 인식되었던 것으로 보인다. 수출의 감소가 소득 감소로 이어질 것을 염려하며, 이것이 우역의 전파와 관련 있음을 다루고 있다.

輸出半減少 日本에 輸出되는 我國生牛는 大히 減少하야 上半期總輸出이 五百七拾頭에 不過한데 理由는 日本內地에 昨年度牛疫이 我國牛에게서 發生하얏다는 說이 流行함과 我國各地에 農作及 其他로 農家가 繁忙함을 因함이라 하며 該輸出牛의 需用地는 東京、三重、馬關、大分、嚴原、尾之道、福長이라더라" (대한매일신보, 1910. 7. 21 2면)

우역이 주로 발생하는 지역이었던 함경북도에서는 수출우검역법에 따라 우역 발생을 보고하자 '우역이 발행한 양' 보고하여 수출의 길을 막았다는 불평이 기사화되기도 했다.

"咸鏡北道에셔 外國에 輸出하는 畜牛는 每年에 七八千首에 達하야 其價額이 無慮三四十萬圜이되는고로 人民生活上에 關係가 大有하더니 鏡城觀察道에셔 犁檢疫法頒佈에 對하야 效忠을 表明코져함인지 道內에 牛疫이발생한 樣으로 農商工部에 報告하야 畜牛의 輸出을 一切嚴禁하는 故로 財政界에 影響이 波及하야 人民의 怨聲이 頗大하다더라" (대한매일신보, 1909. 8. 1 2면)

4. 일본의 우역 방역과 검역에 있어 대한제국의 역할

일본이 근대적 개념의 우역에 관심을 가지게 된 것은 메이지유신 이후 근대 서양의학을 허가한 이후이다. 1871년 주일미국대사에게 전달된 편지로 시베리아에서 유행하고 있는 우역에 대해 대책이 필요하다는 제안이 있었다. 또한, 같은 시기 대학동교에 제출된 우역에 대한 건백서에서도 우역을 경고 하고 있다. 이에 정부에서 예방법을 내놓기는 했었으나 당시의 방역법은 일반적인 위생 방법을 도입하고 있어서 효과적이고 과학적인 조치가 되었을 것 같지는 않다. 이 이후에도 조선에서 우역이 유입되었다고 추측된 유행은 1890년대에 거쳐 지속적으로 발생했고, 1900년대에도 그 상황은 다르지 않았다. 1907년 도쿄와 효고 지방에는 이미 기원을 알기 어려운 우역이 발생했으며, 1908년에는 전 지역으로 퍼졌다. 피해 가축의 수는 3,331마리로 기록되어 있다. 1892년 대유행과 더불어 가장 큰 규모였던 것으로 보인다. 1922년 가축전염병예방법이 되는 '수역예방법'은 1896년 처음 제정되었다. 이 이후에 '외국가축전염병 예방법안'과 '수역해항 검역소 설치안'이 마련되었다. 이를 통해 해외에서 우역이 일본 내로 유입되는 것을 막고자 했다. 1908년의 우역은 수출항과 수입항 모두에서 검역을 실시하는 이른바 '이중검역제도'가 생겨나는 계기가 되었다 (山内一也, 2009).

대한제국 설립 시에는 농상공부 내 농사과가 수의 관련 업무를 담당했으며, 일본 통감부 (1905)의 영향을 강하게 받게 된 이후, 1908년 축산과로 개편되면서 가축위생과 도축 분야로 명칭과 업무를 분할하게 되었다. 수역예방과 수출우 검역소 관련 항목이 업무에 포함되는 것은 대한제국의 마지막 해인 1910년 3월 이었다 (이시영, 2010). 1909년 7월 10일 공포된 수출우 검역법은 제 1조에서 '일본으로 수출하는 축우는 본 법에 의하여 우역의 검역을 행함' 이라고 명시하고 있는 것

---

[2] 時重初雄 (1905), 韓國牛疫其他獸疫ニ關スル事項調査復命書 참조

에서도 알 수 있듯, 수출우 검역은 일본이 원했던 우역에 대한 '만리장성'을 쌓는 일의 일환이었다 (山内一也, 2009). 수출우 검역법은 대한매일신보 7월 15일자 1면에 게재되었다. 부산에 설립된 수출우 검역소 (1910년 이후 이출우검역소) 와 우역혈청제조소는 규모나 연구기능, 우역예방혈청 생산에 있어 작은 규모가 아니었다. 1909년 검역소의 개청은 두 신문 모두에서 의미 있게 다루고 있다 [1].

5. 일본 수의학 전문가의 파견

조선의 개항기 당시 일본에는 근대수의학 교육제도를 통해 양성된 수의사가 존재했다. 따라서 갑오개혁 이후 농상공부 체계를 꾸린 대학제국 정부에 이들은 촉탁직 등으로 고용해서 이른바 역학 조사를 수행하도록 하는 다양한 시도들이 있었다. 1900년에 이미 일본인 수의사들이 주요 수출입항에서 이를 감독하기도 했다 (이시영, 2010). 이들은 군이나 일본 내 수의과대학 교수, 수의학 연구기관장 등 자격을 갖추고 과학적인 수역 조사가 가능한 전문가로서 이미지가 구축되었고, 위생에 있어 일본의 우위를 다시금 확인시켜주는 역할을 담당했다. 일본 수의사의 이름이 매체에 언급되는 것은 1900년 황성신문의 기사로 수의학 전공자인 사카키바라 (榊原某) 를 우역 대비에 활용해 줄 것을 청원하고 있다.

"日公舘書記官國分象太郎氏가 農商工部大臣閔丙奭氏에게 致函한九內概에 日本農務省에서 向日에 牛疫檢查하기 爲하야 釜山仁川等各港에 獸醫를 派駐하야 其病毒의 傳染함을 預防하더니 其檢查之役을 頃己廢止한지라 本公舘에서 該醫二員을 不日招還코저하는데 仁港에 在한榊原某는 獸醫學으로 出身한 者라 能熱其技하야 蓄獸의 罹疫을 善治하고 且其時疫을 預防한다 云하니 此人을 貴國에 留하야 斯法을 貴國人에게 傳授하야 兼治其家蓄케하고 貴國에 夙有牧場之設뿐더러 且牛疫에 農民이 屢致受若하야 缺損이 不少하니 此人을 招來하야 施衛케함을 爲要라하얏더라" (황성신문, 1900.03.19. 2면기사)

1906년에는 일본대학 교수인 카즈시마 (勝島仙之衆) 와 니타 (仁田直) 등을 농상공부에서 초청하여 우역이 유행하는 원산항과 부산항을 시찰하도록 하여 우역의 방역을 지휘하도록 하는 등[2] 일본인 수의학 전문가들의 수역조사가 여러 차례에 걸쳐 기사화되었다. 통감부가 설치된 1905년부터 한국에 일본인 수의사들이 본격적으로 업무를 수행하게 된다. 1905년 우리나라 최초의 수역조사를 수행한 도끼시게는 일본 수역조사소의 소장으로 초대 통감인 이토 히로부미와도 친분이 있어 조선에서 대처해야 할 문제점으로 우역 근절을 건의했다고 한다 (山内一也, 2009).

1908년 한국에서 일본으로 수출한 소로 인해 우역이 발생했다는 소식과 함께 당시 축산과장이었던 하라시마 (原島技師) 가 마산과 부산으로 내려가 조사를 하는 중이며 시모노세키에 퍼진 우역의 병독이 대한제국에 없다는 소식을 전하고 있다. 그러나 역학조사 결과 1908년도 시모노세키의 우역은 대한제국을 통해 유입된 것으로 총 3000두 이상의 소가 폐사된 것으로 보고되었다 (山内一也, 2009).

"疫非我牛 目下日本下關地方에 牛疫이 猖獗하는데 日本各新聞의 所傳을 據한즉 原因이 我國에서 輸出하는 牛의 病毒이 有하다하고 農商工部當同者도 事實이 果然하면 我國에서 輸出하는 物品에 影響이 有하다하야 曩日에 畜産課長原島技師를 馬山、釜山、下關地方에 派送調査中인데 其牛疫의 病毒이 我國에서 輸出하는 牛에는 無하다더라" (황성신문, 1908.7.16, 2면기사)

통감부 설치 전에도 일본인 수의사들이 대한제국에 일부 업무를 개시했다. 1903년 이미 일본인 수의시 개인 광고를 신문에서 찾아볼 수 있다. 다나베 (田邊 憲三) 라는 수의가 장제소와 가축치료를 병행하겠다는 광고를 7월 13일부터 18일까지 게재했다. 다나베는 마필검수원으로 대한제국에서 일하다가 병원을 개업하고자 했던 것으로 보인다 (이시영, 2010;248).

---

[1] 牛疫檢所開廳, 황성신문, 1909년 8월 18일 3면 ; 檢疫更設, 대한매일신보, 8월 8일 2면
[2] 牛疾預防 황성신문. 1906.8.27. 2면기사

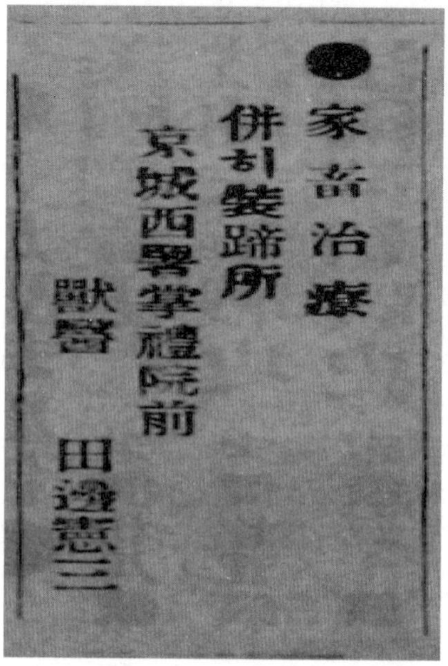

그림 2 수의 다나베의 광고 (황성신문, 1903 년 7 월 13 일 3 면 광고)

6. 우리나라 근대 수의학교육의 시작

일본의 수의학 전문가 영입되면서 국내 가축의료 관련 제도는 큰 관심을 받지 못했다. 그러나 근대 수의 제도가 완비된 후에도 전통적인 치료법이 사라진 것은 아니었다. 자애당약방의 신재항이라는 사람이 만들었다는 '우역전치산' 은 그 효능과 성분을 알 수는 없지만 두 신문 모두에서 언급한다.

"鍾路慈愛堂藥房主人 申在桓氏는 牛疫流行에 對하야 牛疫全治散이라는 藥을 新發明하야 再昨日에 內部衛生局에 請願承認하엿다더라" (대한매일신보, 1910. 8. 9. 2 면, 황성신문 1910. 8. 9. 3 면)

이런 전통적인 치료법은 세균설로 무장한 당시 일본인 수의사들에게 비과학적이라고 비난을 받았다. 그리고 전국적으로 2,500 여명이 있는 것으로 집계된 전통 수의들은 계몽과 교육의 대상으로 취급받았다. 전통적인 우의는 별도의 교육을 받거나, 면허를 필요로 하지도 않았고 이들의 의료행위를 관장하는 법이 제정되어 있지는 않았다. 이들은 지속적으로 진료를 행하고 있었으며, 근대 수의제도가 법제화 된 이후에도 1937 년 공포된 '가축의생' 관련 규정으로 제한되었지만, 그 업무의 정당성을 부여받았다.

몇 번의 자구적인 가축질병 치료 개선과 수의 교육 근대화의 노력이 없었던 것은 아니다. 1903 년 우역을 치료하기 위해여 필요한 약을 제공할 수 있는 우의국을 설치하기를 원하니 승인해 달라는 요청에 내부 (內部) 에서는 이를 필요 없다고 답신하고 있다. 뿐만 아니라 1900 년 국립의학교 교장인 지석영이 의학교에 수의과를 신설해 달라고 요청한 기록이 있으나 ①실제로 설치되지는 않았다.

"北壯洞居 洪淳陽 朴承壽 金駿熙 等이 內部에 請願하되 現今 牛疫이 大熾함으로 本人 等이 牛醫牛藥을 辦備하야 牛疫을 治療코져 하야 牛醫局을 設寘하겟스니 認許하라 하얏거늘 題旨하기를 麝伏自然香이니 不必向風立이라 하얏더라" (황성신문, 1903. 9. 30. 2 면)

1908 년 최초로 수원 관림 농림학교에서 수의를 양성하는 수의속성과를 모집하게 된다. 입학생 모집 공고문에 나와 있듯 본 과정은 우역의 치료와 예방에 중점을 두고 있었다. 또한 졸업 후에 '수의' 가 되면 대중으로부터 환영 받고 축산업 증진의 지도자가 될 수 있다는 전망을 언급한다. 그러나 대한제국 최초이자 마지막 수의학고등교육의 기회는 20 명의 졸업생을 배출하고 사라지게 된다. 그 후 다시 조선에서 수의전문교육이 시작된 것은 약 30 년 후인 1937 년이었다.

① 한국고문서자료관 <http://archive.kostma.net/history_table/history_aksList.aspx?startdate=1&enddate=9999&keyword=&uci=&baseYear=9999&curPage=2592&pageSize=10>

"韓國에 對한 牛畜은 重要한産物로 農耕、運輸、食肉、貿易等의 一大資源이될지나 種種牛疫의 流行을 因하야 國民의 損害가 不少한지라 如斯히 畏險하 牛疫의 預防及治療에 關하야는 犁其術을 姑未講究이더니 今番官立農林學校에서 獸醫學速成科를 新設하고 期限은 一個年으로하야 獸醫를 養成하는데 牛疫의 防遏及治療를 實施하야 畜産上의 慘害를 驅除하면 并히 改良發達케하야 韓國人의 唯一히 嗜好品되는 食肉의 檢查를 行하야 公衆에 安全한 食肉을 供給하는 等의 任務에 就케한다한즉 此際를 當하야 速成科를 志願卒業後는 獸醫가되야서 前記의 業에 就함은 世人이 大히 歡迎할뿐아니라 本畜産의 改良進步의 指導者가될터인즉 此亦業務의 多大한 趣味를 有할지오 尙且本校에서는 修業中每月六圜의 學資金을 給與하며 卒業한 後는 官吏로 採用할터이니 該校規則을 詳知코자하는 者는 京城農商工部農務局又는 犁水原本校에 就하야 探問하고 入校願書는 本月末日（陰曆二月二十九日）內로 本校에 提出한다더라"（황성신문, 1908. 3. 20. 1 면）

대한제국시대 민간의 수의학 교육은 일부 서북학회를 통해 이루어졌다. 1908 년 설립된 독립운동단체로서 애국계몽운동을 펼쳤던 서북학회[①]는 1910 년 해체까지 약 2 년간 농림강습소（農林講習所）의 신입생을 모집했다. 농업을 국가의 중심 산업을 보고 경작 농업 뿐 아니라 양잠, 목축, 과수업에 집중해야 한다는 주장을 세웠던 서북학회는 농림강습소의 교육과정 역시 이를 반영하여 구성하였다（이준만, 1998）.

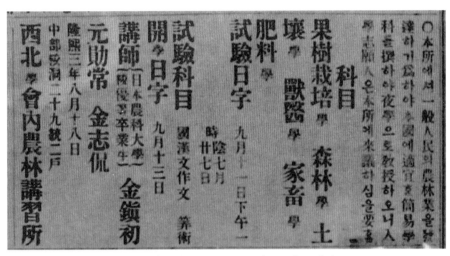

그림 3. 황성신문 1909 년 8 월 19 일 3 면광고

농림강습소에서는 일본농과대학교 우등졸업생인 김진초（金鎭初）, 원훈상（元勛常）, 김지간（金志侃）을 강사로 하여 과수재배학, 삼림학, 토양학, 수의학, 가축학, 비료학 등을 약 6~7 개월에 걸쳐 강의하였다. 지원자는 산술과 국한문 작문으로 입학시험을 치렀다. 황성신문의 농림강습소 광고는 이후에도 지속되었으며 강사진은 일본에서 농과대학이나 축산전문대학을 졸업한 한국인들로 구성되었다.

IV. 결 론

대한제국은 국내외로 다양한 혼란과 어려움을 겪으며 근대화를 추진해 나가던 시기였다. 가축전염병에 있어서도 전통적인 개념들이 근대적인 개념들로 점차적으로 바뀌어 갔다. 특히, 우역은 가축전염병에서 상징적인 질병으로 이런 변화의 흐름에서 중요한 역할을 담당했는데, 이런 변화를 다음과 같이 정리할 수 있다.

우선, 일반적인 소의 전염병을 의미하던 우역이 근대 수의학 개념의 우역으로 그 의미가 좁혀지면서 탄저나 그 밖의 전염병들과 혼재되어 있었다. 장기설과 세균설, 면역의 개념이 대중에

---

① 서북학회（西北學會）（한국민족문화대백과, 한국학중앙연구원 참조）〈http://encykorea.aks.ac.kr/Contents/Index?contents_id=E0027787〉

게 특별한 설명이나 교육 없이도 자연스럽게 쓰이게 되었고, 이는 이미 개화기부터 강력하게 추진되었던 위생의 정치학을 발판으로 이루어진 것으로 보인다. 또한, 주요 수출품목으로서 살아있는 소의 중요성이 커지면서, 우역은 농우에 침범하여 농업생산성을 떨어뜨리던 질병에서 수출의 장애가 되는 질병으로 그 의미가 변경되었다. 일본은 한국 소의 최대 수입국으로 이를 이유로 근대 검역과 방역 제도를 강력하게 대한제국의 정책과 제도에 영향력을 행사할 수 있었다. 메이지 유신 이후에 근대 수의학교육 제도를 받아들인 일본은 이미 수의학 전문가들을 보유하고 있었고, 이들은 한국 내 수역 조사에 직접적으로 참여했다. 이를 통해 한국의 수역 발생 정보는 한국인들이 아니라 일본인들에 의해 파악되었다. 전통의학에 근거한 우의의 치료 방법은 비과학적인 것으로 무시되었으며, 이들은 점차 근대 수의사로 대체되어 갔다. 대한제국 정부는 일본 수의사가 수집한 가축 전염병 정보와 이들의 전문가적 소견에 의존할 수 밖에 없었다. 일본은 한반도를 우역의 유입을 막는 일종의 검역대로 이용하였다. 일본의 한국 내 검역제도 수립은 섬나라인 일본으로 유입되는 우역을 비롯한 수역을 막는 큰 계획의 일부였고 이는 대한제국의 식민지화와 더불어 진행되었다. 최초의 근대 수의사 역시 검역 인력을 확보하기 위해 단발성 프로그램을 통해 양성되었다. 이 시기 자구적인 근대 수의전문가 양성의 움직임이 없었던 것은 아니지만 미약하였고, 오히려 이후 민간단체의 농림강습소 등의 교육과정에 일부로 포함되었다.

참고문헌

박윤재. 2003. "양생에서 위생으로 – 개화파의 의학론과 근대 국가 건설." 사회와 역사 63: 30-50.

이시영. 2010. 한국수의학사. 안양, 국립수의과학검역원.

이준만. 1998. 韓末西北學會의教育運動과愛國啓蒙思想에관한研究. 국내석사학위논문, 韓國教員大學校大學院.

이항, 천명선. 2015. "조선시대 가축전염병의 발생과 양상" 안양. 농림축산검역본부.

정민재. 2006. 근대의학수용에대한자주적노력 – 개항에서대한제국시기까지. 한성사학 21: 49-79.

차철욱. 2013. 일제강점기 조선소의 일본수출과관리시스템. 역사와경계 88: 227-261.

천명선. 2008. 근대 수의학의 역사. 파주, 한국학술정보.

천명선. 2014. "조선시대가축전염병 – 개념, 발생 양상 및 방역을 중심으로." 농업사연구 13(2): 109-132.

山内一也. 2009. 史上最大の伝染病牛疫 : 根絶までの 4000 年, 岩波書店.

時重初雄. 1905. 韓國牛疫其他獸疫ニ關スル事項調査復命書.

中里亜夫. 1990. "明治・大正期における朝鮮牛輸入（移入）・取引の展開（変革期の歴史地理）." 歴史地理学紀要 : p129-159.

The Change of the Keeping Cattle in Family Farm in Modern Japan

Mariko Noma

(Graduate school of Agriculture, Kyoto University)

Abstract: The purpose of this report is to clarify the change of the role of cattle in family farm. After the Meiji restoration (1868), beef eating became habitual in Japan. Cattle that had been kept only as a means of production in family farm were newly expected role as meat resource. This change had impact to cattle keeping farm.

I. Introduction

This paper studies the development of cattle fattening in modern Japan. Japanese black cattle meat, known as *wagyu* beef, enjoys an excellent reputation for marbling in the world today. But Japan has only a short history of beef-eating. In early modern Japan, beef was rarely eaten and cattle were kept only as means of production. After the restoration of Meiji, beef eating custom spread and cattle expected to also demand beef supply in addition to farming. In Japan, feedlot did not form till the mechanization of farming 1960s. Family farm stayed the center of cattle feeding thorough the concerned period.

There are few early studies on these topics. Traditionally, studies of agricultural history in Japan have concentrated on wet paddy rice agriculture, and keeping cattle has been considered only as a means of production. Therefore, these studies do not shed light on concerns related to cattle meat. Studies on food history have dealt with the beef-eating custom in modern Japan either in relation to occidental culture or in terms of dietary improvement.

II. The Outline of Cattle Industry in Modern Japan

We can get national on number of livestock only from 1877. Figure 1 shows the transition of the number of cattle and horse kept in modern Japan. At the beginning of modern times, there were more than one million heads of cattle and the number of cattle also increased through concerned period except 4 times of war, Sino-Japanese war, Russo-Japanese war, and two world wars. Most of cattle were kept in family farm and drawn for farming. In some region, cattle had another name, treasures of farmer. Demand for dairy was in bud in modern Japan, and cattle kept for dairy were less than 150 thousands till 1930. The number of cattle in Figre 1 is roughly same number of farming cattle.

Figure 2 shows the transition of beef consumption in modern Japan. In 4 times of war, number of slaughtered cattle sharply increased for military demand. The important point is that in modern Japan, the increases of cattle and beef consumption were basically depended on farming cattle kept in family farms. Usually, cattle were kept only one or at most 2 in a family farm. As previously noted, family farm stayed the center of cattle feeding thorough the concerned period, so we can assume that family farmers had to respond the change of the roll of cattle.

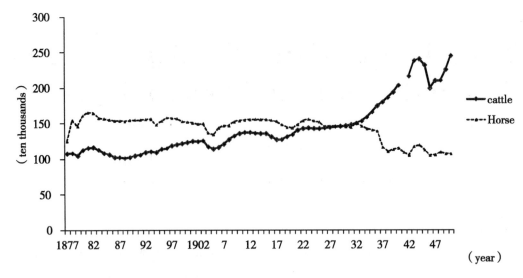

Figure 1　Number of Livestock（1877—1950）

Resource：Kayou Nobufumi（ed.）. *Kaitei Nihon Nougyou Kiso Toukei*，1977

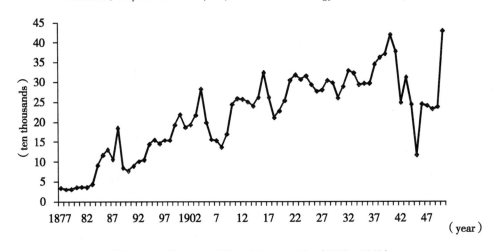

Figure 2　Number of Slaughtered cattle（1877—1950）

Resource：Nihon nikuyougyu Kyokai. Nihon Nikuyougyu hensenshi，1978

III. The Development of Cattle Fattening Techniques

The development of cattle fattening was achieved in Shiga prefecture. It had been common to keep cattle for barnyard manure, drafting and conveying in family farm before the restoration in Shiga Prefecture. After the restoration, livestock dealers began to bring cattle kept in family farm in Shiga prefecture to Tokyo for sale as beef resource. Family farmers in Shiga anticipated fattening. Already in 1910s, fattening aimed not only to increase weight but also to improve beef quality, in particular marbling. Farming cattle were classified into 3 categories according to shape of body of cattle, well-rounded, normal, or thin. Feed and fattening period varied with the category. That is, the condition in which cattle were kept greatly affected their worth as beef cattle. Keeping cattle for farming was considered as preparation period rather than be contrary to fattening.

Upper class cattle were generally fattened for 100days and given good quality of feed, middle class cattle were fattened for 150days and fed less than upper class ones, and lower lank cattle were fattened for a year with few concentrated feed. Of course upper lank cattle were best-finishing fattening. So, agricultural association recommended family farm fattening of upper class cattle, that is, emphasized the necessity of nutrition even during farming period.

In an examination held by agricultural association with the aim to study fattening techniques daily performed in superior family farm in Shiga prefecture, fattening period was divided in 3 stages. Quantity and varieties of feed varied cattle to cattle, but it is common that the rate of concentrated feed such as rice bran, barley, bran of barley and wheat increase with fattening go on, and coarse feed like grass, straw and hay decrease. 1st stage aimed to build enough red flesh, and the 3rd stage was positioned to gain fat and put it into red flesh. Farmers fed cattle 4 to 5 times a day. Each time of feeding, they soften coarse feed with boiled water and mixed with concentrated feed to improve texture, and also adjusted the variety and quantity of feed according to condition of cattle and stage of fattening. Feeding fattening cattle needed high-maintenance.

Cattle industry in modern Japan has been seemed underdeveloped in early studies. For example, a study says that cattle fattening techniques before the mechanization of agriculture seemed to be low, because the main purpose of keeping cattle was farming and fattening was only by-business. But this paper clarifies that there was the own reasonability differ from large scale feedlot.

IV. The Profit of Cattle Fattening

The development of fattening brought to family farm new income, although keeping cattle brought expenditure before introduction of fattening. To keep a head of cattle, family farmer beard buying cost, feed cost and shed cost, and also had to make payment of balance when replace a head of aging cattle with new one. Farmers did not reproduce cattle, but purchased cattle from distant region specialized in breeding. The costs were not always paid in cold cash. About feed cost, family farmers could utilize self-supplied feed. Shed cost as well. And barnyard manure and use for cultivate were generally consumed in their own farm. After introducing cattle fattening, family farmers get new income with replacement of cattle. The additional cost required for fattening can be presumed much less than the increase of sale price.

V. Import of Cattle and Carcasses

After the Russo-Japanese war, domestic cattle farming could no longer support Japan's growing demand for beef. Cattle fattening contributed to size up each carcass but number of cattle did not increased enough. Domestic cattle farming proceed to provide high quality beef, and not to provide sufficient amount of beef. The expansion of Japanese empire permitted to compensate the lack of beef by import from Korea and China.

In mid 1920s, 40% of beef consumed in domestic Japan derived from Korea and China. Cattle fattening contributed to size up each carcass but number of cattle did not increased enough. Domestic cattle farming proceed to provide high quality beef, and not to provide sufficient amount of beef. The expansion of Japanese empire permitted to compensate the lack of beef by import from Korea and China.

VI. Conclusion

The fattening techniques were labor intensive and resource intensive. The small scale of family was suitable for the techniques, because it permitted detailed care on each head of cattle. Marbled beef produced in this way fetched good price and family farmers gained new income.

Fattening contributed the increase in quality and imports contributed to fill increasing demand for beef.

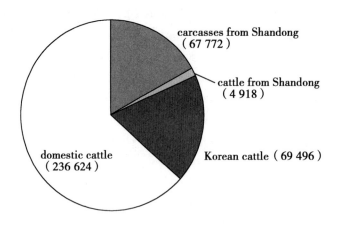

Figure 3　Beef consumed in Japan（1923）

Resourece：Nourinsyo chikusankyoku. *Honpou Naichi ni okeru Chosengyu*，1927；Jueki cyosasyo. *Jueki Chosasyo Houkoku*，1924

References

Noma Mariko. 2015. The Role of Cattle and Beef Imports from Korea and Qingdao in the Expansion of the Japanese Empire，*The Journal of Agriculturai History*，No. 49.

Noma Mariko. 2009. The Development of Cattle Fattening in Shiga Prefecture：The Conjunction of Farming and Fattening in the Prewar Days，*Jornal of Rural Problems*，vol. 44 no. 4.

Kayou Nobufumi（ed.）. 1977. *Kaitei Nihon Nougyou Kiso Toukei.*

Nihon nikuyougyu Kyokai. 1978. *Nihon Nikuyougyu hensenshi.*

Nourinsyo chikusankyoku. 1927. *Honpou Naichi ni okeru Chosengyu.*

Jueki cyosasyo. 1924. *Jueki Chosasyo Houkoku.*

변화한국에서 근대농업기술의 변용 : 수용과 이전*

소순열

(농업생명과학대학, 한국 전북)

I. 머리말

전근대 한국의 농업기술은 중국으로부터 영향을 많이 받았다. 농업기술의 변화를 제일 잘 나타내고 있는 농서를 보더라도 중국의 전통적 경험농학과 이를 바탕으로 조선 풍토에 맞게 활용하고자 하였다. 조선 독자의 농업기술을 체계화한 농사직설(農事直說)은 그 대표적인 예이다. 개항 이후 농업기술은 종래의 경험농학에서 벗어나 실험농장이나 실험실에 바탕을 둔 실험농학이 도입되기 시작하였다(金榮鎭・洪銀美, 2002. 12).

1900년대 초 한 일본인의 눈에는 당시 한국농업은 아주 유치하고 조방하기만 하였다. 수도작에서 대부분 1년 1작을 하고 있으며 제초도 별로 하지 않았고 못자리 파종량은 일본의 배나 되어 손실이 많았다. 자급비료만 사용하고 관개시설은 부족하고 농구는 극히 단순하였다. 금비(金肥)를 자국 생산과 함께 외국에서 막대한 양을 수입하는 그들의 눈에는 분뇨(人糞尿), 구비(廐肥) 같은 자급비료만을 쓰는 한국농업이 후진적이고 유치한 것으로 밖에 보이지 않았다(加藤末郎, 1904)

이후 한국이 식민지가 된 후 농업기술은 어떻게 변화해 왔는가. 본 발표는 학회 주제인 '글로벌 관점에서 동아시아의 농업문명'의 일환으로 근대 이후 한국농업기술의 변화를 검토한 것이다. 글로벌화는 다양한 나라나 다양한 사회에 존재하는 여러 시스템이 단일화되는 구조적 틀로 통합되는 일련의 과정이다. '세계적 연계성의 심화와 가속'이라는 점에서 본다면 적어도 근대 이후 농업기술의 형성・발전 그리고 교류에서 글로벌화의 역사적인 단초를 찾을 수 있다.

농업기술은 재래의 기술발전을 유발시키는 새로운 외래 요소가 부가되면서 발전한다. 이를 구체화하는 과정에서 재래와 외래와의 대립・경합과 융합・공존을 거쳐 새로운 기술체계로 구축되며 사회경제적 변화와 함께 기술의 발전과 성격이 부여된다. 따라서 본 발표는 근대 이후 수도작 기술변화에 주목하여 1) 식민지기 재래농법과 우량농업, 시험연구, 이와 관련하여 기술의 수용과 보급 2) 통일벼의 개발 및 보급과 새마을 운동을 검토함으로써 최근 한국정부가 추진하고 있는 글로벌 농업기술 협력에 대한 시사점을 얻고자 한다.

II. 식민지기 농업기술의 연구와 보급

1. 재래농법과 개량농법

개량농업은 서구의 근대실험농학에 의해 정비된 후쿠오카농법(福岡農法)에 뿌리를 둔 일본의 농업기술이다. 후쿠오카농법은 엄밀한 선종(選種, 塩水選)부터 시작하여 심경(深耕)과 다비(多肥), 주도 면밀한 중경제초(中耕除草), 수확시 막이설치(架干)로 끝나는 일련의 도작기술체계이다(飯沼二郎 1982). 이 농법은 1910년대 전후 조선총독부와 일본이민자에 의해 조선농촌에 도입・보급되기 시작하였다.

1920년대 후반 朝鮮總督府殖産局農務課(1928)에 의하면 수도 단보당 수량은 개량농업이 벼 3.215석으로 재래농업의 1.940석보다 약 1.7배나 높다. 당연하지만 개량농법은 재래농법에 비해서 다수확기술이다.

즉, 품종 : 장간소비적응품종(長桿小肥適応品種)↔단간내비품종(短桿耐肥品種), 종자 : 연

속사용 ↔ 종자갱신, 묘대 (苗垈) : 묘상없이 파종 ↔ 양상묘대 (揚床苗代), 전식 (田植) : 태주소식 (太株疎植) ↔ 소주밀식 (小株密植), 난식 (乱式) ↔ 정조식 (正條植)、경운 (耕耘) : 천경 (浅耕) ↔ 심경 (深耕)、시비 (施肥) : 무비 (無肥)·유기물 (有機物) ↔ 퇴비 (堆肥)·녹비 (綠肥)·금비 (金肥)·화학비료 (化学肥料), 제초 (除草) : 3 회 이내 ↔ 3 - 5 회, 건조 (乾燥) : 대속, 지간 (地干) ↔ 소속가건 (小束架乾), 탈곡 (脱穀) : 인력타곡 (人力打穀) ↔ 천치 (千歯)·회전탈곡기 (回轉脫穀機) 이다 .

이와 같이 개량농법의 기술방향은 우량품종의 종자를 염수 (塩水) 로 선발하고 집약적인 육묘관리를 하고 적기에 전식 (田植) 을 하면서 밀식재배를 한다 . 그리고 이식 후에는 시비, 방제, 제초 등 철저한 비배관리와 심경을 통하여 비료효과를 높여가는 것이다 . 이 신기술은 재래기술에 비하여 다수확을 위한 생물학적 기술이며 단위 면적당 투입요소의 증투에 의한 소농기술체계이다 . 수량확대를 위해서는 다수확품종과 비료 증투가 필요하지만 다비조건하에서는 제조, 병충해발생이 증가하게 된다 . 또한 시비량을 유효하게 하기 위해서는 천수 (浅水) 로 관개하지 않으면 안되었기 때문에 관개수 (潅漑水) 의 사용이 증대하게 된다 . 요컨대, 신기술은 품종, 비료, 관개라는 세 가지 투입요소를 통하여 단위면적당 수량을 증가할 수 있는 것이다 .

개량농법의 기본은 후쿠오카 농법에서 우량품종의 우량종자를 채택하여 집약적인 육묘관리를 하고, 적기에 이앙하여 밀식재배를 통해 생산력의 극대화를 기하고 있다 . 또한 이앙 후에도 재래농업에 비해 시비, 방제, 제초 등 철저한 비배관리와 심경을 통해 비료효과를 높이고 있다 . 이는 당시 나름의 다수확 지향을 위한 생물 · 화학적 기술의 적용이었다 . 이러한 농법은 조방적인 재래농법에 비해 상대적으로 노동집약적인 기술로써, 투입요소의 증가로 단위면적 당 수량을 극대화시키는 소농기술의 적용이었다 .

이러한 농업기술은 개량품종의 보급에 나타난다 . 1912 년 일본의 우량품종 재배율이 2.2%에 불과하던 것이 4 년 뒤인 1916 년은 40.4% 그리고 1920 년에는 50%를 상회할 정도로 급속하게 보급되었다 . 뒤인 1937 년에는 89.7%, 1940 년에는 무려 91.7%를 차지하였다 .

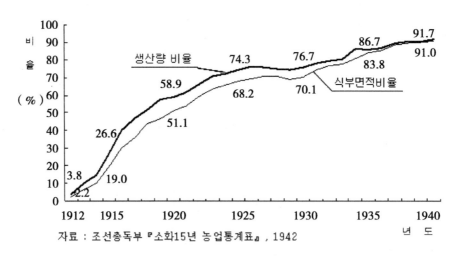

자료 : 조선총독부 『소화15년 농업통계표』, 1942

그림 1 우량품종의 식부면적 비율, 생산량 비율

개량농법은 재래농법에 비해 과학적이고, 다수확을 가능하게 하는 기술이었다 . 개량농법은 내병성, 내비성이 강한 품종을 도입하기 때문에 비료의 증투를 통해 품종의 수량능력을 발휘할 수 있다 . 또한 다비조건하에서는 잡초, 병충해의 발생이 증가하는데, 다비 (多肥) 하에서는 시비량을 유효화하기 위해 얕은 물로 관개해야 하기 때문에 관개수의 사용량이 증가한다 .

이와 같이 개량농법은 우량품종, 비료, 관개가 중요하기 때문에 주도 면밀한 재배관리가 필요하다 . 그러나 개량농법이 조선에 도입될 당시에 이러한 기술체계의 보급은 뒤따르지 않았다 . 1910 년대에는 우량품종과 품종에 대한 경종기술이 보급되었다 . 1920 년대에는 대두박을 중심으로 금비, 화학비료가 보급되고, 1930 년대에 이르러 산미증식사업을 통해 수리가 개선되어 개량 농법은 급속도로 확대되었다 .

2. 농업기술 연구의 성격

농사시험기관인 권업모범장의 시험연구에서 보면, 첫째, 시험연구가 식민지의 사회적 요구보다 식민모국의 사회적 요구에 크게 부합하고 있다는 점이다. 조선총독부가 추진한 산미증식계획(1920-34년)은 조선내 수요증가에 대비하고 농가경제의 향상보다는 일본의 미소동(1918년)을 계기로 하여 그들의 식량문제를 해결하고자 하는데 있었다. 농업시험연구도 일본품종개량의 최고권위자인 加藤茂苞의 권업모범장 취임과 더불어 道郡面 채종답 설치에 의한 육종조직의 확립과 비료 3요소에 대한 적량실험 등의 시험연구체제가 강화되었다.

1930년을 전후로 한 공황기 이후 조선 농촌경제의 악화에 따른 「농촌진흥운동(1932-40년)」과 수반하여 농사시험연구로서 전작의 조직적인 연구가 행하여 진다. 즉 소맥 생산력 검정시험과 지방의 우량품종 선출시험 등 주로 맥류의 생리학적 연구가 이 시기에 행하여 졌다. 이와 같이 시험연구의 동기나 방향이 주로 조선자체의 내부적 자주적 요구보다는 식민모국의 사회적 요구와 제국주의체제의 유지에 의하여 결정되었다.

둘째, 식민지 시험연구는 식민모국의 연구축적에 의해 규정된다는 점이다. 미곡의 경우 식민지초기에는 생산량이 1천만석 그리고 단보당 생산량이 0.7석에 불과했던 것이 후기에는 각각 2천 5백만석, 1.5석정도로 증가를 보였다. 그 반면에 전작은 단보당 생산량면에서 증가한 품목은 과맥, 옥수수, 감자, 고구마, 배추 등에 불과하고 대부분 다른 전작물은 생산량의 감소 내지 현상유지 수준이었다. 이러한 전작의 정체 내지 쇠퇴는 습윤농업의 경험밖에 갖지 못한 旱地農業에 대한 기술연구의 축적이 없었던 일본기술자의 일본인적 사고방식에 기인하였다(農林省熱帶農業センター, 1976).

셋째, 시험연구가 전통적인 관행기술을 경시하고 일본기술을 수입하는 형태로 이루어졌다는 점이다. 당시 勸業模範場長이었던 加藤茂苞이 강연에서 말한 것처럼 실험연구는 日本流의 농업기술을 먼저 권업모범장에서 실행하여 그 試作結果를 조선농가에 이입하는 형태로 진행되었다. 식민지 농업기술의 생태학적 합리성과 일본의 시험연구방법을 하나로 융합시켜 조선에 맞는 농업기술을 개발하는 연구보다는 일본농업기술과 맞는 공통부분만을 대상으로 발전시켰다.

그 결과 돌연변이에 의한 민간 수도 육종품종인 조동지(趙同知)는 시험대상에서 제외되었다. 세계적으로 자랑할 수 있는 5가지 농법으로소개된 한국 특유의 '건답직파', '윤답농법' 등은 철저히 무시되었다(農林省熱帶農業センター, 1976).

표 1 主要作物의 土地 生産力 推移 (1910 ∼ 1941)

增減의 類型	作 物 名
1. 顯著한 增加	면화(棉)
2. 若干의 增加	水稻, 陸稻, 裸麥(水田, 旱田), 小麥(水田, 旱田)
3. 거의 變化 없음(無)	大麥(水田, 旱田), 고구마(甘藷)
4. 1910 年代에 增加 하다가 減少	조(粟), 수수(蜀黍), 옥수수(玉蜀黍), 귀리(燕麥), 감자(馬鈴薯,) 호마(胡麻)
5. 減少한 境遇	黍, 피, 蕎麥, 大豆, 小豆, 綠豆, 들깨(荏)

자료 : 農林省熱帶農業センター, 舊朝鮮における日本の農業試驗研究の成果, 農林統計協會, 1976, p.68

이러한 재래농법의 경시는 일본과는 다르다. 예를 들어 일본 야마가타현(山形縣)의 장내(庄內)지방에서 농사시험장 및 농회기술원의 지도하에 인공교잡에 의한 민간육종까지 착수한 것에 비해 아주 대조적이다(盛永俊太郎, 1956)

식민지기 한국의 농업기술은 명치전기 일본에서와 같이 '재래농업기술＝경험농업기술'과 '외래농업기술＝실험농업기술'의 각축·대립의 형태로 발전된 것이 아니고, 외래농업기술이 재래농업기술을 대체하는 형태로 변화하였던 것이다. 한국과 일본 둘 다 신 농법의 지배로 끝났지만 일본의 경우 구 농법이 신 농법의 병존 내지 보조의 역할을 해 온 반면 한국의 경우는 구 농법이 신 농법에 의해 압도되고, 대체되었다.

3. 농업기술의 수용과 보급

당시 조선농민은 새로운 농업기술을 회피하였다. 조선총독부는 이를 "농민이 기술개량에 대해 의욕이 없는" 것으로 판단하고 강력한 농촌지도가 필요함을 역설하였다. 총독부에서는 행정 및 지도기관을 동원하여 품종과 개량농법의 보급에 주력했을 뿐만 아니라 지주를 기술 보급의 매개로 삼았다.

지주들은 일본의 증산정책에 보조를 맞추어 우량종의 보급과 개량농법의 보급을 소작인에게 강요하였다. 대지주는 소작인에게 우량품종의 종자를 대부하여 품종을 보급하고 집합 못자리를 설치하여 품종 및 재래방법을 통일하고자 하였다. 지주가 소작인에게 특정 소작조건을 만들어 새로운 농업기술과 품종을 강요한 것이었다.

특히 기술보급에 적극적인 지주는 일본인 대농장이었다. 대농장에서는 종자를 대부하거나 비료대를 대부하여 개량농법의 보급에 힘썼는데 이는 소작지대의 증가뿐 아니라 일본인 농장이 시장지향 생산을 통한 미곡수출 이익과 소작인에 대한 영농자금 알선을 통하여 상업자본과 비료대적 금융자본의 역할까지 겸하였음을 알 수 있다.

우량품종인 개량농법의 보급과 보급과정에서 총독부는 행정력을 동원하여 모범전(模範田) 품평회, 정조식 품평회, 각종 강습회, 전시회를 통하여 기술보급을 추진하였고, 각종 전습소를 운영하였다. 이러한 과정은 기술보급이라는 지도차원이 아니라 강제적 개량농법 시행 행정의 차원이었다.

일단 총독부에서 방침이 정해진 것은 행정조직을 통하여 감독반이 조직되어 시행을 독려하였다. 특히 3.1운동 이전의 수도품종 보급 초기의 농촌지도는 시행과정이 극히 강권적이어서 군대식이었다고까지 평가되고 있다(科學技術廳計劃局, 1967). 한 품종이 장려품종으로 지정되면 곧 연차적 보급계획이 수립되고 일선 면에 전달되어 철저히 수행되었고, 정해진 품종 이외의 것은 재배가 금지되었다. "관의 지도"로 표현한 것과 같이 그 과정에서 지도원은 총을 휴대하고 지도사업에 임하였으며 "지도에 따르지 않은 품종의 못자리는 파괴되었고 정조식이 아닌 묘는 뽑아버릴" 정도였다(久間健一, 1943).

운동 이후 문화정치가 등장하면서 군대식 지도는 약간 완화되었으나 행정기관의 영농독려 방향이 근본적으로 전환된 것은 아니었다. 행정성과 위주의 행정지도로서 말단 행정에서의 강권지도는 계속되었으며 "감시와 명령"에 의한 외래적이고 타율적인 지도 방향은 일관되었다. 지도과정에서 농민의 경제성이나 창의성은 무시되었으며 타율적 강제에 의한 지도에 의해 일본이 의도하는 타율적인 경제활동의 궤도에 편입되었다. 이상의 결과 외견상 품종보급과 기술보급은 급속한 진전을 나타내게 된 것이다.

식민지 조선에서 수도작을 중심으로 한 농업은 "일본 농업의 이식에 의해 발휘되었다는 의미는 조선적인 것은 아니고, 일본적으로 개발된 것"이라는 것은 분명하다. 조선농업은 "일본인이 의도하는 방향으로 재편되고 전체 일본의 방식을 기초로 한 개량을 계획한 것"이었다(小早千九郎, 1943).

III. 통일벼 개발과 쌀 자급

1. 통일벼 개발

한국은 1960년대에 들어 경제도약을 위한 개발과정에서 식량 특히 주곡인 쌀 증산이 절실하였다. 공업화 초기 국민경제의 안정을 위한 주곡확보와 미가 안정은 당시 정부의 지상과제였으며 쌀 자급은 국가안보차원의 절대명제이었다. 쌀 증산을 위한 다수확 품종개발은 연구기관의 몫이었다.

1960년대 후반 장려품종 21품종 가운데 국내 육성품종은 12품종, 일본도입품종이 9품종이었다. 대표 품종인 진흥은 수량능력이 10a당 419kg으로 재래종에 비해 1.8배의 수량능력을 보였으나 병해에 대한 저항성이 낮고, 도복이 심하며, 장간이면서 내비성이 낮아 농가수준에서는 통일벼가 나오기 전에는 쌀 생산이 단보 당 310kg 수준에 불과하였다(이두순, 2003).

일본형 품종의 수량정체를 벗어나기 위해 내병·다수성이면서 내도복성 품종의 육성이 필요하였다. 1966년 서울대학교 허문회 교수가 필리핀의 국제미작연구소(IRRI)에서 일본품종 '유카라'

와 대만품종 '대중재래 1 호 (臺中在來 1 号)' 를 인공 교배하여 얻은 1 대 잡종에 국제미작연구소가 육성한 기적의 쌀 "IR 8" 을 3 원교배하였다. 육성한 IRRI 의 교배번호 677 번째인 IRRI 조합의 6 계통 (수원 213 호, 수원 214 호, 수원 215 호, 수원 216 호, 수원 218 호) 중 특히 3 개의 우수계통을 선발하였다.

여름 경작기에는 우리나라 생태조건인 3 개 작물시험장 포장에서 선발하고 겨울에는 필리핀 미작연구소포장에서 세대진전을 하는 왕복선발 (shuttle breeding) 을 통하여 생산력 검정시험, 지방연작시험 등 각종 특성검정을 거쳐 우수성을 확인하였다. 1971 년 그 중 수원 213-1 호 (IR667-98-1-2) 에 '통일벼' 로 명명하여 전국에 보급하였다. 통일벼는 품종개발 기술보급과 재배기술을 일반품종 재배에 확대함으로써 한국의 녹색혁명을 주도하게 되었다.

통일벼 개발은 세대촉진 온실을 활용하여 새로운 품종의 육성에 과거 15 년의 기간이 필요하였으나 6-7 년으로 단축시켰다. 보다 과학적인 농업으로 육묘기술, 시비, 병충해방제, 제초제 사용 등 과학 영농기술이 정착되었으며, 통일벼 재배기술이 일반 벼에도 확대되어 우리나라 쌀 생산성 제고에 기여하게 되었다 (韓國農村經濟研究院 1989).

2. 쌀 증산과 기술 개선

내병 • 다수성 품종인 통일벼의 개발로 병해에 대한 문제는 일단 해결되었으나 미질 때문에 농민이나 소비자의 선호가 낮았다. 이 때문에 다수확을 기하면서 외형과 미질을 개선한 신품종 개발이 필요하여 유신, 밀양 21 호, 이리 326 호, 노풍 등 통일계 품종들이 속속 개발되었다. 육성목표는 내비 • 다수에서 양질 형질을 도입하려는 방향으로 육종이 진행되어 갔다.

통일벼가 재배되기 시작한 1971 년 통일벼는 10a 당 501kg 생산되어 일반벼 337kg 에 비하여 164kg 이 증수되어 증수율 149% 를 보였다. 이후 통일벼 재배면적은 점차 확대되었으며 1977 년 통일벼 10a 당 수량이 553kg 으로 가장 높아 사상 최고의 쌀 생산 기록인 6,005.6 천 M/T 을 보였다. 이어 1978 년에는 929 천 ha 로 쌀 재배면적의 76% 를 차지하였다.

표 2   쌀 品種別主 栽培面積과 增收效果 (1971 ∼ 1980)

구 분	總生産量	統一品種 쌀生産量	面積		比率	10a 當 收量			
			一般벼	統一벼		統一벼	一般벼	增水量	增收率
1971	3 997.6	–	1 190.4	2.7	–	501	337	164	149
1972	3 957.2	–	1 191.1	187.5	16	386	321	65	120
1973	4 211.6	–	1 181.7	121.2	10	481	350	131	137
1974	4 444.9	855.8	1 204.4	180.9	15	473	353	120	134
1975	4 669.1	1 379.7	1 218.0	274.1	23	503	351	152	143
1976	5 215.0	2 553.4	1 214.9	533.2	45	479	396	83	121
1977	6 005.6	3 648.1	1 230.0	660.1	55	553	423	130	131
1978	5 797.1	4 516.3	1 229.8	929.0	76	486	435	51	112
1979	5 564.8	3 448.6	1 233.2	744.1	61	463	437	26	106
1980	3 550.3	1 732.9	1 223.0	604.2	50	287	292	△ 5	98

資料 : 韓國農村經濟研究院 (1989), 『韓國農政 40 年史』, p.431

통일벼 보급 초기에는 통일계와 일반계의 증수량 격차가 높았다. 그러나 통일벼의 보급에 따라 통일벼에 적용되던 다비, 집약적이며 정밀한 재배관리 기술이 일반벼에 확산되어 단수차이는 점점 좁혀졌다. 즉 통일벼에 사용되던 조기파종, 소주밀식, 심경다비와 같은 시비법, 관개법, 보온묘대 등의 재배관리 기술이 일반벼에도 그대로 사용되어 일반벼의 수량을 높인 것이다.

3. 새마을운동과 통일벼 보급

새마을 운동은 1970 년대의 한국사회를 특징짓는 중요한 사건이다. 1970 년 새마을 가꾸기 사업으로 출발한 후, 1972 년 유신체제 성립 이후 환경개선사업, 소득증대사업, 정신계발사업 등 3 대 사업을 중심으로 한 새마을 사업이 본격적으로 전개되었다. 통일벼 보급은 새마을 소득증대사업의 대표적인 사업으로서 실질적인 성과를 거둔 사업이었다.

이러한 성과는 정부가 농민에게 통일벼의 선택을 강요하고 모든 농업관련기관을 동원하여 생산방식의 통제에서 비롯된 것이다. 정부의 주곡자급에 대한 집념은 여러 가지 시책으로 나타났다 (이두순 2003). 주요시책으로는 첫째, 통일 품종의 보급과정에서 나타난 문제를 해결하기 위한 시한영농의 도입이다. 농작업별 이행시한지정, 농촌 일손돕기 운동, 모내기 • 벼베기 행사, 신품종의 보급 책임면적 지정 등 시한영농시책을 강력히 추진하여 통일품종 보급을 보다 조직적으로 독려하였다. 이러한 성격을 잘 나타낸 것은 모든 영농일정에 수립된 작전명이다. 예를 들어 모내기 작전, 풀베기 작전, 물대기 작전 등이다. 1973년의 벼농사 150일 작전, 1974년의 쌀 3,000만석 돌파작전을 거치면서 본격적으로 도입되었다.

둘째, 효과적인 통일품종 보급조직의 강력한 행정체계의 구축을 위해 농림부 등 계통기관에 이른바 식량증산상황실을 운영한 것이다. 농림부, 농촌진흥청, 농협중앙회를 비롯하여 시도부터 군 • 읍면까지 식량증산 상황실을 설치하고 당면 영농과제의 진도 및 문제점과 대책 추진내용을 신속히 전달 • 조정하는 기능을 수행하였다. 추진상황을 점검 • 평가하면서 농업현장까지 찾아다니면서 지도 • 독려하였다. 1974년부터는 '청와대 식량증산기획실'이 만들어져 부처 간의 의견을 조정하여 강력한 증산을 추진하였다. 매월 대통령 주재의 경제동향 보고 회의에 업무 추진 현황을 보고하였다.

셋째, 식량증산시책 각 부문별로 책임량과 시한을 지정하고 달성하게 하는 책임생산제의 실시이다. 식량증산시책 각 부문별로 책임량과 시한을 정하여 시도별, 시군별 또는 공무원별, 농가별 책임생산 목표량을 지정하고 통일벼 재배면적을 할당하여 이에 대한 책임을 지게 하였다. 지역 담당 공무원은 부여 받은 책임을 완수해야 했다. 목표량을 달성하지 못한 경우나 진도가 부진하면 엄중한 문책을 받았다.

넷째, 증산의욕을 고취하기 위한 다수확 시상제 도입이다. 영농관련 각종행사도 두드러져 권농일 이외에도 농민을 위한 다수확농가시상, 증산왕 및 증산단지 시상과 유공기관에 대한 시상이 1973년부터 크게 강화되었다. 증산왕 시상과 더불어 유공자 시상도 하였다. 공무원, 유관단체의 임직원 등이 증산유공자로 대통령 표창, 국무총리 표창, 장관표창을 받았다.

마지막으로 범국민운동으로 농촌 일손돕기 운동을 전개하였다. 통일벼가 본격적으로 보급된 1973년부터 모자라는 일손을 돕기 위해 정부가 주관하여 전국 규모의 농촌 일손 돕기 모내기 2주일 앞당기기가 시행되기도 하였다. 주로 공무원과 공공기관 직원, 군인, 학생과 각종 사회단체 등이 참여하였다.

이러한 하향식 획일적 시책은 농촌지도사업의 원리를 크게 훼손시켰다. 농민의 자발적인 참여를 전체로 교육적 원리에 입각하여 영농상의 문제를 해결하는 것이 아니라 국가와 정부주도의 경제성장과 사회적 동원이라는 국가주도의 발전주의 (state development) 의 관철이었다.

그럼에도 불구하고 통일 품종이 개발 • 보급된 후 쌀 증산으로 주곡자급이 가능하여 미가를 안정시켜 1970년대 고도 경제성장에 기여하였고, 고미가 수매정책으로 농가소득도 증가하였으나 그 과정에서 산업간 격차, 지역간 격차 등 사회경제적 문제를 더욱 심화시켰다.

IV. 맺음말

식민지기 재래농법은 일본으로부터 개량농법으로 급속하게 대체되고, 집약농법이 도입되었으며, 이후 한국의 농업기술은 1970년대 후반 통일벼의 개발로 급속하게 보급되어 식량자급이 가능하게 되었다. 두 시대가 일견 완전히 상이한 시대배경과 패러다임에 의해 농업기술을 수용하는 것으로 보이지만, 실제로는 많은 유사성 또한 갖고 있다. 표면적으로 보면 두 시대의 농업기술은 증산을 위한 당시 나름의 비료 • 농약 등의 투입요소와 관개의 중요성이 강조되었으며 집약적 기술체계였다.

통일 품종이 개발되면서 식민지의 육종기술에서 벗어났지만 농업기술의 수용과정은 매우 유사하다. 기술 수용과정에서 타율적 강제에 의한 기술 보급이 이루어져 농민의 창의성은 철저히 무시되었다. 정책 또한 미가안정을 통한 공업육성이라는 유사한 목표를 갖고 있으며, 농업·농촌문제의 근원을 개별 농민에게 돌리고 있는 것도 유사하다. 농민들의 자각과 학습을 통한 자력갱생과 자조, 근면을 핵심 키워드로 삼고 있다는 점에서 1930년대 농촌진흥운동과 1970년대의 새마을 운동들은 거의 유사한 모습을 보이고 있다.

글로벌화는 스케일의 정치 (politics of scale) 이다. 국가 - 지역 - 농민에서가 아니라 글로벌 - 국가 - 지역 - 농민간 상호작용은 더욱 복잡한 양상을 보이게 된다.

최근 한국정부는 새마을운동을 한국형 공적개발원조 (Official Development Assistance: ODA) 모델로 선정하고, 아시아, 아프리카 등 개발도상국으로의 농업기술 이전이 추진되고 있다. 그러나 현지 지역, 환경, 자원, 역사성이 간과되고 있다. 새마을운동 경험만을 일관적으로 내세워 한국형 ODA 모델을 공여할지 우려하는 바가 크다.

현재 새마을 ODA 사업은 이질적인 역사와 문화적 환경 및 개발여건을 지닌 아시아 개발도상국들에서 농업기술이 얼마나 적용가능하며 (applicable), 적절한가 (relevant) 에 대해서는 신중한 검토 없이 거의 동일한 사업내용, 사업방식 및 구성요소로 추진되고 있다. 이 점은 '하나의 개발 모델은 없다! (one size does not fit all) 라는 개발원칙에도 맞지 않는다. 글로벌시대 아시아국가 간의 진정한 협력과 교류를 위해서 우리는 상호 이해와 학습 더 나은 문명을 만들기 위한 진지한 노력이 필요하다.

引用文獻

金榮鎭, 洪銀美. 2002. 12. 開化期의 農學思想, 農業史研究, 創刊號.

蘇淳烈, 朱奉圭. 1996. 近代地域農業史研究, 서울대 출판부.

蘇淳烈, 李斗淳. 2003. 12. 日帝下水稻技術體系의 性格과 變化, 農業史研究, 第 2 券第 2 號.

蘇淳烈. 2010. 外來農業技術과 地域의 變容, 農業史研究, 第 9 券第 1 號.

韓國産業研究院. 2012. 韓國型 ODA 모델 樹立, 經濟·人文社會研究會 未來社會協同研究 叢書 12-02-01 (1).

李斗淳. 2003. 統一係水稻 新品種開發의 成果와 評價, 韓國農業·農村 100 年史 論文集, 第 1 集, 韓國農村經濟研究院.

李春寧. 1989. 韓國農學史開, 民音社.

李鎬澈. 2005. 6. 韓國植民地期의 農業技術 研究와 普及, 農業史研究, 第 4 卷第 1 號.

韓國農村經濟研究院. 1989. 韓國農政 40 年史.

加藤末郎. 1904. 韓國農業論, 裳華房.

科學技術廳計劃局. 1967. 朝鮮の米作技術發展史, 低開發國科學技術事情調查資料, No. 2.

久間健一. 1943. 朝鮮農政의 課題, 成美堂書店.

農林省熱帶農業センタ-. 1976. 舊朝鮮における日本の農業試驗研究の成果, 農林統計協會.

盛永俊太郎. 1956. 育種의 發展, 農業發達史調查會, 日本農業發達史, 第 9 卷.

小早川九郎. 1944. 朝鮮農業發達史 發達編, 朝鮮農會.

飯沼二郎. 1967. 農業革命論, 未來社.

Efforts on Eliminating Famine in China: The Plant Improvement Project (1925—1931)

Ruisheng Zhang[*]

(Department of History, Purdue University)

Abstract: China suffered famine and social disorder caused by continuous warfare in the early twentieth century. The Chinese people, however, never ceased their attempt to combat the hunger in various ways. International cooperation was an important and innovative component of this attempt. In 1925, Professor H. H. Love of Cornell University was invited to University of Nanking to lead a five-year cooperative program of crop improvement, which was called the Plant Improvement Project (PIP). From 1925 to 1931, Love along with C. H. Myers and R. G. Wiggans of Cornell University went to China to implement PIP. With the joint efforts of specialists both from Cornell University and University of Nanking, many high-yielding crop varieties were bred and distributed to farmers to improve yields and fight hunger, at the same time they trained a professional group of crop breeders and extension workers to continue crop breeding and distribution. As the first systematic, large-scale cooperative crop breeding program in agriculture between China and the United States, PIP sought a new model for China's application of the American concept of the integration of agricultural research, education and extension, which resulted in both success and failure. PIP, however, has exerted profound influence on thefollow-up work at not only at Cornell and Nanking but also for the governments of United States and Nationalist China.

China is anancient agricultural civilization with a long history. Since the Opium War, however, China has suffered famine and social disorder caused by continuous warfare in the early twentieth century. The Chinese people, however, never ceased their attempt to combat the hunger in various ways. International cooperation was an important and innovative component of this attempt. And modern, western agricultural science also helped trigger a series of transitions concerning traditional agricultural production. Within these transitions, most of the early technological exchange between China and the United States were non-governmentally organized by missionaries, merchants, and patriotic Chinese scholar-bureaucrats. Later, research institutions, agricultural universities, and colleges as well as the governments of China and the United States played leading roles in agricultural exchange and cooperation.

I. The Historical Background of PIP

In 1911, a major development occurred, Joseph Bailie, Professor of English at the University of Nanking, organized the Volunteer Peasant Association for afforestation in Purple Mountain, a suburb of Nanjing city, but he did not have adequate revenues for this work. In 1914, however, he helped establish the College of Agriculture at the University of Nanking and introduced a four-year undergraduate program in agriculture. Next year, agricultural scientists at the University of Nanking developed the first Chinese wheat variety with modern breeding tech-

* 【作者简介】张瑞胜，男，美国普渡大学历史系在读博士研究生，研究方向为农业史

niques. They called it "Nanking No. 26".

Cornell University, established several decades earlier than theUniversity of Nanking, also took the leading position in agricultural science, and its College of Agriculture had enjoyed a good reputation for a long time in China. After the Revolution of 1911 (the Chinese bourgeois democratic revolution led by Sun Yat-sen which overthrew the Qing Dynasty), many scholars, such as Jin Bangzheng, Zou Shuwen, Zou Bingwen, Xie Jiasheng, Ling Daoyang graduated from the College of Agriculture at Cornell University and returned to China. [1] These pioneers in the research and teaching of agriculture not only made great contributions to the agricultural science, but also strengthened the influence of Cornell University on Chinese agricultural science.

Cooperation between Cornell University and the University of Nanking dates to 1914, when Prof. J. H. Reisner taught agricultural courses at the University of Nanking after graduating from the College of Agriculture at Cornell. In 1916, when, Joseph Bailie, dean of College of Agriculture at the University of Nanking, resigned to return to the United States, Prof. Reisner succeeded him. This initial interaction between Cornell University and the University of Nanking facilitated future official cooperation between the two institutions.

II. Establishment and Purpose of PIP

The Plant Improvement Project (PIP) of Cornell University and the University of Nanking was the first systematic, large-scale cooperation in agricultural science and technology between the United States and China.

In 1920, a severe drought caused crop failure and hunger in North China, while an increasing number of people in that region died from starvation, particularly the provinces of Hebei, Henan, Shanxi, Shandong, and Shaanxi. Some Americans donated money to relieve the people in stricken areas, but not all of it was allocated. In 1922, learning that about one million dollars of the donation were left, Dean Reisner, went back to America to ask the committee to allocate the money for the improvement of agriculture and forestry in North China. In 1925, Reisner invited Prof. H. H. Love of Cornell to be the special professor at the University of Nanking.

Soon thereafter, the University of Nanking, Cornell University, and the International Education Board established a five-year cooperation program for crop improvement, called the Plant Improvement Project. From April to September for the next five years, a professor from the Department of Plant Breeding at Cornell went to China to conduct research on crop improvement. The University of Nanking provided the research facilities and experiment stations. The International Education Board was responsible for covering the travel expenses for the Cornell representatives.

The University of Nanking combined different missionary stations to conduct the experiment and extension across China. Nanking Station was the central station along with several cooperative stations. [2] They took the responsibility of making technical plans and recommending technical staff. [3] In this way, professors from Cornell University, with research assistants from the University of Nanking, could circulate among all of the cooperative stations and provide guidance for the local improvement of agriculture.

Table 1   Plant Improvement Project-Distribution of Crops in Cooperative Stations[4]

Station	Winter Crop	Major Summer Crop	Minor Summer Crop
Kaifeng	Wheat	Kaoliang	Beans (Millet)
Nanhsuchow	Wheat	Beans	Kaoliang

① Shen Zhizhong. *The Sino-US Exchange and Cooperation in Agriculture*. Beijing: China Three Gorges Press. p 45. 2008

② Including Nanhsuchow Station, Presbyterian Mission, Nanhsuchow, Anhwei; Shantung Agricultural and Industrial School, Yihsien, Shangtung; Weihsien Station, Presbyterian Mission, Weihsien Station, Shangtung; Cheeloo University, Jinan; Yenching University Agricultural Experiment Station, Peiping, Hopeh; Oberlin Shansi Memorial Schools, Taiku, Shansi

③ T. H. Shen. *Readme in the Middle Age*. Taiwan: Taiwan Biography Literature Press. p 137. 1984

④ H. H. Love and J. H. Reisner. *The Cornell-Nanking Story*. Ithaca: New York State College of Agriculture at Cornell Un iversity. p 16. 1964

（continued table）

Station	Winter Crop	Major Summer Crop	Minor Summer Crop
Yihsien	Wheat	Kaoliang	Beans
Weihsien	Wheat	Kaoliang	Beans
Wuchang	Wheat	/	/
Kweiteh	Wheat	Kaoliang	Beans
Nanking	Wheat, Barley	Cotton, Corn	Beans, Rice

PIP started in 1925 and came to close in 1931. But during this period, the program was interrupted due to unstable political conditions and constant wars. In 1928, it was suspended for a year, then continued until 1931. In these years, Prof. Love, Prof. Myers and Prof. R. G. Wiggans each went to China twice. At that time, teachers and students of the College of Agriculture and Forestry at the University of Nanking, such as Prof. T. H. Shen, Prof. Sui Wang, Shen Xuenian, Dai Song'en, and Shen Shouquan, participated in this program, and most of them traveled to Cornell for further study. Eventually, they returned to conduct agricultural research at the University of Nanking, other agricultural colleges and universities, or government institutions.

Table 2   Time List of the Visits of Professors from Cornell to China

Professors from Cornell	Main Instruction Fields	Years in China
Prof. H. H. Love	Small grains, Biostatistics	1925, 1929
Prof. C. H. Myers	Naturalpollination grains (eg. corn), Feed grains	1926, 1931
Prof. R. G. Wiggans	Vegetables, Feed grains	1927, 1930

Actually, yields of grain crops, including wheat, barley, sorghums, and rice were increased by planting the improved crop varieties, especially wheat and sorghum in North China, developed from their research. [1]Additionally, professors from Cornell taught coursese at the University of Nanking, giving lectures about crop breeding and providing instruction for research.

III. The Major Achievements of PIP

The distribution of improved seed had begun in the twelfth year of the Republic of China (1923). [2]Later, during the PIP, promising varieties of crops, such as wheat, beans, rice, sorghum, millet and barley, were developed at the experiment stations of the University of Nanking and cooperative stations and then distributed among farmers. PIP made great achievements in the improvement of seed varieties and the increase of food grains at a time when people suffered from serious foodshortage. Planting improved varieties seemed to be a shortcut for solving the grain problem in China. [3]Besides, the standard methods of crop improvement were formulated in China for the first time, and then extended to the whole country. Meanwhile, the program cultivated a group of well-trained agricultural scientists and technicians with professional knowledge and creativity, who could carry on and expand the work after the Cornell professors had left.

Wheat Nanking No. 2905 was one of the most successful improved varieties in the project. In 1934, the Exten-

---

① T. H. Shen. *Readme in the Middle Age.* Taiwan: Taiwan Biography Literature Press. p 137. 1984

② Department of Agronomy in College of Agriculture at the University of Nanking. The Past and Future of Department of Agronomy. *Gazette of Agriculture and Forestry* 1 to 3 Collections. p 12. 1930

③ T. H. Shen. Increase Food Yield by Improved Varieties in China. *Agricultural Journal of China* 90. p1 – 6. 1931

sion Department compared yields of Nanking No. 2905 wheat with Nanking No. 26 (Table 3). When the comparisons were made, the average yield of Nanking No. 2905 over a five-year period was 30 bushels per acre while the Nanking No. 26 averaged 24 bushels per acre for about 25 percent gain. Numerous tests showed that Nanking No. 26 yielded about 7 percent more than the farmers' traditional varieties, so Nanking No. 2905 wheat would yield about 32 percent more than the farmers' varieties if grown under similar condition. After ten years of testing, Nanking No. 2905 started to be extended in the Jiangsu province, and then be extended to the Sichuan province in 1937. Its total acreage of extension amounted to roughly 1.3 million acres, which indicated that Nanking No. 2905's extension had been planted in the most acres of all the improved varieties. [1] After Anti-Japanese War (that is World War II), Nanking No. 2905 was planted in Kiangsu, Anhwei, Sichuan, Shansi, Hupeh and other provinces. [2]

Ⅳ. Significance and Influence of PIP

The success of PIP proved that the trinity of the integrating of agriculture production, scientific research and education could be transferred from the United States to China. The cooperative stations took the responsibility for distributing the improved varieties to farmers while extension workers at these stations conducted improved crop raising methods and demonstrations to farmers planting. [3] Under the guidance of the professors from Cornell, the University of Nanking followed the example of American universities, especially Cornell University, where agricultural education, research, and extension were integrated. As a result, the program trained a group of professional breeders, promising varieties were developed, and improved varieties were distributed to farmers through the cooperative stations, which meant that the Cornell trinity of integrating of agriculture production, scientific research and education became standard practice in China. Later some colleges of agriculture in China began to imitate the University of Nanking's and Cornell University's trinity of integrating of agriculture production, scientific research, and education. [4] This greatly contributed to the overall development of agriculture in the period of the Republic of China. [5]

PIP exerted considerable influence on the follow-up work at both Cornell and Nanking. The Cornell agricultural experts agreed in their memoirs that the improvement work in China enriched their experience and enhanced their research techniques. In addition, they gained experience on agricultural education and management which enhanced their work at Cornell and at the University of Nanking. This "win-win" cooperation met the agricultural research, extension, and educational needs of Cornell and Nanking, and laid the foundation for later international cooperation in the field of science and technology. Prof. W. I. Myers, former Dean of the College of Agriculture at Cornell University, stated in a letter, "The successful results of The Cornell-Nanking Program were certainly one of the major factors that encouraged us to undertake a similar but more comprehensive contract with the University of the Philippines, College of Agriculture, at Los Banos. I am sure this project was helpful in strengthening the agriculture and the economy of the Philippines, and I am equally confident of its benefits to the College of Agriculture and to Cornell. " [6]

PIP trained a group of crop specialists who changed modern China. During the program, the theoretical teaching and practical training aroused the enthusiasm of the agricultural faculties and students to the seed improvement work. After the program closed, some of these people remained at the university as teachers or went to the cooperative stations to continue the crop improvement work. And, many of them went to western countries, especially the United States, for further study, most of whom returned China after receiving a Master's or Doctor's degree. These

---

[1] Jin Zichong. Exhibition of Nanking No. 2905 Wheat. *Gazette of Agriculture and Forestry* 4 to 9Collections 25. 1931

[2] Cai Xu. Summary of Improvement Work of Wheat. *Report of Agricultural Extension* 6. 1945

[3] H. H. Love. The Importance of Science to Agriculture. *Gazette of Agriculture and Forestry* 255. p 391 – 394. 1931

[4] He Shuqing. *Introduction and Influence of the Trinity of " Integration of Agriculture Production, Scientific Research and Education" in America*. Nanjing: Nanjing Agricultural University. 42. 2011

[5] Bao Ping. *Changes of Chinese Agricultural Education in 20th Century*. Beijing: China Three Gorges Press. p118. 2007

[6] H. H. Love and J. H. Reisner. *The Cornell-Nanking Story*. Ithaca: New York State College of Agriculture at Cornell University. p 47. 1964

men made great contributions to the crop improvement work by sharing their advanced knowledge about crop breeding and genetics learnt abroad, they become the most important crop breeders in the Republic of China and even in the People's Republic of China.

PIP served as a model for international agricultural cooperation during the middle and later periods in the Republic of China. Its success stimulated government support for crop breeding research in China. As the program developed, not only did the crop improvement work at the University of Nanking become standardized, but National Central University, Yenching University, and Lingnan University also began crop improvement research. Furthermore, after the program terminated in 1931 because of funding has ended, the government of the Republic China established the National Agricultural Research Bureau, which aimed to increase crop yields by distributing improved varieties nationwide. Influenced by the program, a series of official Sino-US exchange activities in modern agricultural technology occurred, such as Sino-American Agricultural Technological Cooperation Group, cooperation between Ministry of Agriculture and Forestry and The International Harvester Co., LTD., and the Joint Commission on Rural Reconstruction, which greatly promoted the agricultural modernization in China.

Conclusion

The PIP between Cornell University and the University of Nanking was a forerunner of the "Technical Assistance Program" started by President Harry Truman in the United States after the Second World War. In his inaugural speech of 1949, President Truman outlined the "Point Four Program," which reflected the merits of PIP use the scientific and technological progress and industrial development related to agriculture to aid poverty-stricken areas. The significance of this program lay in the aid to the economy and agricultural research technique, especially in the fields of agriculture, public medical service, and education. [1]"

In short, PIP was the first systematic, well-organized, and large-scale cooperative project in agricultural science and technology between the United States and China. PIP began a new age of Sino-US cooperation in modern agricultural science and technology by providing an example of the integrating of agriculture production, scientific research and education, and by promoting the sustainable development of agricultural education and research in agricultural science and technology in China.

---

[1] Linda McCandless. International Programs at the College of Agriculture and Life Sciences: Past, Present and Future. *College of Agriculture and Life Sciences at Cornell University*. p 1. Winter 2004—2005

近代美国作物采集活动研究

刘　琨[1,2]*　李　群[1]

（1. 南京农业大学中华农业文明研究院，江苏　南京　2100095；
2. 江苏理工学院，江苏　常州　213001）

摘　要：作物采集是近代美国发展农业的重要手段之一，无论是活动的组织安排，还是引种作物的推广种植都值得发展中国家学习借鉴。美国作物采集活动的发起是历史、地理、人文、社会等多种因素共同促进的。植物采集专家从欧洲、亚洲、美洲等国家采集了数以万计的作物种质资源，包括粮食作物、蔬菜作物、水果作物、油料作物等，每类作物的具体品种难以尽述，本文选择有代表性的作物品种，考证其引种来源历史。美国作物采集的丰富成果归功于政府部门的全面支持。作物采集活动有效解决了农业生产中的作物资源匮乏问题，对美国作物种质资源储备以及垄断世界农业超级大国地位产生重要影响。

关键词：美国；作物采集；种质资源

作物采集活动作为一个主权国家保障粮食安全、促进经济快速发展的重要手段，是人类的一项古老生产活动。最早记录可以追溯到公元前 2500 年苏美尔人在小亚细亚的作物采集活动[1]。在美国农业历史进程中，作物采集活动起到了相当重要的作用。美国哈佛大学阿诺德植物园主任 David Fairchild[2] 曾写到："肉末玉米粥的时代已经永远过去，加州淘金热以来我们餐桌上的菜单已经发生极大的变化，是什么带来的这些变化？太平洋沿岸各州不是作物的黄金产地，这也不是工业发展的结果，而是新作物引种的功劳。"[3] 随着世界各地前往美国移民的不断增多，作物采集活动开始成为农业生产的重要组成部分。

一、近代美国作物采集活动背景

（一）根源于多种族融合的国家特点

吸引世界各地移民前往美利坚合众国的主要原因是在这里有机会拥有大量土地，移民浪潮在 19 世纪末 20 世纪初达到顶峰，这里汇聚了来自世界各地的农业种植能手。第一批欧洲移民到达后，发现当地仅有为数极少的以渔猎、务农为生的印第安人，他们以种植谷物、玉米、白马铃薯、烟草为主[4]，作物品种非常有限，南瓜、菜豆、豌豆、野生水果是辅食，耕地用的农具和耕作方法均处于原始阶段。[5] 早期移民发现在美国土地上生存下来确实不容易，把从原居住地带来的作物种子种植在未经开垦的荒原上，最初

---

*【作者简介】刘琨（1971—　），男，南京农业大学中华农业文明研究院博士研究生，江苏理工学院讲师，研究方向为农业史；李群（1960—　），男，南京农业大学中华农业文明研究院教授、博士生导师，研究方向为农业科技史

① Knowles A. Ryerson, Plant Introductions, Agricultural History, 50 (1), Bicentennial Symposium：Two Centuries of American Agriculture, 1976, p. 248

② David Fairchild：美国植物学专家，全面负责美国农业部外国种子和植物引进办公室的植物采集工作。为了确保准确性，文中涉及的美国作物采集专家均使用英文名

③ David Fairchild, An Account of Some of The Results of The Work of The Office of Seed and Plant Introduction of The Department of Agriculture and of Some of The Problems in Process of Solution, Washington：The National Geographic Magazine, 1906, p. 179

④ Wayne D. Rasmussen, Agriculture in the United States——A Documentary History, New York：Random House, Inc, 1975, p. 3

⑤ 郑林庄选编，方原等译：《美国的农业——过去和现在》，中国农业出版社，1980 年：第 1 页

两年种植的效果十分不理想①，原来的耕作方法也似乎无效，直到他们采用了印第安人的耕作方法后②，才扭转不利的农业生产局面。

19世纪60年代，新农具和新技术开始在美国农业中广泛采用，欧洲各国对美国农产品的需求量不断增加，南北战争引发了国内消费需求增长，这些因素成为美国农业迅速发展的驱动力。1853—1917年，随着美国国土面积不断扩张，移民数量持续增加，各州新农民对作物新品种的需求日趋强烈。美国形成初期，欧洲传教士对作物新品种的传播起到了积极作用，他们把数量可观的作物引种到传教的各州，其中包括橄榄、无花果、葡萄、苜蓿与谷类作物。

（二）受益于丰富多样的地理气候条件

广阔的土地、丰富的气候条件、多样的土壤类型成为美国农业生产得天独厚的自然条件，美国国土总面积937.1万平方千米，名列世界第四位，其中农业用地4.3亿公顷，占全球农业用地的10%，其中耕地1.6亿公顷，占世界耕地的11%，人均耕地9.1亩，比世界人均耕地多5.4亩。美国不仅耕地面积大，人均耕地占有多，而且土质肥沃，多类型土壤结构有利于农业生产。③

美国农业有一个重要特点：农业生产按经济区实行明确的专业化。每个区域专门生产全国市场所需要的几种产品，农业生产布局的基础是地区分工原则，因此美国农业历史性形成10个农业区域，这些不同区域成为各具特色的农业带，并以其生产的产品性质而得名。

美国东北部和几个滨湖州是牛奶带，积温低、降雨量大有利于饲料作物和草类生长，丰富的青饲料和粗饲料为奶用畜牧业发展创造了良好条件。中西部各州是玉米带，这个区域有肥沃的黑色土壤，长达180~200天的生长期，800~1 000毫米的降雨量，而且基本上都是平原，有利于玉米、大豆等作物生长。北部各州是小麦带，肥沃的土壤和平坦的地形，降雨量在400~600年毫米摆动，北部以种植硬粒春播小麦为主，南部以种植硬粒秋播小麦为主。太平洋沿岸各州属于亚热带气候，雨量充沛，土壤肥沃，以种植柑橘、葡萄、苹果、梨等水果和蔬菜为主。山区各州是畜牧带，主要位于美国西部，占全国面积的1/3，山脉终年积雪，深谷和盆地纵横，属于干燥的大陆性气候，农业以畜牧为主。④

（三）肇始于个别群体的特殊兴趣爱好

美国早期的作物品种是由农业爱好者、贸易商、海军军官、政府官员、传教士以及有作物意识的人共同引种到美国的⑤。在移民时期，前往美洲大陆的探险者，既不是穷人也不是文盲，他们中的大多数是富人和学者，这些人希望获得新作物品种，倒不是想从中获得多少收益，而是希望在种植过程中获得一定的乐趣。这种积极探索的兴趣爱好，或许满足了他们的猎奇心理，即开始由创建商业项目转变到开拓新的农业领域。⑥18世纪末至19世纪初，美国政府尚未设立农业部或农业管理机构，作物采集活动是由个人自发来进行组织的。尤其值得一提的是本杰明·富兰克林和托马斯·杰弗逊，他们都对作物采集有特殊的兴趣爱好，在担任驻法国大使期间，分别从法国向美国本土邮寄作物新品种。

1862年，美国农业部在各州农业社团与农民的支持下正式建立，社团组织与农民个体采集引种新作物品种的强烈愿望获得美国农业部的支持和帮助。1898年，农业部SPI⑦成立后陆续派出作物采集专家前往世界各地，有针对性地引种新作物品种，以满足数以千计的私人农业试验站和州农业试验站的作物种质需求，那段时期农业部每天都能收到十几个来自世界各地的新作物品种，新品种采集量从一小盒到一吨多不等。当然这些新作物种子并不是随意分发给有需求的试验站，而是挑选种植环境相似、种植水平高、实验设备好的合作机构进行育苗试种，毕竟这些来自异国的作物种子太珍贵。

① Wayne D. Rasmussen, Agriculture in the United States——A Documentary History, New York: Random House, Inc, 1975, p. 5

② Wayne D. Rasmussen, Agriculture in the United States——A Documentary History, New York: Random House, Inc, 1975, p. 6

③ 王守臣等：《当代美国农业》，吉林人民出版社，2001年：第1-2页

④ 任舒译，（苏）尼·米·安德列耶娃：《美国农业专业化》，中国农业出版社，1979年：第23-33页

⑤ Wayne D. Rasmussen, Agriculture in the United States——A Documentary History, New York: Random House, Inc, 1975, p. 5

⑥ David Fairchild, An Account of Some of The Results of The Work of The Office of Seed and Plant Introduction of The Department of Agriculture and of Some of The Problems in Process of Solution, Washington: The National Geographic Magazine, 1906, p. 181

⑦ The Foreign Seed and Plant Introduction Section (SPI) ——外国种子和植物引进办公室，隶属于美国农业部植物产业局

（四）受益于政府部门的强有力行政干预

美国政府历来标榜自己执行的是"放任自流政策"，但是我们如果仔细研究美国经济发展历史就会发现，美国政府很早就插手和干预农业经济事物，并且随着国民经济的发展，政府的干预力度不断增强。为什么美国政府对农业部门如此偏爱？原因在于农业不仅为国民经济其他部门发展提供劳动力和原材料，而且也为它们的发展提供资本积累，[①] 美国农业从殖民地时期到近代一直处于人多地少状态[②]，作为国民经济中最大的部门，如果农业发展受阻，必然直接影响整个国民经济的可持续发展。1819 年，具有长远眼光的联邦政府财政部长 William H. Crawford 给所有美国驻外领事人员发布了一项通知，要求他们尽可能在国外采集有价值的作物运送到美国海关，这是联邦政府官方参与作物采集活动的肇始。

1827 年，美国第八任总统马丁·范布伦签署命令，让海军配合外交人员从地中海地区、亚洲、南美等国家大量采集作物新品种运送回美国本土。[③] 美国地形复杂、气候多变，从事农业生产的风险性很高。近代的农业生产多以家庭为单位，在遭遇各种自然灾害的情况下，不仅农业生产难以维持，而且正常生活也难以保证。此外，由于农业生产长期受到农业危机困扰，农场主的收入经常偏低，从而导致农业生产萎缩，影响国民经济整体的正常发展。这些困难的解决并非个别农场主所能办到，必须由政府出面协助解决，其中一项重要工作就是以政府为主体，在世界范围内采集引种适合各州农民的作物新品种。

二、近代美国作物采集活动主要成果

近代美国农业部门在世界各地采集的作物品种多达数万种，本文仅就主要作物种类的代表性品种进行举例阐述。

（一）粮食作物

硬质冬小麦，为了帮助美国密西西比河流域和北部地区农民引种高品质冬小麦，1898—1900 年，农业部 SPI 委派小麦育种专家 Mark A. Carleton 前往俄国、匈牙利、奥地利等国家采集冬小麦新品种，这位专家走遍地中海到俄国南部乡村的广大区域，采集了数量可观的硬质冬小麦和硬质红麦，[④] 这些小麦品种适合在干旱气候条件下种植，年产量比较高，面粉品质也大幅度提升。美国地产的硬质冬小麦加工制成通心粉和面包，其口感比国外进口的还要好，从而节省了每年 200 万美元进口意大利通心粉的费用。20世纪 30 年代，麦类植物病虫害严重威胁美国农业的安全，威斯康星大学植物病理学家 James G. Dickson 临危受命，在 1930 年前往俄国小麦和大麦产地寻找抗病性更强的品种，从莫斯科到外高加索，从欧俄的东部到西部，数以千计的品种被研究、试验，从中采集了许多有价值、有前景的麦类植株[⑤]。

日本九州稻，1695 年美国卡罗莱纳州就已经从非洲的马达加斯加岛引种稻谷，稻种的品质非常好，曾一度出口欧洲。但是，随着稻谷脱壳机器的快速发展，原有稻种的外壳很容易被过度打磨，不仅营养损失严重，而且口感也大打折扣，当地农民不得不求助于美国农业部。SPI 委派稻作专家 Seaton A. Knapp 前往日本考察、重点采集引种短核的、脱壳不易破损的新稻种。1899 年，他从日本采集引种了九州稻，使脱壳破损率从 40% 下降到 10%，进而开创了美国路易斯安娜洲和德克萨斯州的稻作产业，由于九州稻的产量高，很快使美国从粮食进口国转变为粮食出口国[⑥]。

大豆，1780 年本杰明·富兰克林在法国担任大使期间，把大豆作物引种到美国本土，但该作物 100

① 徐更生：《美国农业政策》，中国人民大学出版社，1991 年：第 3－5 页

② Wayne D. Rasmussen, Agriculture in the United States——A Documentary History, New York：Random House, Inc, 1975, p. 10

③ Knowles A. Ryerson, Plant Introductions, Agricultural History, 50（1）, Bicentennial Symposium：Two Centuries of American Agriculture, 1976, p. 249

④ J. Kim Kaplan, Conserving the world's plants, Agricultural Research, 46（9）, 1998, p4

⑤ Wayne D. Rasmussen, Agriculture in the United States——A Documentary History, New York：Random House, Inc, 1975, p. 2527

⑥ J. Kim Kaplan, Conserving the world's plants, Agricultural Research, 46（9）, 1998, p8

多年来的种植效果并不理想。1905—1908 年，Frank N. Meyer 从中国满洲里[①]、日本、韩国等国家采集引种了 42 个品种大豆，而在此之前美国本土只有 8 个品种大豆。1906—1932 年，Palemon Howard Dorsett 和助手又从中国、日本、韩国等国家采集了 5 534 份大豆样本种苗[②]。对于其他豆科作物，诸如绿豆、胡枝子、草木樨等，他们也进行了重点采集[③]。在各州农业试验站的努力下，1920 年以后，这些来自亚洲国家的大豆作物在美国土地上广泛种植起来。1930 年，美国大豆作物种植面积已达 340 万英亩[④]，年产值 1 900 万美元，[⑤] 此时大豆作为粮食作物、油料作物、饲料作物的经济价值开始被美国人充分认识。

（二）蔬菜作物

美国早期的蔬菜作物大多来自于英国、法国、德国等欧洲国家，蔬菜种类并不是太多。科西嘉佛手瓜，这种蔬菜对于美国家庭主妇来说是最熟悉不过的，早期从意大利和法国大量进口。1894 年，David Fairchild 受美国农业部指派，前往法国原产地采集佛手瓜的种子，尽管当地人有很强的作物资源防范意识，这位资深的作物采集专家还是成功地带回几根佛手树枝条，10 年以后由这些枝条繁殖而成的佛手瓜种植业已经在南加州兴旺发达起来。

David Fairchild 在负责美国农业部 SPI 工作期间，创建了植物分类学目录体系，每一种从国外引种的作物或植物都有唯一编号，其中第一编号 PI1 就是蔬菜作物卷心菜。1898 年，美国农业部派人从俄国采集引种，现在它已经成为美国人餐桌上的主要蔬菜。

此外，马铃薯来源于哥伦比亚和秘鲁高原，芦笋来源于英格兰，芹菜来源于南欧，番茄来源于秘鲁。其中比较经典的是利马豆，1820 年它被引种到美国，那时没有人重视它，但是，随着时间的推移，在南加州和大西洋沿岸等雨量较少地区，它却成为种植量最大的蔬菜作物。

（三）水果作物

葡萄，1769 年天主教会在美国圣地亚哥建立起第一座教堂，传教士把葡萄引种到这里。同年，加州州长委派陆军上校 Agoston Haraszthy 从欧洲、亚洲等国家采集了 1 400 种 10 万藤葡萄树进行大面积推广种植，加州的葡萄种植产业从此迅速发展起来。

柑橘，1869 年美国长老会派驻巴西巴伊亚省首位传教士把脐橙引种到美国。1871 年，驻巴西美国领事 Richard A. Edes 把数量可观的橘子树苗邮寄回美国本土，树苗经过农业试验站精心培育后，分发到加利福尼亚州的各个地区，19 世纪末这一地区已有数千英亩橘园，柑橘产品远销英国市场，并形成了独具特色的橘园景观带。[⑥]

苹果，1871 年美国农业部从俄国圣彼得堡皇家植物园采集引进了 200 多种苹果树，这些新品种主要种植在美国北部和西北部，以适应当地寒冷气候所导致的苹果晚熟情况。1893—1895 年，农业部从奥匈帝国采集引进了 54 个新品种；1897 年，从新西兰引进了 18 个新品种；随着苹果树新品种的不断引进，美国的苹果种植产业开始蓬勃兴旺。除了食用品种外，农业部还从日本引进了观赏性苹果树新品种。

（四）经济作物

棉花，目前世界上最大的产棉国是美国。1899 年以前，美国从埃及大量进口棉花，埃及棉的纤维具有长丝、柔滑、弹性好等特点，这使其比美国原产的陆地棉、海岛棉更受欢迎，引种埃及棉列入美国农业部重要议事日程，经过多次尝试种植，均以失败而告终，部分农民放弃了种植埃及棉的想法。美国农业部育棉专家 H. J. Webber 针对这种情况进行了大量的种植试验，他发现美国科罗拉多大峡谷的生态环境与埃及的自然条件非常相似，具有干燥、温和、水资源丰富、生长期长等特点，这一发现使美国成功引

---

① 美国近代原版文献中一般把中国东北称为"满洲里"，在语义上并不在中国现代地理版图之内
② Allan Stoner, Kim Hummer, 19th and 20th Century Plant Hunters, HortScience Vol. 42（2），2007，p. 198
③ Wayne D. Rasmussen, Agriculture in the United States——A Documentary History, New York：Random House, Inc, 1975, p. 2525
④ 1 英亩 = 6.07 亩 = 4 046.86 平方米
⑤ Knowles A. Ryerson, Plant Introductions, Agricultural History, 50（1），Bicentennial Symposium: Two Centuries of American Agriculture, 1976, p. 256
⑥ Nelson Klose, America's Crop Heritage, The Iowa State College Press, Ames, Iowa, U. S. A. 1950, pp. 77 – 78

种了埃及棉，奠定了美国棉花产业的重要基础，埃及最赚钱的种植产业从此转移到了美国。

茶叶，1846 年美国政府决定从中国引进茶叶作物，派出专业采集人员前往中国，并对采集到的茶叶树块茎进行育种试验。1858 年，联邦政府派 Robert Fortune 前往中国浙江等地进行茶树采集，第二年，5 万株茶树种苗被分发到南部各州种植者的手中，经过反复种植改良，中国的茶树被成功地引种到美国。

甜菜，美国早期制糖业的重要原材料，引种自欧洲西部和南部沿海。美国内战以后联邦政府从德国和法国引进了甜菜，并开始在伊利诺斯州、威斯康星州、科罗拉多州、加利福尼亚州等地建立起大量的甜菜加工厂。农业部建立后与各州农业试验站密切配合，使甜菜的种植与加工水平不断提高，成为美国十几个州的重要加工产业。

三叶草，最适合在美国暖冬区域种植的一年生饲料作物，引种自埃及的尼罗河谷，长期以来埃及农民用它来改善土壤、喂养牲畜。在亚利桑那州、加利福尼亚州等灌溉农业区域，没有比三叶草更适合种植的饲料作物了，主要原因是不与当地粮食作物发生种植冲突，而饲料作物苜蓿，由于多年生属性，不适合与其他作物轮种。

苜蓿，在美国太平洋沿岸各城市形成时期，天主教父把苜蓿引种到这一区域，从而使 200 万英亩土地变成最赚钱的农场。1897—1908 年，美国农业部委派 Niels E. Hansen[1] 先后三次前往俄国、土耳其等国家，采集引种苜蓿和其他饲料草种，Hansen 的采集重心放在西伯利亚地区，主要原因是该区域的饲料作物具有耐寒耐旱特性[2]，这些苜蓿品种的引进为美国北部、西部的畜牧业草种改良奠定了重要基础。1930年夏天，为了恢复苜蓿的抗枯萎病研究，H. L. Westover 前往西班牙和北非国家采集苜蓿和饲料作物，经过 3 个多月的努力，采集了 300 多种苜蓿作物和大量的其他豆科作物，进一步改善和丰富了美国饲料作物种类[3]。

三、近代美国作物采集活动组织与实施

（一）政府设立专门机构开展作物采集活动

19 世纪末，美国农业部在农业发展关键问题上所提供的技术支持获得重大成效，出现了生机勃勃的组织格局，使其既摆脱了清规戒律式的组织形式，又摆脱了只针对特定问题和特定商品而建立科研机构的方式。1898 年，美国农业部建立外国种子和植物引进办公室（SPI），专门从事经济作物调查、采集、引种以及原始育种材料保存。SPI 成立后，聘请各专业的植物学家从世界各地采集引种尽可能多的有价值作物，育种后分发给各州农民进行试种，同时提供跟踪性专业技术指导。

SPI 每年在作物采集引种方面支出大量经费，鼓励各州农民种植一些其他国家种植效果好，而本国尚未种植过的作物，尤其是从世界各地引种一些抗病性强、耐寒、耐旱的作物，经过不断地杂交或改良，培育出一些作物新品种。在联邦政府支持下，SPI 在作物采集方面的工作力度不断加强，促进美国农业生产力水平迅速提升。

（二）构建政府主导的作物采集引种配套体系

作物采集引种只有配套相应的科研、教育、推广体系才能发挥扩散效应。美国实行以联邦政府为主导，以州立大学农学院为主体的"三位一体"农业发展体系，并用法律法规的形式将其固定下来，该体系包括农业教育系统、农业研究系统和农业推广系统。在具体活动上三者分工各有侧重，有各自独立的运行目标和运行机制；但是，三者又彼此协作、相互促进，共同为美国农业发展起到决定性的促进作

---

① Niels E. Hansen：丹麦裔美籍人，园艺学教授，美国农业部正式聘请的第一位作物采集专家

② Allan Stoner, Kim Hummer, 19th and 20th Century Plant Hunters, HortScience Vol. 42（2），2007, p. 197

③ Wayne D. Rasmussen, Agriculture in the United States——A Documentary History, New York：Random House, Inc, 1975, p. 2527

用。① 美国的农业科研制度化是由政府具体负责的，体制建立可以追溯到 19 世纪 60 年代。1862 年，国会批准建立美国农业部法案、赠与若干个州和准州公有土地以建立农业工程学院法案，这两项法案成为发展全国性农业科研系统的联邦法律依据。②

美国总统林肯主政期间又推动国会通过多项法案。1862 年，莫雷尔法案推动了农业高等教育普及。1887 年，哈奇法案确定在每个州的赠地学院建立农业试验站，极大地推动了农业研究发展。1914 年，史密斯—利弗法案通过后，联邦政府和州政府在农业推广工作上相互协作起来，农业部和赠地学院的功能从制度上获得巩固的基础。1916 年，美国建立起农技指导员体制，在中等学校开设农业课程，农业技术指导和农业教育进一步推动了美国农业生产力提高。

（三）聘请专业人员前往世界各地进行作物采集

1731 年，John Bartram 在美国费城建立第一个植物园，由此开启了自发性引种植物的开端。③ 在遥远的陌生区域进行作物采集活动并不是任何人都能办到的，专业采集者需要探索的激情、坚强的毅力、丰富的专业知识，能够做到看一眼目标物就基本可以判断出它的采集价值。农业部 SPI 组建后，由于良好的组织机制和经费保障，所聘请的作物采集专家在俄国、土耳其、北非沿岸（从苏伊士运河到摩洛哥）、意大利、希腊、尼罗河谷、日本、印度、荷属东印度群岛、阿拉伯地区、南美、东非以及中国等众多国家和地区进行了大规模专业采集。近代美国的作物采集活动前期一般以个人为主体，整体组织性不强。

1898 年，在农业部 SPI 领导下，众多的植物学专家和资深学者 Niels E. Hansen、Mark A. Carleton、Seaman A. Knapp、Charles S. Sargent、Palemon Howard Dorsett、Walter T. Swingle、David Fairchild、Ernest H. Wilson、Frank N. Meyer、Joseph J. Rock、Fredrick Wilson Popenoe 等，被聘请并派往世界各地进行专业采集工作，他们把数以万计的水果、蔬菜、粮食、饲料、油料以及其他经济作物引种到美国④，他们的采集成果引人注目，Frank N. Meyer 作为这些作物采集专家的典型代表，从中国、日本等亚洲国家采集引进了数量众多的作物和观赏植物，迈耶冬青、迈耶柠檬、迈耶杜松在美国已经家喻户晓。Meyer 在中国意外过世后，美国农业部为了鼓励和表彰采集工作业绩突出的专业人员，根据 Meyer 的遗愿和捐赠成立一个基金会，从 1918 年开始由美国作物科学学会按年度颁发 Meyer 奖章（奖金），1920—1947 年，先后有 19 位专业采集人员获此殊荣⑤，辛勤努力与艰苦付出为美国作物品种的丰富与作物种质资源的改良做出重要贡献。

（四）建立专业的作物推广种植渠道

为了提高农业生产水平，1785 年美国费城农业社团开始组建，类似的组织在马萨诸塞州、弗吉尼亚州、南卡罗来纳州等地迅速建立起来，各州农民开始自发性地进行作物采集、推广、种植、试验。农业社团创办的专业期刊在作物新品种引进、宣传、推广等方面发挥了积极作用。

农业部 SPI 组建后，在国内外迅速展开工作。1908—1924 年，先后发布了 219 期作物引进公告，内容包括引进品种的名称、特性、原产地、采集者、建议种植区域等关键信息。SPI 广泛调研了美国各州的国有和私人农业试验站、实验室、植物园、作物园，力求全面准确把握他们的需求，信息沟通渠道的建立使 SPI 聘请的专家能够在世界各地准确采集引进所需要的作物新品种，并点对点配发到种植成功率高的作物繁育基地。作物资源供求信息与新作物适应性反馈信息的及时交流汇总，为美国作物新品种的推广种植开拓了顺畅的渠道。

---

① 梁立赫，孙冬临：《美国现代农业技术》，中国社会出版社，2009 年：第 99 页

② 郑林庄选编，方原等译：《美国的农业——过去和现在》，中国农业出版社，1980 年：第 60 页

③ Knowles A. Ryerson，Plant Introductions，Agricultural History，50（1），Bicentennial Symposium：Two Centuries of American Agricultur，1976，p. 249

④ Allan Stoner，Kim Hummer，19th and 20th Century Plant Hunters，HortScience Vol. 42（2），2007，p. 197

⑤ Cunningham，Isabel Shipley，Frank N. Meyer，plant hunter in Asia，Ames，Iowa：the Iowa State University Press，1984，p. 289

四、近代美国作物采集活动的影响

（一）解决了美国农民亟待援助的生产问题

美国作物采集有两个重要目的：一是为了丰富美国农业的多样性；二是为了增强本地作物的抗病性，增加亩产量，减少生产成本①。作物采集是保持种质资源供应连续性的必要条件，作物品种改良不仅需要持续供应具有抗旱、抗寒、耐热、抗病性强等基因的新作物品种，而且需要对新品种的适应性、产量、口感、生产成本等指标进行及时反馈，以便判断是否有继续引种的价值。

作物采集活动是实践性极强的工作，有特殊指向性，解决的问题都是美国农民亟待援助的生产问题，例如：帮助卡罗来纳州已经被放弃的水稻农场寻找新的稻种，搜寻采集用来酿造啤酒的大麦作物改进品种，帮助西北部地区农民引进耐寒的水果作物，帮助加利福尼亚州农民引进抗旱的坚果作物等，比较成功的案例之一是从挪威、瑞典、芬兰等冬季气候寒冷的国家引进燕麦新品种，在阿拉斯加州进行种植试验，以适应当地漫长寒冷的冬季气候，经过作物采集专家的不断努力，最终成功引种了芬兰黑燕麦，丰富了该地区粮食作物的种类。

（二）为美国农业科研储备具有选择空间的作物种质资源

为了丰富美国的作物种质资源，提高现有作物品种的抗病性，增加作物基因种类的数量，SPI 采集了尽可能多的种质资源进行储备，来源地包括亚洲、欧洲、南美等国家和地区，种类包括粮食作物、蔬菜作物、水果作物、饲料作物等，其中的很多作物品种对于美国农民来说都是新品种，一些作物的优良品性远超美国本土的作物品种。采集专家把搜集到的具有潜在价值的作物种子、作物枝条以及作物根茎等，通过各种途径运送回美国本土，这些采集物被美国农业部视为珍宝，组织专门机构——Agricultural Research Service（ARS），对远道而来的作物样本进行实验育苗、观察试种，为大范围推广种植做好前期准备工作。

20 世纪中期，随着殖民地半殖民地民族解放运动的发展，欧美等西方发达国家在原殖民地国家和地区的作物采集活动受到不同程度的限制。为了保证国家作物种质资源的长远需求，联邦政府做出两个关键决定，一是经过美国国家研究委员会提议，国会授权拨款 45 万美元，在科罗拉多州立大学建立国家种子存储实验室；二是以美国农业部为主体构建国际合作性质的作物种质资源交换体系，与欧洲、亚洲、南美等国家开展作物种质资源的交流与合作研究。这些措施的实施为美国农业发展提供了长期的、有效的、具有选择空间的作物种质资源，以便在作物产生疫情时随时能够提供基因技术支持。

（三）奠基了美国世界性农业大国领军地位

作物采集活动从根本上改变了美国农业面貌。19 世纪中后期至 20 世纪初期，美国农业部工作重点集中在亚洲、欧洲、非洲、南美洲等域外国家和地区，采集活动目标定位在一些本土需求性强的作物品种，具有重要经济价值的作物也是其采集引种的主要对象。此外，为了保证农业科研水平持续提高和作物种质资源不断更新，具有优良品性的作物品种始终在采集清单之列。

联邦政府一直把农业发展作为国家战略，各州政府都不遗余力地支持农业部的作物采集活动，在机构安排、政策制定、经费保障、工作协调等方面给予政策倾斜，合力的共同作用使美国农业迅速崛起，成为领先世界的农业超级大国，特别是作物的洲际传输交换体系的构建，为美国作物品种改良和农业生产力提升开拓了更为广阔的空间。

---

① Knowles A. Ryerson，Plant Explorers Bring Valuable New Species and Varieties to U. S，U. S. Department of Agriculture，Yearbook of 1932，Washington，1932，p. 297

中国国民党による「偽満洲国立」農事試験場の接収と技術者の留用に関する一考察

湯川真樹江

（学習院大学国際教育研究機構）

はじめに

本稿では1945 年の日本の敗戦後、中国国民党による「偽満洲国立」農事試験場の接収と、技術者の待遇等について考察する。台湾の「国立中央研究院」に保管されている経済部門檔案を使用するが、これらの檔案は公主嶺農事試験場について書かれたものが多いため、本稿では公主嶺[1]の情況に着目する。また戦前、「偽満洲国立」公主嶺農事試験場では大豆や羊、麦などについての研究が行われてきたが、報告者の関心である水稲の研究状況に限定する。

公主嶺には1945 年 8 月 23 日にソ連軍が到着し、国民党による農事試験場の接収は約 1 年後の1946 年 7 月 18 日に行われた。中国共産党との戦闘が繰り広げられる中、1947 年 5 月 19 日に国民党軍は撤退し、中共軍が公主嶺に入るも、約1か月後の6 月 27 日に国民党軍が再び入城した。農事試験場の研究活動も再開するが、戦争が激化し国民党軍は撤退、1948 年 11 月に中共軍が東北地域で勝利した。

本稿が対象とする国民党の接収と運営は1946 年 7 月から1948 年 10 月ごろまでの約 2 年という短い期間のものである。残された史料は限られてはいるが、これまでの研究で国民党接収を対象としたものは管見の限りみられない。

国民党の接収を詳細にみていくことは戦後、東北地域への統治の実態を知ること、また1949 年以降の情況を理解する上でも大変重要である。とくに農業技術の変遷を知ることは「偽満洲国」期の社会との接点を知る手がかりともなる。

I. 「偽満洲国立」農事試験場の概要

1913 年、南満洲鉄道株式会社は満洲中部の公主嶺に産業試験場を設置し、1914 年に「満洲」最南部の熊岳城に分場を設置した（1918 年に産業試験場は南満洲鉄道株式会社農事試験場と改称した）。熊岳城分場には水稲試験部門が設置され、技術者らは内地より日本種を持ち込み適否試験や純系分離試験を行った。1928 年ごろより水稲の人工交配試験も行なわれ、1934 年には耐寒性を有する新品種「興亜」「興国」「弥栄」が生み出された[2]。

1938 年に農事試験場は「偽満洲国」に移管され、「偽満洲国立」農事試験場と改称された。主な試験場は熊岳城、錦県、公主嶺、ハルビン、克山、佳木斯の6 箇所であった。水稲試験研究では耐寒性を有する品種を開発することで、「偽満洲」北部に水稲可耕地を広げ増産を図ることを目標としていた。は1943 年の品種の批評と普及の見込みを記した資料である（表1）。

表1　品種ノ批評ト普及ノ見込

品種名	地方ニ於ケル批評	将来ノ見込
陸羽一三二号	多収米質良好ニシテ好評	年々増加シツヽアリ 最南部地帯ノ基本品種トシテ有望

---

[1] 公主嶺は満鉄沿線（瀋陽－長春間）に位置し、偽満洲農業試験研究の中心的な場所であった
[2] 湯川真樹江「「偽満洲」における米作の展開 1913—1945 —「満鉄」農事試験場の業務とその変遷」『史学』80 巻 4 号、2011 年

品種名	地方ニ於ケル批評	将来ノ見込
万年	稍々好評	現在相当普及シテ居ルガ将来陸羽一三二号ニ替ルト思惟セラル
水稲農林一号	多収米質良好ニシテ好評	現在僅カニ普及シテ居ルニ過ナイガ年々増加ノ傾向ニアリ南部地帯中南部ノ基本品種トシテ有望
亀ノ尾三号	稍々好評	僅ニ普及ス
嘉笠	好評	南部地帯ノ中北部ニ相当普及シテ居ルガ此ノ地帯ニ品種少ク優良品種ガ希望セラル
秀禾	好評	僅ニ普及シ居ル程度ニシテ南部地帯ノ在来京租ニ替ル品種トシテ有望
田泰	好評	好評ニシテ現在中部地帯ニ相当普及シテ居ルガ将来興亜ニ替ルモノト思惟セラル
小田代五号	間島省ノ好評	間島省ノ奨励品種、省内ノ晩稲ニシテ作付面積ノ大部ヲ占メテ居ル
興亜	稈強剛ニシテ多収好評	中部地帯ノ基本品種トシテ有望 田泰ニ替ル品種ニシテ漸次増加シツゝアリ
青森五号	無芒多収　稲熱病ニ強ク好評	中部地帯ノ中生種トシテ極メテ有望 年々増加ノ傾向ニアル
弥栄	米質良ク多収好評	北部地帯ノ基本品種トシテ有望　年々急激ニ増加シ在来、北海（赤毛）ト替リツゝアリ
興国	多収稲熱病ニ強ク好評	弥栄ト同地帯ニ有望　弥栄程デハナイガ増加シツゝアリ 肥沃地ニヨシ
国主	稲熱病ニ強ク多収好評ナルモ短稈ナルタメ藁加工ニ不適当ナル点好評ナラズ	北部地帯ノ早生種トシテ、特ニ肥沃地ニ於テ多収、能力ヲ発揮ス耐病性強ク倒伏難北満ノ新開墾地ニ好適ス
富国	好評　短稈ナル点国主ト同ジ	将来普及スル
坊主六号	好評	最北部地帯ノ南部好適年々増加シツゝアリ
走坊主一号	好評	最北部地帯ノ中北部ニ適ス増加シツゝアリ
紅糯一号	多収餅食味良ク好評	最南部地帯晩生種トシテ有望
今田糯	好評	最南部地帯中生種トシテ有望
平六糯	好評	南部地帯晩生種トシテ有望
青森糯五号	好評	南部地帯中生種トシテ有望
松本糯	多収餅食味良ク好評	中部地帯ノ中生種、北部地帯ノ晩生種、現在相当普及シテ居ルガ将来極メテ有望
		北部並ニ最北部地帯ニ適スル糯品種ナシ育成ヲ要ス

（出典）日満農政研究会新京事務局『「偽満洲」ニ於ケル水稲品種育成増殖並ニ普及ニ関スル研究』1943 年、7–9 頁。これらの品種はすべて日本種、または改良種である

これらの品種は「偽満洲」各地への普及が目指されたが、戦況の悪化にともない普及事業は頓挫、「偽満洲国」は崩壊した。

Ⅱ. 日本の敗戦及び中国国民党による接収と再建

日本の敗戦を経てソ連軍が進駐した後、中華民国農林部では東北敵偽事業資産統一接収委員会が

「偽満洲国」の機関や会社の資産額を推定するため、東北区特派員の瀋簡良を派遣した①。「偽満洲国立」公主嶺農事試験場は農林部による接収後に、農林部公主嶺農事試験場と呼ばれた。

公主嶺では5月23日に国民党の統治下に入った。瀋簡良らは公主嶺にて調査、整理、物品の管理をするよう命令を受け、6月14日に公主嶺に到着、試験場の接収に赴いたが、中正大学農学院は瀋よりも4日早く接収に着手していた。そのため、中正大学農学院と交渉②し、7月18日から調査整理を開始した。瀋らは、戦乱により建物は破壊され、圃場は荒れ、実験機器が散乱し、家畜が失われていたことに驚愕している③。

8月19日には引き渡し財産のリストが作成された。檔案には接収した物品、人材、土地などの情報が詳細に記されている。

収については「東北敵偽事業統一接収委員会組織規程」から状況が確認できる④。それによると、秘書処と監察処の2処、そして軍政組、内政組、財政金融組、教育組、交通組、経済組、社会組、糧政組、地政組、農林組、水利組、衛生組、司法組、宣伝組、善後救済組の15組が決められており⑤、そのうち農林組は敵偽農林畜牧漁業などの機構とその事業の統括、接収事業を担った。委員会はさらに、接収にあわせて「偽満洲国」の組織系統や活動内容、成果なども調査していた。

1946年9月の檔案では、水稲に関して次のように報告されている。

水稲は従「来南」満地帯の主要生産品であるが、現在は水利造田事業が徐々に発展しているために、栽培の中心地は中部及び北部地帯に移っている。また、中部及び北部地帯の生育期間は短いので、適応する良品種を栽培するために新品種の育成と選出することは最も力を注ぐべき点である⑥。

1940年代、「偽満洲国立」農事試験場ではすでに北部の栽培可耕地を目指しており、新品種を育成していた。東北敵偽事業資産統一接収委員会もその重要性を認識していたようである。は東北区特派員瀋簡良によって農林部に報告された改良品種成績表である（表2）。

表2　粳種

改良品種名称	改良方法	育種地点及年代	優点及特殊性状	適応区域	推広面積	備考
Ⅱ水稲						
A粳種						
1. 陸羽132号	引種	熊岳城	収量多大　品質優良　抗稲瘟病	「安東省」南部、「遼寧省」南部、「熱河省」東南部		自日本引入係"陸羽20号"×"亀ノ尾"之後代
2. 萬年	純系選種	熊岳城　1925	豊産　晩熟	「安東省」南部、「遼寧省」南部、「熱河省」東南部		此係"亀ノ尾"品種之純系
3. 水稲農林1号	引種	熊岳城	豊産　易受稲瘟病	「安東省」中南部、「遼寧省」南部、「熱河省」南部		此係日本中国試験場育成"森田早生"×"陸羽132号"之後代
4. 亀ノ尾3号	引種	満鉄撫順採種田	似"萬年"品種僅成熟略早	「安東省」中部、「遼寧省」中北部、「熱河省」南部		"亀ノ尾"之純系

① 「中央研究院近代史研究所檔案館」蔵国民政府檔案、館蔵号20-16-241-19
② 中正大学農学院は公主嶺農事試験場を明け渡す代わりに、図書館の利用と農場での実習を要求し、受け入れられた
③ 「中央研究院近代史研究所檔案館」蔵国民政府檔案、館蔵号20-16-243-04
④ 「中央研究院近代史研究所檔案館」蔵国民政府檔案、館蔵号20-16-248-01。1945年4月2日会議。日本の敗戦前から接収について議論されていた
⑤ 「中央研究院近代史研究所檔案館」蔵国民政府檔案、館蔵号20-16-248-01
⑥ 「中央研究院近代史研究所檔案館」蔵国民政府檔案、館蔵号20-16-243-04

（续表）

改良品種名称	改良方法	育种地点及年代	優点及特殊性状	適应区域	推广面積	備考
5. 嘉笠	引種	満鉄奉天採種田	自開花至成熟期短	「安東省」、「遼寧省」中南部、「熱河省」南部		自日本引入原名"衣笠早生"
6. 田泰	引種	満鉄大楡樹採種田	豊産品質中位对稲瘟病頗易感受	「吉林省」西南部、「嫩江省」南部、「安東省」北部、「遼寧省」参観地帯、「熱河省」中南部、「遼北省」中南部		自日本引入原名"小田代"
7. 小田代5号	引種	間島原種場	似"田泰"品種唯成熟略早	「吉林省」東部		自朝鮮引入
8. 興亜	中生愛国×坊主2号	4代以前於熊岳城 第5代以後於大楡樹 1929	極豊産品質較"田代"為差	「吉林省」南部、「嫩江省」南部、「安東省」北部、「遼北省」中南部、「遼寧省」山間地帯、「熱河省」中南部		
9. 秀禾	万年×京租	4代以前於熊岳城 第5代以後於満鉄撫順採種田 1941	収量多大品質優良	「安東省」中部、「遼寧省」中部及北部、「熱河省」南部		
10. 青森5号	引種	大楡樹	抗稲瘟病品質中等産量略次於田泰	「吉林省」、「嫩江省」西南部、「遼北省」中南部、「安東省」北部、「熱河省」東南部		自日本引入"関山"×"亀ノ尾"之後代
11. 弥栄	秋田1号×坊主1号	4代以前於熊岳城 第5代以後於大楡樹 1939	品質優 抗稲瘟病	「吉林省」、「嫩江省」中南部、「黒龍江省」南部、「松花江」、「合江省」、「遼北省」、「熱河省」中部		
12. 興国	秋田1号×坊主1号	4代以前於熊岳城 第5代以後於大楡樹 1939	抗稲瘟病力極強 品質中等	同上		
13. 国主	中生愛国×坊主2号	5代以前於熊岳城 第6代以後於大楡樹 1939	抗稲瘟病 豊産品質佳	「吉林省」中部山間地帯、「嫩江省」南部、「黒龍江省」南部、「松花江」、「合江省」、「安東省」北部、「遼北省」中部、「熱江（ママ）省」中部		
14. 富国	引種		豊産品質中等	「吉林省」山間地帯、「嫩江省」中北部、「黒龍江省」南部、「合江省」山間地帯、「松江省」山間地帯		自日本引入係"中生愛国"×"坊主6号"之後代
15. 坊主6号	引種		略抗稲瘟病収量及品質中等	同上		"坊主"品種之純系

319

（续表）

改良品種名称	改良方法	育種地点及年代	優点及特殊性状	適応区域	推広面積	備考
16. 豊穣	"改良国主"×"十勝黒毛"	第3代以前於熊岳城　第4代以後於大楡樹　1940	抗稲瘟病　品質佳　極豊産	同上		
17. 津軽早生			略抗瘟病宜於清涼夏季気候	「吉林省」南部		
18. 走坊主1号			極早	「吉林省」（敦化県）、「嫩江省」北部山間地帯、「黒龍江省」中北部		自日本引入係"坊主"×"魁"之後代

（出典）「中央研究院近代史研究所檔案館」蔵国民政府檔案、館蔵号 20‐16‐243‐04

　【表1】に示された敗戦前の品種情況と比べると、戦前の品種はおおよそ把握されていたことがわかる。また一部の情報に誤りが見られるものの、瀋簡良により農林部へ詳細な情報が伝達されたことが確認できる。

　1946年10月、公主嶺農事試験場は戦乱の被害を受け、研究室や資料の整理が行われた。以下は公主嶺農事試験場の主な業務内容である[①]。

　（1）文書：今月受けた文書を整理する。

　（2）図書：場内に残された資料は少ない。目録を作成し、整理する。

　（3）事務：倉庫の保管物が散らばっているため、整理する。事務室と職員宿舎の窓ガラスは以前より割れていたため、張り替える。

　（4）人事：出勤簿等を作成し、「職員値班辦法」を作り直す。職員証（胸バッチ）を交付する。

　（5）建物の修復：東北実業公司により請負。9月24日より開始。今月8日に竣工する予定だったが、材料の不足により、18日より竣工。

　（6）房地租：順次整理中。

　（7）家畜：試験場の家畜を買い戻している。今月は豚1頭、オランダ種牛1頭（両目が失明）、綿羊149匹、生まれたばかりの子羊1匹等。羊の家畜小屋の修理が完成した。

　また研究業務に関しては

　（1）病害虫研究：本場には元々病害虫の標本があったが、接収時にひどく散らばってしまった。よって、整理しなおしている。

　同時に「東北主要病害」の原稿を執筆し、3分の2まで完成した。

　（2）土壌肥料研究：資料を集め、整理し、日本語の原稿「東北区アルカリ土壌の研究」を英語に翻訳している。「関於東北地力査定研究」の原稿は現在執筆中である。

　（3）農業機械研究：「農業機械研究成果論文」を現在執筆中である。

　（4）作物研究：英文にて執筆した論文65頁を脱稿した。

　（5）「東北地区畜産改進之過去及将来」の原稿が完成した。「外国産牧草選別試験及東北産野草選別試験成績」の2分の1、「東北地区馬匹改良之過去和将来」3分の1が完成した。

　こと等が報告された。

---

① 「中央研究院近代史研究所檔案館」蔵国民政府檔案、館蔵号 20‐96‐006‐11

　　同月（1946 年 10 月）の報告では、高粱、米の払下げを受けた日本人に、小佐井元吉①、小松八郎②、岡田重治③、池田實④、村越信夫⑤、荒川左千代⑥、薗村光雄⑦、苅谷正次郎⑧、岩垂悟⑨、金田一貫之、石川正示⑩と11 名の名前が見られる。生活補助として皆（配給数量）50 斤、（単価）1 圓、（金額）50 圓を購入した。他の現地職員、労働者（工人）も皆同じ量と額であった⑪。

　　1946 年 11 月、藩簡良は農林部に公主嶺農事試験場における研究業務の進行状態を記した概況表を送っている。そこには、日本人研究者が有していた研究テーマと研究状況、発表した文献の名前などが詳細に書かれ、次のように評価されている。

　　本場が留用した日本籍の技術員は皆東北の一流の専門家で、東北に住んで10 余年から30 余年とそれぞれである。彼らは皆その研究範囲において東北の農業問題に対する特別な認識、経験と見解を有している。ここでは各種試験研究設備がまだ設置されていないため、研究業務を行なうのは尚難しいが、まず先に現存する図書と各種研究成果、資料を利用し、その専門的で優れた範囲で各々1 篇または数篇の研究報告を書かせている。まずは日本語または英語で執筆し、後にこれらの研究報告を中国語に翻訳させる。これらは東北農業を改良する上で貴重な参考資料で、全ての農業科学に対する貢献も多い⑫。

　　このように、公主嶺農事試験場では日本人研究者が書いた論文を中国語（または英語）に翻訳させ⑬、技術者として高く評価していた。

　　さらに1947 年には、農林部東北農事試験場組織規程が作られた⑭。

---

　　①　小佐井元吉は明治 28 年に生まれ、大正 3 年県立熊本農業学校を卒業し、同年に「満鉄」に入社、築港事務所や農事試験場畜産科などに勤務、康徳 5 年 4 月公主嶺農事試験場技佐となる（前掲『満州人名辞典』、1093 頁）

　　②　小松八郎は1891 年に生まれ、1916 年東北帝国大学札幌農科大学畜産科第 2 部を卒業し、1 年志願兵として仙台の野砲兵第 2 連隊に入営した。除隊後1918 年 4 月に「満鉄」に入社し、1924 年に緬羊購入とその輸入監督のためアメリカに出張し、次いで1927 年 6 月種馬購入のためインド、ペルシャ、アフリカ地方に出張した。その後 1930 年 7 月農事試験場畜産科長につき、同年 9 月技師に昇格した。次いで臨時馬政委員会委員、「偽満洲」軍政部馬政局嘱託等を兼任して、1936 年 4 月押木営子分場長兼務となり、同年 9 月参事となった（竹中憲一編『「満州」に渡った1 万人』皓星社、2012 年、599 頁）

　　③　岡田重治は大正 4 年に生まれ、昭和 12 年北海道帝国大学畜産科大 1 部卒業後、直に満鉄に入社し農事試験場に勤務した。康徳 5 年 4 月公主嶺農事試験場技士を経て康徳 6 年 11 月に公主嶺農事試験場技佐となった（高野義夫『満州人名辞典』日本図書センター、1989 年、948 頁）

　　④　池田實は1902 年に生まれ、1927 年 3 月に北海道帝国大学農学部農芸化学科を卒業し、同年 4 月に同大助手となった。その後1931 年から鳥取高等農業学校教授を勤めたが、1936 年 6 月に依頼免官して「満鉄」に移り、公主嶺の農事試験場に勤務した（前掲『「満州」に渡った1 万人』、87 頁）

　　⑤　村越信夫は明治 29 年に生まれ、大正 10 年北海道帝国大学農学部を卒業後、同年 4 月に「満鉄」に入社、昭和三年に米国ウイスコンシン大学農業工学研究室において研究し、「康徳元年」3 月「国立」克山農事試験場長に就任した（前掲『満州人名辞典』、424 頁）

　　⑥　荒川佐千代は明治 35 年に生まれ、大正 13 年に鳥取高等農業学校農芸化学科を卒業し、大原農業研究所助手と大分県農林技師、大分県農事試験場技師を経て「康徳 6 年」5 月に公主嶺農事試験場技佐となった（前掲『満州人名辞典』、1112 頁）

　　⑦　薗村光雄は明治 33 年に生まれ、昭和 4 年京都帝国大学農林工学科を卒業後、同大工学教室教務嘱託、同大農学部講師を経て昭和 11 年 10 月に「満鉄」に入社農事試験場に勤務し、「康徳 5 年」4 月に公主嶺農事試験場技佐となる（前掲『満州人名辞典』、186 頁）

　　⑧　苅谷正次郎は明治 41 年に生まれ、昭和 3 年岐阜高等農業学校農学科を卒業し、昭和 4 年 4 月財団法人名和昆虫研究所技師となる。昭和 10 年 1 月に「満鉄」に入社し、農事試験場熊岳城分場に勤務、「康徳 5 年」4 月に公主嶺農事試験場の技佐となる（前掲『満州人名辞典』、1182 頁）

　　⑨　岩垂悟は明治 37 年に生まれ、昭和 4 年北海道帝国大学農業生物学科を卒業、昭和 11 年 5 月に「満鉄」に入社し、農事試験場熊岳城分場病理昆虫科長兼熊岳城農業実習所講師などを経て「康徳 5 年」4 月公主嶺農事試験場技佐となる（前掲『満州人名辞典』、32 頁）

　　⑩　石川正示は明治 39 年に生まれ、昭和 7 年北海道帝国大学農学科を卒業後、直に「満鉄」に入社し、農事試験場などに勤務した。「康徳 5 年」4 月に公主嶺農事試験場技佐となる（前掲『満州人名辞典』、1278 頁）

　　⑪　「中央研究院近代史研究所檔案館」蔵国民政府檔案、館蔵号 20－16－243－04

　　⑫　「中央研究院近代史研究所檔案館」蔵国民政府檔案、館蔵号 20－96－006－01

　　⑬　1948 年 8 月 20 日に佐々木三男がかつて日満農政研究報告に載せた論文が、楊明書の編訳によって『東北稲熱病及其防治』が完成している。「中央研究院近代史研究所檔案館」蔵国民政府檔案、館蔵号 20－96－006－03

　　⑭　「中央研究院近代史研究所檔案館」蔵国民政府檔案、館蔵号 20－16－239－02。この規定については何度も修正された。詳しくは更なる調査が必要である

【農林部東北農事試験場組織規程（一部）】

第1条　農林部東北農事試験場（以下本場と略）は農林部中央農業実験所に隷属する。

第2条　本場の職掌は左のとおりである。

1. 東北農林漁業牧畜などの試験研究に関する事項

2. 農村経済の調査研究に関する事項

3. 改良種子苗木農具肥料種畜及び病虫害の予防駆除と獣疫などの紹介、または指導協力に関する事項

第3条　本場には場長一人を置き、農林部中央農業実験所所長の命を拝し全農場の事務をまとめる。副場長1人は場長を補助し農場の業務を行う。ともに簡任である。

また時期は不明だが、このころ公主嶺農事試験場は東北農事試験場と名称が改められている。1947年2月には実習生への指導や研究書の翻訳、品種の整理なども継続して行っており、各分野の研究も広がってきている[1]。

しかし公主嶺は5月19日に襲撃を受け、試験場の職員34名（職員24名、工友10名）は瀋陽に避難した[2]。そのため、被害を受けた各地の試験場から瀋陽に離散した技術員の呼び戻しが行われた[3]。組織と研究の再建業務が行われた。

Ⅲ. 技術員の待遇と場長の新任

1947年7月から1年間、試験場の様子は明らかとなってない部分が多いが、1948年夏から秋にかけては関内から臨時職員を6名程度新たに雇っている。彼等は満洲国での勤務経験はない。

1948年10月、東北農事試験場場長張勗の辞任に伴い、康兆庚が新場長に就任した。康は遼寧省遼陽県に籍貫を有し、奉天農林学校を卒業した。1939年に中国農民銀行専員、1941年に中華民国農林部大渡河林区管理処主任、1944年7月に中華民国農林部専員、同年11月に中華民国農林部専門委員になっている。康の当時の住所欄には南京大石橋にある農林部と書かれているため、場長就任に伴い公主嶺に移ってきた可能性が高い。場長就任時は簡任4級、俸給560元であった[4]。履歴書からは、康に技師としての経験は見られない。

1948年10月には職員の名前と分担職務の詳細が記され、各技師への待遇が確認できる（表3）[5]。

表3　詳細が記され

職別	姓名	担任事項	等級	俸額	備註
秘書	文強武	辦理秘書事務	薦3	360元	
総務主任	厲佩弢	総理総務主任事務	薦8	260元	
辦事員	郝学庸	代理主持会計室（会計主任）事務	委3	160元	
辦事員	周鴻忠	辦理会計事項	委4	140元	
辦事員	趙純儉	代理人事室事務兼財産保管及福利事項	委6	120元	
辦事員	高献□	辦理文書工作	委10	85元	
雇員	李鴻勲	辦理収発印監事項	雇1	80元	
雇員	陳恭煦	辦理繕写事項	雇1	80元	
雇員	張澤国	辦理出納事項	雇5	60元	

---

[1] 「中央研究院近代史研究所檔案館」蔵国民政府檔案、館蔵号 20－16－249－01

[2] 「中央研究院近代史研究所檔案館」蔵国民政府檔案、館蔵号 20－16－249－02

[3] 「中央研究院近代史研究所檔案館」蔵国民政府檔案、館蔵号 20－16－249－04

[4] 「中央研究院近代史研究所檔案館」蔵国民政府檔案、館蔵号 20－96－004－02

[5] 「中央研究院近代史研究所檔案館」蔵国民政府檔案、館蔵号 20－96－002－06

（续表）

職別	姓名	担任事項	等級	俸額	備註
雇員	張起生	辦理庶務事項	雇6	55元	
雇員	趙克強	辦理公用物品採購事項	雇7	50元	
技正	厳英	辦理農業統計工作	薦1	400元	
技正	許承構	辦理畜牧試驗及繁殖工作	薦9	240元	
技正	齊奎	辦理畜牧試驗及繁殖工作	薦9	240元	
技士	万賢滔		薦8	260元	在東江水士特区工作
技士	張子金	辦理食糧保持試驗工作	薦10	220元	
技士	韓有庫	辦理長春獸防処保管工作	薦11	200元	在長春37年 4月1日停薪
技佐	佟元貴	協助辦理製造血清工作	委7	110元	
技佐	呉青年	辦理保管長春辦事処事務	委10	85元	在長春
技術助理員	韓清和	辦理保管長春辦事処事務	委16	55元	在長春
日籍技正	石川正示	撰述論文	薦5	320元	在長春
技士	田韞珠	辦理長春獸防処保管工作	薦10	220元	在長春37年 4月1日停薪

（出典）「中央研究院近代史研究所檔案館」蔵国民政府檔案、館蔵号20 – 96 – 002 – 06

　　ここで日本人技術者石川正示の待遇に着目したい。石川は1938年4月に「偽満洲国立」公主嶺農事試験場技佐の職に就いていた人物である。石川は接収後、薦任官5級となり俸給は320元であった。それは技正の厳英（薦任1級・400元）と秘書の文強武（薦任3級・360元）に次ぐ高い地位にあった。

　　次に（表3）に書かれている5名の中国人技術者に着目したい。

　　田韞珠（技士・薦任10級・220元）韓有庫（技士・薦任11級・200元）、佟元貴（技佐・委任7級・110元）、呉青年（技佐・委任10級・55元）、韓清和（技術助理員・委任16級・55元）は皆「偽満洲国」の農業機関で勤務経験があった[1]。さらに韓有庫と田韞珠には日本への留学経験がある。農林部公主嶺農事試験場の研究の現場では満洲国の農業試験機関に務めていた人物によって構成されていたとみられる。新場長の康兆庚は奉天農林学校で学んだあと南京へ渡り、場長として公主嶺に来ており、その履歴は他の職員とは異なる。

　　1948年秋、国共内戦が激しくなり、国民党率いる東北農事試験場はその業務を停止した。そして共産党が農事試験場を接収し、業務を再開した。

おわりに

　　以上、台湾「中央研究院」に所蔵されている農林部檔案を中心に国民党による「偽満洲国立」農事試験場の接収と技術員の待遇についてみてきた。本報告は報告者が確認できたわずかな資料からの分析に基づくが、国民党管理下の農事試験場では日本人技術者を評価し、研究論文を翻訳させて活用しようとしていたことが確認できる。しかし人事異動の手続きや接収財産の確認、修復、翻訳作業などに追われ、本格的な研究には着手できず、新品種が生み出されることはなかった。

　　また中国人技術者は「偽満洲国」期から継続して勤務する者が多かったが、新場長は農事試験場で技術者としての勤務経験はなく、農林部（南京）から公主嶺に来場し就任していた。

---

① 「中央研究院近代史研究所檔案館」所蔵中華民国農林部檔案、館蔵号20 – 96 – 004 – 01

农业经济史

汉文帝未废除名田宅制说

符 奎[*]

（郑州师范学院图书馆，河南 郑州 450044）

摘 要：张家山汉简《二年律令》的相关法律条文对西汉初年的土地授予等事宜作了详细地规定，结合其内涵与性质，将该制度称为"名田宅制"是较为合理的。"名田宅制"是西汉时期现实中切实推行的制度，所谓"不为民田及奴婢为限"，并非指汉文帝废除了以身份等级（爵级）为依据的对田宅名有量的限制，而是没有制定一个普遍适用于社会各人群的对田宅名有量的绝对限制。二者之间具有质的差别，后者是汉儒们在均平主义思想影响下，为解决当时包括因名田宅制度本身造成合法兼并在内的日益严重的土地兼并现象，不断被提出的以井田制为蓝本和最终追求目标的限田措施。故此，虽然由于制度本身以及与之密切相关的军功爵制度逐渐走向轻滥等原因，导致名田宅制度在实际运作中出现了种种问题，但就现有史料来说，种种迹象表明，西汉中后期，名田宅制度不仅没有被废除或者名存实亡，现实中其仍然在运行，并发挥着一定的作用。

关键词：汉文帝；《二年律令》；名田宅制

目前，学术界认为张家山汉简《二年律令》中的名田宅制在现实中得到了切实地推行，但对于其在西汉时期推行的具体时间存着较大争议。杨振红认为，汉文帝对民田名有限制的废止，授田存在的基础就随之消失。使得名田宅制度名存实亡，仅仅作为土地登记的手段而存在。[①] 而于振波认为，"文、景以后，名田制仍在实行，但没有根据现实的需要及时做出调整，直到元、成时期，随着徙陵制度的终止和占田过限者不受约束地发展，名田制最终遭到破坏。"[②] 王彦辉则认为："西汉哀帝时期师丹建议限田，称文帝时期'未有兼并之害，故不为民田及奴婢为限'。这里所谓不为民田及奴婢为限，并非论者所谓没有及时修订法律对名田宅制加以调整，而是放弃了按爵级身份授予田宅的做法和占有田宅的等级限制，即汉初以来的田宅制度早在吕后时期已经无法按制贯彻，文帝即位后军功爵制进一步轻滥，根本无法继续执行了。"[③] 贾丽英提出了名田宅制度缺乏应有条件的支持，一开始就没有彻底执行，高祖后期即名存实亡的观点。[④] 此外，张金光也认为："文帝彻底废除自战国以来的国家普遍授田制，而同时却无所谓'限'与'不限'的政令推行，只是因为普遍授田制的废止，才自然走到了放任即任耕无限的地步。"[⑤]

可见，学术界的主流认识是名田宅制在文帝时期遭到废除，或者已经名存实亡，在现实中不再发挥作用。但是事实如何，还需要仔细地斟酌。学者们得出汉文帝时期名田宅制被废除的直接根据，仅限于"不为民田及奴婢为限"这一简短的史料。故此，十分有必要对此问题重新进行探讨和辨析。

* 【作者简介】符奎（1981— ）男，历史学博士，郑州师范学院图书馆馆员，研究方向为中国农业史

① 杨振红：《秦汉"名田宅制"说——从张家山汉简看战国秦汉的土地制度》（初刊《中国史研究》，2003年第3期），收入氏著《出土简牍与秦汉社会》，广西师范大学出版社，2009年：第126－162页

② 于振波：《张家山汉简中的名田制及其在汉代的实施情况》，《中国史研究》2004年第1期；参阅氏著《名田制在汉代的实施与衰微》，载《简牍与秦汉社会》，湖南大学出版社，2012年：第25－57页

③ 王彦辉：《张家山汉简〈二年律令〉与汉代社会研究》，中华书局，2010年：第59页

④ 贾丽英：《汉代"名田宅制"与"田宅逾制"论说》，《史学月刊》2007年第1期

⑤ 张金光：《普遍授田制的终结与私有地权的形成——张家山汉简与秦简比较研究之一》，《历史研究》2007年第5期

一、《二年律令》中的名田宅制度

张家山汉简《二年律令》出土以前，西汉土地制度的研究，主要的史料依据是有限的传世文献，不能形成全面的系统性认识。自2001年这批竹简正式公布以来①，吸引了学术界的广泛注意，极大地促进了相关领域研究工作的进展。其中，《户律》是有关西汉初年土地制度的法律条文，主要包括根据爵位的有无与高低不同，详细地规定了有爵者、无爵者以及某些特殊群体对田宅的名有量等内容。如：

关内侯九十五顷，⬚大⬚庶⬚长⬚九⬚十⬚顷，⬚驷车庶长八十八顷，大上造八十六顷，少上造八十四顷，右更八十二顷，中更八十三一〇顷。左更七十八顷，右庶长七十六顷，左庶长七十四顷，五大夫廿五顷，公乘廿顷，公大夫九顷，官大夫七顷，大夫五顷，不三一一更四顷，簪袅三顷，上造二顷，公士一顷半顷，公卒、士五（伍）、庶人各一顷，司寇、隐官各五十亩。不幸死者，令其后先三一二择田，乃行其余。它子男欲为户，以为其□田予之。其已前为户而毋田宅，田宅不盈，得以盈。宅不比，不得。三一三

宅之大方卅步。彻侯受百五宅，关内侯九十五宅，大庶长九十宅，驷车庶长八十八宅，大上造八十六宅，少上造八十四宅，右三一四更八十二宅，中更八十宅，左更七十八宅，右庶长七十六宅，左庶长七十四宅，五大夫廿五宅，公乘廿宅，公大夫九宅，官大夫七宅，大夫三一五五宅，不更四宅，簪袅三宅，上造二宅，公士一宅半宅，公卒、士五（伍）、庶人一宅，司寇、隐官半宅。欲为户者，许之。三一六②

上述内容是目前所能见到的最为系统的西汉田宅授受制度，结合《置后律》与《傅律》等有关规定，大致上可以将西汉初年土地制度的基本情况展示出来。学术界普遍将其称作"名田制③"或"名田宅制"④。张金光在考证了"名田宅"概念、性质及其在战国秦汉间的变迁等问题之后，指出："名田"，只能是一定土地制度和地权之下的"名田"，也就是说它只是一定土地制度系统下的子概念。既为子概念，而又不能自明性质，便不能用此概念去表达具有普遍性、整体性意义与性质的土地制度。欲从整体上概括表达战国、秦及汉初的土地制度与地权关系，应回归到其时地权制度的历史境域，从最基本的历史事实中筛选概念，这个概念只能是"行田"，即国家授田制。⑤ 确实，授田制这一概念曾被学术界用来指代张家山汉简《二年律令》所反映的土地制度⑥。

名称的选择实际上反映了对该制度性质认识的不同。既然"名田宅"是个中性概念，⑦ 那么，在对《二年律令》这套土地制度的性质，到底是国有制、私有制、长期占有制、或者是"土地国有制与相对私有并存的双重结构格局"⑧ 达成相对比较一致的认识之前，暂且称为"名田宅制"是较为严谨和容易令人

---

① 张家山二四七号汉墓竹简整理小组：《张家山汉墓竹简［二四七号墓］》，文物出版社，2001年

② 张家山二四七号汉墓竹简整理小组：《张家山汉墓竹简［二四七号墓］（释文修订本）》，文物出版社，2006年：第52页

③ 朱绍侯：《吕后二年赐田宅制度试探——〈二年律令〉与军功爵制研究之二》（初刊《史学月刊》，2002年，第12期）、《论汉代的名田（受田）制及其破坏》（初刊《河南大学学报》2004年第1期），收入《朱绍侯文集》，河南大学出版社，2005年：第127–136、158–168页；高敏：《从张家山汉简〈二年律令〉看西汉前期的土地制度——读〈张家山汉墓竹简〉札记之三》（初刊《中国经济史研究》，2003年第3期），收入氏著《秦汉魏晋南北朝史论考》，中国社会科学出版社，2004年：第126–135页；曹旅宁：《张家山汉律名田宅的性质及实施问题》，载氏著《张家山汉律研究》，中华书局，2005年：第106–121页；于振波：《张家山汉简中的名田制及其在汉代的实施情况》《名田制在汉代的实施及衰微》

④ 杨振红：《秦汉"名田宅制"说——从张家山汉简看战国秦汉的土地制度》；王彦辉：《论张家山汉简中的军功名田宅制度》，《东北师大学报》2004年第4期，参阅氏著《张家山汉简〈二年律令〉与汉代社会研究》，第1–30页

⑤ 张金光：《普遍授田制的终结与私有地权的形成——张家山汉简与秦简比较研究之一》

⑥ 臧知非：《西汉授田制度与田税征收方式新论——张家山汉简的初步研究》，《江海学刊》2003年第3期；朱红林：《从张家山汉律看汉初国家授田制度的几个特点》（初刊《江汉考古》2004年第3期），收入氏著《张家山汉简〈二年律令〉研究》，黑龙江人民出版社，2008年：第210–230页

⑦ 张金光：《普遍授田制的终结与私有地权的形成——张家山汉简与秦简比较研究之一》

⑧ 杨师群：《张家山汉简所反映的汉初土地制度》，张伯元主编：《法律文献整理与研究》，北京大学出版社，2005年：第53页

接受的一种选择。

这里为什么不选择"名田制"这一名称呢？因为《二年律令》已经明确规定了"宅"的授予标准，"宅"并非单指房舍而言，应该是包括了园圃、宅院在内。[①] 它一定程度上反映了秦汉之际对土地类型的认识和划分情况。以今天的土地划分标准来看，土地可以分为农用地、建设用地和未利用地，其中农用地又可以分为耕地、园地、林地、牧草地、其他农用地；建设用地又可分为公共建筑用地、住宅用地、水利设施用地等。秦汉时期的"田"类似于今天意义上的农用地中的耕地，而"宅"则是包括了建设用地中的住宅用地、农用地中耕地下的菜地以及农用地中的林地等类型在内。至于秦汉时期的"宅"地为何将园圃包括在内，可能与当时的社会发展程度，尤其是自然经济体制下的生产力水平与生产、生活习惯有着密切的关系。当然，秦汉之际的土地分类标准肯定与今天不同，分类的结构也不如今天系统，但是"宅"与"田"构成了当时两种性质不同的土地种类。因此，如果仅称为"名田制"，则在名称上将"宅"这种土地类型排斥在外，不免有以偏概全之嫌，不足以全面地反映秦汉时期土地制度的全貌。

二、汉文帝未废除名田宅制度

《二年律令》名田宅制度，在文帝时期是否遭到废除，或者已经名存实亡，尚需要对有关史料作仔细地分析的探讨。其中，"不为民田及奴婢为限"一语为汉哀帝时期的辅政大臣师丹为限田而提出的建言，史载：

> 哀帝即位，师丹辅政，建言："古之圣王莫不设井田，然后治乃可平。孝文皇帝承亡周乱秦兵革之后，天下空虚，故务劝农桑，帅以节俭。民始充实，未有兼并之害，故不为民田及奴婢为限。今累世承平，豪富吏民訾数钜万，而贫弱俞困。盖君子为政，贵因循而重改作，然所以有改者，将以救急也。亦未可详，宜略为限。"天子下其议。丞相孔光、大司空何武奏请："诸侯王、列侯皆得名田国中。列侯在长安，公主名田县道，及关内侯、吏民名田皆毋过三十顷。诸侯王奴婢二百人，列侯、公主百人，关内侯、吏民三十人。期尽三年，犯者没入官。"时田宅奴婢贾为减贱，丁、傅用事，董贤隆贵，皆不便也。诏书且须后，遂寝不行。[②]

如将上述文帝"不为民田及奴婢为限"与《二年律令》名田宅制以身份等级（爵级）为授田标准的相关规定结合起来，很容易让人产生文帝废止了民田名有限制的看法。如有学者提出：汉文帝"不为民田及奴婢为限"，说明在他之前对于民田和奴婢的数量都是有限制的，这种限制必然载在当时的法令中，它不可能是别的制度，只能是"以爵位名田宅制度"。[③] 这估计是所有主张文帝时期废除了《二年律令》名田宅制学者们共同的立论根据。

据张家山汉墓竹简发掘者和释读者推测，《二年律令》之"二年"当为吕后二年（前186），也就是说吕后时期颁布了以身份等级（爵级）为授田标准的土地制度是确定无疑的，具体来说就是《二年律令》中《户律》《置后律》及《傅律》等相关的规定。从这些规定中可以看出，根据身份等级（爵级）的不同，不同身份级别（爵级）的户主可以占有数额不等的田宅，而这个数额实际上也构成了其在当时身份级别（爵级）条件下所占有田宅的最高限制。那么，既然吕后时期制定了如此详细的土地制度，而师丹在建言"限田"的时候，偏偏只拿汉文帝出来说事，并说什么"孝文皇帝承亡周乱秦兵革之后"。在"亡周乱秦"之后，文帝之前，不是明明白白的还有高祖、惠帝以及吕后吗？如果说高祖时天下仍然处在"乱秦"的余绪之中，那么惠帝和吕后时期呢？

汉文帝是在太尉周勃、丞相陈平等诛杀诸吕以后，被迎立为皇帝的，其即位以后也对诸吕残余势力进行了肃清。《二年律令·具律》中有关于优待吕后父亲吕宣王后裔的条文："吕宣王内孙、外孙、内耳

---

① 杨振红：《秦汉"名田宅制"说——从张家山汉简看战国秦汉的土地制度》
② 《汉书》卷二十四上《食货志上》，中华书局，1962年：第1142－1143页
③ 杨振红：《秦汉"名田宅制"说——从张家山汉简看战国秦汉的土地制度》

孙玄孙，诸侯王子、内孙耳孙，彻侯子、内孙有罪，如上造、上造妻以上。"① 可想而知，在文帝即位以后，不可能不把吕后时期像《具律》中这样优待诸吕的法律条文给废除的。据高敏考证，除了废除优待吕宣王后裔的法律条文外，文帝还改易了《秩律》、废除了《钱律》《收律》等。②

师丹在阐述土地制度时，之所以直接从汉文帝开始，若不是有什么政治避讳的话，则很有可能文帝曾对吕后时期的法律做过较大幅度调整，其影响直到哀帝时犹存。所谓"不为民田及奴婢为限"，颜师古注曰："不为作限制。"那么这是否意味着"孝文皇帝'不为民田及奴婢为限'标志着以下两点变化：一是放弃国家的直接授田政策；二是取消了按爵级身份名有田宅的限额，打破了等级占田的界限。"③ 这就涉及对"不为民田及奴婢设限"这句话内涵的理解。

研究者往往只看到了《二年律令》法律条文对各等级占有田宅的限制，认为《二年律令》名田宅制度具有限制编户齐民名有田宅功能，而一旦从史料中发现文帝"不为民田及奴婢为限"，就认为当时已经不再对齐民名田加以限制了，从而也就得出了汉文帝以后《二年律令》名田宅制被废除，或已经名存实亡的结论。作此理解，实际上是将"不为民田及奴婢为限"之"限"，与名田宅制具有的"限田宅"功能之"限"看作是性质相同的同一事物。

首先，需要指出的是，虽然有不少学者已注意到了爵制的轻滥对名田宅制实施过程中的影响，但却忽视了西汉爵制流动性特征，尤其是爵级上升对名田宅制度的田宅名有量限制作用所产生的影响。《二年律令》名田宅制所具有的对田宅名有量的限制，是身份等级内的自然限制，随着爵位等级的变化，这种限制随之就会被突破，故此，它不是一种绝对的限制，而是一种爵级内部的自然限制。质言之，随着爵位等级的持续上升，《二年律令》名田宅制中各身份等级的田宅名有量限制，就会被各个突破，使这种限制如同虚设，最终变成"无限制"，从而使整个社会上可以名有田宅的编户齐民，在名田宅制度内均处于"田宅无限"的状态。也就说只要有实力，就可以实现在名田宅制度内毫无限制的名有田宅。"民爵"的上升虽然有限制，但是这并不意味着无突破"民爵"的可能，如文帝"令民入粟边，六百石爵上造，稍增至四千石为五大夫，万二千石为大庶长，各以多少级数为差。"④ 虽然西汉时期入粟拜爵，或卖爵等行为期限较短，但这已经足以说明所谓的"吏爵"与"民爵"之间并不是一条不可逾越的鸿沟。

汉武帝为了解决财政困难，实施了算缗与告缗等政策，其结果是"商贾中家以上大氐破"，"得民财物以亿计，奴婢以千万数，田大县数百顷，小县百余顷，宅亦如之。"⑤ 大县的数百顷田和小县的百顷田，仅相当于几个高爵者法律所允许的土地名有量。故此，于振波指出最早的土地兼并行为是在制度内发生的。这意味着，即使这些商贾参与了土地兼并，其中大多数商贾的田地数量也未必超过法定数额，属于"合法的"土地兼并。⑥ 而当时的土地制度，即《二年律令》名田宅制，实际上是一个在制度内"田宅无限"的土地制度，导致爵制的流动性尤其是爵位的上升使同一户主可以名有的田宅数量也随之上升。这实际上是推动有兼并能力的人进行兼并的一个强大推动剂，很容易导致兼并—获得高爵—兼并的循环过程出现，这必然导致"豪富吏民赀数钜万，而贫弱俞困"等严重的社会问题。从这个意义上来说，《二年律令》名田宅制的等级名有差别，反而是一种将自然而然地导致土地兼并的制度。某种程度上，它在现实中所能起到的抑制土地兼并作用将十分有限。正是为了解决名田宅制所带来"合法的"兼并弊端，汉儒董仲舒提出了"限民名田"的应对措施，他说：

> 古者税民不过什一，其求易共；使民不过三日，其力易足。民财内足以养老尽孝，外足以事上共税，下足以畜妻子极爱，故民说从上。至秦则不然，用商鞅之法，改帝王之制，除井田，民得卖买，富者田连阡陌，贫者无立锥之地。又颛川泽之利，管山林之饶，荒淫越制，逾侈以相高；邑有人君之尊，里有公侯之富，小民安得不困？又加月为更卒，已，复为正一岁，屯戍一岁，力役三十

---

① 《张家山汉墓竹简［二四七号墓］（释文修订本）》，第 21 页
② 高敏：《〈张家山汉墓竹简·二年律令〉中诸律的制作年代试探》（初刊《史学月刊》，2003 年，第 9 期），收入氏著《秦汉魏晋南北朝史论考》，第 154－156 页
③ 王彦辉：《张家山汉简〈二年律令〉与汉代社会研究》，第 59 页
④ 《汉书》卷二十四上《食货志上》，第 1134 页
⑤ 《汉书》卷二十四下《食货志下》，第 1170 页
⑥ 于振波：《简牍与秦汉社会》，第 44 页

倍于古；田租口赋，盐铁之利，二十倍于古。或耕豪民之田，见税什五。故贫民常衣牛马之衣，而食犬彘之食。重以贪暴之吏，刑戮妄加，民愁亡聊，亡逃山林，转为盗贼，赭衣半道，断狱岁以千万数。汉兴，循而未改。古井田法虽难卒行，宜少近古，限民名田，以澹不足，塞并兼之路。盐铁皆归于民。去奴婢，除专杀之威。薄赋敛，省徭役，以宽民力。然后可善治也。①

董氏针对当时社会上已经日益严重的兼并与贫富差距逐渐拉大等现象以及"富者田连阡陌，贫者无立锥之地"的事实，提出了"限民名田"，希望通过它达到"以澹不足，塞并兼之路"的效果。"限民名田"，颜师古注曰："名田，占田也。各为立限，不使富者过制，则贫弱之家可足也。"于振波说："董仲舒的'限民名田'，大概也是要求重新制定名田标准，减少各等级的占田数额。"② 但是董氏所谓"古井田法虽难卒行，宜少近古"一语，反映了董氏的"限民名田"措施是有所指向，在他心目中，理想的状况是古井田之法的恢复，只是限于条件有限，采取了"宜少近古"的方略，即"限民名田"。

这种"限民名田"与《二年律令》名田宅制等级内"相对限制"不同，是一种绝对的"限民名田"，是儒家均平思想下，全社会无差别的"限民名田"。这说明董仲舒所谓的"限民名田"之"限"与名田宅制度下各等级名有田宅数额的"自然之限"的性质是不同的。他正是为了解决名田宅制所带来的合法的土地兼并问题，所带来的"富者田连阡陌，贫者无立锥之地"的社会问题，而提出的绝对"限民名田"，而非像名田宅制使土地兼并合法化的等级限制。由此可见，董仲舒提出的"限民名田"与《二年律令》"名田宅制"及其根据身份等级高低不同而设置的限田宅规定性质不同，也不是因为所谓文帝废除了"名田宅制"及其限田宅的相关规定的前提下提出的，即二者并不构成前后因果关系。

可惜的是，汉武帝并没有采纳董仲舒这一建议。但是，雄才大略的武帝却积极地采取了其他措施来控制日益严重的土地兼并问题，以弥补名田宅制所导致的合法兼并这一漏洞。如前述的实施"算缗"以及"告缗"，即采取强制征收财产税的遏制措施，在这一过程遭到打击的商贾实际上并不是因为其有"占田过限"的行为，往往是因为其"匿不自占，占不悉"③，即重点打击那些隐匿财产不申报以及申报时隐瞒财产的人家。财产税的征收只能起到一种行政调节作用，并不能从根本上遏制土地的兼并。于是汉武帝又规定"贾人有市籍，及家属，皆无得名田，以便农，敢犯令，没入田货"④，除了王侯将相之外，社会上有实力买爵及田宅的人，就是这些以"末业"致富，而企图以"本业"守之的商贾之人。可以说汉武帝限制商人名有田宅的根本原因，就是名田宅制本身所造的成的合法的兼并，如若不然只需打击他们"田宅逾制"就行了，何必禁止名田宅呢？正因为商贾是社会广泛存在的有实力实现名田宅制度下"兼并—获得高爵—兼并"循环的群体，也即他们是一支队伍庞大的有实力完成合法土地兼并的人，所以必须禁止他们名有田宅。从这一角度来看，当时《二年律令》名田宅制以身份等级占有田宅的法律在现实中仍然有条不紊地运行着。

以上是汉武帝遏制名田宅制本身造成的合法土地兼并所采取的措施，还有一种违法的土地兼并现象，就是所名有田宅数量超越了自己爵位所规定的限额的情况下而进行的土地兼并。对此，汉武帝坚决予以打击，即责令刺史严查各地"强宗豪右，田宅逾制，以强凌弱，以众暴寡"的情况⑤。有学者认为：可以肯定地说汉武帝在元狩四年或稍后的时间里，曾颁布过一个限田令。元封五年（前106）纠劾强宗豪右的"田宅逾制"之制，就是武帝本朝的限田之制。⑥ 这种观点十分新颖，但是目前还缺乏汉武帝曾经颁布过相关田宅制度史料的实证支持。在没有确切的史料能证实文、景、武帝曾废止《二年律令》中的名田宅制度之前，认为该制度仍在继续运行是合情合理的。因此，"强宗豪右，田宅逾制"之"制"，是指"名田宅制"之"制"，是指打击超出自身爵位高低所赋予的占田数额，而进行土地兼并的违法行为。

虽然汉武帝采取了种种措施来遏制当时日益严重的土地兼并现象，但是土地兼并是包括名田宅制度本身在内的各种因素造成的一种社会问题，很难解决，可以说整个西汉为之付出的努力，整体来说均是

① 《汉书》卷二十四上《食货志上》，第1137页
② 于振波：《简牍与秦汉社会》，第51页
③ 《汉书》卷二十四下《食货志下》，第1167页
④ 《汉书》卷二十四下《食货志下》，第1167页
⑤ 《后汉书志》第二十八《百官五》，中华书局1965年版：第3617页
⑥ 贾丽英：《汉代"名田宅制"与"田宅逾制"论说》

失败的。朱绍侯曾指出汉武帝时代出现了西汉历史上第一次土地兼并高潮，到汉成、哀帝时期又出现了第二次土地兼并高潮。① 师丹所提出的限田建言，正是为了应对西汉第二次土地兼并高潮所带来的种种问题。这次限田与董仲舒的"限民名田"性质相同，也是一种不分身份等级之高低，将全社会均纳入到同一限制标准之下的绝对意义上的限田。与董仲舒一样，师丹建言"限田"的终极追求目标就是"古之圣王莫不设井田，然后治乃可平"，而在具体的实施过程中，所采取的策略是"盖君子为政，贵因循而重改作，然所以有改者，将以救急也。亦未可详，宜略为限。"这就说明在改革土地制度的过程中，为了减少来自既得利益者的阻力，只能分步走，先采取"宜略为限"的策略。丞相孔光、大司空何武等人所拟定的从诸侯王至吏民均无得过三十顷的方案，正是师丹建言实施土地制度改革"分步走"精神的绝佳体现。

师丹、孔光、何武等人的限田方案遭到搁置，但这并不意味这种基于均平思想下的绝对限田退出了历史舞台。为了解决土地兼并这一积重难返的社会问题与缓和社会矛盾，王莽时期最终将以井田制为蓝本进行土地改革的理想变成了现实。史载：

> 莽曰："古者，设庐井八家，一夫一妇田百亩，什一而税，则国给民富而颂声作。此唐、虞之道，三代所遵行也。秦为无道，厚赋税以自供奉，罢民力以极欲，坏圣制，废井田，是以兼并起，贪鄙生，强者规田以千数，弱者曾无立锥之居。又置奴婢之市，与牛马同兰，制于民臣，颛断其命。奸虐之人因缘为利，至略卖人妻子，逆天心，悖人伦，缪于'天地之性人为贵'之义。《书》曰'予则奴戮女'，唯不用命者，然后被此辜矣。汉氏减轻田租，三十而税一，常有更赋，罢癃咸出，而豪民侵陵，分田劫假。厥名三十税一，实什税五也。父子夫妇终年耕芸，所得不足以自存。故富者犬马余菽粟，骄而为邪；贫者不厌糟糠，穷而为奸。俱陷于辜，刑用不错。予前在大麓，始令天下公田口井，时则有嘉禾之祥，遭以虏逆贼且止。今更名天下田曰'王田'，奴婢曰'私属'，皆不得卖买。其男口不盈八，而田过一井者，分余田予九族邻里乡党。故无田，今当受田者，如制度。敢有非井田圣制，无法惑众者，投诸四裔，以御魑魅，如皇始祖考虞帝故事"。②

由此可见，井田制及其为蓝本的土地制度在汉儒心目中的地位，终西汉和新莽时期，经常有人将其搬出来，以之作为抑制土地兼并的策略。但是，这种表面上很公平的制度，并不能解决现实中的问题，即使得到强制地推行，也难逃猝亡的宿命。

汉武帝"罢黜百家，表彰六经"③，儒家地位刚得到突显时，董仲舒就以井田制为蓝本向武帝建议，希望"限民名田"。此后师丹的"限田"，以及王莽的"王田"制均属汉儒在土地兼并日益严重的社会现实面前，以实现井田制为最终目标，而建议或实施的土地制度改革。他们所提倡限田与名田宅制的限制有着本质不同，两者不能混为一谈。故此，以董仲舒"限民名田"以及师丹所谓的文帝"不为民田及奴婢为限"等史料记载，来反推汉文帝时期国家已经不再为土地占有立限或放弃了占有田宅的等级限制，从而得出名田制已经名存实亡或根本无法继续执行的观点，显然属于忽略了二者之间根本性质差异而产生的一种误解。

师丹所谓的"不为民田及奴婢为限"，并非是说汉文帝废除了《二年律令》名田宅制对不同身份等级名有田宅数量的限制，而是说没有制定一个适合于所有"编户之民"名有田宅的绝对限制。反过来说，汉文帝不仅没有废除吕后《二年律令》的名田宅制，反而是继续执行了该政策。因为，就名田宅制本身而言，它在现实中对田宅名有量的限制作用，并不能充分地发挥出来，甚至可能完全不起作用，导致合法或者不合法的土地兼并现象出现。故此，董仲舒之所以提议的"限民名田"和师丹所说文帝"不为民田及奴婢为限"的前提，并不是因文帝废除名田宅制而导致的田宅无限，而是因为名田宅制在现实中根本起不到限制土地兼并的作用。

---

① 朱绍侯：《论汉代的名田（受田）制及其破坏》
② 《汉书》卷九十九中《王莽传中》，第 4110 – 4111 页
③ 《汉书》卷六《武帝纪赞》，第 212 页

三、汉哀帝限田措施及相关问题

在弄清楚了名田宅制度等级内限田与西汉诸儒所提倡的限田之间的本质差异之后，再来分析一下孔光、何武等人制定的限田方案及相关问题。《汉书·哀帝纪》记载：

> 绥和二年六月，汉哀帝诏曰："制节谨度以防奢淫，为政所先，百王不易之道也。诸侯王、列侯、公主、吏二千石及豪富民多畜奴婢，田宅亡限，与民争利，百姓失职，重困不足。其议限列。"有司条奏："诸王、列侯得名田国中，列侯在长安及公主名田县道，关内侯、吏民名田，皆无得过三十顷。诸侯王奴婢二百人，列侯、公主百人，关内侯、吏民三十人。年六十以上，十岁以下，不在数中。贾人皆不得名田、为吏，犯者以律论。诸名田畜奴婢过品，皆没入县官。"[1]

首先，需要指出的是诏书"田宅无限"一语的"限"字，即为"限田"之"限"，是指没有制定一个适合所有编户齐民的对名有田宅的绝对限制，而非名田制度下以身份等级为依据的对田宅名有量的自然之限。

汉初，诸侯王作为一国之君，拥有封国内的军政大权，无名田宅的必要，其本身也不在二十等爵制的范围内，因此，《二年律令》名田宅制无诸侯王名田宅的规定。列侯也有封国，《二年律令》中规定列侯可以授予105宅，但却没有相关的田的名有量的记载，故此学界对列侯是否名田产生了分歧。

高敏认为："从'彻侯受百五宅'的话来看，很有可能前一条漏'彻侯受百顷'句"，[2] 曹旅宁赞成此意见，认为列侯封邑的收入其实相当于列侯的俸禄，封邑不是列侯的私产，因此，张家山汉简《户律》中虽然没有彻侯受田的规定，但律文规定关内侯占田九十五顷，列侯比关内侯高一级，占田在百顷（一万亩）左右是无疑义的。[3] 与此观点不同，朱绍侯认为："彻侯因有封国，故无受田记录。"[4]

汉高祖十二年（前195）三月诏书曰：

> 其有功者上至王，次为列侯，下乃食邑。而重臣之亲，或为列侯，皆令自置吏，得赋敛，女子公主。为列侯食邑者，皆佩之印，赐大第室。[5]

据此，于振波认为："大概因为彻侯（列侯）已获封土，可以在自己的封地任免官吏、征收赋税，享有很多政治、经济特权，因此无须再另外受田。诏书中只提及列侯享有'食邑'和'大第室'，而没有提到受田，这与《二年律令》的有关规定是可以互相印证的。"[6] 对于上述列侯是否名有田宅的两种观点，后一种较为合理，即在《二年律令》没有列侯受田的相关规定。

汉初诸侯王是不名田宅的，但是汉景帝以后，中央政府持续不断地对诸侯王进行全方位的打击，致使他们封国的疆域大大缩小，军政权力也被取消殆尽，最终沦落到只能在封国内衣食租税的地步，与汉初诸王已不可同日而语。于是他们转而投身到兼并土地的队伍中去。如早在汉武帝时，淮南王"后荼、太子迁及女陵得爱兴王，擅国权，侵夺民田宅"[7]，而衡山王刘赐也曾"数侵夺人田，坏人冢以为田，有司请逮治衡山王。天子不许，为置吏二百石以上。"[8] "有司请逮治衡山王"的原因，恐怕跟法律上不允许诸侯王名田宅也有一定的关系。

① 《汉书》卷十一《哀帝纪》，第336页
② 高敏：《从张家山汉简〈二年律令〉看西汉前期的土地制度——读〈张家山汉墓竹简〉札记之三》
③ 曹旅宁：《张家山汉律名田宅的性质及实施问题》，第110-111页
④ 朱绍侯：《论汉代名田（受田）制及其破坏》
⑤ 《汉书》卷一下《高帝纪下》，第78页
⑥ 于振波：《名田制在汉代的实施及衰微》，第27页
⑦ 《史记》卷一百一十八《淮南衡山列传》，第3083页
⑧ 《史记》卷一百一十八《淮南衡山列传》，第3095页

上引《汉书·哀帝纪》载："诸王、列侯得名田国中，列侯在长安及公主名田县道"，其中"诸王"显然是"诸侯王"之误，《汉书·食货志》的记载要较此处详细，作："诸侯王、列侯皆得名田国中。列侯在长安，公主名田县道。"这两处史料中的"得"字是秦汉法律常用语，当为"允许""可以"之义。如《睡虎地秦墓竹简·秦律十八种·司空》："作务及贾而负责（债）者，不得代。"[①] 这就说明原本法律上不"得"（允许）诸侯王名有田宅，但实际上他们已经非法占有了大量的田宅。在既成事实面前，不得不在法律上承认诸侯王"得"（可以）名有田宅，使其原本非法占有的田宅合法化。这样做的目的，就是要加强对诸侯王名田宅的法规化管理，并对其名田宅数额在法律上加以限制，即"无得过三十顷"。这里列侯与诸侯王并列而言，足以说明此前列侯在法律上也是不"得"（允许、可以）名有田宅的。至此，可以得出结论，张家山汉简《二年律令》中之所以没有列侯名田宅的记录，是因为在法律上并不允许他们名有田宅。《二年律令》无列侯名田的记载，直到汉哀帝时，才在法令上规定"得名田"，这也从侧面说明了一个问题，那就是《二年律令》有关名田宅的法律条文很可能直到此时才被改动。

此次"限田"涉及诸侯王、列侯、公主、关内侯、吏民等群体，据黎虎考证，"吏民"就是"编户齐民"[②]，也就是说是将除了皇帝一家之外的所有可以名田宅的群体均纳入到这一范围内，规定"皆无得过三十顷"，将其绝对限田的性质充分地表现出来了。同样，令人惋惜的是，由于遭到既得利益者的反对，此次限田方案"诏书且须后，遂寝不行"。

四、结　语

张家山汉简《二年律令》的出土，为学术界研究西汉时期很多制度提供了难得资料，其中《户律》《置后律》《傅律》对西汉初年的土地制度作了详细地规定。对于这一该制度的性质，目前尚存在着国有、私有、长期占有以及国有与私有并存的双重结构等不同说法。名称的选择须要反映事物的本质特征，结合其本身的内涵，以及西汉初期有关土地类型的相关认识和分类情况，将张家山汉简《二年律令》土地制度称之为"名田宅制度"是一个较为合适的选择。西汉初年的"名田宅制度"是现实中切实推行的制度，虽然由于制度本身以及与之密切相关的军功爵制度的轻滥等原因，造成了其在实际的运作中出现了种种问题。但师丹所谓的文帝"不为民田及奴婢为限"一语，并非意味着汉文帝取消了按身份等级（爵级）对田宅名有的限制。汉儒们所提倡的限田主张，是在均平主义思想影响下，要求建立一个适应全社会所有人群的对田宅名有量进行绝对限制的措施，这与名田宅制度下根据身份等级（爵级）的不同，而制定的对田宅名有量的自然之限有着本质的差别。故此，从目前的史料来说，不仅不能证实其在汉文帝时期已经被废除，或者名存实亡的结论，相反，种种迹象表明西汉中后期名田宅制度仍然在现实中运行，并发挥着一定的作用。

---

① 王彦辉：《张家山汉简〈二年律令〉与汉代社会研究》，第 62 页
② 黎虎：《论"吏民"即"编户齐民"——原"吏民"之三》，《中华文史论丛》2007 年第 2 期

"唐代关中碾硙政策转变论"的
逻辑困境与史实解析

方万鹏[*]

（南开大学历史学院，天津　300071）

摘　要： "唐代关中碾硙政策转变论"系由玉井是博首先提出，经西嶋定生论证并产生了较为广泛的学术影响，其核心观点是以大历十三年（778 年）的拆毁碾硙事件为分界线，唐前期官方推行禁设碾硙的政策，唐后期官方则出于自身经营的需要转而进行保护。这一观点存在双重逻辑困境，与有唐一代碾硙合理合法的常态化存在史实并不符合。所谓的拆毁碾硙事件实则是发生在特定历史情境之下的独立事件，具有偶然性，并不具备连续性的政策指示意义。

关键词： 碾硙政策；转变论；逻辑困境；史实解析

碾硙是唐代重要的谷物加工工具，其经营者通常以租赁等形式谋取可观利润。碾硙的动力有人力、畜力、水力、风力之分，此处我们论及的对象特指水力碾硙，因为水力碾硙用水往往容易与灌溉、水运等产生矛盾，从而作为一个社会问题迫使官方以法规等形式出台政策对其进行规范管理，故而有"碾硙政策"一说。关中作为唐代畿辅所在，有为数不少的水力碾硙存在，史籍记载亦相对较为集中，自 20 世纪初至今的百余年间，碾硙问题先后吸引了众多中外学者对其进行探讨，积累了若干重要的学术创见，"唐代关中碾硙政策转变论"（以下简称"转变论"）即是其中之一。

据笔者目力所及，这一论调最早应由玉井是博[①]提出，泷川政次郎[②]继之，后西嶋定生吸纳前人观点，在《碾硙寻踪——华北农业两年三作制的产生》一文中单辟章节对其进行强调和深化论述。[③] 中国学者对于唐代碾硙问题的关注亦始于 20 世纪前半期，如陶希圣、钱穆、吴晗等先后就水磨问题发表论见，并关注到唐代的四次拆毁碾硙事件。但是，囿于语言障碍和学术交流的缺失，在碾硙问题的研究上，除了那波利贞涉及敦煌文书的相关研究[④]在中国史学界受到较多关注外，其他日本学者的相关研究影响很小，以致在很长时间内（20 世纪 80 年代以前），双方学人基本处在自说自话的状态。直到 80 年代以后，尤其是 90 年代以来，西嶋定生之作品先后两次被译成中文，逐渐受到了广泛关注和频繁征引。

然而，笔者通过重新爬梳相关史料，认为"转变论"尚存难以自圆其说的逻辑困境，故不揣浅陋撰文求教，敬祈批评指正。

一、"转变论"的提出及其材料依据

玉井是博在《唐代社会史的研究》一文中悉数唐代碾硙设置妨害农田灌溉被拆毁事例，认为碾硙与

---

*【作者简介】 方万鹏（1986—　），男，南开大学历史学院暨中国生态环境史研究中心博士研究生，主要研究方向为环境史、农业史

① 玉井是博：《唐代社会史的研究》，《史学杂志》1923 年：第 34 卷第 5 期。兹据玉井是博《支那社会经济史研究》收录版本，岩波书店，昭和 17 年版

② 泷川政次郎：《碾硙考》，《社会科学》1925 年：第 2 卷第 7 期。兹据泷川政次郎《日本社会经济史论考》（新版增补），名著普及会，昭和 58 年版

③ 西嶋定生：《碾硙寻踪——华北农业两年三作制的产生》，韩昇译，刘俊文主编：《日本学者研究中国史论著选译》第四卷《六朝隋唐》，中华书局 1992 年版。西嶋定生的文章最早写于 1946 年 10 月 21 日，后因米田贤次郎于 1959 年发表《〈齐民要术〉和两年三季制》（《东洋史研究》17 卷 4 期，1959 年）就两年三季制的问题与之商榷，西嶋定生于 1964 年 7 月 29 日又作出补

④ 那波利贞：《中晚唐时代に於けゐ敦煌地方佛教寺院の碾硙经营に就きて（上、中、下）》，《东亚经济论丛》1941—1942 年，第 1 卷第 3、4 号及第 2 卷第 2 号

农田灌溉发生矛盾以致被禁设、拆毁，而根据文献显示，代宗以后即再无拆毁碾硙行动及禁令，且唐代中后期官有碾硙逐渐增多，这与禁设碾硙的制度相抵牾，因此，官方对待碾硙设置的态度和政策较之前期已经发生了转变。泷川政次郎在《碾硙考》一文中指出碾硙设置妨害农田灌溉，因此取缔碾硙的法规在唐代非常之多，但是因为经营碾硙获利较大，王公贵族不惜违反法令，所以导致了多次拆毁碾硙行动。泷川氏悉数历次拆毁活动，认为其体现了政府对庶民利益的保护。针对玉井是博"政策转变"的观点，泷川氏认为这一论断不尽然正确，并提出唐末长安骚乱导致人口减少，进而对精米制粉的需求也相应减少，因而碾硙的设立与经营受到冲击，这可能是大历以后文献较少记载拆毁活动的原因所在。西嶋定生作为日本学界碾硙问题研究的集大成者，接受并进一步阐发了玉井是博的观点。兹不避繁琐，将西嶋氏代表性观点摘述如下：

> 大历末年禁止经营碾硙的措施是最后一次，此后史籍上再没有碾硙经营和水利灌溉冲突的事例。这是否表明大历末年的措施执行得彻底，以至碾硙经营者追求利润的欲望屈服于政府的高压政策呢？事实恰恰相反，反倒是政府对经营碾硙的政策发生了惊人的变化。从政府坚持农本主义的根本政策立场上来看，经营碾硙不单纯是追求末利，而且还同政府保护水利灌溉的政策背道而驰，这是决难允许的。然而，元和六年（811）五月，京兆尹在计划开凿淘文渠的奏书里请求由政府和硙户共同分担构筑斗门和收买水渠用地的费用（《册府元龟》卷497《河渠》）。这表明政府承认硙户。硙户虽然从碾硙所有者租赁碾硙，但却是实际经营者。政府开凿水渠要依靠他们的财力，就不能不改变大历以前所持的态度，承认或者放任他们设置碾硙。不仅如此，宝历二年（826）七月敕规定在接管鄠县汉陂时不得收夺碾硙（《册府元龟》卷497《河渠》），政府明显地保护碾硙经营。由此看来，大历末年拆毁碾硙的行动和以前一样只收到一时的效果，不久又都依然如故。政府和碾硙经营者的斗争以后者的胜利告终。大历末年以后，政府放弃了以前的禁令，承认进而保护碾硙经营。
>
> ……
>
> 正如玉井是博氏所指出的，唐中期以后政府拥有的碾硙增多也是其改变碾硙政策的一个原因。唐中期以后，官庄或者皇庄等庄宅使或者内庄宅使等管理的庄园增加，使得政府本身也带有庄园经营者的性质。官庄、皇庄兼营碾硙，同政府抑制碾硙的政策相矛盾。所以，转变碾硙政策可以在上述政府采取一系列顺应时势的态度中得到解释。

要之，从以上两段论述中，我们可以把握到玉井是博、西嶋定生等人所谓的转变原因，大体包括两点：其一是"官庄、皇庄兼营碾硙"，政府如果继续抑制碾硙，与自身利益将发生冲突；其二，政府在兴修水利的问题上与碾硙的经营者"硙户"存在合作关系。西嶋氏在文中还就小麦、水稻地位的升降与水碾硙存废问题进行了论述。

包括西嶋氏在内，得出或认同碾硙政策转变的论者，多据《通典》和《唐会要》记载，认定唐代有4次拆毁碾硙的行动，兹列举如下：

> 永徽六年（655年），雍州长史长孙祥奏言："往日郑、白渠溉田四万余顷，今为富商大贾竞造碾硙，堰遏费水，渠流梗涩，止溉一万许顷。请修营此渠，以便百姓。至于咸卤，亦堪为水田。"……于是遣祥等分检渠上碾硙，皆毁之。[①]
>
> 开元九年（721年）正月，京兆少尹李元纮奏疏三辅诸渠。王公之家，缘渠立硙，以害水功，一切毁之，百姓大获其利。
>
> 广德二年（764年）三月，户部（应为工部——笔者注）侍郎李栖筠、刑部侍郎王翊、充京兆少尹崔昭奏请拆京城北白渠上王公寺观硙碾七十余所，以广水田之利，计岁收粳稻三百万石。
>
> 大历十三年（778年）正月四日奏："三白渠下硙有妨，合废拆总四十四所。自今以后，如更置，即宜录奏。"其年正月，坏京畿白渠八十余所。先是，黎干奏以郑、白支渠硙碾，拥隔水利，人不得灌溉，请皆毁废，从之。时昇平公主，上之爱女，有硙两轮，乞留。上曰："吾为苍生，尔识吾

---

① ［唐］杜佑撰：《通典》卷2《食货二·水利田》，第39页，中华书局，1988年

意，可为众率先。"遂即日毁之。[①]

而与上述主张拆毁碾硙的禁令不同，到了唐晚期，官方逐渐放弃拆毁碾硙的政策，甚至改为保护，关于这一论点，论者则多据如下两条资料：

元和六年（811年）五月，京兆尹奏："准敕，差右神策子弟穿淘浚渠功，并造斗门。及买渠地价，请官中与硙户分出。"[②]

宝历二年（826年）七月，敕："鄠县汉陂，宜令尚食使收管，不得令杂入探捕。其水任百姓溉灌平原等三乡稻田，仍勿夺碾硙之用。"[③]

以上便是碾硙政策转变论调的基本观点及其材料依据。

二、"转变论"的双重逻辑困境

针对"转变论"者所提出的"大历末年以后，政府放弃了以前的禁令，承认进而保护碾硙经营"这一观点，我们认为其存在双重的逻辑困境，也即大历末年之前，官方虽然有拆毁碾硙的事件发生，但并不能说明官方即推行禁设碾硙的政策，同样，大历末年之后，虽然史籍没有明确记载拆毁碾硙的事件发生，但决不能因此即认为官方实行保护碾硙经营的政策。试分述之。

首先，"转变论"所谓的大历以前禁设碾硙的政策与有唐一代碾硙合理合法的常态化存在事实不符，拟从如下两方面举证说明。

第一，水力碾硙不仅是私人财产，亦是国家的重要财产，作为传统社会效率颇高、具有营利价值的不动产，早在魏晋南北朝至隋代，帝王行使国家权力赏赐臣属、寺院等水碓、水碾硙的事例即不胜枚举，[④] 这一情况在唐代当然也不例外。不仅在唐中期以后的史料有所反应，如《旧唐书》卷15《宪宗本纪》载元和八年十二月辛巳之敕文称"应赐王公、公主、百官等庄宅、碾硙、店铺、车坊、园林等，一任贴典货卖，其所缘税役，便令府县收管。"[⑤] 早在唐代中前期即是如此，唐太宗即曾赐予少林寺柏谷庄"地册（四十）顷，水碾一具。"[⑥] 唐代有专门制作碾硙的机构——将作监管辖下的甄官署，"碾硙砖瓦"，"皆供之"。[⑦] 碾硙不仅是惯用的赏赐之物，同时在唐中央政府与藩属国、地方之间的互通交流中还起到重要作用。如在开元、天宝之际，安西都护府的土贡中有"白练七千匹，水硙三"[⑧] 的记载。《新唐书》卷216《吐蕃》称高宗时土蕃"又请蚕种、酒人与碾硙等诸工，诏许。"因此，碾硙作为国家财产的一部分，其作为赏赐、贡品，甚至是国家权力的一种体现，官方怎可能有禁设政策？

而碾硙作为私人财产，并非只是作为权势之家、富商大贾敛取财富的工具，亦可在特殊时期发挥积极的作用，如王方翼在灾荒时期出私财修造水硙以救济灾民，《新唐书》载其事称"仪凤间（676—679），河西蝗，独不至方翼境，而它郡民或馁死，皆重茧走方翼治下。乃出私钱作水硙，簿其赢，以济饥癯，

① ［宋］王溥撰：《唐会要》卷89《硙碾》，第1924－1925页，上海古籍出版社，2006年
② ［宋］王钦若等编：《册府元龟》卷497《邦计部·河渠第二》，凤凰出版社，2006年校订本，第5648页
③ ［宋］王钦若等编：《册府元龟》卷497《邦计部·河渠第二》，第5649页
④ 例如《魏书》卷12《孝静帝纪》称北齐天保元年五月己未"封帝为中山王，邑一万户"，赏赐的物品当中即有"水碾一具"。又《续高僧传》卷17《清禅寺昙崇禅师传》称隋氏晋王（杨广）"钦敬禅林降威，为寺檀越，前后送户七十有余，水硙及碾上下六具，永充基业。"关于拥有和使用水磨的社会群体及其变化，清代嘉庆镇平（今广东蕉岭）举人黄香铁给出了一个颇有意思的印象，"按水磨见于唐诗，说嵩华严寺前泉水浩发，颍之中源也，唐太宗赐少林寺僧水磨一具，置于此，曰水磨湾。当时水磨皆待赐，始具民间水利尚不得自擅耶。"（黄香铁《镇平县志》（又名《石窟一征》）卷四"礼俗"，清光绪六年刻本。）
⑤ 《旧唐书》卷15《宪宗本纪》，第448页
⑥ 《全唐文》卷279裴漼《少林寺碑》
⑦ 《旧唐书·职官三》，《唐六典》卷23记载同
⑧ 敦煌博物馆藏076号《天宝年间地志残卷》

构舍数十百楹居之，全活甚众，芝产其地。"①

由此，碾硙的存在是合理的。

第二，唐代有关碾硙管理的职官设置、法律法规存在的本身，即表明了碾硙存在的合法性。唐代专设水部郎中一职，职掌范围明确提到水碾硙的管理。②就法律法规而言，唐代的律、令、格、式几乎都有关于碾硙的相关条文。如《唐律疏议》记载了有关碾硙庸赁、贸易等事项犯罪的若干适用条款。③根据宋《天圣令·杂令》复原的唐令第17条称"诸取水溉田，皆从下始，先稻后陆，依次而用。其欲缘渠造碾硙，经州县申牒，检水还流入渠及公私无妨者，听之。即须修理渠堰者，先役用水之家。"第61条称"诸外任官人，不得于部内置庄园店宅，又不得将亲属、宾客往任所侵（请）占田宅、营造邸店、碾硙，与百姓争利。虽非亲属、宾客，但因官人形势请受造立者，悉在禁限。"④

《唐六典》卷七"水部郎中员外部"称"凡水有灌溉者，碾硙不得与争其利。自季夏及于仲春，皆闭斗门，有余乃得听用之。"⑤卷三十"户曹司户参军"条称"凡官人，不得于部内请射田地及造碾硙，与人争利。"而敦煌文书 P. 2507 号《水部式》残卷关于水碾硙的用水问题记载的更为细致，今残卷存留三项相关条文⑥，兹列如下：

①其蓝田以东，先有水硙者，仰硙主作节水斗门，使通水过。

②诸水碾硙，若拥水质泥塞渠，不自疏导，致令水溢渠坏，于公私有妨者，碾硙即令毁破。

③诸溉灌小渠上，先有碾硙，其水以下即弃者，每年八月卅日以后，正月一日以前，听动用。自余之月，仰所管官司于用硙斗门下，着钥封印，仍去却硙石，先尽百姓溉灌。若天雨水足，不须浇田，任听动用。其傍渠，疑有偷水之硙，亦准此断塞。

综观上述有关水碾硙的规定，确实有禁设的情况，如《天圣令·杂令》第61条以及《唐六典》卷三十"户曹司户参军"条禁止部分官人营造碾硙与人争利。但是不难看出，大多数令、式多为约束和规范性质，如欲兴置碾硙，只要满足申报州县、弃水还流、公私无妨3个条件，即可合法设置；碾硙用水需依农时而定，在特定时间范围内才限制使用而非一味禁止设置。即使是转变论者强调的大历十三年（778年）的拆毁行动，也并非不加选择将涉事碾硙全部拆毁。《册府元龟》卷497《计部·河渠第二》记大历十三年正月拆毁事时，代宗的一番话仍有值得注意的细节，即所谓"碾硙者，兴利之业，主于并兼。遂发使行其损益之由，佥以为正渠无害，支渠有损。乃命府县，凡支渠硙，一切罢之。"⑦所谓"正渠无害"、仅罢支渠的做法，正是碾硙合法性的重要体现，亦是不容忽视的历史细节。

此外，《朝野佥载》卷4记载武周时期沈子荣诵判水硙的故事，亦是碾硙合理合法存在之绝好例证。

周天官选人沈子荣诵判二百道，试日不下笔。人问之，荣曰："无非命也。今日诵判，无一相当。有一道颇同，人名又别。"至来年选，判水硙，又不下笔。人问之，曰："我诵水硙，乃是蓝田，今问富平，如何下笔。"闻者莫不抚掌焉。⑧

此处水硙被列入判牍，不管是属于庸赁、贸易问题，还是涉及用水问题，都说明了水硙在关中地区是为官方所承认、允许并广泛存在的。

其次，论者所谓唐后期政府逐渐支持水力碾硙经营乃至保护，甚至认为"大历末年禁止经营碾硙的

---

① 《新唐书》卷111《王方翼传》，第4134页

② 《通典》卷二十四《职官五》"水部郎中"条称"至德初，复旧，掌川渎津济、船舫浮桥、渠堰渔捕、运漕、水碾硙等事"

③ 分见《唐律疏议》卷4、11、12、15、20等

④ 兹据戴建国《唐〈开元二十五年令·杂令〉研究》，《文史》2006年，第3辑

⑤ ［唐］李林甫：《唐六典》，陈仲夫点校，第226页，中华书局，1992年

⑥ 兹据唐耕耦，陆宏基：《敦煌社会经济文献真迹释录》（第二辑），全国图书馆文献缩微复制中心1990年版，所引三条材料分别见于第578页，第579页，第581页

⑦ 《册府元龟》卷497《邦计部·河渠第二》，第5647页

⑧ ［唐］张鷟《朝野佥载》，赵守俨点校，第93页，中华书局，1979年

措施是最后一次，此后史籍上再没有碾硙经营和水利灌溉冲突的事例"，这一说法与事实不符，因为至少在唐僖宗时这一问题仍然令官方为之头疼。

> 僖宗光启元年（885 年）三月，诏曰："食乃人天，农为国本，兵荒益久，漕挽不通，而关中郑、白两渠，古今同利，四万顷沃饶之业，亿兆人衣食之源。比者权豪竞相占夺，堰高砲下，足明弃水之由；稻浸稊浇，乃见侵田之害。今因流散，尚可经营。宜委京兆尹选强干僚属，巡行乡里，逐便相度，兼利公私。或署职特置使名，假之权宠，或力田递升科级，许免征徭，因务劝公，冀能兼蓄，亦宜速具闻奏。"①

由此，我们也必须对"转变"论者对唐晚期两条材料解读的正确与否提出质疑。其一，"造斗门，及买渠地价，请官中与硙户分出"，确系政府与硙户在水利问题上合作的表现，但这是否就能解读为官方对硙户的政策发生了变化进而愿意与其合作？显然不能，因为硙户自始至终就有维护渠道的义务，如前引《天圣令·杂令》复原的唐令第 17 条称"即须修理渠堰者，先役用水之家。"《水部式》规定"其蓝田以东先有水硙者，仰硙主作节水斗门，使通水过。"所以，此处的官方与硙户"分出"并不能体现出两者关系有何新的变化；其二，所谓鄠县汉陂在满足百姓溉灌三乡稻田的同时、"仍勿夺碾硙之用"即解读为保护水碾硙经营一说则更无所依从，只能看作是论者对史料的过度解读，因为如前《水部式》和《唐六典》均规定，在灌溉用水有余的情况，听便水碾硙使用，鄠县的例子倒可以作为这一规定的佐证，而并不能体现出官方对水碾硙的特别保护。

要之，基于上述分析，"转变论"存在无法回避的双重逻辑困境，因而不能成立。

三、如何看待四次拆毁事件与唐代碾硙政策的关系？

基于前述有关碾硙法律法规的分析，关于有唐一代的碾硙政策，我们可以得出一个大致印象，即碾硙在合理合法存在的同时，在经营者身份、用水时节、设置位置等问题上又有所节制。那么，所谓的四次拆毁碾硙事件与唐代碾硙政策的关系呢？我们认为，虽然四次事件并不能串联起来作为唐代碾硙政策的整体表征，但是四次事件的发生仍可视为政策范围之内的一种官方的应激性政治行为。

首先，之所以将四次事件界定到政策范围之内，是因为我们注意到四次事件的发生时间除了永徽六年（655 年）事年月未详外，其他三次分别为开元九年（721 年）正月、广德二年（764 年）三月、大历十三年（778 年）正月四日。据《旧唐书·高宗本纪》记永徽六年事，称其年八月"先是大雨，道路不通，京师米价暴贵，出仓粟粜之，京师东西二市置常平仓。"② 而《通典》记永徽六年拆毁事件，长孙祥陈言欲"修营此渠"，高宗亦表示"疏导渠流，使通溉灌，济波炎旱，应大利益。"既然永徽六年八月抑或八月稍前，天降大雨，而高宗君臣商议拆毁碾硙时又时值炎旱，那么可以推断此次拆毁事件当发生在其年八月之前。

前引《水部式》所列有关碾硙条文之第三条规定"诸溉灌小渠上，先有碾硙，其水以下即弃者，每年八月卅日以后，正月一日以前，听动用。"由此可见，四次事件的发生时间均在"听动用"的时限之外，或可视为政策执行的结果。

其次，之所以又将四次事件称为官方的应激性政治行为，是因为前引《水部式》所列第三条还规定"自余之月，仰所管官司于用硙斗门下，着鏁封印，仍去却硙石，先尽百姓溉灌。若天雨水足，不须浇田，任听动用。"这就提醒我们，"雨水"不足亦可能是导致拆毁事件发生的诱因。因此，我们必须对四次事件生发的具体历史情境有所发掘。

以唐高宗永徽六年的拆毁行动为例，也即论者所谓的第一次拆毁碾硙行动，我们在前文已经提到了高宗所说的"炎旱"情况，兹不避繁琐，将记录该事件的完整材料征引如下：

---

① 《册府元龟》卷 497《邦计部·河渠第二》，第 5649 页
② 《旧唐书》卷 4《高宗本纪》，第 74 页

> 永徽六年，雍州长史长孙祥奏言："往日郑、白渠溉田四万余顷，今为富商大贾竞造碾硙，堰遏费水，渠流梗涩，止溉一万许顷，请修营此渠，以便百姓。至于咸卤，亦堪为水田。"高宗曰："疏导渠流，使通溉灌，济波炎旱，应大利益。"太尉无忌对曰："白渠水带泥淤，灌田益其肥美。又渠水发源本高，向下枝分极众。若使水至同州，则水饶足。比为碾硙用水，泄渠水随入滑，加以壅遏耗竭，所以得利遂少。"于是遣祥等分检渠上碾硙，皆毁之。至大历中，水田才得六千二百余顷。①

以往的论者在解读这段史料时，往往将重点放在了一头一尾，即"富商大贾竞造碾硙，堰遏费水，渠流梗涩，止溉一万许顷"和"分检渠上碾硙，皆毁之"，抑或再关注下长孙无忌所谓的"白渠水带泥淤，灌田益其肥美"，而对唐高宗的话"疏导渠流，使通溉灌，济波炎旱，应大利益"则没有予以充分的关注和相应的解读，忽视了最高统治者关注的焦点问题，可能就会忽略掉隐藏在这次历史事件中的重要信息。正如高宗所言，拆毁碾硙、疏通水渠使其能够灌溉，最终目的乃是为了"济波炎旱"，也即缓解当务之急的旱情。

我们检索史料发现，不仅是永徽六年（655年）有旱灾发生，早在此前的五六年中，关中正持续遭遇大旱，官方为了能够缓解旱情，可谓尝尽各种办法：

> 贞观二十三年（649年）三月……"自去冬不雨，至于此月己未乃雨。辛酉，大赦。"②
>
> 永徽元年（650年）"秋七月丙寅，以旱，亲录京城囚徒。……是岁，雍、绛、同等九州旱蝗，齐、定等十六州水。"③ 又《册府元龟》卷26《帝王部·感应》记称"高宗永徽元年，自夏不雨至七月。诏在京诸司见禁囚，宜并虑过，所司精加勘当，速即断决。寻而降雨。"④
>
> 永徽二年（651年）春正月戊戌，诏曰："去岁关辅之地，颇弊蝗螟，天下诸州，或遭水旱，百姓之间，致有罄乏。此由朕之不德，兆庶何辜？矜物罪己，载深忧惕。今献岁肇春，东作方始，粮廪或空，事资赈给。其遭虫水处有贫乏者，得以正、义仓赈贷。雍、同二州，各遣郎中一人充使存问，务尽哀矜之旨，副朕乃眷之心。"⑤
>
> 永徽三年（652年）"三年春正月癸亥，以去秋至于是月不雨，上避正殿，降天下死罪及流罪递减一等，徒以下咸宥之。……丙寅，太尉、赵国公无忌以旱请逊位，不许。"⑥《册府元龟》卷26《帝王部·感应》亦记"三年，自去年九月不雨至于正月。诏避正殿，御东廊以听政，仍令尚食减膳。至二月壬寅，大雨雪。乙巳，复御两仪殿南面视事。"
>
> 永徽四年（653年）夏四月"壬寅，以旱，避正殿，减膳，亲录系囚，遣使分省天下冤狱，诏文武官极言得失。"⑦ 又《新唐书》亦称永徽四年（653年）"四月壬寅，以旱虑囚，遣使决天下狱，减殿中、太仆马粟，诏文武官言事。甲辰，避正殿，减膳。"⑧《新唐书·张行成传》称"永徽四年，自三月不雨至五月，行成惧，以老乞身，制答曰：'古者策免，乖罪己之义。此在朕寡德，非宰相咎。'乃赐宫女、黄金器，敕勿复辞。行成固请，帝曰：'公，朕之旧，奈何舍朕去邪？'泫然流涕。行成惶恐，不得已复视事。"⑨
>
> 永徽五年正月"以时旱，手诏京文武九品以上及朝集，使各进封事，极言厥咎"⑩。

因此，在旱灾持续连年、农业生产遭受重创的背景下，官方拆毁碾硙，不论是真的可以切实有效地解决灌溉问题，还是类似于"大赦""逊位""减马粟"等只是一种略带"作秀"色彩的政治行为，作为

---

① 《通典》卷2《食货二·水利田》，第39页，中华书局，1988年
② 《旧唐书》卷3《太宗本纪下》，第62页
③ 《旧唐书》卷4《高宗本纪上》，第68页
④ 《册府元龟》卷26《帝王部·感应》，第260页
⑤ 《旧唐书》卷4《高宗本纪上》，第68页
⑥ 《旧唐书》卷4《高宗本纪上》，第70页
⑦ 《旧唐书》卷4《高宗本纪上》，第72页
⑧ 《新唐书》卷3《高宗本纪》，第55页
⑨ 《新唐书》卷104《张行成传》，第4013页
⑩ 《册府元龟》卷102《帝王部·招谏》，第1121页

统治者试图努力缓解旱灾的一种应激反应，都是不难理解且非常有必要的。

同样，其他三次拆毁行动均有特定的历史背景。

第二次拆毁碾砠的时间是在唐玄宗开元九年，即公元721年，在此之前，旱灾亦是连年频发，举要如下：

开元二年（714年）正月，"关中自去秋至于是月不雨，人多饥乏，遣使赈给。制求直谏昌言弘益政理者。名山大川，并令祈祭。……二月……己酉，以旱，亲录囚徒。"①

开元三年（715年）"五月丁未，以旱录京师囚。戊申，避正殿，减膳。"②

开元四年（716年）二月"以关中旱，遣使祈雨于骊山，应时澍雨。令以少牢致祭，仍禁樵采。"③

开元六年（718年）"八月庚辰，以旱虑囚。"④

开元七年（719年）闰七月辛巳，"以旱避正殿，彻乐，减膳。甲申，虑囚。八月丙戌，虑囚。"⑤

开元八年（720年）春正月，"侍中宋璟疾负罪而妄诉不已者，悉付御史台治之。谓中丞李谨度曰：'服更不诉者出之，尚诉未已者且系。'由是人多怨者。会天旱有魃，优人作魃状戏于上前，问魃：'何为出？'对曰：'奉相公处分。'又问：'何故？'魃曰：'负冤者三百馀人，相公悉以系狱抑之，故魃不得不出。'上心以为然。"⑥

第三次拆毁的时间是在唐代宗广德二年，即公元764年。

宝应元年（762年）"八月己酉朔。自七月不雨，至此月癸丑方雨。"⑦

宝应二年（763年）"至二年春夏旱。言事者云：太祖景皇帝追封于唐，高祖实受命之祖，百神受职，合依高祖。今不得配享天地，所以神不降福，以致愆阳。代宗疑之，诏百僚会议。"⑧又广德元年（763）冬（十月至十二月间，代宗陕州避难），即所谓"代宗居陕"，时关辅大旱，裴谞称："臣自河东来，其间所历三百里，见农人愁叹，谷菽未种。"⑨

第四次拆毁行动发生在唐代宗大历十三年，即公元778年。

大历六年（771年）"春，旱，至于八月。"⑩

大历七年（772年）五月"乙未，以旱大赦，减膳，彻乐。"⑪

大历九年（774年）秋七月，"久旱，京兆尹黎干历祷诸祠，未雨。又请祷文宣庙，上曰'丘之祷久矣'。"⑫

大历十二年（777年）"春正月……京师旱，分命祈祷。"又"六月癸巳，时小旱，上斋居祈祷，圣体不康，是日不视朝。"⑬八月"乙巳，以久雨宥常参百僚，不许御史点班。"

不仅如此，与前几次均遭遇旱情有所不同，代宗大历十二年可谓祸不单行。

① 《旧唐书》卷8《玄宗本纪上》，第172页
② 《新唐书》卷5《玄宗本纪》，第124页
③ 《旧唐书》卷8《玄宗本纪上》，第176页
④ 《新唐书》卷5《玄宗本纪》，第126页
⑤ 《新唐书》卷5《玄宗本纪》，第127页
⑥ 《资治通鉴》卷212"唐纪二十八·玄宗开元八年"，第6739页
⑦ 《旧唐书》卷11《代宗本纪》，第270页
⑧ 《旧唐书》卷21《礼仪志一》，第842-843页
⑨ 《旧唐书》卷126《裴谞传》，第3567页
⑩ 《新唐书》卷35《五行志二》，第917页
⑪ 《新唐书》卷6《代宗本纪》，第176页
⑫ 《旧唐书》卷11《代宗本纪》，第305页
⑬ 《旧唐书》卷11《代宗本纪》，分见第310页，第312页

大历十二年秋，霖雨害稼，京兆尹黎干奏畿县损田，滉执云干奏不实。乃命御史巡覆，回奏诸县凡损三万一千一百九十五顷。时渭南令刘藻曲附滉，言所部无损，白于府及户部。分巡御史赵计复检行，奏与藻合。代宗览奏，以为水旱咸均，不宜渭南独免，申命御史朱敖再检，渭南损田三千余顷。上谓敖曰："县令职在字人，不损犹宜称损，损而不问，岂有恤隐之意耶！卿之此行，可谓称职。"下有司讯鞫，藻、计皆伏罪，藻贬万州南浦员外尉，计贬丰州员外司户。滉弄权树党，皆此类也。①

在经历了夏季的旱情之后，其年秋，"霖雨害稼"，造成畿县损田 31 195 顷，渭南损田 3 000 余顷，农业生产无疑遭受了严重的打击。因此，拆毁碾硙以广灌溉之利，避浸害田土之祸，扶持农业生产恢复和发展当属情理之中。

关于旱灾的发生与拆毁碾硙行动之间的联系，刘英在其硕士学位论文中亦注意到了这一点，她指出"把郑白渠的兴修和废硙过程同关中地区的水旱灾害分布规律做比较，我们可以惊奇地发现，除了 619 年唐朝刚建立之时百废待兴，高祖皇帝为振兴关中农业对郑白渠的扩建与当时的旱灾无法建立很好的联系外，其他几次对郑白渠的修复、扩建和废硙活动都与旱灾的分布有或多或少的联系。"② 但是，我们上述努力，并非为了得出旱灾发生与拆毁碾硙行动之间具有必然相关性的结论，因为显而易见的是，有唐一代的旱灾并不局限于上述 4 个时期，甚至于在更为严重的旱灾发生时，却并未出现拆毁碾硙的现象，因此，准确来讲，我们应该将四次事件归结为具有一定偶然性的应激性政治行为。

实际上，作为应激行为的诱发因素，不仅包括"天灾"，可能还有"人祸"，比如发生于代宗朝的两次拆毁行动，即广德二年（764 年）和大历十三年（778 年）。广德二年适逢安史之乱刚刚结束，唐王朝国势衰微，就在当年十一月，吐蕃甚至一度攻入长安，代宗被迫出逃。作为政治中心所在地的关中历经长期动荡，经济破败，在此情形下，统治者励精图治通常的做法即是兴修水利发展农业生产，是为国之根本。在国运处于命悬一线的状态下，拆毁权势贵族的碾硙以表征发展农业生产之心是非常必要的，正因为如此，代宗才会发出"吾为苍生，尔识吾意"的感慨。同样，在大历十三年，代宗再次强调"帝思致理之本，务于养人，以田农者，生民之原，苦于不足。碾硙者，兴利之业，主于并兼，遂发使行其损益之。"③

关于拆毁行动与时局之关系，陶希圣曾颇为自得地指出"最有意义的，是政府与大庄主在水流使用上的斗争。这个斗争，关系于王权与贵族的胜负，甚至于决定一代政权的兴灭。不过流俗历史家看不出来罢了。"④ 王利华亦认为"唐代关中地区水力加工与灌溉用水之间的矛盾是十分突出的，已经不是一个简单的用水问题，而是关乎这一地区的经济全局，甚至与朝廷政治牵连在一起。"⑤ 这一论述颇为精当，笔者深以为然。

总之，四次事件的生发分别有其特定的历史情境，亦未超出既定法律法规的适用范畴，所以，论者将其放在事件发生前后长达一个半世纪的时段中、试图得出连续性的政策指示意义并不妥当，更遑论放在更长时段中来凸显政策的转变。

四、余 论

综观前文，我们分别考察了"转变论"的具体内容和逻辑困境，并在剖析其材料依据的基础上认为"转变论"不能成立。那么，这一论调为何经玉井是博提出后，少有人去质疑，反而在由西嶋定生深入论述后又继续产生广泛学术影响呢？我们不禁要反思，"转变论"究竟何以产生？实际上，"转变论"得出

① 《旧唐书》卷 129《韩滉传》，第 3600 页
② 刘英：《唐代关中地区水旱灾害与政府应对策略相互关系研究》，陕西师范大学硕士学位论文，2010 年：第 52 页
③ 《册府元龟》卷 497《邦计部·河渠》
④ 陶希圣：《唐代管理水流的法令》，《食货》1936 年，第 4 卷第 7 期
⑤ 王利华：《古代华北水力加工兴衰的水环境背景》，《中国经济史研究》2005 年第 1 期

的核心逻辑思路即是由"事件"推导出"政策",即从四次拆毁碾硙事件得出唐前期的禁设政策,从一次政府要求硙户承担相应河渠修整费用的事例以及一次政府允许碾硙用水的敕令,便得出唐中后期政府保护碾硙经营的政策。

李伯重在检讨传统经济史研究方法时,曾归纳出一种"集粹法",李伯重称"所谓'集粹法',就是在对发生于一个较长的时期或/和一个较大的地区中的重大历史现象进行研究时,将与此现象有关的各种史料尽量搜寻出来,加以取舍,从中挑选出若干最重要(或最典型、最有代表性)者,集中到一起,合成一个全面性的证据,然后以此为根据,勾画出这个重大历史现象的全貌。"[①] 由此再观玉井氏、西嶋等人的研究方法,与之可谓"异曲同工",我们不妨将其称之为一种另类的"集粹"现象,即将各具背景的一定数量的事件集合起来,赋予了过多的或本不该有的、乃至于与事实不符的指向意义。西嶋等人以"集粹"的方式构筑了赖以支撑自身论点的材料链条,却无意间遮蔽了更为广泛存在的对立事实,其立论自然是不能成立的。

清人潘绍诒在论及处州好溪堰时曾评论说"夫渠堰之成,为利大矣,顾往往以争水涉讼。又濒河者多据以为硙,专利自私,不能无弊,则有南阳均水刻石立约以及三辅检校诸渠碾硙尽毁之。古法在随事治之,可也。"[②] 所谓"随事治之",似不失为对唐代碾硙政策及其实际执行情况的传神概括。而"均水立约"与"检校尽毁"两种"治"式也构成了自唐以后历代水力碾硙政策的一体两面,亦是水力加工技术在中国传统社会存在发展的基本政治法律环境,此后宋元明清历代,在史料所见的范围内,处置方式大体与此类同。当然这已经是另一个层面的问题,当另文撰述了。

---

① 李伯重:《"选精"、"集粹"与"宋代江南农业革命"——对传统经济史研究方法的检讨》,《中国社会科学》2000 年第 1 期
② (光绪)《处州府志》卷之四"水利志",[清] 潘绍诒修,光绪 3 年(1877)刻本

后金的重农政策与农业发展研究*

衣保中**

（吉林大学东北亚研究院，吉林　长春　130012）

摘　要：后金政权十分重视农业，实施了一系列保护农事、安定汉民和督课农耕的政策，建立了由八旗"份地"、贵族"托克索"和"编户民"土地构成的封建土地制度，农垦区面积迅速扩大，粮食和经济作物生产快速发展，农耕技术水平也迅速提高，奠定了清入关统一中国的物质基础。

关键词：后金；重农政策；农业发展

明末，努尔哈赤领导的建州女真迅速崛起，逐渐统一了女真各部，明万历四十四年（1616 年）在赫图阿拉建立后金政权。万历四十七年（1619 年），后金攻灭叶赫后，"自东海至辽边，北自蒙古、嫩江，南至朝鲜、鸭绿江，同一语音者，俱征服，是年诸部始合为一"[1]，从此结束了女真各部长期混战的局面。统一各部后，后金政权实施了一系列保护农事、安定汉民和督课农耕的重农政策，建立了由八旗"份地"、贵族"托克索"和"编户民"土地构成的封建土地制度，后金辖区农垦面积迅速扩大，粮食和经济作物生产快速发展，农耕技术水平也迅速提高。后金农业的发展，奠定了清入关统一中国的物质基础。

一、以农为本的重农政策

（一）以农为本，保护农事

从努尔哈赤到皇太极，都十分重视农业。努尔哈赤认为，建州女真是以农为主的民族，他在给蒙古札鲁特部钟嫩贝勒信中明确指出："尔蒙古国以饲养牲畜食肉着皮维生，我国乃耕田食谷而生也。"[2] 他深知粮食的重要性，万历十二年（1584 年）的一个夜晚，他捉到一个刺客，弟兄亲族皆欲杀之，他却说："我若杀之，其主假杀人为名，必来加兵，掠我粮石。部属缺食，必至叛散。部落散，则孤立矣，彼必乘虚来攻。"因而决定"释之"[3]。努尔哈赤把粮谷是否充足看作决定军政大事的重要因素之一。万历四十三年（1615 年），叶赫布扬古悔婚，建州贝勒力主攻伐叶赫及支持叶赫的明朝。努尔哈赤虽对布扬古此举也十分痛恨，但考虑到当时建州"素无积储，虽得其人畜，何以为生？无论不足以养所得人畜，即本国之民，且待毙矣"[4]。因此，决定忍怒休兵，"趁此暇时，先治吾国，固吾地，修边关，耕田收谷，以充粮库"[5]。努尔哈赤由于坚持重农积谷的政策，使后金拥有巩固的后方根据地和较充足的粮饷供应，成为他屡战屡胜的重要因素之一。

---

* 【基金项目】教育部哲学社会科学研究重大课题攻关项目"中国历代边疆治理研究"（10JJD0008），黑龙江历史文化研究工程项目"黑龙江农业史"，项目编号 01YB1306

** 【作者简介】衣保中（1962—　），男，黑龙江木兰人，理学博士，吉林大学东北亚研究院教授，博士生导师，南京农业大学中华农业文明研究院兼职博导

① 《满洲实录》卷6，卷3
② 《满文老档》太祖，卷13
③ 《清太祖实录》卷1
④ 《清太祖实录》卷1
⑤ 《满文老档》太祖，卷4

皇太极也十分重视农业。后金由于领土日扩，归附日众，户口骤增，粮食供应越来越紧张。天聪初年，皇太极不得不求助于朝鲜："我国粮石，若止供本国人民，原自充裕。迩因蒙古汗不道，蒙古诸贝勒携部众来归者不绝，尔国想亦闻之。因归附之国多，概加赡养，所以米粟不敷"。朝鲜答应提供三千石米，"一千石发卖市上，二千石用以相遗"①。求助他国，仅是权宜之计，要根本解决粮食问题，必须发展本国农业。因此，皇太极下令："工筑之兴，有妨农务……嗣后有颓坏者，止令修补，不复兴筑，用恤民力，专勤南亩，以重农本。"② 天聪七年（1633 年）他又一次下谕："田畴庐舍，民生攸赖；劝农讲武，国之大经。"③ 他还指出："出国征伐，以有土有人为立国之本，非徒为财利也。至于厚生之道，全在勤治农桑耳。"④

为了促进农业发展，皇太极颁布一系列保护农事的政令。天聪九年（1635 年）三月，皇太极在三岔儿堡视察时，看到那里田地荒芜，尚未耕种，回到沈阳后立即升大政殿，训谕百官："我出去看见伊尔根（百姓）耕田迟误，可能是牛录章京为要抢先筑好城，带去超出限额的男丁，故而迟误耕田。多带人去筑城，荒废田地，伊尔根何以为食？若多带人服差役，荒废伊尔根的田地，牛录章京、小拨什库罪之。"⑤ 从此订了禁止重役扰民的禁约。崇德八年（1643 年），皇太极出巡时发现有些地方官滥役民夫培修道路，以至"重困民力"，便将该管官员、工部承政、参政，皆"坐以应得之罪"⑥。

为了保护农田，皇太极屡次颁令禁止牲畜践踏庄稼。天聪五年（1631 年），皇太极在抚顺发现二人纵马吃田里的庄稼，非常气愤，把两个纵马人治以"各穿一耳"之罪，并制定"小事赏罚例"，凡践踏禾苗者均按律分别轻重给予惩罚：如豕入人田者，令送还本主，每次计豕罚银五钱，过三次，许赴告该牛录额真，即以其豕给之；如羊入人田者，每只罚银二钱，骆驼牛马驴骡入田者，每匹头罚银一两，并赔偿被毁庄稼。同时又重申对诸王贝勒及其子弟在郊外放鹰等活动中践踏禾苗的禁令："太祖时曾禁诸王贝勒子侄，不许郊外放鹰，盖以扰害人民，践踏田园，伤残牲畜故也。……嗣后放鹰之人，如扰民不止，事发之后，决不轻恕"⑦。皇太极本人也起表率作用，"凡出师行猎，虽严寒之时，皆驻跸郊野，不入屯堡"⑧。

后金还十分重视保护耕牛等畜力，严禁王公贵族借游幸、祭礼治病求神等活动之名，滥杀耕牛等大牲畜。至于平民百姓，不论红白喜事或祭礼还愿等，均不得宰杀大牲畜，因"汉人、蒙古、高丽，因善养牲畜，是以牲畜繁多。我国不知孳息，宰杀太过，牲畜何由而多？今后用心蓄养"。因而作出具体规定：上自和硕亲王、固伦公主、和硕王妃以下，凡有坐汤者（指温泉沐养），不许宰牛，只许宰羊。王、贝勒、贝子放鹰、看马及外出时，不许宰牛，只许吃猪、羊、鹅、鸭、鸡等。普通百姓"祭神、还愿、娶亲、死人、上坟、杀死货卖"，也严禁宰杀牛马骡驴等大牲畜，"若违令将马、牛、骡、驴还愿、祭神、娶亲、上坟、杀死货卖者，或家下人，或部下举首，将人断出，赔杀的牲畜给原告；或旁人举首，赔牲畜与举首者。牛录章京、拨什库因失于稽察，问应得之罪。设大宴时许杀，有群牛的贝子、大人亦不可侈费"⑨。

（二）各守旧业，安定汉民

后金发展农业是在战争环境中进行的，后金之所以在战乱中保持并发展农业，除了它实行兵农合一的"农战"政策外，便是采取各种措施，使汉民"各守旧业"，继续从事生产，以减轻战争对农业的破坏。

天命六年（1621 年）四月初一，后金攻占辽阳的第七天，努尔哈赤发布了劝海州、复州、金州民归

---

① 《清太宗实录》卷 4
② 《清太宗实录》卷 4
③ 《清太宗实录》卷 13
④ 《清太宗实录》卷 65
⑤ 《清太宗实录》卷 13
⑥ 汉译《满文老档》
⑦ 《清太宗实录》卷 13
⑧ 《清太宗实录》卷 13
⑨ 《清太宗实录稿本》卷 14

降的汗谕：

"攻取辽东城（辽阳）时，吾之兵士，死者亦多。如斯死战获得辽东城之人，尚皆不杀而善之，各守旧业。尔等海州、复州、金州之人，岂如辽东之攻战。尔等勿惧……多肆杀戮，能得几何？瞬时亦尽矣。若养而不杀，尔等皆各出其力，经商行贾，美好水果，各种良物，随其所产，此乃长远之利矣。"[1]

同年五月初五，因镇江（今丹东）地方汉民拒绝剃发并杀了后金使者，后金派武尔古岱和李永芳率兵千人前去镇抚，汉民纷纷上山自保。后金乃发布文告，决定只处罚为首的四五个人，"以外的众人都免死，命令剃头，仍住在各自的家，耕种各自的田"[2]。

在战争中，努尔哈赤十分注重保护农业，禁止官兵滥杀滥抢和践踏庄稼。天命六年（1621年）五月二十二日，他告诫后金官兵说："不要夺取猪、鸡、鸭、鹅、园的庄稼等物。在堡居住的兵不要侵犯妇女，不掠杀任何东西。马和牲畜不进庄稼地。"对于违犯的官兵，严加处罚。同月二十四日，"汗的包衣捕鱼的汉出哈、古纳青、罗多里、阿哈岱四人，杀道旁尼堪（汉人）的驴、山羊、猪吃了，杀尼堪，剥取衣服夺马。依法审理，杀首恶阿哈岱，其他三人鞭打五十，刺鼻耳释放"[3]。

皇太极继汗位后，进一步提出"治国之要，莫先安民"的政策明确规定：除战争中抗拒者不得不杀外，凡被俘者一律安置为民。"凡贝勒大臣有掠归降地方财物者，杀毋赦；擅杀降民者抵罪；强取民物者，计所取之数赔偿其主"[4]。天命十一年（1626年）刚即汗位序皇太极便下令："八旗移居已定，今后无事更移，可使各安其业，无荒耕种。……至于满汉之人，均属一体……有擅取庄民牛、羊、鸡、豚者，罪之。"天聪四年（1630年），"上以时方春和，命汉民乘时耕种，给以牛具。复示归顺各屯，令各安心农业"[5]。天聪七年（1633年）皇太极再次重申："向者我国将士于辽民多所扰害，至今讦告不息。今新附之众，一切勿得侵扰……若仍前骚扰，实为乱首，违者并妻子处死，必不姑恕。"[6]

皇太极另一项重要的安民政策，便是纠正了努尔哈赤天命六年强迫汉人与满族人"合住同食"的错误作法，改为"分屯别居"的安置政策，使汉人能有较大的生产自主权，减轻了征服者的欺压，大大提高了生产积极性，据《清太宗实录》卷1记载：

"先是，汉人每十三壮丁编为一庄，按满汉品级，分给为奴。于是（与女真人）处一屯，汉人每被侵扰，多致逃亡。上洞悉民隐，务俾安辑，乃按品级，每备御（牛录）止给壮丁八人，牛二（头）以备司令，其余汉人分屯别居，编为民户，择汉官清正者辖之。"

从此以后，后金在对明战争中，俘获或归降的人户都允许"独立屯住"，使汉人能够较安定地从事农业，既保证了后金统治者的租赋收入，又有利于农业生产的恢复和发展。

（三）督课农耕，改良技术

努尔哈赤兴起后，针对女真人农业技术粗放落后，种庄稼"一堆儿一堆儿"的，间隔很宽，不但浪费土地，而且产量不高。而"尼堪"（汉人）种庄稼是"一棵一棵的"，间隔又小，即使死了一棵苗，损失也不大的情况，下令女真"诸申"学习汉人的耕种法[7]。从此，女真耕种技术有了巨大的改进。女真人原先所实行的"一堆儿一堆儿"的耕作方式，就是不规则的刨埯子播种法，也即在地上简单地刨个坑，然后撒一把种子，庄稼行距宽，又不间苗，既影响作物生长，又浪费种子和地力。而辽东汉人"一棵一棵"的耕作方式，就是比较先进的点播法，注意株距与行距，合理间苗、密植，既节省种子和地力，又可提高产量。

皇太极对劝农和改良农业技术也十分重视。天聪七年（1633年）他专门向八旗官员发布一篇很长的劝农"告谕"，指出：

---

① 《满文老档》太祖，卷20
② 《满文老档》太祖，卷21
③ 《满文老档》太祖，卷22
④ 《清太宗实录》卷5
⑤ 《清太宗实录》卷1及卷6
⑥ 《清太宗实录》卷14
⑦ 《盛京户部原档》，中国第一历史档案馆收藏

"田畴庐舍，民生攸赖。劝农讲武，国之大经。……若有二三牛录同居一堡者，著于各田地附近之处。大筑墙垣，散建房屋以居之。迁移之时，宜听其便。至于树艺之法，洼地当种粱稗，高田随地所宜种之。地瘠须加培壅，耕牛须善饲养，尔等俱一一严饬。如贫民无牛者，付有力之家代种。一切徭役，宜派有力者，勿得累及贫民。如此，方称牛录额真之职。若以贫民为可虐，滥行役使，惟尔等子弟徇庇，免其差徭，则设尔牛录额真何益耶？至所居有卑湿者，宜令迁移。若惮于迁移，以致伤稼害畜，俱尔等牛录额真是问。方今疆土日辟，凡田地有不堪种者，尽可更换，许诉部臣换给。"①

从以上"告谕"可以看出，皇太极把"劝农"与"讲武"并列为"国之大经"，给予高度重视。他对发展满族农业主要提出了如下数端：①把集中在一起的牛录分散开来，以便于生产。②把耕种条件较差地区的满族迁移到耕种条件较好的地区，以改善他们的生产条件。③合理组织生产，贫民无牛者予以调剂。④减轻贫民徭役负担，禁止官员私役贫民。⑤加强对农业生产的规划和管理，根据不同的土质安排作物品种，并注意改良土壤，培养地力。

皇太极对因地择种和抢时早播有很深的认识。崇德元年十月庚子（1636 年 11 月 26 日），他在训谕户部时指出："至树艺所宜，各因地利。卑湿者可种稗稻高粱，高阜者可种杂粮。勤力培壅，乘地滋润，及时耕种。则秋成收获，户庆充盈。如失时不耕，粮从何得耶？"② 翌年二月癸巳（1637 年 3 月 19 日），皇太极根据后金"昨岁春寒，耕种失时，以致乏谷"的教训，再次谕令户部："今岁虽复春寒，然三阳伊始，农时不可失也。宜早勤播种，而加耘治焉。夫耕耘及时，则稼无伤害，可望有秋；若播种后时，耘治无及，或被虫灾，或逢水涝，谷何由登乎？凡播谷必相土宜，土燥则种黍谷，土湿则种秋稗。"③

皇太极为了贯彻自己的农业政策，对各级官员严格要求，以他们是否勤于农事作为奖惩和考核官员的标准。认为只有那些善于管理农事，勤于劝农者，"方称牛录额真之职"。而那些只知牟取私利，"滥行役使贫民"，"自占近便沃壤"，"以致伤稼害畜"的官员，不但罢官斥革，而且要拘拿是问，明令："各屯堡拨什库，无论远近，皆宜勤督耕耘。若不时加督率，致废农事者，罪之。"④

二、建立封建土地制度

（一）建立兵农合一的八旗"份地"制

努尔哈赤统一女真各部之前，女真社会处于从原始社会向阶级社会过渡阶段。当时虽然出现了财产的差别，但土地私有的观念尚未确立，土地属于公有，还没有出现赏赐或分封土地以及土地买卖、土地纠纷等现象。女真族自由民（诸申、伊尔根）自由耕种土地，不纳赋税，耕者自食。16 世纪末到 17 世纪初，女真社会经济有了进一步的发展。努尔哈赤在统一女真各部过程中，掠夺了大量的战俘和财物，出现了一批拥有大量奴隶和财产的氏族贵族，私有制获得了很大的发展。为了掠夺和战争的需要，从万历二十九年至四十三年（1601—1615 年），努尔哈赤利用部落的围猎组织——牛录，把分散的满族个体自由民组织起来，建立八旗制度。万历四十四年（1616 年），又正式建立了后金政权，从此氏族社会的公有土地，全部落到代表国家的君主手里，变成国有土地。为了供养八旗兵，女真贵族参照明朝的军屯制度，把土地分给各旗士兵，建立了兵农合一的八旗"份地"制度。

早在进入辽沈地区以前，努尔哈赤就曾"于各部落例置屯田，使其部落酋长掌治耕获，因置其部而临时取用"⑤。万历四十三年（1615 年），又将屯田加以整顿，明确规定，"每一牛录出男丁十名，牛四

---

① 《清太宗实录》卷 13
② 《清太宗实录》卷 31
③ 《清太宗实录》卷 34
④ 《清太宗实录》卷 34
⑤ 申忠一：《建州纪程图记》

只，以充公差，命其于空旷处垦田耕种粮食，以其收获储于粮库"[1]。天命六年（1621年），后金进入辽沈地区后，把士兵屯田制度加以发展，实行了大规模的"计口授田"，把辽沈地区的三十万日土地收归国有，分给八旗士兵。规定，"每一男丁给地六日，以五日种粮，一日种棉，按口均分。……其纳赋之法，用古人彻井遗制，每男丁三人，合耕官田一日，又每男丁二十人，以一人充兵，一人应役。"[2] "份地"上的生产，由各牛录额真统一管理。天聪十年（1633年）正月"谕各牛录额真曰：尔等宜各往该管详察，不可以部务推诿。……地瘠须粪力，耕牛须善饲养，尔等一一严饬。如孤贫无牛者，付有力之家代种。一切差徭宜派有力者，勿得累及贫人。如此方称牛录额真之职"[3]。从以上情况可见，入关前满族士兵的土地所有制具有以下几个特点：①分配给士兵的"份地"是后金的国有土地，士兵只有使用权，而无所有权。士兵使用"份地"不是无偿的，要向后金政权提供徭役和兵役。②士兵对"份地"无独立经营权，由牛录额真统一组织和管理生产。士兵被束缚在本牛录的范围内，在长官的督促下进行生产，因而在身份上类似明代的军户。③"份地"上仍保留着一些氏族社会的民主风气，如土地平均分配、贫富互助等等。

后金的"份地"制，也即后来的旗地制度，其实质是一种兵农合一的土地制度。皇太极曾把八旗"份地制"与明朝兵民分离的制度进行比较，指出："明国小民，自谋生理，兵丁在外，别无家业，惟恃官给钱粮。我国出则为兵，入则为民，耕战二事，未尝偏废。先还之兵，俱已备整器具，治家业，课耕田地，牧马肥壮。俟耕种既毕，即令在家之人，经理收获，伊等军器缮完，朕即率之前往。"[4] 这种亦兵亦农的土地制度，把分散的满族个体生产者组织起来，结成具有军事组织性质的生产单位，平时组织士兵从事生产，战时则督率出征，具有生产和战斗的双重职能。

八旗士兵"份地"，基本保持在三十万日左右的规模。入关前，辽河以东地区旗地的分布情况如下：[5]

兴京	2 441 日
奉天附近	258 937 日
开原	11 667 日
凤凰城	7 590 日
盖平	16 274 日
南金州	5 150 日
牛庄	28 114 日
总计	330 173 日

从上可见，当时旗地主要集中于奉天附近，其次是牛庄、盖平和开原，皆为八旗兵屯驻的重点地区。

（二）设置贵族庄园"拖克索"

所谓"拖克索"（TOKSO），系满语"庄子""庄屯"之意。《清文鉴》卷19中对拖克索的解释是："田耕的人所住的地方叫拖克索。"它最初是女真人从事农业生产的村落单位，又叫"农幕"。但随着女真族的阶级分化和贵族势力的发展，"拖克索"逐渐演变成贵族的庄园。

女真部落酋长和上层贵族早就有掳掠明朝和朝鲜的边民，设置田庄，"驱使耕作"，"作奴使唤"的情况。万历四十三年（1615年）八旗制度确立后，努尔哈赤和皇太极每次征战，凡有掳掠，"有人必八家分养之，地土必八家分据之"[6]。"八家"就是八和硕贝勒，亦即八旗旗主。可见掠来的人口和土地，努尔哈赤、皇太极都是与诸贝勒共同分享的。天命六年（1621年）攻占辽东后，二月在法纳哈路"置八贝勒

① 《满文老档》太祖，卷4
② 《满文老档秘录》，56 页
③ 《东华录》卷8
④ 《清太宗实录》卷7
⑤ 《盛京通志》康熙二十三年版．卷18
⑥ 《天聪朝臣工奏议》卷上，35 页

之庄地"①。九月又于牛庄、海州以东，鞍山以西，"各贝勒置三个拖克索"②。天命十年（1625 年）十月，努尔哈赤又下令在辽沈地区"造汗及贝勒之庄。一庄十三男，七牛"③。"将庄头之名，庄中十二丁之名，牛、驴之色，尽行书之"，"给予田百垧，二十垧作正赋，八十垧尔等自身食用"④。

除了这八家贵族之外，努尔哈赤、皇太极还不断地将掠来的土地和人口，以"赐予"的方式，转到大大小小的贵族和官员手里。皇太极曾明确说过："我国若从明国之例，按官给俸，则有不能。……所获财物，照原官职功次，加以赏赉。所聚土地，亦照原官职功次，给以壮丁。"⑤ 在清太祖、太宗两朝的《实录》中，有不少关于赏赐土地和人口的记载。如天命三年（1618 年），清兵攻占抚顺后，"论将士功行赏，以俘获人畜三十万分给之"⑥。天命九年（1624 年）努尔哈赤"赐恩格德尔及莽果尔代、囊努克、门都、答哈、满朱习礼田，并田卒、耕牛"⑦。天聪九年（1635 年）皇太极"赐祁他特台吉庄屯四所，每所人十名，牛二头"⑧。据《建州闻见录》中记载："自奴酋及诸子，下至卒胡，皆有奴婢、农庄。"在这些庄园中，"奴婢耕作，以输其主"⑨，"仆夫力耕，以供其主，不敢自私"⑩。

当时，一个贵族往往拥有几所，乃至几十所庄园和成百名壮丁。例如，天聪三年（1629 年），皇太极幽禁了贵族阿敏及其子洪退科，剥夺了他们的财产，止留给"阿敏庄六所，园二所，并其子之乳母等二十人，羊五百，乳牛及食用牛二十。给洪退科庄二所，园一所，满洲、蒙古、汉人共二十名，马二十匹"⑪。留给阿敏父子的尚有庄八所、园三所，被剥夺的当远远超出此数。又如天聪九年（1635 年），贵族瓦达克因罪受罚，"其应入官银四千两，庄田二十三处，所有汉人一百九十九人，各色匠役人等三百四人"⑫。可见其庄田、农奴之多。

贵族庄园的数量虽多，但规模并不大。《清太宗实录》卷 1 云："汉人每十三壮丁编为一庄，按满官品级，分给为奴。"《沈馆录》卷 3 云："诸王设庄……庄有大小，大不过数十家，小不满八、九家。"

在贵族庄园中，规模较大的是汗庄（即后来的皇庄）。早在天命十年（1625 年）努尔哈赤下令在辽沈地区建立一批"汗庄"。《盛京时报》光绪三十三年三月一日追述其事云："自我［清］朝太祖高皇帝驻兵奉天建极时，有土著庄户报效粮石，上嘉以报粮多的庄户派当头目，封为皇粮庄头。"此例一开，"续报粮来归者数百余户。上悦，嘉奖一百二十七名派作庄头"。从而建立了一百二十七处汗庄。到皇太极时，皇庄进一步发展，规模日益扩大。为了加强对皇庄的管理，天聪六年（1632 年）后金设立内务府，"将皇粮庄头拨归内务府会计司管理"⑬。

（三）"编户民"与民地的发展

后金除了把土地分给八旗官兵和皇室贵族外，还将部分土地分给归附的汉人和其他部族，形成后金"编户民"占有的土地。这部分土地名义上也是后金国有土地，但实际上由"编户民"占有和使用。后金的"编户民"主要由两部分组成，一类是地主，另一类是后金政权直接控制下的个体农民。

在努尔哈赤统一女真各部的过程中，他一方面把战争中的俘虏分赏从征将士为农奴；另方面把所谓的"降民""来归者"编为"民户"。万历四十一年（1613 年），努尔哈赤征乌拉，"兵败来归者……编户万家，其余俘获，分给众军"⑭。次年征渥集部，"收降民二百，俘千人还"。天命三年（1618 年）克抚

① 《满文老档》太祖，卷 17
② 《满文老档》太祖，卷 24
③ 《满文老档》太祖，卷 66
④ 《满文老档》太祖，卷 66
⑤ 《清太宗实录》卷 17
⑥ 《清太祖实录》卷 5
⑦ 《清太祖实录》卷 9
⑧ 《清太宗实录》，卷 22
⑨ 李民寏：《建州闻见录》
⑩ 金梁辑：《满洲老档秘录》
⑪ 《清太宗实录》卷 7
⑫ 《清太宗实录》卷 25
⑬ 《盛京时报》光绪三十三年（1908 年）三月一日
⑭ 《东华录》天命，卷 1

顺，"论将士功行赏，以俘获人畜三十万分给之，其归降人民，编为一千户"①。

皇太极继位后，进一步发展了努尔哈赤的这一政策。从史籍上看，编"降民"为民户的事件不仅日益增多，而且每次编为民户的人数也有逐渐增加的趋势。如天聪二年（1628年），征察哈尔多罗特部，"俘获万一千二百人，以蒙古、汉人千四百名编为民户，余俱为奴"②。次年，"往略迤西兵还，招降榛子镇，以其民半入编户，半为俘"③。天聪末年以后，皇太极不仅把"降民"编为民户，即使是阵获之人，亦同样编为民户。天聪九年（1635年）征黑龙江，"尽克其地，所获人民，全编氓户，携之以归"④。崇德七年（1642年）攻占锦州、松山诸城之后，"命以锦州、松山、杏山新降官属兵丁，分给八旗之缺额者，其余男子、妇女、幼稚共二千有奇，编发盖州为民"⑤。这些被"招降"和"阵获"的人口、壮丁，有的被编为民户，有的补入缺额之旗，而不再沦为八旗贵族庄园主的农奴了。

据《清太宗实录》记载，崇德元年（1636年）清军直入长城，过保定府至安州，连克十二城，俘获人畜十七万九千余⑥。崇德四年（1639年）又略关内，左翼多尔衮俘获人口二十五万七千余人，右翼杜度俘获人口二十万四千余人⑦。崇德七年（1642年），清军又再次入掠明境，俘获人口三十六万九千名⑧。三次俘获人口达八九十万之众。对这些所获人口，在有关史料中，没有见到类似"分赏从征将士为奴"的记载，根据皇太极一贯所采取的政策来看，其中绝大部分都被编为民户了。随着"编户民"队伍的扩大，后金民地也随之发展。

三、农业生产的快速发展

（一）垦区面积的迅速扩大

努尔哈赤时期，大力组织屯田，扩大耕地面积。万历二十三年（1595年）朝鲜使臣申忠一在出使建州时，沿途所见，屯田遍布，"无野不垦，至于山上，亦多开垦。"⑨随着努尔哈赤势力的扩张，其屯区也不断扩大。万历二十九年（1599年）努尔哈赤灭亡哈达部后，立即向柴河、松山、白家冲、抚安堡等地分拨万余人，前往耕种⑩。当时努尔哈赤"欲为广垦储粮之计"，在海西哈达等部地区"群驱垦牧"，"罄垦猛酋（哈达孟格布禄贝勒）旧地"，"益垦南关旷地"⑪。万历三十五年（1607年）努尔哈赤攻灭辉发部，又分拨一千余户种其地⑫。万历初，明辽东副总兵李成梁建立了宽奠、大奠、长奠、孤山、新奠、永奠等六堡，迁移军民垦种。万历三十三年（1605年），在努尔哈赤进攻下，明军退出六堡地区，该地遂为努尔哈赤占有，建州因此扩大垦区八百余里⑬。

不仅如此，努尔哈赤不顾明军的一再驱逐和诘阻，不断派人蚕食明朝边境土地。万历四十二年（1614年）据明开原道薛国用呈称："努儿哈赤差部夷五百名，来本边迅河口刘家孤山地名住种。又地名仙人洞，有种田达子四十四名。"明政府采取各种手段加以驱逐，但努尔哈赤寸土不让，继续开垦，"分遣人牛，临边住种"，因此垦地日广，人牛日多⑭。

萨尔浒之役后，后金迅速占夺开原、铁岭等地，不久又攻占沈阳、辽阳及辽河以东七十余城，后金

---

① 《东华录》天命，卷1

② 《清太宗实录》卷4

③ 《清太宗实录》卷5

④ 《清太宗实录》卷23

⑤ 《清太宗实录》卷61

⑥ 《清太宗实录》卷31

⑦ 《清太宗实录》卷45

⑧ 《清太宗实录》卷64

⑨ 的申忠一：《建州纪程图记》

⑩ 程令名：《东夷努尔哈赤考》

⑪ 《明神宗实录》卷507，海滨野史：《建州私志》

⑫ 黄石斋：《博物典汇》卷20

⑬ 《明神宗实录》卷424、455

⑭ 《明神宗实录》卷519

乃"徙诸堡屯民出塞（指建州），以其部落分屯开（原）、铁（岭）、辽（阳）、沈（阳）"[1]。后金所属垦区空前扩大。

（二）粮食和经济作物生产的发展

努尔哈赤兴起后，建州部农业生产迅速发展，粮食产量迅速增加。据朝鲜使臣所见，建州地区"田地品膏，则粟一斗落种，可获八九石，瘠则仅收一石"[2]。崇德年间，朝鲜太子在后金为质，分得屯所（庄园）六处。《沈阳状启》中记载了其中沈阳附近四处庄园的粮食产量：

> "老家寨屯所：各谷落种 25 石 13 斗零。所出各谷 932 石 4 斗 2 升。屯监禁军等私赁田，自备种子所出各谷数：各谷落种 10 斗零，所出各谷 32 石。
>
> 以上之屯田及屯监等私田并各谷落种 26 石 8 斗零，所出谷 964 石 4 斗 2 升。
>
> 土乙古屯所：各谷落种 23 石 9 斗零，所出谷 857 石。
>
> 王富树屯所：各谷落种 23 石 2 斗零，所出各谷 76l 石 12 斗 6 升。
>
> 沙河堡屯所：各谷落种 24 石 13 斗零，所出谷 736 石。
>
> 以上落种 98 石 2 斗，所出各谷 3319 石 1 斗 8 升。"

从上列数据可见，各庄园粮谷的播种量与产量的比例情况是：老家寨和土乙古屯所约为 1：36，王富村屯所为 1：33，沙河堡屯所约为 1：30，平均约为 1：31。这基本上反映了当时后金贵族庄园粮食生产的一般水平。值得注意的是，老家寨屯所中有一部分所谓的"屯监禁军等私赁田"，即私人承租的土地，他们是"自备种子"，与庄园主是一种租佃关系，具有一定的自主性，因而产量较高，其播种量与产量之比达 1：48，比庄园农奴生产的粮食多 1/4。

后金储粮设备十分简陋，大多在"秋后掘窖以藏，渐次出食，故日暖便有腐臭"[3]。有时甚至把秋粮"埋置于田头，至冰冻后以所藏处输入"[4]。随着农业的发展，储粮技术逐渐提高，据明人程令名所记，努尔哈赤的驻地赫图阿拉"东门外则有仓廒一区，共计一十八窖，每窖各七八间，乃是贮谷之所"[5]。可见，后金已有了专门粮仓。

随着粮食产量的提高，后金逐渐实现了粮食自给。从后金与明的朝贡贸易和"马市"交易的品种来看，后金从明朝购买的商品主要是铧、牛等农业生产资料和锅、布匹、服装等生活资料，未见有购买粮食的记载。恰恰相反，在辽宁省档案馆所藏明档乙 105 号《定辽后卫经历司呈报经手抽收抚赏夷人银两各清册》中，有十多处建州部在马市上卖粮的记载，反映了建州女真已有余粮出售。到皇太极时期，已有大量粮食流入市场，一些富户往往囤积居奇，"乘时射利"，以致后金政府不得不出面干预，平抑粮价。崇德元年（1627 年）十月，皇太极命户部承政英俄尔岱、马福塔，传谕曰："米谷所以备食，市粜所以流通。有粮之家，辄自收藏，必待市价腾贵，方肯出粜，此何意耶？今当计尔等家口足用外，有余者即往市粜卖，勿得仍前壅积，致有谷贵之虞。先令八家各出粮一百石，诣市发卖，以充民食。"[6] 翌年二月，皇太极又一次谕户部：

> "朕闻巨家富室有积储者，多期望谷价腾贵，以便乘时射利，此非忧国之善类，实贪啬之匪人也。……向者因田赋不充，已令八家各输藏谷，或散赈，或粜卖。今八家有粮者无论多寡，尽令发卖，伊等何不念及于此？今后固伦公主、和硕格格及官民富饶者，凡有藏谷，俱著发卖。若强伊等输助，或不乐从。今令伊等得价贸易而或不听从，是显违国家之令，可乎！"[7]

在后金政府的行政干预下，保证了粮食市场的正常运行，促进了农产品市场的流通。

---

① 《山中闻见录》卷 3
② 《兴京二道河子旧老城》，"'伪满洲'建国大学"刊本，99 页
③ 李民奂《建州闻见录》
④ 《兴京二道河子旧老城》，"'伪满洲'建国大学"刊本，99 页
⑤ 《筹辽硕画》卷首，2 页
⑥ 《清太宗实录》卷 31
⑦ 《清太宗实录》卷 34

后金粮食种类很多，据《建州闻见录》记："土地肥饶，禾谷甚茂，旱田诸种，无不有之。绝无水田，只种山稻。"《清太宗实录》卷34中亦有"卑湿者可种稗稻、高粱，高阜者可种杂粮"的记载，可见后金粮食作物以旱田作物为主，所种之稻系属旱稻。

除了各种粮谷外，建州地区"瓜茄之属皆有之"①。后金建立后，为了保证贵族生活之需，设置大批果园，到天命八年（1623年），汗及贝勒所拥有的果园已达百余所，其中金州城周围十里内有园80所，种植梨树256棵，苹果树114棵，杏树246棵，枣树2 918棵，桃树58棵，总计3 792棵。木场驿堡有果园2所，种植梨树88棵，桃树50棵，杏树17棵，枣树600棵，李子树4棵，郁李子（臭李子）4棵，总计800棵②。由此可见后金地区瓜果品种之丰富。

至于经济作物，女真地区早已产麻。天命元年（1616年），努尔哈赤又下令养蚕植棉，要"为缫丝织缎而饲养家蚕，为织布而种植棉花"③。天命六年（1621年）后金占据辽沈地区后，实施"计丁授田"，规定每丁给地六日，其中"五日种粮，一日植棉"，即拿出1/6的土地种植棉花，可见努尔哈赤推广植棉的决心。为了保证棉布供应，努尔哈赤在辽东专设棉庄。天命九年（1624年），在辽南海州一带共设有专门从事植棉、种果树的男丁3 200多人④，皇太极继位后，仍然十分讲求"树艺之法"，天聪二年（1628年）"下令督织"，经五载努力，"精细绢帛，亦尝织造"⑤。天聪七年（1633年），朝鲜国王在致后金的国书中，也承认"贵国跨有全辽，麻丝布帛，土产既饶，服用自裕"⑥。与此同时，皇太极仍继续大力提倡植棉，至崇德三年（1638年），后金皇室所辖棉庄已达十所，每所年收棉一千斤，合计应收棉一万斤，当年实收一万二百斤，多收二百斤，庄头因此而获赏⑦。

后金时期，黄烟开始传入东北。据著名史学家吴晗先生在《灯下集》一书中推断，黄烟是由日本传入朝鲜，再由朝鲜传入中国东北的。朝鲜人称烟草为南蛮草、南草。万历四十四、五年（1616—1617年）输入朝鲜，天启辛酉、壬戌（1621—1622年）以后朝鲜吸烟的人很多。后由商人输入沈阳。清太宗以其并非土产，下令禁止。《朝鲜王朝实录》仁祖戊寅（1638年）八月甲午条记载："我国人潜以南灵草入送沈阳，为清将所觉，大肆诘责。南灵草，日本所产之草也。其叶大者可七八寸许，细截之而盛之竹筒，或以银锡作筒，火以吸之，味辛烈，谓之治痰消食，而久服往往伤肝气，令人目翳。此草自丙辰、丁巳间以来，无人不服，对客辄代茶饮，或谓之烟茶，或谓之烟酒……传入沈阳，沈人亦甚嗜之。而虏汗（指清太宗——引者注）以为非土产，耗货财，下令大禁云。"但实际上禁令并未奏效，就连后金统治者上层人物，如多尔衮、代善之流，也都成了"瘾君子"。因此，清廷一入关，便下令解除烟禁，"许人自种而用之"。

（三）农业技术水平的提高

铁制农具和牛耕在后金应用非常广泛。最初，其铁制农具和耕牛主要从汉族地区和朝鲜引进，是后金从马市上购买数量最大的两宗商品。随着女真人冶铁业的进步，16世纪末后金已能够自己炼铁制造。《建州闻见录》记载："银铁革木，皆有其工，而惟铁匠极巧。"从此，后金铁制"农器"应用更加广泛。见于文献记载者，当时使用的铁制农具主要有铧、锄、镰、斧等。皇太极时期，全面普及铁农具制造技术。天聪八年（1634年）规定："每牛录出铁匠一名，镬五、镩五、锹五、斧五、锛二、凿二，每人随带镰刀。"⑧由此可见，后金八旗各牛录普遍配置专门从事农具制造的工匠，以供应各牛录屯田之需。

后金在对明战争中，掠得大量汉人。尤其是后金进入辽沈后，满族长期与汉民杂居，由于接受了汉族先进农业技术的影响，逐渐放弃原先比较粗放的"一堆儿一堆儿"的播种方法，而改用"一棵一棵"的点种法。尤其是皇太极时期，提倡根据土宜合理安排作物，"洼地当种粱稗，高田随地所宜种之"。同时推广适时早播，培植地力等先进技术，大大提高了农业生产水平。

---

① 孔经纬主编：《清代东北地区经济史》，黑龙江人民出版社1990年版：第61页
② 孔经纬主编：《清代东北地区经济史》，黑龙江人民出版社1990年版：第61页
③ 《满文老档》太祖，卷5
④ 《满文老档》太祖，卷61
⑤ 《清太宗实录》卷15，卷16，卷18
⑥ 《清太宗实录》卷15，卷16，卷18
⑦ 李永海等译《崇德三年档》
⑧ 《清太宗实录》卷15，卷16，卷18

朝鮮土地調查事業 에의한地稅制度 近代化의 本質的 意味

朴錫斗

（前韓國農村經濟研究院）

I. 序　論

　　'朝鮮土地調查事業'은 日帝가 1910 년부터 1918 년까지 8 년여에 걸쳐 총 2 천 40 餘萬 圓의 經費를 들여 全國의 모든 宅地와 耕地에 대해 筆地別로 測量을 하고 所有者와 地價 및 地位等級을 조사하여 土地臺帳과 地籍圖 등을 작성한 사업이다. 이 사업은 植民地 朝鮮에서 日帝가 추진한 最初이자 最大의 政策事業으로서 日帝 全 時期는 물론 이후의 韓國 現代史에 심대한 영향을 미쳤다.

　　朝鮮土地調查事業에 대한 先行研究의 評價는 土地收奪論과 土地所有制度・地稅制度 近代化論으로 나누어 볼 수 있다. 收奪論은 일제가 토지조사사업을 통하여 조선 농민의 토지와 토지에 성립한 慣習的 權利를 수탈하였다는 주장으로서 현행 교과서와 辭典類 등에 通說로 등재되어 있다. 近代化論은 토지조사사업을 통해 近代的 土地所有制度와 地稅制度가 확립되었다는 주장이다. 收奪論의 핵심은 申告主義를 이용한 대규모 토지약탈이 있었다는 것인데, 신고되지 않은 토지의 수가 극히 적었을 뿐만 아니라 그것도 신고할 主體가 없을 수밖에 없었던 類型의 토지였다. 요컨대, 수탈론은 史料에 의해 實證되지 않은 推論일 뿐이라는 비판을 면할 수 없다. 반면, 근대화론은 近代性을 부각하는 데 치우쳐 植民地性을 간과함으로써 일제의 식민 통치를 미화한다는 비판에 직면해 있다.

　　이상과 같은 朝鮮土地調查事業 관련 研究史에 비추어 이 글에서는 近代化論의 視角에서 사업에 의해 확립된 近代的 地稅制度의 本質的 意味가 무엇인지, 즉 近代性의 裏面에 있는 植民地性을 파악하고자 한다. 글의 순서는 먼저 朝鮮土地調查事業의 內容과 結果를 槪觀하고, 이어 그것을 토대로 추진된 地稅制度의 改革過程과 結果 및 意味에 대해 살펴본다.

II. 朝鮮土地調查事業의 槪要

1. 朝鮮土地調查事業 推進 經過

　　일제는 1905 년 12 월 統監府 設置 이후 韓國人 測量技術者를 養成하는 한편 1909 년 2 월 日本興業銀行으로부터 借款 중 1 千萬 円을 토지조사 비용으로 승인받은 후 토지조사사업을 실시하기 위한 직접적인 준비 과정을 거쳐 1910 년 1 월 土地調查事業計劃（一次）을 수립하고 본격적인 토지조사사업을 추진하기 시작하였다. 이리하여 1910 년 3 월 「土地調查局 官制」를 公布하고 8 월 23 일 「土地調查法」을 공포하였으며, 8 월 29 일 韓・日 倂合에 따라 9 월 30 일「朝鮮總督府 臨時土地調查局 官制」를 공포하고, 12 월에 一次計劃을 修正한 二次 土地調查事業計劃을 수립하였다. 1911 년 11 월 「結數連名簿規則」을 공포하여 1912 년 1 월부터 시행하였으며, 3 월에는 課稅地見取圖를 작성하도록 하는 한편 「朝鮮不動産證明令」을 공포하였고, 8 월에는 「朝鮮總督府 高等土地調查委員會 官制」와 「朝鮮總督府 地方土地調查委員會 官制」를 공포한 다음 「土地調查令」을 공포하여 「土地調查法」을 廢止하였다. 1913 년 4 월에는 다시 二次計劃을 修正한 三次 土地調查事業計劃을 수립하였으며, 8 월에 「結數連名簿規則」을 개정하고, 11 월 12 일 忠北 淸州郡 淸州面을 필두로 土地所有權 査定을 개시하였다. 1914 년 3 월에는 「地稅令」을 공포하고 4 월에 朝鮮財政獨立計劃을 실시하도록 하였으며, 1915 년 3 월에는 三次計劃을 수정한 四次 土地調查事業計劃을 수립하였다. 1918 년 6 월 「地稅令」을 개정한 데 이어 7 월에 「朝鮮不動産登記令」을 공포하였으며, 10 월에 朝鮮土地

調査事業을 완료하였다.

2. 朝鮮土地調査事業의 計劃과 根據 法令

토지조사사업계획은 三次에 걸쳐 修正되었다. 韓·日 倂合 이전에 수립된 제1차 계획은 총경비 1,412萬 9,707圓으로써 7년 8개월의 기간 내에 완료할 예정이었다. 제2차 계획은 토지조사사업의 중요성을 확인하고 그에 따라 사업계획을 충실히 확장할 필요를 인정하여 동년 12월 예산을 1,598萬 6,202圓으로 증액하였다. 1913년 4월에 수립된 제3차 계획은 토지조사사업에 수반되는 地形測量을 함께 실시하는 것이 得策임을 인정함과 동시에 조사면적의 증가에 의해 예산을 1,997萬 9,999圓으로 하고 사업기간을 8년 7개월로 연장하였다. 1915년 3월의 제4차 계획은 사업의 진전에 수반하여 조사물건이 크게 증가한 데다 신설을 요하는 사항이 심히 많아서 종래의 계획에 의할 경우 사업기간의 연장 및 경비의 격증을 초래할 우려가 있다는 이유로 예산을 2,040萬 6,489圓으로 늘리고 사업기간을 8년 10개월로 정하였다(朝鮮總督府臨時土地調査局, 1918, pp. 1-2).

土地調査事業의 根據法令은 1910년 8월 23일에 공포된「土地調査法」에서 1912년 8월 13일 공포된「土地調査令」으로 바뀌었다.「土地調査法」의 全文 15조 가운데 주요 내용은 다음과 같다. ① 토지는 地目을 정해 地盤을 測量하고 道路·河川·溝渠·堤防·城堞·鐵路·水路 등을 제외한 모든 지목의 토지에 1구역마다 地番을 부여한다. ② 地主는 정해진 기간 내에 그 토지를 정부에 신고한다. ③ 토지조사에는 必要時 地主 또는 代理人이 實地에 入會할 수 있다. ④ 地主 및 土地의 疆界는 地方土地調査委員會에 諮問하여 土地調査局 總裁가 査定하고 이를 공시한다. ⑤ 査定에 不服할 경우 公示日로부터 90일 이내에 高等土地調査委員會에 신고하여 그 裁決을 요구할 수 있으며, 訴訟을 提起할 수 없다. ⑥ 정부는 土地臺帳 및 地圖를 구비하고 토지에 관한 사항을 등록하며 地券을 발행한다. ⑦ 정당한 사유 없이 토지조사에 立會하지 않았을 경우 査定에 대한 不服을 신청할 수 없으며, 토지신고 또는 입회하지 않은 자에게는 20圓 이하의 罰金, 虛僞申告者에게는 100圓 이하의 벌금에 처한다. ⑧ 이 법률은 林野에는 적용하지 않되 조사 토지 사이에 있는 임야에 대해서는 적용한다.

전문 19조의「土地調査令」에서「土地調査法」과 그 施行規則의 내용이 수정되거나 추가된 내용은 6가지였다. ① 地目에서 田과 畓의 區分(제2조), ② 國有地와 民有地의 區分 및 國有地의 通知 義務(제4조와 5조), ③ 査定 不服의 경우 裁決 신청 기간 90일 이내에서 60일 이내로 단축(제11조), ④ 高等土地調査委員會의 權限과 裁定 節次 明確化로서, 토지소유자의 권리는(臨時土地調査局長에 의한) 査定의 確定 또는(高等土地調査委員會의) 裁決에 의해 확정하는데(제15조), 高等土地調査委員會는 當事者·利害關係人·證人·鑑定人을 召喚하거나 裁決에 필요한 서류를 소지한 자에게 서류제출을 명할 수 있으며(제12조), 裁決은 그 이유를 첨부한 문서로써 하여 그 謄本을 不服申請者에게 交付함과 동시에 公示하고(제13조), 裁決書 謄本을 臨時土地調査局長과 地方官廳에 통지(제14조)하도록 하였다. ⑤ 高等土地調査委員會에 再審 申請 新設로서, 判決에 의한 處罰 行爲 또는 僞造·變造 문서를 근거로 삼아 이루어진 査定의 確定이나 裁決에 대해서는 査定確定日 또는 裁決日로부터 3년 내에 高等土地調査委員會에 再審을 신청할 수 있도록 하였다(제16조). ⑥ 地券은 발행하지 않도록 하였다. 이 밖에 1912년의 변화로서 ⑦ 土地申告書와 結數連名簿의 對照事務 개시, ⑧ 행정구역의 정리, ⑨ 實地調査에 細部測度作業 포함 및 槪況圖 作成 廢止, ⑩ 29개 市街地에 대한 準備調査와 地籍測量 優先 實施 등의 조치가 이루어졌으며, 1913년의 제3차 계획에서 ⑪ 地稅名寄帳을 土地調査局에서 조제, ⑫ 異動地 外業班 신규 편성, ⑬ 地形圖 作成 並行 등의 조치가 추가된 데 이어 ⑭ 總務課 중에 係爭地係 新設 및 總務課長을 委員長으로 하는 紛爭地審査機關 設置 등 臨時土地調査局의 組織 改編이 이루어졌다. 土地調査事業은「土地調査令」이후 본격적인 실시 단계에 들어섰던 것이다(宮嶋博史, 1991, pp. 440-448).

3. 朝鮮土地調査事業의 調査 內容

토지조사사업의 조사 내용은 ① 土地所有權, ② 土地價格, ③ 土地의 地形地貌 調査 등 셋으로 구분할 수 있다. 토지소유권 조사는 林野 以外 土地의 種類와 地主 등을 조사하여 地籍圖 및 土地調査簿를 조제하고 土地의 所有權 및 그 疆界를 査定하여 土地紛爭을 해결하는 것과 함께 不

動産登記制度의 소지를 마련하는 것으로서, 地籍圖의 縮尺은 市街地에서는 1/600, 西北部 地方의 山間部에서는 1/2,400, 기타 일반지방에서는 1/1,200 로써 이를 조제하였다. 토지소유권의 사정을 완료한 토지에 대해서는 이를 土地臺帳에 등록함으로써 地籍을 명료히 하였다. 土地價格 調査의 방법은 市街地, 市街地 외의 宅地, 耕地·池沼 및 雜種地 등 3종으로 구분할 수 있다. 市街地에서는 地目에 관계없이 모두 時價에 따라 地價를 評定하여 各地를 통해 115등급으로 구분하였다. 시가지 외의 택지는 賃貸價格을 기초로 삼아 地價를 부여하여 53 등급으로 나누었다. 耕地·池沼 및 雜種地는 그 收益을 기초로 삼아 지가를 정해 132 등급으로 나누었다. 원래 地價 評定의 適否는 당장 地稅負擔의 輕重을 초래하여 그 영향이 심히 중대하므로 신중히 조사하여 균형을 잃는 일이 없도록 하는 데 힘썼다. 이리하여 郡·面別로 여러 개의 標準地를 정하고 다시 各道 간의 權衡을 감안하여 지가를 산정하여 지세부과의 표준으로서 유감이 없도록 하였다. 토지의 地形地貌 조사는 地形을 測量하여 地上에 존재하는 모든 물체의 高低脈絡 관계를 地圖上에 표시한 것으로서, 그 縮尺은 전국에 걸쳐 1/50,000 로 하고, 다시 府制 施行地와 이에 준하는 지방 33 개소는 1/10,000, 기타 都邑 부근 13 개소는 1/25,000 의 축척을 사용하여 地形圖를 조제하였다. 또한 金剛山·慶州·夫餘·開城에 대해서는 별도로 사용의 편의를 꾀하여 특수지형도를 제작하였다 (朝鮮總督府臨時土地調査局, 1918, pp. 2-4).

토지조사의 각 작업의 성과로서 조제된 圖簿는 중요한 것만 들면 地籍圖 81萬 2,093枚, 土地調査簿 2萬 8,357冊, 紛爭地調査書 1,385冊, 土地臺帳 10萬 9,998冊, 地稅名寄帳 2萬 1,050冊, 각종 地形圖 925葉 등이었다. 또한 事業의 附帶事務로서 地籍圖를 謄寫하여 地籍略圖를 제작한 다음 이를 各 面에 配付 備置토록 함으로써 地籍 運用을 편하게 하였으며, 19 개소의 市街地 및 92 개 郡島에 걸쳐 다시 地籍 異動의 정리를 하였고, 全道를 통하여 驛屯土의 分割調査를 하였다. 기타 1/200,000 및 1/500,000 地形圖를 제작하였으며 地誌 資料를 編纂하였다.

土地調査局 설치 이래 土地調査事業에 從事한 인원은 高等官 93 인, 判任官 이하 7,020 인으로서, 이 중 朝鮮人은 高等官 3 인, 判任官 이하 5,666 인을 헤아린다. 이들은 일제에 의해 특별히 養成된 자들로서, 일제는 이를 위하여 특히 事務員級 技術員 養成所를 설치하여 널리 從事員을 養成하였고 혹은 臨時土地調査局 내에서 講習을 하였다. 토지조사사업 종사원의 8 할을 차지하는 조선인은 전국 각지에 걸쳐 地方 官民과의 원만한 관계를 유지하며 사업의 취지를 보급하고 예정된 성과를 거두는 데 핵심이었다 (朝鮮總督府臨時土地調査局, 1918, p. 5).

4. 朝鮮土地調査事業의 實積

土地調査局은 1918 년 11 월 4 일을 기해 廢止되었으나 附帶事業은 1919 년에도 실시되었으며, 紛爭地에서의 不服申請을 審査하는 高等土地調査委員會의 작업은 1920 년대에 들어서도 계속되었다. 그러나 土地調査事業은 土地調査局의 廢止와 함께 완료된 것으로 보는 게 일반적이다. 사업에 의한 조사 및 사정 실적은 19,107,520 筆, 14,613,214,028 坪 (487 萬 1 千 町步) 으로서, 畓 1,545,594 町步 (31.7%), 田 2,791,510 町步 (57.3%), 垈地 129,664 町步 (2.7%), 기타 404,293 町步 (8.3%) 였으며 (朝鮮總督府臨時土地調査局, 1918, p. 672), 所有者 數는 3,499,555 인이었다. 査定 筆數 19,107,520 筆 중 地主 申告를 그대로 인정한 것이 19,009,054 필로서 총 필수의 99.5%를 나타냈으며, 기타 係爭地 70,866 필 (0.4%), 利害關係人 申告 3,766 필, 相續未定 14,479 필, 無通知로 國有로 인정한 것 8,944 필, 無申告地로서 民有를 인정한 것 411 필 등이었다 (朝鮮總督府臨時土地調査局, 1918, p. 414). 紛爭地로 조사된 것은 33,937 件 99,445 筆로서 總 筆數의 0.5% 였으며, 그 중 所有權 紛爭이 99,138 필 (99.7%), 疆界에 대한 紛爭이 307 필 (0.3%) 이었다. 또한 紛爭地에 대한 상세한 審理 調整 結果 任意和解·取下가 11,648 件 26,423 筆 (26.6%) 이었다. 所有權 紛爭 99,138 필 중 國有地에 대한 紛爭이 64,449 필 (65.0%), 民有 相互間 분쟁은 34,689 필 (35.0%) 이었으며, 疆界 紛爭 307 筆 중 國有地 121 필, 民有 相互間 186 필이었다 (朝鮮總督府臨時土地調査局, 1918, pp. 123-124).

5. 朝鮮土地調査事業의 成果와 意義

조선토지조사사업을 실시한 결과 다음과 같은 성과를 얻었다.

첫째, 課稅地 面積이 크게 增加하였다. 전국의 토지 면적이 측량을 통해 정확히 파악된 결과 1차 계획 수립 당시 예상했던 275만 5천 정보, 1,377만 5천 필을 훨씬 넘는 487만 1천 정보, 1,910만 7천여 필로 조사되었다. 이를 1910년 말의 耕地面積과 比較하면 畓은 83.8%, 田은 79.1%, 田畓 全體로는 80.7%가 증가한 것이다.

둘째, 토지조사사업 결과 막대한 면적의 國有地가 創出되었다. 事業 直後의 國有地 面積은 127,331 町步였으며, 東洋拓植會社에 出資한 것까지 합하면 137,225 町步로서 전국 토지조사 면적의 2.8%에 달하였다. 1918년에는 東拓의 土地所有 面積 75,176 町步 (1.5%)와 國有地를 합하면 전체 査定 面積의 4.2%를 차지하였으며, 日本人 所有 土地는 課稅地로 환산한 경우 전체의 7.5%에 달하였다 (『朝鮮彙報』1918.11, p.183). 토지조사사업 결과 朝鮮總督府와 日本人 地主는 전국 경지의 1할 이상을 합법적으로 소유하게 된 것이다. 또한, 旣耕地 외에 未墾地·山林·山野 등 종래 소유권이 설정되지 않은 채 농민의 잠재적 소유지나 마찬가지였던 토지도 民有를 입증할 수 있는 뚜렷한 증거가 없는 한 國有地에 편입되었다.

셋째, '사업'에서 작성된 土地臺帳과 地籍圖에 기초하여 絕對的이고 排他的인 土地所有權을 확정하는 登記制度를 도입함으로써 토지의 所有權과 그 移動이 활발해지게 되었다. 日本資本의 입장에서는 土地去來를 擴大할 여건이 마련된 셈이었다.

넷째, '사업'을 통하여 行政區域이 改編되고 그 管轄區域이 분명해졌다. 1914년 郡·面의 統廢合 및 行政區域의 再編을 실시함으로써 日帝는 地方行政을 완전히 掌握하여 植民統治를 위한 行政體制를 整備하였다.

다섯째, '사업'에서의 地價調査를 기초로 한 近代的 地稅制度가 確立되었다. 徵稅機構의 改編과 徵稅臺帳의 整備에 이어 1918년 [地稅令]을 改正하여 筆地別 土地收益에 根據한 地價를 課稅標準으로 하는 새로운 地稅制度를 도입하였다.

III. 地稅制度의 改革 過程

朝鮮土地調査事業은 土地所有權 調査와 査定을 통하여 近代的 土地所有制度를 確立하였을 뿐만 아니라 筆地別 地位·等級調査와 地價 算定을 통하여 地價를 課稅標準으로 하는 近代的 地稅制度를 確立하는 契機가 되었다. 일제는 1914년 3월 [地稅令]을 制定한 데 이어 1918년 6월 [地稅令]을 개정하여 課稅地價制를 確立하였던 것이다. 여기서는 1894년 甲午改革 이후 [地稅令]의 制定 및 改正에 이르기까지 地稅制度의 變化過程을 槪觀하도록 하겠다.

1894년 甲午改革에서 財政에 관한 當面課題는 ① 課稅 對象 土地에서 免稅地가 많다는 것, ② 課稅 方法에서 個別 納稅者의 居住地를 중심으로 8結이 되도록 몇 사람을 묶어 한 명의 戶首로 하여금 納稅責任을 지도록 하는 總額制와 共同責任制 등 屬人主義 課稅로 인해 脫稅地와 筆地別 納稅額 不公平이 발생한다는 것, ③ 課稅와 徵稅를 모두 道·府·郡·縣의 行政官署에서 擔當함으로써 課稅의 公平性 문제 및 地方官·吏胥層의 貪虐·橫領이 發生한다는 것, ④ 現物納稅로 인해 그것을 중앙에 運送하기 어렵다는 것, ⑤ 徵稅機構의 多元化로 인해 各種 雜稅 등이 부가되어 納稅者의 負擔은 느는데 財政收入은 오히려 줄어드는 문제, ⑥ 王室財政과 政府財政의 未分離 등이었다. 甲午改革에서는 財政機構를 度支部로 一元化하고, 免稅地에 대한 出稅, 王室財政과 政府財政의 分離, 豫算制度의 導入, 租稅金納化와 結價制의 確立, 租稅徵收制度의 改革과 法制化 등의 조치를 취하였다. 이로써 ① ④ ⑤의 문제는 부분적으로 해소될 수 있었지만 總額制와 作夫制의 本質은 그대로 維持되었고, 課稅機構와 徵稅機構의 分離는 法制化되었지만 旣得權層의 反撥로 原狀復舊 되었으며, 王室財政과 政府財政이 分離 되었지만 前者의 擴大로 後者가 壓迫을 받게 되었다.

光武政權 하에서는 量田事業이 실패하고 戶口調査에 의해 戶籍이 작성되었지만 戶稅는 戶總制

가 지속됨으로써 結總制와 戶總制라는 總額制 租稅制度는 그대로 維持되었다.

本格的인 租稅制度의 改編作業은 1904 년 8 월 [第一次 韓·日協約]에 따라 10 월에 財政顧問으로 就任한 日本人 目賀田種太郎에 의해 開始되었다. 그는 財政紊亂의 原因으로서 ① 貨幣의 紊亂, ② 宮中과 府中의 混同, ③ 歲出의 濫發과 歲入機關의 不整頓 등을 들고, 먼저 貨幣整理에 着手하여 葉錢과 白銅貨를 弟一銀行券의 新貨로 交換하도록 하였으며, 1904 년 11 월 度支部와 宮內府의 外劃을 廢止하고 1905 년부터 日本 弟一銀行 支店으로 하여금 國庫金 出納 業務를 맡도록 金庫制度를 實施한 데 이어 1905 년 8 월에는 地方官의 外劃을 廢止하였다. 1906 년 9 월에는 勅令 제 54호 [關稅官 官制]에 의해 行政機構와 별도의 徵稅機構가 設置됨으로써 府尹과 郡守가 장악하고 있던 課稅權은 關稅官에게 移管되었다. 10 월에는 勅令 제 60 호 [租稅徵收規定]에 의해 稅務官 및 稅務主事가 納稅告知書를 納稅義務者에게 發付하고 納稅義務者가 納稅地에 거주하지 않을 때에는 그 代理人을 선정하여 납세하도록 하였다. 이로써 納稅者의 居住地를 중심으로 한 屬人主義 課稅에서 土地所在地를 중심으로 한 屬地主義 課稅로 變更되었으며, 戶首 代納制가 폐지되고 個人別 納稅로 바뀌었다.

1907 년 12 월 [財務監督局 官制]에 의해 漢城·平壤·大邱·全州·元山 등에 5 개소의 財務監督局이 설치되고 그 아래 1 郡 혹은 2 ∼ 3 개 郡에 하나씩 財務署가 설치되어 지방의 稅務와 財務를 감독하게 되었다. 1908 년 6 월에는 [지세에 관한 건]에 의해 '結價制'와 '地主納稅의 原則'이 발표되었다. 結價制는 甲午改革에서 도입된 것이지만 이때에는 23 等級이 13 等級으로 調整되고, 新貨幣로 統一되었다. 즉, 舊貨幣 5 兩을 1 元으로, 2 元을 1 圓으로 換算하여 1 結當 최저 20 錢에서 최고 8 圓까지 賦課하도록 하여 1908 년부터 시행하게 되었다. 이어 1909 년 2 월 18 일 [國稅徵收法]과 그 施行細則이 頒布되었다. 여기서는 1906 년 10 월의 [租稅徵收規定]을 準用하는 외에 첫째, 地稅와 戶稅 외에 家屋稅·鹽稅·酒稅·煙草稅·人蔘稅 등을 國稅로 확대하여 面에서 징수하도록 하여 面 單位 租稅徵收를 強化하고, 둘째, 滯納者에 대한 財産押留·競賣處分 등을 규정하여 未納稅金의 强制徵收 규정을 強化하였으며, 셋째, 個別 納稅者의 納稅額을 面長이 任員과 協議하여 決定하는 외에 結數連名簿의 작성 결과에 따라 중앙에서 정하여 下達할 수 있도록 하였다.

日帝는 地稅의 增收를 목적으로 1914 년 3 월 16 일 [地稅令]을 제정하였다. 土地調査事業이 실시됨으로써 새로운 地目이 생겨나고 그에 대한 課稅 與否를 결정해야 하였으며 旣存의 結數連名簿와 새로 작성된 土地臺帳 間의 關係를 再定立할 필요가 있었기 때문이다 (趙錫坤, 1995, p.268). [地稅令]의 주요 내용과 특징은 다음과 같다. 첫째, 課稅對象 土地를 明確히 하였다. 全國의 토지를 課稅地와 非課稅地로 나누어 公用 혹은 公共用 地目의 토지와 國有地는 非課稅로 하였으며, 課稅地 중 學校組合·水利組合·公立普通學校 등 公用 또는 公共用으로 사용되는 토지와 溜池는 免稅地, 開墾地와 災害地는 10 년 이하의 기간 免稅하도록 하였다. 둘째, 地稅 納稅者를 土地所有者로 確定 明示하였다. 地稅令 以前의 結價制에서는 納稅者에 대한 明文 規定이 없었다. 地主든 小作人이든 結價만 徵收하면 그만이었던 것이다. 小作人의 잦은 變動과 擔稅能力 不足에 비하면 地主納稅는 地稅 徵收의 便宜나 地稅收入의 安定 確保 및 지세 징수로 인한 國家와 小作人의 對立 排除 등의 면에서 유리하였다. 셋째, 地稅 賦課 方式은 從來의 結價制와 같되 13 등급을 7 등급으로 調整하면서 結價를 引上하여 12 월과 다음 해 2 월에 2 回 分割 納付하도록 하였다. 1 結當 結價는 종래의 13 等級에서 8 圓, 6 圓 60 錢, 5 圓 30 錢, 4 圓 20 錢, 4 圓, 3 圓 70 錢, 3 圓 20 錢, 2 圓 60 錢, 2 圓 10 錢, 1 圓 30 錢, 1 圓, 50 錢, 20 錢 등이었으나 7 等級으로 縮小 調整하면서 11 圓, 9 圓, 8 圓, 6 圓, 5 圓, 4 圓, 2 圓으로 引上되었다 (表 1 참조). 1908 년과 1916 년의 結價別 面積과 稅額을 비교하면 結稅 總額이 49.3% 增加하였는데, 이는 課稅面積의 增加 (7.4%) 보다는 1 結當 稅額의 증가 (40.0%) 에 의한 것이었다 (表 2 참조). 특히, 1 結當 稅額 增加는 優等地보다는 劣等地에서 높았다. 1916 년에 結價 2 圓에 해당되는 最下等 土地의 1 結當 稅額은 1908 년에 비해 81.8% 가 증가하였으며, 結價 4 圓에 해당되는 토지의 그것은 73.9% 가 증가하여 結價 11 圓 土地나 9 圓 土地의 結當 稅額 增加率의 2 배 이상에 달하였다. 넷째, 地稅의 賦課는 結數連名簿에 의하도록 하였다가 土地臺帳이 작성됨에 따라 1915 년부터는 土地臺帳이 있는 郡에서는 地稅

名寄帳, 그렇지 않은 郡에서는 結數連名簿를 사용하도록 하였다. 한편 종래 地稅가 免除되었던 市街地에 대해서는 별도의 [市街地稅令]을 제정하여 市街地稅名寄帳을 備置하고 土地臺帳에 기록된 地價의 0.7%를 地稅로 부과하도록 하였다.

表 1   結價 變動 推移 (1894-1914)

(單位 : 元, 圓)

1894년 (元)	1900년 (元)	1902년 (元)	1908년 (圓)	1914년 (圓)	해당지역
6.000	10.000	16.000	8.0	11	경기. 충남북. 전남북. 경남북. 황해의 평야군
5.000	8.334	13.334	6.6	9	위 지역의 준평야군, 강원의 평야군
4.400	7.334	11.734	5.3	8	경기. 충북. 경남북의 산간군
4.000	6.666	10.666			강원의 준평야군
3.400	5.666	9.066			
3.332	5.554	8.890	4.2		경기의 화전
3.200	5.334	8.534		6	경북. 강원의 산간군,
3.000	5.000	8.000	4.0		평남북. 함남의 평야군
2.800	4.666	7.466	3.7		
2.666	4.444	7.110	3.2	5	함북의 평야군, 평남북의 산간군
2.400	4.000	6.400			강원. 경남. 경기의 화전,
2.000	3.334	5.334	2.6	4	경기의 草平, 충북. 전북. 경북. 평북의 화전
1.600	2.666	4.266	2.1		함남북의 산간군
1.434	2.458	3.932			
1.400	2.334	3.734	1.3		
1.200	2.000	3.200			
1.000	1.666	2.666			
0.800	1.334	2.134	1.0	2	각 지방의 蘆田과 續田
0.780	1.300	2.080			
0.700	1.166	1.866			
0.500	0.834	1.334	0.5		
0.400	0.666	1.066			
0.200	0.334	0.534	0.2		

주 : 1결당 결가는 상한을 1894년에 30냥, 1900년에 50냥, 1902년에 80냥으로 인상하고 그에 따라 등급별 결가 또한 같은 비율로 인상한 것이며, 등급은 23등급에서 1908년에 13등급, 1914년에 7등급으로 축소 조정하였음.

資料 : 1908년까지의 결가는 度支部, 『地稅稅率調査』, 1908, pp. 16-17. 1914년은 『朝鮮總督府官報』, 1914년 3월 16일 (趙錫坤, 1995, p.269에서 再引用)

表 2　結價別 面積과 [地稅令]에 의한 稅額의 變化 (1908, 1916)

(單位 : 結, 圓, %)

1908 년			1916 년			면 적 증가율	세 액 증가율	1 결당 세액증가율
결가	면적	세액	결가	면적	세액			
8.0	592 058(59.2)	4 736 462(72.4)	11	615 895(57.4)	6 774 859(69.3)	4.0	43.0	37.5
6.6	125 002(12.5)	825 015(12.6)	9	144 444(13.5)	1 300 002(13.3)	15.6	57.6	36.4
5.3	49 489(5.0)	262 310(4.0)	8	55 493(5.2)	443 944(4.5)	12.1	69.2	50.9
4.2	15 093(1.5)	147 419(2.3)	6	154 292(14.4)	925 749(9.5)	33.4	69.2	27.7
4.0	91 805(9.2)	367 261(5.6)						
3.7	8 731(0.9)	32 304(0.5)						
3.2	22 927(2.3)	73 438(1.1)	5	23 971(2.2)	119 856(1.2)	4.6	63.2	56.3
2.6	3 394(0.3)	8 824(0.1)	4	21 016(2.0)	84 065(0.9)	116.6	280.8	73.9
2.1	6 310(0.6)	13 250(0.2)						
1.3	35 941(3.6)	47 087(0.7)	2	57 857(5.4)	115 714(1.2)	-10.0	70.2	81.8
1.0	14 498(1.5)	14 498(0.2)						
0.5	11 289(1.1)	5 870(0.1)						
0.2	2 592(0.3)	518(0.0)						
미정	20 202(2.0)	7 496(0.1)	미간지	167(0.0)	4 994(0.1)	–	–	–
합계	999 331(100.0)	6 541 752(100.0)	합계	1 073 135(100.0)	9 769 183(100.0)	7.4	49.3	40.0

주 : 1908 년의 미정은 결가와 결수가 미정인 것, 1916 년의 미간지는 [국유미간지이용법]에 해당되는 토지의 면적과 세액임.

資料 : 1908 년은 度支部, 『地稅稅率調査』, 1908, pp. 10-12 ; 1916 년은 『朝鮮彙報』, 1916. 11, pp. 164-167(조석곤, 1995, p. 270 의 〈표 Ⅱ-16〉에서 재인용 및 수정. 보완)

　　1918 년 6 월 [地稅令]의 改正에 의해 結價制가 폐지되고 地稅制度는 收益地價에 立脚한 課稅地價制度로 바뀌었다. 그 내용과 특징을 요약하면 다음과 같다. 첫째, 筆地別 地稅額은 土地臺帳에 登錄된 地價의 1.3% 로 정해졌다. 둘째, 地稅賦課를 위한 帳簿로서 結數連名簿가 폐지되고 地稅臺帳에 의하게 되었다. 셋째, 地目別로 地價의 算定基準이 달랐기 때문에 地目을 變換할 경우 지가를 再算定하며, 지목 변환에 상당한 勞力을 투입하여 지가가 상승한 경우에는 10 년 이내의 기간을 정해 元 地價를 유지하도록 하였다. 또한 海面・水面・浮洲를 開墾한 경우에는 종래 10 년 이내의 免稅期間을 20 년 이내로 연장하였다. 넷째, 종래 免稅地로 취급하였던 溜池를 非課稅地로 변경하였다. 다섯째, 납세자가 해당 면에 납부할 세액이 1 圓 이하일 경우 1・2 期 중 일시에 납부할 수 있도록 하였다 (이상 趙錫坤, 1995, p. 273). [地稅令]은 1922 년에 다시 改正되어 地稅額은 지가의 1.7% 로 인상되었다.

Ⅳ. 地稅制度 改革의 結果

　　[지세령]의 개정에 의해 結價制가 課稅地價制로 개편된 결과 지세 총액은 이전에 비해 17% 가 증가되었다 (표 3 참조). 개정 이전의 결가제에 의할 경우 1917 년의 지세는 9,770,493 圓이었는데, 지세령 개정 결과 1,675,841 圓이 증가한 11,446,334 圓이 되었던 것이다. 그러나 지세총액 증가율 17% 는 과세지 면적 증가율 48% 에 비하면 오히려 아주 낮은 증가율이라고 할 수 있다. "토지조사의 결과에 의거하면 과세지 총면적은 424 만 9 천여 정보로서, 이를 종래의 과세지 총면적 286 만 7 천여 정보에 비하면 48% 의 증가를 나타냈다. 따라서 이후의 지세는 당연히 430 萬圓 정도의 증징을 할 수 있다는 이치가 되지만 본 개정에 즈음하여 현재의 민도와 재정상의 필요에 비추어 급격한 변혁을 피해 그 증징액을 약 160 萬圓 정도로 그친 즉 전기의 신 세율 (지가의 13/1000 을 말함) 은 이를 기초로 삼아 산출된 것이다 (朝鮮總督府, 1922, pp. 75-76). " 과세지 면적 증가율만큼 지

세액을 증가시킨다면 1917 년의 지세총액은 977 만여 원에서 1,446 萬圓 정도로 증가하게 되며, 이 액수를 충족하려면 지세율은 전국의 지가 총액 876,113,255 원의 16.5/1000 가 되어야 하는데, 지세령 개정에서는 지세율을 13/1000 으로 결정하였다. 이처럼 지세율을 낮춘 이유는 "급격한 변혁을" 피하기 위해서라고 하였지만, 실은 지세 급증에 의한 사회적 동요와 저항이 두려워서였기 때문일 것이다 (宮嶋博史, 1991, p.529)

表 3　地稅令 改正에 의한 道別 地稅額의 增減 實態 (1917 年 1 月)

(單位 : 圓, %)

	전			답			대			기타			합계		
	구지세	신지세	증감 비율	구지세	신지세	증감 비율	구지세	신지세	증감 비율	구지세	신지세	감 비율	구지세	신지세	증감 비율
경기	264 134	331 075	25.3	450 510	787 349	74.8	30 219	59 480	96.8	2,211	867	-60.8	747 074	1 178 771	57.8
충북	232 379	204 434	-12.0	284 543	366 828	28.9	29 882	28 010	-6.3	97	98	1.0	546 901	599 370	9.6
충남	253 859	241 498	-4.9	762 077	967 077	26.9	52 578	53 962	2.6	1 881	2 946	56.6	1 070 395	1 265 483	18.2
전북	233 755	176 535	-24.5	901 963	914 382	1.4	49 439	47 857	-3.2	2 968	2 507	-15.5	1 188 125	1 141 281	-3.9
전남	393 009	309 193	-21.3	1 056 686	1 109 068	5.0	71 762	71 552	-0.3	4 924	2 428	-50.7	1 526 381	1 492 241	-2.2
경북	458 152	491 729	7.3	739 763	1 140 247	54.1	55 748	73 648	32.1	1 157	1 921	66.0	1 254 820	1 707 545	36.1
경남	350 728	382,903	9.2	768 301	1 085 809	41.3	52 308	66 954	28.0	9 529	15 861	66.5	1 180 866	1 551 527	31.4
황해	600 534	490 253	-18.4	253,875	434 011	71.0	31 948	40 544	26.9	7 498	2 333	-68.9	893 855	967 141	8.2
평남	314 219	261 123	-16.9	63 424	158 087	149.3	14 067	22 645	61.0	7 749	821	-89.4	399 459	442 676	10.8
평북	195 868	179 210	-8.5	56 944	162 435	185.3	9 317	18 060	93.8	2 480	318	-87.2	264 609	360 023	36.1
강원	130 753	150 604	15.2	96 937	223 867	130.9	9 927	24 533	147.1	658	184	-72.0	238 275	399 188	67.5
함남	254 392	129 442	-49.1	59 987	83 304	38.9	14 181	18 122	27.8	4 557	812	-82.2	333 117	231 680	30.5
함북	115 759	89 628	-22.6	7 452	11 418	53.2	2 561	8 331	225.3	844	31	-96.3	126 616	109 408	13.6
합계	3 797 541	3 437 627	-9.5	5 502 462	7 443 882	35.3	423 937	533 698	26.0	46 553	31 127	-33.1	9 770 493	11 446 334	17.2

資料 : 朝鮮總督府臨時土地調査局, 1918, pp.686-687

[地稅令] 개정에 의해 地稅總額이 17% 증가하였음에도 지세 수준이 높지 않았다는 것은 토지 순수익과 지세를 비교해도 알 수 있다. 畓 1 단보의 전국 평균 순수입은 5圓 89錢, 지세액은 지세령 개정 전 구지세액이 36錢, 신지세액이 49錢 으로서, 순수입에 대한 지세액의 비율은 6.1% 에서 8.3% 로 높아졌다 (표 4 참조). 그러나 결코 높다고는 할 수 없는 수준이다. 畓 1 단보당 전국 평균 지가는 38圓 25錢 으로서 물량으로 환산하면 벼 6.2 석, 즉 3 년분 수확량의 가격에 불과하였는데, 구지세액은 그 0.9%, 신지세액은 1.3% 이었다. 낮은 지가에 지세율 또한 낮았던 것이다. 田의 경우 남부지방은 大麥, 북부지방은 粟이 主 作目으로서, 그 순수입은 각각 2圓 60錢과 67錢 이었는데, 지세액은 大麥이 구지세 25錢 에서 신지세 24錢 으로, 粟이 12錢 에서 6錢 으로 모두 줄어들었으며, 순수입에 대한 지세의 비율은 大麥이 9.7% 에서 9.17% 로, 粟이 17.4% 에서 8.7% 로 감소하였다 (표 5 참조). 田의 경우 주 작목에 상관없이 [지세령] 개정에 의해 지세액이 감소하였던 것이다. 田 1 단보의 전국 평균 가격은 9圓 72錢 으로서 물량으로 환산하면 大麥 1.75 석과 粟 1.78 석, 즉 大麥 1 년 반 수확량과 粟 3 년 반 수확량에 불과하였는데, 구 지세액은 大麥 2.6% 와 粟 1.2%, 신지세액은 大麥 2.5% 와 粟 0.6% 였다.

표 4   畓 1段步當 收益과 新.舊 地稅의 比較

(단위 : 石，圓，%)

	실수확량 (A)	1석가격 (B)	조수입금액 (C)	지출합계 (D)	순수입금액 (E)	구 지세		신 지세		평균 지가에 대한 지세 및 수확량의 비율				
						금액 (F)	비율 (F/E)	금액 (G)	비율 (G/E)	금액 (H)	구 지세율 (F/H)	신 지세율 (G/H)	환산물량 (I)	수확량 비율 (A/I)
경기 (벼)	1.69	6.45	10.90	5.99	4.91	0.23	4.68	0.41	8.35	31.86	0.72	1.29	4.94	2.92
충북 (벼)	2.26	6.20	14.01	7.70	6.31	0.41	6.50	0.53	8.40	41.19	1.00	1.29	6.64	2.94
충남 (벼)	2.34	6.61	15.46	8.50	6.96	0.48	6.90	0.61	8.76	47.25	1.02	1.29	7.15	3.05
전북 (벼)	2.26	6.45	14.57	8.00	6.57	0.55	8.37	0.55	8.37	43.11	1.28	1.28	6.68	2.96
전남 (벼)	2.24	6.42	14.38	7.90	6.48	0.53	8.18	0.55	8.49	42.96	1.23	1.28	6.69	2.99
경북 (벼)	2.38	6.51	15.49	8.51	6.98	0.39	5.58	0.61	8.73	47.28	0.82	1.29	7.26	3.05
경남 (벼)	2.57	6.77	17.39	9.55	7.84	0.48	6.12	0.69	8.80	53.22	0.90	1.30	7.86	3.06
황해 (벼)	1.68	5.85	9.82	5.40	4.42	0.19	4.30	0.34	7.69	26.55	0.72	1.28	4.54	2.70
평남 (벼)	1.38	6.17	8.51	4.67	3.84	0.1	2.60	0.26	6.76	20.52	0.49	1.27	3.33	2.41
평북 (벼)	1.18	6.61	7.79	4.27	3.52	0.08	2.27	0.23	6.53	18.03	0.44	1.28	2.73	2.31
강원 (벼)	1.71	5.50	9.40	5.17	4.23	0.12	2.84	0.29	6.86	22.8	0.53	1.27	4.15	2.42
함남 (벼)	1.30	5.30	6.89	3.78	3.11	0.15	4.82	0.21	6.75	16.17	0.93	1.30	3.05	2.35
함북 (벼)	1.10	5.26	5.78	3.17	2.61	0.1	3.83	0.16	6.13	12.51	0.80	1.28	2.38	2.16
평균	2.05	6.16	13.08	7.19	5.89	0.36	6.11	0.49	8.32	38.25	0.94	1.28	6.21	3.03

주 : 조수입 금액 C=A × B, 순수입 금액 B=C-D, 환산물량 I=H/B 로 계산하였음

자료 : 朝鮮總督府臨時土地調査局，1918, pp.688-689 및 pp.695-696

표 5   田 1段步當 收益과 新.舊 地稅의 比較

(單位 : 石，圓，%)

	실수확량 (A)	1석가격 (B)	조수입금액 (C)	지출합계 (D)	순수입금액 (E)	구 지세		신 지세		평균 지가에 대한 지세 및 수확량의 비율				
						금액 (F)	비율 (F/E)	금액 (G)	비율 (G/E)	금액 (H)	구 지세율 (F/H)	신 지세율 (G/H)	환산물량 (I)	수확량 비율 (A/I)
경기 (대맥)	1.03	5.48	5.64	3.10	2.54	0.14	5.50	0.18	7.07	14.22	0.98	1.27	2.59	2.52
충북 (대맥)	1.22	5.44	6.63	3.64	2.99	0.26	8.70	0.22	7.36	17.73	1.47	1.24	3.26	2.67
충남 (대맥)	1.49	5.54	8.25	4.53	3.72	0.30	8.05	0.29	7.79	22.68	1.32	1.28	4.09	2.75
전북 (대맥)	1.39	5.50	7.64	4.20	3.44	0.34	9.88	0.26	7.56	20.10	1.69	1.29	3.65	2.63
전남 (대맥)	0.91	5.55	5.05	2.77	2.28	0.20	8.77	0.15	6.58	12.45	1.61	1.20	2.24	2.47
경북 (대맥)	1.28	5.50	7.04	3.87	3.17	0.22	6.94	0.24	7.57	18.78	1.17	1.28	3.41	2.67
경남 (대맥)	1.60	5.85	9.36	5.14	4.22	0.30	7.11	0.33	7.82	25.56	1.17	1.29	4.37	2.73
황해 (粟)	0.68	6.00	4.08	2.24	1.84	0.15	8.15	0.12	6.52	9.51	1.58	1.26	1.59	2.33
평남 (粟)	0.41	6.00	2.46	1.35	1.11	0.07	6.31	0.05	4.50	6.15	1.14	0.81	1.03	2.50
평북 (粟)	0.40	5.79	2.31	1.26	1.05	0.06	5.71	0.05	4.76	4.38	1.37	1.14	0.76	1.89
강원 (粟)	0.38	5.25	1.99	1.08	0.91	0.03	3.30	0.04	4.40	4.71	0.64	0.85	0.90	2.36
함남 (粟)	0.44	4.90	2.15	1.17	0.98	0.09	9.18	0.05	5.10	3.18	2.83	1.57	0.65	1.47
함북 (粟)	0.39	4.79	1.86	1.02	0.84	0.05	5.95	0.04	4.76	3.45	1.45	1.16	0.72	1.85
평균 (대맥)	1.17	5.55	6.50	3.89	2.60	0.25	9.66	0.24	9.17	9.72	2.59	2.45	1.75	1.50
(粟)	0.49	5.46	2.67	2.00	0.67	0.12	17.43	0.06	8.70		1.20	0.60	1.78	3.64

주 : 조수입 금액 C=A × B, 순수입 금액 B=C-D, 환산물량 I=H/B 로 계산하였음

資料 : 朝鮮總督府臨時土地調査局，1918, pp.688-689 및 pp.694-695

[지세령] 개정에 의한 가장 큰 변화는 지역별・지목별・필지별로 지세액이 크게 달라지게 되었다는 점이다. 이를 총괄하면 필지별 지세액이 그 토지 생산성과 수익성에 비례하게 됨으로써 결가제 하의 필지별 불공평 과세가 해소되고 지세부담의 형평성이 확보되었다고 할 수 있다. 먼저,

지세령 개정 전후의 지세액 변화를 지목별로 보면 (표 3 참조), [지세령] 개정에 의해 밭과 기타 지목의 경우 이전보다 9. 5% 와 33. 14% 가 감소하였음에 반해 논과 대지에서는 35. 28% 와 25. 89% 가 증가하였다. 밭의 경우 도별로 경기 25. 3%, 강원 15. 2%, 경남 9. 2%, 경북 7. 3% 등 4 개 도에서 지세액이 증가한 반면 나머지 9 개도에서는 4. 9% (충북) ∼ 49. 1% (함남) 가 감소하였으며, 경기 이남 7 개 도에서 2. 23% 가 감소하고 이북 6 개 도에서 19. 31% 가 감소하였다. 논의 경우 모든 도에서 지세액이 증가하였는데, 전북과 전남에서 1. 38% 와 4. 96% 로 소폭 증가한 데 반해 다른 도에서는 26. 9% (충남) ∼ 185. 25% (평북) 가 증가하였다. 특히 경기 이남의 7 개 도에서 도별로 1. 38% (전북) ∼ 74. 77% (경기) 가 증가하여 전체로는 28. 34% 가 증가하였는데 이북 6 개도에서는 38. 87% (함남) ∼ 185. 25% (평북) 가 증가하여 전체로는 99. 24% 가 증가하였다. 대지의 경우 충북. 전북. 전남에서만 지세액이 감소하였을 뿐 다른 지역에서는 27. 79% (함남) ∼ 225. 30% (함북) 가 증가하여 전국으로는 25. 89% 가 증가하였으며, 경기 이남 7 개 도에서 17. 41% 가 증가하고 이북 6 개 도에서 61. 26% 가 증가하였다. 이리하여 지목을 망라하여 도별 변화율을 보면 함남·함북에서 30. 45% 와 13. 59% 가 감소하고 전북과 전남에서 3. 94% 와 2. 24% 가 감소한 반면 나머지 9 개도에서는 8. 20% (황해) ∼ 67. 53% (강원) 가 증가하였으며, 경기 이남 7 개 도에서 18. 92% 가 증가하고 이북 6 개 도에서 11. 27% 가 증가하였다.

[지세령] 개정에 의해 지역별. 지목별로 지세액의 증감률이 크게 차이가 나게 된 것은 그 전 결가제에 의한 지세부담이 토지 생산성과 수익성에 비례하지 않았기 때문이라고 할 수 있다. [지세령] 개정 이전 전국의 지세총액은 [지세령] 개정에서 과세표준이 된 전국 지가 총액의 1. 1% 였다. 그런데 이를 도별로 보면 (표 6 참조), 0. 78% (강원) ∼ 1. 87% (함남) 로 차이가 있다. 또한 이를 지목별로 보면 밭의 경우 1. 44%, 논 0. 96%, 대지 1. 03%, 기타 1. 94% 로서 논과 대지에 상대적으로 낮은 지세가 부과되고 밭과 기타 지목에 높게 부과되었음을 알 수 있다. 밭의 경우 함남·전북·전남·함북·황해·평남의 순으로 구지세가 높았으며, 논의 경우 전북·전남·충남·충북의 순으로 구지세가 높게 부과되었다. 대지의 경우 경기 이북

표 6 法定 地價에 대한 地稅令 改正 以前 地稅額의 比率

(單位 : 圓, %)

	전			담			대			기타			합계		
	지가	구 지세	비율	지가	구 지세	비율	지가	구지세	비율	지가	구지세	비율	지가	구 지세	비율
경기	25 467 335	264 134	1.04	60 565 345	450 510	0.74	4 575 433	30 219	0.66	66 696	2,211	3.32	90 674 809	747 074	0.82
충북	15 725 720	232 379	1.48	28 217 575	284 543	1.01	2 154 644	29 882	1.39	7 561	97	1.28	46 105 500	546 901	1.19
충남	18 576 772	253 859	1.37	74 390 556	762 077	1.02	4 150 945	52 578	1.27	226 681	1 881	0.83	97 344 954	1 070 395	1.10
전북	13 579 646	233 755	1.72	70 337 129	901 963	1.28	3 681 313	49 439	1.34	192 901	2 968	1.54	87 790 989	1 188 125	1.35
전남	23 784 107	393 009	1.65	85 312 946	1 056 686	1.24	5 504 062	71 762	1.30	186 778	4 924	2.64	114 787 893	1 526 381	1.33
경북	37 825 316	458 152	1.21	87 711 357	739 763	0.84	5 665 257	55 748	0.98	147 799	1 157	0.78	131 349 729	1 254 820	0.96
경남	29 454 136	350 728	1.19	83 523 793	768 301	0.92	5 150 338	52 308	1.02	1 220 097	9 529	0.78	119 348 364	1 180 866	0.99
황해	37 711 820	600 534	1.59	33 385 480	253 875	0.76	3 118 822	31 948	1.02	179 472	7 498	4.18	74 395 594	893 855	1.20
평남	20 086 396	314 219	1.56	12 160 580	63 424	0.52	1 741 994	14 067	0.81	63 222	7 749	12.26	34 052 192	399 459	1.17
평북	13 785 424	195 868	1.42	12 495 028	56 944	0.46	1 389 252	9 317	0.67	24 491	2 480	10.13	27 694 195	264 609	0.96
강원	11 584 977	130 753	1.13	17 220 579	96 937	0.56	1 887 181	9 927	0.53	14 200	658	4.63	30 706 937	238 275	0.78
함남	9 957 089	254 392	2.55	6 408 021	59 987	0.94	1 394 015	14 181	1.02	62 536	4 557	7.29	17 821 661	333 117	1.87
함북	6 894 496	115 759	1.68	878 317	7 452	0.85	640 905	2 561	0.40	2 387	844	35.36	8 416 105	126 616	1.50
합계	264 433 234	3 797 541	1.44	572 606 706	5 502 462	0.96	41 054 161	423 937	1.03	2 394 821	46 553	1.94	880 488 922	9 770 493	1.11

資料 : 朝鮮總督府臨時土地調査局, 1918, pp. 684-685.

6 개 도에서 구지세가 낮게 부과되었으며, 충북·전북·전남에서 높게 부과되었음을 알 수 있다.

[지세령] 개정에 의해 개별 필지별 과세액도 달라지고, 이에 따라 토지소유자 개인별 납세액도 달라졌다. 이 때문에 일제는 개별 납세자의 지세부담액이 종전보다 2 배 이상 급증한 납세자 중

연간 납세액이 10 원 미만인 경우에 한하여 종전보다 2 배 초과분만큼을 전답에 대해서는 3 년, 대지에 대해서는 5 년간 감면하도록 경과조치를 규정하였다. 이 조치에 의해 전국에 걸쳐 891,306 명 (지세납세자 수의 26.5%) 이 235,567 원 (지세부과액의 2.1%) 의 지세를 감면받았다 (표 7 참조). 도별로 지세부과 및 감면 실태를 보면 1 인당 과세액은 충남 5 원 91 전, 경기도 5 원, 전북 4 원 50 전, 경남 4 원, 충북 3 원 98 전, 황해도 3 원 61 전, 경북 3 원 56 전, 전남 3 원 27 전 등의 순으로 경기이남 7 개도와 황해도에서 납세자 1 인당 과세액이 높았으며, 지세 부과액 대비 감면액의 비율은 강원도 8.2%, 평북 7.9%, 함북 6.3%, 평남 5.4% 등의 순, 감면 인원 비율은 강원도 43.6%, 경기도 39.5%, 평북 35.4%, 함북 32.2%, 경북 31.1%, 평남 30.6% 순으로 높았다. 지세령 개정으로 경기이북 6 개 도에서 지세가 2 배 이상 급증한 납세자가 상대적으로 많았다고 할 수 있다.

표 7 地稅令 改定에 의한 地稅額 2 倍 이상 負擔者와 減免 實態 (1918)

(單位 : 圓, 人, %)

	지세 부과			지세 감면			감면 비율	
	과세액 (A)	과세인원 (B)	1 인당세액 (A/B)	감면액 (C)	감면인원 (D)	1 인당감면액 (C/D)	금액 (C/A)	인원 (D/B)
경기	1 186 944	237 459	4.999	32 187	93 727	0.343	2.71	39.47
충북	597 073	150 170	3.976	6 824	28 045	0.243	1.14	18.68
충남	1 262 016	213 646	5.907	10 177	45 693	0.223	0.81	21.39
전북	1 139 571	253 026	4.504	4 510	36 846	0.122	0.40	14.56
전남	1 472 238	450 907	3.265	9 156	72 968	0.125	0.62	16.18
경북	1 695 768	476 350	3.560	36 935	148 279	0.249	2.18	31.13
경남	1 554 821	385 620	4.032	21 127	108 067	0.195	1.36	28.02
황해	967 005	267 864	3.610	16 426	60 411	0.272	1.70	22.55
평남	449 507	206 301	2.179	24 430	63 188	0.387	5.43	30.63
평북	360 932	190 793	1.892	28 538	67 535	0.423	7.91	35.40
강원	397 924	234 654	1.696	32 656	102 182	0.320	8.21	43.55
함남	331 441	214 478	1.545	5 716	36 740	0.156	1.72	17.13
함북	109 874	85 932	1.279	6 885	27 625	0.249	6.27	32.15
평균	11 425 114	3 368 220	3.392	235 567	891 306	0.264	2.06	26.46

주 : 도별 과세액의 합계는 11,525,114, 도별 납세인원의 합계는 3,367,200 으로 합계란의 수치와 일치하지 않음

자료 : 『朝鮮彙報』1919. 6, pp. 180-181 과 1918. 12, pp. 117-119 (趙錫坤, 1995a, p. 301 에서 재인용)

한편, [지세령] 개정에서는 필지별 지가에 의해 지세를 부과하고 토지소유규모별 누진세 등은 실시되지 않았다. 그런데, 趙錫坤 (1995, pp. 311-318) 에 의하면 慶南 金海郡 菉山面의 사례에서 토지소유규모가 큰 납세자일수록 논을 많이 소유하였고, 따라서 [지세령] 개정으로 지세액이 증가되는 경우가 많았다. 이렇게 보면 [지세령] 개정은 결과적으로 대지주 우대 조치가 아니었다고 할 수 있다. 또 다른 사례 연구로서, 이종범 (1994, pp. 273-274) 에 의하면 전남 구례군 토지면 오미동 류씨가의 경우 논 13 필지 14,602 평 (320 부 3 속), 대지 2 필지 112 평 (1 부 2 속), 밭 1 필지 1,496 평 (15 부 8 속) 의 원결토지에 대한 지세는 1910 년의 24 원 29 전에서 1914 년 37 원 10 전으로 52.8% 가 증가한 데 이어 1918 년에 47 원 93 전으로 29.2% 가 증가하였는데, 필지별로는 모든 필지에서 지세액이 증가하였다. 논은 없고 대지와 밭이었던 가경토지 19 필지 5,853 평 (57 부 3 속) 의 경우 1918 년 지세액은 1914 년에 비해 32.1% 가 증가하였는데, 대지 2 필 250 평 정도에 대해서는 지세가 면제되고 대지 3 필 480 평의 지세액은 1914 년 271 원 70 전에서 56 원 70 전으로 대폭 감소한 반면 나머지 토지들에서는 지세가 증가하였으며, 특히 1 부당 평수가 평균 102 평인데 573 평인 필지에서는 1914 년 7 원 70 전에서 52 원 10 전으로 576.6% 가 증가하고 1 부당 407 평이었던 필지에서는 20 원 90 전에서 70 원 40 전으로 238.8% 가 증가하는 등 1 부당 평수가 넓은 토지에서 지세액이 크게 증가하였다.

토지조사사업에서 필지별 지가 책정이 토지 수익을 기초로 이루어졌음을 감안하면 [지세령] 개정 이전 결가제하에서 지세부과는 지역별·지목별·. 필지별로 불공평하였음을 알 수 있다. 더욱이 결가제하에서 1 결당 토지 면적은 전술하였듯이 실제보다 크게 과소평가되어 있었다. 그 점에서 [지세령] 개정에 의해 성립한 과세지가제는 근대적 지세제도를 확립한 것으로 평가할 수 있을 것이다.

V. 柳氏家 資料에 의한 地稅制度 改革의 結果

1. 結價 및 地稅 變動 推移

류씨가의 자료를 통해 1907 년~1917 년 단위면적당 지세부과액의 변화 추이를 정리한 것이 〈표 8〉로서, 여기서 주목되는 바를 간추리면 다음과 같다.

첫째, 지세와 부가세류를 합한 결가는 1908 년에 대폭 인하된 이후 1909 년에 약간 인상되었다가 1910 년에는 최저수준으로 낮아졌으며, 그 후 약간씩 인상되기 시작하여 1914 년 지세령에 의해 1907 년 수준을 상회하게 되었다는 점이다. 여기서 1908 년에 1 결당 결가가 12 원에서 8 원으로 감하된 것은 앞에서 보았듯이 이 때부터 엽전과 신화의 교환비율이 신화 1 圓 = 엽전 5 냥으로 변경되었기 때문이다. 다음, 1910 년에는 1 결당 결가가 엽전 36 냥 즉, 신화 7 원 20 전으로 인하되고 부가세를 합한 결가도 인하되었는데, 그 이유에 대해서는 알 수 없다. 이어 1911 년부터 13 년까지는 지세분은 그대로였으나 부가세를 인상 혹은 추가함으로써 1908 년 수준을 상회하게 되었으며, 1914 년에는 지세령의 제정과 함께 결가가 대폭 인상된 데다 부가세까지 인상 및 추가됨으로써 1 결당 결가는 대폭 인상되었다. 이는 즉, 1914 년의 지세령 제정 의도가 식민지 재정의 확충에 있었다는 것을 증명하는 것이다.

둘째, 1911 ~ 1913 년에는 국세인 결가는 결당 40 냥으로 고정시키면서 지방세인 부가세류의 인상을 통해 점진적으로 세액을 인상시킨 반면 1914 년의 지세령 이후부터는 국세인 결가를 55 냥으로 인상하면서 지방세인 부가세류의 세액 비중을 낮추어 고정시키는 방식으로 세액을 인상시켰다는 점이다. 이는 곧 주로 면에서 사용하는 지방비인 부가세액을 인상시키는 쪽이 세액 인상에 대한 반발을 완화시킬 수 있을 뿐만 아니라, 이를 다시 국세화함으로써 국세인 지세액은 1913 년의 40 냥에 비해 대폭 인상되었지만 부가세를 포함한 총액의 인상 폭은 그보다 낮게 하여 지세인상에 대한 반발을 완화하려는 의도에서가 아니었을까.

셋째, 1913 년 2 기분 결할금부터 화속을 정결화하여 결가를 일원화하였다는 점이다. 이는 직접적으로는 결가의 인상인 동시에 지세제도 일원화의 예비조치라고 할 수 있다. 〈표 14〉에서 보듯이 화속 1 결의 결세 및 부가세액 합계는 1912 년의 4 원 51 전에서 1913 년에는 10 원 41 전으로 전년에 비해 131.3% 가 인상되었다. 정결에서의 인상 폭이 12.2% 였음을 감안하며 신간지에서의 지세부담이 급증하였음을 알 수 있다. 여기서의 화속은 화전이 아니라 신간전이라는 점에서 애초에 화속의 결가를 산정한 것이 현실에 맞지 않은 것이었다고 보면, 정결화는 현실화라고 할 수 있다. 그렇긴 하나 납세자의 입장에서는 이로 인해 결세 부담이 급증하였다고 할 수 있다.

表 8 1結當 結價 變動 推移

(1) 正結

（單位：圓）

세 목	1907	1908	1909	1910	1911	1912	1913	1914	1915	1916	1917
지 세	12.00	8.00	8.76	7.20	8.00	8.00	8.00	11.00	11.00	11.00	11.00
고 복 채	0.50	0.40	0.20	0.10							
면 사 비	0.28										
호 례 세			0.40	0.40 0.36							
부 가 세					0.40	0.40	0.40	0.55	0.55	0.55	0.55
결할 1 기분					0.55	0.98	1.46	1.10	1.10	1.10	1.10
2 기분					079	0.80	1.40	1.10	1.10	1.10	1.10
추 가 금							0.16				
학 교 비											0.11
합 계	12.50	8.68	9.16	8.06	9.74	10.18	11.42	13.75	13.75	13.75	13.86
미곡 1 석가	7.20	6.40	6.24	10.72	12.96	16.00	16.54	8.40	9.82	13.64	13.64
환산미곡량 (석)	1.74	1.36	1.47	0.75	0.75	0.64	0.69	1.64	1.40	1.01	0.71

(2) 火束

（單位：圓）

세 목	1907	1908	1909	1910	1911	1912	1913	1914	비 고
지 세	5.40	2.60	2.73	2.80	2.60	2.60	8.00	11.00	
고 복 세	0.50	0.40	0.20	0.10					
면 사 비		0.28							
호 례 세			0.40	0.40					
부 가 세				0.36	0.13	0.13	0.40	0.55	1913 년 2 기분부터
결할 1 기분					0.18	0.98	0.47	1.10	정결화
2 기분					0.79	0.80	1.40	1.10	
추 가 금							0.16		
학 교 비									
합 계	5.90	3.28	3.33	3.66	3.70	4.51	10.43	13.75	
미곡 1 석가	7.20	6.40	6.24	10.72	12.96	16.00	16.54	8.40	
환산미곡량 (석)	0.82	0.51	0.53	0.34	0.29	0.28	0.63	1.64	

주 : 미가는 각년도 외작토세수봉기의 연간 소작료 판매가격 평균치임 .

자료 : 각년도 지세분정수납질

다음 , 지세령이 개정된 1918 년 이후의 과정에서도 지세 인상 방식은 그 이전의 방식과 동일하였음을 알 수 있다. 즉 , 〈 표 9〉에서 보듯이 국비 . 지방비 . 면비 . 학교비를 합한 부가세 합계액의 인상액 및 인상율 면에서는 1920 년의 그것이 가장 높았는데 (전년대비 56.2%), 이 때 원세인 국비는 그대로 두면서 부가세액을 인상하는 방식을 취한 반면 1922 년의 인상은 (전년 대비 21.6%) 부가세액보다는 국비의 인상을 통해 이루어졌다. 또한 국비의 변화는 많지 않은 데 비해 지방비와 면비의 변화가 많았으며 , 특히 면비는 거의 매년 달리 부과하였음을 알 수 있다.

表 9 地稅와 地稅附加稅의 變動 推移 (1918 ~ 1941)

(單位 : 원, 석)

연 도	국비 (원세) (지가대비)	지방비 (원세대비)	면비 (원세대비)	학교비 (원세대비)	합계 (지가 1 천원당)	미 1 석가 (원)	미환산량 (석)
1918	13/1000	5.3%	17%	1%	16 원 3 전	29.86	0.54
1919	상 동	8.0%	25%	4%	17 원 81 전	30.00	0.59
1920	상 동	30.0%	54%	30%	27 원 82 전	20.48	1.36
1921	상 동	상 동	상 동	상 동	상 동	28.00	0.99
1922	17/1000	27.0%	45%	27%	33 원 83 전	24.60	1.38
1923	상 동	상 동	46%	30%	34 원 51 전	26.92	1.28
1924	상 동	상 동	43%	상 동	34 원	33.32	1.02
1925	상 동	상 동	39%	상 동	33 원 32 전	32.00	1.04
1926	상 동	30.0%	46%	상 동	35 원 2 전	26.52	1.32
1927	상 동	60.0%	상 동	지방비합병	상 동	22.80	1.54
1928	상 동	상 동	상 동	상 동	상 동	24.00	1.46
1929	상 동	상 동	상 동	상 동	상 동	24.60	1.42
1930	상 동	상 동	상 동	상 동	상 동	11.00	3.18
1931	상 동	상 동	상 동	상 동	상 동	14.80	2.37
1932	상 동	상 동	상 동	상 동	상 동	17.06	2.05
1933	상 동	상 동	상 동	상 동	상 동	18.00	1.95
1934	16/1000	64.0%	49%	상 동	34 원 50 전	24.00	1.44
1935	15/1000	68.0%	53%	상 동	34 원	26.00	1.42
1936	상 동	상 동	상 동	상 동	상 동	25.14	1.35
1937	상 동	상 동	상 동	상 동	상 동	25.60	1.33
1938	상 동	70.0%	상 동	상 동	상 동	28.60	1.19
1939	상 동	상 동	65%	상 동	35 원 40 전	55.60	0.64
1940	상 동	77.0%	72%	상 동	37 원 40 전	40.00	0.94
1941	상 동	상 동	상 동	상 동	상 동	40.00	0.94

주 : 미가는 각년도 외작토세수봉기의 연간 소작료 판매가격 평균치임.

자료 : 각년도 지세금 분정 수납기

　　한편, 주로 미곡 판매에 의한 화폐수입에 의존하였던 류씨가의 경제사정을 감안하여 지세부가액을 당시 농가의 미곡 판매가격을 적용한 미곡량으로 환산해 보면 사정은 달라진다. 먼저 〈표 8〉에서 미곡으로 환산한 지세액의 연도별 추이를 보면, 1 결당 결가는 1908 년에 전년도의 그것에 비해 21.8% 가 하락한 이래 1917 년까지 내내 1907 년 수준에 미달하였으며, 화폐액으로는 1907 년의 수준을 능가하였던 1914 년에도 미곡으로 환산한 결가는 1907 년 수준에 미치지 못하였던 것으로 나타난다. 그러나, 1914 년에는 화폐액으로는 1913 년의 지 세에 비해 20.4% 가 인상되었지만 미곡량으로 환산한 지세액은 무려 137.7% 가 인상된 것으로 나타나 1914 년의 지세 인상이 명목상의 인상액 이상으로 농가경제에 타격을 입혔다는 것을 알 수 있다. 이후 1915 년부터 17 년까지는 매년 미가가 인상됨으로써 미곡으로 환산한 지세액이 하락하는 결과로 나타났다. 또한 1918 년 이후 지세 수준의 변화 추이를 보면 〈표 9〉에서 보듯이 1920 년에는 지방비, 면비, 학교비 등을 대폭 인상한 데다 미가마저 폭락함으로써 미곡으로 환산한 지세액은 전년에 비해 130.5% 가 인상되는 결과를 초래하였다. 그 후 1921 년부터 1929 년까지 미곡으로 환산한 지세액은 미곡 1 석~5 석의 수준에서 안정되었으나 1930 년에는 대공황으로 인한 미가의 폭락으로 전년에 비해 123.9% 가 인상되는 결과를 초래하였다. 그럼에도 불구하고 화폐지세액은 전년과 동일하였으니 이 때의 농가경제가 얼마나 궁핍하게 되었을지는 미루어 짐작할 수 있을 것이다. 이후 미가가 점점 인상되기 시작하여 명목상으로는 1934 년부터는 전시통제에 의한 공출미가에도 불구하고 미가가 인상됨으로써 지세액이 큰 폭으로 하락되는 결과를 나타냈다.

　　2. 柳氏家의 地稅負擔 推移와 그에 대한 認識

　　류씨가의 결세 및 지세 부담액 실태를 보면 〈표 10〉 및 〈표 11〉과 같다. 〈표 10〉에서 알 수 있듯이 류씨가에서는 일제 전기간에 걸쳐 소유토지에 부과되는 지세 중 소작지에 대한 지세는 소작인에게 부담시키고, 자신이 실제 부담하는 지세는 내작지에 대한 지세에 한하였다. 이처럼 지세를 소작인에게 전가하는 사례는 토지면 인근의 다른 지주들도 마찬가지였던 것으로 보인다. 즉, "이른바 재산가의 토지에 대한 소작료로 1두락에 보통 正租 182근 (=1석 = 미 10두임) 씩 납부하는 외에 지세금으로 매두락당 정조 3두 내지 4,5두까지 내야 하니, 이렇다면 이른바 소작인은 지주에게 무상으로 고용된 사람일 뿐인데, 포악한 지주로 지목된 사람의 경우 加賭稅가 또 있다고 하니 소작인은 보리나 갈아먹어야 할 판이다 (자료ⓑ, 1935.10.23)"라고 한 것이다. 반면, 류씨가에서는 1934년까지는 논 1두락당 소작료로 미곡 7두를 받다가 1935년에 8두로 인상하였는데, 이에 대해 류형업은 "백년 전 古例에 따라 1두지 토세로 미 7두를 받는 것은 오직 나뿐이다 (자료ⓟ 중 內作畓收稅記, 1934)"라고 하였다. 이로 보면, 류씨가에서는 소작인에게 지세를 전가하였다고 해서 그만큼 지세부담이 줄었다기보다는 소작료를 남보다 작게 받은 데 대한 보상으로 볼 수 있으며, 그렇게 본다면, 그것은 류씨가에서 지세를 모두 부담한 것과 다를 바 없게 된다.

어떻든, 류씨가에서 부담한 결세 및 지세 총액의 추이와 이에 대한 류씨가의 인식을 보면 다음과 같다.

① 앞에서 보았듯이 1914년에는 지세령의 제정에 의해 결가가 대폭 인상되었는데, 이에 대해 류형업은 "지세와 부가금이 모두 215냥 3전인데, 1결당 모든 세금을 전과 비교하니 15냥 7전 5푼이 늘었다 (1914.9.28)"고 간단히 언급하였다.

② 1915년에는 "각 조목의 세금이 배로 나오는데, 大正記念費니 郡 남문 밖에서 강가의 나루 근처에 이르기까지의 신작로 보수비니 하는 이름으로 각 집마다 보통 합쳐서 1원 정도이다. …… (중략) …… 작년부터 시작한 지주회라는 것은 垈田畓 모두 합쳐 50두락 이상 소유한 자가 모인 것으로 지주들이 매마지기당 1전씩 추렴하니 이 역시 민간인에게는 형체 없는 부담금이다. 군 북문 바깥 쪽에서 산의 동쪽까지 신작로를 닦기 위해 癸丑年 (1913년을 말함) 겨울 도로측량기사 수고금을 '道路起成費' 명칭으로 매마지기당 1전씩 내라고 독촉이 심해 부득이 지주회비와 도로비 등 모두 3원 30전을 이번 5월 23일 우리 면사무소의 군청 內外官吏 출장소에 납입하고 영수증을 받아왔다. (大正) 4년도 지주회비 또한 독촉하니 백성의 곤란을 어찌 다 말할 수 있겠는가. 더욱이나 금년 농사가 만약 풍년이라면 추곡이 응당 아주 싸질 것이고, 싸지면 농사짓는 집이 어찌 살 수 있겠는가. 항간에 대개 秋收米 新高 1되 값이 3전에도 못미친다고 하니 곡식이 싸지면 돈이 귀해질 것이니 어찌할 것인가. 이번 가을부터 각 항목별 지세 관련금을 지주가 일체 부담한다고 하니 소작인에게는 거의 이롭겠지만 안으로는 어찌 이로움이 있겠는가. 주객이 다 곤란할 뿐이다 (자료ⓑ, 1915.7.8)"라고 하여 1915년 가을부터 지세금을 지주가 납세하게 된 데 대한 불만을 나타내었다. 그러나 전술하였듯이 류씨가에서는 제도적인 변화와 상관 없이 지세를 소작인에게 전가하였다. 또한 이 때부터 지세 외에 각종의 강제성 잡부금이 지주들에게 배정되고, 여기에 쌀값마저 하락하여 경제적 어려움이 가중되었음을 토로하고 있다.

③ 1916년에는 류씨가의 소유토지 면적이 줄어들어 지세부담금이 전년에 비해 줄었는데도 "1평당 세금은 5푼이 넘는데, 산중의 것은 1년의 세금이 그 토지가격을 넘는다. 이 같으니 땅값이 혹은 금쪽 같다고도 하고 똥값이라고도 하는 모양이다. 요즈음의 땅값 상승은 너무 심하고, 세금 또한 많고도 많다 (자료ⓑ, 1916.10.29)"고 하였다.

④ 1918년의 지세 부담액은 1917년의 지세액에 비해 36.34%가 증액되었는데, 1917년의 소유토지 면적은 1918년의 그것과 동일하였으므로 이 증액은 온전히 지세령 개정에 의한 지세부담액의 증가분이다. 이에 대해 류형업은 그의 일기 (1919.9.17)에서 "소작농에게서 토세 (소작료)를 받았으나 전에 비하면 훨씬 못미친다. 하물며 한재가 들었고 지세는 배가 올랐으며, 바람으로 피해가 컸었다"고 기록하였다.

⑤ 이후 1920년에는 소유토지 면적과 과세표준지가가 전년에 비해 감축되었음에도 불구하고 지세액은 50.6%나 증가하였으며, 더욱이 미가는 전년에 비해 19.3%가 하락하였다. 이리하여 "지세금 독촉이 말할 수가 없다. 쌀값이 錢況을 좇아 날로 떨어지니 新平 한되의 값이 20전 미만이라고 한다 (자료ⓑ, 1920.11.5)" "1기분 지세금 납입기한이 이미 지나 나 또한 미납금 10여원을 독

촉받고 있다. 별달리 변통할 다른 방도가 없으니 어찌하겠는가 (자료ⓑ, 1920. 12. 5)"라고 한탄하고 있다.

　　⑥ 1922 년에도 소유토지 면적과 과세표준지가가 줄었음에도 불구하고 지세액은 20.8%가 증가되었다. 반면, 24 년 이후 36 년까지는 매년 지세부과액이 약간씩 줄어들었는데, 이는 무엇보다 소유토지 면적 및 과표지가가 줄어들었기 때문이다. 37 년 이후로는 면적과 지가가 변하지 않아 지세액 또한 큰 변동이 없었다.

표 10　류씨가의 결세 부담액 추이 (1914 ~ 1917)

(單位 : 負, 圓)

연도	합 계								지주부담 합 계	소작인부담 합 계
	부 수	원 금	부가금	결할금	학교비	합 계	미1석가	미환산량		
1914	372.8	41.01	2.05	8.21		51.270	8.40	6.10	10.212	36.953
1915	384.1	42.19	2.12	8.44	0.352	52.750	9.82	5.37	10.032	38.498
1916	348.1	38.22	1.92	7.66		47.800	13.64	3.50	11.790	32.174
1917	329.7	35.99	1.79	7.62		45.752	19.60	2.33	15.158	26.784

표 11　류씨가의 지세 부담액 추이 (1918 ~ 1941)

연도	필수 (필)	지적 (평)	지가 (원)	지세 및 부가세 (원)					양전푼 환산액 (양)	미곡1승 가 (양)	환산석수 (석)
				국비	지방비	면비	학교비	소 계			
1918	42	22 355	3 897.8					62.38	311.90	1.493	2.09
1919	41	22 068	3 884.9	50.66	2.66	8.58		69.08	345.40	1.500	2.30
1920	33	20 333	3 742.6	50.50	4.00	12.60		104.04	520.20	1.240	4.20
1921	33	20 333	3 742.6	48.64	14.58	26.24		104.04	520.20	1.400	3.72
1922	33	19 990	3 717.7	48.64	14.58	26.24		125.71	628.55	1.230	5.11
1923	33	19 990	3 718.1	63.19	17.05	28.42		126.74	633.70	1.346	4.71
1924	31	19 458	3 674.8	62.46	16.86	28.70		124.87	624.35	1.666	3.75
1925	32	19 608	3 685.3	62.46	16.85	26.84		122.72	613.60	1.600	3.84
1926	32	19 437	3 640.8	62.64	16.90	24.41	0.48	127.43	637.15	1.326	4.81
1927	31	18 458	3 435.2	61.88	18.55	28.45	1.98	118.03	590.15	1.140	5.18
1928	30	17 858	3 309.2	57.31	24.38	26.34	14.58	115.82	579.10	1.200	4.83
1929	30	17 748	3 296.0	56.02	33.60	25.75	14.58	115.37	576.85	1.230	4.69
1930	30	17 748	3 296.0	56.03	33.60	25.75	17.05	115.37	576.85	0.550	10.49
1931	30	17 748	3 296.0	56.03	33.60	25.75	18.72	115.37	576.85	0.740	7.80
1932	33	18 369	3 241.1	55.09	33.03	25.33	18.72	113.44	567.20	0.853	6.65
1933	30	17 170	3 137.2	53.32	31.98	24.52	18.77	109.82	549.10	0.900	6.10
1934	28	16 385	3 008.8	48.14	30.78	23.58	18.55	102.50	512.50	1.200	4.27
1935	27	15 379	2 878.0	43.17	29.33	22.88		95.38	476.90	1.300	3.67
1936	27	15 379	2 878.0	43.17	29.34	22.87		95.38	476.90	1.257	3.79
1937	35	17 680	3 074.9	46.12	31.35	24.43		101.90	509.50	1.280	3.98
1938	35	17 680	3 074.9	46.12	32.26	24.43		102.81	514.05	1.430	3.59
1939	35	17 680	3 074.9	42.69	29.87	27.73		100.29	501.45	2.780	1.80
1940	35	17 680	3 075.1	46.12	35.50	33.19		114.81	574.05	2.000	2.87
1941	34	18 012	2 748.4	41.21	31.71	29.65		102.57	512.85	2.000	2.56

　　⑦ 화폐지세액을 당시의 미가를 적용하여 미곡석수로 환산하면 가장 많았던 1930 년에 10. 49 석으로서 당시 논에서의 류씨가의 연간 수입인 쌀 24. 6 석의 42. 6%에 달하는 액수였다. 미곡으로 환산한 지세액이 가장 작았던 해는 미가가 폭등하였던 1939 년으로서, 미곡 1. 8 석에 해당된다. 이를 다시 1939 년 논에서의 총수입 쌀 23. 4 석과 비교하면 7. 7%를 차지한다. 1914 년부터 41 년까지

미곡으로 환산한 지세액을 평균하면 연간 지세액은 4.4석 정도였다는 계산이다. 류씨가의 논에서의 연간 총수입은 평균 미곡 25석 정도이므로 지세액은 이의 약 17.6% 정도를 차지하였다고 할 수 있다. 류씨가의 경우 1925년 이후 화폐 수지는 매년 적자였는데, 여타의 조세공과를 제외하고 지세만을 보더라도 그것은 류씨가의 가계수입에 비하면 엄청난 부담이었음을 확인할 수 있다.

VI. 地稅制度 改革의 本質的 意味

일제는 1914년에 지세령을 제정한 데 이어 1918년에 이를 개정함으로써 토지조사사업에서 산정된 지가에 의거하여 지세액을 산정하는 과세지가제로 전환하였다. 이에 대해 지세제도가 필지별 토지생산력을 반영한 지가에 의거함으로써 지역별·납세자별 과세의 형평성이 이루어졌으며, 자의성이 배제되고 투명성과 일관성이 확보됨으로써 근대적 지세제도가 확립되었다는 평가, 또는 밭보다 논의 세액이 인상됨으로써 결과적으로 밭보다 논을 많이 소유하던 지주층이 불리해졌다는 주장이 제기된 바 있다.

그러나 구례군 류씨가의 자료를 분석한 결과 1918년의 지세령 개정 이후 지세액이 인상되었을 뿐만 아니라 그보다 더 많은 액수의 각종 부가세가 추가됨으로써 소지주였던 류씨가의 몰락을 초래하였다. 류씨가의 연간 현금 지출액 중 지세를 포함한 조세공과의 비중은 1925년에 음식물비의 비중을 능가한 이래 1940년대까지 婚喪事費를 제외한 연간 지출액의 20% 내외를 차지하였다. 이에 대해 류씨가는 1918년에는 소유 면적이 변하지 않은 상태에서 지세부담액이 전년보다 36.4%가 인상되자 "지세가 배나 올랐다"고 하였다. 또한 1920년에는 지세가 대폭 인상되었는데, "각 항목의 세금과 백성들의 부담이 이렇게 늘어난다면 나처럼 재물을 늘리는 별다른 재주가 없는 사람들은 어찌할 것인가"라고 한탄하였으며, 1925년에는 "세금을 거두는 관리가 밉기만 하다. 날로 더하고 달로 더하여 갈수록 심하니 누가 완전히 낼 수 있겠는가"라고 하여 조세공과와 잡부금 때문에 못살겠다고 원망하였다. 이른바 근대적 지세제도의 확립은 소지주가의 몰락을 촉진하는 원인이 되었던 것이다.

참 고 문 헌

김준보. 1967. 농업경제학서설, 고려대학교출판부.

김준보. 1974. 한국자본주의사연구(Ⅱ)-봉건지대의 근대화 기구 분석-, 일조각.

김홍식 외. 1990. 대한제국기의 토지제도, 민음사.

김홍식 외. 1997. 조선토지조사사업의 연구, 민음사.

김성호 외. 1989. 농지개혁사연구, 한국농촌경제연구원.

박석두. 1995. 한말-일제하 토지소유와 지세제도의 변화에 관한 연구-전남 구례군 유씨가의 사례를 중심으로-, 한국농촌경제연구원.

배영순. 1988. 한말 일제초기의 토지조사와 지세개정에 관한 연구, 서울대 국사학과 박사학위논문.

신용하. 1982. 조선토지조사사업연구, 지식산업사.

오두환. 1991. 한국근대화폐사, 한국연구원.

이영호. 1992. 1894-1910년 지세제도 연구, 서울대학교 대학원 국사학과 박사학위논문

이영호. 2001. 한국 근대 지세제도와 농민운동, 서울대 출판부.

이영훈. 1997. "토지조사사업의 수탈성 재검토", 조선토지조사사업의 연구, 민음사.

이윤상. 1986. "일제에 의한 식민지재정의 형성과정 : 1894~1910년의 세입구조와 징세기구를 중심으로", 한국사론 14, 서울대 국사학과.

이종범. 1992. "1910년 전후 지세문제의 전개과정에 관한 연구", 역사연구 창간호.

이종범. 1994. 19세기 말 20세기 초 향촌사회구조와 조세제도의 개편 : 구례군 토지면 오미동 '柳氏家文書' 분석, 연세대학교 대학원 사학과 박사학위 논문.

이철성. 1993. "18세기 田稅 比摠制의 실시와 그 성격", 한국사연구 81, 한국사연구회.

인정식 . 1949. 조선농업경제론 , 박문출판사 .

임병윤 . 1989. "일제하 농업정책", 한민족 독립운동사 (5) : 일제의 식민통치 , 국사편찬위원회 .

정선남 . 1990. "18. 19 세기 田結稅의 수취제도와 그 운영", 한국사론 22, 서울대 국사학과 .

조석곤 . 1995. 朝鮮土地調査事業에 있어서의 근대적 토지소유제도와 지세제도의 확립 , 서울대 경제학과 박사 학위논문 .

황하현 . 1994. "한국 세제의 근대적 전개", 경제연구 15, 한양대 경제연구소 .

宮嶋博史 . 1991. 朝鮮土地調査事業史の研究 , 東京大學 東洋文化研究所 .

林炳潤 . 1971. 植民地における商業的農業の展開 , 東京大學出版會 .

田中愼一 . 1974. "韓國財政整理における徵稅臺帳整備について", 土地制度史學 63, 土地制度史學會 .

朝鮮總督府 . 1911. 朝鮮總督府施政年報 (明治 42 年度).

朝鮮總督府 . 1916. 朝鮮總督府施政年報 : 大正三年度 .

朝鮮總督府 . 1918. 朝鮮總督府施政年報 (大正六年度).

朝鮮總督府 . 1922. 朝鮮總督府施政年報 (大正七 . 八 . 九年度).

朝鮮總督府臨時土地調査局 . 1918. 朝鮮土地調査事業報告書 .

朝鮮彙報 , 1918. 11

和田一郎 . 1920. 朝鮮土地及地稅制度調査報告書 (1942 년 복각판 , 宗高書房).

From Land Reform to Collectivization in Postwar East Germany 1945—1961: Toward an International Comparison of Agricultural Reforms after the Second World War

Yoshihiro Adachi

(Graduate School of Agriculture, Kyoto University)

1. Introduction

After the Second World War, land reform programs were almost simultaneously implemented in many countries in both the western and eastern regions of the Eurasian Continent, radically changing their agricultural structure, although in very different ways. In communist countries in particular, these reforms soon led to the collectivization of agriculture. During the Cold War, it was so difficult for agricultural historians to access archives that we could not discover exactly what had occurred at this time. However, since the fall of the Berlin Wall in 1989, the archival system has changed radically, making it very easy even for foreign researchers to read archival documents. Now, historical research into agriculture in postwar communist Eastern Europe has developed sufficiently that it is possible for us to make an international comparison with the experiences of East-Asian countries. [1]Therefore, based on my study into the history of East German agriculture, this essay provides an explanation of how rural people experienced land reforms and collectivization in rural East Germany. [2]It will focus on refugee-farmers who were deported from their hometowns at the end of war, became farmers as a result the land reforms in their new homeland, and then accepted the agricultural collectivization of their local community. In addition, I will discuss the historical uniqueness of the East German land reforms in comparison with land reforms in Poland.

As is well known, an extensive land reform program was implemented from September 1945 in the German Soviet Occupation Zone (later the GDR area). Estate farms larger than 100 ha, with an average size of about 300 ha, were compulsorily requisitioned without any compensation and divided into small 5 – 8 ha holdings. As a result, through the land reforms, an estate farm was transformed into a "new farmer village," usually with 30 – 40 peasant families. The landowning family, so-called "Junkers," had almost all already escaped from eastern to West Germany before the occupation by the Soviet army, but landlords who remained in their home villages could be deported compulsorily by the new occupation government. The settlement farmers were called "new farmers (*Neubauern*)," while the native traditional farmer was generally called "old farmers (*Altbauern*)" by the new government.

In July 1952, just seven years after the beginning of the land reforms, in the second party conference of the SED (German Social United Party), Ulbricht declared the construction of socialism, including the advancement

---

[1] As the newest book about this field, see Bauerkämper, A./Iordachi, C. (ed.), *The Collectivization of Agriculture in Communist Eastern Europe: Comparison and Entanglements*, Central European University Press, Budapest, New York, 2014

[2] This paper is based on my Japanese book as follows. As long as the text is based on my book, reference to its sources is skipped in these footnotes. ADACHI Yoshihiro, *The Social and Agricultural History of East Germany, 1945—1961; Historicizing the Experience of Socialism* (in Japanese), Kyoto University Press, 2011. 足立芳宏『東ドイツ農村の社会史—「社会主義」経験の歴史化のために』京都大学学術出版会、2011 年. Its German summary is ADACHI Yoshihiro, Sozial-und Agrargeschichte mecklenburgischer Dörfer 1945—1961. Zur Historisierung der Erfahrungen mit dem Sozialismus, *Mecklenburgische Jahrbücher* 128, 2013, pp. 287 – 299

of the collectivization of agriculture, as an important agenda. The collectivization of agriculture meant that most individual farmers joined a newly founded LPG (agricultural production cooperative farm). There were two main types of *LPG*: one was type I, where farmers contributed only farmland; the other was type III, where they contributed both farmland and livestock. The uprising on June 17 1953 was very influential, causing the dissolution of many collective farms and many members leaving surviving collective farms. However, after four years' stagnation, the SED government launched a second wave of collectivization from 1958, which finally led to the declaration of the completion of the agricultural collectivization project by Ulbricht in April 1960. The period of especially rapidly increasing collectivization lasted from autumn 1959 to spring 1960, and was called "forced collectivization" in West, in contrast to the name "spring of socialism" in the East.

During the Cold War era, historical study on the collectivization of East German agriculture was strongly restricted by political ideology in both East and West Germany. In East Germany-known within Germany as the German Democratic Republic (GDR) -both land reforms and agricultural collectivization were significant to its foundation myth as a socialist state, especially since the communist leadership encouraged studies on land reform and agricultural collectivization in order to bolster communism's political legitimacy. Unlike other socialist states, one characteristic of the GDR was that it could not establish a national history as a foundation myth. Instead, contemporary German history was written exclusively by West German historians. However, West German studies on East German agriculture were also not completely free from Cold War thinking, as is demonstrated by the fact that the fundamental paradigm depended on the ideology of totalitarianism. However, as mentioned above, the end of the Cold War caused a dramatic change in research trends. While the totalitarian approach was revitalized, social and ordinary historical analysis also showed remarkable developments, giving us the possibility of "historicizing" the experience of socialism in an East German village.

Evaluating this new social-historical approach positively, I have also engaged myself in an empirical study into how the rural social structure changed through the experience of land reform and collectivization. The site of my study was Land Mecklenburg-Vorpommern, especially the villages of Bad Doberan County. In this essay, I would like to show part of the results of my study; paying attention to the following three points.

(1) This is neither a history of the agricultural land system nor a political analysis of agricultural policy. Instead, we should focus on the actions of rural people as historical subjects.

(2) We emphasize the significance of the refugees (*Umsiedler*) who often played an influential role in land reform and the collectivization of agriculture in the local administration. The aim of this essay is to clarify that the agricultural policy of the SED was also an agricultural settlement policy for refugee farmers, in contrast to the SED's communist ideology.

(3) In the process of collectivization, we find that there was a great difference between the new and old farmer villages, whose origins dated to the nineteenth century. Therefore, we discuss the collectivization of new and old farmer villages separately: Kägsdorf as a new farmer village, and Hohenfelde as an old farmer village. The transition from land reforms to collectivization caused a great historical transformation in area known as Ostelbien (in the eastern Elbe region), which continued to influence the agricultural structure of this region after 1989.

2. Who Became New Farmers? The Refugee and Land Reform in Mecklenburg-Vorpommern

As mentioned above, the land reforms requisitioned the large estate inOstelbien and put the land under the control of the county as part of the "land fund." The county land reform committee then decided how and to whom they would distribute the land. Land reform was also one of the measures that was taken to counter the significant hunger in the chaos after the war, as is shown by the fact that this "land fund" gave many non-agricultural families, such as craftsmen and workers, an allotment garden, even if the proportion of the "land fund" that was allocated to this use remained very low.

We must discuss many important subjects in order to historically understand the land reform of East Germany, including: ①The influence of estate farm occupation by the Soviet Army, which requisitioned a lot of livestock from both estate and peasant farms from across all of the villages as war reparations. ②The significant shortage of draft horses for new farmers, leading to deep difficulties for their small-scale farming. ③So-called "Order No. 209" of the Soviet Military government, which aimed at the construction of new farm buildings (houses and barns), although it simultaneously destroyed the traditional estate mansions as symbols of landlord paternalism. However, in this section, we will confine our discussion to the question: "Who became the new farmers in East Germany?"

Table 1　Land reform in East Germany in 1950: GDR and each States

	MAecklenburg Vorpommern	Braudenburg	Sachsea = Auhalt	Sacbsen	Tbüringen	Total/Average
Total area of famland and forestory (1 000ha) (a)	1 984	2 288	2 170	1 471	1 377	9 290
"Land fund" for land feform (1 000ha) (b)	1 073	948	720	349	208	3 298
(The proportion of "land fund" (= (b) / (a) *100)	54. 1%	41. 4%	33. 2%	23. 7%	15. 1%	35. 5%
The number of the new farmer						
Farm workers	32 286	27 665	33 383	13 742	6 045	119 121
Refugees ("Umsiedler")	38 892	24 978	16 897	7 492	2 896	91 155
Toal	77 178	52 643	50 280	21 234	8 941	210 276
The proportion amongst new farmers:						
Farm workers	49. 6%	52. 6%	66. 4%	64. 7%	67. 6%	56. 6%
Refugees ("Umsiedler")	50. 4%	47. 4%	33. 6%	35. 3%	32. 4%	43. 4%

Source: Stöckigt, R., Der Kampf der KPD um die demokratrische Bodemefom. Mar 1945 bis April 1946. Berlin 1964, S. 262 u. 265.

Figure 1　The number and proportion of refugees amongst new famers in each county; Mecklenburg-Vorpommern in 1950

above: The name of county

below: The number of refugee uew farmers (its proportion amongst new farmcrs)

Source: Landeshauptarchiv Schwerin, 6. 21 −4, Nr. 149, oh. Bl.

In contrast to the conventional understanding in the Japanese historical community, these new farmers consisted of not only former native farm workers, but also refugee farmers from former German territories to the east. Table 1 shows the result of land reforms in 1950, five years after the reforms began. The average ratio of refugees in general already accounted for about 40% of new farmers: in northern states, this was around 50%. In addition, Figure 1 shows the number and proportion of refugees amongst new farmers in each county in Mecklemburg-Vorpommern. Surprisingly, we find that the highest proportion of refugees among new farmers was 68% in Wismar County.

However, when we observe the proportion of new farmers who were refugees immediately after the land reform in 1945, this was lower than in 1950. Although we cannot present this in terms of statistics, I will provide a very interesting example. Table 2 is a list of new farmers' holdings in Zweedorf, a typical refugee new farmers' village in Wismar County, compiled from the basic list for the collection of land reform installments in Gemeinde Zweedorf from July 6 1950. In this list, we can find individual information for each holding in Zweedorf: the name of the farmer, his age and birth place, the size of the holding, and the day that he received the holding. When new farmers changed, multiple sets of information are written about the holding. We can find here that 15 out of 34 holdings experienced one or more changes of farmer. It is already well known that there was a very high frequency of new farmers changing their holdings. This table shows that nearly all of the people that received the land that was abandoned by former new farmers—perhaps former native farm workers—were refugees. Therefore, we can speculate that the refugees tended to gather in some specific refugee villages until about 1950.

Table 2　The list to new farmer's holdings in Zweedorf on July 6, 1950.

No.	Name[1]	Year of birth	Place of birth	(Classification)[2]	Hectares of famland	The day of acceptance	The number of replacement of the farmer
1	AH	1889	Seetal, Westpreussen	Refugee	7.52	1. Oct. 1945	0
2	LH	1893	Lodehemm, Ostpreussen	Refugee	7.41	1. Oct. 1945	0
3	PE	1905	Gaaz, Meckl.	County	8.78	1. Oct. 1945	0
4	HA	1896	Blengow, Meckl.	County	7.71	1. Oct. 1945	0
5	LF	1906	Hohen Niendorf	County	7.38	1. Apr. 1949	2
	TE		—	County		1. Oct. 1945	
	KG		—	County		1. Febr. 1947	
6	ZR	1898	Greifswald	Land	7.54	1. Oct. 1945	0
7	HR	1914	G. Radow. Pommem	Refugee	7.83	1. Jan. 1947	2
	LM		—				
	the name illegible		—				
8	PF	1901	Königsberg. Ostpreussen	Refugee		1. Oct. 1945	0
9	HO	1903	Zweedorf	Native	8.03	1. Oct. 1945	0
10	GG	1906	Lanken, Ostpreussen	Refugee	7.25	1. Oct. 1945	0
11	FO	1905	Garrensdorf, Meckl.	Land	8.10	1. Oct. 1945	0
12	KW	1915	Deringsdorf, Meckl.	Land	7.00	1. Oct. 1945	0
13	RA	1906	Berhdorf, Pommern	Refugee	8.86	1. Oct. 1945	0

(continued table)

No.	name[1]	year of birth	place of birth	(classification)[2]	hectares of famland	the day of acceptance	the number of replacenent of the farmer
14	BA	1909	Sompolno, Warthegau (Posen)	Refugee	9. 20	—	2
	LH		—			1. Oct. 1945	
	RK		—			1. Apr. 1949	
15	SR	1906	Liebhausen. Ostpreussen	Refugee	8. 72	—	2
	HE		—	Lan		1. Oct. 1945	
	KP		—			25. Oct. 1949	
16	LM	1892	Bromberg	Refugee	7. 86	—	0
17	H	1927	Beerendorf, Ostpreussen	Refugee	8. 20	—	1
	WP(written by hand later)						
18	AP	1906	Brotzen. Pomm.	Refugee	7. 66	—	1
	SA(written by hand later)						
19	RW	1902	Schwan. Meckl.	Land	8. 09	—	0
20	MS	1905	Litauen	Refugee		1. June 1947	1
	HK		—			1. Oct. 1945	
21	PF	1897	Biendorf	County	7. 75	—	0
22	LO	1901	Hammer	(unidentified)	7. 70	—	1
	R(written by hand later)						
23	HF	1899	—			25. Oct. 1949	2
	SR		Meiersberg	Land		1. Oct. 1945	
	the name erased by hand. R. contracted to cultivate the farmland of this holding from April 1950						
24	NE	1895	Tanroggen, Litauen	Refugee (Female)	7. 94	—	2
	MA(written by hand)						
25	AA	1905	Warthegau (Posen)	Refugee	8. 64	—	0
26	SE	1904	Rentehratge	(Unidentified)	7. 90	—	0
27	GD	1890	Stobingen, Ostpreussen	Refugee	7. 85	—	0
28	KE	1913	Dombehnen, Ostpreussen	Refugee	7. 90	—	3
	BH					1. Oct. 1945	
	KR					1. Jan. 1946	
	KW					1. Arl. 1946	
29	JA	1895	Zollendorf, Ostpreussen	Refugee	8. 07	—	2
	TF					1. Oct. 1945	
	RA					15. Apr. 1948	
30	RK	1911	Burgkampan	Refugee	7. 07	—	4
	GH					1. Oct. 1945	
	RM					1. Mar. 1946	
	BA					1. Oct. 1949	
	RE (written by hand)						

（continued table）

No.	name[1]	year of birth	place of birth	（classification）[2]	hectares of famland	the day of acceptance	the number of replacenent of the farmer
31	KP	1896	Kröpelin，Meckl	County	7.81	—	0
32	MH	1892	Bastorf. Meckl	County	7.80	—	1
	LM temmporry accepted this holding on 1. Jan. 1947					1. Jan. 1947	
34	GM	1895	Lankuppen，Memelland	Refugee	8.00	1. Jan. 1947	1
	ZJ					1. Oct. 1945	
34	SP	1908			4.54	—	0

Source：Kreisarchiv Bad Doberan, Rat der Gemeinde Bastorf, Nr. 2 – 335, Grundlist für die Einziehung der Bodenreform – Kaufgeldraten der Gemeinde Zweedorf, 06. 07. 1950. Note：（1）the top name in the column of each holduing is the farmer in 1950. The next name is the second farmer of the concerned holding. the name writtenby hand seems to be written after making out this list. （2）"Refugee"：birth in former eastem German terittories；"Native"：birth in Zweedorf；"County"：birth in Bad Doberan County；

"County"：birth in Bad Doberan County

In East Germany，during the age of the Nazi regime，there was a special refugee new farmer group called "ethnic Germans. " As a result of the Nazi-enforced migration policy at the beginning of WWII，ethnic German farmers from Bessarabia，Volhynia，and Galicia，as well as Baltic states，resettled in the villages of the annexed Polish areas，such as *Warthegau* and *Dazig-Westpreussen*，just after the native Polish peasants had been deported to the area of so-called General Government. However，as soon as the Third Reich collapsed，these ethnic Germans were enforced to migrate again：they were deported from the Polish settlement to Germany with other general refugee groups. While most of these people migrated to West Germany，some of them choose to resettle in rural East Germany in order to obtain new farmer holdings. [1]

According to the experience of a Bessarabia-German woman，her family stayed in an old farmer house in Mecklenburg after they were deported from the settlement in West Prussia. There they were not able to obtain land because it was an old farmer village. However，after her brother succeeded in taking new farmer holdings in another village nearby，her family also moved to this village. Possibly with the help of the ethnic Germans' network，former neighbors of Bessarabia gathered in this village，so that the proportion of Bessarabia-Germans reached 70 percent of the village population. [2] I think that this tendency was shared among the new farmers in general，even if not so clearly as among these refugee ethnic Germans. If they hoped to live as holders of middle class farms，there seemed to be no other option than to decide to accept the SED regime. They adapted to the strict agricultural policy of Post-war East Germany，which consequently led to the social formation of rural socialism in East Germany. Therefore，we can recognize the historical continuity from the Nazi settlement policy to the land reforms in East Germany.

3. Micro-history of Agricultural Collectivization in Bad Doberan County，1952—1961

An intensive reading of the local documents on the formation of *LPG*s in Bad Doberan County in the 1950s reveals the diversity of agricultural collectivization. Based on the remarkable differences between the new and old farmer villages，I can classify the developmental processes of the *LPG*s of Bad Doberan into nine types，although some factors overlap. However，because there is not enough room to deal with all of these types of collectivization，

[1] Regarding the Nazi settlement policy during wartime，see：ADACHI Yoshihiro, The Experience of "Ethnic German" Farmers around World War II：From the Nazi Settlement Policy in Annexed Polish Areas to Land Reform in East Germany（in Japanese），*The Natural Resource Economics Review*，issued by Kyoto University, No. 17, 2012, pp. 39 – 76（同「「民族ドイツ人」移住農民の戦時経験—ナチス併合地ポーランド入植政策から東ドイツ土地改革へ—」『生物資源経済研究』（京都大学）第 17 号，2012 年）

[2] Nitschke, K., Langwitz—ein Bessarabierdorf in Mecklenburg, *Jahrbuch der Deutschen aus Bessarabien*, *Heimatkalender* 2008, No. 59, pp. 224 – 228

we attempt briefly to create a micro-history of collectivization in two contrasting villages from 1952 to 1960: Gemeinde Kägsdorf is an example of a refugee new farmer village with an early, well-developed *LPG*, and Gemeinde Hohenfelde is an example of an old farmer village.

（1）A New Farmer Village（Gemeinde Kägsdorf）

Kägsdorf, transformed fromGutsdorf into a new farmer village through land reforms, is an example of where a group of refugee new farmers succeeded in achieving a strong influence over the local government, making use of their personal connections with old farmer families so as to effectively achieve the collectivization of agriculture in a shorter amount of time.

The *LPG* Kägsdorf Leuchtturm was founded on January 27, 1953; it was joined by 13 members and 11 holdings, and its size was 96 ha. From the list of *LPG* members involved in its foundation, we find that most of the *LPG* members were from refugee new farmer families, although it is important that two influential native old-farmer families also joined at the founding of the *LPG*. In addition, it developed surprisingly well even after the uprising on June 17, 1953. After the harvest in 1954, 12 new farmers, two farm workers, and 1 old farmer joined the *LPG* with their families, so the *LPG* rapidly increased in significance for the local economy and politics. In the period of forced collectivization, there was almost no resistance against it: on the contrary, a very large *LPG* including 4 villages with 1588 hectares size and 234 members was founded, with *LPG* Leuchtturm as its central base.

We will now present two refugee new farmers as key people of this *LPG*: R. R. and H. F..

R. R. , born in West Prussia, was the head of the *LPG* when it was founded. His name could already be found on the list of the local organ of the communist party in 1946, just after the land reform. Between 1948 and 1949, he engaged himself in local government as a 25-year old vice-mayor: at that time, he brought over his brother's family, with his mother and grandfather, to *Kägsdorf*. From its founding in 1950 to 1955, R. R. was head of the *LPG*, while also being active as a local councilor. His wife was also an activist of the communist women's movement.

Another key person was H. F. , a middle-aged refugee new farmer from East Prussia. He was neither a communist member nor a town councilor, but was for a long time the head of the*VdgB* (*Farmer's Mutual Aid Society*), an important farmers' association representing the rural socialism of East Germany. He was also a founder member of the *LPG* with his daughter. It is worth noticing that the SED Party evaluated his contribution to the integration of the four *LPG*s as extremely important and he became, in his old age, a member of the leading committee of the integrated large *LPG*, which meant that he remained a key person in local politics.

In contrast, the political power of the native new farmers, who were the former farm workers of the estate farm, remained very weak. In addition, we cannot ignore that there were "weak" refugee new farmers who were forced to leave their own farms due to the death of livestock, disease or injuries among farm owners, and *Republikflucht* (the mass emigration from East Germany) of family members. It was difficult to resolve the poverty of some fatherless refugee families without new farms who could not become members of the *LPG*. Therefore we cannot discuss the experience of "refugees" as a single social group, or "the new farmer" as a single class.

In general, the formation of the influential new and old farmers' blocks, with other weak new farmers who were former native farm workers, led to the ability to control social conflict within the village, even if it emerged. This enabled this *LPG* to become one of the model cooperative farms representing rural socialism in this county.

（2）An Old Farmer Village（Gemeinde Hohenfelde）

We can find two main types of collectivization of old farmer villages that were locally governed, in general by the class of large farmer families (*Großbauern*), traditionally called "*Hufner*", in Mecklenburg-Vorommern. First, in some villages, the *LPG* developed relatively early. Second, some villages showed strong resistance against collectivization. In this essay, we analyze the case of *Gemeinde Hohenfelde*, which developed an *LPG* relatively early, and we focus especially on the young people from the native large families of old farmers.

In Gemeinde Hohenfeld, consisting of a core village, Hohenfelde, as well as the small hamlets Ivendorf and Neu Hoenfelde, the process of denazification by the soviet army had a strong impact on the social structure: a lot of livestock was requisitioned and the Nazi local "farmers' leader" (*Ortsbauernführer*) was deported from the village. In addition, the land reforms had a significant impact, in spite of it being a typical old farmer village, which led to four new farmers arriving: three refugee families and one native family who had previously been small peasants (called locally *Häusler*).

The new farmer family of Fritz W. from East Prussia had a strong political influence in the rural community, because they represented theSED party group in Hohenfelde. The native residents had jointed not SED, but mainly German National Democratic Party, (NPDP, founded in 1948). Fritz W. had already been a member of a local leading committee as a representative of the refugee group just after Nazi activists had been deported from the village. He then became the founding head of the *LPG*. His first son, Heinz W., was the chairman of the local council, and his younger son, Herbert W., engaged himself in an operation as a party secretary-general of Hohenfelde.

It was this group that founded the *LPG* Hohenfelde "Neue Zeit (new age)" in January 1953, based on the rich agricultural resources from a broken-down large farm. Until the spring of 1955, it remained a small-size *LPG*. A great change arrived on April 15 1955, when people decided to integrate the *ÖLB* (the local public farm that controlled requisitioned farms in the village) into the *LPG* Neue Zeit, leading to the expansion of the *LPG* and a change in its inner structure, associated with the appearance of a new rural technocrat outside the village. The farm size amounted to 421 ha in 1956. Even some large farmers who had managed to survive the strong political pressure from 1952 to 1953 gradually entered this expanded *LPG* until 1958, so there was no strong resistance against the forced collectivization in 1959/1960. The main agenda in the final stage of collectivization of 1960 was only to integrate the large old farmers of Ivendorf and small farmers (traditionally called "*Büdner*") in Neu Hohenfelde into the *LPG* Hohenfelde.

Now, we may question why old farmers accepted the collectivization in spite of the strong oppression. Table 3 provides individual information about the paths of each *Hufner* of Hohenfelde in 1945—1960. The core householders in Hohenfelde historically consisted of sixteen *Hufners*. From this list, we point out:

A) Two *Hufners* were requisitioned and divided through land reform.

B) Three householders of *Hufner*-class were arrested because they could not perform the duty of compulsory delivery to the government: their farms were then transferred to the *ÖLB*.

C) Five other *Hufners* was transferred to the *ÖLB*, for different reasons than those noted in B).

D) Two *Hufners* joined the *LPG* in 1957.

E) Four *Hufner* joined the *LPG* in the spring of 1960: the period of forced collectivization.

Table 3   The paths of Hufner farm (the large farm holding) into local LPG Hohenfelde (1945—1960)

No.	The name of "Hufner"	Farm size (ha)		Process of integration into LPG Hohenfelde	Farm size in 1928 (ha)
1	jürß, Herbert	16.0	B	A farm with brickwork. After the escape of the father (no. 13 Hufner) to West, his son Herbert succeed to this farm. But, this farm was then requisitioned with brickwork through the nationalization policy. He became ÖLB workers, LPG members, the MTS tractor driver.	—
2	Hamann-Splettstößer	—	D	Although entrusted in ÖLB just before Uprising" June 17, 1953, it was return to this Hufner after 6.17, Joined LPG in 1957.	22
3	Riebe	—	D	joined LPG in 1957. Its cowshed was reconstructed for storehousen and pigsty.	25
4	Westendorf, Andreas	—	A	requisitioned and divided through land reform. Its stable and shed was then reconstructed so as to use as both kindergarten and town hall by LPG.	22

(continued table)

No.	The name of "Hufner"	Farm size (ha)		Process of integration into LPG Hohenfelde	Farm size in 1928 (ha)
5	Schönfeldet	—	C	The family of Nazi SS (Schutzstaffel). They maybe escaped to West together just before the occupation of Soviet army. The farm was cultivated by a tenant farmers, then integrated by LPG in 1955	22
6	Kruth, Heinrich	28. 8	E	jointed in March, 1960. Arlative of No. 14 Hufner.	22
7	Schröder	23. 0	C	The head of a family was deported because of Nazi peasant leader (Bauernfuhrer). Then, his son succeeded to the farm, which bumed down due to thunderbolt in 1953. After he became temporarily a farm worker of ÖLB, he took the position of local cadre of MTS Jennewitz.	23
8	Ross	26. 5	B	Mayor under Nazi regime. He was arrested because of low performance of the duty of compulsory delivery to SED government. Without family member, their farm was transferred to the ÖLB, the integrated into LPG in 1955. Later, the fmily of head of LPG moved in this house.	26
9	Ehlers	25. 1	E	jointed in March, 1960	26
10	Langhoff	26. 0	C	Mayor under Soviet Occupation Force regime. The family was forced to escape to West bacause local residents denounced him to SED party on the charge of his cruelty to russian forced workers during the war time. In 1955, the center of LPG was located in this house.	26
11	Westendorf→ Wessolowski	25. 0	C	The farm managed by mother and her doughter. Because of the live stock requisition by soviet occupation force, they gave up to manage the farm, then it was entrusted under ÖLB. They became farm workers of ÖLB, then the member of LPG in 1955. The doughter got marriage to a son of influential refugee farmers. In 1958 new cowshed of LPG was constructed here, further in next year, LPG silo, too.	24
12	Lauterlein	26. 0	C	The head of family was dead. In April 1953, his wife sold the farm to LPG with the equipment.	29
13	Jürß, Hermann	28. 4	B	Hermann was the father of both No. 1 and No. 15 Hufner. After the prisoners of war and demobilizationhe succeeded to this farm, but was arrested because of low performance of the duty of compulsory delivery to SED-govemment. After release, he escaped to West. Then this farm was entrusted to ÖLB. In 1959, cowshed of LPG was build in this farm.	28
14	Kruth, Wilhelm	23. 3	E	joined LPG in April 1960. The relative to No. 6 Hufner.	25
15	Jürß, Bruno	17. 0	E	joined LPG in March 1960. The relative to No. 1 and No. 13 Hufner	23
16	Langschwager	—	A	requisitioned and divided through land reform.	16

Source: Adachi, *The Social and Agricultural History of East Germany*, 2011, pp. 348 – 349. The information of farm size in 1928 is based on: *Niekammer's landwirtschafiliche Güter-Adreßbücher*; *Unterreihe 4*, *Land wirtschaftliches Adreßbuch der Rittergüter*, *Güter und Höfe von Mecklenburg*, Leipzig 1928

Note: A: requisitioned and divided through land reform; B: arrested because of low performance of the duty of compulsory delivery to government, then transferred to the ÖLB; C: transferred to the ÖLB because of the different reasons than B; D: joined the LPG in 1957; E: joined the LPG in Spring 1960; the period of forced collectivization.

In Hohenfelde, six *Hufner*-families no longer existed after 1955. The family members of another ten *Hufners*, except their fathers, remained in the village even after 1960, even if their farms were transferred to the *ÖLB*, and then to the *LPG*. Indeed, they could adapt to the collectivization through marriage, joining the *LPG*, or taking a job in the *MTS* (Machine and Tractor Station).

For example, the farm of family S. (no. 7 in Table 3) was burned after being struck by lightning in 1953. His son later joined an *MTS*-cadre stationed in Hohenfelde and his daughter married J., the head of the *LPG* sent by *MTS*. The daughter of family W. (no. 11 in Table 3), whose farm could not survive after WW2 due to livestock requisitions by the Soviet army and the loss of the male workforce, married Heinz W., the chairman of the local council. He was from the influential refugee new-farmer family W., as mentioned above. This *Hufner*-farm (no. 11) became an important base farm for the development of *LPG* Hohenfelde. Finally, the son of the *Hufner* S. in Ivendorf became a chief of the brigade in Ivendorf; an influential leading position in the *LPG*. He also married a female agronomist of the *MTS*.

Therefore, it is critical to note that the new dominant rural group that locally supported SED socialism was established by connecting the old farmer families to the new socialist technocrats, such as *MTS* cadre members, the directors of *LPG*, and SED party activists. In particular, the *MTS* was an important apparatus for the formation of new rural communist cadres in the 1950s. There were three groups in the *MTS*: the political cadre, the agronomists (agricultural technocrats), and the tractor drivers. Analyzing the case of *MTS* Jennewitz, under which Hohenfelde was controlled, we can find the routes of young agronomists moving up the social ladder. At the beginning of the 1950s, some went from being agronomist assistants to influential political instructors. However, other agronomists, mainly educated and provided by the new agricultural school system in the GDR, often later became the directors of the new cooperatives founded in 1957—1961. They were different from other cadres, in that they showed, even if only partially, independence as technocrats.

4. Conclusion, International Comparison of Agricultural Reforms after World War II

We have described the process from land reform to collectivization, focusing upon a local social subject in the villages of Bad Doberan County. We again emphasize the diversity of collectivization, which was derived from the multiple patterns of farmers' behavior as subjects, confined by their social origins, the rural structure, and the relationship with the county party apparatus of the SED.

(1) Refugee new farmers played a significant role both in land reforms and collectivization. In the case of Kägsdorf, some influential refugee new farmers occupied an important position in the local administration as representatives of the local SED/DBD organ immediately after land reforms. Their success in developing cooperation with the native old farmers was a critical condition for the successful development of the *LPG* even after the uprising on June 17 1953. We now emphasize that the land reforms of East Germany should be understood as a settlement policy with historical continuity with the Nazi Germany occupational policy, as symbolized, even if this is only a minor case, by the experience of the ethnic German peasantry from Eastern Europe, including Bessarabia-Germans. This explains why refugee farmers were mostly in key positions for the social formation of rural socialism of East Germany. Of course, we must not ignore the experience of other refugee families that fell into rural poverty. This led to the collapse of the idea of "refugees" as a single social group.

(2) We have analyzed how the native old farmers responded to the collectivization in the case of Hohefelde. Although they suffered considerably from the denazification by the Soviet army and the repressive food supply policy against large farmers by the SED, we point out the following reasons why they may have accepted the collectivization: ①they succeeded in making good connections with influential new farmer families representing the local SED organ; ②the young people were able to get good positions in the rural socialist system. Although a social group of technocrats like *MTS* cadres, agronomists, and SED party activists generally appeared as the new leading class in local politics, they were not always alien from native farmers, but often connected with them, as is the case of Hohenfeld.

(3) However, it is remarkable that, quite in contrast to the socialist ideology, the native new farmers who were former estate farm workers did not commit themselves to the local rural politics, and had little influence on the collectivization of agriculture, as is shown in the case of Kägsdorf. One reason for this may be the radical changes

in the agricultural labor system during the Second World War, as well as these workers having a different mentality from farmers. In addition, old farmer villages also had agricultural laborers. They were mainly made up of former agricultural servants who were employed by large farms. We even found a case of a milker family being excluded from both the *LPG* and the SED, although this is skipped in this paper. Generally speaking, we could not say that these former laborers were emancipated through either land reforms or collectivization. These three points mentioned above are crucial to understanding why the forced collectivization in East Germany resulted in less violence than in other socialist countries.

（4）The historical uniqueness of the situation in East Germany becomes much more obvious when we compare it with the land reforms in Poland. The "land fund" of Polish land reforms consisted primarily of German farmland that had been requisitioned after their deportation from their villages. Therefore, the main region of Polish land reform was the former German territory east of the Oder-Neise line) and the south part of former East Prussia, where settlers from central Poland and later refugees from the former Polish territory east of the so-called Curzon Line were allocated farmland with houses. This was because land requisition was not based on "class" but the "nationality/ ethnicity" of former land ownership. The problem of ethnic German-Polish people showed this feature clearly. Both Masurian and Upper Silesian peasantry, who had been regarded as a Polish minority in the age of Nazi Germany until 1945, initially had their farmland requisitioned through land reforms because of their German nationality（or citizenship）. It was a long time before they could manage to regain their land by showing proof of their "Polish" identity. [①]

In socialist Poland, based on the strong sense of nationality, the Communist Party began collectivization in 1948, but failed to advance it in 1956, then abandoned the collectivization policy. Polish agriculture has consequently remained in a system of individual family farms since that time. In contrast, based on the principle of class, not ethnicity, East German agriculture consistently pursued an enlargement and mechanization of the *LPG*, later in the form of cooperation between *LPG*s, until the beginning of the 1980s. Therefore, the main difference between the socialist agricultures of the two countries can be attributed to the practice of land reform in each country.

In this paper, I emphasize the significance of the refugee problem in understanding the historical meaning of the land reforms and collectivization in East Germany. I think that, by re-considering the large-scale forced migration movement from a global perspective around WW2, we can more deeply understand the historical origins of rural socialism in East Germany. Furthermore, this is true not only for Eastern Europe, but also for the Asian region, where the impact of the World War led to great migration and an agricultural reform program afterward. In postwar Japan, there was a great social problem regarding how to accept the huge numbers of refugees, so-called "repatriates," including the huge number of refugee peasant families from Puppet Manchuria, who appeared as a result of the defeat and collapse of imperial Japan. However, in contrast to the countries of Eastern Europe and China, they were excluded from being the "beneficiaries" of land reform, as the tenant land was transferred only to the ownership of the native village-resident tenant farmers who cultivated it themselves, in order to develop the "landed farmer system." Therefore, "repatriates" was newly resettled in uncultivated peripheral areas of Japan through the reclamation program, not through land reforms. Although similar significant incidents such as massive migration and a radical agricultural reform program simultaneously occurred in western and eastern regions of the Eurasian Continent after WWII, we can find great differences between their respective processes, as described above. In Japan, several empirical books about land reforms and collectivization in Communist China in the 1950s have recently been published. I expect that our international conference will also prompt comparative historical studies about the worldwide postwar agricultural reforms, contributing to the construction of a new understanding of twentieth-century agricultural history.

---

① Ther, Philipp, *Deutsche und polnische Vertriebene. Gesellschaft und Vertriebenenpolitik in der SBZ/DDR und Polen*, Göttingen 1998, 188ff and 258ff. ; Jarosz, Dariusz, The Collectivization of Agriculture in Poland: Cause of Defeat, *The Collectivization of Agriculture in Communist Eastern Europe*, ed. by Iordachi et al. , 2014, pp. 113 – 146

北海道北部地域の経済更生運動

—— 「北海道天塩町経済更生計画書（自昭和9年
至昭和13年）」の事例

Toshinori Kato

（The Open University of Japan）

Abstract：Result of the study, in the TESIO Town economic rehabilitation plan, the promotion of rehabilitation movement around agriculture executive association, which was typical Hokkaido method, was recognized. On the other hand, in the plan, it's a different from other area of Hokkaido that conversion plan from farmland to rice field wasn't expected as a whole. Furthermore, improvement of the acid soil project was continued from the past by agriculture executive association, and the economic rehabilitation plan didn't aimed for not to treating cattle as supplementary role like increase production of compost but for increase of cattle itself. These are the characteristic points of the plan because these show the process of connecting to today's intensive daily farming area formation.

一、はじめに

1. 先行研究と課題

本稿の課題は，昭和7年（1932年）から行われた農村経済更生運動の中で，北海道北部地域において行われたそれの特徴を明らかにするものである．

北海道における農村経済更生運動についての先行研究は，いずれも北海道中央部及び南部についてのものであり，自然環境がとりわけ厳しい北海道北部地域については取り上げられてこなかった．

寺島（1974）は，つぎの二点を挙げて本州の経済更生運動と北海道のそれとはおかれた条件に違いがあることに注意が払われるべきだとした．

第一に一般には昭和6年の凶作について東北地方の冷害が取り上げられるが，実際には北海道の被害の方が激烈であり，北海道は引き続き7年に水害凶作に見舞われたこと．さらに第二に古くからの共同体規範と伝統を持った本州の町村と，開拓の歴史が浅くこれらの点が多かれ少なかれ欠除した北海道の町村には違いがあるとした．

寺島は，雨竜郡沼田村『経済更生計画書』，石狩郡新篠津村『経済更生計画書』及び上川郡神楽村『村是並経済更生計画書』を分析した．

小野（1983）は，北海道における経済更生運動を特徴づけた最大の要因は，農業恐慌下の農村問題の現れ方の特殊性とそれに規定された農業生産力拡充政策の独自の展開に求められるとした．

さらに，小野は北海道において早期に経済更生運動への指定が進められた要因に農事実行組合の早期整備があったことを挙げている．小野は，虻田郡留寿都村，石狩郡新篠津村，雨竜郡沼田村を事例に検討した．

田畑（1986）は，北海道の農村の特質を「農事実行組合」による地縁形成と捉え，経済更生運動がこれを促進したとした．田畑は，空知郡栗沢町砺波部落，雨竜郡蜂須賀農場（雨竜村を中心に，妹背牛，多度志，一己，秩父別，新十津川の旧六カ町村にまたがる．）及び美唄市中村農場における村落の形成・展開の事例を分析した．

寺島，小野，田畑が取り扱った地域はいずれも北海道の中央部（振興局管轄では石狩，空知，上川南部）あるいは南部にあり，北海道北部とは気候，風土が異なる地帯である．

これらの先行研究は，北海道における農村経済更生運動の特徴を，北海道農業の「再編成期」の中で，世界市場と結びついた商業的農業，地力略奪的な農法からくる矛盾を克服するための，畑地の水田への転換による地力問題解の解決と有畜化（酪農奨励）による堆肥増産，甜菜導入による深耕・合理的輪作の確立を通しての地力造成と，その担い手の中心としての「農事実行組合」と捉えた．

本稿では，先行研究において指摘された特徴が北海道北部地域における経済更生運動にも認められるか検討し，その特徴を明らかにするものである．

研究の方法としては，「天塩町経済更生計画（自昭和9年至同13年，1934—1938年）」を取り上げ，同町南川口部落に残された史料（以下「南川口部落史料」とする）を中心とし，併せて天塩町の農業者からの聞き取り調査を行い考察した．

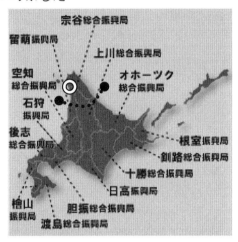

図1　北海道庁 HPから転載・加工，図の太破線以北が本稿での「北海道北部」
を示す．白抜き丸囲みが天塩町の位置

2. 対象地域における昭和初期の農村の状況

本稿では北海道北部に位置する天塩町の「天塩町経済更生計画（自昭和9年至同13年，1934—1938年）」を具体例にとり上げて検討した．

天塩町は，明治13年（1890）天塩村に天塩・中川・上川三郡を管轄する戸長役場が設置されたのを開基として，東経141度14分，北緯44度52分に位置し北海道北部の西海岸にあり日本海に面し，その面積は約353km²である．

天塩町の経済更生計画実施行前年の昭和8年（1933）の現況は戸数1261戸，そのうち農業を主とするもの618戸，同副業とするもの442戸であり，総人口は7404人（内訳男3816人，女3587人），町内生産物価格は総額45万5345円，うち農業生産によるもの28万9526円，同畜産2万7935円，同林業6万4386円であった．

天塩町南川口部落は，明治32年（1899）福井県野大野郡向村から同村の助役武田与八郎に率いられた小作人10名が入殖したことに始まる．野向村は山間地であり自然災害も多いことから，村長比良野直，助役武田与八郎，書記荒谷三郎，同竹内惣三郎の4名が北海道の未開地に共同農場を組織し，村民の一部を収容して授産の道を図ろうと企画し，約6km²の土地の払下げを受け組合農場を設立運営したものである．

天塩町の昭和初期の凶荒災害の概略はつぎのとおりである（石黒編，1937）（北海道庁，1932，1933）．

（1）昭和6年（1931）の凶作

天塩町の昭和六年の，米作被害状況は町内全部179.2町の田において収穫皆無であり，畑作被害状況は町内の全耕作地2，314.0町のうち被害が5割以上7割未満のもの374.1町，被害が5割未満のもの1786.5町合計2160.1町が被害を受けている．

（2）昭和 7 年（1932）の水害

この年は，8 月から 9 月にかけ 8 度の大雨があった．8 月 14 日降り出した雨は，深夜に至り一層強烈なものとなり，天塩川本流及び支流とも一斉に増水氾濫した．

天塩町の水害被害状況は，浸水面積 544.2 町，人畜の被害なしとなっている．

（3）昭和 8 年（1933）凶作の状況

小学校では，翌 8 年 5 月 1 日，ついに欠食児童のために給食を開始している．これは前年昭和 7 年の凶作のために，翌春の食糧の貯えが出来なかったものと思料される．収穫については，前年同様に皆無及び 7 割減収が全てである．

南川口部落史料から，同部落において度々政府払下げ米の配給を受けていることが判明するが，うち続く冷害凶作下において，これらの支払いにも窮する状況があった．同史料に残る南川口部落在住 42 名連名の「金銭借用証書」によれば，昭和 7 年 10 月 20 日に天塩町長と締結した政府払下米売買契約代金総額 1381 円 43 銭のうち昭和 8 年 12 月 22 日現在の未払代金 874 円 72 銭を借り入れていることが判明する．

このように，天塩町の農村部においても他の北海道内の地方と同様に，相次ぐ冷害凶作により疲弊が甚だしかったのである．

3. 農山漁村経済更生運動の概要

ここで，本論に先立ち農山漁村経済更生運動を概括しておく．

周知のとおり昭和初期の日本に於いては，第一次世界大戦による好況の反動，昭和 4 年（1929）に端を発する世界恐慌の波及並びにうち続く冷害・水害により農漁村は甚だしく疲弊していた．

農村経済更生運動は，政策としては「農漁山村経済更生計画」であり，大正末期頃からあった「自力更生運動」を踏まえ，救農国会とも称される第六三回臨時議会における決議事項の一つであった．

小平（1944）は，経済更生運動の目的は，農村の恒久的な立て直しを図ることであったとする．

農林省史は「農業・農村問題を主題として臨時国会が召集された例は明治にも大正にもなく，また第二次大戦後にもない．」と評し，いかに昭和農村問題が喫緊の課題であったかを伝えている．

第 63 回臨時議会では，農林省所管の農山漁村不況匡救施設（施策）として，一 金融，二 負債整理，三 土木事業，四 農林水産物の生産及び配給及び五経済更生計画に関する施策が議決された．

計画樹立の町村指定，計画樹立について農林省は自力更生を押し勧める立場から深く関与せず，道府県の方針を尊重していたことから様々に計画展開されたものであった．したがって，北海道においても独自の展開があったのである．

経済更生運動は，昭和 7 年（1932 年）農林省に経済更生部が設置されてから，昭和 16 年（1941 年）度まで 9 年間継続した．政府の予算は昭和 14 年から逐次削減し，昭和 17 年度を以て終了した．

農漁村更生運動の評価は，国家意識を協調して農民に自負心を抱かせ，農村をファシズムの体制に組み込むことを目的としたもの，或いは財政的裏付けが少なく名目だけのものとする見解がある．一方，これを肯定的にとらえ「その総合的な計画性の点で，さらに従来の農村共同体の伝統精神の活用を試みたことや計画遂行の主体を農村の経済団体である産業組合に求めたことなどの点で，従来の農村計画にみられない積極性と斬新さがあった．」とし，従来の農村計画に見られない積極性と新鮮さがあるものとする意見（新北海道史，1975，p1076）もある．

なお，近年では経済更生運度における生活改善の中に生活文化の創造の視点から捉える意見もある．

二、北海道北部地域における経済更生計画の成立

1. 北海道農業の形成と再編成期

北海道における経済更生計画について触れる前に，明治以降の北海道農業について概観し，経済更生計画が実施された時代の北海道農業の状況について見ておくこととする．

『北海道農業発達史』（1963，p7）は，明治以降の北海道農業の発展過程を原則として5期に区分した。このうち，大正9年から昭和20年までの間を「再編成期（1920年＝大正9～1936年＝昭和11年）」「戦時沈滞期（1937年＝昭和12年～1945年＝昭和20）」とし，経済更生計画が実施された昭和7年から同17年の時期は，北海道農業の「再編成期」末期から「戦時沈滞期」中期にあたる。

第一次世界大戦（1914—1918）においてヨーロッパが戦場となったことにより，北海道から豆類，馬鈴薯澱粉を大量に輸出することとなり北海道農業は発展したものの，同大戦の終結に伴い反動が恐慌となって現れた。

明治40年代に，小作農場制および水稲，馬鈴薯，大・小豆等の主要商品作物が成立し，品種の定着とプラウ，ハロー，カルチベータを基軸とする「畜耕手刈」農法をもって特徴づけられる北海道農法が形成された。しかし，この北海道農法は地力再生の面においては「無肥料連作」の略奪農業であって，地力造成機能を持たなかった。これが第一次大戦後の戦後恐慌に対応する市場再編とともに，技術史的に見た場合の農業再編の基本課題であった。

2. 北海道における経済更生計画の開始

北海道においては第63回救農議会に先立ち，佐上北海道庁長官が北海道農会に対して，打ち続く凶作に関し「農産物不作に際し農村の自治的対策並に之が適当なる指導方法如何」との諮問を発し，6年10月中旬開催された北海道農会第43回通常総会は討議の上，答申を決定し決議を行っている。

答申の具体的対策の部分の抜粋は以下のとおりであり，項目の多くは後の経済更生計画と重なるものである。

今農村の自治的対策と認む可き主要事項を挙ぐれば次の如し

①農民精神の作興，②農村産業計画の樹立，③自給自足的勤労主義の普及徹底，④生産の改良増殖，⑤経営の改善，⑥金融の改善，⑦購販売の改善，⑧農事実行組合の設立普及と其の活動推進，⑨生活の改善，⑩以上の実現に関する農業指導機関の充実整備，⑪産業組其他の産業団体と協調連絡

この答申に沿って，農業改良運動が興される中，政府において昭和7年「農村経済更生計画」もやや遅れて開始され，北海道庁主導の農業改良運動と農村経済更生運動は渾然一体のものとなった。

北海道庁は，そのことを「経済更生計画樹立ノ奨励」としてつぎのように述べる。

「本計画ハ本道ニ於ケル二百六十四箇町村ニ対シ昭和7年度以降五箇年ニ之ヲ樹立セシムルコトトシ，其ノ完成シタル町村ニ対シテハ直チニ実行ニ着手セシメテ予定事項ノ遂行ヲ期セシメムトス，而シテ年度別ニ於ケル指定町村選定方法ハ既ニ農村計画又ハ産業五箇年計画ヲ樹立セルモノ又ハ之ガ実行中ノモノニシテ計画ノ樹立為スノ基礎資料ヲ有シ，又ハ容易ニ基本調査ヲ行ヒ得ルモノヨリ順次コレヲ選択スルコトトシ（略）」

即ち，北海道庁は道内各市町村に対して既存の産業五箇年計画を基礎として農村経済更生計画を策定することを期待したのである。

3. 北海道北部の経済更生計画の成立について

北海道北部地域において経済更生計画の樹立はどのように推移したのか各町村についてその樹立年をみることとする（各支庁のうち北部地域のみを対象とする）。

北海道北部地域の町村においては，表1のとおり昭和11年までに経済更生計画の樹立が終了している。北海道全体でみた場合には，昭和10年までに全264町村のうち約85％にあたる224町村が指定された。一方，全国的にみた場合は昭和10年までに48％の町村に対する指定にとどまっている。

北海道において，このように急速に指定が進捗した要因は，北海道では第二期拓殖計画（1927—1947）の実施期間中であり，道庁及び農会の指導による農村計画，農村産業計画が経済更生運動に先立って行われていたこと，経済更生運動に対する道庁の強力な指導がなされたこと，北海道の農山漁村の疲弊が他府県よりも深刻で早急に対応を要したことが挙げられる。

表1　北海道北部における経済更生計画樹立状況

表中（）内は農村，漁村の別を表す

指定年	留萌支庁	宗谷支庁	上川支庁	網走支庁	空知支庁
昭和7年 （1932）	遠別村（農） 苫前村（農漁） 鬼鹿村（農漁） 小平蘂村（農）	中頓別村（農） 猿払村（漁農） 宗谷村（漁農）	美深町（農） 和寒村（農） 和寒村（農）	興部村（農漁） 雄武村（農漁）	幌加内村（農）
昭和8年 （1933）	天塩町（農漁） 幌延村（農） 天売村（漁）	枝幸村（農漁） 鬼脇村（漁） 仙法師村（漁）	剣淵村（農） 名寄町（農）	西興部村（農）	
昭和9年 （1934）	初山別村（農漁） 羽幌町（農漁） 増毛町（漁農）	頓別村（農漁） 沓形村（漁） 船泊村（漁）	士別村（農） 上士別村（農）		
昭和10年 （1935）	焼尻村（漁）	鴛泊村（漁） 香深村（漁）	中川村（農） 温根別村（農）		
昭和11年 （1936）	留萌町（漁農）	稚内町（漁）	多寄村（農） 常盤村（農）		
昭和12年 （1937）	—	—	—		
昭和13年 （1938）	—	—	—	—	—

　　資料：農林省経済更生部，1939，経済更生計画資料第39号『農山漁村経済更生計画樹立町村名簿－昭和7.8.9.10.11.12.13年度指定－』（楠本雅弘，1983，『農山漁村経済更運動と小平権一』，不二出版，所収.から作成.

三、天塩町経済更生計画

1. 天塩町産業五箇年計画と経済更生計画

　　「天塩町更生計画」が昭和9年からの開始であることに対し，天塩町には昭和7年から開始される「産業五箇年計画」が存在した.

　　天塩町の「産業五箇年計画」と後の「天塩町経済更生計画」の主な相違点は，経済更生計画が農事実行組合別に緻密な現状の把握の下になされている点，同計画全体が各町内の各職業の人々による委員会組織によって合意，作成されたものとする点に尽きる.

　　次いで，天塩町の「産業五箇年計画」と「経済更生計画」との実施項目の具体的な異同について見ることとする.

　　項目としては，産業五箇年計画が米作と畑作を同列に扱い牛馬については耕作，交通手段及び補助的なものとして扱っていることに対し，経済更生計画では畑作，畜牛混合農業に力点を置いた記述となっている.

　　ここで天塩町の産業五箇年計画経済更生計画の内容を「畜牛の増殖計画」において比較し，各計画の特徴を把握する.

　　産業五箇年計画においては「牛馬二千三百頭増殖計画」と題して「一，畜牛の増殖五百頭　畜牛は交通関係，地勢，経営方式等に依り自ら異なるべきを以て五ケ年後に事業農家の六割五分に対し各一頭宛て飼養せしむることを目標とし自然増殖並移入により左表の通り該数に達せしむとす」として町内全農家戸数に対して65%の農家に1頭ずつ割り当てるとの前提で計画している. 現状に対して移入，生産により増殖させていく計画がその区分によって建てられている.

　　経済更生計画においては「第三章　農業経営改善計画」中，「第二項農業経営組織の改善，三　家畜家禽の増殖」において，29の実行組合別に具体的目標値が示されている. また，同計画ではあえて，牛の年齢が表示されていないものの，経済更生計画の現況計173頭と前出五箇年計画，昭和8年の満二歳以上150頭，計208頭との記載から成牛の頭数を表示しているものと認められる.

比較の結果，五箇年計画の最終年昭和11年では，満二歳以上の頭数を301頭と計画し，経済更生計画では同年の達成目標を395頭としており，より達成目標が高くなっていることが判明する.

2. 南川口農事実行組合について

農村経済更生計画において，部落単位におかれた農事実行組合はその実施機関と位置づけられた．昭和7年9月，国は経済更生計画，産業組合拡充計画の中で産業組合法を改正し，農家小組合が「農事実行組合」の名称をもって法人として産業組合へ加入できることとした.

一方，北海道庁においては，大正6年から農事改良実行組合の設立奨励を行っていたが，昭和7年の「農業合理化方針」では，「町村地域内に在りては農事実行組合の如き小組合を以って実行単位とす」としてその小組合の法人化は奨励したものの，産業組合への参加は任意とする方針をとっている.

南川口部落では，大正7年5月農事実行組合を設立している．この実行組合は昭和33年に解散し，新組織の南川口農業生産組合となった.

昭和3年（1928年）度現在の組合長は進藤秀教，組合員数は48人となっている．さらに，昭和5年度現在の組合長湯沢昌，組合員数56人と増加している.

昭和9年の天塩町経済更生計画策定時において，南川口農事実行組合は南川口第一，南川口第二，南川口第三及び南川口更生に分割し，組合員数はそれぞれ，組数は南川口第一7人，南川口第二17人，南川口第三16人，南川口更生10人，合計50人となっている.

南川口農実行組合の昭和3年度における事業項目は，経営及び蔬菜品評会，製縄，堆肥，酸土矯正，共同購入，時間，共同耕作，採取圃，労働調査である.

さらに，昭和5年度における事業項目は，農業経営，蔬菜，副業各品評会，堆肥，酸度改良，共同購販，共同耕作，緑肥，貯蓄，講習講話，採種圃，納税に渡る．昭和3年度と比較すると共同販売，貯蓄，講習講話，納税の項目が増加している.

一方で，南川口部落史料に残る，農事実行組合の大正15年度の実行事項として，1農業経営品評会，2疏祭品評会，3副業品品評会，4自給肥料奨励（堆肥製造），5酸性土壌矯正に関する奨励，6共同購買肥料及び石灰の購買，7家畜の増殖奨励，8時間の励行，9共同耕作，10貯蓄奨励，11諸税完納奨励，12道路の保護奨励，13講習講話会の開催，14組合員の表彰，15緑肥栽培奨励，16副業品の製造奨励が挙げられている.

大正15年の具体的内容の例をあげれば次のとおりである.

（1）自給肥料奨励（堆肥製造）

奨励しなかった年度の出来具合と標題してつぎのとおり記述している.

「当部落は，開拓ここに30有余年，その間地力の維持といったことには少しも顧みず，略奪農業を営み来りし，故に一般農作物は非常に減収を来したところ，堆肥施用した結果作物生育極めて良好，甚だしき増収を見た.」

このことから，南川口部落においても，北海道全般と同じように地力の減衰が見られ，これを克服するために，堆肥の製造を奨励したことが判明する.

奨励のため組合自体に於いても，1町2段歩のレッドクローバーを栽培している.

また，堆肥品評会が行われ，出品点数38及び擬賞数は14という結果となっている.

（2）農業経営品評会

農業経営品評会は，南川口一円を対象とし，46戸が参加している．審査期間は，8月4日，20日，9月11日，12日の4日間にわたり開催された.

審査員は農林技手吉水続（農事試作所長），実行組合長進藤秀教が務めている．審査要項は①農作物一般，②宅地利用の状態，③清潔状態，④家畜飼養管理，⑤堆肥の製造，⑥副業品の制作，⑦其他農事に関する事項，と多岐に渡っている.

擬章者数は，18名であり，かかった費用は34円となっている.

　以上から，南川口部落では経済五箇年計画，経済更生計画の項目の多くの部分を，既に大正15年に，実行組合の事業として行っていたことが判明する．

　さらに，南川口部落では大正15年，昭和3年及び同5年ともに酸性土壌の改良が事業項目に挙げられている．

　北海道ではかつて「特殊土壌」という名称が使用されていた．特殊土壌とは，火山灰土，泥炭土，重粘土及び黒ぼく土のことである．南川口部落史料に記載のある酸性土壌とは主に泥炭土を指す．泥炭土は強い酸性を示し，作物の生育を妨げる．

　天塩川流域には，約150㎢の泥炭地が存在し，これは北海道全体の泥炭土の15%であるとされた．南川口部落においても，酸性土壌の改良として，継続して石灰の投与，客土及び排水が行われてきた．

　しかし，南川口部落においては，本格的に石灰を大量に購入し投与することは，第二次世界大戦後の緊急開拓の時代を待たねばならなかった（中谷豊談，平成21年9月，同27年4月聞き取り）．

　泥炭地こそ，北海道北部を特徴づけるものであり，この克服を目的として昭和11年（1936年）北海道立拓殖実習場天塩実習場が設置されている．同実習場は「昭和11年に至り第二期拓殖計画改訂せられ特殊原野開発の曙光を見るに至り，茲に泥炭開発の新使命の下に」設置されたものである（昭和12年10月発行の『北海道拓殖実習場　天塩実習場概況』，p4）．

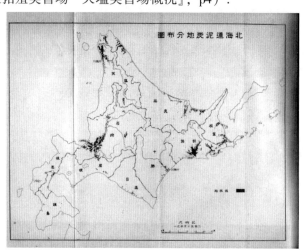

図2　北海道の泥炭地分布

北海道農事試験場集報第60号『泥炭地の特性と其の農業』（北海道農事試験場，1937）から作成
（前同書p147）「比較的気候温暖なる石狩，後志，渡島，日高の各国に於ては，低位泥炭地及び中間泥炭の大部と，高位泥炭地の一部も既に開発利用され，今後開発を要すべきは高位泥炭地の大部と，他の一小部のみなりとす．天塩，十勝，釧路，北見，胆振の各国に亜ぐも，前者に比すれば，気候的条件不良なるを以って，開発遅れ，近年漸く低位泥炭地の開発に着手するに至れる状態なり．」

3. 天塩町経済更生計画の樹立

　南川口部落史料から天塩町経済更生計画が樹立される当時の状況を見ることとする．

　昭和8年6月4日に「水害凶作地慰問精神作興活動写真会」の開催があり，開催理由について天塩町長石村芳太郎名で「累年ノ凶作ト水害ノ為罹災地ノ住民ノ中ニハ更生ノ精神萎靡シ意気沈衰セルモノアルニ被認候処右ハ本道拓殖8 進展上真ニ憂慮スキ重大事ト被存候ニ付今回其ノ筋ヨリ左記ニ依リ活動写真会開催ノ事ト相成」として「更生」の言葉を使用して状況を捉えている．この会には計5本が上映されており，タイトルは「赤垣源蔵」，「地上ニ愛アリ」，「いたづら狸」，「奥様ごらん」及び「起てよ農村」であった．会は10歳以下の子供は入場できないなど成人教育ひいては農村の啓蒙を目的としていたことが察せられる．

　ついで昭和8年6月10日に天塩町長名で至急「教第188号」を以って「緊急国民教化大会」への参加者を募っている．さらに，昭和8年6月28日産業組合講話会が道庁及び支庁の係官を講師として行われている．

　　また，自力更生展覧会が留萌町において行われ，昭和8年8月20日天塩町の各区長宛てにポスターの掲示依頼が行われている.

　　昭和8年6月25日北海道庁長官佐上信一が来町した. 町当局は，長官の来町を「従来其の例を見ざる所にして町将来の為にも期待さるる所大なる可と存ぜられる所」と捉え，佐上長官が積極的に進めた「産業五箇年計画」に続く，「経済更生計画」の樹立を受け入れたと思料される.

　　このような状況の中で町当局は計画の樹立に向けての調査と「経済更生委員会」の設立を図った. 昭和9年1月22日，町は勧第56号をもって，経済更生委員会委員の委嘱を行っている. 南川口部落においては，委員に南川口区長を務める湯沢昌が指名された. ついで，昭和9年3月5日経済更生員会が天塩家政女学校において開催されている.

　　その後，天塩町経済更生計画の樹立を受け，昭和9年3月26日，農漁村青年更生座談会が天塩高等尋常小学校において開催されている.

　　このように，やや慌ただしい日程で天塩町経済更生計画が樹立されてくることが可能であったのは，産業五箇年計画が存在したこと，農事実行組合が早くから充実していたことによるものである.

4. 教育

　　経済更生計画を実施するに当たって，その推進機関として，自治体当局，農会，産業組合，小学校が四本柱とされた. このことから，町内の基幹校である天塩高等尋常小学校において積極的に経済更生計画に関与していくこととなり小学校の教員がオピニオンリーダーとなっていく状況があったのである.

　　農林省は，昭和7年10月6日農林省訓令第2号を受けて「農山漁村経済更生計画樹立方針」を決定し，その最終項目として「十二　農村教育，衛生，生活改善其の他に関する農村諸施設の改善」を掲げ6項目を定めている. その冒頭に「（一）農村教育の実際化　小学校，補習学校等に於いては，農会，産業組合其の他の産業団体と連絡を持ち，其の地方に於ける各種産業，産業組合等に関する実際的知識の啓発と農村民たるべき堅実なる精神の練磨に努むること」，「（二）青年教育の実際化　青年の教育に付いては，農村経済の実際に即する指導に努ること」としている.

　　天塩町経済更生計画においては，その第二章第三項「産業教育の振興」，さらに第九章「団体活動計画」を規定している.

　　「産業教育の振興」の項では「産業教育の振興を図り郷土史産業興隆の要諦特に更生計画の周知徹底に努め以て郷土産業教育の振興を期し『1. 町学校当局に於いては町民に対し農民精神の徹底を期するため付属実習場の活用，講習会，講話会，祈願祭其の他適切の方法を講ずること』」としている.

　　このようにして，町当局は学校に対し，その児童生徒ばかりでなく町内住民に対して広く産業教育を行うよう求めるとともに更生計画の周知を求めている. 一方，農会，産業組合及び漁業組合等の諸団体には教育，教化の機関に対する協力を行うよう求め，その実を上げようとした.

　　具体的には，天塩尋常小学校では各種講演会が行われ，その児童保護者会では青年会から引き継いで映画の上映会を主催している. また，天塩家政女学校では農業講話会，蚕飼育，農事試作場見学等の行事を通じて産業教育を行っていた.

5. 郷土教育資料の成立

　　「郷土教育資料」は大正以来提唱されていた郷土教育を受けて，北海道庁においても更生運動の中で推進されてきたものである. 天塩尋常高等小学校においては，昭和9年11月15日に着手し昭和9年12月3日に編纂が終了し，ガリ版刷りのものが発行され，その後北産士尋常小学校他において発行されている.

　　天塩尋常・高等小学校の郷土教育資料は，短期間のみで作成されているが，記述は多岐に渡り，町内各組織の活動の裏付けとなる予算規模にまで及んでいる小冊子である. 同郷土誌の項目は，一「郷土地図」，二「郷土誌」，三「郷土地誌」，四「行財政」，五「産業経済」，六「社会」，七「郷土誌を編みて」からなる.

　　特記すべきは，同誌巻末の「（七）郷土誌を編みて」はあとがきとしては長文のもので，天塩町の農業の現状を「産業上に表れたる欠陥を指摘すれば農業においては□□（原文不鮮明）を墨守して原始的なるを免れず気候土質は特殊物産に乏しく加ふるに金融及諸制度の不完備により地力の減耗を来せるは惜しむべしとなす」としその最後「現在を顧みて将来を思ふ」の項では，以下のとおり述べている．

「現在を顧みて将来を思ふ：更生の途上に立ちて近時の天塩町を概観すればその経営欠して楽観を許さずと雖も所謂五大工事と称するもの天塩川の架橋即ち雄信内橋は竣工し南更岸の土功組合は大貯水池を造り更岸沼は干拓せられ其の開拓は年内の問題に帰し天塩港港湾修築工事は緒につき天塩駅の開通近きに在り．

更生天塩の実績は諸計画に着着其の證を表し生産交易の上に□□（原文不鮮明）れつつあり．

本町の産業は農業を第一とし其の経営対策として養畜農を奨励するあり農事実行組合を（略）」

このことからも，単にその郷土資料が郷土教育運動の延長線上にあるものではなく，当時の小学校長長津田稔が農山漁村経済更生運動を念頭に置いて作成させたものであることが判明する．

四、農業経営改善計画

筆者の管見では天塩町における「経済更生計画」の実施の結果がどのようなものであったか，実行組合別にうかがうことのできる資料は現存しないことから，本稿では，一部現存する史料に基づいて「天塩町経済更生計画」中の農業経営改善計画の実施状況を検討することとした．

1. 農作物の増産

第一に，主要農産物の作付け状況について見る．

天塩町の経済更生計画が実施されている昭和9年（1934年）から同13年の間に最も作付け面積の大きなものは「燕麦」である．燕麦の作付け反別について天塩町経済更生計画では，昭和8年の現況作付面積927町に対して，5年後の昭和13年には1286町を計画している．しかし，実際の状況を見ると，下表のとおりであり，計画中途の状況ではいずれの年分も昭和8年の実績927町の作付け面積を上回っていない．

一方，米については，昭和8年の現況作付面積231町に対して，5年後の昭和13年には350町を計画しているものの，作付けが減少している傾向が見える．

これら，天塩町経済更生計画において米・燕麦の作付けが昭和8年の現況を下回った理由としては昭和9・10年と続いた冷害の影響によるもの，特に昭和6，7年の冷害により疲弊したところへ昭和9年の冷害による凶作の影響があまりにも大きく，その後の作付に影響したものと思料される．

なお，経済更生計画終了後の昭和18年には，米の作付け91.7町，燕麦の作付け686.6，馬鈴薯592.0町となっており，米，燕麦ともに作付けが減少しているなかで馬鈴薯の作付けが増大している．

馬鈴薯は天塩町にとって適作であり，大正期に第一大戦中後の澱粉輸出の需要により盛んに栽培されたものの，大戦後の暴落により栽培が沈静化したのちに昭和10年代に，比較的冷害に強いこと，工業用アルコール原料としての軍需物資となったことから作付けが増えたものである．

表2 主要農産物作付け状況（単位：町）

種別	昭和9年 （1934年）	昭和10年 （1935年）	昭和11年 （1936年）	昭和12年 （1937年）	昭和13年 （1938年）
米	239.1	184.4	177.3	181.3	
大麦	0.7	1	1.9		
小麦	39.6	48.7	44.5		
裸麦	71.1	75	59.9		
燕麦	793.6	843.5	766.1		
馬鈴薯	379.9	490.3			

・『昭和12年 北海道米麦統計表』，『昭和11年版天塩町勢要覧』，『昭和12版天塩町勢要覧』『北海道統計第70号』から作成．

・裸麦において昭和11年の作付面積に資料間の齟齬があることから『昭和12年 北海道米麦統計表』を採用

第二に，農作物の反当り収量について検討する．

当時の天塩町の主たる農産物である燕麦の反当たり収量（以下単に「反収」とする）は，天塩町経済更生計画において，昭和 8 年の反収 1.34 石に対して，5 年後の昭和 13 年には2.50 石を計画している．しかし，実際の状況を見ると，下表のとおりであり，計画中途の状況ではいずれの年分も昭和 8 年の実績をわずかに超えただけである．昭和 12 年分では，計画 2.30 石に対して，1.6 石であり70.4%の達成に過ぎない．

一方，米については，昭和 8 年の現況反収 1.34 石に対して，5 年後の昭和 13 年には1.60 石を計画している．これに対して昭和 12 年には計画反収 1.53 石に対し，80.4%の1.23 石の実収しかないもの翌13 年には2.39 石の反収を達成している．

また，馬鈴薯については，計画中途の昭和 11 年には計画反収 400 貫に対し，50.5%の202 貫の実収しか得ていない．最も，馬鈴薯については昭和 10 年の実収が108 貫に対し約 1.8 倍の収量であり，冷害からの立ち直りにあたって，作付面積を増加させ，また米と共に種々の栽培上の手当てがあったものと思料される．

表 3　主要農産物の反収状況（単位：合，馬鈴薯のみ貫）

種別	昭和 9 年 （1934 年）	昭和 10 年 （1935 年）	昭和 11 年 （1936 年）	昭和 12 年 （1937 年）	昭和 13 年 （1938 年）
米	3	—	750	1 235	2 391
大麦	900	430	700	1 158	
小麦	1 000	400	575	885	
裸麦	950	500	711	821	
燕麦	1 900	1 200	1 420	1 621	
馬鈴薯	241	108	202		

・『昭和 12 年 北海道米麦統計表』，『昭和 11 年版天塩町勢要覧』，『昭和 12 版天塩町勢要覧』『北海道統計第 70 号』から作成．
・裸麦において昭和 11 年の作付面積に資料間の齟齬があることから『昭和 12 年 北海道米麦統計表』を採用

2. 畜産における経済更生計画

天塩町経済更生計画書では昭和 11 年の目標は，牛 395 頭であるところ現在数 441 頭，馬 1.105 頭であるところ現在数 920 頭，豚目標 242 頭であるところ現在数 456 頭，緬羊目標 342 頭であるところ現在数 192 頭である．

牛，豚については順調な増加を認められるものの馬と緬羊については目標を下回っている．馬については，軍馬としての供出が多くなったためと推測される．

表 4　家畜家禽現在数

種別	昭和 8 年（1933 年）	昭和 10 年（1935 年）	昭和 11 年（1936 年）
牛	173	381	441
馬	835	953	920
豚	73	260	456
緬羊	188	201	192
山羊	—	—	—
成兔	60	508	532
養狐	—	—	69
成鶏	3 558	4 589	4 470
養鵞	—	—	10

・『昭和 12 年 北海道米麦統計表』，『昭和 11 年版天塩町勢要覧』及び
・『天塩町経済更生計画書』から作成

五、おわりに

　　これまで見てきたとおり「天塩町経済更生計画」は，単独で成立したものではなく先立つ「天塩町産業五箇年計画」，さらには「農事実行組合」における既設各種事業を基に「負債整理」などの項目を追加して樹立したものである．

　　北海道における経済更生計画は「経済更生計画の北海道での展開は，何よりも農村内部の実行組合を単位とした組織化において，際立つものとなった．」（玉，1982）のであり，その総合評価は「経済更生運動は農業恐慌期以降戦時経済体制期にいたる間の北海道農業と農村にとって，重要な意味もつものであったとともに，戦後改革という構造変化を経た戦後の農業と農村の展開にも少なからぬ影響を及ぼしたものであり，北海道農業と農村の展開を方向づけた重要な契機として歴史的な意義をもつのである．」（小野，1983）とされる．

　　天塩町においては，北海道農業全般に指摘される「冷水害」及び「地力略奪的な農法」はもとより「木を食う農業」からの脱却をも視野に入れて，農業経営の改善を図ってきたことの延長が「天塩町経済更生計画」であった．

　　北海道内においても北部に位置する天塩町の経済更生計画は，その実施年においても冷害の影響を受け，さらに戦時体制からの影響も重ねて受けたことから必ずしも数値的には達成されたものではない．

　　本稿での検討を踏まえて，天塩町経済更生計画の実施状況を総括すると次のとおりである．

　　結論として，天塩町経済更生運動には北海道的とされる農事実行組合を中心した更生運動の推進が認められる．

　　一方，同経済更生計画において畑地から田への転換計画は認められない．田の増加と共に畑地の増加も目指していた．このことは天塩町が水稲の作付け北限に位置したことの表れであり，先行研究が対象とした地域とは大きく異なる特色である．

　　天塩町経済更生計画は．

　　第一に，それは従前の農業改良・合理化運動とは異なり，実行組合単位での計画の積み上げであり，現状に基づいた計画であった．各組合の現状ひいては各農家の経営の現状を踏まえた計画であり，国・道庁から割り振られた計画ではなかった

　　第二に，町内の先進的な人々によって行われていたこと[15]を全町的に行うことによって，農業の合理化に関する知識を普遍的なものにしたこと

　　第三に，各実行組合別に具体的な数値目標を建てたこと

　　第四に，北海道北部に多い泥炭地，つまり酸性土壌との取り組みを継続的行っていること

　　第五に，明確に農牧の混同農業，その後の酪農を志向したことが，昭和31年（1956）戦に天塩町が西天北集約酪農地域として指定を受けることにつながったこと

　　から，天塩町経済更生計画は，不完全ながらも，今日につながる農業の合理化，酪農村の形成につながった点に特徴があると言える．

　　本稿で検討したのは，北海道北部地域のうちの日本海沿いの一町に過ぎないことから，今後同地域内陸部の他市町村についても他面的な検討を行うことを今後の課題としたい．

产权、组织、机器及良种对江南水稻生产之影响

——以无锡市西郊小丁巷、邵巷农村为例（民国至 1958 年）

周孜正[1][*] 汤可可[2]

（1. 华南师范大学历史文化学院，广东 广州 510631；
2. 无锡市档案局，江苏 无锡 214023）

摘 要：1949 年江南农村的变化日新月异。据笔者对荣巷小丁巷、胡埭邵巷农村的田野调查，新政权的建立所带来的土地产权、生产组织、农机购买及良种推广等因素，对水稻亩产和种植效率的提高都有帮助。无论是互助组的成立，还是高级社的整田平田以及政府引入"老来青"等良种，一系列的措施使得 1958 年夏收时，小丁巷、邵巷的水稻亩产从解放初的 150 斤、300 斤上升到了 500～560 斤，新中国成立初的数倍。持续多年的水稻增产，让农民很信任新政权，但亦为他们接纳人民公社化埋下了伏笔。

关键词：产权；江南；水稻；小丁巷；邵巷

1949 年 4 月 20 日渡江战役打响，中国人民解放军数周内迅速解放了无锡城乡在内江南地区，与此同时，在苏南的新生政权面临着进入城市、肃清残匪等多重考验。

对于以农村包围城市夺取胜利的新政权来说，经营好新解放区的农村，是其保卫新江南、建设新政权的首要前提和重要基础。只有在农村稳定的基础上，才有可能以"不可沽名学霸王"的态度，在城市放开手脚对工商资本家们进行统合，从容的实现和完成"天翻地覆慨而慷"的社会主义改造。

新中国成立初要稳定和发展农村新政权，在政治上采用的方法是发现并培养新农民干部，成立党委、妇联、民兵等组织，依靠他们改造农村社会权力结构，文化上则是"创作活报剧宣传婚姻法"[1] 等新政策，开办夜校为普通农民扫盲，经济上则从改善水利建设、提升农作物产量等方面入手。虽然通过建立新组织、划分阶级成分等活动，改变了农村的权力结构；以开办扫盲班、宣传婚姻法等文化活动展示了新社会的新风气，让农民体会到新政权的执政力量、理念与国民党是完全不一样的。但对于几千年来抱有"老婆孩子热炕头"、实实在在在过日子的江南农民来说，能够帮助新政权在群众中树立威信，最有效且实际的办法，莫过于增加粮食产量。农村单位粮食产量的逐步提高，不仅解决了吃饭问题，而且也为乡村党的组织带来了新增收，再由集体经济投入到购买农机、引进良种等环节，进一步改善农业生产环境，从而形成相对良性的农村经济循环。

据汤可可、周孜正 2014 年夏至 2015 年春，对无锡市西郊荣巷街道联合村小丁巷自然村、胡埭乡马鞍村邵巷自然村（自然村相当于小队）进行的口述采访和田野调查，从 1949 年春直至 1958 年初秋成立人民公社前，两处的水稻单位亩产及总产量是节节增加的，以联合村小丁巷为例，"1948 年，水稻亩产 300 斤多一点，小麦 60～70 斤"，而到了 1958 年，夏季"水稻亩产达到 500 多斤"，而是小丁巷附近的土壤条件更好的、联合村的"大渲、团结的水稻亩产"则上升到"600～700 斤"。[2] 水稻亩产的持续提高主要受益于稻种改良、机器灌溉等科技进步，但与乡村政府的组织领导、土改平田、劳力组合的变化等多重

---

* 【作者简介】周孜正，博士，华南师范大学历史文化学院讲师。汤可可，无锡历史学会会长、原无锡市档案局局长

① 荣纪仁先生口述，采访时间地点：2015 年 1 月 11 日晚，无锡市滨湖区荣巷某小区，采访人周孜正。荣纪仁，荣联合村小丁巷人，1935 出生，1949 年入无锡立信商业会计学堂学习，新中国成立后先后做过荣巷联合村农民、市郊区专职农民教师，1955 年起任联合大队会计、大队领导、村办企业负责人、农机站长等职

② 荣纪仁先生口述，采访时间地点：2015 年 3 月 9 日晚无锡市滨湖区荣巷某小区，采访人周孜正

因素有关。由于江南地区种植的主要农作物是水稻，辅以小麦、瓜菜等，且农民的日常口粮最主要的也是大米，就此本文将围绕民国至 1958 年无锡郊区水稻产量的变化，结合田野调查和口述采访，就"产权、组织、机器及良种"等几个主要影响产量的原因展开讨论，逐一进行分析和综合，以期就此为学界提供一点新中国成立初到人民公社化前江南农村社会变迁的真实剖析面。

一、1949 年前无锡农村的水稻产量及经济来源

荣巷联合村小丁巷在 1948 年（正常年份）的水稻亩产是"310 到 320 多斤"，其中要留下做来年的种子，一般"水稻每亩 6～7 斤，小麦是 15～20 斤"。小丁巷的土地靠山，在荣巷地区属于"田力较好、中等偏上的土地"，缺点灌溉不很够，不如靠近河浜或太湖边的水土最肥沃的土地。荣纪仁老人认为，当时亩产偏低的原因首先是受"种子、肥料、灌水"等因素的影响，其次原因是"劳动力的牵制"，小丁巷的农田大部分"是个体户"在种植，一家一户的经营模式，使得大规模的改善灌溉、防治虫害等需要合作的农活很难实现，如小丁巷的单干户张月芳，丈夫常年"在市内饭店打工"，有工资养家，所以张月芳不依靠种粮生活，她本身"没有劳动力，也不会种田"，即使解放后到土改时"分到一亩六分田"，一时间也种不起来，只能"央人干活，请互助组帮忙种田"。[①]

荣巷小丁巷的情况与其地处无锡城郊结合部有关，民国时期，荣巷的男劳力去上海、无锡市区打工已成风气。且当地出了荣宗敬、荣德生、朱某某[②]等大小资本家，在荣巷及附近地方开办了私立公益商业中学、立信商业会计学堂等学校，吸引本地子弟入学，较容易学到一定的商业技能外出谋生。荣德生为办好公益中学，主动聘请无锡名流钱孙卿当"私立公益商业中学校长"，并"月致高薪"，[③] 以发挥他的办学经验，用心经营公益中学。

而本文研究的另一主要对象，胡埭乡马鞍村邵巷的农村，则距离城市很远，该村离开无锡市中心的火车站有 20 千米，距离城郊结合部的小丁巷，也要将近 12 千米（参见上图，蓝色部分为太湖）。

---

① 荣纪仁先生口述，采访时间地点：2010 年 3 月 5 日上午无锡市滨湖区荣巷某小区，采访人汤可可、弁纳才一（日本金泽大学教授）

② 据荣纪仁回忆，立信会计学校的朱校董家是郊区朱祥巷人（荣巷老街巷附近），在上海搞钢铁行业，学习荣德生办教育，在老家朱祥巷办会计学校，因名字他记不得了，暂用朱某某称呼。荣纪仁先生口述，采访时间地点：2015 年 1 月 3 日晚无锡市滨湖区荣巷某小区，采访人周孜正

③ 参见宗菊如，陈林荣主编：《中国民族工业首户——荣氏家族无锡创业史料》，世界华人出版社，2003 年版：第 19 页；钱孙卿：《孙庵私乘》，钱孙卿重孙女钱楠楠私人藏书，自印，1948 年版：第 26 页；钱钟汉：《关于〈钱孙卿与无锡商会〉的补充意见》，中国人民政治协商会议江苏省无锡市委员会文史资料研究委员会编：《无锡文史资料》（第 24 辑），1991 年版：第 165 页

1949 年前，荣巷小丁巷和胡埭邵巷①两地由于自耕农较多，每户拥有的土地差别不大，平均下来人多地少，如小丁巷人均只有 8 分地左右②，其水稻亩产只有 200 ~ 300 斤；邵巷人均只有 1.5 亩地③，其水稻亩产更低，只有 150 斤不到，因此普通农民平时并不常年顿顿吃白米，常以大米结合瓜菜来解决伙食，每年腊月到春茧上场或小麦收割之前，属于农村粮食紧张时期。邵巷的水田由于靠山等原因，亩产没有小丁巷高，但水稻亩产 150 斤左右是当时无锡西郊偏远乡村的普遍情况。据 1920 年 11 月 20 日《新无锡报》载，正常年景"籼稻每亩二石（注：一石为 75 公斤），糯稻一石八斗，晚稻一石六斗"，而小麦亩产仅"在 40 公斤左右"。④ 因此邵巷农民除了通过种田解决部分吃米问题外，普遍通过养蚕、贩米、养猪、接手工活计，以及外出到城市的工商企业打工来增加收入，来应付家庭中的购买衣物、红白喜事、看病教育等其他支出。

据王望荣老先生的回忆，抗战后他们家人口有 6 人，除了一个刚出嫁的妹妹外，还有"夫妻二人，三个小孩，一个父亲"，这种情况"一直到解放"。⑤ 而王家抗战到新中国成立前一直只有"3 亩中等偏下的水田"，人均约为 5 分水田，"加上租的田，总共 7 亩多，而且零零碎碎分为 18 小块"⑥，他们家的收入在邵巷是中等偏下，基本能维持生活。王望荣的父亲身体不好，不出门做工，他除了种自己的田和租田，还出门打长工，以增加收入，一般"两天在自己家做，两天给地主做"。为了让做工的人好好干活，地主家的伙食不错，"早上是稀饭加糯米团子（或者锅边贴几个饼）、萝卜干咸菜，晚上有稀饭和干饭，中午是干饭，中午肯定有肉菜，晚上有青菜豆腐之类，或者烧条鱼，"⑦ 农忙时候还要上午、下午各加一次点心。为了补贴家用，王望荣还"养蚕、养猪卖钱"，在农闲时还去"荣巷贩米"，他家人晚上还"帮助镇上工厂摇袜子以赚点零钱"。⑧

王望荣家自家平时则是"早上吃咸粥稀饭，中午半干半稀"，当时邵巷"中午吃干饭的人家只有 1/3，晚上都是稀饭，家中劳力足的人吃点干饭，早晚另外搭配一点焖芋头、南瓜"。⑨ 这种情况与当时的水稻亩产比较低有很大关系，王望荣家种的 7 亩多田，抗战前后十几年，"从来没有收满十担糙米。我一亩收一担半，有的亩产低的只有一担米（只有 100 斤的产量，俗称'石大郎'）"，相较于小丁巷，邵巷的水稻亩产很低，还要交掉部分租子以及留出来年春天的种子。江南地区人多地少、粮食亩产很低的情况，使得当时邵巷"很多人家如果年夜饭吃自己的米就是很不错的"，这种情况一直到解放前没什么改变。王望荣家也是"等不及要用钱的人。年夜饭的米要到人家去借。秋收之后交了皇粮，各方面开支很大，很快家里就没钱了。因此每次春茧上场后，都等不及去换钱"。⑩ 新中国成立前在胡埭农村，"如果去年春节欠账还不掉的，往往是年后新稻刚刚上场，脱粒出来，催债的就来了，有的甚至当场就把稻谷挑走"。当

---

① 民国时期，荣巷属于开源镇政府，1949 年 7 月，中共成立开源镇人民政府，10 月拆分为开源乡、河埒乡人民政府，隶属于无锡县开源区。1950 年 6 月，开源乡、河埒乡划分为开源、梅园、仙蠡、河埒 4 个小乡政府。1956 年 3 月，开源乡和梅园乡合并成梅园乡，1958 年 9 月，梅园乡和青祁乡合并成无锡县太湖人民公社。联盟村（小丁巷）之土地范围解放后未曾有变，一直属于开源乡（梅园乡）管辖，距离荣巷老街的乡政府办公所在地一千米左右。参见无锡市滨湖区荣巷街道志编纂委员会编著（主编胡汉茂）：《荣巷街道志》，江苏凤凰出版社出版，2011 年版：第 161 页。本文为了行文方便，方便读者了解情况，在涉及这小丁巷、邵巷这两个地名时，用无锡本地人熟悉并常用的"荣巷小丁巷"与"胡埭邵巷"的称呼，来进行对比说明

② 1950 年春节后，小丁巷所在的开源乡进行土地登记和统计，以整个乡可耕地面积除以总人口，得出结论是：整个开源乡以每个人 8 分半的面积来计算，进行分田，不足部分在地主分出来的土地来补足，小丁巷的人均情况和整个乡差不多。荣纪仁先生口述，采访时间地点：2015 年 1 月 20 日晚无锡市滨湖区荣巷某小区，采访人周孜正

③ 邵巷当地地主不多，有的地主土地不到 20 亩。参见吴文勉、武力：《马鞍村的百年沧桑：中国村庄经济与社会变迁研究》，中国经济出版社，2006 年版：第 52 - 55 页

④ 无锡胡埭镇志编辑委员会：《胡埭镇志》，方志出版社，2010 年版：第 156 页

⑤ 王望荣先生口述，采访时间地点：2014 年 7 月 5 日晚无锡市滨湖区胡埭公园路花汇小区，采访人周孜正。王望荣，1922 年农历 4 月 18 日出生，胡埭马鞍村邵巷人，1949 年前在邵巷种田、养蚕，农闲时去贩米至荣巷老街。1948 年底帮助中共地下党在马鞍村开展活动，1949 年胡埭解放后，历任马鞍村农筹会主任、大队长、大队副书记、胡埭夏葛湾林果场场长等职

⑥ 王望荣先生口述，采访时间地点：2014 年 7 月 30 日上午无锡市滨湖区胡埭公园路花汇小区，采访人汤可可、周孜正

⑦ 王望荣在打短工的地主家的伙食尚可，中午时干饭可以随便吃，有的饭量大的可以吃三大碗饭。中午至少一个荤，猪肉天天有，鱼有的时候有，晚上也有一个荤，素菜是吃不掉的。菜里面豆腐也很多，村里面有人自己做了来卖。王望荣先生口述，采访时间地点：2014 年 7 月 30 日晚无锡市滨湖区胡埭公园路花汇小区，采访人周孜正

⑧ 王望荣先生口述，采访时间地点：2014 年 8 月 12 日晚无锡市胡埭公园路花汇小区，采访人周孜正

⑨ 王望荣先生口述，采访时间地点：2014 年 8 月 12 日晚无锡市胡埭公园路花汇小区，采访人周孜正

⑩ 王望荣先生口述，采访时间地点：2014 年 8 月 10 日晚无锡市胡埭公园路花汇小区，采访人周孜正。每年农历三月中旬到四月中旬，是胡埭第一批茧子完成

时"借米的规矩是不足一年时间,利息是'一米三稻',即春节前借一石150斤米,当年秋天还300斤稻谷,而一般100斤稻谷可以打80斤米"①。

由上可见,1949年之前,胡埭邵巷普通农民还是很辛苦的,因为土地出产外少有去工厂打工的收入,农田亩产较低,因而日常吃饭只能两稀一干,而要吃饱肚子,还要通过"瓜菜代来解决,在稀饭中加入如青菜、萝卜、南瓜、芋头(一分田收300多斤)"。如王望荣家"1~2分田芋头,桑树田里面都种满了南瓜。养5~6个鸡,鸭子吃粮食,只养2只,养了鸡、鸭子天天生蛋,可以换钱。"②而王望荣家真正能够经济上有余地,是抗战后期他上山"开荒10亩地",引种了"原来胡埭地区不种的山芋","山芋一亩产量2 000多斤",当时其他村的人向王望荣"用一斤稻换三斤山芋"。③

特别值得说明的是,对于农村中数量很少的④或没有土地而需要租种富裕人家土地的雇农、佃农来说,他们的收入也是能够基本解决吃饭问题的,这与江南地区的地租收入不高,以及乡村中普遍存在的"工商地主"的租田、大家族之族田义庄有关。这种情况荣巷小丁巷、胡埭邵巷都有出现。

荣巷荣氏家族所有的荣义庄的族田就在胡埭马鞍村及周边的村庄,有800余亩水田。邵巷"种租田地外地人多,有江阴、常熟、苏北等外地来的,住是搭个小棚子,用点土墙挡挡,一般搭在种地的旁边,不在村里里面住。做做长工之后,有了收入,就把老婆带来等",当地的租田外来户有"殷小狗,陈奋奋、程涌泉等,开始他们自己养有牛,没有田。后来发展发展可以自己造房子,本事好一点的,十年之后就可造正式房子,地基也是租村里的地方,就在种地的旁边或中间,差一点的也"可在山脚空地自己盖简易的房子,一家人有就算可以定居地方"。义庄对救济当地贫苦农民有一定的蓄水池的作用,义庄租给租户的田底很少会变化,而且"自己家的田底也可以抵押给义庄换钱,等到有钱时再赎回来"。当然,义庄不仅仅是在胡埭才有,这种情况乡下有不少,距离胡埭仅仅10千米的同属于新渎区的"阳山(镇)也有钱义庄",⑤无锡锡山区钱穆故乡七房桥的怀海义庄,则更为大家所熟悉。

因为民国无锡义庄呈现出"公益性、民主性和村社化的基本趋势"⑥,虽然租义庄地的条件比租地主的较松一点,但是邵巷地主在收租上也并不苛刻。"收租是地主自己去收,一般租户欠地租的很少,都能交齐,如果交不起,除非天干旱,或者是小孩多,种田的本钱少,不会种等,遇到这种情况地主一般去协商,看看对方罪过,就算了。而且,欠地租的还租时不交利息。"⑦

而联合村所在地荣巷的地主对租户的要求就更加宽松。因为荣巷大部分人家都有人在工厂、商店打工,所以一般民众有钱后,并不喜欢积蓄、购买大量土地。土改时期,"开源乡有田最多的有两个人,荣德生、小长毛,荣德生在开源乡的田大概有100多亩,小长毛稍微不到100亩"。由于荣氏在各地有企业,所以只能算是"工商地主",而非正式的地主,荣德生的弟弟"荣宗敬不喜欢买田,家人都住在上海,所以他的家族一直没有中荣巷置地。"因此土改时小丁巷所在的联合大队(包括荣巷老街)唯一被评为地主的只有"小长毛"(亦是荣氏家族的人)。

荣德生的田散布在开源乡的各个自然村,他"买田的原因是,新中国成立前荣巷有困难的人家要卖田,比如亲人生病或去世要用钱,把自己的田卖给荣德生,原来地价是100元银元/亩,荣德生给他150元银元/亩,帮他们家度过难关,然后将田还是给原来卖田的人继续种,每年象征性的收一点租米。荣德生对租米的多少也无所谓,只是想在荣巷做做善事,买个名声,所以本地人也称呼他为开明地主。大概一亩地一年收租20~30斤米(产量200~300斤白米,麦子70~80斤),与产量比并不多。"⑧

小长毛亦是荣氏族人,他们家儿子在外也办有挺大的工厂,因此小长毛的收入并不靠田租,他们家

---

① 还有一种借法是"一粒半",即借一石白米,还一石半白米。时间一般是一年左右(一熟)。利息是比较重的。王望荣先生口述,采访时间地点:2014年8月10日晚无锡市胡埭公园路花汇小区,采访人周孜正

② 王望荣先生口述,采访时间地点:2014年8月12日晚无锡市胡埭公园路花汇小区,采访人周孜正

③ 王望荣先生口述,采访时间地点:2014年9月4日上午无锡市胡埭公园路花汇小区,采访人汤可可、周孜正

④ 据笔者对小丁巷、邵巷农村的口述调查,小丁巷的雇(佃)农只有一户,是"庞仁元的父亲,绰号'老客人',外地来荣巷种田的";而邵巷当地的雇(佃)农基本上都是其他地方搬来无锡居住的。荣纪仁先生口述,采访时间地点:2015年1月20日晚无锡市滨湖区荣巷某小区,采访人:周孜正;王望荣先生口述,采访时间地点:2014年7月5日晚无锡市胡埭公园路花汇小区,采访人周孜正

⑤ 王望荣先生口述,采访时间地点:2014年7月5日晚无锡市胡埭公园路花汇小区,采访人周孜正

⑥ 汤可可:《近代无锡义庄的转型变迁》,未刊论文电子稿

⑦ 王望荣先生口述,采访时间地点:2014年7月5日晚无锡市胡埭公园路花汇小区,采访人周孜正

⑧ 荣纪仁先生口述,采访时间地点:2015年1月20日晚无锡市滨湖区荣巷某小区,采访人周孜正

"每亩收的租子也不高，基本情况和荣德生差不多，也是开明地主。荣德生和小长毛的主要目的是家乡附近村庄人人有田种，不要饿死人。"小丁巷绝大部分是中农，雇农只有"老客人"等数个，据其回忆，小长毛家的租子很容易应付，"即使有的时候如果欠收之类，也可以拿点东西去抵抵，比如拿铺床的稻草去抵，拿点农副产品如芝麻、红赤豆、糯米或者只鸡去抵，差不多就可以。"①

就以上分析可见，民国时期荣巷联合村小丁巷、胡埭邵巷的水稻亩产偏低的状况，根源在于水稻生产方式及技术几十年没有突破性的改进，而这样低产的情况一直延续到1949年。虽然小丁巷水稻平均亩产高于邵巷近一倍，但人均耕地面积却只有邵巷的一半，所以两地人均稻米收获量是差不多的，大概在200～240斤稻谷，折合成白米约160～190斤白米，即使加上小麦，也是不够食用的。不足部分，除了瓜菜薯类来补充外，农民们还通过开展各种副业、外出做生意、打工等手段来赚钱，弥补稻米（小麦）产量不足引起的经济困难。另外，两处的大地主很少，由于近代无锡的工商发展等特殊原因，主雇矛盾并不大，甚至主对雇有所帮衬。因而农民能在当时较低的水稻亩产的情况下，依然能够维持家庭生活的稳定。

二、新中国成立初农（筹）会、土改及自发性互助组对水稻生产的影响

1949年4月25日，新任苏南行署第一书记陈丕显，从靖江与"粟裕等同志联袂乘船渡（长）江"去江南，在船上他激情难抑的回忆起戎马倥偬的革命生涯，想起苏东坡"江山如画，一时多少豪杰"的名句，且"对于祖国的未来，对于民族的复兴，对于革命的胜利，充满着信心"。在战后满目疮痍、百废待举的情况下，在"桃红柳绿的江南"帮助人民翻身解放，建设新中国、新江南，将成为他肩负起陌生的新历史使命。②而与陈丕显搭班子的苏南区、无锡市领导管文蔚、包厚昌等人祖籍就是镇江、无锡等地，他们也同有此感，这次进城将不再是打游击，而应该做长期建设的打算，巩固和保卫好自己打下来的江山。

1. 农（筹）会成立的背景及作用

如何做好接管工作，"建立革命秩序、维护社会安宁"，让荣德生、钱孙卿等无锡大资本家和地方实力派"打消疑虑，安下心来"③，以稳住无锡的市面和人心，是陈丕显等区委、市委领导面临的挑战。如何过好进无锡城这一关，取得"巩固新生政权"斗争的胜利，同时，根据党的要求将中共新的执政思想和社会改造逐步贯彻下去，是需要他们通过对苏南新解放区之特殊且复杂的情况仔细斟酌、调查后，才"稳妥地进行"决策。④

虽然此时中央要求在苏南接管实行"先城市后乡村""城市为主、兼顾乡村"的政治策略，但面对"苏南地区资本主义工商业比较发达，不少地主兼营工商业，一些身居大城市的工商业者往往在农村拥有土地"⑤的复杂情况，显然调查清楚农村情况，稳定好乡村的经济和秩序，是新政权在城市与旧经济进行金融斗争，稳定市场物价、恢复工厂生产、确保粮棉煤供应等之首要前提，也是中共在无锡建政的重要基础。当时迫在眉睫的是，全国还没有解放，而"苏南收的公粮，82%上缴中央和华东，支援前线，支援上海"，而苏南区本身也"需要挤钱挤粮用于社会救济，"短时间内"遣送了20多万人流散人员回乡生产"，⑥这更需要重视农村的组织建设和经济发展。因此，苏南区委在解放后不到三个月，就提出城乡接管顺利完成后，首先要重视农村工作，要将"大力恢复城市工业和乡村农业生产"作为"非常重要的工

① "老客人"是庞仁元父亲的绰号，是外乡来荣巷种田的，这些情况是"老客人"解放后讲给荣纪仁听的。荣纪仁先生口述，采访时间地点：2015年1月20日晚无锡市滨湖区荣巷某小区，采访人周孜正

② 陈丕显：《苏中解放十年》，上海人民出版社，1988年版：第353－354页

③ 谢克东：《三次晤君永难忘》，《管文蔚纪念文集》，中共党史出版社出版，1995年：第101页

④ 陈丕显：《苏南三年》，《苏南行政区》（1949—1952），中共江苏省委党史工作委员会、江苏省档案馆编：《苏南行政区》（1949—1952），中共党史出版社，1993年版：第4、7页

⑤ 陈丕显：《苏南三年》，《苏南行政区》（1949—1952），第4、6－7页

⑥ 陈丕显：《苏南三年》，《苏南行政区》（1949—1952），第6页

作任务"，如果"没有工农业生产的恢复和发展，一切建设问题都将成为空谈"。① 由上可见，发展农业生产，提高农作物产量，将成为帮助无锡实现政治目标、缓解经济矛盾、解决筹粮困难的有效途径。

1949年6月17日，陈丕显在中共苏南区委第一次扩大会议上指出，苏南区党委对农村的策略是"建立各级农会筹备会"，并由农村党的负责同志"亲自领导"，提高"农会在农村中的威信"。② 1949年7月，陈丕显苏南区"地委书记联席会议上明确提今后一个时期全区工作的重心应放在农村"。会后，苏南区组织抽调了"1000名干部和青年学生，经过短期训练，派往农村和组织群众，围绕恢复农业生产这个中心"③ 展开工作。《苏南日报》发表社论指出，"只有把广大的农村工作开展起来，把千百万农民群众从封建的压迫下解放出来，然后再回到城市发展城市生产"，才能正确贯彻、有效落实七届二中全会"党的工作重心由乡村转移到了城市"的路线方针。④

10月区委又提出，根据中央的指示和地方的实际情况，苏南1949年当年不立即实行土改，仅在秋收中"发动和组织农民实行减租"。并向农民说明，"现在所以不土改，是因为农会还没有组织起来"。⑤ 就这样，无锡并未像东北、山东等老解放区那样，一解放甚至边解放边搞土改，而是有一个准备过程。在这个背景下，"农筹会"作为中共领导的第一个新型过渡组织进入无锡乡村，在解放到土改前，农筹会成为乡村新的权力机构，主要工作是"领导生产、筹借粮草""完成区里面交办的任务"⑥ 以及帮助乡政府进行"登记土地、调查人口"⑦ 等土改协助工作。

新中国成立时，新政权对无锡旧县的区划进行了改动，新成立了无锡市（地级市）和无锡县，远郊的邵巷属于无锡县新渎区管辖，近郊的小丁巷则先属于无锡市开源镇管辖，直到10月才划给无锡县管辖。⑧ 因而两地的农筹会（农会）成立时间有先后。1949年9月，无锡县成立县农民协会筹委会，一个月内"区、乡农民协会筹委会"纷纷成立，积极发展会员，农民筹备会虽然是属于"农民的自治组织"，并不"具备行政职能，但当时由于行政机构尚没有正式组成"，所以在"农村实行减租减息"，"开展剿匪反霸、节约防荒和生产支前等工作"都先由农筹会负责。⑨

1949年10月，曾帮中共做过地下工作的王望荣，由中共新渎区领导陆道南指定出任马鞍村农筹会主任。⑩ 马鞍村农筹会"总共有五六个人负责，具体有负责生产的王荣德、王阿法、石荷生，财务王汉德，石荷生分管石宕工作，另外还领导妇女、民兵组织"。⑪

小丁巷所在的联合村，1949年就将"原来的保甲制废除，乡镇府直接领导各个村，直到秋收之后，1949年12月初成立了农筹委"，在荣巷本地的"老农民"（很懂农活的农民）吴金龙被推选为主任。需要说明的是，邵巷和小丁巷都属于自然村，分别归属马鞍村、联合村领导，不设具体领导。联合村"选农委成员时，乡里面有工作组下来的，旧保长是不可能用的。各个自然村推选代表去选农委成员，东横山推选雇农吴金龙、郑巷推选蒋补泉（后为中农），小丁巷推选许锡伦（后为贫农）。三个人成分是吴金龙最苦，所以上面订吴金龙为农委主任，当时是考虑成分重要，而不是领导和组织能力最重要"。⑫

客观上，无锡农村农筹会及农会的先后成立，选拔了一批当地懂得农业种植的农民，诸如王望荣、吴金龙等人参与管理农村最基层的工作中去，不仅帮助政府顺利开展支前、土改等工作，而且通过对生产、财务统一调度，建立妇女组织等措施，使得原来各自为政、联系不足的个体小农经济之间的联系和合作更加紧密，而且他们将很快将根据实际情况，积极的在邵巷、小丁巷成立自发性质的互助组，克服

① 管文蔚：《为建设新苏南而奋斗》
② 陈丕显：《苏南接受工作检查及目前工作与政策》，《苏南行政区》（1949—1952），第53页
③ 陈丕显：《苏南三年》，《苏南行政区》（1949—1952），第6页
④ 《抽调大批干部到农村去，把千百万农民群众组织起来》，《苏南日报》，1949年7月25日
⑤ 陈丕显：《苏南三年》《苏南接受工作检查及目前工作与政策》，《苏南行政区》（1949—1952），第5页、第70页
⑥ 王望荣先生口述，采访时间地点：2014年7月4日晚无锡市胡埭公园路花汇小区，采访人周孜正
⑦ 荣纪仁先生口述，采访时间地点：2015年1月20日晚无锡市滨湖区荣巷某小区，采访人周孜正
⑧ 参见中共无锡县地方史编审委员会：《中共无锡县地方史（1949—1978）》，中共党史出版社，2010年版：第8－9页
⑨ 1950年8月无锡县农筹会撤销，成立无锡县农会。中共无锡县地方史编审委员会：《中共无锡县地方史（1949—1978）》，第29－30、67页
⑩ 王望荣先生口述，采访时间地点：2014年7月2日上午无锡市胡埭公园路花汇小区，采访人汤可可、周孜正
⑪ 王望荣先生口述，采访时间地点：2014年7月4日晚无锡市胡埭公园路花汇小区，采访人周孜正
⑫ 荣纪仁先生口述，采访时间地点：2015年1月20日晚无锡市滨湖区荣巷某小区，采访人周孜正

"一家一户的生产活动无力抗拒天灾人祸"[①] "部分家庭劳动人口只有女性"[②] 等问题，其互助组成立时间比政府推广的要早 1~2 年。

2. 土改、(自发) 互助组与水稻总产量的增加

苏南的土改从"1950 年 2 月开始准备，到 1951 年底结束，历时近两年"[③]，无锡县则在 1950 年 8 月，在苏南区委、无锡县委陈丕显、管文蔚、欧阳惠林、莫珊等领导的主持下，召开第二届农民代表大会，撤销农筹会，"正式成立无锡县农民协会，(县委副书记) 赵建平任主席"，大会通过了《在今冬明春完成全县土地改革的决议》，并公布具体的"土地改革法之实施办法 (草案)"。从 9 月上旬开始全面展开，分三个批次进行，1951 年 2 月底结束。[④]

虽然无锡县在土改最初以"谨小慎微、稳步前进"的方针进行，但土改后期执行了华东局"有领导地放手发动群众，大胆展开土地运动"的指示[⑤]，使得一些富农或"房屋很多"的人家被错划为地主，其中胡埭地区也出现这样情况，为了满足群众"想多分一点田和房子"的愿望，把"10 多户有争议的地主"全部一刀切划为地主。[⑥] 联合村小丁巷的情况要好些，该自然村"和郑巷、东横山大部分都是中农，一户人家三四个人，二三亩田，差不多人均都不超过 8 分半"。小丁巷"还有个情况是在外面打工的多，家里面妇女带几个小孩，没有劳力，田也种的不多，因此基本没有什么地主"。[⑦] 土改之后，分到土地、农具、房屋的农民"从心底里感谢共产党"[⑧]，生产"热情高的不得了"，不少贫雇农"地租不用交了，只要上缴公粮，而且与国民党时期比例不变"，这较之新中国成立前更能多劳多得，对生产是有一定促进作用的。1951 年春天在邵巷小学操场开的抗美援朝捐献会上，邵巷村有个贫困农民王汉培，王汉培第一个跳上台去，要求捐献 10 袋稻 (约 1 000 斤稻)；并且说："我日本人的苦头吃够了，不能再让美国人打过来"。王望荣说，王汉陪的举动正是因为新中国成立后收入增加，对新政权有信心的表现。[⑨]

小丁巷在土改过程中，因为自耕农多，土地较为平均，1950 年土改时"生产队对田地的调整不大，而土地改革后，村后面的山林也归了大队，原来山边归属各家的零碎土地连成片，可以种植作物，而这些零碎地块 1949 年前并未作为征收皇粮的对象，1949 年后依然不纳入征收公粮的统计，这样无形中也增加了小丁巷的整个村子的作物面积"，增加了村子的粮食总产量，"计算起来等于提高了水稻亩产，农民也从中得到一定的好处"。[⑩]

土改结束后 1950 年冬，联合村农委主任、原雇农"吴金龙第一个被发展为党员"[⑪]。可是，地主被打倒、生产热情高、雇农成党员，并不能帮助农户解决所有实际的生产问题，也不能切实的对提高水稻亩产发挥作用。

土改之后，随着生产关系的急剧调整，反而一些意想不到的问题也冒出来了。马鞍村的一些分到土地的雇农甚至遇到了困难，他们"过去只要单纯的出卖劳力，就可得到几石米的报酬，拿回去养家糊口，虽然生活清寒一些，可不用操什么心，而分到土地后，这种子、肥料、劳力、资金、农具等一连串的具体问题摆在面前，反而觉得束手无策"。[⑫] 小丁巷土改后也出现类似情况，原来在家带几个小孩的家庭妇女"分到土地后很是发愁，她们本来靠出门的丈夫打工寄钱回家，自己没有劳力，也不会种田"。[⑬]

面对这些情况，马鞍村的农会主动摸索成立互助组，而联合村的青年老师则发挥了带头作用先搞互助组。新中国成立后马鞍村的农筹会"负责 100 多户人家"，农筹会主任王望荣为了解决土改后产生的问

① 《胡埭镇志》编纂委员会：《胡埭镇志》，方志出版社，2010 年版：第 156 页
② 荣纪仁先生口述，采访时间地点：2015 年 1 月 20 日晚无锡市滨湖区荣巷某小区，采访人周孜正
③ 陈丕显：《苏南三年》，《苏南行政区》(1949—1952)，第 6 - 7 页
④ 参见中共无锡县地方史编审委员会：《中共无锡县地方史 (1949—1978)》，第 29 - 30、67 - 68 页
⑤ 中共无锡县地方史编审委员会：《中共无锡县地方史 (1949—1978)》，第 67 - 68 页
⑥ 吴文勉，武力：《马鞍村的百年沧桑：中国村庄经济与社会变迁研究》，第 54 页
⑦ 荣纪仁先生口述，采访时间地点：2015 年 1 月 21 日晚无锡市滨湖区荣巷某小区，采访人周孜正
⑧ 吴文勉，武力：《马鞍村的百年沧桑：中国村庄经济与社会变迁研究》，第 86 页
⑨ 王望荣先生口述，采访时间地点：2014 年 7 月 19 日上午无锡市胡埭公园路花汇小区，采访人汤可可、周孜正
⑩ 荣纪仁先生口述，采访时间地点：2015 年 3 月 10 日晚无锡市滨湖区荣巷某小区，采访人周孜正
⑪ 荣纪仁先生口述，采访时间地点：2015 年 1 月 21 日晚无锡市滨湖区荣巷某小区，采访人周孜正
⑫ 吴文勉，武力：《马鞍村的百年沧桑：中国村庄经济与社会变迁研究》，第 87 页
⑬ 荣纪仁先生口述，采访时间地点：2015 年 1 月 21 日晚无锡市滨湖区荣巷某小区，采访人周孜正

题，如贫雇农缺乏生产资料、不知如何合理安排资金、缺少劳力的家庭不能自己耕田等问题，在土改结束后 1951 年的春天，在没有政府的指导下，王望荣在邵巷挑选出"各具特色的"、都是"贫下中农的 13 户人家"，将他们联合起来，实验性的"自发性开始搞互助组"，他组成一个"生产单位"，让组内的人互相帮助、各取所长对劳动进行分工合作，并将此情况"上报乡里面得到同意"。① 互助组成立后，过去靠做长工的石荷生有"种田技术"却没有"种田家什"，正好帮助而"父亲刚去世、本人年纪较小"、不懂种田的王荷生、王汉德。而家有多块土地的王望荣，"车水要换 11 个车坨（车水的地方）"，转移安装车坨费时费力，还需"2 个人以上才能干"，而互助组成立后，13 户人家"连在一起的"土地可以一起抽水，劳动效率提高。在石荷生、王望荣等种田老把式的带领下，组内的平均亩产也基本均匀，"没有因为不会种田而出现低产的情况"，比互助组成立之前提高了整体的水稻产量。②

当然，王望荣此举的成功一是适应了当时的群众需求，解决了土改时的遗留问题；比邵巷互助组稍晚几天，"胡埭另外一个村张舍的吴仁泉也办了一个互助组"。二是中共建政之后，建立农会、镇反、土改等一系列措施，将乡村原先的"蛮凶的人"都镇压了，地主也受到打击，这样"老百姓可以出来讲话了，胆子大了"，农会能够得到老百姓的信任，其意见也能得到群众的拥护。王望荣回忆说，"那个时候开会是一呼百应，白天工作，晚上开会。乡里干部也是晚上下来开会"，大家对搞好生产都很有信心和积极性。1952 年 7 月，无锡县委才"召开农业互助组组长训练班"，在农村全面推广互助组，而王望荣领导的这个自发性的互助组较之早了一年半多的时间。③

胡埭地区土改之后，"水稻亩产提高到 200 公斤左右，三麦每亩产在 70 公斤。"④ 而无锡县 1951 年全县的粮食产量，比"1949 年增长 21.1%"。除了农民政治翻身后种田积极性被调动、自发性互助组的出现等因素外，水稻亩产"明显有一定的提高，主要原因还有肥料充足"⑤，这与农民分到猪牛，可以喂养更多家禽，易于积肥有关。另外，与全县新中国成立初大力"兴修农田水利"，使得受益农田有"13 万余亩"也有很大关系。⑥

小丁巷所在的"开源乡的土改是很顺利的，矛盾也不大。因为考虑到有的新分到土地的人家，劳力不够，或者不会种田。1951 年春天乡里面就开始宣传搞互助组"，但是大家习惯了新中国成立前的旧模式，而劳力不够的家庭也依然可以靠丈夫在上海、无锡打工的收入维持生活，所以响应成立互助组的农户不多。"开始郑巷、东横山当时都不相信，不搞互助组"。⑦ 直至 1952 年下半年，"小丁巷、许巷先开始搞互助组，组长是许锡伦"，许"当时 40 多岁，高小毕业，新中国成立前是做店员的，抗战后失业，在家做农民"，土改的时候许"是行政委员，管老百姓开会什么的。"⑧ 许锡伦并非是小丁巷互助组的真正发起人，真正的起作用的是"刚刚一起从无锡立信会计学校毕业的荣纪仁、丁惠德、许宝根三位年青人"，他们从学校回乡后，配合"郊区文化馆在小丁巷搞了一个试点"，进行农村扫盲工作。开源乡共青团"因为我们工作搞的比较好，所以就知道我们，邀请我们参加乡里面共青团的活动，当时共青团书记孙文梁（当地孙巷人，公益中学毕业的），乡长是顾林生，乡里面党员很少，都是利用青年人下去搞工作的，经常主持开乡青年积极分子会议，传达一些县乡的指示来"，三个年轻人"知道互助组的政策后，就回来撺掇许锡伦一起搞互助组。许年龄大一点，可以做领头人，本身是店员，不大会种田，但能说会写，这样也可以帮到他自己的忙"。⑨

当时小丁巷"共 20 余户人家，经过发动，其中 13 家参加了互助组"。其中有一家是郑巷的陈士坤，"当时他相信互助组的，他只有自己一个主劳动力，老婆是副劳动力，有三四个小孩，还要帮精神不太正

---

① 王望荣先生口述，采访时间地点：2014 年 7 月 20 日晚无锡市胡埭公园路花汇小区，采访人周孜正
② 吴文勉，武力：《马鞍村的百年沧桑：中国村庄经济与社会变迁研究》，第 56 - 57 页；王望荣先生口述，采访时间地点：2014 年 7 月 20 日晚无锡市胡埭公园路花汇小区，采访人周孜正
③ 王望荣先生口述，采访时间地点：2014 年 7 月 20 日晚无锡市胡埭公园路花汇小区，采访人周孜正
④ 《胡埭镇志》编纂委员会：《胡埭镇志》，北京．方志出版社，2010 年版：第 156 页
⑤ 王望荣先生口述，采访时间地点：2014 年 7 月 4 日晚无锡市胡埭公园路花汇小区，采访人：周孜正
⑥ 中共无锡县地方史编审委员会：《中共无锡县地方史（1949—1978）》，第 72 页
⑦ 荣纪仁先生口述，采访时间地点：2015 年 1 月 11 日晚无锡市滨湖区荣巷小区，采访人周孜正
⑧ 当时联合村的干部主要有村长、行政委员、治安委员，民兵班长、妇女主任和会计等。荣纪仁先生口述，采访时间地点：2015 年 1 月 7 日晚无锡市滨湖区荣巷某小区，采访人周孜正
⑨ 荣纪仁先生口述，采访时间地点：2015 年 1 月 7 日晚无锡市滨湖区荣巷某小区，采访人周孜正

常的嫂子种地（哥哥在上海工作），所以照顾不过来。"13 家中"有 7 家缺少劳动力，都是女的没有男的，女的也没有劳动能力，剩下 6 家每户一般有 1 到 3 个劳动力，其中有几个会种田的老农民，能够将技术高、耗体力的农活干掉。而女的则干轻活，比如除草、打扫场地、养蚕等，劳动力锄田、插秧、挑担等，大家搭配起来，就搞得比较好，经过两年时间，不仅把地种好了，而且有机会去城里面打短工"。

农民主要是对付农忙季节，尤其是"夏收夏种、秋收秋种"，农闲时互助组则安排"普通劳动力在家，富余强劳动力外出打短工，帮附近的解放军建造营房，一天赚到一块两毛六（自己回来吃午饭）；或者帮缺劳动力的人家打短工，比如出猪圈肥料，四五十担，活比较重，比较远，但一天二块钱包三顿饭（早吃稀饭和团子、中午青菜和肉及鱼、晚饭同样的菜另加老酒、吃白米饭），钱赚回来之后放在集体，怎么按照劳动强度记工分，开始都是讲好的，不会破坏积极性，年底根据积累的工分分红"。① 互助组内各按所长的分工合作，使得劳动力配置效率大大提高，水稻种植的专业性也增长不少。1952 年年底结账时，小丁巷互助组"情况比较好，不仅把妇女不会种田的问题解决了，而且水稻亩产也提高到了 400 多斤，粮食和草都收拾好之后，按照各家田地多少的分归各家，每户多多少少还有不少的现金分红。另外我们还拿出一部分钱，为互助组添置了大型农具，比如脚踏轧稻机、脚踏水车、石磨、舂米石臼等"。农具的添置先是方便了本组，减少了手工农活，提高了劳动效率，后来"脚踏轧稻机可以外借给其他村有偿使用，按日收费"，也成为互助组的经济收入的又一来源之一。②

荣纪仁多年后依然很怀念那段时光，他回忆说，学会计出身的"我打算盘算账是最好的，我算账许锡伦来记录"，虽然"互助组记账是义务的，但那时候是很开心的，每天都有活干，大家也比较融洽，互相来往，比一家一户有意思，有活力"。荣纪仁以自己 1953 年收入为例，列了一笔经济账，"我种三亩两分田，每天出勤都有工分，一天劳动力记八分（一个工是 10 分），一个月 24 个工，一年约 268 个工，这是基本分，种一亩地要 32 个工，三亩二分总共需 102.4 个工，结余 165.6 个工，一个工值一块钱不到，除去分到的粮草，我还可以分红 100 块人民币左右"。③ 确实，在当年满足温饱之后，一个 20 岁不到的无锡郊区农民年底还可以分到 100 元人民币，是非常值得高兴和让人羡慕的。

1953 年春节，小丁巷"互助组妇女在外打工男人，从上海回来"，热情的给荣纪仁等青年"发香烟抽，感谢我们帮他们的家属"，很快小丁巷"剩余 8 户也加入了我们互助组"。陈士坤在互助组多赚了钱、"得了好处的消息"很快传回郑巷，"郑巷、东横山两个自然村看到小丁巷的情况后，觉得搞互助组有优越性，1953 年春也相继搞互助组"，同时，"陈士坤回到郑巷，自己呼吁郑巷村民成立互助组，村民也比较支持拥护他，因而他自然任组长"；而东横山则是在小丁巷"参加过扫盲班"的潘盘兴回去呼吁的，潘在小丁巷"也看到了实际好处，并领会了精神"，因 26 岁的"潘是很会种田的老农民，另外东横山的男劳动力大部分在上海打工，家里面妇女较多，所以大家也就推选潘盘兴做互助组的组长（几年后潘盘兴在荣纪仁介绍下加入共青团）"。④

小丁巷之举"影响了周边郑巷和东横山成立了互助组，后来乡镇府为此还表扬了"荣纪仁、丁惠德、许宝根等三位年青人。联合村下属的小丁巷、郑巷和东横山三个村"经过一年的实践，农时忙农活，农闲出去打工，1953 年年底，做到了家家粮食、烧草自足，劳动力强一点的户头还分到多少不等的人民币"。⑤

据笔者的田野调查，互助组的提前发育或及时接受，不可忽略的一个因素是与农会干部、青年老师是本地本村人有关，他们的大胆尝试和亲身参与的动因，首先是站在为家乡进步、为身边的乡亲服务的角度，如果出现了对农业生产有效的促进，其效果不仅是惠及乡里，同时也是惠及自己家庭及周边亲朋的。由于"经过实践证明，互助组的优越性大大超过了单干户"，因此这个组织形式在无锡郊区农村很快

---

① 荣纪仁先生口述，采访时间地点：2015 年 1 月 7 日晚无锡市滨湖区荣巷某小区，采访人周孜正。参加互助组的 13 家分别是许锡伦家、陆炳生家、丁金夫家、黄小金家、丁惠德家、荣纪仁家，丁春泉家，丁盘娣家、丁秀兰家、都南娣家、庞仁元家、张凤珍家、丁阿秀家。其中许锡伦家、陆炳生家、丁金夫家、黄小金家、丁惠德家、荣纪仁家六家有老农民。张凤珍原来老公是汤恩伯的秘书荣惠仙，上海解放时被抓。1951 年 33 岁张凤珍年嫁给荣纪仁叔叔的 21 岁儿子荣阿夫，荣阿夫是上门的招女婿，当时不怎么会种田
② 荣纪仁先生口述，采访时间地点：2015 年 1 月 11 日晚无锡市滨湖区荣巷某小区，采访人周孜正
③ 荣纪仁先生口述，采访时间地点：2015 年 1 月 7 日晚无锡市滨湖区荣巷某小区，采访人周孜正
④ 荣纪仁先生口述，采访时间地点：2015 年 1 月 11 日晚无锡市滨湖区荣巷某小区，采访人周孜正
⑤ 荣纪仁先生口述，采访时间地点：2015 年 1 月 11 日晚无锡市滨湖区荣巷某小区，采访人周孜正

发展起来，至 1954 年春，胡埭乡内便建立了 218 个互助组"。①

三、初级社到高级社的水稻生产：合作化、
新农机及良种之因素

基于土地私有化的农村互助组，只是新政权在农村建政工作的起步，而进行农业社会主义改造，走合作化道路，由初级社、高级社直至成立一大二公的人民公社，才是社会主义道路的既定取向。1953 年初夏，中央提出了照耀党的各项工作的灯塔——"党在过渡时期的总路线和总任务"，6 月 15 日，毛泽东在中共中央政治局会议上发表讲话，"要在十年到十五年或者更多一些时间内，基本上完成国家工业化和对农业、手工业、资本主义工商业的社会主义改造"。就农业来说，毛泽东特别强调"社会主义道路是我国农业唯一的道路。发展互助合作运动，不断地提高农业生产力，这是党在农村中工作的中心"，对于倾向于包含一定私有化思想的"确立新民主主义社会秩序""确保私有财产"的提法，则受到了毛泽东的批评。②

中央提出的 10～15 年实现农业社会主义化的过程，被 1958 年"大跃进"打断了，但在 1958 年前，合作化运动虽然时快时慢，但无锡农村水稻的亩产还是继续增长的。其原因除了互助组与生产合作社的进一步推广，小农经济的束缚被进一步冲破，还与政府重视农业增产技术的推广、兴修水利建设等有很大的关系。③

1953—1958 年无锡水稻亩产的提高，与该段时间中央的指导精神也基本吻合，1954 年 6 月 7 日，毛泽东对中央农村工作部提交的第二次全国农村工作会议报告作了修改。"修改的精神主要是：①解决农业落后的矛盾的第一个方针，就是实行社会革命，即农业合作化。第二个方针，就是实行技术革命，即在农业中逐步使用机器和实行其他技术改革。②提高农业产量，最近几年的途径是，在合作化的基础上适当地进行各种可能的技术改革。"④

1. 初级社到高级社：合作化对水稻产量的影响

胡埭乡邵巷、张舍互助组实行了 3 年多后，在实行社会革命——农业合作化上又走在了前面。1954 年冬，在"上面有规定，下面自发的基础上"，在"吴仁泉互助组与王望荣互助组、陈罗保互助组"的基础上，"又进一步组建成初级农业合作社"，在邵巷初级社"一般有七八十户人家"，分配方式是"实行土劳分红，按劳计酬"，按劳计酬即"收成先归到集体，然后再按照劳动力分配，即按照工分分配"。虽然分配时候参考了农户拥有土地多少的因素，但实际情况是"劳动力不足的人分配到的粮食不多，有一定的意见"，由于分配有矛盾和意见，初级社在邵巷实行时，部分劳力不足的农民"劲头不大"，有"30% 左右的农户（含富农、地主）没有加入"。好在邵巷的"初级社生产了一年就结束了，很快就进入了高级社，这些矛盾和意见就不需要解决了"。⑤

王望荣家因为"土地多和孩子小劳力少"没有加入初级社，因入社后如按劳计酬他家"则经济损失过大"，⑥ 但邵巷"初级社社长是我（王望荣）派了原来农会的干部分下去做的，他仍然做农会主任，统筹安排邵巷的事情"。⑦

小丁巷所在的联合村搞初级社的情况则比邵巷顺利的多，这与该村不少人口外出务工，缺乏骨干劳力有关。1953 年冬天，开源乡镇府派副乡长顾林森"到联合村这里搞试点，召集大家开会准备搞初级社，"因为小丁巷"有几个年轻的初中毕业生，不仅互助组搞得好，而且文化生活也很丰富，有青年读报

① 吴文勉，武力：《马鞍村的百年沧桑：中国村庄经济与社会变迁研究》，第 58 页
② 顾龙生编著：《毛泽东经济年谱》，中共中央党校出版社，1993 年版：第 324 页
③ 参见中共无锡县地方史编审委员会：《中共无锡县地方史（1949—1978）》，第 94－95 页
④ 顾龙生编著：《毛泽东经济年谱》，中共中央党校出版社，1993 年版：第 339 页
⑤ 吴文勉，武力：《马鞍村的百年沧桑：中国村庄经济与社会变迁研究》，第 58－59 页；王望荣先生口述，采访时间地点：2014 年 7 月 20 日晚无锡市胡埭公园路花汇小区，采访人周孜正
⑥ 吴文勉，武力：《马鞍村的百年沧桑：中国村庄经济与社会变迁研究》，第 58－59 页
⑦ 王望荣先生口述，采访时间地点：2014 年 7 月 20 日晚无锡市胡埭公园路花汇小区，采访人周孜正

组、扫盲班、腰鼓队、活报队等。"很快联合村的初级社就搞起来了，实际"就是范围扩大了，把小丁巷、郑巷、东横山的三个互助组合并起来，农具统一使用，土地也统一入社。劳动成果的分配和互助组差不多，有土地分配、劳力（记工分）分配。这个比互助组好的是，劳动工具更多样，比如，有的互助组有水车有的没有，有的有轧稻机等"。对于成立初级社，"联合村内基本没有反对意见，一是人的思想单纯，认为参加集体就是好；二是老农民提出来，以后要靠你们年轻人'当道'"，"年轻人了对共产党的政策搞得懂，引领形势发展领会的好"。①

初级社往高级社过渡时期，邵巷的"农田单位产量是增加了"，这有三个原因，第一，与平田整地有关，邵巷"原来分的很小，种起来麻烦（如王望荣7亩田有18小块）"，1955年开始整田平地，"大家劲头很高，把田埂、高高低低的大小不一的田都平了，这样有利于开展生产"；第二，相较于互助组，"初级社劳动力更为均匀分配，比原来种起有效率"；② 第三，平地之后，灌溉更加方便，"村里面配备了统一的用水员，使得原来高低不平的小田灌水问题得到解决，不至于因为个人疏忽导致土地被旱、被淹"，③ 这样，土地面积的增加、管理的改善、效率的提高，都为增长创造了条件。

而小丁巷因为原来土地比较规则，1950年土改时和初级社中没有大动过，到"1955年冬天搞了并田，各小队农民主动要求搞的"，因为当时小丁巷已经在试点高级社，"田并后，可以省不少劳力，多出一些田埂田，粮食收获总量也可以提高"。④ 大规模平整土地则拖到"1962年冬天"，"花了1.8万工，田变成一方一方（60方丈，即20米长宽），大概3亩左右一块，中间的路做起来，这样弄的比较好看。一个是搞了形式，二是把很多的田埂、旱田、水塘、坟墓都平掉"，既扩大了土地面积，也方便了灌溉。对于当时的具体增田情况，荣纪仁先生为此"打了个比方，原来一个300亩左右的一批田，经过整田，可以拓展到350～360亩，扩大了50～60亩"。⑤ 不论时间先后，在农村土地合作化、公社化背景下邵巷、小丁巷的平田整地之举，对于提高水稻亩产和种植效率都是有益的。

1954年9月《公私合营暂行条例》颁布，1955年，城市出现了资本主义工商业全行业公私合营的趋势，随着对私营工商业改造的逐步完成，农业社会主义的改造也加快了步伐。1956年1月12日，毛泽东亲自撰写的《〈中国农村的社会主义高潮〉的序言》公开发表⑥，进一步加速了社会主义合作化的进程。是月，"无锡县委召开区、乡干部大会，传达贯彻党的七届六中全会扩大会议精神"，决定在无锡县先试办六个高级社作为试点。3月，邵巷所在的胡埭乡与张舍、西溪等"5个乡合并为胡埭乡和张舍乡，各下辖6个高级农业生产合作社"。"至4月底，全县高级社发展至340个，入社农户占全县农户总数的72.2%"，初级社则"由2934个减少为758个"。⑦ 王望荣对此的理解就是，"高级社就是一个大队的农户全部参加。"⑧

小丁巷加入高级社的时间是1954年春，这么早的原因与区委、乡政府有干部"在此蹲点有关"。初级社成立前的1953年冬，开源乡"派人下来，村里面派出干部和代表，准备把全村的田集中起来，给每块地评估在田作物的好坏，然后按情况不同将给你分配不同的粮食和草"。但是让联合村的干部们诧异的是，"1954年春节，这个评估还没有实行，乡长又来宣布一下子成立高级社。这样，联合村一夜天就进入高级社了，乡里面把东西浜、联合村、大渲、团结（原来的朱祥巷、杨木桥合并组成）4个自然村一起并成了联合高级社"。⑨

根据《荣巷街道志》的记载，1956年5月1日无锡市郊区才在仙蠡乡试办高级社，是年冬天，河埒乡才建立梁洪高级社、新路高级社，开源乡建立联合高级社、友谊高级社等。⑩ 这显然与荣纪仁的口述有

---

① 荣纪仁先生口述，采访时间地点：2015年1月11日晚无锡市滨湖区荣巷某小区，采访人周孜正
② 王望荣先生口述，采访时间地点：2014年7月20日晚无锡市胡埭公园路花汇小区，采访人周孜正
③ 王望荣先生口述，采访时间地点：2014年7月19日上午无锡市胡埭公园路花汇小区，采访人汤可可、周孜正
④ 荣纪仁先生口述，采访时间地点：2015年1月17日晚无锡市滨湖区荣巷某小区，采访人周孜正
⑤ 荣纪仁先生口述，采访时间地点：2015年3月10日晚无锡市滨湖区荣巷某小区，采访人周孜正
⑥ 顾龙生编著：《毛泽东经济年谱》，第367页
⑦ 《胡埭镇志》编纂委员会：《胡埭镇志》，方志出版社，2010年版，第16页；中共无锡县地方史编审委员会：《中共无锡县地方史（1949—1978）》，第138页
⑧ 王望荣先生口述，采访时间地点：2014年7月20日晚无锡市胡埭公园路花汇小区，采访人周孜正
⑨ 荣纪仁先生口述，采访时间地点：2015年1月11日晚无锡市滨湖区荣巷某小区，采访人周孜正
⑩ 无锡市滨湖区荣巷街道志编纂委员会编著（主编胡汉茂）：《荣巷街道志》，第231页

出入，经过笔者的调查，事实上荣纪仁的口述无误，只是街道志，没将这段提前的试验记录进去。

未曾经过初级社的联合高级社的试验并不很成功，1954 年冬天，分配的时候，最大的问题就是"有的队分配不合理"，成立"高级社定标准的时候，各个小队标准一样，就有的人不太服气，因为田的情况不太一样，所以计工不能一致"。所以 1955 年冬天又退回原来互助组时候的分配方式，"让各个小队自己核算，他们对自己的情况熟悉，制定起来比较容易，也合理"。比如，团结生产队的水田都靠近河浜、太湖，田质肥沃出产高，"10 个工分定 1.4 元"。"靠山的三个生产队小丁巷、郑巷、东横山因为土地不如团结、东西浜的好，工分也定的都比较低，10 个工分只有八九毛。而联合高级社（1954—1958）只给一个平均标准：10 个工分 1.2 元（强劳力），各个小队再按照自己的情况来定工价。"①

联合高级社试点时，出现的另一矛盾是，"互助组的时候，农闲可以出去搞副业，也可以抽几个人临时去搞副业，补贴收入。而到了 1954 年高级社，规定要完成积肥等任务，冬天才能出去搞收入。还有比如皮匠、瓦匠、木匠等都不允许出去零碎打工。平时如果有闲工夫也不允许出去，生产队就安排大家去积肥，而积的肥肥效不高，仅仅是草皮、河泥、猪灰，缺乏氮磷钾，所以粮食产量也没有什么提高，算不上科学种田。总算高级社允许各户养猪照旧，可以补贴一点个人收入"。1955 年，联合高级社的进步仅有"集体养蚕单位产量比个人养蚕高，一张蚕纸可以收 60 多斤生蚕茧，而 1949 年前只有 40～50 斤生蚕茧。其原因是冬天可以利用集体力量抽干河浜里面的水，既可捕鱼，也可把河里面的污泥挑到桑田里面做肥料，这样桑叶长得肥大，有利于养蚕。而新中国成立前个人是不可能把河浜排干积肥的"，但是养蚕的增收毕竟与外出打工的收入不能比，因而 1955 年冬，"荣纪仁家分完柴草、口粮，只剩下几十元钱回去过年，因不能自由出去赚钱搞副业，所以收入还不如初级社"。②

1955 年荣纪仁加入共青团，并同意选调去无锡"市郊区任专职农民教师"③，离开了被试点的联合高级社，而其他两个一起搞互助组的青年则"一个去当兵、一个去公安局"工作，联合村缺少了活力人物，在高级社下"村干部指导农村的精神变了，原来积极外出搞副业挣钱的情况也不再了"。④ 但是，联合高级社的试点不成功，并未对无锡县推广高级社形成任何阻碍。因为中央是通过省、市、县等各级党委政府以"搞运动的方式"、动用"行政手段"掀起合作化、高级社的高潮，而不是循序渐进的边探索边进步。

1956 年春，高级社在胡埭强行推广后，马鞍村内也出现了矛盾和抵制。如初级社的"土劳分红"改为"按劳分红"，即取消了土地报酬，实行按劳分配的原则。这样使得"土地多、劳力少的农户感到吃亏太大，不愿参加"高级社，尤其是种植水蜜桃的农户"更不愿入社"，干部们为完成上级的任务，则采用行政手段"对这些农户进行打击，迫使他们入社"，如"不准他们请高级社的社员帮工，不帮他们销售出产的桃子"等，以此逼他们入社。⑤

由上可见，适度的合作化是有利于农村水稻亩产的提高的，但是过度、过快在农村扩大社会主义公有化的范围，则让其陷入了难于分配和计算工分、打击了农民的积极性、挤压了收入来源的多样性等等窠臼。而这一系列动作，对提高水稻亩产也无甚实际作用。

2. 1954—1958 年影响水稻亩产的积极因素：良种、农机及肥料

互助组、初级社后，所实行的社会革命（加快合作化），并未对提高无锡水稻亩产形成较大的作用，而实行技术革命，在"农业中逐步使用机器"、进行"各种可能的技术改革"⑥ 却为水稻亩产的大踏步进步提供了可能。

1949 年前小丁巷水稻亩产不高，只有 310～320 多斤/亩，荣纪仁先生认为当时是亩产受到"劳动力、种子、肥料、灌水、病虫害防治等多方面的牵制"。1953 年互助组的出现，解决了小丁巷、邵巷的劳力不均、不足的问题，亩产有所提高。由于联合村新中国成立初还是沿用新中国成立前的种子，所以当时

---

① 荣纪仁先生口述，采访时间地点：2015 年 1 月 11 日晚无锡市滨湖区荣巷某小区，采访人周孜正
② 荣纪仁先生口述，采访时间地点：2015 年 1 月 11 日晚无锡市滨湖区荣巷某小区，采访人周孜正
③ 荣纪仁先生口述，采访时间地点：2010 年 3 月 5 日上无锡市滨湖区荣巷某小区，采访人汤可可、弁纳才一
④ 荣纪仁先生口述，采访时间地点：2015 年 1 月 11 日晚无锡市滨湖区荣巷某小区，采访人周孜正
⑤ 吴文勉，武力：《马鞍村的百年沧桑：中国村庄经济与社会变迁研究》，第 59 页
⑥ 顾龙生编著：《毛泽东经济年谱》，中共中央党校出版社，1993 年版：第 339 页

"靠山的小丁巷、郑巷、东横山一般只有 350 斤/亩,田比较肥沃的团结、东西浜则有 400～500 斤/亩"。1954 年开始,小丁巷采用集体统一购买的种子,并注重"准时施肥、播种,肥料供销社也有一定的配给,比如菜籽饼、豆饼",土壤肥力得到提高;另一方面,"1954 年大渲、团结买了抽水机,实现了电动灌溉,他们属于第一站;1955 年,联合高级社搞了第二站,将灌溉提高到了东横山以及小丁巷、郑巷的小部分土地"。种子、肥料及灌溉的改进,使得小丁巷"到 1955 年的秋收,水稻亩产就增加到 500 斤了"。据荣纪仁先生的测算,小丁巷的水稻亩产从 320～500 斤,"仅种子一项的作用就对亩产提高有 120 斤,肥料和灌溉方面则对提高亩产有 50～60 斤的贡献"。①

胡埭农村在"旧时,农民视病虫害为天意,求神拜佛,然全无效果,解放后,随着科学知识的不断普及,科技队伍的扩大,人们对病虫害的认识不断加深,开展群众性防病治虫工作"。1950 年代初,胡埭贯彻"防重于治,人工防治为主,农业防治为辅"的方针,并"推广合式栽秧,组织群众采卵捕蛾,夏季发动农户在田间点灯诱蛾,冬季组织挖稻根灭螟虫"。② 同样,胡埭"新中国成立前后曾使用过"硫酸铵,农民称之为"肥田粉","因技术指导缺乏"农民不敢使用。1955 年,在乡村技术员的指导下,胡埭地区"逐步开始使用"硫酸铵,"作秧田和大田苗期追肥"。③

新中国成立后,邵巷的"种子一般由无锡县统一到外面去采购,粮站发到各村,如胜利 8 号。小麦种子解放前是红麦,解放后是杨麦 8 号,更好新种后,每亩产量都有所增加。"在播种前,马鞍高级社的技术员还在播种前,"采用泥水选种或盐水选种",这些措施的实施,使得邵巷的水稻亩量从土改后的 200 公斤左右,逐步上升到 1956 年高级社时期的"亩产四五百斤"。④ 为了贯彻中央的指示和提高农村技术人员的水平,无锡县委、县政府"十分重视对农业生产管理干部和技术干部的培养,1956 年开办了无锡县农业合作干部学习,培养了一大批农业生产合作社管理干部和农艺、兽医、水产、林业等技术干部"。⑤

1949 年前,无锡少部分农村已用上了机船拖动的戽水机,新中国成立后,无锡农村进一步农机化,不少新农机逐渐进入水稻生产过程中。马鞍村新中国成立后先是"积极发展机器戽水",1956 年以后又"大力兴修流动抽水机站",到 1957 年,"邵巷所在的马鞍高级社,机器戽水灌溉的面积已占整个农田面积 90%"。⑥ 联合村小丁巷 1949 年后的农机使用也是逐步增加,"1952 年互助组买了脚踏脱粒机,帮助提高效率、减少劳力"。1957 年高级社"夏天农忙的时候,大队有电工,就把每个生产队搞一个电动脱粒机,机器上的木架自己做的,齿轮是农具厂(修船厂的前身)翻砂的,电动机是买的,电工统一组装。可以同时 5～6 人同时上车脱粒,速度大大提高"。还有上文提到的抽水机,到 1959 年夏开了第三站,"小丁巷、郑巷沿山的田全部用上抽水机",1962 年又买了拖拉机,"农忙时主要的耕田,农闲时候搞运输"。⑦

最后帮助小丁巷、邵巷将水稻产量提高到亩产 500～600 斤平台的,还是优良品种。无锡市郊区农林局一直负责对郊区农村"进行优化种子"的工作,1957 年夏,农林局"引进上海松江'老来青',这是上海水稻专家陈永康创造出来的。这种稻子成熟之后,周边的叶子还是碧青的,这说明稻子很壮,和原来相比,稻子成熟时间要晚 5～7 天收割,可以多长 5～7 天,这样产量提高 15%～20%"。此举使得"小丁巷水稻亩产从 500 多斤提高到 650 多斤,接近 700 斤。而下面团结、大渲的亩产则提高到七八百斤,甚至好的 800 斤多一点。"⑧ 在邵巷,"高产晚熟良种'老来青'"也在同一时间被引种,当年"邵巷水稻亩产上升到 600 斤",农民感慨说"种了三年老来青,多年宿债全还清"。⑨

由于"老来青"是刚引进的品种,随着"农民对该品种的熟悉,管理能力也进一步提高,逐步认识到要获得高产,其主要经验就是肥料足"。因而小丁巷的水稻亩量在 1958 年,较 1957 年还有所增加,即

① 荣纪仁先生口述,采访时间地点:2015 年 3 月 9 日晚无锡市滨湖区荣巷某小区,采访人周孜正
② 《胡埭镇志》编纂委员会:《胡埭镇志》,第 168 页
③ 《胡埭镇志》编纂委员会:《胡埭镇志》,第 167－168 页
④ 王望荣先生口述,采访时间地点:2014 年 7 月 20 日晚无锡市胡埭公园路花汇小区,采访人周孜正;吴文勉,武力:《马鞍村的百年沧桑:中国村庄经济与社会变迁研究》,第 109 页
⑤ 参见中共无锡县地方史编审委员会:《中共无锡县地方史(1949—1978)》,第 96 页
⑥ 吴文勉,武力:《马鞍村的百年沧桑:中国村庄经济与社会变迁研究》,第 103 页
⑦ 荣纪仁先生口述,采访时间地点:2015 年 3 月 9 日晚无锡市滨湖区荣巷某小区,采访人周孜正
⑧ 荣纪仁先生口述,采访时间地点:2015 年 3 月 10 日晚无锡市滨湖区荣巷某小区,采访人周孜正
⑨ 吴文勉,武力:《马鞍村的百年沧桑:中国村庄经济与社会变迁研究》,第 109 页

使到了经济很困难的 1959 年，"老来青"的亩产却增长到"700 斤左右"。

马鞍村 1958 年大跃进秋收的时候报产量，"是胡埭乡专门组织派人一个队一个队进行统计。王望荣比较老实，没有报满 1 000 斤（实际产量六七百斤）"，这表明"老来青"在邵巷种植后，1958 年的水稻亩产相较 1957 年也是有提高到。另据《胡埭镇志》，1950—1958 年，胡埭的"粮食产量稳步上升，水稻亩产达到 280 公斤，三麦亩产 80 公斤，比新中国成立前分别增长 70% 和 95%"。[①] 而"一五期间（1953—1957）无锡县农业生产基本上实现了稳步增长。至 1956 年，全县粮食总产量、猪羊牛肉产量、水果产量和水产品总产量分别比 1952 年增长 8.4%、157.4%、39.4% 和 32.1%"。[②] 显而易见，由于受良种、新农机、肥料等的影响，小丁巷和邵巷的粮食增幅是远大于无锡全县的平均数字了。

四、余　论

1949 年后，无锡农村确实发生了千年以来未有的变化，水稻亩产在短短 10 年内，就有一倍左右的提高，这是民国时期江南的农业进步难以企及的。而这种亩产的增加居然延续到困难饥荒时期，随对"老来青"管理的完善，该品种的水稻亩产 1959 年、1960 年依然是节节上升的。

江南地区 1949 年后水稻亩产的快速上升，其增长的大部分被国家和集体提留，所以这并没有带给农民多少实惠。显然，单纯水稻亩产的提高，并不能解决改革开放前农村致富的问题。1958 年"大跃进"开始后，一些大队集体企业先后在无锡小丁巷、邵巷出现并生根发芽，这也是无锡乡镇企业的萌芽，诸如马鞍村在 1958 年、1967 年先后创建的砖窑厂、粮食加工厂。[③] 而荣纪仁也在 1965 年组建了"河酵运输中队，共有 100 多号人，使用人力两轮板车，给无锡各个工厂、火车站、航运局等单位送货"。[④]

黄宗智教授在《中国的隐性农业革命》一书中指出，"在耕地严重的短缺的情况下"，中国（和印度）的农业都不能"只靠农业本身来克服人多地少的困境"，而应该"依赖强大的非农经济发展来吸收高比例的农村过剩劳动力，借此来缓解人口压力"。[⑤] 以此观点对照并串联 1950 年代无锡农村水稻亩产迅速进步、1960 年代乡队企业萌芽发展的这两段历史，正好是以三年困难及饥荒时期为拐点，江南社会从"纯农经济"转向"非农经济"的历史过程，这一进程延续亦延续至今，开始自 1960 年初的"非农化"经济萌芽及进步，也为改革开放后苏南的乡镇企业的迅速崛起做了准备。

---

① 《胡埭镇志》编纂委员会：《胡埭镇志》，第 167－168 页
② 中共无锡县地方史编审委员会：《中共无锡县地方史（1949—1978）》，第 96 页
③ 吴文勉，武力：《马鞍村的百年沧桑：中国村庄经济与社会变迁研究》，第 148－149 页
④ 荣纪仁口述，采访时间地点：2010 年 3 月 5 日上无锡市滨湖区荣巷某小区，采访人汤可可、弁纳才一
⑤ 黄宗智：《中国的隐性农业革命》，法律出版社，2010 年版：第 236 页

中国江南古村落土地产权分化与制度安排

——兰溪市诸葛古村土地契约和农家簿记解读

王景新[1]* 麻勇爱[2] 詹 静[2]

(1. 浙江农林大学中国农民发展研究中心，浙江 杭州 311300；
2. 浙江师范大学农村研究中心，浙江 金华 321004)

摘 要：清田、民田、客田的田赋不同且主要用谷租交纳，地产权的分化与流转在当时的古村落得到了普遍认可，而地主按照额租的五折或六折减租收取能容忍佃农的拖欠，进而得出结论即诸葛古村落的土地产权是高度分化的，土地产权的流转总体上看，不同权利的土地"身价"不一样，民田可以买卖但不能剥夺客田（永佃）权益（即占有着的耕作权），客田也可以买卖但交易的只是租赁权。最后，他们还认为诸葛古村落的土地制度在江南具有一般性，其土地产权是习俗性产权、具有自组织性，实行的土地定额租并非实租。这些对完善当今中国农村土地制度具有重要启迪。

关键词：江南；土地产权；诸葛古村；地契；农家簿记

一、土地契约和农家簿记来源及相关说明

2007 年，王景新教授带队在诸葛村调研，获得了两本手抄簿记：其一，咸丰四年（1854 年）十一月穀旦《南阳明德堂屋契田业总簿》（以下简称契簿）和光绪十年（1884 年）二月吉立《隆中洙泗明德膳清租簿》（以下简称租簿）（图 1）。

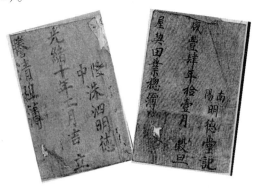

图 1 左：光绪十年（1884 年）二月吉立《隆中洙泗明德膳清租簿》；
右：咸丰四年（1854 年）十一月穀旦《南阳明德堂屋契田业总簿》

《契簿》抄录了南阳明德堂①自咸丰到光绪年间的 92 份土地、房屋、林木和合会会股买卖的契约，其中：田业买卖契约 75 份（清田契 1 份，大小皮山地契 3 份，坟地 1 份，民田契 30 份，客田契 40 份）；房屋地基买卖契约 11 份（普通房地产买卖契 5 份，祀祭房股份和分割房屋的买卖契 5 份，粪池契 1 份）；林

---

* 【作者简介】王景新，浙江师范大学农村研究中心原主任，现为浙江农林大学中国农民发展研究中心常务副主任、教授，中国农业经济法研究会副会长；麻勇爱，浙江师范大学农村研究中心副教授、博士；詹静，浙江兰溪一中教师，浙江师范大学农村研究中心助理研究员

① 诸葛村始祖诸葛亮是原居住地为中国南阳隆中

木买卖契约 2 份；会脚或会股买卖契约 4 份。这些契约都属于白契的招录文书，根据不同的权利性质，这些契约分为清田买卖契约、民田买卖契约、客田买卖契约、房地产买卖契约、会脚买卖契约。《契簿》反映出清中晚期，中国江南土地制度融合了兰溪县府的规范和诸葛村落血缘关系、民风民俗的土地制度安排。

《租簿》是隆中洙泗明德自光绪十年二月至光绪二十四年（1884—1898 年），各年收租及佃农欠租记录。《租簿》的开篇是一个类似于"目录"的汇总，列有佃田面积、垠数、佃户姓名。"目录"共列出 76 佃农，事实上，该《租簿》上共记录了有 84 户佃农。目录之后，按照每一编号顺次分列 1~3 页，记录佃田面积、垠数、佃户住址姓名、额租数量、坐落、水注以及自光绪十年至二十四年各年收租多少、下欠多少等。

诸葛村收集到的《契簿》和《租簿》，是中国江南农村社会生产、分配和运作过程中留下的原始记录，对研究中国自明清以来的江南土地制度史，佃农租金等方面，提供了弥足珍贵、具有重要价值的历史资料。为便于读者尤其是国外读者了解诸葛古村落的经济社会环境，有必要对及该村的基本情况和所在清中晚期的县域经济社会背景作简要说明。

诸葛村地处浙江金衢盆地西北缘，位于浙江省兰溪市、建德市和龙游县的交汇点上，东距兰溪市区 18 千米。该村是中国"三国时期"杰出的思想家、军事家、蜀汉丞相诸葛亮后裔的最大聚居地，是典型的宗族古村落，建村距今已近 700 多年的历史。目前，诸葛村隶属于浙江省兰溪市诸葛镇，村域面积 2 平方千米，户籍人口 2 780 人，其中 80% 姓诸葛，常住人口 4 500 人。至今，诸葛古村仍然完好地保存着结构精美、布局奇巧的元、明、清古建筑 200 多座，这在浙江乃至中国都十分罕见。这些古建筑群保留着"青砖灰瓦马头墙，肥梁胖柱小闺房"的徽派建筑风格，古建筑总面积达 6 万多平方米。1996 年底，经中国国务院批准，该村被列为全国重点文物保护单位。目前发展成为 AAAA 级国家风景区。

诸葛村所在的兰溪县自古人多耕地少。洪武二十四年（1391 年），全县农用地总面积 150.8 亩，田和地（相当于耕地）的面积 71.93 万亩，按 23.3 万人口计算，人均只有 3.09 亩。明朝成化八年（1472 年）一直到清嘉庆二十五年（1820 年）约 350 年间，兰溪农用地（纳税）面积始终保持在 125.7 万~128.9 万亩，其中田面积 47.5 万亩左右[①]，人均田面积不足 3 亩[②]。中国清朝的田亩制度，承袭了明代的土地私有制度。清王朝寿终正寝的前一年（1910 年），兰溪县人均农用地面积 7.31 亩，人均田面积 2.77 亩。民国初期，兰溪的土地制度仍沿袭清代。民国二十三年（1934 年）5 月，国立浙江大学农学院与兰溪县政府合作组成调查团，对兰溪农村进行调查，形成的《实验县农村调查》《实验县土地概况》中记载，"全县土地总面积据陆军测量局所测为 1 638 331 亩，其中水田 460 432.2 亩，占 28.1%；旱地 139 924 亩，占 8.54%；合计耕地面积 600 356.3 亩，占全县土地总面积的 36.64%，按照全县 268 619 人平均，每人可得耕地 2.23 亩"[③]，"其为数之小，出乎吾人意料之外，全省及全国比较均属不及，方之他国，则相差更远。今以全县之耕地分配于全县 41 162 家农户，每农户可得 13.8 亩，一家六七口之生活似可无虑。惟兰溪佃农较多，常年收获缴租外所得无几，实际生活颇为困难"[④]。人多地少的资源禀赋一直影响兰溪的土地制度变革，影响兰溪农民的生产和生活方式。

二、代表性契约文书考释与相关数据整理

1. 代表性土地买卖契约文书考释

为生动展现诸葛古村落的土地制度安排，我们从《契簿》中辑录了 6 份代表性契约（图 2、图 3），并且将其古文翻译简化汉字，断句、标点以方便阅读和研究。这些契约是不同权利性质的土地买卖的凭

---

① 纳税面积与实际面积并不完全一致，历史经验证明，实际面积应该大于纳税面积，因为王朝更替之初的土地清查年土地都大于实际数量，然后逐年微量减少

② 数据来源《兰溪市土地志》第 40 页

③ 兰溪市市志编撰委员会办公室：《兰溪编志补遗》，1992 年内部印发，第 205 页

④ 兰溪市市志编撰委员会办公室：《兰溪编志补遗》，1992 年内部印发，第 258 页

证，从中不仅可以了解晚清诸葛古村落的田业买卖，地租和田赋的标准及其收取，人情世故等诸种细枝末节；而且可以通过村落制度运行的实际，管窥其时国家土地制度及县域土地制度安排，从中甚至还能够体味到社会动荡及外敌入侵对村落及村民带来的疾苦。利用这两份历史文献研究诸葛古村落的经济社会变迁，是单凭口述历史进行研究所不能比拟的。

契约1民田买卖（图2上）　立杜卖文契人，陈步韩。今因钱粮无办，自愿托中，将祖父遗下承分得己民田四硕八斗正，计额租二十二硕六斗五升正，其亩分坵口土名坐落开后，立契出卖于诸葛人宅儒声先生边为业，三面言定，作价时值价纹银一百念[①]六两正。其价当日交付足，其田任凭受主前去管业收租过税完纳，本家大小并无异言阻执。如有田内不清，出主自因行承涉，不干受主之事，自卖之后，永无翻悔回赎，亦无找价等情。此系两相情愿，欲后有凭，立此杜卖文契，永远存据。

再批，上手老契未缴，日后捡出以作废纸。又照。

计开坵口额租坐落

田七斗，计正租三硕三斗，坐落米塘垅，陈彩逢佃。

田一硕二斗，计二坵，计正租五硕六斗，坐落瓦塘垅猪头坞口和尚坵瓦塘水注，徐佳凤佃；又小租二硕正，计光洋十五元正，中资钱四百五十文，又新旧老一共六币，徐佳凤佃。

田六斗，计正租三硕正（除坑谷一斗外），坐落权般山，朱双弟佃；

田六斗，计正租二硕四斗正，坐落长小沿坞口，朱溯源佃；

田二斗，计正租一硕正，坐落邵坞，朱阿秀佃；

田四斗，计正租二硕正，坐落邵坞（邵坞塘水注），朱阿秀佃；

田二斗，计正租一硕正，坐落邵坞（邵坞塘水注），朱阿秀佃；

田二斗，计正租一硕正，坐落方坞，朱阿秀佃；

田二斗，计正租一硕正，坐落西塘沿西首，朱鹤鸣佃、子章发；

田一斗，计正租五斗正，坐落曹坞口，夏松鹤佃、子清元；

田四斗，计正租二硕正，坐落梅塘下（梅塘水注），徐志尚佃。

咸丰七年八月　日，立杜文契人：陈步韩、陈利川

中人：吴慎修、诸葛占芳

代笔：陈步瀛

契约2民田买卖（图2左下）　立杜卖田契人，孟分兰庭。情因钱粮无办，自愿托中，将父手遗下承分得己民田一硕计一坵，土名堰坑坵，坐落灵芝堆头，其细号亩分四至开载于后。凭中立契，出卖与仲分儒声兄边为业，三面议定，时值价纹银念二两正。其价银当日契下交收足讫，其田即卖即推，任凭受人关收入户完粮收租管业，本家大小并无兴端阻执，亦无重叠等情。自杜卖之后，永无回赎找贴。此系两相情愿，并非强逼。恐后无凭，立此杜卖文契，永远存证。

计开亩分字号

田计一坵二亩八厘七毫，坐常字三百九十四号。

计额租五硕正

四至，东至大灵田为界，西至堪为界，南至塘为界，北至塘为界。其田灵芝塘荫注。

咸丰七年九月　日，立杜卖文契人：孟分兰庭

中人：堂兄督周、炳兰

代笔：锦坦

契约3民田买卖（图3左上）　立杜卖田契人，本家雄文。今因钱粮无办，自愿托中，将祖父遗下承分得己民田六斗计一坵，土名亩分坐落开载于后，凭中立契，杜卖与儒声叔边为业。三面言定，时值价纹银二十二两正，其价银即日契下交收并足。其田即卖即推，任凭受人关收入户完粮收租管业，本家大小并无异言，兴端阻执，亦无重叠等情。自杜卖之后，永无回赎找贴。此系两相情愿，并非强逼。恐后无凭，立此杜卖文契，永远存照。

----

① "硕"古同石；"念"是二十的大写

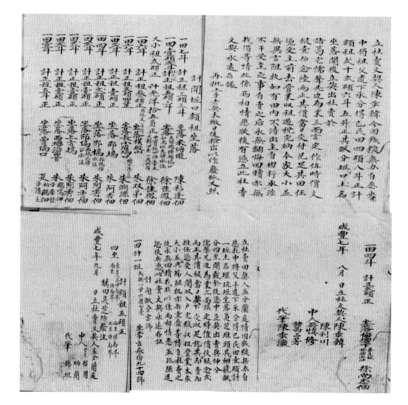

图2 代表性土地买卖契约

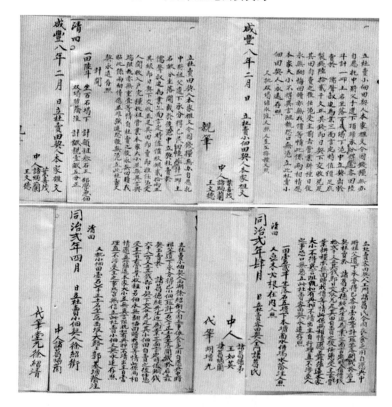

图3 代表性土地买卖契约

计开

田六斗，坐落百石碣下，计额租三石正，邵学思佃；

双碣塘荫注，计亩税一亩五的分正。

咸丰八年二月 日，立杜卖田契人：本家雄文

　　　　　中人：叶善茂、诸炳兰、王文德

　　　　亲笔

契约4 客田买卖（图3右上） 立杜卖小佃田契人，本家雄文。今因钱粮无办，自愿托中，将父手遗下顶规承分得己客田六斗计一坏，土名坐落百石碣下，凭中立契，出于儒声叔边为业。三面言定，时值价足底制钱六十二千文正。其钱即日契下交收兑足。其田自卖之后，任凭受主前去管业耕种，日后永无翻悔回赎，亦无找价等情。此系两相情愿，本家大小不得异言阻执。恐口无凭，立此杜卖小佃田契，永远存照。

又批双碣塘水注，又照；又豆壬接种，又照。

清田

咸丰八年二月 日，立杜卖佃契人：本家雄文

中人：叶善茂、诸炳兰、王文德

亲笔

契约5 客田买卖（图3右下） 立杜卖客田契人，王门诸葛氏。今因衣食乏用，自愿央中，将祖父遗下承分得己客田一石二斗计一坏，坐落开载于后。立契杜卖于诸葛宅德纯先生边为业。三面言定，时值价钱二十二千文正。其钱即日交收兑足。其田自卖之后，任凭受主前去管业耕种，亦无回赎找价等情。此系两相情愿，并非强逼，本家大小不得异言阻执。如有典押不清，出主自行理直，不涉受人之事。恐口无凭，立此杜卖客田契，永远存照。

田一石二斗，坐落五塘下，本塘水面并坞水荫注，又照。

清田 皂木二根在内。又照。

同治二年四月 日，立杜卖客田契人：王门诸葛氏

中人：诸葛德弟、诸葛炳兰、王如英

代笔：胡增光

契约6 小佃田买卖（图3左下） 立杜卖小佃田契人，西湖徐绍衔。今因正事，衣食乏用，自愿央中，将祖父遗下承分得己小佃田一坏一石七斗正，土名坐落开载于后。立杜卖契，出卖于诸葛德纯先生边为业。三面言定，时值铜钱六千八百文正。其钱即日契下交收兑足。其小佃田自卖之后，任凭受主前去管业收租另佃，永无翻悔回赎找价等情。此系两相情愿，并非强逼，本家大小无异言阻执。如有典押不清，出主自当理直，不涉受人之事。恐口无信，立此杜卖小佃田契，永远存照。

又批小佃田一石七斗正，土名坐落西畈大路上郭基塘荫注。

清田

同治二年四月 日，立杜卖小佃田契人：西湖徐绍衔

中人：诸葛炳兰、王如英

代笔：堂兄徐绍青

代表性契约反映其基本内容：①卖买人（出主与受主）双方姓名，卖方签押，表明双方产权的交接和责任者的身份。②中见人是中介人兼见证人，书契的书写执笔者，亦须签押。③土地的数量、坐落、编号、四至，这是契约的主要内容（但有的契约书写比较马虎，往往缺此失彼）。④卖价及交讫日期。⑤田地上附属物，如房屋、木植、树苗、水碓、鱼塘等都需一一写明。⑥税额起割入册和管业的归属。⑦注意事项和违约责任，如不能重复交易、来脚不明，及一切不明之事，家内外人不许占拦等（注明卖方责任，不关买方）；不许反悔，先悔者得罚钱，原契约仍旧生效。⑧立契时间年月日。

辑录的契约文书证实：在明清时期的私有土地制度下，村落里产权交易对象十分广泛，涉及田产及其地租、水塘、供水、山地、林木、沙地、宅基地、粪池、会脚及喜助等。古村落里的农民土地有"清田""民田""客田""小佃田"等分别，表明村落里土地产权高度分化，所有权、使用权、租佃耕种权可以分别属于不同的主体。无论那一种土地权利都可以按照"市场"价格（买卖双方自愿商定）自由买卖、抵押和租佃，当然隐含的前提是必须符合国家和县政的管制规则。

2. 基于契约文书整理的数据资料

为进一步研究，我们对《契簿》和《租簿》的数据资料进行分类整理。将《契簿》契约中隐含土地买卖规则、缘由和条件、价格、地租以及土地附作物处理办法等信息以表格形式进行汇总（表1）；在《租簿》抽出3个佃户样本，整理成簿记举例（专栏）。

表1　诸葛村古村落仲分明德堂房屋田业买卖统计表

序	出主	受主及关系	交易产权及数量	价格	出卖缘由	时间
1	诸葛门祝氏	本家儒声叔	房地产一座，余基一片等	洋银二百念元	钱粮无办	咸丰四年八月
2	陈步韩	儒声先生	民田四硕八斗正	纹银一百念六两	钱粮无办	咸丰七年八月
3	孟分兰庭	仲分儒声兄	民田一硕	纹银念二两	钱粮无办	咸丰七年九月
4	孟分啓周	仲分儒声兄	民田八斗	纹银十四两	钱粮无办	咸丰七年十月
5	叶春高	诸葛宅纯飞	客田一石	铜钱六十千文	正事乏用	咸丰七年十月
6	诸葛雄文	本家儒声叔	客田六斗	足底制钱六十二千文	钱粮无办	咸丰八年二月
7	诸葛雄文	本家儒声叔	民田六斗	纹银二十两正	钱粮无办	咸丰八年二月
8	三房方臣	大房纯飞叔	戊午会一脚、火炮会一脚、及其会脚的喜助等	洋银九元	正事乏用	咸丰八年二月
9	三房舜臣室章氏	大房纯飞叔公	大经堂会一脚	大钱一千二百文	情因正用	咸丰八年二月
10	立推扎人徐家凤	诸葛宅纯飞	客田一石二斗	洋银八元	情因正用	咸丰八年二月
11	立推扎人孟分玉泉	仲分儒声侄	客田七斗	铜钱三十千文	情因正用	咸丰八年二月
12	立推扎人叶春高	诸葛宅纯飞	客田七斗五升	铜钱二十千文	情因正用	咸丰九年正月
13	立推扎人徐氏	诸葛宅德纯	客田四斗	当钱十八千文	情因正用	咸丰九年十月
14	立推扎人徐廷五	诸葛宅纯飞	客田一石	足底钱三十五千文	正用无办	咸丰九年十二月
15	立推扎人徐有喜	诸葛宅纯飞	客田四斗五升	大钱十五千文	正用无办	咸丰九年十二月
16	本家鸿义	本家德纯叔	大小皮清田二斗	纹银十两	正用无办	咸丰十年二月
17	徐门夏氏	诸葛宅德纯	民田二石三斗五升	纹银四十五两	钱粮无办	咸丰十年十二月
18	崇行堂双贵	仲分德纯兄	民山一处	纹银八两	正事乏用	咸丰十年十一 月
19	叶高松长子裕魁	诸葛宅德纯	客田五斗	铜钱四十五千文	钱粮无办	咸丰十一年正月
20	孟分关帝会在会人	仲分德纯	民田一斗	铜钱二千六百文	会内修理	咸丰十一年四月
21	孟分毓儒	仲分德纯侄	民田七斗	纹银十两	无办衣食	咸丰十一年十二月
22	叶友金	诸葛宅德纯	客田四斗	大钱十八千文	正事乏用	同治二年二月
23	叶锦文	诸葛德纯	民田一石三斗	洋钿十九元五角	衣食乏用	同治二年三月
24	叶锦文	诸葛德纯	客田一石三斗	大钱五千二百文	衣食乏用	同治二年三月
25	叶又仓同嫂洪氏	诸葛德纯	民田七斗	洋钿十三元	正事乏用	同治二年三月
26	叶又仓同嫂洪氏	诸葛德纯	客田七斗	大钱三千五百文	衣食乏用	同治二年三月
27	叶门邱氏	诸葛德纯	民田三斗	洋钿五元五角	东林夫妇双忘丧葬无钱	同治二年三月
28	叶门邱氏	诸葛德纯	客田三斗	铜钱一千五百文		同治二年三月
29	王门诸葛氏	诸葛宅德纯	客田一石二斗	钱二十千文	衣食乏用	同治二年四月
30	西湖徐绍衔	诸葛德纯	民田一石七斗	洋钿念六元	衣食乏用	同治二年四月
31	西湖徐绍衔	诸葛德纯	小佃田一石七斗	铜钱六千八百文	衣食乏用	同治二年四月
32	叶宇文	诸葛德纯	客田八斗五升	铜钱五千文	衣食乏用	同治二年四月
33	叶宇文	诸葛德纯	民田八斗五升	洋钿十四元	衣食乏用	同治二年四月
34	叶宇文	诸葛德纯	客田八斗	洋钿四元	衣食乏用	同治二年四月
35	孟分志伊	仲分德纯兄	堂屋三座九间其他四间	纹银五十二两	长兄亡故	同治二年五月
36	绍啓泰	诸葛德纯	小佃田八斗、水塘等	洋钿八元	衣食乏用	同治二年五月
37	诸葛门方氏嫂王氏	仲分德纯叔	小佃田五斗	铜钱三千六百文	氏子年幼	同治二年五月

序	出主	受主及关系	交易产权及数量	价格	出卖缘由	时间
38	叶才才	诸葛德纯	小佃田三斗	钱二千文	衣食乏用	同治二年五月
39	叶友金、叶长五	诸葛德纯	小佃田九斗	洋钿五元	衣食乏用	同治二年五月
40	叶门钱氏	诸葛德纯	小佃田一石	洋钿五元	衣食乏用	同治二年五月
41	孟分炳兰	仲分德纯弟	小佃田七斗	铜钱三千五百文	衣食乏用	同治二年五月
42	诸葛门鲁氏	仲分德纯公	民田四斗	洋钿六元	夫故正用	同治二年五月
43	季分银美	仲分德纯叔	小佃田一石八斗	洋银十元	衣食乏用	同治二年五月
44	季分德弟同侄孙	仲分德纯侄	民田五斗	纹银九两	母子同日亡故丧事无钱	同治二年七月
45	季分德弟同侄孙	仲分德纯侄	客田五斗	铜钱七千文	母子同日亡故丧事无钱	同治二年七月
46	孟分堂求同亲弟	仲分德纯伯	楼屋一座六间、小屋基等	纹银四十两	父母亡安葬	同治二年八月
47	季分秀来	仲分德纯叔	小佃田二斗	洋钿二元三角	堂弟被掳、弟妇亡、丧葬	同治二年八月
48	诸葛门方氏同子茶亭	仲分德纯叔	小佃田一石一斗	洋钿十一元三角	子被掳、葬母	同治二年八月
49	叶银银	诸葛德纯	小佃田六斗	钱二千四百文	正事乏用	同治二年九月
50	孟分大学	仲分德纯伯	大小两皮山地四斗	纹银四两	正事乏用	同治二年九月
51	叶开弟	诸葛德纯	小佃田二斗	钱三千文	正事乏用	同治二年九月
52	叶门胡氏	诸葛德纯	客田七斗、沙地一片	大钱四千文	正事乏用	同治二年九月
53	叶锦文	诸葛德纯	民田五斗五升	洋钿八元二角	衣食无办	同治二年十二月
54	叶锦文	诸葛德纯	客田二石二斗五升	铜钱六千九百文	衣食无办	同治二年十二月
55	季分德弟	仲分德纯侄	山地大小六片	纹银四两	衣食乏用	同治二年十二月
56	孟分赵氏	仲分德纯再侄	民田一石二斗	纹银八两四钱	日用不敷	同治三年二月
57	诸葛门李氏同子载勤	仲分德纯兄	民田七斗	纹银四两二钱	母子乏用	同治三年二月
58	诸葛门李氏同子载勤	仲分纯飞兄	客田七斗、田边溪边杂木	大钱二千八百文	母子乏用	同治三年三月
59	王德英	诸葛纯飞	客田三斗	大钱二千文	正事乏用	同治三年二月
60	王德英	诸葛纯飞	客田二斗	大钱一千二百文	衣食乏用	同治三年三月
61	孟分禹田	仲分德纯侄	民田一石一斗	纹银八两八钱	钱粮无办	同治三年二月
62	孟分禹田	仲分德纯侄	客田二斗	铜钱一千六百文	钱粮无办	同治三年二月
63	季分德弟同孙寿福	仲分德纯兄	坟地一片	纹银六两	口粮难度	同治二年十二月
64	孟分湘南媳胡氏	仲分德纯公	大租田五斗	纹银二两五钱	丧葬公及夫	同治三年九月
65	孟分瑞先	仲分德纯兄	山地一片、皂木四株	纹银五两	正事乏用	同治三年九月
66	叶又金	诸葛德纯	皂木两株	钱五百文	—	同治二年五月
67	叶裕魁	诸葛德纯	皂木数株	钱一千三百文	缺用	同治二年三月
68	孟分堂求	仲分德纯叔	终和会二脚，新锣鼓会、子孙会、武侯会、六种会等各一脚	大钱十二千文	口食难度	同治三年五月
69	姜寿连	诸葛德纯	民田十八石五斗五升	纹银六十两	为长兄还债	同治三年十月
70	邵品荣	诸葛德纯	民田一石三斗、水、杂木	洋银十三元	衣食乏用	同治三年十月
71	邵品荣	诸葛德纯	客田一石三斗、水、杂木	洋钿二十二元	衣食乏用	同治三年十月

（续表）

序	出主	受主及关系	交易产权及数量	价格	出卖缘由	时间
72	本房臣小陈氏	德纯公祖	民田四斗五升	纹银八两正	正事家用	同治三年十一月
73	徐维清、徐维增	诸葛德纯	客田八斗	洋钿十元	正事乏用	同治三年十二月
74	姜寿连	诸葛德纯	民田十八石五斗五升	纹银七十两	原卖赎、重卖	同治三年十二月
75	本厅章亭	本厅德纯兄	三开两搭厢屋一坐、地基、山地	洋银十六两	正事乏用	同治四年正月
76	孟分祥发室徐氏同子	仲分德纯叔	房屋一股、和会屋一座	铜钱三十千文	丧事无办	同治四年二月
77	孟分瑞林同亲弟	仲分德纯叔	房屋一股、和会屋同上座	铜钱三十千文	钱粮无办	同治四年二月
78	孟分秀珠敬珠同亲弟	仲分德纯伯	房屋二股、和会屋同上座	铜钱六十千文	钱粮无办	同治四年二月

说明：①我们把簿记中的契约按照时间顺序编号，一共92号，为节省篇幅，此表记录到78号；②从79－92号的契约中，出卖：民田7份，客田2份，房屋、宅基3份，会脚或股1份，粪池1份；③我们在比较研究时将综合15份契约的数据

专栏：《租簿》中的簿记举例

元号田，季分增来佃。田二斗计一坵，额租一石二斗正，坐落风车□□雷鼓山下，前簿过来共结欠租谷十七石六斗六升正……

（其下分年记录收租时间、数量、欠或多）……入后计，二十四年以上共结净，欠租谷廿石二斗七升，入新簿算计。

念九号，菰塘畈方海春佃。田一石二斗计一坵，额租六石正，坐落三石塘角第二坵，本塘水注。自同治四年起至光绪九年共欠租谷八石三斗一升……

（其下分年记录收租时间、数量、欠或多余）。以上自十年起至今共欠谷七石四斗八升……

四十九号，白象叶开弟种。田二斗五升计一坵，额租一石二斗五升，又熟租三斗七升五，坐落上米塘上红稻坵；田一斗计一坵，额租五斗正，又熟租一斗五升，坐落红稻坵上；田四斗计一坵，额租二石正，又熟租六斗正，坐落红稻坵田下；田七斗计一坵，额租三石五斗正，又熟租一石五升，坐落坽口溪沿；田七斗五升计一坵，额租三石七斗五升正，又熟租一石一斗二升五，坐落坽口石头桥；田四斗计一坵，额租二石正，又熟租六斗正，坐落下米塘第一坵；田二斗计二坵，额租一石正，又熟租三斗正，坐落同；田三斗计一坵，额租一石五斗正，又熟租四斗五升正，坐落同；田三斗计一坵，额租一石五斗正，又熟租四斗五升正，坐落同；田三斗计一坵，额租一石五斗正，又熟租四斗五升正，坐落同；田二斗五升计一坵，额租一石二斗五升正，又熟租三斗七升正，坐落上米塘上土名红稻坵；

小佃田三石四斗五升，计十一坵，又熟租五石一斗七升五，坐以上共计额租念硕五升，又共计包熟租十一石一斗正。

……（其下分年记录收租时间、数量、欠或多余）。

说明：①文章标点系作者所加；②四十九是《租簿》中租佃田最多的一户，合计民田39.5斗、客田34.5斗，合计74斗，按照诸葛村4斗折合1亩的习俗，折合为18.5亩

我们还将《租簿》中的记录按照一定规则抽样，进行数据整理和统计。①样本按照《契簿》原编号依1、3、5、7、9……的次序抽样，以保证样本的代表性；②簿记对每一佃户记录的内容大同小异，因此样本只抽取到第29号，样本包含了诸葛村落里同宗的三分子孙，殿后、殿下、上徐、下徐、西湖、菰塘畈等其他村落的佃户，能够代表不同区位不同等级土地的谷租标准；③在《契簿》中佃户记录共84号，其中，从79号至84号记录极不完整，也未被《契簿》列入"目录"，因此有关数据的统计直到78号为止；④佃户实际交租少于定额，地主只按照定额的6折或5折收取租谷，但无规律可寻，有的佃户全部实行对折，有的佃户是5折、6折相间进行，因此表中数据前后对照时必须考虑减租比例；⑤在《契簿》中的租谷计量单位，有"石或斗"，有"斤"，其基本规律是，1石＝10斗＝100斤，为了便于比较，我们

在统计时统一用"斗"为计量单位（表2）。

表2 诸葛村《租簿》相关数据摘录整理

序号	租佃人	面积（斗）	额租谷（斗）	实际交租（光绪十至二十四年（1884—1898年），单位：斗）					
				10年	13年	15年	18年	21年	24年
1	季分增来	2	12	4.5	4.6	4.6	3.7	3.0	6.0
3	季分樟银	9	54	32.5	25.1	27.6	30.5	37.9	19.1
5	仲分文彬	10	50	28.2	24.2	25	25.3	30	/
7	朱光中租佃，换孟大宝租佃，然后自种								
9	孟分凤金	4.5	27	11.2	13.7	16.3	16.0	13.6	9.6
11	孟分来元	23	134	125.9	111.5	107.6	/	/	/
13	殿后朱章凤	2	10	4.4	5.5	3.7	4.7	5.0	
15	殿后朱凤春	6	30	14.0	14.8	11.0	14.7	14.9	9.6
17	上徐徐乃仓	12	56	45.8	33.6	40.1	33.0	28.0	23.0
19	殿下陈德法	6.8	27.2	11.6	17.0	9.5	12.0	12.0	
21	西湖徐绍宾	17	85	50.0	46.5	/	/	/	30.6
23	西湖赵锡光	9	45	12.0	未交	17.8	18.8	12.5	6.0
27	下徐徐炳发	6	36	21.2	17.7	16.0	17.5	/	/
29	菰塘畈方海春	12	60	20.0	19.3	26.8	29.8	27.7	/
	小计	119.3	626.2	381.3	333.5	306.0	206.2	184.6	97.9

序号	租佃人	面积（斗）	额租谷（斗）	按5折或6折后与额租比较（单位斗）					
				10年	13年	15年	18年	21年	24年
1	季分增来	2	12	−1.5	−1.7	−2.4	−2.3	−1.8	/
3	季分樟银	9	54	+0.1	−1.9	−5.6	−1.9	+5.5	−7.9
5	仲分文彬	10	50	−1.8	−0.8	清乞	−4.7	+5.0	/
7	朱光中租佃，换孟大宝租佃，然后自种								
9	孟分凤金	4.5	27	−2.3	−2.4	+0.1	−0.2	−2.6	−3.9
11	孟分来元	23	134	−0.5	−1.5	−5.4	/	/	/
13	殿后朱章凤	2	10	−1.6	−0.5	−0.3	0.3	清乞	/
15	殿后朱凤春	6	30	−1.0	−3.2	−4.0	−0.3	−0.1	−5.4
17	上徐徐乃仓	12	56	−3.5	−6.0	−5.9	−1.0	清乞	−0.6
19	殿下陈德法	6.8	27.2	−1.8	−4.6	−4.1	−1.6	清乞	/
21	西湖徐绍宾	17	85	−4.5	−4.8	/	/	/	−23.9
23	西湖赵锡光	9	45	−5.0	全欠	−4.7	−3.2	清乞	−6.5
27	下徐徐炳发	6	36	−0.4	−3.9	−2.0	−0.5	/	/
29	菰塘畈方海春	12	60	−6.0	−16.7	+6.8	−0.2	−2.3	/
	小计	119.3	626.2	−29.8	−70.5	−27.5	−15.9	+3.7	−48.2

兰溪租佃土地，照例由佃农邀同中人，出立佃租契约（或名顶田扎）交与地主收存，但这种契约只是地主约束佃农，而地主并没有相对应的契约交与佃农。契约的内容，一般要载明双方姓名，土地亩数、四至、交租额数及时期，遇天灾荒旱，照依大例等项。租额通例以额定谷租为主，遇到荒年可以折纳钱

租，交租额与正产量收获之比，清田为 40%，即地主 40%，佃农 60%；民田为地主租谷的 20% ~ 25%，客田 30%。诸葛古村落里佃农以及谷租田赋状况到底如何，我们借助于《租簿》进一步研究。

分析《契簿》《租簿》数据整理统计的结果，我们有如下认识：

第一，清田、民田、客田的田赋不同，而且主要用谷租交纳。《契簿》中清田租佃有 4 笔（40、68、73、75 号），合计面积二石九斗（7.25 亩），计谷租十三石九斗（1 390 斤），每斗（1/4 亩）谷租 47.9 斤，折算平均每亩为 191.72 斤；查阅客田的谷租，《契簿》中 31、32、33、41、43、49、50、51 号明确出租小佃田或客田，合计 145 斗，租谷 3 307.5 斤，平均每斗（1/4 亩）租谷 22.81 斤，折算每亩平均为 91.24 斤；我们把《契簿》没有注明清田、客田或小佃田的都看成民田，加总平均，大约每斗（1/4 亩）租谷 50 斤，民田平均每亩 200 斤。看来，民田的谷租最高，清田次之，客田最低。与其买卖价格成正比。据 1932 年的《兰溪农村调查》，按照播种面积计算，早中稻 341 斤/亩，晚清时期可能更低，如果谷租足额收取的话，则当年诸葛及周边村落里佃农终年劳作的收成超过 50% 被地主占有。

第二，土地产权的分化与流转在古村落得到普遍认可。从《契簿》可以看到，需要资金时通过出让土地产权来筹措资金在古村落是很常见的事情。从资料中可知，出让的原因大部分是出于消费性用途（钱粮无办、衣食乏用等），78 号中总共有 22 号是出于正事之用/正事家用等生产性用途。从中可推测，古村落村民不是万不得已（危及到生存）是不会出让土地产权的，也可推测出在发展资金匮乏时，古村落村民是很容易通过出让土地产权筹集到所需资金的。可见，在当时土地产权的出让是情理之中的事情，是得到村民的普遍认可的。

第三，地主按照额租的五折或六折减租收取且能容忍佃农的拖欠。表 2 向我们清楚地展示，自光绪十年（1884）至二十四年（1898）年间，纳入统计的 14 户佃农交租情况是：①地主收租，视佃田的肥力、灌溉条件、年景以及佃户当年的收成，按照额租的 6 折或者 5 折收租。至于哪些田、哪一年应该是 6 折还是 5 折收取谷租，可能没有定规，是地主与佃户当年商定的。②佃户欠租的情况比较普遍。比较表 2 中（光绪 10 年到 15 年）比较完整的账目可知，14 户佃农合计租佃田的面积 119.3 斗，额租（谷）626.2 斗，光绪十年、十三年、十五年这三年地主与佃户商定的谷租分别是 411.1、404.0 和 333.5 斗，但 14 个佃户实际交租谷分别是 381.3、333.5 和 306.0 斗，占额租的比例分别是 65.6%、64.5% 和 53.3%；14 个佃户各年合计分别欠租 29.8、70.5 和 27.5 斗，实际交租分别只有应交的 92.8%、82.5%、91.8%。

从表中还看到，尽管按照 6 折或对折减租，但佃农仍然不能如数交纳，几乎每个佃户都欠租，只有个别佃户在个别年份"清乞"或"多余"。（3）佃户欠租期限很长，专栏中的元号佃户，"前簿过来共结欠租谷十七石六斗六升正。……二十四年以上共结净欠租谷念石二斗七升，入新簿算计"；念（二十）九号佃户，"自同治四年起至光绪九年，共欠租谷八石三斗一升。……以上自十年起至今共欠谷七石四斗八升……"。这说明，在《租簿》之前，还有从同治四年到光绪九年的簿记一本；《租簿》之后还有新的簿记，可惜都已经散失了。看来诸葛村落里的地主比较"宽容"，允许佃户频繁的、长期的"拖欠"，古村落里地主和佃户之间的固定租并非实租。

三、诸葛古村落的土地制度安排、一般特征及启迪

（一）诸葛古村落的土地制度安排

1. 土地产权高度分化

村落土地依照其权利不同有三类：清田（所有权、使用权归一，或称大小皮归一）的土地、山地和坟地大多属于此类；民田（即大皮田、所有但不占有）；客田（即小皮天、占有耕种但无所有权）。我们发现，村落里大小皮属于同一人者极少，土地产权高度分化。《契簿》主人至少集中了 230 亩土地，但主人自己耕种只有 2 号、7 号田共计 15 斗（3.75 亩）和 54 号山地二片；其余由佃农实际占有和耕种，《契簿》从 1 号到 78 号佃户，共有田 891.1 斗（合 222.775 亩）。其中 52 号属于高利贷性质的洋银租，即行

堂大楠于"咸丰九年正月二十四日借去洋银十元正,包熟燥谷一百觔"[①]。这样,土地佃户实际上是74户,平均每个佃户租佃田地面积2.96亩,说明佃农多为超小农经济,其中最小的佃户2斗(0.5亩)田,最大的佃户18.5亩田。最大佃户租佃土地面积是最小户的37倍,佃户租佃土地面积分布极不均衡。

2. 土地产权的流转

对契约进一步考察可以看到的基本情况是:清田的处置权最完整,但诸葛村的清田极少;民田可以买卖,但不能剥夺占有者的耕作权;客田有世袭的权利即永佃权,佃权也可买卖。因此,在古村落的土地崇拜中,清田重于民田、民田重于客田,不到万不得已,村民绝不会把大小皮合一的土地卖掉。在《契簿》76份土地买卖契约中,只16号契约买卖"清田二斗",另外有4份大小皮山地和坟地买卖契约,其余的田业买卖都是所有权与使用权分离的民田和客田。不同土地权利在流转过程中存在如下几点差别:

第一,总体上看,不同权利的土地"身价"不一样。清田、民田和客田买卖价格差异较大,而且支付货币的品质不同,清田和民田用纹银和洋钿支付,客田用足底制钱或铜钱支付;土地买卖契约分别书写,清田、民田和客田买卖绝不合写在一张契约中,表1中的6和7号、32和33号、44和45号、57和58号、61和62号契约,都分别是同一个出主卖民田和客田所立的两份契约。为便于比较,我们还对表2中咸丰七年、八年两年和同治三年的田业买卖价格进行加总平均得到表3。

表3 诸葛古村落田业买卖价格比较

年代	民田交易总量	总价格(纹银)	价格/斗(纹银)	折价/亩(纹银)	年代	客田交易总量	总价格(铜钱)	价格/斗(铜钱)	折价/亩(铜钱)
咸丰年	72斗	182两	2.53两	10.12两	咸丰年	35斗	224千文	6.4千文	25.6千文
同治年	228.05斗	98两	0.43两	1.72两	同治年	40斗	25.5千文	0.64千文	2.56千文
合计	300.05斗	280两	0.93两	3.72两	合计	75斗	249.5千文	3.33千文	13.32千文

说明:①纳入本表统计范畴的客田买卖,绝大多数用铜钱支付,只有极少数几笔(如10、64、71、73号)使用洋钿或纹银结算,为了统计需要,我们按照"客田一石时值铜钱60千文"标准折算成铜钱;用同样的办法,我们也将民田买卖中的洋钿换算成纹银。②诸葛村习惯上,一石 = 10斗 = 2.5亩

第二,民田可以买卖,但不能剥夺客田(永佃)权益(即占有着的耕作权)。图3中1~3号契约都是民田买卖。民田权易主,除了逐一注明民田的面积、坐落、四至和水注以外,"出主"还要向"受主"移交每一块田的租佃人、租谷及其定额。更有意义的是,这3份契约在土地权利转移时写明:"价银当日契下交收兑足,其田即卖即推,任凭受人关收入户完粮收租管业",或者"其田任凭受主前去管业收租过税完纳"。这些文字完整地表达了民田的权利束,包括管业、收租、完税,但未提及"耕种",证实了"小皮属于耕种者,有世袭耕种的权利","大皮属于地主,地主有承粮管业权,但一般而言无耕种权利";也写明了"佃户向地主交租、地主向朝廷完税"田赋和税收关系。

第三,客田也可以买卖,但交易的只是租赁权。客田的存在说明诸葛村土地的使用权与所有权是可以相分离并分属不同主体的。图3中的4~5号契约分别记录了客田买卖过程中的权利转移,其中写道,"其田自卖之后,任凭受主前去管业耕种"或"任凭受主前去管业收租另佃"。说明了耕种的权利在客田所有者,如果"另佃"则有管业收租的权利,客田的永佃性质十分明显,即使转移了佃户,但租佃权利不变,除非使用权利人自己"另佃"。总之,土地的所有权转移,不影响佃户继续租佃耕种,也不改变租谷定额(田赋变化受朝廷政策影响),只不过这些土地的管业者、租谷收取者和税收承担者在流转过程中都变成了新的主人。

(二)诸葛古村落土地制度安排的一般特征

1. 诸葛古村落的土地制度在江南具有一般性

清代诸葛古村落土地买卖契约有"清田""民田""客田""小佃田"之分。从《兰溪市志》和《兰

---

① 觔,同斤,旧时农村十六两为一斤

溪市土地志》中，可以了解明清时期私有土地制度下兰溪县域的土地制度安排中土地产权分化的历史成因：清咸丰年间的太平天国战争时期，江南人口锐减，部分土地荒芜，战后清政府为增加赋税收入，准许外地农民来兰溪垦荒，台州、温州等地农民来兰溪垦荒落户的很多。但是开垦者只有田面权，而当地的地主拥有田底权，可向开垦者收租，由此产生了"民田"和"客田"的区别，并逐渐形成了一套完整的土地制度。

这种普遍性还可从江南向外扩展，《中国历代户口、田地、田赋统计》载："自战国后历代户籍中所登记的民户，基本上是农民阶层：他们或为有小块土地、仅足维持生活的小自耕农，或为自有土地不足，需要佃耕一部分田地的贫农，皆须提供赋役。此外，还有'贫无立锥之地'的完全的佃户，又有'身外更无长物'的雇农，皆只向地主提供地租（或劳动力），但不需向政府交纳田赋。……另一方面，则为人数很少但占地极多的地主阶级，其中有一小部分还参加农业劳动，但大多数是完全脱离生产的坐食阶级，他们也有兼营工商业的"[1]。

上面论述表明：诸葛古村落与我国历史上土地制度安排大体是一致的。大必须指出，由于江南农村土地商品化高于北方，由此带来土地所有权和使用权的细碎化（高度分散），佃农比例奇高。这是旧中国江南农村土地制度有别于北方农村的重要特征。[2]

2. 诸葛古村落的土地产权是习俗性产权，具有自组织的性质

先前的研究告诉我们，土地契约文书"官契"和"白契"的区别，白契是民间私人土地买卖的契约文书；官契是经政府登记入册认可的原始文书[3]。诸葛村明德堂《契簿》的这些土地契约文书，是"白契"的手抄文书。在诸葛村，"白契"能够得以良好地实施，反映了当时古村落里的习俗性产权是有效的，白契的效率与"中见人"的权威有很大关系，"中见人"一般由家庭男主人的宗族长辈、女主人娘家长辈、村落里的乡绅等三人组成，这些在村落和宗族内既有权威的人是"白契"的见证人，如果契约双方不遵守，就很难在当地落稳脚跟，甚至可能被孤立、驱逐，代价之大足以起到震慑作用。

3. 诸葛古村落实行的土地定额租并非实租

诸葛古村落实行的土地定额租并非实租，地主"打折"且佃农拖欠严重（表2）。这是我们在对契约进行研究过程中观察到的比较意外的现象，不过考虑到土地产出与战争、自然灾害等的高度相关性后也就释然了：这只不过是契约双方基于实际情况作出的对双方均有利的调整。由于土地产出受到政局、自然条件的制约，收入稳定性差，则地主与佃农之间的契约关系就有必要具有一定弹性。在留有余地的情况下才能避免佃农在战乱或自然灾害的年份弃田抛荒的最坏结局，在这种最坏的状况下地主将颗粒无收，于是在地主酌情让步后契约才得以继续执行。反之如果定额租是实租，佃农在非正常年份的土地收成骤减，继续履约必然亏损，在此硬约束下弃田抛荒是非常可信的对策。在这种情形下，非实租土地定额租就是最佳策略选择。

（三）诸葛古村落土地制度安排对完善当今中国农村土地制度的启迪

根据对江南村落土地的产权分化与制度安排的研究，得出两条基本结论：其一，土地产权可以分化为一束权利；权利束中的不同权利可分别属于不同主体；在"长期而有保障"的土地产权制度和守信的社会环境中，不同的土地权利都可自由交易，而不损害关联者的权益。其二，土地产权分化是土地资源优化配置的最有效途径，因此在我国工业化进程中，为更彻底地解决"三农"问题，应该允许土地产权的分化与自由流转。

本文结论对进一步完善当今中国农村"土地集体所有、农户承包经营"的制度具有重要启迪作用。我们认为：未来农村土地制度改革的方向，必须考虑现有的约束条件，避开集体土地所有权"公有或私有"的陷阱；将赋予农民长期而有保障的"土地使用权"的阶段目标，拓展为赋予农民长期而有保障的"土地财产权利"终极目标；继续沿着"明确所有权，稳定承包权，放活使用权，保障收益权、尊重处分

---

① 梁方仲编著：《中国历代户口、田地、田赋统计》，上海人民出版社，1988年：第8页
② 黄宗智、曹幸穗等都持这样的观点
③ 刘和惠，汪庆元：《徽州土地关系》安徽人民出版社，2005年，系《徽州文化全书》20册中的一本

权"的路径向纵深发展。农村土地制度深化改革的思路应该是，用多元产权模式和制度安排，实现并保障农民土地财产权。

我们的政策建议是：

（1）家庭承包土地集体所有、农民永佃、完善财产权。我们认为比较稳妥的办法是：用农民集体成员"按份共有"的实现形式，改造农村土地集体所有制度，使其所有权主体具体化、人格化；同时将承包土地抵押权赋予农民，把"30年不变""土地承包经营权"拓展为"永佃土地使权"，法律将其界定为"农民私有财产权"，纳入私有财产保护范畴。其中，最关键的是赋予农民长期限、可交易、有保障的土地权利：进一步促进土地产权分化，顺应自然秩序，允许土地权利的转让、抵押和租赁，从根本上杜绝公权滥用，保障农民基本权利，提高土地使用效率，为土地规模经营提供制度前提。

（2）农村建设用地登记发证、允许入市，保障交易权。农村建设用地入市需要借鉴历史和现实的经验，研究解决一些重要问题，比如：对进入市场流转的农村建设用地的边界、来源、进入市场的用途和方式等进行比较明确的规定；对农村建设用地进入市场的主体和程序做出规定，如本集体经济组织2/3以上成员同意，要签订书面流转合同并申办登记确认手续；对农村建设用地流转收益分配做出规定，如广东的《办法》规定，出让、出租集体建设用地使用权所得收益应纳入农村集体财产统一管理，其中50%以上应当存入银行（农村信用社）专户，专款用于本集体经济组织成员的社会保障，依法缴纳税费和增值收益。

（3）农民宅基地实行多元产权，有偿供给，无期限使用。农民宅基地是农村建设用地中的一个特殊的门类。解决农民宅基地产权归属，必须尊重历史和现实两个方面：1982年宪法颁布以后，农民新增的宅基地是通过农户申请，集体无偿提供给的，其所有权属于集体，这一部分宅基地应执行现行"宅基地集体所有，农民无偿、无期限使用，可以继承"的制度，同时，增加农民宅基地抵押权；那些祖传的农民宅基地，经过新中国土地改革分配和重新确认，由县人民政府颁发过《土地房产所有证》的农民宅基地，因为土地改革分配给农民宅基地是私有的，在社会主义生产资料的改造中，农民宅基地属于生活资料，它既不在"赎买"之列，也不在"改造"之列。因此，这部分宅基地应还权与农民，实行宅基地农民所有。从趋势上看，农民宅基地越来越需要市场化配置，需要在明晰产权的基础上，将农民宅基地获取逐渐从无偿转变有偿，农民住宅也逐渐商品化。

（4）最严格的耕地保护，尝试购买农地开发权；涉及农民土地财产及收益的征用制度，应按打破垄断、卖方决定、增值分成纳税的思路深化改革。

（5）完善分配制度，改变将农民禁锢在土地上的身份制度，使"农民"由身份变为职业，逐步纳入社会保障体系，享受国民待遇，为农业部门的闲置劳动力顺利转移奠定基础。

重农以安国，足食以利民

——《淮南子》农业思想析论

高 旭[*]

（安徽理工大学楚淮文化研究中心，安徽　淮南　232001）

摘　要：《淮南子》蕴含着丰富的农业思想，对秦汉时期的农业发展经验与教训有着深刻的历史总结。"以农为本"是《淮南子》农业思想的核心内涵，充分体现出重农以安国的政治理念。富农以利民，自然以治农是《淮南子》农业思想的重要组成，内在反映出显著的经济意识与生态意识，是《淮南子》对西汉农业发展的现实反思。以"农家"思想为基，以"黄老"之道家思想为本，融通儒、法、阴阳等思想因素，形成多元化的理论内涵，这是《淮南子》农业思想之特色。追求自然而和谐，国富而民安的农业发展，《淮南子》这种农业理想，对当代中国农业的科学发展，社会的和谐繁荣具有重要的借鉴意义。

关键词：《淮南子》；农业思想；重农；民本；黄老道家

农业，是传统中国社会发展中的首要问题，直接关系到王朝政治的长治久安，兴衰存亡，因此对农业发展进行高度政治化的理论关注，探讨其具体实践的思想内涵，就成为备受古代思想家们所重视的现实课题，这在西汉前期所产生的《淮南子》一书中就有着突出的理论反映。作为"观天地之象，通古今之事"[①]（《要略》）的思想著作，《淮南子》对秦汉时期农业发展的经验及教训进行了深刻的历史反思和总结，始终坚持农耕"以为天下先"（《齐俗训》），"食者，民之本也"（《主术训》）的基本观点，认为农业发展对西汉王朝的长期稳定具有基础性、关键性的作用，力图在继承先秦"农家"思想的基础上，融通道、儒、法与阴阳等多元化的理论资源，为西汉王朝的农业发展提供重要而有益的思想指导，促其实现民富国强、天人和谐的农业理想，进而达到"天下和洽""通治之至"的良好政治状态。

基于这种认识，本文试图在学界已有研究成果的基础之上[②]，着眼于秦汉农业思想的发展演变，更为系统而深入的剖析《淮南子》农业思想的理论内涵与特点，揭示其所具有的重要的历史意义与价值。

一、重农以安国——《淮南子》农业思想之政治意蕴

产生于秦汉政治社会转型之时的《淮南子》，对农业生产与发展的重要性有着极为深切的政治认识，之所以如此，主要是因为受战争与政治的消极影响，农业生产从战国后期至西汉建立曾长期处于十分萎靡、凋敝的现实状态，以致当时的民生也困窘不堪，"天下敖然若焦热，倾然若苦烈"（《兵略训》）。直到西汉文景时期，社会经济经过半个多世纪的"休养生息"，农业生产才逐渐地恢复和发展起来，民生也得到很大的改善。所以，《淮南子》在思想上，对秦汉之际的农业发展进行深刻的历史反思，试图以秦王

---

* 【作者简介】高旭（1979— ），陕西延安人，安徽理工大学楚淮文化研究中心讲师，《淮南子》与道家道教研究所所长，南开大学历史学博士生，主要从事中国思想史研究

① 何宁：《淮南子集释》，中华书局，1998

② 学界对《淮南子》农业思想已有一些初步的研究成果，但总体关注不够，研究深度有所局限，且系统化的专题研究并不多见，因此仍须进一步深化和拓展。代表性的学术成果主要分为两类：一是就《淮南子》农业思想的某一方面有所涉及与论述，如赵清文《〈淮南子〉中的惠民思想及其现实意义》（《淮南师范学院学报》2009 年第 1 期），张德广，程文琴《简论〈淮南子〉"民本"思想》（《社会科学家》2004 年，第 9 期），张中平《〈淮南子〉的农业气象观及其形成与意义》（《第 26 届中国气象学会年会"劳在今日，利在永远"——气象史志的积累与挖掘分会场论文集》2009 年）；二是对《淮南子》农业思想有所整体认识与探讨，如陈广忠《淮南子科技思想》（合肥：安徽大学出版社 2000），王巧慧《淮南子的自然哲学思想》（科学出版社，2009），林飞飞《〈淮南子〉重农思想初探》（《农业考古》2012 年第 1 期）

朝的历史教训为鉴,从战争、政治与民生等三个方面强调"重农"的特殊性、重要性,警醒西汉统治者能够始终重视农业生产的基础性作用,促使其继续践行汉初以来黄老之"清净无为,与民休息"的基本国策,维护和保障广大民众的基本生存条件,实现西汉政治发展的长治久安。

批判与反思战争之于农业生产的消极影响,凸显出战争的破坏性作用,以此强调"农为邦本,食为民本"的重要性,这是《淮南子》对农业发展的历史反思之一。

在《淮南子》看来,战争是造成农业生产无法正常进行的重要原因。"晚世之时,七国异族,诸侯制法,各殊习俗,纵横间之,举兵而相角,攻城滥杀",以致"质壮轻足者为甲卒,千里之外,家老羸弱,凄怆于内,厮徒马圉,付车奉馕"(《览冥训》),在这种剧烈的兼并战争中,对于广大的农业劳动者而言,不要说"农乐其业"的理想发展,就算是基本的生存条件也根本无法得到保障,"万民愁苦,生业不修"(《主术训》)正是这种战争环境的现实写照。《淮南子》认为,秦王朝在建立的历史过程中,更是将战争对农业的破坏性发展到极致,不论是对六国的兼并,抑或是对匈奴、百越的军事征服,都造成"男子不得修农亩,妇人不得剡麻考缕,羸弱服格于道,大夫箕会于衢,病者不得养,死者不得葬"(《人间训》)的悲惨后果,给民众带来前所未有的战争灾难,"伏尸流血数十万"成为这一时期时常可见的历史事实。《淮南子》指出,正是由于秦王朝在法家思想的深刻影响下,肆无忌惮地穷兵黩武,致使其最终无可挽回地走向速亡,所谓"秦王赵政兼吞天下而亡"(《人间训》)。因此,《淮南子》认为战争所造成的"田野不修,民食不足"的消极结果,对于王朝政治的发展是致命的,反之,只有保障民众的基本生产条件,使其能够"辟地垦草,粪土种谷",实现"家给人足",这样统治者才能"求其报于百姓也",夯实王朝政治之基,实现稳定发展。

深刻反思统治者在政治发展中的现实影响,凸显出其消极性政治行为的破坏性作用,以此显示出"农为邦本,食为民本"的重要性,这是《淮南子》对农业发展的历史反思之二。

如果说战争是造成农业生产难以正常发展的外在原因,那么《淮南子》认为统治者的政治素养及政治行为是导致民众能否获得基本的社会生产条件的根本原因。在《淮南子》看来,民众从事正常农业生产的条件之所以时常难以得到应有的保障,就是因为有些昏君暴主"挠于其下,侵渔其民,以适无穷之欲","好取而无量,下贪很而无让",使得"民贫苦而忿争,事力劳而无功",以致于出现"盗贼滋彰,上下相怨"的动荡局面(《主术训》)。这在秦王朝的末期就有着充分的现实反映,秦二世"纵耳目之欲,穷侈靡之变,不顾百姓之饥寒穷匮也。兴万乘之驾,而作阿房之宫,发闾左之戍,收太半之赋",使得"百姓之随逮肆刑,挽辂首路死者,一旦不知千万之数",让民众无法进行正常的农业生产,导致出现百姓"伐棘枣而为矜,周锥凿而为刃,剡摵筊,奋儋钁,以当修戟强弩"的情形,甚至将以往用来进行农业生产的工具都当作武器来反抗秦王朝的暴政,如此"积怨在于民也"(《兵略训》)的政治发展,怎能不促使盛极一时的秦王朝迅速崩解呢?因此,《淮南子》认为"政苛则民乱"(《主术训》),那些"驱人之牛马,僇人之子女"以"以澹贪主之欲"(《本经训》)的政治发展,最终只能是"为亡政者,虽大必亡"(《兵略训》)。

基于对战争与统治者的消极作用的反思,《淮南子》强调农业生产在改善与解决"民生"问题中的决定性作用,以此凸显出"农为邦本,食为民本"的重要性,这是《淮南子》对农业发展的历史反思之三。

《淮南子》认为之所以战争与统治者能够对农业生产造成显著的消极影响,这是由于农业生产对于广大民众而言,意味着基本的生存和发展的条件。"人之情不能无衣食,衣食之道,必始于耕织",因此只有在稳定而良好的社会、政治环境中,民众才能从事正常的农业生产活动,"养育六畜,以时种树,务修田畴,滋植桑麻,肥境高下,各因其宜"(《主术训》),也才能由此解决基本的"衣食"之需,免于"冻饿饥寒死者,相枕席也"(《本经训》)的悲惨境遇。《淮南子》认为,正是因为农业生产对"民生"之如此重要,所以"食者,民之本也"就自然成为"民者,国之本也;国者,君之本也"的前提条件,如若统治者肆欲妄为,滥动兵戈,不能"上因天时,下尽地财,中用人力"(《主术训》)以促进农业生产的正常发展,其结果必然是蹈秦王朝之历史教训,于民有害,于君无益,两者皆损,民困国亡。

简言之,《淮南子》在思想上极为重视和强调农业发展的基础性作用,坚决反对不义之战争与君主对农业生产所造成的严重的消极影响,认为统治者只有在政治上坚持"农为邦本,食为民本"的基本政策,以黄老之无为思想为指导,与民休息,促农发展,才能根本上实现"重农以安国"的政治目的,真正维护与巩固王朝政治的社会基础,实现长治久安。

二、富农以利民——《淮南子》农业思想之经济意蕴

《淮南子》认为，对于民众而言，农业发展不仅应该具有良好的社会、政治条件，而且也应该能够发挥出农业生产自身应有的积极作用，实现对民众的生存与发展需求的满足，充分体现出"富农以利民"的经济作用。对此，《淮南子》从日常生活、社会发展与国家现实的经济需求等方面着眼，对农何以能富，民何以能利的现实课题进行思考和探讨，试图从根本上沟通民众与农业生产之间的经济联系，通过政治的推动力，让民众能够从农业发展中获得实际的经济利益，能够成为王朝政治的稳定的物质资源基础，最大程度上发挥其为"国之本也"的政治作用。

1. 从日常生活而言，《淮南子》认为民众只有积极从事农业生产活动，以"耕织"为本，才能获得基本的社会生活所需，免于饥寒之患。

《淮南子》认为"丈夫丁壮而不耕，天下有受其饥者；妇人当年而不织，天下有受其寒者"，只有所有的农户都实现"身自耕，妻亲织"，社会与国家才能获得丰富的农业资源，进而达到"有余不足，各归其身。衣食饶溢，奸邪不生，安乐无事，而天下均平"的理想状态，反之，"其耕不强者，无以养生；其织不强者，无以掩形"，由此容易衍生出"不积于养生之具"的社会弊端，导致"万民滑乱"，"百姓糜沸豪乱，暮行逐利，烦浇浅，法与义相非，行与利相反"的消极局面，这在《淮南子》看来，是弃本逐末的错误行为，于民于国都甚为不利。因此，《淮南子》强调"衣食之道，必始于耕织，万民之所公见也。物之若耕织者，始初甚劳，终必利也"，只有民众始终能够实实在在地从事农业生产，不惧劳苦，才能最终改善自身的生存条件，从中获利。基于这种认识，《淮南子》也明确反对一切不利于农业为"本"的逐"末"行为，"夫雕琢刻镂，伤农事者也；锦绣纂组，害女工者也。农事废，女工伤，饥之本而寒之原也。夫饥寒并至，能不犯法干诛者，古今之未闻也"（《齐俗训》）。

2. 从社会发展而言，《淮南子》认为农业生产关系到社会经济的现实发展，只有民众在"耕织"基础上创造出更多的劳动成果，才能有效解决人类社会物质资源缺乏之难题，减少不必要的争斗与冲突，进而促进社会经济更好的发展和繁荣。

《淮南子》深刻地指出，"人有衣食之情，而物弗能足也"，这是引发人类社会内部绵延不断的冲突、争斗的物质经济根源，"故群居杂处，分不均，求不澹，则争；争，则强胁弱，而勇侵怯"，所以，战争的出现在一定程度上是无法避免的客观事实。反之，如果人类社会的农业经济比较发达，能够实现"百姓家给人足"，那么自然冲突、争斗就会减少。由此，《淮南子》认为"夫民有余即让，不足则争，让则礼义生，争则暴乱起。扣门求水，莫弗与者，所饶足也；林中不卖薪，湖上不鬻鱼，所有余也。故物丰则欲省，求澹则争止"，可见，《淮南子》对农业生产的认识不仅仅局限于农业自身，而是具有一定的全局意识，能够着眼于社会经济发展的整体，深刻指出农业发展之于人类社会的特殊的重要性，就此而言，《淮南子》在思想上显示出些许朴素的唯物主义的精神，堪为卓识。基于这种认识，《淮南子》认为，只有农业生产得到比较充分的发展，人们生活上的物质需求能够获得基本的满足，"衣食饶溢，奸邪不生，安乐无事，而天下均平"的社会状态才能随之出现（《齐俗训》）。

3. 从国家现实的经济需求而言，《淮南子》认为农业生产的发展水平直接关系到国家赋役的征收，对国家粮食储备的顺利实现具有决定性的影响。

在《淮南子》看来，"人主租敛于民也。必先计岁收，量民积聚，知饥馑有余不足之数，然后取车舆衣食供养其欲"，也就是说，统治者对民力的使用，必须基于现实的农业生产情况，能够"先计岁收，量民积聚"，否则就会造成"赋敛无度"（《要略》），滥取于民而伤农的消极结果。正因为如此，《淮南子》深有感触地指出，"夫民之为生也，一人蹠耒而耕，不过十亩，中田之获，卒岁之收，不过亩四石，妻子老弱，仰而食之，时有涔旱灾害之患，无以给上之征赋车马兵革之费"，如果民众不能积极地从事农业劳动，那么统治者和国家所需的各种物质资源也就得不到相应的保障，这实际上对于广大的民众而言，不啻于沉重的政治负担，"由此观之，则人之生，悯矣！"

由此，《淮南子》进而指出统治者在现实的农业发展中进行国家粮食储备的重要性，"夫天地之大计，三年耕而余一年之食，率九年而有三年之畜，十八年而有六年之积，二十七年而有九年之储，虽涔旱灾

害之殃，民莫困穷流亡也。故国无九年之畜，谓之不足；无六年之积，谓之悯急；无三年之畜，谓之穷乏"（《主术训》），只有基于现有的农业生产水平，在粮食储备上有所作为，统治者才能在出现灾荒之年时，对民众进行有力的赈济和帮助，让其尽可能地免于"饥寒之患"，否则，民众就难免"耕也，馁在其中矣"（《论语·卫灵公》）[1] 的悲惨命运。应该说，《淮南子》的这种认识具有历史的积极性、进步性，反映出对民众的深切怜悯之情，试图从政治思想上引起统治者的重视，促其一方面能够"取下有节，自养有度"，另一方面也能够为备灾防荒，赈济百姓而有所合理蓄积。

总之，《淮南子》对农业生产所具有的社会经济意义有着较为深刻的认识，看到人类社会不论是从日常生活、社会发展，还是国家赋役，都无法脱离现实的农业发展水平及状态，因此《淮南子》认为只有统治者能够始终坚持"食者，民之本也"（《主术训》），"为治之本，务在宁民；宁民之本，务在足用"（《泰族训》）的政治理念，做到"内无暴事以离怨于百姓"，积极推动农业生产的发展，才能"百姓不怨，则民用可得"。

三、自然以治农——《淮南子》农业思想之生态意蕴

《淮南子》对农业生产的现实发展，不仅具有政治的、社会经济的认识，更有农业发展自身的认识，这是其农业思想的基本内涵所在。既然农业生产对于民众生存与王朝发展都具有极端的重要性，那么现实条件下，农业生产应该如何来发展，自然就成为《淮南子》着力思考的问题，具体而言，这主要表现在如下 4 个方面。

第一，《淮南子》对农业生产有哲理性的认识，主张人们应"体道"而"无为"，"因天地之自然"（《原道训》），而不是相反。在《淮南子》看来，"太上之道，生万物而不有"，因此人们在社会实践中应该力求"执道要之柄"，践行"天下之事，不可为也，因其自然而推之"的道理，这对农业生产的良好发展具有重要影响。"夫地势，水东流，人必事焉，然后水潦得谷行。禾稼春生，人必加功焉，故五谷得遂长。听其自流，待其自生，则鲧、禹之功不立，而后稷之智不用"（《修务训》），这是《淮南子》眼中理想的农业发展，人们在顺应自然条件基础上，适当地发挥主观能动性，就无须多耗心力，也能收获丰富的农业成果。《淮南子》认为，这种"循理而举事，因资而立，权自然之势"的农业行为，体现出"物有以自然，而后人事有治也"（《泰族训》）的思想内涵，能对现实的农业发展产生积极作用。

第二，《淮南子》对农业生产具有规律性的认识，主张人们应该遵循农业作物自身的生长法则来从事农业活动，认为这是人们最终能够有所收获的重要前提。"禹决江疏河，以为天下兴利，而不能使水西流；稷辟土垦草，以为百姓力农，然不能使禾冬生"，《淮南子》认为人们所从事的一切农业生产都必须遵循事物发展的客观规律，而不是逆其理而行，正因为"春伐枯槁，夏取果蓏，秋畜疏食，冬伐薪蒸"合乎自然作物的生长法则，所以其最终才能"以为民资"（《主术训》），否则就只能是劳而无功了。基于这种认识，《淮南子》认为，"先王之政，四海之云至，而修封疆；虾蟆鸣燕降，而达路除道；阴降百泉，则修桥梁；昏张中，则务种谷；大火中，则种黍菽；虚中，则种宿麦；昂中，则收敛畜积，伐薪木"，认为统治者应该指导人们的农业劳动顺自然之时而行，种植谷、黍、菽、麦等农作物都必须按照其自身的生长规律来进行，这样才能达到"应时修备，富国利民"（《主术训》）的根本目的。

《淮南子》还进而在《时则训》中提出，统治者应该在一年之中应该根据季节与时令的变化来安排农业生产，让春、夏、秋、冬各有具体而细致的劳动规划，始终将"因天时"的原则贯彻其中，所谓"天为绳，地为准，春为规，夏为衡，秋为矩，冬为权"，只有人们的生产实践完全"与天合德"，才能"养长化育，万物蕃昌，以成五谷"，这种农业设想体现出显著的程序化意识，既是对先秦时期《吕氏春秋》中《十二纪》的农业思想的历史继承，也深刻凸显出"西汉黄老道家学派治国方略中对农业政策总的规定和设想"[2]。此外，《淮南子》也指出，农业生产中也应该有效利用土壤和肥料的自然规律，"后稷播种树谷，因地也"（《诠言训》），"俯视地理，以制度量，察陵陆水泽肥墩高下之宜，立事生财"（《泰族

---

① ［清］刘宝楠：《论语正义（诸子集成）》，上海书店，1986 年：第 346 页
② 陈广忠：《淮南子科技思想》，安徽大学出版社，2000 年：第 93 页

训》），"粪田而种谷"（《本经训》），这些都是能够影响农业生产顺利进行的重要因素，不能有所忽视。

第三，《淮南子》对农业生产具有整体性的认识，主张人们应该将各种生产条件综合起来，统一筹划，发挥其各自应有的作用，从而推动农业发展的顺利进行。《淮南子》认为统治者应该"上因天时，下尽地财，中用人力"，充分考虑到客观条件与主观因素的相互结合，最大程度上发挥其各自的优势，只有这样，才能促使农业生产达到"群生遂长，五谷蕃殖"的良好状态。而且，统治者还应该统筹农业生产的不同种类，合理规划，"教民养育六畜，以时种树，务修田畴，滋植桑麻，肥墝高下，各因其宜，丘陵阪险不生五谷者，以树竹木"，充分实现各种农业生产项目的适当搭配，从而最终取得丰富而多样的劳动成果。

第四，最为重要的是，《淮南子》对农业生产实际具有生态性的认识，认为人们的农业劳动不应该违背自然发展的规律，对自然界进行过度的干扰和影响，而是应该力求实现人类与自然之间的和谐发展。"原蚕一岁再收，非不利也，然而王法禁之者，为其残桑也。离先稻熟，而农夫耨之，不以小利伤大获也"，《淮南子》在农业生产上明确反对竭泽而渔的消极做法，认为这些急功近利的农业行为，只能是得不偿失。正因为如此，《淮南子》明确指出"先王之法，畋不掩群，不取麛夭。不涸泽而渔，不焚林而猎"，"獭未祭鱼，网罟不得入于水；鹰隼未挚，罗网不得张于溪谷；草木未落，斤斧不得入山林；昆虫未蛰，不得以火烧田。孕育不得杀，鷇卵不得探，鱼不长尺不得取，彘不期年不得食"，认为只有懂得按照自然界的发展规律，有所节制的从事农业活动，才能"不忘于欲利之"，"善积则功成"，否则就只能是得到"非积则祸极"的消极结果（《主术训》）。虽然《淮南子》的这种理性认识来源于前人，如孟子曾言"不违农时，谷不可胜食也；数罟不入洿池，鱼鳖不可胜食也；斧斤以时入山林，材木不可胜用也"（《孟子·梁惠王上》）[1]，并非独创之见，但能够在秦汉之时代环境中，站在黄老道家的思想立场上，再次强调和彰显出自然生态对于人类农业发展的特殊的重要性，以此警醒人们只有合理地利用和开发自然界，才能得享其"利"，反之，则必受其"害"，这充分反映出《淮南子》在农业思想上的卓识之见，值得颂扬。

概而言之，农业生产在《淮南子》看来，应该是人类活动与自然界相互协调、融合的历史过程，不论是农业劳动自身的各项具体环节（土壤、灌溉和施肥等），还是直接影响到农业劳动的外部因素（天时、地理等），都应该秉持"物自然"，"因天地之自然"的原则，只有体现出"各用之于其所适，施之于其所宜，即万物一齐，而无由相过"（《齐俗训》）的思想内涵，让人类作为历史主体所从事的一切农业生产活动始能够有利于自然界的生态维持和延续，才能达到"万物之情既矣"的理想状态，促进人类社会与自然界之间实现和谐共存。

四、融通以论农——《淮南子》农业思想之多元化意蕴

《淮南子》在思想上主张"百川异源而皆归于海；百家殊业而皆务于治"，这种开放、包容的理论胸怀对其农业思想的影响极为深刻，使得《淮南子》成为西汉前期论述农业发展最具有代表性的思想著作。《淮南子》对农业生产的认识是以先秦农家的思想资源为基础，融会道、儒、阴阳诸家而成，其中黄老道家思想是理论核心，换言之，黄老思想在《淮南子》的农业思想中始终居于主导性的地位，起到统属农、儒与阴阳诸家的特殊作用。因此，《淮南子》的农业思想从整体而言，虽然由多元化的思想因素构成，但却发散出浓厚的"黄老道家"气息，体现出西汉文景之治的时代特色，内在地蕴含着以"重农"而贵"民本"的思想内容，并非单纯的就农而论农之作，而是在一定程度上彰显出人文主义的政治精神。

首先，先秦之"农家"对《淮南子》农业思想有着深刻的历史影响，是《淮南子》认识与思考农业生产与发展的理论基础，若就农而论农，《淮南子》受其影响最大。

农家虽被班固在《汉书·艺文志》里视为"诸子十家"之一，且荣膺"可观者"之桂冠，在战国时也曾与儒、墨、道、法等家"各引一端，崇其所善，以此驰说，取合诸侯"[2]，但实际上农家的历史命运

---

① ［清］焦循：《孟子正义》，《诸子集成》，上海书店，1986年：第122－123页
② ［东汉］班固：《汉书》，中华书局，1962年：第1746、1743页

远不及后者，其代表人物及著作只是在《孟子》《吕氏春秋》《管子》等书中有所提及而已，这使得。农家"学说以及思想主张，长期以来几乎是湮没不闻"①，这不能不说是先秦思想史的历史缺憾之一。《淮南子》距离战国时期不远，农家的著作应该有所传世，能够为其所见，因此《淮南子》论农应有所本，并非师心杜撰。从思想上看，《淮南子》所受先秦农家的思想影响主要表现在：一则农家的理想人物神农、后稷也是《淮南子》眼中能够"播百谷，劝农桑，以足衣食"②的农业偶像，时被提及，如"神农之播谷也，因苗以为教"（《原道训》），"神农乃始教民播种五谷，相土地宜，燥湿肥硗高下，尝百草之滋味，水泉之甘苦，令民知所辟就"（《齐俗训》），"后稷作稼穑，而死为稷"（《氾论训》），"辟地垦草者，后稷也"（《诠言训》），都受到《淮南子》高度的肯定和颂扬，认为其都能"广利天下"（《缪称训》），堪为后世统治者之楷模。

二则农家关于农业生产的具体认识成为《淮南子》论农的思想基础。一方面，农家"所以务耕织者，以为本教也"（《吕氏春秋·务大》）③的"重农"思想，《淮南子》是深为认同的，而且农家在"民农则朴，朴则易用"，"民农则产复，产复则重徙"，"民舍本而事末则好智，好智则多诈，多诈则巧法令"④，"民农非徒为其地利也，贵其志也"（《吕氏春秋·务大》）⑤，等言论中所体现出强调农业生产之于民众在经济、政治与法治上的极端重要性的认识也被《淮南子》有所汲取。另一方面，农家有关农业种植在整土、播种、灌溉、施肥、收割等方面的具体认识为《淮南子》有所承袭，成为其思考农业生产与发展的知识基础，特别是农家对农时的高度重视，所言"凡农之道，后之为宝"⑥，"得时之稼兴，失时之稼约"⑦（《吕氏春秋·审时》），"无失农时，无使之治下，知贫富利器，皆时至而作"（《吕氏春秋·任地》）⑧的观点，在《淮南子》中有着显著的思想反映。因此，《淮南子》对先秦农家思想是不陌生的，其作者应该对班固在《汉书·艺文志》中所提《神农》《野老》之类的农家著作有所了解，正是在此基础上，农家关于农业发展的知识和思想才能在《淮南子》中产生历史的回应。

其次，秦汉之时的黄老道家是《淮南子》反思农业生产与发展的思想核心，从根本上决定了其有别于先秦农家的理论特质与时代精神。

《淮南子》论农，其突出之处就在于始终以"体道"而"无为"，"清净"而法"自然"的思想作为指导，强调农业生产必须顺应天时、地利，遵循自然生物的发展规律，充分体现出道家所强调的天、人和谐的理论主张，追求实现"阴阳和平，风雨时节，万物蕃息"的理想状态（《氾论训》），将老子所言"人法地，地法天，天法道，道法自然"（《老子·二十五章》）的思想在农业发展中给予极为充分的理论展现。因此，如果说农家对《淮南子》的影响主要体现在农业生产的现实层面，那么黄老道家对《淮南子》则是有着内在的哲理渗透，成为其将农业生产与特定宇宙观、政治观相互融合的思想依据。而且，黄老道家在《淮南子》中的显著体现，也反映出西汉王朝建立之后由于积极奉行"清净无为，与民休息"的基本国策，社会经济在"轻赋薄敛，以宽民氓"（《修务训》）中已经有所恢复和长足的发展，这与先秦农家在"王道既微，诸侯力征"中"疾时怠于农业"而立说有着时代性的差异。但《淮南子》基于景武之间政治形势之变化，在农业生产上也具有一定的危机意识，力图警醒西汉统治者防止由于好大喜功，擅动兵戈对农业发展再次造成过度的破坏性，扰乱民众的日常生产与生活。从历史来看，《淮南子》的这种政治担忧不幸成为现实，武帝时期在农业发展上背黄老之道而行，致使其几有"亡秦之祸"，直到武帝晚年农业生产才又重新恢复正轨，但那时黄老道家已不再作为基本国策而发挥对农业生产的根本影响了。

最后，儒家与阴阳家也对《淮南子》农业思想有着相当的理论作用，极大的丰富和充实了《淮南子》关于农业生产与发展的思想认识。

就儒家而言，其"重民""民本"之主张对《淮南子》农业思想影响甚深。一方面，《淮南子》基于

① 修建军：《试论先秦农家思想的历史局限性》，《管子学刊》，1997 年第 3 期
② ［东汉］班固：《汉书》，中华书局，1962 年：第 1746、1743 页
③ ［东汉］高诱注：《吕氏春秋（诸子集成）》，上海书店，1986 年：第 331－338 页
④ ［东汉］高诱注：《吕氏春秋（诸子集成）》，上海书店，1986 年：第 331－338 页
⑤ ［东汉］高诱注：《吕氏春秋（诸子集成）》，上海书店，1986 年：第 331－338 页
⑥ ［东汉］高诱注：《吕氏春秋（诸子集成）》，上海书店，1986 年：第 331－338 页
⑦ ［东汉］高诱注：《吕氏春秋（诸子集成）》，上海书店，1986 年：第 331－338 页
⑧ ［东汉］高诱注：《吕氏春秋（诸子集成）》，上海书店，1986 年：第 331－338 页

儒家的"仁义"思想，对民众在战乱与暴政中的悲惨境遇表达了深切的同情和怜悯，认为民生多艰，"民力竭于徭役，财用殚于会赋，居者无食，行者无粮，老者不养，死者不葬，赘妻鬻子，以给上求，犹弗能澹"（《本经训》），强调"考乎人德，以制礼乐，行仁义之道，以治人伦而除暴乱之祸"，由此而促进农业生产的良好发展，让民众"以除饥寒之患"（《泰族训》）。另一方面，《淮南子》以儒家"仁义"之政治的理念严厉批判统治者的"暴虐万民"，"残贼天下"的恶行，认为"以凿观池之力耕，则田野必辟矣"（《泰族训》），警醒统治者应该秉持"善为政者积其德"的治国原则促进农业发展，安定民生，避免"民之所以仇也"，"民胜其政，下畔其上"（《兵略训》）的消极结果。儒家的这种行仁政以"重民"的思想认识，与黄老道家一起构成坚实的政治正义性之基石，使得《淮南子》农业思想在秦汉时期彰显出鲜明的人文主义政治精神，具有历史的积极性和进步性。

就阴阳家而言，其"阴阳"观念以及对农业生产所持有的程序化认识，对《淮南子》农业思想也产生了重要影响，这在《天文》《地形》《时则》等篇中有所反映，尤其是《时则》。《淮南子》自言《时则》是"上因天时，下尽地力，据度行当，合诸人则，形十二节，以为法式"（《要略》），因此在《时则》中为统治者促进农业发展制定了具体而细致的耕作规划，一年之中从"孟春之月"到"季冬之月"的十二个月，都有其各自既定之任务，涉及农业生产从播种到收获的整个过程，还将渔、牧、猎等农业经济的内容也涵括在内。而且，《淮南子》非常强调农业时间内在的关联性，"孟春与孟秋为合，仲春与仲秋为合，季春与季秋为合，孟夏与孟冬为合，仲夏与仲冬为合，季夏与季冬为合"，认为如果农业生产缺乏这种农业时间上的积极影响，就会产生消极的结果，如"正月失政，七月凉风不至；二月失政，八月雷不藏"，"十月失政，四月草木不实；十一月失政，五月下雹霜；十二月失政，六月五谷疾狂"（《时则训》）等。因此，《淮南子》在农业发展上明确提出"制度阴阳"的根本原则，强调"天为绳，地为准，春为规，夏为衡，秋为矩，冬为权"的"六度"之说。应该说，这种阴阳家的认识对《淮南子》农业思想影响深刻，使《淮南子》能够将农业生产看作是一个有机联系的过程，从而以一种高度程序化、整体化的理论意识予以深入反思。

由上所述，《淮南子》对农业生产与发展的认识具有多元化的思想内涵，充分反映出其作为西汉前期"思想的一大集结"[①]的理论特点。这种多元化的思想构成并非简单之组合、拼凑，而是在黄老道家的主导下，以先秦农家的知识与思想为基础，融合儒家、阴阳而成，虽然在形式上又博"杂"之嫌，但由于黄老道家作为"一个基本的思想立场来担当思想融合的主体"，因此农、儒、阴阳等"来源不同的思想因素"才能"安顿在一起"[②]，共同构成《淮南子》农业思想之整体。当然，《淮南子》中除《时则训》外，缺少像《吕氏春秋》中《务大》《上农》《任地》与《辩土》那样完整的农学篇章，其关于农业生产与发展的思想认识主要分散和体现在全书之中，这是其历史性的局限和不足，让人有所遗憾。

五、余 论

《淮南子》虽然不是专门的农学著作，但作为秦汉时期极为重要的"杂"家之作，其中所蕴含的丰富农业思想令人瞩目。《淮南子》以黄老道家为要，融合儒、农与阴阳诸家，既对传统的"重农"思想进行了时代性的诠释，彰显出其批暴政，重民本的可贵理念，也从"道法自然"，天人和谐的思想立场出发，深刻阐发了一种"天地人有机统一的农学观和可持续性的生态资源观"[③]。这种充分体现出科学性、政治性与人文性的以"政"促农，由"农"安国的理论路径，如果我们能以现代性的视野来审视，就会清楚地认识到，《淮南子》农业思想对于当代中国社会的历史发展具有强烈的借鉴价值与意义，能够成为我们推动与实现国家科学发展，和谐繁荣的重要理论资源，正所谓"他山之石，可以攻玉！"

① 徐复观：《两汉思想史》，华东师范大学出版社，2001 年：第 284 页
② 陈静：《自由与秩序的困惑——〈淮南子〉研究》，云南大学出版社，2004 年：第 301 页
③ 王巧慧：《淮南子的自然哲学思想》，科学出版社，2009 年：第 352 页

秦县粮食收支管窥[*]

——里耶秦简所见迁陵县粮食收支的个案考察

赵　岩[**]

（东北师范大学文学院，吉林　长春　130024）

摘　要： 据里耶秦简，秦洞庭郡迁陵县至少曾拥有四个廥，其仓粮来源主要包括田租、公田产出、外县输入三部分。迁陵县对人员个体的粮食支出分为"出禀"与"出贷"两类，出禀的对象包括官吏、戍卒、刑徒及刑徒的婴儿、冗作等，出贷的对象则主要是戍卒。仅官吏及刑徒的口粮年支出量就颇为巨大。仓、司空、田官、尉官、启陵乡及贰春乡是迁陵县支付上述人员粮食的主要机构，这些支出机构与支付对象存在一定的对应关系，受支付对象的所属机构及工作地域制约。隶属于这些机构的某些特定岗位的官吏负责粮食支出行动，多数情况下见有禀人协助进行粮食支出，且粮食支出行动有令史或令佐监察。

关键词： 里耶秦简；迁陵县；粮食；收支

秦国重农战，这使得粮食的收支成为秦政府的重要工作，不仅关涉秦的经济运行，还影响了秦的一系列统治政策的实行。20 世纪 70 年代出土的睡虎地秦墓竹简使我们对秦国粮食的收支情况及运行机制有了一定的认识。[①] 不过，因睡虎地秦墓竹简所载相关材料多为一般性的法律制度规定，这使得我们对一些问题的认识是框架式的，涉及细节的地方往往语焉不详。2002 年出土的里耶秦简中，[②] 有大量记载秦代洞庭郡迁陵县粮食收支的公文，大大丰富了我们对秦代县级政府粮食收支情况的认识，一些细节问题逐渐清晰，学界对与粮食收支相关的田租征收方式及官吏、戍卒、徒隶的口粮供给标准等问题已经有过讨论。[③] 此外，县仓的储量情况如何，粮食来源及支出情况如何，粮食的支出由什么机构及哪些人员负责，这些问题相比以往也可以得到更详实的答案。下面，我们就围绕上述几个问题，通过对迁陵县的个案考察来管窥秦代县级政府的粮食收支情况。

---

[*]【基金项目】国家社科基金青年项目"新公布三种秦简字词研究"，项目编号：14CYY024，东北师范大学中央高校基本科研业务费专项资金项目"里耶秦简文书简分类整理与研究"，项目编号：15QN036

[**]【作者简介】赵岩，东北师范大学文学院副教授

① 主要可参吴慧：《中国历代粮食亩产研究》，农业出版社 1985 年版；宫长为：《秦代的粮仓管理》，《东北师大学报》1986 年第 2 期；卢鹰：《秦仓政研究》，《人文杂志》1989 年第 2 期；李孔怀：《秦律中反映的秦代粮食管理制度》，《复旦学报》1990 年第 4 期；李孔怀：《秦代的粮仓管理制度》，《上海师范大学学报》1990 年第 1 期；康大鹏：《云梦简中所见的秦国仓廪制度》，《北大史学》第 2 辑，北京大学出版社 1994 年版；赵晓军：《秦国军队和刑徒的粮食供给制度》，中国文物报，2006 年 11 月 10 日，第 7 版；蔡万进：《秦国粮食经济研究》（增订本），大象出版社 2009 年版；于琨奇：《战国秦汉小农经济研究》，商务印书馆 2012 年版

② 已公布的图版材料主要可参湖南省文物考古研究所：《里耶发掘报告》，岳麓书社 2007 年版；湖南省文物考古研究所：《里耶秦简（一）》，文物出版社 2012 年版；宋少华等：《湖南出土简牍选编》，岳麓书社 2013 年版。另外，湖南省文物考古研究所及张春龙等在一些论文中也公布了一些未见于上述著作的释文材料，这里不一一详述

③ 主要可参于振波：《秦简所见田租的征收》，《湖南大学学报》2012 年第 5 期；（加）叶山：《解读里耶秦简——秦代地方行政制度》，武汉大学简帛研究中心：《简帛》第 8 辑，上海古籍出版社 2013 年版：第 100 – 105 页；王战阔：《由"訾粟而税"看秦代粮食税征收》，《商丘师范学院学报》2013 年，第 10 期；赵岩：《里耶秦简专题研究》，博士后出站报告，吉林大学古籍所，2014 年，第 78 – 82 页；吴方浪，吴方基：《简牍所见秦代地方禀食标准考论》，《农业考古》2015 年第 1 期

一、迁陵县的粮食收入及其来源

（一）迁陵县的粮仓及其储量情况

迁陵县所见粮食的收支主要是围绕四个廥展开的，即"西廥""乙廥""丙廥""径廥"，其支出粮食的时间及支出机构可参见表1。那么这些廥储存了多少粮食呢？睡虎地秦墓竹简记载：

> 入禾，万石一积而比黎之为户，及籍之日："其廥禾若干石，仓啬夫某、佐某、史某、稟人某。"是县入之，县啬夫若丞及仓、乡相杂以封印之，而遗仓啬夫及离邑仓佐主稟者各一户，以饩人。其出禾，又书其出者，如入禾然。（睡虎地秦墓竹简《效律》27—29）①

通过这则材料，我们知道，战国时期的秦国一县往往有若干廥，这些廥可能分布在县仓或距离县廷有一段距离的离邑，每廥储量万石，并单独设有门户。县仓及离邑之仓各有一廥开启用于日常的粮食支出，其余的廥则由负责人员封印而处于封闭状态。秦代距离其时未远，应该情况类似。不过，即使知道了这些，迁陵县仓储存有多少粮食仍然是个复杂的问题。首先，因为无法证明秦廥命名的规律，我们不知道迁陵县是否存在其余的廥。从其有乙廥、丙廥来看，应该可能会有甲廥的存在，从西廥的命名来看，可能会有以其他方位词命名的廥，不过，这些推测在简文中还没有找到证据。其次，从已知的存在时间看，唯有丙廥、径廥存在明确的交集即始皇三十一年（前216）十月乙酉，其他两个廥是否与之同时存在还不可知。最后，"西廥"的位置还不能完全确定。据表1，"乙廥""丙廥""径廥"的支出机构有仓或司空的存在，仓、司空作为重要官署一般应与县廷一同位于都乡，不太可能位于离邑，也不太可能舍弃距离较近的县仓而到距离相对较远的离邑之仓去支取粮食，因此这三个廥很有可能均位于都乡的县仓。而"西廥"仅见于里耶8-1452号简：

> 【廿六】年十二月癸丑朔己卯，仓守敬敢言之：出西廥稻五十□石六斗少半斗输；粲粟二石以稟乘城卒夷陵士伍阳□□□□。今上出中辨券廿九。敢言之。□手。（里耶秦简8-1452）
> □申水十一刻刻下三，令走屈行。操手。（里耶秦简8-1452背）②

虽然"西廥"输出稻由仓守向上级汇报，但离邑之仓也属仓守管辖，故根据该简不能判定"西廥"的位置。如其地处所谓离邑，那么在同一时间包括"西廥"在内至少有两个廥因用于日常支出而达不到万石的储量。

因此，我们只能初步估算迁陵县的储粮情况。如"西廥""乙廥""丙廥""径廥"同时共存，其最多时储粮可达40 000石，即使有两个廥因用于日常支出而各不满万石，迁陵县仓的粮食储量也在20 000石之上。当然，随着仓粮的不断支出，这一数字是在不断变化的。据附表1，从始皇二十九年（前218年）至始皇三十一年（前216年），"丙廥""乙廥""径廥"交替用于粮食支出，尤其是在始皇三十一年（前216年）十月乙酉，迁陵县仓打开了丙廥、径廥两个廥来支出粮食，这可能是因为一廥粮尽，不得不打开另一廥来完成粮食支出。

---

① 睡虎地秦墓竹简整理小组：《睡虎地秦墓竹简》，文物出版社1990年版，释文第73页。为行文方便，本文所引简文都采用宽式释文
② 陈伟主编：《里耶秦简牍校释》第一卷，武汉大学出版社2012年版：第330页

表1　迁陵县诸廥粮食支出时间及对应支出机构统计表

廥名	粮食支出时间	支出机构	简号
西廥	始皇二十六年（前221年）十二月己卯	不能确定	8－1452
	始皇二十九年（前218年）三月丁酉	仓	8－1690
丙廥	始皇三十一年（前216年）十月乙酉	仓	8－1545
	始皇三十一年（前216年）十月甲寅	仓	8－821＋8－1584
	始皇三十一年（前216年）十二月庚寅	简文残缺	8－1590
乙廥	始皇三十年（前217年）六月辛亥	司空	8－1647
	始皇三十一年（前216年）十月乙酉	仓	8－56，8－1739
	始皇三十一年（前216年）十一月丙辰	仓	8－766
	始皇三十一年（前216年）十二月甲申	仓	8－1081，8－1239＋8－1334
	始皇三十一年（前216年）十二月戊戌	仓	8－762
	始皇三十一年（前216年）正月丙辰	田官	8－764
径廥	始皇三十一年（前216年）正月丁巳	司空	8－212＋8－426＋8－1632
	始皇三十一年（前216年）正月己巳	司空	8－474＋8－2075
	始皇三十一年（前216年）二月己丑	仓	8－2249
	始皇三十一年（前216年）二月辛卯	仓	8－800
	始皇三十一年（前216年）七月辛亥	田官	8－2246
	始皇三十一年（前216年）七月癸酉	田官	8－1574＋8－1787

（二）迁陵县仓粮的来源

如此大量的粮食从何而来呢？主要存在3个渠道：本县田租、公田所产及其他郡县的输送。

1. 本县田租

里耶秦简中有秦迁陵县田租征收情况的记录，如：

迁陵卅五年垦田舆五十二顷九十五亩，税田四顷卌一，户百五十二，租六百七十七石。率之，亩一石五；户婴四石五斗五升，奇不率六斗。（里耶秦简8－1519）

启田九顷十亩，租九十七石六斗。都田十七顷五十一亩，租二百卌一石。二田廿六顷卅四亩，租三百卅九石三。凡田七十顷卌二亩。租凡九百一十。六百七十七石。（里耶秦简8－1519背）[①]

简文中的两个概念"恳田舆""税田"关系到简文的理解。秦汉《算数书》中屡见"田舆"一词，其中的"舆"字或释为"给予"，[②] 或释为"登载"，[③] 或释为"全部"[④]，陈伟等将"恳田舆"中的"舆"字与之联系起来，将"恳田舆"中的"舆"释为"统计"[⑤]。肖灿认为"税田"就是由国家政府机构直接

---

①　陈伟主编：《里耶秦简牍校释》第一卷，第345～346页。"卌一"二字陈伟等未释，叶山怀疑是"卌一"，可从。可参叶山：《解读里耶秦简——秦代地方行政制度》，第103页

②　彭浩：《张家山汉简〈算数书〉注释》，科学出版社2001年：第82－83页；（日）张家山汉简《算数书》研究会编：《汉简〈算数书〉》，[京都] 朋友书店2006年：第79页；马彪：《〈算数书〉之"益奭""舆田"考》，简帛网http：//www. bsm. org. cn/show_ article. php？id＝467，2006年11月12日；肖灿：《从〈数〉的"舆（与）田"、"税田"算题看秦田地租税制度》，《湖南大学学报》2010年第4期

③　彭浩：《论秦汉数书中的舆田及相关问题》，武汉大学简帛研究中心：《简帛》第6辑，上海古籍出版社2011年版：第24页

④　陈伟：《秦汉算术书中的"舆"与"益奭"》，简帛网http：//www. bsm. org. cn/show_ article. php？id＝1300，2010年9月13日

⑤　陈伟主编：《里耶秦简牍校释》第一卷，第346页

经营管理的农耕地即公田，[①] 王文龙、沈刚等都赞成这一意见，[②] 彭浩则认为"税田"指应税之田，而非公田。[③]

将"舆"解释为"给予""全部"于本简语义不通。因将"舆"释为"统计"，陈伟等认为52顷95亩是始皇三十五年（前212年）迁陵县授田民垦田总数，70顷42亩是包含始皇三十五年（前212年）在内的历年数据的合计，多出的部分则为原有田亩，677石是始皇三十五年（前212年）的田租，910石是历年数据之和。[④] 这里有个问题难以解释，即为什么相比于始皇三十五年（前212年）先前垦田数如此之少。陈伟等怀疑里耶秦简记录的司空厌等垦田不力可能是先前垦田数过少的原因。[⑤] 其记载如下：

> 卅四年六月甲午朔乙卯，洞庭守礼谓迁陵丞：丞言徒隶不田，奏曰：司空厌等当坐，皆有它罪，耐为司寇。有书，书壬手。令曰：吏仆、养、走、工、组织、守府、门、削匠及它急事不可令田，六人予田徒四人。徒少及毋徒，簿移治虏御史，御史以均予。今迁陵廿五年为县，廿九年田。廿六年尽廿八年当田，司空厌等失弗令田。弗令田即有徒而弗令田且徒少不傅于奏。……（里耶秦简8－755＋8－756＋8－757＋8－758）[⑥]

简中司空厌负责的垦田由田徒进行，因此是对公田的开垦，不能作为始皇三十五年（前212年）与之前垦田数及田租数有巨大差异的原因。

我们怀疑"垦田舆"中的"舆"如彭浩所释义为"登载"，指在官府掌握的田籍中登记的编户民私人拥有的垦田数。北京大学藏秦简《田书》记载税田数量均是舆田的1/12，[⑦] 本简中的税田数量除以舆田数量结果为1/12稍有余，正与《田书》记载相合。因此我们怀疑1/12是秦代某些地区的田租税率，而本简中的税田即是官府在舆田中根据1/12的税率划分出来的田地，其产出即为官府所收田租。这样，始皇三十五年（前212年）迁陵县登记在田籍上的私人土地数量为52顷95亩，这些田地的田租为677石。那么，为何后文的统计数字又会出现"70顷42亩"呢？叶山认为与"五十二顷九十五亩"相比多出的田亩数17顷47亩是国家拥有的土地，不只是公田，还有提供戍卒补给需求的田。[⑧] 这一推测也难以成立。如为公田，理论上全部产出都应归官府，而实际上我们看到对这部分土地迁陵县征收了233石田租，故将其理解为公田恐怕并不合适。我们怀疑多出的田地是舆田之外由编户民垦种的田地。这部分土地可能是编户民新开垦的尚未登记的荒田，我们在里耶秦简中看到编户民新开垦土地的记载，如：

> 卅三年六月庚子朔丁巳，【田】守武爰书：高里士伍吾武【自】言：谒垦草田六亩武门外，能恒藉以爲田。典樛占。（里耶秦简9－2350）[⑨]

也可能是编户民从公田假借而来耕种的，这在龙岗秦简中可以看到类似现象。[⑩] 这部分田地可能也由官府按一定的比例划定税田，税田的收成归官府所有。17顷47亩田地的税田应为1顷45亩有余，以233石除之，每亩产量1.6石有余，与舆田亩均产1.5石相比略多，可能是由于地力不同造成的。这样，始皇三十五年（前212年）迁陵县征收田租总数为910石。

① 肖灿：《从〈数〉的"舆（与）田"、"税田"算题看秦田地租税制度》，《湖南大学学报》2010年第4期
② 王文龙：《秦及汉初算数书所见田租问题探讨》，《咸阳师范学院学报》2013年第1期；沈刚：《〈里耶秦简（一）〉所见秦代公田及其管理》，第40－41页
③ 彭浩：《论秦汉数书中的舆田及相关问题》，第25页
④ 陈伟主编：《里耶秦简牍校释》第1卷，前言第7页
⑤ 陈伟主编：《里耶秦简牍校释》第1卷，前言第7页
⑥ 陈伟主编：《里耶秦简牍校释》第1卷，第217页。陈伟等未在"廿九年田"与"廿六年尽廿八年当田"间断开，使得此处文意不通。我们怀疑应将二者断开，简文记载的是司空厌等在始皇二十六年（前221年）至始皇二十八年（前219年）未命令田徒垦田，从始皇二十九年（前218年）则已经开始命令田徒垦田
⑦ 韩巍：《北大秦简中的数学文献》，《文物》2012年第6期
⑧ 叶山：《解读里耶秦简—秦代地方行政制度》，第105页
⑨ 里耶秦简牍校释小组：《新见里耶秦简牍资料选校（二）》，简帛网http://www.bsm.org.cn/show_article.php?id=2069，2014年9月3日
⑩ 裘锡圭：《从出土文字数据看秦和西汉时代官有农田的经营》，《裘锡圭学术文集》第5卷，复旦大学出版社2012年：第212页

2. 官田产出

秦存在大量的由官府经营的农田，① 里耶 8 - 63 号简就记载有旬阳县"左公田"。迁陵县田官拥有官田，如：

> 卅年二月乙丑朔壬寅，田官守敬敢言之 I
> 官田自食簿，谒言太守府□ II
> 之。 III （里耶秦简 8 - 672）
> 壬寅旦，史逐以来。尚半。（里耶秦简 8 - 672 背）②

这些官田是国有田地，性质属于公田，据 8 - 755 + 8 - 756 + 8 - 757 + 8 - 758 号简，至少其中的一部分由田徒耕种。③ 迁陵县还有一些由司寇及戍卒耕作的土地，如：

> 【尉】课志：卒死亡课，司寇田课，卒田课。凡三课。（里耶秦简 8 - 482）④

司寇所耕田地的性质还不能遽定，⑤ 而戍卒耕种的田地则可能也是田官的田地。我们在里耶秦简中见到田官供给戍卒口粮及借贷给戍卒粮食的记录，如：

> 径詹粟米一石八斗泰半。卅一年七月辛亥朔癸酉，田官守敬、佐壬、禀人荅出禀屯戍簪褭襄完里黑、士伍胸忍松涂增六月食，各九斗少半。令史逐视平。敦长簪褭襄襄德中里悍出。壬手。（里耶秦简 8 - 1574 + 8 - 1787）⑥
> 卅一年六月壬午朔丁亥，田官守敬、佐邰、禀人娙出貣罚戍簪褭襄德中里悍。令史逐视平。邰手。（里耶秦简 8 - 781 + 8 - 1102）⑦

正是因为这些戍卒在田官从事了耕作劳动，所以田官供给其粮食以保证其日常生活，否则田官没有理由供给戍卒粮食。但就像在田官工作的刑徒所有权仍属于仓或司空一样，⑧ 这些在田官工作的戍卒所有权也仍属于尉官，所以对尉官进行考课时会考察戍卒的耕田情况。这些公田的产出也应由县仓储存。

不过，秦迁陵县公田的规模现在还不能完全确定，且其耕种情况也在变化。如据上述里耶 8 - 755 + 8 - 756 + 8 - 757 + 8 - 758 简所载，迁陵县司空啬夫"厌"在始皇二十六年（前 221 年）至始皇二十八年（前 219 年）未派遣田徒耕作公田，这一行为虽后来得到了纠正，但至少在始皇二十六年（前 221 年）至始皇二十八年（前 219 年）迁陵县公田的耕种规模相比后来应该较小。

3. 外县输入

迁陵县还有一部分粮食是从外县输入的，如：

> □沅陵输迁陵粟二千石书。（里耶秦简 8 - 1618）⑨

---

① 裘锡圭：《从出土文字数据看秦和西汉时代官有农田的经营》，第 210 - 212 页
② 陈伟主编：《里耶秦简牍校释》第 1 卷，第 199 页
③ 陈伟：《里耶秦简所见的"田"与"田官"》，《中国典籍与文化》2013 年第 4 期；沈刚：《〈里耶秦简（一）〉所见秦代公田及其管理》，杨振红，邬文玲主编：《简帛研究二〇一四》，广西师范大学出版社 2014 年版：第 34 - 42 页
④ 陈伟主编：《里耶秦简牍校释》第 1 卷，第 165 页
⑤ 张家山汉简《二年律令》312 号简记载官府授田对象及数量时规定"司寇、隐官各五十亩"，说明汉初时司寇可以和无爵位的士伍及其他有爵位的人一样授予田地。秦代时司寇是否拥有国家所授之田还未见记载，所以，判定里耶 8 - 482 号简所载司寇所耕之田的性质还需等待更多材料的出现
⑥ 陈伟主编：《里耶秦简牍校释》第 1 卷，第 363 页
⑦ 陈伟主编：《里耶秦简牍校释》第 1 卷，第 226 页
⑧ 里耶秦简中的"徒簿""作徒簿"多见仓或司空将刑徒交付田官使用的记录，如里耶 9 - 2294 号简等。这些刑徒虽交付田官使用，但仓、司空仍会统计其数字，且完成劳作任务的刑徒还会被归还仓或司空，可见其所有权仍归仓或司空
⑨ 陈伟主编：《里耶秦简牍校释》第 1 卷，第 369 页

沉陵也是洞庭郡的属县，该简记录沉陵县曾输送给迁陵县粟2 000石。

二、迁陵县的粮食支出对象及数量

（一）迁陵县粮食的"出稟"与"出贷"

蔡万进指出：秦国仓储粮食的支出用项包括出给官禄、军粮、刑徒口粮、驿站传食与牛马的饲料、遗粮为种等，其中的官禄支出包括稟给在本县工作的朝廷属官和宫廷人员、有秩吏、月食者等。[①] 据里耶秦简，在迁陵县，针对人员个体的粮食支出主要包括"出稟""出贷"两类。出稟的对象大体包括官吏、戍卒、刑徒及刑徒的婴儿、冗作等，出贷的对象则主要是戍卒。官吏见有县丞、乡啬夫、发弩啬夫、牢监、令史、仓佐、库佐、乡佐等，刑徒见有城旦、舂、隶臣、隶妾、白粲等，戍卒也包括屯戍、更戍、谪戍、罚戍、居赀、赀贷等不同的类别。[②] 详见表2。

表2　迁陵县粮食支付对象及对应支出机构统计表

支付类型	支付对象类型	支付对象	对应支出机构
出稟	官吏	县丞（8－1345＋8－2245）；牢监（8－45＋8－270）；令史（8－1031）；仓佐（8－45＋8－270）；库佐（8－1063）	仓
		乡佐（8－1550）	启陵乡
		发弩啬夫（8－1101），乡啬夫（8－1238）	不能确定[③]
	戍卒	屯戍（8－56）[④]（8－1574＋8－1787）（8－1710）	仓；田官；启陵乡
		罚戍（8－2246）	田官
		赀贷（8－764）	田官
	刑徒	隶臣（8－1551）（8－2247）	仓；贰春乡
		隶妾（8－760）（8－1839）（8－1557）	仓；启陵乡；贰春乡
		城旦（8－212＋8－426＋8－1632）	司空
		舂（8－216＋8－351）（8－1115＋8－1335）	司空；贰春乡
		白粲（8－1115＋8－1335）	贰春乡
	婴儿	隶臣婴儿（8－217）；隶妾婴儿（8－1540）	仓
	冗作	冗作成年女子（8－1239）	仓
出贷	戍卒	罚戍（8－761）（8－781＋8－1102）	尉官；[⑤] 田官
		谪戍（8－1029）	启陵乡
		更戍（8－1660＋8－1827）[⑥]	仓
		居赀（8－1014）	不能确定

---

① 蔡万进：《秦国粮食经济研究》（增订本），第71－83页
② 朱德贵注意到了不同种类的戍卒粮食供应类别有所不同，屯戍者的口粮由国家出稟，更戍者的口粮国家不予稟给，但可采用出贷的方式贷给他们口粮。参见朱德贵：《秦简所见"更戍"和"屯戍"制度新解》，《兰州学刊》2013年第11期
③ 里耶8－1101号简载："守觚出以稟发弩绎""觚"曾担任启陵乡守，如里耶8－205号简"【九月戊子，启陵乡守】觚敢【言】"所以8－1101号简中的发弩啬夫"绎"很有可能是由启陵乡出稟口粮的。但谨慎起见，我们还是将其归入不能确定支出机构一类
④ 该简残断，出稟对象仅见一"屯"字，但出稟对象中含有"屯"字的唯有"屯戍"，故该简"屯"后可补"戍"字。该表格同行列中的里耶8－1710号简与之情况类似
⑤ 里耶8－761号简记载发弩啬夫"绎"与尉史"过"出贷罚戍"禄"，发弩啬夫、尉史均属尉官管辖，该简所记粮食支出机构为尉官
⑥ 该简残断，出贷对象仅见一残缺的"更"字，但出贷对象中含有"更"字的唯有"更戍"，故该简"更"后可补"戍"字

（二）迁陵县的粮食支出数量

由于资料有限，迁陵县每年要支出多少粮食我们还不能完全得出结论，但迁陵县官吏及刑徒的口粮支出却可以据里耶秦简做出推测，仅这两项的支出就颇为巨大。

1. 迁陵县官吏的口粮支出

里耶秦简记载了某年迁陵县官吏的数量：

> 迁陵吏志：吏员百三人。令史廿八人，【其十】人徭使，【今见】十八人。官啬夫十人。其二人缺，三人徭使，今见五人。校长六人，其四人缺，今见二人。官佐五十三人，其七人缺，廿二人徭使，今见廿四人。牢监一人。长吏三人，其二人缺，今见一人。凡见吏五十一人。（里耶秦简7—67＋9—631）[1]

据此《迁陵吏志》，秦迁陵县仅官吏就有 103 人，即使排除不在县内的，也还有 51 人。他们每人每日食稻 2/3 斗，每月食稻约 2 石，[2] 考虑到闰月的因素，每人每年需口粮稻 23 石有余或 25 石有余，51 人则合计每年需稻 1 100 余石或 1 200 余石。当官吏满员并均在县内时，每年需口粮 2 300 余石或 2 500 余石。

2. 迁陵县刑徒的口粮支出

里耶秦简所载若干"徒簿""作徒簿"中记载了一些机构中刑徒的数目。要注意的是，这些机构中仓管辖隶臣、隶妾，司空管辖城旦、舂等其他类型的刑徒，少内、尉、田官、乡等机构中的刑徒都来自于仓、司空，[3] 因此，只需要统计仓、司空所辖刑徒人数就可以知道迁陵县管辖刑徒的总数。里耶 8 - 145 + 9 - 2294 号简载：

> 卅二年十月己酉朔乙亥，司空守圂徒作簿。城旦司寇一人。鬼薪廿人。城旦八十七人。丈城旦九人。隶臣系城旦三人。隶臣居赀五人。凡百廿五人。其五人付贰舂。一人付少内。四人有逮。二人付库。二人作园：平、□。二人付畜官。二人徒养：臣、益。二人作务：蘳、亥。四人与吏上事守府。五人除道沅陵。三人作庙。廿三人付田官。三人削廷：央、闲、赫。一人学车酉阳。五人缮官：宵、金、应、椑、触。三人付假仓信。二人付仓。六人治邸。一人取簫：厩。二人伐栎：始、童。二人伐材：□、聚。二人付都乡。三人付尉。一人治观。一人付启陵。二人为笱：移、昭。八人捕羽：操、宽、□、丁、圂、段、却。七人市工用。八人与吏上计。一人为舄：剧。九人上省。二人病：复、卯。一人【传】徙酉阳。□□【八】人。□□十三人。隶妾系舂八人。隶妾居赀十一人。受仓隶妾七人。凡八十七人。其二人付畜官。四人付贰舂。廿四人付田官。二人除道沅陵。四人徒养：茱、座、带、复。二人取芒：阮、道。一人守船：遏。三人司寇：□、狠、款。二人付都乡。三人付尉。一人付□。二人付少内。七人取簫：□、林、娆、粲、鲜、夜、丧。六人捕羽：刻、婢、□、□、娃、变。二人付启陵。三人付仓。二人付库。二人传徙酉阳。一人为笱：齐。一人为席：姱。三人治枲：椟、兹、缘。五人墼：婢、般、橐、南、儋。二人上省。一人作庙。一人作务：青。一人作园：夕。小城旦九人：其一人付少内。六人付田官。一人捕羽：强。一人与吏上计。小舂五人。其三人付田官。一人徒养：姊。一人病：□。（里耶秦简8 - 145 + 9 - 2294）
>
> 【卅】二年十月己酉朔乙亥，司空守圂敢言之：写上，敢言之。座手。十月乙亥水十一刻刻下

① 里耶秦简牍校释小组：《新见里耶秦简牍资料选校（一）》，简帛网 http：//www. bsm. org. cn/show＿ article. php? id＝2068，2014 年 9 月 1 日

② 赵岩：《里耶秦简专题研究》，第 79 页

③ 高震寰：《从〈里耶秦简（一）〉"作徒簿"管窥秦代刑徒制度》，中国文化遗产研究院编：《出土文献研究》第 12 辑，中西书局 2013 年版：第 136 页；贾丽英：《里耶秦简牍所见"徒隶"身份及监管官署》，卜宪群，杨振红主编：《简帛研究二〇一三》，广西师范大学出版社 2014 年版：第 73 - 78 页

二，佐痤以来。（里耶秦简 8 - 145 背 + 9 - 2294 背）①

该简记载在始皇三十二年（前215年）十月，司空辖成年男性刑徒125人，其中城旦司寇1人，鬼薪20人，城旦87人，丈城旦9人，隶臣系城旦3人，隶臣居赀5人；辖成年女性刑徒87人，其中春与白粲合计61人，② 隶妾系春8人，隶妾居赀11人，仓隶妾7人；辖小城旦9人；辖小春5人，合计226人，除去来自于仓的隶臣、隶妾34人，还有城旦司寇、城旦、丈城旦、鬼薪、春、白粲、小城旦、小春合计192人。里耶 10 - 1170 号简载：

卅四年十二月，仓徒簿冣：大隶臣积九百九十人，小隶臣积五百一十人，大隶妾积二千八百七十六，凡积四千三百七十六。……（里耶秦简 10 - 1170）③

该简记载了仓所辖刑徒的数目，不过该简所载内容是始皇三十四年（前213年）十二月的"徒簿冣"，即一个月中每日劳作的刑徒数累加的结果，④ 包括大隶臣990人，小隶臣510人，大隶妾2 876人，共计4 376人。以30日平均计算，每日刑徒数在146人左右。之所以不能除尽，大概因为该月有新增加的刑徒或病故的刑徒。

将司空辖刑徒与仓辖刑徒人数累加，合计有刑徒338人。当然，因两组数字不在同一月份，且不同时期刑徒的人数可能有所变化，338人这个人数并不完全准确，但至少通过192、146、338这三个数字，使我们知道在始皇三十二年（前215年）、始皇三十四年（前213年）迁陵县的刑徒人数的大概规模。刑徒中的成年男子大月食粟米2石，小月则少食2/3斗，婴儿之外的未成年男子及成年女子大月食粟米1.25石，小月则少食25/6升。⑤ 以平均每月每个刑徒食粟米1.5石估算，338名刑徒每月要供应口粮粟米500余石，一年则要支出口粮粟米6 000余石。

三、迁陵县粮食的支出机构与负责人员

（一）迁陵县粮食的支出机构

表1及表2显示，在里耶秦简中，迁陵县的仓、司空、田官、启陵乡及贰春乡见有出禀粮食的记录，尉官、田官、仓及启陵乡见有出贷粮食的记录，这些机构是迁陵县支出粮食的主要机构。值得注意的是，据表2，仓粮的支出机构与支付对象间存在对应关系。官吏由仓或启陵乡支付，戍卒由仓、田官、尉官或启陵乡支付，⑥ 刑徒由司空、仓、启陵乡或贰春乡支付，隶臣或隶妾的婴儿由仓支付，冗作由仓支付。这是有一定规律可循的，即支付机构受支付对象的所属机构及工作地域制约。官吏中的丞、令史由县廷管辖，牢监是监狱的长官，仓佐、库佐则属于诸官曹，其工作地点大体都在都乡，因此，他们均由仓支付口粮。启陵乡佐因工作地点在启陵乡，故就近由启陵乡支付口粮。尉管理军卒，田官管理一些戍卒从事耕作，因此存在由他们支付戍卒口粮的情况。大概有些戍卒会被分配到一些官署或乡从事某些工作，分配到某官或都乡的戍卒与官吏类似就近由仓支付粮食，分配到启陵乡、贰春乡的戍卒则由所在乡支付粮

---

① 里耶秦简牍校释小组：《新见里耶秦简牍资料选校（二）》，简帛网 http：//www. bsm. org. cn/show_ article. php？id = 2069，2014 年 9 月 3 日

② 沈刚认为"□□【八】人"、"□□十三人"分别可补为"白粲□人"、"春□十三人"。可参沈刚：《〈里耶秦简（一）〉所见作徒管理问题探讨》，《史学月刊》2015 年第 2 期。从司空管理的刑徒类别来看将这两处刑徒的类别判定为白粲及春是正确的，据成年女性刑徒总数及其他类别成年女性刑徒的人数，我们知道这里的两个数字相加只能是 61 人，而"二十""三十""四十"皆有合文之字表示，故"□□【八】人""□□十三人"可补为"【白粲八】人""【春五】十三人"或"【春卌八】人""【白粲】十三人"。简首叙述男性刑徒的顺序是"城旦司寇、鬼薪、城旦"，除去"城旦司寇"这一特殊身份，"鬼薪"在前而"城旦"在后，对应的此处似乎应是"白粲"在前而"春"在后。因此，"□□【八】人""□□十三人"补为"【白粲八】人""【春五】十三人"的可能性更大

③ 里耶秦简牍校释小组：《新见里耶秦简牍资料选校（一）》，简帛网 http：//www. bsm. org. cn/show_ article. php？id = 2068，2014 年 9 月 1 日

④ 胡平生：《也说"作徒簿"及"冣"》，简帛网 http：//www. bsm. org. cn/show_ article. php？id = 2026，2014 年 5 月 31 日

⑤ 赵岩：《里耶秦简专题研究》，第 78 - 82 页

⑥ 既然启陵乡能够支付官吏及戍卒口粮，理论上贰春乡应该也能够支付官吏及戍卒口粮

食。隶臣、隶妾属于仓，所以其口粮由仓支付，城旦、舂、白粲等刑徒属于司空，所以其口粮由司空支付，隶臣、隶妾的婴儿随父母居住，故也由仓支付口粮。部分刑徒被分配到都乡之外的乡工作，故就近由所在乡支付口粮。

（二）迁陵县粮食支出的负责人员

仓出禀与出贷粮食由三类人共同负责，第一类是仓的主官即仓啬夫或仓守，第二类是佐或史，第三类是禀人，如：

> 年三月癸丑，仓守武、史感、禀人堂出禀使小隶臣就。令史狂视平。（里耶秦简 8 – 448 + 8 – 1360）①
> 粟米一石二斗半斗。卅一年三月丙寅，仓武、佐敬、禀人援出禀大隶妾宛。令史尚监。（里耶秦简 8 – 760）②
> 粟米二石。卅三年九月戊辰乙酉，仓是、佐襄、禀人蓝出贷【更】Ⅰ
> 令Ⅱ（里耶秦简 8 – 1660 + 8 – 1827）③

司空出禀粮食由司空的主官及佐或史负责，如：

> 径廥粟米一石九斗五升六分升五。卅一年正月甲寅朔丁巳，司空守增、佐得出以食舂、小城旦渭等卌七人，积卌七日，日四升六分升一。令史狂视平。得手。（里耶秦简 8 – 212 + 8 – 426 + 8 – 1632）④
> 卅年六月辛亥，司空守兹、史□□□Ⅰ
> 乙廥粟米三斗少半斗。Ⅱ（里耶秦简 8 – 1647）⑤

田官出禀与出贷粮食由田官的主官、佐、禀人负责，这见于上文引用的里耶 8 – 1574 + 8 – 1787 号简及 8 – 781 + 8 – 1102 号简。

启陵乡、贰春乡出禀粮食由乡的主官、佐、禀人负责，如：

> 启陵乡守增、佐盇、禀人小出禀大隶妾徒十二月食。Ⅰ
> 令史逐视平。盇手。Ⅱ（里耶秦简 8 – 1839）⑥
> 粟米三石七斗少半斗。卅二年八月乙巳朔壬戌，贰春乡守福、佐敢、禀人枕出以禀隶臣周十月、六月廿六日食。令史兼视平。敢手。（里耶秦简 8 – 2247）⑦

尉官出贷粮食由发弩啬夫及尉史负责，如：

> 粟米一石九斗少半斗。卅三年十月甲辰朔壬戌，发弩绎、尉史过出贷罚戍士伍醴阳同□錄。廿。

① 陈伟主编：《里耶秦简牍校释》第 1 卷，第 151 页
② 陈伟主编：《里耶秦简牍校释》第 1 卷，第 218 页
③ 陈伟主编：《里耶秦简牍校释》第 1 卷，第 374 页
④ 陈伟主编：《里耶秦简牍校释》第 1 卷，第 115 页
⑤ 陈伟主编：《里耶秦简牍校释》第 1 卷，第 373 页。该简属于"出粮券"。"出粮券"是粮食取予发受的凭证，它们中较为完整的简均带有刻齿，记载了官府机构之间或官府与个人之间的粮食发受情况，包括发受双方为谁、发受时间、粮食的来源、种类及数量等信息，具有相对较为固定的格式。里耶秦简记载官府供给个人粮食的"出粮券"主要包括"出食"类、"出禀"类、"出贷"类三类，每一类的书写格式及书写内容都各有特点，通过一些重要的有区别性的内容要素可以判定一些残简也属于"出粮券"，8 – 1647 号简即可由此判定。而"出贷"类"出粮券"中的负责机构未见有司空，故该简中的司空守、史某可认定均是负责粮食出禀的人
⑥ 陈伟主编：《里耶秦简牍校释》第 1 卷，第 398 页
⑦ 陈伟主编：《里耶秦简牍校释》第 1 卷，第 451 页

令史兼视平。过手。(里耶秦简 8 – 761)①

上述诸简所记令史也不容忽视,他们在各个官署及乡的粮食出稟、出贷行动中起着监察的作用。在粮食出稟行动中有类似职能的还有令佐,如:

八月丙戌,仓是、史感、稟人堂出稟令史旌。Ⅰ
令佐悍视平。Ⅱ (里耶秦简 8 – 1031)②

因此,迁陵县仓粮的支出一般由以下几类人员完成:仓、司空、田官、启陵乡、贰春乡的主官或尉官的发弩啬夫;佐或史;稟人;令史或令佐。③

迁陵县虽仅是洞庭郡一偏远小县,但其以仓为中心的粮食收入与支出情况却具有一定的代表意义,从中可以管窥秦代县级政府的储量情况、仓粮来源、粮食支付对象、支出机构、负责人员等情况。要说明的是,以上只是我们依据有限的材料得出的初步结论,受材料及学识所限,部分认识可能还有武断之处,请方家批评指正。

---

① 陈伟主编:《里耶秦简牍校释》第1卷,第218页
② 陈伟主编:《里耶秦简牍校释》第1卷,第265页
③ 或见仅记载一个出稟人或出贷人的情况,如里耶秦简 8 – 1029 号简载:"巳朔朔日,启陵乡守狐出贷谪戍□"不过此类情况多简文残缺过甚,无法判定简文性质,也就无从判定出稟者或出贷者是否仅为一个人

历史时期粮食市场整合研究方法、进展与方向

胡　鹏[*]　李　军

（中国农业大学经济管理学院，北京　100083）

摘　要：文章从相关理论、方法和研究进展等 3 个方面梳理了国内外学界对历史时期粮食市场整合的研究成果。市场整合研究依托国际贸易学和地理经济学发展，其的理论框架已经成型；数学模型的选择在市场整合研究中扮演着十分重要的作用；价格数据是市场整合研究的核心数据，市场间距离、运输成本、贸易量等数据也是市场整合研究的重要组成。目前，历史时期粮食市场整合水平研究低于市场整合研究整体水平，国内历史时期粮食市场整合研究水平低于国外水平。

关键词：市场整合；粮食市场；历史时期；研究综述

"市场整合"是"市场研究"的分支，与"空间价格"问题紧密相关。目前学界对"市场整合"尚未形成统一而明确的定义，其涵义常与"空间套利"（Spatial Arbitrage）、"一价定律"（The Law of One Price，LOP）、"空间市场整合"（Spatial Market Integration）、"空间市场效率"（Spatial Market Efficiency）等 4 个"空间价格"问题的概念混用。

所谓"空间套利"是指，通过套利者的行为，同质商品从价低地区向价高地区的流动，其前提假设是两地间存在直接的商品贸易。所谓"一价定律"是指，在不考虑交易费用的条件下，通过贸易和套利联系在一起的各个区域市场存在共同、统一的价格关系，常用"购买力平价"（Purchasing Power Parity，PPP）表示。所谓"空间市场整合"是指，某一区域市场的价格变化传导至另一区域市场的程度，这种区域市场间的整合关系具有非对称性（不可逆）、间接性（既可能直接影响，也可能通过市场网络间接影响）和不确定性（价格的同步变动并非市场整合的充分条件）。所谓"空间市场效率"，一方面，可以空间套利状态的角度加以理解，市场效率意味着空间套利的获利为零，反之，如果存在套利机会则被视为市场非效率；另一方面，亦可以从贸易的交易费用的角度加以理解，贸易的交易费用越小，市场越效率，反之市场则越非效率。

实践中，学者在使用这些概念时，通常会将其中一个或多个概念的内涵与外延相结合，对所指市场整合加以界定，以避免由于概念理解差异带来的不必要障碍。有鉴于此，笔者现将本文所指"市场整合"界定如下：市场整合是指各区域市场中同质性产品价格的相关度，是对相关市场运行所进行的一种测度。

许多学者对市场整合理论和方法做了相关的总结和介绍，为市场整合问题研究做出了巨大贡献。但是，由于关注点不同以及相关文献的可获得性等因素影响，许多评述存在不全面、遗漏等问题。如许多学者认为 Lele（1967）关于印度高粱的研究是最早测定市场整合的文献（周章跃、万广华，1999；武拉平，2000；杨海滨，2014），而实际上 Mahendru（1937）在此之前就已经用相关分析法通过小麦价格考察了印度旁遮普邦的市场整合情况，几乎与 Lele 同时，Cummings（1967）也用相关分析法对印度小麦市场整合情况进行了考察。吴承明（1996）在总结市场整合研究方法时，只介绍了相关分析法。韩胜飞（2007）在分析市场整合研究方法时也只涉及了协整分析法和状态转换模型。此外，对市场整合相关理论的介绍也相对较少（武拉平，2000；Fackler&Goodwin，2001；杨海滨，2014）。

本文试图以历史时期粮食市场整合为依托，从理论、方法和进展等 3 个方面对市场整合研究的学术史进行梳理，以期较为系统、全面地呈现出当前历史时期粮食市场整合的研究体系。通过对相关文献的梳

---

* 【作者简介】胡鹏（1985— ），男，中国农业大学经济管理学院博士研究生，主要从事农业经济史研究；李军（1976— ），男，博士，中国农业大学经济管理学院教授，博士生导师，主要从事灾害应急与粮食安全、自然灾害与传统社会和农业经济史研究

理，笔者发现，依托国际贸易学和地理经济学发展，当前市场整合研究的理论框架已经成型，并以此为基础发展出了多种测度方法（图1）。国内方面，历史时期粮食市场整合问题的研究已形成了一定规模。

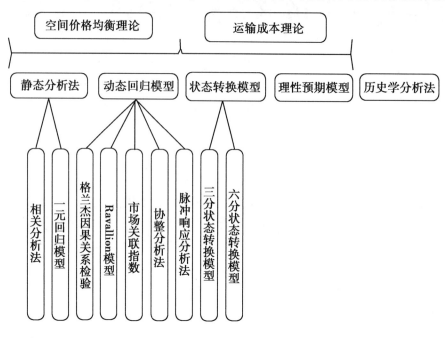

图1　市场整合研究的理论与方法

一、市场整合研究的理论框架

市场整合研究源于对"市场"的界定。1838 年，古诺（Augustin Cournot）在《财富理论的数学原理研究》中最早提出了严格意义上的"市场整合"概念，即：市场"是一整个疆域，其中的各个部分，因商业关系不受限制而联合在一起，市场内的价格能方便而迅速地调节为同样的水平。"此后，施蒂格勒（George J. Stigler）在 1946 年出版的《价格理论》中也明确指出"市场就是一种商品的价格（在扣除了运输费用以后）在其中趋于一致的那个领域。"通过古诺和施蒂格勒界定的市场整合，可以发现价，格趋同和运输成本是市场整合概念的核心因素，而与两者相关的空间价格理论和运输成本理论亦确为市场整合的两大理论支柱。

（一）空间价格均衡理论

空间价格均衡理论，由 Enke、Samuelson、Takayama 和 Judge 等学者的研究奠定。其中，Enke（1951）借用循环电路提出了空间价格均衡，并对其基本原理进行了阐释。Samuelson（1952）用数学模型描述了竞争市场中的空间价格均衡。Takayama 和 Judge（1964a，b，1971）用二次规划重新解释空间价格均衡，指明了其基本的研究方法，并对竞争市场中的空间价格均衡早期研究情况进行了总结。

实际上，对市场整合的研究早在这些学者确立空间价格均衡理论之前，已在国际贸易领域有所涉及，尤其是国际贸易研究中关于一价定律的讨论。二者在一定程度上可视作同一概念，实践中二者也常常混用。

国际贸易中关于一价定律的思想，最早可追溯至 16 世纪前后的重金主义（Bullionism），之后 Richardo（1817）、Mill（1848）和 Marshall（1890）的著述中均有所涉及，Cassel（1918）则在前人的基础上明确提出了购买力平价（PPP）的概念，成为国际贸易中理解一价定律的基础。以一价定律为依托的市场整合研究在早期受到了许多质疑，如 Officer（1982）发现一价定律的适用范围有限，尤其是不能测度短期市场；Williamson（1986）表示一价定律不能支持实证研究。但一价定律之后又得到了诸多支持，如 Officer（1986）在稍后的研究中发现选择贸易品作为对象时一价定律可较好地得到体现；Protopapadakis

和 Stoll（1986）的研究证实长期市场可较好地支持一价定律；Crouhy-Veyrac 等（1982）、Goodwin（1992）和 Michael 等（1994）等学者在将交易费用引入研究后也表明了一价定律的成立。此外，Davutyan 和 Pippenger（1991）还指出了引入交易费用对一价定律成立的重要性。

在新古典贸易理论的影响下，要素市场价格也被纳入到市场整合的研究中。新古典贸易理论认为，产品市场价格的均衡也会使要素市场价格达到均衡。这种要素市场价格均衡的观念最早由 Samuelson（1949）引入，且主要集中在劳动力市场和土地市场。劳动力市场方面，Mokhtari 和 Rassekh（1989）通过对经济合作与发展组织（Organization for Economic Co-operation and Development，OECE）国家工资水平的研究，论证了市场整合有助于要素市场价格均衡，而 Lawrence 和 Slaughter（1993）在考察 20 世纪 80 年代美国实际工资水平后否定了该观点，Leamer（1994）更是对 Samuelson（1949）所提理论的前提假设提出了质疑。

土地市场方面，对要素市场价格均衡的分歧较劳动力市场小。Alston（1986）对 20 世纪 60~80 年代美国土地实际价格的研究，佐证了要素市场价格均衡的理论。Benirschka 和 Binkley（1994）发现同质土地价格变动与其产品输出市场价格变动一致，并认为这种变动主要是由于农户所承担的交易费用变动造成的。Goodwin 和 Ortalo-Magné（1992）通过对美国、法国和加拿大小麦产区的考察，发现虽然各地的土地市场价格差异很大，但《关税及贸易总协定》（General Agreement on Tariffs and Trade，GATT）所带来的国际小麦市场整合促进了这些地区土地市场价格的趋同。总之，正如 Dixit 和 Norman（1980）指出，要素市场价格均衡的约束条件比产品市场价格均衡的条件严格很多，甚至产品市场价格均衡亦是要素市场价格均衡的必要条件之一，也可以说，要素市场的整合在一定程度上也体现了产品市场的整合。

（二）运输成本理论

运输成本理论是支撑市场整合的另一理论支撑。它是由 Samuelson（1954）提出，Krugman（1991a，1991b）加以完善的"冰山运输成本"（Iceberg TransportCost）理论。

其实，运输成本理论最早可追溯至亚当·斯密（Adam Smith）1776 年出版的《国富论》，他在书中从分工的视角论述了运输成本在经济运转中的作用，"水运开拓了比陆运所开拓的广大得多的市场……假若在这两都市间，除陆运外，没有其他交通方法，那么除了那些重量不大而价格很高的或物外，便没有什么商品能由一地运至另一地了。"杜能（Johann Heinrich von Thünen）在其 1826 年出版的《孤立国》中从产业地理区位的角度论述了运输成本在经济运转中的作用，他提到，"离城远的地方总是逐渐地欧诺更是那样的产品：相对于其价值来说，只要求较小的运输费用的东西"，在市场条件和生产技术不变的条件下，运输成本决定了"城市四周将形成一些界限相当分明的同心圈，每个同心圈内有各自的主要产品"。此外，杜能将"马在运输途中消耗谷物"纳入运输成本的思路也有后来形成的"冰山运输成本"理论的意味。

马歇尔（Alfred Marshall）在其 1890 年出版的《经济学原理》中从新古典经济学一般均衡分析框架下分析了运输成本，虽然他也指出了"货物的运费和关税的降低，会使每个地方从远处更多地购买它所需要的东西"，但在其创立的微观经济分析框架下，运输成本的存在是不能被接受的，因为如果考虑运输成本因素，就得接受空间和距离因素，进而不得不考虑垄断因素，而这是被新古典经济学分析框架的前提假设所排斥的。此后，在新古典经济学的大环境中，运输成本理论一度式微。Starrett（1978）甚至提出了"空间不可能定理"（Spatial Impossibility Theorem）。

运输成本理论的"颓势"直到"冰山运输成本"理论的出现和不断完善后才有所扭转。Samuelson（1954）认为产品在区域间流动时存在"冰山"形式的运输成本，即产品从产地运至消费地时，其中一部分的价值"融化"掉了，体现为产品输出地与输入地的价格差异。在此基础上，Krugman（1991a，1991b）引入空间距离因素进行修正，指出运输距离的增加，会使产品价格呈递增比例增加。值得注意的是，"冰山运输成本"理论中，还暗含着运输数量不影响运输成本的假设。Fujita 等（1999）对运输成本概念拓展也成为推动运输成本理论的重要动力，在其著述中，运输成本被界定为由空间因素所引起的所有成本，它不仅包括了因产品的运输费用和关税等传统成本，还包括以空间分隔而产生的信息交流成本，甚至还涵盖了语言文化、法律制度和产品标准等差异所引起的成本。

二、市场整合研究的方法

数学模型在市场整合研究中扮演着十分重要的作用，选择不同的分析框架，其所得结论会出现很大差异；同时，每种模型在应用时都会不可避免表现出一定局限性。所以，市场整合研究的方法也在不断地演变、完善。目前，市场整合研究的方法，按照逻辑思路和应用时间大体可分为四大类：第一类，静态分析法（Static Analysis），它以空间套利状态的共时性为前提假设、不考虑价格的时滞因素，具体包括相关分析法（Correlation Analysis）和一元回归模型（Simple Regression Model）等；第二类，动态回归模型（Dynamic Regression Models），它以向量自回归模型（Vector Autoregression Model，VAR）为基础，并结合节点模型（Point-Location Model）中的线性超额需求函数（Linear Excess Demand Function），具体包括格兰杰因果关系检验（Granger Causality Test）、Ravallion 模型（Ravallion Model）、市场关联指数（Index of Market Connectiveness，IMC）、协整分析法（Cointegration Analysis）和脉冲响应分析法（Impulse Response Analysis）等；第三类，状态转换模型（Switching Regime Models），具体包括三分状态转换模型（Three RegimesSwitching Regime Model）和六分状态转换模型（Six RegimesSwitching Regime Model）等；第四类，理性预期模型（Rational Expectations Model）。（图 1）

在历史时期市场整合研究中，较为常用的方法是相关分析法、协整分析法和状态转换模型等 3 种。以下主要对这 3 种方法加以详细介绍。

（一）相关分析法

在早期的研究中，学者一般认为在整合较好的市场中，区域市场间的价格变动应当具有同步性。相关分析法就是主要用于考察个区域市场价格变动的同步性的方法。目前，相关分析法是历史时期粮食市场整合研究中使用最多的方法（表1）。其基本原理是：如果价格变动的同步性越高，则说明市场间的整合度越高。相关分析法的结果表现为相关系数 r，r 是一个绝对值在 0~1 的系数，其值越接近 1，则相关性越高，市场整合度也越高；反之，其值越接近 0，则相关度越低，市场整合度也越低。相关系数 r 的计算公式如下：

$$r_{12} = \frac{Cov(P_1, P_2)}{\sqrt{D(P_1)} * \sqrt{D(P_2)}} \tag{1}$$

表 1　采用相关分析法研究历史时期粮食市场整合的主要论著概览

作者	发表时间	文章/书名
Mohendru	1937	Some Factors Affecting the Price of Wheat in the Punjab
Cummings	1967	Pricing Efficiency in the Indian Wheat Market
Lele	1967	Market Integration：A Study of Sorghum Prices in Western India
Chuan& Kraus	1975	Mid-Ch'ing Rice Markets And Trade：An Essay In Price History
Brandt	1985	Chinese Agriculture And The Tnternational Economy, 1870—1930：A Reassessment
王业键，黄国枢	1989	18 世纪中国粮食供需的考察
Bessler	1990	A Note On Chinese Rice Prices：Interior Markets, 1928—1931
Marks	1990	Rice Prices, Food Supply, And Market Structure In Eighteenth-Century South China
Li, M.	1992	Grain Prices In Zhili Province, 1736—1911：A Preliminary Study
Perdue	1992	The Qing State And the Gansu Grain Market, 1739—1864
Wang	1992	Secular Trends Of Rice Prices in the Yangzi Delta, 1638—1935
Wang & Perdue	1992	Grain Markets And Food Supplies In Eighteenth-Century Hunan

（续表）

作者	发表时间	文章/书名
陈春声	1992	市场机制与社会变迁——18 世纪广东米价分析
马立博	1992	清代前期两广的市场整合
陈春声	1993	清代中叶岭南区域市场的整合——米价动态的数理分析
吴承明	1996	利用粮价变动研究清代的市场整合
侯杨方	1996	长江中下游地区米谷长途贸易（1912—1937）
王业键，黄莹珏	1999	清中叶东南沿海的粮食作物分布、粮食供需及粮价分析
Li，M.	2000	Integration And DisintegrationIn North China's Grain Markets，1738—1911
陈仁义等	2002	10 世纪东南沿海米价市场的整合性分析
卢锋，彭凯翔	2002	我国长期米价研究（1644—2000）
Studer	2008	India and the Great Divergence：Assessing the Efficiency of Grain Markets in Eighteenth- and Nineteenth-Century India
Rönnbäk	2009	Integration of Global CommodityMarkets in the Early Modern Era
Yu	2010	Two Essays On Price Movement Across China's Regions
陈金月	2011	18 世纪陕南地区的粮食市场整合研究
李建德	2011	18 世纪四川的粮食市场整合——以成都平原为中心
谢美娥	2011	19 世纪淡水厅、台北府的粮食市场整合合研究
郑生芬	2011	18 世纪赣南地区的粮食市场整合研究
黄美芳	2012	18 世纪鲁西南平原粮食市场整合研究——以小麦价格为中心
李中清	2012	中国西南边疆的社会经济：1250—1850
杨海滨	2014	明清中国的商人组织与市场整合研究

相关分析法在历史时期粮食市场整合的研究实践中存在三个明显的局限：第一，忽视了引起价格变动的共同外部因素；第二，忽视了市场整体与个别产品市场的差异；第三，忽视了区域市场间的交易费用。如果存在上述 3 种情况，就会出现市场的"伪整合"。Harriss（1979）对相关分析法的"伪整合"缺陷进行了详细、深入的评价。

（二）协整分析法

协整分析法，国内学界又将之称为共聚合法，是历史时期粮食市场整合研究中采用的主要方法之一（表2）。其基本原理是：如果两个或多个同阶的时间序列向量的某种线性组合可以得到一个平稳的误差序列，则这些平稳时间序列存在长期的均衡关系，或称这些序列具有协整关系。协整检验的方法主要有 Engle-Granger 检验法（Engle & Granger，1987）和 Johansen 检验法（Johansen，1988；Johansen &Juselius，1990）。实践中，二者往往会和误差纠正模型（Error Correction Model，ECM）结合使用。

表 2　采用协整分析法研究历史时期粮食市场整合的主要论著概览

作者	发表时间	文章/书名
Ardeni	1989	Does the Law of One Price Really Hold for Commodity Prices?
Baffes	1991	Some Further Evidence on the Law of One Price：The Law of One Price Still Holds
Goodwin	1992	Multivariate Cointegration Tests and the Law of One Price in International Wheat Markets
Bessler& Fuller	1993	Cointegration Between U. S. Wheat Markets

（续表）

作者	发表时间	文章/书名
Palaskas & Harriss-White	1993	Testing Market Integration：New Approaches with Case Material from the West Bengal Food Economy
Alexander and Wyeth	1994	Cointegration and Market Integration：An Application to the Indonesian Rice Market
Goletti	1994	The Changing Public Role in a Rice Economy Moving Toward Self-Sufficiency：The case of Bangladesh
Michael *et al.*	1994	Purchasing Power Parity Yet Again：Evidence from Spatially Separated Commodity Markets
Silvapulle & Jayasuriya	1994	Testing for Philippines Rice Market Integration：A Multiple Cointegration Approach
Dercon	1995	On Market Integration and Liberalization：Method and Application to Ethiopia
Goletti *et al.*	1995	Structural Determinants of Market Integration：The Case of Rice Markets in Bangladesh
Mohanty *et al.*	1999	A Reexamination of Price Dynamics in the International Wheat Market
Baten & Wallusch	2003	Market Integration and Disintegration of Poland and Gemany in the 18th Century
Klovland	2005	Commodity Market Integration 1850—1913：Evidence from Britain and Germany
Özmucur *et al.*	2005	Did European Commodity Prices Converge during 1500—1800?
Ejrnæs *et al.*	2008	Feeding the British：Convergence and Market Efficiency in the Nineteenth-Century Grain Trade
Uebele	2011	National and International Market Integration in the 19th Century：Evidence from Comovement
颜色和刘丛	2011	18 世纪中国南北方市场整合程度的比较——利用清代粮价数据的研究
Dobado-González *et al.*	2012	The Integration of Grain Markets in the Eighteenth Century：Early Rise of Globalization in the West
Brunt & Cannon	2014	Measuring Integration in the English Wheat Market，1770—1820：New Methods, New Answers

检验价格数据序列是否具有协整关系的基本方法源自于空间套利等式，用数学公式可表示为：

$$P_{1t} - \alpha - \beta P_{2t} = e_t \tag{2}$$

其中 P_1 和 P_2 分别表示两个区域市场的价格，e_t 为残差项。如果 P_1 和 P_2 为非平稳数列，则对 α 和 β 的标准误差回归估计是不一致的。如果残差项 e_t 是平稳的，则表示，即使 p_1 和 p_2 为非平稳数列，二者也存在长期的均衡关系。这也是 Engle-Granger 检验法运用 OLS 回归判断两个价格序列是否存在协整关系的基本原理。

Engle-Granger 检验法在统计方面存在三个问题：其一，一元回归方程假设因变量只受自变量影响，而实际上，价格的影响常常是双向的；其二，在进行协整检验时，因变量的选择具有随意性；其三，当存在两个以上的变量时，不能确定每一对变量之间的具体协整关系。

针对这些局限，Johansen 检验法结合 VAR 模型，并引入最大似然法（Maximum Likelihood，ML）。首先，将二元空间套利等式转化为多元空间套利等式，并在多元空间套利等式的基础上，用一阶差分形式转写 VAR 模型，得出：

$$P_t = \Gamma_1 P_{t-1} + \cdots + \Gamma_{k-1} P_{t-k+1} + \Pi P_{t-k} + \mu + \varepsilon_t \tag{3}$$

其中，$\Gamma_i = -I + \Pi_1 + \cdots + \Pi_i$（$i = 1, \cdots, k-1$），$\Pi = -I + \Pi_1 + \cdots + \Pi_k$。

然后，对 $n \times m$ 矩阵 Π 的秩进行分析。当 rank（Π）$= m$ 时，即满秩，所有价格向量间均具有协整关系；当 rank（Π）$= 0$ 时，即矩阵 Π 为零矩阵，任何价格向量间均不具有协整关系；当 $0 < $ rank（Π）$= r < m$ 时，有 r 对具有协整关系的价格向量。

在历史时期粮食市场整合研究中使用协整分析法的优势在于：可以对非平稳的价格数据进行处理，同时也不必对市场结构进行前提假设。但是，正如 McNew 和 Fackler（1997）指出，其局限性也十分明显。首先，不能有效地处理交易费用非平稳的情况；其次，在本质上还属于统计性分析；最后，如 Barrett

（1996）、Barrett 和 Li （2002）指出，协整关系并不能反映价格传导的方向。

（三）状态转换模型

状态转换模型是针对动态回归模型在交易费用等方面的局限而提出的，它摆脱了对贸易流连续性和交易费用不变等前提假设限制，解决了因交易费用非平稳等因素所产生的问题。也正是由于这一优势，近年来，状态转换模型在历史时期粮食市场整合研究中的应用不断增多（表3）。

表3　采用状态转换模型研究历史时期粮食市场整合的主要论著概览

作者	发表时间	文章/书名
Baulch	1994	Transfer Costs，Spatial Arbitrage，and Testing for Food Market Integration
Prakash	1996	Pace of Market Integration
Goodwin & Grennes	1998	Tsarist Russia and the World Wheat Market
Ejrnaes & Persson	2000	Market Integration and Transport Costs in France 1825—1903：A Threshold Error Correction Approach to the Law of One Price
Clark	2001	Markets and Economic Growth：The Grain Market of Medieval England
Shiue	2002	Transport Costs and the Geography of Arbitrage in Eighteenth-Century China
Jacks	2005	Intra-and International Commodity Market Integration in the Atlantic Economy，1800—1913
Trenkler	2005	Economic Integration across Borders：The Polish Interwar Economy 1921—1937
Buyst *et al.*	2006	Road Expansion and Market Integration in the Austrian Low Countries during the Second Half of the 18th Century
Federico	2006	Market Integration and Convergence in the World Wheat Market，1800—2000
Jacks	2006	What Drove 19th Century Commodity Market Integration?
Federico	2007	Market Integration and Market Efficiency：The Case of 19th Century Italy
Federico	2008	The First European Grain Invasion：A Study in the Integration of the European Market 1750—1870
Marks，D.	2010	Unity or Diversity? On the Integration and Efficiency of Rice Markets in Indonesia，c. 1920—2006
Hynes *et al.*	2012	Commodity Market Disintegration in the Interwar Period

Spiller 和 Huang （1986）在分析美国汽油市场整合时，首先使用了状态转换模型，同时纳入价格与交易费用因素，将两个市场间状态一分为三，分别讨论。此后，Sexton 等（1991）在对美国芹菜市场进行分析时，提出了以单向商品流为基础的状态转换模型；Baulch （1997）在分析菲律宾大米市场整合情况时建立了以均衡价格为尺度的均衡价格界限模型（Parity Bonds Model）；Obstfeld 和 Taylor （1997）运用的门限自回归模型（Threshold Autoregressive Model，TAR）分析了空间价格关系，将交易费用设定为门限；Prakash （1997）在对印度小麦市场的整合情况分析时，也用到了这一方法。

三分状态转换模型，可用统一的数学公式表示为：

$$f(s_t \mid \theta) = \lambda_1 f_1(s_t \mid \theta_1) + \lambda_2 f_2(s_t \mid \theta_2) + (1 - \lambda_1 - \lambda_2) f_3(s_t \mid \theta_3) \tag{4}$$

其中，$s_t = p_{2t} - p_{1t}$，θ_i 表示状态的概率分布参数，λ_1 和 λ_2 表示状态概率。λ_1 和 λ_2 在 Spiller 和 Wood 的分析中，被用作衡量市场的整合度；在 Sexton 等的分析中，被用作衡量市场的非效率；在 Baulch 的分析中，被用作衡量市场的效率。

结合了价格和交易费用的三分状态模型也存在着其局限性：第一，交易费用的具体数值较难计算。第二，不能很好地反应空间价格调整的时滞性。第三，贸易流的单向性和市场完全竞争的前提假设限制了对市场整合的深入分析。

Barrett 和 Li （2002）在研究美国、加拿大、日本和台湾大豆市场整合情况时，第一次将商品流纳入到状态转换模型中，通过价格、交易费用和商品流三个因素，设立了六种状态，用数学公式表示如下：

$$L = \prod_{t=1}^{T} \left(A_{jit} \cdot \left[\lambda_1 f1_{jit} + \lambda_3 f3_{jit} + \lambda_5 f5_{jit} \right] + (1 - A_{jit}) \cdot \left[\lambda_1 f1_{jit} + \lambda_3 f3_{jit} + \lambda_5 f_{jit}^5 \right] \right) \quad (5)$$

其中，A_{jit} 是虚拟变量，当存在商品流时，其值为1，其他情况下为0。

这种六分状态转换模型相对于三分状态模型具有较大的优势：第一，可以通过贸易流间接获取交易成本信息；第二，摆脱了对贸易流单向性和市场完全竞争的前提假设。此外，其劣势也十分明显，除了交易费用，还需要商品流的相关数据，这些数据对于历史时期的研究获取难度较大。

（四）其他方法概述

一元回归模型以 Richardson（1978）模型为基础，结合了一价定律。由于其与相关分析法存在一定联系，实践中常与相关分析法混淆。二者最大的区别在于，一元回归模型的前提假设是交易费用不随价格变动而变化，即价格差等于交易费用。

格兰杰因果关系检验是由 Granger（1969）提出，后经 Ashley 等（1980）改进形成，用于研究某一市场因外部因素冲击而引起的价格变动对另一市场价格的影响。其最大优势在于很好地解释了价格传导的时滞性和方向性问题。因此，在市场整合的研究中，格兰杰因果关系检验常与其他动态模型相结合，并作为前期数据预处理的主要方式，用以检测市场间流动的方向（Alexander & Wyeth，1994；Dercon，1995；Goodwin 等，1999）。其实，在格兰杰正式提出格兰杰因果关系检验之前，Granger 和 Elliott（1967）就用了相似的方法对18世纪的伦敦、林肯、温彻斯特和伊顿4个城市的小麦价格的关系进行两两对比分析，结果显示价格波动的传导时滞与市场间的距离相关，并涉及了市场价格传递的方向性问题。

Ravallion（1986）在分析孟加拉大米市场整合情况时，将相关分析法与 Granger 相结合，形成了 Ravallion 模型。他假设存在一个中心—外围的空间市场结构，中心市场主导了产品价格，外围市场的产品价格随中心市场变动。用 Ravallion 模型分析市场整合，不但可以得出短期和长期市场整合的程度，还可以找出产品的中心市场。Ravallion 模型在研究历史时期粮食市场整合时的局限性主要表现是：第一，中心—外围的空间市场结构在现实世界中不一定存在；第二，必须使用连续的时间序列价格数据，间断数据可能导致研究结论的偏差；第三，无法避免季节波动等因素对研究结果的影响。

市场关联指数是 Timmer（1987）在分析印尼玉米市场整合情况时，在 Ravallion 模型的基础上，引入衡量市场整合度大小，增加关于中心市场价格先决的前提条件，并用一阶模型对市场整合情况加以分析。由于研究思路相同，Ravallion 模型所具有的局限性在市场关联指数上也都存在。

脉冲响应分析法是运用 VAR 模型的移动平均形式，分析外部冲击对个区域市场价格的影响，测度空间市场整合的动态情况。Myers 等（1990）在研究澳大利亚羊毛市场时使用这一方法。Goodwin 等（1999）在分析俄罗斯谷物市场整合情况时指出，脉冲响应分析法具有两方面的优势：其一，可以获取动态价格变动的更多信息；其二，可作市场整合的具体程度分析，而非"非此即彼"的评价。目前，这种分析方式还存在争议（Tomek and Myers，1993；Fackler and Goodwin，2001）。

理性预期模型将预期因素引入了市场整合分析。Goodwin 等（1990）最早使用，其后 Coleman（2009）在对美国19世纪的玉米市场整合分析是也用到了这种方法。其基本原理是商人通常会追逐利益的最大化，在空间套利状态中能够获得最大的利润，因此，他们会根据合理的预期价格在市场间实施套利行为。在此基础上，Fackler 和 Goodwin（2001）进一步给出了间接关联的市场价格的理性预期模型。

目前，除作为辅助方法的格兰杰因果关系检验，以上市场整合研究方法在历史时期粮食市场整合的研究中均未有专门应用。

三、中国历史时期粮食市场整合研究进展

自20世纪50年代开始，数理统计方法和计算机数据处理越来越多地被应用于中国历史时期粮食市场研究，许多学者从米价资料的定量分析入手，试图推论相关市场的性质和功能。受相关数据资料限制，对中国历史时期粮食市场整合的研究主要集中于清代以来的时期。另外，在研究内容上，主要集中于市场的整合度和市场整合的影响因素等两个方面。目前，多数研究都是通过对价格数据的不同处理方式对

市场整合情况进行分析，专门研究市场整合的影响因素的研究较少。

（一）中国历史期的市场整合

在市场整合问题上，全汉昇的研究具有开拓和奠基的性质。全汉昇将经济统计方法引入米价季节变动分析，他和克劳斯（Chuan&Kraus，1975）从《李煦奏折》中摘出 1713—1719 年苏州每月米价与 1913—1919 年上海米价，通过季节性变动大小的比较，发现结果二者相差不大，最后得出结论：清代中期市场有着较高的商业水平；大宗粮食流通顺畅，长距离商路有合理价格差；18 世纪前半期整个长江—东南沿海一带已经形成大范围的统一市场。王国斌和濮德培（Wang & Perdue，1992）探讨了华中主要稻米输出区湖南的市场整合情况，用谷物价格数据检验各州府间的市场整合程度，各州府之间的整合程度较高。陈春声（1992）和马立博（Marks，1990，1992）运用相关分析法分别对乾隆年间和 1738—1769 年间两广地区的粮食市场整合情况进行了考察，均认为当时两广地区的市场整合度较高，甚至高于同时期的法国。薛华和 Keller 运用协整分析法对 18 世纪中国南方的粮价数据分析后发现，中国南方特别是长江三角洲一带的市场发育程度与工业化前的欧洲非常相似（Keller & Shiue，2007；Shiue & Keller，2007）。侯杨方（1996）利用 1921—1937 商业组织及统计机构的米价记录对长江中下游以及中南半岛的大米市场整合情况进行了考察，认为无论是国内市场还是国际区域市场的市场整合程度水平都比较高。王业键等学者指出清代南北方地区谷物价格的共时变化，早在 18 世纪已经有相当规模的跨地区市场整合，当时中国大部分地区的粮食市场已具有相当高的整合性（王业键、黄国枢，1989；Wang，1992）。薛华（Shiue，2002）用状态转换模型分析的结果亦表明 18 世纪中国的粮食市场整合度水平较高。颜色和刘丛（2011）通过对 1742—1795 年 15 省的府级主要粮食品种月度价格数据的分析发现，18 世纪时南方粮食市场的整合程度显著优于北方市场。此外，龙登高（1997）和李伯重（1999）在对相关史料梳理、分析后，也认为到 19 世纪初中国已经形成了一个整合良好的全国市场。

与上述观点相反，也有学者认为清代中国并不存在整合的市场。威尔金森（Wilkinson，1980）在其博士论文中利用 20 世纪最初 10 年陕西的粮价细册，考察了银钱比价和米、麦、粟、豆的价格变动，发现除西安附近外，陕西省各地的粮食市场几乎没有联系。施坚雅（1998）也持相同观点，认为清代晚期中国尚未形成一个全国性的市场，他将中国分为 9 个主要经济区域，各个区域各自独立，基本处于自给自足的自然经济状态，市场和经济没有明显的整合关系。

同时，值得注意的是，近年来在台湾成功大学谢美娥的指导下，做出了多篇有关 18 世纪中国区域粮食市场整合情况的硕士学位论文。其数据均来自王业键的粮价数据库，在方法上使用的是相关分析法（陈金月，2011；李建德，2011；郑生芬，2011；黄美芳，2012）。

（二）中国历史期市场整合的影响因素

在市场整合的影响因素问题上，影响市场整合的因素十分繁复，正如武拉平（2000）指出，除了运输重要影响因素外，价格信息的传递、季节性因素、通货膨胀、政府政策干预以及不同产品的特点、市场的垄断程度和自给性生产活动的规模都是影响市场整合的重要因素，其中季节性因素和通货膨胀因素对于长期市场整合的影响尤为明显。至于中国历史时期粮食市场整合的影响因素研究，主要集中在制度和政策、地理区位和运输条件等方面。

制度和政策因素分析方面，Brandt（1985）利用 1870—1930 的米价数据，以上海为桥梁，分别考察了上海与泰国、缅甸、越南、印度等地米价的关系以及上海与国内芜湖、南昌、长沙、杭州等地的米价关系，发现存在一个整合度较高国际区域大米市场和国内大米市场，并进一步判定，外部因素对中国国内米价的形成具有巨大的影响。此后，Bessler（1990）在 Brandt（1985）的数据基础上，引入时滞因素进行深入研究，并再次论证了他的观点。李明珠（1992，2000）分析发现清代直隶省内价格波动的相互关联性高，显示出常平仓的作用和市场的发达。李明珠（2007）还在认为常平仓和漕运等政府干预是 18 世纪粮价趋同的重要原因，而市场并非真正整合，并由此提出了"假性市场整合"（False Market Integration）的概念。张瑞威（2010）也得出了类似观点，他在探讨了 18 世纪中国北方沿运河地区的稻米供应情况后，认为官方的漕粮制度造成华北和江南两大区域的大米长程贸易无法发展，阻碍了区域间的市场整合进程。赵留彦等（2011）和冯颖杰（2012）分别讨论了政策因素对市场整合影响，通过对上海、芜湖和天津等地粮价的考察、分析，指出"财厘改统"促进了民国时期的市场整合。濮德培（1992）认为清代的军事行动使甘肃地区在18～19世纪市场整合得到发展，仓廪制度保证了较高人均谷物储量，庞大的军事力量产生了巨大的需求，私人的、商业的和公共粮食储存一起支撑着甘肃及周边地区主要市场，且市场整合有加强之势。

地理区位和运输条件因素方面，王业键和陈仁义等学者通过对清东南沿海四省江苏、浙江、福建、广东的粮食种植、供需和人口密度的考察发现，18世纪中国两个经济核心地区——长江三角洲和珠江三角洲，在经济上关联较弱；但是缺粮区和余粮区间的地域分工与经济交流明显；地理和交通运输上愈接近的地区市场整合程度愈高（王业键、黄莹珏，1999；陈仁义等，2002）。薛华（Shiue，2002）的分析结果显示运输费用和地理区位因素对市场整合的影响很大。余林徽（Yu，2010）沿着Bessler（1990）和Brandt（1985）的思路对1864—1900的中国粮食市场加以分析，并强调了地理区位因素对市场整合的影响。颜色和刘丛（2011）在对1742—1795年中国南北方市场整合的对比研究中就发现交通条件，尤其是水路交通的差异是导致南北方市场整合程度差异的重要因素。此后，颜色和徐萌（2015）进一步对1811—1911年中国铁路建设浪潮时期的小麦价格进行考察，发现铁路在一定程度上降低了沿线州府的价格差，得出铁路对30年间整体价格差下降的贡献率为40%的结论，并指出铁路效应在在长距离上大于短距离。

此外，李中清（2012）在对云南和贵州粮食市场研究时，强调了市场、气候和战争等因素共同作用，正是在这些因素的作用下18世纪西南地区多数城市粮食经济一体化达到了相当高的程度。

除了市场的整合度和市场整合的影响因素两个方面的研究，国外学界还对市场整合的影响方面有所涉及，如Ravallion（1986）通过对孟加拉大米市场的研究发现，区域市场承受外部冲击的能力在一定程度上依赖于其与其他区域市场的联系，即市场整合越高抵御外部冲击的能力越强。Fafchamps（1992）通过对第三世界农产品市场的分析也发现，市场整合对价格政策有很大的影响，市场整合度与食物自给需求成反向关系。Barrett（1996）亦认为市场生产者和消费者福利和市场整合有双向影响关系。Fackler和Goodwin（2001）在对前人有关市场整合研究进行总结时还提到了市场整合对政府的仓储政策亦有明显的影响，市场整合低将提高仓储在该区域市场中的重要性。因此，在日后的研究中，对中国历史时期粮食市场整合对经济社会的逆向影响也应被纳入学者的视野。

四、小　结

通过以上梳理可以发现，当前历史时期市场整合研究有如下特点。

第一，理论方面，虽然也形成基本的理论框架，但在相关概念界定上还存在进一步完善的空间；同时，市场整合理论具有非常明显的依附性，国际贸易学和地理经济学的发展对其影响十分巨大。

第二，方法方面，数学模型在市场整合研究中扮演着十分重要的作用，选择不同的分析框架，其所得结论会出现很大差异；同时，虽然分析市场整合的模型很多，但每种模型都有其自身不可避免的局限性，因此，实践中，很多学者不只是应用其中的某一模型，而是选择多个进行合理组合后再对市场整合进行研究。目前，历史时期粮食市场整合研究在方法选取上较为局限，主要是相关分析法和协整分析法，相关分析法近年来已逐渐为协整分析法所取代，状态转换模型的应用也在逐渐增多。

第三，数据方面，价格数据是市场整合研究的核心数据，此外，在不同的模型假设下，也需要市场间距离、运输成本、贸易量等方面的数据。在国内的研究中，用的最多是粮价数据是王业键编的"清代粮价资料库"，没有有效使用《清代道光至宣统间粮价表》（中国社会科学科学院经济研究所，2009）的最新成果。

第四，国内方面，国内学者研究历史时期粮食市场整合时采用的方法以局限性较多的相关分析法为主，只有薛华、颜色、赵留彦、冯颖杰等少数学者使用目前国际学界使用较多的协整分析法或状态转换模型。

参考文献

Alexander, C. and J. Wyeth (1994). "Cointegration and Market Integration: An Application to the Indonesian Rice Market." The Journal of Development Studies 30 (2): 303 – 334.

Alston, J. M. (1986). "An Analysis of Growth of US Farmland Prices, 1963—82." American Journal of Agricultural Economics 68 (1): 1 – 9.

Ashley, R. and C. W. Granger, et al. (1980). "Advertising and Aggregate Consumption: An Analysis of Causality." Econometrica 48 (5): 1149 – 1167.

Barrett, C. B. (1996). "Market Analysis Methods: Are Our Enriched Toolkits Well Suited to Enlivened Markets?" American Journal of Agricultural Economics 78 (3): 825 – 829.

Barrett, C. B. and J. R. Li (2002). "Distinguishing between Equilibrium and Integration in Spatial Price Analysis." American Journal of Agricultural Economics 84 (2): 292 – 307.

Baulch, B. (1997). "Transfer Costs, Spatial Arbitrage, and Testing for Food Market Integration." American Journal of Agricultural Economics 79 (2): 477 – 487.

Benirschka, M. and J. K. Binkley (1994). "Land Price Volatility in a Geographically Dispersed Market." American Journal of Agricultural Economics 76 (2): 185 – 195.

Bessler, D. A. (1990). "A Note On Chinese Rice Prices: Interior Markets, 1928—1931." Explorations in Economic History 27 (3): 287 – 298.

Brandt, L. (1985). "Chinese Agriculture And The Tnternational Economy, 1870—1930: A Reassessment." Explorations in Economic History 22 (2): 168 – 193.

Cassel, G. (1918). "Abnormal Deviations in International Exchanges." The Economic Journal 28 (112): 413 – 415.

Chuan, H. and R. A. Kraus (1975). Mid-Ch'ing Rice Markets and Trade: An Essay in Price History. Cambridge, Harvard University Press.

Coleman, A. (2009). "Storage, Slow Transport, and the Law of One Price: Theory with Evidence from Nineteenth-Century U. S. Corn Markets." The Review of Economics and Statistics 91 (2): 332 – 350.

Crouhy-Veyrac, L. and M. Crouhy, et al. (1982). "More About the Law of One Price." European Economic Review 18 (2): 325 – 344.

Cummings Jr, R. W. (1967). Pricing Efficiency in the Indian Wheat Market. New Delhi, Impex India.

Davutyan, N. and J. Pippenger (1991). "Testing Purchasing Power Parity: Some Evidence of the Effects of Transaction Costs." Econometric Reviews 9 (2): 211 – 240.

Dercon, S. (1995). "On Market Integration and Liberalisation: Method and Application to Ethiopia." The Journal of Development Studies 32 (1): 112 – 143.

Dixit, A. and V. Norman (1980). Theory of International Trade: A Dual, General Equilibrium Approach, Cambridge University Press.

Engle, R. F. and C. W. J. Granger (1987). "Co-Integration and Error Correction: Representation, Estimation, and Testing." Econometrica 55 (2): 251 – 276.

Enke, S. (1951). "Equilibrium among Spatially Separated Markets: Solution by Electric Analogue." Econometrica 19 (1): 40 – 47.

Fackler, P. L. and B. K. Goodwin (2001). Spatial Price Analysis. Handbook of Agricultural Economics (Book 1B). Amsterdam, North Holland.

Fafchamps, M. (1992). "Cash Crop Production, Food Price Volatility, and Rural Market Integration in the Third World." American Journal of Agricultural Economics 74 (1): 90 – 99.

Fujita, M. and P. R. Krugman, et al. (1999). The Spatial Economy: Cities, Regions, and International Trade. Cambridge, MIT press.

Goodwin, B. K. (1992). "Multivariate Cointegration Tests and the Law of One Price in International Wheat Markets." Review of Agricultural Economics 14 (1): 117 – 124.

Goodwin, B. K. and F. Ortalo-Magné (1992). "The Capitalization of Wheat Subsidies into Agricultural Land Values." Canadian Journal of Agricultural Economics 40 (1): 37 – 54.

Goodwin, B. K. and T. J. Grennes, et al. (1990). "A Revised Test of the Law of One Price Using Rational Price Expectations." American Journal of Agricultural Economics 72 (3): 682 – 693.

Goodwin, B. K. and T. J. Grennes, et al. (1999). "Spatial Price Dynamics and Integration in Russian Food Markets." The Journal of Policy Reform 3 (2): 157 – 193.

Granger, C. W. J. (1969). "Investigating Causal Relations by Econometric Models and Cross-Spectral Methods." Econometrica 37 (3): 424 – 438.

Granger, C. W. J. and C. M. Elliott (1967). "A Fresh Look at Wheat Prices and Markets in the Eighteenth Century." The Economic History Review 20 (2): 257 – 265.

Harriss, B. (1979). "There is Method in My Madness: Or is It Vice Versa? Measuring Agricultural Market Performance." Food Research Institute Studies 17 (2).

Johansen, S. (1988). "Statistical Analysis of Cointegration Vectors." Journal of Economic Dynamics and Control 12 (2): 231 – 254.

Johansen, S. and K. Juselius (1990). "Maximum Likelihood Estimation and Inference on Cointegration: With Applications to the Demand For Money.".

Keller, W. and C. H. Shiue (2007). "Market Integration And Economic Development: A Long-Run Comparison." Review of Development Economics 11 (1): 107 – 123.

Krugman, P. (1991a). "History Versus Expectations." The Quarterly Journal of Economics 106 (2): 651 – 667.

Krugman, P. (1991b). "Increasing Returns and Economic Geography." The Journal of Political Economy 99 (3): 483 – 499.

Lawrence, R. Z. and M. J. Slaughter (1993). International Trade and American Wages in the 1980s: Giant Sucking Sound or Small Hiccup? Brookings Papers on Economic Activity: Microeconomics 2. M. N. Baily and C. Winston: 161 – 226.

Leamer, E. E. (1994). Trade, Wages and Revolving Door Ideas. NBER Working Paper No. 4716, National Bureau of Economic Research.

Lele, U. J. (1967). "Market Integration: A Study of Sorghum Prices in Western India." Journal of Farm Economics 49 (1): 147 – 159.

Li, L. M. (1992). Grain Prices InZhili Province, 1736—1911: A Preliminary Study. Chinese History in Economic Perspective. T. G. Rawski and L. M. Li. Oakland, University of California Press: 70 – 100.

Li, L. M. (2000). "Integration And Disintegration In North China's Grain Markets, 1738—1911." The Journal of Economic History 60 (03): 665 – 699.

Li, L. M. (2007). Fighting Famine in North China: State, Market, and Environmental Decline, 1690s—1990s. California, Stanford University Press.

Mahendru, I. D. (1937). Some Factors Affecting the Price of Wheat in the Punjab. Publication No. 49 (Board of Economics Inquiry, Punjab Government).

Marks, R. B. (1991). "Rice Prices, Food Supply, And Market Structure In Eighteenth-Century South China." Late Imperial China 12 (2): 64 – 116.

Marshall, A. (1890). Principles of Economics (8th edition), The Online Library of Liberty.

McNew, K. and P. L. Fackler (1997). "Testing Market Equilibrium: Is Cointegration Informative?" Journal of Agricultural and Resource Economics 22 (2): 191 – 207.

Michael, P. and A. R. Nobay, et al. (1994). "Purchasing Power Parity Yet Again: Evidence from Spatially Separated Commodity Markets." Journal of International Money and Finance 13 (6): 637 – 657.

Mill, J. S. (1848). Principles of Political Economy. London, The Project Gutenberg EBook.

Mokhtari, M. and F. Rassekh (1989). "The Tendency towards Factor Price Equalization among OECD Countries." The Review of Economics and Statistics 71 (4): 636 – 642.

Myers, R. J. and R. R. Piggott, et al. (1990). "Estimating Sources of Fluctuations in the Australian Wool Market: an Application of VAR Methods." Australian Journal of Agricultural and Resource Economics 34 (3): 242 – 262.

Obstfeld, M. and A. M. Taylor (1997). "Nonlinear Aspects of Goods-Market Arbitrage and Adjustment: Heckscher's Commodity Points Revisited." Journal of the Japanese and International Economies 11 (4): 441 – 479.

Officer, L. H. (1982). Purchasing Power Parity and Exchange Rates: Theory, Evidence and Relevance. Greenwich, Jai Press.

Perdue, P. C. (1992). The Qing State And The Gansu Grain Market, 1739—1864. Chinese History in Economic Perspective. T. G. Rawski and L. M. Li. Oakland, University of California Press: 101 – 126.

Protopapadakis, A. A. and H. R. Stoll (1986). "The Law of One Price in International Commodity Markets: A Reformulation and some Formal Tests." Journal of International Money and Finance 5 (3): 335 – 360.

Ravallion, M. (1986). "Testing Market Integration." American Journal of Agricultural Economics 68 (1): 102 – 109.

Richardo, D. (1817) . On the Principles of Political Economy and Taxation. London, Dent.

Richardson, J. D. (1978) . "Some Empirical Evidence on Commodity Arbitrage and the Law of One Price." Journal of International Economics 8 (2): 341 – 351.

Samuelson, P. A. (1949) . "International Factor-Price Equalisation Once Again." The Economic Journal 59 (234): 181 – 197.

Samuelson, P. A. (1952) . "Spatial Price Equilibrium and Linear Programming." The American Economic Review 42 (3): 283 – 303.

Samuelson, P. A. (1954) . "The Transfer Problem and Transport Costs, II: Analysis of Effects of Trade Impediments." The Economic Journal 64 (2): 264 – 289.

Sexton, R. J. and C. L. Kling, et al. (1991) . "Market Integration, Efficiency of Arbitrage, and Imperfect Competition: Methodology and Application to U. S. Celery." American Journal of Agricultural Economics 73 (3): 568 – 580.

Shiue, C. H. (2002) . "Transport Costs And The Geography Of Arbitrage In Eighteenth-Century China." American Economic Review 92 (5): 1406 – 1419.

Shiue, C. H. and W. Keller (2007) . "Markets in China and Europe on the Eve of the Industrial Revolution." The American Economic Review 97 (4): 1189 – 1216.

Spiller, P. T. and C. J. Huang (1986) . "On the Extent of the Market: Wholesale Gasoline in the Northeastern United States." The Journal of Industrial Economics 35 (2): 131 – 145.

Starrett, D. (1978) . "Market Allocations of Location Choice in a Model with Free Mobility." Journal of Economic Theory 17 (1): 21 – 37.

Takayama, T. and G. G. Judge (1964a) . "Equilibrium among Spatially Separated Markets: A Reformulation." Econometrica 32 (4): 510 – 524.

Takayama, T. and G. G. Judge (1964b) . "Spatial Equilibrium and Quadratic Programming." Journal of Farm Economics 46 (1): 67 – 93.

Takayama, T. and G. G. Judge (1971) . Spatial and Temporal Price and Allocation Models. Amsterdam, North-Holland.

Timmer, C. P. (1987) . Corn Marketing, Chapter 8. The Corn Economy of Indonesia. Ithaca, Cornell University Press.

Wang, Y. (1992) . Secular Trends Of Rice Prices In The Yangzi Delta, 1638—1935. Chinese History in Economic Perspective. T. G. Rawski and L. M. Li. Oakland, University of California Press: 35 – 69.

Wilkinson, E. P. (1980) . Studies In Chinese Price History. New York, Garland Publication.

Williamson, J. (1986) . "Target Zones and the Management of the Dollar." Brookings Papers on Economic Activity 1986 (1): 165 – 173.

Wong, R. B. and P. C. Perdue (1992) . Grain Markets and Food Supplies in Eighteenth-Century Hunan. Chinese History in Economic Perspective. T. G. Rawski and L. M. Li. Oakland, University of California Press: 127 – 145.

Yu, L. (2010) . Two Essays On Price Movement across China's Regions, The University of Hong Kong. Ph. D.

奥古斯丹·古诺 (1994) . 财富理论的数学原理的研究 [M]. 北京：商务印书馆.

陈春声 (1992) . 市场机制与社会变迁：18 世纪广东米价分析 [M]. 广州：中山大学出版社.

陈金月 (2011) . 十八世纪陕南地区的粮食市场整合研究. 硕士.

陈仁义，王业键等 (2002) . 十八世纪东南沿海米价市场的整合性分析 [J]. 经济论文丛刊 30 (2): 151 – 173.

冯颖杰 (2012) . "裁厘改统"与民国时期市场整合——基于上海、芜湖、天津三地粮价的探讨 [J]. 经济学（季刊）(1): 83 – 114.

韩胜飞 (2007) . 市场整合研究方法与传达的信息 [J]. 经济学（季刊）6 (4): 1359 – 1372.

侯杨方 (1996) . 长江中下游地区米谷长途贸易 (1912—1937) [J]. 中国经济史研究 (2): 72 – 81.

黄美芳 (2012) . 十八世纪鲁西南平原粮食市场整合研究——以小麦价格为中心. 硕士.

李伯重 (1999) . 中国全国市场的形成，1500—1840 年 [J]. 清华大学学报（哲学社会科学版）(04): 48 – 54.

李建德 (2011) . 十八世纪四川的粮食市场整合——以成都平原为中心. 硕士.

李中清 (2012) . 中国西南边境的社会经济：1250—1850 [M]. 北京：人民出版社.

龙登高 (1997) . 中国传统市场的整合：11 ~ 19 世纪的历程 [J]. 中国经济史研究 (02): 13 – 20.

马立博 (1992) . 清代前期两广的市场整合. 清代区域社会经济研究 [M]. 叶显恩. 北京：中华书局.

马歇尔 (1964) . 经济学原理 [M]. 北京：商务印书馆.

施蒂格勒，G. (1992) . 价格理论 [M]. 北京：商务印书馆.

施坚雅 (1998) . 中国农村的市场和社会结构 [M]. 北京：中国社会科学出版社.

王业键，黄国枢 (1989) . 十八世纪中国粮食供需的考察. 近代中国农村经济史论文集 [M]. 台北："中央研究院近代史研究所"：137 - 160.

王业键，黄莹珏（1999）．清中叶东南沿海的粮食作物分布、粮食供需及粮价分析［J］．中央研究院历史语言研究所集刊 70（2）：363 - 397.

武拉平（2000）．农产品市场一体化研究［M］．北京：中国农业出版社．

亚当·斯密（1972）．国民财富的性质和原因的研究［M］．北京：商务印书馆．

颜色，刘丛（2011）．18 世纪中国南北方市场整合程度的比较——利用清代粮价数据的研究［J］．经济研究（12）：124 - 137.

颜色，徐萌（2015）．晚清铁路建设与市场发展［J］．经济学（季刊）（02）：779 - 800.

杨海滨（2014）．明清中国的商人组织与市场整合研究［M］．北京：经济科学出版社．

约翰·冯·杜能（1986）．孤立国同农业和国民经济的关系［M］．北京：商务印书馆．

张瑞威（2010）．十八世纪江南与华北之间的长程大米贸易［J］．新史学 21（1）：149 - 173.

赵留彦，赵岩，等（2011）．"裁厘改统"对国内粮食市场整合的效应［J］．经济研究（8）：106 - 118 + 160.

郑生芬（2011）．十八世纪赣南地区的粮食市场整合研究．硕士．

周章跃，万广华（1999）．论市场整合研究方法——兼评喻闻、黄季《从大米市场整合程度看我国粮食市场改革》一文 ［J］．经济研究（03）：75 - 81.

魏晋南北朝时期的移民浪潮与长江三角洲的土地开发

彭安玉[*]

（江苏省行政学院，江苏　南京　210004）

摘　要：魏晋南北朝时期，我国北方人口持续地大规模地南迁。大量人口的涌入有力地促进了长江三角洲的土地开发，从而使这一地区从相对落后的状态迅速地向全国领先地位迈进。

关键词：魏晋南北朝；移民；长江三角洲；土地开发

长三角是当今我国经济最富庶的区域，有"金三角"之称。然而在秦汉以前，其土地开发水平却长期落后于黄河流域。魏晋南北朝时期，是这一地区由相对落后状态迅速向全国领先地位迈进的大转折时期，而北方人口的大规模南迁以及农业技术的南移，则是形成这一转折的历史契机。迄今为止，学术界对这个极富现实意义的研究课题尚少专文予以深入讨论。本文仅就魏晋南北朝时期北方人口的南移与长江三角洲土地开发的关系做一初步探索。

一、北方人口的大规模移入

在农业经济社会，劳动力的增加是推动区域经济发展的非常重要的因素。在秦汉以前，包括长江三角洲在内的整个长江流域，地广人稀，饭稻羹鱼，或火耕而水耨，其经济与社会发展的水平与同时期的黄河流域相比要落后得多。魏晋南北朝时期，北方人口一次又一次的大规模移入，有力地促进了长江三角洲地区的土地开发。

早在东汉末年，蒙受战争灾难的中原人民即开始南徙江淮。《三国志·吴书·张昭传》记载当时北方人口南迁情况说："徐方士民，多避扬土。"《三国志·吴书·孙权传》记载，建安十八年（213年），曹操令淮南民内迁，百姓惊恐，"自庐江、九江、蕲春、广陵户十余万皆东渡江，江西遂虚。"立足江东的孙权为与曹操争夺人口，曾采纳吕蒙的建议，于建安十三年（208年）五月，亲率大军进攻曹军，一举俘虏魏庐江太守以下男女数万人。

西晋末年，爆发了持续16年之久的"八王之乱"。内乱尚未完全平息，内迁的少数民族军事贵族又起兵反晋，掀起了一场争夺北方统治权的残酷血战。连年的战乱使得黄河流域社会经济遭到空前惨重的破坏。《晋书·虞预传》记载这场大乱说："千里无烟爨之气，华夏无冠带之人。自天地开辟，书籍所载，大乱之极，未有若兹者。"为躲避战乱，北方人民纷纷逃离故土家园，流亡异乡，从而形成了历史上前所未见的移民浪潮，其特点是持续多年，规模巨大，影响深远。

西晋末年以来北方人口的迁移浪潮，从西晋元康八年（298年）到南朝宋大明八年（464年），凡160余年。在此期间，移民浪潮先后出现过6次高峰，其中4次主要流向长江下游。

第一次：西晋永嘉（307—313年）之乱狂飚突起之时，中原人口蜂拥江淮，"幽、冀、青、并、兖州及徐州之淮北流民相率过淮，亦有过江在晋陵（今常州一带）诸郡者"。此次移民渡淮后大部分滞留在淮南地区，过江南渡者只是少数。当时，"徐、兖二州或治江北，江北又侨立幽、冀、青、并四州"[①]。

第二次：东晋成帝咸和（326—334年）初，"苏峻、祖约为乱于江淮，胡寇又大至，民南渡江者转

---

* 【作者简介】彭安玉（1962—　），男，江苏省行政学院教授，江苏省新世纪学科带头人

① 《宋书·州郡志》，中华书局，1974年

多"。北方移民已无法立足淮南，被迫渡江南下。东晋为了安置侨民，"乃于江南侨立淮南郡及诸县"①。此次移民大批过江，主要分布于"晋陵郡界"。后赵政权崩溃后，中原兵焚连年，北方人口南流更多。东晋孝武帝宁康元年（373年），"秦国流人至江南"，寄居堂邑等地。②

第三次：南朝宋文帝元嘉二十七年（450年），北魏南下，兵锋直指瓜步。《宋书·文帝纪》记载，淮北移民再次"流寓江、淮"。宋文帝下诏允许流民"并听即属"，并于第二年冬"徙彭城（今徐州）流民于瓜步（今六合东南滁河东岸），淮西流民于姑熟，合万许家"。

第四次：南朝宋明帝泰始（465—471年）年间，北魏大军南进，"青、冀、徐、兖及豫淮西，并皆不守，自淮以北，化成虏庭"③，黄河以北诸州人民又一次大量移居江淮。流寓江淮的侨民，有不少分布在今长江三角洲范围内，如堂邑沿江一线、广陵邗沟一线。为加强对流民的管理，南朝宋在长江三角洲地区设置了若干侨州郡县。

其后在齐、梁、陈时，淮水流域一带常有战事，南迁流民仍然不少，如梁末陈初，"北齐求割广陵之地"，陈霸先遂"引军还南徐州，江北人民随军而南者万余口"④。南朝齐时，长江三角洲上侨州有南兖州、南徐州等，侨郡、侨县也不少。

汉魏以来，中原人民多聚族而居，因而当时往往也是举村、举族南徙，如祖逖"率亲党数百家避地淮泗"⑤。乡族集团是设立侨州郡县的基础。东晋南朝以来众多的侨州郡县的设立，说明这一时期侨寓长江下游的中原人口数量十分庞大。根据王仲荦先生研究，西晋末年的全国移民总数约30万，占全国总户数（377万户）的1/12强，占迁出地区总户数（约60万户）的1/2弱。⑥如果以平均每户5口人计，移民总数约为150万。另外，根据我国著名历史地理学家谭其骧先生研究，截至刘宋为止，南渡人口约90万。在南渡人口中，以侨居在长江下游为最多，其中22万人口集中在南徐州。⑦童超先生进一步研究指出："渡淮南移的北方人口数，约占刘宋全国总人口数的1/10，约占长江中下游平原及其以南地区人口总数的1/8，约占西晋北方诸州及徐州淮北地区人口总数的1/14。上列各类数字都是载入国家户口统计的数字，即著籍户口数，实际人口数必然大于此数。把渡淮南移的北方移民人数估计为六七十万，是不会有夸大之嫌的。"⑧西晋末年以来北方人口的大量南迁，在长江下游地区形成了许多聚宗族、乡里而居的新聚落。

二、北方先进农业技术的持续南传

魏晋南北朝时期持续多年、高峰迭起的移民浪潮，在带来大量廉价的劳动力的同时，也带来了北方先进的农业技术。六朝时期，北方人民或渡淮，或过江，其中绝大多数的移民是劳动人民。他们来自农业技术相对发达的黄河流域，拥有比较先进的生产技术和丰富的劳动经验。大量的考古发现与史籍显示，早在新石器时代，裴李岗文化、磁山文化、仰韶文化的农业已经较为发达；春秋时期，铁器和牛耕在中原即已出现；战国时期，北方农业生产技术已经讲究深耕熟耨，辨土施肥，把握农时和疏密得宜；西汉时，北方农民在选种、田间管理等方面都积累了丰富的经验，而尤以西北农民创造的代田法最为先进；东汉时，铁器农具进一步推广，并出现了一些新式铁农具，其中最重要的是全铁曲柄锄。这是一种中耕农具，使用起来既坚固又省力。南北朝时，北方农民在精耕细作、鉴别土壤、防旱保墒以及育种、栽培、积肥、农时等技术方面，都有丰富的知识。相比之下，同一时期的长江三角洲平原则落后许多。北方移民的南徙，将黄河流域的先进农业生产技术和生产工具带到长江三角洲地区，促成了北方农业技术的持

---

① 《宋书·州郡志》，中华书局，1974年

② 应岳林，巴兆祥：《江淮地区开发探源》，江西教育出版社，1997年：第75页

③ 《宋书·州郡志》，中华书局，1974年

④ 《陈书·高祖纪上》，中华书局，1972年

⑤ 《晋书·祖逖传》，中华书局，1974年

⑥ 王促荦：《魏晋南北朝史》（上册），上海人民出版社，1979年

⑦ 《晋永嘉丧乱后之民族迁徙》，《燕京学报》1934年第15期

⑧ 童超：《东晋南朝时期的移民浪潮与土地开发》，《历史研究》1987年第4期

续南传。

第一，北方人口的源源南徙，带来了中原地区先进的农业种植技术。秦汉时，长江三角洲地区以种植水稻为主。但后来随着中原人口的流入，粟、菽、麦子等旱作物逐步得到推广。《晋书·食货志》记载，东晋大兴元年（318年），东晋政府鉴于江淮地介南北之间，适宜在水稻收割后安排三麦（大麦、小麦、元麦）的种植，以济匮乏，于是下诏："徐、扬二州土宜三麦，可督令……投秋下种，至夏而熟，继新故之交，于以周济，所益甚大。"太元元年（376年），重诏推广三麦。元嘉二十一年（444年）秋七月，南朝宋又下诏在南方推广种麦，《宋书·文帝纪》记载说："比年谷稼伤损，淫亢成灾，亦由播殖之宜，尚有未尽。南徐、兖、豫及扬州、浙江西属部，自今悉督种麦，以助阙乏。速运彭城、下邳郡见种，委刺史贷给。"《宋书·孝武帝纪》记载，大明七年（463年）复诏："今二麦未晚，甘泽频降，可下东郡境，劝课垦殖；尤敝之家，量贷种麦。"南齐明帝时，因连年战乱，淮南地区抛荒之地甚广，《南齐书·徐孝嗣传》记载徐孝嗣请求种麦的上书说："淮南旧田，触处极目，陂遏不修，咸成茂草，平原陆地，弥望尤多。……今水田虽晚方事菽麦，菽麦二种益是北土所宜，彼人便之，不减粳稻。开创之功，宜在及时"，请在长江流域诸州推广菽麦种植。

第二，北方人民的大规模南迁，带来了先进的水利技术，推动了长江三角洲地区水利灌溉工程的兴修。魏晋南北朝时期，长江下游地区的水利工程频繁地见诸史乘。如吴赤乌时（238—250年），在今南京句容县西南30里筑赤山塘，引水成湖。又在今南京东南15里兴修娄湖，周围七里，溉田数千顷。[①]吴永安三年（260年），调集大量民工建丹阳湖田，作浦里塘。孙皓等还在乌程筑孙塘、皋塘、青塘。西晋光熙元年（306年），陈敏使其弟弟陈谐作堰拦马林溪水成练塘，周120里，汇集了72条山溪水流，溉田数百项。

东晋南朝时期，长江三角洲著名的水利工程则有邵伯埭、新丰塘、荻塘、长冈埭、谢塘、破岗渎等。邵伯埭建于邗沟南段，修筑于太元十年（385年），能引水灌溉农田。邵伯埭东边是艾陵湖，《南齐书·徐孝嗣传》记载，南齐建武五年（498年）遏艾陵湖水立裴塘屯。《南齐书·刘怀慰传》记载，齐建元元年（479年），刘怀慰于今仪征境内垦田二百顷，"决沉湖灌溉"。新丰塘是东晋时期在长江三角洲平原上修筑的著名水利灌溉工程，位于今镇江东南35里。据《通典》卷二《水利田》，该塘当时用工211 420人，灌溉农田八百顷，修成后"每岁丰稔"，改变了该地区地广人稀、陂渠少而田瘦瘠的状况。《太平寰宇记》卷九四记载，东晋时殷康在乌程开荻塘，灌田千顷；后沈嘉之又开之，更名吴兴塘。此外，南朝刘宋明帝曾下令修复赤山塘，南齐建有长冈埭，南朝梁建有谢塘。南朝陈整理了破岗渎。其他水利工程还有不少，如刘宋吴兴太守沈攸之修建的吴兴塘、元嘉二十七年（445年）在常州修的阳湖；萧齐单昙在金坛东北修的单塘；南朝梁则有武帝在丹阳修建思湖、长塘湖、高湖以溉水田，谢崇在金坛建谢塘与吴塘，王弅在吴郡、吴兴、义兴漕大渎以泻浙江，等等。这一时期还重修了一些前朝修建的水利工程，如著名的鉴湖修筑于东汉，后代有修复，据《水经·浙江水注》，六朝时，"湖广五里，东西百三十里，沿湖开水门六十九所，下溉田万顷，北泻长江。"长江三角洲地区水利建设的全面推开，是北方人口南徙及农业技术南播的结果。众所周知，后来这一地区水利事业达到了我国的最高水平。

第三，北方人口的大规模南徙，使长江流域"刀耕水耨"的原始耕垦方式逐渐退居次要地位，日益注重精耕细作。精耕细作是我国古代农业技术的主导形式与发展方向。早在沟洫农业时代，我国精耕细作的农业技术即已孕育，秦汉以后日渐成型。它是以精耕、细管、良种、重肥等综合措施和高土地利用率为手段，以提高单位面积产量为主攻方向的劳动密集型农业，以人多地少为必要前提。魏晋以来北方人民的大量南移，为长江流域特别是长江三角洲地区精耕细作的形成，准备了重要的条件。中原人民把他们的先进的技术和经营管理经验带到南方，促进了农业生产由粗放型经营迅速向精耕化发展。汉末刘熙作《释名》，其《释用器》篇中列有斧、锥、椎、凿、耒、犁、檀、锄、杴、锸、锯，等等。孙吴时吴郡人韦昭曾见过此书，并作《辩释名》。可见这些农具长江下游地区在三国时期已经有了。东晋和南朝自然继续推广使用。《陈书·宣帝纪》用"良畴美柘，畦畎相望，连宇高甍，阡陌如绣"描写建康附近的农田景象，反映了农田耕作精细之水平到了相当高的程度。当然，"阡陌如绣"的情况未必很普遍，但也不仅仅是极个别的现象。应该说，长江三角洲地区从秦汉以前的"火耕水耨"发展成为今天乃至世界闻名

的精耕细作农业区，其转折点就在东晋、南朝时期。

三、长江三角洲的土地开发

魏晋以来北方人口的大迁徙以及农业技术的南传，产生了极为深刻的影响，其中最突出的影响是促进了我国古代经济重心的日渐南移，而在古代经济重心逐渐南移的过程中，魏晋南北朝时期长江三角洲地区的土地开发及其巨大的农业生产潜能的发挥，是不可忽视的。

长江三角洲地区早有人类生活。考古显示，这里的新石器文化遗址不仅密集而且自成体系。在南京秦淮河流域及宁镇地区有阴阳营文化，后来发展成湖熟文化；在太湖周围和杭州湾以北地区的新石器文化则先后有罗家角早期遗存—马家滨文化—良渚文化；在杭州湾南岸的宁绍平原上则有河姆渡文化。跨入文明时代的门槛后，吴越文化又以其别具一格的地方特色，为中华文明宝库增添了奇辉异彩。但是，在其后的一个相当长的时期内，长江三角洲的经济开发，无论其速度、规模，还是效益、影响，都无法与黄河流域相提并论。在秦汉以前，长江三角洲地区的经济水平远远低于黄河流域。司马迁在《史记·货殖列传》中说："楚越之地，地广人稀，饭稻羹鱼，或火耕而水耨，果隋蠃蛤，不待贾而足，地势饶食，无饥馑之患……是故江淮以南，无冻饿之人，亦无千金之家。"那时的长江流域包括长江三角洲基本上还保留着原生态，触目所及不少是尚未开发的处女地，火耕水耨是农业耕作的基本方式。这与"沃野千里""颇有桑麻之业"的黄河流域是无法比拟的。

三国、西晋时期，长江下游地区的开发取得了较大成就。孙吴立国江东，意味着在这一地区建立了与黄河流域相抗衡的政治中心。孙吴重视发展经济，通过大肆掳掠或吸引曹魏人口以及用暴力强迫山越人出山的途径增加劳动力，并都取得了一定的成效。又通过奉邑制、屯田制、世袭领兵制等，让南北世家大族出身的将领驱使士卒耕种国有土地。奉邑与屯田分布之处，即孙吴的土地开发之区。与此并行，江南大族也役使自家的宗族、佃客从事土地开发与农业生产。赤山塘、娄塘、浦里塘、练塘等水利工程的兴修，使得太湖平原及丹阳郡的建业附近及其相邻地区，新旧开发点鳞次栉比，连结成蔚为壮观的开发区。随着大面积的土地开发，太湖平原上涌现出一大批顷刻之间可以散尽数千斛米的"千金之家"。他们"僮仆成军，闭门为市，牛羊掩原隰，田池布千里"[1]，已经不再是昔日那种"无积聚而多贫""无冻饿之人，亦无千金之家"的寥落景象了。孙吴时农田产量每亩水稻可收三斛，并在沙中（今常熟）设司盐都尉加强盐政管理。孙吴还出产著名的"八蚕之锦"。孙吴已经能够制造上下五层、载人三千的大船，并扬帆海上。总的来说，太湖平原及其相邻地区的农业生产水平与黄河流域的差距已经大为缩小。《三国志·吴主权》注引《吴书》称："谷帛如山，稻田沃野，民无饥岁。"陆机《辨亡论》则描写了一幅"其野丰，其民练，其财丰，基器利"的富庶景象。应该说，吴国能在三国鼎立之中后蜀汉而亡，吴姓士族能在孙吴时期门阀化，无疑是以社会经济的一定发展为依托的。

东晋南朝时期的移民浪潮孕育了强烈的土地开发要求。一方面，东晋南朝的士族地主阶级偏处江东一隅，又面临着压境强敌，为建立强大的经济基础以与北方政权相抗衡，他们迫切要求开发江南，因而具有从事土地开发的强烈冲动。另一方面，北方人民在战乱的驱使下和在东晋南朝张扬着的"正朔所在"的政治旗帜的吸引下，举家举族来到江南。他们两手空空，一无所有，而政府也无法解决他们迫在眉睫的生计问题。士族地主正在寻觅开发山林川泽的劳动力，而南移的北方人民又迫切需要生存，于是两者一拍即合，北方移民一变而成长江三角洲土地开发的生力军。他们运用先进的生产工具与农业技术，与当地劳动人民一起开垦荒地，从而大大加快了长江流域特别是长三角平原的土地开发进程。经过一二百年的艰苦奋斗，终于使长江三角洲平原发生了很大的变化。这一过程"既充分地显示了适当数量的拥有先进生产技术的劳动人口对于经济发展的促进作用，同时又表明强烈的社会需求在一定条件下会转化为强大的物质力量"[2]。东晋南朝的土地开发突出体现在以下几个方面：

其一，土地开发向纵深推进。东晋南朝政府先后实行了若干涉及北方移民的政策与措施，以鼓励农

---

① 《抱朴子·吴失篇》，中华书局，《诸子集成》本
② 童超：《东晋南朝时期的移民浪潮与土地开发》，《历史研究》1987 年第 4 期

民开垦荒地。这些政策主要有东晋前期的侨州郡县制、白籍免课制，东晋后期与南朝的土断制。这些优惠政策与措施或对北方劳动人口形成强大吸引力，或加速北方移民土著化，在客观上都为土地开发组织起浩浩荡荡的拥有先进生产技术的劳动大军。在土地开发过程中，作为北方移民核心的中原士族地主采用了屯、邸、园、墅等形式。在土地开发中，江、湖、塘、埭、陂、浹、渠等水利灌溉工程在平原和丘陵地区大量兴建，有的既可蓄水，又可排涝，水门的设计更是匠心独具，能够根据需要调节水量。在部分地区，各种水利设施配套成龙，漕浹通行，交渠绮错，初步形成了河网化。长江三角洲地区水利建设的全面推开，又推动着土地更大规模的开发。南朝政府一面鼓励农民适意修垦，一面又采取措施移民屯种，据《宋书·文帝纪》，宋元嘉时曾移民数千家耕垦京口一带荒地，在建康附近"起湖孰废田千顷"。不过，宁镇、宜溧丘陵地区的开发还很有限，只是点线式的布局。

其二，丰富了长江三角洲地区的农作物品种。因北人喜食面食，善种小麦，故而南方种麦面积扩大，在粮食中所占比重有所上升，并促进了稻麦混合种植的耕作制度的形成。此外，在政府的提倡下，菽、粟、桑麻的种植也日渐增多。《宋书·周朗传》记载周朗上书说："田非胶水，皆布麦菽；地堪滋养，悉艺苎麻；荫巷缘藩，必树桑柘；列庭接宇，唯植竹栗。"此外，果品、园艺也有一定发展。

其三，农田产量大幅度增加。《梁书·夏侯夔传》记载，梁中大通六年（534 年），豫州刺史夏侯夔因"积岁寇戎，人颇失业"而"立堰，溉田千余顷，岁收谷百余万石"。由此可见，当时豫州每亩约收十石，折合现在的容量约三石多。豫州土地不是最肥沃的，而土地最肥沃的吴郡一带，亩产量起码在三石以上。这一推测也基本上得到历史资料的印证。如沈约在《宋书·孔季恭等传·论》中记载刘宋时南方农业生产发展情形说："江南之为国盛矣。……地广野丰，民勤本业。一岁或稔，则数郡忘饥。"《宋书·周朗传》说："自淮以北，万匹为市；从江以南，千斛为货，亦不患其难也。"因为稻米产量高，又连年丰收，最低时斗米三钱。这与盛唐贞观、开元时的米价几乎持平。

其四，孕育出一批繁华的商业都会。建康是东晋南朝京师重地，位于长江三角洲西端，长江下游的南岸。建康商品贸易极为发达，运出的货物以绢、帛、绫、锦、缎等丝织品为大宗，输入的货物主要有来自三吴的瓷器、粮食、家禽，来自荆湖的木材、砖瓦、铜、锡，来自南洋的珍珠、玛瑙、象牙、香料等。城内设有出售各种货物的大市和专售某种商品的小市，诸如谷市、牛马市、纱市、花市、草市、鱼市等等。建康还是一个国际性的大都市，《宋书·五行志》称其"贡使商旅，方舟万计"。长江三角洲上的其他城市如广陵、京口、毗陵、吴郡等地，市场也都相当繁荣。《隋书·地理志》说：毗陵、吴郡"川泽沃衍，有海陵之饶，珍异所聚，故商贾并凑"。《梁书·萧介传附萧洽传》称京口东通吴会，南接河湖，西连建康，北枕大江，"亦一都会也"，"前后居之者，皆致巨富"。

综上所述，移民浪潮对于魏晋南北朝特别是东晋南朝长江三角洲的土地开发产生了十分深刻的影响。事实上，当时北方移民将近一半居住在丹阳、晋陵诸郡以及淮南江北等地。换言之，在长江三角洲平原上，当时积聚了大批南来的北方人民。他们为长江三角洲平原的土地开发做出了巨大贡献，也为这一地区唐宋以后的繁盛奠定了坚实的基础。唐朝安史之乱后，长江三角洲所在的扬州、吴郡、丹阳、常州、杭州、越州、明州日益成为国家财富渊薮。唐代扬州富庶甲于天下，时人有"扬一益二"之议。《文苑英华》卷九七七杜牧《崔公行状》称"三吴"（吴郡、丹阳、吴兴）者，"国用半在焉"。《全唐文》卷五二二载梁肃《常州刺史独孤公（及）行状》云："常州为江左大郡，兵食之所资，财赋之所出，公家之所给，岁以万计。"由此可见，安史之乱后，长江下游地区实为唐王朝命脉所系，当时淮南的扬州，江南的吴郡、丹阳、常州成为国家财政支柱。安史之乱后长江下游基本经济区的形成，既反映了全国经济重心南移的事实，同时也是六朝时期长江三角洲平原土地开发的必然结果。

中日戦争下華北における農業問題
——日本語資料による研究

白木沢旭児

（日本北海道大学）

はじめに

1. 中日戦争下の華北農業を研究する意義

（1）日本史：中日戦争史研究において占領地支配の実態分析は未だ不十分である。中村隆英による研究（中村隆英，1983）以降、利用可能な資料が増えているにもかかわらず、研究は進展していない。とりわけ農村の動向について未だにブラックボックスとなっている。1つには「点と線の支配」という言葉が文字通り受け止められ、日本は都市部のみを支配した、という誤解がある。実際には農村の掌握が占領政策の要諦であり、農業生産を統制することは日本軍にとって重要な課題であった（白木沢旭児，2014）。

（2）中国史：近年の中国近現代史研究では「基層社会」研究が盛んになっている。まず、中国で行われている農村基層社会研究は現代の農業・農村問題解決を目的として現代に関心が集まっている（呉新叶，2006、謝慶奎、商紅日，2011、董江爱，2012、邱夢華，2014）。その歴史的前提として中国革命期（建国期）にさかのぼることもある。

これに対して日本で行われている農村基層社会研究は中国革命期や内戦期、さらにさかのぼって日中戦争期に関心が集中している（天児慧，1984、田原史起，1995、浜口允子，2013）。最近では中国基層社会史研究会（および同会中心メンバー）が毎年研究成果をまとめて発表している（笹川裕史、奥村哲，2007、中国基層社会史研究会，2009、中国基層社会史研究会，2010年、中国基層社会史研究会，2012年、中国基層社会史研究会，2013年、奥村哲，2013年）。

しかし、日本側の研究でさえ華北をはじめとする日本軍支配地域の基層社会研究は未だに不十分である。上述したように日本軍は農村を支配・掌握していないという理解があるからであろう。

（3）文献学、書誌学：中日戦争下では占領地域においておびただしい数の農村調査・農業経済調査が行われた。これらはあまりにも数が多いために、文献学的に資料目録を並べる研究が行われている段階だが（本庄比佐子、内山雅生、久保亨，1990、本庄比佐子，2009）、そろそろ内容に関する分析を行う段階であろう。その際、農家・農業・農村の調査技術・調査方法の水準がいかなるものであったのか、という問題がある。管見の限り、当該期中国占領地における農村調査・農業経済調査は、きわめて厳密かつ緻密な方法により行われていたように思われる。

2. 本報告の課題

（1）華北占領地における農村および農業の重要性を明らかにする。

（2）華北占領地における農村調査・農業経済調査の調査方法の水準を評価する。

（3）農村調査・農業経済調査の結果明らかになった中国・華北農村および農業の歴史的特質を究明する。

I 農業の重要性

I -1 農産品の重要性

・華北資源開発の中で食糧作物の位置づけは高く、増産・増収の可能性が指摘されていた。

　北支産業開発ニ付テハ地下資源中特ニ石炭ノ増産ト農産資源中特ニ食糧作物ノ増産トヲ二大重点トシテ…北支農耕地ノ生産力低キハ品種、耕作法、土壌、肥料、水利施設等ニ欠陥アル外、水害頻発スル結果ト推定セレルゝモ、単ニ農業水利ヲ改善シ灌漑ヲ充分ナラシムルノミニテモ其ノ反当収量ヲ倍増セシムルコト決シテ困難ナラザルハ専門家ノ意見一致スルトコロナリ、農産物増産ノ可能性茲ニ有ス。（興亜院技術部長「北支産業開発ノ重点ニ関スル意見」1940 年 5 月 7 日）

として灌漑、治水、アルカリ土壌改良等の策が作成される。

・農産品としては綿花、小麦については特に重視され「北支産業三年計画」にも1939 年～41 年の増産目標、資金計画が明記されている。（興亜院『北支産業開発三年計画』）40 年には綿花増産による小麦減産を補うために小麦反収増を図る「北支那小麦改良増産計画」が策定された。（興亜院華北連絡部経済第二局『昭和十五年七月北支那小麦改良増産計画』）

I -2 太平洋戦争期の「自給化」政策

・太平洋戦争期には、外国貿易が途絶し、華北に食糧を輸入することが事実上不可能となった。このため、占領当局は「北支の自給」をスローガンにし、一段と食糧増産政策を強化しようとし、穀物の重要性が高まったとされる。（章伯鋒、庄建平，1997）

　事変後ニ於ケル北支ノ物資不足ヲ補ツテキタ有力ナモノガ第三国貿易デアツタ（含中南支経由）ノハ後述スル通デアルガ北支経済ノ対外依存性ハ大東亜戦争ト共ニ完全ニ遮断サレタ、…日本ノ対北支物資供給モ大東亜戦争ニ依テ一層窮屈トナルデアラウ、此ノ事ハ結局北支経済ノ自給化ヲ必至ノモノトスルコトヲ意味スルモノデアル。（甲集団参謀本部『北支那資源要覧』1942 年 9 月 1 日）

I -3 綿花と穀類の相克

・華北棉産改進会が1942 年に行った調査によると「棉作農村」では食糧は平年でも1 割から5 割不足し、42 年度は3 割～8 割の不足であること、甘藷の作付けが年々増加していること、綿花と小麦は季節的に競合していること、従来肥料として用いられた豆粕、綿実粕が食用に転換していること、などの現象を把握し「何トイツテモ棉作ハ食糧作物ニハ及バズ殊ニ絶対的ニ食糧ノ入手不可能ナ地方デハ忌避サレ減畝ハ免レナイデアラウ。」と結論づけている。（華北棉産改進会，1943、白木沢旭児，2013）

I -4 日本側の農村掌握

・華北綜合調査研究所による緊急食糧対策調査が華北 15 地区を対象にいずれも1943 年春に行われ、詳細な調査報告書が1943 年に刊行されている（華北綜合調査研究所緊急食糧対策委員会，1943）。調査地となった15 地区は潞安地区、開封地区、運城地区、蘇淮地区、済寧地区、益都地区、新郷地区、徳県地区、天津地区、石門地区、済南地区、青島地区、保定地区、帰徳地区、北京地区である。

・なお『緊急食糧対策調査報告書（済寧地区）』には済寧軍連絡部が行った1942 年 9 月 30 日現在の「政治力浸透率調査」を掲載されている。同連絡部管轄下には23 県 25 253村があり、このうち「連絡村数」19 936、「納税村数」17 048、「保甲村数」15 186、「政治力浸透率」68 ％ と記されている。政治力浸透率は納税村数の比率である。ただし

　納税比率ノミヲ以テ政治力ノ浸透ト見ルコトハ大キナ誤謬ヲオカスコトニナル。殊ニ接敵地区ニ於テハ敵側モ徴税ヲ行ツテ居リ、極端ナ地区ニ於テハ中共及ビ国民党軍、我方ト三ツノ徴税ガ行ハレテ居ル村（単県地区）モアル模様デアル（済寧憲兵隊談）。従ツテコノ浸透率表ハ我方ノ最大限ト見ル

ベキデアル。(華北綜合調査研究所緊急食糧対策調査委員会『緊急食糧対策調査報告書（済寧地区）』26頁)

・宣撫官・村上政則の回想にも

一人の村長が、日本側、八路軍側、中央軍側と掛け持ちで、村長会議に出席するわけにはいかない。昨日は八路軍の会議に出て、今日は日本軍側の会に来ていると分かれば、当然敵に通じていると疑われる。そんなわけで、一村には少なくとも三人以上の村長がいた。(村上政則，1983、117頁)

・占領行政当局も「実際ニ於テハ占領地区ト雖物資ノ獲得其他経済的自由ヲ得サル地区アリテ或ハ之ヲ匪区ト称シ得テモ敵地ト何等異ナラサル地方アリテ現状トシテハ華北ヲ以テ占領地区及非占領地区ト区別シ両者ノ物資交流ヲ明カニスル能ハサル状況ナリ。」(興亜院政務部第三課『支那農産物ノ生産需給ニ関スル資料』1941)と農村支配が限定的かつ重層的であることを示している。

Ⅰ-5　国民党統治地区、共産党統治地区との物資流出入

・もっとも、「両者の物資交流」の存在は周知のことであった。『緊急食糧対策調査報告書（新郷地区）』は「事変後ノ今日尚此ノ地区ガ黄河ヲ隔テテ敵地区ト相対峙シ、大行山脈ニハ尚重慶残存軍（国民党を指す…報告者注）ノ蟠踞、蠢動シ東部冀南平野中部地区ニ於テハ我方ノ行政力浸透度未ダ比較的薄弱ニシテ…」という状況であるため物資が敵地区に流出したり、逆に敵地区から入ってくるとして物資名、数量が記載されている（『緊急食糧対策調査報告書（新郷地区）』37頁〜40頁)。「獲得ノ要領」にも「（イ）権力、行政力ヲ行使シテ管内ヨリ吸収ス、（ロ）敵地区ノ食料獲得、（ハ）管外ヨリ移入」というように封鎖線を越えた物資流入はあてにされていた。(『緊急食糧対策調査報告書（新郷地区）』20頁)

・これについては、辺区（共産党統治地区）の側を分析した研究によっても抗日根拠地である大行山脈では共産党の方針として交易方針がとられ、日本軍の封鎖線をかいくぐってさまざまな物資が流出入していたことが明らかにされている（魏宏運，2006)。

Ⅱ　農業調査に見る華北農業——安邱県岞山荘の事例

Ⅱ-1　戦時期占領地における農業調査の特質

・戦時中に「満鉄」北支経済調査所慣行班が行った「支那慣行調査」は、戦後、中国農村慣行調査刊行会編『中国農村慣行調査』全6巻として岩波書店から刊行され、法社会学、中国史の古典的研究文献となっている。ただし、「支那慣行調査」を純粋に学問的な研究成果と見ることについて、強い批判も出されており、評価が難しい文献である（野間清，1977)。調査方法は面談方式をとり、農村住民が語ったことを文章の形で記録している。

・これに対して、同時代に華北交通株式会社が、主に鉄道愛護村を対象に行った農業調査は、個票調査方式をとり、個票の数値データを含む膨大な量の統計数値が報告書に収録されている。本報告では、これに依拠して戦時下華北農業・農村の実態の一部を提示することにしたい。

・鉄道愛護村とは、華北交通が運行する鉄道線路の両側10kmの範囲の村を鉄道愛護村に指定し、いくつかの鉄道愛護村が集まり連合村を構成し、最寄りの駅長が指導するというものである。村民には線路の巡回が義務づけられ、その見返りとして種子の無償配付などが行われたという。42年末には10 277村、人口1 309万7 438人であった。(内田知行，2010)

Ⅱ-2　調査地の概要

・資料は華北交通株式会社『鉄路愛護村実態調査報告書膠済線岞山愛護区（安邱県）岞山荘』1940年である。(以下『岞山荘』と略) 調査は39年9月から40年4月にかけて行われ、華北交通資業部業務課員を中心に7班をつくり7愛護区からそれぞれ1部落を選択して調査地とした。

・安邱県峠山荘の調査は調査員として江波戸勘司、牧内潔、倉田勇治、通訳として趙徳春、曽憲功が担当した。調査地の最寄駅は膠済線峠山駅であり、駅から西南1kmほど離れている。峠山荘の総戸数は476戸、人口2 488人（男1 336人、女1 352人）であり、戸数が多いため村内各所に分布するようにして200戸選定し、調査を行った。

Ⅱ-3 農家の階層区分

・華北交通が調査地とした多くの村では小作地率が低く、自作農が過半を占めるケースが見られた。土地所有をめぐる階層区分が意味をなさないので、代わって農業依存率の大小による階層区分が提示された。峠山荘では以下の階層区分が採用された。

専農…総粗収入の50%以上を自家農業経営に依存するもの。

兼農…総粗収入の50%未満20%以上を自家農業経営に依存するもの。

農外…総粗収入の20%未満を自家農業経営に依存するもの。

（『峠山荘』44頁）

・専農、兼農、農外の階層区分は、華北交通が行った農村調査において共通して使われている。ただし調査により区分方法が異なり、山西省　村調査では収入金額および経営面積による区分方法をとっている。（華北交通株式会社，1944）

・安邱県峠山荘の調査で「総粗収入に占める農業経営収入の比率」によって階層区分を行ったということは、調査対象農家の収入を把握したから可能になったことである。報告書の末尾に調査対象農家の個票が掲載されており、収入がすべて記入されている。本報告書を用いることにより、さまざまな指標による再集計が可能である。

・表1によると、安邱県峠山荘においては専農が大部分を占めており、調査対象200戸のうち非営農を除く186戸すべてが自作農である。表2によると、経営規模はきわめて零細であり、非営農を除く186戸中160戸が4畝未満である。なお、峠山の1畝=16.8a=1.69反で華北に多く見られる一般的な畝の約2.5倍の大畝となっている。したがって4畝=67.2a=6.76反である。

・なお、小作地がないことについて「本村及びその付近の村に於ては、耕地狭小にして他に小作せしめる程耕地に余裕を有するものは殆どなく…村長其の他の有識者も本村には小作地がないと語つて居た」と説明している。（『峠山荘』47頁）。

表1　農業依存度別戸数（安邱県峠山荘）

総粗収入に対する農業粗収入の割合	農家階層	戸数	
100%		31	
90%以上100%未満		14	
80%以上90%未満	専農	23	
70%以上80%未満		23	
60%以上70%未満		28	146
50%以上60%未満		27	(73.0)
40%以上50%未満		9	
30%以上40%未満	兼農	12	28
20%以上30%未満		7	(14.0)
20%未満	農外	12	26
非営農		14	(13.0)
		200	200
計			(100.0)

資料　『峠山荘』45頁

表2　経営規模別戸数（安邱県岞山荘）

	非営農	2畝未満	2畝以上 4畝未満	4畝以上 6畝未満	6畝以上	計
専農	—	41	79	22	4	146
兼農	—	24	4	—	—	28
農外	14	12	—	—	—	26
計	14	77	83	22	4	200

資料　『岞山荘』48頁

II-4　兼業

・兼農の兼業先として雇農が多く、次いで織布、農労、鉄道関係、出稼などが見られる。農外では兼農にはない乞食が合わせて11人と最多で、次いで雇農が多い。農外の職業として表記されている「農業」は農業労働者を意味している。農外はあくまでも農家とみなせない、という意味であり、職業としては26人中20人は農業労働者である（他との兼業を含む）。岞山荘の階層構成は専農、兼農そして農業労働者から成ると見てもよいだろう。

専兼別という基準を設定したことは卓見だが、農外という範疇設定は農業を業とする者はすべて農家（農業経営者）であるという日本式の先入観の所産であろう。

表3　兼農・農外の兼業先および職業（安邱県岞山荘）

兼農の職業		農外の職業	
雇農	12	雇農	6
織布	1	農労、貸家	1
織布、農労	1	農労、織布工、農業	1
織布、保線区員、農労	1	農労、鉄匠	1
保線区員	3	織布	1
保線区員、保線工	1	饅頭製造販売、農労	1
出稼送金	2	饅頭製造、出稼送金	1
出稼送金、農労	1	焼餅製造販売、農業、農労	1
饅頭製造	2	駅雑役夫、農労	1
駅雑役夫	1	出稼送金	1
駅雑役夫、織布	1	岞山街商店員、出稼送金	1
駅雑役夫、商務会	1	乞食、農業、農労	2
作物監視、左官	1	乞食、農業	3
		乞食、農業外被傭労働	1
		乞食、織布工	1
		乞食、農労	2
		乞食	2
計	28	計	26

注：農外の各職業の数値を足すと27になるが、原資料のままとした。
資料　『岞山荘』45〜46頁

Ⅱ-5　農産物商品化と農業経営

　・安邱県峠山荘では作付面積の大きい順（％は全耕地面積に対する作付比率）に小麦（55.0％）、粟（35.2％）、大豆（32.8％）、甘藷（17.0％）、高粱（5.7％）、落花生（5.6％）、玉蜀黍（2.5％）となっており、綿花は生産していなかった。表4に示されるように商品化率が高いのは落花生、煙草、緑豆でこれらは農家階層による差も小さかった。すなわち2畝未満の専農や兼農、農外といった農業依存度の小さい農家では落花生、煙草という商品作物に集中する傾向が見られる。落花生は約40年ほど前から栽培が始まり不毛の地とされていた河岸の砂地にできるので短期間のうちに普及した。煙草は5、6年前から栽培が始まったもので、英米煙草株式会社が隣村に普及奨励していたものが伝わったという。（『鉄路愛護村実態調査報告書膠済線峠山愛護区（安邱県）峠山荘』88頁）

表4　階層別農産物商品化率（安邱県峠山荘）（単位：％）

		小麦	粟	大豆	甘藷	高粱	落花生	玉蜀黍	緑豆	煙草	合計
専農	6畝以上	21.9	—	39.7	—	—	72.0	—		—	23.7
	4～6畝	10.5	1.6	11.8	3.3	6.0	96.9	16.7	100.0	100.0	14.2
	2～4畝	6.4	2.9	8.9	1.4	0.5	90.8	—		—	9.3
	2畝未満	2.1	1.6				91.7	—	81.7	—	4.4
	計	7.5	2.3	*1.1	1.5	4.5	90.9	0.9	66.7	100.0	10.4
兼農	2～4畝	—	—	—	—	—	—	—		100.0	10.0
	2畝未満	—	—	—	—	—	84.5	—			4.4
	計	—	—	—	—	—	84.5	—		100.0	5.5
農外	2畝未満	—	—	—	—	—	88.1	—			13.8
計		6.9	2.2	10.3	1.4	4.3	90.1	0.8	66.7	100.0	10.2

　注：＊は数値の誤りと思われるが、原資料のままとした

　資料　『峠山荘』106頁

表5　階層別農産物販売収入（安邱県峠山荘）（単位：元、％）

		1戸当販売収入（元）	対総粗収入比（％）	対総現金収入比（％）	1戸当総現金収入
専農	6畝以上	70.25	17.0	52.7	133.25
	4～6畝	27.05	10.6	50.9	53.21
	2～4畝	12.10	6.1	22.2	54.54
	2畝未満	3.13	2.7	9.4	33.43
	平均	13.42	7.1	26.6	50.57
兼農	2～4畝	7.18	2.3	4.0	178.43
	2畝未満	1.99	1.2	2.3	86.38
	平均	2.73	1.5	2.8	99.53
農外	平均	1.62	1.5	2.3	68.65
全戸		10.40	5.9	17.4	59.88

　資料　『峠山荘』116～117頁、134頁

　・農産物販売収入は専農の6畝以上層が圧倒的に多く、経営規模格差が大きい。6畝以上専農、4～6畝専農を除いて農産物販売収入はきわめて少額である。

表6 1戸当収入内訳（単位：元）

		農業粗収入	被傭農業労働	その他職業労働	出稼送金	計
専農	6畝以上	341.12	32.50	3.75	20.00	412.37
	4~6畝	225.31	22.16	6.56	0.59	254.62
	2~4畝	146.75	29.83	15.60	2.91	197.24
	2畝未満	81.74	23.32	8.05	1.95	116.11
	平均	145.66	26.92	11.79	2.76	189.00
兼農	2~4畝	114.50	62.50	121.75	9.50	308.25
	2畝未満	59.53	38.53	49.35	13.33	162.32
	平均	67.39	41.95	59.68	12.78	183.15
農外	平均	9.13	44.23	43.82	5.85	105.03
全戸		116.95	31.28	22.66	4.56	177.27

資料 『峠山荘』132頁

・収入の計では、専農＞兼農＞農外の順であるが、専兼別の差よりも経営規模による差の方が大きい。また、最高の収入は6畝以上専農だが次は2~4畝兼農、次いで4~6畝専農となっている。農業粗収入のみ経営規模に比例するが、それ以外の収入は経営規模には関係ない。出稼送金は少なく、階層差も見られない。なお表5の1戸当現金収入は兼農＞農外＞専農という序列となり表6の1戸当収入計とは異なる序列となっている。貧農において現金需要が強いことが指摘できる。

Ⅱ-6 農法への関心

・農具…44種見られ、在来式、「彼等の営農に適合する如く製作されたもので、その使用には相当の技術を要するが彼等は何れも良く訓練されてうまく使ひこなして居る。」（『峠山荘』72頁）

・肥料…「大部分は土糞であつて、事変前に於ては小麦及び煙草の栽培に多少大豆粕が用ひられて居たが、事変後は殆ど用ひられない。又化学肥料は従来全く使用したことがないと云ふ。」（『峠山荘』79頁）

おわりに

華北占領地における農村および農業の重要性を明らかにする。→当初は綿花等の対日供給が企画されていたが、太平洋戦争期には華北の自給を目的として、占領地維持のために食糧確保が至上命令となった。

華北占領地における農村調査・農業経済調査の調査方法の水準を評価する。→個票を用いた全戸調査を試みている。また土地所有による階層差がほとんど見られないので、これに替えて収入による階層区分を導入したことは調査方法として画期的である。収入を掌握することに一応成功している。

村調査・農業経済調査の結果明らかになった中国・華北農村および農業の歴史的特質を究明する。→ほんの一例に過ぎないが経営規模の零細性、農業労働者層の分厚い存在、農産物収入以外の多様な現金収入、在来農法の有効性などが指摘できる。

参考文献

中村隆英.1983.戦時日本の華北経済支配［M］.山川出版社.

白木沢旭児.2014.戦時期華北における農業問題［J］.農業史研究,第48号.

呉新叶.2006.农村基层非政府公共组织研究［M］.北京大学出版社.

谢庆奎,商红日.2011.基层民主的社区治理［M］.北京大学出版社.

董江爱.2012. 中国农村基层民主与治理研究［M］. 中国社会科学出版社.

邱梦华.2014. 农民合作与农村基层社会组织发展研究［M］. 上海交通大学出版社.

天児慧.1984. 中国革命と基層幹部　内戦期の政治動態［M］. 研文出版.

田原史起.1995. 中国土地改革工作隊の基礎的考察 – 1950 年期土地改革における農村基層工作の機能 –［J］. 一橋研究,
　　第 20 巻第 1 号.

浜口允子.2013. 日中戦争期、華北政権下の統治動向と基層社会 –「中国農村慣行調査」再読 –［J］. 中国研究月報,
　　第 67 巻第 6 号.

笹川裕史, 奥村哲.2007. 銃後の中国社会　日中戦争下の総動員と農村［M］. 岩波書店.

中国基層社会史研究会編 2009. 戦時下農村社会の比較研究　ワークショップ［M］. 汲古書院.

中国基層社会史研究会編.2010. 戦争と社会変容　シンポジウム［M］. 汲古書院.

中国基層社会史研究会編.2012. ワークショップ：中国基層社会史研究における比較史的視座［M］. 汲古書院.

中国基層社会史研究会編.2013. 国際シンポジウム東アジア史の比較? 連関からみた中華人民共和国成立初期の国家? 基
　　層社会の構造的変動［M］. 汲古書院.

奥村哲 2013. 変革期の基層社会 – 総力戦と中国? 日本 –［M］. 創土社.

本庄比佐子, 内山雅生, 久保亨.2002. 興亜院と戦時中国調査［M］. 岩波書店.

本庄比佐子.2009. 戦時期華北実態調査の目録と解題［M］. 東洋文庫.

白木沢旭児.2013. 戦時期華北占領地区における綿花生産と流通［A］. 野田公夫. 日本帝国圏の農林資源開発―「資源
　　化」と総力戦体制（Ⅱ）―//［C］. 京都大学学術出版会.

章伯鋒, 庄建平.1997. 抗日战争第 6 卷日伪政权［M］. 四川大学出版社.

村上政則.1983. 黄土の残照 – ある宣撫官の記録 –［M］. 鉱脈社（宮崎大学所蔵）.

魏宏運.2006. 晋冀魯豫抗日根拠地における商業交易（1937-1945）［A］. 姫田光義, 山田辰雄. 日中戦争の国際共同研
　　究 1 中国の地域政権と日本の統治//［C］. 慶應義塾大学出版会.

野間清.1977. 中国慣行調査、その主観的意図と客観的現実［J］. 愛知大学国際問題研究所紀要, 第 60 号. 内田知行.
　　2010. 日本軍占領と地域交通網の変容 – 山西省占領地と蒙疆政権地域を対象として –［A］. エズラ? ヴォーゲル,
　　平野健一郎. 日中戦争の国際共同研究 3 日中戦争期中国の社会と文化//［C］. 慶應義塾大学出版会.

中国農村慣行調査刊行会編.1981. 中国農村慣行調査（第 1 巻 ~ 第 6 巻）［M］. 岩波書店（1952—1955 年）（再刊 1981
　　年）

甲集団参謀本部.1942. 北支那資源要覧, 9 月 1 日. 防衛研究所防衛図書館所蔵.

華北棉産改進会.1943. 華北棉作農村臨時綜合調査中間報告.

華北綜合調査研究所緊急食糧対策調査委員会.1943. 緊急食糧対策調査報告書　済寧地区.

華北綜合調査研究所緊急食糧対策調査委員会.1943. 緊急食糧対策調査報告書　新郷地区.

興亜院政務部第三課.1941. 支那農産物ノ生産需給ニ関スル資料.

華北交通株式会社.1940. 鉄路愛護村実態調査報告書膠済線岵山愛護区（安邱県）岵山荘.

The Relationship between the Reclamations in Postwar Japan and Previous Imperialism: Focused on the Lands Used to Replenish Military Horses

Masatoshi Otaki

(The JSPS Research Fellow)

I. The Purpose

This speech examines how the reclamations in postwar Japan were concerned with previous imperialism, especially focusing on the lands used to replenish military horses before.

The system of imperial Japan broke down in 1945, but it doesn't mean the elements which had constructed the system also disappeared. They were to work for the new purpose and system of postwar Japan. In this respect, former studies concerning postwar reclamations brought out mainly the continuity of "persons" with the agricultural emigration to *Manchuria* in wartime, such as planners, leaders and settlers (蘭 1994, 内田・横川 2000, 伊藤 2013, etc.). On the other hand, this speech focuses on the "lands", for example, how the lands had been used in prewar and wartime, and what those uses left for postwar reclamations. To examine these points, this speech treats mainly the army sites used to replenish military horses. They occupied 37% of all military sites, and became main stages of postwar reclamations.

In addition, the agricultural emigration to *Manchuria* might link to postwar reclamations concerning even agricultural techniques, implements, and so on. Through examining them, it will be more clarified how the elements of imperial Japan were involved in postwar reclamations.

II. The Reclamation Projects in Postwar Japan

The imperial Japan was defeated in the Asia-pacific war on August 15th 1945, and a large number of Japanese returned from Asia, demobilized soldiers, agricultural emigrants and others. To hold them and increase production of foods, the new government established the emergent reclamation guideline on November 9th 1945. It aimed to create 1.5 million ha of farmlands and hold one million of settlers. Following it, many reclamation projects were carried out by the nation, prefectures, and companies until the rapid growth of economy started in 1955.

Among them, the largest scale were the reclamations practiced in *Sanbongi* (*Aomori* pref.), *Yabuki* (*Fukushima* pref.), and *Kawaminami* (*Miyazaki* pref.), called the three major reclamations in Japan. They had common features following: First, they were located in most underdeveloped areas except *Hokkaido*, the domestic colony. Second, those reclamations were the national projects had been started but suspended in wartime. Third, their scales were enlarged after the war by adding the adjacent former army's sites to replenish military horses. These features suggests they are suitable to examine the relationship with previous imperialism. This speech treats two of them, *Sanbongi* and *Kawaminami*.

III. The Case of Sanbongi（三本木）

Sanbongi was a wildness extended on the north side of the river *Oirase*, located in the east-central of *Aomori* prefecture, and became a major rice-producing area in the prefecture today. As this area had been short of water source for a long time, *Yasuto Nitobe* carried out a reclamation project（1855—1859）here making an artificial river *Inaoi*, and succeeded in creating 300 ha of paddy field. However the army settled the *Sanbongi* branch of bureau for replenishing military horses in 1885 occupying 13 700 ha of wildness, further reclamation was delayed. It was in 1937 that the national reclamation project was started to create 2 500 ha of farmland by extending irrigation water, but it remained insufficient in wartime. After the war, the project was resumed from 1946 to 1966 adding the above army sites, and its scale was enlarged to 9 300 ha. The points of interest in this case are following:

1. The reclamation of former army farms

The *Sanbongi* branch managed several farms reached 1 000 ha to produce military horse's feed, and they were also released for postwar reclamation. The names of reclamation village *Gogo*, *Shichigo* and *Hachigo* came from the fifth, seventh, and eighth farm of the branch. There settlers got advantage to use former army facilities immediately, such as cultivated fields, windbreak forests, and buildings. In these areas, the army's occupation of land was to promote postwar reclamation, as a result.

2. Sasaki agricultural implements

Shiro Sasaki was a maker of European agricultural implements lived in *Bibai*, *Hokkaido*, and went to *Manchuria* to supply plows for agricultural emigrants in 1940. After the war, he came to his wife's hometown *Rokunohe*（near *Sanbongi*）. Then he was scouted by the reclamation office, and began to produce plows and cultivators in *Sanbongi*. His plows were used in not only *Sanbongi* but also many other reclamations. It shows that the technique to produce agricultural implements was continued from prewar, wartime to postwar, and from *Hokkaido*, *Manchuria* to *Sanbongi* and other areas.

IV. The Case of Kawaminami（川南）

Kawaminami is a tableland on the north side of river *Komaru*, located in the east-central of *Miyazaki* prefecture. Now this area is famous for stockbreeding and especially the damage from foot-and-mouth disease in 2010. The army settled the *Takanabe* branch of bureau for replenishing military horses here in 1908 occupying 4, 300 ha of wildness. Nevertheless *Miyazaki* prefecture continued to plan the reclamation of lands left behind, it led to the national project to create 1 500 ha of farmland with irrigation water in 1940. But it was closed in 1944 only settling 1 700 m of channels. After the war, the project was resumed from 1947 to 1960, and its scale was enlarged to 1 900 ha by adding the above army sites. In this case, the points of interest are following:

1. The difference of the army uses

The army sites were divided into three areas, *Kokkouharu*, *Karasebaru* and *Kawaminami*. Among them, *Kokkoubaru* was used as a farm to feed military horses, and the soil was cultivated and fertilized. For this superior condition of land, the reclamation office and the instructor's school were settled here after the war（now *Miyazaki* Agricultural Junior college）, and other lands were used as farmland of settlers without reclaiming works. On the other hand, *Karasebaru* was used as pasture for military horses in prewar, and converted to practice field of parachute unit, and military airport in wartime. Because the topsoil was hardened by tanks and windbreak forests were removed then, the postwar reclamation in this area was harder than in *Kokkoubaru*. The difference of two areas shows that the difficulty of postwar reclamation was often determined by how the land was used before.

2. The scattered house settlement

Shigeo Nagatomo was the head of research center for reclamation in *Harbin*, *Manchuria*. After the war, he returned to his hometown *Noboriguchi* near *Karasebaru*. When principal members of the reclamation office visited him, he advised to settle their houses scattered (not swarmed like Japanese conventional villages) from experiments in *Manchuria*, and they accepted it. This shows the experiment in *Manchuria* was reflected to postwar reclamation even in informal sector.

V. Conclusion

This speech examined the reclamation projects in postwar Japan especially practiced on former army sites to replenish military horses, and showed some elements of previous imperialism influenced those reclamations concerning not only persons but also lands and other points: Frist, how the army had used the land determined the difficulty of postwar reclamation, easy in farm for military horses / hard in pasture or other military uses. Second, the experiments of agricultural emigration to *Manchuria* were utilized there in both formal and informal sectors, such as agricultural implements and house settlement. These facts mean it is impossible to discuss postwar reclamations separately from previous imperialism. The left subjects are to prove the above points more concretely from various points of view, and to compare with other agricultural developments in postwar Asia.

References

青森県農林部農地調整課編. 1976. 青森県戦後開拓史. 青森県.

蘭信三. 1994. 「満州移民」の歴史社会学 [M]. 行路社.

藤野憲三編・発. 2007. 戦友・拓友に捧げる記録―激動期の日本・川南町開拓地に生きて.

伊藤淳史. 2013. 日本農民政策史論――開拓・移民・教育訓練 [M]. 京都大学学術出版会.

開拓50周年記念事業会編・発. 1998. 戦後開拓50年の歩み.

川南町編・発. 2001. 川南町開拓史.

宮崎県開拓史編さん委員会編. 1981. 宮崎県開拓史. 宮崎県.

宮崎県川南町編・発. 1953. 宮崎県川南町　産業実態報告書――農村建設計画策定の為の基礎調査.

永友重雄. 1944. 満洲の農業経営と開拓農業 [M]. 満洲移住協会.

農林省農務局. 1938 三本木原開墾計画概要.

農林省農務局. 1940. 川南原開墾事業要覧.

農林省三本木開拓建設事務所編・発. 1952. 三本木開拓建設事業のあらまし.

戦後開拓史編纂委員会編. 1967. 戦後開拓史 [M]. 全国開拓農業協同組合連合会.

戦後開拓史編纂委員会編. 1977. 戦後開拓史（完結編）[M]. 全国開拓農業協同組合連合会.

東北農政局三本木開拓建設事業所編・発. 1966. 三本木開拓建設事業 事業成績書.

堤元編・発. 1953. 川南町産業実態調査報告 要約書（問題のありどころと、その進め方）.

内田和義・横川亮一. 2000. 開拓団長三好武男のリーダーシップ [J]. 島根大学生物資源科学部研究報告, 第5号.

軍馬補充部三本木支部創立百周年記念実行委員会. 1987. 軍馬のころ――軍馬補充部三本木支部創立百周年記念誌.

继承中华农耕文化传统与再造美丽中国[*]

——再论中国经济的"反工业化"与"逆城市化"道路

顾学宁[1][**]　顾天彤[2]

（1. 南京财经大学经济学院，江苏　南京　210046；
2. 密歇根大学自然资源与环境学院，Ann Arbor　48109）

摘　要： 20 多年前，作者自造了一个英文词"Chinaism"，意思是"中国本色"或者"中国本质"，也就是"中国方式""中国道路"——中国人真正的生产方式和生活方式。今天中国的问题，恰恰就是失去了中国本色、中国本质，并且完全袭用西方的生产方式、模仿西方的生活方式。传统的中国社会，也就是 1840 年之前的中国，可以说是完全生态、绿色、没有环境危机的。"Chinaism"的根本用意，就是反工业化、反城市化，以保护并传承中华农耕文化，但现代化并非一切传统的敌人，真正中国的方式也就是中国人原本就一直奉行数千年的生态文明或永续发展的中华农耕文化内蕴的伟大传统与伟大智慧，是可以从根本处解决今天的全球性问题——避免西方工业化、城市化之危害的。

关键词： 农耕文化；中国道路；反工业化；反城市化；生态文明

现在重要的事情是，我们要来商定某些原则以及使得我们从不久以前曾支配着我们的某些错误中解脱出来。

在还没有领悟到我们做过了许多蠢事这一点之前，我们将不会变得更为明智。

我们绝不应忘记：把事情弄成一团糟的并不是他们，而是我们自己，是这个 20 世纪。

如果我们要建成一个更好的世界，我们必须有从头做起的勇气——即使这意味着欲进先退。[①]

楔子：生态灾难

"人奶中含有的毒素常常比乳品店所销售的牛奶中所允许含有的毒素更多。""美国工业每年向周围环境排放 114 亿吨的有害垃圾。"[②]

"公害病，即由环境污染引起的人类疾病，是不可能在一天突然发生的。"但是，恰恰是在一天，58 年前的 5 月 1 日，水俣病被细川一医生第一次报告。其时，日本正不顾一切地高速发展经济。"水俣病是人类历史上第一次大范围的环境污染事件"，"水俣病的根源之深，问题之多之沉重，让我再次不寒而栗。"[③]

"今天，我们会排放 2 700 吨的氯氟碳和 1 500 万吨的二氧化碳到大气层中。今夜，地球温度会稍微升高，地球上的水会更加酸性……真实情况是，我们未来健康和繁荣所依赖的很多东西都在极度危险之中：

---

　* 本文为南京财经大学课题《中国农村现代化道路的多元化抉择》的结论部分，未发表。题为再论是由于该课题的另一部分成果之故（参见顾学宁《从江村到江城—论全面工业化时代中国乡村的美好发展》，《中国名城》2013 年第 3 期；顾学宁《中国经济生态化道路的再抉择——对中国工业化与城市化的反思》，《环境经济研究进展（第八卷）》，中国环境科学出版社，2013 年）

　** 【作者简介】顾学宁（1964—　），男，南京财经大学经济学院副教授，澳大利亚国立大学国家发展研究中心高级访问学者，研究方向为生态经济学、宏观经济政策、制度经济学、文明史与现代化社会研究。顾天彤（1993—　），女，南京农业大学园艺学院、加利福利亚州立大学弗雷斯诺农业科学学院、密歇根大学自然资源与环境学院，专业与研究方向为农学、园林艺术、景观建筑设计

① （英）哈耶克.《通往奴役之路》. 王明毅等译，中国社会科学出版社. 1997：226 - 227. 着重号为引者所加

② "1938 年以来，世界范围内男性精子的数量下降了 50%……"（美）大卫·W. 奥尔：《大地在心：教育、环境、人类前景》，君健、叶阳译. 商务印书馆. 2013：1

③ （日）原田正纯.《水俣病没有结束》. 清华大学公管学院水俣课题组编译. 中信出版社. 2013：1 - 2, 152

气候的稳定性，自然系统的恢复能力和生产能力，大自然的美景及生物的多样性。"①

一、城市化与工业化的后果

今天的世界，为什么碳排放持续增加而不是相反？

今天的中国，为什么在走向工业化、城市化之后，却失去了青山绿水、蓝天白云？

即使是我们今天须臾不可或缺的手机也会增加碳排放，也许，在参与中国城市化与工业化进程的国人中，我是碳排放最少的一位。我不开车，日常出行尽可能利用公共交通②，也不用手机，甚至常常晚上不开电灯，而不是一年只有一小时③。不开灯行吗？比如用电脑的时候，电脑屏幕上有一个很小的灯，可以让我看得清键盘，足够熟练的话也许连这个小灯也可以不用了。

全世界无数的专家学者都在研究碳减排，但如果我们这些研究环境问题的人在生活中都没有任何自我的改邪归正、去恶向善，请问，靠谁能减少碳排放？相反，如果每一个人都尽可能地随时随地持续地减，哪怕是一点点，就是希望所在：如韦唯演唱的《爱的奉献》："只要人人都献出一点爱，世界将变成美好的人间！"

世界上最大的碳排放的主体就是工业，所有的工业都在增加碳排放。第二大主体就是生活在城市中的我们，每一个开车的人都在制造雾霾④，甚至不开车的人，至少为保证城市居民一日三餐所需的动物蛋白而存在的养殖场就大量地制造着温室气体。20多年来，我一直在讲一句话："100多年前伦敦被称为雾都，100多年后的中国将变成雾国！"根据就是这两点：无论是我们的生产方式，还是我们的生活方式⑤，都在扼杀我们未来的生存空间。⑥狄更斯是这样描写经过了100多年工业化的伦敦的（图1）。

---

① （美）大卫·W. 奥尔：《大地在心：教育、环境、人类前景》，君健，叶阳译. 商务印书馆. 2013：7

② 目前，公共交通在城市出行中的比例不足10%，远低于欧美大城市40%～60%的出行比例。（中科院报告称中国城市化率已突破50%［DB/OL］.［2012-11-01］http://news. xinhuanet. com/fortune/2012-11/01/c_ 123898887. htm.）

③ "地球一小时"活动试图以牺牲60分钟的光阴有助于世界未来的光明。2011年，联合国秘书长潘基文在"地球一小时"活动中明确表达了这一愿望："地球一小时"传达的是应对气候变化和保护地球的希望和决心

④ "京津冀等地23日继续遭遇重污染天气……各地也纷纷采取机动车限行等措施应对。12个督查组将对钢铁、煤化工、平板玻璃、水泥等重点行业整治和施工场地、原煤散烧等情况进行检查，通过媒体对发现的问题进行曝光。""23日，环保部有关负责人表示，造成我国近期大范围空气重污染的原因主要有三个方面：一是污染排放强度高，污染物排放量大；二是气象条件不利，污染物难以及时扩散，尤其是京津冀区域近几天冷空气势力弱，近地面风力小，大气层结稳定，污染物容易形成积聚效应；三是机动车、北方冬季燃煤采暖污染等对空气质量产生影响。"（江苏本周工作日天天有雨 周末天气转好［DB/OL］. 2014-02-24. http://js. qq. com/a/20140224/002940. htm.）

⑤ "癌症是人类共同的疾病，但是不同种类癌症的发生率有较明显的地区差异。除部分是与种族遗传因素相关外，生活方式差异是导致不同国家地区癌症发病差异的主要原因。与经济发达西方国家生活方式相关的高发癌症包括：肺癌、乳腺癌、结肠癌、胰腺癌、前列腺癌、子宫膜癌、白血病、卵巢癌、淋巴癌、儿童肿瘤等。研究发现，移民到美国的华裔，由于生活方式的改变，癌症发病谱也逐渐变化，第二、第三代之后的华裔患结肠癌、乳腺癌等发病率明显增加。""西式饮食与中式饮食最大的区别在于膳食结构、烹饪方式和膳食取向。中国传统的膳食结构渐渐受到西式饮食的影响，如中式饮食为米、面、豆类、绿叶蔬菜、少许肉类等；西式饮食为炸鸡、炸薯条、烧烤、汉堡、热狗、牛排、甜点等。中式饮水为白开水、清淡茶水等；西式为浓咖啡加伴侣、饮料（含糖、含奶、含酒精、含碳酸）等。中国特有的烹饪方式和膳食取向为蒸、煮、炖、炒、凉拌等传统烹饪方式，但近年来逐渐被高温油炸、烧烤等烹饪方式所取代。加工成品和半成品则隐藏着各种食品添加剂、添色剂、防腐剂，甚至是残留化肥、抗生素、农药等。"（湖北居民癌症死亡率40年上升88.9% 每年死亡11.5万人. 2013-02-03. http://news. cnhubei. com/xw/jk/201302/t2446674. shtml.）

⑥ "'有研究显示，妇女在妊娠期间，PM 10增加10微克每立方米，早产儿增加3%，PM 2.5每增加这个量，早产儿增加10%。'昨日，77岁的钟南山在忙于H7N9禽流感病患治疗的同时，也抽出一个小时来谈污染，谈疾病。作为呼吸领域的权威，钟南山曾多次阐述，空气污染对呼吸、心血管、生殖系统，包括肺癌、膀胱癌等疾病，均有影响。世界卫生组织也已明确，灰霾是造成肺癌、膀胱癌的危险因素。拿癌症举例，国外研究发现，PM 2.5增加5微克每立方米，肺癌风险增加18%，PM 10增加10微克每立方米，肺癌风险增加22%。""寿命也与空气污染不无关联。钟南山说，近期《美国科学院学报》对淮河南北研究发现，淮北地区长期实行取暖用煤分配政策，导致总悬浮微粒比淮南地区高出55%，人均预期寿命也因心血管及呼吸疾病死亡比淮南减少5.52年。且增加100微克每立方米的总悬浮微粒，预期寿命将减少3年。""治理雾霾要多长时间？钟南山说，"光是北京做好了没用。"（阳广霞. 钟南山研究数据证实空气污染危害 淮北用煤取暖致污染 预期寿命比淮南少5年［DB/OL］. 2013年12月19日. http://epaper. oeeee. com/A/html/2013-12/19/content_ 1994059. htm.）"近十年来，北京市肺癌的发病率及死亡率均居众癌之首，从2007年起发病率已达到53.36/10万，无论是在城区还是在农村，都已成为北京市民的'第一杀手'。这是中国抗癌协会科普宣传部部长、首都医科大学肺癌诊疗中心主任支修益教授今天提供的信息。""目前每年新增肺癌约60万例……到2025年将达到发病高峰，每年新增患者100万人。""国家卫生部公布的统计显示：目前全国肺癌死亡率达30.83/10万，比30年前上升了465%，已取代肝癌成为首位恶性肿瘤死亡原因。2008年恶性肿瘤在我国城市地区的死亡率已达166.97/10万，占总死因的27.12%。"（曾利明. 北京居民肺癌发病率超过万分之五死亡居癌症之首［DB/OL］. 2010年04月23日. http://health. sohu. com/20100423/n271693486. shtml.）

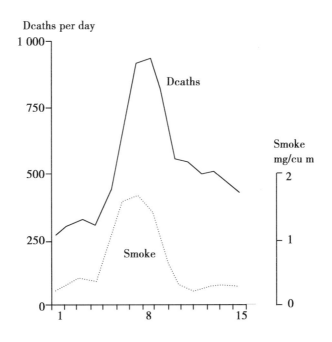

图1 1952 年伦敦大雾期间烟尘污染与死亡率①

　　煤烟从烟囱顶上纷纷飘落，化作一阵黑色的毛毛雨，其中夹杂着一片片煤屑，像鹅毛大雪似的，人们也许会认为这是为死去的太阳致哀哩。②

天空暗无天日，不就是死了太阳?!

　　对中国的工业化进程而言，在 20 个世纪 90 年代以后全面发展家用轿车工业，称得上是最大的失败。也就在那个时候，要找个地方放自行车都很困难。如果每个中国家庭只拥有一部轿车，这对 14 亿人的中国便将是地球上最大的灾难! 这意味着中国目前的道路只用来停车都停不下，别说开车了。那是好几亿辆小汽车! 首尾相连的话，是从地球到月球好几个来回的长度。

　　"我们的问题在于，在拥挤的城市街道上，用差不多半打的车辆取代了一匹马，而不是用一个车辆代替半打左右的马匹。在数量过多的情况下，这些以机器作引擎的车辆的效率会极其低下。这种效率低下的一个后果是，这些本应有很大速度优势的车辆因为数量过多的缘故并不比马匹跑得快很多。"③

　　澳大利亚地广人稀，人口约是中国的 1/70; 即便如此，在我曾经工作过的澳大利亚国立大学，公共汽车直接穿行其间，很多时候，我就乘坐其中。至今我还没有在国内见到过这样的情景; 相反，中国的每一所大学几乎无一例外地有自己的交通用车，专门运送上下班的教职工。我从家去上课，差不多横跨整个南京城，往返费时一两个钟头④。南京仙林大学城的任何一所大学满足教职员工上下班之需至少得有 20 辆 50 座左右的交通车，大学城里有数十个大学，绝大多数大学都是依靠自己的校车，极少数利用地铁，因为地铁修建在"十三不靠"的地方。仅大学城里每一辆大学校车每年排放的尾气量，我想就是"蔚为壮观"的。

　　为什么中国经济转型 10 多年却至今毫无转机?

　　要能够真正实现中国经济的成功转型，必须从反工业和反城市化开始。

　　我要反对的是今天中国的城市化方式，我要反对的是今天中国的工业化方式（图 2 是再好不过的说

　　①　本图引自 http：//sz. slzx. cn/ct/szweb/gkst_ tj/kcfd/hjwr/zstz. htm. 1952 年 12 月 5 日，英国发生历史上最严重的空气污染灾难，造成至少 4 000 人死亡，无数伦敦市民呼吸困难，交通瘫痪多日，数百万人受影响，史称伦敦大雾事件

　　②　（英）狄更斯.《荒凉山庄》. 黄邦杰等 译. 上海. 上海译文出版社. 1979：4

　　③　（美）雅各布斯.《美国大城市的死与生》. 金衡山 译. 译林出版社. 2006：314

　　④　中科院可持续发展战略研究组组长、《2012 中国新型城市报告》负责人牛文元教授表示，中国百万人口以上的 50 个主要城市的居民平均单行上班时间要花 39 分钟。北京、广州、上海分别以 52 分钟、48 分钟、47 分钟居前三位。（中科院报告称中国城市化率已突破 50% ［DB/OL］.［2012 - 11 - 01］. http：//news. xinhuanet. com/fortune/2012 - 11/01/c_ 123898887. htm.）

明：中国的工业化是对环境的最大为害；图 3 还只是满怀憧憬的中国人对待工业化的早期愿景：人物背景是林立的烟囱）。我并不反对现代化，但是今天所有的现代化的方式不仅是不尽如人意的，甚至是根本错误的。"城镇化快速推进……以牺牲资源环境为代价。珠江三角洲地区 GDP 每增加一个百分点，就要消耗 5.08 万亩耕地，目前已经陷入用地紧张、环境容量趋于饱和的境地。""中国城市消耗的能源占全国的 80%，排放的 CO_2 和 COD 分别占全国的 90% 和 85%。""全国 600 多个城市中，有 300 多个城市缺水，100 多个城市严重缺水……"[①]

怎么反？

哈耶克是这样反思的，"事实上，差不多一个世纪以来，现代西方文明赖以为基础的那些基本原则，已日渐为人们所忽略和遗忘。在这段时间中，人们所做的努力，主要在于寻求各种替代现行社会秩序的方案，而不是力图改善或增进他们对构成西方文明基础的原则的理解或运用。……只是在我们开始面临一种完全不同于我们先前的制度的时候，我们这才发现，我们已丢失了对我们自己的目标的清醒认识……"[②]

图 2　今天，中国大地随处可见的景象：中国的工业化是对环境的最大为害

我们呢？

20 多年前，作者自造了一个英文词"Chinaism"[③]，意思是"中国本色"或者"中国本质"，也就是"中国方式""中国道路"——中国人真正的生产方式和生活方式。今天中国的问题，恰恰就是失去了中国本色、中国本质，并且完全袭用西方的生产方式和生活方式。

为什么会产生世界性的环境危机？不就是因为西方发达国家在全球范围之内推动其生产方式和生活

---

①　王凯，陈明. 中国城镇化的成效和基本趋势（一）　［DB/OL］. 2011 年 02 月 24 日 . http：//www. chinacity. org. cn/cstj/fzbg/66867. html

②　F. A. 哈耶克《自由秩序原理——导论》邓正来 译

③　GU Xuening. Chinaism：Stepping into Ecological and Cultural Economy. // 2009 International Conference on Public Economics and Management, World Academic Press, 2009.

GU Xuening. Anti-industrialization & Counter-urbanization：China Rural Modernization Path and Its Path Dependence, 2012 Internatioal Conference on Research Challenges in Social and Human Sciences, 12 – 13, June 2012, Jeju-Island, Korea.

GU Xuening. Chinaism, Path Dependence and the Psyche of Market Economy, An workpaper for the National Centre for Development Studies of the Australian National University, 2002—2003, Canberra, Australia

方式——工业化、城市化的转移?[①] 传统的中国社会，也就是1840年之前的中国，可以说是完全生态、完全绿色的、完全没有环境危机的。"Chinaism"的根本用意，就是反工业化、反城市化。我坚信，真正中国的方式——中国人传统的生产方式和生活方式，是可以解决今天全球性的问题的。这个想法在100年前美国农学家金的《四千年农夫》一书时得到了验证[②]，只有中国具有持续不断的"四千年"以上的有机循环农业及其完美的耕作技术。

二、中国的被城市化与被工业化

"对不同国家中各种发展的一切类比当然是不足为凭的，但我的论证主要不是以这些类比为基础的。我也并不认为这些发展是不可避免的。如果它们不可避免的话，写这本书就没有意义了。如果人们能及时认识自己的努力会引起的后果的话，他们就能防止这些发展。不过直到最近，使他们看到这种危险的任何尝试还很少有希望获得成功。然而，对整个问题更充分地加以讨论的时机现在似乎成熟了。不仅现在问题已更广泛地为人们认识到，而且还有种种特殊的理由，使我们在此关头必须正视这些问题。"[③]

中国人对城市化的热情似乎突然强烈起来的（表1），但中国人的工业化梦想至少有173年了，从1840年大清帝国被4 000人的英国远征军打败了算起。也是近现代史学家们要负的责任，今天的中国仍然继续这样大的错误——亦步亦趋于西方的道路[④]，致使整个民族付出极为沉重的代价——因为工业化、城市化而导致整个国家几乎没有地方没有被污染。[⑤]

表1 中国的城市化进 （单位：万人，%）

全国人口普查序次	年份	城镇人口	总人口	城市化率
一	1953	7 726	58 260	13.26
二	1964	12 710	69 458	18.30
三	1982	20 658	100 394	20.60
四	1990	29 651	113 048	26.23
五	2000	45 594	126 333	36.09

2012年，中国的城市化超过了总人口的半数。在人类历史上，也是第一个工业化的国家率先达到了50%的城市化率，比中国早了160多年，差不多是英国打败大清10年之后。美国在1920年城市人口超过总人口的50%。

是的，1840年我们确实被打败了！可是，我们是在什么情况下被打败的？中国的GDP占世界的1/3

---

① 马克思、恩格斯确实是伟大的，他们在1848年写道："不断扩大产品销路的需要，驱使资产阶级奔走于全球各地。它必须到处落户，到处开发，到处建立联系。""资产阶级，由于开拓了世界市场，使一切国家的生产和消费都成为世界性的了。"（《共产党宣言》）

② "富兰克林·H·金认定，东方农耕是世界上最优秀的农业，东方农民是勤劳智慧的生物学家。如果向全人类推广东亚的可持续农业经验，那么各国人民的生活将更加富足。"（（美）富兰克林·H·金《四千年农夫》. 程存旺，石嫣译. 东方出版社. 2011.）

③ （英）哈耶克.《通往奴役之路》. 王明毅等译. 中国社会科学出版社. 1997：12 – 13

④ "科学和发明渐渐的流传到了东方，先是涓涓滴滴的流注，接着汇为川流江涛，最后成为排山倒海的狂潮巨浪，泛滥整个东方，而且几乎把中国冲塌了。""当我们毫不在意地玩着火柴或者享受煤油灯的时候，谁也想不到是在玩火，这点星星之火终于使中国烈焰烛天。"（蒋梦麟.《西潮·新潮》. 岳麓书社. 2000：13 , 42）

⑤ "近年来国内年均要发生1700多起水污染事件。"孟岩峰. 自来水检测：预警机制难补"打折"国标［DB/OL］. 21世纪经济报道. 2014 – 04 – 26. http：//jingji. 21cbh. com/2014/4 – 26/yMMDA2NTFfMTE0OTgyMA. html. "我国每年因经济发展所带来的环境污染代价已接近1万亿元，并且这一数字还在逐年升高。""环境保护部环境规划院日前公布的《2009年中国环境经济核算报告》显示，我国经济发展的环境污染代价持续上升。环境污染治理压力日益增大，自2004年以来基于退化成本的环境污染代价从5 118.2亿元提高到9 701.1亿元。2008年的环境退化成本为8 947.6亿元。""与此同时，2009年环境退化成本和生态破坏损失成本合计13 916.2亿元，较上年增加9.2%，约占当年GDP的3.8%。"（中国环境污染损失增速已经超过GDP增速［DB/OL］. 2012 – 2 – 2. http：//www. chinaenvironment. com/view/ViewNews. aspx？k = 20120202174943585

以上[①]，是英国的 6 倍多。甲午战争失败时，中国的 GDP 是日本的 5 倍多，即使是今天，作为世界第二大经济体，仍然不及当年。4 000 人的英国远征军，从广州一直打到南京，那时的中国已经是 4 亿人口。能不能接受这个现实：4 000 人把 4 亿人打败了！我总觉得历史学家们没有让我们彻底明白：大清帝国的中国到底失败在哪？而现在的我们依然在用魏源的那句话聊以自慰："师夷长技以制夷"，到了胡适先生那则升级为"全盘西化"和"打倒孔家店"了！我们是不是算错了账？！把自己的责任推给了祖宗？！

—— 夷的长技是什么？

——"船坚炮利"。

我们学到了吗？

能"制夷"了吗？

170 年之后，中国有了第一艘航空母舰，是买来的，"师夷长技以制夷"的思路一直没有变。原因只能是：我们没有真正去探讨为什么 4 000 人打败了 4 亿人？船坚也好，炮利也好，英国人要从英国本土到中国来，以最快的速度供应给养也要 6 个月。这 6 个月，我们在干什么？所以大清帝国绝对不是败在"船坚炮利"这一点，或者仅仅这一点！大清帝国败在大清帝国的官员们以及士大夫们的想法，以为人家的船坚不可摧、以为人家的炮威力无比，并由此要通过同样的工业化以求同样的船坚炮利。中国人更败在，即使真的技不如人，难道就要连祖宗都要打，还是自己打？！何况并没有真正弄明白到底是不是真的"技不如人"呢？！

还是 175 年之后，我们依然"技不如人"！乃至民用工业技术亦得仰人鼻息！中国所有的民用飞机无一不依赖进口，第二次鸦片战争的主战场天津，今天也只是作为法国"空中客车"在远东地区最大的组装车间[②]。

在理论上，最早研究中国工业化的是张培刚先生。他的博士论文《农业国工业化》（1945 年 10 月在哈佛大学完成，我要到 1984 年才能读到该书的中文版）论述的是中国这样工业化落后的国家如何实现工业化？张先生赞扬工业化，也是赞成中国工业化的，并且更进一步地主张农业的工业化，但是我不赞成。我尤其不能赞成的是，当我们伟大领袖第一次站在天安门城楼上宣告中国人民站起来的时候，他希望眼前的整个广场都是森林一样的烟囱，冒着滚滚浓烟的工厂的烟囱——他需要工业化。那个时代，我们都经历过，全国只做两件事：工业学大庆，农业学大寨。两个都没有学好，后果却非常严重。

愿望之好并不能改变结果的不妙：（通过工业化）"创造我们永远的幸福"（图 3）。事实上，我们今天却少有幸福的感觉，这说明工业化是失败的。尽管，目标是对的——"创造我们永远的幸福"，方法却是错的——工业化。全国冒烟的后果就是农地不断减少，有研究结果表明，越把资金投向工业化，土地越在减少。

土地不断减少，必然意味着进口粮食不断增多。14 亿人要靠世界市场吃饭的话，3 个月就把全世界的余粮吃光了[③]，何况今天在全球范围内还有近 1/6 的人处于饥饿之中。请问，我们吃光了世界之后怎么办？我想 3 个月以后只有一条路可走，到全世界抢粮，谁给你抢？！

战争从来都是为了拓展生存空间的，第三次世界大战也许就这样爆发了，这一次是由中国人来发动了！这是中国耕地减少的必然后果。

——中国的耕地为什么在减少？

——中国的工业化和城市化。

所以我反对今天中国的工业化和城市化！

我反对中国目前的工业化、城市化，最大的理由在于这样的工业化、城市化首先不符合资源的优化配置。中国目前工业化、城市化水平最高的区域都是历史上的最好的农业区，比如长江三角区、珠江三角区；同样的原因，由于发展工业所需生产要素的不充分甚至绝对没有（比如无锡华西村的工业化），这

---

① 英国经济史学家麦迪逊（Angus Maddison）计算，10～15 世纪中国的人均 GDP 高于欧洲，1820 年中国 GDP 占世界总量的 33%

② "作为国家新型工业化产业示范基地之一，天津滨海新区空港经济区航空产业示范基地建设正不断完善，中航直升机、空客天津总装线等高端航空产业项目加速聚集，未来有望成为中国新兴航空产业基地。"（毛振华. 天津空港经济区成中国新兴航空产业基地 ［DB/OL］. 2012 年 06 月 09 日. http：//news. xinhuanet. com/fortune/2012－06/09/c_ 112168607. htm. ）

③ 顾学宁在 1985 年认为中国在 20 世纪末将成为全世界最大的粮食进口国，而当时的舆论持相反的认识（参见周泳兴，顾学宁《世界粮食贸易与中国粮食进出口可行性研究》，《江苏商论》1985（7））

图3　创造我们永远的幸福（宣传画）

些地区的工业产品也不具有任何真正的竞争优势，只能以加工与贸易为主（比如苏州的工业园区），也就在根本处无法实现产业自主；相反，又由于这些地区人口密集度为全国最高（长江三角区已成为中国最大的城市集群），工业公害（比如已成为顽疾的太湖蓝藻）、城市病亦最为严重。

"中国东部沿海地带虽然仅占国土面积14.2%，却集中了农村总产值的62.7%，种植业为其农业结构的一半。"从一开始，各地政府就没有意识到今天必然产生的生态问题："1954年，全国有镇5 400个；1984年底，全国有建制镇6 215个；1992年全国建制镇13 737个（含1 752个县城关镇），是1984年的2∶2倍。"1992年"东部沿海地带和中部地带占全国国土面积43.4%，却集中了75.8%的建制镇"。[1]1992年以后的大城市化，同样以东部沿海地带为主，更为加剧了生态问题的灾难化。

城市化变成政府手中的积木游戏和金钱魔方，盲目造城最好的说明，在鄂尔多斯市得到了淋漓尽致的体现。如此的城市化完全是反人性的，其结果是人们在城市中充其量不过就是一只鸟，不仅仅是一只笼中的鸟，还是一直每天必须扑腾不已的笼中鸟；而家亦不过是悬在空中的鸟笼，城市中心地带则是鸟儿们觅食其间的水泥森林！

城市化把广大的农民包括知识的生产者也一并装进了鸟笼子，结果轻则神经出问题，重则呢？

古代中国有一个非常难得的现象，《二十五史》里从来没有记述过知识分子（士人）自寻短见的。屈原大夫是自杀了，但那是忧国忧民。屈原既没有自闭症也没有忧郁症，更没有富士康员工的强迫症。除了屈原，如果还有的话，一定是出于大仁大义而杀身成仁、舍身取义的。但是今天中国的知识分子呢？

---

① Gu Chaolin, Development, Territorial Difference and Spatial Evolution of Towns in China, Chinese Geographical Science, Volume 6, Number 3, pp. 201 - 211, 1996, Science Press, Beijing, China

473

自杀率非常高①，难道与这只鸟笼子没有关系?!

中国要在 2050 年达到美国的城市化程度，还必须持续不断地增大这只"鸟笼子"。这意味着，中国每年必须向城市转移 2 000 万左右的农村人口，持续 30 多年。2 000 万的人口就是今天北京的总人口。这又意味着什么? 中国要每年在全国新造出一个北京城，可是，现在连一辆小轿车都很难找到地方停放的中国，30 多个北京城，摆在哪儿?!

三、中国道路：反工业化与逆城市化

从整个人类历史演变的历程来看，我很怀疑这样一个进程——从原始社会、农业社会、再到工业社会——是不是代表着进步?! 事实上，人类确实就是这么一路走来的。但是，人类所有的努力只是为了生活更加幸福，生命更加自在。可是大家有没有感觉到，我们却因为工业化、城市化，受到更多的束缚，失去更多的快乐。比如我们把城市造得越来越大，生产区与生活区越来越分离，我们的腿因为距离的遥远而失去了意义，而我们的时间也越来越多地、不由自主地并且是毫无价值地被抛弃在依靠机械传动的运输工具之中②。

显然，真正好的文明形态一定是生态的、可持续的，是珍惜一切生命形态特别是珍惜人类生命及其时间价值的。而中国正在加速并且全面推进的工业化、城市化却是与之背道而驰的! 相反，中国的古代社会本来就是生态的。

为什么我们要丢弃自己原本正确的方向，却去重蹈别人的覆辙?!

从未到过恩施的人大多不会喜欢这样的恩施（图4），而中国的城市化，几乎无一例外地是这样的方式，尽管我们从照片上看到的只是表面。什么才是真正的恩施? 恩施最吸引人也是最动人的当然是原著的民族风情、原本的自然风貌。

为什么所有的中国城市正在变成一个模样?

让我感到最悲哀的，就是哺育我长大的地方——"六朝古都"。

图5是南朝皇陵，位于毛泽东视察过的"十月人民公社"，现在的"十月镇"。一整座炼油厂居然就建在住宅区附近（图6），而不远处则是南朝皇陵（图5）。

让我们心中剧痛的，是我们心中磨灭不掉的却已在眼前消逝的、融进我全部童年时光的故乡，就在这两年间变了模样（图7）。只怕此生再也不能圆梦童年的村庄了，那是苏中里下河水乡，河岸两边是早至南宋年间的先祖们以河泥堆积而成的"水上田"，谓之"垛"，是真正的人造良田，其土肥沃疏松，色泽黑油，水旱作物皆宜，而满河尽是菱藕鱼虾蟹鳖，芋头荸荠绿遍河岸，成就了"鱼米之乡"的美称。"垛"，方圆宽窄高低长短大小各异，垛垛四面环水，宛若袖珍海岛。清明前后，更是"河有万弯多碧水，田无一垛不黄花"的灿烂（图8）。

令人欣慰的是，去年"4月29日，在意大利罗马举行的联合国粮农组织全球重要农业遗产理事会和

---

① "2007 年 5 月，媒体称之为"黑五月"——5 月 8 日至 5 月 17 日，短短 10 天时间，北京相继有 5 名高校学生跳楼自杀身亡。更惊人的数字来自哈尔滨，仅一个月内就有 39 人自杀，其中约三分之一为高校学生。"（http：//news. sohu. com/20071220/n254202327. shtml）"2002 年，北京回龙观医院的加拿大医生费力鹏与同事在国际权威医学杂志《柳叶刀》上发表研究论文《中国自杀率：1995—1999》，正式宣布中国的自杀率已达到十万分之二十三，似乎一夜之间，中国便成为世界上自杀率最高的国家之一。"（http：//news. sohu. com/20071220/n254202327. shtml）"在中国，两分钟就有 1 人自杀身亡，有 8 人自杀未遂。……我国每年有 28. 7 万人自杀身亡，有 200 万人自杀未遂。……有 16 万小于 18 岁的孩子因父亲或者母亲自杀而变成单亲家庭。""美国、加拿大现在人口的自杀率是十万分之十一到十二，而中国国内人口的自杀率为十万分之二十三，是这些大国的两倍。""在 15 ~ 34 岁这个生存率很高的年龄段，死亡原因中第一位的是自杀。……如果是学生，经常是学生成绩不理想，对学习不满意，还有的是学生和家庭的矛盾，父母对他的要求过高。"（张星海. 中国人自杀率为何偏高 ［DB/OL］. 2004 - 09 - 16. http：//edu. china. com/zh_ cn/babe/babeedu/11014999/20040916/11881517. html. ）硕士就业压力大情绪失控 砍妻 78 刀后自杀 ［DB/OL］. 2004 - 07 - 22. http：//kaoshi. china. com/zh_ cn/1055/20040722/11795227. html.

② 《2012 中国新型城市化报告》称 "对中国 50 个城市上班路上的平均时间进行了排名，北京、广州、上海分别以 52 分钟、48 分钟、47 分钟居前三位。""该报告负责人牛文元教授表示，课题组研究了中国百万人口以上的 50 个主要城市，这些城市居民平均单行上班时间要花 39 分钟。目前，中国城市公共交通建设虽然取得了很大进展，但城市公共交通滞后于社会经济发展的局面没有得到根本改变，公共交通在城市出行中的比例不足 10%，远低于欧美大城市 40% ~ 60% 的出行比例。"（中科院报告称中国城市化率已突破 50% ［DB/OL］. http：//news. xinhuanet. com/fortune/2012 - 11/01/c_ 123898887. htm. 2012 年 11 月 01 日. ）

图 4　湖北恩施市舞阳坝街头（顾学宁摄于 2013 年 10 月 17 日）

图 5　南朝皇陵（顾学宁摄于 2013 年 10 月 16 日）

研讨会上，兴化垛田传统农业系统被列入全球重要农业文化遗产，成为我省首家全球重要农业文化遗产。"①

　　马歇尔在《经济学原理》的序言中表达过这样的意思：任何的发展就像人的成长一样，一定是一个自然的并且连续的过程，他称之为"连续原理"。不可能让一个 3 岁的孩子马上成为一个 80 岁的老人。所以他说经济的进化要慢慢来——"'自然界没有飞跃'这一格言，对于经济学，尤为适切。"进化的动力不可能是人为的，人为一定会有问题。而中国一个多世纪以来一直努力人为，并且很多时候是任意胡为，甚至恣意妄为成了习惯，这是坏的习惯成自然。人为什么老犯错误？就是因为习惯不好。明明知道不能干却干了，控制不住，习惯不好。

　　2013 年，莫言拿了大陆第一个诺贝尔文学奖。莫言的获奖感言有："如果没有高密乡就不可能有莫言。"我们要说，中国如果按照西方的模式去工业化、城市化的话，中国就没有了！我的担心就在这儿！可以对照两个人。张艺谋最大的心愿是拿奥斯卡小金人，莫言最大的心愿是拿诺贝尔文学奖。莫言拿到了，为什么张艺谋没拿到？张艺谋最近写了一本书——《张艺谋的作业》，大家公认他是大陆电影的一个

---

①　兴化垛田列入全球重要农业文化遗产. 2014 年 05 月 04 日. http：//www.js.xinhuanet.com/2014 - 05/04/c_ 1110515447. htm

图6　炼油厂居然就建在住宅区附近（顾学宁摄于 2013 年 10 月 16）

图7　帅垛构造位于苏北盆地溱潼凹陷中部斜坡，摄于 2014 年 3 月 22 日①

图8　梦里水乡

标志，但他的作业至今没做好。张艺谋想一边吃着陕北的馍，一边走好莱坞的路②。如果不是这样，同样做电影的李安就不可能两次拿到小金人！

　　2013 年国庆节期间，海安县墩头镇的陆镇长邀请我们去看看镇的新规划——"里下河风情园"。这是一个真正好的设计。风情园周边一点儿工业都没有，有的是 12 000 亩水面，还有 10 000 亩的桑田，是用来

---

　　①　参见 http：//www. qikan. com. cn/Article/jssb/jssb201313/jssb201313179. html

　　②　"我一开始就有这个意识，让自己迅速工具化。"在一次访谈聊天中，张艺谋带着一丝笑意的强调。……工具不是个坏词儿，有用也是我们这一代人深入骨髓的价值感。（http：//book. ifeng. com/yeneizixun/special/zhangyimouzuoye/）张艺谋说的"工具化"是工业化的必然后果，卓别林的《摩登时代》是最好的说明，这也是工业化的最大罪恶，把人变为机器也就是工具

养蚕的。植桑养蚕原本就是这里的传统，更是中国的传统。

我们的结论是——

必须彻底抛弃只追求当下的最大化的现代经济思维！

只有重返生态文明，才能再造美丽中国。任何的发展，都没有人类的生命更有价值；任何的财富，都没有我们的后代更珍贵！

只有没有现代工业的地方，环境才是真正优美的！只有没有现代城市的地方，人类的心灵才是真正自由的。

"你说我忙，你怎知道我闲得发慌，我也是近代物质和机械文明的牺牲品，一个失业者，而且我的家庭负担很重，有七百万子孙待我养活。"① 这是鬼话，魔鬼的话，魔鬼对钱锺书先生说的话，在半个多世纪以后，我们犹当一听！

四、结论：环境责任与全球意识

"世界各国如果都按照发达国家的消费模式去发展、去生活的话，一百年以后需要四个地球才够人类生存。"② "据世界自然基金会数据，中国生态足迹已是其自身生物承载力的 2.5 倍，这意味着我们需要 2.5 个中国的自然资源量才能满足需求。""整个中国目前的生态足迹状况是'贸易输入型'的，广东也是如此。中国生产一美元产品产生 10 克污染，而美国生产一美元产品产生 5 克污染。也就是'贸易顺差和环境逆差'的格局。"③

"灾难已经来了，而且还有更多的即将来临。……展望一下未来，我们看到的是生物灭绝、气候变化、人口过剩带来的威胁。"奥尔写道，"工业化这个地球所需要的各种技巧、才能和态度，都不是治愈地球、构建可持续发展的经济与和谐社会所需要的。"④ "对生命的爱……这种本能和潜能在工业化社会的功利心态下，很大程度上处于休眠和荒废状态。"⑤

原田正纯先生的结论是：水俣病的发生及其蔓延，首先是工业企业拒不承担社会责任，肇事者"窒素公司从本部逃离，分散到东京的几个地方，进行临时营业"；其次是政府"没有采取任何有效手段"，直至 12 年后的 1968 年才"正式认定"，他谓之为"逃跑的行政"⑥。而在我看来，如果政府有计划地、持续地不惜牺牲环境只求经济增长则是对全体人民的故意加害⑦，特别是将污染企业从发达地区转移至欠发达地区、从城市转移至乡村。因此，唯一的办法只能是，"让全世界的公民都来监督其政府，以使其尽职尽责"。从而，也是最终，地球上的人民必须在全球化时代成为全球公民。"我们整个人类在一起参加一项脆弱的试验，'这项试验'极易受到突发事件、错误判断和仇恨的影响。如果我们希望安全繁荣建立在牺牲地球的生存环境基础之上，那么我们的希望过去没能实现，将来也不会实现。"⑧

希望是可以实现的，梅德尔小镇的居民已经做到了。"梅德尔，位于瑞士阿尔卑斯山脉梅德尔山谷，

① 钱锺书.《写在人生边上》. 中国社会科学出版社. 1990：10

② 姜煜 专家：人类如按发达国家模式生活 百年后需 4 个地球 [DB/OL]. 2009 年 11 月 22 日. http：//www. chinanews. com/expo/news/2009/11 - 22/1977583. shtml. "未来学家欧文·拉斯洛警告说，'如果全世界人向美国人那样生活，都这样肆无忌惮地消耗自然财富，地球上的煤和石油将在五年之内用光。而地球则会在这一代人的时间里就流尽最后一滴血。'温哥华大学教授比尔·里斯得出的结论则是：'如果所有的人都这样的生活和生产那么我们为了得到原料和排放物质还需要 20 个地球。'"（中国人像美国人那样生活得几个地球？http：//www. sciencenet. cn/m/user_ content. aspx？id = 225059）

③ 谢庆裕，何芯. 地球提前 4 个多月消耗掉全年生态资源 [DB/OL]. 2013 - 08 - 23. http：//energy. southcn. com/e/2013 - 08/23/content_ 77175234. htm

④ （美）奥尔.《大地在心：教育、环境、人类前景》. 君健，叶阳译. 商务印书馆. 2013：46，27

⑤ （美）奥尔.《大地在心：教育、环境、人类前景》. 君健，叶阳译. 商务印书馆. 2013：b272

⑥ （日）原田正纯.《水俣病没有结束》. 清华大学公管学院水俣课题组编译. 中信出版社. 2013：22，3

⑦ "今年 1 月至今，各地被曝光的自来水异味事件达 10 余起，而其中 6 起事件相关部门的检测结果是水质达标，而兰州水污染事件'3 月辟谣 4 月成真'更是成为笑谈让政府公信力丧失殆尽。就在不久前，环保部发布了首个全国性的大规模调查结果。结果显示，我国有 1.1 亿居民与重点排污企业'做邻居'，2.8 亿居民使用不安全饮用水。"（自来水 106 项新国标 为啥管不住饮水安全？[DB/OL]. 2014 - 4 - 30. http：//www. chinanews. com/ny/z/html/yinshuianquanruhebaozheng. shtml. ）

⑧ （美）奥尔.《大地在心：教育、环境、人类前景》. 君健，叶阳译. 商务印书馆. 2013：6，4 - 5

共有 450 位居民。……加拿大 NVGold 金矿开采公司发现这个地方蕴藏着丰富的金矿",而且"是瑞士首座金矿,即便对于整个欧洲大陆来说,这也可算是绝无仅有的富矿。""市值约 12 亿美元。""梅德尔镇镇长彼得·本斯对金矿的开采活动持相当支持的态度","然而很多小镇居民都反对开采金矿,他们主要的担心是,金矿的开采会让风景如画的山谷变成"微缩版的克朗代克"。克朗代克是位于加拿大西北部育空地区的一个区,在阿拉斯加以东,19 世纪末那里兴起的淘金热,导致了当地地表伤痕累累,植被遭到破坏。"①

"一切把我们引向地狱的东西恰恰是试图使我们走向天堂!"② 工业化、城市化一直被视为人类社会进步的产物,这是人类文明的最大悲剧(图 9);"现在还很难看出来,我们有向自己承认可能犯了错误的精神勇气。"③ 因此,逆城市化、反工业化便成为今天人类觉醒的标志:重返生态文明,如同我们的祖先曾经的那样美好;而作为中华民族的子孙,唯一可做的只有尽可能修复创伤,再造美丽中国。

图 9　西双版纳基诺山至勐养山区,原始森林被梯状上延橡胶林蚕食(资伯摄影)

(图片来源:http://cng.dili360.com/cng/jcjx/2008/06121503.shtml)

唯此,将来也才有可能。

为此,我们还当首先真正弄明白:"达致当下境地之道路为何,当下崇高成就的实现所依赖的政制形式(form of government)为何,以及生发它的民族习俗又为何?"④ "只是在我们开始面临一种完全不同于我们先前的制度的时候,我们这才发现,我们已丢失了对我们自己的目标的清醒认识……"⑤

我的结论,中国只要能够重新运用传统文明蕴涵的伟大智慧并能够在全世界范围之内率先探索成功生态文明建设的新途径,便是中国人再一次对人类文明的巨大贡献,而这一智慧的核心便是"天人合

---

① 梅德尔镇不淘金 [DB/OL]. 2012-05-15. http://mobile.dili360.com/ky/2012/05151479.shtml
② 米瑟斯《自由与繁荣的国度》序言
③ (英)哈耶克:《通往奴役之路》,王明毅等译,中国社会科学出版社,1997:8
④ F.A. 哈耶克《自由秩序原理——导论》邓正来译
⑤ F.A. 哈耶克《自由秩序原理——导论》邓正来译

一"：既是对自然也是对人类最为友好的思维及其行为方式——与时偕行而与天地人共生相和。① "从文化的角度来看，人与自然实际上是一体的"②，"亚米希（Amish）农民拒绝购买联合收割机，并不是因为联合收割机不能帮他们做事，也不是因为联合收割机不能扩大他们的收益，而是因为联合收割机剥夺了他们邻里互助的机会，破坏了他们的社会氛围。"③

当然，"旧有的真理若要保有对人之心智的支配，就必须根据当下的语言和概念予以重述。"④

"我们不把自己与自然紧密相连，就不可能赢得拯救物种和环境的这一仗。"⑤

　　我的目的在于构画一种理想，指出实现这一理想的可能途径，并解释这一理想的实现所具有的实际意义。……我诚实地运用了自己关于我们生活于其间的这个世界的知识。然而，读者最终还须自己决定是否接受我运用这些知识所要捍卫的各种价值。⑥

——F. A. Hayek, 1959, Cicargo

---

① 中国目前最年轻的生态摄影师刘思阳也是这样认识的："中国正处在经济蓬勃发展的年代，这使得秦岭雨蛙等动植物的生存空间遭受到了直接或者间接的破坏。……这个令人悲观的结果，正是人类不尊重自然制造的苦果。这让我感受到作为一个自然摄影师的使命：遵循自然的规律，用影像来记录不容乐观的自然现状，让更多人明白人与自然和谐相处的重要性。我们一直这样一味地向自然索取，实际上已经在遭受自然的惩罚。"（寻找大地精灵 ［DB/OL］. 2013 - 03 - 11. http：//mobile. dili360. com/tpgs/2013/03111655. shtml. ）

② （英）波兰尼. 《巨变：当代政治与经济的起源》. 黄树民 译. 社会科学文献出版社. 2013：285

③ （美）大卫·W. 奥尔. 《大地在心：教育、环境、人类前景》. 君健，叶阳译. 商务印书馆. 2013：128

④ F. A. 哈耶克《自由秩序原理——导论》邓正来译

⑤ Gould, S. J. Enchanted Evening, Natural History, 1991 (9)：14

⑥ F. A. 哈耶克《自由秩序原理·序》邓正来译

农村社会史

清初复界与地域宗族的重建：
以香山县安堂林氏为例

陈志国[*]

（华南农业大学图书馆，广东　广州　510642）

摘　要：康熙二十三年（1684 年）复界之后，香山县南部的恭常都、谷都以及黄梁都等濒海地方开始进入了一个新的发展阶段。许多生活在水上的蛋民，在经历了这次"迁海"之后得以"上岸"定居，一些新的聚落形态开始慢慢形成。安堂林氏的兴起是在清初复界后，乾嘉年间安堂林氏势力逐渐壮大，开始出现科举功名人物，安堂林氏在地域空间的影响力逐渐扩大。随着 17 世纪末至 18 世纪初地域宗族组织的不断重建，地域支配力量的增强，聚族而居的聚落形态逐渐形成，甚至出现一姓一村聚居的现象。实际上，在香山县也同样出现了聚族而居的现象，诸如香山安堂林氏、濠头郑氏、长洲黄氏、唐家湾唐氏、三乡郑氏，等等都是在当地拥有一定控制力的势家大族。

关键词：清初；复界；宗族重建；香山县；安堂林氏

清初的"迁海"事件究竟对东南沿海地域宗族带来了多深的影响？Rubie Watson 的研究认为，在迁界令解除后，新安县以及其他沿海地域宗族都在不断巩固其对地方的控制，许多尝产、祖祠、市集和庙宇管理会等一些宗族用来建立或加强其势力的地域制度都是在 17 世纪末以及 18 世纪初开始的。[①] Rubie Watson 用"dominant lineage"的概念来代指迁界后形成的地域宗族，他指出所谓"dominant lineage"不仅仅是指人口众多，而且是在乡村社会中具有一定的政治和经济控制力。[②] 蔡志祥先生的研究认为，香山县的地域宗族势力，在明代以前，主要是县北平原居住，以陈天觉为首集团与在县南部平原来自福建的郑氏抗衡的时代。明代中期以后，由于沙田的开发，榄都逐渐兴起成为县城以外人文最发达的地方。香山县南方的恭常都则要到迁界令和海禁令解除后才发展起来。[③] 的确，康熙二十三年（1684 年）复界之后，香山县南部的恭常都、谷都以及黄梁都等濒海地方开始进入了一个新的发展阶段。许多生活在水上的蛋民，在经历了这次"迁海"之后得以"上岸"定居，一些新的聚落形态开始慢慢形成。本文以香山县安堂林氏的兴起为例，讨论复界后地域宗族的重建。

一、清初的复界

经历了迁界之后，香山沿海村落遭受了严重的损失，百姓流离失所，田地荒芜，社会秩序混乱不堪。为此，士绅乡民及地方大吏上疏朝廷请求复界，恢复原有的生产秩序。除了被迁徙之民的呼吁以外，两

---

* 【作者简介】陈志国（1980—　）男，历史学博士，华南农业大学广东农村政策研究中心助理研究员，研究方向为中国民族与地方史志、中国古代史

①　Rubie S. Watson, Inequality among brothers: Class and Kinship in South China, Cambridge University Press, 1985, pp22 - 23. 参考蔡志祥：《明末清初香山县的功名和宗族重建》，载罗炳绵，刘健明主编《明末清初华南地区历史人物功业研讨会论文集》，香港中文大学历史学系，1993 年 3 月，第 65 页

②　Rubie S. Watson, The Creation of a Chinese Lineage: The Teng of Ha Tsuen, 1699—1751, Modern Asian Studies, 16, 1 (1982), pp69 - 100

③　蔡志祥：《明末清初香山县的功名和宗族重建》，载罗炳绵，刘健明主编《明末清初华南地区历史人物功业研讨会论文集》，香港中文大学历史学系，1993 年 3 月，第 67 页

广总督李率泰以及广东巡抚王来任也力陈迁界之弊端，请求康熙皇帝展界。最早在广东提出请求放宽沿海界限的是李率泰，他在康熙四年（1665年）就上疏请宽边界，以疏民困。在道光《广东通志》宦绩条当中，对李率泰请求展界一事并未提及，这或许是因为疏请是李在督闽内所写，而非在督粤时作。然而，乾隆小榄人何大佐在《榄屑》当中就收录李率泰的疏请，根据后人麦应荣编纂《榄溪劫灰录》中《李制台展界遗疏》记载：

> 为沥血冒陈事，臣李率泰蒙恩简拔，授以总督两广之职，继又出总闽浙。臣前在粤，粤民尚有资生，近因奉旨徙移，百姓弃膏腴而为荒土，捐楼阁而就茆簷，赤子苍头，啼饥在道，玉容粉面，丐食沿街，以至渐渐死亡，十不存其八九。为今之计，虽不复其家室，万乞边界稍宽，使各处村民耕者自耕，渔者自渔，可以缓须臾之死。臣虽死亦瞑目矣。臣因积务成病，旧年两本，乞赐骨骸，未蒙谕允。臣死在旦夕，不得不预诉愚衷，独臣生子太晚，于万一也。臣具此飞章，不胜激切之至。[①]

在这份展界疏当中，李率泰虽然已离开广东，但仍然是"沥血冒陈"，"乞边界稍宽，使各处村民耕者自耕，渔者自渔"。据道光《香山县志》记载，这分展界疏是写于康熙四年（1665年）。

> 四年，巡海使者至广东，设沿海墩台。自元年以来，大臣岁来巡界，以台湾未平故也。是年前总督李率泰遗疏请宽边界，其略曰：臣先在粤，粤民尚有资生，近因迁移以致渐渐死亡，十不存其八九，为今之计，虽不复其室家，但乞边界稍宽，则耕者自耕，渔者自渔，可以缓须臾死，濒海民至今德之，与巡抚王来任同祠祀焉。[②]

另外一位力请展界的官员就是广东巡抚王来任，他在康熙七年（1668年）联同时任广东总督周有德，上疏康熙皇帝，极力请求复界，可惜疏书未及呈上便已病逝。在何大佐的《榄屑》当中辑有《王中丞奏本》，其中就记载：

> 广东巡抚王来任，奏为微臣受恩深重，捐躯莫报，临危披沥，一得之愚，仰冀睿鉴，臣死瞑目事。自康熙四年八月十三日受事，两年以来，刑名钱谷，鞅掌无停，经催带征各年盐课等项，俱幸全完。……谨披一得之愚，为我皇上陈之。一粤东之兵多，宜速裁也。……一粤东之边界，宜速展也。粤负山面海，疆土原不甚广，今概于滨海之地，一迁再迁，流离数十万之民，每年抛弃地丁钱银三十余万两。地迁民移，又设重兵以守其界。立界之所，筑墩台，树桩栅，每年每月又用夫工土木修整，动用不费公家，丝毫皆出之民力。未迁之民，日苦科派，流离之民，各无栖止。死丧频闻，欲生民不困苦，其可得乎。臣请将原迁之民，复业耕种，与煎晒盐斤。将港内河撤去其桩，听民采捕。腹内之兵尽撤，驻防沿海州县，以防外患，于国不无小补。而祖宗之地又不可轻弃，更于民生大有裨益，如谓所迁弃之地丁虽小，而御海之患甚大。臣思设兵，原以捍卫封疆而资战守，今避海寇侵掠，累百姓而资盗粮，不思安攘上策，乃缩地迁民，弃其门户而守堂奥。臣未之前闻也。臣抚粤二年有余，亦未闻海寇大逆侵掠之事，所有者，仍是内地被迁逃海之民相聚为盗。今若展其界边，此盗亦卖刀买犊矣。舍此不讲，徒聚议以求民瘼，皆泛言也。一香山横石矶子口，宜撤也。当年迁在界边之时，以香山必不可迁，议设官兵防守此土。香山之外原有澳彝，以其言语不通，不事耕种，内地无驻足之处，况居数百年，迁之更难，昨已奉命免迁矣。是县与澳，皆为内地，所宜防者，防其通外海耳。当时奉行者，反于横石矶立一子口，食粮计口面授，每日放一关，其一切物用，皆藉口奉禁，稽查留难，皆不令出。计县与澳，其户口数万，断绝往来生业，坐食致困，愁苦难言。若论其地未迁，则为界内之人，其横石子口，似宜免设，使其人得以贸易于内，以通有无。澳内设兵，防其通海接济，庶几民夷长活。若仍立子口，虽云计口有米粮出籴，彼地之人，既绝生计，何得有

① ［清］何大佐辑，（民国）麦应荣编纂，《榄溪劫灰录》卷上，民国十三年（1924年），第65–68页
② 道光《香山县志》卷八《事略》

钱买米。臣谓不过数年之内，则其人皆枯槁矣。……康熙七年正月某日疏，二月十五日奉旨准复原职。①

在这份疏请当中，王来任指出了迁界给地方社会带来的种种困苦，以致"逃海之民相聚为盗"，引发了社会动乱。此外，在这份疏请当中提到的"横石矶口子"，实际上是在康熙四年（1665年）迁界时，广东总督卢崇峻奏请设立的。据《清圣祖实录》记载：

> 兵部议覆，广东总督卢崇峻疏言，粤省边界地方，各应留一出海口子，香山县由水路以顺德横石矶边界为口子，广海卫由陆路以城冈堡边界为口子，大鹏所由陆路以归善淡水边界为口子，平海所由陆路以归善边界白云墟为口子，海门所由陆路以潮阳边界南关里为口子，以便官兵运粮行走，地方官给与验票，设立口子处，拨官兵防守，稽察验票放行，如借端在海贸易，通贼妄行，地方保甲，隐匿不首者，照例处绞，守口官兵知情者，以同谋论处斩，不知情者，从重治罪。从之。②

到了康熙七年（1668年），王来任提出了撤走驻扎在香山横石矶子口的官兵，以通澳门与广州的贸易。王来任和李率泰对于香山小榄、龙眼都等地的在康熙八年的复界有着重要的贡献。在小榄和龙眼都等地，乡民为了纪念巡抚王来任和总督李率泰的功绩，建有专门祭祀的庙宇或祠堂。据光绪《香山县志》记载：

> 王巡抚庙，祀巡抚王来任，一在小榄，雍正六年建。一在长洲乡，嘉庆十五年（1810年）黄耀廷建，道光二十九年（1849年）重修。一在龙眼都坑口墟，乾隆十五年建，咸丰二年重修。一在隆都西河桥侧。一在黄角，额曰遗爱祠。余沿海各乡或祀于乡学，或附祀各庙，或并祀总督李率泰。③

榄都的王大中丞祠，在大榄文昌庙侧，"经始于雍正戊申年（1728年）十二月，落成于已酉年四月，后日久倾塌，重修于乾隆壬午年（1762年）六月，落成于是年十二月"。"两次创修，合乡士庶踊跃捐输，签题工资，而族伯文作当先年创建时，除捐银外，另送上名沙乔尾田十二亩，为王公俎豆之助。至重修时，勤苦督造，则族侄禹陶之功较多，每年诞日，演戏乐神，至今不绝。"④ 此外，在小榄的凤山寺侧，还建有李王二公书院，祭祀二位复界有功之臣。据乾隆时小榄人何大佐辑记载："王大中丞遗折乞展界以归流民，人所共知，李制台一疏，人鲜知者，因建祠保恩，祀王而不及李故也。乾隆已卯年，吾两房子侄重修凤山寺，寺侧为李王二公书院，并祀二公。盖报德者无地不可尸祝也。族人录李公遗疏悬于壁间，当与王公一本，并识不忘矣。"⑤

在地方官府和乡民的极力陈情之下，康熙八年"诏复迁海居民旧业"，小榄、龙眼都等康熙三年（1664年）迁徙之地基本上得以复界。据大榄《罗氏族谱》和龙头环《宏农杨氏族谱》的记载：

> ……七年戊申孟秋，巡抚王公来任、御史杨公雍建条陈利弊，请迁界。八年已酉季春，始得还乡。由是思之，宗祠始建两进，决在复村升平时，可知也。⑥
>
> ……况康熙三年岁次甲辰，又遭迁移，难安梓里，虽康熙八年岁次已酉三月二十二日幸蒙展复，亦不能皆还故址，执袂谈心，以成建祠，妥祀之好。⑦

虽然小榄、龙眼都等地得以在康熙八年复界，而"黄旗角、潭洲、黄梁都、沙尾、奇独澳未复"，

---

① ［清］何大佐辑，（民国）麦应荣编纂，《榄溪劫灰录》卷上，民国十三年（1924年），第52－59页。另外，嘉庆《新安县志》也载有王来任的《展界复乡遗疏》

② 《清圣祖实录》卷十五，康熙四年四月

③ 光绪《香山县志》卷六《建置》

④ ［清］何大佐辑，（民国）麦应荣编纂，《榄溪劫灰录》卷下，民国十三年：第15－16页

⑤ ［清］何大佐辑，（民国）麦应荣编纂，《榄溪劫灰录》卷上，民国十三年：第65－66页

⑥ 香山大榄《罗氏族谱》卷一《宗祠建修先后备考》，中华民国七年戊午立春敦本堂刊，省城同安街文海承刊

⑦ 香山龙头环《宏农杨氏族谱》，《宏农杨氏族谱旧序》

"时潭洲、黄旗角两乡人赴督抚辕哀控，知县曹文熠坚执前议，黄梁都亦格于寨议，俱不果"。① 这些在康熙元年就被迁徙的"沿海岛屿"之地，一直到康熙二十三年（1684 年）才复界。据道光《香山县志》记载："二十三年，西南诸乡迁民尽复业。初诸乡久迁未复，田尽荒废。自十五年尚之信叛从吴逆，遂开界垦荒，令民耕莳。十七年，催收王庄税谷。十八年，县寨官兵督迁，焚寮刈稼。十九年，县徵前十八年虚税，追呼不堪命。至是民归故土，地方官令民插标清丈，民始安业。"②

二、安堂的生态与地理

安堂，位于今天中山市大涌镇，以双桂大街为中轴，北依旗山公路，南临中新公路。安堂现有本地人口约 5 000，林姓占据了其中的绝大部分。③ 现今的安堂依然保存着长达 500 多米的石板街，街道两旁分布着众多的古祠堂和古庙宇。据安堂林族老伯告诉我们，"文革"之前安堂的祠堂仍有 20 多座，现在已经剩下不到 10 座了。其中保存最为完好，形制较为完整的是"双桂堂"，即林氏大宗祠，地处双桂大街中段（图 1）。双桂堂建于顺治二年（1645 年），已有三百多年的历史。每逢重大节日，全村人都会到这里来集会，举行各种庆祝仪式。

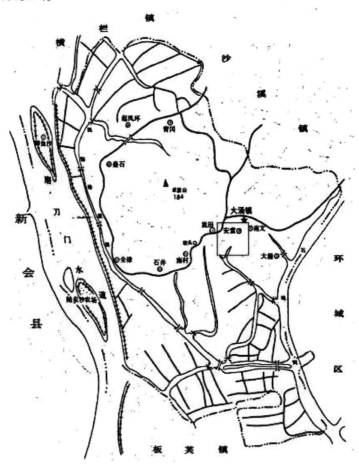

图 1 大涌镇安堂村方位图④

---

① 道光《香山县志》卷八《事略》

② 道光《香山县志》卷八《事略》

③ 据笔者 2009 年 4 月在安堂田野调查时，安堂林氏祠堂的林阿伯说现在安堂基本上 99% 都是林姓族人，林姓之外的张、庞、黄、甄四姓之人则很少。关于安堂的林姓的人口，据民国《香山县志续编》卷三《舆地·氏族》记载："安堂林族，始祖允文，原籍新会。二世祖敬，三世祖玄兴，于明洪武初由新会迁居香山安堂乡。自始祖至八世祖，分十七房，现历二十二代，由三世祖派下至今共丁口五千五百六十一人。"可见，民国时期，安堂林姓人口已经达到 5 561 人

④ 《广东省中山市地名志》编撰委员会：《广东省中山市地名志》，广东科技出版社，1989 年：第 30 页。图中红色边框标识部分即为安堂村

安堂，在明代属龙眼都，清代又属隆都。狭义上的隆都，主要是指沙溪和大涌两地。[①] 实际上，古代的隆都就是位于石岐海以西，磨刀门以东的一个岛屿。不同族姓的人，在不同的历史时期来到这个岛屿定居，形成聚落。隆都有三十多个姓氏，同一姓氏的人大多数聚族而居，建有祠堂，保存血缘关系。[②] 这些迁来定居的移民，在长期的历史发展中，形成了一种方言，即隆都话。隆都话是属于闽方言的，既有闽方言固有的特色，同时也受到了粤方言影响的语言。[③] 今隆都境内三十五个行政村墟，三十九姓氏，约九万人口，统一操以闽南语为基础之隆都话，徙居石岐和邻近乡镇约四万人仍世代保留隆都话；旅外乡亲逾十万，多数以隆都话为家族语言。[④] 隆都话做为一个极具特色的方言岛，是闽南语系与粤语语系长期融合的结果。隆都话的形成，与迁徙定居此地的先人息息相关。实际上，从族谱的记载来看，隆都大多数族姓追述其始祖的来源时，主要有两种说法，其一就是认为始祖是来自南雄珠玑巷，其二就是认为始祖是来自福建莆田。[⑤]

三、复界后安堂林氏的兴起

安堂林族在追述其先祖时，就认为其远祖是来自福建莆田，几经转徙，最后才定居香山安堂的。实际上，根据所见的安堂林氏族谱的记载，安堂林氏的崛起以及安堂聚落的形成应该是在清初复界之后。而且查阅地方志的记载，现存最早的嘉靖《香山县志》并没有安堂的记载，直到道光修的《香山县志》才有了安堂村名的记录。事实上，安堂历史上第一位获得举人功名身份的林德泉，也是在道光年间才中举的。安堂大多数的祠堂和庙宇也是在雍乾之后才建立的。

据族谱的记载，安堂林氏族谱在明清两代，经历了正德十五年（1520 年）、康熙三十八年（1699 年）以及嘉庆八年（1803 年）的三次修谱。[⑥] 在这三次修谱当中，对于林氏宗族的发展最为重要的是清初康熙年间的修谱。在目前所能看到的安堂《林氏族谱》当中，收录了康熙年间修谱的两篇序言，分布是由十二世祖钟公撰写于康熙三十八年的《龙兴林氏族谱源总序》和十三世祖应茂公撰写于康熙五十三年（1714 年）的《龙眼田边林氏族谱源流总序》。[⑦] 在这两篇修谱序言中，提及了明代正德年间六世祖止斋公修谱之事。据族谱的记载，正德十五年，林氏始祖允文公的墓地被本地豪强赵承亮盗葬，发生了争讼，"幸得福建见素公之婿郑锡文公到广东，为提督粮储左参议大夫人行牌坊，查林积仁宗支"，六世祖止斋公"照实具缴供状"，"既得宗支，告诉山事，即行提躬亲到山勘审，究罪立令押迁"。[⑧] 正德年间的这次合修香莆谱系，与同时出现的始祖墓地争讼事件联系在一起。安堂林氏通过修谱，理清了福建莆田林族与安堂林族的世系关系，是为积仁公遗下子孙，源头一脉。这样一来，安堂林氏借助福建同宗的郑锡文在政治上的影响力，在始祖墓地争讼当中取得胜利。

对于正德年间的这些修谱的故事，目前所看到的族谱当中并没有留下明代的谱序，而叙及此事是在康熙年间。据康熙三十八年（1699 年）十二世祖钟公撰写的序言中所言：

> ……幸福建尚书俊公闻香山有积仁公遗下子孙居住，乃嘱其壻广东粮储道郑公於正德年间行牌仰县，查宋末有远祖林积仁子孙遗下香山立籍居住，至今有裔存否，着该县官吏照依牌内事理查明

---

① 广义上的隆都包括的范围更为广泛，不仅包括沙溪和大涌，也包括附近板芙、横栏等沙田地区。其实，以前这些沙田地区大部分都是沙溪或大涌势家大族的田地

② 胡玉生遗稿，蔡庆权整理，《隆都源流沿革》，《隆都沙溪侨刊》，1984 年第 1 期，第 23 页

③ 黄家教：《一个粤语化的闽方言——中山隆都话》，《中山大学学报》（哲学社会科学版）1988 年 04 期

④ 李逻通：《隆都方言与文化考》，《隆都沙溪侨刊》，1988 年第 1 期，第 27 页

⑤ 认为其始祖是从南雄珠玑巷迁来的有象角阮氏、岗背陈氏、豁角刘氏、大石兜高氏、叠石梁氏、申明亭杨氏、南文萧氏、婆石陈氏、水溪陈氏、涌边曾氏，等等。（蔡宇元：《隆都人大多数是珠玑巷人南迁后裔》，《隆都沙溪侨刊》，1998 年第 2 期，第 25－26 页。）认为其始祖是从福建莆田迁来的有永厚环蔡氏、石门王姓、安堂林姓，等等。（胡玉生遗稿，蔡庆权整理，《隆都源流沿革》，《隆都沙溪侨刊》，1984 年第 1 期，第 23 页）

⑥ 安堂居委会、安堂福利会编，《安堂林氏族谱》，2009 年版：第 2－3 页

⑦ 香山安堂《林氏族谱》，手抄本，2010 年田野调查所获

⑧ 香山安堂《林氏族谱》《行实·始祖允文公》，手抄本，2010 年田野调查所获

前项人氏在何都鄙立籍居住，取具供状回报。我祖佑公乃具供状写明积仁、元忠、叔献、舟之数公世次行实及舟之立籍居住情由，缴报尚书公，乃于兴佑叙明世系，后於二十七评事公为十四世孙，佑於二十八承事公为十五世孙，分则叔姪，情同父子。昭穆不差，来历的确，乃修香莆合谱，以与祐公。莆田上自蕴公，下至五居士、六居士、七居士以后十九代，尽入香谱。香山谱，上自蕴公，下至规公，以后二十世，既录香谱，未登莆谱……①

对于正德年间安堂林氏的这次修谱，姑且不论是否真有此事，然而这个修谱故事背后反映的是理清宗族世系与地域资源竞争之间的关系，通过与同宗的名门大族攀附上关系，进而修谱归宗，成为在乡村社会中增强地域资源竞争的有力手段。

事实上，明代中叶以后，随着珠江三角洲开发的加速，这一地区日益增多的新兴家族在沙田开发和控制地域社会等方面的争夺日趋加剧，这些新兴的家族也越来越热衷于编造家族历史和谱系。② 清初复界之后，重返回故土的散户宗族同样面对着地域社会日益竞争带来的压力。因此，同姓之间的认祖归宗，构建祖先世系，遍造家族的历史，也往往成为加强地域资源控制的一种有力手段。

从族谱的记载来看，安堂林氏宗族的世系以及始祖定居史的故事，都是在清初康熙年间修谱之时重新建构的。在清初的迁海事件中，安堂林氏的族谱遗失，宗族世系关系混乱。康熙五十三年（1714 年），十三世祖应茂公在重修族谱序言中写到：

> 旧有见素公谱牒二卷，文集二卷，因康熙甲辰（1664 年）迁移遗失，先人不胜悼感，于康熙庚申年（1680 年）令渐夫、仁夫往莆田谒祖，复注明谱牒回归香莆，始得合谱矣。倘或溯所从来，则考究不致无征，稽质始为有证，世代之远近，名份之尊卑，虽百代可知也。睹斯谱者，敦本睦族之心，当油焉生矣。③

可见在林氏族谱遗失情形之下，林氏又于康熙庚申年（1680 年）派渐夫、仁夫二祖前往福建莆田拜褐先祖，并得到了香莆合谱，这对于安堂林氏宗族在康熙年间的归宗至关重要。

在得到了合谱之后，安堂林氏将福建莆田林氏入粤始祖、入香山始祖以至入安堂始祖之间的世系关系理清，进而安堂林族的远祖也就是福建莆田林族的先祖。据安堂《林氏族谱》记载，林氏的起源，相传由商朝末年的名臣比干而来。比干原是商朝王室成员，在商纣王时担任少师之职，以忠正敢言知名。纣王昏庸无道，他多次进言匡谏，后来因此获罪，被剖心而死。夫人陈氏为躲避官兵追杀，逃难于长林石室，生子名坚，因生于林被周武王赐以林为姓，史称林坚，被林姓人尊为授姓始祖。至今在安堂林氏祠堂中，仍然挂有一幅长林石室的画像，画像两边写有对联："殷纣不仁公诞地，周皇赐氏族称林。"

林氏家族在福建达到了全盛时期。据记载，至西晋末年，中原林姓开始进入福建。林坚八十一代孙林颖之长子林懋曾任下邳太守，分出了下邳林姓；次子林禄曾任晋安（今属福建）太守、晋安郡王，为林姓在福建开基始祖。林禄的后裔到了唐代更是科甲鼎盛，其中林披的九个儿子以及一个女婿都在科举中高中，被称为"九子十登科"。在安堂村的林氏宗祠正堂，挂着一幅醒目的"九子十登科"图。包括林披在内，图中一共十一个人身穿唐代官服，手执朝笏，林氏后人引以为豪。在安堂《林氏族谱》中的《十德图记》就是有关这幅图的记载。④ 因为生在福建莆田，这个家族被称为"莆田九牧"。安堂村的林氏，便是林披第六个儿子林蕴的后裔。由于林蕴和兄弟林藻同时高中，被称为"双桂"。安堂的林氏宗祠也因此被称为"双桂堂"。

林氏入粤始祖为积仁公，为蕴公后裔。积仁生元忠，元忠生叔献。元忠为广东肇庆府知府，叔献为建安县承事。叔献生舟之。舟之随侍入南，寄产香山，遂卜於潮居里黄粱都大历奇村。舟之成为林氏入香山始祖。舟之生恒，恒生得泽，得泽之子名讳失，名讳失生允文，历官宣教郎，归休之后，迁居芋葵，

---

① 《龙兴林氏族谱源总序》（康熙三十八年），香山安堂《林氏族谱》，手抄本

② 刘志伟：《祖先谱系的重构及其意义——珠江三角洲一个宗族的个案分析》，《中国社会经济史》1992 年第 4 期

③ 《龙眠田边林氏族谱源流总序》（康熙五十三年），香山安堂《林氏族谱》，手抄本

④ 安堂社区福利会组编，《林氏安堂谱牒》，2003 年版：第 97 页

至今旧址尚存。允文生敬，敬生玄兴。[①] 玄兴，生子仕荫。仕荫生三子，长子南圃，次子彦森，三子南溪。次子彦森房后裔失传。因此，安堂林氏主要分为南圃和南溪两大房。具体的世系结构如图2所示。

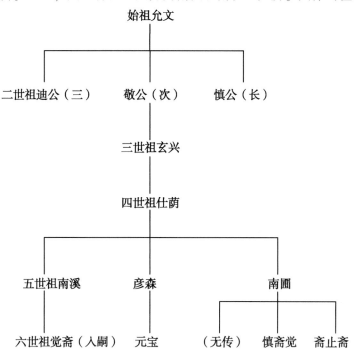

图2　安堂林氏一至六世祖世系图[②]

从安堂林氏定居迁徙的情况来看，先是从福建莆田迁徙至广东，因出仕为官而定居。然后舟之公迁入香山县的潮居里黄梁都，传至玄兴公，又于明初迁到安堂定居。[③] 因此，安堂林氏奉允文公为始祖。安堂林氏始祖的墓地就在黄梁都，每到祭祀始祖之时，安堂的林氏族人都会前往祭扫。安堂一世祖和二世祖的墓地都在现今的斗门大赤坎虎地，三世祖和四世祖的墓地在斗门马山。从五世祖之后的墓地大部分都葬在安堂。民国的《黎角月报》记载了民国三十六年（1947年）林族合族前往黄梁都扫墓的情形："安堂林族约七八百人，昨雇电船三艘、民船四艘前往八区马山及大赤坎等省墓，各船均有长短机枪等武器，以资自卫。星日半夜二时，在安堂启航，浩浩荡荡，甚行热闹。"[④]

三世祖玄兴公定居安堂是在明代初年，通过入赘南文萧氏才最后安居下来。据康熙年间修谱的序言记载，玄兴公是因前往县城输粮，途中遇到的波涛艰险，其后就入赘大涌南文萧氏，定居在龙眠田边，又建立了独觉庵（今大觉寺），以补风水之缺。[⑤] 玄兴在安堂定居后，生了一个儿子，曰蛋，号素荫，娶四字都小隐黄氏。黄氏后来生子南圃和南溪，分为两房，成为安堂林氏的主要房派。从安堂林氏定居史的故事来看，说明了在开村之际，通过入赘本地有一定势力的宗族，从而取得姻亲关系，这也是能否定居成功的关键所在。

我们也看到了，在林氏早期定居史的故事里，女性在其中扮演着重要的角色。三世祖玄兴公正是因为娶了南文的萧氏才获得了在安堂定居的资格，其后四世祖素荫公娶了四字都小隐黄氏"有内助之贤，

①　《龙兴林氏族谱源总序》（康熙三十八年），香山安堂《林氏族谱》，手抄本

②　参考安堂社区福利会组编，《林氏安堂谱牒》，2003年版以及2009年版

③　民国《香山县志续编》卷三《舆地·氏族》中则认为安堂氏族允文公原籍为新会，玄兴公明初是从新会迁居香山安堂的。具体记载为："安堂林氏奉祀的始祖为允文公，原籍新会，二世敬，三世祖玄兴公于明洪武初年由新会迁居香山安堂乡。"在田野访谈中，村中林氏长者也会告诉我们是从新会迁来定居的。至于族谱中并没有明确说是从新会迁过来的，而只是说从黄梁都迁居过来。这也许是因为，在香山县建之处，黄梁都就是从新会分割到香山县的

④　《安堂林族省墓发生意外事件，林孖二玩机枪误将林九袭毙》，《黎角月报》第6期第33页

⑤　对于玄兴祖定居安堂的故事，康熙三十八年《龙兴林氏族谱源总序》和康熙五十三年的《龙眠田边林氏族谱源流总序》说法基本一致。（香山安堂《林氏族谱》，手抄本）另外，我们在田野调查当中，对于玄兴公定居的故事还有一种换村的说法。林玄兴年轻时，住在马山，敬公的老婆下葬时，风水师告诉玄兴，下葬后，你就该离开这里。玄兴到了申明亭村，买粒鼓、针线，挑着去周围村落卖。有一杨氏住在安堂村，以卖盐为生，从石岐取盐，到沙溪。后来两人为了图方便，于是交换村落。于是便定居安堂

为子孙后计，置立门户林孔隆永成户籍"，为安堂林氏取得了合法的户籍资格。而这一点对于安堂林氏开村有着重要的作用，正如十三世祖应茂公所言："今之子孙课税，实载无虞者，实荷祖妣深谋远虑之功也。"[①]

在珠江三角洲地区，大多数宗族的先祖的历史，虽然在具体的细节上可能千差万别，但基本结构大都是：先是在宋代由地处粤北的南雄南迁到三角洲，然后经过数次迁居，大致在明代初年定居下来。从南迁到定居之间，往往相隔了数代。[②] 安堂林氏先祖的历史，虽然迁徙的地点有所差别，但其叙述的结构却类似。安堂林氏的先祖是在宋代从福建莆田迁徙到广东，然后再在元初迁到香山的黄梁都，最后在明初定居安堂。宋明之际安堂林氏先祖的迁徙与定居，并不意味着宗族的建立。实际上，宗族的建立是一系列仪式性和制度性建设的结果，迁移和定居的祖先并不是宗族历史的开创，其实宗族的历史是由后来把始祖以下历代祖先供祀起来的人们创造的。[③]

安堂林氏先祖迁居的故事，其实是由康熙年间林氏后人创造的，反映的是清初复界后，面对日益激烈的资源争夺，安堂林氏顺应"粮户归宗"的趋势，重新整合宗族的历史。我们也看到，在康熙后期重构祖先世系后，雍乾年间林氏后人也在不断的重修先祖墓地，供奉先祖灵位。在乾隆年间，安堂林氏后裔对于先祖墓地进行了一次大规模的重修，诸如对安堂始祖允文公、三世祖玄兴、五世祖南圃公等先祖墓地的重修。五世祖南圃公与其黄氏太妣同墓，弘治十五年葬于安堂松山，乾隆五年（1740年）安堂林氏九世、十世、十一世和十二世孙等后裔对南圃公的墓地进行了重修。[④] 始祖允文公的墓地在黄梁都赤坎，乾隆八年（1743年）安堂后裔对始祖的墓地进行了重修，还邀请了林氏宗亲林闻誉和林蒲封撰写墓志铭。[⑤] 乾隆三十五年（1770年），又对三世祖玄兴公的墓地进行重修，东莞同宗林锡龄撰有墓志铭。[⑥] 从乾隆年间安堂林氏后裔对先祖墓的重修情况来看，其旨意在表明安堂林氏先祖定居历史久远，同时也是进一步重修整合林氏宗族的手段。

安堂林氏到了乾嘉之后开始崛起，大量的庙宇和祠堂都是在这个时候建立的。据族谱记载，嘉庆八年，安堂文武庙、文昌宫、天后庙相继建成。嘉庆二十四（1819年），安堂星池祖建祠，奉祀八世祖焯公；光绪元年（1875年），居易公祠建成，奉祀七世祖桂美公；光绪五年（1879年），南圃公祠建成，奉祀五世祖汉斋公；光绪十六年（1890年），慎斋公祠建成，奉祀六世祖禧公（表1）。

表1 安堂乡祠堂、庙宇名称及座落地点[⑦]

序号	祠堂	辈份太祖名字	位置	备注
1	林氏大宗祠（十德堂）	战国世系皋公	双桂大街东端，与南文交界处	因火灾烧毁，已拆
2	林氏宗祠（双桂堂）	三世祖玄兴公	双桂大街中街	
3	南圃公祠	五世祖汉斋公	长堤大街东段	旧安堂学校校本部东间，1879年建
4	彦森公祠	五世祖彦森公	安北，学校对面	
5	慎斋公祠	六世祖禧公	星池公祠西侧	1890年建，已拆
6	处善公祠	七世祖松俊公	双桂大街东段	旧安堂学校二部西间
7	纯朴公祠	七世祖松秀公	麦峰公祠东侧	日本飞机炸毁，已拆

---

① 《龙眠田边林氏族谱源流总序》（康熙五十三年），香山安堂《林氏族谱》，手抄本

② 刘志伟：《附会、传说与历史真实"珠江三角洲族谱中宗族历史的叙事结构及其意义》，《中国族谱研究》，上海古籍出版社，1999年：第150页

③ 刘志伟：《附会、传说与历史真实"珠江三角洲族谱中宗族历史的叙事结构及其意义》，《中国族谱研究》，上海古籍出版社，1999年：第151页

④ 笔者在安堂林氏大宗祠堂内，林氏族人拿出了这块乾隆五年重修的南圃公碑，还有一块刻有介绍南圃公行状内容以及重修情况的碑文。另外，在2009年重修的《安堂林氏族谱》中收录有南圃公墓碑碑文

⑤ 香山安堂《林氏族谱》，手抄本。两篇允文公墓志铭都撰写于乾隆八年。林闻誉，为广东阳春人，康熙六十年辛丑科进士；林蒲封，为广东东莞人，为雍正年间进士

⑥ 《伯隆公墓志铭》（乾隆三十五年），香山安堂《林氏族谱》，手抄本

⑦ 参考安堂居委会、安堂福利会编，《安堂林氏族谱》，2009年版：第22-23页

（续表）

序号	祠 堂	辈份太祖名字	位 置	备 注
8	居易公祠	七世祖桂美公	安北双桂堂后面	1975 年建
9	麦峰公祠	八世祖煇公	双桂大街东段	旧安堂学校二部东间
10	玉湾公祠	八世祖焕公	双桂大街东，中和社西侧	
11	养静公祠	八世祖熇公	双桂大街东段，麦峰公祠东南面	已拆
12	星池公祠	八世祖焯公	长堤大街东段	原安堂大队粮仓，一八二零年建
13	正己公祠	九世祖正己公	安南大街大觉寺西侧	
14	乐隐公祠	九世祖孔愚公	安东，玉湾公祠后面	
15	碧宇公祠	十世祖太真公	长堤大街东段	旧安堂学校校本部西间
16	爱月公祠	十世祖爱月公	双桂大街东段，玉湾公祠西侧	
17	映宸公祠	十世祖映宸公	双桂大街东段，旧安堂街市西走	
18	景先公祠	十五世祖茂奕公	双桂大街东段，旧安堂街市	
19	四公纪念祠		大觉寺与双桂堂中间	
20	赞堂祖		长堤大街中段	安堂米机原址，已拆
21	九如祠	十七世祖九如公	双桂大街东段、广善医局东南面	已拆
22	义烟祠		安北，学校对面，彦森祖东间	
23	大觉寺		双桂西堂	
24	武帝庙		北帝庙街	
25	北极殿		北帝庙街	
26	天后庙		圩头（迁建）	原址长堤与南文交界处
27	牛王庙		乡政府后	
28	三母庙		北帝庙街尾	

　　除了祠堂和庙宇的大量建立之外，乾嘉以后安堂也开始出现具有高级功名的科举人物。据族谱记载，安堂历史上第一位获得科举功名的是十六世祖林德泉。林德泉，字恭溥，号澡廉，为道光元年辛巳恩科第十五名举人。[1] 据光绪《香山县志》记载，林德泉，由廪生中道光辛巳（1821 年）恩科举人，挑发安徽，署石埭县，后调太湖县。[2] 道光之后，安堂林氏屡屡有族人考中举人或进士。如十七传孙林寅年，为咸丰辛酉年（1861 年）科武举人；十七传孙林汝扬，为光绪己卯年（1879 年）科武举人；十八传孙林捷元，为同治庚午年（1870 年）科武举人；十八传孙林联捷，为光绪庚辰年（1880 年）恩科武进士；十八传林禄衡，为光绪戊子年（1888 年）科举人。[3] 随着科甲的鼎盛，安堂林氏在当地的地位也越来越突出。同治元年（1862 年），在安堂乡绅林德泉的带领下，在大涌和岚田交界处创建了卓山书院，为地方培养更多的科举人物奠定了基础。[4]

---

① 同治《香山县志》卷十一《选举表》
② 同治《香山县志》卷十一《列传》
③ 香山安堂《林氏族谱》，手抄本
④ 同治《香山县志》卷六《建置》

四、余 论

从上面的分析不难看出，安堂林氏的兴起是在清初复界后，乾嘉年间安堂林氏势力逐渐壮大，开始出现科举功名人物，安堂林氏在地域空间的影响力逐渐扩大。随着 17 世纪末至 18 世纪初地域宗族组织的不断重建，地域支配力量的增强，聚族而居的聚落形态逐渐形成，甚至出现一姓一村聚居的现象。

弗里德曼在《中国东南的宗族组织》中说到："几乎在中国的每一个地方，几个紧密相连的村落构成乡村社会的基本单位。氏族（clan）（书面语一般为"世系群"或"宗族"[lineage]）通常只是村落的一个部分。但是，在福建和广东两省，宗族和村落明显地重叠在一起，以致许多村落只有单个宗族，继嗣（agnatic）和地方社区的重叠在这个国家的其他地区也已经发现，特别在中部的省份，但在中国的东南地区，这种情况似乎最为明显。"[①] 陈翰笙也认为，在 20 世纪 20 年代的广东，至少有 4/5 的农民"与他们的宗族生活在一起"，而且通常一个村落居住的是一个宗族，"即时不止一个宗族，但是每一个宗族都明显地占据着村落的一个部分，几乎没有杂居的近邻"。[②]

实际上，在香山县也同样出现了聚族而居的现象，诸如香山安堂林氏、濠头郑氏、长洲黄氏、唐家湾唐氏、三乡郑氏等等都是在当地拥有一定控制力的势家大族。

---

① （英）莫里斯·弗里德曼著，刘晓春译，《中国东南的宗族组织》，上海人民出版社，2000 年：第 1 页

② 转引自（英）莫里斯·弗里德曼著，刘晓春译，《中国东南的宗族组织》，上海人民出版社，2000 年：第 2 页。原出 Chen Hansheng, Landlord and Peasant in China, New York, 1936, p37

民国晚期江南水利纠纷中《水利法》的回避与失效

——以 1947 年扬中县三墩子港案为例

周红冰[*]　郭爱民

（南京师范大学社会发展学院，江苏　南京　210097）

摘　要：《水利法》是南京国民政府颁布的一部指导全国水利建设与调解水利纠纷的专门性法律。该法试图改变中华民国建立后，水利纠纷中无法可依的局面。但在江南地区，《水利法》在水利纠纷中的裁决与调解意义并不突出。以扬中县三墩子港案为例，江苏省建设厅、扬中县政府都没有将《水利法》作为冲突调解的重要依据。《水利法》司法裁决能力的失效，一方面是由于自身法律条文存有缺陷；另一方面，立法上的不干预倾向与习惯法的盛行也是导致其失效的重要原因。

关键词：河川法；水利法；三墩子港案；不干预倾向

《水利法》是一部由南京国民政府制定并颁布的，具有近代水权管理意识和裁决标准的水利法令。该法的颁布体现了南京国民政府在水政管理上制度化与法律化的尝试。关于《水利法》与民国水政关系的研究中，有的学者将《水利法》颁布的缘由与《水利法》法理脉络演变作为研究的重点[①]；有的学者则关注民国水利法令对社会水利纠纷的现实指导意义[②]；亦有一部分学者关注于《水利法》与民国水权制度的关系[③]。总体上看，学界对于民国《水利法》与水政关系的研究并不充分，尚有很多值得探讨的地方。学者们大多从全国视角或者宏观上研究《水利法》对民国水政的积极、消极作用。[④] 但从地方各级政府角度看行政机关对《水利法》的执行情况，以及地方政府对待《水利法》的态度，则很少有学者深入涉及。以民国晚期江南地区为例，地方县一级政府与省建设厅对《水利法》的实际态度究竟如何，《水利法》是否在水利纠纷中得到真正应用，确有值得探讨的地方。这些问题的解决，将有助于今人理解南京国民政府在 1946—1949 年间对江南地区水利建设与纠纷调解的控制程度。

一、从《河川法》到《水利法》

中华民国建立后，全国的水政建设受制于政局的动荡，始终处于混乱状态。各地的水利主管部门复杂多变，事权分散，其相应的水利法规建设也存在严重的滞后。这种较为混乱的局面在 1927 年南京国民政府成立后才出现好转的迹象。1928 年，张学良宣布东北易帜，标志着南京国民政府完成了形式上的统一。南京国民政府得以有较大的精力整顿全国混乱的水政局面。基于这样的背景，国民政府在水利立法方面的工作也逐步展开。1930 年，南京国民政府颁布了第一部全国性的水利专法《河川法》。《河川法》

---

* 【作者简介】周红冰，男，南京师范大学中国经济史研究所硕士研究生。郭爱民（1970—　），男，南京师范大学中国经济史研究所教授，研究方向为经济史、中西方比较经济史

① 关于此方面研究的著作参见，郭成伟，薛显林：《民国时期水利法制研究》，中国方正出版社，2005 年；相关的学术论文参见，谭徐明：《中国近代第一部〈水利法〉》，《中国水利》1988 年第 3 期；李勤：《试论民国时期水利事业从传统到现代的转变》，《三峡大学学报（人文社会科学版）》2005 年第 5 期；薛显林：《民国时期的水利立法理念》，《云梦学刊》2006 年第 4 期；周晓焱，张建华：《南京国民政府水政立法研究》，《河海大学学报（哲学社会科学版）》2011 年第 1 期；曾睿：《民国时期水法制度探析》，《农业考古》2014 年第 3 期

② 田东奎：《中国近代水权纠纷解决机制研究》，博士学位论文，中国政法大学，2006 年

③ 秦泗阳，常云昆：《中华民国时期黄河流域水权制度述评》，《水利经济》2006 年第 4 期

④ 有一部分学者在个别地区的水利问题研究中，少量涉及《水利法》或其他水利法令，参见程鹏举：《民国时期及台湾的水利专业法规》，《中国水利》1988 年第 3 期；谢丽：《民国和田社会农业水利组织、水权制度及其生产效用》，《中国农史》2009 年第 1 期

的颁布使国民政府在水利管理和解决水利纠纷上有了一个通用全国的标准。但过于宽泛模糊的条文内容又使依法处理水利纠纷变得十分困难，以至于《河川法》本身就不得不向现实妥协，承认民间习惯在水利事业管理上的优势地位。《河川法》在该法第一项条文中就规定，"如有特别习惯而不与本法抵触，经内政部许可，得从其习惯"①。这就意味着水利成文法向习惯法让渡出一部分法律权威，加之南京国民政府统一全国水政机关的行动迟于该法的颁布，使得《河川法》对解决全国范围内的水利纠纷的指导意义十分有限。

南京国民政府对《河川法》所暴露的问题有着清醒的认识。1934 年，国民政府宣布以全国经济委员会作为全国最高水利机关，并旋即颁布《统一水利行政及事业办法纲要》和《统一水利行政事业进行办法》等规定。国民政府试图以水利行政上的统一来保证《河川法》的权威地位。《统一水利行政及事业办法纲要》规定："各部会组织法涉及水利者修改"②。这就确保了全国经济委员会在处理水利建设和水利纠纷时，对《河川法》拥有唯一的最高行政执行和司法解释权。而针对《河川法》条文宽泛化与模糊化的问题，国民政府也从立法上进行修正。1942 年，国民政府在重庆颁布《水利法》，并于第二年，由行政院颁行《水利法施行细则》。

《水利法》首先在法律条文的数量上进行扩充。《河川法》条义总计六章二十九条，《水利法》则扩充至九章七十一条，条文数量上大大增加。其次，《水利法》在法条的质量上也超过了《河川法》。为了防止《水利法》的条文过于宽泛，难以适应现实情况，行政院于1943 年依据《水利法》制定出相应的解释条文。《水利法施行细则》在第一条中就指明，"本细则依据水利法第七十条规定制定之"③。《水利法施行细则》的制定使《水利法》法条涵盖的意义更加全面，同时也更加贴近地方水利建设及纠纷中的实际问题。

《水利法》及《水利法施行细则》的颁布，标志着南京国民政府开始着重改善水利行政与司法上的统一性和协调性，试图改变以往全国水利建设、水利纠纷中有法不依的局面。尽管《水利法》对《河川法》进行了大规模的补充与修改，但该法的实施并未对全国范围内的水利建设与纠纷调解起到应有的规范作用。1946—1949 年间，江南地区掀起了修复和重建水利设施的高潮，为此而产生的水利纠纷事件层出不穷，但是各类纠纷事件的解决大多数置《水利法》的相关规定于不顾。1947 年扬中县三墩子港疏浚纠纷案，便是其中具有代表性的一例。

二、三墩子港水利纠纷案的爆发与解决

民国三十六年（1947 年）四月，江苏省扬中县乡绅王伯仁向省政府请愿，请求制止扬中县政府在三墩子港的疏浚工作。事件的起因，源于王伯仁在三墩子港的田产德字圩和字圩因妨碍三墩子港河道疏浚而被三墩子港疏浚委员会征用。王伯仁不愿丢失两圩田产，因此向省政府和建设厅发电控告扬中县政府和三墩子港疏浚委员会行为非法，请求制止疏浚工程。

三墩子港是扬中县位于长江边的一个港汊。清光绪年间，三墩子港附近的长江中突涨沙洲，并逐渐扩大。时任扬中县旗营洲书的王廷鑑（王伯仁之父）依仗旗人的身份，占据沙洲，筑坝并修筑圩田。三墩子港内的乡绅徐植之等为防止沙洲继续增大，影响三墩子港内民田的灌溉与排洪，向扬中县府清丈委员请求，将王廷鑑所占沙洲"预留四十弓以备日后开港之用"④。最终，双方在扬中县府清丈委员的主持下达成协议，将预留的四十弓土地作为三墩子港的公留地，以待日后三墩子港淤塞时的疏浚之用。⑤

至民国三十六年（1947 年），三墩子港的淤塞情况日益严重，附近圩田的排水灌溉皆不能正常进

---

① 《河川法》，《中华民国法规汇编》（第三册），中华书局，1934 年：第 757 页
② 郑肇经：《中国水利史》，商务印书馆，1993 年：第 341 页
③ 《水利法施行细则》，《行政院公报》1943 年：第 6 卷第 4 期，第 30 页
④ 扬中县致江苏省建设厅电，民国三十六年（1947 年）四月十四日，江苏省档案馆藏，档案号 1004 – 15 – 2527
⑤ 冯守信三墩子港案报告书，江苏省档案馆藏，档案号 1004 – 15 – 2527

行。扬中县中正乡乡长林守根乃联络扬中县中正、博爱、德润、普济、三滨等五乡民众代表，筹划疏浚三墩子港河道，以保证三墩子港附近一万余亩圩田免受水旱之灾。在林守根等人的推动下，扬中县成立了三墩子港疏浚委员会，以该委员会全面负责三墩子港河道的疏浚工作。疏浚委员会计划以光绪年间预留的四十弓公留地作为疏浚河道的使用土地。但王伯仁（王廷鑑之子）在民国十七年（1928年）将该公留地收买，"领有财政部执照，取得产权"①。疏浚委员会并没有因为王伯仁获得公留地产权而改变开河计划，仍坚持按原方案疏浚三墩子港。而王伯仁亦不愿将该部分土地的产权让出，双方的矛盾就此爆发。

王伯仁认为三墩子港疏浚河道的计划无需经过德字圩和仁字圩，"亦只应将夹江与内港浚深，无需将民田开河"，并认为三墩子港原有的河道因为修筑公路而阻断，现在的当务之急"自应仍将夹江小河开通，恢复故道"②。王伯仁为保全自己的田产，提出了恢复旧有河道的主张，但三墩子港疏浚委员会并不承认王伯仁对三墩子港公留地的所有权，执意以此四十弓土地开挖河道。王伯仁在无法得到扬中县政府支持的情况下，便直接向江苏省政府和省建设厅控诉扬中县政府疏浚三墩子港的行为是非法行为。

王伯仁在向省政府的控诉中声称，扬中县三墩子港疏浚委员会强行使用德字圩土地，"从未经水利专家之实测，盲目进行，漫无计划，使用民田之范围如何？既不确定，亦未依法征收，更未发给补偿，毫无法令依据"③。王伯仁与当年四月七日、四月十二日连续向江苏省政府、江苏省建设厅通电请愿，请求立即下令制止三墩子港疏浚工程。王伯仁在致江苏省建设厅的电文中甚至声称，如果省政府、省建设厅置此事于不顾，他将联合德字圩全体人民对疏浚工程，"实行集团阻止，如该委员会以横力压迫，虽流血牺牲，在所不计"④。

江苏省建设厅为防止事态进一步扩大，决定出面干预此事。当年四月十日，江苏省建设厅即申令扬中县政府"将该地形暨疏浚图，应详细绘呈，以凭核夺为要"⑤。扬中县政府在三墩子港纠纷案中，一开始试图息事宁人。民国三十五年（1946年），中正、博爱、三滨等五乡民众连续三次向县政府请愿，请求疏浚三墩子港。但在王伯仁之婿郝仙迪（县财政科长）的施压下，扬中县政府对疏浚事业"置之不闻不问"⑥。直至三十六年春，五乡代表通过县参议会召集民众大会的形式，才确定了成立三墩子港疏浚委员会的计划。扬中县政府在意识到三墩子港疏浚的重要性后，态度陡转，转而介入三墩子港的疏浚工作。当年三月，疏浚工作尚未开始前，扬中县就曾召开纠纷双方的调解会，支持三墩子港疏浚委员会的工作计划。扬中县政府在向省建设厅的回电中表示，"理合请求召开纠纷调解委员会，征得双方同意，依照原有公留港地进行疏浚"⑦。

扬中县政府态度坚决地站在疏浚委员会一边，使王伯仁的态度趋于软化。王伯仁在向省建设厅的请愿电文中不再坚持收回德字圩田产，转而同意接受三墩子港疏浚委员会给予土地赔偿的计划。事实上，早在三月十五日，王伯仁在扬中县政府主持的纠纷调解会上就承诺将土地让出，以作为三墩子港开河之用。作为补偿，由三墩子港疏浚委员会补偿王伯仁损失一百石稻米。⑧ 由于纠纷双方只是达成口头协议，并无书面承诺。王伯仁在四月上诉省建设厅的电文中只字不提补偿协议，反而紧紧抓住"非将地价及农作物之补价发给后，不得动工"⑨ 的理由，试图阻止工程的进行。直至扬中县县长孟治在向省建设厅的呈文中明确提到王伯仁经过一再劝谕，"同意开挖，牺牲个人利益在所不惜"⑩，并向省建设厅出示了调解会

---

① 冯守信三墩子港案报告书，江苏省档案馆藏，档案号 1004 - 15 - 2527
② 王伯仁至江苏省建设厅电，民国三十六年（1947年）四月二十五日，江苏省档案馆藏，档案号 1004 - 15 - 2527
③ 王伯仁致江苏省建设厅地政局电，民国三十六年四月七日，江苏省档案馆藏，档案号 1004 - 15 - 2527
④ 王伯仁致江苏省建设厅电，民国三十六年（1947年）四月十二日，江苏省档案馆藏，档案号 1004 - 15 - 2527
⑤ 江苏省建设厅复扬中县政府电，民国三十六年（1947年）四月十日，江苏省档案馆藏，档案号 1004 - 15 - 2527
⑥ 扬中县致江苏省建设厅电，民国三十六年四月十四日，江苏省档案馆藏，档案号 1004 - 15 - 2527
⑦ 扬中县政府呈江苏省建设厅电，民国三十六年四月七日电，江苏省档案馆藏，档案号 1004 - 15 - 2527
⑧ 三墩子港纠纷案第三次调解会议记录，江苏省档案馆藏，档案号 1004 - 15 - 2527
⑨ 王伯仁致江苏省建设厅地政局电，民国三十六年四月七日，江苏省档案馆藏，档案号 1004 - 15 - 2527
⑩ 扬中县政府呈江苏省建设厅电，民国三十六年四月二十五日，江苏省档案馆藏，档案号 1004 - 15 - 2527

议的会议记录。此后，王伯仁除了状告扬中县县长孟治"徒务虚名，求功心切"[①] 的意气之争外，再未就土地补偿的价格问题向扬中县和疏浚委员会发难。当年十月二十七日，省建设厅最后一次指示扬中县政府尽快向王伯仁缴清赔偿的一百石稻米，王伯仁再也未向省建设厅提起控告，三墩子港疏浚纠纷一案终以结束。

耐人寻味的是，在这场长达半年之久的水利纠纷案件中，身处矛盾漩涡中心的扬中县政府、三墩子港疏浚委员会和王伯仁皆没有依据《水利法》的相关规定来证明自身行为的合法性。三方在与省政府、省建设厅的数十封电报往来中，没有一次提及《水利法》；省建设厅作为一省主管水利的最高机关，在向三方下达的所有指令中，竟也没有一次提及依照《水利法》何条何款进行纠纷裁决。裁决方与被裁决方都没有论及国民政府颁布的《水利法》，这看似不合常理的举动，恰恰反映了民国后期江南水利纠纷在运用司法解释上的矛盾与困境。

三、三墩子港案中的司法释义困局

在三墩子港疏浚纠纷事件中，无论是王伯仁还是扬中县政府、三墩子港疏浚委员会，三方都没有在争论中直接提及《水利法》的相关条文。如果说王伯仁作为民众，不了解《水利法》尚且可以说通；但若以此解释江苏省建设厅、扬中县政府为何没有依据《水利法》法条行事，则显得过于牵强。事实上，《水利法》及《水利法施行细则》释义上的混乱与分歧，使得在水利纠纷案件中使用《水利法》变得十分困难。

王伯仁在向省建设厅控告扬中县政府时，就将"依法"二字作为自己的武器。王伯仁在给省建设厅的请愿电中直接指出："窃扬中县毫无法令依据，擅行组织三墩子港疏浚委员会，并扩大范围，将板儿沙民田开凿成河，对于人民合法地权，因未依法定之征收程序办理"[②]。王伯仁认为在未得到上级水利主管部门的批准下，扬中县政府擅自组织疏浚委员会实属违法行为。

1943年颁布的《水利法施行细则》中确实对水利机关的设置有过相关的表述。《细则》第四条规定："县水利机关之组织，应呈由省主管机关核准，并转请中央主管机关备案"[③]。王伯仁控告扬中县政府设立三墩子港疏浚委员会是非法行为，实际上暗含了《水利法施行细则》的相关规定。但扬中县政府如果依照《水利法》相关条文，则也同样占据着法理上的优势地位。《水利法》第五章就水利事业的建设问题曾作出如下规定："前项各款建造物之建造或改造，均应由兴办水利事业人各具详细计划、图样及说明书，呈请主管机关核准……但为防止危险及临时救济起见，得先行处置，呈报主管机关备案"[④]。扬中县政府认为三墩子港疏浚委员会是在扬中县"小民忍无可忍"[⑤]的状况下紧急设立的。扬中县政府之所以没有及时向省建设厅备案上报，正是因为事态紧急，不得不先行为之。

同样，疏浚计划中的征用土地之争也无法按照《水利法》的相关条文处理。王伯仁在与扬中县政府的争执中数度坚持改变疏浚计划，绕过德字圩，恢复旧有河道。三墩子港疏浚委员会强行占用德字圩部分土地后，王伯仁退而求其次，要求三墩子港疏浚委员会对征用土地做出合理赔偿。《水利法》对此类水利工程占用私人土地的问题上有明确表述："凡引水工程经过私人土地，致受有损害时，土地所有权人得要求兴办水利事业人赔偿其损失，或收买其土地"[⑥]。《水利法》第六章第五十四条也规定："凡实施蓄水或排水，致上下游沿岸土地所有权人发生损害时，由蓄水人或排水人给予相当之赔偿"[⑦]。从《水利法》的规定上看，王伯仁确实有权利向三墩子港疏浚委员会要求土地赔偿。但《水利法施行细则》同时也规

---

① 王伯仁请愿书：呈为扬中县长孟治违抗厅令饰词朦报补陈事实以明真相请求派员澈查究办由，民国三十六年九月三日，江苏省档案馆藏，档案号 1004 - 15 - 2527
② 王伯仁致江苏省建设厅电，民国三十六年（1947年）四月十二日，江苏省档案馆藏，档案号 1004 - 15 - 2527
③ 《水利法施行细则》，《行政院公报》1943 年：第 6 卷第 4 期，第 30 页
④ 《水利法》，《立法院公报》1942 年：第 121 期，第 77 页
⑤ 扬中县致江苏省建设厅电，民国三十六年四月十四日，江苏省档案馆藏，档案号 1004 - 15 - 2527
⑥ 《水利法》，《立法院公报》1942 年：第 121 期，第 78 页
⑦ 《水利法》，《立法院公报》1942 年：第 121 期，第 79 页

定，"兴办水利事业如有使用他人土地之必要时，得按照市价购买其土地，倘土地所有人拒绝购买，兴办事业人得依照土地法之规定声请征收"①。如果按照《水利法施行细则》的规定完全可以将王伯仁讨价还价的举动视作拒绝征收。所以，三墩子港疏浚委员会一直视施工土地为合法用地，也没有因为省建设厅的介入而提高对王伯仁的补偿标准。

从三墩子港纠纷案的实际情况上看，《水利法》及与之配套的《水利法施行细则》释义上的分歧使得该案运用法条的可能性并不大。这实则反映了民国晚期江南地区水利纠纷冲突各方在释义《水利法》时的普遍现象，即在纠纷中默认《水利法》《水利法施行细则》的事实存在，但又尽量避免直接使用《水利法》条文。

四、《水利法》在水利纠纷调解机制中的失效与习惯法的盛行

三墩子港纠纷案中，无论是省建设厅下达的指令还是扬中县政府的自辩中，《水利法》条文都没有出现在书面文字上。身为地方水利的主管机关，如此漠视民国颁布的《水利法》，究其原因，实则是由于《水利法》本身的缺陷造成的。

《水利法》是国民政府在《河川法》条文的基础上修改、扩编而来的。从两法的关系上看，《水利法》是《河川法》的继承与发展。《水利法》条文自然而然也就带有《河川法》条文的某些痕迹。例如，《河川法》在开篇就指出政府尊重符合法律规定的水利习惯。《水利法》也再次予以确认。《水利法》一方面规定，"水利行政之处理及水利事业之兴办，悉依本法行之"；另一方面又承认，"但地方习惯与本法不抵触者，得从其习惯"。②这与《河川法》中遵从地方习惯的规定保持了高度的一致。正因为如此，《水利法》条文虽较《河川法》有了数量上的大幅度增加，行文的缜密程度上也有一定的进步，但从该法作为全国水利最高法则的标准上看，法律内容仍显简单、模糊，甚至不乏自我矛盾之处。行政院颁行的《水利法施行细则》本可以对《水利法》有所补益，但《施行细则》的制定使得《水利法》的运用变得更加困难。

以水利机关设置的规定为例，《水利法》第二章对水利机关的设置权限有明确的规定，"县市政府办理水利事业，其利害关系两县市以上者，应经省主管机关之核准"③。扬中县三墩子港的疏浚工程的影响范围仅限于扬中县的中正、博爱等五乡，没有涉及其他县市地区，自然也就并不符合法律中涉及两县以上，须经省主管机关审核的要求。然而该案中，王伯仁控诉扬中县政府非法擅自设立三墩子港疏浚委员会的行为也拥有法规上的支持。《水利法施行细则》就规定县一级水利机关的设置必须经过省主管机关的审核。《水利法》与《水利法施行细则》条文上的冲突使得矛盾纠纷各方都易于找到符合自身利益的规定，这实则迫使各方都只能部分依法，选择性依法。因为一旦将《水利法》条文作为证据进行展示，就极有可能遭致来自对方法理上的反驳。纠纷各方的举动很难全部符合法规上的要求，自然会尽可能地避免过多牵扯《水利法》及其相关规定。

在水利纠纷各方均无意提及《水利法》的情况下，水利行政主管机关对《水利法》的态度就至关重要。《水利法》规定水利主管机关，"在中央为水利委员会，在省为省政府，在市为市政府，在县为县政府"，并同时规定"省市县各级主管机关，为办理水利事业，于不抵触本法范围内得制定单行规章，但应经中央主管机关之审核"。④地方政府拥有制定水利规章的权力标志着《水利法》将水利行政的执行权与司法解释权统集于各级地方政府。这使得地方政府一开始就拥有解释《水利法》的职能。这种现象在南京国民政府在制定法律、司法裁决中并不偶然。长期担任民国司法院院长的居正就主张不要在司法裁决中过度使用不合时宜的法律。⑤而在现实的司法裁决上，"民国时期要比清代更有必要关注法典与实际司

① 《水利法施行细则》，《行政院公报》1943 年：第 6 卷第 4 期，第 32 页
② 《水利法》，《立法院公报》1942 年，第 121 期，第 69 页
③ 《水利法》，《立法院公报》1942 年，第 121 期，第 70 页
④ 《水利法》，《立法院公报》1942 年，第 121 期，第 70 页
⑤ 江照信：《中国法律"看不见中国"——居正司法时期（1932—1948）研究》，清华大学出版社，2010 年：第 40 页

法实践之间的分离"①。《水利法》将监察权下放至地方行政机关，本身就是民国政府在司法态度上的具体表现，即在立法上不愿意过多干涉地方民事纠纷。

1933 年，国民政府曾制定出《水利法草案初稿》。该草案多达十四章一百二十四条，其中针对水利纠纷中可能涉及的土地问题，草案专设第十二章予以解释。而这些内容在 1942 年正式颁布的《水利法》中则予以删除。这种条文上的有意省略，实则反映了《水利法》在立法上对于地方水利纠纷的不干预倾向。在《水利法》颁行之初，就有时人指出："关于水之蓄泄，规定似觉过简……至易发纠纷，对利害当事人，应如何公平处置，未能缜密规定"②。直至 1947 年，《水利法》中关于水权登记的条文因为过于简单仍饱受质疑，江苏省政府不得不向水利委员会寻求解释，并最终以行政命令的方式通告全省，予以遵行。③《水利法》将司法上的解释权让渡于各级地方政府，使得地方政府有权将习惯法与行政干预置之于水利司法之上。地方政府既然拥有了该项权力，对《水利法》中的司法尺度与仲裁标准自然就可以等闲视之了。

在三墩子港纠纷案中，省建设厅巡查员冯守信实地考察三墩子港疏浚情况后，向省建设厅委婉地表达了三墩子港疏浚委员会强征土地似有不妥。冯守信依据习惯法向省建设厅建议道："此案既经造就既成事实，再想挽回恢复原状，实不可能。今后解决之道在如何以善其后"④。一省最高水利主管机关尚且在水事调解中将习惯法置于成文法之上，江南地区的市县地方政府对《水利法》不理不睬，也就见怪不怪了。

不应忽视的是，《水利法》颁行于抗日战争时期。该法施行的范围最初仅限于西南、西北九省之地，尚无全国范围内的影响力。1945 年抗日战争胜利后，随着国民政府还都南京，《水利法》才逐渐推行至江南，江南地区的民众对该法的认识并不充分。国民政府尚在重庆时，就有人认为，"人民对于一切手续及立法用意所在，或尚不能澈底明瞭，应由省县地方主管水利机关，先为剀切之晓谕"⑤。但受制于战乱和地方宣传能力的低下，《水利法》的普及效果并不明显。以《河川法》为例，1930 年国民政府颁布该法，但直至 1933 年，《浙江省建设月刊》，因为"本年六月间因办案始见是法"⑥，才向民政厅索得该法条文，公布于众。这种现象在抗战结束后，并未得到有效改善。1946 年，国民政府还都南京后，将主要精力放在了内战的准备与动员上，对法律的施行更不甚关心。

另外，《水利法》的条文也未能充分考虑到江南水利纠纷的特殊性。江南地区盛行圩田制，当地的水利纠纷也大多围绕圩田问题而产生。以吴江县开弦弓村公共水面权为例，周村长出租水面并未附带出售捕捞权。⑦ 这种极具江南地方特色的水权习惯法，自然与《水利法》所强调的现代水权意识不相融合。《水利法》自然也就难以得到江南地区民众的认可。1945 年，全国水利委员会认识到："本法有无窒碍难行及应行斟酌损益之处，亟应加以研究，以便于适当时期提出修正，期利实施"⑧。委员会试图修改《水利法》中的有关条文，但却难以得到地方上的反馈，以至于不得不向各地地方政府发函询问。直至 1949 年，国民党政权撤离大陆，《水利法》也未得到任何的修改，足可见地方政府和民众对于《水利法》的冷淡。

五、结　语

《水利法》司法效应在民国后期江南地区水利纠纷的调解上并未得到充分体现。究其实质，一方面由于《水利法》继承了《河川法》的诸多缺点，缺乏对现实问题的解决、判断能力。同时，《水利法施行细

---

① （美）黄宗智：《法典、习俗与司法实践：清代与民国的比较》，上海书店出版社，2003 年：第 199 页
② 《水利法与农田水利问题》，《力行》1943 年：第 7 卷第 4 期，第 16 页
③ 《江苏省政府训令》，《江苏省政府公报》1947 年：第 2 卷第 8 期，第 18—19 页
④ 冯守信三墩子港案报告书，江苏省档案馆藏，档案号 1004 - 15 - 2527
⑤ 《水利法之意义》，《行政院水利委员会季刊》1942 年：第 1 卷第 4 期，第 17 页
⑥ 《浙江省建设月刊》1933 年：第 7 卷第 3 期，第 7 页
⑦ 费孝通：《江村经济》，北京大学出版社，2012 年：第 158 - 159 页
⑧ 《代电工字第六三八九七号》，《行政院水利委员会季刊》1945 年：第 2 卷第 3 期，第 43 页

则》与《水利法》原文难以配套施行。另一方面，《水利法》的制定从一开始就与习惯法达成妥协，为水利主管机关以行政干预代替司法介入提供了便利。

应该承认的是，《水利法》的颁布使民国地方水利机关改变了以往无法可依的局面，有利于缓解水利纠纷冲突中的人为随意性与不可控性。但《水利法》在水利纠纷调解机制中的无法发挥其应有的作用，又使得冲突各方面临有法难依的困境。民国晚期，《水利法》的处境实则反映了国民政府"所立之法与现实社会矛盾重重"[①]。加之南京国民政府无力保障所立之法得到切实遵行，《水利法》自然难逃这样的立法、司法困境。从这一层面上看，默认习惯法与行政命令的干预，仍是民国晚期江南各级地方政府调解水利纠纷的主要手段。

---

① 赵金康：《南京国民政府法制理论设计及其运作》，人民出版社，2006年；第359页

"农进渔退"：近世以来鄱阳湖区域宗族变迁[*]

——以余干县瑞洪西岗为中心

吴 赘[**]

（江西师范大学传统社会与江西现代化研究中心，江西 南昌 330022）

摘 要： 渔业是鄱阳湖区传统产业。20世纪下半叶湖区出现了明显的"农进渔退"。这对鄱阳湖区经济、生态与社会产生了重要的影响。宗族是中国传统社会基本组织形式之一。余干县瑞洪西岗是鄱阳湖区渔业大村，以其为中心考察湖区宗族变迁有其典型性。湖区域宗族的滥觞与发展同鄱阳湖渔业关系密切。1949年国家的刚性介入宗族迅速走向衰落，但其深层次的原因则是农进渔退使宗族失去了赖以存在的物质基础。随着人民公社的解体和社会经济的发展，宗族得以"复兴"，并具有了新的世代内涵。

关键词： 农进渔退；宗族；鄱阳湖区；余干；瑞洪西岗

"农进渔退"是指圩堤围垦推动湖区主导产业由渔业向农业转化，亦可称之为"湖区农耕化"，是近世以来鄱阳湖等中国大湖区域普遍的历史现象。"农进渔退"对鄱阳湖区经济、生态与社会产生了重要的影响，推演着湖区发生了深刻的变迁，富含着许多有意义的历史内涵。[①] 遗憾的是史学界至今对这一问题缺乏关注。宗族是中国传统社会的基本组织形式之一，是社会史研究的一个重要领域，其研究成果非常丰富，特别是随着20世纪80年代以来宗族的"复兴"，研究成果推陈出新使该项研究更加深入。[②] 宗族"并不仅指谱系关系，在很多情况下它是指结合起来的各亲戚家庭的聚落性生活共同体。这种家庭联合产生于密切的日常生活关系，是在居住于同一个聚落的情况下出现的"。[③] 可见"聚族而居"是宗族的主要特征。余干县瑞洪西岗就是这样一个村庄，同时西岗又是鄱阳湖区域最大的渔村之一，资料显示有的年份其渔业收入占总收入的60.4%[④]。其盛衰与鄱阳湖息息相关，因此以余干县西岗为中心考察鄱阳湖区域宗族变迁有其典型性。本文拟对此进行考察，呈管窥之见。

---

* 国家社科基金、江西省社科规划青年项目"'农进渔退'：明清以来鄱阳湖区经济、生态与社会变迁"，项目编号13CZS050、12LS16；中国博士后基金、江西省博士后科研择优项目"湖区农耕化与明清以来鄱阳湖区社会变迁"，项目编号2013M540533、2013KY55

** 【作者简介】吴赘（1977— ），男，历史学博士，江西师范大学传统社会与江西现代化研究中心副研究员。研究方向为区域社会经济史、生态环境史

① 吴赘：《"农进渔退"：20世纪下半叶鄱阳湖区生态环境之恶化》，《江汉论坛》2013年，第10期；《"农进渔退"：20世纪下半叶鄱阳湖区水旱灾害》，《中国农史》2013年第5期；《"农进渔退"：明清以来鄱阳湖区经济、生态与社会变迁的历史内涵》，《江西师范大学学报（哲社版）》2013年第2期；《20世纪下半叶鄱阳湖区"农进渔退"的正向生态效应》，《江西师范大学学报（自科版）》2013年第5期

② 冯尔康：《中国古代的宗族与祠堂》，商务印书馆1996年；唐力行：《徽州宗族社会》，安徽人民出版社2005年；钱杭、谢维扬：《传统与转型：江西太和农村宗族形态》，上海社会科学院出版社1995年；王沪宁：《当代中国村落家庭文化——对中国现代化的一项探索》，上海社会科学院出版社2001年；叶显恩：《徽州和珠江三角洲宗法制比较研究》，《中国经济史研究》1996年第4期；常建华：《明代江浙赣的宗族乡约》，《史林》2004年第5期等；王振忠：《晚清民国时期的徽州宗族与地方社会——黟县碧山何氏之〈族事汇要〉研究》，《社会科学战线》2008年第4期；卞利：《明代徽州的民事纠纷与民事诉讼》，《历史研究》2000年第1期等

③ 钱杭：《血缘与地缘之间——中国历史上的联宗与联宗组织》，上海社会科学院出版社，2001年；第342页

④ 《余干县新生乡新生渔业（高级）生产合作社半年来办社的纪实》，余干县档案馆，案卷号：2005-6-33

一、西岗张氏宗族的滥觞

西岗村位于余干县境西北、鄱阳湖东南之滨，为余干县有名的张姓大村，清末属洪崖乡三十五都[①]，民国23年（1934年）属第四区第二保，民国33至36年（1944—1947年）属瑞洪镇源岗乡，[②] 20世纪50年代初更名为新生，现属瑞洪镇管辖。元末张姓由东源洪陂迁此，以居洪陂村西山岗上得名，明末张姓分居后山、前山，原名遂成总称，包括前山、后山两个自然村。[③] 全村按血缘关系分四大房——七房、四房、小房、后山，又按血缘远近分十八支——上门头、下门头、丙四房、汤一房、英五房、汉四房、新堂前、老堂前、九一房、八十房、三房、顺头房、上下房、戊九房、上三房、甲十房、英四房、宽二房等。

张氏是余干县望族之一，大致有三系：后街系，淮马系，其他张氏。西岗为淮马派一支。相传张氏是黄帝轩辕氏五子青阳的后裔，114世宋相张侃，始居余干洪陂。侃生延辅，延生仁宪，仁生用庄，用生仲文，定居洪陂。仲生彦杰，彦生汝清，汝生耆叟、珍叟。[④]

张珍叟被淮马系三支公认为始迁祖，尊称"淮马公"。明代以后，淮马张氏子孙繁衍，淮马公的三个孙子，即振公、拱公、撵公，遂各自辟疆创业，即南墩、西岗、松山三支。拱生三子，长志远，次志学，幼志宁，1405年志远公后裔始居西岗前后山。[⑤] 据民国36年（1947年）《余干县志稿》载，张珍叟是在元世祖至元年间迁居余干洪陂的。西岗张氏2005年修宗谱，抄录了嘉庆癸亥年（1803）重修的《西岗张氏族谱》中关于珍叟生平的《碧湖公传》：

> 公讳珍叟，字伯宝，居洪崖乡洪陂里。曾祖讳显，行三十五，字荣甫，祖讳彦杰，行层十，父讳汝清，行庆八，授迪功郎。公性仁厚，爱人居心，身长肥面黑隆美髯，有胆略，明经术。元世祖十三年丙子，武惠王张玖军至虔，刘生灵公陈一亿兆水火之惨，明先王吊伐之仁，玖纳其言，招抚逋逃，禁杀掠，四境肃然。玖又括取民马，公复往说之，不久，遂以己马五十匹献之，乃罢。括明年，促之诣京平章，耶律弥实称善，荐之。世祖劳来赐衣绶，除从仕郎，知鄱阳县，事民治政肃，不六年，马蕃息牝牡数百龙驹生焉。十八年辛巳，报政解马贡朝，赐及第，勅授淮马氏，乞休致，上不许，升奉训大夫，同知太平路，又赐金壁山水等图，御史大夫也。先帖木以骥升，言罢。十九年壬午，复以太平路同知召，不得已，奉旨复任，政治有声，上闻，加太平路刺史，后来以耄致百姓被泽，扳辕不已，歌声载道。

另有清同治《余干县志》的记载：

> 世祖至元间，有张珍叟者，洪崖乡洪陂人，以献马官从事郎，复养马，洪陂马益蕃息，忽生一马，两肩有龙鳞，贡于朝，世祖悦，升奉训大夫、太平路同知，勅赐淮马张氏。子小崖力学，应荐任应昌路府判。[⑥]

张珍叟贡龙驹于元世宗，封奉议大夫，赐淮马及第，遂开淮马先河。淮马后裔，遂分迁南墩山、西岗岭、松山定居。[⑦]

西岗始祖，为张珍叟独子良孙之次子拱公，对他记述有两处：

① 同治《余干县志》卷3《建置志》，台湾成文出版社1970年：第204－206页
② 曾秀章主修，吴曰熊主纂：《余干县志稿·氏族略》，未刊稿，民国36年（1947年），第45－46页
③ 余干县地名办公室会编：《余干县地名志》，1985年：第44－46页
④ 张继良：《话说西冈》，《残丝随笔》，2004年：第1页
⑤ 《分迁变化话西岗》，《西岗张氏宗谱》2005年：第28页
⑥ 清同治《余干县志》卷22《杂记志》，台湾成文出版社，1970年：第1517页
⑦ 张继良：《话说西冈》，《残丝随笔》，2004年：第1页

其一清同治《余干县志》：

> （张珍叟）孙三，长振，居南墩，事母有孝行，由荫授鄱阳牧马提领，迁太平路同知，升福州府正。次拱，居西岗，性恺悌，有长者风，官奉训大夫，清州路总官府判。幼揆，居松山，任宣城大使，转鄱阳棠阴寨巡司，调信州行用大使。子孙至今繁衍焉。[1]

其二 2005 年《西岗张氏宗谱》：

> 公讳拱，字所翁，派相四。大元大德元年丁酉，奉诏改名拱辰，娶城北隅元进士熊淡圃之女。曾祖讳汝清，派庆八，授迪功郎，祖讳珍叟，字伯宝，派端二，号碧湖，任太平路同知，父讳良孙，字君佐，派玉六，号小崖，任应昌路通判，兄讳振，字胜翁，派相二，任余干州鄱阳县牧马民户提领，弟讳揆，字一翁，派相六，授棠阴寨巡检，调临川行用大使。所翁公赋性恺悌，有长者风，经史淹通，学养深醇，德行道谊，并擅其优，受池州路学正，入觐辟除，利用监丞副使转江淮等处泉货，正丞以办事明敏，授奉议大夫，任南雄路始兴州县尹，兼劝农司使，清廉抚民，功德两茂，复升奉训大夫，任青州府判，数年，因兄胜翁湖池事左，贬漳州，四年卒（事出县志）。公原居洪陂，嗣三，志远、志学、志宁，后裔繁衍，迁居星列，指不胜屈，余幸介邻……干越之望族也。

拱公之兄张振是另一位对西岗张氏宗族有重大影响的人物。张振为张珍叟之长孙，历任鄱阳牧马提领等官职，后遭人陷害入狱，冤白复归。嘉庆癸亥年重修的《西岗张氏族谱》：

> 翁讳振，号湖山居士，元大德间以江浙行中书省差，授饶州路余干州鄱阳县牧马、民户提领。皇庆元年壬子，自洪陂祖居徙城源，今宗行往右是其遗址，延祐元年甲寅，俊三夫人葬棠溪山，乙卯酉向在府判小崖公墓傍。泰定二年乙丑，俊四夫人卒，葬新塘山，东南向。泰定四年，复改卜西源青林堨，公尝收课于湖，获紫鳊一尾，约重五十觔，遇余干州学胡教授求之，胜翁不与，胡甚憾之。不数岁，胡历仕至国子祭酒，诬劾胜翁粮过三道……下胜翁江浙行省狱，池湖尽入于官，贬其弟青州路府判于漳州，鄱阳县尹张为之诣阙讼冤，未几，胡以私受外国玉杯白马事露，伏诛，由是翁之冤得白，上命放归，复优以衣带。公生于宋咸淳六年己巳，卒于顺帝至元六年己卯，享年七十有一，葬娄子栎山，西向，皆铭刻墓志焉。

《瑞洪方志》记载：西岗人最早大多养马为生，拱辰公曾因其兄之冤案牵连，冤白后其后裔被赐"春课（可在）上至鹰潭，下至湖口；秋课（可在）上至梅岐，下至都邑"[2] 捕鱼，西岗遂演变为渔村，捕捞范围遍及整个鄱阳湖。渔业经济快速发展，人口迅速增加，西岗张氏宗族逐步繁盛，成为鄱阳湖区域的望族。这里需要提及一个历史事实，那就是鄱阳湖自身的发育过程。其由北而南扩展，到隋唐时期达到鼎盛阶段，水域面积约当今天洪水高峰期湖面。[3] 鄱阳湖南部区域成为重要渔区，这是西岗由养马转为业渔的历史契机。另外，万历三年（1575 年），九江对面的长江北岸筑堤堵小池口，改变了几千年来"江流九派"的历史，致使长江水位迅速提高，大大减缓了鄱阳湖水的宣泄，因此其水位相应升高，相对地势降低的西岗等鄱阳湖南部区域水面越来越大，渔业随之发展。鄱阳湖自身的这段发育史正是西岗等鄱阳湖南部区域渔村发展的"地利"。鱼类是鄱阳湖区重要资料，渔业是其传统产业。西岗遂成为鄱阳湖区著名的渔业大村，拥有非常多的捕捞水域。元至明清时期，渔业的繁荣促进了西岗经济发展，推动西岗张氏宗族不断壮大。

---

① 清同治《余干县志》卷 22《杂记志》，台湾成文出版社，1970 年：第 1517 页
② 余干瑞洪方志编纂委员会：《瑞洪方志》，江西新闻出版社上饶分社，2004 年：第 383 页
③ 参见谭其骧，张修桂：《鄱阳湖演变的历史过程》，《复旦学报（社科版）》1982 年 2 期

二、西岗张氏宗族的发展

时至清末、民国时期，西岗张氏宗族随其渔业繁荣进一步发展。渔民相对于农民手中寸头多些，捕捞作业颠沛流离的特点决定了渔民更愿意供子女读书。重教之风使得一批渔家子弟受到教育。[①] 瑞洪地区读书人较多的村庄几乎都是渔业大村。据统计，1966 年以前瑞洪地区共有 48 名大学生，其中渔业发达的西岗、东源、康山和瑞洪镇等就占有 42 名。[②] 这些学有所成渔家子弟回头又为本村族争得更多的渔业资源，西岗的张焕然便是其中代表人物。清末秀才张焕然在调解南昌埂头乡北山樊、舒两姓渔业纠纷中，为西岗本族争得了樊水捕捞特权——先捕鱼后交课税和协管"下四段"港权。这特权包括西岗的嫩网可在樊水水域任何湖港进行捕捞而不受干涉；下泗潭等"禁港"开港时，必须等西岗高网进潭、坐潭就绪方能开港；除西岗之外所有渔船进港捕鱼得先交课税，只有西岗可在开港结束之后交纳。[③] 部分学有所成的读书人进入官场，为本族争得更多的利益。民国时期，西岗张氏凭其势力和县城后街湾张氏的支持，在 20 世纪 40 年代后期的数次选举中迅速崛起。民国时期，仅在余干县任要职的西岗人就有：公安处的张育璜，三青团的张特权，军官系统的张育中、张豪伯，教育会的张绍芬，农会的张树恒，商会的张恭宾，党部执委和县渔会的张梦生。[④] 正如时人评述："1947 年的选举不仅是地方派系斗争，也是宗族势力斗争，由于地方派系和宗派势力互相结合和利用，宗族势力重新抬头。"[⑤] 西岗张氏就是当时主要宗族之一。

民国时期中国社会的沉沦及频繁的战争影响着鄱阳湖区域社会局势，湖区宗族亦深深地打上了时代的烙印。西岗逐渐变得越来越强势，甚至不惜发动械斗维持其捕鱼范围争夺渔业资源，曾经设有渔业械斗的专门指挥机构——文局、武局。[⑥] 民国时期，西岗与康山、东源等大村发生过械斗，特别是 20 世纪 40 年代中期西岗与梅溪的械斗，"时间持续两三年，死亡群众 71 人"[⑦]，当时有人评价此次"械斗之惨烈，范围之广大，时间之长久，武器之锋利，气焰之嚣张，为历来所仅见"[⑧]。鉴于西岗张氏宗族的强大，梅溪"罗姓联合梅溪境内各村，号称四十八姓，结为一体，以资对抗，遂形成两大壁垒，势均力敌"[⑨]。当时余干县有保警一中队，无法弹压本次械斗，导致余干县以实力单薄不敷调遣要求江西省"迅派劲旅一团莅县围缴（剿），以绝后患而维治安"[⑩]。民国时期，西岗张氏宗族的强势由此可见一斑。

从文化生活上也可以看出西岗张氏宗族的强大。元宵灯会是我国重要传统之一。西岗闹元宵灯会在鄱阳湖区远近闻名，当地俗称"月半灯会"，历经明清至民国几乎从未间断过。因为西岗有四房十八股，不但人口众多，而且有很多的湖港、草洲等族产，有足够的公共经济来支撑"月半灯会"等大型活动的开展，早在明末西岗就有三大房十八股轮流打头灯的习俗。[⑪] "月半"当日，白天赛神，十八股十八乘神轿。每座神轿雕花油漆，神坐轿中，头戴银冠，身披彩袍。赛神前夕，几十套锣鼓，沿神路（村庄生死路）逐巷敲打三次，锣鼓喧天，名曰"闹神"。七十二位抬轿青年在众人的簇拥下沿神路游行，家家鞭炮齐鸣，接菩萨祈平安。头灯不是龙首狮头，而是"千字形"木架，嵌着一对又圆又长的篾制纸灯笼。头灯很重要，关系着村族"满门吉庆、人寿年丰"等大事，打头灯的人必须斋戒沐浴。每户数量不等的小灯笼为脚灯，均用绳子串联在竹篙上。

元宵节那天黄昏，村头巷尾脚灯满布。号炮响后，光芒四射的头灯在望郎墩一亮相，霎时东西南北、四面八方的灯光同时点亮，融成一片，汇成灯的海洋。二次号炮响后，头灯开道，各房的先生各个手提

① 余干瑞洪方志编纂委员会：《瑞洪方志》，2004 年：第 279 – 280 页

② 余干瑞洪方志编纂委员会：《瑞洪方志》，2004 年：第 840 页

③ 拙文：《渔业与鄱阳湖区域社会变迁（1912—1949）：以余干县瑞洪为中心的考察》，《江西财经大学学报》2010 年第 3 期

④ 《有关地方封建派系参考材料》，余干县档案馆，案卷号：0001 – 16 – 1

⑤ 洪谦：《解放前本县地方派系斗争的情况》，《余干县文史资料》第 1 辑，1985 年：第 137 页

⑥ 拙文《渔业资源争夺与鄱阳湖区域社会变迁：以民国余干县瑞洪械斗为中心》，《农业考古》2010 年第 3 期

⑦ 《余干县志（二）（1966 年）》，第 52 页，余干县档案馆，卷宗号：1022 – 6 – 2

⑧ 《奉令查办西岗与梅溪两村械斗情形呈复请均核由》，江西省档案馆，卷宗号：J018 – 7 – 13302

⑨ 《奉令查办西岗与梅溪两村械斗情形呈复请均核由》，江西省档案馆，卷宗号：J018 – 7 – 13302

⑩ 《梅溪各村与西岗张姓发生械斗希保安司令派人围缴以绝后患》，江西省档案馆，卷宗号：J017 – 1 – 00539

⑪ 张继良：《话说西冈》，《残丝随笔》，2004 年：第 37 页

灯笼，簇拥着头灯，沿村庄古道前进。小孩子紧随其后，手拿造型各异的灯笼，如象征四季太平春鲢、夏鲤、秋鲑、冬鳊灯等。尔后脚灯在道路两旁依次跟随头灯前行，灯笼游行队伍登村庄前岭再上石路，往丝茅塘塍进发。这时远望半山路腰犹如一条火龙蜿蜒前行，俯视岭下湖面，又是一条火龙在水中游动，双龙交相辉映，很是壮观。头灯过小房祠，穿松树林，进入古戏台和万寿宫，这里早已人山人海。随着一系列表演活动的开展，锣鼓声、演唱声、口哨声和吆喝声混在一起，掀起热烈又有节奏的声浪，在古戏台广场汇成了欢乐的海洋。队伍继续前行，绕东山脚，过护龙庵和七方祠后，头灯到达出发地。可是部分脚灯还没有出发，这就是有名的"头咬尾"。

整个村庄像是一座燃烧着火焰的海市蜃楼，绵延五六里的巨大火龙依然在滚动，喷射着红光，把西岗大渔村染成灯的世界、火的海洋。正所谓"火树银花合，星桥铁锁开；暗尘随马去，明月逐人来……金吾夜不禁，玉漏莫相催"[1]。从清晨至深夜，西岗渔村的人们狂欢着，歌唱着，嬉笑着，拥挤着，真正表现了正月闹元宵的"闹"字。[2]通过上面的文字，我们不难看出鄱阳湖区"月半"规模之宏大、场面之热烈。因为这样的大型灯会需要一定经济实力支撑，也说明当时西岗张氏宗族的强大。

三、宗族的式微与"复兴"

民国时期西岗张氏抓住了机遇创造了"辉煌"，但正是这"辉煌"将其宗族推向了另一种发展方向。随着政权鼎革和国家的刚性介入，西岗张氏宗族接受了改造。1949年5月，有着五百多年历史的西岗改名"新生"。据张继良先生回忆：西岗改名是南下干部的命令，"新生"是他的提议。[3]1950年10月，西岗开展了土地改革运动，采取自报公议的形式划成分，有地主20来户，富农十来户，随即没收财产，贫雇农分衣物、分房、分田地，护龙庵、万寿宫等被毁，七房宗祠被改建成为小学，镇压了21人。被镇压的人有的任过乡长、区长、三青团股长等，有的是当地强人。随着如此之多的人作为"革命"的对象被镇压，西岗张氏宗族越来越弱化。

传统时期，渔民以历史上形成的渔具渔法、作业时间及范围等进行渔业生产。但是，1949年以后情况发生了变化。1952年8月29日江西省人民政府颁布了《关于湖、沼、河、港及鄱阳湖草洲暂行管理办法》（以下简称《办法》），规定：湖、沼、河、港及草洲一律收归国有，按原有习惯，予以调配使用。所有权无法真正得到体现，使用权也很难落实。《办法》规定湖、沼、河、港及草洲属国家所有，但这种所有权并没有落到实处，未能在经济上得到反映。使用者无需向国家缴纳资源使用费，甚至连保证管理机构运转的少量管理费都不交，国家所有权没能真正得到体现。更为糟糕的是实际工作中，国家无法实现所有权中最为主要的支配权。比如跨行政区调剂湖、沼、河、港及草洲就很难，草洲国有变成了地方所有。国家对湖、沼、河、港及草洲所有权的失位使得民众可以无偿使用国有资源，直接导致了纠纷频繁发生，出现了"约定俗成的习惯法难以维持现（在）局（面），鄱阳湖从此多事矣"[4]。

如果这种情形出现清末至民国时期，那西岗张氏肯定会不惜代价诉诸武力。那主要因为清末至民国时期政府的失位、无力和对渔业械斗的不当处理导致其愈演愈烈，鄱阳湖区渔业械斗的发生与当时动荡的政治局面有着必然的联系，而且械斗本身就是政局动荡的表现。但是，政局稳定的局势下械斗的频繁发生是不可想象的，因为政府有能力协调好各方的利益，民众也愿意通过政府解决此类问题，毕竟械斗是下策。这从另一个侧面反映了西岗等鄱阳湖区宗族的式微。

西岗张氏宗族式微的深层次原因是明显的农进渔退，西岗失去了宗族赖以存在的物质基础。如前所述，西岗因为渔业而兴。中国历经上百年的动荡，终于在1949迎来了新的发展，民众要求稳定和发展的愿望越来越强烈，新政府顺应了这一历史潮流。由于当时技术水平依然较低，国家只能通过大规模的扩大耕地面积，提高粮食总产量来满足生存和发展的需要。鄱阳湖区圩堤围垦在20世纪下半叶进入了一个

---

① ［唐］苏味道：《正月十五夜》，曹寅等：《全唐诗》卷六十五，中华书局，1960年
② 张继良：《文苑荟萃》，2007年：第84页
③ 张继良，余干西岗人，1920出生，曾长期在余干中学任教，2008年8月20日采访录音
④ 张继良：《话说西冈》，《残丝随笔》，2004年：第15页

新的阶段，出现了明显的"农进渔退"。鄱阳湖区 20 世纪下半叶农进渔退的进程大致可以分为以下 3 个历史阶段。

1949—1957 年为第一阶段，1949、1950、1954、1955 年鄱阳湖连续经历了大洪水，湖区的大部分圩堤溃决，期间政府和民众修堵决口，加固堤防。1953 年鄱阳湖水面面积 5 050 平方千米，从 1954 年汛后至 1957 年，主要是通过"联圩并垸"方式，新增围垦面积 150 平方千米，大型国营垦殖场相继设立。1958—1976 年为第二阶段，历经"大跃进"、"三年困难"和"文化大革命"等，在"以粮为纲"的思想支配下，采取"向鄱阳湖进军"行动，鄱阳湖围垦几近疯狂，新增围垦面积 948 平方千米。1949—1976 年鄱阳湖区新增围垦面积共计 1 210 平方千米，鄱阳湖水面缩小了约 1/4。鱼类赖以生存的水域大为缩小，渔业迅速衰落，农业随之扩展，鄱阳湖区域出现明显的农进渔退。尤其是 1966 年康山大堤的兴建，康山国营垦殖场的建立，西岗失去了很多捕鱼水域。[①] 西岗由渔业大村变成了普通农业社区。[②] 与此同时，随着 20 世纪下半叶鄱阳湖区出现了明显的农进渔退，象征西岗张氏宗族强势的"月半灯会"也成为历史。随着渔业优势的丧失，西岗张氏宗族的式微成为历史必然。

改革开放，人民公社解体，中国农村发生了巨变。家庭联产承包责任制实现了生产资料和劳动者的直接结合，农民可以自由支配自己的劳动力。生产方式的改变带来了农村管理模式的转变，基层组织的社会调控能力不断弱化，宗族等传统逐渐得到恢复。自 20 世纪 80 年代以来，宗族活动逐渐增多。西岗编修宗谱，重修万寿宫、西岗古庙、护龙庵和古戏台，修缮祖坟和游子回乡，成为远近闻名的盛事。为配合宗谱的编修，《文苑荟萃》《残丝随笔》和《古柏吟》等西岗文人的文集相继问世，正如文集"非欲传世，因族谱多毁，盖以此留点墨迹给家族后辈，留一纪念，俾使来者知我族支脉所由来，家族文风所由兴，家声所由振，或许对后裔有所启迪，有所裨益。"[③] 经过多年的努力，《西岗张氏宗谱》于 2005 年最终成稿。

万寿宫在西岗历史上具有重要的地位，西岗张氏把它比之为"蜀之武侯祠、晋之关帝庙"。1992 年全村耆老倡议重修，各方慷慨解囊，敬献金匾，万寿宫很快得以重修。随后西岗古庙、护龙庵和古戏台等均得以重修。同时西岗恢复了盛大的祭祖仪式。2001 年以后西岗连续举办了好几次"游子回乡"活动，"不仅是西岗村史上前所未有的盛举，就是在全国范围内也鲜见。无怪对瑞洪地区震动很大，从而扩大了西岗村的知名度。"[④] 虽然所言不无夸张，但西岗张氏宗族的"复兴"却是客观事实。回乡游子不但对家乡的发展出谋划策，而且为西岗经济发展设立相应的机构，还捐资修建凉亭、硬化路面等力促家乡的基本建设。至此，西岗恢复了宗族记忆的文本系统和仪式系统，宗族得以"复兴"，但它不是简单复制，而是被赋予了新的时代内涵。

四、结　语

本文以余干县西岗为中心考察了鄱阳湖区域宗族的滥觞、发展、式微和"复兴"变迁的过程，并被赋予了新的时代内涵。这样的历史在鄱阳湖滨普遍存在，如余干大塘、东源吴氏，星子县板桥张氏和鄱阳县铺前等。渔业是鄱阳湖区传统产业，促进了湖区宗族的发展壮大。但 20 世纪下半叶鄱阳湖区出现了明显的农进渔退，其对鄱阳湖区经济、生态与社会产生了重要的影响。明显的农进渔退致使渔业优势的丧失，是西岗等鄱阳湖区宗族式微的深层次原因。推而广之，产业转化会推动了区域社会变迁，其中宗族变迁是其重要组成部分。我国正处于传统到现代的转型期，如何引导宗族为中国现代化建设服务，这应该是我国推进社会主义政治文明和建设社会主义和谐社会一个重要课题。因此，宗族研究不仅是学术问题，而且是具有重要参考价值和实践意义的现实问题。

（原发表于《南昌大学学报（人文社科版）》2014 年第 2 期）

---

① 拙文《"农进渔退"：明清以来鄱阳湖区经济、生态与社会变迁》，上海师范大学 2011 年博士学位论文，第三章
② 拙文《"农进渔退"：20 世纪下半叶鄱阳湖区渔村嬗变与渔民农民化》，《南昌工程学院学报》2013 年第 5 期
③ 张继良：《话说西冈》，《残丝随笔》，2004 年：第 1 页
④ 张继良：《西岗游子回乡来》，《残丝随笔》，2004 年：第 27 页

美国农业传教士与中国乡村建设
（1907—1937）[*]

陆玉芹[**]

（盐城师范学院社会学院，江苏 盐城 224051）

摘 要：20世纪初，随着社会福音思潮在美国教会的流行，农业成为继布道、医疗、教育之后的又一重要宣教媒介。一批农业传教士纷纷来华。他们将目光转向生活贫困人口比例极大的中国乡村，一方面他们希望通过传播农业科技传播基督福音，从而实现"乡村基督化"；另一方面他们希望农民掌握农业科技，提高生活水平，改变乡村凋敝的状况。农业传教士们身体力行，倡导农业教育，开展乡村调查，推动中美科技交流与合作，改良和推广农作物品种，提出了一系列解决乡村问题的方案。然而，面临复杂的中国社会环境，农业传教士无法实现"基督化乡村"的愿景，客观上他们却充当了中国乡村建设的先驱者，农业现代化的推动者。

关键词：美国；传教士；农业；乡村

农业传教士（Agricultural Missionary）"是指在基督教会资助下进行的农业和乡村服务活动的一批传教士。"[①] 作为一个特殊的传教群体，"他们处在一个独特的位置，一方面从技术上帮助农民提高生活水平，另一方面在道德和精神方面提供指导，使之过着更丰盛的生活"。[②] 他们中有的具有农学专业学位（学士，硕士，博士），这部分人一般又被称为农学家；有的没有农学专业学位，但从事与农业和乡村服务相关的工作，这部分人主要是关心农业的教育传教士和福音传教士。据统计，到1930年，有150名美国农学家和农业工作者在教会资助下在29个国家工作。[③]

学术界关于传教士的研究成果丰硕，但主要集中于传教士对中国的教育、医疗、出版诸方面的研究，专述农业传教士的论文和专著几乎没有[④]。据笔者所见，国内关于"农业传教士"最早提法见之于刘家峰的博士论文《中国基督教乡村建设运动研究（1907—1950）》，其中第二章概要地阐述了"农业传教士与基督教在华早期工作"。[⑤] 国外对农业传教士关注较早，但主要是从传教学的视域宣传农业作为传播基督

* 【基金项目】国家社会科学基金项目"20世纪江苏沿海地区农业发展与社会变迁互动研究"，项目编号：13BZS101；江苏省教育厅项目"江苏沿海地区农业发展与社会变迁研究"，项目编号：2012SJD770007

** 【作者简介】陆玉芹（1970— ），女，博士，江苏大丰人，盐城师范学院社会学院历史系教授，研究方向为中国近现代史

① Arthur L. Carson, *Agricultural missions：A Study Based Upon the Experience of 236 Missionaries and Other Rural Workers* (A Thesis was presented to the Department of Rural Education in Graduate School of Cornell University, 1931), p1

② Ralph A. Felton, *That Man May Plow in Hope* (New York, Agricultural missions, Inc, no date)

③ Glenn Everett Zimmerly, *Selected Training Needs of Students Preparing for Agricultural Missionary Roles* (A Thesis presented in Partial Fulfillment of Requirements for the Degree Master of Arts, the Ohio State University, 1964) p3

④ 陶飞亚：《基督教与中国社会研究入门》章节综述了中外学界关于传教士研究的资料、论文和专著的概况，但没有涉及农业传教士的内容；王立新：《美国传教士与晚清中国现代化》，（天津人民出版社，2008年）除了论述传教士对晚清教育、政治、思想方面的近代化外，还专门论述了研究基督教在华传播史的主要范式，对全面客观评价各种类型的传教士在华工作提供了理论上的指导

⑤ 刘家峰：《中国基督教乡村建设运动研究》（1907—1950）华中师范大学博士论文，2001年。经过修订的博士论文2008年由天津人民出版社出版，p29～61。相关的研究还可参阅夏军：《金陵大学农学院与乡村建设运动》章开沅主编：《文化传播与教会大学》，湖北教育出版社，1996年；张剑：《金陵大学农学院与中国农业近代化》，《史林》，1998年第3期；刘家峰：《基督教与近代农业科技传播——以金陵大学农林科为中心的研究》，《近代史研究》，2000年第2期；沈志忠：《近代中美农业科技交流与合作初探——以金陵大学农学院、中央大学农学院为中心》《中国农史》，2002年第4期；强百发，李新：《西方传教士对中国近代农业的贡献》，《西北农林大学学报》，2006年第1期等

教福音的工具，强调专职农业传教士所具备的基本条件。[①] 本文以中外文献资料为基础，从宗教与农村社会的互动关系入手，阐述农业传教的路径和目标，进而评价农业传教士与中国乡村建设的关系。

一、农业成为传教的另一种媒介

基督教自唐朝传到中国，为了在一种完全异质的社会文化环境中生存和发展不断采取调适的策略，对于此种调适的过程和结果，学术界的成果层出不穷。就基督教的传播路径来看，经历了从城市到乡村的过程；从宗教与社会的关系来看基督教主要是致力于参与中国社会秩序的重建，试图彰显基督教在中国社会变迁中促进社会进步的正功能，从教育、医疗、出版多个维度向人们展示基督教的现代性。

20世纪初，中国乡村的普遍凋敝和农民恶劣的生活状况引起了美国社会各界的关注，一些人认为运用美国农业科技可以解决中国农村问题，他们中有高级农业专家、有毫无实践经验的大学毕业生，有农业传教士，有农业经济学家、有经验丰富的农民和对中国农业有浓厚兴趣的业余爱好者，[②] 但"没有一个专业团队（professional group）比农业传教士更关注世界的饥饿问题"[③]。1920年美国长老会教会与乡村生活部主任威尔逊（Warren Wilson）联合美国和海外的一小批对农业有兴趣的传教士，在纽约成立农业传教国际联合会（Internatiaonal Association of Agriculture Missions），研究各国农业和农村工作。1928年在耶路撒冷召开的世界基督教协进会大会上，"美国农业之父"包德斐（Kenyon L. Butterfield）呼吁，"无论在东方还是西方，乡村工作都是传教士事业中的一个组成部分——领导建设一个乡村，基督是其核心……使乡村人民朝着有理性、有文化、高效率的方向发展，组织并领导他们，使他们分享经济、政治和社会的解放"，[④] 大会提出的"建造基督教的乡村文明"成为美国基督教乡村工作的目标。

美国教会一面要求已经在华的传教士关注乡村，一面开始有组织地有计划向中国派遣专职农业传教士，其中有着农学专业知识的大学生怀着将"基督福音传遍天下"的宗教激情，纷纷申请来华，他们主要来自于美国的安大略农学院、爱荷华州立大学农机学院、马萨诸塞农学院、康奈尔大学纽约农学院、宾夕法尼亚大学，等等，这些学校都派出了2个或2个以上的农业传教士，且这些传教士都在派驻国工作5年或5年以上。[⑤] 高鲁普（George Weidman Groff）、芮思楼（John Reisnei）、卜凯（John L. Buck）、贾尔森（Arthur L. Carson）、费尔顿（Ralph A. Felton）、洛夫（Harry Love）、白爱华（Edward Bliss）、罗得民（Walter Clay Lowdermilk）等一批美国农业传教士相继来华。一方面他们希望通过传播农业科技传播基督福音，从而实现"乡村基督化"；另一方面他们希望农民掌握农业科技，提高生活水平，改变农村凋敝的状况。他们深信"农业在中国的机会是言语所不能表达的，教会利用农业这把钥匙如同医药一样正确、有效"。[⑥] 农业成为继布道、医疗、教育之后的又一重要宣教媒介。

二、倡导农业教育，培养乡村建设人才

农业传教士来中国后，大多不是直接走向农村，而是将教会学校作为立足和发展的重要依托。他们

---

① 影响比较大的有 Arthur L. Carson, *Agricultural missions*: *A Study Based Upon the Experience of* 236 *Missionaries and Other Rural Workers*（*A Thesis was presented to the Department of Rural Education in Graduate School of Cornell University*，1931；Glenn Everett Zimmerly, *Selected Training Needs of Students Preparing for Agricultural Missionary Roles*（*A Thesis presented in Partial Fulfillment of Requirements for the Degree Master of Arts*，the Ohio State University，1964。两篇论文通过问卷调查了在海外传教的农业传教士所从事的乡村工作和农业传教士必须学习的理论和实践课程

② Randalle Stross, *the Stubborn Earth*: *American Agriculturalist on Chinese Soil*，（Berkeley Los Angeles London，1986），University of California Press. p11

③ Glenn Everett Zimmerly, *Selected Training Needs of Students Preparing for Agricultural Missionary Roles*（*A Thesis presented in Partial Fulfillment of Requirements for the Degree Master of Arts*，the Ohio State University，1964）p2

④ E. C. Lobenstine, *Make Christian Cooperation More Bold and Comprehensive*"，the Chinese Recorder，Vol. 65（January 1934），p38

⑤ Arthur L. Carson, *Agricultural missions*: *A Study Based Upon the Experience of* 236 *Missionaries and Other Rural Workers*（*A Thesis was presented to the Department of Rural Education in Graduate School of Cornell University*，1931），p87

⑥ C. K. Edmunds, *Agricultural Education in China*: *ASuggestion*"，Education Review，Vol. XII（April. 1920），p152

把美国高等院校的教学、科研、推广"三合一体制"引进到中国，在教会学校提倡开办农业课程，创办农学专业，培养了一大批农业专门人才。

（一）高鲁甫（George Weidman Groff）倡议岭南学堂增设农业课程，强调农业实践课程的重要性

1907 年，毕业于美国宾夕法尼亚州立大学园艺专业的高鲁普（George Weidman Groff），怀着将"基督福音传遍天下"的宗教激情，志愿来中国服务。[1] 他被认为是来华的第一位农业传教士。[2] 他刚到广州时任教于岭南学堂附属中学，教授地理、数学和英语，课后，他传授给那些对农业感兴趣的学生一些实用的农学知识。在他的倡议下，经过四年的努力，1912 农业课程被添加到岭南中学的课程体系中。[3] 1921 年，岭南学堂（Caton Christian College）成立了独立的农学院。学院最初只有 4 个教授，18 个学生，高鲁甫为首任院长。尽管农学院为教会机构资助，但农学院的学生不用去教堂。四年的学习科目中只有一门是宗教学课程，学院更重视农学课程和田野实践课。"无论你选修什么课程，每个学生被要求一天有 6 个小时的实践课。"[4]

（二）芮思娄（John Reisnei）促成金陵大学农学院与康奈尔大学农学院的合作，培养了一批农业专门人才

1914 年，芮思娄来华后在金陵大学农林科工作，自称是来华第二个传教士。1917—1928 年担任金陵大学农林科科长。在他主事金陵大学农学院的 1920 年代里，农学院资金充足，发展迅速。不仅有美国教会募集的用于救荒的剩余资金 70 万美元，芮思娄还为农学院的发展成功申请了洛克菲勒世界教育会（International Education Board）对中国农业教育的支持，并得以与其母校——美国最优秀的康奈尔大学农学院合作：康奈尔每年派教授来金陵大学授课，而金陵大学派学生去康奈尔攻读和进修。这个合作项目的成功使芮思娄被认为是"在正确的地点提出正确建议的最佳人选（John H. Reisner was the right person in the right place with the right proposal."）。[5] 他聘请了在安徽传教的农业经济学家卜凯（John Lossing Buck）、美国农林学后起之秀罗得民（Walter Clay Lowdermilk）、美国著名育种专家洛夫（Harry Love）等到金陵大学农学院任教。他将金陵大学农科直接在美国纽约州立大学立案，使得金陵大学农科毕业生后可直接升入美国农业大学进修学位。谢家声、徐澄、乔启明、邵德馨、孙文郁、沈寿铨、章之汶、沈宗翰等金陵大学农学院的学士，后来到康奈尔大学攻读硕士或博士，他们学成回国后来都成为中国乡村建设和农业现代化建设的杰出人才。

（三）开设短期培训班，培训乡村人才，推动农业推广服务

1914 年，从美国伊利诺伊斯大学畜牧业专业毕业的亨德（James A. Hunter）来到中国，先在北京高等师范工作，辗转到通州潞河中学任教。他每年暑假举办暑期学校，冬季举办平民夜校，短期培训乡村工作者[6]。1919 年卜凯（John L. Buck）在南宿州开办了成年人培训课程班，成员是当地 12 名受过教育的地主，培训过的学员主动要求实验新品种。毕范宇（Frank Wilson Price）带领金陵神学院实习生到淳化实习，他们一方面推广优良品种和优质家禽，一方面帮助各村农民组成"农业改进会"，使农业推广得以有

① 事实上，1907 年高鲁普申请到中国传教并没有任何美国教会提供资助。他的资助主要来自于他在宾西法尼亚大学的朋友以 "Groff Day" 命名的集资款。1913 年后，他才受到 Pensylvania State College Mission 的专项资助。Randalle Stross, *the Stubborn Earth*：*American Agriculturalist on Chinese Soil*，（Berkeley Los Angeles London，1986），University of California Press，p92

② Benjamin H. Hunnicutt and Willian Watkins Reid，*the story of Agriculture Mission*（Missionary Education Movement of the United States and Canada，1931），p18

③ Benjamin H. Hunnicutt and Willian Watkins Reid，*the story of Agriculture Mission*（Missionary Education Movement of the United States and Canada，1931），p18

④ Randalle Stross, *the Stubborn Earth*：*American Agriculturalist on Chinese Soil*，（Berkeley Los Angeles London，1986），University of California Press，p99

⑤ Randalle Stross, *the Stubborn Earth*：*American Agriculturalist on Chinese Soil*，（Berkeley Los Angeles London，1986），University of California Press，p144

⑥ 刘家峰：《基督教与中国近代乡村建设论纲》，《浙江学刊》2003 年第 5 期

组织地进行。到抗战时为止，共组织了十五处改进会，会员达 300 多人。①

三、开展农村调查，寻找解决中国农村问题的"灵丹妙药"

农业传教士还开展了广泛的农村调查，获取了研究和改造中国乡村的第一手资料，分析中国农村贫困的原因，提出解决中国农村问题的方法，其中影响最大的是卜凯（John Lossing Buck）。他被认为是将传教和农业专家两者结合的最好的传教士。

卜凯于 1916 年 2 月来到了位于安徽的南宿州（今淮北宿县）传教，这是一个偏僻落后的小乡村。面对恶劣的生活条件，他不仅没有气馁，而且觉得在落后的农村通过改进农业的方式，可以使基督徒农民更加支持教会的工作，非基督徒农民参加基督教学习。他说"农业是传播基督教福音和广交朋友的一种切实可行的方法"。② 他与新婚妻子赛珍珠（Pear Sydenstricker），经常深入农村，考察农民生活，和农民亲切交谈，和农民一起犁地。他在南宿州社会调查，为他积累了中国农村的第一手资料。（而赛珍珠也据此调查资料，写成了日后获得诺贝尔文学奖的小说《大地》（The Good Earth））

由于资金缺乏、交通不便以及南宿州恶劣的政治环境，卜凯在南宿州的工作非常艰难。1920 年，卜凯离开安徽南宿州到金陵大学任教，就任农业经济系的主任。他一面授课，一面利用假期开展中国农村调查。1921—1925 年间，卜凯组织金陵大学农业经济系师生引入美国最新的调查研究方法，对 7 省 17 县的 2 866 户农家进行调查，在此基础上写成了《中国农家经济》，提出了一系列解决中国农村问题的补救措施：在人口不再增长的前提下，开垦那些过于干燥和过于潮湿的土地从而增加耕地数量、精耕细作、提供农业信贷，发展交通，等等③。1929—1933 年，卜凯得到太平洋国际学会的资助，主持中国土地利用方面的调查，组织对中国 22 省 168 个地区 16 786 个农场和 38 256 户农家的调查，在此基础上编写了《中国土地利用》，书中提出关于河道管理、垦殖计划、造林计划、改良农业技术、创立农业信贷制度等中国农业经济发展的 16 条独到见解④。在调查中，卜凯认为中国农村的贫困主要是农业技术落后，其根源是中国家庭农场规模小，农业生产率低。他认为"中国解决土地利用办法是在人地比率不变的前提下发展交通、商业、工业、水利和其他基础设施，以此雇佣大量的劳动力，从而提高农民生活水平"。⑤ 他提出的这些方案在当时由于缺乏一个真正关心农民生活的中央政府和稳定的社会环境，无法付诸实现，但对我们今天建立合理的农地制度，实现农业现代化却有相当的借鉴意义。

四、改良和引进农作物新品种，丰富农村作物品种资源

高鲁普（George Weidman Groff）对水果研究特别感兴趣，介绍了许多种类的进口水果。他最成功的试验是为当地引进了夏威夷木瓜，后来木瓜在华南广泛种植。他还对中国荔枝做了专门的研究，后来他回宾夕法尼亚州立大学继续研究，这个课题成为他硕士论文的选题⑥。1915 年，白爱华（Edward Bliss）在福建邵武购买土地，雇佣农民，种树，种植水果，创办奶牛场，饲养家禽，试验一年三熟制，他认为"中国贫困的原因，主要是由于耕地供养着太多的人，而又缺少农产品的多样性"。⑦ 1916 年 2 月卜凯（John L. Buck）在南宿州主要是"承担了农业试验和推广，教短期课程，试验和引进新种子"等方面的

① 朱敬一：《我所知道的淳化镇实习处》，《近代江苏宗教》（《江苏文史资料选辑》第 38 辑），第 66 页

② Randalle Stross, *the Stubborn Earth*：*American Agriculturalist on Chinese Soil*，（Berkeley Los Angeles London，1986），University of California Press，p66

③ J. Lossing Buck, *Chinese Rural Economy*，*Journal of Farm Economics*，Vol. 12，No. 3（July. 1930）p444

④ （美）卜凯：《中国土地利用》，金陵大学农学院农业经济系出版，1941 年 6 月，第 21－22 页。关于这两次调查的详细分析，可参考盛邦跃：《卜凯视野中的中国近代农业》，社会科学文献出版社，2008 年

⑤ J. Lossing Buck, *Fact And Theory About China Land*，Foreign Affairs，Jan 1，1949，p101

⑥ Randalle Stross, *the Stubborn Earth*：*American Agriculturalist on Chinese Soil*，（Berkeley Los Angeles London，1986），University of California Press，p93

⑦ Edward Bliss Jr：*Beyond the Stone Arches*：*An American Missionary Doctor in China*，1892—1932，John Wilery & Sons，Inc，2001，p179

工作。① 卜凯用宿州的小麦和美国农业部寄给他的种子来开展新的作物选种实验，"他试验性地种植了从日本、美国和其他引进的六十三个品种"②。他将这些品种分发给农民进行耕种，有些农民还主动要求试验新品种。1925 年，芮思娄成功使得金陵大学农学院与美国康奈尔大学农学院订立"农作物改良合作计划"（Nanking Cornell Cooperative Project on Crop Improvement），研究作物改良和育种的有关理论及技术问题。其中芮思娄经过近 10 年实验育成的小麦"金大 26 号"，是中国作物改良史上首先获得成功的小麦品种，产量超过农家品种 7%，具有早熟、不易染病、分蘗力强的优点，在长江下游一带推广受广大农民的欢迎。③ 芮思娄还从美国引进了"双恩小麦。④ 小麦金大 2905 号最为有名，是当时中国以纯系选种方法育成的最优越的第一个新品种，被誉为"抗战前的中国绿色革命"，此品种在南京、镇江、芜湖一代广为种植。

水稻育种借鉴了洛夫（Harry Love）纯系育种法，育成了"金大 1386"号，但由于气候、土壤诸条件，此品种没有能够在中国推广。不过，在洛夫的亲自设计和主持下，分别在南京、南通、南汇、徐州、杭州、安庆、湖口、武昌、常德、重庆、柳州、齐东、高密、定州、保定、郑州、西安等 17 处进行棉花试验，育成的"斯字棉"和"德字棉"，证明了"斯字棉"适合在黄河流域种植，"德字棉"适宜在长江流域种植，"南通鸡脚棉"适宜在江苏沿海地区种植，改造后的江苏沿海盐碱地从此成为重要的棉花产地。

在农业传教士的的带领下，中国专家在与他们的合作和交流中，自身也得到了提高，甚至对洛夫的"纯系育种法"用于水稻育种提出质疑，"我国科学落后，无可讳言。……现所讨论之水稻纯系育种之理论与实施问题，在日本与印度已经无须讨论，而在目前中国则仍不能不论及者。我国之大，气候、土壤、栽培方法，等等，各地均有差异，固宜根据各地之情形而定一合理之方法，断不能东抄西袭，或将外国之整个试验方法搬来，毫不加以考虑，便认为是最新最适合之方法。"⑤ 许多中国专家认为洛夫的"纯系育种法"只适用于小麦育种，而不适宜水稻育种，在此基础上他们提出了一系列改进措施。优良作物的改良和引进，极大地丰富了我国的作物品种资源。

美国教会将传教的视野从城市转向乡村，期望通过派遣农业传教士传播农业科技从而使农民接受基督教信仰，他们期望这些农业传教士能够直接从教堂走向乡村，和农民广泛接触，和农民一起劳作，增强农民对基督教的好感，将福音直接传给农民。但这些传教士来到中国后，基本都没有遵循这条路径，他们最先都来到了教会大学或教会中学，依托学校来研究乡村问题。

农业传教士之所以选择教会学校作为农业传教的突破口，是因为：第一，生存需要。由于语言障碍和交通制约，直接去乡村并不一定找到自己的栖身之所。而学校有一份稳定的工资收入和较好的住房条件；第二，专业需要。他们毕竟大多是刚走出校门的大学生，教会学校有适合他们的专业，他们可以根据中国的实际情况，学以致用，建立农业实验区，引进和改良农作物品种，进而试验推广；第三，人才需要。中国农民文化水平落后，依托学校，招揽学员，承办短期培训班，这是在中国农业人才严重缺乏的情形下的培养农业专门人才最快最好的选择。

五、农业传教士未能实现"基督化乡村"的愿景却充当了中国乡村建设的先驱者和农业现代化的推动者

"无论农业教育多么有效或者多么广泛，对农业传教士来说，都有一个重要的任务在身。从某种程度上说，必须让中国农民，甚至美国农民，认识到上帝崇高召唤的神圣。在执行上帝为人类做的计划时，农民是宇宙中这一高级存在的直接合作者。……在中国乡村地区传教的任务不是把农业生产当做教导基

---

① *the Nation Cyclopedia of American Biography*, White, James T&Company, Clifton, New Jersey, 1980（VOL. 59）转引自杨学新，阴冬胜：《论卜凯在安徽宿州的农业改良与推广》，《河北师范大学学报》2010 年 3 期

② （美）彼得·康：《赛珍珠传》，刘海平等译，漓江出版社，1998 年：第 64 页

③ 沈志忠：《美国作物品种改良技术在近代中国的引进与利用——以金陵大学农学院、中央大学农学院为中心的研究》，《中国农史》2004 年第 5 期

④ 郭文韬，曹隆恭：《中国近代农业科技史》，中国农业科技出版社，1989 年：第 129 页

⑤ 丁颖：《水稻纯系育种之理论与实施》，《农声月刊 农艺专号》，第 194、195 合刊，1936 年 5 月

督教的契机，而是造就好农民—好人—也是好的基督徒。"① 在芮思娄看来所有改善农民生活的一切工作，最终目标是"通过农业我们达到的最大服务机会将是帮助他们获得生活的崭新前景（outlook），这个前景本质上是乡村的——即不仅让农家孩子成为一个更好的农民，而是更完美的人。……我们的贡献不仅这两点，还有第三点，即基督教人格的培育，乡村基督教领袖将会带领这些人摆脱奴役的处境，走进为他们预备的天国"。② 然而由于根深蒂固的传统文化，由于军阀混战，由于自然灾害频繁，虽然有些地区的农民对农业传教士的所作所为心存感激，有些农民也自觉要求种植他们培育的良种，但真正接受基督教信仰的人却是少之甚少。

"农业传教士不仅需要强烈的宗教精神，而且需要有广泛的农业知识和实践。在某种意义上，还需要他能根据不同国家因地制宜"。③ 农业传教要获得发展，"必须要有一批掌握高水平农业专门知识的专职人员，把农村工作作为终身工作（a life work），饱含高度的热情并能忍受失败的挫折，呆在乡村足够长的时间从而总结经验教训"④ 然而，拥有学位掌握高水平农业专门知识的农业传教士大多在教会学校，真正呆在乡村工作的时间相对较少，最为典型的是罗德民。他不屑与农民直接打交道，很少将心思放在传教和授课上，而是专注于自己的水土研究，这也许是农业传教成效不大的另一个原因。（罗德民对中国黄淮流域的水土保持研究理论在世界上产生了极大的影响。）正如美国著名历史学家费正清所言"很显然，很少一部分中国人成为基督徒，从中国人皈依基督教的数量来衡量，传教士的目标是失败了"。⑤

农业传教士身体力行，倡导农业教育，培养乡村领导人才；他们开展了广泛的科学研究，改良和引进农作物品种，提高了中国农业科技水平；他们深入田野，开展农村调查，寻找解决中国农村问题的方案；他们充当科技传播的使者，促成近代中美之间的农业科技合作与交流，特别是经过芮思娄的努力而达成的"中国作物改良合作计划"，被认为是"最早的国际技术合作（Technical Assistance）模范"，这种合作对于中国农业产生了巨大影响："训练了一批中国作物育种家，推动全国作物改良事业；育成产量高、品质好、抗病的小麦、大麦、高粱、大豆、小米、水稻等新品种并推广于民；促进政府于1931年设立中央农业实验所，对于研究改进农业生产有大贡献。"⑥ 先进农业技术的传入，极大地提升了中国农业科技水平，因此这些农业传教士无愧于中国乡村建设的先驱者，中国农业现代化的推动者。

20世纪20～30年代，不同党派、不同阶级、各类团体、学校和科研机构都积极参与中国乡村建设，农业传教士以传播福音为最终目的参与乡村建设运动，只是乡村建设大潮中一股小小的支流，他们在中国乡村建设中的先驱地位不仅被时人所忽视，今人也将他们淡化。论者往往以美国"农学家""教育家"的身份论述他们对中国的农业贡献，而忽略他们的"传教士"的身份。⑦ 过分地强调他们的传教士身份，从而认为他们所从事农业工作是披着宗教外衣的"文化侵略""经济侵略"是不可取的；同样，只强调他们的农业贡献，而忽略他们的传教士身份，也不是一种客观的态度。

某种程度上，正是因为他们内心坚定的信仰和强烈的宗教使命感，才使他们能够克服农业教育、农业改良、农业推广、中美合作过程中的重重阻碍，正如卜凯所言：把农业工作赋予基督教的精神，使之成为一种明确的宗教使命，让那些参与乡村工作的教牧员感到，这些工作就像口传福音一样，也是直接传福音。⑧

---

① Benjamin H. Hunnicutt and Willian Watkins Reid，*the story of Agriculture Mission*（Missionary Education Movement of the United States and Canada，1931），p66

② J. H. Reisner，*the place of Agricultural Education in Middle and Lower Schools.* 转引自刘家峰：《中国基督教乡村建设研究》，天津：天津人民出版社，2008年：第41页

③ John，Burton St：North American Students and World Advance，p568. 美国普度大学图书馆提供

④ Benjamin H. Hunnicutt and Willian Watkins Reid，*the story of Agriculture Mission*（Missionary Education Movement of the United States and Canada，1931），p18

⑤ John kFairbank：*Missionary enterprise in China and America.*，Harvard University Press，Cambridge，1974. p31

⑥ 沈宗瀚：《中美农业技术合作》，《中华农业史论集》，台湾传记文学出版社，1979年：第473页

⑦ 例如论者认为"卜凯在宿州5年的农业改良与推广时实践活动，使他由一名农业传教士转变为一位农业专家"，杨学新，阴冬胜《论卜凯在安徽宿州的农业改良与推广，《河北师范大学学报2010年3期。甚至赛珍珠也认为，"他不是传教士，因为在我看来，他并不信教，但他是作为农业专家受雇于长老会传教使团的"。（美）赛珍珠：《我的中国世界》，尚营林等译：湖南文艺出版社，1991年）而据崔毓俊回忆，赛珍珠的言行举止在她父亲眼里更不像一个基督徒。学者更多称卜凯为农业经济学家，很少提及他是传教士 http：//web. cenet. org. cn/web/ecocxi/index. php3？file = detail. php3&nowdir = &id = 118417&detail = 1

⑧ J. Lossing Buck，the Building of A Rural Church：Organization and Program in China，the Chinese Recorder（July 1927）pp408 - 409

로컬푸드 운동의 새로운 방향설정 :
구성주의론과 위험 사회론을 중심으로

이태훈 박성훈

（전북대학교）

【논문 요약】지역식량체계로서의 로컬푸드와 사회적 관계의 회복과 신뢰형성을 목표로 하는 로컬푸드 운동은 서로 구분하되 상호보완적 관계를 유지할 필요가 있다. 로컬푸드의 시스템이 과잉제도화 될 경우, 지역 생산자와 소비자를 묶어주는 사회적 가치들을 훼손할 여지가 있으며, 신뢰와 같은 사회적 가치나 배태성이 과잉사회화 될 경우, 운동은 그 현실성을 잃을 것이다. 이 글은 과잉제도화나 과잉사회화로 치우치지 않은 채 사회운동론의 구성주의론에 입각해 로컬푸드 운동을 구성원들의 자발적인 동기로부터 설명함으로써 보다 현실적이고 지속적인 운동의 방향을 탐색해보았다. 사회운동으로서 로컬푸드 운동은 장기적으로는 사회적 연대와 신뢰의 구축을 목표로 하되, 우선 운동참여자들 각각의 이해관심들이 충돌하지 않는 공통의 현실적 동기로부터 출발할 필요가 있다. 현대사회에서 먹거리 위험에 대한 심리적 불안은 개인적이면서도, 그 불안을 야기하는 위험은 사회구조적이기 때문에 집합적이고 공적인 문제로 확대될 수 있는 정당성을 가진다. 구성주의론의 관점에서 볼 때, 글로벌 식량체계가 야기하는 먹거리 위험에 대한 심리적 불안은 그 정당성을 확보해주는 해석의 체계로서 울리히 벡의 위험사회론과 만날 때, 나아가 먹거리 위험에 대한 심리적 불안이 먹거리 위험을 야기한 사회구조, 글로벌 식량체계에 대한 저항으로 직접적으로 향할 때 사회적 합리성을 획득할 수 있을 것이다.

【주제어】지역식량체계, 로컬푸드 운동, 먹거리 위험, 구성주의론, 위험사회

I. 서 론

오늘날의 식품산업체계는 농수산물이 전지구적으로 이동하는 글로벌 식량체계라고 할 수 있다. 1960년대까지만 하더라도 지역적인 자급경향이 강했던 곡물생산이 70년대 이후에는 아시아와 아프리카의 여러나라의 수입량이 급속도로 증가하면서 세계의 절반이 곡물수입국이 되고, 북미대륙과 유럽 등이 곡물수출국으로 부상했다. 이제는 곡물, 육류, 가공식품이라는 세 영역의 농식품복합체 (agri-food complex) 가 농업생산자로부터 최종 소비자까지를 묶는 중심적 역할을 하면서 농업생산과 소비의 과정이 국경을 넘어서 이루어지는 글로벌 식량체계를 형성하고 있다 (윤병선, 2008b). 이로 인해 우리는 세계 각지에서 생산되는 농산물을 쉽게 접할 수 있게 되었다. 하지만 글로벌 식량체계로 인하여 세계 곡물시장의 안정성이 흔들리고, 식품 안전성에 대한 불안이 끊임없이 제기되고, 농업과 농촌공동체의 유지가 위협받고 있다.

로컬푸드는 글로벌 식량체계가 야기하는 이러한 사회적 위험에 대해 하나의 대안을 제시해주고 있는 것으로 보인다. 일반적인 의미에서 로컬푸드는 일정한 지리적 거리 안에서 먹을거리의 생산과 가공, 소비가 이루어지는 체계로 알려져 있다. 하지만 다른 한편으로 지역식량체계로서 로컬푸드는 기본적으로 생산자와 소비자 간의 신뢰할 수 있는 사회적 관계에 기초하고 있다. 따라서 로컬푸드에서 '로컬'의 의미는 공간적 의미에서의 물리적 거리보다는 장소에 뿌리를 둔 다양한 상호 관계들이 관건이 된다 (Sonntag, 2008: 28-29). 이에 따라 로컬푸드는 단순한 식품체계를 넘어 지역 주민의 연대와 신뢰 형성을 지향하는 사회운동으로서 그 의미가 확장되고 있다.

그러나 지역식량체계로서의 로컬푸드와 사회적 관계의 회복과 신뢰형성을 목표로 하는 로컬푸드 운동은 서로 구분하되 상호보완적 관계를 유지할 필요가 있다. 로컬푸드의 시스템 및 제도적인 측면이 과도하게 강조할 경우, 지역 생산자와 소비자를 묶어주는 사회적 가치들을 훼손할 여지가 있으며, 반대로 신뢰와 같은 사회적 가치나 사회적 배태성을 과도하게 강조할 경우, 운동은

그 현실성을 잃을 것이다. 따라서 이 글은 과잉제도화나 과잉사회화로 치우치지 않은 채 사회운동론 중 구성주의론에 입각해 로컬푸드 운동을 거시적 목표인 공동체적 가치가 아니라 구성원들의 자발적인 동기로부터 설명함으로써 보다 현실적이고 지속적인 운동의 비전을 탐색해보고자 한다. 여기에서 사회운동론은 현실에 존재하는 운동에 대한 분석틀로 도입되는 것이 아니라 특정한 가치지향적 입장에서 향후 현실화될 가능성이 있는 운동의 모습을 탐색하기 위한 전략적 접근으로서 도입되었다. 또한 부족한 현실분석을 보완하기 위해 울리히 벡의 위험사회에 대한 논의를 적극 수용하였다.

II. 국내 로컬푸드 현황과 기존의 논의들

국내의 로컬푸드 논의는 '우리 몸에는 우리 농산물이 제일' 이라는 '신토불이 (身土不二)' 캠페인이나 유기농업 운동의 형태로 유지되던 활동이 영세농들에 대한 지역자치단체의 농민정책의 일환으로, 더 나아가 녹색성장과 사회적 기업을 통한 일자리 창출이라는 정부정책의 일환으로 정책화・제도화되는 과정 속에서 명실공히 공공담론으로 부상하게 되었다 (김철규, 2011; 나영삼, 2011). 이와 함께 국내에는 아직 초기단계이긴 하지만 자생적인 농민시장, 공동체지원농업 (CSA; community supported agriculture)[①], 지역먹거리를 이용한 학교급식, 지역농산물의 가공・유통・판매를 중심으로 한 자활사업 등 다양한 유형의 '로컬푸드' 사례들이 나타나고 있다 (나영삼, 2011).

표 1 국내의 로컬푸드 유형과 사례들

유형구분	추진사례
농민장터	원주새벽시장, 서천마서동네장터, 완주농민장터, 옥천금요장터, 제주착한장터, 장흥토요장터, 천안목요장터
공동체지원농업	전여농 언니네 텃밭, 춘천 봄내살림, 횡성지역순환영농법인 텃밭, 완주 건강밥상꾸러미, 등대생협 제철채소꾸러미, 흙살림 꾸러미, 이천 콩세알, 장수 백화골 푸른밥상, 고창농협 -SK 그룹, 용인 내리사랑베이커리, 지리산 산내 어머니 꾸러미
학교급식	울산 북구 학교급식센터, 원주 친환경급식지원센터, 여주친환경학교급식지원센터, 안전한 학교급식을 위한 합천생산자영농법인, 안동학교급식센터, 순천농협, 나주농협
자활및사회적기업	강강화 콩세알 나눔센터, 서천 얼굴있는 먹거리 영농법인, 청주 생명살림 올리, 막퍼주는 반찬가게, 정읍지역자활센터 로컬푸드사업단, 전북광역로컬푸드주식회사, 서울 얼티즌, 삼척 로컬푸드 1. 2. 3, 대청호 환경농민연대 로컬푸드사업단, 옥천살림, 제주 로컬푸드 착한음식점 '제주살레', 예천 지보참우작목반
기타 (종합)	대구 칠곡 농부장터, 대구경북지역먹거리연대, 울산 범서로컬푸드사업단, 남원자활센터 새벽

출처 : 나영삼 (2011: 21).

농업의 글로벌화에 대한 대안농업 운동으로서 외국의 슬로우푸드 운동이나 공동체지원농업 운동을 소개하는 연구들은 이전부터 있어왔지만 (김종덕, 2002), 보다 체계화된 의미의 로컬푸드에 대한 논의들은 2000 년대 중반 이후부터 등장한 것으로 보인다 (김철규, 2011). 특히 로컬푸드와 관련된 학술적 논의들은 주로 글로벌푸드와의 관계 속에서 이루어져왔다. 무엇보다 로컬푸드는 원거리 수송을 위한 화석연료의 낭비로 환경오염을 초래하거나, 약품이나 방사선 처리로 식품안전성을 위협하는 등 글로벌푸드가 야기하는 문제점들에 대한 하나의 대안으로 떠오르고 있다.

기계화와 화학화를 통해 노동생산성을 높이는 산업화된 농업이 등장함에 따라 다양한 화학비료, 농약으로 인한 환경파괴가 진행되고 있으며 농업이 규모화함에 따라 농업다양성이 약화되고 있다. 또한 안전성이 명확하게 판명되지 않은 유전자 조작 식품을 유통하는 초국적 농식품 기업의 횡포, 광우병 등의 다양한 식품안전성 문제들이 나타나고 있다. 뿐만 아니라 농업 생산 내부에 자본주의적 경영 시스템이 도입됨에 따라 대다수 가족 소농이 몰락하고, 농업부문에 금융자본과 투기자본이 개입함에 따라 안정적인 농산물가격 형성은 점점 더 어려워지고 있다 (김종덕, 2002; 2007a; 2007b; 2008; 박빈선, 2008; 장상환, 2012.

---

① 본래 공동체지원농업의 원형은 일정 규모의 소비자 회원들이 연간 생산될 농산물의 일부를 계약 방식으로 미리 투자・구매함으로써 시장의 불확실성에 대한 농가의 위험부담을 함께 지는 형태였으나 (김철규, 2011), 국내의 공동체지원농업은 생산자 공동체가 주체가 되어 제철농산물이나 1 차 가공 먹거리를 꾸러미 형태로 일정기간 지속적으로 직거래하는 형태로 이루어지고 있다 (나영삼, 2011)

김종덕 (2007a; 2008; 2009) 은 농업의 세계화 속에 나타나는 이러한 문제들에 대해 지역식량체계에 기반한 로컬푸드가 대안이 될 수 있다고 본다. 특히 그는 농업규모화와 첨단기술 및 친환경농업의 확산에 기반하고 있는 기존의 국내 농업정책 노선이 국내 현실에 적합하지 않다고 비판하고, 그 방향을 지역식량체계 확산의 방향으로 돌릴 것을 제안한다 (김종덕, 2007a). 이에 따르면 지역 식량체계에 기반한 로컬푸드는 유통과정에서 이동거리가 짧기 때문에 긴 푸드마일 (food mile) 로 인한 안전성 문제나 에너지 낭비 등의 문제를 해소할 수 있으며, 글로벌푸드로 공동화된 지역농업에 안정적인 판로를 제공함으로써 지역 영세농들의 생계문제를 해소하고, 지역일자리를 증대시키는 효과를 가져온다 (김종덕, 2007a; 2008). 또한 지역 식량체계는 생산자와 소비자의 피드백이 가능해 생산자가 소비자의 필요에 맞추어 생산하는 것이 가능하며 관련문제에 공동으로 대응할 수 있다 (김종덕, 2007a).

하지만 하나의 시스템으로서 이러한 지역식량체계는 기본적으로 생산자와 소비자 간의 상호작용에 의해 생기는 신뢰에 바탕을 두고 있다 (김종덕, 2007b). 게다가 단순히 지리적 근접성이 생산자와 소비자 간의 상호작용을 만들어 내는 충분조건은 아니다.[①] 오히려 생산자와 소비자 간의 지속적인 상호작용과 피드백과정을 만들어내고 신뢰를 구축하는 작업이야말로 로컬푸드 시스템 구축을 위한 핵심적인 과제가 된다. 이와 관련하여 최근의 로컬푸드 연구는 생산자와 소비자라는 구분을 넘어 지역적인 연대라는 관점이 부각되고 있다. 이러한 연구들은 지역농산물의 생산과 소비문제를 넘어 그 구성원이 생산자와 소비자가 아니라 지역주민으로서 함께 지역 먹거리의 바람직한 관계를 구축하는 공동체의 형성을 강조한다 (네모토, 2014). 이는 자기조정적 시장이 스스로가 뿌리박고 있는 사회적 관계들로부터 탈구됨으로써 나타나는 사회붕괴 현상에 주목했던 칼 폴라니 (Polany, 2009) 를 따라 시장을 다시 사회적 관계들에 재고착화 (re-embedding) 하려는 시도로 이해될 수 있다 (Starr, 2010; 김철규, 2011; 이해진 외, 2012). 이와 관련해 나영삼 (2011: 18) 은 로컬푸드를 보다 광의의 의미에서 "세계화에 대한 근본적인 성찰을 바탕으로 지역과 농업의 가치를 재발견하고, 실천과정으로서 로컬푸드 시스템을 구축하는 운동이며, 또한 지역자치·자립·지역주민의 연대와 협동의 관점에서 먹을거리 (food) 를 매개로 생산자와 소비자 간의 '관계'를 맺는 활동"으로 정의하고 있다. '로컬'이라는 장소에 대한 이해도 관계적 관점이 강조되어 단순히 '위치로서의 장소'가 아니라 장소-기반 행위자들 사이의 상호작용이 일어나는 '현장으로서의 장소'로 나타난다 (이희상, 2012).

생산과 소비의 시스템이나 정책의 문제를 넘어서 사회적 관계의 회복과 신뢰 형성을 목표로 할 때 로컬푸드는 구성원들이 지속적으로 참여하고, 실천하며, 상호작용하는 사회운동의 관점을 포기할 수 없다. 특히 이해진 외 (2012) 는 원주 지역 협동조합운동의 주체들이 로컬푸드의 공동체적 가치에 동조하고, 이를 구체적으로 추진해가는 과정을 추적한다. 하지만 정동일 (2012) 은 사회운동으로서 로컬푸드 운동이 소비자의 권리를 보호하는 소비자주의 운동의 성격, 환경보호와 지역사회의 경제적 자립을 강조하는 사회개혁운동의 성격, 공동체의 신뢰와 연대를 회복하기 위한 공동체운동의 성격이 혼재되어 있음을 지적한다. 이는 춘천지역 로컬푸드 운동에 참여하는 생산자, 소비자, 활동가 집단이 각각 인식하는 로컬푸드에 대한 인지적 거리로 나타났다. 따라서 로컬푸드 운동에 참여하는 다양한 운동 참여 집단을 아우를 수 있는 공통의 운동 프레임이 필요함을 역설한다.

III. 사회운동으로서 로컬푸드 운동?

시스템 및 제도로서의 로컬푸드, 즉 지역식량체계와 사회적 관계의 회복과 신뢰형성을 목표로 하는 로컬푸드 운동 사이에는 근본적인 괴리가 있는 것처럼 보인다. 지역식량체계는 기본적으로 생산자와 소비자 간의 상호 신뢰에 바탕을 두고 있다. 이러한 신뢰 및 상호성은 물리적·경제적 관계가 아니라 사회문화적인 가치들에 기초하고 있으며, 이는 매우 섬세한 상호작용을 통해 형성되기 때문에 정책이나 제도, 시스템을 통해 구축할 수 있는 것이 아니다 (김철규, 2011). 뿐만 아니라 로컬푸드의 시스템 및 제도적인 측면이 과도하게 강조될 경우, 지역의 생산자와 소비자를 묶어주는 이러한 사회적 가치들이 오히려 훼손될 여지가 있다. 이와 관련하여 김철규 (2011) 는 정

---

① "(사회적 연결망은) 서로 불가분한 물질적 및 상징적 교환들에 기초해있으며 이러한 교환들의 설립과 유지가 근접성 (proximity) 의 승인을 전제하지만, 이는 또한 물리적 (지리적) 공간 혹은 더 나아가 경제적이고 사회적인 공간 속에서의 근접성이란 객관적 관계들로는 환원불가능하다 (Bourdieu, 1986: 249)"

부의 적극적인 개입으로 인한 과잉제도화가 로컬푸드가 지향하는 가치를 탈각하고 관료주의적 전유로 이어질 수 있음을 경고한다.

하지만 거꾸로 로컬푸드 운동에 있어 신뢰와 같은 사회적 가치나 사회적 배태성을 과도하게 강조할 경우, 로컬푸드 운동은 그 현실성을 잃을 것이다. 데니스 롱 (Wrong, 1961) 은 이러한 사회적 배태성 (embeddedness) 이 인간 행위를 경제적 동기로만 설명하는 주류경제학의 원자화된 행위자에 대한 비판에서 나온 개념이지만, 배태성 개념이 인간 행위를 설명함에 있어서 사람들이 합의하여 발전시킨 규범이나 가치체계, 타인의 인정 등을 지나치게 강조할 때 똑같은 오류에 빠진다고 지적한다. 이러한 과잉사회화는 사회적 영향력을 인간의 행동유형에 이미 내면화시켜 실질적인 의사결정 상황에서 행위자를 원자화함으로써 동일한 오류에 빠진다는 것이다 (Granovetter, 1985). 따라서 로컬푸드 운동에 있어 생산자와 소비자 간의 신뢰와 공동체적 가치를 과도하게 부여할 경우, 이러한 가치는 운동에 참여하는 생산자와 소비자의 실제적 동기와 괴리된 채 추상적이고 이념적인 구호에 그칠 가능성이 크다. 실제 생산자인 농민은 오히려 로컬푸드를 농민의 자립적 기반을 마련하기 위한 수단으로 인식하는 경향이 강하며, 소비자는 로컬푸드를 친환경 유기농 먹거리를 확보할 수 있는 통로의 하나로 보는 경향이 강한 것으로 나타났다 (정동일, 2012).

하지만 시스템 및 제도로서의 로컬푸드와 사회운동으로서의 로컬푸드를 대립적인 관계로 볼 수만은 없다. 실제 사회운동이 내세우는 개별적인 이슈들을 현실화하고 '문제'들을 실제적으로 해결하는데 제도화는 매우 효과적인 답안을 제시한다. 뿐만 아니라 로컬푸드 시스템은 로컬푸드 운동을 지속적으로 지지해줄 수 있는 현실적인 기반을 제공해줄 수 있다. 역으로 사회적 연대와 신뢰를 목표로 하는 로컬푸드 운동 역시 운동 참여자들의 현실적 동기에 기반할 경우, 로컬푸드 시스템이 안정적으로 정착하기 위한 사회문화적 기초를 마련해주며, 시스템이 잘 운용될 수 있도록 활력을 불어넣는 윤활유 역할을 할 수 있다. 따라서 시스템 및 제도로서의 로컬푸드와 사회운동으로서의 로컬푸드 운동을 구분하되, 이들 간에 적절한 상호보완적 관계를 유지하는 것이 중요하다.

이를 위해 사회운동으로서 로컬푸드 운동은 장기적으로는 사회적 연대와 신뢰의 구축을 목표로 하되, 우선 운동참여자들 각각의 이해관심들이 충돌하지 않는 공통의 현실적 동기로부터 출발할 필요가 있다. 신뢰와 상호성 같은 공동체적 가치는 이를 내면화하지 못한 참여자들이 능동적이고 자발적으로 추구할만큼 충분히 현실적이지 못하며, 물질적·경제적 동기는 사회운동 참여자들이 처한 사회적 위치에 따라 서로 다른 방향으로 이끄는 편파성 때문에 공통의 동기를 형성하기 힘들다. 하지만 로컬푸드가 글로벌 식량체계가 야기하는 문제점을 해소하고자 하는 대안으로서 등장했다는 배경을 고려할 때, 로컬푸드 운동에 참여하는 이들의 로컬푸드에 대한 관심은 기본적으로 글로벌 식량체계가 야기하는 위험들에 대한 불안에 기인하는 것으로 보인다. 고전적인 집합행동론은 특히 이러한 심리적 억압 상태를 집합행동을 설명하는 기제로 본다. 사회로부터 개인들이 겪는 박탈감과 좌절감 등과 같은 심리적 억압이 축적되면 어느 순간 집합적 행동으로 분출된다는 것이다. 이에 비추어 볼 때, 글로벌 식량체계가 야기하는 위험에 대한 심리적 불안은 집합행동을 이끄는 공통의 현실적 동기를 형성하기에 충분해 보인다 (Snow et al., 1986).

하지만 다른 한편으로 이러한 사회심리학적 접근방법은 집합적 행동을 작용과 반작용이라는 단순한 기계적 이미지를 통해 제시함으로써 단순한 폭동과 사회운동의 경계를 모호하게 한다는 비판을 받아왔다. 더구나 비합리적인 군중심리를 운동의 기원으로 상정하고 있다는 점은 기본적으로 사회운동을 긍정적으로 평가하기 어렵게 한다는 단점이 있다. 자원동원론과 정치과정이론은 사회운동 참여자들의 사회심리적 상태를 강조하는 고전적 사회운동론과 달리 사회운동이 사회운동의 목표에 대한 비교적 명확하고 합리적인 전망을 가지고 있다고 본다. 사회운동은 단순한 불만의 표출이 아니라 사회운동이 목표로 하는 새로운 사회에 대한 청사진을 가지고 있으며 그 실현가능성을 위해 필요한 자원의 동원능력이나 정치적 기회구조에 대한 합리적인 판단에 기초하고 있다는 것이다 (맥카시·잘드, 1988).

하지만 집합적 행위는 반드시 명확하고 합리적인 전망을 전제하지는 않는다. 합리적 전망에 대한 평가는 과정과 맥락이 사상된 채 사회적 목표의 가능성에 대한 일회적인 계산 속에서 결정되지 않는다. 많은 사회운동들이 그 사회적 목표는 실제 운동과정 중 많은 시행착오와 수정을 거쳐 도달하게 된다. 무엇보다 사회운동이론은 집합적 행동을 설명함에 있어 도달할 목적지로부터 운동을 설명하기보다 운동의 출발점으로부터, 발생의 관점에서 운동을 보여줄 필요가 있다. 그런 의미에서 볼 때 고전적인 사회심리학적 접근방법은 오히려 자원동원론과 달리 운동의 출발점에 주목하고 있다. 사회의 억압을 통해 고조된 불만이라는 심리적 상태가 운동을 가능케 하는 근원적 힘으로서 설정되고 있기 때문이다.

그럼에도 불구하고 고전적인 사회심리학적 접근방법이 상정했던 출발점인 '불만'이라는 병리적 심리상태에 대해서는 구성주의론을 따라 인식론적인 문제를 제기할 필요가 있다. 고전이론에서 불만이라는 용어에 배어있는 부정적 가치판단은 기존 질서로부터의 관점을 반영하고 있기 때문이다. 따라서 불만을 해석하는 방식, 나아가 기존 질서를 해석하는 방식이야말로 보다 근본적인 문제가 된다 (Snow, 2004; Snow et al., 1986; Snow et al., 2000). 글로벌 식량체계가 야기하는 위험에 대한 심리적 불안은 그 정당성을 확보해주는 해석의 체계와 만날 때, 나아가 보다 많은 사람들이 동조할 수 있는 운동의 합리적인 비전으로 이어질 때 구성원들이 자발적으로 참여하고 실천하는 로컬푸드 운동을 기대해볼 수 있을 것이다. ①)

IV. 근대적 먹거리와 위험사회론

위험에 대한 심리적 불안은 기본적으로 위험을 지각하고 평가하는 인식론적 문제와 깊이 연관되어 있다. 더글라스와 윌다브스키 (Douglas and Wildavsky, 1993: 11-26)에 따르면 모든 사회는 확신과 공포의 조합에 의존하고 있으며 사회적 삶의 형식에 따라 어떤 위험은 높게 평가하고 다른 위험들은 낮게 평가하는 문화적 쏠림이 나타나게 된다. 특히 메리 더글라스 (Douglas, 1997[1979])는 어떤 대상도 그 내재적 특성이나 내적 논리에 의해 오염된 사물이나 위험한 대상으로 규정되지 않으며, 이는 항상 우리가 가진 분류체계의 부산물이라고 말한다. 위험하거나 불결한 사물이 위험하거나 불결한 이유는 그 사물이 우리의 인식의 틀에서 위험이나 오염의 관념을 부여받기 때문이다. 즉, 위험에 대한 지각은 수동적이고 소극적인 행위가 아니라 적극적인 사회적 과정인 것이다.

하지만 이에 따르면 위험에 대한 지각과 평가는 서로 다른 사회의 문화체계에 따라 상대적인 평가도식에 기반한다. 뿐만 아니라 고도로 분화된 현대사회에서는 각자가 처한 사회적 위치에 따라 위험에 대한 지각과 평가는 다르게 나타날 수 있다. 생산자, 소비자, 활동가 집단의 로컬푸드에 대한 관심이 동일하게 글로벌 식량체계가 야기하는 위험에 대한 불안에 기인한다고 하더라도 이들 각각의 집단이 지각하는 위험은 서로 다른 형태로 나타난다. 생산자인 농민에게는 생산한 농산물의 불안정한 판로와 시장가격이야말로 생존권을 위협하는 위험으로 지각되고, 소비자에게는 식품안정성에 대한 불안이 가장 큰 위협으로 다가오며, 활동가에게는 농촌 공동체의 유지가 위협받는 상황이야말로 무엇보다 큰 위험으로 지각될 것이다. 이러한 위험 인식의 상대성에도 불구하고 위험에 대한 심리적 불안이 과연 집합행동으로 이어질 수 있을까?

흥미롭게도 울리히 벡은 현대사회에서 위험에 대한 심리적 불안이 집합적 동원으로 나아갈 가능성에 대해 적극적으로 긍정하고 있다. ②이를 위해 그는 바로 근대성이라는 현대사회의 위험에 대한 다양하고 상대적인 인식들의 동일한 사회적 지평을 드러냄으로써 현대사회의 위험을 더 이상 개인의 인식문제가 아니라 구조적인 문제임을 보여주고 있다. 울리히 벡은 현대사회의 위험을 전통적 위험과 질적으로 다른 근대적 위험으로 구분하며, 근대적 위험은 근대화 과정, 특히 생태적 위험이나 핵위험, 금융위험 등과 같이 근대적 합리성과 지식 그 자체로부터 야기된 위험을 가리킨다. 위험에 대한 심리적 불안은 개인적이다. 하지만 그 불안을 야기하는 위험은 사회구조적이기 때문에 집합적이고 공적인 문제로 확대될 수 있는 정당성을 가진다.

또한 울리히 벡은 위험 (risk)을 위난 (danger), 위해 (hazard), 위협 (threat)③과 구분한다. 위난, 위해, 위협이 공간적·시간적·사회적으로 현실화된 위험이라면, 위험은 오히려 아직 현실화되지 않은 세계상황과 관련하여 잠재적으로 존재한다 (Beck, 2010: 30). 따라서 위험은 다가올 미래의 재앙으로서 기대하고 예상되는 사건으로 존재하며, 따라서 이에 대한 심리적 불안과 직접적으로 관련된다.

---

① 유럽의 사회운동론은 역사적으로 계급운동의 마르크스주의 전통으로부터 신사회운동으로의 이행으로 나타나지만, 미국의 사회운동론은 집합행동론으로부터 자원동원론, 정치과정론, 구성주의론으로 이어진다 (Crossley, 2002: 10). 유럽의 사회운동론 전통은 유럽의 사회운동 역사와 긴밀한 관계에 있기 때문에 국내의 현실과는 맞지 않는 부분들이 있다. 사회운동의 역사에서 유럽과 한국의 유사성과 차이에 대해선 정태석 (2006)을 참고. 반면, 미국의 사회운동론 전통은 보다 운동의 일반적인 동학을 규명하는 논의이므로 본고의 의도에 더 잘 부합한다고 보여진다. 따라서 본고에서는 의도적으로 후자의 논의를 따랐다

② 울리히 벡은 다음과 같이 말한다. "계급 사회의 동력은 다음과 같은 표현으로 요약될 수 있다. 나는 배고프다! 다른 한편 위험사회에서 작동하는 운동은 이런 식으로 표현될 수 있다. 나는 두렵다! (Beck, 2006[1986]: 98)"

③ 위난 (danger), 위해 (hazard), 위협 (threat)은 모두 동일한 독일어 Grfahr의 영어 번역어이다 (Beck, 2006[1986]: 15)

울울리히 벡은 근대화 과정이 본래 부와 함께 위험이 증가하는 과정이라고 본다. 하지만 근대 초기에는 이러한 위험이 잠재적인 부수효과로 분명히 인지되지 않은 채 무시되거나, 보험과 같이 화폐가치를 통해 가시적인 부로 번역해내는 방법을 통해 해소될 수 있었다. 그러나 근대화가 심화됨에 따라 근대적 위험이 무제한적으로 생산되면서 그동안 무시되었던 위험이 폭발적으로 현실화될 수 있는 사회를 맞이하게 되는데, 울리히 벡은 이를 위험사회라 부른다. 위험사회의 위험은 핵위험과 같이 더 이상 화폐가치로 번역될 수 없을 정도로 치명적인 수준으로 나타난다. 무엇보다도 위험이 얼마나 치명적으로, 어떠한 방식으로, 누구에게 닥치게 될지 알 수 없다는 점에서 이러한 위험은 합리적으로 대비 불가능한 위험이며, 그저 받아들여야 하는 숙명론적 위험이다.

글로벌 식량체계는 근대화와 함께 성장해오면서 근대적 위험을 키워왔다는 점에서 울리히 벡의 위험사회 논의가 가감없이 적용될 수 있다. 전통적인 식량체계는 일반적으로 소규모의 지역 생산에 기반하고 있으며, 인구 대다수가 식량생산, 즉 농업에 종사하는 형태를 갖추고 있었다. 또한 생산된 식량의 유통과 분배는 신분이나 친족관계의 사회적 네트워크나 소규모 시장을 통해 이루어졌다 (Beardsworth and Keil, 2010[1997]: 60-64). 그러나 근대화 과정을 거치며 전통적인 식량체계 역시 매우 큰 변화를 거치게 되는데, 우선 산업화와 함께 진행된 도시화는 도시를 중심으로 먹거리를 자족하지 못하는 거대한 수요층을 형성하게 된다. 이는 농업의 규모화와 산업화를 촉진시켜 식량생산의 비약적인 성장을 이룬다. 유통부문에 있어서도 거대한 상업시장이 형성되고, 운송수단의 확장과 저장 기술의 발달로 돈만 있으면 누구든지 필요한 먹거리를 쉽게 구입할 수 있는 조건이 형성되었다. 이렇게 형성된 근대적인 식량체계는 근대화 과정 속에서 나타난 도시의 식량문제를 해소하는데 큰 역할을 했다.

표 2 전통 식량 체계와 근대 식량 체계 비교

활동	전통식량체계	근대식량체계
생산	- 소규모 / 제한적 - 사치품을 뺀 모든 제품이 지역에기 반들둠 - 높은 농업종사 인구비율	- 대규모 / 고도로전문 적및산 업적 - 탈지역적 / 전지구적 - 인구대다수가 먹거리생 산과연계되어 있지 않음
유통	- 지역경계내 - 친족이나 여타 사회적 네트워크가 교환지배	- 국제적 / 전지구적 - 화폐와 시장이 접근 지배
소비	- 수확기와 계절에 따른 풍요와 결핍의 이어짐 - 구입능력과 지위가 선택 제한 - 사회 내 먹거리 불평등	- 언제나 구입가능한 먹거리 / 계절과 무관 - 지불능력이 있는 모든 사람이 선택 가능 - 사회 간·사회 내 먹거리 불평등
신념	- 먹거리 사슬의 상층부를 차지하는 인간 / 필요한 환경 착취	- 인간의 환경 지배를 믿는 사람과 그 모델에 도전하는 사람 간의 논쟁

출처 : Beardsworth and Keil(2010[1997]: 63)

하지만 거대한 상업시장이 형성되고 이를 통해 생산된 농산물이 유통됨에 따라 이때부터 이미 시장의 불안정성에 따른 위험이 나타나기 시작한다. 그 사회적 현상에 대한 원인을 진단하는 방식은 달랐지만, 뒤르켐은 근대 초기에 나타났던 이러한 위험들을 이미 예민하게 감지했던 것으로 보인다. 뒤르켐에 따르면, 사회분화가 진전될수록 고립된 환절형 사회들이 융합되면서 거의 모든 사회를 포괄하는 단일 시장이 만들어지고, 이 거대한 규모의 시장에서는 적절한 규제와 시장질서 속에서 생산이 이루어지지 못해 산업적·상업적 위기나 파산과 같은 경제적 아노미가 발생하게 된다 (Durkheim, 2012: 527-549). ①

또한 시장 경제의 가장 큰 장점으로 꼽히는 점은 수요-공급의 관계에서 나타나는 가격신호에 따라 자원의 배분을 가장 효율적으로 달성하는 체제라는 점인데 농업 생산은 농산물의 수확까지의 생산주기가 보통 1년 정도로 길기 때문에 공급 불안정이 있을 경우 이에 대한 신속한 대응이 어렵다. 또한 농산품, 특히 곡물의 경우는 그 상품의 특성상 수요의 가격탄력성이 매우 비탄력적이기 때문에 이러한 수요-공급의 힘의 논리가 제대로 작용하기 힘들다는 점에 문제가 있다. 즉, 가격 변화에도 불구하고 곡물의 수요량은 거의 변하지 않는 반면 그 공급량은 여러 가지 요인들에 의해 불가피하게 변동하기 때문에 효율적인 배분이 이루어지기 위한 최적의 가격 형성이 어렵다.

근대 초기에는 시장의 불안정성이라는 위험은 농산물 생산자인 농민들에게는 직접적으로 가

① 마찬가지로 그는 위험에 대한 심리적 불안과 유사한 아노미 현상의 사회심리적 측면에도 주목하는데, 그에 따르면 심리적 아노미는 욕망을 규제하는 사회도덕이 적절히 기능하지 못해 발생하게 된다 (Durkheim, 2008)

시적인 위해로 나타나지만, 식품안전성과 관련된 위험은 아직 잠재적인 형태로 남아있다. 하지만 생산성 향상으로 인한 가시적인 부 앞에서 비가시적이기 때문에 인지하기 어려운 이러한 위험은 무시되고, 위험과 위해가 번성하는 사회적 토대가 된다(Beck, 2006[1986]: 90-91). 게다가 2-3세기에 걸친 오랜 근대화 과정 속에서 조금씩 가시화되는 위험을 다양한 방식으로 해소해 온 서구 국가들과는 달리 산업화와 근대적 제도의 구축과정을 불과 3-40년 동안에 밟아온 한국사회의 경우, 농촌사회에 가시적으로 나타나는 위험들에 대해 국가차원에서 대응하기 보다는 경제발전이라는 명목 하에 많은 경우 개별 농가들이 이러한 위험을 떠않게 되었다(Chang, 2009).[①]

근대적 식량체계의 형성과 함께 농촌과 도시를 중심으로 생산과 소비의 분리가 나타났지만, 그럼에도 근대화 초기에는 지역농촌에서 생산된 농산물을 도시에서 소비함으로써 생산과 소비를 통해 도시와 농촌의 상호의존관계가 유지되었다. 하지만 근대화가 심화됨에 따라 근대적 식량체계는 지역적 상호의존관계를 벗어나 전지구적인 차원에서 재조직된다. 이러한 과정 하에 나타난 글로벌 식량체계는 세계 각 지역에서 각기 독립적으로 유지되어오던 식량사슬을 세계적인 규모로 품목, 지역, 영역별로 분화시키는 통합적 모델이며, 글로벌 식량체계로의 변환은 그 자체로 국경을 초월하여 농민으로부터 소비자에 이르는 사회의 모든 참여자들을 시장을 매개로 연결시키는 과정이라고 볼 수 있다. 농산품의 산지로부터 소비자의 식탁에까지 오르는 그 일련의 과정에 개재하는 자본들의 영역확대가 특정 지역이나 국가를 초월해 이루어지게 됨에 따라 위험의 파급력 역시 전 세계적 규모로 나타나게 되었다.

이러한 글로벌 식량체계의 등장과 함께 국내의 먹거리 위험에 대한 사회적 불안도 크게 증가했다. 2013년 〈한국종합사회조사(KGSS: Korean General Social Survey)〉의 '위험사회'에 대한 특별주제모듈(special topical module)의 조사 결과에 따르면, 벡의 위험 개념에 가장 근접한 항목인 '본인에게 발생할 가능성이 높은 위험비율'에서 '먹거리 위험'에 대한 항목이 상당히 높은 것을 확인할 수 있다. 또한 이러한 사회적 불안 심리는 실제로 2008년의 광우병 위험과 맞닥뜨렸을 때 사상초유의 대규모 시위를 이끌기도 했다(김미숙 외, 2013).

위험에 대한 불안이 집합적 행동으로 이어질 가능성은 이미 현실적으로 증명되었다. 그러나 이러한 심리적 불안에 기초한 집합적 행동이 단순한 폭동으로 끝을 맺을지, 사회적 합리성의 방향으로 나아갈지는 확신할 수 없다.

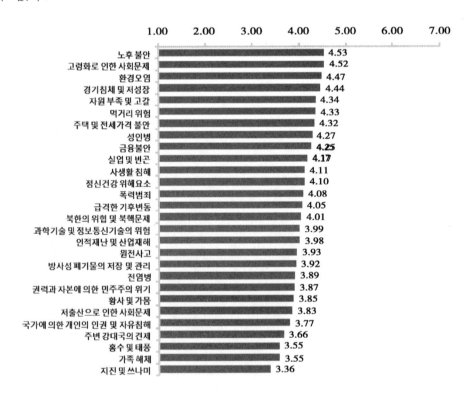

그림 1　발생가능성 위험영역 전체 항목별 비교

출처 : 김미숙 외 (2013: 79)

---

① 한국사회의 압축적 근대화의 결과 선진국형 위험요인과 후진국형 위험요인이 동시에 공존하는 상황을 장경섭은 '복합위험사회(complex risk society)'로 규정한다(장경섭, 1998; Chang, 2009)

V. 불안의 정치학

먹거리 위험은 이제 예상하고 대비할 수 있는 수준을 벗어나 언제, 어디서, 누구에게, 얼마나 치명적으로 닥칠지 알 수 없다. 울리히 벡에게 있어 위험에 대한 이러한 근본적인 무지에서 오는 실존적 불안은 마치 막스 베버 (Weber, 2010) 의 『프로테스탄티즘 윤리와 자본주의 정신』에서 종교적 구원의 확신을 가지지 못한 칼뱅주의 교도들의 종교적 불안과 닮아있다. 베버가 이러한 종교적 불안을 자본주의의 경제적 합리성을 추동한 동력으로 분석했듯이, 벡은 근대적 위험에 대한 무지에서 오는 실존적 불안이 사회적 합리성으로 나아갈 가능성을 모색하고 있는 것처럼 보인다.

벡은 무엇보다 근대적 위험을 낳는 근대적 과학지식이 사회적 합리성을 획득해야 한다고 본다. 위험은 일상생활의 일차적 경험 속에서 인지되기 어렵다. 때문에 위험은 일상적 경험과 단절한 과학적 사고를 통해서만 인지되고, 이는 일반적으로 화학 공식이나 생물학적 맥락, 의학적인 건강 등의 개념을 동원함으로써 가시화된다. 그러나 위험의 문제는 단순히 과학적 지식의 문제로 환원될 수는 없다. 현대사회는 이미 우리를 위협하는 온갖 위험들에 대한 정보들로 넘쳐난다. 이렇듯 모든 위험에 대비하는 것이 현실적으로 불가능한 상황에서는 어떠한 위험에 관심을 집중할 것인가가 문제가 된다. 이는 위험과 관련한 지식에의 접근가능성, 예상되는 위험의 유형이나 피해의 정도, 그리고 위험으로 인해 누가 고통을 받는지 등의 사안들과 관련되어 있다. 뿐만 아니라 보다 근본적인 문제는 위험에 대한 지식들 자체도 완벽한 확실성 속에서 위험에 대한 정확한 예측을 이끌어 내지 못한 채 그저 확률적으로만, 일련의 '시나리오' 들만을 양산한 채 지식들끼리 과학의 자리를 두고 서로 경쟁한다는 것이다. 왜냐하면 현대사회에서 위험을 분류하고 평가하는 지식은 그 자체로 권력이기 때문이다. 따라서 위험에 대한 과학적 지식은 사회적 논의와 비판 속에서 사회적 합리성을 획득해야 한다.[1]울리히 벡 (Beck, 2006[1986]: 69) 은 이를 칸트의 표현을 빌려 "사회적 합리성 없는 과학적 합리성은 공허하며, 과학적 합리성 없는 사회적 합리성은 맹목적이다" 고 지적했다.

마찬가지로 먹거리 위험에 대한 불안은 먹거리 위험을 야기한 사회구조, 글로벌 식량체계에 대한 저항으로 직접적으로 향할 때 사회적 합리성을 획득할 수 있을 것이다. 울리히 벡에 따르면 근대적 위험은 그 자체로 보편화 경향을 가지고 있다. 위험은 일시적으로는 계층이나 사회적 위치에 따라 불균등하게 분배될 수 있지만 근대적 위험이 확장됨에 따라 위험은 자신을 생산했고 이로부터 이득을 얻었던 본거지에로 되돌아가는 '부메랑 효과' 를 보이며 보편적으로 확산되는 경향이 있기 때문이다 (Beck, 2006[1986]: 78-80). 글로벌 식량체계가 야기하는 위험들 역시 특정 집단에 한정되지 않는다. 생산자인 영세농민의 몰락은 결국 소비자의 먹거리 위험을 가중시키며, 농민은 생산자이자 동시에 소비자이기 때문에 글로벌 식량체계로 인한 유해 농산물에 노출될 위험으로부터 역시 자유롭지 못하다. 따라서 먹거리 위험의 보편성을 인지하고 생산자나 소비자 할 것 없이 각자가 대안적인 먹거리 체계를 능동적으로 모색하는 주체로 운동에 참여할 필요가 있다. 이해진 (2012) 은 주어진 먹거리를 수동적으로 선택, 구매하는 종속적 소비자가 아니라 음식점에서 먹거리의 생산지와 가공방식을 묻고, 먹거리와 관련된 정책에 적극적으로 개입하는 소비자를 먹거리 시민으로 분류한다. 마찬가지로 생산을 규모화하기보다 공용우사나 공용농기계 사용으로 생산을 조직화하거나 순환농업의 방식을 다양하게 모색하는 등 먹거리 위험을 만들어내는 생산방식을 거부하는 생산자는 단순히 생산자를 넘어 공동체의 가치를 실천하는 활동가이기도 하다.

위험은 언제든지 현실화하기를 기다리며 잠재적인 방식으로 존재하며, 우리는 위험이 현실화할 미래를 볼 수 없기 때문에 위험은 언제나 비가시적인 형태로 존재한다 (Beck, 2006[1986]: 106). 그러나 그럼에도 불구하고 위험은 허구가 아니다. 일년 내 피땀흘려 지은 농작물이 시장가격의 폭락으로 한순간에 쓰레기가 된다거나 유해 식품에 노출되어 고통받는 이들에게 위험은 생생한 존재론적 지위를 획득한다. 위험사회라는 조건은 위험으로 인해 고통받을 수 있는 이들 모두에게 운동의 출발점이 될 수 있을 것이다

---

[1] 이와 관련하여 벡은 과학에 대한 과학사회학적 비판, 성찰적 과학의 가능성, 과학으로부터의 탈주술화에 대해 논하고 있다 (Beck, 2006[1986])

참고문헌

김미숙, 이상영, 정진욱·성균관대학교 서베이리서치센터, 2013, [연구보고서 2013-04] 위험사회에 대한 국민의식조사, 한국보건사회연구원.

김종덕, 2002, 농업의 세계화와 대안 농업 운동, 『농촌사회』, 12(1): 133-159.

김종덕, 2007a, 지역식량체계 농업회생방안과 과제, 『농촌사회』, 17(1): 5-32.

김종덕, 2007b, 지역식량체계에서 소비자의 역할에 관한 연구, 『한국지역사회생활과학회지』, 18(4): 617-627.

김종덕, 2008, 우리나라 로컬푸드 정책의 방향, 『지역사회학』, 9(2): 85-113.

김종덕, 2009, 한국의 대안 농업과 농촌의 미래, 『쌀·삶·문명연구』, 3: 161-179.

김철규, 2008, 현대 식품체계의 동학과 먹거리 주권, 『ECO』 12(2): 7-32.

김철규, 2011, 한국 로컬푸드 운동의 현황과 과제: 농민장터와 CSA를 중심으로, 『한국사회』 12(1): 111-133.

김철규·김선업, 2009, 2008 촛불집회와 먹거리 정치: 집회참여 10대를 중심으로, 『농촌사회』 19(2): 37-61.

나영삼, 2011, 로컬푸드를 이용한 지역농업 활성화방안 연구: 완주군 사례를 중심으로, 전북대학교 생명자원과학대학원 석사학위논문.

네모토 마사쯔구, 2014, 사회적 경제 네트워크를 통한 로컬푸드 운동의 활성화 방안: 한·일 비교를 중심으로, 『지방정부연구』, 18(1): 57-73.

멕카시, 존 D., 메이어 N. 잘드. 1988. 사회운동에 관한 자원동원화 이론, in 『집합행동과 사회변동』, 김영정 편, 현암사, pp. 272-304.

박민선, 2008, 세계농식품체계와 식품안전: 유전자조작 식품을 중심으로, 『ECO』, 12(2) 63-87.

윤병선, 2008a, 로컬푸드 관점에서 본 농산가공산업의 활성화방안, 『산업경제연구』, 21(2): 501-522.

윤병선, 2008b, 세계적 식량위기의 원인과 식량주권, 『녹색평론』, 100: 77-89.

윤병선, 2009, 왜 지역먹거리운동인가? 『녹색평론』, 104: 36-49.

이해진, 2012, 소비자에서 먹거리 시민으로, 『경제와사회』 96: 43-76.

이해진, 이원식, 김흥주, 2012, 로컬푸드와 지역운동 네트워크의 발전: 원주 사례를 중심으로, 『지역사회학』, 13(2): 229-262.

이희상, 2012, 글로벌푸드/로컬푸드 담론을 통한 장소의 관계적 이해, 『한국지리환경교육학회지』, 20(1): 45-61.

정동일, 2012, 지역사회 개혁운동 혹은 소비자 운동?: 춘천지역 로컬푸드 운동의 프레임 변화와 그 현재, 『지역사회학』, 13(2): 195-228.

정태석, 2006, 시민사회와 사회운동의 역사에서 유럽과 한국의 유사성과 차이: 유럽의 신사회운동과 한국의 시민운동을 중심으로, 『경제와사회』 72: 125-147.

정태석, 2009, 광우병 반대 촛불집회에서 사회구조적 변화 읽기: 불안의 연대, 위험사회, 시장의 정치, 『경제와사회』 81: 251-272.

한국농수산식품유통공사, 2015.2.15.2월 국제 곡물 시장동향, 한국농수산식품유통공사 식량관리처. (http://www.at.or.kr)

홍경환, 김지영, 김양숙, 2009, 로컬푸드의 개념적 이해 연구, 『대한경영학회지』, 22(3): 1629-1649.

Beardsworth, Alan and Teresa Keil, 2010[1997], 『메뉴의 사회학: 음식과 먹기 연구로의 초대』, 박형신·정현주 역, 도서출판 한울.

Beck, Ulich, 2006[1986], 『위험사회: 새로운 근대(성)를 향하여』, 홍성태 역, 새물결.

Beck, Ulich, 2010[2007], 『글로벌 위험사회』, 박미애·이진우 역, 도서출판 길.

Beck, Ulrich, Anthony Giddens and Scott Lash, 1998[1994], 『성찰적 근대화』, 임현진·정일준 역, 한울.

Bourdieu, Pierre, 1986, The forms of capital, In Handbook of Theory and Research for Sociology of Education, edited by John Richardson, Greenwood Press, pp. 241-258.

Douglas, Mary and Aaron B. Wildavsky, 1993, 『환경위험과 문화』, 김귀곤・김명진 역, 명보문화사.

Douglas, Mary, 1997[1979], 『순수와 위험 : 오염과 금기 개념의 분석』, 유제분・이훈상 역, 현대미학사.

Durkheim, Emile, 2008, 『에밀 뒤르켐의 자살론』, 황보종우 역, 청아출판사.

Durkheim, Emile, 2012, 『사회분업론』, 민문홍 역, 아카넷.

Granovetter, Mark, 1985, Economic action and social structure: The problem of embeddedness, American Journal of Sociology, 91(3): 481-510.

Halweil, Brian, 2006[2004], 『로컬푸드 : 먹거리-농업-환경, 공존의 미학』, 김종덕・허남혁・구준모 역, 시울.

Polany, Karl, 2009[1944], 『거대한 전환 : 우리 시대의 정치 경제적 기원』, 홍기빈 역, 도서출판 길.

Snow, David A. 2004. "Framing Process, Ideology, and Discursive Fields." in David A. Snow, Sarah A. Soule and Hanspeter Kriesi(eds.). 2004. The Blackwell Companion to Social Movement. Wiley-Blackwell. pp. 380-412.

Snow, David A. and Robert D. Benford. 2000. "FRAMING PROCESSES AND SOCIALMOVEMENTS: An Overview and Assessment." Annual Review of Sociology 26: 611‐639.

Snow, David A., E. Burke Rochford, Steven K. Worden and Robert D. Benford. 1986. "Frame Alignment Processes, Micromobilization, and Movement Participation." American Sociological Review 51(Aug): 464-481

Sonntag, V. 2008. "Why Local Linkages Matter." Sustainable Seatle. (http://www.usask.ca/agriculture/plantsci/hort2020/local_linkages.pdf)

Starr, Amory. 2010. "Local Food: A Social Movement?", Cultural Studies <=> Critical Methodologies, 10(6): 479-490.

Urry, John. 1995. Consuming Places, New York: Routledge.

Weber, Max. 2010. 『프로테스탄티즘의윤리와자본주의정신』, 김덕영역, 도서출판길.

Wrong, Dennis. 1961. "The oversocialized conception of man in modern sociology", American Sociological Review, 26(2): 183-193.

한국 농촌의 대안미래 시나리오

손현주

(전북대)

【논문요약】기술의 발전과 더불어 한국의 대내외 환경의 변화로 농촌과 농업이 매우 빠르게 변화하고 있다. 지난 반세기 근대화과정에서 농촌이 변화한 것 보다 앞으로 20년 후가 더 많이 변할 것이라 예측하는 목소리가 높다. 또한 노령화, 기후변화, 에너지, 환경 등의 변화는 농업·농촌의 새로운 도전·위험·불확성을 가중시키고 있다. 미래 사회의 변화에 대비하고 위험·불확실성에 확실히 대비하기 위해서는 미래 예측이 필요하다. 이러한 관점에서 본 논문은 사회 지리학적 관점에서 한국의 농촌의 대안 미래를 위하여 시나리오를 작성할 것이다. 논문의 핵심적인 연구질문은 2030년 한국 농촌의 미래모습은 무엇인가이다. 이러한 목적을 달성하기 위해 글로벌비지니스네트워크(GBN)의 시나리오 플래닝(Scenario Planning) 기법을 활용할 것이다. 본 논문의 구체적인 내용은 다음과 같다. 첫째, 농업·농촌의 영향을 미치는 메가트렌드·이머징 이슈(emerging issues)·불확성을 확인한다. 둘째, 농업·농촌에 대한 미래이미지(images of the future)를 고찰한다. 셋째, 시나리오 플래닝 기법에 의해 도출된 네 가지 대안 미래 시나리오를 만든다. 넷째, 다양한 미래 시나리오를 통해서 2030-2040년의 한국 농업·농촌의 모습을 전망함으로써 바람직한 미래의 정책방향과 과제를 검토하고 실현 가능한 비전을 강구한다.

【주제어】대안 미래, 시나리오, 한국, 농촌사회, 신농업혁명, 고령화

I. 머리말

한국 농업은 '사양사업인가' 아니면 '미래 성장산업인가' 혹은 '농촌은 위기인가' 아니면 새로운 도약을 마련할 수 있는 '좋은 기회인가'는 중요한 이슈이다. 하지만 이에 대한 대답은 쉽지 않다. 급속한 산업화 과정에서 농업 사양화 논리는 팽배할 수 밖에 없다. 이러한 사양화 논리의 근거는 경제성장이 1차 산업인 농업에서 2차산업인 공업, 그리고 3차 산업인 서비스 산업으로 이행되면서 농업이 구조적으로 쇠퇴할 수 밖에 없다는 피셔-클라크의 구조이행론에 근거한다 (김병률 2011, 141).

세계적 차원의 역동적인 변화와 더불어 한국의 농촌사회는 다양한 변화를 보여 주고 있다. 한국의 농촌사회는 유례를 찾을 수 없는 빠른 농업구조조정을 경험하였다. 1970년의 농촌인구 (읍면 인구)는 전체 인구의 58.8%인 1,850만 명에서 2005년에 18.1%인 876만명으로 줄어들었고, 65세 이상 노인인구의 비율이 4.2% (1970년)에서 18.1% (2005년)로 늘었다 (박진도 2010, 164). 또한 통계청의 귀농·귀촌 관련 자료에 따르면, 귀농가구는 2012년 11,220가구 (19,657명), 2013년 10,923가구 (18,825명), 2014년 11,144가구 (18,864명)로 집계되었다. 귀촌가구는 2012년 15,788가구 (27,665명), 2013년 21,501가구 (37,442명), 2014년 33,442가구 (61,991명)로 집계되었다. 이러한 귀농·귀촌 인구의 증가는 베이붐 세대의 은퇴가 가장 중요한 원인이고, 30·40대의 경우에는 경쟁에서 벗어나 자연 친화적인 삶에 대한 동경에 있다. 또한 기술의 발달에 따른 '신농업혁명'이 활성화되면서 농촌에 새로운 산업단지가 들어서면서 일자리 창출의 근원지가 되고 있다. 반면에 농촌지역에는 이상기후, 농산물 시장개방 확대, 노령화에 따른 위기가 있다. 농가인구 감소, 고령화에 따른 노동력 부족 문제, 농산물의 안정적 판로 등의 다양한 문제가 산적해 있다.

기술의 발전과 더불어 한국의 대내외 환경의 변화로 농촌과 농업이 매우 빠르게 변화하는 가운데, 지난 반세기 근대화과정에서 농촌이 변화한 것 보다 앞으로 20년 후가 더 많이 변할 것이라 예측하는 목소리가 높다. 앞에서 언급했던 것처럼 노령화, 기후변화, 에너지, 환경 등의 변화는 농업·농촌의 새로운 도전·위험·불확실성을 가중시키고 있다. 미래 사회의 변화에 대비하고 위험·불확실성에 확실히 대비하기 위해서는 미래 예측이 필요하다. 이러한 관점에서 본 논문은 한국의 농촌의 대안 미래를 위하여 시나리오를 작성할 것이다. 논문의 핵심적인 연구질문은 2030

년 한국 농촌의 미래모습은 무엇인가이다. 이러한 목적을 달성하기 위해 글로벌비지니스네트워크 (GBN) 의 시나리오 플래닝 (Scenario Planning) 기법을 활용할 것이다. 본 논문의 구체적인 내용은 다음과 같다. 첫째, 농촌 사회의 사회적·경제적 변화를 살펴본다. 둘째, 농업·농촌의 영향을 미치는 트렌드를 확인한다. 셋째, 시나리오 플래닝 기법에 의해 도출된 네 가지 대안 미래 시나리오를 만든다. 넷째, 결론적으로 미래 시나리오의 함의를 살펴본다.

II. 한국 농촌 사회 · 경제의 변화

1. 한국 농어촌 경제여건의 변화

농업부문과 비농업 부문의 농어촌 취업자 수의 변화를 살펴본 결과 농업부문의 취업자 수는 크게 감소한 반면 비농업 부문 취업자 수는 증가하고 있다 (그림 1 참조).

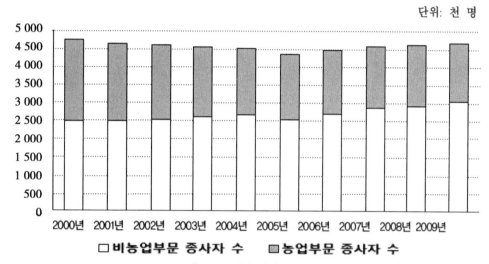

단위: 천 명

그림 1 농어촌의취업자비교

출처 : 한국농촌경제연구원, 농어촌 정주공간의 변화와 정책과제, 2012

취업자 기준으로 농어촌에서 가장 구성 비율이 높은 업종은 농림어업, 제조업, 도소매업, 숙박·음식점업, 건설업 등의 순으로 나타난다 (표 1 참조). 농림어업 분야는 뚜렷한 감소세를 보이고, 반면에 개인 서비스업, 사업서비스업, 보건·복지사업 등의 분야는 취업자 비중이 늘어나고 있다. 대체로 농어촌에서는 경제활동 활성화를 기대하기 힘든 곳이 많으며, 주민 중 노인과 취약계층의 비율이 높아 이러한 결과가 나타난다고 할 수 있다.

2. 농촌의 인구변화 추이

농어촌 인구는 1990 년 1,110 만 명에서 2000 년 938 만 명 그리고 2010 년 876 만 명으로 꾸준히 줄어들고 있다 (표 2 참조). 이에 따라 총 인구 대비 농어촌 인구의 비율도 1990 년 25.6% 에서 2010 년 18.0% 까지 감소하였다. 전반적으로 농어촌 인구의 감소세가 다소 약화되고 있으나 농어촌 인구의 고령화 현상은 여전히 심화되고 있다.

전국 고령화 추이를 살펴보면 다음과 같다 (표 3 참조). 농촌의 고령화는 도시보다 빠르게 진행되고 있으며 농촌인구 중 65 세 이상 인구의 비율은 계속 증가하고 있다. 전국의 고령인구가 고령사회로 진입해가는 데에 비해 농촌은 이미 2000 년대에 고령사회에 진입했고, 2010 년 고령화율 20% 이상 (UN 기준) 으로 초고령사회에 진입하였다.

3. 수수입 농산물의 국내시장 점유율

2010 년 기준, 우리나라 수입농산물 시장에서 옥수수는 미국이 총 수입액의 84.2% 를 차지하고, 대두 또한 미국이 총 수입액의 60.5%, 쌀은 중국에서 54.6% 를 차지하고 있는 것으로 보아 주요 곡물의 절반이상을 수입하고 있음을 알 수 있다 (표 4 참조). 또한 쇠고기는 호주가 총 수입액의 53.5% 를 차지하며, 돼지고기는 미국이 25.7% 를 차지하고 있으나 전체적으로 육류도 50% 이상 수입하고 있다.

표 1　농어촌 지역의 취업구조 변화

산업 구분	2000년 취업자 (천 명)	2000년 구성비 (%)	2010년 취업자 (천 명)	2010년 구성비 (%)	연평균 증감률 (%)
농업, 임업 및 어업	2 091	46.7	1 463	33.4	-3.5
광업	12	0.3	7	0.2	-4.3
제조업	660	14.7	698	16.0	0.6
전기, 가스 및 수도사업	19	0.4	33	0.8	5.6
건설업	213	4.7	238	5.4	1.1
도매 및 소매업	379	8.5	368	8.4	-0.3
운수업	109	2.4	141	3.2	2.6
숙박 및 음식점업	248	5.5	281	6.4	1.3
출판, 영상 방송통신 및 정보서비스업	24	0.5	38	0.9	5.0
금융 및 보험업	90	2.0	77	1.8	-1.6
부동산 및 임대업	34	0.8	52	1.2	4.3
사업서비스업	62	1.4	182	4.2	11.4
공공행정, 국방 및 사회보장 행정	145	3.2	201	4.6	3.3
교육 서비스업	143	3.2	188	4.3	2.7
보건 및 사회복지사업	56	1.3	162	3.7	11.2
예술, 스포츠 및 여가 관련 서비스업	46	1.0	56	1.3	1.9
협회 및 단체, 수리 및 개인서비스업	141	3.2	167	3.8	1.7
기타 공공, 수리 및 개인서비스업	4	0.1	18	0.4	14.8
국제 및 외국기관	2	0.0	2	0.0	-1.4
전 체	4,477	100.0	4,373	100.0	-0.2

주 1) 취업자 수가 높은 상위 5개 업종은 음영으로 강조하였으며, 연평균 증가율이
　　10%를 넘는 업종은 밑줄로 강조
　 2) 2000년과 2010년 두 시점의 산업 대분류 변화를 반영하여 일부 데이터를 조정
자료: 연도별 인구주택총조사 표본조사(경제활동편) 자료 활용
출처 : 한국농촌경제연구원, 농어촌 정주공간의 변화와 정책과제, 2012

표 2　도시와 농어촌의 인구변화

(단위: 천명, %)

구분	전국 인구	전국 고령 비율	도시 (동지역) 인구	도시 (동지역) 고령 비율	농촌 (읍·면지역) 인구	농촌 (읍·면지역) 고령 비율
1990	43 390	5.0	32 290	3.6	11 000	9.1
2000	45 985	7.3	36 642	5.5	9 343	14.7
2010	47 991	11.3	39 363	9.2	8 627	20.9
2020	51 435	15.7	41 822	–	9 613	27.8

* 총인구기준 (외국인포함)
자료 : 통계청, 인구주택총조사, 각연도 ; 성주인·채종현 (2012) 재인용

표 3　전국 고령화 추이와 도·농간 비교 전망

(단위: 천명, %)

구분	1990 년	1995 년	2000 년	2005 년	2010 년	연평균 증감률
전국 (A)	43 411	44 609	46 136	47 279	48 580	0.56
도시	32 309	35 036	36 755	38 515	39 823	1.05
농어촌 (B)	11 102	9 572	9 381	8 764	8 758	-1.18
비중 (B/A)	25.6	21.5	20.3	18.5	18.0	

자료 : 통계청, 인구주택총조사, 각연도. 통계청, 장래인구추계, 2010
한국 농촌경제연구원, 농업전망 2012; 도농상생을 위한 농업·농촌가치의 재발견, 2012

표 4 수입농산물의 국내시장 점유율 (2010 년)

품목	옥수수	쇠고기	돼지고기	대두	쌀	포도주
총수입액	2,000	1,186	717	588	249	113
1	미국	호주	미국	미국	중국	프랑스
	84.2	53.5	25.7	60.5	54.6	32.0
2	중국	미국	칠레	브라질	미국	칠레
	3.7	35.6	15.7	32.3	31.4	22.0
3	헝가리	뉴질랜드	캐나다	중국	태국	이탈리아
	3.5	10.2	14.2	6.1	12.5	17.0

출처 : 이명근. 2012. 『한중 FTA : 농업은 살아남을 수 있을까?』, 한국농촌경제연구원

4. 도·농간 소득격차

1990 년대 중반까지만 해도 농가소득은 도시 근로자 가구소득 수준의 95% 이상이다 (표 5 참조). 그러나 1995 년 이후 도시와 농촌 간의 평균소득의 격차가 점차 확대되어 2007 년의 경우 도시 근로자 가구 소득 대비 농가소득은 72% 로 하락하고 있다 .

표 5 도시근로자가구와 농가의 소득 비교   (단위 : 천원 , 비율)

연도 소득	1970	1975	1980	1985	1990	1995	2000	2005	2007
도시근로자 가구소득 (A)	8 454	7 490	10 068	12 254	19 449	26 853	28 643	34 799	38 611
농가소득 (B)	6 400	8 314	9 652	13 829	18 945	25 530	23 072	27 211	27 985
(B)/(A)	0.76	1.11	0.96	1.13	0.97	0.95	0.81	0.78	0.72

자료 : 통계청 , 도시가계연보 , 각연도 , 한국은행 , 농가경제통계 원자료 ,

김형진. 2010. 『도농격차 실태 및 원인분석』, 전남대학교

III. 한국 사회의 주요 트렌드

1. 사회 트렌드

사회적 측면에서 한국사회는 분열된 혹은 해체된 사회라 할 수 있다. 한국은 근대성 (현대성) 에서 후기 근대성 (postmodernity) 사회로 이행하고 있다. 근대화 시기 동안, 한국은 합리적이고 점진적인 변화에 관심을 가졌다. 사람과 사회에 대한 새로운 생각과 이해를 요구하는 포스트모던 시대에서는 "사회 분화 , 세속화 , 개인주의화" 와 같은 포스트모던적인 특성을 받아들였다 (van Raaij 1993, 541). 그런데 , 이러한 포스트모던한 특성들이 한국 사회를 사회 해체 , 정체성과 사회구조의 상실을 가져왔다 (van Raaij 1993, 541). 한국 사회가 해체되고 있다는 것은 가족 구조 , 인구 변화 , 도시화 , 사회양극화를 통해 확인할 수 있다.

가족은 사회의 가장 기본적인 단위이고 중요한 사회 체계이다. 통계청 장래인구추계에 따르면 2010 년 1,715 만였던 총가구수가 2030 년에는 1,987 만으로 증가할 것으로 추정된다. 우리나라 인구는 2028 년을 기점으로 감소할 것으로 전망되지만 가구수는 2030 년까지 계속적으로 증가할 것이다. 우리나라 가구당 평균 가구원수는 1985 년 4.16 명이었던 것이 2010 년에는 2.69 명으로 크게 감소하였다. 그리고 , 2030 년에는 2.35 명으로 줄어 들 것으로 전망된다. 일반가구 대비 1 인 가구비율은 1985 년에 6.9% 에서 2030 년에는 23.7% 가 될 것으로 예상된다. 여성 가구주의 비율은 1985 년 15.7% 에서 2030 년에는 23.9% 가 될 전망이다. 즉 , 네 가구 중 한 가구가 1 인 가구이거나 여성 가구주가 된다는 것이다.

해체화된 한국 사회의 또 다른 특징은 압축된 도시화이다. 1960 년 도시에 거주하는 인구가 39.1% 이었던 것에 반해 2009 년에는 90.8% 로 급증했다. 약 50 년만에 도시인구가 약 52% 증가한 것이다. 영국 , 독일 , 프랑스 , 미국이 도시인구가 50% 증가하는데 100 년 이상이 걸린 것과 비교하면 짧은 기간에에 나타난 현상이다. 압축적 도시화는 서울과 수도권 지역으로 모든 것이 집중화된 수도권 과밀화현상을 낳았다.

1997 년 경제위기 이후 한국사회는 사회적·경제적·정치적 양극화라는 문제에 직면한다. 이러한 양극화가 점차 고질화되는 우리나라는 격차사회로 지칭되고 있다. 사회양극화는 한국 사회

를 여러 분파로 차등화하는하는 차별과 배제를 초래한다. 이러한 양극화는 부의 세습, 노동시장의 불평등, 과도한 학벌사회, 부족한 사회안전망에 의해 더욱 가속화된다. 국세청의 '2009년 기준 근로소득세 및 종합소득세 100분위 자료'에 따르면, 근로소득세를 내는 월급쟁이의 상위 1%의 1인당 연평균 소득은 2억 432만원이고, 부동산, 이자, 배당 등의 자산 소득을 얻는 상위 1%의 평균 소득은 5억 7958만원이다 (한겨레신문, 2012년 9월 6일). 이들의 소득은 전체 임금근로자 평균 소득의 9.1배와 26.1배나 된다. 또 1980년대 민주주의가 공고화된 이래 정치적 양극화는 더욱 심화된 것으로 나타났다. 진보와 보수는 한국의 미래비전, 안보동맹, 중요한 정책에 대해 더욱 뚜렷한 대립 양상을 보이고 있다.

2. 경제 트렌드

가장 두드러진 한국 경제 트렌드는 세계화시대에 걸맞는 지식기반경제로의 전환이다. 한국은 1960년대 이래 급속한 경제 성장을 이루어냈다. 1961년과 2009년 사이의 연 평균 경제성장률이 6.9%였다. 그러나 1997년 경제위기 이후 연평균 경제성장률은 3.9%(1998-2009)로 주춤하였다. 국내시장이 감소하고 한국 경제가 초, 중기 산업화시기만큼 빠른 성장을 할 수 없는 성숙단계로 접어들었기 때문이다. 경제 성장률의 하락세는 또한 미래 평균 성장률의 감소를 암시한다. 그러나, 1960년대 이래 국내 총생산에서 수출이 차지하는 비중은 IMF 시기에도 변함없이 꾸준히 증가하였다. 특히 경제위기가 절정이었던 1998년부터 2009년까지도 국내 총생산에서 수출의 비중은 연평균 41.1%나 차지했다. 중국과 다른 신층국가의 성장 때문에 수출이 호조를 보였던 것이다.

한국의 경제구조는 지난 수 십년에 걸쳐 서비스 경제, 특히 지식기반경제로 빠르게 전환되고 있다. 농업, 제조, 서비스업을 비교해 볼 때, 서비스 부문은 상당한 성장세를 보이고 있다. 2009년 한국의 서비스 부문은 OECD의 평균 서비스 부문 비중의 72%에는 못 미치지만 60.88%로 상당히 근접해 있다. 지식기반경제는 단순히 경제의 디지털화나 네크워크화 넘어선 그 이상의 특성들을 보이고 있다 (추기능 2008). 이를 좀 더 자세히 살펴보면 다음과 같다. 첫째, 지식기반경제는 경제활동이 제조업에서 정보처리, 지식축적, 상징적 재화의 생산으로 이전하고 브랜드 중심의 경쟁이 이루어지는 탈물질화(dematerialization)의 경향을 보이고 있다. 둘째, 정보통신기술의 발달로 재택근무나 화상회의 등이 가능해지면서 인간과 자원의 집중을 완화시키는 탈집중화 현상이 나타나고 있다. 셋째, 생산노동자의 비중이 줄고 경영관리자, 기술자 등과 같은 지식노동자의 비중이 급격히 늘어나고 있다. 넷째, 기업자산에서 무형자산의 비중이 커지고 그에 대한 투자도 증가하고 있다. 지식기반경제는 그 외에 제조업의 지식기반화, 지식기반서비스업의 확대, 무형자산의 가치 및 거래 증가, 지식 사용자의 확산, 국가혁신체제의 중요성의 부각 등이 그 특징으로 나타나고 있다.

또한 지속가능한 성장과 탈(脫)석유경제의 해법으로 바이오경제가 부상하고 있다 (이주량 외 2011). 바이오경제란 생명공학기술의 발달을 바탕으로 바이오 관련 제품·서비스가 중심이 되는 경제활동을 의미한다. 바이오경제는 환경과 에너지와 관련된 분야로 바이오플라스틱, 바이오연료 등과 같은 화이트바이오산업, 보건의료에 속해있는 정보기술 헬스케어, 줄기세포치료 등의 레드바이오산업, 농·식품 분야로 유전자변형작물, 식물공장 등의 그린바이오산업으로 구성되어 있다 (최윤희 외 2013, 63). 바이오경제는 세계 금융위기를 극복하기 위한 새로운 성장동력, 고령화에 따른 복지 부담의 경감, 환경오염과 자원고갈을 대비하기 위한 대안으로 간주되면서 범세계적인 관심이 확산되고 그에 대한 요구가 증가하고 있다.

3. 기술 트렌드

핵심적인 기술 트렌드를 살펴보면 컴퓨터·반도체에 기반한 정보통신기술 시대에서 바이오 기술, 정보 기술, 나노 기술, 인지과학 등 다양한 기술이 조합된 융합기술 (Convergence Technology) 시대로 패러다임이 변하고 있다. 미국 랜드연구소 (RAND Corporation)의 기술 보고서인『세계 기술혁명 2020, 심측분석』(Global Technology Revolution 2020, In Depth Ananysis)에 의하면 2020년까지 융합화 트렌트가 빠르게 진행될 것으로 전망된다. 이 보고서는 유전자 조작작물, 조직공학, 새로운 진단·수술방법, 유비쿼터스용 정보통신기기, 웨어러블 컴퓨터, 에너지절약 조립식 저가주택, 하이브리드 자동차, 저가 태양에너지, 정수용 필터·촉매 등 16개 분야가

현재 기술응용분야를 대표하고 있다고 발표했다. 또 과학기술 역량, 제도, 인적자원 및 기술을 추진할 수 있는 나라로 미국, 캐나다, 독일, 일본, 호주, 이스라엘과 더불어 우리나라를 융합기술 과학선진국으로 분류하였다.

정보통신기술은 하드웨어에서 소프트웨어·콘텐츠 중심으로 넘어 가고 더욱 스마트화되고 감성화될 것으로 전망된다 (과학기술기획평가원 2012, 90). 특히, 스마트화의 물결이 TV, 가전, 의료기기, 자동차로 확산되고 있다. 또한 "음악가들이 선율, 리듬, 템포, 악기, 성조 등 450 개 속성 (뮤지지놈) 을 분석한 90 만곡 이상의 콘츠와 청취자 선호도 (thumbs up/down) 정보를 결합해 각각의 청취자들에게 맞춤 선곡된 라디오 방송을 제공" 하기도 한다 (삼성경제연구소 2012). 인터넷 사용자가 20 억명이 넘고 모바일 폰 사용이 50 억대 이상인 환경 속에서 정보기술의 융합은 모든 사람이 유비쿼터스를 체험하고 가상의 공간과 사물을 이용할 수 있는 증강현실 (augmented reality) 을 경험하게 한다.

바이오 기술은 보건 분야에 집중되어 있는데 농업과 산업 분야에서도 바이오 기술은 상당한 경제적 효과를 창출 한다. 농업은 식량, 사료, 공업원료용 농산물을, 산업은 효소, 바이오연료, 바이오플라스틱을, 보건은 새로운 치료와 진단을 포함한다 (과학기술기획평가원 2012, 95). 인간 게놈프로젝트 완성 이후 동물, 식물, 미생물에 대한 유전자지도가 완성되었고 정보기술, 나노기술의 융합으로 바이오칩 나노바이오기술 제품들이 생산된다. 또 줄기세포 등 바이오기술의 진보는 난치병과 유전병 치료에 획기적인 돌파구가 되었으며 삶의 질을 개선하는 예방의학 관점에서 활용되기 시작했다 (과학기술기획평가원 2012, 96).

10 여년 전 우리나라 나노기술은 나노소재 개발 수준에 있었고, 나노기술정책이 추진되면서 은나노, 광촉매, 나노섬유, 화장품 등과 같은 생활용품 분야에서 산업화가 이루어졌다 (과학기술기획평가원 2012, 100). 오늘날에는 반도체, 디스플레이, 자동차, 에너지, 전자부품, 건축, 환경, 생명 등 분야로 퍼져 타산업과의 융합기술로 자리잡아 가고 있다. 나노기술은 맑은 물 공급, 효율성 있는 태양광, 환경복원 및 폐기물 관리 비용 절감 등에 이용되어 자원을 효율적으로 이용하는데 도움이 되고 있다. 이런 나노기술은 장래의 기술혁명의 원동력으로 간주된다 (과학기술기획평가원 2012, 100-101).

이에 더해 집단지성 (Collective Intelligence) 과 빅데이터의 발달로 문제해결 능력이 가속화될 것이다. 집단지성은 "수많은 개인들의 협동과 집단적 노력으로 생성되고 공유되는 집합적인 지성" 을 의미한다 (홍종윤 2014, 20). 개인이 갖고 있는 지식의 한계를 뛰어 넘어 공동체 전체의 지식을 통해 생산력을 향상시키는 것이다. '백지장도 맞들면 낫다' 라는 속담과 같은 연장선상에 있다. 집단지성이 널리 공유될 수 있었던 것은 인터넷에 기반한 네트워크의 발달때문이다. 집단지성을 장점을 보여주는좋은 예가 바로 위키피디아 (Wikipedia) 이다. 위키피디아는 수천만명의 일반인이 글을 쓰고 지식을 축적하는 사용자 참여의 온라인 백과사전이다. 크라우드 소싱 기업인 '이노센티브 (InnoCentive)' 는 어려운 문제를 일반 대중들에게 공개하고 그 문제를 해결한 사람에게 상금을 준다. 네이버 지식 iN 서비스, IBM. 이노베이션 잼, 오픈소스 소프트웨어 (open source software) 등도 협업적 집단지성의 모델이다. 집단지성은 기술의 발달에 따라 현대 사회의 복잡한 문제를 해결하는 대안적 방법이 될 수 있다.

4. 문화 트렌드

우리나라는 근대 문화에서 포스트모던 문화로 변하고 있다. 반 라이지 (van Raaij) 는 포스트모더니티의 특성을 지배적인 이데올로기는 없으며 다양한 스타일이 존재하는 것으로 정의했다 (van Raaij 1993, 541). 그는 사회와 기술의 변동이 네 가지 포스트모던 조건—시장과 경험의 분절, 생산과 서비스의 초현실성, 소비를 통한 가치실현, 정반대되는 것들의 역설적인 조화—을 향해 나아간다고 보았다. 한국 사회 포스트모던 문화의 특징은 편리의 문화, 소비지상주의의 등장, 그리고 소셜 네트워크 문화로 요약할 수 있다.

한국 사회는 편리의 문화가 지배적이다. 편리의 문화는 개인의 안락함 혹은 편리함을 추구하는데 초점이 맞춰져있다. 토마스 티어니 (Thomas Tierne) 의 책『편리함의 가치 : 기술문화의 계보』 (The Value of Convenience: A Genealogy of Technical Culture) 에서 "편리함이란 고통과 문제로부터 자유롭고 육체적 욕구가 충족되는 신체적·물질적 복지의 상태" 라고 정의했다 (Slack and Wise 2005, 29). 그는 편리하다는 것은 기술 문화를 통해 안락하고자 하는 욕구라고 간주했다. 한국 사회는 안락함에 대한 높은 기대를 갖고 있어서 기술을 통해 지극히 편안한 생활을 꿈꾼다. 예를 들어, 우리나라는 배달의 천국이다. 전화와 인터넷으로 음식, 꽃, 세탁, 우유, 신문, 서류, 책, 카메라, TV 등 배달되지 않는 것이 없을 정도다. 퀵 서비스와 택배 서비스를 위해 오토바이와 차량들이 전국을 누빈다. 주문한 상품은 1-2 일 이내에 꼭 배달된다.

편리한 생활의 추구는 웰빙에 대한 집착으로 나타난다. 웰빙은 정신적 육체적 건강의 측면에서 신체적 욕구의 충족과 연관되어 있다. 근대의 합리성은 좋은 생활을 위해 경제성장과 재정적 안정을 추구하는 반면에 포스트모던의 합리성은 개인의 몸에 더 큰 관심을 갖게 된다. 웰빙, 얼짱, 몸짱에 대한 열풍은 포스트모던 문화의 몸에 대한 자연스런 관심을 표출한 것이다. 이제 웰빙은 행복한 삶을 위해 필수 불가결한 요건이 되었다. "유기농 식품 먹기, 깨끗하고 좋은 물 마시기, 몸에 좋은 재질로 만든 주택 내부, 헬스클럽 가입, 요가 실습, 전원에서 가족들과 주말 보내기 등"이 있다 (Koo 20007, 9). 유기농과 웰빙 관련 상품 시장이 가장 빠르게 성장하는 시장이 되었고 대부분 식음료 기업들은 그들의 생산품에 웰빙이라는 단어를 사용하는 게 유행이다.

이와 비슷하게, 소비가 생산보다 더 중요한 사회가 되었다. 근대화로 이행하는 시기에는 한국 사람들은 생산중심 가치를 가졌었다. 그런데, 이제 생산중심 산업구조가 소비지향 사회로 바뀐 것이다. 개인 소비의 수준이 행복과 웰빙의 기준이 되었다. 피에르 부르디외는 소비가 계급 구별과 정체성 형성에 중요한 역학을 한다고 주장함으로써 소비가 계급의식에 끼치는 영향을 갈파하였다. 소비문화는 레저활동 정도에 의해 결정된다. 한국인의 레저 소비는 지난 수 십년동안 꾸준히 증가해왔다. 1970년대에는 가구 소비의 2%만을 레저를 위해 썼으나 2000년대 후반에는 7%를 쓴다 (The Korea Times, 2010년 12월 16일). 그러나 서구 선진국과 비교하면 레저를 위해 쓰는 비용은 많이 뒤떨어져있다.

세 번째 문화 트렌드의 특징은 소셜 네트워크 문화 (SNS) 의 부상이다. 소셜 네트워크 서비스는 전 지구적 현상이다. 예를 들면, 페이스북은 2014년 월 이용자가 12억 7천만이 넘었고 하루 이용자도 8억명이 넘었다. 소셜 네트워크로는 트위터, 페이스북 등과 같은 개방형과 미니홈피, 밴드, 카카오톡 등과 같은 폐쇄형이 있다. 소셜 네트워크는 일상생활의 삶을 기본으로 사용자 간의 의사소통, 정보공유, 인맥확대 등을 통해 사회연결망을 증대한다. 소셜네트워크는 문화 실천을 하는데도 중요한 역할을 한다..

5. 환경트렌드

세계보건기구에 따르면, 환경위기 (environemtnal risk) 는 질병, 사망, 장애를 야기하는 가장 중요한 요소이다 (Prüss-Üstün and Corvalán 2006, 9). 전 세계적으로 질병의 24%, 사망의 23%가 환경위기 때문인 것으로 추정된다. 환경위기는 실내외 공기오염, 납, 물, 위생시설, 기후변동, 기타 직업병 (부상, 소음, 발암물질, 대기 미립자, 스트레스 등) 을 포함한다.

특히 지구 온난화는 기근, 폭염, 홍수, 산불과 같은 이상 기후를 야기하여 인간, 식물, 동물들을 위협한다. 2007년 기후변동에 관한 정부간 채널 (intergovernmental Panel on Climate Change) 은 세계 기후 변동이 생각하는 것 이상으로 악화되어 있다고 주장했다. 이 단체가 발행한 보고서는 세계 기온이 20세기 말에 4도 증가하였다고 보고했다. 세계의 온도 상승은 식량생산의 감소, 홍수의 증가, 빙하 및 얼음의 녹음, 질병의 대량 발생, 육지 생물의 손실, 물 부족, 강력한 태풍 등을 창출한다. 더 나아가 기후 변화는 심각한 자연재해를 빈번하게 발생시킨다. 심지어 자원 부족을 야기하여 전쟁의 지국적 확산을 초래할 수 있다.

아래 그림은 한국의 기후변화를 세계의 것과 비교한 것이다. 한국의 이산화탄소 배출량, 온도, 강수량, 해수면은 세계의 평균수치보다 빠르게 증가하고 있다. 한국의 연평균 이산화탄소 배출량은 세계 이산화탄소 평균 배출량보다 높다. 지표면 평균 온도도 전 세계의 평균상승온도는 0.7 ± 0.18 도인 것에 비해, 한국은 1.5 나 증가하였다.. 지난 한 세기 동안 한반도의 해수면은 50 센티미터나 증가하였다. 세계의 어느 나라보다도 한국사회는 더욱 크고 뚜렷한 지구온난화 현상을 보이고 있.

표 6 한국의 기후 변화

내용	한국	세계 평균
연 평균 CO2(ppm)	389(2005)	379(2005)
온도 상승 (1905–2005)	1.5 도	0.7 ± 0.18 도
연 강수량 (mm)	1166(1920) → 1501(2006)	
해수면 상승 (mm/ 년)	1–6	1.3–2.3

출처 : World Health Organization's country file, http://www.wpro.who.int/NR/rdonlyres/CB06DB47-3CFC-471F-936B-BBB5C6BDBD1D/0/KOR1.pdf

이와 맞물려, 다른 여느 나라처럼, 한국도 기상 이변이 빈번히 발생하고 그에 따른 피해비용도 꾸준히 증가하고 있다. 기상청과 녹색성장위원회가 발간한 『2010 이상기후 특별보고서』에 따르면 2010년 1월 4일 서울에 폭설이 내렸고 3월 하순부터 4월말까지 이상저온현상이 나타났다. 또한 여름철은 폭염이 지속됐고, 8월 9일 태풍 '덴무'가 한반도를 강타한 것에 더해 다른 태풍으로 인해 피해를 입는 등 기상 이변이 속출했다.

이러한 기상이변을 일으키는 주요 요인으로는 지구온난화, 북극의 이상난동, 엘니뇨에서 라니료의 급격한 열대 태평양 해수면 온도 변화, 여름철 북태평양 고기압의 이례적 발달 등이 있다. 기상 이변은 농업, 산업, 환경 등 각 부문에 주목할만한 피해를 가져왔으며, 국토해양, 방재 분야에서도 이상 기후로 경제적 피해가 약 2조 4천억원에 달하였다.

IV. 시나리오 방법

1. 시나리오 정의 및 특성

시나리오는 여러 가지 다른 이름으로 불린다. 시나리오(scenarios), 시나리오 방법(scenarios method), 시나리오 기법(scenario technique), 대안 미래 시나리오(alternative futures scenarios), 시나리오 빌딩(scenario building), 시나리오 플래닝(scenario planning), 시나리오 분석(scenario analysis), 시나리오 학습(scenario learning) 등 있다.

시나리오는 시나리오의 아버지라 불리는 허만 칸(Herman Kahn)이 미국 랜드연구소(RAND Corporation)에서 일을 했던 50년대에 처음 개발했다. 칸의 시나리오 접근은 미국과 소련 간의 핵전쟁과 같은 극단적인 미래에 대한 가정으로부터 출발한다(Millett 2003). 그는 시나리오의 사용을 통해서 군사기획(military planning)은 합리적인 기대보다는 희망사항에 근거하여 수립한다는 것을 증명하려 하였다. 칸이 의도했던 시나리오의 본래 의미는 예측 혹은 예언이라기보다 '대안 결과를 가져오기 위한 대안 경로' 였다(Millett 2003). 칸의 시나리오 기법은 한 마디로 장기적인 관점에서 트렌드와 정책이 어떤 국제적·국가적 결과를 가져올 것인가에 대한 이해를 증진하기 위한 수단이었다. 따라서, 칸이 개발한 초기 시나리오의 시나리오의 특성은 다음과 같다 설명할 수 있다.

첫째, 두 개 이상의 가능한 미래를 구상한다.

둘째, 다양한 미래를 다루기 위해 가능한 행동 전략을 창출한다.

셋째, 현재가 어떻게 다른 가능한 미래로 발전해 가는가를 보여준다.

칸이 시나리오를 도입 한 후 여러 가지 시나리오에 대한 개념 정의가 있었고 이를 크게 두 가지 유형인 탐구 주도형 시나리오(inquiry-driven scenario)와 전략 주도형 시나리오(strategy-driven scenario)으로 구분할 수 있다. 탐구 주도형 시나리오는 질문, 의문, 미래 이미지에 촛점을 맞춘다한다. 이 접근의 주요 목적은 미래와 관련된 질문을 개발하고 아이디어를 얻기 위하여 상상력을 자극하고 호기심을 유발하는데 있다. 이런 맥락에서 시나리오는 미래 세대를 위해 모든 가능한 질문에 대답을 제공할 수 있어야 한다. 이 방법은 학계에서 주로 이용한다. 전략 주도형 시나리오는 시나리오 플래닝, 혹은 시나리오 빌딩이라 불린다. 이 시나리오의 주요 목적은 조직의 전략을 수립하는데 의사결정권자에게 다양한 가능성을 제공하고 예기치 못한 상황을 알려주는 것이다. 주로 기업체가 이런 방식의 시나리오를 채택하여 문제 해결과 프로젝트 수행을 위해 쓴다. 특히 전략 주도형 시나리오는 외부 환경의 변화에 관심을 갖는다.

2. 시나리오 개발을 위한 분석틀

본 논문은 전략 주도형 시나리오의 대표적인 방법인 시나리오 플래닝(scenario planning)을 이용하여 2040년의 미래를 예측하였다. 시나리오 플래닝은 컨설팅 회사인 글로벌 비즈니스 네트워크(Global Business Network)에 의해서 개발된 방법으로 일명 '멀리 내다보는 기술' (The Art of the Long View)로 불려진다. 시나리오 플래닝에서 시나리오 구성의 가장 주된 것은 "가장 중요성이 높고, 가장 불확실성이 높은 2-3가지 핵심 인들(key factors)을" 확인하는 것이다(최항섭·강홍렬·장종인·음수연 2005, pp. 80). 여기서 도출된 요인을 가지고 2차원, 혹은 3차원으로 조합하여 시나리오를 만드는 것이다. 한국 농업·농촌에서 가장 중요한 동인은 고령화 현상이다. 그리고 불확실한 것은 신농업혁명이다. 과연 신농업혁명이 농촌과 농업의 제2의 도약이 될지, 아니면 국내외의 대기업에 의해 농촌은 소외된채 대기업의 둘러리가 될지 확실하지 않다. 이러한 측면에서 본 논문은 다음과 같은 시나리오 작성하였다. 가로축은 농촌사회의 고령화 정도를 기준으로 완만한 고령화와 급속한 고령화로 구분하였다. 세로축은 신농업혁명의 진전 전동에 따라 보편적 신농업혁명와 제한적 신농업혁명으로 나누었다. 그 결과 4가지의 메트릭스가 아래와 같이 구성되었다. (표 7 참조)

표 7

	완만한 고령화	급속한 고령화
보편적 신농업혁명	1. 풍요로운 삶의 전원시대 (age of a good life in rural society)	2. 애그로연료시대 (age of agro-fuel)
제한적 신농업혁명	4. 새로운 영농세대의 등장 (rise of a new generation of farmers and ag-professionals)	3. 정부 주도형 시골지대 (government led countryside)

V. 농촌의 대안 미래 시나리오

1. 풍요로운 삶의 전원시대

풍요로운 삶의 전원시대 시나리오는 도시로부터의 농촌의 인구가 유입되고 외국인 노동자가 증가하여 농촌의 고령화가 완만히 진행되고, 정부의 적극적인 정책지원으로 신농업혁명이 농업·농촌지역에 광범위하게 퍼진 미래 모습이다. 이 시나리오에서는 농촌의 중요성이 부각되어 경제 분야에서 농업의 비중이 증가한다. 신농업혁명이란 "농업을 통해 농산물 생산뿐만 아니라 바이오 연료 등을 생산하여 에너지도 농업에서 얻을 수 있는" 기술 발전을 의미한다. 즉 미래사회에서 최대 도전과제인 기후변화 문제를 해결할 수 있는 곳은 농업이며, 대체 에너지인 지열발전, 풍력, 태양광, 조력발전 등도 농업용지에서 일어나게 된다. 농업과 첨단과학기술의 접점인 바이오 산업의 성장으로 농업은 새로운 산업으로 발전한다. 농촌으로의 새로운 유입인구가 증가하고 베이비 이후 에코세대가 농촌에 정착함으로써 인구증가가 꾸준히 지속되어 완만한 노령화 현상을 보인다. 또한 농촌에서 행해지는 서비스의 확대와 지방 경제의 활성화와 같은 반도시화 (counterurbanization) 의 추세가 널리 퍼져가고 있다. 전통적으로 아웃 소싱하면 도시에 있는 기업들이 외국으로 나가거나 혹은 외국에 있는 기업에 하청을 주는 식에서 농촌인력을 이용하여 아웃소싱을 주는 국내 산업의 분업화 향한다. 농촌 제조업의 기능이 활성화된다.

2. 애그로연료시대 시대

애그로연료시대 시나리오는 한국의 농촌이 신농업혁명 (neo agricultural revolution) 의 급속한 발전으로 유례 없는 사회 변화를 경험한다. 본 시나리오는 애그로연료가 사회의 중심이 되어 모든 생산품의 근원이 되는 에너지를 농업으로부터 얻어 오고, 노령화 문제를 신농업혁명으로 극복해가는 미래사회이다. 이 시나리오에서 농사의 목적이 먹거리를 생산하기 보다는 애그로연로와 같은 바이오 신 에너지 생산을 도와주는 역할을 많이 한다. 또한 기술의 발달로 GPS 를 이용한 스마트폰으로 트랙터를 조정한다. 지능형 센서를 이용하여 비료 살포를 얼마나 했는지를 알 수 있고 데이터를 이용하여 농민들이 농지 및 작물의 이용을 극대화하여 생산성을 높인다. 또한 고기의 세포를 축출 배양한 배양육이 선보여 각광을 받고 있다. 배양육은 구제역 같은 가축전염병에 대한 공포에서 벗어날 수 있을 뿐만 아니라 기후변화에 따른 물 부족 문제를 해결하고, 온실가스 방출을 낮추고, 에너지 소비를 극소화할 수 있다. 소, 돼지를 농장에서 사육해 고기를 얻는 대신 실험실에서 쇠고기를 배양해 먹는 시대이다. 그리하여 바이오제약 회사들이 최대의 기업들로 부상한다. 또한 앨지 (algae) 즉 미세조류가 나와서 중동으로부터 2030 년 석유독립을 달성하다.

3. 정부 주도형 시골 시대

소비의 시골시대 시나리오는 지금과 같은 추세가 한국 농업·농촌에 진행된다면 어떻게 될 것인가를 그려보는 것이다. 다시 말해 현재의 경제 발전이 변동없이 지속되고 노령화문제가 가중해지면서 경제성장과 사회운영에 전반적인 부정적인 영향을 미친다. 노령화가 심화되고 대신에 신농업의 혁명은 지지부진하다. 예를들면, 농업계 고등학교가 미달 상태이고, 그나마 이러한 학교를 졸업한 학생들도 농업부문 이외로 진출하는 경우가 대부분이다. 영농이 생계 내지 직업으로서의 의미를 잃고 있다. 신규 영농자의 진출자가 매우 적다. 영농 희망자도 적다. 청년들에게 농촌보다 도시가 더 매력적이다. 농업에 대한 희망이 없기 때문이다. 생산자와 소비자의 연결 단절은 기업의 생산자 지배, 기업의 소비자 지배를 용이하게 하고, 생산자와 소비자가 농업과 먹을거리의 공동체로서 공동대응을 어렵게 한다. 또 생산자가 식량생산과정에서 소비자의 건강을 고려하지 않게 된다. 우선 한국의 농가들은 경지규모가 적은 가족형 자영농으로 구성되어 있다. 경지규모가 적어 농민들이 생산하는 농산물의 규모가 대규모라기보다는 소규모이다. 농민들은 점점 더 노령화, 여성화 되어가고 있어, 소수의 농민들을 제외하면 새로운 기술의 도입이나 혁신을 시도하기 어려운 상태에 있다. 농가부채의 누증 그리고 영농을 통한 재생산이 되지 않기 때문에 농가들이 새로운 영농투자를 할 수 없는 상황이다. 산업형 농업의 확대되어 다음과 같은 특징을 보여 준다. 화학비료의 사용으로 토양이 산성화되고 사막화된다. 농약 사용이 급증하여 생물다양성을 저하시킨다. 또한 단작 재배로 종자의 다양성 저하가 있고 병충해로 더 많은 농약을 살포한다. 여전히 공장형 축산과 양식이 지배적이다. 지구 식량생산체제에 편입되어 장거리 수송이 보편화되어 지구 온난화는 더욱 심화된다. 산업형 농업의 심화로 생태계 위기가 악순환 된다. 농촌은 정부의 주도적인 정책과 도움없이 생존하기 힘들게 되었다. 이 시나리오가 가장 중심적인 시나리오로 가장 일어날 확률이 높은 시나리오이다.

　4. 새로운 영농세대의 등장

　새로운 영농세대의 등장 시나리오는 귀농·귀촌 인구의 증가로 농촌의 인구가 최근 몇 년 사이에 급속한 증가를 보였고, 신농업 혁명이 제한적으로 실시되어 농촌에 이주한 세대들이 농촌에 애착을 갖고 새로운 영농기법의 도입과 문화를 정착해가는 미래 모습이다. 특히 정부의 주도형 농업·농촌 정책보다는 농부들과 농촌 거주민들이 그들이 원하는 농촌건설 위해 자유롭게 정책을 실시한다. 새로운 영농세대는 환경과 경제성장 동시에 관심을 갖고 있으면 지방정부와 연계하여 주택개발, 새로운 운송수단, 영농기법을 개발한다. 새로운 영농세대는 농촌개발의 새로운 계층으로 학업수준이 높고 도시와의 사회적 인적 네트워크가 형성하여 도시와 적극적으로 연계하는 전략을 수립한다. 지방정부와 새로운 영농세대는 농촌이 가장 매력적인 공간이 될 수 있도록 개발하고 지역균형발전에 기여할 수 있도록 농촌이 지역중심으로 갈 수 있도록 정책개발을 한다.

VI. 결론 및 함의

　이 글은 시나리오 플래닝 방법을 이용하여 4가지 한국 농촌의 가능한 미래를 살펴보았다. 첫번째 시나리오는 풍요로운 삶의 전원시대이다. 이 시나리오는 가장 바람직한 시나리오로 인구증가를 위한 정부의 정책적 지원이 요구된다. 외국인의 유입, 한국내의 자체적인 인구 증가를 유도하기 위해서는 강한 인구 정책이 필요하다. 또한 외국인 노동자의 유입을 촉진시키기 위해서는 정책적으로 이들을 포용할 수 있는 차별없는 고용과 이들이 한국사회에서 고립되지 않도록 배려해야 한다. 그리고 반도시화의 경향을 발전적으로 해결하기 위해 도시와 농촌의 균형적인 발전을 위한 가치 개발을 가장 중요한 가치로 상정해야 한다.

　두번째는 애그로연료시대 시나리오로 바이오기술이 가장 발달한 미래 이미지이다. 이 미래상은 가장 포스트 모던한 미래로 기술이 세상을 변화시킬 수 있다는 기술결정론적 관점에 근거한다. 에너지의 모든 문제가 애그로연료로 모두 해결되오 급속한 성장을 한다. 농촌이 한국 경제 발전의 견인차 역할을 한다. 그리하여 공적 부문보다는 사적 영역, 다시 말해 기업체 중심의 투자와 문화가 지배함으로써 지나친 효율성에 근거한 경쟁사회가 된다. 농촌 공동체를 강화하고 공동의 이익을 증진시키기 위하여 시민사회의 역량을 키우고 지역 소규모 상인 경제를 보호할 수 있는 정책개발이 필요하다.

　세번째는 정부 주도형 시고시대 시나리오이다. 현재의 트렌드가 지속되고 도시 중심의 사회, 경제적 현상이 지배하고 농촌의 문제를 해결하기 위해 정부가 적극적으로 개입하는 경우이다. 농촌의 경제적·공동체적 잠재력을 극대화하기 위하여 지방·농촌의 비전을 정부가 촉진시키는 것이 필요하다. 또한 새로운 인구를 농촌에 유입시키기 위해 지역의 다양성과 차이를 적극적을 개발시킬 수 있도록 도와야 한다. 네번째 시나리오는 새로운 영농세대의 등장이다. 가장 매력적인 시나리오로 베이붐의 자식인 에코세대가 사회의 중추적인 역할을 할 수 있도록 사회적 여건을 조성하는 것이 필요하다. 새로운 영농세대들이 정착할 수 있도록 재정적 지원과 함께 농촌에 거주하는 것이 패배자가 아닌 새로운 미래 사회의 창조적 주역임을 공유할 수 있는 기풍 조성이 되어야 한다.

참고문헌

과학기술기획평가원. 2012. 제4회 과학기술예측조사 2012-2035: 미래사회 전망과 과학기술 예측 (1권). 과학기술기획평가원.

김병률. 2011. 한국농업은 사양산업인가, 미래 성장산업인가. 성진근·이태호, 김병률, 윤병삼.『농업이 미래다, 서울: 삼성경제연구소, pp. 137-207.

김정호 편. 2010. 전문가들이 보는 2050: 농업·농촌의 미래. 서울: 한국농촌경제연구원

김형진. 2010. 도농격차 실태 및 원인분석, 전남대학교

녹색성장위원회, 기상청. 2010. 2010 이상기후 특별보고서. 미래미디어.

문휘창. 2006. 한·미 FTA에 따른 해외직접투자 유치전략. INVEST KOREA 연구용역 최종보고서.

박진도. 2010. 한국농촌사회의 장기비전과 발전전략: 내발적 발전전략과 농촌사회의 통합적 발전. 농촌사회 26(1): 163-194.

삼성경제연구소. 2012. 2012년 해외 10대 트렌드.『CEO Information (제836호)』. 삼성경제연구소.

이명근. 2012. 한중FTA : 농업은 살아남을 수 있을까? 한국농촌경제연구원

이주량 외. 2011. 바이오 경제시대 과학기술 정책의제와 대응전략. 과학기술정책연구원.

추기능. 2008. 지식기반경제의 이해. 한국발명진흥회.

최윤희 외. 2013. 바이오경제시대의 정채과제. 산업연구원.

최항섭, 강홍렬, 장종인, 음수연. 2005. 미래 시나리오 방법론 연구, 서울: 정보정책연구원.

한국농촌경제연구원, 2012. 농업전망 2012; 도농상생을 위한 농업·농촌가치의 재발견.

한국정보화진흥원. 2013. 새로운 미래를 여는 빅데이터 시대 (증보판). 한국정보화진흥원

함유근, 채승병. 2012. 빅데이터, 경영을 바꾸다. 삼성경제연구소.

홍종윤. 2014. 팬덤 문화. 커뮤니케이션북스

10년 뒤 농업소득은 줄고 농촌인구는 늘고. 한겨레 신문. 2012.03.28. http://www.hani.co.kr/arti/society/society_general/525632.html

Adam, David. 2007. "Worse Than We Thought." Guardian, 3 February.

Burns, Kelli S. 2009. Celeb 2.0: How Social Media Foster Our Fascination with Popular Culture. Santa Barbara, CA: ACE-CLIO, LLC.

EIU. 2005. Democracy Index 2004. London: Economist Intelligence Unit.

EIU. 2013. Democracy Index 2012: Democracy at a Standstill. London: Economist Intelligence Unit.

Hwang, In K. 1980. The Neutralized Unification of Korea in Perspective. Cambridge, MA: Schenkman Publishing Co.

Koo, Hagen. 2007. "The Changing Faces of Inequality in South Korea in the Age of Globalization." Korean Studies, 31: 1-18.

OECD. 2011. Education at a Glance 2011: OECD Indicator. Paris: OECD Publishing, p. 242.

Prüss-Üstün A, and C. Corvalán. 2006. Preventing Disease through Healthy Environments: Towards an Estimate of the Environmental Burden of Disease. Geneva: World Health Organization.

Silberglitt, Shari Lawrence et al. 2006. The Global Technology Revolution 2020, In-Depth Analyses: Bio/Nano/Materials/Information Trends, Drivers, Barriers, and Social Implications. Santa Monica, CA: RAND Corporation.

Slack, Jennifer Daryl and J. Macgregor Wise. 2005. Culture + Technology: A Primer. New York: Peter Lang Publishing, Inc.

UNDP. 2014. Human Development Report 2014: Sustaining Human Progress: Reducing Vulnerabilities and Building Resilience. New York: United Nations Development Programme.

Van Raaij, W. Fred. 1993. "Postmodern Consumption." Journal of Economic Psychology, 14: 541-563.

农业文化遗产

利益相关者视角下的赫哲族渔文化
遗产保护与开发研究*

赵　蕾[1]** 白　洋[2] 李　争[3]

(1. 中国水产科学研究院，北京　100141；2. 山东理工大学法学院，

山东　淄博　255049；3. 农业部人力资源开发中心，北京　100125)

摘　要： 利益相关者理论是管理学中用于评价战略的重要分析工具，以其强调利益协调和发展可持续性的核心理念而具有为文化遗产保护与开发提供分析指导的价值。本文从利益相关者视角出发，结合赫哲族渔文化遗产保护与开发的现状，将其中涉及的利益相关者分为核心利益相关者、战略利益相关者和外围利益相关者三个基本层次，并基于每个利益相关群提出相应的赫哲族渔文化遗产保护与开发战略举措，以期通过各方利益相关者的协同努力，实现渔文化遗产保护与开发的总目标。

关键词： 利益相关者；赫哲族；渔文化；遗产保护与开发

赫哲族渔文化遗产具有丰富的历史、艺术、科学和文化价值，对其进行全面保护有着重要的现实意义。在现实中，赫哲族渔文化遗产保护与发展实际上是一个由众多利益相关者组成并相互交织相互影响的系统整体，各方利益相关者的行为都在不同程度上影响着渔文化遗产的保护与发展。只有合理满足各利益相关者的利益诉求、实现利益相关者之间的良性互动，才能切实推进赫哲族渔文化遗产资源的有效保护和永续利用。

一、利益相关者理论概述及在文化遗产领域的应用研究

（一）利益相关者的概念和内涵

利益相关者理论产生于20世纪60年代，是管理学中用于评价战略的重要分析工具，广泛应用在企业营销战略的制定、制度政策的制定与管理及结构调整等方面的企业可持续发展研究中。"利益相关者（Stakeholder）"的概念于1963年由斯坦福研究院（Stanford Institute）首次正式提出，其认为"利益相关者是那些失去其支持，企业就无法生存的个人或团体"[1]，包括：股东、员工、客户、供应商、债权人和社区。它可以看作是对以股东利益最大化为目标的"股东至上"公司治理理念的一种挑战和质疑，使人们认识到在企业的周围除了股东还存在许多关乎企业生存的利益群体，企业存在的目的并非只为股东服务[2]。

早期关于利益相关者更多的是对"利益相关者"这一概念的界定，界定的依据是某一群体对于企业的生存是否具有重要影响。进入20世纪80年代之后，以弗里曼（Freeman）、多纳德逊（Donaldson）、米切尔（Mitchell）为代表的一批管理学家提出了利益相关者理论。其中，以弗里曼的观点最具代表性，弗

---

* 【基金项目】中国工程院咨询研究重点项目"中国重要农业文化遗产保护与发展战略研究"，项目编号：2013 – XZ – 22

** 【作者简介】赵蕾（1980—　　），女，中国水产科学研究院副研究员，博士，主要从事渔业经济、渔文化、渔业科技管理研究；白洋（1981—　　），男，山东理工大学讲师，博士，主要从事环境与资源保护法学研究；李争（1982—　　），男，农业部人力资源开发中心助理研究员，硕士，主要从事农业科技管理、学术交流研究

① 杨修发，许刚：《利益相关者理论及其治理机制》，《湖南商学院学报》，2004年第5期
② 陈岩峰：《基于利益相关者理论的旅游景区可持续发展研究》，学位论文，西南交通大学，2002年

里曼在其经典著作《战略管理：一种利益相关者的方法》中指出，"利益相关者是能够影响组织目标实现或者受到组织实现其目标过程影响的所有个体和群体"[①]。弗里曼不仅将影响组织目标达成的个体和群体视为利益相关者，同时也将受组织目标达成过程中所采取行动影响的个体和群体看作利益相关者，并正式将并将股东、债权人、雇员、供应商、消费者、政府部门、当地的社区、环境保护主义者等，都纳入了利益相关者的范畴，大大扩展了利益相关者的内涵，奠定了利益相关者管理理论研究的基础。

（二）利益相关者理论的核心思想

利益相关者理论认为任何一个组织的发展都离不开各种利益相关体的投入或参与，这些行为主体在想要达成的目标和实现的利益上存在差异，而组织追求的是利益相关者的整体利益。因此，组织的经营管理活动要综合平衡对组织目标产生作用和影响的各个利益相关者的利益诉求，采取各种途径规范利益相关者的责任和义务，必须考虑这些利益相关者为企业的生存和发展所投入的资本或是承担的风险，或是为企业的经营活动付出的代价，保证资本和收益的均衡分配，并给予相应的报酬和补偿，同时，有效保障利益相关者的利益不仅有利于增强利益相关者的参与程度，提高对组织利益的关注度，还有利于组织完成更好的长远目标[②]。利益相关者理论强调利益相关者在企业战略分析、规划和实施以及战略决策中的作用，强调企业发展与利益相关者之间相互影响、双向互动的复杂关系，为企业战略管理评价提供了一种新的分析视角，并迅速成为管理学研究领域中一种重要的理论工具。

（三）利益相关者理论在文化遗产领域的应用研究

20世纪90年代以后，利益相关者理论因其实际运用的可操作性、表达准确性和普遍有效的解释力而得到管理学、伦理学、法学和社会学等众多学科的关注，其研究主体开始从企业扩展到政府、社区、城市、社会团体以及相关的政治、经济和社会环境等。随着人们对利益相关者理论研究的不断深入，利益相关者理论被广泛应用于社会治理的各个领域中。众所周知，文化遗产保护与开发是一项涉及面广、综合性强的系统工程，涉及的各个组织或群体各有不同的目标和利益追求，并且在某些时候这些利益是相互冲突、难以协调和动态变化的，基于此，利益相关者理论以其强调利益协调和发展可持续性的核心理念而具有为文化遗产保护与开发提供分析指导的价值。事实上，利益相关者参与文化遗产管理的方式有助于将文化遗产的保护置于区域社会、经济可持续发展的宏观框架内，统筹协调文化遗产保护与区域社会、经济发展的关系，最终实现利益相关者"双赢"或者"多赢"，因此在西方国家已被广泛采纳[③]。

目前，国内关于文化遗产方面的利益相关者理论应用大部分是基于文化遗产地旅游开发视角进行利益相关者的理论推演或案例分析，而对于农业文化遗产保护方面的利益相关者研究几乎没有。张素霞（2014）从利益相关者的角度分析并提出传统手工艺类非物质文化遗产保护保护效果评价指标体系和评价模型，依据评价模型提出了传统手工艺类非物质文化遗产保护体系[④]。邓玲珍（2014）构建承载宗教活动功能的佛教文化遗产旅游开发初期的利益相关者图谱，并以西安市主要佛教寺院的核心利益相关者为例，在对佛教文化遗产利益相关者的利益分配非均衡问题进行实证分析的基础上提出解决承载宗教活动的佛教文化遗产旅游开发初期利益分配非均衡问题的路径[⑤]。胡北明等（2014）以世界遗产地九寨沟为例，认为管理体制作为不同利益相关者利益诉求实现的制度规定，针对于不同的利益相关者应采取不同的管理策略，指出建立社区居民参与的利益平衡机制，构建遗产资源开发的制度性监督机制，完善遗产资源保护法律体系是未来我国遗产资源管理体制改革的重要方向[⑥]。

---

① Freeman. Strategic management: A stakeholder approach. Pitman/Ballinger. 1984, 46; R·爱德华·弗里曼：《战略管理：一种利益相关者的方法》，王彦华，等译，译文出版社，2006年

② 张新予：《恩施州枫香坡农业旅游开发模式研究》，学位论文，中南民族大学，2013年；黄昆：《利益相关者理论在旅游地可持续发展中的应用研究》，研究生学位论文，武汉大学，2004年

③ 李丰庆，王建新：《文化遗产地资源管理中利益相关者参与结构关系探析》，《西北大学学报（哲学社会科学版）》2013年第2期

④ 张素霞：《基于利益相关者理论的传统手工艺类非物质文化遗产保护效果评价模型构建和保护体系研究》，研究生学位论文，北京交通大学，2014年

⑤ 邓玲珍：《我国佛教文化遗产旅游开发初期利益相关者的利益诉求与协调路径研究》，研究生学位论文，西北大学，2014年

⑥ 胡北明，雷蓉：《遗产旅游地核心利益相关者利益诉求研究》，《四川理工学院学报（社会科学版）》，2014年第29期

尹乐等（2013）基于利益相关者视角，利用 AHP 方法构建非遗旅游资源评价体系，通过对皖东地区旅游直接利益相关者政府、企业、居民及游客进行问卷调查，得出其对非遗旅游资源评分值[1]。王纯阳（2012）以开平碉楼与村落为例，从实证研究的角度探讨了村落遗产地利益相关者的利益诉求及其实现方式，指出村落遗产地不同类型的核心利益相关者都有特定的利益诉求，并且与各种利益诉求的重视程度之间存在差异[2]。陈辰（2011）运用利益相关者理论，以南京市佛教遗产为例，分析了佛教遗产旅游的利益相关者，指出其中核心利益相关者（佛教旅游者、当地社区、政府部门和旅游企业）在旅游开发中的利益冲突是造成种种开发问题的重要原因，最后提出佛教遗产旅游开发的利益协调对策[3]。

二、赫哲族渔文化遗产保护与开发中的利益相关者分析

（一）赫哲族渔文化遗产保护与开发中的利益相关者界定

任何领域在对利益相关者进行界定时都离不开所研究的组织目标，文化遗产保护与开发的利益相关者界定也是如此。渔文化遗产是一种特殊的历史文化资源，渔文化遗产保护与开发的目标是对"渔文化遗产"这种特殊资源的"保护"与"开发"，因此，在这个目标下，借鉴现有的理论研究成果，我们将赫哲族渔文化遗产保护与开发的利益相关者界定为："任何对于实现赫哲族渔文化遗产保护与开发目标产生影响或受到赫哲族渔文化遗产保护与开发目标影响的个人和群体。"这一定义包括以下要点：第一，利益相关者的行为或活动必须实际参与了赫哲族的渔文化遗产保护与开发，并且与之有着紧密或松散的关系；第二，利益相关者承担赫哲族渔文化遗产保护与开发可能带来的风险，可能从赫哲族渔文化遗产保护与开发目标中获益或受损；第三，利益相关者可能既影响赫哲族渔文化遗产保护与开发目标的实现，又同时受到赫哲族渔文化遗产保护与开发目标的影响；第四，任何一方利益相关者行为的改变，将会对赫哲族渔文化遗产保护与开发的整体目标以及其他利益相关者产生直接或间接的影响，这种影响的程度会因利益相关者在文化遗产保护与开发中所处的地位、发挥的作用和扮演的角色等的不同而不尽相同。

需要指出的是，由于赫哲族渔文化遗产保护与开发在具体实践中所处的阶段以及面临的外部环境在不断发生变化，因此所涉及的利益相关者具有动态性的特点，而且利益相关者之间的关系以及角色和地位也会随之调整和改变。

（二）赫哲族渔文化遗产保护与开发中利益相关者的构成

根据赫哲族渔文化遗产保护与开发中利益相关者的界定，可以初步判断出赫哲族渔文化遗产保护与开发中所涉及的利益相关者比较繁杂，一些利益相关者之间具有可替代性、重复性、同质性等复杂的相互关系，因此，要进一步厘清这些利益相关者之间的关系，了解他们的利益诉求，首要任务是在界定利益相关者的基础上，结合赫哲族渔文化遗产保护与开发的实际情况，进行利益相关者的分类研究，构建赫哲族渔文化遗产保护与开发中的利益相关者基本图谱。

笔者在利益相关者理论的基础之上，结合赫哲族渔文化遗产保护与开发的现状、特点及具体内容，认为涉及的利益相关者的主要包括：当地政府、赫哲族渔民、非渔民的赫哲族民众、当地社区居民、当地旅游企业、遗产传承人、资源管理部门（如文化部门、渔业部门和民族宗教部门等）、遗产地经营者、旅游者、学术机构和专家、媒体、社会公众、非政府组织、政治或经济或文化等大环境、其他利益相关者。在这众多的利益相关者中，首先，不同的利益相关者影响的赫哲族渔文化遗产保护与开发的主动性存在差异，有的利益相关者会对赫哲族渔文化遗产保护与开发主动施加影响，也会承担着赫哲族渔文化遗产保护与开发的义务以及随之可能产生的风险，而另外一些利益相关者则是被动地受到赫哲族渔文化遗产保护与开发带来的影响，也会被动地适应赫哲族渔文化遗产保护与开发的要求。

① 尹乐、李建梅，周亮广：《利益相关者视角下的皖东地区非物质文化遗产旅游资源评价研究》，《地域研究与开发》，2013 年第 5 期
② 王纯阳：《村落遗产地核心利益相关者利益诉求研究》，《技术经济与管理研究》，2012 第 9 期
③ 陈辰：《基于利益相关者的佛教遗产旅游开发探讨》，《东南大学学报（哲学社会科学版）》，2011 年，第 13 增刊

其次，各个不同的利益相关者对赫哲族渔文化遗产保护与开发具有的影响力以及受到其影响的程度是不同的，某些个体和群体的行为对赫哲族渔文化遗产保护与开发具有绝对影响力，而另一些则影响较不大，甚至游离于利益相关者的边缘地带，反之，赫哲族渔文化遗产保护与开发可能对某些个体和群体产生重大影响，而对另一些利益相关者的影响力相对较弱。再者，各种不同的利益相关者与赫哲族渔文化遗产保护与开发之间关系的性质和紧密程度也是不同的，这种关系可以是经济关系、法律关系或道德关系，可以是直接的、密切相关的关系，也可以是间接的、松散的和相对次要的关系。最后，在特定的阶段，不同的利益相关者的利益诉求在紧迫性上存在差异，有些利益相关者在某一状态下其利益诉求必须很快得到满足，否则就会影响到赫哲族渔文化遗产保护与开发。

根据以上利益相关者的特点，借鉴国内外专家学者们关于利益相关者分类的相关研究①，笔者将赫哲族渔文化遗产保护与开发涉及的利益相关者分为核心利益相关者、战略利益相关者和外围利益相关者三个基本层次。见图1。

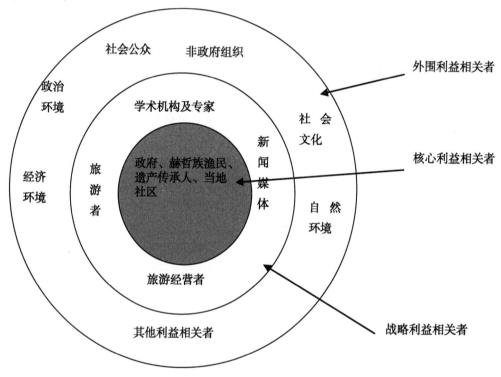

图1　赫哲族渔文化遗产保护与开发的利益相关者构成

1. 核心利益者

是指那些对赫哲族渔文化遗产保护与开发存在较高的期望、投入的资本和承担的风险较大、具有较大的影响力，或者赫哲族渔文化遗产保护与开发相关的决策和行动会对他们产生直接影响的利益相关者。主要包括当地政府、赫哲族渔民、当地社区居民、遗产传承人等，这些群体或个人是赫哲族渔文化遗产保护与开发的主体，拥有直接的经济利益、社会利益以及道德利益。他们的利益需求以及利益满足程度直接决定赫哲族渔文化遗产保护与开发目标的顺利实现。因此，在赫哲族渔文化遗产保护与开发中必须充分考虑他们的利益。

2. 战略利益者

是指那些在特定的时间和空间里与赫哲族渔文化保护与开发发生较为密切的关系，或带来发展机会

①　Mitchell. A. and Wood. Toward a Theory of Stakeholder Identification and Salience：Defining the Principle of Who and What Really Counts. The Academy of Management Review，1997，22（4）：853－886；Sautter E T，Leisen B. Managing Stakeholders：A Tourism PlanningModel［J］. Annals of Tourism Research，1999，26（2）：312－328；Ryan C. Equity，management，power sharing and sustain ability：issue of "new tourism". Tourism Management 2002，23（1）：17－26；夏赞才：《利益相关者理论及旅行社利益相关者基本图谱》，《湖南师范大学学报（社会科学版）》2003年第3期；陈宏辉：《企业利益相关者的利益要求：理论与实证研究》，经济管理出版社，2004年：第123－133页；胡北明，王挺之：《我国遗产旅游地的利益相关者分析》，云南师范大学学报（哲学社会科学版）2010年第3期

或形成一定威胁的利益相关者，他们对赫哲族渔文化保护与开发有着间接或潜在的影响力。主要包括旅游经营者、旅游者、新闻媒体、行业协会、学术界和专家、学术机构。

3. 外围利益者

指除核心利益者和战略利益者外对赫哲族渔文化保护与开发有一定影响的利益相关者，外围利益者对赫哲族渔文化保护与开发的目标实现影响不大，主要包括社会公众、非政府组织及更广泛的政治、经济、社会文化和自然环境。

（三）赫哲族渔文化遗产保护与开发中利益相关者分析

1. 政府

这里的政府包括中央政府、地方政府以及职能管理部门。政府作为赫哲族渔文化保护与开发的核心利益者，既是文化遗产保护与开发的主体，也是管理者和监督者。政府在整个文化遗产管理中被赋予的行政使命更多地体现在政策制定、规划设计、制度建设、基础保障以及监督管理等，在具体实践中，遗产地政府的角色相对中央政府更加重要，前者在文化遗产保护与开发中还存在经济和社会等方面的利益诉求，并通过其直属相关职能管理部门，依托有关政策法规，对文化遗产进行保护与管理。职能管理部门主要是与文化遗产保护与开发有关的政府主管部门，如文化、农业、渔业、宗教、旅游、环保等部门。尽管这些部门在渔文化遗产保护与开发中行使各自独立的管理权，管理目标上也有所差异，但都要承担文化遗产资源的保护和宣传职责，并与国家利益保持一致。

2. 赫哲族渔民

赫哲族渔民对于自己民族的传统文化有着强烈的认同感，赫哲族渔文化的形成发展与赫哲族渔民的生产生活息息相关，捕鱼为生、以鱼为食的传统生产生活方式也是赫哲族在与周围环境渐趋融合的过程中唯一保留的最为完整的传统渔文化[①]。作为创造、享有和传承传统渔文化的赫哲族渔民，首当其冲地感受到了现代生产生活方式以及资源环境变化给传统渔文化带来的冲击，渔文化危机一定程度上也是渔民的生存危机。因此，赫哲族渔民对赫哲族渔文化保护与开发有着更多的生计利益和生态保护方面的诉求。

3. 当地社区

当地社区不仅是赫哲族渔文化遗产保护与开发的核心利益相关者，也是承载赫哲族渔文化的土壤和环境。一方面，由于黑龙江三江流域的赫哲族聚居地比较分散，而赫哲族人口数量相对稀少，加之近年来族际通婚的频繁使赫哲族对其他民族文化更加开放包容和乐于接受，使得当地社区的非赫哲族居民对赫哲族渔文化遗产有着更加充分深刻的了解，同时，当地社区居民为赫哲族民族文化旅游开发提供了劳动力、服务及其他资源和产品，其中一些还扮演着参与者、管理者或经营者等角色，甚至成为了文化遗产传承人，因此，当地社区已成为赫哲族渔文化保护和开发中不可忽视的重要力量。另一方面，赫哲族渔文化遗产的保护与开发对当地社区的自然环境、社会就业以及收入等方面都有很大的影响。

4. 遗产传承人

遗产传承人是赫哲族传统渔文化最直接的承载者和保护人，他们以实际行动直接参与传统技艺、说唱文学等非物质文化遗产的继承、发扬、保护以及创新，遗产传承人是赫哲族渔文化中非物质文化遗产得以延续的决定性因素。他们也是赫哲族渔文化保护与开发的核心利益相关者。社会文明的不断发展使得传统技艺等非物质文化遗产大多丧失了其原始功能，并随着遗产传承人的自然消亡而面临失传的危险。现实中很多遗产传承人考虑到市场需要而对一些传统技艺进行创新，既保持传统文化精髓又能满足时代要求，通过创新，使这些传统技艺类非物质文化遗产在新的历史条件下得到进一步的传承与弘扬。

5. 旅游经营者

发展旅游业是进行文化遗产开发的重要途径。作为赫哲族渔文化保护与开发的核心利益者，旅游经营者主要是指那些以盈利为目的，直接参与文化遗产旅游开发的投资者或经营者以及与旅游相关的产业

---

① 赵蕾等：《传统农业文化与现代生产方式交融中的赫哲族渔文化遗产保护思考》，《中国农学通报》2014年第24期

经营者，他们是旅游开发活动的主要参与者，为游客及当地居民提供包括交通、游览、餐饮、住宿、娱乐、购物等各个方面的商品和服务，以此来换取经济利益。尽管旅游经营者为赫哲族渔文化遗产保护与开发投入了资金、技术、劳动以及管理等成本，但不合理的开发行为可能会对文化保护以及环境资源造成不可逆转的破坏。

6. 旅游者

旅游者是各项赫哲族渔文化遗产旅游产品和服务的消费者，又是赫哲族渔文化遗产开发经济效益的主要来源，因此，旅游者对文化遗产的认知程度以及对各类文化旅游项目的满意程度是决定赫哲族渔文化遗产旅游开发能否持续发展的重要因素。如果旅游者通过支付一定的时间、费用等成本能够了解到遗产地的民风民俗以及获得各种知识、原真性的文化体验以及其他物质、文化和精神上的享受，而且还能增强对赫哲族渔文化遗产的认识和保护意识，甚至自主参与到传承和保护赫哲族渔文化遗产的行动中去，这样的文化遗产开发则具有积极正面的现实意义。但旅游者的不良行为和素质也可能会对遗产地旅游环境产生负面影响。

7. 新闻媒体

随着现代信息传播技术的快速发展，新闻媒体以其传播手段多样、传播速度快捷、受众广泛等独特优势而成为宣传与保护文化遗产的重要渠道。无论是传统的纸质媒体，还是新兴的电子媒体、网络媒体等，都可以通过应用数字化、网络化技术来进一步增强宣传效果、扩大影响范围，吸引社会各界对赫哲族渔文化遗产的关注，同时，新闻媒体特别是地方媒体对遗产地旅游的宣传推介会极大地推动赫哲族渔文化遗产的旅游开发，新闻媒体所具有的公信力和影响力对赫哲族渔文化遗产的旅游开发也能够起到一定的监督作用，有助于规范其发展。

8. 学术机构及专家

主要是那些长期开展赫哲族渔文化遗产研究的高校、科研机构以及个人，他们所积累的大量数据资料和研究成果，为赫哲族渔文化遗产的传承、保护以及旅游开发等提供专业的理论支撑和技术指导，也在很大程度上影响着政府的相关决策。这些学术成果通过各种媒体的宣传不仅可以提高大众对赫哲族渔文化遗产及其重要性的认知水平，而且由于其专业性和权威性对一些旅游开发行为也会具有一定的指导和监督作用。

9. 其他利益相关者

主要是指社会公众、非政府组织以及外部环境等其他外围利益者。作为利益相关者，社会公众一方面可以参与赫哲族渔文化遗产的保护，也能够享受赫哲族渔文化遗产的旅游价值，另一方面，遗产地的旅游开发、生态环境问题等也和社会公众的利益要求息息相关。非政府组织主要是指一些行业协会、地方社团等，他们一般是通过举办会议或开展公益活动等来表达对赫哲族渔文化遗产的保护以及开发的关注和利益诉求。

三、基于利益相关者视角的赫哲族渔文化遗产保护与开发路径选择

任何行为都有其特定的目标，目标是产生行为的直接动机。由于利益相关者需求的多样性和复杂性，其行为目标也是多样的和不断变化的，因此，在进行赫哲族渔文化遗产保护与开发之前，必须围绕总体目标，整合资源，建立利益协调机制，协调利益相关者在利益要求上可能存在的冲突，充分挖掘利益平衡点和契合点，通过各利益相关者的实际行动，满足各方利益需求，最终实现赫哲族渔文化遗产资源的有效保护与合理开发。

（一）明确赫哲族渔文化遗产保护与开发的总体目标

赫哲族渔文化是赫哲族在长期与自然生态环境和谐共生中所形成的具有鲜明民族特色的经济生产文

化，其功能价值的多元性决定了保护与开发赫哲族渔文化遗产的总体目标应该是在保护好文化遗产资源，保证代际公平的前提下实现经济效益目标、社会文化效益目标和生态效益目标的协调统一。在总目标下，坚持"保护中开发，以开发促保护"的原则，合理利用与传承发展并举，既要注重发挥渔文化遗产的经济功能，满足遗产地社区的经济发展需要，又要坚持赫哲族渔文化遗产保护的原真性和完整性，满足赫哲族渔文化的持续传承性和遗产地社区的社会、文化、环境发展需要。同时在赫哲族渔文化遗产保护与开发中各方利益相关者的目标不能与总目标相背离。

（二）政府主导参与、协调监管各方利益相关者

在赫哲族渔文化遗产保护与开发中所形成的错综复杂的利益关系中，赫哲族渔民、社区居民及旅游经营者等利益相关者都有着追求自身利益最大化的利益指向，而作为重要核心利益相关者的政府谋求的是公共利益的最大化，通过行政力量对赫哲族渔文化遗产的保护与开发中的利益相关者行为进行引导和指导，协调各方利益相关者的矛盾和冲突。因此，政府在赫哲族渔文化遗产保护与开发中不仅要发挥主导作用，更要保证其行为的公正性和权威性，整合管理职能，科学合理制定相关法律法规及政策规划，充分挖掘赫哲族渔文化遗产价值，为赫哲族渔文化遗产保护提供资金和技术支持，同时管理监督各方相关利益者的行为，保护好赫哲族渔文化遗产，促进遗产地的经济、社会和环境的协调发展。

（三）重视赫哲族渔民的利益诉求

赫哲族渔民是赫哲族渔文化保护与发展中最重要的核心利益相关者，他们的参与和支持对实现赫哲族渔文化遗产的有效保护与合理开发具有重要的作用，而渔文化遗产的保护与开发对增强赫哲族渔民的民族文化归属感、改善渔民生计状况也同样具有十分重要的现实意义。因此，必须将赫哲族渔民的利益诉求充分融入到赫哲族渔文化遗产保护与开发的管理过程中，获得经济收益的充分共享，只有这样才能增强其作为赫哲族渔文化主人翁的荣誉感和自豪感，促成保护渔文化的自觉性。

（四）培养当地社区的共同参与意识

任何一种文化的产生和发展都离不开特定的社区环境，如果没有当地社区的参与，赫哲族渔文化保护与开发工作都只是空中楼阁。只有最大程度的提高当地居民共同参与的积极性和主动性，并使其在渔文化遗产的保护和开发中获取到实实在在的利益，才能保证赫哲族渔文化保护和开发的健康可持续发展。一方面要提高当地社区对赫哲族渔文化遗产的认知度和文化保护的认同感，鼓励社区居民自觉参与保护赫哲族传统渔文化，另一方面要让当地社区全面参与到渔文化旅游开发的规划决策、经营管理和收益分配中，同时社区居民也应承担保护当地自然生态环境和旅游环境的责任。

（五）保障遗产传承人的基本权益

对赫哲族渔文化中的非物质文化遗产除了通过收集整理、记录等方式进行固态保存外，更重要的还是通过遗产传承人的传承进行活态保护，为此，要充分认识遗产传承人在赫哲族渔文化遗产保护中的地位和价值，尊重和保护那些承载传统文化并直接关涉其延续或消失的遗产传承人[1]，采取多种措施，为遗产传承人提供法律、技术以及财政资金等扶持保护政策，提高他们的生活待遇和社会影响力，有效保障传承活动的实现和可持续发展。同时要培养和增加新的遗产传承人，通过普查、建档、跟踪记录等手段尽可能地避免遗产传承人的减少和消失。

（六）优化赫哲族渔文化旅游开发环境

作为战略层面的重要利益相关者，旅游经营者和旅游者与赫哲族渔文化保护与开发的相互关系主要体现在旅游开发方面。旅游经营者是赫哲族渔文化旅游开发的主体，其行为对旅游开发的环境影响较大，因此，既要提升旅游经营者的从业素质和竞争力，增强推动区域经济发展的能力，又要加强对经营者行

---

① 张素霞：《基于利益相关者理论的传统手工艺类非物质文化遗产保护效果效果评价模型构建和保护体系研究》，研究生学位论文，北京理工大学，2014 年

为的监管和约束，引导旅游经营者科学合理利用文化遗产资源，在保护民族传统文化、当地社区环境等方面承担更多的社会责任。另外，在赫哲族渔文化遗产旅游开发中要充分考虑旅游者的利益需求，为旅游者提供满意的产品和服务，同时也要加强对旅游者的宣传教育，提高旅游者对赫哲族渔文化遗产以及景区生态环境的保护意识，塑造负责任的旅游者。

（七）加强学术机构的专业支撑作用

学术机构和专家学者是赫哲族渔文化遗产保护与开发中不可或缺的支撑力量，所涉及的研究领域涵盖社会、经济、宗教、旅游、文化、历史、艺术等多个学科，应鼓励开展不同学科的交叉合作研究，不仅可以丰富研究内容，提高研究成果的针对性和可操作性，还可以为赫哲族渔文化遗产保护与开发工作提供更为专业权威的指导，也可以作为第三方，在其他主要利益相关者之间利益发生矛盾时充当调查者、分析者的角色，为缓解利益冲突提供客观公正的建议对策[1]。因此，在赫哲族渔文化遗产的保护与开发中，应充分尊重和吸纳专家学者的意见。

（八）发挥媒体的舆论导向和宣传监督功能

电视、网络、广播、报纸、杂志等各种媒体对文化遗产保护与开发的宣传监督力量不容忽视。一方面，应充分借助媒体力量，扩大宣传渠道，鼓励社会各界广泛关注和参与赫哲族渔文化遗产的保护工作，形成全民保护赫哲族渔文化遗产的良好氛围和自觉行动。另一方面，发挥媒体对当地文化遗产旅游开发的宣传导向作用，加强媒体对旅游经营者及旅游者行为的舆论监督，弥补政府组织和市场机制的不足，促进当地旅游业的良性发展。

四、结　语

现实实践中，渔文化遗产保护与开发实际上是一个由众多利益相关者组成并相互交织相互影响的系统整体。从这个角度来看，这个系统整体能否正常运行，要取决于涉及的各利益相关者是否充分发挥了主观能动性以及是否为系统正常运行创造了良好的条件以及各利益相关者之间的关系是否协调，这就必须不仅要关注短期效益，还要具备长远眼光、兼顾长远利益，合理协调各利益相关者之间的关系和利益诉求，整合各方的力量和资源、形成协同效应，从而进一步调动各利益相关者的积极性与主动性，最终实现渔文化遗产保护与开发的总体战略目标。

---

① 高科：《利益相关者视角下我国宗教旅游异化问题初探》，研究生学位论文，东北师范大学，2011 年

留住乡村记忆，延续文化"乡愁"

——"美丽乡村"视阙下的博物馆发展

李琦珂*

（中国农业博物馆研究部，北京　100026）

摘　要： 乡村是孕育中华文明的沃土，维系着农业文明的历史"根脉"，寄托着中华民族的文化"乡愁"。在当今城乡一体化建设的背景下，怎么能够"望得见山、看得见水、记得住乡愁"呢？博物馆作为"乡愁"的文化承载物，不仅让生活在现代社会中的人们，充分了解古代先民的生产和生活，还能在现实与历史之间构筑起一座桥梁，一座能留住乡村记忆、延续文化"乡愁"的桥梁。

关键词： 乡愁；博物馆；乡村记忆；美丽乡村

"望得见山、看得见水、记得住乡愁。"习总书记这番富有诗情画意的语话，不仅唤醒了国人"美丽中国"建设过程中对于乡村与城市关系、文化与历史关系的思考，而且也引发了学界对"乡愁"文化意义的解读兴趣。

博物馆是一个国家、一个民族、一个地区文化积淀的载体与标志。它不仅让生活在现代社会中的人们充分了解古代先民的生产和生活，为先人的智慧与创造感到自豪，还能在现实与历史之间构筑起一座桥梁，一座能留住乡村记忆、延续文化"乡愁"的桥梁。

一、历史上的"美丽乡村"

乡村是孕育中华文明的沃土，它传承着中华民族的历史记忆、生产生活智慧、文化艺术结晶和民族地域特色，维系着农业文明的历史"根脉"，寄托着中华民族的文化"乡愁"。

（一）传统社会乡村之"美"

乡村，是处于自然农耕状态的地方，那儿应该有良好的生态环境和田园风光，但乡村又不全是原始的自然生态环境，那儿也是人类的生产和生活的场所，被打上了文明的深深烙印。

中国古代乡村社会，是自然之美和人文之美相得益彰的人间胜地。传统社会中的乡村之"美"，不仅具有朴素之美，而且具有韵致之美，同时具有和谐之美。

1. 朴素之美

耕读文化是农业社会的优良传统。传统农耕社会中，男耕女织，自给自足，人们过着简单而健康的生活。耕田可以事稼穑，丰五谷，养家糊口；读书可以知诗书，达礼义，修身养性。传统社会中的这种生活方式，朴朴素素，简简单单。按照费孝通先生的说法，"中国社会是乡土性的"。一个"土"字，道出了乡村文化的自然淳朴，简单朴素。

2. 韵致之美

中国传统哲学认为，阴阳是宇宙中一切事物发生、发展乃至变化的根据，任何事物的发展变化，都是事物内部阴阳对立统一的结果。传统农业文化以此为源头，逻辑结构渐第而展开。二十四节气便是古

---

* 【作者简介】李琦珂（1973—　　），男，博士，中国农业博物馆副研究员，主要从事农业历史研究

代人们在阴阳理论基础上总结出来的农业历法。春种夏耘，秋收冬藏，传统社会中的农人，正是依照这样富有韵致的节令，来安排自己的生产和生活。而今，二十四节气早已成为一种乡村文化，化作一种民族的文化时间，指导人们去把握作物生长时间，观测动物活动规律，认识人的生命节律。

3. 和谐之美

人类自从发明了农业，通过不断的土地耕垦和作物种植，化纯自然的景观为融合生物多样性、景观丰富性和生态协调性于一体的农田生态系统。这一农田生态系统，不仅具有形式的美，还具有和谐的美。在人与环境的相互作用中，农田生态系统能够使人获得精神的快感：不必说那碧绿的菜畦，也不必说那金黄的油菜田，单是那雪白的荞麦花，就足以使古人如醉如痴，乐而忘返……因为他们不仅从中收获了赖以生存的物质食粮，而且在劳作的过程中，得到了精神的愉悦和享受。

（二）传统社会乡居之"趣"

乡村文化展现出来的，是古人自强不息的进取精神、乐观豁达的生活态度，其间蕴含的"情趣""理趣"和"志趣"，时至今日，依然发人深思，耐人寻味。

1. 情趣

民俗文化是中国民族文化之根，是传统农业社会生产生活的智慧结晶。作为农耕文明的产物，春节习俗源远流长，形式多样，寓意美好。除了一些信仰内容，如迎神纳福，趋吉避邪之外，许多活动极富生活情趣，如贴春联、年画；剪窗花、贴"福"字；年夜饭吃年糕、饺子；燃放烟花爆竹，辞旧迎新；守岁、拜年等民俗活动，深深触动了人们内心深处的精神情结，激起了人们普遍而强烈的情感共鸣。

在传统农业社会，人们对茶情有独钟。茶饮文化中，除极重情外，还特别讲究"趣"。古人以茶会友，并把书画、诗词、歌舞引入茶宴，他们在茶宴中吟诗作画，创作了不少脍炙人口的诗歌。通过诗歌，他们把茶的清雅独特风味和令人舒心怡神的奇效描绘得淋漓尽致，形成别具一格的茶情茶趣。

2. 理趣

在传统农耕社会中，乡居生活极富理趣。"山重水复疑无路，柳暗花明又一村"便是乡居理趣生活的生动写照。赏读如此流畅绚丽、开朗明快的诗句，仿佛可以看到农人在青翠可掬的山峦间漫步，清碧的山泉在曲折溪流中汨汨穿行，草木愈见浓茂，蜿蜒的山径也愈益依稀难认。正在迷惘之际，突然看见前面花明柳暗，几间农家茅舍，隐现于花木扶疏之间，农人顿觉豁然开朗。其喜形于色的兴奋之状，可以想见。由此可以推及：人们在探讨学问、研究问题时，往往会有这样的情况：山回路转、扑朔迷离，出路何在？于是顿生茫茫之感。但是，如果锲而不舍，继续前行，忽然间眼前出现一线亮光，再往前行，便豁然开朗，发现了一个前所未见的新天地。这就是古代诗歌给人们的启发，也是乡居生活理趣之所在。

3. 志趣

乡村社会是儒家文化的深厚载体。儒家文化正是借助了乡村社会的民间力量，其精髓至今仍以较为完整、活态的形式保存并继续传承。不仅如此，在与现代化进程的对撞中，儒家文化继续得以创新发展。传统乡村社会中，深受儒家思想影响的乡人，怀着"穷则独善其身，达则兼济天下"的远大理想和坚定信念，亦耕亦读，韬光养晦，盼着有一天金榜题名，光宗耀祖。乡人的这种志向，从未因为劳动的艰辛而有所磨灭；乡人的耕田读书生活，从未因为生活的压力而有所停止，这正是传统农业社会中乡人们自强不息的进取精神和乐观豁达的生活态度的生动写照。

二、中国要"美"，农村必须"美"

习近平总书记指出，中国要美，农村必须美。那么，"美丽乡村"的内涵到底是什么呢？

（一）现代乡村文化，是对传统乡村文化的继承和发展

有人说，乡村之美，集中体现在五个方面：一是环境之美；二是风尚之美；三是人文之美；四是秩

序之美；五是创业之美。建设美丽乡村的最终目的，就是要让农民群众养成美的德行、得到美的享受、过上美的生活，让城乡之间、乡村之间各美其美、美美与共，用无数的美丽乡村共筑美丽中国。

也有人说，美丽乡村是规划科学、布局合理、环境优美的秀美之村；是家家能生产、户户能经营、人人有事干、个个有钱赚的富裕之村；是传承历史、延续文脉、特色鲜明的魅力之村；是功能完善、服务优良、保障坚实的幸福之村；是创新创造、管理民主、体制优越的活力之村。

在笔者看来，美丽乡村与其说是小康社会在农村的具象化表达，倒不如说是传统乡村文化的延续和传承，创新和发展。可以这样讲，乡村文化是中华文明中不可或缺的一部分，也是至今保存最完好的没有中断过的文化。

美丽乡村里，不仅有着自然之美，而且蕴含着人文之美。乡村里涵养着我们民族优秀的历史文化，这些历史文化凭借其顽强的生命力，一直流传至今，现在仍然在发挥着它的价值，传递着中华民族的核心价值。正是有了这些最广泛、最重要的人文之美作支撑，乡村文化才被提升到人类文明的高度。

（二）"乡愁"是"美丽乡村"的魂魄

乡愁就是人类（人们）离开自己的"故乡"而产生的漂泊之感。其中的"故乡"有三层含义：人类的故乡；生命的故乡；文化的故乡。就整个人类而言，自从被逐出伊甸园之后，便始终行走在流浪的途中，故乡似乎近在咫尺，却又分明远在天边；就个体生命而言，从脱离母体的那一刻起，我们每个人就开始了流浪的生活，故乡虽在眼底，却永远回不去了。

人类的文化何尝不是这样，在旧的文化即将逝去的时候，母体中便孕育了新的生命。在新旧文化交替之际，人们一下子难以找到归属之感，一时处于茫然无助的状态，这便董桥所说的"文化乡愁"。这种"文化乡愁"，早已不是微风拂柳蝉鸣马嘶，早已不是柏油路面压住了哒哒马蹄扬起的一路烟尘，小桥流水、牧童短笛，可惜这样的"故乡"再也回不去了。

乡愁有两个层面的意义：空间维度上的乡愁，即个体生命中的乡愁；历史维度上的乡愁，即文化意义上的乡愁。从这个意义上说，有文化才会有"乡愁"。"乡愁"作为文化承载物，可以是村头的一口老井，可以是村头的一棵老树，可以是树下的那条小溪，可以夏日里在溪水中嬉戏，清凉的溪水在体肤上产生的凉爽的惬意的身体经验，可以是秋天田野中的一枚野果，含在口中，酸涩里夹带着一丝丝淡淡清香和微微甜蜜的味觉体验。"乡愁"的种种物质依托之物，往往会转化或升华为一种神圣之物，一种精神家园的象征，一种文化根脉之所系，一种生命意义的源泉。

"乡愁"已经成为现代社会的影响广泛的普遍社会现象。几千年的农耕文明，造成了故土难离、安土重迁的集体观念与社会心理。在一个回不去的乡土世界，在急剧变迁的世界与变幻莫测的社会生活中，故乡、故土、故园，也在变化之中。人们对于故乡、故土、故园的思念，将随着时间的流逝而积淀，愈来愈加炽烈，愈来愈加浓厚，终会酿成香醇而又略带苦涩的"乡愁"之酒。

乡愁是刻印在美丽乡村与陌生城市之间的精神痕迹。居住在城市里的人，容易对故乡的田园产生诗意的"乡愁"。正是这种美学家所说的"心理距离"，构成了"乡愁"产生的重要条件。

现今，"乡愁"又被赋予了全新的涵义。"乡愁"早就不是浪迹天涯的游子思念故乡的浅吟低唱，更多的是对美好生活的向往和对民族梦想的追逐。"乡愁"是爱家乡，爱祖国，爱人民，爱生我们养育我们的这片土地；"乡愁"是凝聚全国人心，努力建设祖国，实现中国更富更强的梦想。

三、"乡愁"架起了乡村历史与现实的桥梁

传统社会的乡村文化积淀很深，非常厚重。高至理学，中至各大宗祠，平常到饮食起居、民间艺术，可谓是丰富多彩，洋洋大观，彰显着中国"美丽乡村"的深厚文化底蕴。

进入 21 世纪以来，我们所面临着乡村消亡和文化断层的威胁，如何协调各种文化之间以及乡村与城市的矛盾，是当今世界最为紧迫的任务。在工业文明高度发达的今天，如何力挽城镇化进程中乡村之将殇的狂澜，如何更好地保护和传承乡村优秀文化传统，是摆在我们每一位博物馆工作者面前的历史使命和现实任务。

习总书记一再强调，乡土文化的根不能断。记住文化"乡愁"，就是要保住中华民族的血脉，就是要葆有我们的生命之根，因为它是民族梦想的发源之地。

（一）继承和弘扬中华优秀文化的需要

文化决定一个民族的素养。传统社会中乡村文化，是中华民族的精神资源，是我们中华民族的骄傲。乡村文化在历史上曾经创造过无比的辉煌成绩，现在我们致力于民族的伟大复兴，提倡继承弘扬优秀传统文化，建设民族共有精神家园。这个过程，实际上就是一个不断寻找与回归精神故乡的过程。

文化塑造一个民族的灵魂。现代社会的乡村文化，是培育社会主义核心价值观的重要思想资源和文化资源，也是传统乡村文化内生演化的结果。这里所谓的"内生演化"，不是固步自封，也不是全盘照搬，而是根据时代的变迁，让传统乡村文化实现演进和变化，实现对传统乡村文化的创造性转化和创新型发展。

作为一名博物馆工作者，我经常叩问自己：历史到底给我们留下多少经验和财富，现实又能给我们提供何种契机，我们应该缔造怎样的精神家园，应该创造怎样的美好生活？

（二）建设社会主义新农村、建设"美丽中国"的需要

乡村文化是中华文明的主体，乡村是我们传统文化的发源地。对于有着灿烂农耕文明的民族来说，在这个城市发展越来越快的时代，乡村仍应该是国家经济文化建设的"基本阵地"，需要我们去用心守护乡土，美化乡村。

博物馆保存了不同地域、不同文化色彩的精神财富。这些财富告诉我们，各种文化只有相互依存、相互帮助，才能克服人类未来不可预测的苦难，才能积累更多的历史经验和精神财富。

城镇化是一个漫长时期的历史任务，它是庞大的经济工程和文化工程，更是一次深刻的社会结构与政治观念的变革。在保护文化多样性方面，博物馆便于开展不同文化之间的对话和交流，具有得天独厚的优势。从这个意义上讲，博物馆是推动社会变迁与发展的力量，是沟通多元文化的桥梁，让"乡愁"融化在美丽城市和美丽乡村的发展共同体中。

（三）传承乡村文化、增强民族自信心的需要

作为中华民族长期形成的文化根基，乡村传统文化是凝聚城乡共同体的精神力量。为此，我们要尽快破除城乡二元的结构痼疾，让乡村文化真正走进田间地头，走进百姓心里，让百姓共享文化发展成果，以新俗新风深化"美丽乡村"的内涵。

当下的城乡一体化建设，要让美丽城市和美丽乡村都留得住"乡愁"。当然，建设一个"美丽乡村"，不能光靠诗意的手段，需要动员全社会的智慧与力量、凝聚各阶层的共识，让"美丽乡村"成为可能。

有人认为，古村落留住了城市的"根"，反映了乡村文化的传承与发展关系。古村落就像一个综合博物馆，囊括了古建筑、民间文学、民俗文化等方方面面的内容，可以延续村落的精神，可以增强城市的凝聚力。我们有理由相信，在新一轮城镇化过程中，古村落的作用越来越明显、越来越重要，终将成为乡村延续文脉的场所，成为看得见、摸得着和留得住的"乡愁"。

（四）现代人群解放身心、张扬个性的需要

在当今利益多元、价值多变的现代社会，人们依然需要保留乡村的记忆，记住文化的"乡愁"。工业化、城市化引起的是社会整体性的深刻变迁，田园牧歌式的乡村生活曾经存在过，如今早已不再。流浪远方、浪迹天涯的人们，眷恋着自己的故乡，但又不得不眼睁睁看着自己的"故乡"深陷另一种尴尬境地（这里的"故乡"，不仅仅是炊烟袅袅或者灯火通明之类实体意象，更多蕴含着心灵归宿之意）。

现代人群容易形成精神危机，容易产生思想的错位，容易产生信仰的危机。曾几何时，我们已经习惯于对乡间生活的美好想象，以此来和高速发展的城市生活进行对比。习惯于乡间社会的温情脉脉，习惯于耕作生活的简单充实，城市中疲于奔波的都市白领，生活在层层重压之下，羡慕着"农夫（妇）、山泉、有点田"的乡间生活，渴望着被城市拘束的自由本性得以解放。

现代社会一切都在急速运转，来自生活工作的压力，常使现代人群不堪重负，这就需要人们借助除

娱乐之外的方式来缓解精神压力。的确，在一个快速发展的时代，人类如何安顿自己的心理，寻找自己心灵的归属感，让一颗充满了"乡愁"的心寻找到归依之所，是当代世界所面临的巨大的精神症状与文化问题。

四、"乡愁"架起博物馆通往"美丽乡村"的桥梁

为着教育、研究、欣赏之目的，博物馆征集、保护、研究、传播并展示人类及人类环境的物质和非物质遗产。博物馆应该在这个时代有所作为，展示和传播民族的传统精华，以实现传承优秀的传统文化、建设先进的乡村文化的历史使命；同时也为乡村文化和城市文化构筑平等对话的桥梁，来促进乡村文化和城市文化的共同发展。

乡村文化欲殇，让人刻骨铭心，乡愁难消。"乡愁"是最能触碰到内心深处的情怀，最能勾起民族记忆的情感。在"乡愁"中，每个人都会产生共鸣，每个人都能找到民族价值与民族认同感。

（一）博物馆的挖掘、阐释功能，使"美丽乡村"记忆得以保留

博物馆是征集、典藏、陈列和研究见证人类和自然文化遗产的实物的场所。博物馆内的收藏品，是人类文化和历史环境的物证。从其本质上来，博物馆的藏品作为一种信息的载体，要比通过文字记录下的图书等其他载体所包含的内容丰富很多。但是这种信息是原生态的，属于自然的沉淀方式，因而使得藏品的内在含义很难被挖掘出来。因而藏品的文化内涵和现实意义，只有通过仔细研究和深入挖掘，并通过多媒体的展示加以充分展示，才会化为大众的文化和民间的思想。

"巧妇难为无米之炊"。博物馆要进行文化传播，首先需要熟悉所要传播的文化性质，了解自己所要传播文化的内涵与外延，以及文化当中携带的积极因素。有了乡村文化的种种"物证"，不对乡村文化展开进一步的研究，不对乡村文化作科学的解读和合理的诠释，自然很难留住乡村记忆，很难传播先进的乡村文化。对藏品思想内涵的仔细研究，对藏品文化意蕴的科学阐释，应该是博物馆的文化传播奠定坚实的基础。

为此，博物馆也应当紧跟时代步伐，掌握文化发展的脉络，不断地收集文化发展变化的信息，不断创新自身传播的文化内容，努力搭建历史、现实与未来文化沟通的桥梁。通过积极的宣传教育，使过去需要在乡土、田园才可以获得精神的依托、家园归属感，能够在城市生活中获得满足与解决。

（二）博物馆的传播、濡染功能，使得文化"乡愁"得以延续

为社会服务是博物馆存在和发展的主要目的。博物馆要想更好地服务于大众，首先需要对其教育作用进行加强，也就是说使来博物馆的游客，懂得博物馆中所陈列的文物的历史、价值及其重要意义；要明白为什么这件东西会在博物馆中摆设，它究竟拥有一个怎样的历史，在这件藏品身上我们可以学到些什么东西。

文化传播是博物馆的主要职责。要想加强博物馆的文化传播功能，就要对博物馆进行充分的利用，发挥其内在的教育意义和濡染功能，将博物馆变成大多数人的精神家园。为此，博物馆工作者应深入研究大众的文化需求，并且在此基础上利用好自身优势和特有功能，不断满足大众日益增长的文化需求。

博物馆文化传播的实现，仅仅依靠博物馆的工作人员是远远不够的，它还需要动员更多观众的积极参与，为人们寻找喧哗之外的一片净土，找到一个精神寄托，一个倾诉对象，以此来缓解多种压力下的精神紧张。正是通过这样"几何级"的文化传播与思想濡染，才可能将博物馆的功能和存在的意义，以一种更广泛的方式普及出去，进而将博物馆的文化传播功能发挥得淋漓尽致。

五、博物馆如何留住乡村记忆、延续文化"乡愁"

以收藏、研究、展示和传播人类生存及其环境物证为使命的博物馆，是人类文化记忆与传承、创新

的重要阵地，是提高人们文化修养的重要场所，能够在社会主义核心价值观里延续并发展"乡愁"的内涵。

人之为人，就在于有文化，有自我反思的能力。自从人类创造出符号并且使用符号，人类就生活在"实"与"虚"相间的社会里，超越现实，创造"虚"的世界，从而"栖居"诗意人生。为此，博物馆营造出"乡愁"的氛围，以便人们寄托情思，安放"乡愁"。

（一）农耕文明展

一个民族的核心价值观，不可能离开其内生的文化传统建立起来，只能是在中华民族的历史传承、文化延续、经济社会发展的基础上，长期发展、内生演化的结果。要解决一个民族诸如精神依靠、心灵慰藉、意义源泉之类的重大问题，就必须深入挖掘通向社会主义核心价值观的内生文化资源。

中华文明是人类的精神故园，滋养了几千年的乡村社会。中国是一个农业古国，在一万年农业发展历程中，劳动人民不仅创造了丰富的物质文明，滋养着生生不息的华夏儿女，而且创造许多辉煌灿烂的精神文明，滋润着中华优秀传统文化。

农耕文明是中华优秀传统文化的母文化，是中华优秀传统文化的根基和源泉。中华优秀传统文化影响着中国人的价值观，在深厚农耕文明根基上滋润成长起来的中华优秀传统文化，依然焕发着夺目的光芒。

农业博物馆在保存、记忆、研究和展示中国农业文化遗产方面发挥着龙头作用。农业博物馆通过系统全面、生动形象的农耕文化展，为弘扬我国的历史文明成就、传承农业优良传统，推动社会主义新农村的文化建设，促进农村文化的大发展大繁荣，产生积极的宣传、普及、推广的作用。作为保存和弘扬民族精神和民族文化的特殊载体，农耕文明展对于民族的凝聚力和向心力的激励是不容忽视的。

（二）生态博物馆

与中国高速城市化相伴而生的，是以同样速度消失的传统乡村记忆，生态博物馆的建立与运营，为乡村文化保护与传承提供了可资借鉴的"乡愁"延续经验。生态博物馆首先直接与乡村文化联系起来。这既有偶然性，也有必然性。毕竟它融合了对该社区所拥有的乡村文化遗产的保存、展现和阐释功能，并反映乡村的自然和人文环境。

生态博物馆保护模式，能为乡村文化保护事业和生态博物馆的发展提供理论基础和经验总结。作为博物馆工作者，我们应该积极引导并充分调动各地和各种办馆主体的积极性，逐步建立起以农业博物馆为龙头、不同层次、不同类型、不同办馆主体兼容并蓄的生态博物馆体系，积极实施乡村文化的保存工程，留住乡村记忆，延续文化"乡愁"。

位于方正县现代农业园区内的方正稻作博物馆，是我国首座稻作生态博物馆。展厅内设标本、多媒体、实物以及文字图片等展示区，通过文字、影像、图片等资料以及模型、实物等方式，综合运用声、光、电等现代多媒体手段，向参观者全面宣传和展示我国4 000多年的水稻生产历史沿革、水稻分类图谱、中国水稻栽培、水稻诗歌、方正县寒地旱育稀植技术推广等水稻发展情况，普及稻作科技及稻田文化，展现中国乡村地理与人文特色，激发了民族的自豪感和自信心。

（三）拓展博物馆功能，积极参与社区活动

博物馆的主要职责是收藏、保管和研究人类及人类环境的见证物，并进行传播和展示。就其性质而言，博物馆是一个社会服务性机构，观众是博物馆的主要服务对象。当前，大多数的博物馆主要通过举办展览、提供讲解服务来进行文化传播，不可否认，推出展览是博物馆进行文化传播最为主要的途径，但是展览只是基础，在此之上展开的文化活动不可忽视，博物馆应该借助社会力量，多渠道地来开展传播工作。

以前博物馆不重视社会宣传，往往"养在深闺无人识"，成了高深莫测的"象牙塔"，其社会效益当然也无从彰显。如今进入了信息时代，高新技术的发展使世界变得越来越小，博物馆也需要推广自身，充分展示自身独具的魅力。博物馆与社会媒体建立广泛合作关系，依靠它们来进行推介，是传播的一条重要途径。

1. 乡村旅游

自然是个体生命的摇篮，是精神家园的象征，是人类文明的源泉。"暖暖远人村，依依墟里烟。狗吠深巷中，鸡鸣桑树颠。"展示给我们的是传统农业社会中的乡村之美。那如银链般缠绕大山的条条水沟，那如布匹般包裹大山的道道梯田，则是现代哈尼人的匠心之作，令人叹为观止。起伏山峦间那层层梯田，不仅是哈尼人的衣食父母，也是他们生活的魂魄，是精神源泉之所在。

文化不仅仅是我们心灵的记忆，文化的表象也是最好的旅游资源。旅游是对文化的传播和保护，如果边界合适就是最好的载体。如果没有旅游活动的积极参与，乡村文化的保护与传承会显得步履维艰，力不从心。拓展博物馆的休闲功能，与文化遗产保护地联手，开展"美丽乡村"深度体验活动，应该是一种有益的尝试。通过典型生态旅游社区的构建，再现世外桃源般的乡村生产生活场景，让游客在村民生活和自然环境的充分接触中感受生活，营造现代人精神回归的心灵家园。与此同时，通过和"美丽乡村"的文化互动，生活在现代都市中的人群，其紧张的神经得以松弛，浓重的"乡愁"得以安放。

2. 宣传影片

要加强博物馆文化传播功能，就要注重信息技术在博物馆中的应用。博物馆中多媒体资源的应用主要是采取将博物馆中的藏品进行信息化的展示，这种展示的效果可以使人们更加直观的看到博物馆的藏品的历史价值和现实意义，从而实现对藏品进行更好的诠释。

《记住乡愁》这部大型电视纪录片，讲的是乡愁情感，传达的是道德风尚；讲的是不同古老村落里的民风民俗，体现的却是中华民族的文化基因和家国情怀。《记住乡愁》展现了各地大小不一、历史悠久的乡村，以小见大阐述了乡村的丰富内涵以及中国传统文化在美丽山村中的积淀，充分展示出来一段段精美的篇章，触动了每一个中国人内心深处的情感，引发了强烈的共鸣。电视片以人们普遍拥有的"乡愁"为情感基础，以人们看得见的村落风貌为载体，以人们听得进的一个又一个细节讲述为手段，来展现容易引发向上向善的道德共鸣的文化价值观故事，弘扬和践行社会主义核心价值观。

3. 农俗活动

在传统农耕社会，"耕读传家"被视为民族延续、文化传承的根本，对乡村文化的发展有着本源意义。"耕读传家"习俗，也是文化濡染的重要机制和实践，不仅具有文化传承的巨大功能，还可为"美丽乡村"建设提供深刻的启示。

积极开展诸如"班春劝农"之类的农俗活动，重现农村的生活场景，寄托农耕社会的"乡愁"。四百多年前，明朝著名文学家、戏剧家汤显祖在遂昌担任县令时，每年春季下到田间劝农耕作，举办大型的"班春劝农"活动。如今，遂昌"班春劝农"被列入国家级非物质文化遗产项目，成了当地独特的民俗文化活动和展示原生态农耕文化的金名片。每年到了立春之日，500多名土生土长的村民和群众演员参演了这场盛大的典礼，传递出了百姓的文化自觉和文化自信，也让传统乡村文化和美丽遂昌更加枝繁叶茂。

还可以选择诗歌这一传统文化形式，来留住乡村记忆，延续文化"乡愁"。传统诗歌最为熟悉和不断强化并且被不断加以称颂的是田园和山水，乡村文化的特色，儒家文化的浸润，渗透于字里行间。这些怀揣感思之意的文字，意境优美，乡趣盎然，字里行间承载的，都是满满的"乡愁"。在此期间，还可组织迎端午诗歌朗诵会，通过端午节吟楚歌、行古礼，通过再现传统礼仪，寄托文化"乡愁"。通过浅吟低唱，传递幽幽古意、浓浓乡情。

4. "舌尖"活动

"乡愁"关乎每一个人，关乎每一处细节。中国人的一日三餐，都是文化，涵盖亲情、美食、文化、道德、伦理，尤能体现游子的"乡愁"，尤能体现文化的脉络。留住家乡美食的原汁原味，就留住了美好的"乡愁"。

元宵节是中国人的传统节日，距今已有2 000多年的历史。为弘扬中华民族传统文化，为公众提供一个亲身体验中国传统民俗的场所，中国农业博物馆每年将在元宵节期间都要举办"红红火火闹元宵"活动。闹元宵活动内容丰富，除了元宵节风俗展览外，还有猜谜语、磨汤圆粉、包汤圆、品尝汤圆等活动。在这里，人们可以"品尝""乡愁"的滋味，可以感受传统文化的魅力。

日本・中国・韓国における農業遺産制度に関する比較研究

永田明

（国連大学サステイナビリティ高等研究所）

I．はじめに

農業の歴史は飢餓との闘いの歴史であった。国連食糧農業機関（FAO）では、とくに開発途上国において、人々を飢餓から救うために、「緑の革命」に象徴されるような品種改良や耕地の拡大を進めて食料の増産をはかり、人口増加に見合う食料の供給を推進してきた。こうした取組については一定の評価がなされる一方で、地域の暮らしや文化、生物多様性や環境の保全と必ずしも調和しないという大きな問題も提起されてきた。このような模索の中で生まれたのが、次世代に継承すべき世界的に重要な伝統的農業をFAOが認定する「世界農業遺産」という仕組みである。

また、中国、韓国などいくつかの国では、FAOの世界農業遺産とともに、それに準じるものとして、国家農業遺産制度ともいうべき国独自の農業遺産制度も発展させてきている。

本稿は、FAOの世界農業遺産について紹介するとともに、これに特に熱心に取り組んでいる東アジアの中国、日本、韓国に焦点を当て、それぞれの国の独自の農業遺産制度も含め、その経緯、評価基準、手続き、推進体制等を中心に比較を試みたものである。なお、便宜上、国の順序は農業遺産の取組の早い順（中国、日本、韓国の順）に整理した。

II．FAOのGIAHS

衰退の危機に瀕している世界中のユニークな伝統的農業システムとその生物多様性を守るため、国連食糧農業機関（FAO）は、2002年の持続可能な開発に関する世界首脳会議（WSSD、ヨハネスブルグ、南アフリカ）の期間にGIAHSパートナーシップ・イニシアティブを立ち上げた。GIAHSイニシアティブは、農業遺産システムとそれに伴う動的な保全のためのアクション・プランの世界的な認知を通じて国民と農村コミュニティに誇りと自信をもたらす統合的な政策とアクション・フレームワークである（FAO計画財政委員会会議資料、2014）。

GIAHSは正式名称をGlobally Important Agricultural Heritage Systemsといい、日本では政府の公文書等で「世界農業遺産」と称されている。FAOによるGIAHSは「コミュニティとその環境及び持続可能な発展のためのニーズと願望との共適応から進化した、世界的に重要な生物多様性の豊富な卓越した土地利用システ及び景観」と定義されている。そのビジョンは「現在と未来の世代の食料及び生計の保障のために全ての農業遺産とその多くの財とサービスをダイナミックに保全すること」、ミッションは「世界中の世界農業遺産とその生計、農業とそれに関連する生物多様性、景観、知識システム及び文化を発掘・支援し、保護すること」である。

GIAHSの評価基準は、以下の5つとされている。

（1）食料及び生計の保障
（2）生物多様性及び生態系機能

（3）知識システム及び適応技術

（4）文化、価値観及び社会組織（農文化）

（5）優れた景観及び土地や水資源管理の特徴

このほか、GIAHSの申請書には、歴史的な重要性、現代的な重要性、脅威と課題、実際的な考慮、アクション・プランの概要等を記載することとされている。

GIAHSパートナーシップ・イニシアティブでは、FAOの土地・水資源部におかれた事務局のほかに、運営委員会、技術委員会が設けられており、原則として2年に一度開催されるGIAHS国際フォーラムの中で開かれる運営委員会と技術委員会の合同委員会によって新規サイトの認定が行われている。

2015年5月現在、世界全体で13か国で31サイトがGIAHSに認定されているが、その3/4はアジアに集中しており、中でも東アジア（中国11サイト、日本5サイト、韓国2サイト）が世界全体の過半を占めている。

Ⅲ．中国のGIAHSと中国重要農業文化遺産

1．経緯

中国では、GIAHS発足当初から浙江省青田県の稲魚共生システムを対象に検討が進められてきた。「中国執行GIAHSプロジェクト及び農業文化遺産保護活動展開回顧」

（「News letter of Agri-Cultural Heritage Systems 2012年第1期」）によると、2005年6月9～11日の「世界農業文化遺産保護プロジェクト「稲魚共生システム」始動検討会」が最初の活動として挙げられている。これが中国で初めて、また、世界でも初めてのGIAHSパイロットサイトである。続いて、「雲南紅河ハニ稲作棚田システム」（2010年6月）、「広西万年稲作文化システム」（2010年6月）、「貴州従江トン郷稲魚鴨システム」（2011年6月）、「雲南プーアル茶園及び茶文化システム」（2012年9月）、「内蒙古アオハン乾作農業システム」（2012年9月）、「浙江省紹興会稽山古カヤ群」（2013年5月）、「河北省宣化城市伝統ブドウ園」（2013年5月）、「江蘇興化嵩上畑伝統農業システム」（2014年4月）、「福建福州ジャスミン茶文化システム」（2014年4月）、「陝西省佳県古ナツメ園」（2014年4月）の11サイトが認定されている。これは2015年5月現在、世界全体で13か国31サイトにおいて認定されているGIAHSの1/3以上を占めていることになる。

中国では、2012年3月に中国重要農業文化遺産（China-NIAHS。以下「中国農業遺産」という。）を展開するという農業部郷鎮企業局の「農業部中国重要農業文化遺産の発掘の作業の展開に関する通知」が、添付資料の評価選定基準、評価選定方法とともに正式に発布された。その後この内容を具体化するために、2014年7月に「中国重要農業文化遺産申報書編写導則」及び「農業文化遺産保護及び発展規画編書導則」が通知された。また、これに先立つ2014年5月には「中国重要農業文化遺産管理方法（試行）」が通知されている。

また、2014年1月には、GIAHSを対象とする「全球重要農業文化遺産専門家委員会」が、2014年3月には中国農業遺産を対象とする「中国重要農業文化遺産専門家委員会」が設立された。

一方、中国農業遺産については、2013年5月に第一次として19システムが、2014年5月に第2次として20システムが公表され、2015年5月現在、39システムとなっている（表1）。

表1　中国重要農業文化遺産の認定状況

区 分	認定システム
第1次 2013年5月	河北宣化伝統ブドウ園、内蒙古アオハン乾燥地農業システム、遼寧鞍山南果梨栽培システム、遼寧寛甸ニンジン伝統栽培システム、江蘇興化嵩上げ畑伝統農業システム、浙江青田稲魚共生システム、浙江紹興会稽山古カヤ群、福建福州ジャスミン栽培と茶文化システム、福建龍溪連合棚田、江西万年稲作文化システム、湖南新化紫鵲界棚田、雲南紅河ハニ稲作棚田システム、雲南プーアル古茶園と茶文化システム、雲南漾濞クルミ−作物複合システム、貴州従江侗郷稲魚鴨複合システム、陝西佳県古ナツメ園、甘粛皐蘭什川古梨園、甘粛迭部扎尕那農林牧複合システム、新疆トルファン・カレーズ農業システム
第2次 2014年5月	天津浜海崔庄古冬ナツメ園、河北寛城伝統板栗栽培システム、河北渉県乾田棚田システム、内蒙古アルホルチン草原游牧システム、浙江杭州西湖龍井茶文化システム、浙江湖州桑基養魚池システム、浙江慶元シイタケ文化システム、福建安溪鉄観音茶文化システム、江西崇義客家棚田システム、山東夏津黄河故道古桑樹群、湖北赤壁羊楼洞たん茶文化システム、湖南新晃侗蔵紅米栽培システム、広東潮安鳳凰単叢茶文化システム、広西龍勝龍脊棚田システム、四川江油コブシ花伝統栽培システム、雲南広南八宝稲作生態システム、雲南剣川稲麦二毛作システム、甘粛岷県トウキ栽培システム、寧夏霊武長ナツメ栽培システム、新疆ハミ市ハミ瓜栽培と貢瓜文化システム

資料：中国農業部資料を筆者が翻訳

2. 評価基準

中国農業遺産の評価選定基準は、「農業部中国重要農業文化遺産の発掘の作業の展開に関する通知」（2012年3月20日、農業部郷鎮企業局通知）の添付資料である「中国重要農業文化遺産認定標準」に示されている。そこでは、活態性、適応性、複合性、戦略性、多機能性、瀕危性の6つの特徴があるとされ、表2のような基準が示されている。定量的な基準もみられ、歴史長度では少なくとも100年の歴史があること、参与状況では50％以上の住民の支持があることなどが記されている。FAOの基準と比較すると、歴史性、住民の支持とともに、組織的・制度的な保全管理による保障性を重視していることが特徴的といえる。

表2　中国農業遺産の評価基準

区分	項目	細部項目
基本標準	歴史性	歴史起源、歴史長度
	系統（システム）性	物質と産品、生態系サービス、知識と技術体系、景観と美学、精神と文化
	持続性	自然適応、人文発展
	瀕危性	変化の趨勢、脅迫要因
補助標準	示範性	参与状況、アクセスのしやすさ、普及可能性
	保障性	組織建設、制度建設、企画編成

資料：「中国重要農業文化遺産認定標準」をもとに、筆者が作成

3. 手続き

中国農業遺産については、2014年5月の「農業部事務庁の第三次中国重要農業文化遺産発掘工作の通知」によると、各伝統農業システム所在地の人民政府が、前述の「中国重要農業文化遺産申報書編写導則」と「農業文化遺産保護及び発展規画編書導則」に基づき、申請書と保全計画と管理方法の関連書類を省級の農業管理部門に送り、省級農業行政管理部門は認定基準に照らして3個を超えない候補を選び、2014年9月末までに農業部農産品加工局休閑農業課に送ることとされている。また、GIAHSについては、後述するように農業部国際協力局国際課が候補の募集も含め手続きを担当しており、県級以上の人民政府が中国農業遺産とほぼ同様の手続きで農業部国際協力局に申請書を送ることとされている。申請条件としてはFAOのGIAHSの基準に基づくこととされているが、中国農業遺産の中から選ぶとされているので、実質的には中国農業遺産の基準も適用されていることになる。

　中国農業遺産専門家委員会のメンバーをみると、主任は生態学、副主任は草原学、生物多様性、植物保護、農業生態学、農業史学、農業遺産、茶学の専門家となっており、農業歴史文化領域、農業生態環境領域、農業経済領域の3つの領域にわたる専門家委員を含め、多様な分野の27名の専門家で構成されている。また、全球（世界）重要農業文化遺産専門家委員会も基本的に同じメンバーである。中国では、「重要農業文化遺産」と称されるように、「文化」が重視されており、専門家委員会においても、農業歴史文化領域が設けられるなど、農業史の専門家が重用されているのが特徴的である。

4. 推進体制

　中国のGIAHSは、当初から中国科学院地理科学・資源研究所（IGSNNR）がリードしてきた。農業部では、GIAHSは国際合作司（国際協力局）、中国農業遺産は郷鎮企業局休閑農業処（レクリエーション農業課）が担当している。このため、GIAHSに関する国際会議には国際合作司の担当官が、IGSNNRとともに出席し、郷鎮企業局からの出席はない。前述の専門家委員会についても、中国重要農業文化遺産専門家委員会は郷鎮企業局、世界重要農業文化遺産専門家委員会は国際協力局の担当となっている。このように、国内の農業遺産の推進と、国際的なGIAHSの推進の担当が明確に分かれているのが中国の農業遺産制度の特徴である。

Ⅳ. 日本の世界農業遺産（GIAHS）

1. 経緯

　日本では、2008年以前からGIAHSに関心をもつ市民グループ等はあったものの、具体的な認定の動きにはつながっていなかった。2009年頃から、国連大学（本部：東京）は、農業の多様性（Agrodiversity）の研究を通じて協力関係にあったFAOのGIAHS事務局、さらに日本の関係者に、「里山」の認定申請を提案するようになった。これを受けて、農林水産省の北陸農政局と国連大学が協力して日本でのGIAHSの可能性の検討を開始した。

　このような動きの中で、新潟県の佐渡と、石川県の能登の里山がGIAHSの候補となり、農林水産省が協力して、2010年12月、地元の自治体で構成される推進協議会が、「トキと共生する佐渡の里山」と「能登の里山里海」をそれぞれGIAHSの認定をFAOに申請した。そして、2011年6月、中国・北京で開催されたGIAHS国際フォーラムにおいて、この2つのサイトが日本で初めて、また、先進国でも初めてGIAHSに認定されたのである。

　その後、2012年12月、静岡県の「静岡の茶草場農法」、熊本県の「阿蘇の草原の維持と持続的農業」が、また、2013年5月、大分県の「クヌギ林とため池がつなぐ国東半島・宇佐の農林水産循環」が、それぞれ農林水産省の協力を得て、新たにGIAHSの認定をFAOに申請した。これらのサイトは、2013年5月29日、GIAHS認定地でもある石川県の能登で開催された世界農業遺産国際会議において、3サイトとも認定された。

　日本では、GIAHSの知名度が上がるにつれて、関心をもつ地域が増えてきた。そこで、農林水産省は、GIAHS認定手続きの円滑な推進を図ること等を目的に、2014年3月、「世界農業遺産（GIAHS）専門家会議」（以下「専門家会議」という）を設置した。詳細は後述するが、この専門家会議による3回の会議の結果、2014年10月、FAOに認定申請する地域として承認される地域が3地域、決定された。承認された地域とその農業システムは、岐阜県長良川上中流域の「里川における人と鮎のつながり」、和歌山県みなべ・田辺地域の「みなべ田辺の梅システム」、宮崎県高千穂郷・椎葉山地域の「高千穂郷・椎葉山の森林保全管理が生み出す持続的な農林業と伝統文化」である。

2. 評価基準

　専門家会議で用いられた「世界農業遺産（GIAHS）の認定基準と評価の視点」（表3）においては、FAOが定める認定基準をさらにいくつかにブレークダウンした評価の視点が設定されている。

表3　GIAHSの認定基準と評価の視点（抜粋）

FAOの認定基準	評価の視点
申請されたGIAHSの特徴	世界に類を見ない、日本を代表する伝統的・特徴的な農業・農法
	伝統的・特徴的な農業・農法を核とした持続可能なシステム（農業システム）の構築
	FAO必須5基準に示される事項の相互の関連性とバランスの取れた内容
	地域の設定が適切で、タイトルが農業システムのコンセプトを適切に表示
食料及び生計の保障	伝統的・特徴的な農業・農法、関連産業が、地域住民の重要な生計の手段であり、小規模農家、家族農業も持続的に維持
	伝統的・特徴的な農業・農法及びこれから派生した関連産業が、安定した産業として、地域の経済・雇用に貢献
	農業、林業、水産業及びこれらに関連する多様な産業間で連携
生物多様性及び生態系機能	希少種、固有種などの動・植物が生息するなど、生物多様性を保全
	営農を通じた遺伝資源の保全
	農業の多様性（農作物、規模等）
	農業システムと生態系機能（生態系サービス）との関連性が適切に表示
知識システム及び適応技術	土地・水資源の活用等に関する、地域の環境に適応した、制約要件を克服するための優れた知識や技術
	伝統的な知識や技術の継承
	資源へのアクセスや利益配分を適切に行う慣行、知識や技術を継承するための社会組織・機関の存在
文化、価値観及び社会組織（農文化）	地域における伝統的、文化的、精神的、宗教的、社会的な取組
	農業システムに関連した農耕祭事・神事等の文化の継承
	農文化や価値観を継承するための社会組織の存在と、地域住民を対象とした教育や社会行事等の実施
優れた景観及び土地と水資源管理の特徴	農業システムと周辺環境が一体となった美しい優れた景観
	景観を構成する土地・水資源の、レクリエーション価値や歴史的価値と、地域における教育や地域の一体感の醸成等への活用
	優れた景観や生物多様性の保全の、営農を通じた動的な保全

資料：農林水産省世界農業遺産（GIAHS）専門家会議資料をもとに、筆者が作成

　また、参考としてではあるが、日本の農業の視点から考慮すべき項目（表4）として、環境的側面での「変化に対するレジリエンス」、社会的側面での「多様な主体の参加」、経済的側面での「6次産業化の推進」の3つが提示された。これは、現行のFAOの基準が主として開発途上国を対象としたものであるため、日本のような先進国には必ずしも十分に対応できていないことによるものである。たとえば、開発途上国では当面のことを考えるのが手一杯であるが、日本では将来起こりうる変化に対するレジリエンスまで考慮する必要があること、また、開発途上国では農村住民の大半が農家であるが、日本では混住化が進むとともに、農村の過疎化、高齢化により、都市住民なども含めた多様な主体の参加なしには地域の活性化が困難こと、開発途上国では生産した農産物をそのまま、あるいは一次加工のみで市場や業者に販売する場合が多いが、日本では加工や流通を取り込むことによって付加価値をつけて販売する必要性が高いことなどが背景として考えられる。

　これらの項目は、すでに開発途上国ではない韓国、近い将来それに近づくであろう中国においても、十分適用できるものと考えられる。

表4　GIAHSの認定基準と評価の視点（日本の農業の視点から考慮すべき項目（抜粋））

考慮すべき項目	取組の視点
変化に対するレジリエンス【環境的側面】	地域の伝統的・独創的な農業システムの、自然災害や生態系の変化に対し早期に回復する能力
	将来も起こり得る自然災害や生態系の変化に対する、早期に回復する能力
	自然災害や生態系の変化に対する、農業システムを保全し、次の世代に確実に継承される仕組み
地域の多様な主体の参加と推進体制【社会的側面】	女性や若者を含め、地域の多様な主体の参加、主体間の連携
	自治体の積極的な関与や大学・研究機関からの学術的支援など、農業システムを保全していくために十分な体制の整備
	多様な主体が参加しやすくなるような環境づくりや取組
6次産業化【経済的側面】	農業システムに関連した6次産業化の推進
	農林水産業と観光、サービス業等他産業との有機的連携
	農林水産物等のブランド化

資料：農林水産省世界農業遺産（GIAHS）専門家会議資料をもとに、筆者が作成

3. 手続き

　農林水産省の世界農業遺産（GIAHS）専門家会議は、4月に第1回、その後、5月から7月末までGIAHS認定申請に係る農林水産省承認の受付が行われ7地域から申請があった。9月に第2回、その後、委員による現地調査を経て、10月に第3回の会議が開催された。第1回の会議では、評価手法等について議論され、国連大学が農林水産省の委託を受けた研究の成果として提案した評価基準と申請のためのガイドラインが資料として提供された。第2回の会議では、候補地域からのプレゼンテーション等に基づき、専門家会議委員による一次評価が実施され、現地調査の可否について決定された。第3回の会議では、二次評価が行われ、前述のFAOに認定申請する地域として承認される3地域が決定されたのである。

　なお、専門家会議の委員は、グリーンツーリズム、ロハス（LOHAS）、環境経済、ユネスコエコパーク（MAB）、サステイナビリティ、農村計画、水産を専門とする7名で構成され、そのうち2名は女性である。

4. 推進体制

　農林水産省では、農村振興局農村環境課の生物多様性保全班がGIAHSを担当している。つまり、日本では、GIAHSは生物多様性を活かした農村振興政策の一環と位置づけられているのである。一方で、GIAHSはFAOのイニシアティブであることから、国際部国際協力課のFAO担当班とも密接な連携が図られている。GIAHSに関する国際会議には、農村振興局と国際部の担当官がそろって出席するのが通例となっている。

V. 韓国の国家農漁業遺産とGIAHS

1. 経緯

　韓国では、GIAHSに先行して、韓国農漁業遺産制度（以下「韓国農業遺産」という。）が中国と同じ2012年3月に、農林水産食品部（2013年3月に組織再編があり、農業遺産は農林畜産食品部、漁業遺産は海洋水産部に担当が分かれた）によって導入が施行された。これは、保全・伝授・活用が必要な農漁村の資源を農漁業遺産として指定して、地域ブランドや観光資源として活用する制度である。

　2012年4月4日付の韓国農林水産食品部報道資料によると、農漁業遺産は、地域住民が環境に適応しながら長い期間、形成し進化させてきたもので、保全維持、伝承する価値のある伝統的農漁業活動のシステム及びその結果としての農漁村の景観などすべての産物とされていた。また、農漁業遺産

の指定は農食品部が自治体から申請（4月）を受けて、専門家で構成される調査チームと審議機関で、調査審議し、農漁業遺産に指定（7月）することとされていた。指定された遺産のうち、国を代表することができる独創的な遺産は、FAOのGIAHSに登録を推進していくこととされていた。

その後、2012年6月には、農林水産食品部の告示によって、「農漁業遺産指定管理基準」

が制定され、施行された。韓国では、この指定管理基準に基づいて、2013年1月に全羅南道莞島の「青山島クドゥルジャン棚田農業」と「済州道黒竜万里の石垣畑」の2サイトが国家重要農業遺産に指定され、この2サイトは2014年4月にローマで開催されたFAOのGIAHS運営・科学委員会においてGIAHSに認定された。

また、韓国では2014年6月に、全羅南道の「グレ・サンスユ農業システム」と「ダミャン竹林システム」の2サイトが、また、2015年3月には、全羅南道の「クムサン（錦山）の高麗人参農業」と「ハドン（河東）の伝統茶農業」の2サイトが新たに国家重要農業遺産に指定されたところであり、2015年5月現在、6サイトとなっている。

2. 評価基準

「農漁業遺産指定管理基準」において、「第1章　総則」で、当該基準の目的は、農漁業遺産と生物多様性の保全とともに、農漁村の活性化と国民の生活の質の向上とされている。また、「農漁業遺産」とは、農漁業者がその地域の環境・社会・風習等に適応しながら長い間形成してきた有形・無形の農業・漁業システムと現状等をいうと定義されている。

「第2章　国家重要農漁業遺産の指定」では、国家重要農漁業遺産の対象は、1. 農漁村多面的資源のうち、100年以上の伝統性を持った農漁業遺産として保全・維持及び伝承する価値があるもの、2. 保全・維持・活用の価値がある特別な生物多様性地域とされており、また、一定の形態がある有形的なものを対象とするが、有形的なものと無形的なものの複合、又は有形・無形的なものと村・山・川と景観の複合も可とされている。ここで注目すべきは、GIAHSが基本的に農業システムを対象にしているのに対して、韓国農業遺産は「有形なもの」も対象としていることである。このため、「指定の基準」は、1. 農漁業遺産が差別性、歴史性等固有の特性を備えていること、2. 農漁業遺産の地域・分野別代表性があること、3. 農漁業遺産の所有者がある場合には、その所有者と地域住民を代表することができる団体の自主的な参加と同意があること、4. 健全な美風良俗を維持することができ、公共の利益に適合することとされており、「農漁業遺産の所有者」というような概念まで含まれている。ここが、韓国農業遺産制度の大きな特徴である。

また、「第4章　国家農漁業遺産の管理」では、国家農漁業遺産を管轄する市長・群守（郡長）は管理計画を樹立すること、遺産は原則として所有者を含む住民協議会が管理すること、遺産の復元及び修理に関すること、遺産のモニタリングや定期調査を実施すること等が規定されている。ここでも、「遺産の復元及び修理」というように、有形物が想定されていることがうかがわれる。

実際の国家重要農漁業遺産の指定基準をみると、表5のようになっている。

表5　国家重要農漁業遺産指定基準における主要項目

区分	項目	内容
遺産の価値性	歴史性	100年以上前から農漁業人の農漁業活動により形成されたもの 未来への存続可能で存続するだけの価値があること
	代表性	地域別・分野別に代表性があること －国際的、国家的、地域的水準の代表性 景観（アメニティ）が秀麗で、観光・休養の商品性があること
	特徴	土地利用及び水資源管理等以下の分野（該当する1~2項目）に独特で顕著な特徴があること） －共同体の農漁業の知識体系と技術 －農漁業活動を通じた食糧等の産出物 －土地・水資源利用形態や生物多様性の保全等

（续表）

区分	項目	内容
パートナーシップ	協力度	地方自治体と住民の推進意志と事業費分担等の維持管理計画があること
	参与度	保全・維持・伝承のための地域社会住民（NGOを含む）の自発的活動及び参与がること
効果性	ブランド	国家農漁業遺産の指定に応じて、地域イメージと地域のブランド価値を向上させるのに寄与できること
	活性化及び生物多様性	農業遺産の指定に応じて、都市農村交流活動及び観光客増加による地域経済の活性化に寄与できること
		地域の伝統的な農法の結果として生物多様性が、他の地域に比べて高く、特徴的な生物が生息すること

資料：「農漁業遺産指定管理基準」（農林水産食品部告示 2012 – 285 号、2012 年 12 月 6 日制定）から筆者が翻訳

　韓国農業遺産においては、FAOのGIAHSの基準に加え、パートナーシップが基準に含まれており、多様な主体の参加が重視されているところが興味深い。また、地域イメージと地域のブランド価値の向上、都市農村交流活動等による地域の活性化も項目に含まれているのが特徴的である。

3. 手続き

　「農漁業遺産指定管理基準」の「第3章　農漁業遺産審議委員会」では、農林水産食品部農漁村政策局長、農村振興庁国立農業科学院農業環境部長、韓国農村公社農漁村開発所長の「当然職委員」と、それ以外の「委嘱職委員」の20人以内の委員で構成される農漁業遺産審議委員会を設置し、国家農漁業遺産の指定等関連する事項を審議することとされている。実際の委嘱職委員の専門分野は、伝統文化が4名、景観が2名、生態環境が3名、地域開発が2名、観光が2名、漁業が1名となっている。

　具体的な申請手続きについては、「第5章　世界重要農業遺産の登載申請」において、市長・郡守が、説明書、調査報告書、登載申請計画書を、道知事を経て農林水産食品部長官に提出し、審議委員会での審議によって申請するかどうかを決定すること等が規定されている。

4. 推進体制

　韓国では、農漁業遺産は、農林畜産食品部農村政策局地域開発課の担当となっている。国際関係担当部局における位置づけは必ずしも明確ではなく、GIAHSに関する国際会議には、地域開発課の担当官のみが出席しており、FAOを担当する担当官は出席していない。また、韓国農村遺産学会の会長を務めるユン・ウォングン協成大学校教授をはじめ、韓国の農業遺産関係者には地域開発や農村計画などの専門家が多いことが特徴的である。

VI. 中国・日本・韓国の農業遺産制度の比較

　中国、日本、韓国の農業遺産制度の比較について、経緯、評価基準、手続き、推進体制に区分し、表6にまとめた。

表6　中国、日本、韓国の農業遺産制度の比較

	中国	日本	韓国
経緯	GIAHS： 2005 年に初認定 現在 11 地区が認定 中国農業遺産： 2012 年に制度導入 現在 39 地区が認定	GIAHS： 2011 年に初認定 現在 5 地区が認定 日本農業遺産： 該当なし	GIAHS： 2014 年に初認定 現在 2 地区が認定 韓国農業遺産： 2012 年に制度導入 現在 6 地区が認定

（续表）

	中国	日本	韓国
評価基準	GIAHS： FAOのGIAHS基準に同じ 中国農業遺産： 基本標準 - 歴史性、系統（システム）性持続性、瀕危性 補助標準 - 示範性、保障性	GIAHS： FAOのGIAHS基準に加え、日本独自の3項目を参考 - 変化に対するレジリエンス、多様な主体の参加、6次産業化の推進 日本農業遺産： 該当なし	GIAHS： 特に規定なし（韓国農業遺産に同じ） 韓国農業遺産： 遺産の価値性 - 歴史性、代表性、特徴 パートナーシップ - 協力度、参与度 効果性 - ブランド、活性化及び生物多様性
手続き	GGIAHS： 県級以上の人民政府が省級農業行政管理部門を経て農業部国際協力局に申請、専門家委員会で決定 中国農業遺産： 人民政府が省級農業行政管理部門を経て農業部農産品加工局に申請、専門家委員会で決定	GIAHS： 農林水産省が設置した専門家会議の下で申請を受け付け、専門家会議による一次評価、現地調査、二次評価を経て決定 日本農業遺産： 該当なし	GIAHS： 韓国農業遺産の中から市長・郡守が道知事を経て農林水産食品部長官に申請し、審議委員会で決定 韓国農業遺産： 申請者が市長・郡守、道知事を経て農林水産食品部に申請し、審議委員会の審議・議決によって指定
推進体制	当初は中国科学院地理科学資源研究所がリードし、現在は、GIAHSは農業部国際協力局、中国農業遺産は農業部農産品加工局がそれぞれ担当	GIAHSは農林水産省農村振興局の生物多様性担当部署が担当し、FAOの対応等は国際部のFAO担当部署が協力	GIAHS、韓国農業遺産ともに、農林畜産食品部農村政策局地域開発課が担当

資料：中国、日本、韓国の関連資料をもとに、筆者が作成

1. 経緯

GIAHSに最も早く2005年以前から取り組んだのは中国であり、次いで日本が2010年頃から、韓国が2011年頃から取り組むようになった。中国では、2005年に浙江省青田県がGIAHSの最初のパイロット・サイトに選ばれ、2012年からは国家重要農業遺産も導入された。韓国においては、逆に国家重要農漁業遺産制度が先行し、その後、GIAHSの取組が始まった。日本においては、GIAHSだけしかなく、中国、韓国のような国独自の農業遺産制度はまだ設けられていない。

2. 評価基準

中国、韓国ともに、国家レベルの農業遺産からGIAHSを選ぶ仕組みになっているため、FAOの基準にそれぞれ自国の独自の基準を加えた評価基準を採用している。これに対し、日本は国家レベルの農業遺産がないため、日本の農業の視点から考慮すべき項目として3項目を加えてはいるものの、参考としての使用にとどまっている。

3. 手続き

中国は、当初は伝統的農業に知見のある専門家がGIAHSの候補を発掘するような仕組みであったが、2012年からは国家レベルの農業遺産を公募する仕組みが導入され、GIAHSもその中から申請されるようになった。韓国では、2012年の当初から国家レベルの農業遺産を公募する仕組みであり、GIAHSの候補はその中から選ばれる。日本は、2010年頃の当初は中国と同じく、専門家（国連大学）、農林水産省の地方農政局、地方自治体等が一体となってGIAHSの候補を発掘していたが、2014年からは農林水産省が公募するようになった。いずれの国も、国家レベルの農業遺産あるいはGIAHSの候補を決めるための専門家による委員会を設置しているが、その規模は、中国が30名近いメンバーで多彩な分野から構成されているのに対し、日本は7名で分野も限定的である。韓国は、日本と中国の中間的な規模とな

っている。

4. 推進体制

中国は、国家レベルの農業遺産と国際的なGIAHSで担当が明確に分かれているのに対し、韓国は同じ者が担当している。日本は、国家レベルの農業遺産がないためその担当は存在しないが、GIAHSについても農村振興の担当と国際協力（FAO）の担当が一体となって推進している。

5. その他

上では触れなかったが、中国、韓国と日本の間には、GIAHS 認定地域に対する財政的支援と規制措置に対して大きな考え方の違いがみられる。すなわち、中国と韓国では、GIAHSに認定されるとそれに伴う一定の財政的支援があるが、日本では一般的な財政支援はGIAHS 認定地域ももちろん受けられるが、GIAHS 認定地域に特化した財政的支援はきわめて限定的である。一方で、中国と韓国では、GIAHS認定に伴う一定の規制措置がとられているが、日本には一般的な規制措置はGIAHS 認定地にも当然適用されるものの、GIAHS 認定に伴う特別の規制措置は設けられていない。

VII. 結び

本稿では、FAOのGIAHSと中国・韓国・日本における農業遺産制度の比較を試みた。これによって、日中韓の国情の違いを背景としたGIAHS 推進の経緯、評価基準、手続き、推進体制など、それぞれの違いが明らかとなった。一方で、評価基準などについては、日中韓で共通する部分もみられる。今後、開発途上国を主な対象としてきたFAOのGIAHSの評価基準に対して、日中韓が協力して開発途上国以外にも適用できるように評価基準の改善方向を提案していくことも重要と考えられる。

日中韓3か国の間では、2013 年10 月に東アジア農業遺産学会（East Asia Research Association for Agricultural Heritage Systems：ERAHS）を設立することが合意され、2014 年4 月に第1 回会合が中国江蘇省の興化市で開催された。第2 回会合は2015 年6 月に日本の佐渡市で、第3 回会合は2016 年に韓国で開催されることがすでに決まっている。日中韓の間には政治的、外交的な問題が根強く残されているが、農業遺産については、それぞれの違いを理解しつつ、その発展のために互いに協力し合えることを願っている。

また、日本では、中国、韓国のような国独自の農業遺産制度がまだ設けられていない。これはGIAHSの質を高く維持し、一時的なブームに終わらせないようにするためと思われる。しかし、GIAHSの知名度が向上するにつれて認定希望地域がますます増加することが見込まれる中で、農業遺産の裾野を広げ、伝統的な農業システムを地域の活性化につなげていくためには、国独自の農業遺産制度とその中からGIAHS 候補を選抜する仕組みの検討も将来的な課題であると考えられる。

謝　辞

本稿は、農林水産省農林水産政策研究所からの委託研究「日本における独創的な農文化システムの総合的な評価手法の開発に関する研究」の成果の一部である。貴重な研究の機会を与えていただいた関係者に感謝申し上げる。

引进与重构：全球重要农业文化遗产
"日本佐渡岛朱鹮—稻田
共生系统"的经验与启示*

卢　勇** 王思明

（南京农业大学中国农业遗产研究室，江苏　南京　210095）

摘　要：日本的本土朱鹮虽然在 21 世纪初灭绝，但是中国陕西洋县朱鹮的发现和人工培育成功，给了日本人重构佐渡岛稻田—朱鹮共生系统的希望。他们分批次的从中国引进朱鹮培育繁衍，在佐渡岛再现了朱鹮与人类共生的和谐状态，并藉此于 2011 年申报成为联合国粮农组织的全球重要农业文化遗产项目（GIAHS）。日本通过引进与重构，重新补全了 GISHS 所需的重要元素，同时注重打造复合生态系统，保护生物多样性与系列产品开发相结合，这些都给我国的农业文化遗产事业发展很大的启示。

关键词：朱鹮；日本；引进；重构；GIAHS

2002 年，联合国粮农组织（FAO）倡议发起了"全球重要农业文化遗产保护项目"（GIAHS），旨在建立全球重要农业文化遗产及其有关的景观、生物多样性、知识和文化保护体系，并在全球范围内组织开展了试点性遴选与保护，使之成为可持续管理的基础。自 2002 年启动以来，该倡议受到了各国政府和学界的广泛关注，迅速掀起发掘和保护的热潮，截至目前，共有 13 个国家的 31 项农业文化遗产被评选为全球重要农业文化遗产（GIAHS）。近些年，日本的全球农业文化遗产事业发展迅猛，2011 年 6 月在北京召开的第三届全球重要农业文化遗产国际论坛上，日本申报的能登半岛山地与沿海乡村景观、佐渡岛朱鹮—稻田共生系统获得批准，使日本成为第一个拥有 GIAHS 保护试点的发达国家。[1] 2013 年 5 月，日本承办第四届全球重要农业文化遗产国际论坛，借东道主之机又一举将熊本县阿苏可持续草地农业系统、静冈县传统茶—草复合系统和大分县国东半岛林—农—渔复合系统成功申报为 GIAHS 保护试点。短短几年，日本的 GIAHS 数量已达 5 项，在全球范围内仅次于我国，居世界第二位。日本与我国一衣带水，地少人多、精耕细作的农业国情也颇为类似，其对农业文化遗产的重视及保护与利用的做法有不少可资借鉴之处，尤其是 2011 年的日本佐渡岛"朱鹮—稻田共生系统"极具典型性，对于我国全球农业文化遗产的申报与保护很有启示。

一、日本朱鹮的灭绝与中国种群的再壮大

朱鹮，学名为 *Nipponia nippon*，属于鹮科，又叫朱鹭、红鹤、美人鸟、吉祥鸟，是亚洲的一个特有种。朱鹮体长 67 ~ 69 厘米，体重 1.4 ~ 1.9 千克，全身洁白如雪，脸朱红色，虹膜橙红色。嘴黑，长而下弯，尖端红色，颈后饰羽长，呈柳叶形，腿短，绯红色。[2] 朱鹮鸟性格温顺，中日韩民间都把它看作是吉祥的象征，有"东方的宝石"之誉。朱鹮喜欢栖息于海拔 1 200 ~ 1 400 米的疏林地带，不避人类，经常在

* 【基金项目】国家社科基金重大项目"完善国家粮食安全保障体系研究"，项目编号：14ZDA038；江苏省社科基金重点项目"江苏水利文化遗产调查研究"（项目编号：12LSA001）阶段性成果

** 【作者简介】卢勇，男，（1978— ），江苏泰州人，中国农业遗产研究室副教授，南京农业大学人文社科处副处长，研究方向为农业文化遗产、保护水利史。王思明，男，（1961— ），湖南株洲人，南京农业大学中华农业文明研究院院长，教授，博士生导师，研究方向为农业文化遗产、中外交流史

① 闵庆文，白艳莹：《日本对农业文化遗产的重视及保护与利用的探索》，《农民日报》，2013 年 8 月 15 日
② 陈俊汕：《朱鹮，失而复得的"东方宝石"》，《中国林业》，2007 年第 7A 期

村庄附近的沼泽、溪流及稻田内涉水，漫步觅食鱼虾、螺蛳、泥鳅等水生动物，在高大的树木上休息及夜宿。

（一）日本朱鹮的灭绝及其原因

朱鹮在日本曾经有大量分布，直到江户时期，包括佐渡岛的东北北陆依然很多。江户中期1715年贝原益轩著的《大和本草》中记载："（朱鹮）关东很多，西土较少"。分布在北海道、东北、关东、北陆等地。八户藩日记载，1669年、1737年，甚或有大群飞来，危害稻田，政府因此派员猎杀，可见当时朱鹮的数量之多。1868年明治维新以后，日本人放松了杀生戒律，普通百姓也可以狩猎。而在江户时代，只有上级武士才能狩猎。于是，丹顶鹤、鹭鸶和朱鹮等鸟类遭到了乱捕滥杀。

明治末期政府对朱鹮的保护开始重视，设《农商务部令第18号》（1908年）禁猎杀朱鹮，1930年将石川县部分地区划为10年禁猎区。1931年，人们在佐渡岛金泽村发现两只朱鹮，在新穗村生椿发现27只。再次被发现的朱鹮立刻身价倍增，1934年获得"天然纪念物"的称号。当时，据估测日本尚有30～60只朱鹮，也有估测认为有100只左右。[①] 然而，此后的日本政府热衷于扩大战争，朱鹮问题无人问津，数量不断下降。从战后到20世纪六七十年代，日本政府一味推行经济高速增长政策，忽视了对自然环境的保护，加之现代化的经济发展模式与朱鹮的生存方式产生很大矛盾。农民为了多打粮食，不断增加农药和化肥的使用量，使得朱鹮赖以生存的饵食——泥鳅、蛤蟆和田螺等急剧减少。这种变化对朱鹮带来致命的打击。后来的研究显示：觅食地面积和质量对鸟类野生种群数量具有重要影响，觅食地丧失是日本朱鹮种群灭绝的主要原因之一。[②]

1953年，日本全境的朱鹮鸟还有22只，但是到1975年仅剩5只，已属极度濒危，日本朝野一片恐慌，决定捕获孵化的雏鸟进行人工饲养，但不成功。绝望之下，1981年，日本政府将其所余5只朱鹮全部捕获改为人工圈养。至此，日本的野生朱鹮宣布灭绝。从朱鹮定名到野生种灭绝，在日本经历约150年。有日本媒体发表评论指出，日本作为名列全球前茅的经济大国，为取得今天的繁荣却失去了太多的东西，朱鹮的灭绝再次凸显了人类与野生动物共生的问题。人们普遍认为朱鹮的灭绝在朝鲜半岛是缘于绵延的战火，在日本主要原因是人为捕杀，在但实际上，朱鹮在整个东亚突然灭绝，很大程度上是由于当地工农业迅速发展带来的环境污染，让朱鹮无法保有基本的栖身与繁衍之所。

（二）中国朱鹮种群的发现与保护壮大

就在日本对拯救朱鹮几乎绝望，最后被迫将野外仅存的5朱鹮抓进笼子里实施"紧急抢救"时，中国这边出现了转机。20世纪70年代末，受国务院重托，中国科学院动物所刘荫增先生一行，历时3年，行程14个省5万多千米，终于在1981年5月21日下午3时于秦岭南麓的陕西洋县境内发现了朱鹮的踪迹，当时这里只幸存7只，两对成鸟，3只幼鸟，从而宣告在中国重新发现朱鹮野生种群，这也是全球上仅存的一个朱鹮野生种群。[③]

此后中国政府和民间对朱鹮的保护和科学研究开展了大量卓有成效的工作。在朱鹮的就地保护方面，1981年5月23日在洋县发现野生朱鹮后，同年6月就成立了朱鹮保护工作小组，1983年设立洋县朱鹮保护观察站，1986年成立陕西朱鹮保护观察站，2001年9月建立了汉中朱鹮自然保护区（省级）。2005年8月9日，汉中朱鹮鸟生存区域又经国务院批准列为国家级自然保护区。

在朱鹮的饲养繁殖方面，1981年在北京动物园首先开始了朱鹮的人工饲养；1989年人工孵化首获成功。1990年，开始在陕西洋县朱鹮站进行人工饲养，1995年在上海动物园何宝庆工程师的帮助下，朱鹮的人工繁育技术取得突破，为拯救这一珍禽带来了希望，此后人工繁育的朱鹮逐年增多。

在异地保护方面，2002年，经国家林业局统一部署，30对朱鹮从秦岭南麓洋县来到秦岭北麓的周至楼观台落户，2013年6月又从陕西省汉中朱鹮国家级自然保护区精心挑选了32只朱鹮，到达300多千米外的铜川市耀州区柳湾林场进行秦岭以北的野化放飞，继续扩大野外种群。

① 杨超伦：《日本朱鹮为何灭绝》，《生态经济》，2004年第1期
② 丁长青：《朱鹮研究》，上海科技教育出版社，2004年
③ 刘荫增：《朱鹮在秦岭的重新发现（陕西省）》，《动物学报》，1981年第3期

至此，经过 20 多年的艰苦努力，无数科技工作者的心血投入，我国的朱鹮数量已达近 2 000 只，其中有野生种群 700 余只，拥有三个朱鹮人工种群。朱鹮这一濒临灭绝的物种已经得以保存和壮大，其濒危等级从极危（CR）降为濒危（EN）。[①] 中国拯救朱鹮工作取得的显著成就，受到全世界的广泛关注，被 IUCN 鹳、鹮和琵鹭专家组称为全球濒危物种保护的成功范例。[②]

二、引进与重构：日本佐渡岛稻田—朱鹮共生系统

佐渡岛位于日本本州以西日本海中，东距新潟市约 45 千米，面积 855 平方千米。佐渡岛的地形由山地和平原组成，呈东北—西南向平行的两山地中间是平原，最高点 1 172 米，平原位于两道平行山脉——大佐渡山地和小佐渡丘陵之间。岛内竹林遍布，气候温和，多湖泊山泉，朱鹮曾经在此广泛分布，后由于环境恶化和肆意的捕杀而数量锐减。1981 年日本政府经慎重考虑，将野外仅存的 5 只朱鹮尽数捕获，与以前饲养的 1 只集中到佐渡岛进行人工饲养繁殖，但未获成功，反而日渐凋零。[③]

朱鹮在中国的重新发现，立即引起日本国内的巨大反响和高度关注。1985 年日本官方正式希望给本国朱鹮"招赘"，以续香火，同年 10 月 22 日，年方 5 岁的中国朱鹮"华华"飞往日本佐渡岛，与 18 岁的日本朱鹮"阿金"成亲，但厮守 3 年，未获成功，"阿金"也在 2003 年死去。从那一年起，朱鹮的日本种族彻底灭绝。[④]

另一方面，全面引进中国朱鹮日益被日本提上日程。1987 年，应日方强烈要求，日本环境厅和中国林业部在北京签订了《中日共同保护研究计划确认书》，双方合作对朱鹮保护进行专项研究。1994 年 9 月下旬，陕西朱鹮救护饲养中心又将一对朱鹮"龙龙"和"凤凤"送往东瀛，供其研究人工繁殖，但仍未成功。1999 年，中国再次赠送给日本一对朱鹮，名叫"友友"和"洋洋"，被精心饲养在佐渡的保护中心，在中国科研人员的大力协助下，日本的朱鹮人工繁殖终于取得成功，截至目前日本全国共有朱鹮 300 多只。从 2008 起日本开始进行朱鹮的野化放飞，其中佐渡岛放飞朱鹮 65 只。2012 年 4 月 22 日，一对放飞的朱鹮首次在野外孵化出了幼鸟，消息传来，日本举国欢腾。

朱鹮是一种涉禽，它主要以小鱼、泥鳅、螺等水生动物为食，兼食昆虫。据观测，朱鹮每天食量为 185 克（约相当于 25 条泥鳅的重量），每年消费约 67.5 千克食物。[⑤] 为了保护放飞的朱鹮，佐渡市政府号召当地的农民在种植水稻时尽量不使用农药，为朱鹮提供可以找到食物的环境。在政府的引导和扶持下，农户们为朱鹮觅食区重新修缮了水路，冬天也在田里放满水，田里的泥鳅和蚯蚓等随之增多。此举不仅保护了朱鹮，而且使得佐渡岛的生物多样性也得以慢慢恢复。

经过二十余年的努力，佐渡岛终于慢慢建立起了一种以朱鹮与人类共生为基础，并实现生物多样性和地域经济循环持续发展为目的的"与朱鹮共生的城乡建设认证制度"。该项体系主要包括如下几个要点：

（一）建立配套设施，确保水田湿地的生物多样性

主要内容包括：

1. "E"技术和类似冬灌的传统技术的运用，"E"就是在丘陵和山区，围绕水田挖掘的"E"形沟渠，在这里，冬天枯水期的水也可留住，成为水生生物的栖生地。"E"的出水口将有效的提供一个泥鳅和蝌蚪等生物的栖息地，达到加强生物多样性保护的目的。

2. 建立鱼道。当某地进行大规模的水稻开发的时候，修建鱼道是为了保护有通道可以让小鱼、泥鳅和其他水生生物从小溪转移到稻田。

---

① Bird Life International. Threatened birds of asia：The bird life international reddata book. Cambridge：Birdlife International，2001：315 – 329

② Coulter MC. Conservationstatusoflbis. 中国野生动物保护协会，中国鸟类学会，陕西省野生动物保护协会：《稀世珍禽——朱鹮》，中国林业出版社，2000 年：第 219 – 222 页

③ 丁长青：《朱鹮研究》，上海科技教育出版社，2004 年：第 5 页

④ 阎善行：《中日两国的朱鹮情结》，《野生动物》，1999 年第 3 期

⑤ （日）山本雅仁：《朱鹮之岛：日本佐渡岛稻田—朱鹮共生系统》，《全球遗产》，2014 年第 9 期

3. 建立起与水田相关的群落生境。

（二）建立生态农民认证制度

一切科技政策的实施和推广，最根本的因素还是农民。佐渡岛的农业文化遗产保护中充分体现以人为本，同时下大力气有意识地对旧式农民进行针对性的培训改造。培训后需经过认证考试，只有通过认证的农民才能持证上岗，进行农业生产和开发。

（三）推广传统生态种植方式

激励当地农民减少化肥和农药的使用，如非特需，严控农业化学用品入田，恢复具有传统文化色彩的生态耕作体系，为朱鹮生存繁衍提供良好环境，同时提升农产品的质量。根据当地制订的标准，佐渡岛的化肥和农药的使用量要比实施前降低了50%，而农产品的质量显著提高。

（四）完善评估和退出机制

两年进行一次生态评估，不符合条件的认证农户和农田要求整改或退出。据佐渡市国际交流员吴丕介绍，由于朱鹮需要在干净无污染的水稻田里捕食鱼虾及昆虫，当地农民在种植水稻时都刻意减少化肥尤其是农药和使用量，其所产大米被誉为"朱鹮之乡大米"，品质全球一流，蜚声海外，显著增加了当地农户收益。参与"朱鹮"品牌稻米认证的农民逐年增加，2008 年的认证面积为 426 公顷，有 256 户参与，到 2013 年认证面积达 1 334公顷，参与农户 622 户。水稻田冬季灌水面积也大幅增加，由 2008 年的 361 公顷，增加到 2013 年的 1 152公顷；积水洼地面积由 2008 年的 73 公顷增加到 2013 年的 535 公顷；鱼通道面积由 2008 年的 0.9 公顷增加到 2013 年的 51.4 公顷；创造群落生境面积由 2008 年的 1.1 公顷增加到 2013 的 1.5 公顷。这些面积总和相当于总种植面积的 25%。[①]

经过政府和民间有识之士数十年的艰苦努力，日本终于在佐渡岛重新构建起了一个人与朱鹮共生的和谐乐园，鹮翔蓝天、鱼稻飘香，一派传统田园景象。2011 年，佐渡岛稻田—朱鹮共生系统正式被联合国粮农组织认定为"全球重要农业文化遗产"。

三、经验与启示

众所周知，稻田在中国尤其是东南亚一带极为常见，佐渡岛稻田—朱鹮共生系统能够得到海内外的高度认可，并获批为（GIAHS）项目，其中最为关键的因素就是朱鹮。朱鹮本来已在日本本土灭绝，但日本多年来不遗余力地从中国引进，并结合朱鹮在佐渡岛的繁殖地生态环境，构建起由多种元素组成的动态的社会生态系统，形成一种鸟飞稻香的诗意画面，给人以很强的视觉冲击力，从而有效地保护和推广了本土文化，这些经验很值得我们学习。

（一）朱鹮引进是佐渡岛全球农业文化遗产得以重构的基础

中国的重新发现与人工培育的成功使得日本有了一个弥补和改进的机会。日本政府和民间对此非常珍惜，积极创造条件，日本环境省通过"生物多样性十年"等计划对农业生物多样性和传统农业系统保护给予大力支持，专门编制了系列保护规划与行动计划。地方政府和民众也给予朱鹮保护极大的爱心与支持，加之中国政府和科学家的努力协助，因此佐渡岛"朱鹮—稻田"共生系统得以在朱鹮灭绝 20 多年后重现日本且更具影响力。在对濒危物种的保护与管理上，日本政府与人民表现出来的重视，及为之付出的努力是值得肯定与学习。在管理理念上，日本采用特别保护地的管理办法，根据朱鹮繁殖期活动范围大小，结合营巢地的自然条件，划定范围，采取特殊措施加强保护管理，使每一个巢区环境得到政策化、规范化、科学化的综合管理。如与区内居民签订环境保护承包责任制，给予特殊的优惠政策和经济上的补偿，保障朱鹮营巢繁殖和觅食环境始终处于良好状态，打造一个有利于朱鹮繁殖的良性循环自然

---

① H. Nishimiya and K. Hayashi. Reintroducing the Japanese Crested Ibis in Sado ［EB/OL］. TEEBweb. org，Japan. 2010

生态小区。

日本佐渡岛在环境资源利用和农业生产方式上也进行了一系列改革。当地农业一直采取小范围集体劳作的方式，每个村庄管理合作社都建立起专用的农业用水和农业道路，还包括改善土壤、水和环境及农业设施的管理，这种合作体系跟社区力量紧密结合，成为推动和维护生态农业制度的驱动力。为保护生物多样性，近年来当地还推出了"Wildlife-Friendly Farming"政策，鼓励农户用传统生态方式耕作，并从2010年起对认证农户给予补贴，每1 000平方米可得到27 000日元的补贴。事实证明，这一方法在经济上和生态上都有极大的实效。因为减少了农药的使用，环境得到了保护，认证农户的稻米价格比普通米贵一倍，据统计显示，认证农户如果只使用一半的农药生产5千克的大米需花费2 980日元，而等量普通大米需要成本4 000日元。[1] 截至2013年，认证的稻田占佐渡岛稻田面积的24%（表1[2]），这样一来，朱鹮的生存环境就有了保障。

表1　日本认证农户和认证农田数量表（2008—2013）

Fiscal year	Certified farmer（N）	Certified paddy（ha）
2008	256	426
2009	510	862
2010	651	1 188
2011	685	1 307
2012	684	1 367
2013	622	1 334

中国境内的珍禽异兽很多，有些和人类也有友好相处、良性互动的关联。如江苏射阳保护区的丹顶鹤，也是广为人知的一种涉禽，和朱鹮的生活习惯区域等颇为类似，民间更有"仙鹤"之称。丹顶鹤保护区周边内所产的射阳大米名闻遐迩，是中国地理标志产品，但一直未能如日本佐渡岛打开思路和市场，这几年已渐渐式微，殊为可惜。

（二）构建动态生态系统，变单一环境为多样化生态景观

联合国粮农组织的全球重要农业文化遗产（GIAHS）不是指的单一农产品、动植物资源或传统意义上的风景名胜区等，它强调的是"农村与其所处环境长期协同进化和动态适应下所形成的独特的土地利用系统和农业景观，这些系统与景观具有丰富的生物多样性，而且可以满足当地社会经济与文化发展的需要，有利于促进区域可持续发展。"[3] 日本在保护朱鹮的成功，在于契合联合国粮农组织的宗旨，用复合生态系统的理念来治理和保护当地的农业生态环境，"稻田—朱鹮"共生系统目前看来，收到了可观的生态效益与经济效益。保护复合生态系统涉及的关键资源包括水资源、农田资源以及森林资源。佐渡岛朱鹮保护复合生态系统以朱鹮栖息地区域为中，水、农田、森林生态系统以及整体环境组成的生态子系统，为朱鹮提供觅食、营巢、繁衍的环境。佐渡岛还大力推广有利于生物多样性培育的农耕法和生态恢复法，如在田间修建土质沟渠和积水洼地，为水生生物提供生存环境；田块之间修筑可使泥鳅、鱼类等自由活动和相互往来的渔道。每年秋天水稻收获后在水田重新灌水，为田间生物保留宜居的生活环境，也为朱鹮提供过冬和觅食的场所；在水稻田旁边，人工建造池塘湖沼，为水生生物提供长期避护，与稻田环境互为补充调节，这些措施大大丰富了当地的生物多样性，也创造了可持续发展的宜农宜居环境（图1）。

反观我国，现在的朱鹮保护依然停留在物种保护加主要栖息地保护的低级阶段。而且我国朱鹮的主要栖息地陕西汉中地区经济比较落后，居民仍普遍以传统的农耕为主，当地社会经济生活，对朱鹮的繁

---

① H. Nishimiya and K. Hayashi. Reintroducing the Japanese Crested Ibis in Sado［EB/OL］. TEEBweb. org，Japan. 2010

② 采自Satoshi Nakamura，Satoru Okubo，Exploring factors affecting farmers' implementation of wildlife-friendly farming on Sado Island，Japan，第一届东亚地区农业文化遗产国际学术研讨会，2014年7月

③ 闵庆文：《全球重要农业文化遗产——一种新的全球遗产类型》，《资源科学》，2008年第4期

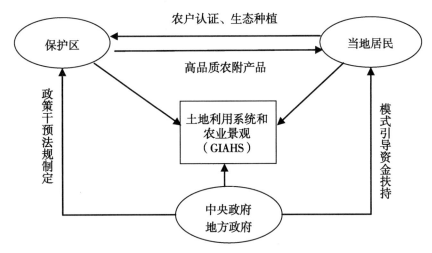

图1　保护区复合生态系统内部利益关系

衍生息有着很大的干扰作用，如耕作以及林木、薪柴的使用。所以我们应首先加强对关键资源的保育，一方面增加当地民众经济收入，当务之急首先要通过煤气、电能输入减少农户对林木、薪柴的依赖；其次需要加强规划，采用模拟生态原理，系统控制农、林、牧、副、渔各业生产要素，建立一套合理的生态代谢链网，一方面减少农药、化肥的使用，一方面提高资源转化效率，建立起一个有利于朱鹮繁衍和当地群众生产、生活的良性循环的自然生态系统。[①]

（三）加强引导和倾斜，提高全社会对农业文化遗产的重视

珍稀生物保护不能停留在阳春白雪的小众阶段，要吸引包括政府在内的社会各界的广泛参与与支持。日本以朱鹮保护为契机，以此入手，注重城乡联动，开展多种类型的科普和教育活动，调动全民族的共同参与，既教育了群众也收到实效，他们的主要措施经验如下。

1. 推广和普及城市居民认养制度和志愿者制度

日本国内的有识之士积极鼓励年轻人参与到 GIAHS 保护工作中去，他们和有关大学及科研机构联合开展培训，出版了大量的宣传册、图书、邮票、视频等，提高全社会对朱鹮和 GIAHS 的认知。志愿者制度吸引了大批在校学生和青年志愿者的加入，不仅提高了城市青少年对于农业文化遗产的认识，而且年轻人的活力与付出也在一定程度上缓解了当地劳动力资源紧张的困难。

2. 设立"野生动物调查日"

2010 年 6 月 13 日，当地政府宣布每年六月的第二个周日和八月的第一个周日为"佐渡岛野生动物调查日"，儿童、城市居民和农民皆可参与调查，借此加强城乡交流以及普及民众的生态知识。目前，朱鹮的灭绝与恢复的案例正慢慢演变成为一股日本国内调查珍稀生物现状与保护的热潮。

3. 开展系列主题活动

例如针对当下的徒步旅行热，2012 年当地开展了"佐渡岛途步旅行"活动，组办方每年从申请者中挑选 300 名旅客，途步穿越稻作梯田，由专家指导农业遗产地相关人员监测旅游活动；建设供人们观赏的朱鹮广场等，让全社会了解朱鹮保护的意义和 GIAHS 项目的重要性。

目前，我国的保护区与当地居民生产生活的矛盾是造成保护困难的重要原因，由于我国志愿者制度刚刚起步，民众的动物保护意识相对低下，毒杀天鹅、捕猎熊猫的事情仍时有耳闻。同时由于我国保护区野生动物肇事补偿机制还不健全，村民的损失得不到及时合理的补偿，这些都极大地挫伤了当地民众保护朱鹮的积极性。因此，在目前条件下，各个利益相关者不同的目标和利益追求不可避免导致博弈各方出现利益冲突，在重复多次博弈中引发冲突，导致复合生态系统失衡，因此协调利益关系是实现保护

---

① 曹永汉，史东仇：《中国朱鹮》，中国林业出版社，2001 年：第 241 页

和发展目标的关键。"①

因而在政策予以适当的引导和倾斜是目前我们需要思考的关键所在，要以 GIAHS 项目申报为契机，吸收多方力量的参与，注重城乡联动，开展多种类型的科普和教育活动。既要发挥志愿者的优势，也可以利用农遗所在地林木资源多的特点，扶持群众发展包括绿色农产品开发、休闲农业与文化产品打造、乡村旅游，等等，使这些附加产业成为当地群众致富的主要途径，否则单纯依靠政府力量，难免失之与偏颇。

（四）注重综合保护与系列产品开发相结合，变死保为活保

日本对照联合国粮农组织的要求，根据全球重要农业文化遗产的系统性、复合性特点，注重农业生产、水土资源、乡村景观、乡村文化、生态环境以及农业从业人员的综合保护。在注重特色农产品保护与开发的同时，特别重视日本传统农耕习俗、传统的农耕技术的传承和农业生物多样性的保护。

目前，日本佐渡岛已利用全球重要农业文化遗产的金字品牌和良好的生态环境，开发出了琳琅满目的特色农产品，如能登海盐、朱鹮大米等，不仅培养了文化认同感，也切实增加了农民收益；与此同时，日本充分挖掘传统农业系统的文化价值，将农业文化遗产旅游列入它的国家旅游发展规划中，利用诸如山水景观、民俗、歌舞、手工艺等丰富的旅游资源，大力发展休闲农业和乡村旅游。比如他们发掘和弘扬了当地特有的具有鲜明传统农业特点的戏剧——Noh 歌剧（当地亦称为能剧），现在几乎成为到访者必看的一个标志性节目。

经过近些年持续不断的努力，在我国不少的农遗所在地，我们欣喜地看到人与自然和谐，环境友好型社会已经初步显现，为发展绿色种植业和养殖业，生产绿色食品提供了优越条件和品牌优势。陕西洋县在加强朱鹮保护的同时，为适应食品安全消费需求，切实提高农产品的品质，全力推进农产品的标准化生产，先后组织印发了《绿色无公害种养技术》等数十种的农业标准化生产参考材料，并进行了大规模农户技术培训。

尤其是从 2002 年开始，朱鹮保护区与当地农户开展了"绿色大米"种植项目，推动"朱鹮牌绿色稻米"的认证、生产、加工和销售，通过提高农产品附加值来弥补因不使用农药化肥造成减产带来的损失。这些项目的开展，使朱鹮活动区的环境污染得到有效控制，改善了觅食地的生态质量，也带动了农产品品质和价格的显著提升。但是，跟国外各遗产地及保护区相比，我们在传统农耕技术、农业习俗、乡村景观、传统文化的挖掘等系统性、复合性方面依然滞后，绝大多数地区处于保护成功、利用不足的尴尬境地，这些都是今后很长一段时间我们工作的重点。

综之，日本通过引进与重构，借助中国力量，重新补全了"朱鹮—稻田"系统的重要元素，同时注重打造复合生态系统，保护生物多样性与系列产品开发相结合，成功地将之申报成为全球重要农业文化遗产，为今后的保护和发展奠定了良好的基础。相比较而言，我国虽然在朱鹮的拯救和保护中付出很多，成就很大，但是在如何进一步发展的问题中依然没有能够拓开思路，尤其是没有足够重视联合国粮农组织的 GIAHS 项目，使得我国在此项活动中落后一步，被日本占据了先机。他们用从中国引进的朱鹮，结合当地的传统稻作技术，成功地申报了全球农业文化遗产，我们只是替他人作了嫁衣，个中的经验教训，值得国人深思。

---

① 宋莎，温亚利：《基于复合生态系统理论的朱鹮栖息地保护利益分析》，《林业经济》，2012 年第 10 期

中国传统村落保护的困境与出路*

刘馨秋** 王思明

（南京农业大学中华农业文明研究院，江苏 南京 210095）

摘 要：在总结中国传统村落正面临的空心化、建设与开发不当、村民意愿与村落保护之间矛盾凸显等困境之后，从意识培养、法律法规建设以及保护模式等3个方面对传统村落保护的出路进行分析，着重探讨如何将村落特色与保护相结合，提出传统村落可持续利用的7种保护模式：①与典型古建筑和传统民居结合模式；②与农业工程设施保护利用结合模式；③与农业景观结合模式；④与传统生态农业生产方式结合模式；⑤与传统特色农产品结合模式；⑥与传统民风民俗结合模式；⑦多种形式相互融合模式，它们对中国传统村落保护的未来规划具有借鉴意义。

关键词：传统村落；保护模式；困境

传统村落，原名古村落，是指形成较早，拥有较丰富的文化与自然资源，具有一定历史、文化、科学、艺术、经济和社会价值的村落。传统村落镌刻着农业、农村和农民发展的历史印记，积淀着几千年的农耕文化，是认识和传承中华农业文明的根基，具有珍贵的历史价值。中国传统村落是由不同民族在不同的自然环境中创造出来的具有不同特色的聚落形态，拥有文化与自然遗产的多元价值和丰富的文化多样性，具有独特的文化价值。每一个传统村落都体现着当地的建筑艺术、村镇空间格局，反映着村落与周边自然环境的和谐关系，具有审美和研究价值。可以说，传统村落是中国乡村历史文化与自然遗产的"活化石"。但是，飞速发展的工业文明正疯狂地吞噬着农耕文明，传统农业生产和生活方式、农业文化、民俗、特色民居被湮没，乡村社会在成片地急剧消失，承载着中国五千年文明的传统村落正处于被终结的过程中。对传统村落进行系统深入地调查研究，既可以抢救性挖掘、整理村落农业文化遗产，有利于传承乡土文化和历史记忆，也有助于实现"望得见山、看得见水、记得住乡愁"的现实要求。

一、中国传统村落的现状分析

（一）村落数量锐减（表1）

表1 1962—2013年中国村庄数量表 （单位：个）

年份	行政村	自然村
1962	703 000	
1965	648 000	
1970	643 000	
1975	677 000	
1978	690 388	

* 【基金项目】江苏省教育厅高校哲学社会科学项目（项目编号：2016SJD770002）；南京农业大学中央高校基本科研业务费人文社会科学研究基金资助（项目编号：SKPT2016022）

** 【作者简介】刘馨秋（1982— ），女，南京农业大学人文学院副教授，主要从事农业史及农业文化遗产保护研究；王思明（1961— ），男，南京农业大学中华农业文明研究院院长，教授、博士生导师，主要从事农业史及农业文化遗产保护研究

（续表）

年份	行政村	自然村
1979	698 613	
1980	709 820	
1981	718 022	
1982	719 438	
1983	750 141	
1984	933 485	
1985	940 617	
1986	847 894	3 650 000
1987	830 302	
1988	740 375	
1989	746 432	
1990	743 278	3 773 200
1991	804 153	
1992	806 032	
1993	802 352	
1994	802 052	
1995	740 150	
1996	740 128	
1997	739 447	
1998	739 980	
1999	737 429	
2000	734 715	3 630 000
2001	709 257	3 537 000
2002	694 515	
2003	678 589	
2004	652 718	3 207 379
2005	640 139	3 137 146
2006	631 184	
2007	621 046	2 647 000
2008	603 589	
2009	599 078	
2010	594 658	2 729 800
2011	589 874	2 669 500
2012	588 407	
2013		2 650 000

注：行政村，1962—2004 年数据来源于国家统计局农村社会经济调查司编《中国农业统计资料汇编 1949—2004》，2006；2005—2008 年数据来源于中华人民共和国农业部编《新中国农业 60 年统计资料》，中国农业出版社，2009；2009—2013 年数据来源于统计年鉴。自然村数据来源于城乡建设统计公报

表1显示，中国行政村总数在20世纪80年代中期达到峰值，此后急剧减少。自然村统计数据不全，但从部分年份的统计数据来看，自20世纪80年代以后，村落数量减少趋势也极为显著。进入21世纪以后，村落消失情况更为严重，正如冯骥才所说，"在2000年时，我国拥有360万个自然村，但到了2010年，这一数字变成了270万。也就是说，10年间就消失了90万个自然村，这个数字令人触目惊心。"[①]

（二）损毁情况严重

除了数量在大幅持续减少，尚存村落现状也不容乐观。即使在村落保护越来越受到关注，"历史文化名村""中国传统村落""美丽乡村"等建设项目相继启动的良好形势下，传统村落的损毁情况依然严重。

案例一：江苏漆桥村

南京高淳区漆桥村是江南地区最大的孔子后裔聚居地，被誉为"金陵第一古村落"。漆桥村上有一条长500米，历史近2 000年的老街巷。2011年，老街保护和开发办公室成立，总投资5.3亿元的修缮工程在2012年春节后全面启动。但截至目前，只有沿街的危宅得以修复，而街巷以外的古建筑仍然破损严重。即使文保单位挂牌的明代民居也未能获得有效保护，屋顶木梁遭严重腐蚀，仅靠竹竿和木头临时承重，房屋即将坍塌。

案例二：江苏焦溪村

焦溪村隶属常州市武进区郑陆镇，其历史可以追溯到传说中4 000多年前虞舜禅位后到高山安营扎寨。虽然焦溪村在2014年被列为中国历史文化名村和中国传统村落，保护规划也已出台，但古村面貌却仍然不尽人意。"大量的现代化钢筋水泥住宅建筑，耸立于古村落群体建筑之间，甚至个别弄巷的新建筑形成了对古民居的围合群，陷整个古村落于不洋不土、不伦不类的尴尬境地。有些由金山条石铺成的具有历史风貌的古街道被改为水泥路，更有一些村民因热衷于毁旧造新，即为建造新居而擅自拆改古建筑，将原有的古民居及其周围那种典雅古朴的环境氛围破坏殆尽。"[②]

二、中国传统村落保护面临的困境

（一）工业化、城镇化导致农村空心化日益严峻

随着现代化、工业化、城镇化进程的推进，纯农户和以农业为主的兼业户在农村生活和生产较为艰难，村民无能力也无条件延续传统农业生产，越来越多的农村青年劳动力涌向城市和人口相对密集、条件更好的地方生活，造成农村"空心化"。统计数据表明（表2），截至2011年年末，中国大陆城镇人口首次超过农村。城镇化发展水平较高的省份城乡人口比重变化更为显著，1949—2013年，江苏乡村人口比重由85.17%降至35.89%，浙江由88.19%降至36.00%。

表2 1949—2013年乡村人口占全国人口比重　　　　　　　　　（单位：%）

年份	中国	江苏	浙江
1949	89.36	85.17	88.19
1950	88.82	85.26	87.89
1951	88.22	85.37	87.62
1977	82.45	86.64	86.22
1978	82.08	86.27	85.95

---

① 赵晓林：《冯骥才：中国10年消失90万个自然村 村落价值堪比长城》，凤凰网，2012 - 06 - 07，http://culture.ifeng.com/whrd/detail_ 2012_ 06/07/15115401_ 0.shtml

② 徐佳俊：《关于焦溪古村保护盒开发的调研和思考》，此文由焦溪村提供

（续表）

年份	中国	江苏	浙江
1979	81.04	85.16	85.49
2011	48.73	38.10	37.70
2012	47.43	36.99	36.80
2013	46.27	35.89	36.00

注：数据来源于中国统计年鉴；江苏统计年鉴；浙江统计年鉴；国家统计局国民经济综合统计司编《新中国五十五年统计资料汇编》，中国统计出版社，2005；国家统计局国民经济综合统计司编《新中国五十统计资料汇编》，中国统计出版社，1999

留守村民以老年人居多，他们由于乡土观念、经济能力等原因，不愿意或没有条件离开村庄，村落人口构成因此趋向"老龄化"。统计数据显示，中国乡村人口中，65 岁及以上的人口比重由 1964 年的 3.89% 增加至 2012 年的 10.60%（表3）。

表3　1964—2012 年乡村 65 岁及以上人口比重　　　　　　　　（单位:%）

年份	比重
1964	3.89
1982	4.97
1995	6.68
2000	7.50
2002	8.17
2004	8.44
2007	9.62
2009	9.80
2010	10.06
2011	10.36
2012	10.60

注：数据来源于《中华人民共和国人口统计资料汇编 1949—1985》《中国人口和就业统计年鉴》

案例一：江西南坑村

南坑村是江西省安义县新民乡合水村下辖的一个自然村，始建于清朝末年，鼎盛时村里有 130 多口人。20 世纪 80 年代初，得益于木材销售，这里曾是安义县最富裕的地方，但随着山上的树越砍越少，国家开始封山育林，木材生意做不下去，仅靠不到两分的人均耕地又无法生活，于是村民开始外出打工谋生，如今村里只剩一个叫钟兆武的老人。

案例二：山西王化沟村

王化沟村位于山西宁武县，是中国罕见的"悬空村"。因村落独特的格局展示了中国传统空间形态和民俗风情，2010 年被评为"中国历史文化名村"。王化沟村常住人口最多的时候有 140 多人，目前仅剩 20 多人。60 多岁的村民王虎生说，"三个儿子都出去打工在外结了婚，只有过年的时候才回家待上几天。

再过几年，村里的老人过世了，就没人了。"①

（二）对新农村建设的曲解导致村落遭到建设性破坏

自 20 世纪 90 年代林毅夫针对中国当时通货紧缩的形势提出"新农村运动"② 的概念以来，我国新农村建设一直是各方关注的焦点。2005 年党的十六届五中全会通过《中共中央关于制定国民经济和社会发展第十一个五年规划的建议》，明确指出"建设社会主义新农村是我国现代化进程中的重大历史任务"，我国农村建设实践按照"生产发展、生活宽裕、乡风文明、村容整洁、管理民主"的目标大力推进，并取得了巨大成就。但在新农村建设的推进过程中，也存在一些不恰当的做法。比如有些地方把新农村的涵义曲解成大拆大建，盲目地进行工程建设，麻木"拆古"，再疯狂"造古"，导致村落肌理遭到严重破坏。

案例一：北京高碑店村

高碑店村坐落在北京朝阳区通惠河畔，曾是商贾云集的漕运集散地，距今已有近千年的历史。2006 年被列入北京市首批 79 个新农村建设试点村名单。如今，一栋栋三层仿古建筑取代了曾经的民居，高碑店村已被打造成一个崭新的京郊民俗旅游重要基地。

案例二：宁夏红崖村

宁夏红崖村，距离固原市隆德县城 1 千米，村里有一条长 200 多米的老巷子，保留着老戏台、老磨坊、老水井等古乡村建筑。2014 年入选"中国最美休闲乡村"和"中国传统村落"以后，隆德县成立古村落保护和开发建设领导小组，对红崖村老巷子进行统一规划、集中实施改造建设，而且要求修成统一的标准，甚至派了建工队拆旧建新。③

（三）以保护为由搬迁村民，大搞"博物馆式"开发

住建部明确要求，村落保护规划的一项核心内容就是控制过度开发，控制商业开发的面积和规模，不允许把一条原来有老百姓生活的街区改造成商业街，更不允许把村民全都搬出来，成为博物馆式的开发行为。④ 但当前村落商业开发过度，以保护为由搬迁村民的现象仍然普遍存在。

案例一：山东朱家峪村

朱家峪村位于山东省章丘市官庄乡境内，明洪武初年由朱氏家族始建，距今已有 600 多年历史，保存有大量自然和人文景观，被誉为"齐鲁第一古村，江北聚落标本"，2005 年被住建部评为"中国历史文化名村"，是山东省第一个国家级的历史文化名村。然而，火起来的朱家峪村却因有企业投资搞旅游、村

① 《中国传统村落日渐凋零 政府财政投入不足成主因》，《半月谈》，2013 - 07 - 13，http：//theory. people. com. cn/n/2013/0713/c40531 - 22187441 - 2. html
② 林毅夫：《开展新农村运动》，《经济与信息》1999 年，第 9 期，第 11 - 12 页
③ 《探访中国传统村落红崖村 热闹中我们丢失了什么》，央广网，2014 - 10 - 04，http：//news. cnr. cn/native/city/201410/t20141004_ 516545992. shtml
④ 《住建部：控制传统村落开发规模 不允许迁出全部村民》，2014 - 10 - 28，http：//www. guancha. cn/culture/2014_ 10_ 28_ 280494. shtml

民被集体迁出而在参评国家传统村落名录时遭到专家质疑。[①] 目前大部分村民迁至古村北侧的新村，古村的许多祠堂都已成为供游人参观的纪念馆。[②] 村民可以搬走，然而村里数百年积淀下来的文化底蕴真的也能如决策者所说，随之"传承过去"吗？

案例二：河南方顶村

方顶村位于郑州上街区西南隅，明洪武年间由山西方姓族人始建，距今已有600年历史。方顶村完整保存了明清时期的古建筑100余座，300余间，是目前郑州发现的规模最大、保存较为完整的明清传统民居建筑群。2012年，郑州市上街区政府就方顶明清古文化村落开发，与北京一家投资有限公司签约，投资数十亿元，计划把方顶村打造成民俗游景点。然而预想的景点还没有开发，村民们就被告知要拆迁，拆迁是为了让村民住上新型城镇化建设的楼房，但在交房之前只能先发动村民租房外迁。全村400多户人家，如今只有30多位村民留守。老街上多数宅子都大门紧闭，仅有寥寥几户维持着日常生活。[③]

传统村落是一种活的遗产，也是一种生活景观，文化习俗和生活场景是历史文化名村的灵魂，村民更是传统农业文化和民俗的载体，如果在开发中忽视村民，那就意味着抛弃了村落的灵魂，而仅有民居建筑的村落也就不存在农业文化传承和村落生活延续的功能，也就失去了传统村落的原真面貌。

（四）村民改善生活条件意愿与村落原真性保护之间矛盾凸显

随着人们生活水平的日益提高，村民改善居住条件的愿望愈发强烈，而许多古民居由于建筑年代久远，基础设施、居室格局和居住环境比较落后，已无法满足居民的现代生活需求，亟需修缮。

然而，原地活态修缮也面临两难抉择。如果旧居不是文物保护单位，那么或修或建完全由村民个人决定。修缮旧居的成本通常高于拆旧建新，而留在村中的居民往往无经济能力修缮老屋，外出务工的年轻人挣了钱也大多会选择直接拆除旧居，改建为砖瓦甚至混凝土结构的房屋。即使村民有古建筑的保护意识，但在经济重压之下，也很难将保护放在首位。如果政府部门对此没有统一管理，没有足够的修缮资金和技术等方面的支持和投入，那么这种自发的、非专业性的修缮对古建筑来说仍然具有强烈的破坏性。

如果旧居属于文物保护单位，那么按照文物保护法的规定，在房屋产权人无力维修的情况下，政府有责任对文物进行抢修，然后向责任人结算费用。但实际情况是，责任人通常不会承担也无力承担修缮费用，政府不但出了修缮的钱，还要再付给产权人租金。在这种模式下，政府承担财政重压，而对于大量古建筑、古村落来说，政府的投入也只是杯水车薪，因此即使是挂了牌的文保单位，也难逃白蚁、渗漏、腐烂、霉变、火灾的残酷现实。

案例：江苏明月湾村、杨湾村

随着时代的变迁，明月湾村的家庭规模由过去的几代同堂发展为今天的小家庭生活模式，老宅也随之分割给多个户主。如果老宅需要进行整体修缮，必须征得全体户主的同意。虽然居住在明月湾村的户主大多有改善老宅居住条件的意愿，但他们大多数年事已高，经济水平有限，对于老宅的修缮工作心有余而力不足，只能任由其继续破败。虽然自2006年作为景点开放以来，明月湾村有了营业收入，如2011年共接待游客15万人次，实现营业收入100万元，但这些收入只能维持日常工资开销，不够投入下一处

---

① 《大拆建·假古董·过度化——直击传统村落保护三大怪相》，新华网，2014 - 10 - 30，http：//news. xinhuanet. com/politics/2014 - 10/30/c_ 1113049759. htm

② 《章丘朱家峪：百年古村迎来发展新契机》，胶东在线，2014 - 10 - 27，http：//www. jiaodong. net/news/system/2014/10/27/012466623. shtml

③ 《郑州方顶村古村落面临旅游开发留村不留人引争议》，《大河报》，2013 - 12 - 05，http：//www. ha. xinhuanet. com/hnxw/2013 - 12/05/c_ 118422723. htm

古宅的修复，与政府庞大的投入更不成比例。

与明月湾村同属于苏州市吴中区的杨湾村，村内所存的明清建筑也因缺少修缮资金和疏于管理而破损严重或被村民占用，有些甚至处于"危房"状态，而部分经过翻建的老房和新建的楼房则破坏了村落原有的格局。即使属于文物保护单位的旧居，其保护情况也不容乐观。一方面政府无法承担每处民居的高昂的修缮费用，另一方面居民也认识到了旧屋的价值，因此即使早已搬至他处，也不愿意被政府低价收购，导致古建筑长期空置，加速损毁。

三、中国传统村落保护的出路

（一）认识传统村落的价值，培养自觉保护意识

虽然政府已经开展了历史文化名村、中国传统村落等认定工作，入选村落总数达到 2 555 个，但大多村落只是挂了国字头的名牌，其历史价值和文化内涵并未得到深入研究，村落也未能真正实现活态传承。传统村落保护工作能否顺利推进，关键在于人们对传统村落价值的认识以及自觉保护的意识。这里所说的人，不仅仅是指居住在古建筑、古村落中的村民，还包括政府相关部门的管理者、参与村落开发的投资者甚至每一个消费者。村民有了自觉保护意识，就不会随意拆建旧居，抛弃传统的农业生产和生活方式；政府管理者有了自觉保护意识，就不会迁出村民，把旅游开发与村落保护混为一谈；参与村落开发的投资者有了保护意识，就不会忽视农业文化，把古村落建成只有空壳的景区；如果每一个消费者都认识到传统村落的珍贵价值，都有自觉保护意识，就不会让违背村落原真性保护原则的行为拥有生存的土壤。只有内心珍视，才能真正培养出自觉保护的意识。因此，应该从文化素质教育、道德培养、法律法规制定、宣传、物质与非物质激励等多个方面入手，提高人们对农业文化，对传统村落价值的认识。

案例：韩国江原道[1]

江原道位于朝鲜半岛中部，有着优越的自然环境和美丽的自然风光。自 1998 年开始，江原道全面开展了新农渔村建设运动，如今已成为韩国 21 世纪农渔村建设的典型模范。在江原道的建设运动中，为了增强当地农民的内在凝聚力，政府以公开表扬、给予奖金等方式，激励村民的积极性和荣誉感，充分调动农民建设自己的家乡。经过多年的努力，在现有的 2 000 多个村中，已有 1 600 多个村参与了优秀村的评选活动，每年支持新农渔村建设运动的拨款达 152 亿韩元。

再如南面甲屯里村，属仁济郡，村里有 43 户人家 116 人，其中 60% ~70% 是 60 岁以上的老人，很多人对"新农渔村建设运动"毫无认识。为了推进新农渔村建设，村里开 12 次讨论会，以村长为首的年轻带头人到各家各户进行探访，说服老人们参与建设。被感动的村民利用农闲季节生产堆肥，在生产过程中逐渐形成了团体意识，2005 年获得了郡支持的堆肥奖励金 2 000 万韩元，2006 年又获得 900 万韩元，并被评为"江原道优秀村"，获奖金 5 亿韩元。

（二）健全法律法规，让传统村落保护有法可依

自 2012 年启动传统古村落的全面调查工作至今，住建部等部门制定了《传统村落评价认定指标体系（试行）》《传统村落保护发展规划编制基本要求（试行）》等法规；多次印发关于传统村落保护发展工作、保护项目实施工作的指导意见；进行了三次中国传统村落评选工作，并将 600 个传统村落纳入中央财政支持范围。此外，要求每个例如国家名录的传统村落都根据《中华人民共和国城乡规划法》《中华人民共和国文物保护法》《中华人民共和国非物质文化遗产法》《村庄和集镇规划建设管理条例》《历史文化名城名镇名村保护条例》《传统村落保护发展规划编制基本要求（试行）》等有关规定（表4），编制相应

---

[1] 李秀峰：《韩国典范江原道新村》，《世界博览》2008 年第 5 期：第 38 – 43 页

的保护发展规划，以确保每个传统村落得到切实有效的保护（表4）。

表4 已颁布的法律法规及相关政策

名称	时间	主要内容	文号
《关于开展传统村落调查的通知》	2012.4	中国正式启动传统古村落的全面调查工作	建村〔2012〕58号
《传统村落评价认定指标体系（试行)》	2012.8	评价传统村落的保护价值，认定传统村落的保护等级指标体系	建村〔2012〕125号
《关于加强传统村落保护发展工作的指导意见》	2012.12	充分认识传统村落保护发展的重要性和必要性，明确基本原则和任务，继续做好传统村落调查，建立传统村落名录制度，推动保护发展规划编制实施，保护传承文化遗产，改善村落生产生活条件，加强支持和指导，加强监督管理，落实各级责任，加强宣传教育	建村〔2012〕184号
《第一批列入中国传统村落名录的村落名单》	2012.12	住房城乡建设部、文化部、财政部公布第一批（646个）列入中国传统村落名录村落名单	建村〔2012〕189号
《中共中央 国务院关于加快发展现代农业 进一步增强农村发展活力的若干意见》	2013.1	科学规划村庄建设，严格规划管理，合理控制建设强度，注重方便农民生产生活，保持乡村功能和特色。制定专门规划，启动专项工程，加大力度保护有历史文化价值和民族、地域元素的传统村落和民居。农村居民点迁建和村庄撤并，必须尊重农民意愿，经村民会议同意。不提倡、不鼓励在城镇规划区外拆并村庄、建设大规模的农民集中居住区，不得强制农民搬迁和上楼居住	
《关于做好2013年中国传统村落保护发展工作的通知》	2013.7	工作目标与原则，建立中国传统村落档案，完成保护发展规划编制，明确保护发展工作责任	建村〔2013〕102号
《第二批列入中国传统村落名录的村落名单》	2013.8	住房城乡建设部、文化部、财政部公布第二批（915个）列入中国传统村落名录的村落名单	建村〔2013〕124号
《传统村落保护发展规划编制基本要求（试行)》	2013.9	为切实加强传统村落保护，促进城乡协调发展，根据《中华人民共和国城乡规划法》《中华人民共和国文物保护法》《中华人民共和国非物质文化遗产法》《村庄和集镇规划建设管理条例》《历史文化名城名镇名村保护条例》等有关规定，制定传统村落保护发展规划编制基本要求（试行），适用于各级传统村落保护发展规划的编制	建村〔2013〕130号
《关于切实加强中国传统村落保护的指导意见》	2014.4	为贯彻落实党中央、国务院关于保护和弘扬优秀传统文化的精神，加大传统村落保护力度，提出传统村落保护的指导思想、基本原则和主要目标，主要任务，基本要求，保护措施，组织领导和监督管理，中央补助资金申请、核定与拨付等指导意见	建村〔2014〕61号
《2014年第一批列入中央财政支持范围的中国传统村落名单》	2014.7	公布2014年第一批（327个）列入中央财政支持范围的中国传统村落名单	建村〔2014〕106号

名称	时间	主要内容	文号
《关于做好中国传统村落保护项目实施工作的意见》	2014.9	对做好中国传统村落的规划实施准备、挂牌保护文化遗产、严格执行乡村建设规划许可制度、确定驻村专家和村级联络员、建立本地传统建筑工匠队伍、稳妥开展传统建筑保护修缮、加强公共设施和公共环境整治项目管控、严格控制旅游和商业开发项目、建立专家巡查督导机制、探索多渠道、多类型的支持措施、完善组织和人员保障、加强项目实施检查与监督等方面提出了明确要求	建村〔2014〕135号
《第三批列入中国传统村落名录的村落名单》	2014.11	住房城乡建设部等部门公布第三批（994个）列入中国传统村落名录的村落名单	建村〔2014〕168号
《2014年第二批列入中央财政支持范围的中国传统村落名单》	2014.12	公布2014年第二批（273个）列入中央财政支持范围的中国传统村落名单	建村〔2014〕180号

在上述已完成工作的基础上，应加强组织领导，有关部门通力配合，严格执行各传统村落保护规划中的各项任务，认真落实工作，同时避免不同部门针对同一问题进行重复规划，影响工作效率。还应建立传统村落保护动态监管信息系统，对历史文化资源的保存状况和保护规划实施进行跟踪监测，做到执法必严、违法必究，使中国传统村落保护工作进入依法管理的轨道。同时协调有关部门继续做好传统村落的申报工作，并加快历史建筑的调查、公布、建档、设立标志等，及时总结有关专项资金的使用情况，进一步规范传统村落保护与发展的管理。

（三）因地制宜，发展多种保护模式

传统村落的保护必须是整体性的，这意味着不仅要保护建筑，还要保护其中传统文化，如家庭组成、生态环境、生产生活方式、谋生手段、手工工艺等。可以尝试发挥村落的自身优势，探索切入点，将村落保护与建筑民居、农业工程、景观、生态农业、特色民俗、农产品生产等结合起来，真正实现传统村落的活态传承。

1. 与典型古建筑和传统民居结合模式

村落由建筑构成，村落的生成也是一种社会性建筑行为。[①] 村落中的古建筑、传统民居以及错综复杂的古街巷弄构成了村落的骨骼。谈到村落保护或是村落旅游，人们首先想到的大都是装饰精美的古民居和古朴厚重的石板路，就连住建部等部门制定的《传统村落评价认定指标体系（试行）》，也将"村落传统建筑评价指标体系"列在第一位。因此将村落保护与古民居建筑保护相结合，是当前传统村落保护中应用较多的一种模式。

案例一：安徽宏村与徽派建筑

宏村位于安徽省南部黟县，始建于南宋绍兴年间，距今已有近千年的历史，2000年被列入世界文化遗产名录。宏村有140余幢明清民居，从整体上保留了明、清徽派村落的基本面貌和特征，是中国古村落的代表，被誉为"中国画里的乡村"。宏村采用"政府主导、企业运作、村民参与"的三方合作模式，现已成为皖南古民居旅游的典范。据统计，2013年宏村景区接待游客152.03万人，旅游总收入达7.97亿元。巨大的经济效益为古村落保护提供了大量资金，经营方每年将宏村景区门票收入的33%返还给当地，

---

① 彭松：《从建筑到村落形态——以皖南西递村为例的村落形态研究》，东南大学硕士学位论文，2004年

其余部分用于维护整个景区的文物保护、维修和旅游经营。村民不仅为家乡的古民居自豪，会自觉参与保护，而且还能从中获得经济收益，实现了遗产保护与社区经济发展之间的平衡。[①]

案例二：福建洪坑村与土楼

洪坑村位于福建省永定区湖坑镇东北部，宋末元初由林氏开基，是世界文化遗产——福建（永定）土楼所在重点村之一，现存明清土楼40余座。洪坑村将土楼旅游开发与全村经济发展紧密结合，扎实推进土楼保护与旅游开发等各项工作。旅游公司负责将洪坑景区门票收益的10%分给村里，其中8%分给村民，2%作为村集体收入。除门票分成以外，村民收入还包括楼租、景区工作报酬、做生意等。永定旅游业发展拉动土楼片区村民人均收入年增长约3 000元。在商机的吸引下，以前外出打工的村民也都陆续回到家乡，洪坑村充满了生机与活力。[②]

2. 与农业工程设施保护利用结合模式

案例：新疆库木坎村等与坎儿井

坎儿井是一种古老的地下水利灌溉工程，与长城、大运河并称为中国古代三大工程，是目前仍在延续利用的活的文化遗产。2009年第三次全国文物普查发现，吐鲁番1 108条坎儿井中，仅剩下278条有水。为了保护这一"地下长城"，在国家文物部门支持下，新疆坎儿井维修工程随即启动。

坎儿井需要专门的维护艺人在每年冬闲时钻进狭小的井穴掏捞清淤，以保证坎儿井来年的出水量足够滋润绿洲、满足下游人畜和农田用水。维修工程启动后，鄯善县库木坎村具有坎儿井维护技能的村民不仅可以领到工钱，还被文物部门邀请对年轻人进行加固维修方面的培训。[③]艾丁湖乡庄子村的坎儿井保护工程获得133万元的资金保障，而且掏挖暗渠淤泥的活儿由村民来干，每人每天至少能挣140块钱，既增加了村民收入，又使坎儿井及其维修技艺得到了有效保护。[④]亚尔乡新城西门村还建有坎儿井民俗园，园区包括坎儿井、坎儿井博物馆、民俗街、民居宾馆、葡萄园等，既能让人们参观拥有400多年历史的坎儿井，又能了解维吾尔族民俗风情，同时带动当地经济发展，是坎儿井除了农田灌溉和居民用水之外的新的利用方式。

3. 与农业景观结合模式

案例一：江苏东旺村等与兴化垛田

垛田是兴化地区一种独特的农田地貌，是在湖荡纵横的沼泽地区，用开挖网状深沟或小河的泥土堆积而成的垛状高田。每块垛田四周均被水环绕，各不相连，面积大小不等，形态各异，高低错落，似水面上的万千小岛，因此又有"千岛之乡"的美誉，先后入选中国重要农业文化遗产和全球重要农业文化遗产目录。

① 《"宏村模式"破解世界难题》，《黄山日报》，2014 - 05 - 28，http：//www. huangshan. gov. cn/News/NewsDetails. Aspx？ ArticleId = 54287
② 《永定县洪坑村：一座土楼富了一方人》，《福建日报》，2013 - 01 - 13，http：//www. fujian. gov. cn/ztzl/lyfj/lyzx/201301/t20130113_ 560797. htm
③ 赵戈：《新疆为坎儿井疏通"血脉"珍贵文化遗产再现生机》，中国政府网，2015 - 04 - 11，http：//www. wenwuchina. com/a/16/239962. html
④ 《疆人民广播电台聚焦"访惠聚"生动报道住村工作组争取修复项目》，新疆新闻在线网，2015 - 04 - 29，http：//www. xjbs. com. cn/zt/2015 -04/29/cms1764303article. shtml？ nodes =_ 3726_

近年来，兴化利用垛田从事大规模油菜生产，发展乡村旅游、观光农业，至今已连续成功举办五届中国兴化千岛菜花旅游节，垛田也已成为享誉全国的乡村旅游亮点，"垛田香葱""垛田芋头"等脱水蔬菜也远销英国、日本、韩国等20多个国家和地区，为当地创造了可观的经济收益。同时，这片奇特的农业景观也先后入选中国重要农业文化遗产和全球重要农业文化遗产目录，得到了进一步的重视与保护。

案例二：云南元阳县村寨与红河哈尼梯田

哈尼梯田分布于云南南部红河州元阳、红河、金平、绿春四县，总面积约100万亩，其中，元阳县是哈尼梯田的核心区，面积达24.9万亩，有82个行政村坐落其中。哈尼梯田完美反映出精密复杂的农业、林业和水分配系统，通过长期以来形成的独特社会经济宗教体系得以加强，体现了当地民众对自身文化和自然环境的尊重，彰显了人与环境互动的一种重要模式。

自2013年红河哈尼梯田申遗成功以来，文保部门与国际同行加强交流，为红河哈尼梯田制定了生态可持续和旅游管理策略，由政府补贴村民按规定翻修房屋，部分开发收益也投入到景区建设中，用以改善村寨生活条件，同时保护当地的传统生活方式，发展特色农产品经济，使农民从中受益，使传统村落焕发生机。

4. 与传统生态农业生产方式结合模式

案例：浙江龙现村与青田稻田养鱼

龙现村位于青田县城西南部方山乡境内，当地村民根据自然环境条件，将山地开拓为梯田，种植水稻，同时利用山林中丰富的水资源，在稻田中养殖田鱼，从而形成了独特的稻田养鱼生产方式，至今已经延续了1 200多年。

2005年，青田稻鱼共生系统成为全球重要农业文化遗产。此后，青田县政府采取了一系列积极措施进行持续性管理，为龙现村的发展带来了积极的影响。在农村经济方面，稻田养鱼的品牌效应刺激了农产价格的提升，龙现村田鱼价格从2004年的24元/千克上升到2013年的100元/千克；水稻价格从2004年的2元/千克上升到2013年的4元/千克，较普通水稻价格高出约60%；田鱼干价格由2005年的160元/千克上升到2013年的360元/千克。此外，通过稻田养鱼技术的推广，龙现村水稻亩产和田鱼亩产都得到大幅增加，稻田养鱼与农家乐休闲旅游相结合也极大提升了农民的经济收入。在农村社会文化方面，稻田养鱼边际效益的提高促进了当地农村富余劳动力的解放，提升了当地农民的自豪感，而且传统稻田养鱼中的优秀非物质文化也得到了有效保护和传承。在农村生态环境方面，由于保护力度的加强，稻田养鱼过程中减少了化肥和农药的使用，农业面源污染得到有效控制，生物多样性也获得稳定提高。[①]

5. 与传统特色农产品结合模式

案例一：江西荷桥村、龙港村等与万年贡米

1995年，考古学家在万年县仙人洞与吊桶环两处遗址发现了距今1.2万年前的栽培水稻植硅石，把世界栽培水稻的历史提前了5 000年，成为现今世界上年代最早的水稻栽培稻遗存之一。2010年，"万年稻作文化系统"被联合国粮农组织批准为全球重要农业文化遗产（GIAHS）项目试点。在认识到万年贡米与稻作文化系统的价值之后，当地农业部门加大对贡米产业的扶持力度，指导企业进行整合，推出万

---

① 刘伟玮，闵庆文，等：《农业文化遗产认定对农村发展的影响及对策研究——以浙江省青田县龙现村为例》，《农业世界》2014年第6期：第89－93页

年贡米品牌，在龙港村等地建立优质稻生产基地，研发深加工，打造粮食加工全产业链，同时以旅游观光、休闲娱乐带动稻米产业延伸发展模式，实现农民增收，以弘扬稻作文化为口号，开展民间民俗文化活动，为当地经济社会的可持续发展注入了新的动力和活力。

案例二：日本"一村一品"运动[①]

"一村一品"是日本造村运动中最具影响力的形式，由大分县的平松守彦知事于1979年倡导发起。当时日本正处于快速工业化、城市化的过程中，大分县经济发展相对缓慢，农村一度陷入人才外流、农业萎缩的凋敝状态。面对困境，新任知事平松守彦发起了"一村一品"运动，目的是立足本地资源优势，发展具有地方特色的主导产品和主导产业，提高农民收入，振兴农村经济。如以朝地町、九重町为代表的丰后牛产业基地；以大田村、国见町等地为代表的香菇产业基地，都是因地制宜培育优势农特产品并建立品牌意识的成功产业基地。大分县自开创"一村一品"运动以来，县内各地共培育特色产品306种，总产值高达10多亿美元。同时，"一村一品"运动也极大地提高了大分县的知名度，大分县的别府市每年接待逾1 000万游客，人口不足1万的汤布院町每年要接待380万游客，为当地注入活力的同时，也带来了可观的旅游收益。

6. 与传统民风民俗结合模式

案例：贵州苗族村寨与斗牛节

斗牛是苗族等少数民族传统的民俗活动。近年来，贵州各地为了开展乡村旅游，都把斗牛节作为主打产品。2014年，镇远县涌溪乡芽溪村举办一年一度斗牛节，吸引观众5万余人次，为当地居民带来直接经济收入80余万元[②]；凯里舟溪镇举办的斗牛节，吸引了来自贵州各村寨的上百头牛参加争霸赛，6万多村民和游客观看比赛。特色传统民俗既是推动乡村旅游发展、拉动农村经济的重要文化资源，也是当前传统村落保护可以借助的有效途径。

7. 多种形式相互融合模式

案例：江西婺源

婺源位于江西省东北部，被誉为"中国最美乡村"。婺源县内历史遗迹、明清古建遍布乡野；徽剧、傩舞、徽州三雕（石雕、砖雕、木雕）、歙砚制作技艺列为国家非物质文化遗产；理坑、汪口、延村、虹关等被评为国家历史文化名村，清华彩虹桥、婺源宗祠、理坑村民居三处13个点列入国家重点文物保护单位。婺源生态优美，物产丰富，江岭的梯田油菜花、篁岭的"晒秋"景观、产于婺源境内171个行政村的婺源绿茶享誉中外。

近年来，婺源整合各类遗产资源，建设成为世界知名的旅游目的地和绿茶之乡。2012年全县实现生产总值63.5亿元，全年共接待游客839万人次，门票收入2.14亿元，综合收入43亿元。[③] 既创造了可观的经济收益，也使当地传统村落得到重视与妥善保护。

中国传统村落的保护与传承是一项伟大而艰巨的事业，这项事业尚处于起步阶段，还有待于法制化、

---

① 李乾文：《日本的"一村一品"运动及其启示》，《世界农业》2005年第1期，第32-35页

② 《镇远涌溪乡闹九九重阳举办活动传承少数民族民间文化》，新华网贵州频道，2014-11-04，http://www.gz.xinhuanet.com/2014-11/04/c_1113109104.htm

③ 《县情简介》，婺源县人民政府，2009-02-09，http://www.jxwy.gov.cn/zjmy/wygk/2013/08/01/1445.htm

科学化、系统化、完善化，还需要多方面的相关理论支持和实践操作。当然，在呼吁村落保护、探索保护模式的同时，我们也应该清醒的认识到，工业与城市发展、经济与社会转型是不可逆转的历史潮流，全面、大规模地保护或原封不动的留存传统村落是不现实的。传统村落能否存活，最终取决于它的现实生命力，而这种生命力取决于它的经济适应性、生态适应性和历史文化魅力。研究村落保护，既要考虑到它的历史文化价值，更要使农民能够从保护中获得经济利益和精神满足，只有这样，传统村落才会有生命力，才可能长久持续下去，这也是我们保护这些传统村落的终极目的。